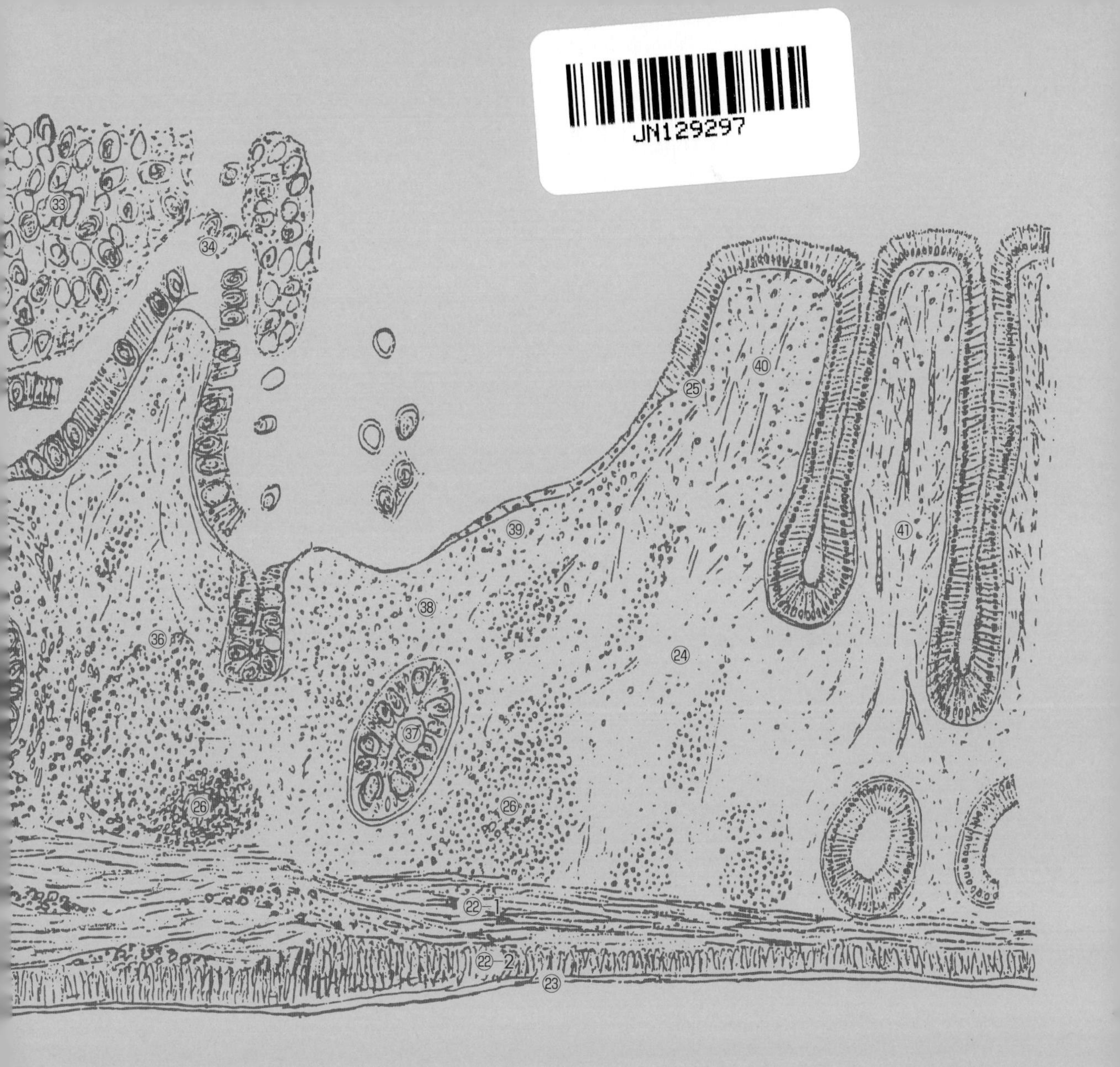

7　　8　　10　　14(経過日数)

コクシジウム感染後 9 日以後の腸組織の変化
(*Eimeria tenella* 型の模式図)

㊲オーシスト，ザイゴート寄生の基底部上皮細胞
㊳広範囲のリンパ浸潤
㊴新生した扁平な上皮細胞
㊵修復過程の絨毛
㊶修復された絨毛

＊ IEL：腸管上皮細胞間リンパ球（intra-epithelial lymphocytes）．宿主の腸絨毛へ侵入した鶏コクシジウムのスポロゾイトの大部分は，まず IEL に捕捉され，その内部に包蔵されたまま種特有の寄生部位近くまで搬送された後に遊離・脱出し，ここで固有の細胞へ侵入して発育を開始することが明らかにされつつある．IEL は上皮細胞間の単核の遊走細胞で，B 細胞，T 細胞および NK 細胞などによって構成されるヘテロな細胞群であり，なかでも CD8$^+$T リンパ球が搬送の主役をなすものであろうと考えられている．しかし，細部に関しては原虫の種によって若干の相違がある．一方，全容に関しては未解明な部分も少なからず残されている．

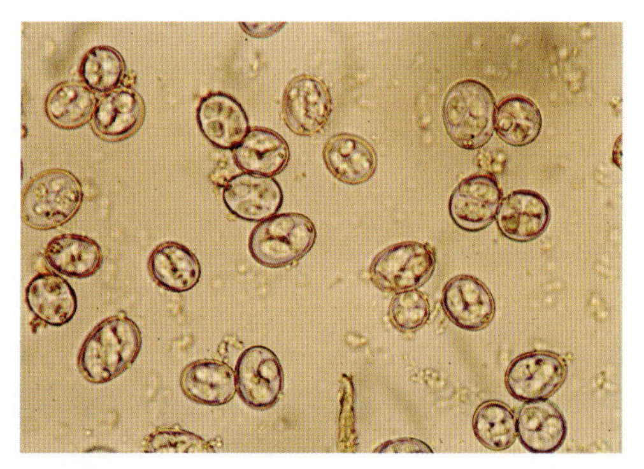

①鶏の糞便中にみられるコクシジウムのオーシスト（混合感染例）（p.39 参照）

② *Eimeria tenella* 感染５日目の鶏盲腸病変［大永原図］
左：対照　中：弱毒株　右：強毒株（p.45 参照）

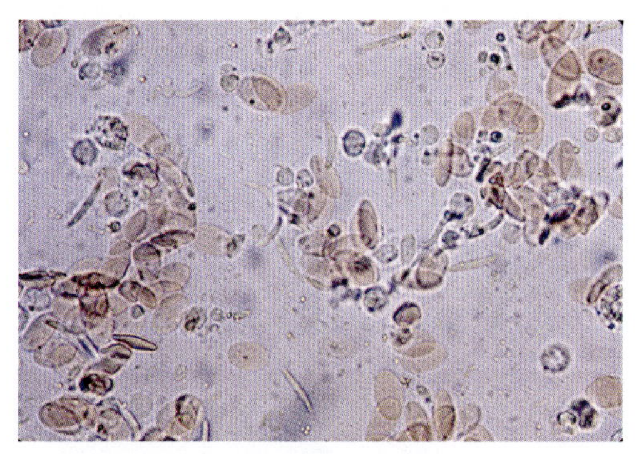

③ *E. tenella* 感染５日目の血便塗抹．多数の赤血球とメロゾイトが観察される（生鮮標本）（p.45 参照）

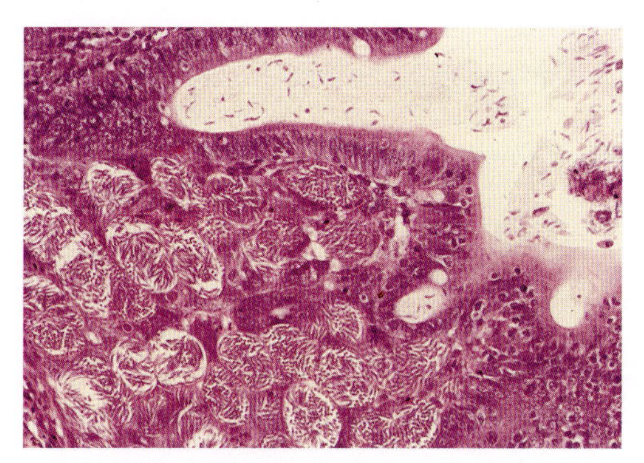

④ *E. tenella* 感染５日目の鶏盲腸にみられるメロントとメロゾイト（HE 染色）［大永原図］（p.45 参照）

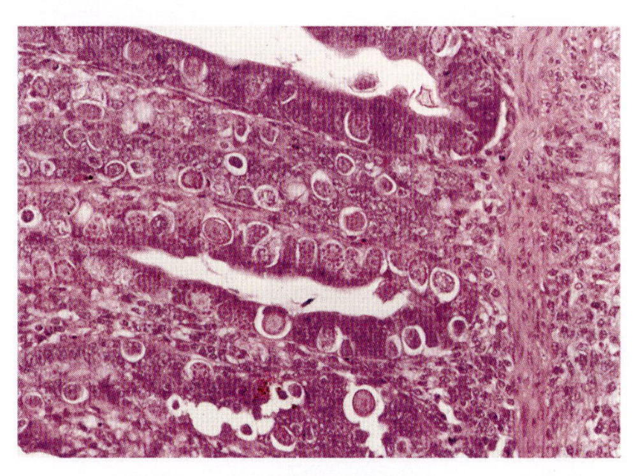

⑤ *E. tenella* 感染６日目の鶏盲腸の組織切片にみられるガメート（HE 染色）［大永原図］（p.45 参照）

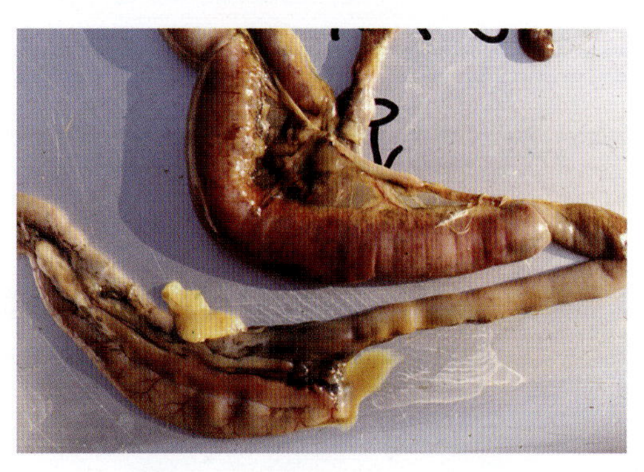

⑥ *E. necatrix* 感染７日目の鶏小腸病変．小腸の肥厚と出血がみられる［村野原図］（p.46 参照）

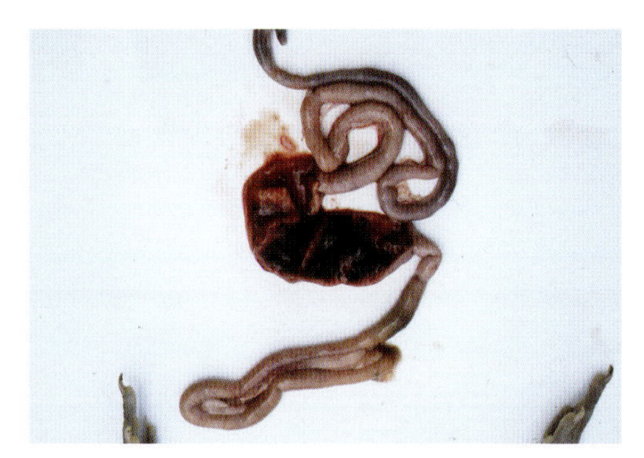

⑦ *E. necatrix* 感染７日目の小腸内容［村野原図］（p.46 参照）

⑧ *E. maxima* 感染７日目の鶏小腸病変［大永原図］（p.46 参照）

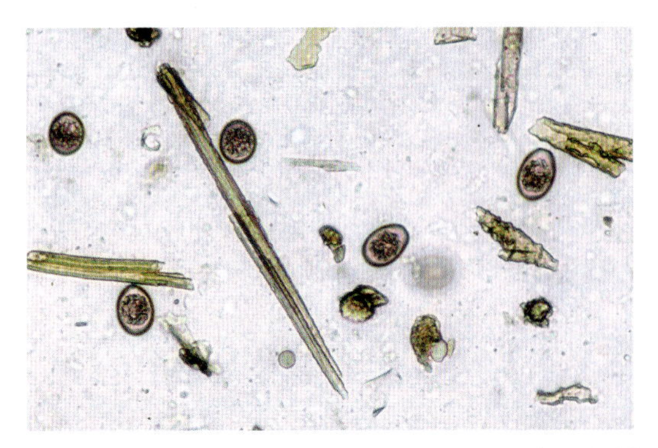

⑨牛の糞便中にみられるコクシジウムのオーシスト（生鮮標本）（p.48 参照）

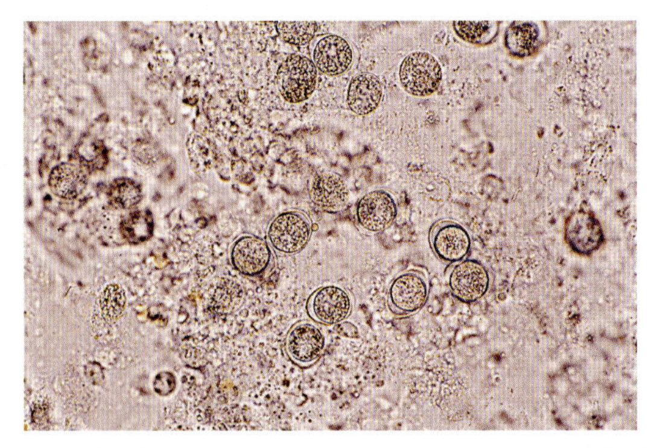

⑩犬の下痢便中にみられるコクシジウムのオーシスト（生鮮標本）（p.59 参照）

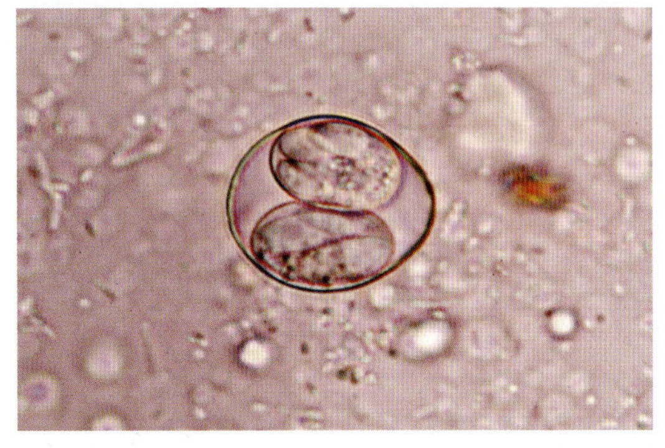

⑪犬に寄生する *Isospora ohioensis* の成熟オーシスト（生鮮標本）（p.60 参照）

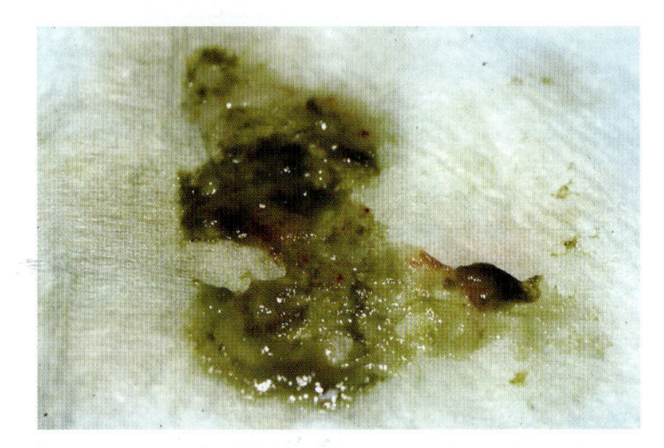

⑫ *I. ohioensis* 重度感染仔犬にみられた粘血便（p.60 参照）

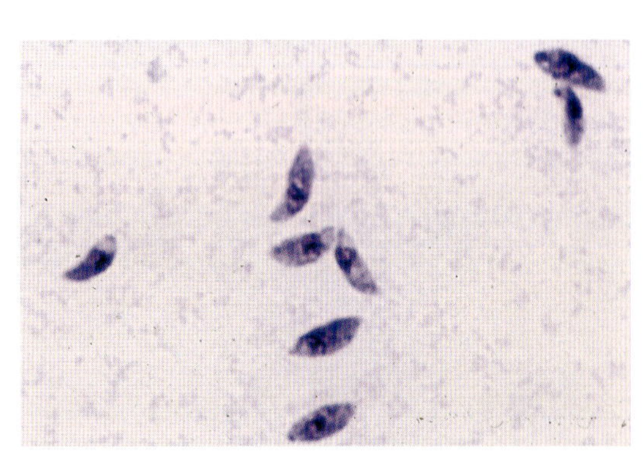

⑬トキソプラズマ（*Toxoplasma gondii*）のタキゾイト（ギムザ染色）（p.62 参照）

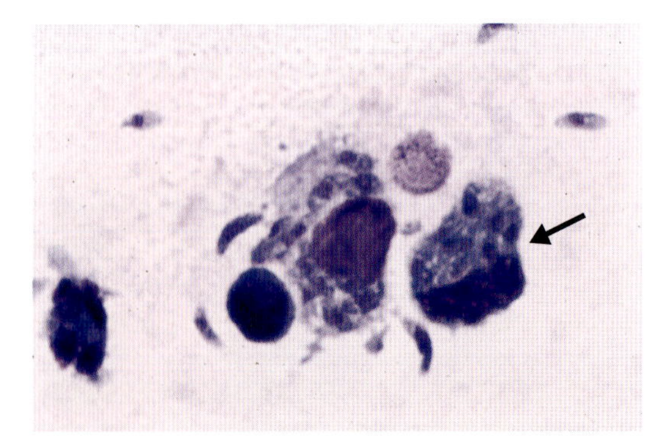

⑭ *Toxoplasma gondii* タキゾイトのターミナルコロニー（矢印）と，細胞を破壊して脱出したタキゾイト（左側）（ギムザ染色）（p.63 参照）

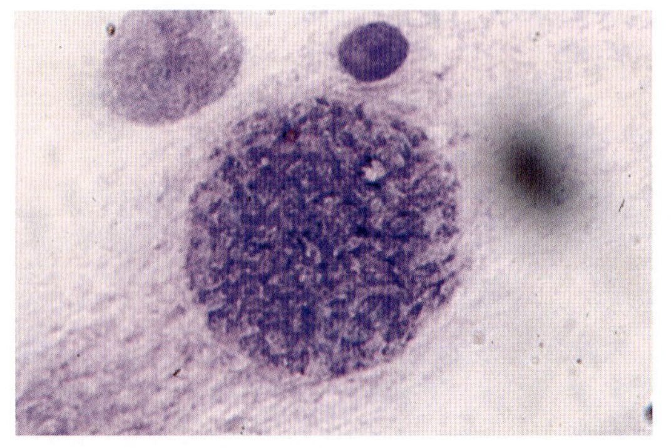

⑮マウス脳内に形成された *Toxoplasma gondii* のシスト（ギムザ染色）（p.63 参照）

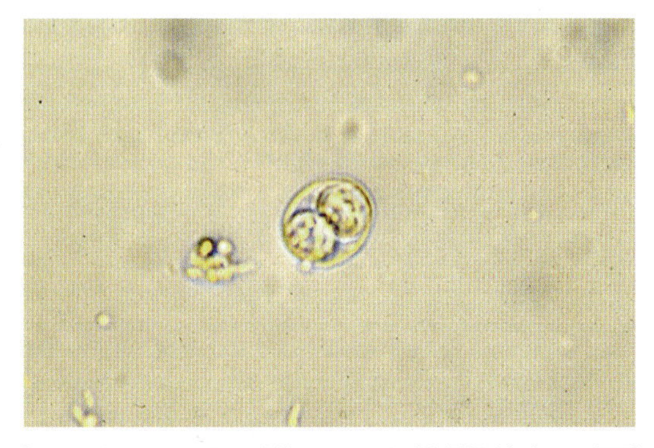

⑯ *Toxoplasma gondii* の成熟オーシスト（生鮮標本）（p.63 参照）

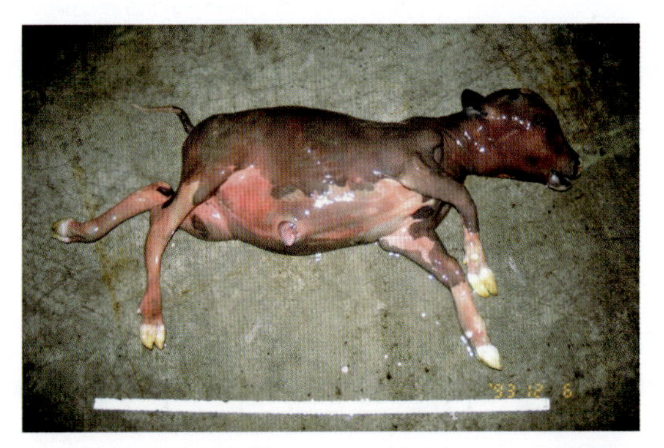

⑰ネオスポラ（*Neospora caninum*）感染牛にみられた流産胎仔［播谷原図］（p.69 参照）

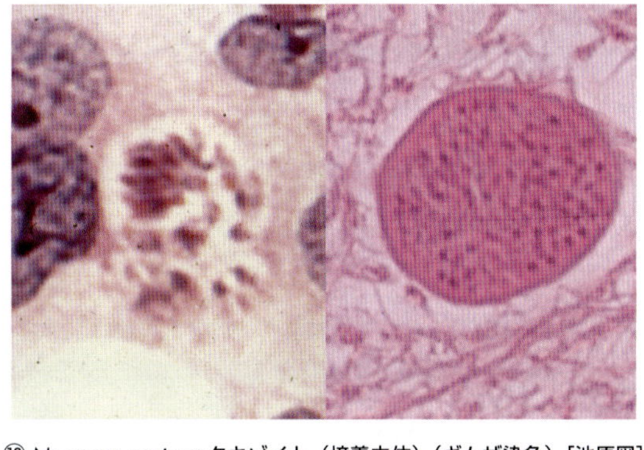

⑱ *Neospora caninum* タキゾイト（培養虫体）（ギムザ染色）［池原図］／流産牛胎仔の脳にみられた *Neospora caninum* のシスト（HE 染色）［播谷原図］（p.69 参照）

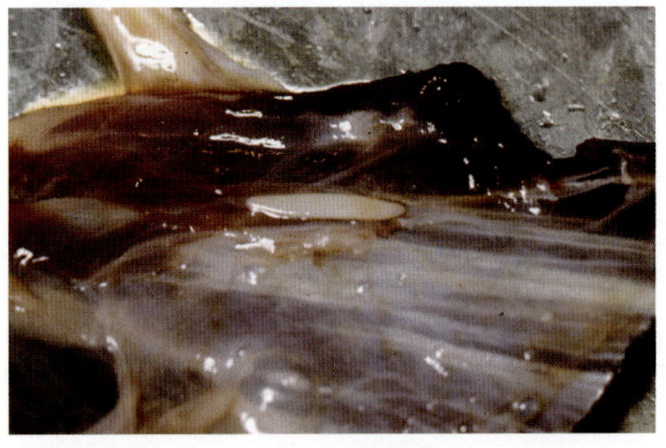

⑲筋肉にみられたサルコシストの肉眼所見（p.71 参照）

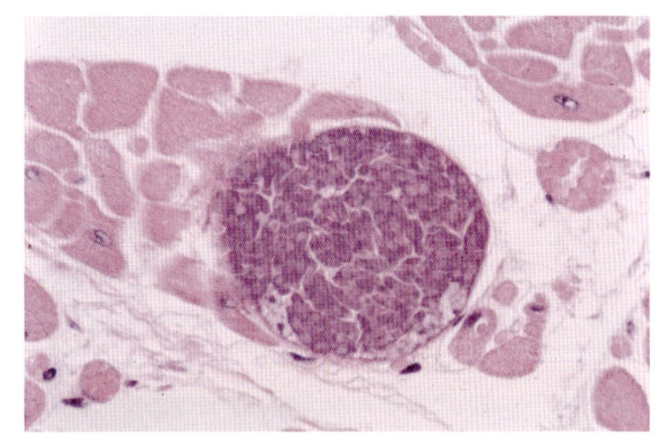

⑳豚筋肉中のサルコシスト（HE 染色）（p.71 参照）

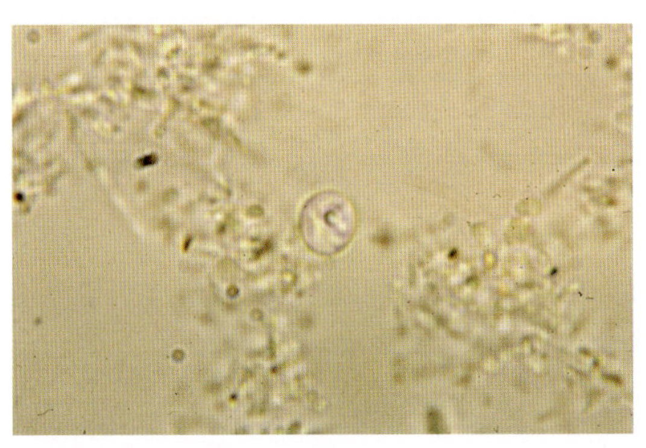

㉑クリプトスポリジウム（*Cryptosporidium* sp.）のオーシスト（生鮮標本）（p.78 参照）

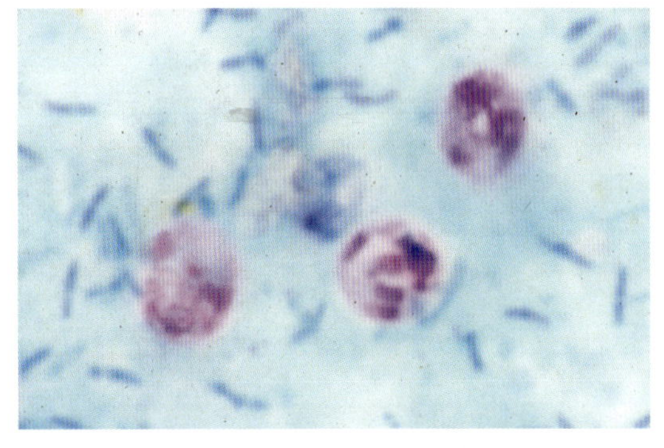

㉒クリプトスポリジウムのオーシスト．中央のものには４個のスポロゾイトが観察できる（キニョウン染色）（p.78 参照）

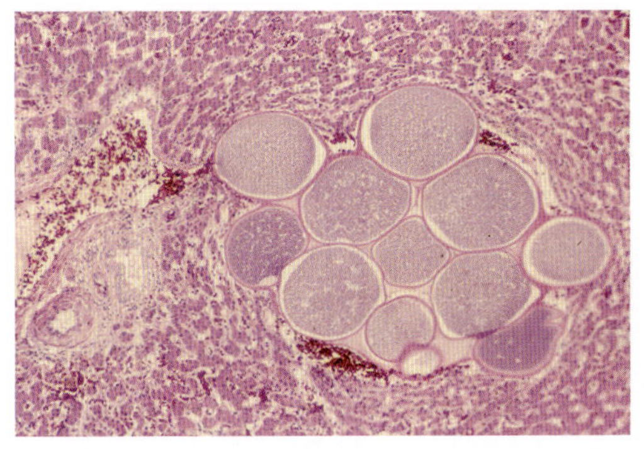

㉓ *Leucocytozoon caulleryi* の第２代メロントの集塊（HE 染色）［村野原図］（p.82 参照）

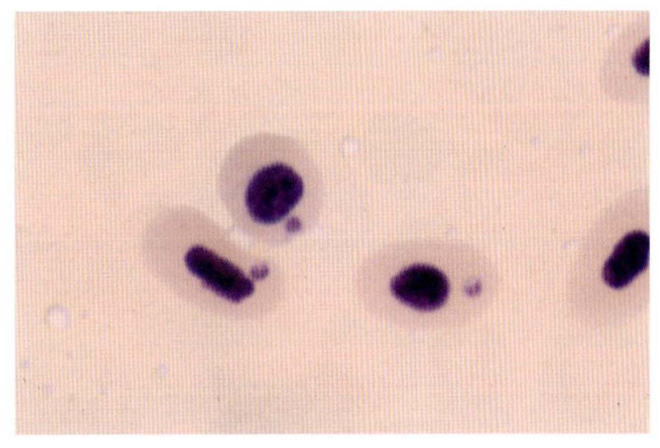

㉔鶏赤血球内の *L. caulleryi* 第２代メロゾイト（ギムザ染色）（p.82 参照）

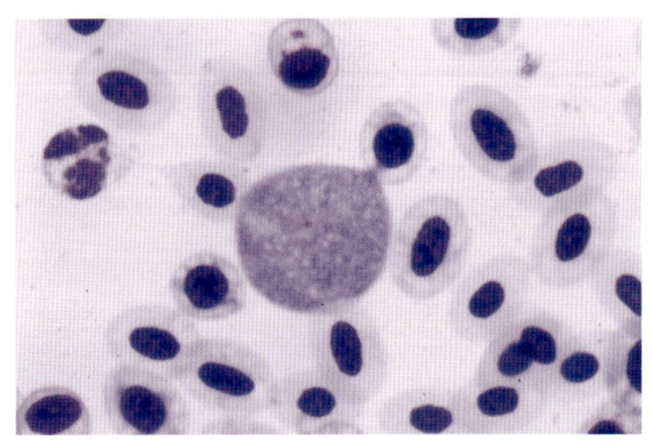

㉕ *L. caulleryi* のマクロガメトサイト（ギムザ染色）（p.82 参照）

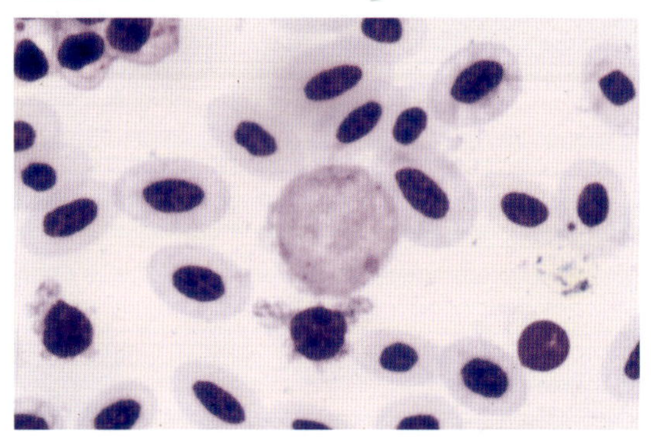

㉖ *L. caulleryi* のミクロガメトサイト（ギムザ染色）（p.82 参照）

㉗重度の貧血を起こしている鶏ロイコチトゾーン病罹患鶏（手前）．とさかの色に注意［伊藤原図］（p.84 参照）

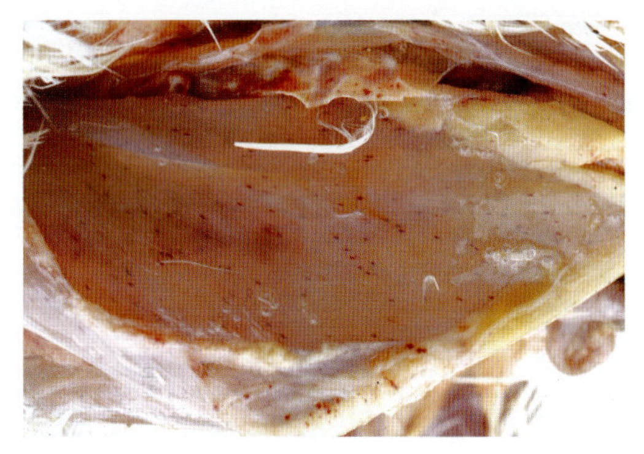

㉘鶏ロイコチトゾーン病罹患鶏における筋肉内出血斑［村野原図］（p.84 参照）

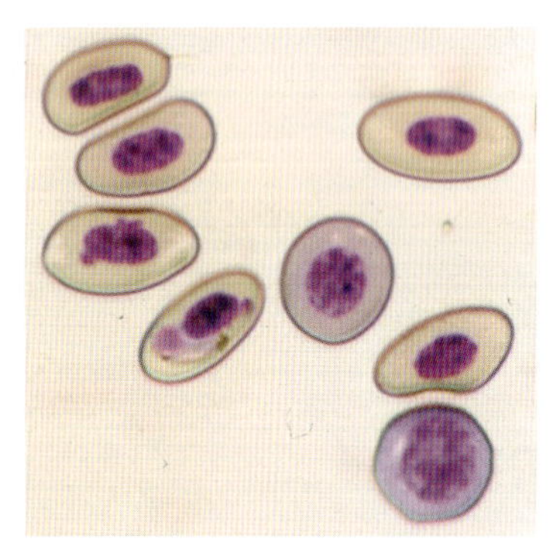

㉙ *Plasmodium juxtanucleare* の鶏赤血球内ガメトサイト（ギムザ染色）［磯部原図］（p.85，86 参照）

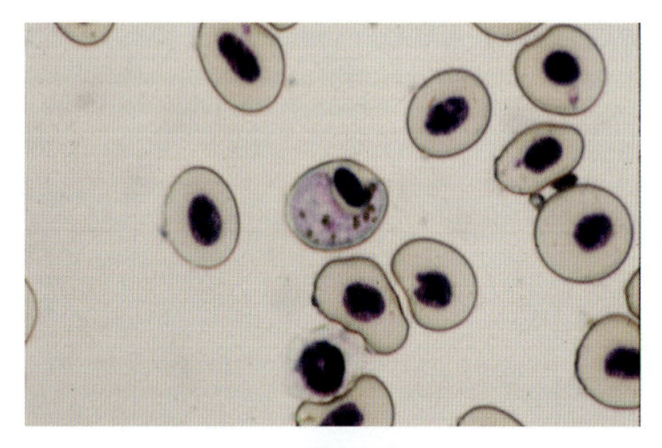

㉚ *Plasmodium gallinaceum* の鶏赤血球内ガメトサイト（ギムザ染色）［磯部原図］（p.85，86 参照）

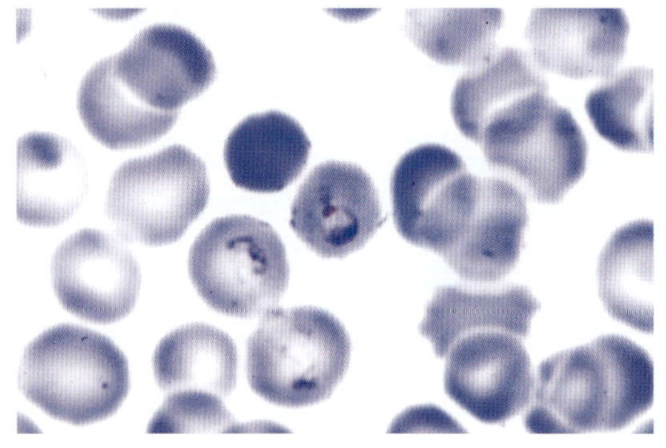

㉛ヒト赤血球内の三日熱マラリア原虫（*Plasmodium vivax*）（ギムザ染色）（p.87 参照）

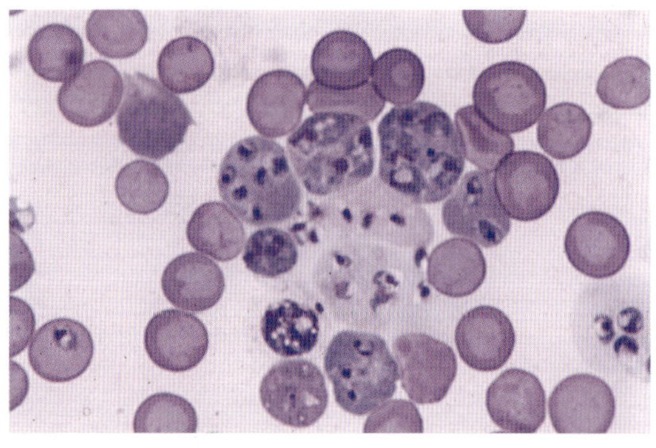

㉜ヒト赤血球内の熱帯熱マラリア原虫（*Plasmodium falciparum*）（ギムザ染色）（p.87 参照）

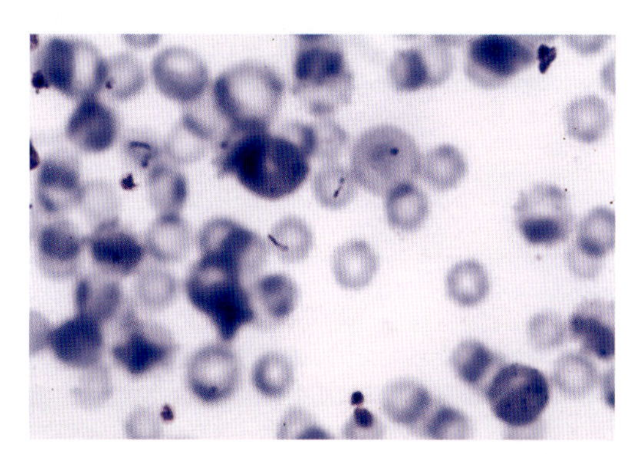

㉝アフリカの牛に寄生する *Theileria mutans*（ギムザ染色）（p.89 参照）

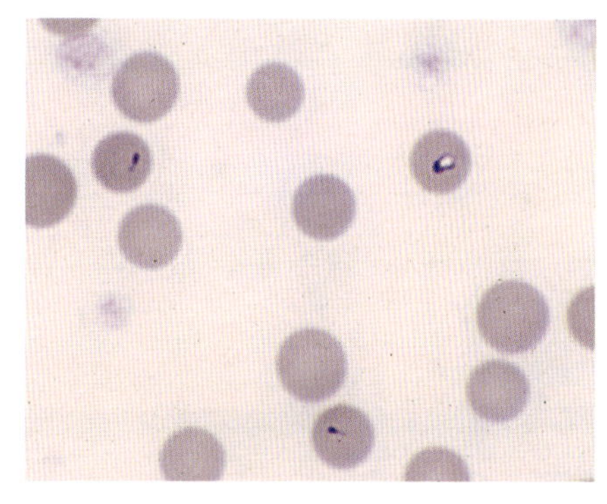

㉞日本の牛にみられる *Theileria orientalis*（＝*T. sergenti*）（ギムザ染色）（p.89，92 参照）

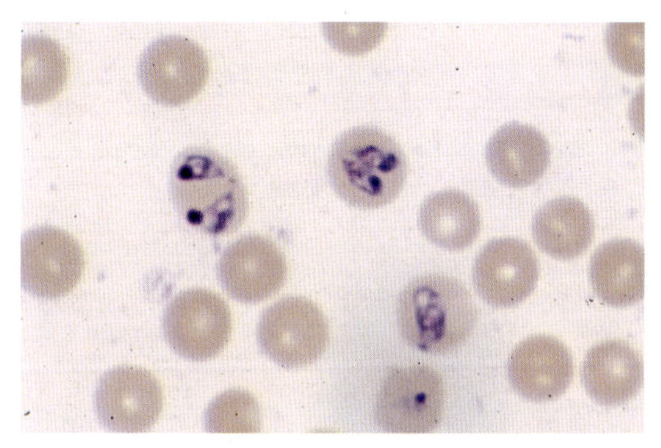

㉟牛の赤血球に寄生する *Babesia bigemina*（ギムザ染色）（p.91 参照）

㊱日本のピロプラズマ病の重要なベクターであるフタトゲチマダニ（*Haemaphysalis longicornis*）（p.92，330 参照）

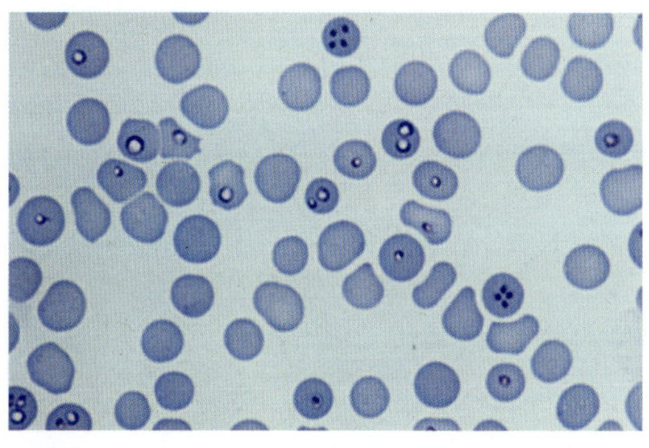

㊲馬に寄生する *Babesia equi*（ギムザ染色）［吉原原図］（p.95 参照）

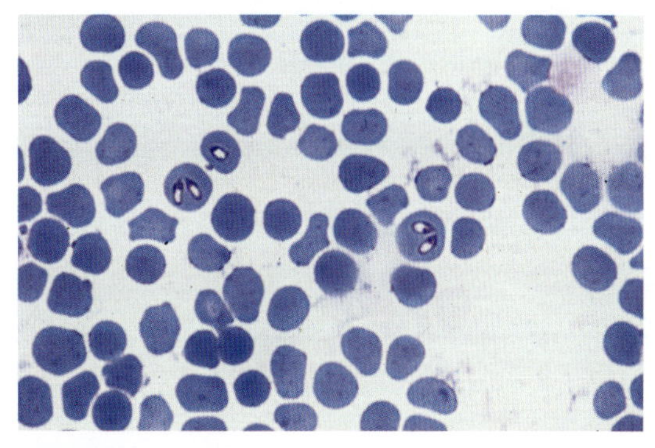

㊳馬に寄生する *Babesia caballi*（ギムザ染色）［吉原原図］（p.96 参照）

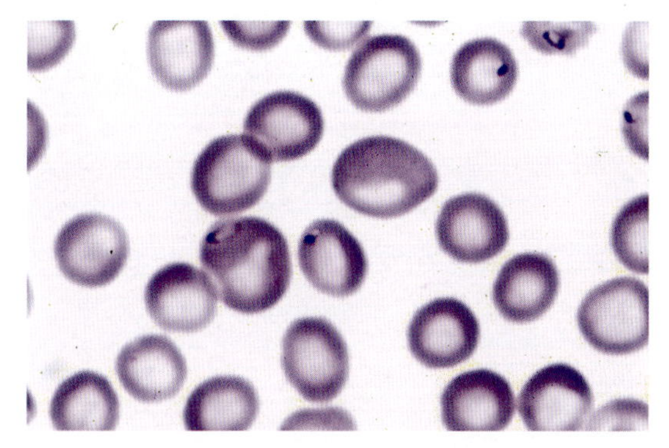

㊴日本の犬に寄生する *Babesia gibsoni*（ギムザ染色）（p.98 参照）

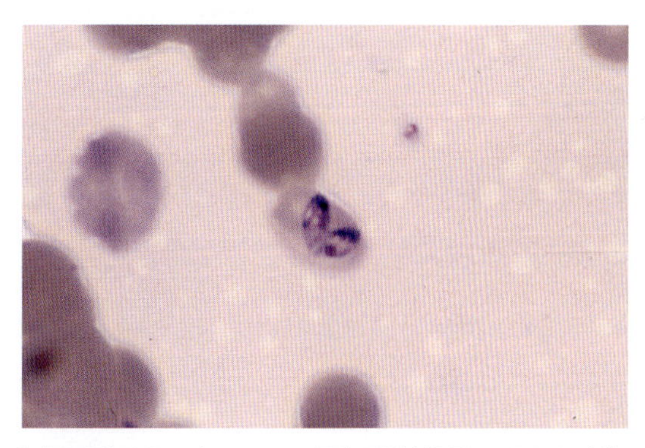

㊵犬に寄生する *Babesia canis*. 日本では沖縄県にみられる（ギムザ染色）（p.99 参照）

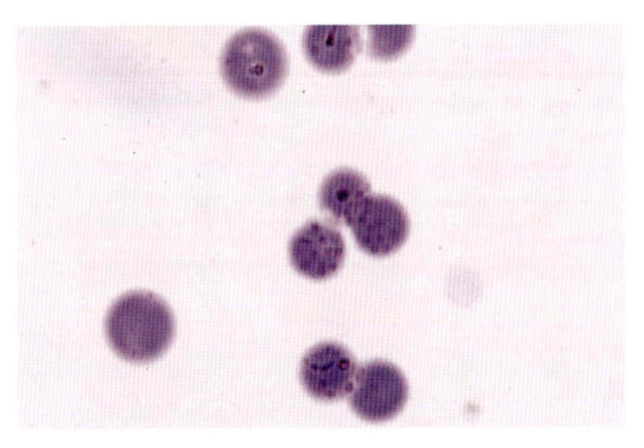

㊶牛の赤血球表面に寄生するエペリスロゾーン（*Eperythrozoon wenyoni*）（ギムザ染色）（p.104 参照）

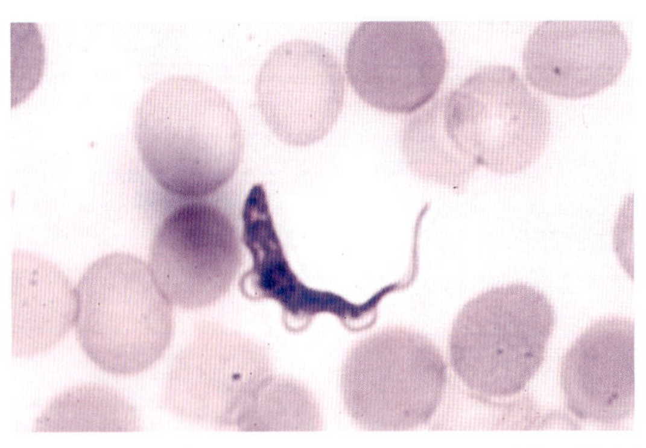

㊷アフリカに生息する *Trypanosoma brucei brucei*（ギムザ染色）（p.112 参照）

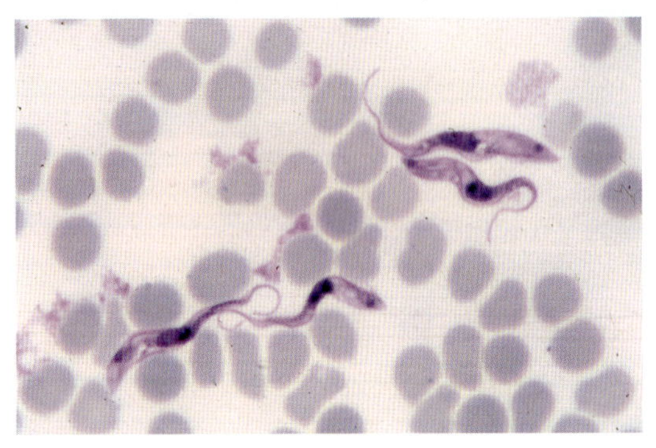

㊸熱帯地域に広くみられる *Trypanosoma evansi*（ギムザ染色）（p.112 参照）

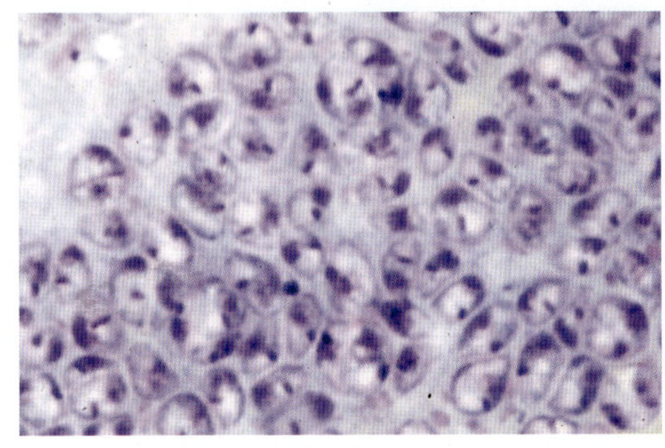

㊹ドノバンリーシュマニア（*Leishmania donovani*）のアマスティゴート（amastigote）（HE 染色）（p.114 参照）

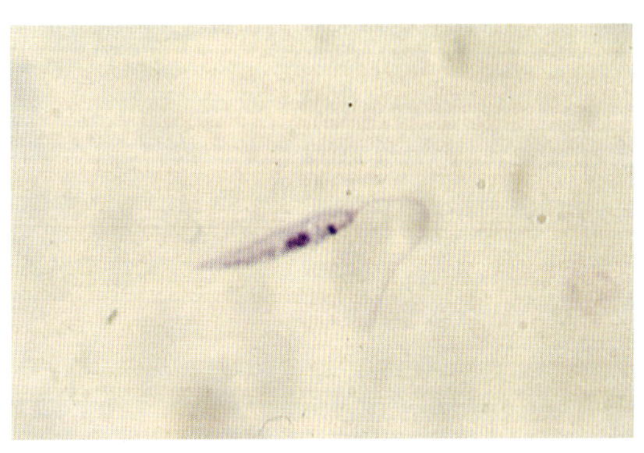

㊺ *L. donovani* のプロマスティゴート（promastigote）（ギムザ染色）（p.114 参照）

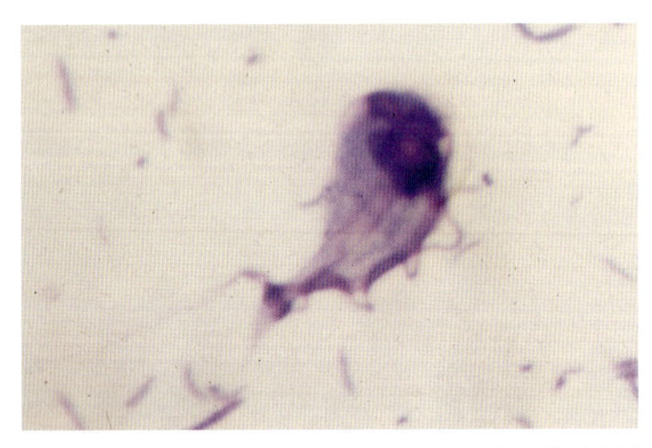

㊻腸トリコモナス *Pentatrichomonas hominis* のギムザ染色標本（p.117 参照）

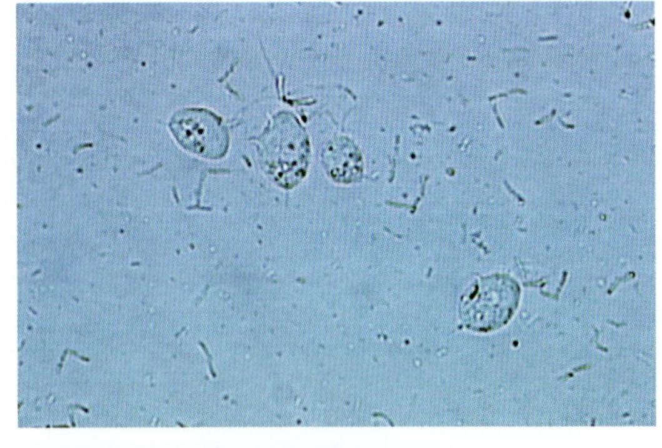

㊼培養液（田辺・千葉培地）中の腸トリコモナス（*Pentatrichomonas hominis*）（生鮮標本）（p.117 参照）

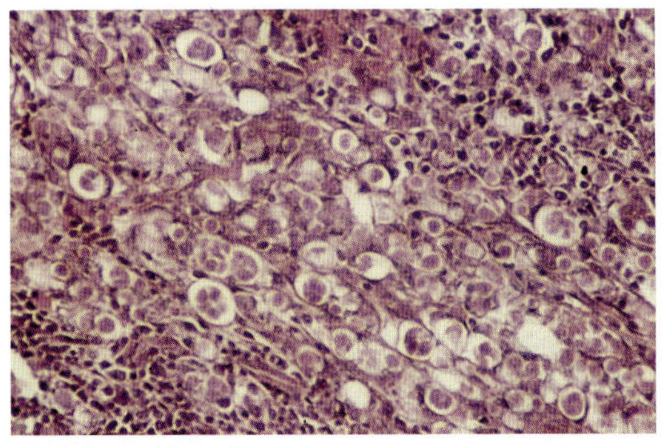

㊽肝臓中にみられるヒストモナス（*Histomonas meleagridis*）の抵抗期組織型虫体の病理切片（p.121 参照）

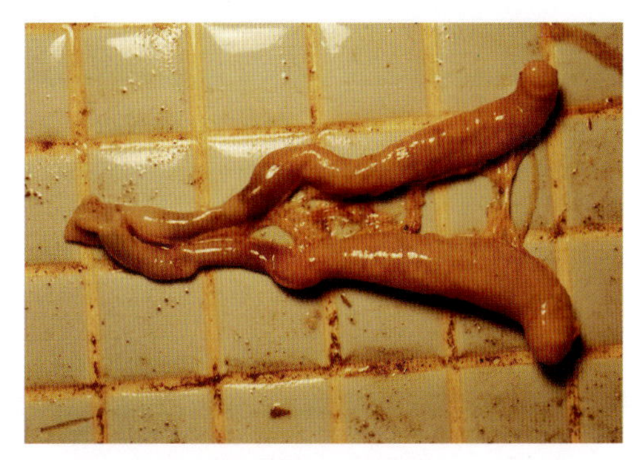

㊾ヒストモナス症の鶏盲腸病変［村野原図］（p.121 参照）

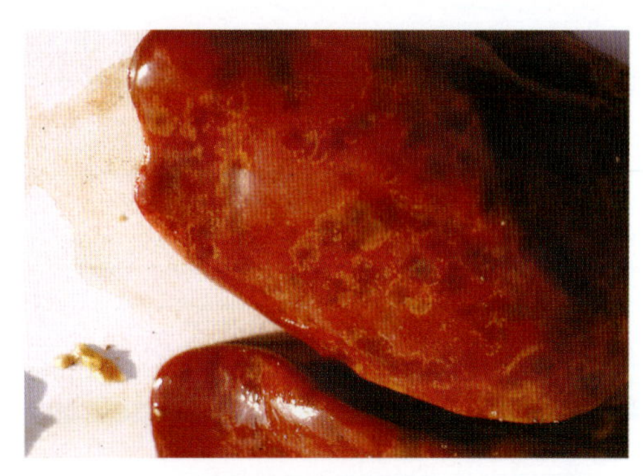

㊿ヒストモナス症の鶏肝臓病変［村野原図］（p.122 参照）

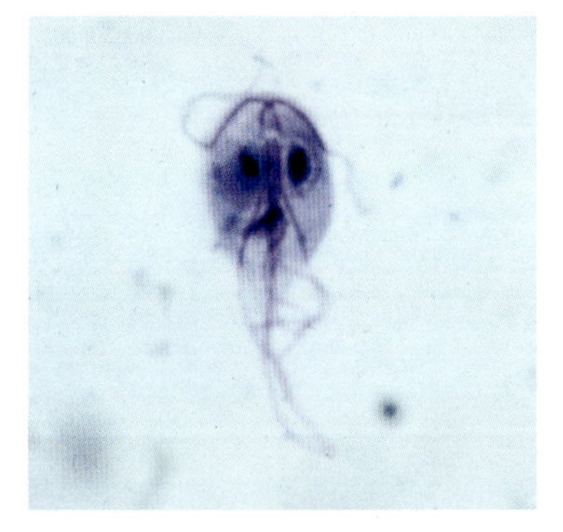

51ジアルジア（*Giardia* sp.）の栄養型虫体（trophozoite）（ギムザ染色）（p.123 参照）

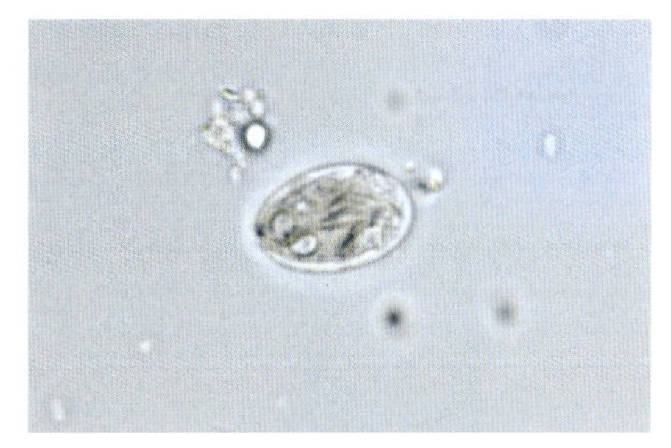

52 *Giardia* sp. のシスト（cyst）（生鮮標本）［笠井原図］（p.123 参照）

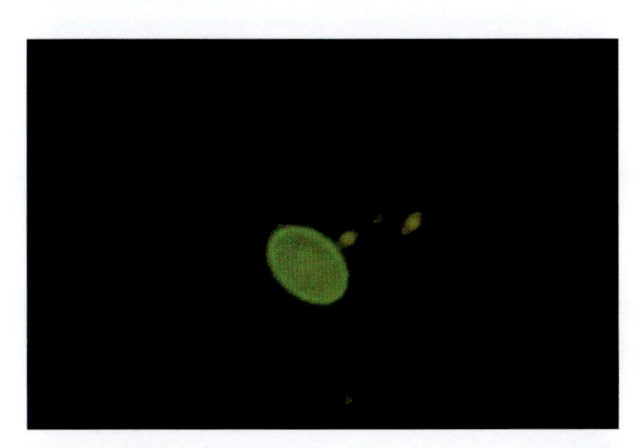

53蛍光抗体法で緑色に光る *Giardia* sp. のシスト［笠井原図］（p.124 参照）

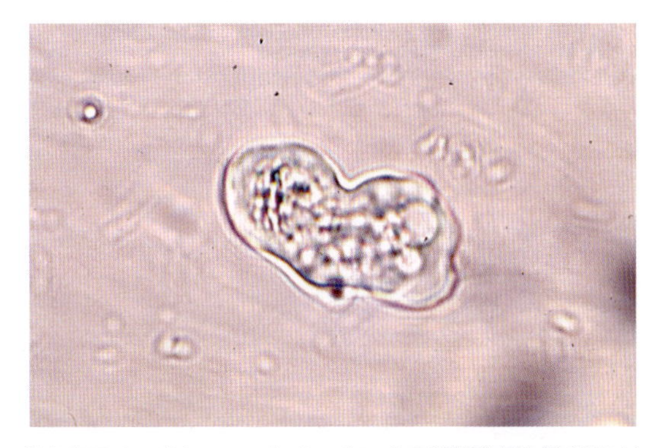

54赤痢アメーバ（*Entamoeba histolytica*）の栄養型虫体（生鮮標本）（p.126 参照）

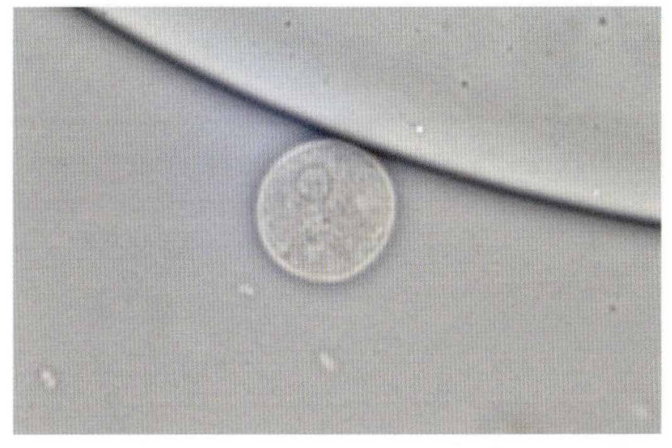

55 *E. histolytica* のシスト（生鮮標本）［笠井原図］（p.127 参照）

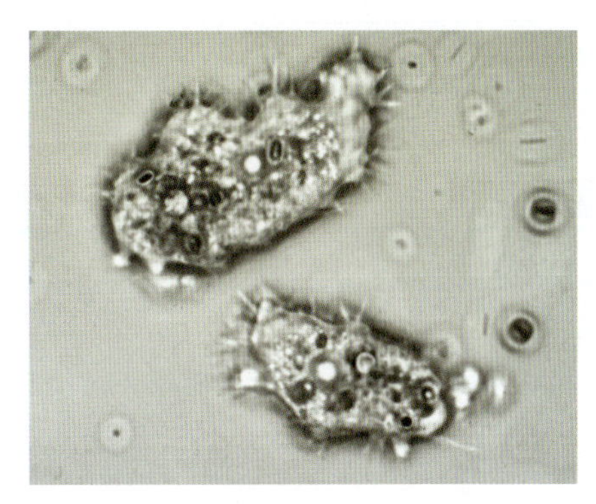

56アカントアメーバ（*Acanthamoeba* sp.）の栄養型虫体［遠藤原図］（p.129 参照）

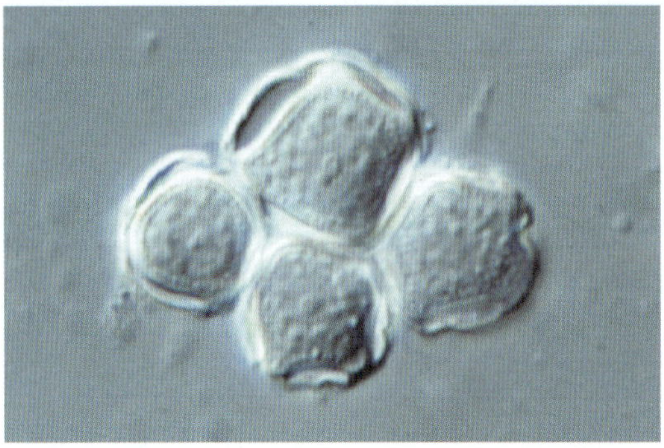

(57)アカントアメーバ（*Acanthamoeba* sp.）のシスト［遠藤原図］（p.129 参照）

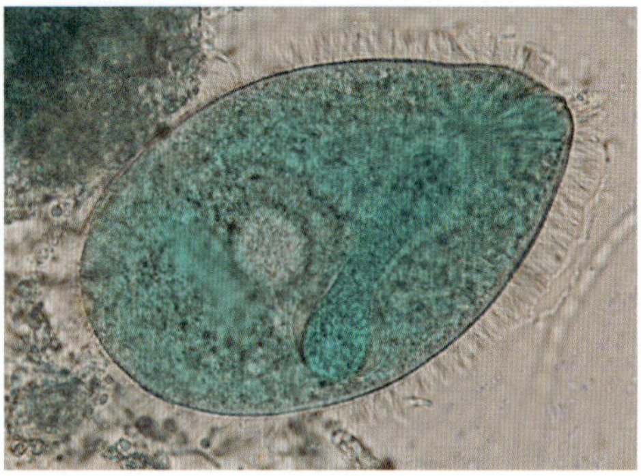

(58)大腸バランチジウム（*Balantidium coli*）の栄養型虫体（MFS 染色標本）［笠井原図］（p.130 参照）

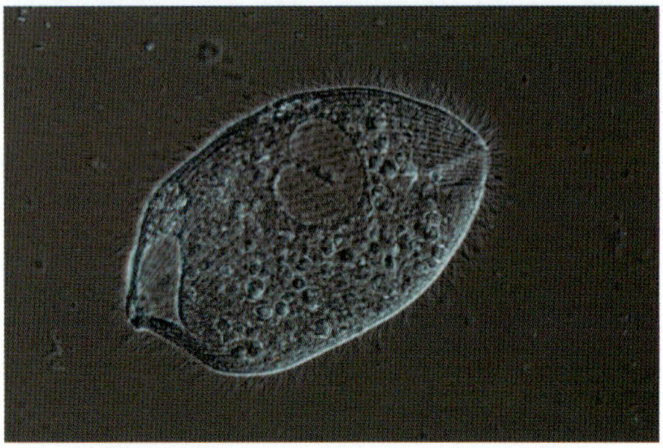

(59) *B. coli* の栄養型虫体（ノマルスキー微分干渉顕微鏡像［笠井原図］（p.130 参照）

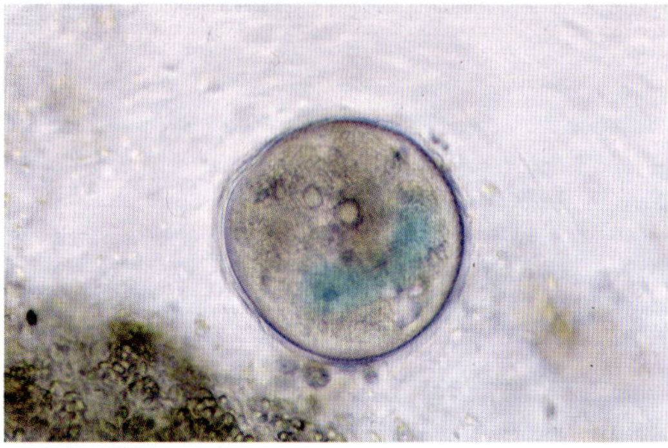

(60)豚糞便中にみられる *B. coli* のシスト（MFS 染色標本）［笠井原図］（p.130 参照）

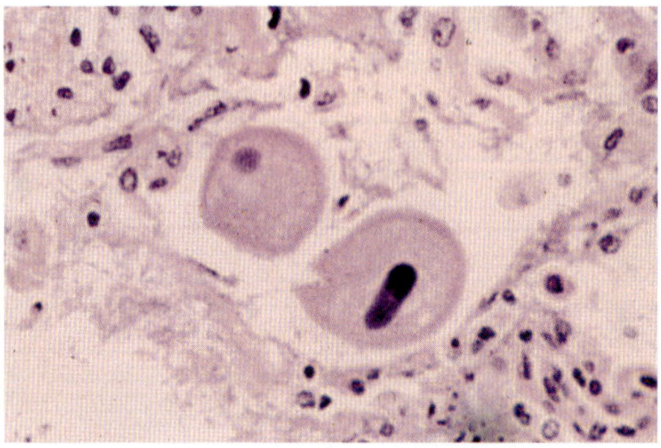

(61)腸管組織内に侵入した *B. coli* の栄養型虫体の病理切片像（p.130 参照）

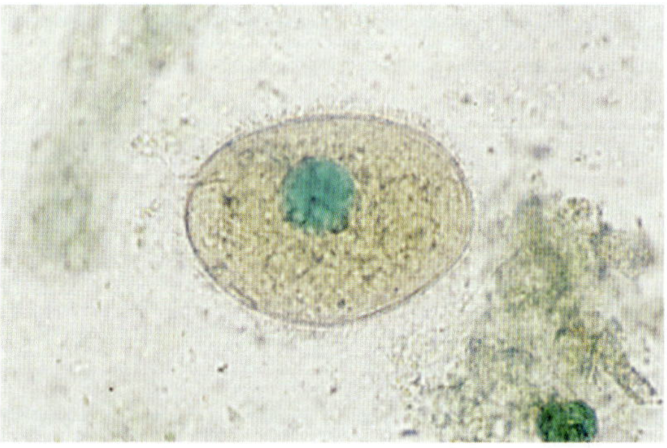

(62)バクストネラ（*Buxtonella sulacata*）の栄養型虫体（MFS 染色標本）［笠井原図］（p.131 参照）

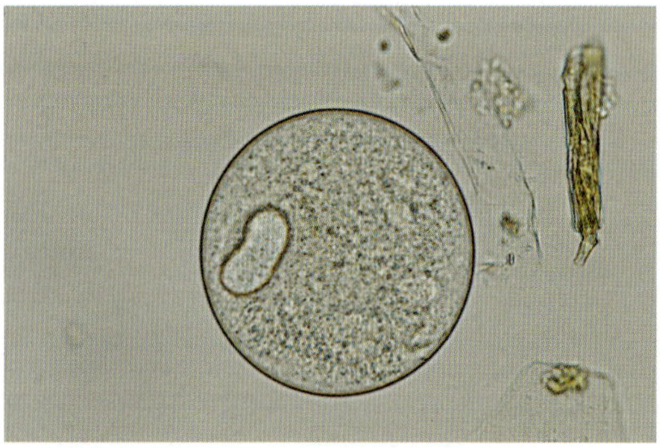

(63)牛糞便中にみられる *B. sulcata* のシスト（生鮮標本）［笠井原図］（p.131 参照）

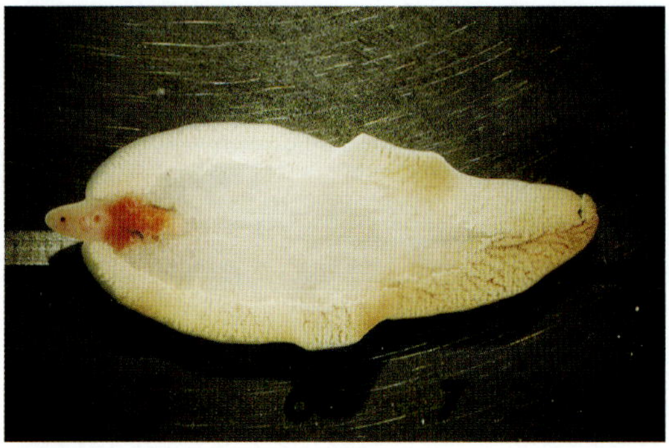

(64)日本産肝蛭成虫（p.139，140 参照）

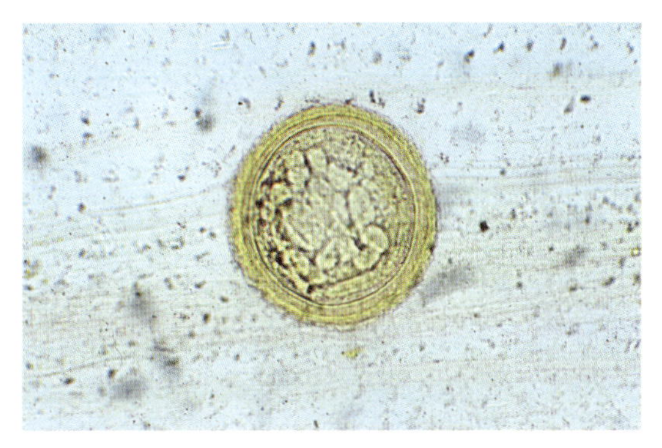

(65)肝蛭のメタセルカリア（p.142 参照）

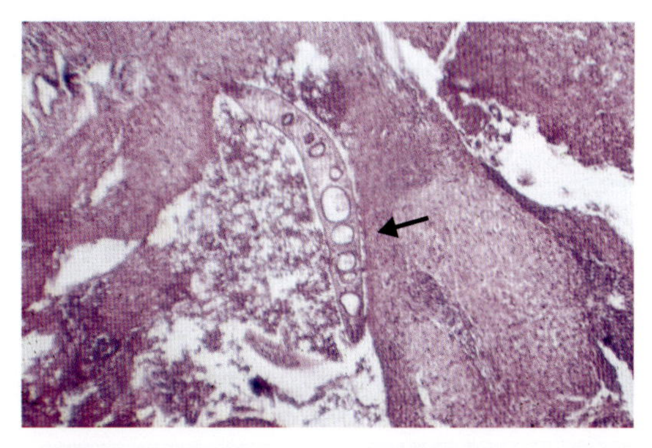

(66)肝臓を移行中の肝蛭幼虫（矢印）の病理組織切片（p.143 参照）

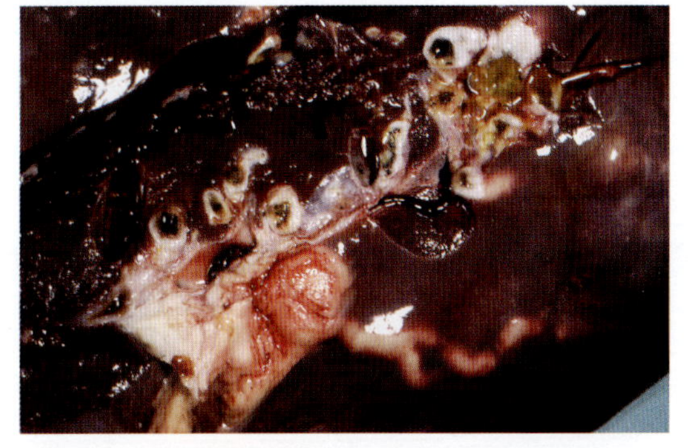

(67)肝蛭による牛の胆管の肥厚［笠井原図］（p.143 参照）

(68)牛の第 1 胃壁に寄生する双口吸虫［平原図］（p.147 参照）

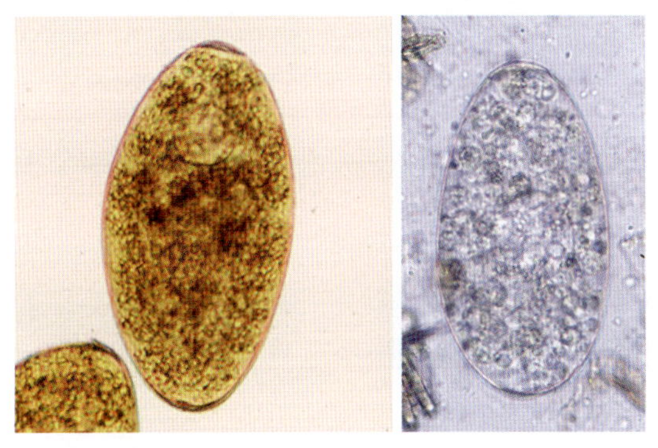

(69)肝蛭卵（黄褐色）と双口吸虫卵（無色）［笠井原図］（p.140，147，150 参照）

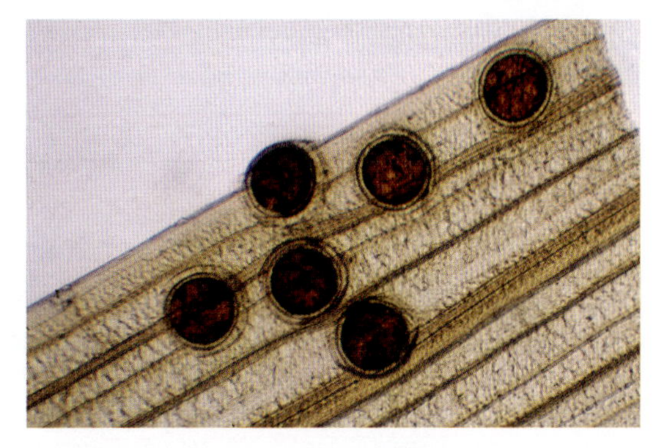

(70)双口吸虫のメタセルカリア（p.150 参照）

(71)膵蛭の圧平染色標本（p.150 参照）

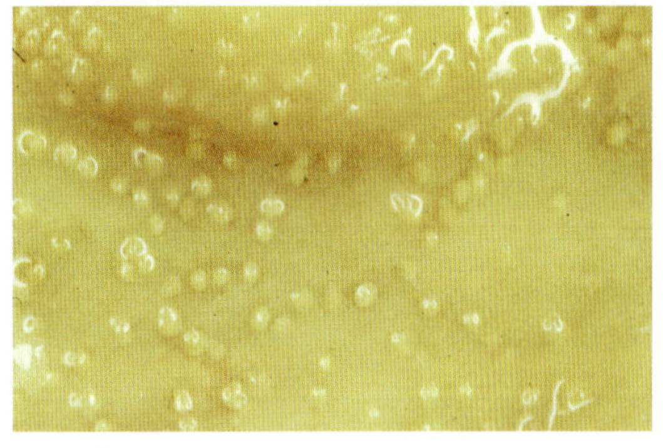

(72)猫の腸壁に寄生する壺形吸虫（p.154 参照）

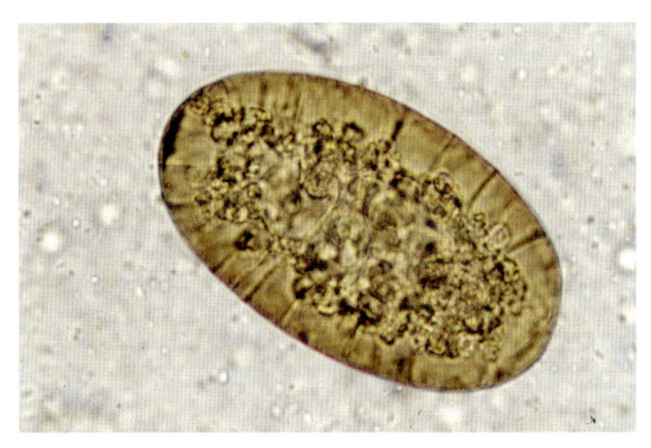

⑦③壺形吸虫卵（p.154 参照）

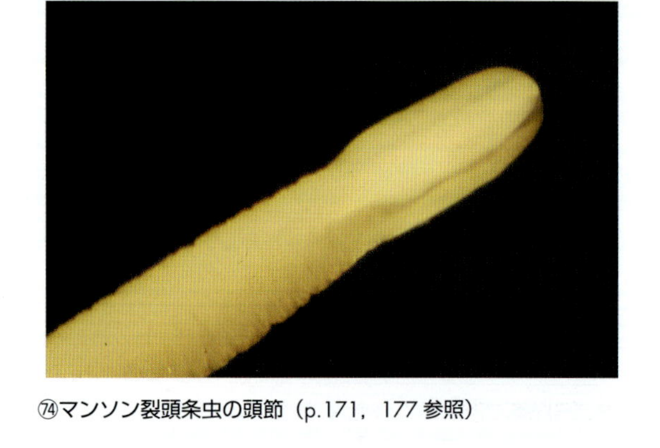

⑦④マンソン裂頭条虫の頭節（p.171，177 参照）

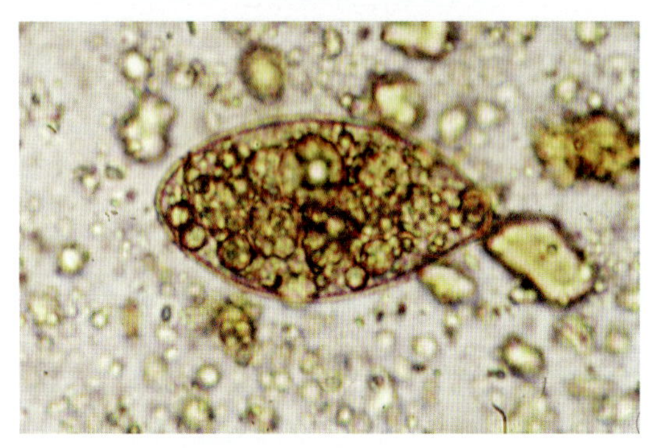

⑦⑤マンソン裂頭条虫卵（p.177 参照）

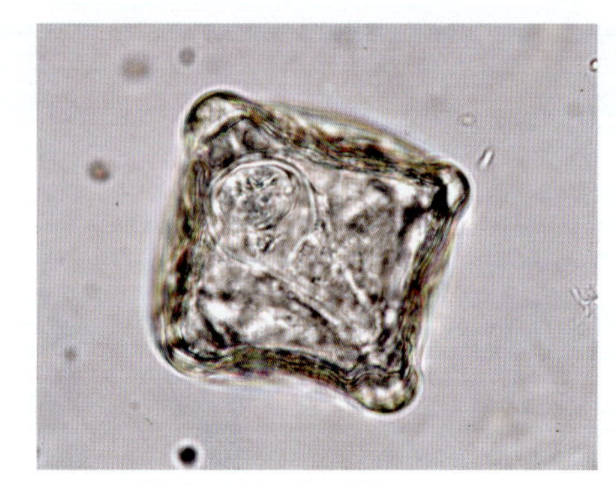

⑦⑥ベネデン条虫卵（p.179，180 参照）

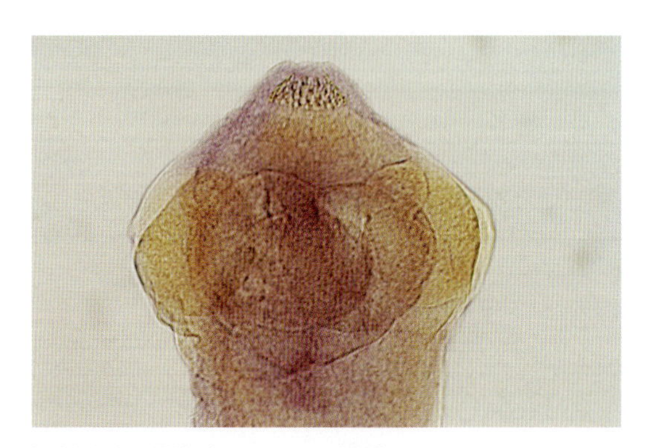

⑦⑦瓜実条虫の頭節（p.171，183 参照）

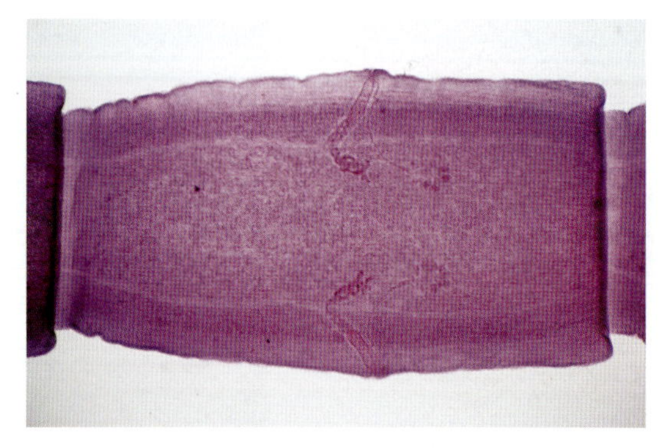

⑦⑧瓜実条虫の成熟片節（p.171，183 参照）

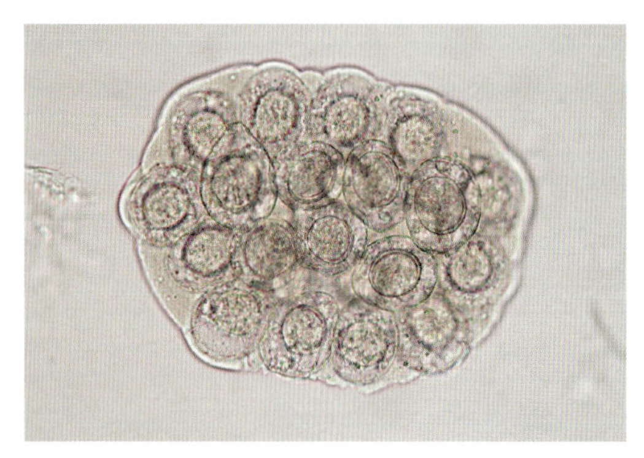

⑦⑨瓜実条虫の卵嚢（p.183 参照）

⑧⓪多包条虫成虫（p.194 参照）

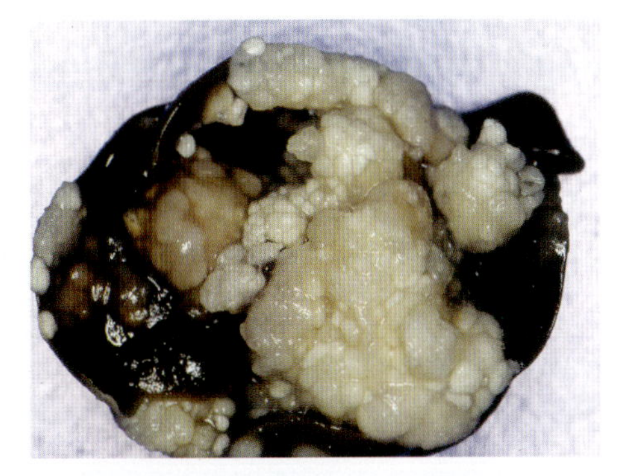

(81)ネズミ肝臓に形成された多包虫（p.194 参照）

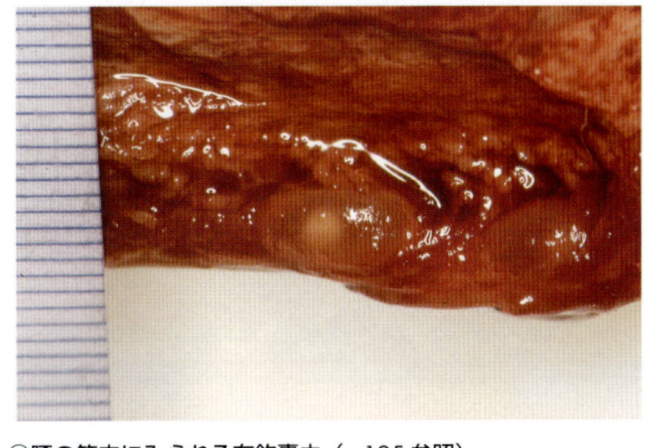

(82)豚の筋肉にみられる有鉤嚢虫（p.195 参照）

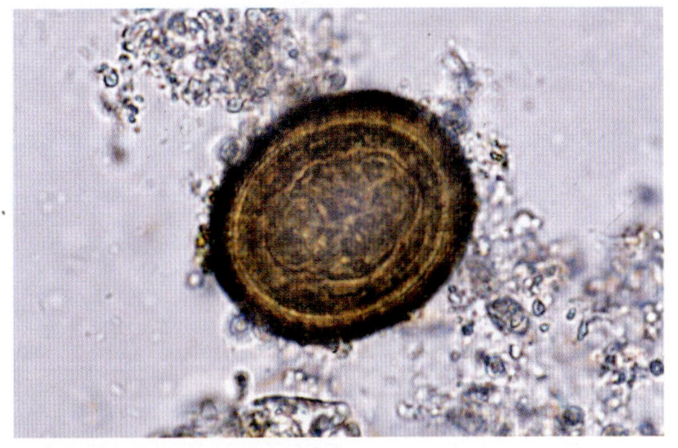

(83)無鉤条虫の虫卵（p.197 参照）

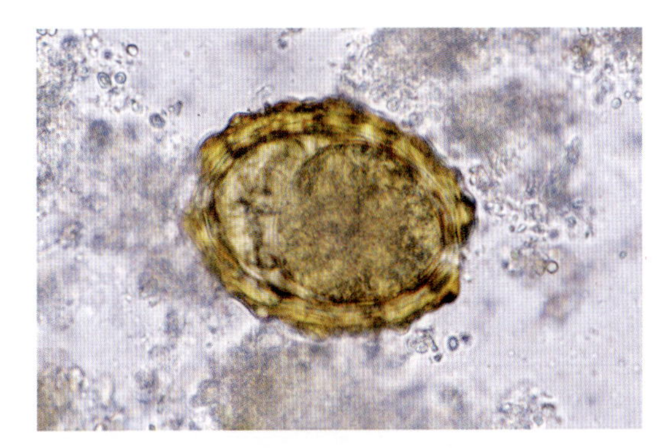

(84)豚回虫卵．厚いタンパク膜に注意（p.208 参照）

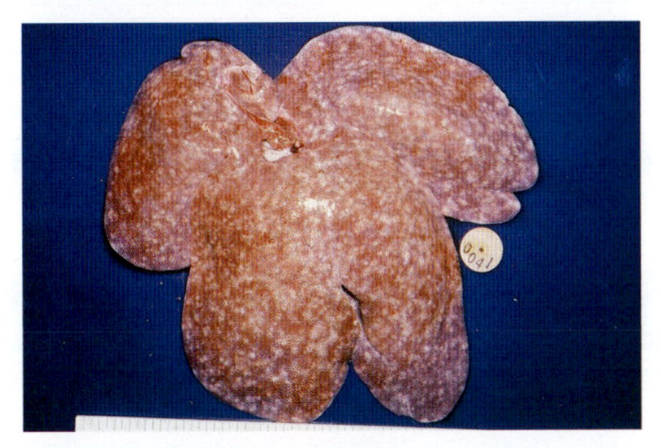

(85)豚回虫による豚の肝白斑［古谷原図］（p.209 参照）

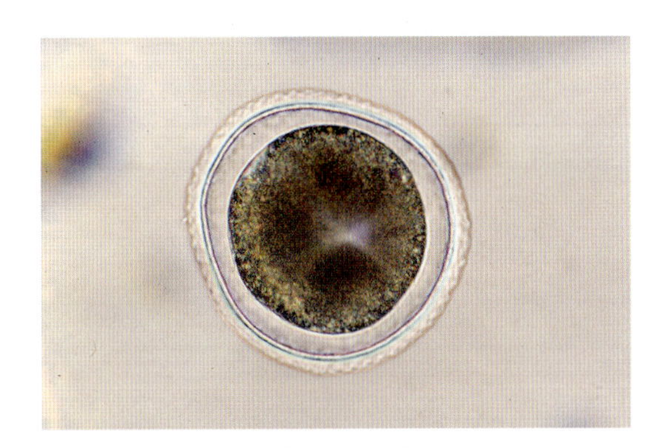

(86)犬新鮮糞便中の犬回虫卵（p.213 参照）

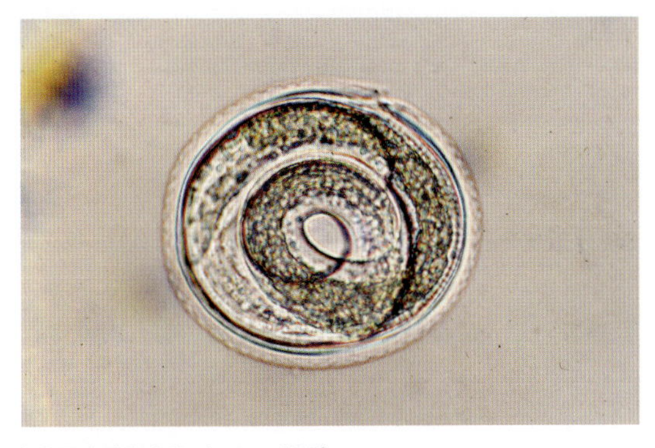

(87)犬回虫感染虫卵（p.213 参照）

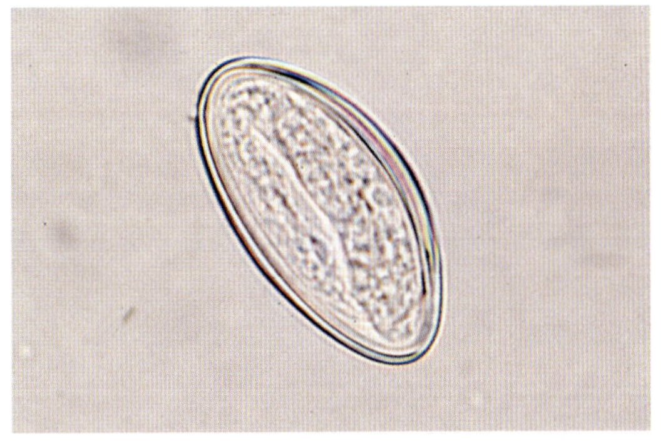

(88)ネズミ盲腸蟯虫卵（p.225 参照）

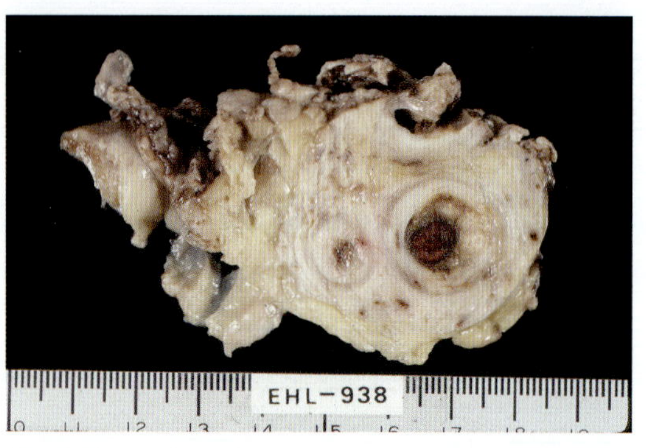

⑧⑨普通円虫による寄生性動脈瘤の横断面．白色血栓形成のため，動脈が著しく膨化している［吉原原図］（p.232 参照）

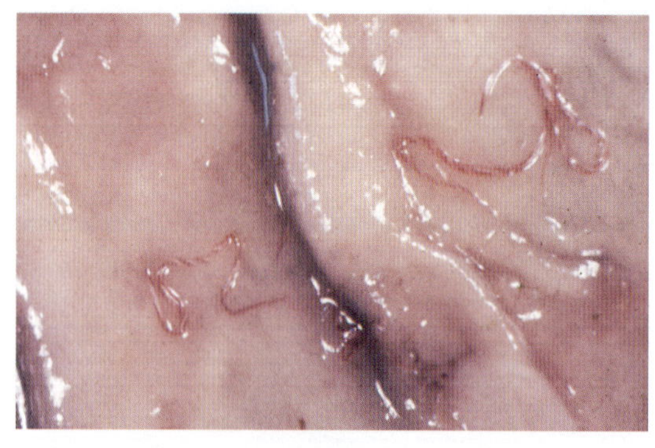

⑨⓪めん羊の胃壁に寄生する捻転胃虫（p.234 参照）

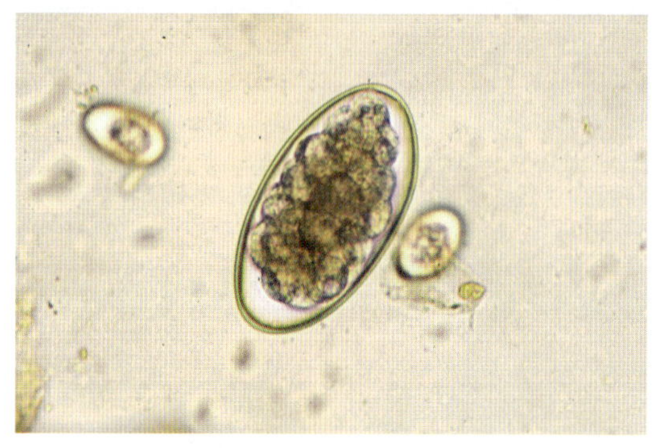

⑨①反芻動物の消化管内一般線虫卵（p.246 参照）

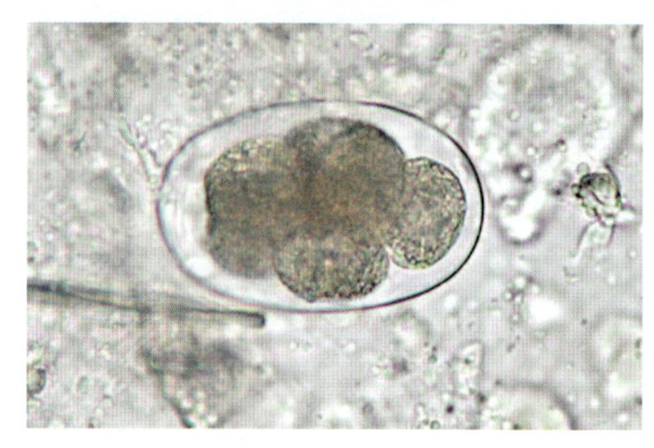

⑨②猫鉤虫卵（p.252 参照）

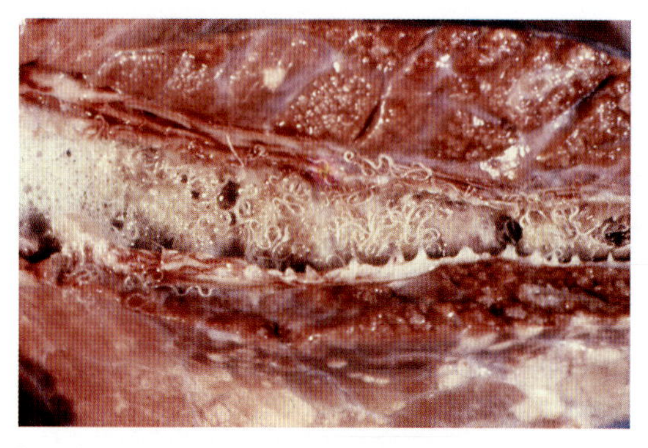

⑨③牛の気管内にみられる牛肺虫［平原図］（p.257 参照）

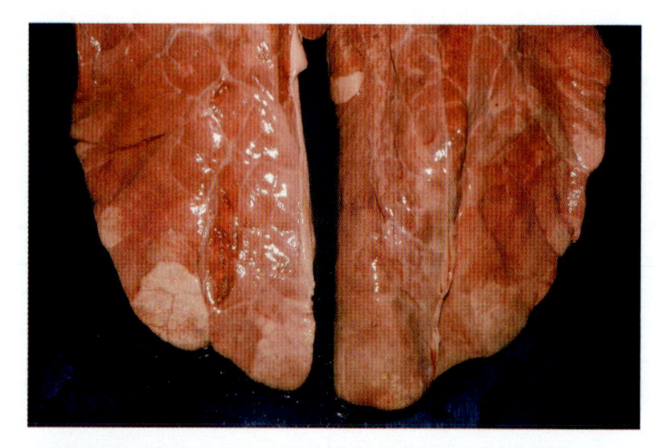

⑨④豚肺虫寄生豚の肺にみられる小葉性肺気腫［古谷原図］（p.261 参照）

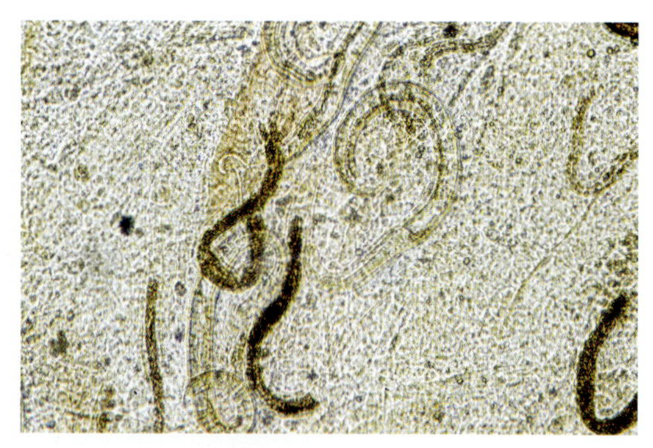

⑨⑤シマミミズ体内の豚肺虫の 2 期（暗色のもの）および 3 期（透明なもの）幼虫（p.262 参照）

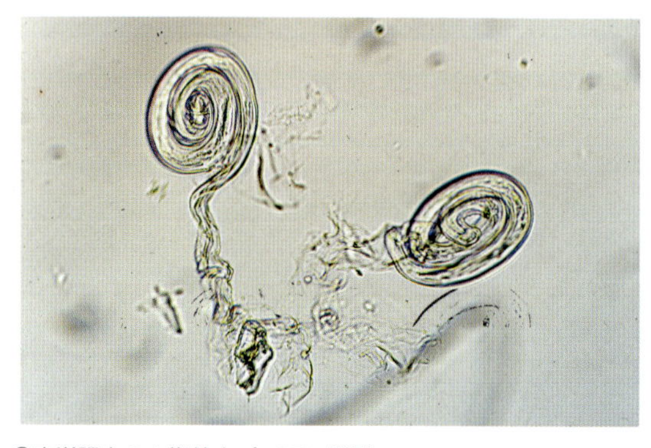

⑨⑥東洋眼虫の 1 期幼虫（p.276 参照）

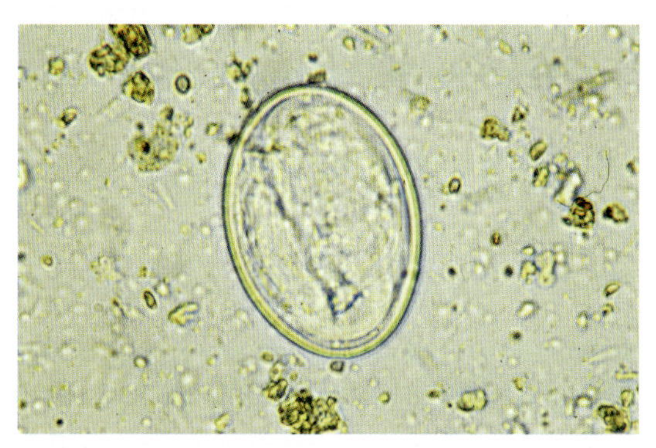

⑰猫胃虫卵（p.283 参照）

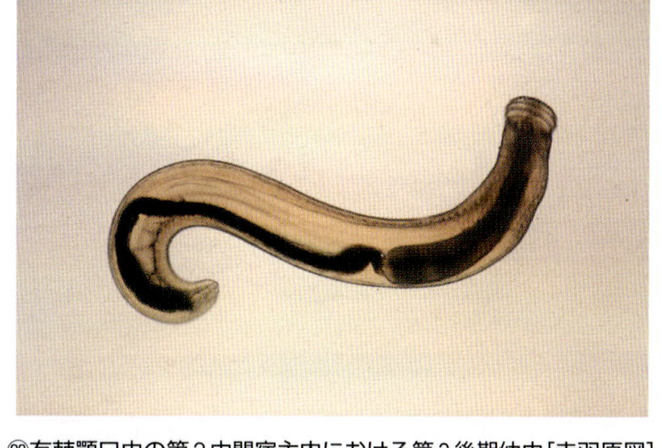

⑱有棘顎口虫の第２中間宿主内における第３後期幼虫［赤羽原図］（p.285 参照）

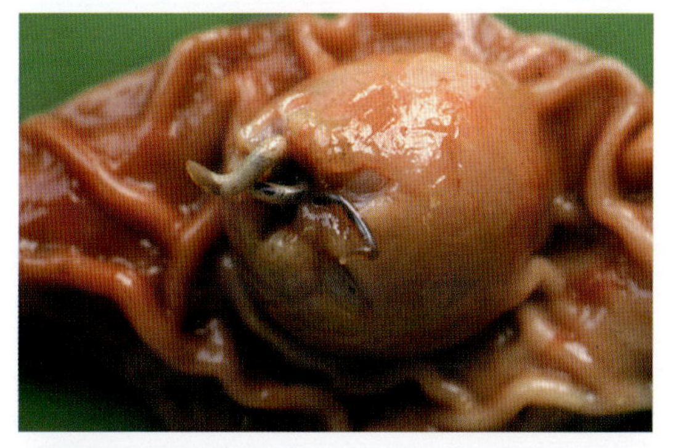

⑲有棘顎口虫感染猫の胃に形成された腫瘤と有棘顎口虫成虫［赤羽原図］（p.285 参照）

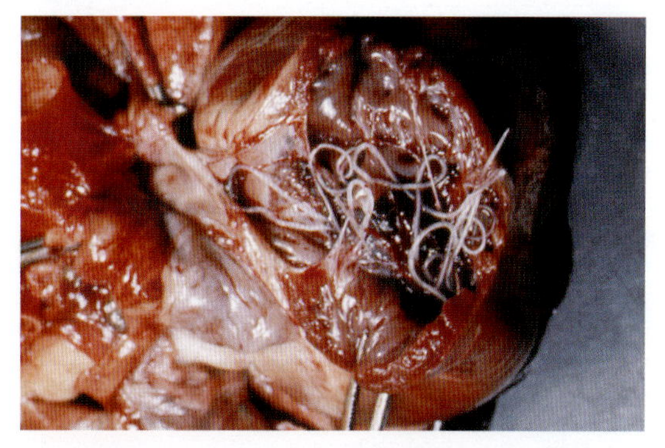

⑩犬の心臓にみられる犬糸状虫［多川原図］（p.287 参照）

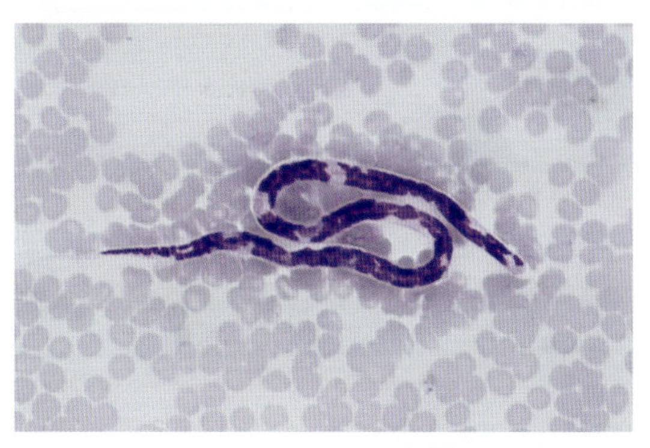

⑩犬糸状虫のミクロフィラリア（ギムザ染色像）（p.287 参照）

⑩沖縄糸状虫症の牛にみられる鼻鏡白斑（p.298 参照）

⑩沖縄糸状虫症罹患牛の乳頭．潰瘍が形成されている（p.298 参照）

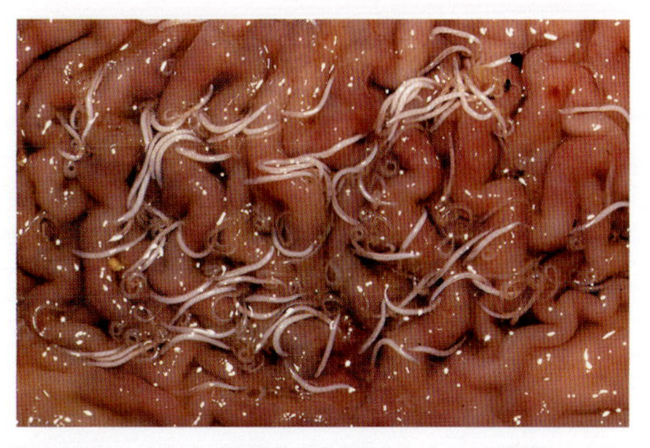

⑩豚の腸管に寄生する豚鞭虫［古谷原図］（p.303 参照）

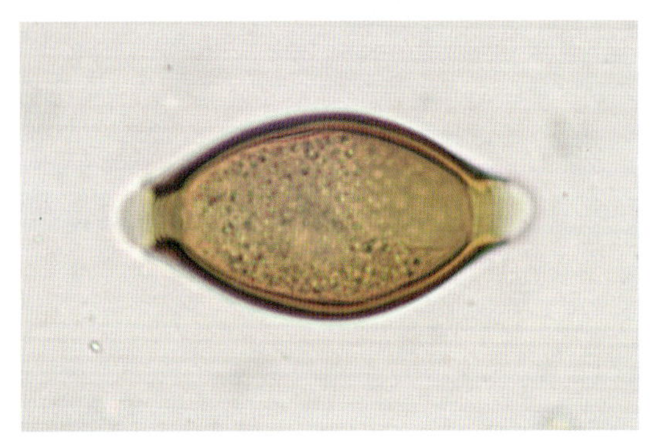

⑯牛鞭虫卵（p.304 参照）

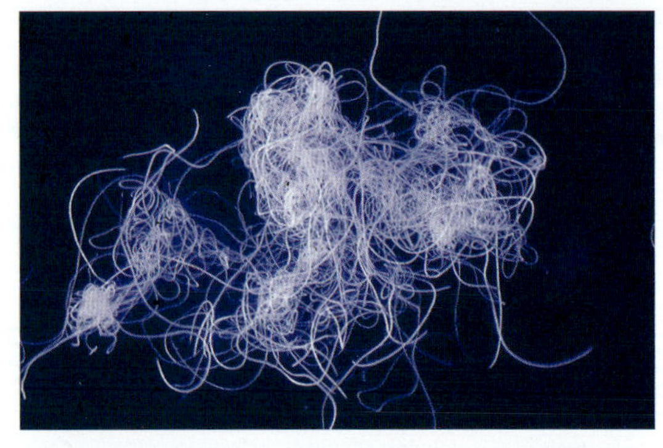

⑯犬の膀胱に寄生する *Capillaria plica* 成虫（p.307 参照）

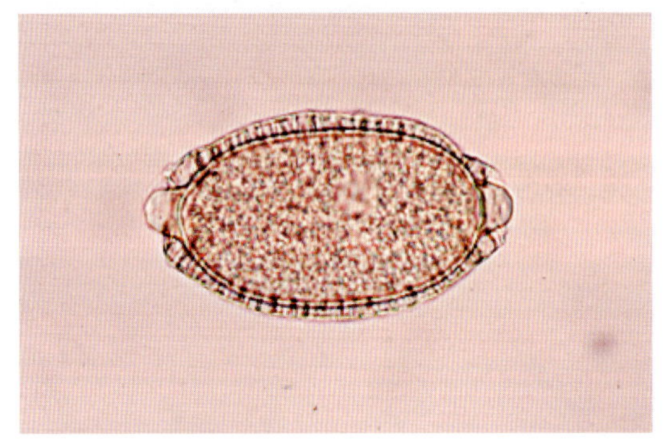

⑰猫の膀胱に寄生する *Capillaria feliscati* の虫卵（p.308 参照）

⑱げっ歯類の膀胱に寄生する *Trichosomoides crassicauda* の虫卵（p.309 参照）

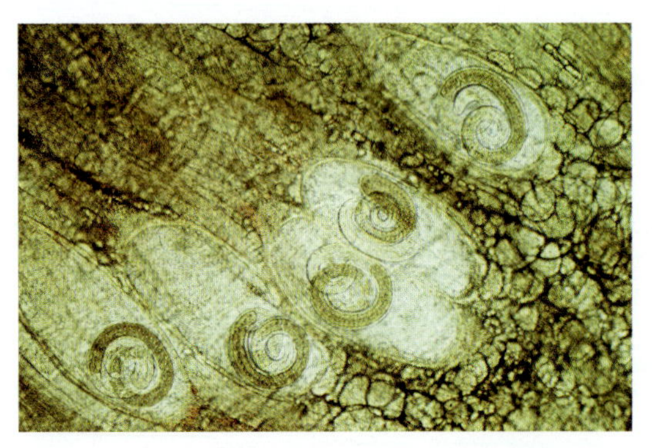

⑲筋肉内のトリヒナ幼虫［圧平生鮮標本］（p.312 参照）

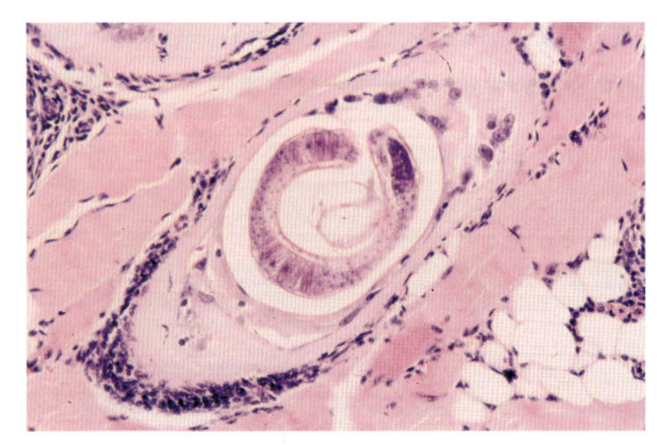

⑳筋肉トリヒナの病理切片像（p.312 参照）

㉑馬の胃に寄生するウマバエの幼虫（p.321 参照）

最新
獣医寄生虫学・寄生虫病学

石井俊雄 著
今井壯一 編
最新 獣医寄生虫学・寄生虫病学 編集委員会 編

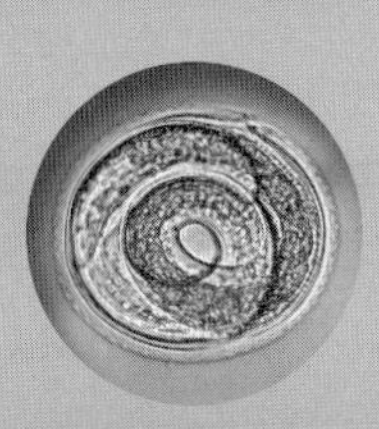

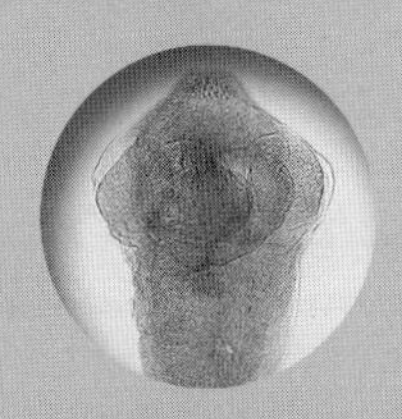

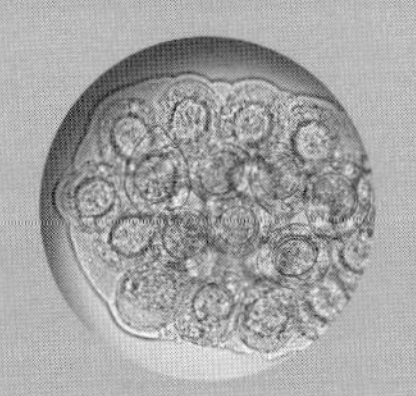

講談社

最新　獣医寄生虫学・寄生虫病学　編集委員会

浅川満彦	酪農学園大学獣医学群	(各論4～6章)
筏井宏実	北里大学獣医学部	(各論1章)
池　和憲	日本獣医生命科学大学獣医学部	(総論，各論1章)
佐伯英治	(有)サエキベテリナリィ・サイエンス	(総論，各論1章)
杉山　広	国立感染症研究所寄生動物部	(各論2章)
平　健介	麻布大学獣医学部	(各論4～6章)
高島康弘	岐阜大学応用生物科学部	(各論1章)
常盤俊大	日本獣医生命科学大学獣医学部	(各論1章，各論4章)
松本　淳	日本大学生物資源科学部	(各論3章)
森田達志	日本獣医生命科学大学獣医学部	(各論8章)

(五十音順，かっこ内は編集担当章)

最新版刊行にあたって

「獣医寄生虫学・寄生虫病学」が故 石井俊雄先生の御執筆によって1998年に出版されてから早くも20年以上を経過しようとしております．本書は先生の寄生虫学と臨床獣医学との結びつきを強く意識しておられた教育哲学のもとに，学生教育はもとより卒後にも役立つ書として広く受け入れられてきた経緯があります．

本書の由来は獣医寄生虫学の定番の教科書が不足している時代に先生自らお作りになった獣医寄生虫学講義プリントです．かつての講義プリントを今拝見しても現在の教科書にひけをとらない内容は，先生の一貫した哲学のもとにご執筆されたことの現れにほかなりません．

本書は出版からおおよそ10年が経過した2007年に，石井先生の後を受け継がれた故 今井壯一先生の手によって改訂されました．今井先生ご自身も改訂のお言葉の端々に石井先生の内容を御尊重されていることを伺わせる記載が多く見られます．本改訂書も石井先生の御意思と今井先生の最新の知見に裏付けられた書として崇拝されてきた教科書ですが，気付けば今井先生による改訂からも早10年以上が経過しようとしております．その間にも新しい知見の発表，新たなる分類体系の提唱，学名の変更も提唱され，昨今の現実と必ずしも一致しない点も多々見受けられるようになり，書き加えるべき時期かとも思われる次第であります．本来は再度今井先生に御登場願えればよかったのですが，今井先生も2015年5月に他界され，手つかずの状態になっており，今回の改訂作業を進めることと相成りました．

前回の改訂で今井先生の手により，見出し語のレイアウトの改善，動物名の表記，そして生活環の改訂が行われ，より近代的な仕上げになりました．今回の改訂では石井先生および今井先生のお考えを尊重しつつ，各章における精査に加え，新しい分類および学名変更への対応，駆虫薬・殺虫剤の変化への対応，そして外部寄生性節足動物への対応の3点を主眼とさせて頂きました．

各章における精査には，総論編，特に駆虫薬・殺虫剤に関しては石井先生が御執筆なさった時期に最も先生の身近におられた佐伯英治先生に，原虫編では筏井宏実先生，高島康弘先生，佐伯先生に，吸虫編では杉山 広先生に，条虫編では松本 淳先生に，そして線虫編では浅川満彦先生，平 健介先生，常盤俊大先生に，それぞれ御担当頂き，大変充実した内容に仕上げて頂きました．さらに本書には内部寄生期のある節足動物の記載はありましたが，外部寄生性節足動物記載がありませんでしたので，この改訂の機会に本項を加えることと致しました．この部分の執筆には森田達志先生に大変な御苦労をかけることになりました．改めて改訂作業に携わって頂きました先生方に厚く御礼申し上げる次第であります．

今回の改訂版を作製するにあたって，旧改訂版に写真・図版をご提供頂いた先生方に加え，さらに多くの先生方に御協力を仰ぐこととなりました．この場を借りて御礼申し上げる次第であり，お名前の敬称を略して記載させて頂き，心よりの謝意を表させて頂きます．

松田　一哉（酪農学園大学獣医学群）
長濱理生子（酪農学園大学獣医学群）
鳥居　善和（鳥居動物病院）
村田　浩一（日本大学生物資源科学部／よこはま動物園ズーラシア）
金城　輝雄（沖縄こどもの国）

最後に，改訂作業を行うにあたって，種々のご配慮を頂いた講談社サイエンティフィクの小笠原弘高氏に感謝の意を表する次第であります．

2019年3月

編集委員を代表して
池　和憲

改訂にあたって

故 石井俊雄先生が渾身の力をもって執筆された「獣医寄生虫学・寄生虫病学」は，長年に渡って寄生虫学の教育に携わられた先生独自の哲学に裏付けられた極めてユニークな構成をもち，独特で読みやすい文章と相まって獣医学を学ぶ学生に広く受け入れられた．ほかに詳細な獣医寄生虫学の教科書が少なかったこともあり，現在ではこの分野の定本としての評価を得ている．

しかしながら，本書が出版されてはや10年近くが経過し，その間，劇的という訳ではないが，この分野に関する知見も着実に進歩を遂げてきている．もとより石井先生は折に触れ，漸次改訂をお考えになられていたのであるが，誠に残念なことに2003年12月に鬼籍に入られた．ご自身の手で本書に手を入れられなかったことは，誠に心残りであられたことと思う．2006年になり，出版元の講談社サイエンティフィクより，このような定本をこのまま放置しておくのはいかがなものか，との提案があり，ご遺族の了解のもと，不肖今井が改訂に着手することになった．当初は文章に手を入れることは，石井先生の文体の流れを壊してしまうことになるのではないか，との心配もあり，改訂作業を行うことに躊躇したが，とくにここ10年間の駆虫剤，殺虫剤の変化は著しく，新たに問題となってきた寄生虫も少なくない．それらの新しい知見もとり込み，さらに本書の価値を高めることが弟子の責務ではないかと考え，お引き受けした次第である．

改訂にあたっては，できる限り石井先生の書かれた文章に手を入れることは避け，必要最小限の文章追加，および学生には少し読みにくいであろうと思われるいくつかの単語もしくは表現の改訂にとどめた．比較的大きな改訂点は次のようなものである．

(1) 見出し語のレイアウトを，より使いやすくなるよう配慮した．

(2) 用語の漢字表記については，石井先生の「出版までの経緯」にあるように，正しい日本語を使うべきと考え，先生のお考えを踏襲したが，動物名の表記については，家畜，伴侶動物とその他の動物を区別するため，家畜，伴侶動物については漢字を，その他の動物ではカタカナで表記するようにした．また，「人」については，先生の意に反することになるが，他の教科書類のほとんどで用いられている「ヒト」を使用した．これは，生物学的な種としてのヒトを表すにはこのほうが適切であると判断したためである．

(3) 生活環の図は文字どおり，「環」となるよう描画を改訂した．

なお，本改訂版を作製するにあたって，出版元には図表の原版がないとのことで，新たに写真を集める必要が生じた．当教室で保管されている写真で代用できるものもあったが，多くの写真は他の先生方のご協力を仰がねばならなかった．個々の写真・図版にはご協力をいただいた方々のお名前を敬称を略して括弧内に記した．さらにご芳名を次に挙げ，心よりの謝意を表する．

磯部　尚（独立行政法人動物衛生研究所）
伊藤　亮（独立行政法人産業技術総合研究所）
遠藤卓郎（国立感染症研究所寄生動物部）
大永博資（元財団法人日本生物科学研究所）
笠井　潔（茨城県衛生研究所微生物部）
川原史也（財団法人日本生物科学研究所）
志村亀夫（独立行政法人動物衛生研究所）
藤　幸治（博多犬猫病院）
播谷　亮（独立行政法人動物衛生研究所）
松井利博（杏林大学医学部感染症学教室）
村野多可子（千葉県畜産総合研究センター）
吉原豊彦（財団法人軽種馬育成調教センター）
若林光伸（元新潟県下越家畜保健衛生所）

また，日本獣医生命科学大学獣医学部獣医寄生虫学教室の池　和憲准教授，森田達志講師には写真の提供をお願いしたうえに，総論のワクチン，免疫学的診断の項にそれぞれ手を入れていただいた．深甚なる謝意を表する．

最後に，改訂作業にあたって，種々ご配慮いただいた講談社サイエンティフィク小笠原弘高，堀　恭子の両氏に深く感謝する．

2007年11月

今井壯一

出版までの経緯

1977（昭和52）年から1995（平成7）年までの18年間，日本獣医畜産大学において獣医寄生虫学および獣医寄生虫病学を担当してきた．当初は確か獣医寄生虫学とは言わず，家畜寄生虫学と称していたように思う．それが，獣医学教育の修業年限が6年に延長されたころから，日獣大では他の科目とともに，一律に『獣医』を付けるように統一されたと思う．これに倣って本書の表題を『獣医寄生虫学・寄生虫病学』としたわけである．ちなみに，国家試験科目は相変わらず『家畜寄生虫（病）学』になっていると聞く．しかし，本書は表題にこだわる必要はない．要は，本書は広義の寄生虫のうち，とくに獣医学分野に関連の深い種類を取り上げ，さらにこれら寄生虫による病害と対策を加えてまとめたもので，学生のための教科書として，また手軽な参考書として利用されることを目的としたものである．

思えば齢52歳にして20年を超える研究所生活から離れ，以後は大学の専任教授として寄生虫学を通年，寄生虫病学を半年という枠で講義を担当することになったわけであった．そこでまず講述すべき全項目を一応検討し，一齣当たりのおよその配分計画を立ててみた．この時に教科書を用いようという考えが全く念頭に浮かばなかったのは，不思議と言えば不思議であった．おそらく前任の藤田潯吉先生の例に倣ったのであろうし，対象学生数が少ない大学院が主であったとはいえ，かなり長く勤めていた非常勤講師の経験から推して，思いが至らなかったのであろう．私自身の学生時代は戦後間もなくであったためか，教科書といえるものはほとんどなかったように思う．少なくとも書名の紹介はあっても強制された記憶はない．しかし何と言っても当時から四半世紀を越えたこの時代，思えばまことに浅はかなことであった．

寄生虫学の講義，学生の側からいえばとくに形態の理解には図解が有用な手段になる．形態に限らず発育環の理解にも図説が有効になる場合は少なくない．スライドの映写やポスターの展示，時としては板書などが用いられるであろう．しかし，聴講する学生としては短時間に正確に筆写することは容易ではない．事実，丁寧とはいい難い板書の図を筆写した学生から，後日になってノートに筆写した図を基に質問を受けたことがあった．少々粗い板書の図を筆写した図は，当方の意図するところとは少々異なっていた．この事実は，板書は学生に無理を強いるばかりでなく，教育・学習効果はあまり期待できないことを示唆するものであったと思う．反省のすえ，図や写真はせめてコピーを用意して配布しようと考えるに至ったわけである．

図や写真，時には表などを加えて配布用教材の素案を練ってみると，説明文も欲しくなる．しかも回数を重ねるたびに説明文はしだいに増える傾向になってきた．こうなれば板書，筆写の手間が省けてはなはだ都合がよい．その結果は補足説明の時間を増やす余裕が生じ，効果は上がったものと考えていた．が一方，コピーを受け取れば受講も理解も終わったものと錯覚する学生はかなりいたようである．しかし，この錯覚にはあえて気を遣わないことにした．

『寄生虫（病）学ノート』と名付けていたプリント教材は，かなりのボリュームになっていた．これが別用で来室中であった講談社サイエンティフィクの武藤修一氏の知るところとなり，何とか出版しようという話になったのは十数年も前のことであった．気楽にその気にはなったものの，公刊するとなれば慎重にならざるを得ない．全体構想が具象化される前段階に当たる各項目についての追加・削除事項の再点検，配列の適否，図版・写真などの著作権問題等々，問題山積どころの騒ぎではない．躊躇する思いもあるにはあった．しかし，毎年聴講する学生数に合わせてその都度準備する教室の経済的，労力的な負担が容易でないことは事実であった．それに，何と言っても手書き原稿からのコピーは汚く見苦しい．よし，一歩ずつでも積み重ねてやってみよう，と覚悟したしだいである．

決心を固め，手を付け始めたのは事実である．しかし，総論と原虫の半ばまでの素稿が固まったころから，はなはだ言い訳がましいが，何かと公務・雑用に時間を取られることが多くなってきたことも確かである．これは作業の単純な中断にとどまらず，リズムの攪乱という大障害になって跳ね返ってくることが多かった．さらにその後，大手術を受け，引き続いてC型肝炎に罹患するというほとんど執筆不能な状態が続き，わずかに限られた講義と大学院関係の業務のみをやっと消化するという情ない体調に陥っていた．幸い，定年退職するころになって肝炎は治まり，机上仕事には差し支えない程度の体力を回復することができた．今度は，時間だけはあり余っていた．以来2年余，原稿の執筆・推敲，挿入図の作成，借用する写真類の依頼や手配に専念し，このほどやっと原稿を武藤氏の手に渡すことができた．振り返れば，何かと経緯，事情はあったとはいえ，全く呆れ返るほどの長い年月を費やしたものである．この間，耐えに耐えてきた武藤氏の辛抱を衷心より称賛し，感謝する．

本書が出版されるに至った経緯上，従来の類書とは異なって個人的な色彩がかなり強く出てしまった傾向がある．第一に漢字表記，さらに幾つかの事項について述べておきたい．

用語の漢字表記について：用語にはなるべく慣用漢字を用いるように努めたが，原稿引き渡し段階ではまだ読み馴れない漢字が多すぎる，難しすぎるという指摘があった．大部分は社会一般の慣例に則り，最終的には編集に当たる講談社のマニュアルに従うことに同意せざるを得ないが，同意し難い字句もある．同意できない主な理由は“略字は許せるが，当て字は許し難い”ということにある．少々例示してみる．

①馬の糸状虫症の項に『溷睛虫（症）』という言葉が出てくる．これは馬の前眼房内に糸状虫（フィラリア）の幼虫が迷入して，角膜の混濁（溷濁）を来す疾患である．『溷』は「にごる」を意味し，『睛』は「ひとみ，めだま，くろめ」の意である．当今は多く『混晴虫』という字が当てられているが，漢字の特徴である意味・内容が異なる，というかむしろ失われてしまっている．少なくとも『晴』の字は何とも困る．『睛』には『画竜点睛』という熟語があるから，意味は容易につかめるであろう．『画竜点晴』では意味をなさない．

②虫卵検査法に『浮游法』という基本術式がある．これも昨今では多く『浮遊法』が当てられている．この当て字は許せるかもしれぬが，検体中の虫卵は「浮いて水面を泳いで」いて欲しい．「浮かれ遊んで」いては困るのである．同様に，孵化した幼虫は水中へ『游出』するが，『遊出』はちょっとオカシイ．

③虫卵検査法には浮游法の反対の『沈澱法』という術式がある．これは多くは『沈殿法』となっている．比重の重い虫卵を「おり，かす」として試験管の底に沈めて検出しようという方法で，沈む「との」でもなければ「しんがり」や「どの」を探すのではない．

④『洗滌』は通常『洗浄』と表記されている．『滌』は正しくは「テキ」と読み，慣用音は「デキ」，したがって『洗滌』は「センデキ」と読むが「センジョウ」という誤読に由来する慣用読みが通用している．意味は「洗いすすぐこと（広辞苑）」である．『滌』は「すすぐ」を意味する．一方，『洗浄』は「洗いきよめる（同）」で前者が即物的であるのに対し，何やら精神的な色彩が強くなる．少なくとも本書で扱う範囲では『洗滌』のほうが適切であろうと考えている．

⑤『蒸留』『貯留』の『留』は「とどまる」であって，蒸溜には正しくは「したたる，たまる」の『溜』を用いたい．蒸留管の中で留まっていては困るのである．

⑥『回虫』は本来は『蛔虫』であったが，寄生虫学界でも『回虫』が用いられ，定着しているので仕様がない．これに倣う．『絛虫』は略字の『条虫』が常用されている．このように略字のあるもの，あるいは意味を著しく損なわないものは略字または代字による慣用表記に従う．

平仮名の多用慣例について：最近は修飾語をほとんどひらがなで表記する．また的確厳正であっても堅苦しい漢字表現よりも平易な表現を推奨する傾向にあることは承知している．この趨勢に対して積極的にあらがうことはしないが，あまりにもたくさんのひらがなが続いていると，かえって読みにくい．見た目にもよくない．編集者の美意識に任せることにするが，あえて漢字の挿入を要求する箇所もあろうかと思う．

動物名の表記について：原則的に，家畜・家禽をはじめ一般の動物は漢字で，実験動物として扱われている場合にはカタカナで表記した．すべてを“カタカナ”で表記する様式もあるが，不自然な感じは拭えない．とくに『ヒト』という書き方は気に入らない．また一般の動物名には漢字では難しいものが少なくない．しょせん常用漢字でないものが多い．これらは止むを得ず“ひらがな”で表記した．ルビを付けたものもある．

動物名の訳語があまり適切でない場合が結構ある．たとえば，“Zebu”は『ほう牛』『瘤牛，こぶ牛』『インド牛』などと訳されているが，本書では『ゼブー』とした．

なお従来，去勢馬は『騸（せん）馬』，去勢牛は『閹（えん）牛』と呼ばれていたが，これらは今では死語になっている．『牝・牡』もわずかに競馬の社会に残されているのみのようである．

薬剤の商品名の取扱について：商品名を学術書の本文中に載せることに関しては，種々の見解がある，全く受け付けない厳しいもの，脚註の型式を採るものから，かなり緩いものまである．本書では現場における実用性を重視し，随時右肩に ® を付けた商品名®を併記した．

1998年3月　　　　石井俊雄

謝　辞

本書成立の経緯からわかるように，下敷きになっていた配布用プリントは学内に限定したもので，プリントに利用していた写真・図版類はそのまま転用できるものではなかった．一方，個人はもちろん，教室に保管されている資料にも限度があり，どうしても多くの方々のご協力を仰がねばならないことは自明の理であった．個々の写真・図版にはご支援・ご協力をいただいた方のお名前を敬称を略して括弧内に記してある．さらに芳名をここに挙げて衷心よりの謝意を捧げる（五十音順；敬称略）．

赤羽啓栄	福岡大学医学部寄生虫学教室・助教授
上野　計	ブラジル連邦バイア大学獣医学部・教授
大永博資	(財) 日本生物科学研究所・主任研究員
熊田三由	(元) 国立予防衛生研究所・主任研究官
小山　力	(元) 国立予防衛生研究所・寄生虫部長
斎藤哲郎	斎藤獣医科病院・院長
実方　剛	鳥取大学家畜微生物学教室・助教授
志村亀夫	農林水産省家畜衛生試験場・研究技術情報官
平　詔亨	農林水産省家畜衛生試験場・上級研究官
田中英文	国際環境福祉研究所
坪倉　操	鳥取大学・名誉教授
藤　幸治	博多犬猫病院・院長
野坂　大	(元) 宮崎大学・教授
古谷徳次郎	ファイザー製薬株式会社・生物学的製剤検査センター・課長補
升　秀夫	筑波大学医療技術短期大学部・助手
松井利博	杏林大学熱帯病寄生虫学教室・講師
松田　肇	獨協医科大学医動物学教室・教授
松野年美	武田薬品工業株式会社・アグロカンパニー・主席部員
山下次郎	(故) 北海道大学・名誉教授
吉原豊彦	JRA 競走馬総合研究所・臨床医学研究室長
若林光伸	新潟県下越家畜保健衛生所・防疫課長

※故山下次郎先生の御著から図版を拝借するにあたり，大林正士名誉教授，神谷正男教授のご諒解，お骨折りをいただいた．また，田中英文氏の写真拝借には福井正信博士（元・国立予防衛生研究所獣疫部長）のご仲介を煩わした．ここにあらためて3先生に深謝の意を表したい．

※平　詔亨博士は同博士の著『家畜臨床寄生虫アトラス：チクサン出版社』からの転用を快諾され，長期海外出張前のご多忙中にもかかわらず，わざわざ同出版社への連絡の労をお執り下さった．お蔭で多数の写真を利用させていただける望外の喜びを得た．ここにあらためて深謝したい．併せて転載を諒解して下さったチクサン出版社へも深甚の謝意を表したい．

※藤　幸治博士は宮崎博士との共著『図説・人畜共通寄生虫症』のうち，同博士の分担・原著作になる図版の利用を快諾され，原図版をお送り下さった．さらに貴重な写真の原著者をご紹介，ご連絡下さるなど，全般にわたり一方ならぬご協力を賜った．ここにあらためてお礼を申し上げる．

※最後に，日本獣医畜産大学獣医寄生虫学教室室員各位の全面的なご協力に深謝する．今井壯一教授へは数々の依頼をしたうえに，とくに『ルーメン内繊毛虫』に関する一文と写真の提供を願った．佐伯英治助教授には多数の手持ちスライドの提供，教室の展示用標本の撮影とともに諸処への依頼，連絡などの諸用をお願いした．森田達志助手には写真撮影のほかに，私の手に余る複雑な発育環図などのパソコン処理をお願いした．また，学生諸君には何かと多大な協力を願ったことと思う．かなり無理なお願いもあったと思われるが，快く，滞りなく処理してくれた各位に深甚なる謝意を表したい．

1998年3月

石井俊雄

目　次

総　論

各論

総論 1 寄生と寄生虫

1.1 寄生とは

他の生物体またはそれらがつくり出した有機物を利用する従属栄養生物（heterotrophic organisms）の一員である動物（本書では原生生物（原虫）も含む）が，より大形の動物体内もしくは体表から栄養を摂取する方法を寄生（parasitism）といい，そのような生活を行う動物を寄生虫（parasite）という．この場合，寄生する側（寄生虫：parasite）と寄生される側（宿主：host）との間には相互作用あるいは関係（host-parasite relation）が生じる．相互作用によりお互いがなんら不利益をこうむらず利益を受けるようなものであれば，この関係は永続的なものとなるであろうが，動物には通常自己と非自己を厳密に区別し，非自己を体内から排除する機構が備わっている．自己とその種族を保存するためには当然の対策である．したがって，一方の体内に他方が寄生するような場合には多かれ少なかれ相互の葛藤が起こる．この程度はさまざまで，ときとして相手を死に追いやるような激烈なものから，害をまったく与えないものまで変化に富んだものとなる．このような相互関係を次の3つに区分するが，その程度は連続しており，明確な区分は難しい．

宿主にとって寄生体が有益な場合
……相利共生（symbiosis）
宿主にとって寄生体が無益・無害な場合
……片利共生（commensalism）
宿主にとって寄生体が有害な場合
……寄　生（parasitism）

1.2 寄生様式

寄生虫を，また寄生様式を次のように類別して唱えることがある．意味・内容は字義どおりであるので，あえて細かな注釈は加えない．

(1) 寄生部位
- 宿主体内…内部寄生
- 宿主体表…外部寄生

(2) 発育環
- 無条件寄生，完全寄生，真性寄生，真正寄生（宿主を離れては生活不可能，寄生生活が絶対必要）
- 条件寄生，不完全寄生，任意寄生（寄生，自由生活のいずれも可能．例：一部のハエ幼虫）

(3) 寄生期間
- 一時寄生（例：吸血性節足動物の吸血）
- 定住寄生
  - 周期寄生（発育環のある時期のみ寄生．例：ウマバエ）
  - 永久寄生（宿主を替えるときのみ離れる；大多数）

(4) その他
- 偶発寄生（incidental；非固有宿主への寄生）
- 異常寄生（erratic；非固有寄生部位への寄生）

1.3 宿　主

寄生虫の寄生対象となる動物を宿主（host）という．獣医学分野では，動物全般，とくに診療・治療の対象動物および獣医学研究用の動物が対象となる．多くの寄生虫は，特定の1ないし数種の宿主に寄生する．寄生虫の宿主選択の広狭を宿主特異性（host specificity）という．宿主体内（外）での寄生虫の寄生，発育状況により，表1.1のように区分される．

寄生虫がその生活環を完遂させるうえで，1種類の宿主しかとらないものを単一宿主性（homoxenous），2種類以上の宿主をとるものを複数宿主性（多宿主性：heteroxenous）寄生虫という．

媒介動物（ベクター）

広義には，病原体を媒介するすべての動物を媒介動物（ベクター：vector）という．したがって病原体保有動物はもちろん，病原体散布にかかわるゴキブリ，ハエ，ネズミ，はては狂犬病を媒介する犬まで含めて解釈される．中間宿主もこの範疇に入ることになる．

狭義には，昆虫やダニ類など，おもに吸血性の節足動物で特定の病原体を媒介するものをいう．通常はこの解釈によっている．

注意すべきことは，寄生虫の発育環のうえで，媒介動物が終宿主にあたっている場合と，中間宿主にあたっている場合があることである．下のアミ枠内の例にみるように，寄生虫学的には終宿主になっていることも結構多い．しかし，これらを終宿主というにはいくばくかの抵抗があり，このような場合，通常は，媒介動物あるいはベクターとよんでいる．

(1) アカイエカは，鶏マラリア原虫（*Plasmodium juxtanucleare*）の終宿主
アカイエカは，犬糸状虫（*Dirofilaria immitis*）の中間宿主
(2) シナハマダラカは，ヒトの三日熱マラリア原虫（*Plasmodium vivax*）の終宿主
シナハマダラカは，ヒトのバンクロフト糸状虫（*Wuchereria bancrofti*）の中間宿主
(3) ニワトリヌカカは，ロイコチトゾーン（*Leucocytozoon caulleryi*）の終宿主
(4) フタトゲチマダニは，小型ピロプラズマ（*Theileria orientalis*）の終宿主

[補] なお，自然宿主に対して，実験的にのみ感染が証明されている宿主を実験宿主とよぶことがある．

中間宿主（intermediate host）：寄生虫のなかには，発育段階に伴って必ず宿主の種類を変えていく種類がある．このような場合，幼生期の虫体が寄生する宿主を中間宿主といい，成虫が寄生する宿主を終宿主（final host）という．さらに同じ幼生期とよばれていても，発育するに従って所定の複数段階の中間宿主を順次に必要とする種類もある．この場合，発育過程の前期の虫体が寄生する中間宿主を第一中間宿主，後期虫体のそれを第二中間宿主という．中間宿主はその体内で幼虫が所定の発育を遂げるために絶対必須な存在になっている．▶待機宿主（表 1.1）

原虫では，幼虫，成虫の区別はないが，コクシジウム類が発育環のなかで宿主を変える場合，有性生殖が行われる宿主を終宿主，無性生殖のみが行われる宿主を中間宿主とよぶことがある（例：トキソプラズマ）．

表 1.1　宿主による区分

宿主特異性による区分	固有宿主 (definitive host)	正常・本来の宿主 (主宿主；主要固有宿主)
	非固有宿主 (non-definitive host)	偶生宿主，偶発宿主 (incidental host)
発育段階による区分	終 宿 主 (final host)	成虫の宿主
	中間宿主 (intermediate host)	幼生・幼虫の宿主
	待機宿主 (paratenic host)	運搬宿主，移動宿主，その他多くの仮称がある．本来，発育環上には必ずしも必要ではないが，生態学的に，たとえば宿主の食性上，その存在が寄生虫の感染・伝播に有利になるような宿主を待機宿主という．多くはそれ以上発育することなく，ときには被嚢し，次段階の宿主に捕食される機会を待っている．肉食動物の回虫におけるげっ歯類の存在は代表的なものである．

総論 2
獣医寄生虫学と獣医寄生虫病学

獣医学で扱う動物は，種々の病害生物の寄生や攻撃により被害を受ける．これらの病害生物を一般に寄生虫といい，種類，生態，病原性，ならびにそれらの寄生虫によって起こる疾病の病因，治療，予防などを扱うのが広義の寄生虫学である．一方，寄生虫により生起する疾病を扱う病理学の一分野が寄生虫病学である．獣医学に関連する寄生虫にはきわめてさまざまなものがあり，それらの生活様式も変化に富んでいる．寄生虫によってひき起こされるさまざまな疾病に関する病因を理解し，治療・予防につなげていくためには，個々の寄生虫に関する正確な知識が要求される．

2.1 病原性，発症にかかわる要因

病性は，通常，寄生虫側および宿主側双方の複数の要因が絡み合って現れる．それぞれの要因を次のように整理した．

A 寄生虫側の要因

(1) 発育環（生活環, ライフサイクル）…感染経路, 宿主体内移行経路，寄生部位
(2) 寄生様式
①機械的障害（付着，吸着，圧迫，穿入，栓塞，吸血，組織摂取，破壊など）
②増殖・成長速度
③血球内寄生（血球破壊⇨溶血⇨貧血）
(3) 化学的影響…排泄分泌物質［ES（excretory secretory）抗原］，毒性物質，抗凝血物質など
(4) 感染量…環境の汚染度，季節・気候
(5) 異所寄生，迷入
(6) 栄養の競合（宿主との栄養競合はあまり重視されていない）

B 宿主側の要因

(1) 年齢，性別，品種（遺伝的要素）
(2) 栄養状態，飼養管理，飼育密度
(3) 輸送，放牧など環境の変化に伴うストレス
(4) 感染歴…免疫・抵抗性
(5) 衛生管理…予防措置，定期駆虫など

C 間接的な病害

(1) 二次感染の誘発
①寄生虫による組織損壊部における他種病原体の感染誘致
②寄生虫の潜在感染が誘因になる他種病原体の感染発症
(2) 合併症…複数種病原体感染による病勢増悪・複雑化

2.2 寄生適応と病害

宿主－寄生虫関係において，おおよそ次のような関係がみられる．

(1) 固有宿主－相互適応－概して病害軽微
(2) 非固有宿主－相互不適応－ときに病害激甚

非固有宿主における病害

本来，非固有宿主に対して感染幼虫は侵入せず，あるいは侵入しても幼虫は比較的早期に死滅し，宿主特異性は保たれるものである．しかし，ときには侵入幼虫が早期に死滅することなく，しかも非固有宿主体内にあるがゆえに正常な成長を遂げることもかなわず，幼虫期のまま宿主体内を移行迷走し，重篤な，ときには死に至るような激しい疾患を起こすことがある．広義に「幼虫移行症（larva migrans）」とよばれているものである．

元来，この幼虫移行症という概念は，Beaver ら（1952）によって犬回虫幼虫の人体，とくに幼児へ感染した場合に惹起される病態に対して初めて提唱された「内臓幼虫移行症（visceral larva migrans）」という病名に由来したものである．後年，この“ヒト対犬回虫”という概念は拡大され，広く“非固有宿主対蠕虫類”関係に用いられるようになってきた．獣医学分野では，指状糸状虫の移行幼虫によるめん羊の腰麻痺・脳脊髄糸状虫症が重要であり，典型的・代表的なものといえよう．

幼虫移行症としては，内臓幼虫移行症のほかに「皮膚幼虫移行症（cutaneous larva migrans）」とよばれるものがある．これは，鉤虫類の幼虫の皮膚侵入時や有棘顎口虫幼虫の皮下組織移行時などにみられる．このほうがむしろ古くから病原的に，また臨床的にも知られていた．人体ではほかに鳥類の住血吸虫のセルカリアによる水田皮膚炎などが知られているが，これらは獣医学分野では重要度は低い．

2.3 家畜寄生虫病の特性

おもな家畜寄生虫病の特徴は，基本的には集団飼育を産業的背景とするところにある．したがって，畜産

形態に変化があれば，家畜寄生虫病の発生傾向にも変化が生ずることになる．変化のひとつは集団の大型化であり，なかにはオガクズ敷料の導入のように日本特有と考えられる畜産形態もある．いくつかの特徴的な例を列挙する．

A　多頭羽数飼育

とくに養豚・養鶏産業においては，飼育単位の巨大化が進められている．一方，肉用牛を含めて飼育密度の過密化も問題になる．産業的見地からのやむにやまれぬ措置ではあるが，均一な感受性をもつ宿主の大型集団であるところに問題がある．

B　放牧，とくに山地放牧

日本の多くの山地牧野の気候，地形，ときには草生などが，放牧牛に対してなんらかのマイナス要因を与えている可能性がある．牛のピロプラズマ病やアブによる白血病などは典型的な放牧病であり，舎飼牛における発症は明らかに少ない．

C　発酵オガクズ養豚と豚鞭虫症，肝白斑

豚舎の敷料として発酵オガクズを用いる養豚法が考案され，連日の糞尿除去・清掃作業を省略できるという利点を有するため,全国的に普及した．しかし一方，病原体，たとえば鞭虫卵，さらには回虫卵などの生存・蓄積が問題となる（豚回虫（p.208），豚鞭虫（p.302）参照）．急性豚鞭虫症，肝白斑などの発生に注意が必要であり，さらにオガクズの高騰などで代替の敷料が開発されている．

D　突然死型乳頭糞線虫症

“仔牛のポックリ病”といわれていた疾患で，オガクズを敷料とする乳用種去勢仔牛の集団肥育牛舎で多発する傾向がある．乳頭糞線虫成虫の超大量感染が突然死を惹起することが実証されている．オガクズ牛舎は豚舎と異なり，通常コンクリート床上にオガクズを2～10 cmの厚さに敷き，普通1週間くらいの間隔で更新する方式である．さらに，経済性を優先して牛の飼育密度を高めるため，敷料中には微小生物の生存を許すに十分な温度および湿度（水分）に恵まれた環境がつくられている．これは糞線虫の発育環の完成に最適な環境である（乳頭糞線虫（p.272）参照）．

E　発育休止と春期顕性化現象

いずれもめん羊の捻転胃虫で古くから知られていた現象である．捻転胃虫が，春暖の候になると急にEPG（eggs per gram：糞便1g中の虫卵数）および感染虫体数が著増する現象で，“春期顕性化現象（spring rise）”とよばれていたものである．のちにこの現象は捻転胃虫に限らず，線虫類に広く認められるようになってきている．往時は当然，環境の温暖化による寄生虫の単純な活性化による顕性化であろうと解釈されていたが，現在では，真の理由は幼虫の感染前に受けた気象的感作に対する応答であることがわかってきた．すなわち，この現象は前年の晩秋の気象の変化を体験した幼虫が宿主体内で一定期間“発育休止（hypobiosis）”し，生存，発育，孵化に不適当な厳冬の産卵を延期するという自衛行為であると理解されている．あたかも「冬眠」に該当するようにみえるが，地域によっては季節が逆転し，酷暑を避ける「夏眠」という形式をとることもある．

> たとえば，捻転胃虫の感染幼虫を，気温および日照時間が漸減する条件下で（実験的には1～2か月かけて）体外飼育したのち，宿主に感染させると，通常のテンポでは発育，成長せず，けっして5期幼虫に至ることなく，翌春まで4期幼虫のまま宿主の腸壁内に形成された結節内に滞留して発育を休止し，発育環の完成に好適な季節の到来を待機していることが実証されている．

以上の現象は，予防を目的とする集団検診および駆虫の適期の設定にあたって重要な意味をもってくる．

2.4　寄生虫感染における免疫現象

寄生虫感染による免疫現象には，原虫と蠕虫とでは宿主体内における増殖の有無，虫体を構成する細胞の種類・特性など，基本的に異なる点は少なくないが，概して，

(1) 組織内寄生のものに比べ，管腔内寄生のものの免疫原性は弱い
(2) 再感染防御能はあまり強くない
(3) 免疫能持続期間はけっして長くはない
(4) 持続的な抗原刺激を必要とする（持続感染免疫：premunition）

などの特徴がみられる．

A　再感染に対する宿主の反応

(1) 原虫病一般，および一部の蠕虫病にみられる抵抗性獲得…前記の特性をもつ．
(2) 組織の局所反応…たとえば豚の肝白斑（豚回虫（p.208）に記述）
(3) かなり強度な免疫反応…牛肺虫感染ではかなり強い免疫反応（次頁枠内）がある．

①寄生虫体数の割に肺病変は激烈⇨アレルギー性応答の関与
②耐過牛における抵抗性獲得⇨ワクチンの開発
③再感染時のアナフィラキシー⇨霧酔病

自家治癒

めん羊の捻転胃虫で初めて知られた現象である．すでに成虫が寄生しているめん羊に新しい感染があると，幼虫の胃粘膜上皮侵入時に生ずる脱皮由来物質を抗原とする免疫反応が起こり，宿主側に変化，たとえば第四胃内の pH が急上昇し，すでに寄生していた成虫が駆除されてしまう．この現象を“自家治癒（self cure）”という．新しく感染した幼虫は発育する．

実際の野外では，濃感染牧野に仔羊を放牧すると，初めは糞便中の虫卵数は急増するが，その後激減し，虫体もほとんど排出されてしまう．めん羊は再感染に耐えるようになる．一方，仔羊に実験的に大量の，たとえば 100,000 匹の幼虫を感染させ，経日的に剖検して虫体の消長を調べると，感染 10 ～ 14 日で回収虫体数は激減していた．

B　宿主の免疫反応に対する寄生虫の防衛機構

諸説があり，また不詳な点も多いが，次のような要因の存在が考えられている．

(1) 抗原性の変化，遮断など

(2) 宿主の免疫系に抑制効果をもたらす機構の存在

総論 3
寄生虫学的診断

3.1 寄生虫病の診断

診断の対象になっている家畜・家禽（宿主）の種類と，検出対象として想定される寄生虫との組み合わせによって，具体的な検査方法はおのずから異なってくる．

(1) 目的としては，個体診断⇔集団検診
生前診断⇔死後診断
（病性鑑定）

(2) 手段としては，直接診断⇔間接診断
分離…培養…同定

A 個体診断と集団検診

通常，個体診断の対象になるものは種畜，馬，ときに牛，伴侶動物などであり，集団飼育されている産業家畜・家禽，検疫・防疫の意味での実験動物などは集団検診の対象になる．集団検診に際して考慮しておくべき項目の例をあげておく．

(1) 発生，発症状況…稟告聴取，季節，気候，疫学的考察
(2) サンプリング…抽出方法，試料数，鑑定殺の可否など
(3) 飼育単位，飼育形態
- 放牧・舎飼い
- 飼育目的，年齢構成，畜種…育成・肥育，ブロイラー・採卵鶏など

(4) 飼育環境・畜舎の汚染度…飼育歴，感染源（保虫宿主，中間宿主，ベクターなど）の存否

B 直接診断

虫卵，オーシスト，幼（仔）虫，ミクロフィラリア（mf），条虫の片節，ときには自然排出された虫体，あるいは種々の発育段階にある原虫体（たとえば，末梢血中のメロゾイト，ガメトサイト（ガモント），ピロプラズムなど），偶発的にみつかる迷入幼虫（たとえば，溷睛虫（こんせい）），および剖検による虫体検出などが直接診断に相当する．

C 間接診断

寄生虫に由来する物質，たとえば虫体そのもの（死体や断片を含む），あるいは排泄分泌物質（ES）を抗原とする抗体，ときにはESそのものなどを免疫学的な手法によって検出する方法が間接的な診断法にあたる．抗体検出には広く免疫学的な方法が適用されているが，現在では酵素抗体法（ELISA）がもっとも広範に応用されている（後述の免疫学的診断（p.15）参照）．現在，PCR法による寄生虫遺伝子の検出も行われている．

D 特殊な診断

検出対象は直接診断の場合と同様であるが，方法論的に中間宿主を利用しているために，特殊・特異的であるとみなされている診断・検出法がある．次のように，中間宿主に蓄積し，その体内で発育させて検出の便を図ったものである．

(1) 馬の胃虫類

馬の胃虫類は，含幼虫卵あるいは孵化幼虫が馬の糞便中に排出される．しかし，排出数が少ないため，検出効率はきわめて低い．そこで，一種の孵化法として中間宿主を用いる方法が案出され，実験的に有効であることが証明されている．ただし，検査結果を得るまでに若干の日時を要する．

> 検査対象になる馬糞中にハエ（イエバエほか）の幼虫を20匹くらい入れ，湿度を与えて夏季温度（約30℃）に保ち，7～8日後に羽化したハエを頭部，胸部および腹部に分けて生理食塩水中で解剖する．幼虫は1.6～3.0 mmくらいに達しているので，肉眼的に検出可能である．頭部から検出されるものは感染幼虫である．

(2) 豚群の豚肺虫診断（集団検査）

産業的に，豚は集団検診・集団駆虫の対象になっている．寄生虫感染の診断は豚舎，豚房単位に実施されるほうが実際的であり，もし感染が認められ，あるいは疑われれば，集団一斉駆虫で対応することになる．

豚肺虫は含幼虫卵を排出する．しかし産卵数は少なく，通常の糞便検査で検出することはかなり困難であり，効率は悪い．集卵法で1～2個の虫卵が検出される場合には30匹以上の成虫寄生が推定されるといわれている．そこで，豚舎内外・周辺および積上げ豚糞中の中間宿主（シマミミズ）の検査が，収容豚の集団検診として有効な手段になってくるわけである．ただし，個体診断ではない．

採集したシママミズを70%アルコールに浸漬して薬殺，水洗，解剖する．いわゆる『心臓部』から口にかけての内部臓器をかきとり，2枚のスライドグラスに挟んで圧平し，40～60倍で鏡検する．1～2期（内部黒色）あるいは3期（内部透明）幼虫が検出される．

3.2 虫卵検査

(1) いわゆる内部寄生虫・蠕虫類には，虫卵が宿主の糞便に混ざって排出されるものが圧倒的に多い．消化管に寄生するものはもちろん，寄生部位が気管，膵管，胆管など，直接，間接に消化管に開孔する管に関連する寄生虫の虫卵も消化管に出る．日本住血吸虫卵のように組織が破壊され，消化管に貫通してくるものもある．
(2) 泌尿器系に寄生する豚腎虫，腎虫などの虫卵は当然尿中に排泄される．
(3) 蟯虫類の多くは習性として宿主の肛門から脱出し，肛門周囲の皮膚上に産卵する．
(4) 牛肺虫，一部の糞線虫，馬胃虫などのように，宿主体内で孵化し，幼虫が糞便中に混在しているものもある．

一方，幼虫が産出されるもの（卵胎生）がある．糸状虫類では雌虫子宮内の成熟虫卵はすでに幼虫が形成されている．卵殻は柔軟で，幼虫の発育・成長に応じて伸張し，幼虫の被鞘になる．子宮末端部にはこのような被鞘幼虫が貯蔵され，ついで血中に産出される．この幼虫は形態的にはきわめて未熟で，たとえば口腔や消化管を欠き，第1期幼虫のさらに前期にあたるものと考えられ，ミクロフィラリア（mf）とよばれている．流血中のmfが検査対象になる．

トリヒナも卵胎生で，幼虫は腸粘膜深層に産出され，血行性に宿主体内を移行し，横紋筋に到達して被嚢する（筋トリヒナ）．獣医学分野では，トリヒナ感染の生前診断が要求される事例はきわめてまれなことと考えられる．もっぱら『と畜場法』および同施行規則に基づく食肉衛生検査時の問題になっている．具体的な検査法はトリヒナ（p.309）に詳述した．

原虫類ではシストあるいはオーシストとよばれる抵抗型を形成し，これが宿主の糞便に混入して排泄されるものが少なくない．これらは蠕虫類の虫卵検査と同じ手技によって検出される．正確には"糞便を検査試料とする消化管寄生原虫の検査"というべきであろうが，通常は簡単に，狭義の"糞便検査"といっている．虫卵検査とはいいにくい．

A 虫卵検査法選択の基本

表3.1にまとめて示した．

B 虫卵検査の基本的な条件と特徴

虫卵検査の目的は，虫卵を検出することによって，その虫卵を産出した成虫の寄生を推定するものである．この成虫としては，正常な生殖能力を有するものを想定しており，未成熟，老熟，あるいは単性寄生している虫体ではない．これらは特殊な例外を除けば正常な虫卵の産出はなく，虫卵検査による寄生の診断はできない．このほかに寄生があっても虫卵が検出されない例としては，駆虫剤投与後の一時的な産卵停止もある（後検便（p.17）参照）．老熟虫の場合は生残時間が短く，また単性寄生の場合は通常寄生実数が小さく，実際面での重要性は低いものとみて差し支えないであろう．しかし，未成熟虫体，とくに多数寄生の場合には問題が大きい．未成熟虫それ自身，および必然的に招来される成虫の多数寄生による病害発生をいかに予測するか，という問題が残るわけである．原虫，蠕虫を問わず，宿主へ感染虫体が侵入してから通常の寄生虫検査で虫体（たとえば虫卵，幼虫，オーシストなど）が検出されるまでの期間をプレパテント・ピリオド（prepatent period）という（プリパテント・ピリオドとも）．この期間の長さは寄生虫の種類によってほぼ決まっている．そこで，寄生確認のためには日をおいての再検査を考慮せねばならない場合が生ずる．

Prepatent periodには前寄生虫証明期，前顕性期（日本寄生虫学会）などという和訳がある．前者は内容的に，後者は英語的に訳したものであろうが，簡潔・的

表3.1 虫卵検査法の選択

産卵数	虫卵比重	適用検査法	該当虫卵・オーシスト・シスト・幼虫
多い	区別なし	直接法	回虫卵，鉤虫卵，オーシスト
少ない	小さい	浮游法（飽和食塩液）	多くの線虫卵，円葉条虫の虫卵，オーシスト
	ほぼ中等	硫酸亜鉛（遠心）浮游法	線虫卵，幼虫，円葉条虫の虫卵，原虫類のオーシスト，シストにも可
		MGL沈澱法	各種の虫卵，幼虫，原虫類のオーシスト，シスト（万能）
	大きい	各種沈澱法	吸虫類（比重1.18以上），裂頭条虫の虫卵

確な訳語とはいいがたい．本書では prepatent period を訳さずにこのまま，あるいはプレパテント・ピリオドとして用いる．ただし前顕性期という訳語は学会用語として知っておいてほしい．その場合，とくに気をつけるべきことは，潜伏期（latent period，incubation period）と混同しないことである．Prepatent period 中における，つまり幼若期の虫体による病害の激しい例は少なくない．たとえば，豚の回虫による肝白斑，牛の双口吸虫幼若虫による腸双口吸虫症，馬の普通円虫による前腸間膜動脈瘤などの多数の例がある．さらに prepatent period という言葉が重要視されるとともに汎用されている鶏コクシジウムを例にあげれば，*Eimeria tenella* の prepatent period は 7 日であるが，臨床症状は感染 5 日後にもっとも激しく現れる．"顕性"という語を避けたいゆえんである．

C　虫卵，消化管内原虫シストの比重と抵抗性

多くの吸虫卵の比重は 1.18 より大きく，検出には諸種の沈澱法が適用されている．消化管内寄生原虫のシストの比重はだいたい 1.08 より小さい．また多くの線虫卵の比重は 1.04 以上であるが，1.20 を上回るものはほとんどない(表 3.2)．したがって, 比重約 1.20 の飽和食塩液や硫苦食塩液（比重 1.27）であれば浮游するはずであるが，いずれも浸透圧が高く，とくにシストは変形・破壊されてしまう．しかし，硫酸亜鉛液（比重 1.18）では原虫のトロフォゾイトは破壊されるが，シストは破壊されない（表 3.3)．また，ショ糖液（水 100 mL にグラニュー糖 128 g を加温溶解して比重 1.266 の原液を得，以下，75％ずつの階段希釈により，比重 1.203，1.153，1.117 のショ糖液を得る）は比重は大きく粘稠度が高いが，浸透圧は小さく，虫卵やシストに対する機械的な影響が少ない利点がある．飽和食塩液 1 L にショ糖 500 g を溶解すると比重 1.28 の飽和食塩ショ糖液ができる．粘稠度はショ糖液に較べて低く，欧米ではよく用いられている．

D　浮游法における静置時間

各浮游法によってそれぞれ定められている静置時間を厳守しなくてはならない．ほとんどの場合おおよそ 30 分である．時間が不足していれば，当然まだ浮上していないものがあるわけであり，逆に 1 時間を超えると，蒸発により液表面に結晶を生じ，浮上した虫卵がこれにとり込まれ，検出されなくなる場合がある．また，対流により，浮上した虫卵がふたたび沈降する影響も無視できないという．

E　ホルマリン・エーテル法

MGL 法（Ritchie, 1948）ともよばれる．幅広く各種虫卵の検出に適し，また幼虫や消化管寄生原虫のシ

表 3.2　虫卵，消化管内原虫シストの比重

虫　卵	比　重（平均）	原虫シスト	比　重
鉤　虫　卵 回　虫　卵 鞭　虫　卵 毛様線虫卵	1.04 ～ 1.15（1.05） 1.09 ～ 1.17（1.10） 1.13 ～ 1.20（1.15） 1.11 ～ 1.13	赤痢アメーバ 大腸アメーバ ジアルジア	1.065 ～ 1.070 1.070 ～ 1.075 ～ 1.060
吸　虫　卵	1.18 ～	コクシジウム	～ 1.117

表 3.3　おもな浮游用塩類液

浮游液名	比重	組成・製法	特　徴
飽和食塩液	1.20	水 1 L に食塩 400 g 以上加えて撹拌，一晩放置上清を使用	安価．入手, 製造容易でもっとも普及しているが, 幼虫，消化管原虫シストには不適
硫苦食塩液	1.27	温水 1.5 L に食塩 500 g と $MgSO_4$ 500 g を溶解	一般線虫卵のほかに回虫，鞭虫，条虫卵もよく浮游する
硫酸亜鉛液①	1.18	水 1 L に $ZnSO_4 \cdot 7H_2O$ 330 g を溶解	2,000 回転× 2 ～ 3 分の遠沈を加える．欧米ではもっとも一般的．幼虫，シストも検出可能
硫酸亜鉛液②	1.24	水 1 L に $ZnSO_4 \cdot 7H_2O$ 500 g を溶解	シストの浮游可能．一部の吸虫卵も浮游するが, 変形も出る
飽和 $NaNO_3$ 液	1.39	水 1 L に $NaNO_3$ 900 g 加温溶解，放置上清	すべての虫卵が浮游し，検出率は高くなるが，視野の夾雑物も多い．虫卵の変形がおこりやすい
飽和食塩ショ糖液	1.28	飽和食塩液 1 L にショ糖 500 g を加えて撹拌，溶解	安価．入手，製造容易．欧米でよく用いられている．シストの検出には不適

ストも破損されることなく，ホルマリンで固定されて形態を保ったまま検出される．しかも固定されているため，沈渣の保存，輸送が可能である．シストの検査には最良な方法であると評価されている．なお，検査時にヨード・ヨードカリ液を滴下するとシストの内部が染色され，内部構造の観察に便利である．虫卵回収率はおよそ 10 ～ 30％程度と推定されている．

ジエチルエーテルの役割：本法では，10％ホルマリン液を媒体とする検体（糞汁）に，ほぼ半量のエーテルを加え，激しく振盪する．この操作によりエーテルは微細粒子になって液中に分散し，糞便成分を吸着して浮上する．一方，多くの虫卵やシストはエーテルに吸着されることなく沈澱して沈渣に混入する．AMS III 法においても同様である．AMS III 法は日本住血吸虫卵検出を目的に開発されたが，回虫卵，鞭虫卵にも適用できる．エーテルは引火性があるため，酢酸エチルを代替することも可能．

［補］肺吸虫などの一部の吸虫卵は MGL 法で沈殿しにくく回収率が低い．このような場合は，試薬に少量の界面活性剤を加えると検出効率が増す．

F　特殊な虫卵検査法

(1) セロファンテープ法

肛門周囲の皮膚上に産卵する蟯虫卵の検査には，セロファンテープの粘着面を肛門周囲の産卵部位に貼り付け，虫卵をはぎとり，テープをスライドグラスに貼り付けて鏡検する．ヒトの場合には小児用の専用テープがある．これに準じたものをあらかじめ準備しておくとよい．切りとったテープをそのまま使用すると，褶曲して絡み合い，鏡検に適さなくなるため，あらかじめスライドグラスに全面を軽く貼り付けて用意しておく．テープの幅はスライドグラスに合わせ，24 ～ 26 mm が使いやすい．使用時にはテープ全長の 1/4 くらいを貼付したままスライドグラス上に残し，残りの 3/4 くらいで採材すれば再度の貼付は容易で，鏡検に耐えうる．

馬では幅広のセロファンテープを適宜の大きさに切りとり，肛門周囲に貼り付け，よく圧着したのちこれをはぎとり，テープを 2 つ折りにし，あるいはスライドグラスなどに貼付して鏡検する．好適産卵部位は肛門の右下あるいは左下 2 ～ 4 cm にあるため，肛門を挟むように肛門両側の上から下に向かってテープを貼るとよい．

(2) 直腸生検法

日本住血吸虫卵の検出法として，牛と犬に適用される特異的な方法である．具体的には日本住血吸虫(p.165)に詳述した．

(3) 幼虫孵化法

幼虫形成卵を含む糞便を培養し，ミラシジウム（例：日本住血吸虫），幼虫（例：同定のための放牧牛の消化管内寄生線虫類，検出を目的としたヒトの鉤虫など）などを水中へ游出させて検出する方法である．検出率は優れているが，対象寄生虫の種類が限定されることと，虫卵内の幼虫が“生きていること”が必須条件になる．

ミラシジウム游出法：被検便に水を加えて懸濁混和⇨静置沈澱⇨上清除去⇨水に懸濁という操作を糞臭がなくなるまでくり返し，沈渣をメスフラスコ，三角フラスコなどへ移し，頸部まで水を加え，25 ～ 30℃の孵卵器内に静置する．フラスコの頸部を除いて黒い紙か布で覆う．数時間，通常は一夜明けてフラスコをとり出せば，孵化したミラシジウムは光を求めて頸管部に集まって活発に游泳しているので，側光を当てればチンダル現象により肉眼でも容易に観察できる．

瓶培養法：大量の被検便を対象となしうるので，多数の幼虫を得ることができる．個体診断も可能ではあるが，普通は“群”の診断，とくに寄生虫種の構成比の算定に有効である．したがっておもな対象動物は集団飼育される大中家畜であり，対象寄生虫は主として消化管内寄生線虫類である．①被検便（原則として直腸便．地表の落下堆積便には土壌線虫の混入がある）20 ～ 30 g に，ほぼ同量の水洗・加熱消毒済オガクズを加えて混合，適宜な湿度を与え，約 300 mL 容量の広口ガラス瓶に入れる．②瓶を軽くたたき，被検物を底部に圧着し，空気を流通させるために瓶の口に厚手の紙を挟んで蓋をかぶせ，25 ～ 28℃の孵卵器に収める．③ 7 日目に孵卵器からとり出し，水を静かに瓶口まで注加する．④蓋をとり去り，瓶口より径の大きいシャーレをかぶせる．ついでシャーレをかぶせたまま押さえ，瓶ごと素早く反転する．⑤シャーレに水約 5 mL を注ぎ，3 ～ 4 時間静置し，瓶口とシャーレとのわずかな間隙から幼虫が出てくるのを待つ．⑥ピペットでシャーレ内の水を採取し，ただちに，あるいは冷蔵して後日の被検材料とする．

瓦培養法：培養支持盤を屋根瓦から作製したのでこの名があるが，要は水分を吸収保持できる“素焼盤”であればよい．むしろ屋根瓦の場合には，あらかじめ釉薬(うわぐすり)を落としておかなければならない．瓦または素焼盤の大きさはシャーレに収めて十分な余裕があるものであればよい．厚さは通常 7 ～ 8 mm のものが用いられているが，これもシャーレの水深に対して余裕があればよい．形状に特別な制約はないが，シャーレに合わせて円形が普通であろう．①あらかじめ水に浸しておいた瓦・素焼盤の周縁約 5 mm を残し，厚さ 2 ～

3 mm に被検便を塗抹し，シャーレの中央に置き，水深5 mm くらいまで水を張る．塗抹面は常に湿潤に保たれていなければならない．②シャーレを25～28℃の孵卵器内に収める．③7日目に瓦・素焼盤の周縁の水を採取して検査に供する．

［補］瓦培養法は，回虫卵などの幼虫形成を目的とする培養にも用いられる．ただし，水を張ったシャーレであるため，多数検体のとり扱いは必ずしも容易ではない．このような場合には寒天培養がすすめられる．

濾紙培養法：ヒトの鉤虫検査を目的に開発された方法である．したがって，犬・猫のおもに鉤虫，ときには糞線虫などの検査に用いられる．用具は中試験管と18×1 cm 大の中試験管に収まる大きさの通常の濾紙のみである．①試験管に6～7 mL の水を入れる．一方，②濾紙の両端4～5 cm を残し，被検便約0.5 g を片面に均等に塗抹し，試験管に挿入する．このとき糞便塗抹面は水に浸らないように，しかも濾紙のみの部分は水を吸い上げるために浸るようにする．逆に，上端の一部を外部に折り曲げ，コルクまたはゴム栓で固定する．③25～30℃の孵卵器で5日間培養する．④濾紙をとり出し，管底に游出している幼虫を採取，鏡検する．

(4) 中間宿主を用いる方法　別項 (p.6) に既述．

G　定性試験（虫卵の鑑別・同定）

虫卵による寄生虫の種の同定は，かなり容易なものからほとんど不可能なものまである．その難易度は千差万別，一律ではない．鑑別のキーを次の枠内に例示した．

①形態・外観…大きさ，形状，色調，卵殻の構造・厚さ，表面の紋理ほか
②特有な形質，構造の有無…小蓋（卵蓋），栓様構造，突起，蛋白膜ほか
③卵細胞の分割・発育状態…単・多細胞，幼虫ほか
④培養・発育または孵化幼虫による鑑別

H　定量試験

定量試験の成績（EPG (eggs per gram)，OPG (oocysts per gram)，LPG (larvae per gram) など）が数字として表現できるならば好ましいことにはちがいないが，俗にいう“数字の独り歩き”といわれる弊害，誤解を生ずることもある．たとえば，治療試験において“OPG が半減した”というような単純な表現が往々にしてみられる．真に半減したのかどうか，何回のくり返し実験が必要か，などの数学的な検討を行う以前に，検査法自体の誤差範囲を知っておく必要がある．そしてOPG 半減という現象の意義を寄生虫学的によく理解しておかなければならない．

産卵リズム，糞便内分布状態，虫種による密度などの基本的な条件，前述した虫卵回収率の安定化に関する技術的な条件設定などは，あらかじめ解決されていなければならない問題であろう．定量試験の意義は，① EPG（LPG）から寄生虫体数が推測できるか，さらに，②寄生虫体数は病状をストレートに反映するものかどうか，にかかわっている．留意しておくべき要因を例示しておく．

(1) 配慮しておくべき糞便内虫卵の分布状態が不均等になる条件・要因

①消化管末端寄生…鞭虫，鶏毛細線虫の一部
②産卵の時間的リズム…ネズミ大腸蟯虫（上記と兼）
③採食・胆汁排泄…肝蛭，肝吸虫
④糞便性状…EPG に及ぼす糞便中の水分含量の影響

上記のうち，①および③の実際的影響は無視しても差し支えないようである．②は一般的には無視されているが，①②を兼ねるネズミ大腸蟯虫では，ラットの検査は午後1時ころが最適であるという．④は重要で種々の補正値（補正係数）が提唱されている．

(2) 定量試験の結果の解釈

採材から検査結果の処理方法まで，技術的な条件がまったく同質であれば，同一個体について駆虫剤投与の前後のEPGの比較による駆虫効果の判定，あるいは時間の経過に伴うEPGと病勢の消長との照合による病性の把握に資することができる．ただし駆虫剤投与直後の2～3日は虫卵排出の一時的な減少，あるいは停止がみられることが多い．したがって駆虫剤の効果判定のための後検便は，駆虫剤投与2週間後が原則になる．3週間を推す意見もある．再感染，移行幼虫の成熟速度などの問題が絡んでいる．

(3) 産卵量

寄生虫の種類によって，産卵数は著しく異なっている．多いものの代表としては回虫類，少ないものに膵蛭がある．得られた数値の重み，解釈は種類によって異なってくる．

(4) 糞便性状

EPGなど密度を表現する数値は，当然，糞便性状すなわち含有水分量によって左右され，固形便では多く，下痢便では少なくなる．そこで，得られた数値に糞便性状に応じて定められた“補正係数”を乗じて真の数値を求めようとするいくつかの試案がある．一例としてStoll（1923）のヒトの糞便を対象とした場合のものをあげておく．

有（固）形便…1，軟便…2，軟～下痢便…3，

下痢便…4,
ただし,これらの補正係数の数値の根拠は明確でない.

[簡易改良法のひとつ:私案]
もともと,OPG算定を依頼された際の,被検鶏糞の性状の不均一性に対処するために考案された方法.実際問題として,被検材料に飲水の混合,遠距離輸送に対応する防腐処置としてのホルマリン水,重クロム酸カリ液などの注加,逆に,吸湿性素材を用いた梱包による脱水・乾燥など,被検材料に対して人為的な,ときには偶発的な措置が施されていることは少なくない.その対応策である.
[具体的な手技]
約10倍に希釈懸濁された検体(糞汁)の一部,たとえば約2 mLを,正確な目盛付10 mL用小遠心管にとり,1,500~2,000 rpm×5~10分間遠心,上清を捨て,沈渣量を目盛りで読みとり,これを糞便有形成分量として計量の基礎とする.

3.3 免疫学的診断

実験的には,寄生虫感染の診断・検出にウイルスや細菌などの微生物感染症の分野で用いられているほとんどすべての免疫学的手法が試用されてきた.しかし,実用化されているものは犬糸状虫症の診断など比較的限られている.寄生虫分野において検出すべき対象は少なくとも微視的・顕微鏡的以上の大きさを有し,直接検出が必ずしも困難でないことによるのであろう.

A 寄生虫学分野における一般的・実用的な免疫学的検査法

(1) 皮内反応

牛の肝蛭感染の検査にかなり広く行われ,市販された製品もあったが,材料である虫体の入手困難により製造は中止されている.一時は豚のトキソプラズマ感染の診断にも用いられ,市販製品の流通もみたが,現在では販売されていない.これは個体診断というよりも,主として疫学的な見地に立って用いられていた.犬糸状虫症でも市販寸前の野外試験が広く行われた事実がある.犬では品種,毛色などによって成績が左右されるという判定基準の不斉一性が解決されなかった.蠕虫では即時型,原虫では遅延型の反応が発現する.

(2) ゲル内拡散法(寒天ゲル内沈降反応)

鶏のロイコチトゾーン症の診断にあたり,メロント由来の液性抗原,および,これに対する血清抗体の検出に際して常用されている(p.84, p.83の表1.14参照).

(3) 間接蛍光抗体法

主として,と場におけるトキソプラズマ虫体の検出に用いられている.被検材料は通常リンパ節の割断面の塗抹標本である.蛍光色素標識抗体が市販されているが,トキソプラズマの感染率,摘発率の低下に伴い,現在は流通していない.その一方,牛および犬のネオスポラ感染の診断用として,死後の組織中虫体検査用に蛍光標識抗体が,生前の抗体価測定に蛍光抗体法用抗原スライドが市販されている.また,クリプトスポリジウムおよびジアルジアの虫体を識別する蛍光抗体試薬が入手可能である.

(4) ラテックス凝集反応

トキソプラズマ虫体抽出抗原を吸着させたラテックスを用いて凝集反応を行い,検体(血清)中の抗体価を測定する方法である.現在,動物用の診断キットは流通していない.

(5) 酵素抗体法(ELISA)

種々の寄生虫感染症において実験的に有用性が証明されており,医学分野ではdot-ELISAを含め日常的な検査室内診断に供されている.日本の獣医療分野で院内診断に供されているものとしては犬糸状虫の血中循環抗原検出キットおよびジアルジアで糞便内抗原検出キットが販売されている.

(6) イムノクロマト法

検出試薬を組み込んだ濾紙に検体を滴下することで簡便・迅速に検出が行えることから院内検査試薬として種々の商品が上市されており,獣医寄生虫分野では犬糸状虫の血中循環抗原の検出とジアルジアの糞便内抗原検出に利用されている.

B 寄生虫学分野に特有な免疫学的検査法

(1) サーレス現象(Sarles phenomenon)

線虫の幼生虫に感染血清(抗体)を作用させると,幼虫の天然孔から分泌・排泄された抗原物質と血清中の抗体との間に抗原抗体反応が起こり,24時間後には幼虫の天然孔を中心に沈降物の形成がみられるようになる.この現象をサーレス現象といい,トリヒナ,鉤虫,回虫,広東住血線虫,その他各種の線虫類で観察されている.

(2) 卵周囲沈降反応(circumoval precipitation;COP)

スライドグラス上で被検血清中に住血吸虫卵を入れ,カバーグラスをかけ,乾燥を防ぐために周縁をワセリンなどで封じ,37℃で24時間,および48時間保った後に観察すると,血清抗体が陽性であれば虫卵の周囲に沈降物の形成がみられる.住血吸虫類の診断としてはもっとも鋭敏な方法であるといわれている.原法では生鮮虫卵が用いられていたが,乾燥保存虫卵でも可能であることがわかっている．肝蛭でも成立することが実証されている．

(3) 色素試験（dye test）

トキソプラズマ抗体検出のために Sabin & Feldman (1948) により開発され，もっとも基本的な血清反応として知られている．トキソプラズマの生虫体は，特定なヒト血清中に含まれるアクセサリー・ファクター（AF）といわれる補体様因子の存在下で抗体の作用を受けると，細胞に変性をきたし，アルカリ性メチレンブルーに染まらなくなるという現象を利用した反応である．

この反応は，①トキソプラズマの生虫体を用いる，② AF の入手はけっして容易ではない，③顕微鏡下で虫体の染・不染を判定することはかなり煩雑な作業である，などの難点を有し，とかく敬遠されがちであった．しかし，AF はモルモット血清にも適格なものがあるので，あらかじめ検定・選択し，凍結乾燥して保存しておくことが可能である．また，生虫体を用いる危険性と判定の煩雑さは熟練により克服できる問題であろう．

色素試験にはトキソプラズマ抗体検出の基準とされていたという意義があるが，実用面からいえば，前述のラテックス凝集反応がまさっていた．

(4) エキノコックスの糞便内抗原検出

原理は ELISA に準ずるが，エキノコックス虫卵の公衆衛生学的危険性から，まず糞便を加熱して感染性を喪失させ，その後，加熱によっても抗原性を失わない抗原と反応するモノクローナル抗体を用いたサンドウィッチ ELISA を実施する．一時期キットが市販されていたが，現在は流通していない．

総論 4
寄生虫病の予防

4.1 一般論

基本的には感染病の予防にかかわる一般通則がそのまま当てはまる．すなわち“寄生虫の発育環を切断する”という一語に尽きる．

A 外界における抵抗型

通常，外界における抵抗型としての虫卵，幼虫，シスト，オーシストなどが感染源になる．これらのうち幼虫の大半は外界で孵化し，自由生活型となったものである．これらは通常，糞便中に排泄されたものに由来している．したがって，糞便の適切な処置が寄生虫感染予防の第一歩ということになる．

そこで注意しておくべきことは，虫卵やオーシストの抵抗性は大きいことを認識し，対象動物，産業形態，規模，立地条件，圃場還元の有無などに応じて適切に対応することである．

(1) 虫卵の抵抗性

回虫卵でも鉤虫卵でも，堆肥の内部（温度 60℃）に数日間保たれれば死滅する事実は知られている．直接接触する場合は，回虫卵では 70℃で数秒，鉤虫卵では 60℃で数秒で死滅するという．堆厩肥(たいきゅうひ)には十分な発酵，腐熟が要求される．そのためには切り返しによる発酵促進，ビニール覆いによる雨水侵入防止などの補助的な作業も必要になる．感作時間によるが，蛋白凝固をきたすような高温には弱い．

逆に，“低温”に対する抵抗性，生残性の保持能力は高い．ちなみに，北海道で屋外の地表に置かれた牛肺虫幼虫が，積雪下で越冬できたという報告がある．なお，幼虫の抵抗性に関しては「突然死型乳頭糞線虫症」「発育休止（hypobiosis）」の項に述べたように，活性保持には温度と湿度に条件がある．

虫卵も幼虫も乾燥にはかなり弱い．長期間の完全乾燥では死滅する．しかし，虫卵や幼虫の自然界における存在場所は，通常は完全乾燥を期待しにくい．逆にいえば，かなり苛酷な地域であっても，通常は局所的な湿潤部位が維持されている．

かつては，虫卵の「化学薬品に対する抵抗性」に関して多くの試験研究がなされていた．ヒトの回虫症や鉤虫症が猖獗(しょうけつ)をきわめていたころの話で，便槽への応用である．家畜の場合には，堆厩肥を圃場へ還元する問題があり，積極的・短絡的な糞尿への消毒剤添加は一考を要する．概してアンモニアは殺卵，殺オーシスト的に作用する．アンモニアは糞尿の発酵でも産出される．

(2) コクシジウム・オーシストの抵抗性

養鶏産業における重大関心事のひとつとして，コクシジウム・オーシストの抵抗性は比較的詳しく調べられている．

高温には弱い．湿潤状態下では 100℃で 1 ～ 2 秒，80℃では 1 分で殺滅されるが，乾燥状態下では死滅までの時間は少々長くなり，100℃で 3 分，80℃では 5 分かかる．40℃では 2 ～ 4 日かかるという．鶏糞を堆肥にした場合，発酵が順調であれば，発熱，酸欠，アンモニア発生などで容易に（1 日以内でも）死滅する．

低温における生命の保持は長期にわたる．凍結（0 ～－ 40℃）されてもかなり長期間（数日～ 1 か月）生存するが，解凍時に物理的に破壊されてしまうものが多いようである．

化学的な殺オーシスト剤が多数開発・市販されている．ほとんどオルソ・ジ・クロール・ベンゾールを主成分にするものである．製品による所定の濃度と浸漬時間が必要であり，即効的ではない．使用方法の適否が効果を左右する．

B 中間宿主／媒介動物（ベクター）

前述したように，中間宿主とベクターの寄生虫学的な定義は異なっているが，感染予防対策という疫学的見地からは同列に扱うほうが便利である（それがため混同されやすいともいえる）ため，一括してとり扱う．理屈のうえからは，

①中間宿主／ベクターへの取り込み・侵入阻止
②中間宿主／ベクターの撲滅
③中間宿主／ベクターからの感染阻止

ということになる．各項目の基本的な姿勢は容易に理解できるはずであるので，詳述を避け，具体例を紹介し，説明に代える．

(1) 中間宿主／ベクターへの取り込み・侵入阻止

吸虫類の第一中間宿主は腹足類の巻貝である．つまり，巻貝の感染阻止は，宿主の糞便中に混在している虫卵との接触を阻止することにある．たとえば，肝蛭の場合であれば，積み上げた牛糞が雨水や洗滌水，排水などに混入してヒメモノアラガイの生息する水田に流れ込まないように配慮しておくことである．線虫と

して豚肺虫を例にとれば，豚舎内にシマミミズが生息しうるような湿潤不潔な環境をつくらないため，糞便を放置しないことである．

(2) 中間宿主／ベクターの撲滅

自然界に存在する多数の生物のなかから特定生物を絶滅させることは至難の業である．さらに，この作業を殺貝剤・殺虫剤に依存するとすれば，公害や自然破壊という問題に直面することになりかねない．関連法規の規制もあり，実際問題としてはほとんど実行不可能であろう．

①かつて，甲府盆地は日本住血吸虫の濃厚汚染地帯として知られていた．水田地帯がミヤイリガイの生息地であったためである．山梨県は住血吸虫症防圧を目的として感染予防のための衛生教育と並んで水路側壁のコンクリート化によるミヤイリガイの生息環境の改変を企て，これを徹底し，地方病といわれていた日本住血吸虫症の制圧に成功した．これと同じ範疇に属する問題として，往時アフリカ大陸でマラリアの媒介蚊を撲滅するために，大規模なDDTの空中散布が行われていた事実がある．日本では放牧牛のピロプラズマ症対策の一環として牧野のマダニを対象に，殺虫剤の空中散布が行われていた．しかし，種々の問題点をはらんでいる一方，所期の成果は得られず，現在では行われていない．

②宿主体表に殺虫剤を反復適用し，ベクターの撲滅・制圧を図る試みがある．上記と同趣旨のピロプラズマ症対策として，薬浴，ポアオンなどの有効性が実証されている．とくに，非常な労力を要したが，徹底した頻回の薬浴によって優れた効果をあげた例がある．この例では，毎年実施した結果，3年目には牧野からマダニが検出されなくなっている．現在はイヤータッグやポアオン製剤の定期的な投与が主流となっている．

(3) 中間宿主／ベクターからの感染阻止

感染阻止にはルートに応じた対策が要求されるが，家畜・家禽に関しては徹底しにくいのが常である．

経口感染：肝蛭の発育環上，稲わらは中間宿主ともベクターともいいにくいが，これらに相当するものと考えてもよいであろう．詳細は該当項に記したが，まず，MDB（メタセルカリア検出ブイ，p.145）検査で，あるいは疫学的な総合判断で「危険性あり」と想定された場合には，新鮮稲わらを牛に与えないことを厳守しなければならない．サイレージ，乾燥の徹底などの事前処理が必要になる．膵蛭，ベネデン条虫感染などにみられる放牧地における節足動物の誤食には方策はない．犬・猫の野外での中間宿主の捕食も同様に習性による．これらには飼育方法の改善および定期検診で対応するほかない．

肝蛭，双口吸虫の例（稲わらなど）を除けば，寄生虫の感染幼虫そのもの，あるいはこれらを保有しているおそれのある中間宿主／ベクターを，家畜・家禽に積極的に給与することは実際にはないと考えてよいであろう．逆にいえば，具体的な対応策はないということになる．

経皮感染：吸血性節足動物の刺咬時に感染するものには住血性原虫類，糸状虫類など種類は多い．物理的な接触阻止法として，防虫網の設置，ライト・トラップや電撃殺虫機の利用などがある．しかし，これらの装置のみでは万全は期しがたく，逃れるものが多い．また，ニワトリヌカカは通常の防虫網では通過してしまう．忌避剤・殺虫剤の応用も，けっして完全な効果を期待できる方法ではない．

4.2 保虫宿主

広宿主性の寄生虫をとり扱う際に，しばしば特定する対象動物以外の固有宿主を“保虫宿主（reservoir）”とよんでいる．家畜・家禽を対象とする場合には，通常は近縁の野生動物がこれにあたる．犬・猫では多くは同種の野生，あるいは野生同然に放置されているものが該当する．固有宿主の範囲にヒトが含まれている場合は「人獣共通寄生虫」として，公衆衛生上の関心がもたれることになる．

寄生虫病の予防・防圧にあたり，保虫宿主の存在をいい加減に扱ってはならない．とくに症状を現していない保虫宿主は自然界における絶えざる感染源になっているためである．吸虫類は宿主特異性に乏しい傾向があり（例:日本住血吸虫，肝吸虫，肺吸虫…ヒト，犬，猫），条虫類では，多包条虫本来の野生動物間で循環・完成している発育環（キタキツネ…エゾヤチネズミ）に，偶発的に犬やヒトが入り込む例がよく知られている．線虫類では特殊な例ながら，北方地域の野生動物が本来の固有宿主であると考えられているトリヒナがある．原虫類では広い感受性動物域をもつリーシュマニアが代表例になるであろう．

4.3 薬剤による予防

A 定期集団検診・集団駆虫

発酵オガクズ豚舎の飼育豚，オガクズ敷料牛舎の肥育牛などは典型的な対象例になる．これらの場合，被検材料はそれぞれの糞便でもよいし，敷料でもよい．放牧牛も定期集団検診の対象になる．目的に応じ，全例あるいは所定の抽出標本牛を対象として行う．この場合は必ず直腸便でなければならない．

集団駆虫は，治療行為とも解釈されるが，臨床症状を呈する前に駆虫して発症を阻止する点，また，個体的には未成熟虫の寄生を含め，虫卵検査結果が仮に陰性であっても一斉駆虫の対象にする点で，予防行為の一種であると解釈される．とくに，特定の寄生虫感染が慣例的にみられるために，定期駆虫が衛生管理の恒常的業務日程に組み込まれている場合もある．平成24年の動物愛護管理法の改正を契機として，犬や猫など伴侶動物の流通過程でこの方法を導入する試みがなされている．

B 治療的予防

感染後，虫体がまだ増殖を開始せず，あるいは成長に至る以前に，すなわち，発症前に治療的措置を施して実害の発生を阻止する処置行為である．慣例的，普遍的なものの代表に，①犬糸状虫症の発症阻止を目的とする，期間を指定した定期的な抗幼若糸状虫剤の犬および猫への適用，②鶏コクシジウム症の発症抑制・実害防止を目的とする，“抗コクシジウム剤の飼料添加による連続投与”などがある．

①と同趣旨のものに，馬の腰萎やめん羊の腰麻痺の予防対策がある．また，放牧牛の牛肺虫症を念頭において，牛群の一部に発咳牛や肺虫幼虫陽性牛がみられた場合に，ベンズイミダゾール系あるいはマクロライド系薬剤を40日間隔で2～3回投与するという対応もこの範疇に入る（「牛肺虫汚染牧野の放牧衛生プログラム」と考えてもよい）．放牧牛では他の常在線虫類にも同様に対処してよいであろう．②の飼料添加による連続投与法は，鶏コクシジウム症対策のみならず，同じ鶏のロイコチトゾーン症対策としても常用されていた．両者に共通する添加物は多い．牛コクシジウム症や哺乳豚のシストイソスポラ症の予防薬としてトルトラズリル製剤があり，単回投与で用いられている．

4.4 免疫学的手段による予防

A ワクチン

牛肺虫のワクチンは，寄生虫分野において“ワクチン”と名付けられて開発された初めてのものである．これは感染幼虫にX線を照射して活力を減弱したもので，いわば減毒･生ワクチンに相当するものである．不活化ワクチンでなく，かつ雌雄幼虫が混在しているため，わずかとはいえ，虫卵，幼虫の産生はありうることになり，これが牧野汚染の原因になりかねないとして，日本では生産も使用も許可されていない．実験的には日本でも豚肺虫をはじめ種々の寄生虫について試みられたが，いまだ実用化に至った蠕虫類のワクチンはない．原虫類ではスポロゾイトを抗原とするタイレリア症ワクチンが市販されたが，現在では中止されている．また，「鶏のロイコチトゾーン病ワクチン®」が原虫病ワクチンとして初めて遺伝子組換え型不活化ワクチンとして開発された．本ワクチンはロイコチトゾーンの第2代メロント（シゾント）の外膜成分の一部のR7蛋白を大腸菌によって発現させた抗原に，オイルアジュバントを添加したものである．本ワクチンの作用は，接種鶏がR7蛋白に対する抗体（2GS抗体）を産生し，本抗体が第2代メロントの膜に作用し，これを変性死させ，ロイコチトゾーン原虫の発育環を遮断することによって鶏の発病および発病死を予防するものである．しかし，本ワクチンも現在は市販されていない．

ニュージーランドおよびイギリスでは，めん羊および山羊に対し，「Toxovax®」なるトキソプラズマ症に対するワクチンが発売されている．めん羊に接種後約7日間体内で増殖するものの，シスト形成をみることなく消滅するように作出した原虫を用いた生ワクチンがそれである．本ワクチンは5か月齢以上のめん羊・山羊に対して，交配前少なくとも4週間以上で頸部前半部の筋肉内に接種することでほぼ終生免疫が成立する．ただし，本ワクチン接種後4週間以内は他の生ワクチンは接種してはならない．さらにアメリカでも犬のジアルジア症に対するワクチン「GiardiaVax®」が発売されている．8週齢以上の犬に1mLおよび2～4mLの2回接種する *Giardia intestinalis* 全虫体不活化ワクチンで，接種犬におけるジアルジア症の発生頻度，症状の激烈度，および脱シストの軽減が起こるとされている．

B 計画感染

(1) 海外では，バベシア病の予防に感染血液を用いるいくつかのワクチネーション法が開発され，実施されている．日本ではタイレリア症を対象に，毒血注射法が研究試験され，家畜衛生試験場の指導のもとでかなり広範な野外試験が行われる段階にあったが，生物学的製剤としての安全性の一部に疑義がもたれ，中断されたままになっている．

(2) “秋季短期放牧”という方法が推奨されている．これは放牧シーズンの末期のマダニの冬眠前に，翌年の初放牧予定仔牛を予定牧野に7～10日という短期間に限って放牧する方法である．目的は最小限度の自然感染を受けさせたのち，冬季は舎飼で十分な管理下におき，翌年の放牧による感染に耐えうる抵抗性をあらかじめ付与させることにある．この方法は，病原体を特定することなく，それぞれの対象牧野固有の複数の病原体に対する多価免疫が得られるという現実的な長所がある．

(3) 鶏のコクシジウム症の予防に“計画感染法”をとり入れようとする試みは，アメリカでは古くから行われていた．原法は，コクシジウムの種類と初感染量をコントロールし，以後は，感染⇨オーシスト排出⇨感染⇨……をくり返すことによる抵抗性の漸増を期待するという想定に基づくものである．アメリカでは，構成するオーシストの種類と実数（密度）が明示されたオーシスト懸濁製品が「Coccivac®」という商品名で市販され，流通，実用に供されている．

一方，日本では“オーシストそのもの”であっても，予防を目的に使用されるものであれば，法律的には生物学的製剤であると解釈され，該当する製造基準および検定基準にのっとるように要求されている．現在では，幾多の試験を経て，早熟株に由来する *Eimeria tenella*，*E. acervulina*，*E. maxima* の3種の弱毒オーシストからなる予防用製剤（早熟株に由来する「弱毒3価生ワクチン®」）の製造が認可されている．本ワクチンは飼料混合投与法または散霧投与法で計画的に感染させることで各コクシジウムによる発症の抑制を行う．さらに本ワクチンとは別に弱毒（早熟）*E. necatrix* 由来の単体の「弱毒生ワクチン®」および *E. acervulina*，*E. tenella*，*E. maxima*（2株）および *E. mitis* の弱毒生ワクチン「パラコックス®-5」も認可されている．これら生ワクチン投与の場合，投与前3日から投与後少なくとも3週間は鶏コクシジウム症予防用薬剤を投与してはならない．

総論 5 寄生虫病の治療・駆虫

寄生虫病の治療・駆虫と一括併記したが，もちろん，治療と駆虫は同義のものではない．駆虫は寄生虫病の病原体の除去であり，疾患の治療といいきれない場合が多い．本書ではもっぱら“駆虫・駆虫剤”に関して述べ，治療に関してはとくに必要と思われる事項に限って付記することにした．

5.1 駆虫方法・手順

駆虫は，(1) 診断（寄生の確認と寄生虫種の同定），(2) 駆虫剤およびその適用法の選択，(3) 宿主の状態による駆虫の可否・解毒・強肝剤などの適用を含む補助療法の要否の判断，(4) 駆虫剤の投与・適用，実施．そして最後に，(5) 後検便・効果の確認，という順序になるであろう．

(1) 診　断：3 の寄生虫学的診断に述べた．

(2) 駆虫剤の選択：各論に述べた．

(3) 駆虫の可否，補助療法の要否

個体診療，とくに小動物を対象にしている場合にはほとんど付言することはない．対象動物の健康状態，体力，応急処置の要否などは十分に把握されているであろう．問題は産業動物の集団駆虫における不測の事態に対応する基本姿勢，応急処置体制にある．個体駆虫の場合と異なり，協同作業としての集団駆虫にあたっては，とくに実行責任者には綿密な計画と予期せぬ事態に対応しうる十分量の強心剤，補液剤，解毒剤などの救急用資材の事前検分，確保が要求される．ことに遠隔地にある放牧場にあってはなおさらである．集合した家畜集団の個体差は大きい．一律な対応は厳に慎まなければならない．とくに対象とする寄生虫病による直接的な障害とともに，肝機能の低下の程度，貧血の進行状態などについて考慮しておく必要がある．

(4) 駆虫剤の投与

駆虫は，所定の用量・用法に従って行うことを原則とする．前項に述べたように，駆虫に耐えうる体力が保持されていることの確認が先決であり，用量を守るための体重測定がこれに続き，個体別の投与量を計量する．

用法は所定の方法による．多くのものは経口的に用いられる．経口投与の方法には，薬剤の特性によって強制投与法と飼料混合法とがある．予防を目的とする飼料混合・添加法については別項に述べた．注射用のものも少なくはない．皮下，筋肉内，静脈内などの注入法が指定されている．筋肉内注射の場合には総注射量によっては分注が必要になる．筋注用薬剤には油性のものが多く，大量注射により局所に膿瘍を形成し，薬剤の吸収を著しく妨げることがあるからである．

なお，薬剤により必要とされる出荷制限期間（当該医薬品を投与したあと当該対象動物およびその生産する乳，鶏卵等を食用に供するために出荷してはならないとされる期間をいう）がそれぞれ定められている．[動物用医薬品の使用の規制に関する省令・農水省]

(5) 後検便・効果の確認

駆虫剤の効果は通常，①駆虫された虫体の有無，または，②事後の虫卵あるいは幼虫などの検査（ほとんどは後検便）によってなされることが多い．

①駆虫された虫体の有無は，通常は濾便によって確認されるが，おもに厳密な実験・試験研究の場合に行われ，一般的な手段ではない．条虫類では頭節が排出されたか否かが重要である．残存頭節は容易に体節を再生する．

②後検便に関しては，虫卵の糞便内出現状況についてあらかじめ心得ておくべき事象がある．すなわち，当然宿主の糞便中に虫卵が排出・混合されているべき寄生虫の寄生があるにもかかわらず，糞便から虫卵がまったく検出されない場合があることである．これには，虫体が未成熟または逆に老熟している場合，あるいは単性寄生などのほかに，駆虫剤使用後の一時的な反応としての産卵停止または減少（抑制）があげられる．これは，駆虫剤によって一過性に虫体の産卵機能が影響を受けるものの，致命的な影響とはならず，虫体そのものは残存している場合である．このような場合，虫体の多くは遠からず回復，産卵も再開されることになる．逆に，寄生部位にもよるが，虫体自体は駆出されたにもかかわらず，すでに産出されていた虫卵が残留しており，これが遅れて排出される場合も考えられる．早急な後検便は無意味に終わることもあるわけである．

駆虫剤投与から後検便までには，一定期間を置かなければならない．この一定期間とは，通常 2 週間と考えておけばよい．

[補] 種類によっては，この一定期間中に，駆虫剤の作用を受けにくい体内移行幼虫の成熟，あるいは再感染なども考慮しておかなければならない．

5.2 駆虫剤

参考として，「農林水産省動物用医薬品検査所ホームページの医薬品情報；http://www.maff.go.jp/nval/」を閲覧し，現在入手が可能な駆虫剤（医薬品および飼料添加剤・飼料添加物を含む）を動物種別に整理した．ただし，製品の流通状況を完全に網羅することはむずかしく，今後新たに開発される製剤も多々控えているであろう．それらの遺漏については今後の改訂作業にゆだねたい．また，一般に学術書にあっては商品の掲載を避ける習慣があるが，これには程度の差がある．きわめて厳しく排除しているものから，かなりルーズなものまである．本書では現場での実用価値を考慮し，現在入手可能な製剤情報の詳細を記述するとともに，あえて商品名には® を付けてなるべく併記するようにした．ここでとり上げた製剤はすべて農水省の効果効能認可を受けている．認可対象外の使用に関しては獣医師の裁量にゆだねられているので，状況に応じた個々の対応と判断が望まれる．

動物用駆虫剤を産業動物に適用する場合には，薬事法により，ほとんど使用禁止期間というものが定められている．使用禁止期間とは，食用に供するためと殺，搾乳，採卵などを行う前の，薬物の使用を禁止せねばならない期間をいい，これを【禁○○日】という型式で示した．なお，<要>は<要指示薬>を示す．

病名は本書の記載に合わせ，個々の病名は「症」に統一した．薬剤名の読み方，カナ表記の様式は，薬事法または既定の習慣に従うことを原則とした．

投与法は次の略号で示した．

im：筋肉内注射，ip：腹腔内注射，
iv：静脈内注射，po：経口投与，
sc：皮下接種

A　抗原虫剤

動物用および人体用を含めて，多種多様な原虫類に対して広いスペクトラムをもつ薬剤は存在せず，また現状で適用されている薬剤群の作用機序等について，必ずしも明らかにされているわけではない．また，一部の製剤を除いて原虫類の完全駆虫はむずかしいものの，重篤な感染を緩和する効果は期待される．

「牛」

1. 抗ピロプラズマ剤

(1) ジミナゼン製剤

●ジミナゼン ジアセチュレート（注）【ガナゼック®】
効能効果：バベシア症，タイレイア症

ジミナゼンジアセチュレートとしてバベシア症には2～3 mg/kg，タイレリア症に対して7～10 mg/kgをim．搾乳牛には不可．【禁】60日

(2) アミノキノリン製剤（2019年2月現在製造中止）

●パマキン（注）【パマキン「ソーゴ」，油性パマキン注20% NZ】
効能効果：タイレリア症

20%油剤のimあるいはscとあるが，imのほうが無難．4か月齢未満の幼牛には200 mg/頭，4か月齢以上の牛には400 mg/頭．搾乳牛には不可．【禁】30日

●プリマキン（注）【油性プリマキン6%「フジタ」】
効果効能：タイレリア症

4か月齢以下の幼牛には120～180 mg/頭，それ以上の牛には300 mg/頭をimまたはsc．搾乳牛には不可．【禁】30日

2. 抗コクシジウム剤

(1) トリアジントリオン製剤

●トルトラズリル（液）【牛用バイコックス®，牛用メイズリル®，牛用コクシトール® 5%，15%，牛用コクシックス®
効能効果：*Eimeria* 属原虫によるコクシジウム症の発症予防

3か月齢以下の牛に対して15 mg/kgを単回経口投与．サルファ剤との併用は避ける．【禁】59日

●ジクラズリル（液）【ベコクサン®】
効能効果：*Eimeria* 属原虫によるコクシジウム症の発症予防および治療

3か月齢以下の牛に対して1mg/kgを単回経口投与．【禁】食用に供するためと殺する前1日

(2) サルファ剤

●スルファジメトキシン（注）【10%サルトキシン注，スルファジメトキシン注「フジタ」，スルファジメトキシン注協同，ジメトキシン20%注「文英堂」，アップシード注20%，ジメトキシン注NZ】<要>
効能効果：コクシジウム症

20～50 mg/kgをivまたはim．2日目からは半量．連用は1週間以内．【禁】14日，牛乳120時間

●スルファモノメトキシン（粒・散）【ダイメトン®S散，ダイメトン®散20%，ダイメトン®ソーダ，ダイメトン®「明治」】<要>
効能効果：コクシジウム症

30～60 mg/kgの割合で飼料に混ぜて経口投与．1週間投与を間欠的．搾乳牛には不可．【禁】7日

(3) スルファモノメトキシンとオルメトプリム（液）【エクテシン®液】<要>

効果効能：コクシジウム症

0.1 ～ 0.2 mL/kg で 3 ～ 5 日間経口投与．搾乳牛不可．【禁】7 日

「豚」

1．抗トキソプラズマ剤

(1) スルファモイルダプソン（SDDS）（粒・散）【動物用フリートミン®散 20，50】

効能効果：トキソプラズマ症の予防

2.5 ～ 5.0 mg/kg の割合で少量の飼料に混ぜて経口投与．連用は 1 週間以内．【禁】5 日

(2) サルファ剤

● スルファジメトキシン（粒･散）【ジメトキシンソーダ散「タムラ」ほか多数】

（注）【ジメトキシン注 NZ ほか多数】＜要＞

効能効果：トキソプラズマ症

粒・散は 700 ～ 2000 g/t の割合で飼料に混ぜて経口投与．注は 20 ～ 100 mg/kg，2 日目以降は半量で 1 日 1 回 sc あるいは im．【禁】14 日

● スルファモノメトキシン（粒・散）【ダイメトン®S 散，ダイメトン®散 20%，ダイメトン®ソーダ，ダイメトン®「明治」】，（注）【ダイメトン®B 注 20%，ダイメトン®注】＜要＞

効能効果：トキソプラズマ症

粒・散は 20 ～ 60 mg/kg の割合で飼料に混ぜて経口投与．1 週間投与を間欠的．【禁】7 日．注は 40 ～ 100 mg/kg を sc，im，iv あるいは ip．【禁】14 日

(3) スルファジメトキシンとピリメタミン（粒･散）【ピリメタシン 2SP】

効能効果：トキソプラズマ症

10 ～ 25 kg/t の割合で飼料に混ぜて経口投与．【禁】7 日

2．抗コクシジウム剤

トリアジントリオン製剤

● トルトラズリル（液）【豚用バイコックス®，豚用コクシトール® 5%，10%，豚用メイズリル®，豚用コクシックス®】

効能効果：*Cystoisospora suis* によるコクシジウム症の発症予防

7 日齢以下の豚に対して 20 mg/kg を単回経口投与．

「鶏」

1．抗コクシジウム剤

(1) サルファ剤

● スルファジメトキシン（粒・散）【サルトキシン末ほか多数】＜要＞

効果効能：コクシジウム症

500 ～ 1000 g/t の割合で飼料に混ぜて経口投与あるいは 500 mg/L で飲水に溶かし投与（ナトリウム塩製剤）．連用は 1 週間以内　産卵鶏不可．【禁】14 日

● スルファモノメトキシン（粒・散）【ダイメトン®S 散，ダイメトン®散 20%，ダイメトン®ソーダ，ダイメトン®「明治」】＜要＞

効果効能：コクシジウム症

500 ～ 1000 g/t の割合で飼料に混じて経口投与あるいは 500 ～ 2000 mg/L で飲水に溶かし投与（ナトリウム塩製剤）．連用は 1 週間以内．産卵鶏不可．【禁】7 日

(2) スルファジメトキシンとトリメトプリム（合成抗菌剤）（粒・散）【トリメノール散】＜要＞

効果効能：コクシジウム症の治療

0.5 ～ 0.7 % の割合で飼料に混じて経口投与．3 ～ 5 日間．産卵鶏不可．【禁】5 日

(3) スルファモノメトキシンとオルメトプリム（合成抗菌剤）（液，粒・散）【エクテシン®液，エクテシン®散，エクテシン®散 RB】＜要＞

効果効能：コクシジウム症

液剤は 0.1 ～ 0.3 % の割合で飲水に加え 3 日間連続，あるいは反復投薬．粒・散剤は 0.5 ～ 1 % の割合で飼料に混じて経口投与．3 ～ 5 日間または間欠的．産卵鶏不可．【禁】5 日

(4) スルファメトキサゾールとトリメトプリム（合成抗菌剤）（粒・散）【動物用 ST 合剤 4%，8% 散，動物用シノラール®散 2S，4S，8S，プリミ散「科飼研」80，プリミ散「明治」40，80】＜要＞

効果効能：コクシジウム症

5 ～ 10 kg/t の割合で飼料に混じて経口投与．3 ～ 5 日間．産卵鶏不可．【禁】5 日

(5) 合成抗原虫剤

● グリカルピラミド【イミダゾン，グリカルピラミド「養日」】

効果効能：コクシジウム症の予防

60 g/t の割合で飼料に混じて経口投与．産卵鶏不可．【禁】5 日

● グリカルピラミドとジニトルシドの合剤（粒･散）【シグマン】

効果効能：コクシジウム症の予防

3 ～ 5 kg/t の割合で飼料に混じて経口投与．産卵鶏不可．【禁】7 日

● ジニトルシド【ジニトルシド「養日」】

(6) ポリエーテル系抗コクシジウム剤

これらはすべて鶏コクシジウム症の予防を目的とす

る飼料添加物として使用される．対象飼料は，ブロイラーを除く幼雛用（おおむね 4 週齢未満）および中雛用（おおむね 4 ～ 10 週齢）飼料, ならびにブロイラーの前期（おおむね 3 週齢未満）および後期用（おおむね 3 週齢を超え，食用としてと殺する前 7 日まで）の飼料である（農林水産省令　飼料及び飼料添加物の成分規格等に関する省令第 3 条第 1 項）.

● モネンシン【ルメンシン®200】抗菌性飼料添加物　医薬用外劇物
　80 g/t の割合で飼料中にモネンシンナトリウムが混合されている
● サリノマイシン【ユースチン -100，コクシスタック -100FA®】抗菌性飼料添加物
　50 g/t の割合で飼料中にサリノマイシンナトリウムが混合されている
● ナラシン【モンテバン -100】抗菌性飼料添加物　医薬用外劇物
　80 g/t の割合で飼料中にナラシンが混合されている
● ラサロシド
● センジュラマイシン

2. 抗ロイコチトゾーン剤

(1) サルファ剤

● スルファジメトキシン（粒･散）【ジメトキシンソーダ散「タムラ」ほか多数】<要>
効果効能：ロイコチトゾーン症
　25 ～ 100 g/t の割合で飼料に混ぜて経口投与．連用は 1 週間以内．産卵鶏不可．【禁】14 日
● スルファモノメトキシン（粒・散）【ダイメトン®S 散，ダイメトン®散 20%，ダイメトン®ソーダ，ダイメトン®「明治」】<要>
効果効能：ロイコチトゾーン症
　10 ～ 50 g/t の割合で飼料に混じて経口投与あるいは 25 ～ 100 mg/L で飲水に溶かし投与（ナトリウム塩製剤）．連用は 1 週間以内．産卵鶏不可．【禁】7 日

(2) スルファジメトキシンとピリメタミン（合成抗原虫剤）（粒・散）【ピリメタシン 2SP】<要>

効果効能：ロイコチトゾーン症
　500 g/t の割合で飼料に混じて経口投与．産卵鶏不可．【禁】7 日

(3) スルファジメトキシンとトリメトプリム（合成抗菌剤）（粒・散）【トリメノール散】<要>

効果効能：ロイコチトゾーン症の予防
　0.05 % の割合で飼料に混じて経口投与．7 日間投与し 7 日間休薬を 1 クールとして感染期間繰返し投与．産卵鶏不可．【禁】5 日

(4) スルファモノメキシンとオルメトプリム（合成抗菌剤）（粒・散）【エクテシン®散，エクテシン®散 RB】<要>

効果効能：ロイコチトゾーン症の予防
　0.05 ～ 0.06 % の割合で飼料に混じて経口投与．7 日間投与し 7 日間休薬を 1 クールとして感染期間繰返し投与．産卵鶏不可．【禁】5 日

「犬」

1. 抗コクシジウム剤

トリアジントリオン系

● トルトラズリルと抗線虫剤（エモデプシド）の合剤（液）【プロコックス®】<要>
効能効果：*Cystoisospora* 属コクシジウムの駆除
　トルトラズリルとして 9.0 ～ 13.5 mg/kg の範囲で単回経口投与．2 週齢未満，0.4 kg 未満の犬には不可.

　現在のところ，犬猫の原虫感染に対して効果効能が承認されている薬剤は上記薬剤以外にはない．つまり，犬や猫のコクシジウム症（シストイソスポラ症）あるいはトキソプラズマ症に対する各種剤型のサルファ剤（25 ～ 50 mg/kg），あるいは抗ピロプラズマ剤（ガナゼック）の投与は認可外であり，その使用は獣医師の裁量に依っている．また，ジアルジアあるいはトリコモナス感染に対するメトロニダゾール製剤の使用（60 mg/kg を 5 ～ 7 日経口投与）は，人体薬の転用である．犬や猫の原虫感染における効能外使用の実際については，各論の各項目を参照.

B　抗蠕虫剤

吸虫および条虫類を対象とする駆虫剤

　ピラジノイソキノリン系のプラジクアンテルが吸虫類あるいは条虫類に広いスペクトラムを有しており，この単剤あるいは複合製剤が第 1 選択となるが，牛および鶏を対象として開発された薬剤はない．プラジクアンテルの投与により片節が分断され，半透明の状態で排泄されるため，駆虫効果確認の際には細心の注意を要する.

「牛」

1. リン酸エステル系

● ブロムフェノホス（粒・散）【アセジスト細粒】<要>
効果効能：肝蛭
　ブロムフェノホスとして 12 mg/kg を経口投与．搾乳牛不可．【禁】21 日
　正確な体重測定を必要とする．用量厳守．成虫に

対する効果は大きいが，幼若虫にはやや劣る．

2. ベンズイミダゾール系

● フルベンダゾール（粒・散）〔フルモキサール®散 5%，50%〕

効果効能：肝蛭（オステルターグ胃虫，牛肺虫，乳頭糞線虫），飼料添加，【禁】10日

「馬」

ピラジノイソキノリン系

● プラジクアンテル複合製剤（ペースト）【エクイバラン® ゴールド，エクイマックス®】

効果効能：条虫（裸頭条虫科　葉状条虫，大条虫など）

プラジクアンテルとしてそれぞれ 1.0 あるいは 1.5 mg/kg を単回経口投与．加えてイベルメクチンによる大円虫，小円虫，馬回虫の駆虫．【禁】27日

「鶏」

複合製剤

フェノチアジン系，クロロフェノール系とヘキサヒドロピラジン系

● フェノチアジン，ジクロロフェンとピペラジン（粒・散）【パラダス】

効果効能：条虫（ダベン条虫科など）

本剤（フェノチアジン，ジクロロフェン）として成鶏に 1 g/羽，中雛には 0.5 g/羽で飼料に混ぜて 2 〜 3 日間経口投与．加えて，ピペラジンによる鶏回虫，鶏盲腸虫．産卵鶏・肉用鶏不可．

「犬および猫」

ピラジノイソキノリン系

1. プラジクアンテル単剤

● （錠）【ドロンシット®錠】（犬猫）

効果効能：瓜実条虫（犬猫），多包条虫（犬），猫条虫（猫），メソセストイデス属条虫（犬），マンソン裂頭条虫（犬猫）

プラジクアンテル 5 mg/kg を基準量として，3.3 〜 10 mg/kg の範囲で単回経口投与．ただしマンソン裂頭条虫には 6 倍量．

● （注）【ドロンシット®注射液】（犬猫）

効果効能：瓜実条虫（犬猫），猫条虫（猫），メソセストイデス属条虫（犬），マンソン裂頭条虫（犬猫）
壺形吸虫（猫）

プラジクアンテルとして 5.68 mg/kg で皮下あるいは筋肉注射，単回．ただしマンソン裂頭条虫には 34 mg/kg（6 倍量），壺形吸虫に対しては 30 mg/kg（5 倍量）を投与．

2. プラジクアンテル複合製剤

● （錠）【ドロンタール®プラス錠】（犬）

効能効果：瓜実条虫

プラジクアンテル 5 mg/kg を基準量として，5 〜 10 mg/kg の範囲で単回経口投与．加えて，フェバンテルによる犬回虫，犬鉤虫，犬鞭虫に対する効能．

● （チュアブル）【インターセプター®S　チュアブル】<要>（犬）

効果効能：瓜実条虫，多包条虫

プラジクアンテル 5 mg/kg を基準量として，5 〜 10 mg/kg の範囲で単回経口投与．加えて，ミルベマイシンによる犬回虫，犬鉤虫および犬鞭虫の駆虫，犬糸状虫の予防

● （錠）【ドロンタール®錠】（猫）

効果効能：瓜実条虫，猫条虫

プラジクアンテル 5 mg/kg を基準量として，5 〜 10 mg/kg の範囲で単回経口投与．加えて，パモ酸ピランテルによる猫回虫，猫鉤虫

● （錠）【小型・子猫用ミルベマックス®，猫用ミルベマックス®フレーバー錠】<要>（猫）

効果効能：瓜実条虫

プラジクアンテル 5 mg/kg を基準量として，5 〜 10 mg/kg の範囲で単回経口投与．加えて，ミルベマイシンによる猫回虫，猫鉤虫の駆虫

● （液）【プロフェンダー®　スポット】（猫）

効果効能：瓜実条虫，多包条虫，猫条虫

プラジクアンテル 12 mg/kg を基準量として，12 〜 24 mg/kg の範囲で単回皮膚滴下投与．加えて，エモデプシドによる猫回虫，猫鉤虫の駆虫

● （液）【ブロードライン®】<要>（猫）

効果効能：瓜実条虫，多包条虫，猫条虫

プラジクアンテルとして 10 〜 30 mg/kg の範囲で単回皮膚滴下投与．加えて，エペリノメクチンによる猫回虫，猫鉤虫の駆虫，犬糸状虫予防およびフィプロニルによるマダニ類，ノミ類の駆除，(S)-メトプレンによるノミ幼虫成長攪乱

その他，対象動物認可外への投与例として，

牛：小型膵蛭に対してプラジクアンテルとして 10 mg/kg を隔日で 3 回，im.
ベネデン条虫に対して 15 mg/kg，単回.
めん羊・山羊：拡張条虫に対してプラジクアンテルとして 2 〜 5 mg/kg，単回．人にはビルトリシド®として日本住血吸虫，肝吸虫，肺吸虫，横川吸虫に適用．

線虫類を対象とする駆虫剤

ベンズイミダゾール系，イミダゾチアゾール系およびマクロライド系などがあるが，現在はマクロライド系の単剤あるいは複合製剤が主流を占めている．

「牛」

1. ベンズイミダゾール系

● フルベンダゾール（粒・散）【フルモキサール®散5％，50％】

効果効能：オステルターグ胃虫，牛肺虫，乳頭糞線虫，（肝蛭）

フルベンダゾールとして10～20 mg/kg（オステルターグ胃虫），あるいは20 mg/kg（牛肺虫）で飼料に混じて経口ないし飲水に溶かして投与．5日間．【禁】10日

2. イミダゾチアゾール系

● レバミゾール（粒・散）【リペルコール®L，塩酸レバミゾール散・100，レバミゾール「コーキン」-100】

効果効能：牛肺虫，クーペリア，オステルターグ胃虫，沖縄糸状虫

レバミゾール塩酸塩として7.5 mg/kgを飼料に混じて経口ないし飲水に溶かして単回投与．搾乳牛不可．【禁】7日

3. マクロライド系

● イベルメクチン（注）【アイボメック®注など多数】，（液）【アイボメック® トピカルなど多数】

効果効能：オステルターグ胃虫，牛捻転胃虫，牛腸結節虫，クーペリア，毛様線虫，牛肺虫，およびショクヒヒゼンダニ（注・液），シラミ・ノサシバエ，マダニによる吸血抑制（液）

イベルメクチンとして（注）200 μg/kg，scおよび（液）500 μg/kgで背線部に滴下投与．搾乳牛，分娩前28日までの乳用牛不可．【禁】（注）40日，（液）37日

● ドラメクチン（注）【デクトマックス®】

効果効能：乳頭糞線虫，牛鉤虫，腸結節虫，クーペリア，捻転胃虫，オステルターグ胃虫，毛様線虫，牛捻転胃虫，牛鞭虫，牛肺虫，およびショクヒヒゼンダニ

ドラメクチンとして200 μg/kgで頸部にsc．搾乳牛，分娩前70日までの乳用牛不可．【禁】70日

● エプリノメクチン（液）【エプリネックス® トピカル】

効果効能：オステルターグ胃虫，クーペリア，毛様線虫，ネマトジルス，牛鞭虫，牛鉤虫，牛肺虫およびショクヒヒゼンダニ，シラミ，ハジラミ

エプリノメクチンとして500 μg/kgを背線部に滴下投与．搾乳牛不可．【禁】20日

「豚」

1. ベンズイミダゾール系

● フェンベンダゾール（粒・散）【メイポール®10，50など】

効能効果：豚回虫，豚腸結節虫，豚鞭虫

フェンベンダゾールとして3 mg/kg（豚回虫，豚腸結節虫）を飼料に混ぜ3日間投与．

豚鞭虫には15 g/tの割合で飼料に混ぜて3～4週間経口投与．【禁】7日

● フルベンダゾール（粒・散）【フルモキサール®散5％，50％】

効果効能：豚回虫，豚鞭虫，豚腸結節虫，豚糞線虫，豚肺虫

フルベンダゾールとして5～10 mg/kgを経口投与あるいは飼料に混じる，ないし飲水に溶かして投与，3日間．飼料添加の場合は25～30 g/tで3～5日間．【禁】14日

2. イミダゾチアゾール系

● レバミゾール（粒・散）【リペルコール®L，塩酸レバミゾール散・100，レバミゾール「コーキン」-100】

効果効能：豚肺虫，豚回虫，豚腸結節虫，豚糞線虫

塩酸レバミゾールとして5 mg/kgを飲水に溶解あるいは飼料に混じて経口投与．【禁】5日

3. テトラヒドロピリミジン系

● モランテル（粒・散）【バンミンス-M】

効果効能：豚回虫，豚糞線虫，豚腸結節虫

モランテルとして5～15 mg/kgを飲水に溶解あるいは飼料に混じて経口投与．【禁】14日

4. マクロライド系

● イベルメクチン（注）【アイボメック®注など多数】（粒・散）【アイボメック® プレミックス0.04％など多数】

効果効能：豚回虫，豚腸結節虫，豚糞線虫およびブタヒゼンダニ，ブタジラミ

イベルメクチンとして300 μg/kgでsc（注），あるいは100 μg/kgを飼料に混じて経口投与，7日間（粒・散）．【禁】35日（注），7日（粒・散）

● ドラメクチン（注）【デクトマックス®】

効果効能：豚回虫，豚腸結節虫，豚鞭虫，豚糞線虫およびブタヒゼンダニ

ドラメクチンとして300 μg/kgを頸部にim，単回．

【禁】60 日

「馬」

単剤

1. イミダチアゾール系

●ピランテル（液）【ソルビー®・シロップ】

効果効能：大円虫，小円虫

ピランテルとして 6.6 mg/kg を飼料に混じる，あるいは鼻カテーテルで経口投与．【禁】60 日

2. ベンズイミダゾール系

●フルベンダゾール（粒・散）【フルモキサール®散 5%，50%】

効果効能：大円虫，小円虫，馬回虫

フルベンダゾールとして 10 mg/kg を強制あるいは飼料に混じて経口投与．または飲水に懸濁させて投与．2 〜 3 日間連用．【禁】3 日

3. マクロライド系

●イベルメクチン（ペースト）【エクイバラン® ペースト，エラクエル®，ノロメクチン® ペースト】

効果効能：大円虫，小円虫，馬回虫およびウマバエ幼虫

イベルメクチンとして 200 μg/kg を単回経口投与．【禁】21 日

複合製剤

マクロライド系とピラジノイソキノリン系

●イベルメクチンとプラジクアンテル【エクイバラン® ゴールド，エクイマックス】

効果効能：大円虫，小円虫，馬回虫

イベルメクチンとして 200 μg/kg を単回経口投与．加えて，加えて，プラジクアンテルによる条虫類（裸頭条虫科　葉状条虫，大条虫など）．【禁】27 日

「鶏」

イミダゾチアゾール系

●レバミゾール（粒・散）【リペルコール®L，塩酸レバミゾール散・100，レバミゾール「コーキン」-100】

効果効能：鶏回虫，鶏毛細線虫，鶏盲腸虫

塩酸レバミゾールとして 20 〜 30 mg/kg を飲水に溶解，飼料に混合，あるいは練餌状にして経口投与．再感染時には同用量・同用法で再投与．産卵鶏不可．【禁】9 日

複合製剤

ヘキサヒドロピラジン系，フェノチアジン系とクロロフェノール系

●ピペラジン，フェノチアジンとジクロロフェン（粒・散）【パラダス】

効果効能：鶏回虫，鶏盲腸虫

本剤（ピペラジン）を成鶏には 1 g/羽，中雛には 0.5 g/羽を 1 日量として飼料に混ぜて 1 〜 2 日間経口投与．加えて，フェノチアジンとジクロロフェンによる条虫類（ダベン条虫科など）．産卵鶏・肉用鶏不可

「めん羊および山羊」

アンチモン系製剤

●グルコン酸アンチモン【アンチリコン 100 mg 注®】

効果効能：脳脊髄糸状虫症の予防および治療

グルコン酸アンチモンナトリウムとして下記の量を投与

めん羊：（予防）10 mg/kg を 14 日間隔で必要な期間反復投与
（治療）初回 10 mg/kg，2 日目より 15 mg/kg，4 日間．【禁】30 日

山羊：（予防）15 mg/kg を 14 日間隔で必要な期間反復投与
（治療）初回 15 mg/kg，2 日目より 20 mg/kg，4 日間　搾乳山羊不可．【禁】30 日

「犬および猫」

単剤

1. イミダゾチアゾール系

●ピランテル（錠）【ソルビー®錠】（犬）

効果効能：犬回虫，犬鉤虫

パモ酸ピランテルとして，12.5 〜 14.0 mg/kg（犬回虫）あるいは 10.0 〜 12.5 mg（犬鉤虫）の範囲で単回経口投与．

2. メチリジンラジカル系

●メチリジン（注）【トリサーブ注射液】（犬）

効果効能：犬鞭虫

メチリジンとして 36 〜 45 mg/kg の範囲で大腿部に sc，単回．

3. ジクロロフェノール系

●ジソフェノール（注）【デボネア®】（犬）

効果効能：犬鉤虫

ジソフェノールとして 6.5 〜 7.0 mg/kg の範囲で sc，単回．

4. ヒ素系

●メラルソミン二塩酸塩（注）【イミトサイト®「B I」】<要>（犬）

効果効能：犬糸状虫成虫

メラルソミン二塩酸塩として 2.2 mg/kg を 3 時間間隔で 2 回，im.

5. マクロライド系

- イベルメクチン（錠，チュアブル）【カルドメック®錠，カルドメック® チュアブル 68，136】<要>（犬），【カルドメック® チュアブル FX】<要>（猫）

  効果効能：犬糸状虫予防（錠・チュアブル 68，136，FX），猫回虫，猫鉤虫（FX）

  イベルメクチンとして 6 ～ 12 μg/kg（錠・チュアブル）の範囲で予防期間月 1 回．FX については 24 ～ 48 μg/kg の範囲で予防期間月 1 回（犬糸状虫の予防），または単回経口投与（猫回虫，猫鉤虫）．

- セラメクチン（液）【レボリューション® 6%】<要>（犬猫），【レボリューション® 12%】<要>（犬）

  効果効能：犬糸状虫予防（6%，12%），猫回虫（6%）およびノミ成虫，ノミ成長攪乱，ミミヒゼンダニ（6%，12%）

  レボリューション 6% については，セラメクチン 6 mg/kg を基準量として 6 ～ 18 mg/kg の範囲で単回，犬糸状虫に対しては予防期間月 1 回皮膚滴下投与．レボリューション 12% は上記の基準量にのっとり 6 ～ 12 mg/kg の範囲で単回，犬糸状虫状虫予防に関しては月 1 回皮膚滴下投与．

- ミルベマイシン（粒・散剤，錠）【ミルベマイシン® A 顆粒，錠】<要>（犬）

  効果効能：犬回虫，犬鉤虫，犬鞭虫，犬糸状虫予防

  ミルベマイシンオキシムとして 0.25 ～ 0.5 mg/kg（犬回虫，犬鉤虫）あるいは 0.5 ～ 1.0 mg/kg（犬鞭虫）の範囲で単回経口投与．犬糸状虫の予防については，0.25 ～ 0.5 mg/kg の範囲で予防期間月 1 回経口投与

- モキシデクチン（注）【注射用プロハート® 12】<要>（犬）

  効果効能：犬糸状虫予防

  モキシデクチンとして 0.5 mg/kg で年 1 回，皮下注（注）．

複合製剤

複合製剤（2 ～ 5，10，11）については，すでに「抗原虫剤」および「吸虫および条虫類を対象とする駆虫剤」でとり上げているので，当該項目に関してはそれぞれの記載を参照のこと．

1. イミダゾチアゾール系とマクロライド系

- ピランテルとイベルメクチン（チュアブル）【カルドメック® チュアブル P】<要>（犬）

  効果効能：犬回虫，犬鉤虫，犬糸状虫予防

  パモ酸ピランテル 14.4 mg/kg を基準量として，14.1 ～ 29.1 mg/kg の範囲，イベルメクチン 6 μg/mg を基準量として 6 ～ 12 μg/kg の範囲で単回経口投与，犬糸状虫については予防期間月 1 回投与

2. イミダチアゾール系とピラジノイソキノリン系

- ピランテルとプラジクアンテル（錠）【ドロンタール®錠】（猫）

  効果効能：猫回虫，猫鉤虫

  パモ酸ピランテル 14.4 mg/kg を基準量として，14.4 ～ 28.8 mg/kg の範囲で単回経口投与．加えて，プラジクアンテルによる瓜実条虫，猫条虫の駆虫

3. ベンズイミダゾール系，イミダチアゾール系およびピラジノイソキノリン系

- フェバンテル，パモ酸ピランテルとプラジクアンテル（錠）【ドロンタール® プラス錠】（犬）

  効果効能：犬回虫，犬鉤虫，犬鞭虫

  フェバンテル 15 mg/kg を基準量として，15 ～ 30 mg/kg，パモ酸ピランテル 14.4 mg/kg を基準量として 14.4 ～ 28.8 mg/kg の範囲で単回経口投与．加えてプラジクアンテルによる瓜実条虫の駆虫

4. シクロデプシペプチド系とピラジノイソキノリン系

- エモデプシドとプラジクアンテル（液）【プロフェンダー® スポット】（猫）

  効果効能：猫回虫，猫鉤虫

  エモデプシド 3 mg/kg を基準量として，3 ～ 6 mg/kg の範囲で皮膚滴下投与．加えて，プラジクアンテルによる瓜実条虫，多包条虫，猫条虫の駆虫

5. マクロライド系およびピラジノイソキノリン系

- ミルベマイシン オキシムとプラジクアンテル（チュアブル）【インターセプター® S チュアブル】<要>（犬）

  効果効能：犬回虫，犬鉤虫，犬鞭虫，犬糸状虫予防

  ミルベマイシンオキシム 0.5 mg/kg を基準量として，0.5 ～ 1.0 mg/kg の範囲で単回経口投与，あるいは犬糸状虫については予防期間月 1 回投与．加えて，プラジクアンテルによる瓜実条虫の駆虫

- ミルベマイシンとプラジクアンテル（錠）【小型・子猫用，猫用ミルベマックス®フレーバー錠】<要>（猫）

  効果効能：猫回虫，猫鉤虫

  ミルベマイシン 2 mg/kg を基準量として，2 ～ 4 mg/kg の範囲で単回経口投与．加えて，プラジクアンテルによる瓜実条虫，多包条虫の駆虫

6. マクロライド系とマクロライド系

- ミルベマイシン オキシムとスピノサド（錠）【パラノミス®錠】<要>（犬）

  効果効能：犬回虫，犬鉤虫，犬鞭虫，犬糸状虫予防

  ミルベマイシンオキシム 0.5 mg/kg を基準量として，0.5 ～ 1.0 mg/kg の範囲で単回経口投与，ある

いは犬糸状虫については予防期間月 1 回投与．加えて，スピノサドによるマダニ類，ノミ類の駆除

7. マクロライド系とベンゾイルウレア系

● ミルベマイシンオキシムとルフェヌロン（錠）【システック®】<要>（犬）

効果効能：犬回虫，犬鉤虫，犬鞭虫，犬糸状虫予防

ミルベマイシンオキシム 0.5 mg/kg を基準量として，0.5 ～ 1.0 mg/kg の範囲で単回経口投与，犬糸状虫については予防期間月 1 回投与. 加えて, ルフェヌロンによるノミ幼虫成長攪乱

8. マクロライド系とネオニコチノイド系

● モキシデクチンとイミダクロプリド（液）【アドボケート®犬用, アドボケート®猫用】<要>（犬）（猫）

効果効能：犬回虫，犬鉤虫，犬糸状虫予防（犬用），あるいは猫回虫，猫鉤虫，犬糸状虫予防（猫用）

モキシデクチンとして 2.5 ～ 10 mg/kg（犬用）あるいは 1 ～ 4 mg/kg（猫用）の範囲で単回皮膚滴下投与，および犬糸状虫の予防期間は月 1 回投与. 加えて，イミダクロプリドによるノミ類（犬，猫），ミミヒゼンダニ（猫），全身性毛包虫症の改善（犬）およびヒゼンダニ（犬）の駆除

9. マクロライド系とイソキサゾリン系

● ミルベマイシンとアフォキソラネル（錠）【ネクスガード® スペクトラ】<要>（犬）

効果効能：犬回虫，犬小回虫，犬鉤虫，犬鞭虫，犬糸状虫予防

ミルベマイシンオキシム 0.5 mg/kg を基準量として，0.5 ～ 1.0 mg/kg の範囲で単回経口投与，犬糸状虫の予防期間月 1 回投与．加えて，アフォキソラネルによるノミ類，マダニ類の駆除

● セラメクチンとサロラネル（液）【レボリューション® プラス】<要>（猫）

効果効能：猫回虫，猫鉤虫，犬糸状虫予防

セラメクチン 6 mg/kg を基準量として，6 ～ 12 mg/kg の範囲で単回経口投与，犬糸状虫については予防期間月 1 回投与．加えて，セラメクチンによるノミ類の駆除，ノミ幼虫成長攪乱およびサロラネルによるノミ，マダニ類，ヒゼンダニの駆除

10. マクロライド系とピラジノイソキノリン系，フェニルピラゾール系，トリメチルドデカジエノアート系

● エプリノメクチンとプラジクアンテル，フィプロニル，(S)-メトプレン（液）【ブロードライン®】<要>（猫）

効果効能：猫回虫，猫鉤虫，犬糸状虫予防

エプリノメクチンとして 0.48 ～ 1.44 mg/kg の範囲で単回皮膚滴下投与，犬糸状虫については予防期間月 1 回投与．加えて，ピラジノイソキノリンによる瓜実条虫，多包条虫，猫条虫の駆虫，フィプロニルによるノミ，マダニ類の駆除および (S)-メトプレンによるノミ幼虫成長攪乱

11. シクロデプシペプチド系およびトリアジントリオン誘導体

● エモデプシドとトルトラズリル（液）【プロコックス®】<要>（犬）

効果効能：犬回虫，犬鉤虫，犬鞭虫

エモデプシド 0.45 mg/kg を基準量として，0.45 ～ 0.68 mg/kg の範囲で単回経口投与．加えて，トルトラズリルによるシストイソスポラ属原虫の駆虫

5.3 殺虫剤および抗外部寄生虫剤

殺虫剤は原則的に節足動物（昆虫類，ダニ類など）を殺滅する薬剤である. 節足動物は外部寄生虫として，それ自体が動物に害をなす場合のほか，さまざまな感染症の重要なベクターとなるため，これらに対する対策は重要である.

殺虫剤は一般に広い殺虫スペクトルをもつが，残効性，対象害虫の抵抗性獲得の有無，動物体への安全性などを考慮し，施用にあたっては慎重に選ばなければならない.

殺虫剤としての歴史は除虫菊製剤から始まり，ヒ素剤，石油乳剤，二酸化炭素などを経て，1940 年代には大量生産が可能となった有機塩素系合成殺虫剤 DDT などが，農薬やマラリア対策などの広い用途に用いられてきたが，その残留性や毒性から使用が禁止さるに至った．それにかわって現在では，下記を主成分とする製剤が普及している．ただし，牛，豚に用いられる一部の製剤（6 を含有する複合製剤および 8 の 1 製剤）を除き，4 ～ 9 はもっぱら犬と猫を対象とした薬剤体系である.

下記 1 ～ 8 が神経系に作用する殺虫剤であるのに対し，節足動物固有のキチン合成系や脱皮調節にかかわる内分泌機構を作用点とする薬剤（9）も用いられており，昆虫成長阻害剤（Insect growth regulators, IGRs）などと呼ばれている．これらはもっぱら発育途中のステージに作用するので次世代虫体の発生は抑制しうるものの，現時点における成虫による病害には効果を示さない点に注意を要する.

1. ピレスリン・ピレスロイド系：ペルメトリン，フルメトリン
2. 有機リン系：フェニトロチオン，トリクロルホン，ジムピラート
3. カーバメイト系：カルバリル，プロポクスル

4. ネオニコチノイド系（クロロニコチニル剤）：ニテンピラム，イミダクロプリド
5. フェニルピラゾール系：フィプロニル，ピリプロール
6. マクロライド系：イベルメクチン，ドラメクチン，エプリノメクチン，スピノサド，セラメクチン
7. イソキサゾリン系：アフォキソラネル，フルララネル，サロラネル，ロテラネル
8. ホルムアミジン系：アミトラズ
9. 幼虫成長攪乱あるいは卵ふ化阻害物質
   ベンゾイルフェニルウレア系：ルフェヌロン
   フェニルエーテル系：ピリプロキシフェン
   トリメチルドデカジエノアート系：(S)-メトプレン
   ジヒドロオキサゾール系：エトキサゾール

「牛」

1. ピレスリン・ピレスロイド系（除虫菊製剤・合成品）

●ペルメトリン（＝ペルメスリン）（イヤータッグ）【ウシタッグ®，その他】，（液）【動物用金鳥 ETB 乳剤など】

効果効能：ノサシバエ，ノイエバエ，クロイエバエ，ウスイロイエバエ，マダニ（イヤータッグ），あるいはハエ，蚊，サシバエ，ノサシバエ，アブの各成虫，マダニ類（液）

除虫菊製剤（ペルメトリン，合成品を含む）として 1.5 g を含むタッグ（10 g）を左右の耳に 1 枚ずつ装着（イヤータッグ）．液剤は 200 ～ 400 倍，あるいは 100 ～ 200 倍に希釈して噴霧

●フルメトリン（液）【バイチコール®，フルメトール®，スルメトリン®液 1%】

効果効能：マダニ，ハジラミ，シラミ，ショクヒヒゼンダニ

除虫菊製剤（フルメトリン，合成品を含む）として 1 mg/kg を背中線に沿い鼻部から尾根部まで皮膚滴下投与．【禁】2 日

2. 有機リン系

●フェニトロチオン（液）【スミチオン® 10 % 乳剤，動物用金鳥スミチオン乳剤 K など】

効能効果：マダニ

フェニトロチオンとして 0.5 % になるように水で希釈して直接噴霧．【禁】60 日

●トリクロルホン（粒・散）【ネグホン®，ネグホン®散 -3 %】

効果効能：マダニ，シラミ，サシバエ，ノサシバエ

トリクロルホンとして 0.1 ～ 0.5 % になるように水で希釈して直接噴霧．

搾乳牛不可（ネグホン）．【禁】14 日．牛乳出荷 36 時間（ネグホン散 -3 %）

3. カーバメイト系

●カルバリル（粒・散）【サンマコー®水和剤 75 %，サンマコー®粉剤 3 %】

効果効能：マダニ，ノサシバエ，ノイエバエ

カリバリルとして 0.5 % となるように水で希釈して直接噴霧（水和剤）あるいは 3 g/頭を直接散布（粉剤）．搾乳牛不可．【禁】7 日

●プロポクスル（粒・散）【ボルホ®・50 %，ボルホ®散 -1 %】

効果効能：マダニ，ショクヒヒゼンダニ，ノサシバエ，アブ，シラミ，ハジラミ，ただし散剤はマダニ，ノサシバエのみ

プロポクスルとして 0.1 ～ 0.25 % となるように水で希釈して直接噴霧（ボルホ・50 %）．あるいは直接散布（ボルホ散 -1 %）．搾乳牛不可．【禁】4 日

4. マクロライド系（殺虫剤の製剤区分ではなく内部寄生虫駆除薬として認可承認）

●イベルメクチン（注）【アイボメック注®など多数】，（液）【アイボメック® トピカルなど多数】

効果効能：ショクヒヒゼンダニ（注・液），シラミ・ノサシバエ（液），加えてオステルターグ胃虫，牛捻転胃虫，牛腸結節虫，クーペリア，毛様線虫，牛肺虫，

イベルメクチンとして（注）200 μg/kg，sc および（液）500 μg/kg で背線部に滴下投与．搾乳牛不可．【禁】（注）40 日，（液）37 日

●ドラメクチン（注）【デクトマックス®】

効果効能：ショクヒヒゼンダニ 加えて，乳頭糞線虫，牛鉤虫，腸結節虫，クーペリア，捻転胃虫，オステルターグ胃虫，毛様線虫，牛捻転胃虫，牛鞭虫，牛肺虫，

ドラメクチンとして 200 μg/kg で頸部に sc．搾乳牛不可．【禁】70 日

●エプリノメクチン（液）【エプリネックス® トピカル】

効果効能：ショクヒヒゼンダニ，シラミ，ハジラミ，加えてオステルターグ胃虫，クーペリア，毛様線虫，ネマトジルス，牛鞭虫，牛鉤虫，牛肺虫

エプリノメクチンとして 500 μg/kg を背線部に滴下投与．搾乳牛不可．【禁】20 日

5. ジヒドロオキサゾール系

●エトキサゾール（液）【ダニレス】

効果効能：マダニ幼虫の成長攪乱，卵ふ化阻害

エトキサゾールとして 1 mg/kg を背中線にそって頸部～尾根部に皮膚滴下投与．搾乳不可．【禁】7 日

「豚」

1. 有機リン系

●フェニトロチオン（液）【スミチオン®10％乳剤，動物用金鳥スミチオン乳剤Kなど】

効果効能：ブタジラミ

フェニトロチオンとして0.03〜0.05％になるように水で希釈して直接噴霧．【禁】20日

2. カーバメイト系

●プロポクスル（粒・散）【ボルホ®・50％】

効果効能：ブタヒゼンダニ

プロポクスルとして0.1〜0.25％となるように水で希釈して直接噴霧．【禁】4日

3. マクロライド系（殺虫剤の製剤区分ではなく内部寄生虫駆除薬として認可承認）

●イベルメクチン（注）【アイボメック®注など多数】（粒・散）【アイボメック® プレミックス0.04％など】

効果効能：ブタヒゼンダニ，ブタジラミ，加えて豚回虫，豚腸結節虫，豚糞線虫

イベルメクチンとして300 μg/kgでsc（注），あるいは100 μg/kgで飼料に混じて経口投与，7日間（粒・散）．【禁】35日（注），7日（粒・散）

●ドラメクチン（注）【デクトマックス®】

効果効能：ブタヒゼンダニ 加えて，豚回虫，豚腸結節虫，豚鞭虫，豚糞線虫

ドラメクチンとして300 μg/kgを頸部にim，単回．【禁】60日

「鶏」

1. ピレスリン・ピレスロイド系（除虫菊製剤・合成品）

●ペルメトリン（液）【動物用金鳥ETB乳剤など】

効果効能：蚊成虫，ヌカカ成虫，トリサシダニ

本剤を200〜400倍（蚊およびヌカカ成虫），あるいは800〜1500倍（トリサシダニ）に希釈して噴霧

●フルメトリン（液）【鶏用バイチコール®】

効果効能：トリサシダニ

フルメトリンとして1 mg/羽で背部に滴下投与．【禁】28日

2. 有機リン系

●フェニトロチオン（液）【スミチオン®10％乳剤，動物用金鳥スミチオン乳剤Kほか】

効果効能：ワクモ，トリサシダニ

フェニトロチオンとして0.05〜0.1％（ワクモ）あるいは0.05〜0.2％（トリサシダニ）となるように水で希釈して直接噴霧．【禁】14日

●トリクロルホン（粒・散）【ネグホン®，ネグホン®散-3％】

効果効能：ワクモ，トリサシダニ，ハジラミ

トリクロルホンとして0.1〜0.5％となるように水で希釈して直接噴霧（ネグホン）あるいは直接散布（ネグホン散-3％）．【禁】20日

3. カーバメイト系

●カルバリン（粒・散）【サンマコー®水和剤75％，サンマコー®粉剤】

効果効能：ワクモ，トリサシダニ，ハジラミ

カリバリルとして0.5％となるように水で希釈して直接噴霧（水和剤）あるいは0.12 g/羽を直接散布（粉剤）．【禁】7日，産卵前1日

●プロポクスル（粒・散）【ボルホ®・50％，ボルホ散®-1％】

効果効能：ワクモ，トリサシダニ，ハジラミ

プロポクスルとして0.1〜0.25％となるように水で希釈して直接噴霧（ボルホ・50％）．あるいは直接散布（ボルホ散-1％）．【禁】34日

「犬および猫」

単剤

1. カーバメイト系

●プロポクスル（粒・散）【ボルホ®・50％，ボルホ®散-1％】（犬）

効果効能：ノミ，イヌヒゼンダニ（ボルホ・50％）あるいはノミ・マダニ類（ボルホ散-1％）

プロポクスルとして0.1〜0.25％となるように水で希釈して直接散布（ボルホ・50％）あるいは直接噴霧（ボルホ散-1％）．

2. 有機リン系

●トリクロルホン（粒・散）【ネグホン®，ネグホン®散-3％】（犬）

効果効能：ノミ，シラミ

トリクロルホンとして0.1〜0.5％となるように水で希釈して直接噴霧（ネグホン）あるいは直接散布（ネグホン散-3％）．

3. ネオニコチノイド系

●ニテンピラム（錠）【キャプスター®錠11.4 mg】（犬猫）

効果効能：ノミ

ニテンピラムとして，体重1〜11 kgの犬猫に1.0〜11.4 mgの範囲で単回経口投与．

4. フェニルピラゾール系

●フィプロニル（液）【フロントライン®スプレー】（犬猫），【フロントライン®スポットオンドッグ】（犬），【フロントライン®スポットオンキャット】（猫）

効果効能：ノミ，マダニ類

フィプロニル 7.5 mg/kg を基準量として，毛の長さに応じて 15 mg/kg までの範囲で直接スプレー（スプレー），毛の長さに応じて 6.7 ～ 13.4 mg/kg の範囲で皮膚滴下投与（犬用）あるいは 50 mg/頭で皮膚滴下投与（猫用）．

● ピリプロール（液）【プラクーティック®】（犬）
効果効能：ノミ，マダニ類
ピリプロール 12.5 mg/kg を基準量として，12.5 ～ 30.6 mg/kg の範囲で皮膚滴下投与．

5. ホルムアミジン系

● アミトラズ（首輪型）【プレベンティック®】（犬）
効果効能：マダニ類
アミトラズ 2.5 g 含有の首輪 1 本を装着．

6. マクロライド系

● スピノサド（錠）【コンフォティス®錠】（犬猫）
効果効能：ノミ（犬猫），マダニ類（犬）
スピノサド 30 mg/kg を基準量として，30 ～ 60 mg/kg（犬）あるいは 50 mg/kg を基準量として 50 ～ 100 mg/kg（猫）の範囲で単回経口投与．

● セラメクチン（液）【レボリューション® 6%】<要>（犬猫），【レボリューション® 12%】<要>（犬）
効果効能：ノミ，ミミヒゼンダニ，ノミ幼虫成長攪乱．加えて，犬糸状虫の予防（6 %，12%），猫回虫の駆虫（6%）
レボリューション 6%はセラメクテン 6 mg/kg を基準量として，体重 2.5 kg 未満の犬には 15 mg，2.5 kg 未満の猫に 15 mg，2.5 ～ 7.5 kg 未満の猫に 45 mg，および 7.5 kg 以上の猫には適宜ピペットを選択して単回皮膚滴下投与，レボリューション 12 %については 6 mg/kg を基準量として，6 ～ 12 mg/kg の範囲でピペットを選択して単回皮膚滴下投与

7. イソキサゾリン系

● アフォキソラネル【ネクスガード®】（犬）
効果効能：ノミ，マダニ類
アフォキソラネル 2.5 mg/kg を基準量として，2.5 ～ 5.0 mg/kg の範囲で単回経口投与．

● フルララネル【ブラベクト®錠】（犬），【ブラベクト® スポット 猫用】（猫）
効果効能：ノミ，マダニ類
フルララネル 25 mg/kg を基準量として，25.0 ～ 56.3 mg/kg の範囲で単回経口投与（犬用），あるいは 40.0 ～ 93.3 mg/kg の範囲で単回皮膚滴下投与（猫用）．

● サロラネル【シンパリカ®】（犬）
効果効能：ノミ，マダニ類
サロラネル 2 mg/kg を基準量として，2.0 ～ 4.0 mg/kg の範囲で単回経口投与．

● ロチラネル【クレデリオ®錠】（犬）
効果効能：ノミ，マダニ類
ロチラネル 20 mg/kg を基準量として，20.5 ～ 45.0 mg/kg の範囲で単回経口投与．

複合製剤 1（外部寄生虫に効果効能あり）

1. ピレスロイド系とカーバメイト系

● フルメトリンとプロポクスル（首輪型）【ボルホ® プラス カラー】（犬）
効果効能：ノミ，マダニ類
フルメトリン 1.013 g（L）ないし 0.281 g（S）とプロポクスル 4.50 g（L）ないし 1.25 g（S）含有の首輪 1 本を装着．

2. ピレスロイド系とネオニコチノイド系

● ペルメトリンとイミダクロプリド（液）【フォートレオン®】（犬）
効果効能：ノミとマダニ類，蚊（忌避）
ペルメトリン 50 mg/kg を基準量として 50 ～ 100 mg/kg，イミダクロプリド 10 mg/kg を基準量として 10 ～ 20 mg/kg の範囲で単回皮膚滴下投与．

3. ネオニコチノイド系とフェニルエーテル系

● イミダクロプリドとピリプロキシフェン（液）【アドバンテージ®プラス猫用】（猫）
効果効能：ノミ，ノミ幼虫成長阻害
イミダクロプリド 10 mg/kg を基準量として 10 ～ 40 mg/kg，およびピリプロキシフェン 0.5 mg/kg を基準量として 0.50 ～ 1.25 mg/kg の範囲で単回皮膚滴下投与．

4. 有機リン系とフェニルエーテル系

● ジムピラートとピリプロキシフェン（首輪型）【デュオカラー®】（犬）
効果効能：ノミ，マダニ類，ノミの卵のふ化阻害
ジムピラート 6.3 g とピリプロキシフェン 0.11 g 含有の首輪 1 本を装着．

5. フェニルピラゾール系とトリメチルドデカジエノアート系

● フィプロニルと（S）- メトプレン（液）【フロントライン® プラスドッグ】（犬），【フロントライン® プラスキャット】（猫）
効果効能：ノミ，マダニ類，ハジラミ
ノミ幼虫成長攪乱（犬猫），シラミ（犬）
フィプロニルとして 6.7 ～ 13.4 mg/kg の範囲（犬用）あるいは 50 mg/ 頭（猫用），（S）- メトプレンとして 6 ～ 12 mg/kg の範囲（犬用）あるいは 60 mg/ 頭（猫用）で単回皮膚滴下投与．

複合製剤 2（外部寄生虫と内部寄生虫に対する効果効能あり）

1. マクロライド系とマクロライド系

● スピノサドとミルベマイシン（錠）【パノラミス®錠】

<要>（犬）

効果効能：ノミ，マダニ類

スピノサド 30 mg/kg を基準量として，30 ～ 60 mg/kg の範囲で単回経口投与．加えて，ミルベマイシンによる犬回虫，犬鉤虫，犬鞭虫の駆虫，犬糸状虫の予防

2. ネオニコチノイド系とマクロライド系

● イミダクロプリドとモキシデクチン（液）【アドボケート®犬用】<要>（犬），【アドボケート®猫用】<要>（猫）

効果効能：ノミ（犬猫），ミミヒゼンダニ（猫）

イミダクロプリド 10 mg/kg を基準量として，10 ～ 40 mg/kg の範囲で単回皮膚滴下投与．加えて，モキシデクチンによる犬回虫，犬鉤虫の駆除，犬糸状虫の予防（犬用）および猫回虫，猫鉤虫の駆除，犬糸状虫の予防（猫用）

3. フェニルピラゾール系，トリメチルドデカジエノアート系とマクロライド系，ピラジノイソキノリン系（液）

● フィプロニル，(S)-メトプレンとエプリノメクチン，プラジクアンテル（液）【ブロードライン®】<要>（猫）

効果効能：ノミ，マダニ類，ノミ幼虫成長攪乱

フィプロニルとして 10 ～ 30 mg/kg，(S)-メトプレンとして 12 ～ 36 mg/kg の範囲で単回皮膚滴下投与．加えて，エプリノメクチンによる猫回虫，猫鉤虫の駆除，犬糸状虫の予防およびプラジクアンテルによる瓜実条虫，多包条虫，猫条虫の駆除

4. ベンゾイルフェニルウレア系とマクロライド系

● ルフェヌロンとミルベマイシン（錠）【システック®】<要>（犬）

効果効能：ノミ幼虫成長攪乱

ルフェヌロン 10 mg/kg を基準量として，10 ～ 20 mg/kg の範囲で単回経口投与．加えて，ミルベマイシンによる犬回虫，犬鉤虫，犬鞭虫の駆除，犬糸状虫の予防

5. イソキサゾリン系とマクロライド系

● アフォキソラネルとミルベマイシン（錠）【ネクスガード® スペクトラ】<要>（犬）

効果効能：ノミ，マダニ類

アフォキソラネル 2.5 mg/kg を基準量として，2.5 ～ 5.0 mg/kg の範囲で単回経口投与．加えて，ミルベマイシンによる犬回虫，犬小回虫，犬鉤虫，犬鞭虫の駆除，犬糸状虫の予防

● サロラネルとセラメクチン（液）【レボリューション® プラス】<要>（猫）

効果効能：ノミ，マダニ類，ミミヒゼンダニ，ノミ幼虫成長攪乱

サロラネル 1 mg/kg を基準量として，1 ～ 2 mg/kg の範囲で単回皮膚滴下投与．加えて，セラメクチンによる猫回虫，猫鉤虫の駆除，犬糸状虫の予防

「畜舎・鶏舎内およびその周辺の衛生害虫駆除剤」として，おもにハエの幼虫・成虫，蚊の幼虫・成虫あるいはミツバチヘギイタダニの駆除を目的とした多くの殺虫剤がある．

1. ピレスロイド系

● シフルトリン（液）【バイオフライ®】

● フェノロリン（液）【動物用金鳥スミスリン乳剤】

● エトフェンプロックス（液）【スパレン乳剤】

● フルバリネート（燻蒸・蒸散剤）【日農アピスタン®】

効果効能：ミツバチヘギイタダニ

標準巣箱ひとつ当たり 2 枚の本剤を巣箱中央付近に懸垂．採蜜あるいはロイヤルゼリー期間は使用不可

2. ピレスロイドと有機リン系

● レスメトリンとフェニトロチオン【アルナックス】

● ペルメトリンとフェニトロチオン【ハエストン®】

● ペルメトリン，フタルスリンとフェニトロチオン【エスミック】

3. 有機リン

● ジクロルボス

● アガメテホス【アルファクロン】

● プロチオホス【トヨダン®20％乳剤】

4. ネオニコチノイド系

● ジノテフラン【エコスピード®】

5. トリアジン系

● シロマジン【シロマジン 2％粒「KS」】

6. フェニルエーテル系

● ピリプロキシフェン【サイクラーテ SG®】

7. ジヒドロオキサゾール系

● エトキサゾール【ゴッシュ】

効果効能：ワクモ

8. ホルムアミジン系

● アミトラズ【アピバール®】

効果効能：ミツバチヘギイタダニ

9. マクロライド系

● スピノサド【エコノサド®】

各論　1
原虫類
PROTOZOA

生物は原核生物と真核生物に大別され，さらに原核生物は細菌と古細菌に分けられる．この説は3ドメイン説として現在では広く支持されている．その真核生物はさらに原生生物界，植物界，動物界，菌界として分類されてきた．原生生物は組織分化のない真核細胞をもつ生物で，原則的に単細胞生物である．かつては「原生動物（Protozoa）」として動物界のなかに入れられていたが，独立栄養の単細胞生物も存在するため，真の動物からは切り離された．

一方，本書で扱う原生生物は当然のことながらすべて従属栄養であり，動物的特徴が多い．医学，獣医学ではこれら従属栄養性寄生性原生動物を，線虫，条虫，吸虫などと並べて原虫とよんでいるので，以下もこれに準ずる（ちなみに理学分野では原生生物に対して原虫という語は使わない）．

1.1　原虫の特徴

A　形　態

原虫は原則的に単細胞の真核生物であるが，この単細胞の細胞は，多細胞動物（後生動物：metazoa）を構成する個々の細胞とは分化の方向が細胞生物学的に異なっている．すなわち，原虫の細胞の基本は，それぞれが細胞的分化を遂げた独立した生命体であり，栄養摂取，代謝，運動，生殖などの生命維持・種族保持に必要なすべての機能を行っている．これに対して後生動物を構成する細胞は組織的分化を遂げ，それぞれが特有な機能を分担するようになっている．

原虫では，細胞的分化として細胞小器官（organelle）が発達している．これは原形質の一部が，特有の機能を有する機能的単位として分化した細胞内の特殊な構造で，細胞器官，あるいは単に小器官とよばれていたこともある．

(1) 運動にかかわる細胞小器官

原虫の古典的な分類の基礎になっていた．

①仮　足（pseudopodium）

虚足，擬足，偽足ともいう．アメーバ型生活相の細胞に特徴的な構造で，原形質から一時的な突起として形成される．仮足は形態によって葉状仮足，糸（線）状仮足，網（根）状仮足，有軸仮足の4型に分けられるが，運動としては葉状仮足による移動運動が代表である．これを“アメーバ運動”という．ほかの仮足はいずれも摂餌を主目的としている．

②鞭　毛（flagellum）

鞭毛虫類に限らず，ある種の細菌，藻類，菌類，あるいは後生動物の精子などの表層から突出・遊離する鞭状の，運動にかかわる細胞小器官である．トリパノソーマのように1本のもの，トリコモナスのように数本のもの，あるいはさらに多数をもつものがある．鞭毛は二次元的波動運動，三次元的波動運動，あるいはオール状運動などによって虫体の位置の移動・運動を行う．なお，鞭毛には摂食や排泄などに関係する水流を起こす原動力になっているものもある．たとえばメニール鞭毛虫（*Chilomastix mesnili*：ヒトの大腸）では，運動にかかわる3本の前鞭毛のほかに，1本の後鞭毛が細胞口内にあり，採食の役を果たしている．

鞭毛は，同じ運動にかかわる細胞小器官である繊毛と基本構造は変わらないと解釈されている．真核生物の鞭毛は，細胞表層中にある基底小体（基粒：basal body，生毛体：blepharoplast などともいう）とこれを起点とする鞭毛繊維とからなっている．繊維部分の横断面は，9組の8字型の断面をもつ小管（周縁双微小管：doublet，軸糸：axial filament，axoneme ともいう）が外縁に沿って円形に配列し，中央に2本の微小管（中心微小管：singlet）がみられる．これらが蛋白性の細胞質基質に囲まれ，さらに細胞膜で被覆されている．周縁の微小管にはダイニンが結合していて，ATP を分解しつつ，向かい合う微小管をずらして運動を起こすと考えられている．

③繊　毛（cilium）（図 1.1）

運動に関与する直径約 0.2 μm，長さ数～数十 μm の繊維状の細胞小器官で，基本的構造も運動機構の基本も鞭毛と同じである．鞭毛よりは概して短いが，個体あたりの本数は多い．

蠕虫類の幼虫の体表全面を被っている場合には，“繊毛衣”とよばれることがある．また，繊毛が集合・融合して特殊な細胞小器官を形成している場合もある．

繊毛も鞭毛と同様に基底小体から発している．個々の基底小体は複雑な縦横の繊維系で相互に連絡され，全体の運動が規則正しく統御されている．

(2) 栄養にかかわる細胞小器官

栄養に関与する基本的な器官といえば，摂取，吸収，排泄に関与するものである．ときには保存・貯蔵に関与するものもある．

ほとんどの原虫は，環境媒体中の溶解成分を体表か

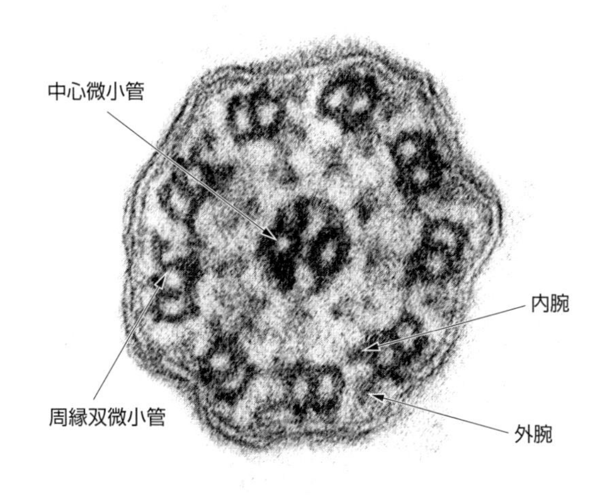

図 1.1　繊毛横断図（電顕写真）

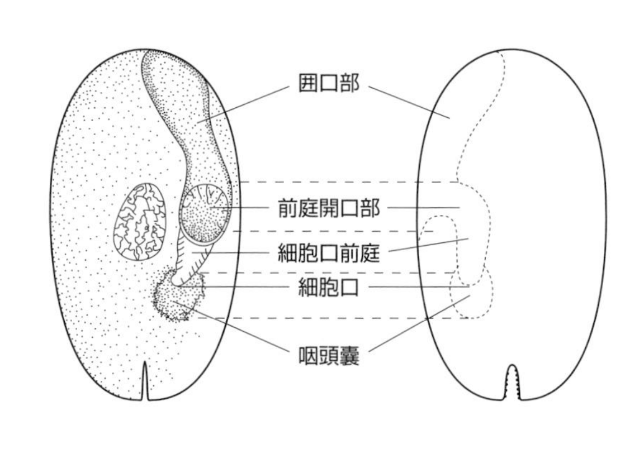

図 1.2　細胞口模式図

ら吸収して栄養物の摂取を行う．したがって，特定な細胞小器官を必要としないものが多い．一方，構造的な分化は，古典的な分類による根足虫類⇨鞭毛虫類⇨繊毛虫類の順に高度になっている傾向がみられ，繊毛虫類では消化器に相当するいくつかの細胞小器官が観察される．

①仮　足（pseudopodium）

前述したように，根足虫類の仮足は，だいたいそのまま栄養分を摂取する機能を併せもっている．固形物もとりうることはアメーバ体内に細菌や赤血球が観察されることからも容易に理解されよう．

②細胞口（cytostome）（図 1.2）

繊毛虫類や鞭毛虫類の一部（たとえばレトルタモナス類）のものの摂食のための開口部をいう．一般に体の前方にある．細胞口の開口部が直接体表にある場合と，体表から陥凹した腔内（囲口部）にある場合とがある．

③囲口部（peristome）

細胞口直前の体表からの広がりをもつ陥凹部をいい，その形状にはラッパ状（前庭：vestibulum），らせん状，あるいは曲がった溝状などがある．囲口部には多数の繊毛がある．単独の繊毛ばりでなく小膜や波動膜などの複合繊毛がみられる．これらは水流を起こして食物を細胞咽頭のほうへ送る役目を果たしている．

④細胞口前庭（vestibulum）

囲口部に続いて体内に進入する管状の部分を細胞口前庭という．

⑤食　胞（food vacuole）

原虫が固形食物を細胞にとり入れ，細胞内消化を行うための一時的な細胞小器官．アメーバ類では，食物を包み込んだ原形質膜がそのまま食胞壁になる．上記の細胞咽頭をもつ繊毛虫では，咽頭の体内末端部を被う原形質膜が陥凹して食物を包み込んで咽頭嚢を形成し，これがのちに体内へ離脱して球形の食胞になる．環境に食物が豊富であれば，食胞の数も多くなる．

消化吸収に関する明確な知見には乏しいが，原形質流動による移動経路，形態，体積，pH などの変化は観察されている．消化酵素のうちには固定化されているものもある．

消化吸収を終えた食胞は，体表で遺残した内容物を体外へ放出して消滅してしまう．この過程を“細胞肛門”という特定の細胞小器官を通じて行うものもある．

⑥細胞肛門（cytoproct，cytopyge）

排泄にかかわる管状の細胞小器官．アメーバ類では位置不定．鞭毛虫類でも明らかではない．繊毛虫類の多くは通常体後端の一定位置に開口している．細胞肛門の存否は外被（pellicle）の硬軟によるのであろう．

(3) 代謝・排泄あるいは浸透圧調節にかかわる細胞小器官

代謝･排泄などは，多くは体表を通じて行われるが，収縮胞をもつものもある．

収縮胞（contractile vacuole）（図 1.3）

拡張と収縮を周期的にくり返す液胞で，従来は体内から集められた液性の代謝産物・老廃物を体外へ排泄する機能を果たすものと考えられていたが，現在ではおもに浸透圧調節にかかわっているものと理解されている．ゆえに淡水産種ではよく発達しているが，内部寄生種では繊毛虫類を除きこれを欠くものが多い．多くの繊毛虫類では中央胞（主胞）の周囲には数本の放射状水管（radial canal）がある．さらに放射状水管に連なって粗面小胞体（原形質網状構造）がよく発達し

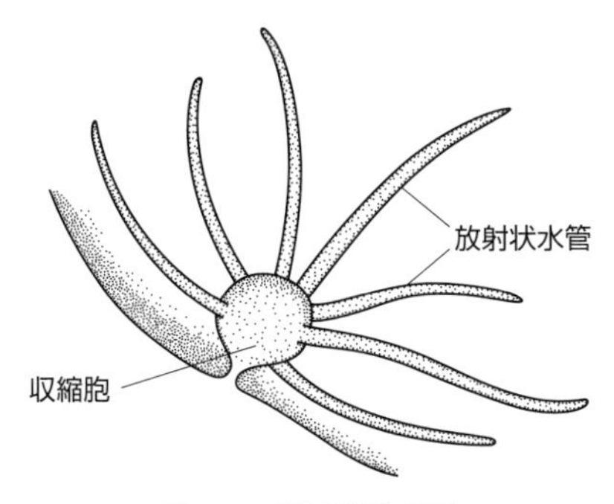

図 1.3　収縮胞膜式図

ている(電顕所見). 収縮胞は細管によってペリクル(表面に分泌形成された硬質被膜)上の小孔に開いている.

収縮胞の位置はアメーバ類では一定していないが, 繊毛虫類ではだいたいの位置が定まっている.

(4) 形態保持にかかわる細胞小器官

一部の原虫には, 虫体の全体, あるいは部分的に特定の小器官の形態や位置の保持にかかわっていると解釈される細胞小器官を有するものがある.

①コスタ (costa：基条, 肋条)

解剖学では"肋骨". トリコモナス類の基底小体 (鞭毛) に発し, 波動膜と虫体との接触線を体後方へ走る繊維状構造で, 波動膜の虫体への接着, 支持の役割を果たしている.

②軸　桿 (axostyle：軸索)

多鞭毛虫類で虫体の長軸に沿って走る明瞭な棒状構造で, 代表的な形態支持器官である. 電顕的には多数の微小管の集合体からなっている. 基底小体付近に発し, 体後方に向かい体後端から突出する. 突出の程度や形状は種により多様である.

(5) 大核と小核

繊毛虫類の核は, ごくまれな例を除いて異形多核で, 形態上大形の大核 (macronucleus, meganucleus) と小形の小核 (micronucleus) の 2 型に分化している. 機能的には, 大核は栄養核, 小核は生殖核とよばれる.

大核の分裂は, 一見無糸分裂にみえるが, 実際には"核内有糸分裂"であることが電顕的に確かめられている. 小核は有糸分裂を行う.

B　増殖・発育

原虫の分裂増殖は, 多細胞動物にみられるような, 母体が子孫を産出するという様式ではない. 基本的には母体にあたる原虫自身が 2 あるいは多数に分裂し, それぞれが子孫にあたる新たな原虫になっていくことが特色になっている. 単純な無性生殖のみの場合と, これに有性生殖が組み合わされている場合とがある.

生物が自己と同種類の新個体を生産することを生殖(増殖, 繁殖) という. そして生殖によって同時期に生じた一群の個体を世代とよぶ. しかし, ある世代の個体と, その直接の次世代の個体が必ずしも同形でない場合はあるが, 一定世代を経過した後には必ず同形の個体が出現してくる (世代交代).

生殖とほとんど同様な意味で用いられる言葉に増殖, 繁殖という言葉がある. いずれも個体および種属の維持に関連し, 種特有の生殖活動を行い, 個体または個体群を再生産することをいうが, 増殖は生物系のあらゆるレベルにおける量的増加に対して用いられているのに対し, 繁殖は主として個体レベルについて用いられている.

(1) 無性生殖 (無配偶子生殖)

もっとも単純な生殖様式で, 細胞分裂による. 分裂によって生じた娘細胞はクローンである. 次のように分けられる.

①2 分裂：等分裂と不等分裂がある.

②多分裂：多分裂には増員生殖 (schizogony) によるメロゾイト形成 (merogony) やスポロゾイト形成 (sprogony) がある.

③出　芽：外部出芽 (budding) と内部出芽 (endogeny) があるが, 胞子虫類ではしばしば母体内部に芽体を生ずる内部出芽がみられる.

(2) 有性生殖 (配偶子生殖)

両性生殖と単為生殖とに分けられるが, 寄生原虫類では, 胞子虫類にみられるガメトゴニーからオーシスト形成に至る過程を通常, 有性生殖＝両性生殖といっている.

①ガモゴニー (gamogony：ガモント形成＝ガメトサイト形成)：配偶子母細胞形成
②ガメトゴニー (gametogony：ガメート形成)：配偶子形成. 配偶子母細胞から配偶子が形成される過程をいう. 後生動物の精子および卵形成に相当
③ガメトゴミー (gametogomy：配偶子接合)：配偶子が合体して接合子を形成すること.
④ザイゴート (＝チゴート, 融合体, 受精体) (zygote：接合子)：マクロガメートとミクロガメートが融合して形成される.
⑤オーシスト (oocyst：接合子嚢)：接合子の周囲に形成された被嚢. 通常はその内容を含めてオーシストという.

胞子虫類の増殖・発育環は複雑であり, 寄生虫学的に重要な意義をもつばかりでなく, 寄生虫病学的には病態発生, 症状, 診断, 予防などの全般にわたって重要であるので, 総論的に次の「分類－胞子虫類」に一括して述べ，かつ各論の該当項にも再録してある．

C 分　類

原生動物は，非細胞性という見解もあるが，単細胞性の動物であるという定義のほうが一般的であろう．寄生虫学会では，原生動物を通常「原虫（類）」とよんでいる．

顕微鏡の発明者 Leeuwenhoek は，1674 年，いくつかの自由生活性の原虫を発見するとともに，ウサギの肝臓から肝コクシジウムのオーシストを観察している．これらの発見以来，現在では約 7,000 種の寄生性種を含む約 65,000 種に及ぶ原虫が知られるに至っている．原虫類の分類方法・分類表には現在もなお幾多の変遷・経緯があり，これまで N.D. Levine を代表とする委員会で総括した『A newly revised classification of the protozoa. *J. Protozoology*, **27**（1），37−58（1980）』に準拠するのが無難なように思われる．とくに，本書の目的とする動物の寄生虫病を理解するためには，分類表を細部にわたって記憶する必要はまったくなく，関連関係の近縁について部分的に把握しておけば十分であろう．

前述した Levine *et al.*（1980）の分類体系を『原生動物図鑑, 講談社（1981）』の記載を参考として抄録し，必要に応じてごく簡単な注釈を付けておく．重要度に応じ，◎あるいは○印をつけ，各論で詳述することにした．

一方，2012 年に国際原虫学会で提唱された新たな分類体系も存在し，これについても後述することとしたい．

第 I 門　肉質鞭毛虫類（Sarcomastigophora）
第 I 亜門　鞭毛虫類（Mastigophora）
第 1 綱　植物性鞭毛虫類（Phytomastigophorea）
第 2 綱　動物性鞭毛虫類（Zoomastigophorea）
色素体を欠く．通常 1 〜数本の鞭毛をもつ．アメーバ期をもつものがある．ほとんどが寄生性．
第 1 目　襟鞭毛虫類（Choanoflagellida）
第 2 目　キネトプラスト類（Kinetoplastida）
第 1 亜目　ボド類（Bodonina）
◎第 2 亜目　トリパノソーマ類（Trypanosomatina）
鞭毛は 1 本．すべて寄生性．
医学・獣医学的に重要．
第 3 目　プロテロモナス類（Proteromonadida）
第 4 目　レトルタモナス類（Retortamonadida）
Chilomastix mesnili（メニール鞭毛虫），腸レトルタモナスなどヒトの（おもに）盲腸寄生性のものがある．
第 5 目　ディプロモナス類（Diplomonadida）
第 1 亜目　エンテロモナス類（Enteromonadina）
○第 2 亜目　ディプロモナス類（Diplomonadina）
ジアルジア, ヘキサミタなどを含む．
第 6 目　オキシモナス類（Oxymonadida）
◎第 7 目　トリコモナス類（Trichomonadida）
各種トリコモナスのほかにヒストモナスが含まれる．
第 8 目　超鞭毛虫類（Hypermastigida）
第 II 亜門　オパリナ類（Opalinata）
カエルや魚類の腸管に寄生．
第 III 亜門　肉質虫類（Sarcodina）
広義のアメーバ類．大多数のものは自由生活性．発育環上に鞭毛を有する時期をもつもの，シストを形成するもの，有性生殖を行うものもある．
第 1 上綱　根足虫類（Rhizopoda）
第 1 綱　葉状仮足類（Lobosea）
第 1 亜綱　無殻アメーバ類（Gymnamoebia）
◎第 1 目　アメーバ類（Amoebida）
狭義のアメーバで, 多くの寄生種を含む．
Amoeba, Entamoeba, Iodamoeba, Endolimax, Dientamoeba
○第 2 目　シゾピレヌス類（Schizopyrenida）
体型は単仮足でナメクジ様．
鞭毛虫期をもつものが多い．淡水．
Naegleria fowleri；髄膜脳炎
第 3 目　ペロミクサ類（Pelobiontida）
第 2 亜綱　有殻葉状仮足類（Testacealobosia）
第 2 綱　無子実体類（Acarpomyxea）
第 3 綱　アクラシア類（Acrasea *）
第 4 綱　真性動菌類（Eumycetozoea *）
第 5 綱　寄生粘菌類（Plasmodiophorea *）
第 6 綱　糸状仮足類（Filosea）
第 7 綱　顆粒性網状仮足類（Granuloreticulosea）
第 8 綱　クセノピオポーラ類（Xenophyophorea）
第 2 上綱　有軸仮足類（Actinopoda）
第 1 綱　アカンタリア類（Acantharea **）
第 2 綱　ポリキスティナ類（Polycystinea **）
第 3 綱　パエオダリア類（Phaeodarea **）
第 4 綱　太陽虫類（Heliozoea）

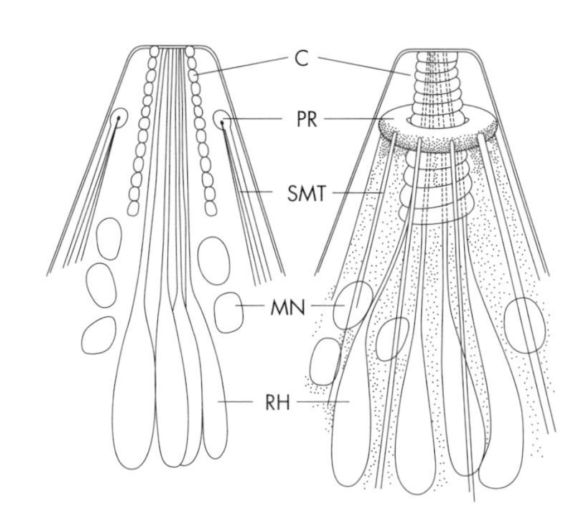

Apical complex とは，下記の 5 つの構造の集合体の一括した名称である．各々はいずれも電顕レベルのものである．

PR　極輪（polar ring）：虫体内膜の最前縁（および最後縁）に形成されている輪状構造

C　コノイド（conoid：円錐体）：虫体頭頂部に，らせん状に巻いた微小管（microtubule）によって形成された円錐形の構造

RH　ロプトリー（rhoptry）：円錐状に構成されたコノイド内部を通り，虫体前端から虫体中央部に向かう盲嚢状の管様構造

MN　ミクロネーム（microneme）：ロプトリーに付随すると考えられている棒状の構造．電顕的には多く観察されている

SMT　ペリクル下微小管（subpellicular microtubule）：前後の極輪の間を走る管状構造で，通常 20 数本からなっている（例：トキソプラズマ）．

図 1.4　Apical complex 模式図

第 II 門　ラビリンツラ類（Labyrinthomorpha）

第 III 門　アピコンプレックス類（Apicomplexa）

約 5,000 種の原虫が知られている．すべてが寄生種で，ヒトあるいは動物の原虫病の病原原虫としての重要種の多くが含まれている．少なくとも発育環の一時期の虫体が apical complex（図 1.4, 1.5）とよばれる特殊な構造を虫体の前端（頂端・頭頂：apex → apical）に有することがこの“門”の特徴になっている．多くは無性生殖のほかに有性生殖も組み合わせて行われ，発育環は複雑である．

第 1 綱　パーキンサス類（Perkinsea）

◎第 2 綱　胞子虫類（Sporozoea）（図 1.7 参照）

第 1 亜綱　グレガリナ類（Gregarinia）

◎第 2 亜綱　コクシジウム類（Coccidia）

第 1 目　アガモコクシジウム類（Agamococcidiida）

メロゴニー（シゾゴニー），ガメトゴニーを欠く．環形動物の多毛類に寄生．

第 2 目　原コクシジウム類（Protococcidiida）

メロゴニーを欠く．
海産無脊椎動物に寄生．

◎第 3 目　真コクシジウム類（Eucoccidiida）

第 1 亜目　アデレア類（Adeleina）

◎第 2 亜目　アイメリア類（Eimeriina）

ヒトおよび家畜・家禽に対して病原性を示すものが多い．ヒトも動物も，原虫の種類により，あるいは終宿主になり，あるいは中間宿主になっている．軽重の差こそあれ多くは病原性が示されており，あるものは人獣共通という見地から，またあるものは産業的な見地からの重要種になっている．

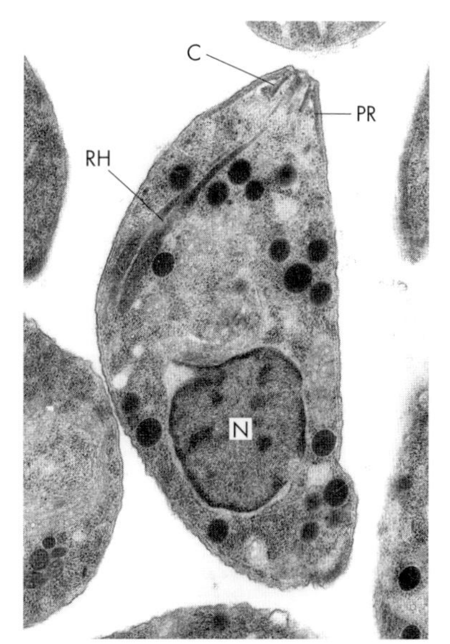

図 1.5　アピカルコンプレックス（apical comlex）をもつ *Toxoplasma gondii* のタキゾイト［遠藤原図］
C：コノイド　PR：極輪　RH：ロプトリー　N：核

◎第 3 亜目　住血胞子虫類（Haemosporina）

ミクロガメトサイトは 8 個ずつのミクロガメートを形成する．メロゴニーは脊椎動物（中間宿主）体内で行われ，ガメートの形成およびスポロゴニーは無脊椎動物（終宿主：ベクター）体内で行われる．ロイコチトゾーン，マラリア原虫などの重要種が含まれている．

◎第 3 亜綱　ピロプラズマ類（Piroplasmia）

オーシストの時期がない．脊椎動物の赤血球，ある種のものは白血球，あるいは他の血液系の細胞に寄生し，2 分裂やシゾゴニーによって増殖する．スポロゴニーはベクターであるマダニ体内で営まれ，スポロゾイトが形成される．

第 VI 門　微胞子虫類（Microspora）

［注意］現在，微胞子虫類は菌界（真菌）に配する説が有力である．

第 1 綱　ルディミクロスポラ類（Rudimicrosporea）

第 2 綱　微胞子虫類（Microsporea）

第 1 目　ミニスポラ類（Minisporida）

○第 2 目　微胞子虫類（Microsporida）

魚類寄生性のものが多いが，カイコやミツバチに寄生する *Nosema* やウサギの *Encephalitozoon* も含まれる．

第 V 門　アセトスポラ類（Ascetospora）

第 1 綱　ステラトスポラ類（Stellatosporea）

すべて寄生性．宿主は無脊椎動物．
カキやカニ類に Minchinia 属．

第 2 綱　パラミクサ類（Paramyxea）

第 VI 門　ミクソゾア類（Myxozoa）

約 1,000 種が記載されている．
すべてが寄生種．

○第 1 綱　粘液胞子虫類（Myxosporea）

冷血脊椎動物に寄生．
魚類に病原性を示すものが多い．
Myxidium 属：ウナギ（真皮，鰓（えら），腎実質内），ムシガレイ，フナ，ドジョウなどの胆嚢，腸管壁，鰭（ひれ） ほか
Ceratomyxa 属：カレイ類，クロダイ，ヒラメなどのおもに胆嚢
Myxosoma 属：ウナギ，コイ，フナなどの皮膚，鰓，腎
Kudoa 属：スズメダイ，スズキ，ブリなどの筋（食用不適）
［注意］現在，粘液胞子虫類は動物界（後生動物）に配する説が有力である．

第 2 綱　放線胞子虫類（Actinosporea）

第 VII 門　繊毛虫類（Ciliophora）

繊毛または繊毛複合体を有するのが特徴になっている．核には通常，大核と小核の 2 核がある．約 7,200 種が知られているが，その 1/3 は寄生種または共生種である．獣医学分野では寄生種のほかに，共生種としての反芻動物の“ルーメン原虫”あるいは“馬の大腸内繊毛虫”の存在とその意義に関心をはらっておく必要がある．

第 1 綱　キネトフラグミノフォーラ類（Kinetofragminophorea）

第 1 亜綱　裸口類（Gymnostomatia）

大部分のものの繊毛は体表全域．一部のものでは局部的．
原口目（Prostomatida）ブチリア科（Buetschliidae）はおもに馬の大腸内繊毛虫として知られている．

第 2 亜綱　前庭類（Vestibuliferia）

第 1 目　毛口類（Trichostomatida）

○第 1 亜目　毛口類（Trichostomatina）

大腸バランチジウム（*Balantidium coli*）：豚，サル，犬，ヒト
モルモット・バランチジウム：モルモットにごく普通
イソトリカ（*Isotricha*）：反芻動物のルーメン内
パライソトリカ（*Paraisotricha*）：馬の大腸内

第 2 亜目　ブレファロコリス類（Blepharocorythina）

ブレファロコリス（*Blepharocorys*）：馬の大腸内
カロニナ（*Charonina*）：反芻動物のルーメン内

○第 2 目　エントディニオモルファ類（Entodiniomorphida）

［オフリオスコレックス科（Ophryoscolecidae）］
体繊毛は囲口部，または他の数か所にのみ存在する．この科に属する繊毛虫はほとんどすべてルーメン内に生息し，“ルーメン原虫”の主力をなしている．
Entodinium 属，*Diplodinium* 属，*Epidinium* 属など
［キクロポスチウム科（Cycloposthiidae）］
○ *Cycloposthium* 属：馬の盲・結腸内
［スピロディニウム科（Spirodiniidae）］
Spirodinium 属：馬の結腸内．日本で珍しくない．

［ディトキサム科（Ditoxidae）］

馬の結腸内

Cochliatoxum 属，*Tetratoxum* 属，*Triadinium* 属

第 3 亜綱　下口類（Hypostomatia）

第 4 亜綱　吸管虫類（Suctoria）

第 1 目　吸管虫類（Suctorida）

多くは淡水・海水中に生息しているが，一部に馬の盲・結腸内で他の繊毛虫に付着している種類（*Allantosoma* 属）もある．

第 2 綱　少膜類（Oligohymenophorea）

第 1 亜綱　膜口類（Hymenostomatia）

第 1 目　膜口類（Hymenostomatida）

第 1 亜目　テトラヒメナ類（Tetrahymenina）

○第 2 亜目　オフリオグレナ類（Ophryoglenina）

Ichthyophthirius multifiliis：白点虫．淡水魚の皮内，鰓薄板間隙に寄生，淡水中で自由生活するステージがある．罹患魚の死亡率は高い．海水ー海水魚寄生種もある．

第 3 亜目　ペニクルス類（Peniculina）

第 2 目　スクーティカ繊毛虫類（Scuticociliatida）

第 2 亜綱　縁毛類（Peritrichia）

第 3 綱　多膜類（Polyhymenophorea）

［付］上記分類とは別に，国際原虫学会が 2012 年に新たに真核生物の界より上位をスーパーグループとして位置づけることを提唱し，原虫類の分類が大きく変わりつつある．そこで本書で扱う原虫に関してはスーパーグループを頂点とする分類も比較できるように下記に記載することとする．2012 年現在，真核生物は 5 つのスーパーグループに分類されている．すなわち Sar（Stramenopiles, Alveolata, and Rhizaria），Excavata, Amoebozoa, Opistokonta, Archaeplastida である．このうち従来の主要な原虫類は Sar, Excavata, Amoebozoa の 3 スーパーグループに主に分類されている．

分類は提唱者のある一定の基軸に基づいてされており，どの分類が正しいあるいは誤りというものではないことを追記しておく．

Amoebozoa（スーパーグループ）

Tubulinea

Euamoebida

Amoeba, Cashia, Chaos, Copromyxa, Copromyxella, Deuteramoeba, Glaeseria, Hartmannella, Hydramoeba, Parachaos, Polychaos, Saccamoeba, Trichamoeba.

Discosea

Longamoebia

Centramoebida

Acanthamoeba, Balamuthia, Protacanthamoeba

Archamoebae

Entamoebidae

Entamoeba

Gracilipodida

Multicilia

Protosteliida

Cavosteliida

Protosporangiida

Fractovitelliida

Schizoplasmodiida

Myxogastria

Dictyostelia

Incertae sedis Amoebozoa

Opisthokonta（スーパーグループ）

Holozoa

Nucletmycea

Fungi

Microsporidia

Amblyospora, Amphiacantha, Buxtehudia, Caudospora, Chytridiopsis, Desportesia, Encephalitozoon, Enterocytozoon, Glugea, Hessea, Metchnikovella, Nosema, Spraguea, Vairimorpha.

Sar（Stramenopiles, Alveolata, Rhizaria）（スーパーグループ）

Stramenopiles

Alveolata

Apicomplexa

Aconoidasida

Haemospororida

Haemoproteus, Leucocytozoon, Mesnilium, Plasmodium

Piroplasmorida

Babesia, Theileria

Conoidasida

Coccidia

Adeleorina

Adelea, Adelina, Dactylosoma, Haemolivia, Hepatozoon, Haemogregarina, Karyolyssus, Klossia, Klossiella

Eimeriorina

Barrouxia, Besnoitia, Caryospora, Caryotropha, Choleoeimeria, Cyclospora, Cystoisospora, Defretinella, Diaspora, Dorisa, Dorisiella,

Eimeria, Goussia, Hammondia, Hyaloklossia, Isospora, Lankesterella, Mantonella, Neospora, Nephroisospora, Ovivora, Pfeifferinella, Pseudoklossia, Sarcocystis, Schellackia, Toxoplasma, Tyzzeria, Wenyonella

Cryptosporidium

Cryptosporidium

Ciliophora

Intramacronucleata

Litostomatea

Trichostomatia

Balantidium, Entodinium, Isotricha, Ophryoscolex

Rhizaria

Archaeplastida（スーパーグループ）

Glaucophyta

Rhodophyceae

Chloroplastida

Excavata（スーパーグループ）

Metamonada

Fornicata

Diplomonadida

Hexamitinae

Enteromonas, Hexamita, Spironucleus, Trepomonasm, Trimitus

Giardiinae

Giardia, Octomitus

Retortamonadida

Chilomastix, Retortamonas

Parabasalia

Trichomonadea

Hexamastix, Pentatrichomonas, Pseudotrichomonas, Tricercomitus, Trichomonas

Tritrichomonadea

Histomonas, Monocercomonas, Tritrichomonas

Malawimonas

Discoba

Discicristata

Heterolobosea

Tetramitia

Acrasis, Heteramoeba, Naegleria, Percolomonas, Pocheina, Psalteriomonas, Stephanopogon, Tetramitus, Vahlkampfia

Euglenozoa

Kinetoplastea

Metakinetoplastina

Parabodonida

Cryptobia, Parabodo, Procryptobia, Trypanoplasma

Trypanosomatida

Blastocrithidia, Crithidia, Herpetomonas, Leishmania, Leptomonas, Phytomonas, Rhynchoidomonas, Trypanosoma, Wallaceina

Ancyromonadida

Apusomonadida

Breviatea

Collodictyonidae

Mantamonas

Rigifilida

Spironemidae

Cryptophyceae

Haptophyta

Rappemonads

Picobiliphytes

Centrohelida

Telonema

Palpitomonas

以下，各論の記述は分類表の順序に従うことなく，獣医学的な重要性を考慮し，アピコンプレックス類からはじめる．

1.2 アピコンプレックス類 Apicomplexa

従来，胞子虫類（Sporozoa）とよばれていた群である．「胞子虫類」の語は綱名として残存しているので，折に触れこの語も使用することにした．

獣医学上重要な病原原虫は，ほとんどこの群に属している．病原体として重要である一方，発育環が複雑であるとともに，発育期（stage）の増殖の仕方に多くの術語が用いられている．なかには和名や和訳のないもの，あったとしても適当でないものも少なくない．原語のまま，あるいはカタカナに直して用いられることが多い．さらに，ごく最近になって提唱されたり，訂正された術語や種名もある．まだ一般的でないと考えられる場合には，より一般的，より習慣的に用いられている言葉を併記した（図 1.7 参照）．

以下，これらについて各論的に記述するが，その順序は必ずしも系統分類学に従ったものではない．発育環の簡単なものから複雑なものへ，という順序を原則とした．

表 1.1　アイメリア類の特徴

<table>
<tr><th></th><th>Cryp</th><th>Tyzz</th><th>Eime</th><th>Weny</th><th>Cyst</th><th>Toxo</th><th>Neo</th><th>Hamm</th><th>Besn</th><th>Sarc</th><th>Fren</th></tr>
<tr><td>スポロシスト*</td><td colspan="2">0</td><td colspan="2">4</td><td colspan="7">2</td></tr>
<tr><td>スポロゾイト*</td><td>4</td><td>8</td><td>2</td><td>4</td><td colspan="7">4</td></tr>
<tr><td>スポロゾイト形成</td><td>宿主体内</td><td colspan="8">宿　主　体　外</td><td colspan="2">宿主体内</td></tr>
<tr><td>排出ステージ</td><td colspan="9">オ　ー　シ　ス　ト</td><td colspan="2">スポロシスト</td></tr>
<tr><td>中間宿主</td><td colspan="4">不　必　要</td><td>あってもよい</td><td colspan="2">あるほうがよい</td><td colspan="4">必　要</td></tr>
<tr><td>中間宿主範囲</td><td colspan="4">−</td><td colspan="5">限定せず多種</td><td colspan="2">限定 1 種</td></tr>
<tr><td>宿主間相互感染</td><td colspan="4">−</td><td colspan="3">+</td><td>−</td><td>±</td><td colspan="2">−</td></tr>
<tr><td>メロゴニー
(シゾゴニー)</td><td colspan="9">終宿主体内で（も）行われる</td><td colspan="2">中間宿主体内</td></tr>
</table>

Cryp：*Cryptosporidium*, Tyzz：*Tyzzeria*, Eime：*Eimeria*, Weny：*Wenyonella*, Cyst：*Cystoisospora*, Toxo：*Toxoplasma*, Neo：*Neospora*, Hamm：*Hammondia*, Besn：*Besnoitia*, Sarc：*Sarcocystis*, Fren：*Frenkelia*, Cyst〜Fren：組織シスト形成コクシジア
＊ スポロシストは 1 オーシスト中の，スポロゾイトは 1 スポロシストの中の数.

A　コクシジウム類（Coccidia）

獣医・畜産界で単に「コクシジウム」といえば，何といっても鶏のコクシジウム，鶏コクシジウム症（病）に対する関心が高い．本来，コクシジウムといえば，Coccidia 亜綱を意味すべきであろうし，少なくともアイメリア科（Eimeriidae）のものを意味すべきであろうが，実際にはもう少し限局して用いられている．

いずれにせよ，鶏のコクシジウム（*Eimeria* 属）がいちばん大きな意義，産業的な問題をもっている．ウサギは近年ペットとしての個体が問題となっている．牛では仔牛にみられ，ときに重症に陥る．豚にも感染がある．待機宿主（げっ歯類や鳥類）体内では一種のシストを形成するコクシジウムを *Isospora* 属から分離して *Cystoisospora* 属に再分類する提案が受け入れられる傾向にあるため，本書では，犬や猫および豚の 1 種のコクシジウムの帰属を *Cystoisospora* とする．臨床的にもコクシジウム類は無視できない．

コクシジウムといわれているものの種類はきわめて多いが，脊椎動物，あるいは比較的高等な部類に属する無脊椎動物の消化管，消化腺の上皮細胞内に寄生するのが原則になっている．コクシジウムとは *Eimeria* のほかに *Cystoisospora* はもちろん，*Tyzzeria* や *Wenyonella*，さらには *Cryptosporidium* なども含まれることになる．ここでは獣医学的に意義の高い種類に限ってそれらの名をあげたが，実際にはもっと多くの種類がある．成熟オーシストの特性の比較は表 1.1 に示した．

以上のうち，*Tyzzeria* 属では，*T. perniciosa* がアヒルに，*T. anseris* がガチョウにみられる．*Wenyonella gallinae* は鶏に寄生するが重視しなくてもよいであろう．*Cryptosporidium* 属については近年関心が高まってきたので後に一項目を設ける．

次に *Eimeria* 属をモデルとしてコクシジウムの発育環の特徴を述べる．

コクシジウムは一般に宿主特異性がきわめて高く，とくに *Eimeria* 属において著しい．たとえば，鶏のコクシジウムは鶏のみを宿主とし，宿主どうしがごく近縁であっても他種の鳥類には寄生しない．また寄生部位に関しても，特異性はかなり厳格である．わずかな例外はあるが，*Eimeria* 属は宿主の消化管，あるいは消化腺の上皮細胞内に寄生する．

Eimeria 属の原虫はただひとつの宿主をとる（単一宿主性：homoxenous）．中間宿主や待機宿主，あるいはベクターといった類のものはけっしてとらない．ただ 1 種の固有宿主に感染して発育環を完成する．固有宿主体内ではまず無性生殖が行われ，ついで有性生殖によりオーシストが形成され，これが糞便中に排出される．

オーシスト

オーシスト（oocyst）はアイメリアの発育環上唯一の外界型であり，同時に抵抗型でもある．外界型であることは，糞便検査によって検出されることであり，形態学的観察の対象になりうることである．このために古くからコクシジウム類の分類に用いられてきた．抵抗型であることは，コクシジウムの発育環をまっとうするうえで重要な意味をもっている．オーシストは排出されてから新しい宿主に摂取されるまでの間，外界の厳しい環境条件に耐えていかなければならない．逆にいえば，ここにコクシジウム症の予防，防圧にかかわるポイントのひとつがある．

(1) オーシストの形態

Eimeria 属コクシジウムのオーシストの一般的な基

本形態を図 1.6 に示した（口絵①）.

これは“スポロゾイト形成オーシスト（sporulated oocyst）”あるいは成熟オーシストなどとよばれるもので，内に 4 つのスポロシスト（sporocyst），各スポロシスト内には 2 つずつのスポロゾイト（sporozoite）が形成されている（吸虫の幼虫にもスポロシストがあるので，混同しないこと）．宿主から排出されたばかりのオーシストにはまだ内部にスポロシストやスポロゾイトは形成されていない．これは“スポロゾイト未形成オーシスト”あるいは未成熟オーシストなどとよばれている．この段階のオーシストは，まだ感染性をもっていない．

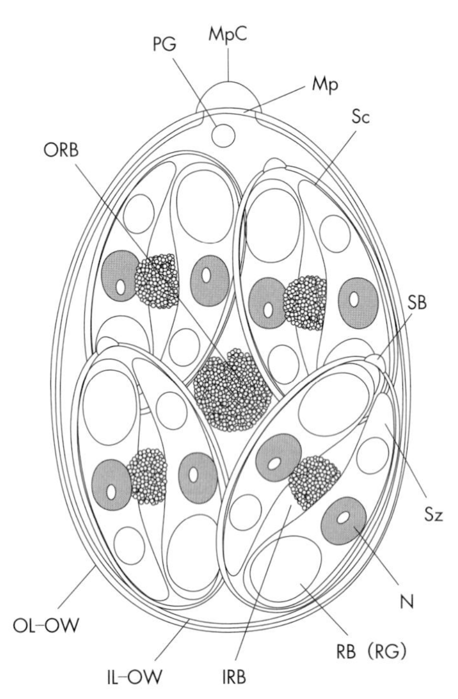

図 1.6　*Eimeria* 成熟オーシストの基本形態

Eimeria オーシストの部分名称には適訳のないものが少なくないため，図中の各部位を略号で示し，簡単な説明を付記した．
IL-OW（inner layer of oocyst wall）：オーシスト壁内層
IRB（inner residual body）：内部残体，またはスポロシスト残体．sporocyst residual body ともいう．
Mp（micropyle）：小蓋，小孔…鶏のアイメリアにはない．
MpC（micropylar cap）：小蓋帽，小孔帽…めん羊のアイメリアでは一部のものにある．
N（nucleus）：核
OL-OW（outer layer of oocyst wall）：オーシスト壁外層
ORB（outer residual body, oocyst residual body）：外部残体
PG（polar granule）：極小体，極顆粒．refractile p.g. ともいう．
RB（RG）（refractile body（granule））．proteinaceous globule，eosinophilic globule などともいう．常用されている和訳はない．好酸性（蛋白）小体．機能不明
Sc（sporocyst）：スポロシスト
SB（Stieda body）：スティーダ・ボディー．栓様体
Sz（sporozoite）：スポロゾイト．芽虫，種虫，小芽体などともいうが，これらの和訳は通常使われない．

オーシストの全般的な形状のほかは，ミクロパイル（micropyle）や外部残体の有無は種類の同定をする際のもっとも容易な形態的な特徴であるが，鶏に寄生するアイメリアには，このような際立った特徴がない．したがってオーシストの形態からだけでの種の同定ははなはだ困難である．感染試験を行うことで，正確を期すことができる．

(2) オーシストの性状，とくに抵抗性

オーシスト壁は，異説はあるものの，2 層の構造からなっているものと理解しておいてよい．外層はケラチン様の物質からなり，硬く，機械的な刺激・外力に対して物理的に抵抗し，内層はタンパク質の薄膜に脂質が強固に結合したもので，弾力性があり，化学的な刺激，すなわち消毒剤をはじめとする薬剤，化合物などに抵抗する．

オーシストの殺滅・消毒に，日常使用されている消毒剤を常用量で用いても効果はまったく期待できない．もし，オーシストの殺滅を目的とするならば，かなりの高濃度，ときには加温も必要になり，実用的ではない．現在用いられているオーシスト消毒剤はオルソ・ジ・クロール・ベンゾールを主剤とするものである．しかし，これとても製剤にもよるが，抵抗力の弱いスポロゾイト未形成オーシストでも，ほとんどのものはだいたい 2％で 2 ～ 5 時間の作用時間を必要とする．抵抗力を増したスポロゾイト形成オーシストに対しては一昼夜を要する．消毒液中に洗い落とされたオーシストに対して，長時間をかけて効果が発揮されるものと考えておいたほうがよい．鶏舎に常置される踏み込み槽の消毒液はできるだけ高い効果がうたわれているものを使用することが望ましい．踏み込み槽に期待できるものは単なる洗い落とし効果だけではなく，空間を切断するという精神的効果も無視できない．

アンモニアには殺オーシスト効果があるという．NH_4OH として 0.5％では 37％のオーシストが，1％ではほとんどのオーシストが，3％ではすべてのオーシストのスポロゾイト形成能が失われたと報告されている．しかし，この濃度ではヒトもヒナも耐えられず，舎内消毒は不可能である．堆積した鶏糞であれば発酵もあり，この場合は効果が期待される．

オーシストの感染性は，自然環境下では 1 ～ 2 年も保持されているという．研究室で 5℃前後の冷蔵庫内に 1 年以上保存されていたオーシストは，確かに感染性は維持されている．ただし，病原性の減退があり，そのままでは再現性が要求される感染実験には使用できなくなっている．しかしながら，実験室ではともかく，野外では当然，少数でも，極端な言い方をすれば 1 個でも感染性を維持しているオーシストが残ってい

れば，感染源としては十分であることを正しく理解しておく必要がある．

結局，オーシストの具体的な消毒方法は，熱湯，蒸気，ときには火炎を用いて殺滅し，さらに水洗，最後に十分な乾燥ということになる．近年開発された消毒液の使用も一考に値するであろう．ただし，"蒸気"についていえば，これをスチーム・クリーナーによるものとすれば，蒸気はノズル部分では十分に高温であっても，対象物であるオーシストに接触する部分の温度は意外に低下し，高熱による殺滅効果はほとんど期待できず，単なる洗い流しによる除去作用になっていることが多い．"火炎"についていえば，もし直接に接触していれば殺滅効果が発揮されようが，オーシストが固着されていない場合には，火炎の前方に発生する風圧による飛散現象が起こる可能性のほうが高い点が指摘される．つまり，これらの方法に対して盲目的に効果を期待することはかえって危険であることに注意しなければならない．温度さえ十分に高く保たれていれば，"熱湯"に浸漬することがもっとも確実である．ちなみに，オーシストの殺滅に要する時間は60℃で30分，80℃で1分，100℃では瞬時であるという．

[発育環]

(1) オーシストのスポロゾイト形成

宿主体外に排出されたばかりのオーシストは，すでに述べたように，まだスポロゾイトを形成していない．これが①酸素（空気），②温度，③湿度の存在下で図1.6に示すような，内部にスポロシスト，スポロゾイトを包蔵する成熟オーシストになる．この外界における発育過程を通常"スポロゾイト形成（sporulation）"とよぶことがある．スポロゾイト形成過程（sporogony）の一部にあたるが，この外界におけるスポロゾイト形成期は，コクシジウム症防圧の一環としてオーシスト対策（後述）に重要な意味をもっている．

スポロゾイトが真の感染虫体であるから，宿主の糞便とともに排出されたばかりのオーシストには感染性がない．排出されたオーシストは前述した3つの条件が満たされる環境下において一定時間を経れば，スポロゾイトを形成して感染性をもつに至る．これに要する時間（sporulation time）はコクシジウムの種類によってほぼ決まっている（表1.2参照）．前述した3条件のうち，温度は20～30℃が適し，16℃以下ではスポロゾイト形成しにくく，一方，30℃を超えるとスポロゾイト形成速度は早くなるが，途中で変性してしまうものが出てくる．実験室では25～28℃を採用している．

スポロゾイト形成に3条件があることは，逆にいえば，3条件のうち1つでもとり除くことによってオーシストのスポロゾイト形成を妨げること，つまり，感染性オーシストの形成阻止によるコクシジウム症の予防法のひとつに連なることを意味する．鶏糞の堆積・発酵（堆肥）は高熱感作と酸素との遮断，鶏舎の消毒後の徹底乾燥は湿度との隔絶を意味している．

(2) 宿主体内における発育

宿主体内における発育について図1.8に付けた番号に従って説明する．

[図中1] 未成熟オーシストの排出（excretion of unsporulated oocysts）

[図中2] 成熟オーシストの形成（sporulation：formation of sporocysts and sporozoites in sporulated oocysts）：酸素（空気），湿度（水分），温度などの影響が加わって、成熟オーシストへ成熟する．感染は宿主がスポロゾイト形成オーシスト（成熟オーシスト）を摂取して成立する．

オーシストのなかにスポロゾイトが形成されることをしばしば胞子形成といい，スポロゾイトを含むオーシストを胞子形成オーシスト，内容が未分割な状態のオーシストを胞子未形成オーシストという．胞子虫類という分類名にあるとおり，かつては，オーシストあるいはスポロシストは胞子（spore）であると考えられていたが，現在ではオーシスト，スポロシストのいずれも生物学的に胞子と定義できない．したがって，はなはだ矛盾することになるが，胞子虫類（Sporozoea）は胞子を形成しないことになる．習慣によりSporozoeaはそのまま生き残っているが，オーシスト，スポロシストに胞子という語を使うべきではなく，胞子形成はスポロゾイト形成とされるべきである．

[図中3] 脱シスト（excystation）：まず，筋胃でオーシスト壁が破壊され，スポロシストが遊離する．小腸に到達したスポロシストに胆汁とトリプシンが作用するとなかのスポロゾイトが游出してくる．

実験的には，ホモジナイザーでオーシストを磨砕し，スポロシストを游出させ，これに消化液（5%ヒナ胆汁＋0.3%トリプシン［1：250］/生食水）を作用させるとスポロゾイトが脱出する．作用温度と時間はオーシストの種類による．もっとも多用される*Eimeria tenella*の場合は40℃で60～90分である．

[図中4] スポロゾイト（sporozoite）：スポロゾイトは種によって定まっている寄生部位の消化管上皮に侵入する．

[図中5] 栄養体（trophozoite）：分裂により増殖する過程にある．形態的には丸味を帯びている．

[図中6] 未熟メロント（未熟シゾント）（immature

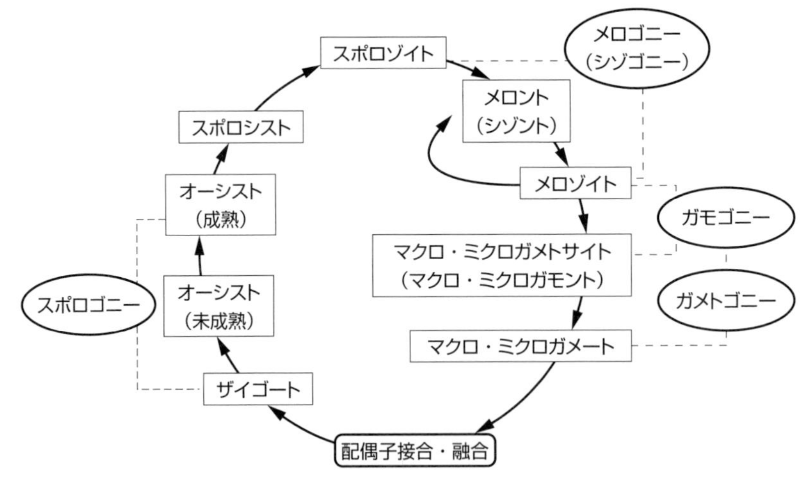

図 1.7　コクシジウム類における発育ステージの基本

発育環にかかわる用語：コクシジウム類の発育ステージの基本形式を *Eimeria* 属を代表として図示した．したがって，種類によっては細部について若干異なっている場合がある．

①スポロゾイト（sporozoite：種虫，小芽体，胞子小体）：*Eimeria* ではオーシスト内で形成され，感染源となる．形状は概して鎌状，こん棒状，紡錘状などと形容されている．

②メロゴニー（merogony：メロゾイト形成）＝シゾゴニー（schizogony：増員生殖，多数分裂）：スポロゾイトが宿主細胞内で栄養型（trophozoite）になり，無性的な発育を開始してまず多数の娘核を生じ，ついで細胞質の分裂が行われ，各々 1 個ずつの核を有する数多の娘細胞が形成される過程をいう．この増殖方式によって形成される娘細胞はメロゾイトとよばれている．そこでメロゾイト形成という意味から，従来の呼称のシゾゴニーにかわって「メロゴニー」という語が用いられるようになってきた．

③メロント（meront）＝シゾント（schizont：分裂体，繁殖体）：シゾゴニーをメロゴニーと改めれば，シゾゴニーによって形成されるメロゾイトを包蔵する嚢状構造は，シゾントとよばれるよりも「メロント」とよばれるほうが自然であろうと提案されている．

④メロゾイト（merozoite：娘虫，分裂小体）：メロゴニー（シゾゴニー）によってメロント（シゾント）内に形成された娘虫体をいう．メロゾイトから次の発育期にあたるガメトサイト（ガモント）になる場合と，再びメロゴニーをくり返す場合とがある．

⑤ガモゴニー（gamogony：ガモント形成）：メロゾイトから次の発育期（stage）にあたるガメトサイト（ガモント）が形成される過程をいう．

⑥マクロガメトサイトおよびミクロガメトサイト（macro-/micro-gametocyte）：「ガメトサイト」と「ガモント」は同義語として用いられている．すなわち，いずれも配偶子母細胞（生殖母体）のことである．いうまでもなく，マクロは雌性の，ミクロは雄性の配偶子母細胞に対して用いられている．

⑦ガメトゴニー（gametogony：ガメート形成）：これには 2 つの解釈・見解がある．ひとつはメロゾイトを出発点としガメートが形成されるまでをガメトゴニーとする，いわば広義の解釈であり，上記したガモゴニーを包含するものであり，もうひとつはガメトサイト（ガモント）を出発点とする狭義の解釈で，ガモゴニーに継続して広義のガメトゴニーになる．狭義の解釈をとれば，節足動物をベクターとする原虫，たとえばロイコチトゾーンでは鶏の体内ではメロゴニーとガモゴニーが行われ，ベクターにあたるニワトリヌカカにとられて，ただちに狭義のガメトゴニーが開始される，という説明がスムーズに成立する．広義の解釈をとる場合には，ガメトゴニーの経過途中で宿主の変換が行われることになる．

⑧マクロガメートおよびミクロガメート（macro-/micro-gamete：ガメトサイト（ガモント）の場合と同様に雌性および雄性配偶子・生殖体）：ガメトサイト（ガモント）から形成される．通常，1 個のマクロガメトサイト（マクロガモント）は 1 個のマクロガメートになるが，1 個のミクロガメトサイト（ミクロガモント）からは細胞分裂により複数個，しばしばかなり多数のミクロガメートが形成される．ミクロガメートは 2 本の鞭毛を有し，胞子虫類としては唯一の細胞小器官による運動性を有するステージである．

⑨ザイゴート（zygote：チゴート，接合子，融合体，受精体）：雌雄両ガメートの融合・合体によりザイゴートが形成される．住血胞子虫類などのザイゴートは直接オーシストにならず，まず運動性を備えたオーキネートを形成し，ベクターの中腸壁を穿通して血体腔側の中腸の粘膜上皮細胞下へ移動する．

⑩オーシスト（oocyst：オオシスト，接合子嚢，嚢胞体）：ザイゴートの周縁に被嚢・被殻・oocyst wall を形成したものをオーシストという．オーシスト内は，この嚢内で緻密感をもつ，球形の“スポロント”とよばれる単細胞段階のものになる．ついで偶数個の“スポロブラスト”とよばれる細胞塊に分裂し，個々のスポロブラストは内部に“スポロゾイト（sporozoite）”を包蔵する“スポロシスト”を形成する．このようなオーシストは一般には“成熟オーシスト”とよばれている．

『ザイゴートは嚢内で分裂して胞子細胞（スポロブラスト）を生じ，被嚢して“胞子”を形成する』という説明があるが，スポロシスト，スポロゾイトとも生物学的には胞子とは定義されない．不用意に“胞子”という言葉を使わず，具体的に“スポロシスト”とか“スポロゾイト”という語を的確に用いるほうがよい．

⑪スポロゴニー（sporogony）：ザイゴートがオーシストを形成し，オーシスト内部にスポロシストを，さらにスポロシスト内部にスポロゾイトが形成されるまでの過程をスポロゴニーという．スポロゾイト形成（sporulation）は同義語として用いられているが，習慣的には外界に排出されたオーシストが内部にスポロゾイトを形成し，感染性を有するに至る外界における過程をいう場合が多い．これはとくに防疫上のポイントとしての意義がある．

⑫成熟オーシスト（sporulated oocyst）：スポロゾイトを包蔵し，感染能を有するオーシストをいう．"スポロゾイト形成オーシスト" というほうが正確であろう．一方，胞子形成オーシストといういい方もあるが，本文中のアミ枠内にあるように，胞子は形成しない．

⑬スポロシスト（sporocyst）：オーシスト内に形成される嚢状構造で，スポロゾイトを形成，内蔵する．
［注意］吸虫の幼生に同語がある．

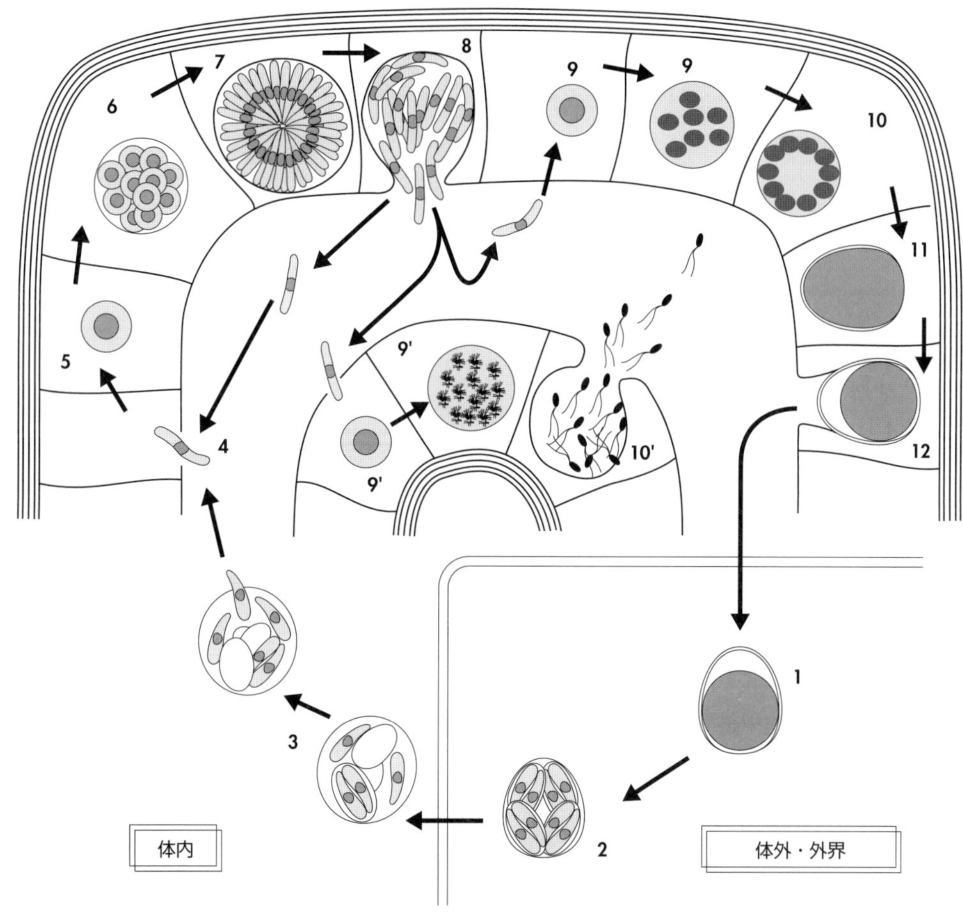

図 1.8　*Eimeria* の発育環

meront／schizont)：無性的な増員生殖（シゾゴニー）を行っている過程にある嚢状構造のもの．内には未成熟なメロゾイトを包含している．

［図中 7］成熟メロント（成熟シゾント）（mature meront／schizont)：分裂体，繁殖体などの訳語がある．増員生殖の結果，内部には多数のメロゾイトが形成されている（図 1.9)

宿主体内に侵入したスポロゾイト⇨トロフォゾイトは無性生殖的に増員生殖してメロゾイトを，ときにはメロゾイトからさらにメロゾイトを生ずる過程を経て有性生殖に移る．この無性生殖･増員生殖を分裂(schizo-)という意味でシゾゴニー（schizogony）とよぶ．ところが，無性的な増員生殖は図 1.8 に示す *Eimeria* 属の発育環に限ってみても，ほかの箇所にもみられる．今ここでとり上げているシゾゴニーの終末はメロゾイト形成である．それでこの増員生殖を「メロゾイト形成」と解釈し，メロゴニー（merogony）とよび，シゾントをメロント（meront）と改めるべきであるという見解が出されている．しかし，古くからの呼称が定着し，必ずしも新しい呼称が普及されていないと考えられる現在，本書では繁雑ではあるが併記することにする．

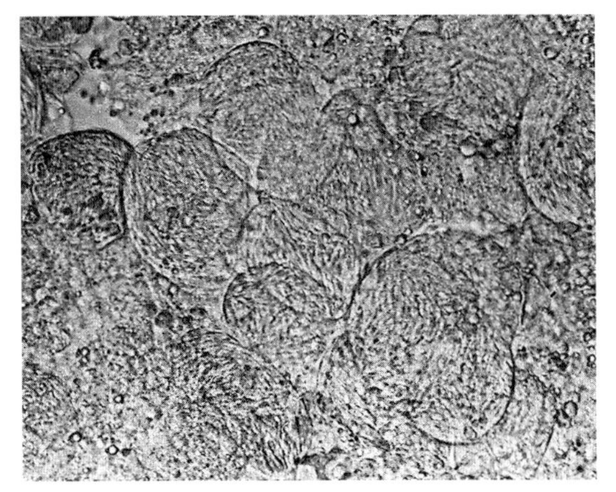

図 1.9　鶏の盲腸壁に形成された *Eimeria tenella* の成熟メロント

[図中 8] メロント（シゾント）の崩壊：十分に成熟したメロントが崩壊し，内に形成されていたメロゾイトが游出・離脱する．メロゾイトには“娘虫”という訳語があるが一般的ではない．通常は「メロゾイト」とカタカナで表示される．離脱したメロゾイトは新しい細胞に侵入する．メロントの崩壊に伴い，宿主細胞，宿主組織も破壊されることになる．メロントの形成部位が深部であれば出血をきたし，潰瘍を形成する．

以上の過程がメロゴニーもしくはシゾゴニーとよばれるものである．メロゴニー（シゾゴニー）は1回だけで終わる例は少ない．多くは2～4回くり返される．たとえば *Eimeria tenella* は原則的に2～3回である．

[図中 9] マクロガメトサイト (macrogametocyte) **雌性配偶子母細胞**

[図中 9'] ミクロガメトサイト (microgametocyte) **雄性配偶子母細胞**

所定回数のシゾゴニーをくり返した後，メロゾイトは新しい宿主細胞に侵入して雌性および雄性の配偶子母細胞（生殖母体）になる．それぞれをマクロガメトサイト（雌）およびミクロガメトサイト（雄）という．この両者は，はじめのうちは形態的に区別がつかない．多細胞動物の雄性・雌性配偶子母細胞はそれぞれ減数分裂を行って半数体（n）の雄性，雌性配偶子となり，受精によってもとの二倍体となるが，コクシジウム類では，減数分裂はスポロゾイト形成時に行われることが明らかにされている．したがって，2nの核相をもつのはザイゴートのみに限られ，nの核相をもつスポロゾイトでは将来すでに雄性配偶子になるものと雌性配偶子になるものとが運命づけられていることになる．

ガメトサイト（gametocyte）は“ガモント（gamont）”ともよばれる．訳語は前述したように“配偶子母細胞”である．そして，このガモント形成を“ガモゴニー（gamogony）”とよぶ．次に述べるガメート形成（gametogony）の1段階手前までをいうわけであるが，ベクターを必要とする原虫の発育環の理解には区切りがよく便利である．

[図中 10] マクロガメート (macrogamete) **雌性配偶子・雌性生殖体**

[図中 10'] ミクロガメート (microgamete) **雄性配偶子・雄性生殖体**

ミクロガメートは1個のミクロガメトサイト（ミクロガモント）から多数生ずる．ミクロガメートは2本の鞭毛を有し，積極的に運動し，マクロガメートと融合する．アピコンプレックス（胞子虫）類では唯一の運動器官をもっている発育期のものである．

受精・授精とは雌雄配偶子の融合をいう．融合と同義語に合体（copulation）という語がある．これは，原生動物では“2個の生殖細胞が合一すること”をいう．接着した両生殖細胞（ガメート）は核も細胞質も完全に融合して1個体（ザイゴート）になる．融合・合体は接合に対比されるが，中間型もある．一方，接合（conjugation）とは本来，原生動物の繊毛虫類にのみみられる有性生殖方法をいう．融合・合体では2個の配偶子の合一で1個の接合子が生じるが，接合では一度接着した2個体が分離してもとどおりの2個体になる．

[図中 11] ザイゴート (zygote：接合子，チゴート)：前述したように雌雄の配偶子の融合によりザイゴート（接合子）を生ずる．接合でなく融合ではあるが，融合子とはいわず，接合子を慣用する．

[図中 12] オーシスト：卵（oo-）と嚢子（cyst）の合成語．嚢胞体などの訳語はあるが使わない．形態と性状・抵抗性についてはすでに述べた．

宿主がスポロゾイト形成オーシストを摂取・感染してから，次世代のオーシストが糞便中に排出されるまでの経過時間をプレパテント・ピリオド（prepatent period）という．この長さはコクシジウムの種類によって決まっているので，感染試験によって種類を同定する際には手がかりのひとつになる．

鶏のコクシジウム

鶏コクシジウム症は，代表的な鶏病のひとつであるといっても過言ではない．養鶏産業に及ぼす経済的な影響はきわめて大きく，古くから関係者の関心を集めてきていた．鶏に寄生する *Eimeria* 属のコクシジウムには，まったく異論がないわけではないが，現在7種類のものが知られている（図1.10）．これらのうち，次に記す5種類が重要であろうと考えられている．

種類によって寄生部位や病原性は異なっているが（表1.2），自然界での感染はほとんどが混合感染である．とくに *E. acervulina*，あるいは俗にアセルブリーナ型と総称されている種類が関与している場合が多く，オーシスト陽性例の90％からこのタイプのものが検出されるという報告がある．

Eimeria tenella

鶏（ヒナ）のコクシジウムの代表的なものである．濃厚感染により，いわゆる「急性盲腸コクシジウム症」を起こす．寄生部位は盲腸であり，第2代メロントは大型（50 μm 以上にも達する）であるうえに寄生部位が深い（絨毛基底部の固有層，粘膜筋板近く）ため，メロントの崩壊に伴う絨毛組織破壊・出血が著しい．この時期はだいたい感染5日目にあたる．当然，血便の排泄がみられ，これが臨床的な特徴になっている．この血便は盲腸壁の出血に由来する鮮血便であり，鏡検により多数のメロゾイトが観察される（口絵②〜⑤）．感染ヒナは貧血に陥って仮眠状態を呈し，体温は低下し，斃死するものも少なくない．斃死しないまでも体重増加率は著しく抑制される．実験的には幼雛の感受性が高いが，養鶏の現場では30日齢前後の中雛初期での罹患率が高い傾向がみられる．

感染状況は養鶏形態，抗コクシジウム剤を含む他の

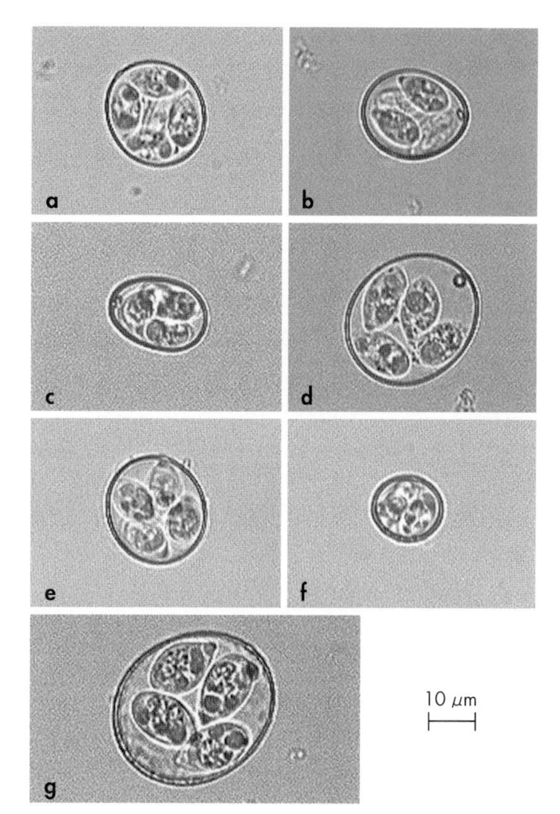

図1.10　ニワトリに寄生する *Eimeria* 属オーシスト[川原原図]
a：*E. tenella*　b：*E. necatrix*　c：*E. acervulina*
d：*E. brunetti*　e：*E. praecox*　f：*E. mitis*　g：*E. maxima*

表1.2　鶏のコクシジウム

			E. tenella	*E. necatrix*	*E. maxima*	*E. acervulina*	*E. mitis*	*E. praecox*	*E. brunetti*
オーシストの形状	大きさ（μm）	長さ	19.5〜26.0	13.2〜22.7	21.5〜42.5	17.7〜20.2	14.3〜19.6	19.8〜24.7	20.7〜30.3
		幅	16.5〜22.8	11.3〜18.3	16.5〜29.8	13.7〜16.3	13.0〜17.0	15.7〜19.8	18.1〜24.2
		平均	22.6×19.0	16.7×14.2	29.3×22.6	19.5×14.3	16.2×15.5	21.3×17.1	26.8×21.7
	形		卵円形	長卵円形	卵形	卵円形	類円形	卵円形	卵形
スポロゾイト形成に要する時間		最短	18	18〜21	30	17	18	12	18
		完了	48	48	48	21	48	48	24〜48
新生オーシスト排出までの日数（プレパテント・ピリオド）			7	7	6	4	5	4	5〜
おもな寄生部位			盲　腸	小腸中・後部，盲腸	小腸中・後部	小腸上部	小腸上部	小腸上部（1/3）	小腸後部，盲腸根部，直腸
おもな病変			盲腸出血，肥厚，血便	出血，肥厚，粘・血便	肥厚白色化，粘液多，ピンク粘血便	破線状白斑（条），水様便，ときに点状出血	微細白点，ときに点状出血	ピンク〜白混濁斑，粘液，水様便	点状出血，カタル性腸炎
病　原　性			＋＋＋＋	＋＋＋＋	＋＋＋＋	＋＋＋	＋＋	＋	＋＋＋＋
致　死　率			＋＋＋＋＋	＋＋＋＋	＋＋	＋	＋	＋	＋＋
最大メロントの大きさ（μm）			54.0	65.9	9.4	10.3	11.3	20.0	30.0

予防措置（たとえば計画感染）の方法によって異なってくる．耐過した場合，一般の臨床症状ばかりでなく，体重も急速に回復することが多い．

急性盲腸コクシジウム症罹患鶏では腸内細菌叢の構成比に変化を生じ，とくにクロストリジウムや大腸菌の増数が認められるようになることが知られている．そしてクロストリジウム症や大腸菌症が誘発・続発され，コクシジウム症が単純なコクシジウム感染による腸炎に終わらないことになる．後述するが，サルファ剤には抗原虫作用があり，コクシジウム症の治療に常用されている．ところが，サルファ剤がクロストリジウムに作用すると芽胞形成を促し，このときに毒素の放出があり，罹患鶏に重大な影響を及ぼす場合がある．そこで，まず抗クロストリジウム効果の期待されるアンピシリンなどを用いるか，あるいは抗原虫効果を優先してサルファ剤を用いるか，という緊急・的確な選択を迫られる事態になる．

Eimeria necatrix

メロゴニーは小腸中央部で，ガメトゴニーとオーシスト形成は盲腸で行われる．つまり，寄生部位を移動するという特異な性質がある．メロントの大きさは60 μm以上にもなり，組織学的寄生部位は前者と同様に粘膜固有層の深部である（口絵⑥⑦）．したがって病害は大きい．感染4～5日後に多量の粘血便を排泄する．出血部位が小腸中央部であるため，消化管通過に際して多くの血球は溶血作用を受けて鮮血色が失われ，粘液を混じえた粘血便として排出される．斃死率はかなり高い．体重に及ぼす影響が顕著である．

障害を受ける罹患鶏の週齢は一般に *E. tenella* の場合よりも高い．とくに7～8週齢の中～大雛の感受性が高く，この事実が産業上の大きな問題になっている．そのため，ブロイラー養鶏場よりも種鶏場での関心が高い．ただし，全国的にみた分布は必ずしも高率，一様ではなく，やや限局的な傾向があるようである．感受性ヒナの週齢が高いこと，オーシスト産生効率は必ずしもよくないことなどが *E. acervulina*（3週）や *E. tenella*（4週）の感染ピークを過ぎた8週齢時の感染を誘導しているかもしれない．品種や性別間では，実際には差はないようである．

俗に「急性小腸コクシジウム症」とよばれている．

Eimeria brunetti

小腸下部に寄生する．メロゴニーは絨毛の粘膜固有層，ガメトゴニーとオーシスト形成は上皮細胞層で行われる．病原性は強く，カタル性腸炎は激しい．ときに粘血便がみられる．日本では一時認められなかったが，最近ではわずかながら認められるという．

Eimeria maxima

オーシストは鶏のコクシジウムのなかでもっとも大きい（ほぼ30～35 μm）．寄生部位はおもに小腸中央部．濃厚感染では上・下部にも及ぶ．メロゴニーは絨毛上皮細胞の浅い部位で，ガメトゴニーとオーシスト形成も絨毛上皮であるがやや深く，上皮細胞の核の奥で行われる．剖検所見では寄生部位のバルーン状を呈する膨張が特徴．組織学的にはあまり強い損傷は認められない（口絵⑧）．主徴は下痢．体重の減少が著しい．血便を伴うことはほとんどない．免疫の成立はもっとも顕著である．

Eimeria acervulina

感受性は3週齢くらいがピークであるが，実際の感染はほとんどすべての週齢に及び，単独感染や混合感染としてもっとも広く蔓延している．オーシストの産生効率がもっとも高い．本来の寄生部位は十二指腸・小腸の最上部であるが，濃厚感染では密度が増すばかりでなく，寄生部位も広がり，小腸中・下部にも及ぶこともある．特徴的な病巣は肉眼的には破線状を呈する白色の壊死巣で，これが消化管の長軸に直角方向に配列している．しばしば「梯子（はしご）状（ladder）」と表現されている．極端な濃厚感染では病巣は融合し，小腸の感染部全体が灰白色に肥厚し，弛緩した感じを呈している．消化管の粘膜上皮細胞の核の外側，すなわちもっとも表層に寄生し発育を行っている．一方，消化管上皮細胞の新陳代謝は激しいため，普通の感染による消化管の損傷は軽微なはずである．しかし，通常は感染量が多く，発育速度は早く，増殖力も大きい．このために単位面積あたりの損傷は軽微であっても広範囲にわたるカタル性腸炎による下痢，衰弱，産卵率の低下などがみられる．もちろん，無症状の場合も少なくない．

俗に「慢性小腸コクシジウム症」とよばれている．しかし，この慢性小腸コクシジウム症という名称は，比較的小型のオーシストをもつ *E. acervulina* のほかに，*E. mitis* などの小腸に寄生する種類の感染も含まれる漠然とした病名である．実際的見地からは，疫学上も，治療・予防のうえでもあえて区別・分類する必要はないであろう．

コクシジウムの感染に耐過した鶏には，種特異的な免疫が成立する．しかしその程度はあまり強いものではなく，また持続期間はさほど長いものではない．発症，斃死の阻止という見方をすれば半年からせいぜい1年，厳しく査定すれば2～3か月であろう．さらに厳しく完全な感染阻止という見方をすれば1か月以内になるかもしれない．しかし実際には「持続感染免疫」

刺激に依存するために実害からは解放される．従来行われてきた抗コクシジウム剤の飼料内逓減(ていげん)添加法による予防，一部で行われている計画感染法，免疫源としての弱毒株の開発などの基礎はこの辺に置かれている．

［診　断］

診断は過去および近隣の養鶏場における状況，今回の発生状況および経過，予防剤および他の予防措置実施の実態などに関する稟告の確認（以上はすべての場合に共通）にはじまる．次に先の各項に述べたそれぞれの症状に加え，虫体を確認して診断を確定することになる．

一般的には，オーシストの検出，あるいは剖検により特異な病変（部位と形状），および発育途中にある原虫を確認することによる（表 1.2 参照）．鶏に関しては，個体診断を必要とする事例はむしろ例外的であり，通常集団としてとり扱われる．

(1) 集団からの抜きとり鶏（サンプル）についての病理学的検査は，肉眼的検査と顕微鏡（組織学）的検査とに分けられる．肉眼的検査については前述した各事項および表 1.2 を参照されたい．基本的にはカタル性ないし出血性腸炎である．病変部には腸壁の炎症，肥厚，灰白色の壊死巣（通常，点～線状）などが認められ，病変部をかきとって鏡検すれば発育期にある虫体が認められる（図 1.11）．オーシストが認められる場合も多い．場合によっては組織切片を作成しておくとよい．

(2) もっとも普通に行われるのはオーシスト検査であろう．これには特定鶏の糞便を対象にする場合と，鶏舎内からサンプリングする場合がある．検査の目的にもよるが，後者のほうが一般的であろう．ただし，新鮮便を採集するためには採材用の台または板を敷料の上に置くなどの工夫が必要になる．

検査の実際は直接塗抹法よりも当然浮游法のほうが精度は高い．直接塗抹法で簡単に検出される場合には，かなり重度な感染であると推定される．ときにはOPG (oocysts per gram) を求めることが要求されよう．

(3) 実際の野外で発生するコクシジウム症は，まずほとんど混合感染であることを認識しておかねばならない．

一般に，コクシジウムの種の正確な同定は，唯一の外界型であるオーシストの形態のみからでは困難・不可能なことが多い．とくに鶏のコクシジウムについては強くいえることである．オーシストの形態のほかに，スポロゾイト形成時間（sporulation time），プレパテント・ピリオド（prepatent period），寄生部位，病原性などを合わせて考慮しなければならないことがしばしばある．つまり，感染試験が必要になることがあるというわけである．鶏のコクシジウムに比べれば，ウサギ（表 1.3 参照），その他の動物のコクシジウムの同定はいくらか容易である．全体の形状，大きさ，オーシスト壁の厚さや形状，ミクロパイルの有無，残体の有無と形態（図 1.6）などが同定の際の手がかりや要因になる．

(4) 現在，野外で実用に供されている免疫学的検査法はない．特定の目的をもった実験室で行われているにすぎない．

［予　防］

予防対策が，感染経路・発育環の切断にあることは感染病共通の鉄則であり，コクシジウム症ももちろん例外ではない．鶏コクシジウム症についていえば，発育環上の切断すべき具体的な部位・対象は，外界ではオーシスト，鶏体内では各発育期にある虫体ということになる．

(1) オーシスト対策の基本は「オーシストの抵抗性」(p.40) で述べた，物理・化学的な特性をよく把握しておく必要がある．鶏糞，鶏舎，器具器材を対象とする熱消毒が原則であり，殺オーシスト剤が補助的に用いられる．

(2) 鶏（宿主）体内で発育中の虫体に対しては，抗コクシジウム剤を飼料中に添加し，所定期間給与するという化学療法的な方法が慣用的にとられてきていた．しかし衆知のとおり，飼料添加物に対してはその安全性に関して厳しい規制がある．飼料添加物の安全性とは，宿主に対する副作用，生産される畜産物への移行残留性，それを利用した場合の人体への影響などを考

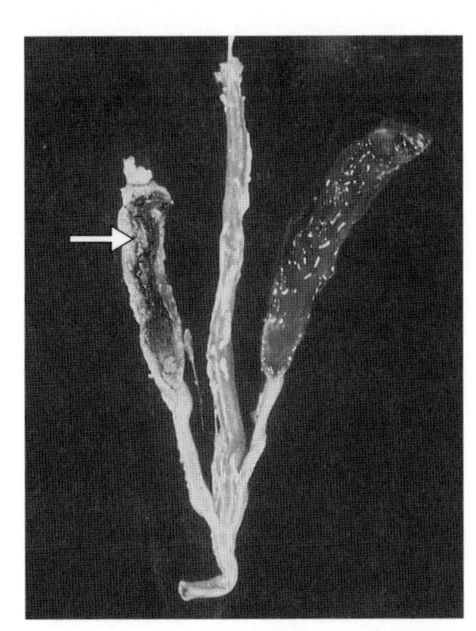

図 1.11　*Eimeia tenella* 感染 8 日目の鶏盲腸
盲腸は退縮し，内部にコアとよばれるオーシストの集塊が形成されている（矢印）

慮したもので，さらに鶏糞を肥料とした場合の植物への影響も実際問題としては考慮されている．なお，社会心理的な風潮として，薬物忌避の方向にあることは否めない．生産者側もこれに応えて極力使用を制限する傾向にある．

現在，「飼料添加物公定書」に記載されている抗コクシジウム剤は，本書の総論「5.2　駆虫剤 A　抗原虫剤」に一括してある．いずれも使用方法が細かく規制されている．

(3) 免疫学的予防法としては不活化ワクチン接種，抗体導入などの試みはあるが，いずれもまだ実用段階に達していない．計画感染については，総論「4.4　免疫学的手段による予防」(p.15) で触れておいた．

[治　療]

治療剤としてはもっぱらサルファ剤が用いられている（総論「5.2　駆虫剤」参照）．とくにスルファジメトキシンが多い．スルファモノメトキシンがこれに続くようである．鶏の場合，飼料または飼料水中に 0.1 ～ 0.2％の割合に添加・溶解し，3 ～ 5 日を 1 クールとして用いる．飲料水に溶解する場合はナトリウム塩が使われる．

病勢による治療適否の判断が，まず要求される前提条件になる．ここには前述した消化管内細菌叢の構成比の変化にかかわる問題も入る．さらに食欲・飲水欲の有無，出荷前の指定休薬期間なども絶対条件として考慮されなければならない．

牛のコクシジウム

牛のコクシジウム症は仔牛に頻発する．農場によっては一過性に感染率が上昇する場合がある．種類に関する全容は明らかではない．広くウシ科動物，たとえば，水牛，ゼブー〔こぶ牛，インド牛（*Bos indicus*）〕，あるいは一部の野牛との共通種との関係がまだ完全には整理できていないからである．いずれも *Eimeria* 属が寄生する（口絵⑨）．

日本の畜牛では *E. bovis* と *E. zuernii* が重視されている．ほかに *E. alabamensis*, *E. ellipsoidalis*, *E. auburnensis* などがある．

Eimeria bovis

オーシストは卵円形．23 ～ 34 × 17 ～ 23（27 ～ 29 × 20 ～ 21）μm．オーシスト壁の外層（約 1.3 μm）は無色であるが，内層（0.4 μm）は淡黄褐色．ミクロパイルは明瞭でない（図 1.12 左）．

メロゴニー（シゾゴニー）は 2 回．第 1 代メロゴニーは小腸下部で行われ，10 万以上のメロゾイトを包蔵する大型のメロント（シゾント）を形成する．大きさは平均 280 × 300 μm にも達し，肉眼でも認めることができる．これは，かつて“グロビジウム”という名称で知られていたものである．第2代メロゴニーは盲・結腸で行われ，9 × 10 μm 大の小型のメロントを形成する．ガメトゴニーは同じ部位で行われるが，過剰感染では小腸下部でも認められる．

プレパテント・ピリオドは 15 ～ 20 日．オーシスト排出期間（パテント・ピリオド：patent period）は感染量による．感染量が多いほど長くなる傾向があり，5 ～ 26 日に及ぶ．

発症は感染 18 日後ころから下痢，血便を主徴とし，ときに発熱を伴う．ガメトゴニーによる盲・結腸の障害が大きい．実験的には 12 万個のオーシスト感染により発症がみられ，25 ～ 100 万個の感染では 24 ～ 27 日後に斃死したという．

Eimeria zuernii

牛，ゼブー，水牛に寄生．牛のコクシジウムのなかではもっとも病原性が強い．寄生部位は広く，小腸全体，盲・結腸から直腸にまで及ぶ．

オーシストは 12 ～ 29 × 10 ～ 21（17 ～ 20 × 14 ～ 17）μm．長短径比は 1.0 ～ 1.4（1.14）で，類円形ないし類卵円形を呈する．ミクロパイルはみえない．オーシスト壁は薄く（0.7 μm），表面平滑で無色（図 1.12 右）．スポロゾイト形成時間は 20℃で 3 日，25℃では 2 日．メロントは感染後 2 ～ 19 日にわたって小腸全域から盲・結腸に及ぶ全消化管でみられる．成熟メロ

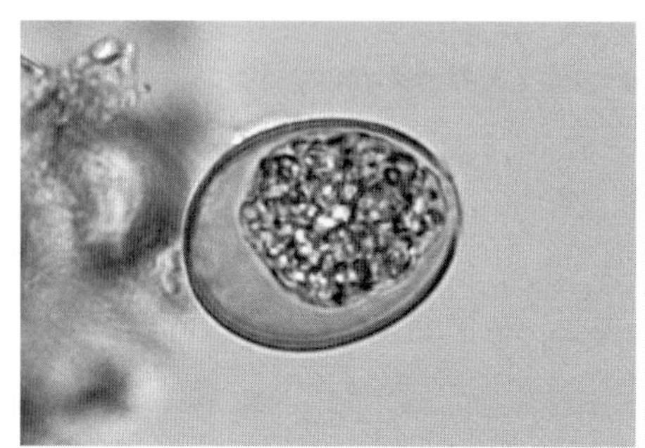
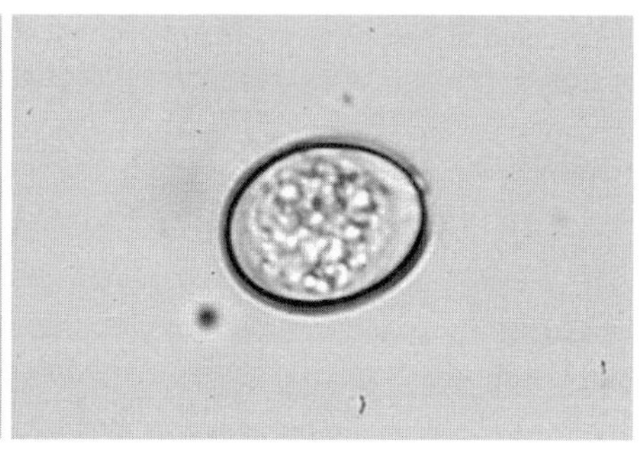

図 1.12　牛のコクシジウムオーシスト
左：*Eimeria bovis*　右：*E. zuernii*

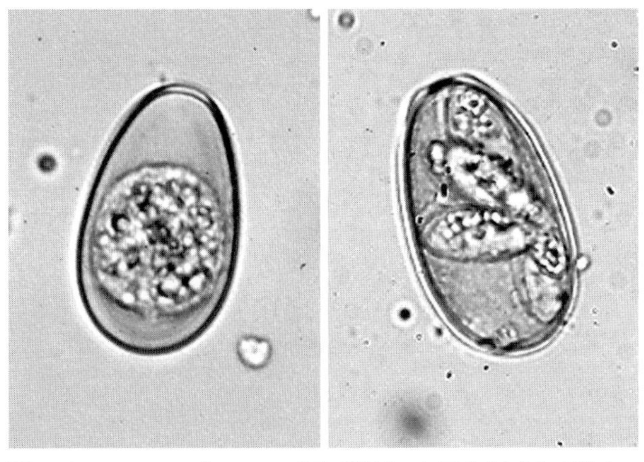

図 1.13　*Eimeria auburnensis* の未成熟オーシスト（左）と成熟オーシスト（右）

ントはほぼ 13 × 10 μm で 24 ～ 36 個のメロゾイトを包蔵している．メロゴニーは 1 回だけには終わらないものと推定されている．プレパテント・ピリオドは 15 ～ 17 日．オーシスト排出期間は約 11 日．

症状は強く，急性症状で激しい出血性下痢．貧血，衰弱が著しく，肺炎を併発することもある．強い症状は 3 ～ 4 日間持続するが，7 ～ 10 日を耐過すれば回復に向かう．慢性型では下痢が主徴．出血はほとんどない．削痩，衰弱がみられる．カタル性の大腸炎．

Eimeria auburnensis

分布は世界的．牛，ゼブー，水牛の小腸中・下部に寄生する．感染率は調査により 14 ～ 100%（アメリカ）の幅がある．水牛で 19 ～ 32%．

オーシストは長卵円形．32 ～ 46 × 19 ～ 28（36 ～ 41 × 22 ～ 26）μm．オーシスト壁は表面平滑なものと，やや粗で厚く（1.0 ～ 1.8 μm），淡黄色を呈するものとがある．ミクロパイルがある（図 1.13）．スポロゾイト形成時間は室温で 2 ～ 3 日．

メロゴニーは 2 回くり返される．第 1 回目のメロゴニーは空・回腸壁の深層で，78 ～ 250 × 95 ～ 172（140 × 92）μm に達するきわめて大型のメロントを形成する．第 2 回目のメロゴニーは粘膜固有層で 6 ～ 12 × 5 ～ 9 μm 程度の小型のメロントを形成する．このなかには 10 個前後のメロゾイトを包蔵する．ミクロガメトサイト（ミクロガモント）はきわめて大型で 36 ～ 200 × 27 ～ 150（125 × 80）μm に達し，数千のミクロガメートを産生する．プレパテント・ピリオドは 18 ～ 20 日，オーシスト排出期間は 2 ～ 8 日．

病原性は中等度といわれている．重感染では感染 18 ～ 19 日後に多量の水様性の下痢を排泄する．

Eimeria ellipsoidalis

牛，ゼブー，水牛，その他おそらくヨーロッパ野牛，バンテン，ガヤールなどの小腸に寄生し，分布は世界的．牛での寄生率は高く，世界各地から若齢牛の半数近くにみられるという報告がある．

オーシストは長卵円形．12 ～ 32 × 10 ～ 29（20 ～ 25 × 14 ～ 20）μm．オーシスト壁は薄く（0.8 μm），表面は平滑で無色．ミクロパイルはみえないが，一端がわずかに薄い．外部残体はない（ほかの牛寄生アイメリアにも外部残体はない）．スポロゾイト形成時間は 3 日．

成熟メロントの大きさは 9 ～ 16 × 8 ～ 15 μm．メロゾイトは 8 ～ 11 × 1 ～ 2 μm で 24 ～ 36 個が包蔵されている．小腸の後半，とくに回腸部に多発する．プレパテント・ピリオドは 8 ～ 13（10）日，オーシスト排出期間は約 12 日．

病原性は中等度ないしは低い．1 ～ 3 か月齢の幼若牛では下痢をひき起こす．下痢は数日間続くが出血性ではない．再感染に対する抵抗性は弱いながら成立することが確認されている．

> 牛のコクシジウム症においても混合感染が普通である．混合感染は複数種のコクシジウムによるものばかりではなく，後述する線虫類との混合感染により症状が増悪され，複雑になることに注意しておく必要がある．［放牧牛の寄生性胃腸炎・放牧衛生］

山羊・めん羊のコクシジウム

日本の山羊・めん羊のコクシジウムの種類に関する実態調査の資料ははなはだ乏しい．しかし，仔山羊や仔めん羊ではコクシジウムによる被害は大きい．春季に娩出された仔山羊が梅雨期に激しい下痢を患い，鏡検によりおびただしいオーシストが検出されることは珍しくない．そして詳しい同定はなされぬまま治療の対象になり，あるいは淘汰される．もし，仔山羊や仔めん羊を多数舎飼いする必要に迫られた場合は，できるだけ床面直接の平飼いを避け，十分に高さのある“すのこ”を利用して糞便や湿潤との接触を断てば，被害を著しく低減させることができる．治療にはサルファ剤を使用する．

Eimeria arloingi

分布は世界的．各地の調査成績は 18 ～ 95％という寄生率を示している．宿主は山羊．従来めん羊で *E. arloingi* とされていたものは *E. ovina* であろう．

オーシストはわずかに卵型を帯びた長円形．ミクロパイルおよびミクロパイル・キャップがある．22 ～ 36 × 16 ～ 26（28 × 20）μm．オーシスト壁は平滑．外層は厚さ 1 μm で無色，内層は 0.4 ～ 0.5 μm の厚さで黄褐色を呈している．外部残体はない．スポロゾイト形成時間は室温で 2 ～ 4 日．

発育環の詳細は明らかでない．第 1 代メロント（シゾント）は巨大で 280 × 150 μm に達し，約 10 万のメロゾイトを包蔵している．第 2 代メロントは小さく 10 ～ 14 × 9 ～ 10（12 × 9）μm，16 ～ 22 個のメロゾイトを包蔵するにすぎない．

ガメトサイト（ガモント），ガメート，オーシストなどの集塊は，十二指腸，空腸，回腸，ときに結腸上部に径 500 μm にも達する淡黄ないし白色の斑点として認められる．スポロゾイト形成時間は不詳であるが 20 日くらいであろうと推定されている．

病原性の詳細も不明．単一種の実験感染の困難性による．腸炎による腸壁の肥厚，また水様性の下痢が認められた例はある．

Eimeria ovina

めん羊ではもっとも普通にみられる．前述のように *E. arloingi* とされていたが，交差感染実験によりめん羊のものは“*E. ovina* Levine et Ivens, 1970”と命名された．

オーシストは長円形．ミクロパイルおよびミクロパイル・キャップがある．長・短径は 29 ～ 44 × 17 ～ 29 μm で *E. arloingi* よりも大きい．スポロゾイト形成時間は 36 ～ 72 時間．メロントは空腸中央部で形成される．感染 10 日後では径 50 μm くらいの大きさであるが，15 日後には 184 × 165 μm 以上にも達する．プレパテント・ピリオドは 18 ～ 21 日，オーシスト排出期間は 10 ～ 12 日．

病原性はめん羊のコクシジウムのなかでは最強といわれ，3 か月齢のめん羊に対する 3 ～ 10 万のオーシスト感染は致死的である．下痢は必発．体重減少は著しく，耐過後の回復は思わしくない．

Eimeria parva

世界的に分布している．家畜としてのめん羊・山羊のほかに世界各地の野生山羊，野生羊に寄生する．しかし，真の共通種であるか否かの疑問は残されている．

オーシストは 12 ～ 23 × 10 ～ 19 μm，類円ないしやや長円形．ミクロパイルは認められず，ミクロパイル・キャップはない．外層は 0.8 ～ 1.2 μm で無色．内層は薄く，暗色を呈している．外部残体がある．スポロゾイト形成には 2 日以上を必要とする．メロントは小腸全域にわたって認められる．とくに第 1 代メロントは大型で，185 ～ 256 × 128 ～ 179 μm に達し，肉眼的にも白斑として認めることができる．第 2 代メロントは小型で 10 ～ 12 μm．内に 10 ～ 20 個のメロゾイトを包蔵する．有性生殖はおもに盲・結腸で行われる．プレパテント・ピリオドは 11 ～ 15 日．オーシスト排出期間は 6 ～ 8 日．

病原性はあまり強いほうではない．濃感染でカタル性腸炎．おもな障害は有性生殖期に発揮されるという．感染 16 日の盲腸と結腸の内容は水様になり，ときに血液を混ずる．腸壁は肥厚し，組織学的にはリンパ球，好中球の浸潤が認められる．好酸球の浸潤は目立たない．

豚のコクシジウム

豚のコクシジウムは，イノシシと共通のものである．*Eimeria* 属 10 種，*Isospora* 属 3 種が知られているが，少なくとも後者のうちの 1 種は *Cystoisospora* に再分類されるなど未だに不確定要素がある．哺乳豚のイソスポラ感染による下痢が問題になっていたが，予防薬投薬の普及により，発症は減少している．

Eimeria debliecki

世界的に分布し，豚ではもっとも一般的である．

オーシストは長円形で 20 ～ 30 × 14 ～ 20（25 × 17）μm，長短径比は 1.2 ～ 1.8（1.4）．オーシスト壁は無色，平滑，ミクロパイルはみえない．外部残体はない．スポロゾイト形成時間は 6 ～ 9 日．

第 1 代メロント（シゾント）は感染 2.5 日後，空腸で形成される．直径 8 ～ 12 μm．さらに 2 日後，第 2 代メロントが空・回腸で形成される．これも小型で径 13 ～ 16 μm．包蔵するメロゾイト数は少なく，第 1 代で 16，第 2 代のもので 32 という．プレパテント・ピリオドは 7 日，オーシスト排出期間は 10 ～ 15 日．

成豚に対する病原性はほとんどない．幼若豚では下痢，ときに死に至る．斃死率は低いが発育遅延がある．

Eimeria scabra

分布は世界的．小腸後半部に寄生．

オーシストは卵円形で 22 ～ 42 × 16 ～ 28 μm．オーシスト壁は黄褐色で粗，厚さは 1.5 ～ 3.0 μm．ミクロパイルがみられる．外部残体はない（図 1.14 左）．スポロゾイト形成には 9 ～ 12 日を要する．

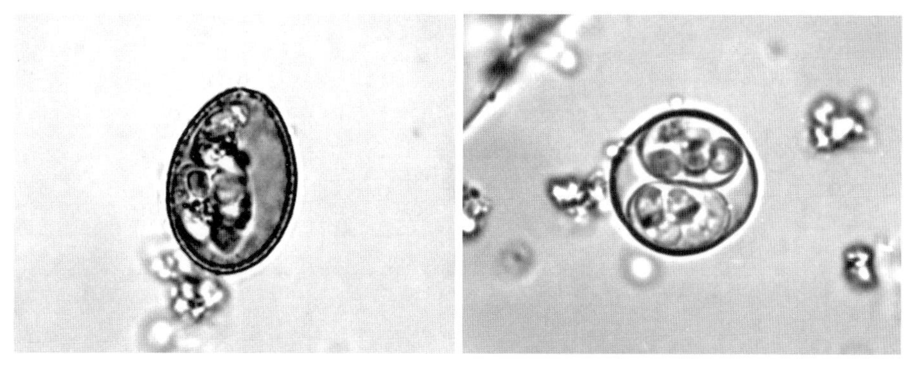

図 1.14 豚のコクシジウムオーシスト［志村原図］
左：*Eimeria scabra* 右：*Cystoisospora suis*

メロゴニー（シゾゴニー）は3回くり返される．第1代メロントは感染3日後に形成され，大きさは16 × 13 μm．第2代メロントはさらに2日後，通算5日後に形成され，その大きさはほぼ同大（16 × 12 μm）．第3代メロントはさらに2日，通算7日後に形成される．大きさは21 × 16 μm．オーシストの排出は感染9日後からはじまる．オーシスト排出期間は4～5日間．

病原性は強く，ごく少数（10^2 レベル）のオーシスト接種によっても下痢を起こす．寄生部位には出血性腸炎，組織学的には粘膜に細胞浸潤，とくに好酸球の浸潤が著しい．

Cystoisospora suis（syn. Isospora suis）

世界各地でみられ，日本でもみられる．寄生部位はほぼ小腸全域に及んでいる．

オーシストは類円形で17～24 × 17～21 μm．オーシスト壁は無色ないし淡黄色を呈し，厚さは0.5～0.7 μm でかなり薄く，スポロシストの周縁に陥凹しているものもある．ミクロパイルはみられない(図1.14右)．

スポロゾイト形成は20～40℃で活発に行われ，最短では12時間でスポロゾイトが形成される．寄生部位は主として空腸中部で，回腸にも寄生する．重篤な感染では盲結腸に広がることもある．腸管に侵入したスポロゾイトは2核をもつ1型メロント（type-1 meront）を形成し，それぞれの核はさらに分裂して多数のメロゾイトを含有する2型メロントとなる．感染4日後には有性生殖期に移行する．プレパテント・ピリオドは5～7日，オーシスト排出期間は5～16日である．

病原性としては感染6日目から3～4日にわたる下痢があげられる．カタル性腸炎に由来し，血便は通常みられない．1～2週齢の仔豚では黄色ないし灰色の悪臭のある下痢がある．この下痢便からのオーシストの検出率は低く，確診困難な場合が多い．離乳前の仔豚の下痢の場合，一応シストイソスポラ（イソスポラ）感染を疑ってみるべきであるとする意見は強い．*Cystoisospora* 属についてはp.57 参照．

ウサギのコクシジウム

往時は実験用ウサギのコクシジウム感染はきわめて高率なものであり，コクシジウム・フリー動物の生産，維持が重要課題として関心がもたれ，この要求に応えるべく種々の努力がはらわれてきた．近年では実験動物の精度が衛生学的にも向上し，信用ある業者の生産する実験動物の寄生虫感染は著しく減少してきた観がある．しかし，伴侶動物としてのウサギの飼育頭数は増加の傾向にある．

ウサギには，肝臓に *Eimeria stiedai* が，腸管には10種におよぶ *Eimeria* 属のコクシジウムのあることが知られている（表1.3）．しかし，ここには2つの混乱がある．

まず第一は，腸管寄生コクシジウム間における異同問題，次にノウサギ（*Lepus*）とアナウサギ（イエウサギ）（*Oryctolagus*）との交差感染・宿主に関する異同問題である．

本書では詳述を避け，Pellérdy（1974）の著書“Coccidia and Coccidiosis”に準拠して記述した．

Eimeria stiedai

既述のように，もっとも古く顕微鏡下で観察された原虫であるという歴史的な事実で有名であるばかりでなく，幼兎に対する強い病原性のゆえに，“肝コクシジウム”としてウサギのコクシジウムの代表種とみなされている．寄生部位は胆管上皮．

オーシストはやや細長い卵円形ないし長円形を呈し，わずかに左右不対称でミクロパイルを有する．大きさは平均37 × 21 μm．わずかに黄褐色を帯びている．外部残体はないが，内部残体は大きく8 × 6 μm(図1.15左)．

表 1.3　ウサギのコクシジウム（1）

種　類		*E. stiedai*	*E. perforans*	*E. magna*	*E. media*	*E. irresidua*	*E. piriformis*
オーシスト	大きさ (μm)	28 ～ 40 × 16 ～ 25	16 ～ 30 × 11 ～ 18	31 ～ 40 × 22 ～ 26	27 ～ 36 × 15 ～ 22	31 ～ 43 × 22 ～ 27	26 ～ 32 × 17 ～ 21
	形	卵～長円	長円形	大卵円形	卵円形	卵円形	洋梨形
	色	やや黄褐色	無　色	黄褐色	やや黄桃色	やや黄褐色	明黄褐色
	ミクロパイル	＋	不　明	明瞭・襟	＋	＋	明　瞭
	外残体	な　し	3.2 μm	12 μm	5.2 μm	な　し	な　し
プレパテント・ピリオド		16 ～ 17 日	5 日	6 ～ 7 日	6 ～ 7 日	7 ～ 8 日	9 ～ 10 日
おもな寄生部位		胆管上皮	十二指腸～回腸	空腸～回腸 まれに盲腸	空・回腸～大腸 とくに盲腸	小腸全域	空腸～回腸
病原性		＋＋＋	＋	＋＋	＋＋	＋＋	＋

ウサギのコクシジウム（2）

種　類		*E. neoleporis*	*E. intestinalis*	*E. matsubayashii*
オーシスト	大きさ (μm)	36 ～ 44 × 22 ～ 27	23 ～ 30 × 15 ～ 20	22 ～ 29 × 16 ～ 22
	形	長円形	洋梨卵円	卵円形
	色	黄褐色	薄黄褐色	黄褐色
	ミクロパイル	＋周縁わずかに厚	＋	＋
	外残体	＋小さい	＋ 3 ～ 5 μm	＋ 6.2 μm
プレパテント・ピリオド		11 ～ 14 日 (12 日)	10 日	7 日
おもな寄生部位		回腸～盲腸	小腸下部 有性は大腸でも	回腸～盲腸 重感染で空腸へも
病原性		＋	＋	＋＋

経口的に摂取された成熟オーシストは小腸で脱シストし，スポロゾイトは 24 時間後には腸間膜リンパ節で認められ，以後の移行経路についてはいくつかの説がみられるが，1 ～ 5 日後には肝臓で認められるようになる．移行はリンパ系によるとする説が多いが，血流あるいは単球が関与するという説もある．

スポロゾイトが肝臓に達した翌日には，直径約 11 μm の球形を呈する初代メロント（シゾント）が認められる．メロゾイトは 7.5 × 1.5 μm 大．以後 4 回のメロゴニー（シゾゴニー）をくり返し，感染第 11 日目ころには第 5 代メロントが形成される．なお，第 2 ～ 5 代のメロントには“A 型”といわれる小型のメロントと，“B 型”といわれるやや大型のメロントが認められている．さらに第 6 代メロントが形成される場合もある．感染 12 日目ころから有性生殖期に入り，16 日目ころに完成し，未成熟オーシストが胆汁とともに排出されるようになる．プレパテント・ピリオドは 16 日．

病原性はウサギのコクシジウムのうちでもっとも強い．とくに幼兎における障害が大きい．典型的な場合，感染した肝臓は著しく肥大し，胆管は腫脹し，胆管周囲は特徴的な白色ないし黄白色を呈し，このために肝臓表面には点状の白斑が散在してみえる．症状としては食欲不振，鼓腸，下痢などがある．重感染では黄疸を発することもある．肝臓機能障害もあり，斃死率は高い．

Eimeria perforans

オーシストは長円形．大きさの平均は 23.1 × 14.4 μm．小型で無色．ミクロパイルはない，といわれている．少なくとも通常はみえない．しかし，みえる感じのものもある．

スポロゾイト形成時間は 30 ～ 56 時間．外部残体の直径は約 3.2 μm で，かなり明瞭に認められる．

寄生部位は十二指腸下部から回腸．

スポロゾイトは感染後数時間で十二指腸，空腸の上皮に侵入している．感染 3 ～ 4 日後には初代メロゾイトの游出がある．メロントに A，B の 2 型があることは前者同様である．たとえば感染 2 日後に認められ

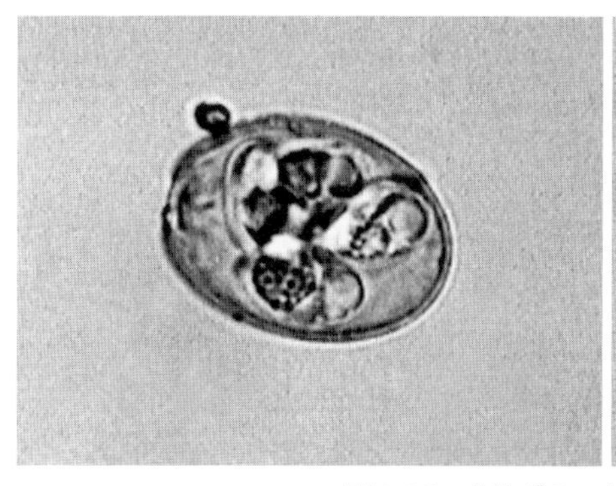
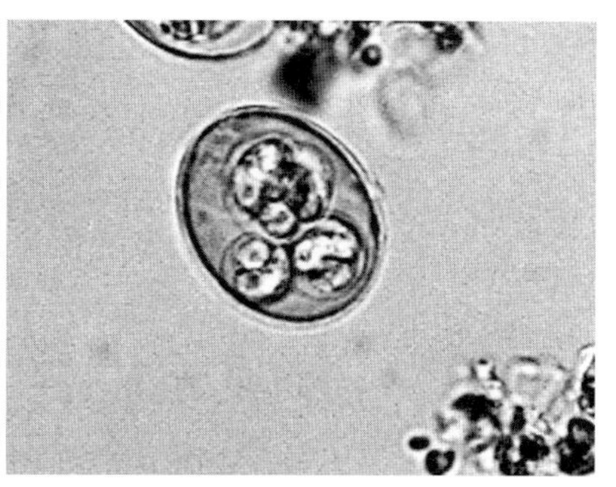

図 1.15　ウサギのコクシジウムオーシスト
左：*Eimeria stiedai*　右：*E. media*

るA型メロントの大きさは5.7～10.0 μmで，7.2×1.5 μm大のメロゾイトを4～8個を有している．B型メロントは感染3日後に核分裂状態にあるものが認められ，4日後には24個に達する4.3×1 μm大のメロゾイトを包蔵するに至る．5日後の第2代A型メロントには4～8個のメロゾイトが生成されている．同時に，感染4～5日後にはマクロガメートおよびミクロガメートが検出されはじめ，急速に成長し，融合の後，辺縁に"壁（wall)"が形成され，オーシストになる．オーシストの排出は感染後5～6日からはじまる．

病原性はウサギのコクシジウムのなかでもっとも弱いといわれている．病原性の強い種類に比べて産生されるメロゾイト数が少ないためであろうという解釈がある．一方，蠕動亢進によって腸重積を起こして死亡した例の報告もみられる．しかし，サルファ剤による治療に対してもっとも抵抗するのはこの種類である，ということもいわれている．

Eimeria magna

オーシストは平均35×24 μm．卵円形で大型．ほかのウサギのコクシジウムのオーシストよりも濃い黄褐色を呈し，ミクロパイルの周縁はオーシスト壁が顕著に盛り上がり，カラー（襟）様の形状が明瞭に認められるなどの特徴があるため，形態的に鑑別することは容易である．色彩はオーシスト壁の外層に由来する．

スポロゾイト形成には室温で2～3日を要する．外部残体は直径12 μmに達する大型のもので，明瞭に認められる．

寄生部位は空腸から回腸．ときに盲腸に達する．

オーシスト感染12時間後には腸粘膜中に侵入したスポロゾイトが認められ，36時間後には幼若メロントが認められるようになる．成熟メロントは10～20 μmに達する．メロントにA，Bの2型があるという複数の報告がある．しかし，これらが同世代のものであるか否かについての定説はない．概してA型メロントのほうがB型メロントよりも大きく，少数の大型メロゾイトを生成し，かつ，早期にみられる傾向があるようである．

マクロガメートは感染後5～6日で成熟し，18～20 μmに達する．オーシストの排出は感染6～7日後からはじまり，15～19日間持続する．

往時は病原性は軽微なものといわれていたが，最近ではメロゴニーが腸壁の深層で行われるので，組織の機械的障害とこれに伴う機能障害があると理解されるようになってきている．そしてむしろウサギの腸管寄生コクシジウムのなかではもっとも病原性が強いと考えられるようになってきている．

Eimeria media

オーシストは卵円形で，平均31.2×18.5 μm．表面は平滑でごく薄い桃色．ミクロパイルをもつ．スポロゾイト形成時間は室温で約52時間．スポロゾイト形成オーシストには約5.2 μm大の外部残体がある（図1.15右）．

寄生部位は消化管全域にわたる．初期の発育は小腸中央部以下で，後期の発育は主として大腸で行われる．感染後12～24時間でメロゴニーがはじまり，2～4日目には第1代メロントが，4～5日目には第2代メロントが認められるようになる．メロントにはA，Bの2型がある．5～6日後には有性生殖が行われ，6日後にはオーシストが排出されはじめる．

病変は大腸，とくに盲腸に認められる．腸壁の肥厚，粘膜の充血，点状出血などがみられることもまれではない．出血性の下痢もある．実験的にはオーシスト50,000個の接種で斃死したという報告がある．

Eimeria irresidua（syn. E. elongata）

シノニムに関して異説もあるが論議は割愛する．

オーシストは卵円形で平均38.3×25.6 μm．黄褐色を呈し，オーシスト壁の表面は平滑．ミクロパイルはよくみえる．しかし，ミクロパイル周縁のオーシスト壁が肥厚することはない．

スポロゾイト形成時間は約 50 時間．外部残体はない．

寄生部位は小腸全域．感染 6 時間で腸腔内にスポロゾイトが認められ，12 時間で発育中のメロントが認められるようになる．初代メロントは小腸中央部で発育するが，後期の発育は小腸の下部で行われる．メロゴニーは 2 回くり返されるという説と，3 ～ 4 回あるという説がある．感染後 8 日以降には有性世代がみられ，オーシストの排出がはじまる．

病原性は無視できない．メロントは宿主細胞の核に隣接して発育し，宿主細胞に損傷を与える．寄生部位の腸管に充血，肥厚または出血がある．

***Eimeria piriformis*（*E. pyriformis*）**

オーシストは平均 31.0 × 19.9 μm．形状は洋梨状，やや左右不対称の感のあるものもある．明るい黄褐色を呈し，表面は平滑．ミクロパイルは明らかに認められる．

スポロゾイト形成時間は室温で 1 ～ 2 日．外部残体はない（形態が類似している *E. intestinalis* には外部残体がある）．内部残体は 3 ～ 5 μm．

寄生部位は空・回腸，感染 2 日後には 5 ～ 7 μm くらいの小型の初代メロントが認められる．感染 5 日ごろにはやや大型の第 2 代メロントが観察される．7 日ごろから有性生殖が認められ，感染 10 日後には糞便中にオーシストが排出される．

病原性は強いものといわれている．実験的にはオーシスト 30,000 個接種でも回腸下部，盲腸への移行部にカタル性腸炎を惹起し，症状も現れるという．しかし，実際の発生は少なく，そのために老兎でも感受性を有するものが多いといわれている．

***Eimeria neoleporis*（syn. *E. coecicola*）**

コットンテイル（ワタオウサギ）では普通．イエウサギではまれ．

オーシストは長円形・円筒状で，平均 39.4 × 23.9 μm．黄褐色．ミクロパイル周縁のオーシスト壁はわずかに厚い．

スポロゾイト形成時間は 50 ～ 75 時間．外部残体は小型．

寄生部位は盲腸．感染 1 ～ 4 時間でスポロゾイトの上皮細胞への侵入が認められる．メロゴニーは 4 回．発育は盲腸および回腸終末部で行われる．メロントは 20 ～ 30 μm．固有層近く，すなわちかなり深層で形成される．感染後 10 ～ 11 日ころから有性生殖がはじまる．プレパテント・ピリオドの平均は 12 日．

病原性はコットンテイルに対しては軽～重症．イエウサギに対しては弱いようである．感染 5 日ころから盲腸壁の充血，出血，肥厚などとして現れる．実験的にはオーシスト 5 万～ 10 万個投与によりほぼ 10 日ころから斃死もみられるようになるという．

Eimeria intestinalis

オーシストは洋梨形～卵円形．大きさは 27 × 18 μm．薄黄褐色．ミクロパイルをもつ．また，外部残体がある．

スポロゾイト形成は室温で 24 ～ 48 時間．

寄生部位は小腸下部，回・盲腸．第 3 代のメロントが認められている．感染 8 日後ころから有性生殖がはじまり，9 日後にはオーシストの新生があり，10 日後には糞中に排出されるようになる．

病原性はけっして強いものとは考えられていない．寄生部位の腸壁に灰白色斑点は認められるが病性は不明．

Eimeria matsubayashii

オーシストは卵円形で，平均 25 × 18 μm．黄褐色．ミクロパイルがある．

スポロゾイト形成には 28℃で 32 ～ 40 時間．外部残体は 6.2 μm．プレパテント・ピリオドは 7 日．

寄生部位は回・盲腸．大量感染では上部にまで及ぶことがある．

病原性はかなり強いものであろう．重感染では下痢，ジフテリー性腸炎のために血液が混入する場合もある．

ウサギのコクシジウム感染予防および治療

ウサギのコクシジウム症対策も，その基本は鶏コクシジウム症の場合とまったく同様であると考えてよい．ただし，鳥類と哺乳類との差が厳然として存在すること，すなわち哺乳期における母兎からの感染の問題に留意しておかなければならないことが異なっている．すなわち，鶏では孵化直後のヒナは一応コクシジウム・フリーであるのに対し，ウサギでは，通常のコロニーであれば，幼兎のほとんどは哺乳期間中に多かれ少なかれコクシジウムの感染を受けてしまうことを意味している．

実験動物としてのウサギの場合，薬剤を利用する予防対策というものは，原則論的には否定されなければならない．ごく特殊な場合を除けば，実験成績に対して薬物使用による影響がまったく及ばないという保証はほとんどなしえないからである．もし薬剤を適応するならば，その対象は繁殖用種兎集団に限るべきである．そして徹底的な使用によって完全なコクシジウム・フリーの繁殖集団を作成することを第 1 段階とする．以後は薬剤を断ち，完璧な管理下で育成集団を維持，繁殖を重ね，厳しいチェックを経た 3 代目以降の産仔を使用に供することにする．

伴侶動物としてのウサギであればこのように厳密に

考える必要はない．治療には通常サルファ剤が用いられている．同時に，糞便との接触を避けることが必要である．かつて採卵鶏用金属ケージに成兎を収容することによって，また，幼兎の群飼ケージの床を粗い金網に張りかえ，かつ兎舎の床面からの高さを十分に保つことによって，コクシジウム症による被害を顕性として認知されない程度にまで抑制できた経験がある．

モルモットのコクシジウム

Eimeria caviae

オーシストは類円形〜長円形で，18 〜 24 × 12 〜 20（19 〜 16）μm．オーシスト壁の表面は平滑，厚さは約 0.8 μm．わずかに褐色を呈している．ミクロパイルは認められない．

スポロゾイト形成時間はあるいは 2 〜 3 日といい，あるいは室温で 5 〜 8 日という．18 〜 22℃では 9 〜 11 日という．スポロントの体積は小さく，オーシスト内の空隙は広い．内部残体は明瞭, 外部残体もある．

寄生部位は結腸．感染 7 〜 8 日後には，長さ 6 〜 16 μm のメロゾイトを 12 〜 32 個含有するメロントが観察されるようになる．メロゴニーは数回くり返される．糞便中へのオーシストの排出は 11 日後からはじまる．

病原性としては下痢．実験感染では 11 〜 13 日目ころに認められる．この時期はオーシストの排出時期でもある. 斃死率は一般には低いと考えられているが, 40 % という実験感染の成績もある．症状は下痢に伴う食欲の減退，体重の減少などである．剖検所見としては結腸の肥厚，充血，出血点などが認められる．したがって，下痢便にはしばしば粘液や血液が混入している．

Klossiella cobayae

Klossiella 属：真コクシジウム目・アデレア亜目に分類される．同じアデレア亜目には *Hepatozoon* 属がある．ちなみに，本稿に述べている“コクシジウム類”は，分類（p.35）にあるように真コクシジウム目・アイメリア亜目に属する原虫である．
Klossiella 属では，ザイゴートは形成されるが，典型的なオーシストは形成されない．多数のスポロゾイトを包蔵する多数のスポロシストが膜に包まれているが，この膜は宿主細胞由来のものであろうといわれている．

広義のコクシジウムに属し，世界的に広くコンベンショナルなモルモットに寄生している．帝王切開による摘出仔にはみられない．

初代メロゴニーは腎臓や他の臓器の毛細血管内皮で行われ，小型メロントを形成する．そしてメロゾイトが流血中に放出される．最終のメロゴニーは腎糸球体の内皮細胞で行われ，さらにガメトゴニーとスポロゴニーが尿細管の内皮細胞で行われる．ついには 30 〜 40 μm に達するスポロシストになり，30 以上のスポロゾイトを包蔵するに至る．この感染性を有するスポロシストが尿中に排出される．しかしプレパテント・ピリオドは明らかでない．

寄生部位は腎臓，ほかに肺，脾臓など．病原性は不明．少なくとも症状はない．

ラットのコクシジウム

オーシストのみが記載されているもの，実験感染の記録が不十分なものなどもあり，種々の説が混在している．

Eimeria miyairii

シノニムとして *E. carinii* あるいは *E. nieschulzi* をあげているものもあるが，本書では後者を別種として扱う．

オーシストは円形ないし類円形で 17 〜 29 × 16 〜 26（24 × 22）μm．縦横比は 1.10．黄褐色を呈する．ミクロパイルは認められない．オーシスト壁は内外 2 層からなる．外層は薄く粗，内層は厚く放射状の条が観察される．外部残体はない．内部残体は小顆粒からなる．

寄生部位は小腸．原則的には絨毛上皮，ときに固有層に及ぶ．

スポロゾイトは 12 〜 17 μm．感染 12 時間後には宿主細胞に侵入がみられ，24 時間後には 12 〜 24 個のメロゾイトを包蔵する初代メロントの形成が認められる．3 日後には第 2 代メロントが，4 日後には第 3 代メロントが形成される．実験的にオーシストが認められるのは感染後 5.5 日，糞便中には 6 日後から認められる．プレパテント・ピリオドは 6 日．病原性は不明．

Eimeria nieschulzi

前述した *E. miyairii* の原記載は，宿主体内における発育環に関するものに限られ，オーシストに関する記述がなく，しかも日本語の論文であり，わずかにドイツ語の要約によって内容の理解がなされたため，現在の *E. nieschulzi* Dieben, 1924 は当初 *E. miyairii* Ohira, 1912 のシノニムとしてとり扱われていた．のちに Roudabush（1937）により整理され，Pérard（1926）の *E. miyairii* は *E. nieschulzi* であり, Pinto（1928）の *E. carinii* は *E. miyairii* になっている．

オーシストは 18 〜 24 × 15 〜 17（20.7 × 16.5）μm．長短径比は 1.0 〜 1.4（1.26）．長円ないし卵円

形で両端はわずかに細くとがる．無色ないしわずかな黄色を帯びる．ミクロパイルは認められない．外部残体はないが，内部残体はある．

スポロゾイト形成時間は65～72時間．

感染3～4時間で脱シストしたスポロゾイトが小腸管腔に認められる．36時間で初代メロントの形成があり，ひき続いてメロゴニーがくり返され，感染4日後には第4代メロントが形成される．感染5.5日には未熟ガメトサイト（ガモント）が認められ，同7日からオーシストの排出がはじまる．プレパテント・ピリオドは7日．

寄生部位は小腸，とくに中央部～下部．メロントは通常，宿主細胞の核の上側にあるが，マクロガメートは核の下側に形成される．

病原性はかなり強い．とくに6か月齢に達しない若齢ラットでは下痢を発し，斃死に至る場合もあるという．実験的には3万～10万個のオーシスト接種により7日ころに重篤な下痢，あるいは斃死をひき起こすという報告が知られている．下痢はカタル性ないし出血性腸炎による．

Eimeria separata

オーシストはほとんど長円形であるが，なかには類円形，卵円形のものも認められる．大きさは13～19×11～17（16.1×13.8）μm．長短径比は1.16．ミクロパイルは認められない．無色ないし薄黄色．

スポロゾイト形成時間は36時間．外部残体はない．寄生部位は盲・結腸．

スポロゾイトは感染6時間で盲腸で認められる．感染1日後に第1代メロントが，2日後には第2代メロントが，3日後には第3代メロントの形成が認められる．5～6日後からオーシストの排出がはじまる．

病原性は弱いもののようである．重感染でも症状を示すことはあまりない．ただし実験感染6日ころに剖検すれば盲・結腸に充血がみられるという．

非固有宿主であるマウスへの実験感染が成立したという報告がある．

Eimeria hasei

オーシストには円形で直径12.2～24.4（16.1）μmのものと，卵円形で15.9～19.6×12.2～17.1μmのものとがあるという．ミクロパイル，外部残体，内部残体などはいずれもない．Yakimoff and Gousseff (1936)がクマネズミの腸から見出して記載したが，ほかの記録はなく，詳細は不明．*E. separata*と区別しにくく，同一種かもしれない．

Eimeria nochti

オーシストは卵円形，14.6～24.4×12.2～23.0 (17.2×14.2) μm．無色．ミクロパイル，内部残体，外部残体いずれも認められない．前者同様Yakimoff and Gousseff（1936）がクマネズミから検出，記載した．

Eimeria ratti

これもYakimoff and Gousseff（1936）の記載．オーシストは卵円形でミクロパイルは認められない．大きさは15.9～28.1×14.6～15.9（22.8×14.7）μm．外部残体はない．内部残体は明瞭にみられる．宿主はクマネズミ．

Eimeria alischerica

オーシストは卵円形ないし長円形．28～36×16～26 (33.7×22.6) μm．スポロゾイト形成に4～5日．外部残体は円形で7～10μm．

Eimeria bychowskyi

オーシストは20～28×14～20（24.8×17.9）μm．スポロゾイト形成に3～4日．外部残体は小さく径4μmくらい．

上記2種はいずれもMusaev and Veisov（1965）の記載．Pellérdy（1974）の著書によるが，詳細は不明．

Eimeria contorta

ラットのコクシジウムではもっとも新しく記載されたものである（Harberkorn, 1971）．オーシストは卵円形ないし類円形．18～27×15～21（22.4×16.6）μm．ミクロパイルは認められない．スポロゾイト形成時間は1～3日．外部残体はない．

寄生部位は腸全域．主として小腸上中部であるが，個体によっては盲・結腸に認められる場合もある．

第1および第2代メロントの形成は認められている．第3代以降のメロントの存在は否定的である．感染4～5日ころから有性生殖が行われる．オーシストの排出は6日目からはじまる．

*E. contorta*は実験的にマウスに感染させうる．マウスに感染した場合の発育環は1日延長し，プレパテント・ピリオドが7日になる．さらに，マウスに馴化した株をラットに戻すとプレパテント・ピリオドは9日になるという．

マウスのコクシジウム

Eimeria falciformis

マウスにおいて古くから（原記載1870年）もっとも普通にみられるコクシジウムであり，むしろ唯一種であるとさえ理解されていた．後述する*E. vermiformis*などとは，オーシストの形態が酷似しているために相互に誤認されやすい．分布は世界的．

オーシストは類円ないし卵円形．15～25×13～

24（21.1 × 18.0）μm．オーシスト壁は平滑，無色．ミクロパイルは認められない．

スポロゾイト形成時間は室温で 3 ～ 4 日．外部残体はあるが，一部に“なし”とする記述もみられる．

寄生部位は，主として盲腸および結腸上半部．

発育環は主として盲腸壁で観察されている．メロゴニーはおそらく 4 回．感染 5 日目には成熟ガメートおよびザイゴートが観察され，オーシストの排出も認められはじめる．プレパテント・ピリオドは 5 日．

病原性はとくに強いというものではないようである．一般には比較的軽感染であり，症状を呈することは少ないといわれている．重感染では出血性の下痢，血便があり，斃死に至る場合もある．実験的には 1 × 10^6 個のオーシスト接種でもマウスの斃死はなかった．

Owen（1975）は SPF マウスでは *E. falciformis* の実験感染が成立しなかったと報告している．感染不成立の真偽はともかく，鶏コクシジウムを含め，ノトバイオート動物や SPF 動物などにおける感染不成立，あるいは感染抑制効果はあるようである．少なくとも症状を呈することはないようである．“コクシジウム症の発症機序”にかかわる興味深い現象である．

Eimeria krijgsmanni

オーシストは卵円形で，大きさは 16 ～ 22 × 12 ～ 17（19.3 × 14.8）μm．1 個あるいは 2 個のポーラーグラニュールをもつが，ミクロパイルや外部残体はない．スポロシスト内には内部残体をもつ．

寄生部位は盲結腸で，小腸には寄生しない．

感染 18 時間後には第 1 代メロントが形成され，36 時間後には第 2 代メロントがみられるようになる．感染 42 時間後には第 3 代メロントが，48 時間後には第 4 代メロントが形成される．第 4 代メロゾイトは大きく，15.6 ～ 21.6 × 1.4 ～ 2.9 μm．感染 4 日目には有性世代に入り，3 日でザイゴートを形成する．プレパテント・ピリオドは 7 日，オーシスト排出期間は 6 ～ 7 日である．病原性は強く，10^6 個のオーシスト感染ではマウス全頭が死亡する．

Eimeria vermiformis

1971 年，アラバマで分離，新種記載されたものである．メロゾイトが蠕虫様の形態を呈していることから *E. vermiformis* と命名された．

オーシストは類円形ないしやや幅広の長円形で，両端はややとがる．大きさは 18 ～ 26 × 15 ～ 21（23.1 × 18.4）μm．オーシスト壁の外層は黄褐色，内層は無色．オーシスト壁はやや厚く，外層に小さな斑痕があることが特徴になっている．ミクロパイルは認められない．寄生部位は小腸下部．

メロゴニーは 2 回くり返される．感染 4 日後ころに第 1 代の成熟メロント（平均 19.8 × 12.6 μm）が認められる．約 40 個くらいの成熟メロゾイトが生成される．この成熟メロゾイトは 15 ～ 18 × 2 μm くらいで，これが蠕虫様の印象を与えている．感染 5 日後には第 2 代メロントが，6 日後にはガメート，7 日後にはオーシストの排出がはじまり，感染 10 日後の排出数をピークとする．

Eimeria papillata

オーシストは類円形．18 ～ 26 × 16 ～ 24（22.4 × 19.2）μm．黄褐色を呈し，表面には多数の短い乳頭様突起が分布し，粗く，条線があるようにみえる．外部残体はないが，内部残体は大型．

プレパテント・ピリオドは 4 日であるという以外，寄生部位も発育環も不詳．

その他の Eimeria 属

上記した 4 種類のほかに，マウスについては 9 種類の *Eimeria* 属のコクシジウムが記載されているが，記述は割愛する．

犬・猫のコクシジウム

犬・猫など肉食動物のコクシジウムは久しく *Isospora* 属に分類されていたが，現在では *Cystoisospora* 属に改められた．人獣共通の寄生性原虫として多大の注目を集めていた *Toxoplasma gondii* の発育環が解明されるに至り，類縁原虫として *Cystoisospora* 属の周辺には新たな関心が集められるようになっている．

Cystoisospora 属と *Eimeria* 属との違いは，

Cystoisospora 属の原虫は，
①スポロゾイト形成オーシストの形態・構成は 4 × 2 である（表 1.1，図 1.16）．
②発育環に多宿主性（heteroxenous）なルートもとりうる．
③発育途次において組織内に侵入する場合もある．

という 3 点につきる．

Eimeria 属原虫は厳密に単一宿主性（homoxenous）であり，さらに発育途次において消化管壁あるいは消化腺上皮に侵入することはあっても，リンパ節や他の臓器に侵入することはない．これに対して *Cystoisospora* 属は，非固有宿主のあるものを待機宿主として役立たせるばかりでなく，固有宿主においても発育途次に一部の原虫が消化管を突破してリンパ節や脾臓などに入って被鞘原虫（ユニゾイトシスト：unizoitecyst）として存在することがある．たとえば，猫のシストイ

ソスポラの成熟オーシストが非固有宿主であるネズミに摂取されると，腸間膜リンパ節などに腸粘膜外のステージとして被鞘したユニゾイトシストが認められる．これが固有宿主に摂取されると感染が成立する（図1.17）．

Eimeria 属では“直接感染”のみが知られている．

犬・猫寄生のコクシジウム種については，ごく古くは犬・猫共通に，そしておそらく，食肉類（Carnivorea）共通に3種類のコクシジウムが寄生するものと考えられていた．オーシストの大きさによって，

大型　45 × 33 μm　*Isospora felis*
中型　23 × 17 μm　*I. rivolta*
小型（大）　19 × 15 μm　*I. bigemina*（large type）
小型（小）　12 × 8 μm　*I. bigemina*（small type）

の3種類（4型）に分けられていた（当時の分類で）のである．

のちに詳述するように，トキソプラズマの終宿主がネコ科動物であり，上記の *I. bigemina*（当時の分類）の小型に分類されるオーシストが排出されることが判明して以来，当時の *Isospora* 属の再整理・再検討が行われ，詳細な感染試験がくり返された結果，犬の糞便から分離されるイソスポラのオーシストは猫に感染してオーシストを新生・排出することはなく，逆に，猫由来のオーシストは犬に感染してオーシストを新生・排出しないことが実証された．すなわち，犬に寄生するイソスポラと，猫に寄生するイソスポラはオーシストの形態はよく類似しているものの，宿主特異性はまったく異なることが判明した．その後，鳥類に寄生する *Isospora* 属と形態学的に区別できることから *Cystoisospora* 属に移された．その結果，現在では，上記3種は表1.4のように訂正されるに至っている．

それぞれの特徴を表1.5に示す．

表1.5に掲げていないおもな共通点は，

①ミクロパイルは認められない．
②無色ないし淡黄色．
③外部残体はない．内部残体はある．
④スポロゾイト形成時間はほぼ24時間．
⑤形状は卵～卵円形．

発育環の基本はアイメリアに準じ，前項に述べたシストイソスポラ特有の“待機宿主を経由しても”というルートがあることを認識しておけばよい．しかし，これらシストイソスポラの自然界における待機宿主は

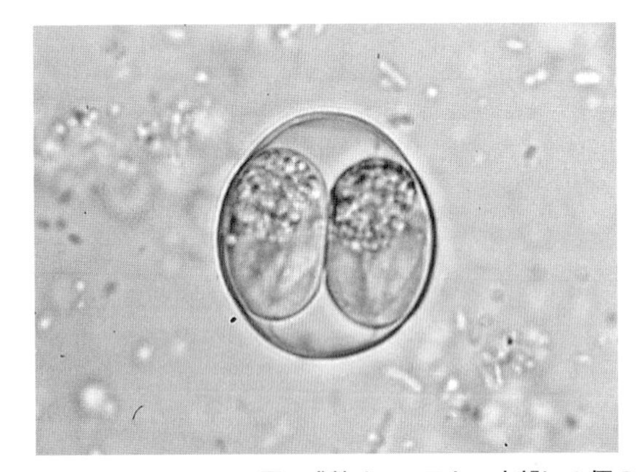

図1.16　*Cystoisospora* 属の成熟オーシスト．内部に2個のスポロシストとそれぞれに4個ずつのスポロゾイトを含む

表1.4　犬・猫のコクシジウム

	大型	中型	小型
犬	*C. canis*	*C. ohioensis*	数種類に再分類されている．
猫	*C. felis*	*C. rivolta*	

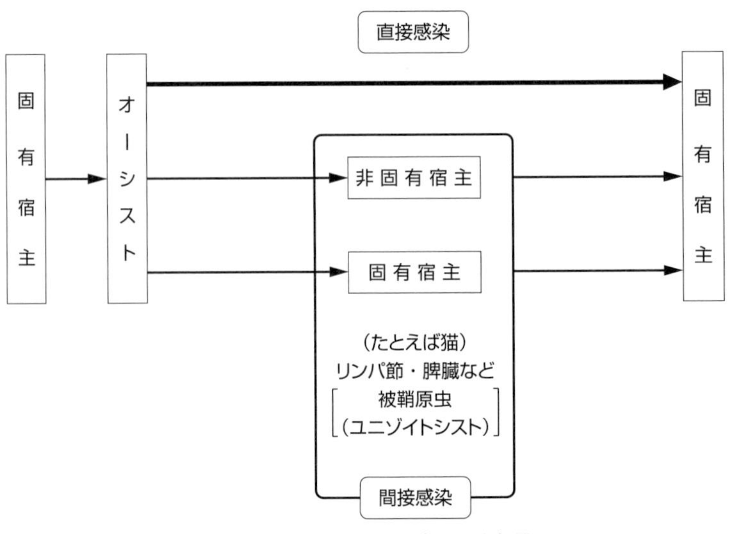

図1.17　シストイソスポラの発育環

表 1.5　犬・猫の *Cystoisospora* 属コクシジウムの特徴

		犬		猫	
		C. canis	*C. ohioensis*	*C. felis*	*C. rivolta*
大きさ（μm）		32～42×27～33	19～27×18～23	38～51×27～39	21～28×18～23
平均（μm）		38×30	24×20	40×30	25×20
PP*（日）	オーシスト	9～11	7～8	7～8	6～8
	ユニゾイトシスト	8	6～7	6～7	4～6
オーシスト排出期間（日）		8～9	9～10	9～10	7～12

* PP（prepatent period）：プレパテント・ピリオド

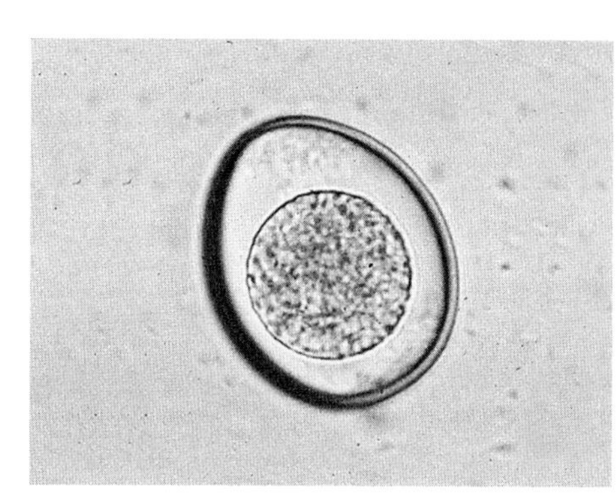
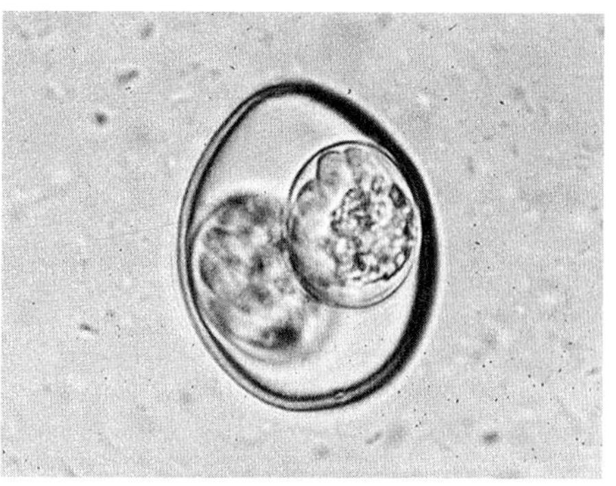

図 1.18　*Cystoisospora canis* のオーシスト［松井原図］
左：未成熟オーシスト　右：成熟オーシスト

知られていない．実際の感染はもっぱらオーシストの経口的摂取によって成立しているようである．したがって，感染予防の根底は適正な糞便処理にあることになる．

トキソプラズマが広義の（従来の）イソスポラに属するということが判明した 1970 年ころから，当然，日本でも犬や猫のコクシジウムに関する実態調査が実施されるようになった．時代，環境などによって数値は変わるであろうが，当時，東京都三多摩地区で行われた調査成績のうちから別個の機関（A，B）で行われた 2 つの例を紹介する（当時の分類）．

［調査例 A・猫］

I. felis	39／446	8.7%
I. rivolta	2／446	0.4%
I. bigemina（大型）	3／446	0.7%
（小型）	4／446	0.9%

［調査例 B・猫］

I. felis	34／289	11.8%
I. rivolta	16／289	5.5%
両者混合	13／289	4.5%

［調査例 B・犬］

I. canis	9／356	2.5%
I. ohioensis	13／356	3.7%
両者混合	8／356	2.2%

犬のイソスポラ
Cystoisospora canis（syn. *I. canis*）

Nemeséri（1959）により，犬由来の大型オーシストは，猫ではオーシストの新生がみられない点で *C. felis* から分けられ，犬固有の別種として独立記載された．

オーシストは *C. felis* よりもやや丸味を帯びている．多くは卵円形．一端はややとがる．無色．ミクロパイル，外部残体はいずれも認められない．内部残体はある（径 5.5 μm）（図 1.18）．

スポロゾイト形成時間は室温で 4 日．

寄生部位は小腸中～下部．第 1 代メロント（シゾント）は感染 6～7 日後，第 2 代メロントは 8～9 日後には完成している．メロゾイト数は第 1 代が 2～10 個，第 2 代は 16～100 個．

プレパテント・ピリオドはオーシスト摂取の場合には 9～11 日．ユニゾイトシスト摂取では 8 日．オーシスト排出期間は約 11 日間である（口絵⑩）．

感染・発症は 2～4 か月齢の幼犬に多い．濃厚感染では下痢．治療はトルトラズリル 9 mg/kg，単回．ただしユニゾイトシストの存在なども考慮して 2 週後に再投与も考える．臨床的には止瀉（ししゃ）剤の投与，あるいは補液，栄養補給などの適切な対症療法が有用である一方，再感染および環境汚染防止のための糞便の適正な処理が必要である．

C. ohioensis（syn. *I. ohioensis*）

犬を固有宿主とする中型のオーシストをもつコクシジウムを，Dubey（1975）は従来の *I. rivolta* とは別種のものとして *I. ohioensis* と命名記載した（当時の分類）．このシストイソスポラは，猫にオーシストを経口投与してもオーシストを新生・排出するには至らなかった．

オーシストは卵円形ないし長円形．ミクロパイルおよび外部残体は認められない．内部残体はある（口絵⑪）．

感染・症状は前者と同じ．濃厚感染による下痢．とくに幼犬では，ときに粘血を混じえる頑固な下痢があり，斃死に至る場合もある（口絵⑫）．

治療および予防などの対応策は *C. canis* と同じである．

猫のイソスポラ
Cystoisospora felis（syn. *I. felis*）

Wasielewski によって 1904 年，*Diplospora bigemina* と命名記載されたのがもっとも古い記録である．*Isospora rivoltae* あるいは *Isospora bigemina* とよばれていたこともあり，さらには *Isospora bigemina* var. *cati* という学名が与えられていた記録もある（当時の分類）．細部まで理解しておく必要はないが，分類の歴史を垣間見ることができる．

オーシストは卵円形でオーシスト壁は平滑，淡桃色を呈している．一端は *C. canis* のものに比べればややとがった感じを呈している．ミクロパイルは認められない（図 1.19 左）．

スポロゾイト形成時間は室温で 48 時間．25℃では 24 時間，28℃では 14 時間であるという．外部残体はない．内部残体は大型．

感染 2 ～ 4 日目に第 1 代メロントが，5 ～ 6 日目に第 2 代メロントが小腸で観察され，7 ～ 8 日目には有性世代がみられる．

プレパテント・ピリオドはオーシスト摂取の場合では 8 日，ユニゾイトシスト摂取の場合には 6 ～ 7 日．ユニゾイトシストはスポロゾイト様の虫体が 1 個ずつ薄い膜に包まれている．各種の実験小動物が待機宿主としての役割を果たしえることが知られている．オーシストの排出期間は 9 ～ 10 日間に及ぶ．

寄生部位は小腸．臨床症状は下痢．濃厚感染では衰弱に陥り，斃死に至る場合もある．

C. rivolta（syn. *I. rivolta*）

Grassi（1879）による *Coccidium rivolta* という記載がもっとも古い．

オーシストは卵形で，外部残体もミクロパイルも認められない．*C. canis* のオーシストの約半分の大きさ（図 1.19 右）．

スポロゾイト形成時間は 25℃で 24 時間．

寄生部位は小腸．メロゴニー（シゾゴニー）は 2 回くり返される．プレパテント・ピリオドはオーシスト摂取の場合では 6 ～ 7 日，ユニゾイトシスト摂取では 5 日．

症状はあまり強くないという．

トキソプラズマ
Toxoplasma gondii

日本におけるトキソプラズマに対する関心は，1955 年ころから高まり，人獣共通の原虫病として 1960 年から 1990 年ころに至る約 30 年間の関心は最大級のものであった．この間には，当初の“分類学的位置不明な原虫”と扱われていたトキソプラズマの発育環が解明され，分類学的位置が確定された．これに伴い，獣医寄生虫病学的にも多くの新知見が積み上げられた．獣医学的な関心は，もっぱら①産業動物とし

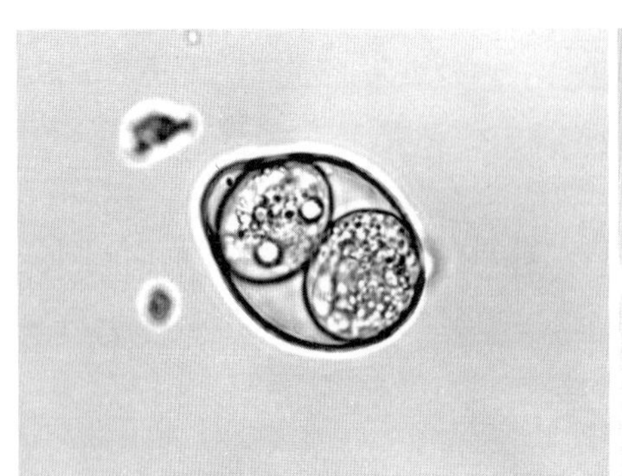
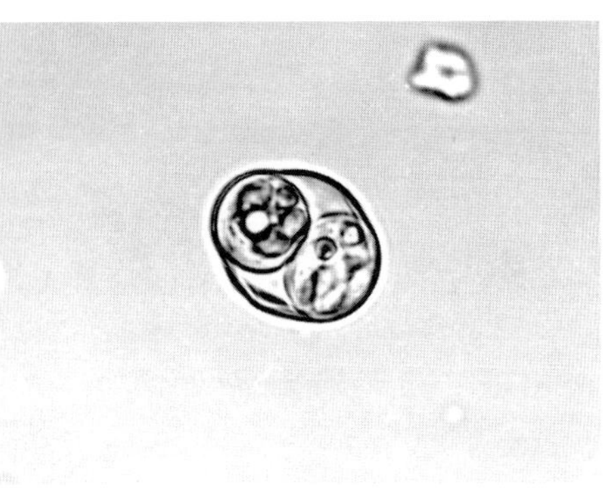

図 1.19　猫のコクシジウムオーシスト［志村原図］
左：*Cystoisospora felis*　右：*C. rivolta*

組織シスト形成コクシジア

― *Isospora bigemina*（当時の分類）について―

Isospora bigemina（Stiles, 1891）Lühe, 1906は，古くから犬・猫共通で，そのオーシストには大小2種（大型；19 × 15 μm，小型；12 × 8 μm）があるといわれていた．さらに，小型オーシストはスポロゾイト未形成のまま排出されるが，大型オーシストのなかにはすでにスポロゾイトの形成されているもの，または遊離したスポロシストとして排出されてくるものもある，などともいわれていた．

1970年，トキソプラズマは猫を終宿主とし，猫の糞便中には前述した*Isospora bigemina*の小型とよばれるオーシストとなって排出されることが明らかにされた．この発見を契機とし，*Isospora bigemina*およびその近縁原虫の再検討・見直しがはじめられた．ここでいう近縁原虫のなかには，発育環の一部のみが知られていた*Sarcocystis*や*Besnoitia*なども含まれていた．そして数多の研究が積み重ねられた結果，イソスポラ型のオーシストを形成するこれらの原虫は，①アイメリアと同様な単一宿主性（homoxenous）ではなく，むしろ複数宿主性（heteroxenous）のもののほうが多いこと，②中間宿主体内でシストを形成すること，などの共通の性質を有し，『組織シスト形成コクシジア（tissue-cyst forming coccidia）』として総括・整理されるようになってきた（表1.6）．

Frenkelia（終宿主；ノスリ，中間宿主；ノネズミ）を除けば，いずれも犬・猫に代表される食肉類を終宿主とするコクシジアであり，中間宿主はげっ歯類から草食～雑食性の哺乳類の多岐にわたっている．そして，トキソプラズマやサルコシスチスのように家畜が中間宿主に相当し，その病害が終宿主における場合よりもむしろ重視されている場合も少なくない．

表1.6　かつて*Isospora bigemina*として分類されていた各種コクシジウム

排出されるもの	終宿主	
	猫	犬
大型オーシスト	*Besnoitia besnoiti* *B. wallacei*	—
小型オーシスト	*Besnoitia darlingi* *Toxoplasma gondii* *Hammondia hammondi*	(*Neospora caninum*) *Hammondia heydorni* (*Cystoisospora heydorni*)
スポロシスト*	*Sarcocystis hirsuta* *S. porcifelis*	*Sarcocystis cruzi* *S. miescheriana*

* *Sarcocystis*は上段に牛を中間宿主とするもの，下段に豚を中間宿主とするものにとどめ，ほかは省略した．

ての豚，②小動物臨床の対象になる犬および猫などの防疫・治療問題と，③豚肉に対する食肉衛生上の諸問題に焦点が絞られていた．

現在，感染ルートが確定されたことによる予防・防疫にかかわる知識の普及・徹底により，豚トキソプラズマ症の発生および感染豚肉の摘発事例は激減している．また小動物臨床の場からの症例報告例も絶えて久しい．しかし，日本がトキソプラズマ・フリーであるとする確証はない．2014年，わが国の豚の調査でトキソプラズマ抗体陽性率が5.2％（8/155）であったという報告があることは留意しておく必要がある．

トキソプラズマ症の発生件数は激減しているとはいうものの，と場において感染・陽性と判定された場合には，と場法によって“全部廃棄”と定められている

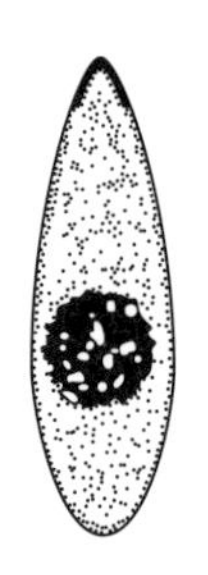
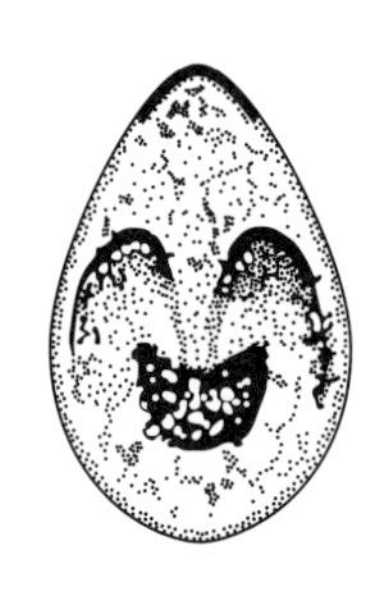
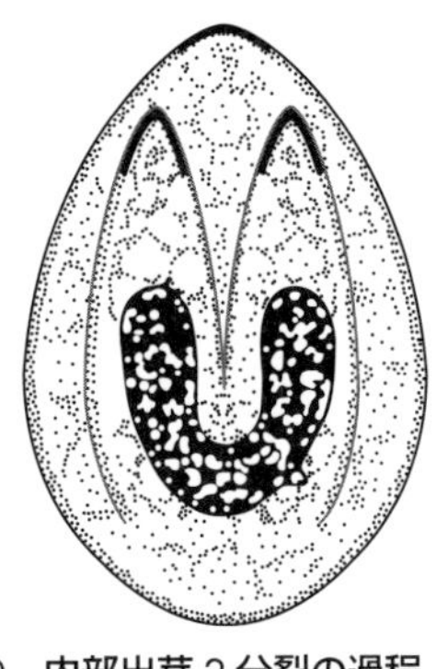
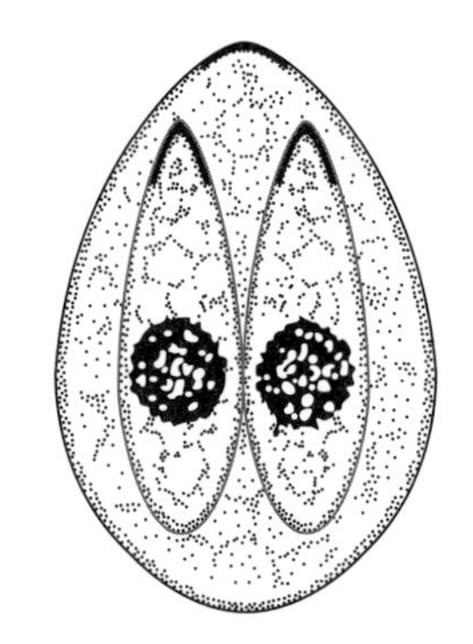

図 1.20　内部出芽 2 分裂の過程

事実を重視しておかなければならない．また無症状感染家畜は食肉を介した人への感染源となる可能性がある．

[形態と発育環]

終宿主である猫（正しくはネコ科動物）体内では，小腸粘膜上皮細胞内で前述したコクシジウム（例：鶏コクシジウム）と同様の発育環を営むので，消化管壁および消化管腔には各発育期の虫体が認められ，糞便中にはオーシストが排泄されるが，ヒトを含むさまざまな動物が中間宿主となり，その組織内にはタキゾイト（tachyzoite）およびシスト（cyst;組織シスト（tissue cyst）ともいう）が認められる．シスト中には多数のブラディゾイト（bradyzoite;シストゾイト（cystozoite）ともいう）とよばれる虫体が形成される．トキソプラズマ症（toxoplasmosis）は中間宿主体内でのタキゾイトの増殖によって起こる．タキゾイトはかつては栄養型（trophozoite），あるいは増殖型（vegetative form）とよばれていた．

タキゾイトとは，tachy-（急速な）と zoite（虫体）との造語で，“分裂増殖速度が速い虫体”という意味をもっている．これに対してシスト内に形成されるブラディゾイトは brady-（緩徐な）と zoite の造語で“分裂増殖速度が遅い虫体”という意味を表している．

タキゾイトは，多くは感染初期あるいは再発期の虫体の分裂・増殖のもっとも盛んな時期に，中間宿主の諸臓器，リンパ節，または，腹・胸水，脳脊髄液，さらに特定な時期には血中からも分離・検出される．大きさは 4 ～ 7 × 4 μm で，形状は三日月状，鎌状，バナナ状などと形容されている（口絵⑬）．Toxoplasma という語はギリシャ語で“弓”を意味する“toxon：*τοχον*”に由来している．虫体の一端はややとがり，他端は鈍．核は中央よりわずかに鈍端に近く，網状ないし泡状を呈している．ギムザ染色では赤染する．虫体内部，とくに核と先端部との間には青染する顆粒が認められる．

電子顕微鏡的微細構造については，本書原虫総論・アピコンプレックス類の apical complex に関する説明および図（p.35）を参照されたい．

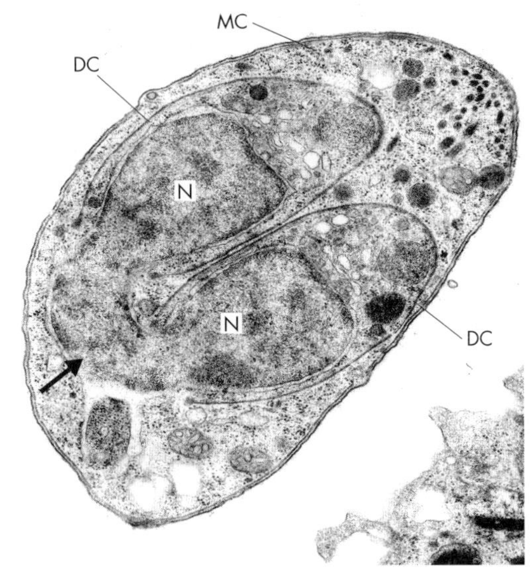

図 1.21　トキソプラズマのタキゾイトの内部出芽（電子顕微鏡写真）[遠藤原図]
母細胞（MC）のなかに 2 個体の娘細胞（DC）が形成されている．核（N）はまだ下部（矢印）でつながっている

宿主細胞に侵入する際は，まず先端，すなわち，コノイドのある部位で宿主細胞に付着し，錐（きり）もみ状に積極的に侵入する．一方，マクロファージなどに貪食される場合もある．

細胞内に侵入した虫体は，内部出芽（endogeny）とよばれる方式で分裂増殖する（図 1.20，1.21）．内部出芽には内部出芽 2 分裂（endodyogeny）と内部出芽多分裂（endopolygeny）とがある．このほかトキソプラズマの分裂増殖には単純な 2 分裂や多数分裂を思わせる像もみられている．

分裂・増殖をくり返して寄生細胞内に虫体が充満して，シスト様の形状を呈するものを“ターミナルコロニー（terminal colony）”とよぶことがある．ただしこれは見かけ上の形態であり，正規の発育ステージではない．虫体が充満すれば寄生細胞は破壊され，なかの虫体は遊離し，新たな細胞に侵入する（口絵⑭）．

通常，感染後2～3週間を経過し，宿主に免疫が成立するようになると，一部の虫体のみ生き残り，虫体由来の膜をもつシストを形成するに至る．心筋を含む筋組織，脳，眼底などがしばしばシストの形成される部位である．

シストは虫体の増殖に従って徐々に大きさを増し，直径50 μmを超えるものも認められるようになるが，通常は30～50 μmのものが多く検出される．脳組織の圧平標本では，直径10 μmを超えれば顕微鏡下で容易に検出されうる．シスト内には数十～数千のブラディゾイトが包蔵されている（口絵⑮）．

シスト壁が形成されると，虫体は宿主の防衛機構から保護され，免疫の作用を受けにくくなり，また，現在知られている薬剤の作用も受け付けなくなる．逆に，宿主も虫体の直接作用を被らなくなる．宿主はこのまま長期にわたって生残し，保虫宿主（reservoir）になる．たとえば，豚が発症し耐過すると，臨床的には回復するが，筋肉中にはシストが形成されている．そして組織反応は認められない．このような“肉眼的には正常”という豚肉が食肉衛生検査を経て市場へ出荷される可能性はありうることである．

シストは安定した状態で推移するが，まれに崩壊することがある．崩壊の機序は不明．宿主側からと，虫体側からとの両側からの要因があるであろう．局所的には再発のかたちをとるが，よほどのことがない限り全身症状を呈するまでには至らない．通常はシストから離脱した虫体の大部分は抗体の作用を受けて死滅してしまい，一部のもののみが再びシストを形成する．成人では眼科領域において脈絡網膜炎の沈静・再発のくり返しが知られている．

オーシストはほぼ類円形．11～14×10～12（12×10）μm．オーシスト壁は薄く，ほとんど無色．ミクロパイルおよび外部残体は認められない．内部残体は形成される（口絵⑯）．［類似オーシスト：*Hammondia hammondi*］

スポロゾイト形成時間は24～72時間．

有性生殖が行われる部位は，固有宿主（ネコ科動物）の小腸，とくに中～下部である．

オーシストの抵抗性は“鶏のコクシジウム”のオーシストと同等にかなり強い（p.40参照）．ちなみにタキゾイトおよびブラディゾイトは，ともに浸透圧の変化には弱い．常水でも容易に破壊される．

トキソプラズマの発育環

(1) 終宿主では*Eimeria*属と同様の消化管寄生性コクシジウムとしての発育が行われ，オーシストを排出する．オーシスト再生効率はシスト（ブラディゾイト）摂取の場合にはきわめて高いが，タキゾイトやオーシストを摂取した場合には必ずしも高くはなく，50％程度であることが知られている．

表1.7　各種感染源におけるプレパテント・ピリオドおよびオーシスト再生効率

	プレパテント・ピリオド（日）	オーシスト再生効率
シスト（ブラディゾイト）	3～5（5）	高　率
タキゾイト	9～11（10）	半　減
オーシスト（スポロゾイト）	21～24（20）	半　減

また，プレパテント・ピリオドは摂取した感染源の種類（虫体の発育期）によって異なっている（表1.7および発育環の模式図1.22参照）．

このプレパテント・ピリオドの違いについては，図1.22の模式図に示されているように，摂取された感染源によって終宿主の消化管壁で有性生殖（図の右辺）が行われるまでの経路が異なっていることが考えられる．もっとも長い日数を必要とするオーシスト摂取の場合に全ステップを経ているとすれば，タキゾイト摂取の場合は途中のステップ（この模式図では仮称x_2）から発育を開始し，ブラディゾイトの場合にはこのステップを経ないため，プレパテント・ピリオドがもっとも短くなることが予想される．

(2) 鳥類を含めた広い範囲の脊椎動物が中間宿主，あるいは中間宿主的な役割を果たしている．ここにヒトや家畜，伴侶動物も含まれる．また，猫自身も中間宿主となりうる．したがって猫の体内では，終宿主型と中間型の発育が同時に起こる．図1.23のネズミを種々の動物や鳥類に置き換えることによって実態を想定することができよう．しかも，これら中間宿主相互間でも，いろいろな経路による感染が成立する．図1.23にある2匹のネズミを別々の異種の動物に当てはめて考えればよい．

［トキソプラズマの感染経路］

(1) 先天性感染

胎盤感染：おもに妊娠中の感染による．実験的には妊娠動物に虫体を摂取させることによって胎盤感染は実証されるが，慢性感染動物に対する誘発実験は成立しにくい．

(2) 後天性感染

経口感染：①まず，オーシスト．これは当然猫の糞便に由来する．ただし，猫への感染はまれ．

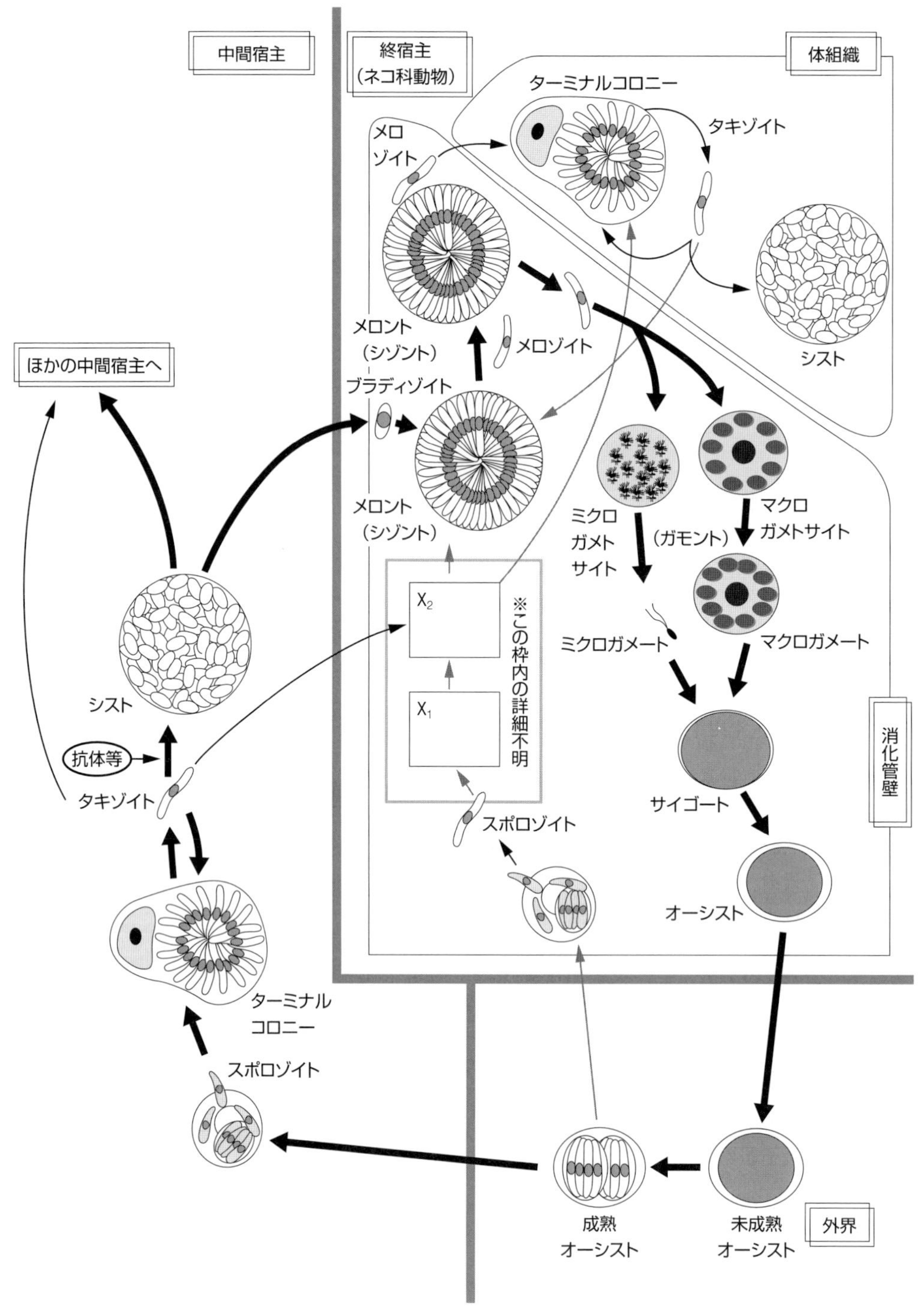

図 1.22　トキソプラズマの発育環

②次にブラディゾイトを含むシスト．おもに中間宿主の筋肉中に形成されているシストを摂食することによる．猫への感染はこれが主要ルート．ヒトでは豚肉からの感染が注目され，数多くの調査・研究がなされている．たとえば，トリヒナ感染者のトキソプラズマ陽性率は一般人よりも有意に高いという調査報告があるが，豚肉原因説をかなり有力に支持するものであろう．動物間では肉食，共食いによる．

③タキゾイトによる経口感染は通常では起こりにくい．タキゾイトを保有するものは急性感染期にある動物である．ゆえに，この経路による感染様式は野生動物間における肉食性に限られるものであろう．

経皮（真皮），創傷，粘膜感染：急性症状を呈している動物からのタキゾイトによる感染をいう．なお，

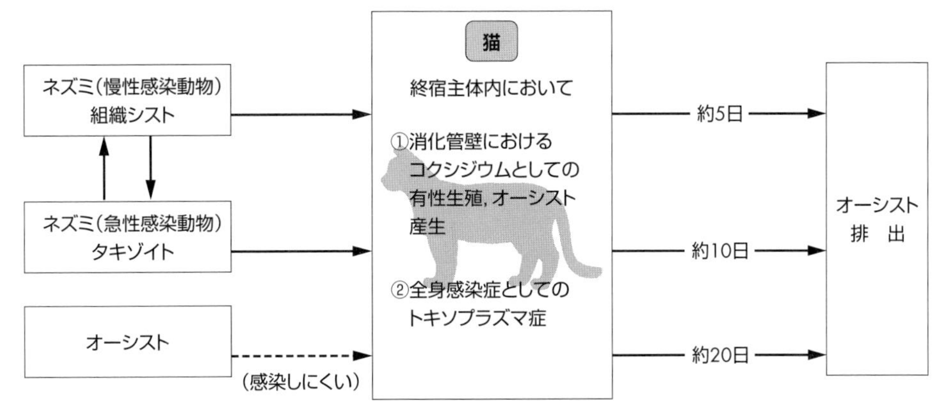

図 1.23　トキソプラズマの猫への感染経路

粘膜感染には経気道感染も含まれる．肉食獣では罹患動物の捕食の際の口腔粘膜からの感染が考えられる．ヒトでは，炎症性病変をもつ組織・臓器の剖検時，あるいはトキソプラズマによる流産の処理にあたっては，手指の創傷に十分注意しておかなければならない．手術用ゴム手袋着用が正しい．炎症浸出液の粘膜や創傷への飛散にも注意しておく必要がある．

[宿主の感受性]

実験動物としては，マウスとスナネズミの感受性が高い．これに対しウサギの感受性はやや低く，ラットの感受性はさらに低く，急性症状を呈して斃死するようなことはめったにない．耐過してシストを形成する．血中抗体価は高くなる．

家畜のなかで比較的感受性が高いものは豚で，発症する場合が多い．犬や猫ではごく幼齢であるか，または合併症のある場合には発症するが，成獣ではほとんど発症しない．オーストラリアではめん羊の集団流産例が知られている．流産は豚にもある．家畜のトキソプラズマ症は家畜の種類別に後述する．

ヒトのトキソプラズマに対する感受性は，実はけっして高いほうではない．しかし，妊娠中の感染には十分注意しておかなければならない．垂直感染による種々の障害が知られている．先天性トキソプラズマ症の四大症状としては発現頻度の順に，①脈絡網膜炎，②精神・運動障害，③脳内石灰化，④水頭症または小頭症があげられる．後天性トキソプラズマ症では，①頸部に好発するリンパ節炎，②脈絡網膜炎があげられる．

[トキソプラズマの検査法]

(1) 寄生虫学的検査法

タキゾイトまたはシストの検出・分離を目的として行われる．さらに，ネコ科動物においてはオーシストの検出が加わる．検査材料は炎性浸出液，脳脊髄液，病変をもつ臓器などであるが，臨床の場における生前診断としての現実的な意義の評価はまちまちであろう．すなわち，対象動物にもよるが，胸・腹水，あるいは脳脊髄液の採取にかかわる諸事情の難易性が問題になる．血液を検査材料として陽性結果を得た場合は，虫血症（parasitemia）の証明にはなるが，虫血症の出現期間はごく限られているため，実験感染例ではともかく，自然感染動物について実施することはけっして適当ではない．実際には，猫で胸水の遠心沈渣の塗抹標本の鏡検でタキゾイトが検出された例がある．

直接塗抹：液状検体は直接でもよいが，通常は検出効果を上げるために 1,500 ～ 2,000 rpm × 5 分間程度の軽い遠心を行い，沈渣を被検材料とする．臓器乳剤も検体になりうるが，臓器割面の押捺標本のほうが作成しやすい．以後の処理・検査方法は次のとおりである．

i．塗抹・染色法：普通はギムザ染色
ii．蛍光色素染色法：アクリジンオレンジ
iii．蛍光色素標識抗体法：と畜検査用に市販品がある．

虫体分離：検体を感受性の高い実験動物に接種して虫体を分離する方法である．通常はマウスが用いられる．前述した液状検体，多くの場合は，主要臓器を材料とし，常法により調製された乳剤が接種材料になる．マウスの腹腔内に 0.2 ～ 0.5 mL ずつ接種する．虫体陽性であれば，通常 10 日～ 2 週間でマウスは腹水を貯溜して死亡する．この腹水中にタキゾイトが分離される．もしマウスが耐過した場合には，5 週間後にマウスを解剖し，脳の圧平標本を作成して鏡検，シストを検索する．同時にマウスから採血して血清を分離し，血中抗体を検査する．シスト検査の結果と抗体検査の結果はきわめてよく一致する（図 1.24）．

マウスを使っての虫体分離はきわめて鋭敏・確実な方法ではあるが，判定までにかなりの日時を必要とすることが短所になっている．

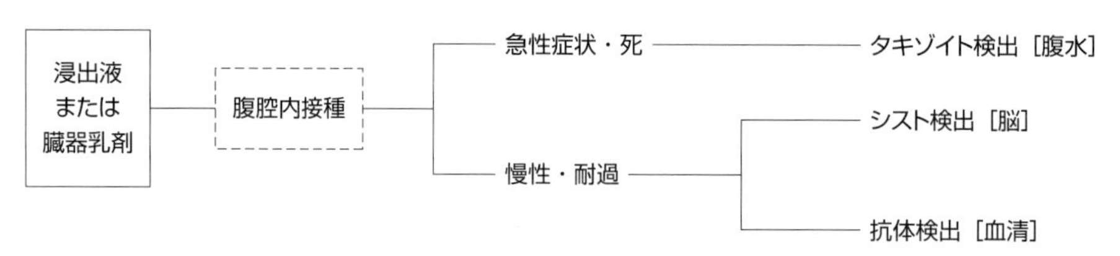

図 1.24　トキソプラズマ虫体の分離

(2) 免疫学的検査法

ほとんどすべての免疫学的検査法が試みられてきたので，一部のものを略述するにとどめる．

色素試験（dye test）：Sabin and Feldman（1948）によってトキソプラズマを対象に開発された独創的な検査法である．さらに，これを機に，古くは宿主動物ごとに別種として記録されていたトキソプラズマが，免疫学的に同一種であることが証明されたという歴史的な意義がある．生タキゾイトを用い，顕微鏡下で染・不染虫体を識別・算定しなければならないなど，操作がやや繁雑であるため，普及率はよくない．

この試験の原理は，トキソプラズマのタキゾイトが，アクセサリー・ファクター（AF）とよばれる補体様因子の存在下で抗トキソプラズマ血清（抗体）の作用を受けると，細胞膜に変化が生じ，虫体内容の一部が流出するために，アルカリ性メチレンブルーに染まらなくなるという現象を利用したものである．

ラテックス凝集反応：古くから血球凝集反応が行われてきたが，近年では赤血球の代わりにラテックス樹脂の粒子を用いるラテックス凝集反応が開発され，トキソプラズマの分野でも応用されるようになった．トキソプラズマ用ラテックス凝集反応検査キットが開発され，小動物臨床の場を含め，もっとも広く常用されていたが，現在わが国では販売されていない．

［補］抗体価の意義：抗体価は，感染 1 ～ 2 週間から上昇し，急性期を耐過して慢性期になれば下降する傾向を示し，以後は比較的低い値を長期間にわたって維持するのが通例である．したがって，比較的低い抗体価が示されている場合は耐過動物を意味し，感染に対する抵抗性を獲得している場合も少なくない．逆に高抗体価が示された場合，たとえば，血清希釈倍率で陽性限界値の 2 倍以上高いような場合（色素試験では 256 倍以上）は現症と結び付ける，すなわち現在の症状はトキソプラズマに由来するものと解釈してよい，と一般にいわれている．低抗体価が示された場合は適当な間隔，たとえば 1 ～ 2 週間をおいて再検査，さらに念のため，再再検査を実施することが望ましい．当初の低抗体価が維持されていれば安定した耐過状態にあることを意味し，抗体価が上昇するようであれば，病態が進行中であることを意味するわけである．この場合は“個体診断”が可能になる．

長い経験のある小動物臨床家で，自ら綿密な臨床的な観察・検査を行い，これを某研究所に依頼した経時的な色素試験による抗体価測定結果で裏付け，高度な診断眼を養成することに成功した例がある．残念ながら，客観的な記録は残されていないが，示唆に富む心得として付記しておく．

豚のトキソプラズマ症

日本で問題になり，家畜衛生，公衆衛生の両面から多大な注目を集めていた家畜のトキソプラズマ症は，第一には豚のものであり，ついでペットとしての犬のものであった．猫に焦点が集められるようになったのは前述したように 1970 年以降のことである．豚のトキソプラズマ感染は 1957 年，ほかの目的の試験中に偶然発見され，1958 年には病豚から虫体が確認され，関心が一挙に高揚した．そして，1960 年には全国的な CF 抗体調査が行われ，一方，斃死率が 40％に及ぶ仔豚の集団発生例やと場における病豚からの虫体分離例の報告などが相次いでなされた．1962 年にはと場で採取した無病巣筋肉の 3／61（4.9％）から虫体が分離され，1965 年には市販されている細切れ豚肉の 5／31（16.1％）から虫体分離がなされている．1972 年になり，と場法は「トキソプラズマが検出された場合は全部廃棄」と改正されるに至った．

［感染ルート］

主要なものは，オーシストの経口摂取によるものと考えられている．もっとも典型的な例としては，1973 年に静岡県の某養豚場で発生した重篤な集団発生例が有名である．これは，発症 1 週間前に 3 日間，飼料中に土壌を混合して給与した事実があり，この土壌からトキソプラズマのオーシストが検出され，マウスへの虫体の分離および試験豚での発症再現試験が行われ，実証されたものである（家畜衛生試験場；現動物衛生研究所）．同様の例はほかにもいくつか知られている．

ただし，オーシストの経口摂取以外のルートを否定するものではない．胎盤感染による流産は確認されている．一方，海外ではトリヒナと同様，飼料とした屑肉（残飯）由来の感染を想定した疫学的調査がなされた時代もあった．

[発生状況]

従来から“豚のトキソプラズマ症の発生は散発的である”ことはよく知られていた．この事実は，感染源はオーシストであり，飼料倉庫などを含む飼育環境への猫糞便による汚染を考えれば，容易に納得できる．前述したように積極的な土壌混合飼料を一斉給与した特殊な場合を別にすれば，発症豚は散発的に発生するであろう．しかも，オーシストによって汚染された豚舎の清浄化はなかなか期待できない（鶏舎消毒（p.40）参照）．したがって一度汚染された豚舎では散発的ながらも長期にわたって発生がみられる場合が多い．しかし現在では，オーシストにかかわる衛生知識は，養豚地帯においてはかなり普及・徹底しているようである．

[症　状]

トキソプラズマ症の症状は，宿主側の要因としては種類（品種），年（週）齢，体調・体力，免疫性，合併症の有無などがあり，これらに感染量や感染ルートの問題が組み合わさってくるので，本来は複雑なものであることが通則である．さらに，原虫株によっても病原性は異なってくる．

しかも，トキソプラズマは動物種を問わず特定の臓器，特定の細胞に対して特別な親和性を示すことなくどこへでも等しく侵入し，増殖するのが通例である．ゆえに“特異的な症状はない”ということになる．全身感染症としてとらえるべきものであろう．

豚のトキソプラズマ症に特有な症状はないとはいうものの，過去の記載にみられる症状を，一応次に列挙する．一般に，幼齢豚の症状は強く現れ，しばしば斃死に至る場合がある．

(1) 発熱は40～42℃，数日間．タキゾイトまたはシストの実験的経口投与によれば，3～4日後ころから40℃を超える発熱があり，少なくとも2～3日間，ときに1週間を超えた場合もある．以後，実験豚ではそのまま降下することが多い．解熱するころから虫血症が2～3日間みられる．オーシスト感染によれば潜伏期はおよそ1週間に及ぶようである．

(2) 呼吸は腹式になることが多く，咳もある．腹式呼吸は病勢の進行に伴い激しくなり，末期には呼吸困難に陥る．一方，マイコプラズマ肺炎（SEP），萎縮性鼻炎（AR），豚肺虫症などの合併症があれば呼吸器症状はさらに激しくなる．なお，発熱期には鼻汁が鼻端で乾燥したまま付着していることが多い．同様に褐色の目脂（めやに）の付着を特徴的であるという人もいる．

(3) 食欲はほとんど減退ないし廃絶する．中豚以上では便秘が多い．仔豚では下痢がある．このときの体温は平熱か，それ以下のことが多い．

(4) 体表，とくに耳翼，下腹部，四肢の内側などにうっ血性の紅斑あるいは紫斑が現れる（豚コレラ，豚丹毒に注意）．

(5) 発症豚のほぼ半数には体表リンパ節の腫脹がある．この症状はかなり特徴的で注意すべきものかもしれない．

(6) 神経症状は2～3か月齢の仔豚で認められることが多い．痙攣を起こせば多くは回復不能．

(7) 発症するものは3～4か月齢のものが多い．

[臨床診断]

上記の臨床症状から個体診断を下すことはもちろん困難，むしろ不可能であろう．発生状況，施設，環境，同居豚の状態，その他の疫学的な条件を総合して慎重に判断しなければならない．次に，個体診断にも通じる類症鑑別の基本例を参考として記す．

[参考] 豚コレラ，豚丹毒などとの類症鑑別

(1) 発生状況（トキソプラズマ症は散発的）

(2) ワクチン接種の有無（トキソプラズマのワクチンは国内にはない）

(3) 治療的診断（薬剤の感受性－薬剤使用による症状の緩和）（表1.8）

[病性鑑定・集団診断]

発生している疾病が伝染性感染症である場合，豚は個体診療の対象にならないのが常である．斃死または瀕死状態にある豚を被検体として病性鑑定が行われる．

[病理解剖所見]

詳細は病理学の成書を参照のこと．ここでは概略のみを記す．①体表各所，とくに臨床症状（4）に記した赤・紫斑発生箇所におけるうっ血，出血の存在，②肺は膨隆し漿液に富む．ほとんど無気肺状態にあり，白色壊死巣が散在する．ときに胸水の貯溜もみられる．

表1.8　トキソプラズマ症，豚丹毒，豚コレラの鑑別

	抗生物質	サルファ剤
トキソプラズマ症	無　効*	有　効**
豚丹毒	有　効	無　効
豚コレラ	無　効	無　効

* 通常の臨床に用いられているものをいう．マクロライド系（スピラマイシン）を除く．これは使用期間（4週）と経済性に問題があり，常用は不可能．

** サルファ剤のほか，SDDS（スルファモイルダプソン）が急性期には有効．ただし，いずれもシストには無効．

[注意] 薬剤適用にあたっては，“食用に供するために屠殺する前に使用禁止期間があること”を十分に心得ておかなくてはならない．
たとえば，ペニシリン14日間，サルファ剤7または14日間，SDDS（治療注射）30日間．

③肺門，胃門，肝門，脾門，腸間膜などのリンパ節は出血・壊死点を伴い腫大硬結．かつて某と場の検査室から，これらリンパ節の病変を指標として高率に虫体保有豚を摘発した事例が報告された．④肝臓は混濁腫脹硬化，壊死巣，出血点が散在．⑤腎臓表面・割面に出血点，ときに多数．⑥オーシスト感染の場合，空・結腸粘膜に出血，肥厚があるという．

[予　防]

発育環が明らかになり，さらに猫由来のオーシストに起因する集団発生が知られて以来，養豚業界では，豚舎周辺の環境に対する配慮がいきとどいてきた傾向がある．

他方，スルファモイルダプソン（SDDS）を実量として 2.5 ～ 5.0 mg/kg/日になるように少量の飼料に混合して経口投与する方法がある．この場合は 1 週間を超える連続投与を避けること，また食用に供する目的で出荷する前の 5 日間の投与禁止が条件になっている．

汚染豚舎の消毒は鶏舎のオーシスト消毒法に準ずることになるが，閉鎖的でオールイン・オールアウトを常態とする鶏舎における方法が，そのまま比較的解放的なうえに，完全なオールアウトが実行しにくい豚舎に適用しうるかどうか疑問は残る．

[治　療]

上記の SDDS が治療剤として用いられるほかに，抗原虫効果を期待してサルファ剤，ピリメタミンが，それぞれ単独，あるいは合剤として用いられる．用法・用量の具体的な数字は総論「5.2 駆虫剤」に記述した．問題は，ここにあげたどの薬剤も急性期のタキゾイトには有効であるが，慢性期になってシストが形成されている場合は，シスト壁に阻まれて薬剤が虫体に作用しなくなることである．なお，サルファ剤は［要指示薬］であることに注意．

具体的には，スルファモノメトキシン 60 mg/kg，あるいは SDDS 10 mg/kg の筋肉内注射の感染初期 7 日間連用は，豚の実験的トキソプラズマ症に有効である．いずれもタキゾイトには作用するが，慢性期のシストには作用しない．

ピリメタミンも使われるが，催奇性が危ぶまれ，また副作用としての催貧血作用があるので単独での連用はよくない．通常はサルファ剤との合剤として用いられる．混合比は S：P ＝ 100：5 ～ 3．

スピラマイシンは副作用の心配がなく，妊婦へも適用される．人体へは 1 日量約 2 g で 4 週間連用．この連用期間を含め，家畜では経済性が成立しない．

犬・猫のトキソプラズマ症

犬からトキソプラズマが検出された歴史は古く，1910 年イタリアのミラノで発見されている．日本では，1951 年に北海道で犬から，1955 年には東京で犬および猫から，さらに 1958 年には小児と同家の飼い犬から，ほとんど同時期の発生例として報告されている（ちなみに，上記例の犬はすべてジステンパーにも罹患していた）．これらトキソプラズマ症の発生報告は，この原虫病を身近な人獣共通の問題として強く認識させる動機になった．古来，犬は人間にもっとも密着したペットとしての位置を占めているため，以上に述べた事実は，ヒトのトキソプラズマ症の感染源を身近にある犬に求めるという，現在の知見からいえばむしろ誤解といえる衛生知識の流布を招くこととなった．とくに飼い主側に妊婦がいる場合，深刻な問題になっていた．普通の条件下であれば，犬はヒトのトキソプラズマ症の直接の感染源にはならない．往年の実態調査成績によれば，犬の抗体保有率は 10 ～ 30％であったが，近年の複数の調査では 0 ～ 7％の範囲に収まる傾向にある．

[感染経路]

犬の場合は前掲の豚の場合と同様と考えてよい．ただし，その生活環境の相違，習性などを考慮する必要がある．食習慣も関係するであろう．まず，多くはオーシストの経口摂取によると思われる．

猫の場合も同様であろうが，シスト（ブラディゾイト）を摂取した場合のほうがオーシスト再生の効率がよいことが実証されている．中間宿主，たとえばネズミを捕る頻度，習性の違いがこのルートの重要度を決定する．当然，かなり野性的な習性と環境が想定される場合に限られる．

[犬における症状]

(1) 幼犬でなければなかなか発症しない．実験的に成犬に発症させるには特殊なルート，たとえば脳内接種，あるいは他の合併症がある場合などが必要である．

(2) 飼い犬 386 頭の色素試験抗体価を調べた結果，①全体の陽性率は約 30％，②内科的な病歴のない犬の陽性率は約 20％，③内科的な病歴をもつ犬の陽性率は約 40％，そして④病歴のうちでは消化器系疾患を経験した犬の陽性率がもっとも高く，呼吸器系疾患を経験した犬の陽性率がこれに次いでいた，という知見が得られている．

(3) 今まで犬で症状があり，死後トキソプラズマが分離された例は，前述したようにジステンパーと合併していた場合がほとんどである．

[猫における症状]

犬で特定の症状を指摘できなかったように，猫でも特徴的な症状を指摘することは困難である．

猫はトキソプラズマの終宿主である．日本の猫の抗体陽性率は数～数十％である．

猫体内におけるトキソプラズマの発育・増殖の仕方には2通りの方式がある（図1.22参照）．ひとつは中間宿主としての役割を果たしている場合，もうひとつは終宿主としての特有の発育環で“コクシジウム型感染・消化管型感染”とよばれる発育である．この場合，オーシストの排出中に血清抗体が検出されないことがしばしばあり，非常に問題になる．図1.23にプレパテント・ピリオドの数値を記入してあるが，これらの数値から明らかなように，たとえばシストを摂取した場合は，抗体が産生される以前にオーシストの排出がはじまってしまう．タキゾイトを摂取した場合でも初期の抗体価はけっして高くはないであろう．

“ヒトへの感染源として危険な猫”とは何であろうか，“猫の抗体価の意義は何であろうか”，ということを十分に理解しておく必要がある．綿密なオーシスト検査の徹底によってのみ，真の感染源の摘発が可能になる．

猫における臨床症状を列挙しておく．

(1) 40℃以上の発熱（抗生物質に反応しない）．全葉性肺炎による呼吸困難，貧血，軽～中等度の白血球数の減少．ビリルビン尿．

(2) 腸間膜リンパ節の腫脹がある．つまり，腸管に病変があり，消化器系の症状が出る⇨稽留熱（けいりゅうねつ）を伴う胃腸炎．

(3) 虹彩炎，網膜炎．

結局，臨床的には原因不明の抗生物質に反応しない発熱と頑固な下痢に注目されるようである．なお，腹水や胸水の貯溜のあった例が知られている．

めん羊のトキソプラズマ症

めん羊の流・死産が牧羊国では問題になっていた．これに関して多くの調査成績があり，いずれもめん羊の陽性率は比較的高く示され，欧米ではだいたい10～60％であった．

[追加] 他の動物（家禽を含む）についてはあまり明らかでない．

ネオスポラ
Neospora caninum

Neospora caninum は1988年に，アピコンプレックス門に属する新属・新種の原虫として記載されたものである．宿主域は広く，犬，牛，めん羊，馬などに感染がみられている．新記載がなされるまでは，形態的にトキソプラズマと混同され，誤認されていたが，両者は電顕的微細構造および免疫学的性状によって判別される．日本では近年，牛の流産，異常産の病原体として注目を浴び，多くの症例報告がみられるようになってきている（口絵⑰）．

[形態と発育環]

ネオスポラの発育環は不明な点が多いが，終宿主体内および中間宿主体内でのステージはトキソプラズマのそれに類似すると考えられている．

確認されている終宿主は犬，コヨーテ，灰色オオカミ，ディンゴのイヌ科動物である．中間宿主は終宿主であるイヌ科動物を含む哺乳動物である．これまでにヒトへの感染は認められていない．

現在までに知られている虫体の発育期には，タキゾイトおよびその集合体，ならびにシストおよびこれに内蔵されているブラディゾイトがある．1998年には犬からのオーシスト排泄が報告されている．いずれもトキソプラズマで該当する各ステージに類似している（口絵⑱）．

タキゾイト：タキゾイトは上皮細胞，髄液中の単核細胞，神経細胞内に，あるいは血管内および周囲に，さらに全身各所の細胞内にみられる．形状は卵円形，球状，半月状などを呈する．大きさは4.8～5.3×1.8～2.3（5×2）μmである．単独または対，ときには4個以上の緩やかに配列する集合体として，または宿主細胞内に分散して観察される．細胞寄生性であるトキソプラズマのタキゾイトと同様，内部出芽2分裂（endodyogeny）によって増殖する．

タキゾイト集合体（ターミナルコロニー；terminal colony）：脳，脊髄などにターミナルコロニーがみられる．犬の脳から発見された集合体の一例として，20～25×18～24μmの大きさを有し，2～3μmの厚さの壁で覆われたものの記載がある．また，犬の脊髄から検出されたものは，大きさ18～30×12～20μmであった．いずれも虫体の集合状態は概してまばらである．

シスト：タキゾイト集合体に加えて，大型のシストが出現する．大きさにはかなりの変異幅があり，55～107×25～77μmという数値が記載されている．シスト壁は2～3μmの厚みを有し，このような厚いシスト壁がトキソプラズマのシストとのもっとも簡便な識別点になっている．シスト壁は好酸性，無定型で，厚さは4μm以上のものもあるという記録がある．シストの形成は脳・脊髄に限られている．

なお，プレドニゾロン投与マウスでは，感染21日以降に脳からのみ16～34×13～29μm大のシストが検出されている．これらシスト壁の厚さは 1.5 ～ 3.0 μm であった．

ブラディゾイト：シストに内蔵されているブラディゾイトは，タキゾイトよりも細長く，3.0 ～ 4.3 × 0.9 ～ 1.3 μm の大きさで，シスト内に密に包蔵されている．ブラディゾイトは PAS 陽性顆粒をタキゾイトよりも豊富にもっている．

オーシスト：McAllister ら（1998）により，感染マウスの組織内シストを投与した犬からオーシストが排出されたという実験成績を根拠に，犬が *Neospora caninum* の終宿主である，と報告された．Lindsay らによれば，オーシストは卵円形で大きさは 11.7 × 11.3 μm，ミクロパイル，外部残体はない．スポロシストは 8.4 × 61 μm で，スティーダ・ボディをもたない．これらの性状は犬の *Hammondia heydorni* あるいは猫のトキソプラズマのオーシストときわめて類似している．

［感染経路］

感染経路として，トキソプラズマと同様，終宿主である犬が排泄するオーシストを終宿主あるいは中間宿主が摂取する経路，ならびに中間宿主（犬を含む）体内に形成されたシストあるいはタキゾイトを摂取する経路があると考えられる．また，胎盤感染が普通に起こり，牛や犬では重篤な症状が起こることが知られている．

［病原性・症状・病理学的所見］

ネオスポラの感染によって重篤な症状を呈する代表的なものは，牛と犬である．

牛のネオスポラ症

(1) 世界的に，牛のネオスポラ感染を原因とする死産・流産の報告が多数なされている．これら流産胎仔の病理学的所見としては，全例に非化膿性脳炎があり，以下，出現頻度順に非化膿性の心筋炎，副腎炎，筋炎，腎炎，肝炎，腹膜炎，胎盤炎，肺炎などがあげられている．とくに脳，横紋筋，肝臓の炎症が激しい．タキゾイトまたはターミナルコロニーは，脳炎あるいは心筋炎を有する個体のおもに脳実質および血管内皮から，一部のものは他の諸組織の血管内皮から検出されている．脳でみられるシストは明瞭なシスト壁を有する．

(2) 国内外で，生後 3 日の新生仔牛で脊髄炎に起因する起立不能に陥った例，あるいは生後 3 週齢，および 4 週齢の仔牛で非化膿性脳脊髄炎による後軀麻痺を突発した例など，生後の中枢神経系の障害をうかがわせる例が少なからず知られている．いずれも予後不良と診断され，鑑定殺に付され，タキゾイトおよびシストが検出されている．これらのうち，とくに正常分娩で出産され，生後 3 週間以上を経て突然発症した例では，組織学的に出生後の感染が疑われるとしている点が注目される．

犬のネオスポラ症

妊娠 35 日の犬にタキゾイトを皮下および筋肉内に接種した実験がある．接種 28 日に 8 匹の仔犬を分娩したが，死産 1 匹，2 日後の死亡 1 匹，予後不良のため安楽死させたもの 3 匹で，いずれからも虫体が証明され，正常産 3 匹のうち 2 匹の抗体価は陽性であった．母犬はほぼ正常に経過したが，接種により抗体価は顕著に陽転した．すなわち，胎盤感染は確実に起こり，死産を含め，新生仔の死亡率はきわめて高いことが示されている．

正常出産後に後肢麻痺を突発した新生仔犬ネオスポラ症の主要病態としては，多発性神経根炎（ギラン・バレー症候群），肉芽腫性多発性筋炎，あるいは単に脳脊髄炎とよばれるものがあげられている．そして，脳・脊髄から虫体が検出されている．また，眼球（網膜，脈絡膜），眼輪筋などに病巣を有し，虫体が証明された例もある．

出生から発症までの期間はまちまちである．死産または数日以内に死亡するもの，1 ～ 2 週間後に後肢麻痺，諸種の神経症状，下痢，肺炎などを発するものもあり，なかには後肢麻痺を呈した後，同腹仔全例が 6 か月以内に死亡した例もある．長期にわたれば虚弱，発育不全などもみられることになる．しかし，典型的な臨床症状は，生後約 1 か月で後肢に異常を呈することで始めとして，比較的短期間に後肢麻痺から後肢の過伸展へと進行性に発展するものである．

［診　断］

牛では流産，犬では脳脊髄炎，多発性神経根炎，多発性筋炎，上向性麻痺などが特徴的であるが，臨床症状からのみでは特定できない．

免疫学的には間接蛍光抗体法に供するための『ネオスポラ抗原検出用スライド』が市販されている．

［治　療］

サルファ剤，抗コクシジウム剤として知られているイオノフォア（モネンシン，サリノマイシン，ラサロシドなど），マクロライド系抗生物質（エリスロマイシンなど），テトラサイクリン系抗生物質（ドキシサイクリン，ミノサイクリン），リンコサマイド系抗生物質（クリンダマイシン，リンコマイシン），トリアジントリオン誘導体（トルトラズリル，ポナズリル）などが供試された．いずれも効果はかなり認められているが，完全な防圧効果は保証されないようである．

サルコシスチス
Sarcocystis

Sarcocystis とは，字にみるとおり，筋肉中にみられるシストといった意味である．かつては住肉胞子虫ともよばれていた．シストの大きさはまちまちであるが，横紋筋の筋繊維の方向に沿って細長い紡錘形を呈し，大型のものでは 5 mm 以上にも達するものがあり，このようなものは当然肉眼でも容易に認めることができる（口絵⑲）．古くは “Miescher 管” とよばれ，なかの虫体は “胞子（spore）” あるいは “レイニー小体（Rainey's corpuscle）” とよばれていた．現在では，前者全体を “サルコシスト（sarcocyst）” というようになっている．なかの虫体は “ブラディゾイト（bradyzoite）” であると理解されている（口絵⑳）．ブラディゾイトはバナナ状を呈し，大きさは 10 〜 12 × 4 〜 9 μm であるが，もちろん，種類によって差異がある．これら内部に生成された小虫体は共通して *Eimeria* 属原虫のメロゾイトと構造的にきわめてよく類似している（図 1.25，1.26）．

現在の分類概念によれば，*Cystoisospora*，*Toxoplasma*，*Neospora*，*Hammondia*，*Besnoitia*，*Sarcocystis*，*Frenkelia* の 7 属を “組織シスト形成コクシジア（tissue-cyst forming coccidia）” という 1 つのグループ・群としてまとめてとらえる傾向にある（表 1.1 参照）．

種類は多いが，すべて終宿主はヒトを含む霊長類および肉食動物，中間宿主は広範な草食性ないしは雑食性の動物で，ウサギ類やげっ歯類なども含まれている．

［発育環］

発育環の一般概念を模式的に図 1.27 に示した．

(1) 終宿主体内では，消化管壁でコクシジウムとしての増殖・発育を行ってオーシストを形成するが，このままでは排出されない．宿主消化管の粘膜固有層内でスポロゾイトを形成し，さらにオーシスト壁が崩壊脱落し，内に 4 個ずつのスポロゾイトを包蔵する成熟スポロシストとして宿主体外に排出される．ただし，まれにスポロゾイト形成オーシストが排出されることもある．

(2) スポロシストが中間宿主に経口的に摂取されると，消化管内でスポロゾイトが遊離し，*S. cruzi* ではとくに腎臓，脳など（種類によっては肝臓ほか）に到達，侵入する．

(3) 侵入した臓器の血管内皮でメロゴニー（シゾゴニー）を行い，メロント（シゾント）を形成し，多数のメロゾイトが産出される．

(4) メロゾイトは同一宿主の横紋筋に達してサルコシストを形成する．内部には多数のブラディゾイトが充満している．ブラディゾイトはバナナ状の形態を有するが，サルコシスト内側周縁部にはメトロサイト（metrocyte）とよばれる丸みを帯びた虫体が並んでいる．

メトロサイトは内部出芽 2 分裂をくり返して多数のブラディゾイトを形成する．したがって，完熟したサルコシスト内はブラディゾイトのみになる．このブラディゾイトに感染性があり，メトロサイトには感染性がない．

サルコシスト内は多くの種類では隔壁を有し，いくつかの区画に分けられている．またシスト壁の構造は

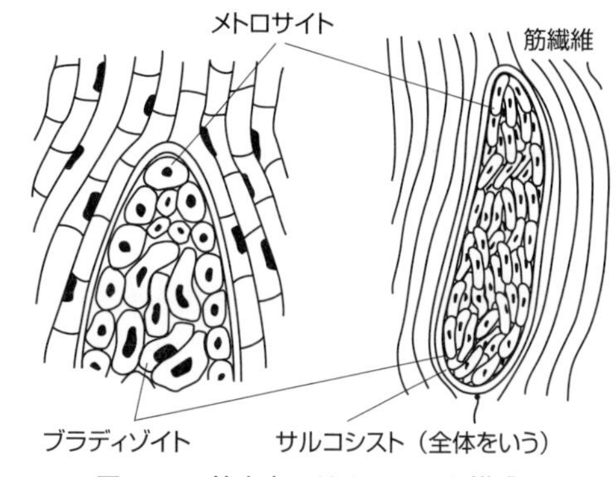

図 1.25　筋肉中のサルコシスト模式図

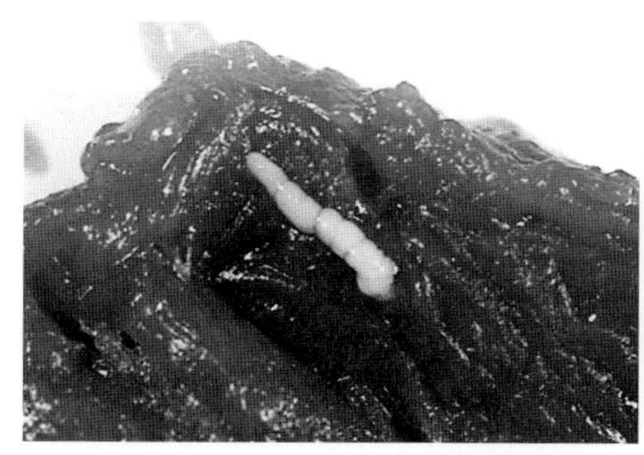
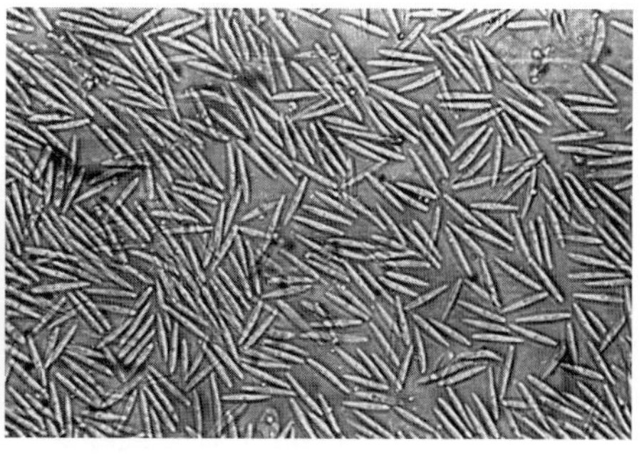
図 1.26　サルコシスト
左：筋肉中に認められるサルコシスト
右：サルコシスト内から回収された多数のブラディゾイト

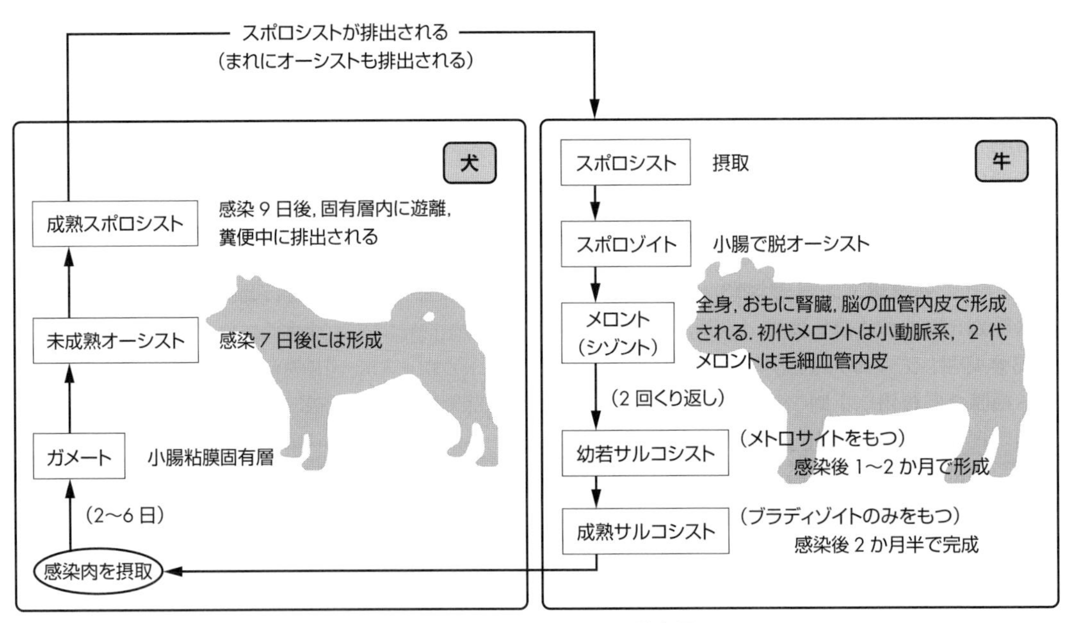

図 1.27　*Sarcocystis cruzi* の発育環

種類により，薄く平滑なものから厚く放射状構造を有するものまでいろいろある．

(5) 中間宿主の筋肉を，つまりサルコシストを終宿主が食べると，消化管内でブラディゾイトが遊離し，腸壁に侵入し，メロゴニーなどの無性的な増殖を行うことなくただちに有性生殖を行い，オーシストを産出する．*Sarcocystis* 属の発育環に中間宿主は必須である (obligatorily heteroxenous)．

[病原性]

中間宿主における *Sarcocystis* 属の病原性については明確な認識に乏しく，むしろほとんどないものと考えられていた．しかし，近年では少なくとも一部のもので，中間宿主に対して強い病原性を示すものがあることが明らかになり，とくに牛における病原性が問題になってきた．牛では 3 種類の *Sarcocystis* が知られているが，そのなかでも *S. cruzi* の病原性はもっとも強く，しばしば発病するものがあり，斃死するものもあるといわれ，日本でも注目されている．

多数寄生の場合には筋繊維の破壊，点状出血，筋炎，リンパ節腫脹，水腫，貧血などがあるという．仔牛およびめん羊で，実験的には大量感染による斃死が観察されている．また 1961 年，カナダのダルメニーの一牧場で牛の集団発症があり Dalmeny disease として報告されている．

Dalmeny disease

1961 年，カナダのオンタリオ州・ダルメニーでホルスタイン牛群に発生した急性サルコシスチス症をいう．1 棟の牛舎に飼育されていた雌牛 20 頭，未経産牛 3 頭，去勢牛 2 頭，雄牛 1 頭，仔牛 10 頭，計 36 頭中 25 頭が発症した重篤な疾病であった．おもな臨床所見は間欠熱，泌乳量の減少，急激な衰弱および呼吸困難であった．さらに 1 頭に下痢，13 頭には出血性腟炎，9 頭には過度の流涎が認められた．妊娠牛 17 頭中 10 頭は流産した．流産した牛は妊娠後期の 3 か月以内に入ったものであり，生残しえた母牛は 1 頭のみであった．

8 週を越えて慢性期に移行した牛は，削痩，可視粘膜蒼白，下顎浮腫，尾端脱落などが特徴的であった．結局，発症牛 25 頭中 8 頭のみは回復したが，残りの 17 頭は斃死した．そのうちの 16 頭を剖検したところ，諸臓器，とくに心筋に斑状出血が認められた．組織学的に検査したほとんどすべての臓器の血管内皮細胞にはメロントが検出された（後日，以上の所見は実験的に再現・実証された）．

[追記] その後，カナダ，アメリカなどから報告された症例にあげられているおもな臨床および剖検所見を追記しておく．黄疸，肺炎，髄膜炎，リンパ節腫脹（触知可能），大球性低色素性貧血，瀰漫(びまん)性退行性筋炎，リンパ様細胞の過形成．

間接赤血球凝集反応：発症牛 4,000 〜 39,000，非発症牛 486 以下．

[種　類]

家畜を中間宿主とする *Sarcocystis* の一部を表 1.9 に示す．

往時はシスト (sarcocyst) のみが知られており，宿主（実は中間宿主）ごとに

Sarcocystis fusiformis　　牛

S. tenella	めん羊
S. miescheriana	豚
S. bertrami	馬
S. muris	ラット，マウス

などのように命名・記載されていた．これらは当然，中間宿主を終宿主と誤認していたことによる命名であって，後日，たとえば *S. fusiformis* のシスト保有牛肉を犬に与え，また猫に与えるという実験をくり返した結果，終宿主特異性の異なる別種のものを混同していたことがわかってきた．そして，犬を終宿主とするものは *S. cruzi*，猫を終宿主にするものは *S. hirsuta* と分けられるに至ったわけである．このようなことはほかのものについてもいえることである．さらに，中間宿主と終宿主とを組み合わせた命名法の提唱があり，一部には利用されている．表 1.9 には *S. ovicanis* と *S. porcifelis* が載せられている．同じ論法でいけば，*S. bertrami* は *S. equicanis* となり，*S. cruzi* は *S. bovicanis* ということになるが，命名法上それらはシノニムとなる．

なお，一般に中間宿主における *Sarcocystis* 属原虫の侵淫度は予想外に大きなものと考えられている．

[診断・治療]

終宿主の診断はスポロシストの検出ということになるが，かなり困難であろう．しかし古くから犬でスポロシストの排出は記録されている．治療法は不明．

牛のサルコシスチス

最近まで，牛に寄生するサルコシスチスとしては，水牛から分離された *Sarcocystis fusiformis* が，牛と水牛に共通する唯一種として認められていた．しかし前述したような経緯を経て，現在では *S. cruzi*（syn. *S. bovicanis*），*S. hirsuta*（syn. *S. bovifelis*），*S. hominis*（syn. *S. bovihominis*）の 3 種類に整理されている（表 1.10）．日本では，これらのうち *S. cruzi* の存在とその病原性が確認されている．この状況は世界的にもほとんど共通で，*S. cruzi* が最重要種であるといわれている．

日本における牛のサルコシスチスに関する調査によれば，ほとんどが 60％以上の感染率を示している．4 ～ 5 歳以上であれば，ほぼ 100％になるという．分離・検出されたものはほとんど *S. cruzi* であるが，*S. hominis* が最近追加された．

Sarcocystis cruzi

牛における病原性はもっとも強い．終宿主は犬，オオカミ，コヨーテ，アライグマ，キツネ，タヌキなどイヌ科動物である．牛が中間宿主になっている．

発育環の概要を図 1.27 に示した．

スポロシスト（図 1.28）が牛に摂取されると，早ければ約 1 か月で，骨格筋・心筋にメトロサイト（metrocyte）をもつ幼若シストが形成されるが，普通

表 1.9　家畜を中間宿主とするサルコシスチス

中間宿主	終宿主		
	犬	猫	ヒト
牛	*S. cruzi*	*S. hirsuta*	*S. hominis*
羊	*S. ovicanis*	*S. tenella*	—
豚	*S. miescheriana*	*S. porcifelis*	*S. suihominis*
馬	*S. bertrami* *S. fayeri*	—	—

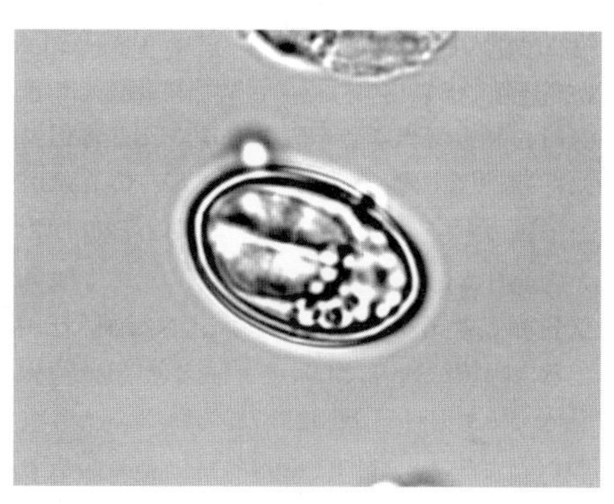

図 1.28　*Sarcocystis cruzi* のスポロシスト［志村原図］

表 1.10　牛・豚にみられるサルコシストの主要形態比較

宿主		種類	大きさ	シスト壁		シスト内部隔壁	中間宿主に対する病原性
中間	終			厚さ	縞構造		
牛	犬	*S. cruzi*	0.5 mm 以下	薄い	−	−	強
	猫	*S. hirsuta*	8 × 1 mm	厚い	＋	−	弱
	ヒト	*S. hominis*	1 × 0.1 mm	厚い	＋	−	弱
豚	犬	*S. miescheriana*	数 mm	厚い	＋	−	強
	猫	*S. porcifelis*	?	薄い	−	−	強
	ヒト	*S. suihominis*	～ 1.5 mm	厚い	＋	＋	弱

は2か月までは検出されにくい．メトロサイトは7 × 5 μm，ブラディゾイトは11 〜 14 × 2.5 〜 3.5 μm.

感染牛の筋肉が犬に摂取されると，ただちに有性生殖を開始し，2 〜 6日後には小腸の粘膜固有層内でガメートが形成されるに至る．その大きさは8.5 〜 11.5 × 5 〜 6 μm．感染7日後には未成熟オーシストが形成され，9日後からは固有層内ですでにオーシストから離脱した成熟スポロシスト，あるいはまれにオーシストが糞便中へ排出されはじめる．糞便中のスポロシストの大きさは平均16 × 10 μm.

牛でのおもな臨床症状は食欲不振，発熱，貧血，悪液質，体重減少などである．また10^5 〜 10^6個のスポロゾイト接種によって約1か月で瀕死または斃死するに至ったという報告がある．

おもな剖検所見は全身的なリンパ腺炎と漿膜面の点状出血，血管内皮細胞におけるメロントの存在などである．

病理発生の基本は，メロゴニーの際に起こる全身的な血管の破綻性出血が主因であり，これにサルコシスト形成時の筋炎が付随するのであろう．

Sarcocystis hirsuta

Sarcocystis hominis

いずれも病原性は弱い，あるいは，ほとんどないといわれている．

豚のサルコシスチス

豚のサルコシスチス症もけっして珍しいものではなく，世界的に分布している．アメリカの一と場の調査によれば，1歳以上の成豚の12.7％（7/55）が陽性であったのに対して，1歳未満の幼豚48頭は陰性であったという．日本では肥育豚100頭はすべて陰性であったのに対して廃用繁殖豚の8.5％（17/200）が陽性であったという報告がある．牛・めん羊などと同様に年齢の高い動物ほど陽性率も高くなる傾向が示されている．理由はもちろん感染機会の増加によるシストの蓄積であろう．従来は*S. miescheriana*の一種として扱われていた豚のサルコシスチスは，現在では犬，猫，ヒトをそれぞれの終宿主とする3種類に分けられると考えられている．*S. miescheriana*という学名は犬を終宿主とする種類に残され，猫を終宿主とするものには*S. porcifelis*，ヒトを終宿主にする種類には*S. suihominis*という名が与えられている（表1.10）．

Sarcocystis miescheriana

*S. miescheriana*の終宿主は犬．おそらくオオカミ，キツネ，アライグマなどを含むイヌ上科（Canoidea）のものが広く終宿主になりうる．日本では，ホンドタヌキも終宿主になりうるという実験感染の成立例が報告されている．

日本における分離・検出例はけっして珍しくない．成熟シストの大きさは肉眼的で長さ数mmに達し，シスト壁は厚く（4 〜 5 μm），縞様構造が認められる．

従来，豚に対する病原性は軽度ないしはごく少ないといわれていたが，最近の感染実験によれば，中間宿主である豚でかなり明らかな症状を呈するようである．感染10 〜 15日ころから41 〜 42℃の発熱，呼吸および脈拍数の増加，食欲不振，下痢などがあり，ときにチアノーゼが，さらに妊娠豚では流産が認められる．斃死に至るものもある．

急性死例の肉眼病変は胸・腹・心嚢水の貯溜，全身臓器における点状〜斑状出血，水腫などが主要な所見として観察される．組織学的にも全身諸臓器における細胞浸潤と出血が認められる．これらの所見は，第2回目のメロゴニーが毛細血管内皮で行われることに起因している．

Sarcocystis porcifelis

Sarcocystis suihominis

両者とも豚において強い病原性を示すといわれている．病態発生の基本は前者と同様．全身の毛細血管内皮で行われるメロゴニーによる出血に起因する．したがって，主たる症状は，発熱，呼吸困難，筋炎，食欲不振，下痢，発育不良などである．日本では最近，*S. suihominis*が廃用豚から検出されている．

めん羊のサルコシスチス

日本におけるめん羊産業の規模は小さい．しかしながら，世界的にみためん羊産業というものはけっして小さくはない．そして，めん羊のサルコシスチス症も世界的には熟知され，けっして見逃すことのできない問題にもなっている．アメリカの一と場から成羊の73％，仔羊の11％が陽性であったという報告が出されている．

めん羊には2種類のサルコシスチスが知られている．*Sarcocystis ovicanis*と*S. tenella*（syn. *S. ovifelis*）の2種である．学名に示すように，前者は犬，後者は猫が終宿主になっている．

Sarcocystis ovicanis

2種のうち*S. ovicanis*のほうは仔羊に対してかなり病原性が強い．スポロシストの感染を受けると仔羊は食欲不振に陥り，衰弱し，斃死するものも出る．斃死した仔羊の各種臓器の血管内皮からメロント（シゾント）が検出される．実験的に妊娠中のめん羊に$10^{5\sim6}$個のスポロシストを接種すると，42℃に達する発熱があり，運動失調をきたし，流産するに至った（8/11）．メロントは母羊のほとんどの臓器から検出されたが，胎仔からは検出されなかったという．

星状膠細胞（[神経膠] 星状細胞：astrocyte）にメロント様構造が見出されるめん羊の脳脊髄炎・脊髄軟化症の自然発生例が，アメリカ，オーストラリア，アイルランドから報告されている．メロント様構造物は広義のコクシジウム（アイメリア亜目の原虫に由来すること）を強く疑わせるが，トキソプラズマと考えるには問題があり，サルコシスチスが疑われている．

Sarcocystis tenella

猫が終宿主である．病原性は不明．日本でもめん羊から分離されている．

馬のサルコシスチス

馬のサルコシスチス症は，世界的に広く普通に分布しているものと考えられている．近年ではヒトが馬刺（馬の生肉）を摂取したことによる下痢が報告されているので，公衆衛生学上，注目されている．馬では表1.11のように少なくとも2種類が知られている．ただし，表1.9の2種の終宿主はいずれも犬である．*S. fayeri* が原因と考えられる食中毒が発生している．

Sarcocystis bertrami

馬のほかロバ，ラバにみられる．心筋，横隔膜筋をはじめ諸所の筋にサルコシストを形成する．サルコシストは10 mmにも達し，隔壁によってコンパートメントに分かれている．病原性に関する記録は定かでない．しかし，スポロゾア性脳脊髄炎といわれる疾患を精査すると，脊髄の病変がもっとも激しく，神経細胞にメロント様構造が認められ，一時期はトキソプラズマが疑われたこともあったが，おそらくサルコシスチスに由来するものであろう．経緯はめん羊の場合に類似している．

Sarcocystis fayeri

S. bertrami と同様に犬を終宿主，馬を中間宿主とする．本種は主に心筋，横隔膜筋，食道の筋肉にサルコシストを形成する．サルコシストは大きくとも1 mmまでで，シスト壁に縞構造が認められる．スポロシストは8 ～ 12 μmで，*S. bertrami* のスポロシスト（10 ～ 15 μm）よりは小さい．馬に対する病原性は無いと報告がある一方で，慢性の貧血，痛み，栄養不良も報告されている．本種は近年，馬肉の生食によるヒトの食中毒の原因として注目を集めている．食中毒の原因はサルコシストの持つ約15 kdalの毒素であることが報告されている．

表1.11　馬のサルコシスチス

	S. bertrami	*S. fayeri*
スポロシスト (μm)	15.0 ～ 16.3 × 8.8 ～ 11.3 (15.2 ± 0.44 × 10.0 ± 0.34)*	11.0 ～ 13.0 × 7.0 ～ 8.5 (12.0 ± 0.55 × 7.94 ± 0.50)*
プレパテント・ピリオド	8日	12 ～ 15（13）日

＊ 平均値

ベスノイチア　*Besnoitia*（付：グロビジウム　*Globidium*）

ほぼ円形で，径300 ～ 500 μm．ときには600 μmにも達する白色ないし乳白色の嚢状のシストが，牛馬などの草食動物やげっ歯類の皮下結合組織や内臓漿膜面に見つけられ，これらはcutaneous globidiosisまたはbesnoitiosisという呼称・病名で知られていた．

症状は全身浮腫を主徴とし，強皮症，脱毛，脂漏などを伴っている．シスト内にはバナナ状の虫体が多数入っている．そして，宿主により *Besnoitia bennetti*（馬），*B. besnoiti*（牛），あるいは *B. jellisoni*（げっ歯類）などと名付けられていた．牛の *B. besnoiti* のシノニムを調べてみると，*Sarcocystis besnoiti* とか *Globidium besnoiti* などがみられる．*Besnoitia*, *Sarcocystis*, *Globidium* というあたりに混乱があったことが推察される．

一方，同じようなシストが牛，めん羊，山羊などの消化管粘膜にみられ，これには *Globidium* という名が付けられていた．やはりシスト内にはバナナ状の虫体（4.5 ～ 10.0 × 1.2 ～ 1.8 μm）が充満し，古くは“spore”とよばれていた．腸グロビジウム症の症状は，食欲不振，下痢，血便，急激な衰弱などで，アイメリアによるコクシジウム症に類似している．本来，*Globidium* のシストは腸にみられるものであるが，これが皮下などにみられたとき，つまり，cutaneous globidiosisをbesnoitiosisとよんでいたわけであった．その後，幾多の経緯・変遷を経て，現在では *Besnoitia* は独立種として扱われている．また *Globidium* の一部には，“*Besnoitia* の誤認”があったかもしれないが，多くは“*Eimeria* の大型メロント（シゾント）”であろうことが明らかになった．

つまり，*Besnoitia* は『組織シスト形成コクシジア』の表1.1および表1.6にまとめたように，①絶対的に中間宿主を必要とし，②その体内に従来から知られていたシストを形成し，③終宿主である猫体内でシストイソスポラ型のオーシストを形成するコクシジウムの仲間であるとしてとり扱われるようになってきた．一方，*Globidium* という種名は，前述した理由により消滅した．

Besnoitia besnoiti

終宿主は猫，中間宿主は牛，山羊，めん羊などの反芻動物，および実験的にはウサギ．分布は南アフリカ，

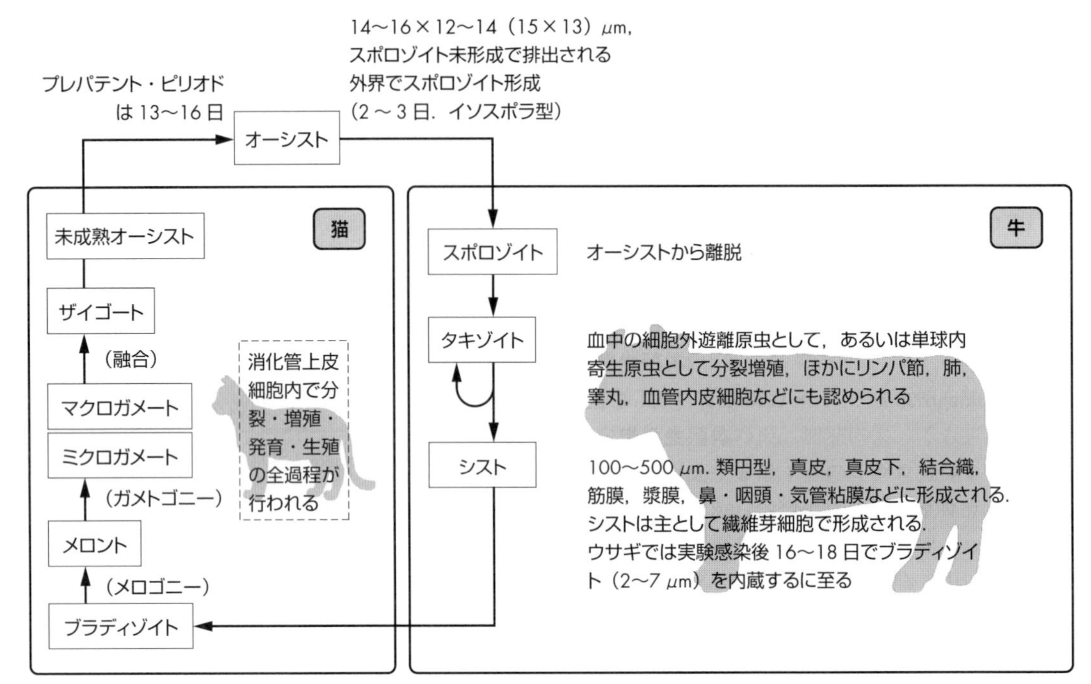

図 1.29　*Besnoitia besnoiti* の発育環

南ヨーロッパ，ロシア，アジア，南米．とくにアフリカで重視されている．北米では知られていない．日本では存否不詳である．

[形態・発育環]

図 1.29 に示した．

[病原性・症状]

ほとんどの動物では病原性は軽度であり，皮膚病巣も認められないが，ときに中間宿主である牛において，重篤な病原性が認められている．6 か月齢以上のものが発症する．通常，死亡率は 10％以下であるが，体調の低下は著しく，妊娠牛では流産，雄牛では生殖能力の低下などがあり，皮革価値に影響をきたすこともある．

6 〜 10 日間の潜伏期を経て発熱があり，2 〜 10 日間続く．発熱期間には羞明，リンパ節の腫脹，四肢をはじめ全身の浮腫が認められる．また，この時期には食欲不振，呼吸促迫，下痢などがある．発熱後 1 〜 4 週間で皮膚にシストの形成が認められるようになる．ごく重症に陥れば，皮膚は顕著に肥厚して弾性を失い，脱毛，ひび割れを生じ，血漿成分の漏出をきたすようになる．皮膚病変の回復はきわめて困難である．

[治　療]

的確な治療法はない．

Besnoitia wallacei

ハワイで発見・命名され，のちに日本でも確認されている．終宿主は猫．中間宿主としては，マウス，ラット，スナネズミ，ハタネズミ，ウサギおよびゴールデンハムスターなどが実験的に確かめられている．同時に，中間宿主間では感染は成立せず，また，猫はオーシストの直接投与によっては感染しえないことも実証されている．

[形態・発育環]

(1) オーシストは 14 〜 18 × 12 〜 15（16 × 13）μm，卵円形を呈し，長短径比は 1.08 〜 1.38（1.22）の範囲にある．スポロゾイト形成時間は 25℃で 72 〜 75 時間である．

(2) 中間宿主のマウスではオーシスト投与後 2 〜 11 日にタキゾイト様原虫が腸間膜リンパ節に現れる．ラットでは 4 〜 14 日．

(3) 感染 25 日後から未成熟シストが食道，回腸，盲腸から，遅れて舌をはじめ消化管全域および全身諸臓器から検出されるようになる．未成熟シストは類円形を呈し，20 〜 24 × 18 〜 40 μm，内に 4 〜 8 個の PAS 陽性のブラディゾイトが固まって遍在している．

(4) シストは急速に発育し，感染後約 4 週間で直腸 150 〜 200 μm の円形に，シスト壁の厚さも 1 〜 30 μm に達する．この時期の成熟シストは内にブラディゾイトを充満し，肉眼的には丸い白点として認められるようになっている．シストはおもに腸管の内輪筋層から，一部は漿膜から検出される．

(5) 終宿主の猫は，シストを保有する中間宿主を摂取して感染するが，オーシスト感染後 50 日以上を経過したマウスを摂取した場合に初めて成績が安定してくる．経過日数が不足している場合は，感染率や発育速度が低下する．

感染後6～8日に十二指腸の粘膜固有層にシスト様の幼若メロントが出現し，8～10日以降には50～120×35～80 μmに発育，有性生殖を経て12～16日で新生オーシストの排出がはじまる．

Besnoitia darlingi

終宿主は猫，オーシストは11.2～12.8×9.6～11.2 μmで比較的小型に属する．中間宿主はオポッサム，パナマではトカゲ．シストは150～1,250 μmでかなり大型，シスト壁の厚さは20 μmに達する．

ハモンディア *Hammondia*

Hammondia hammondi

オーシストは前述のトキソプラズマと並んで，従来の*Isospora bigemina*の小型タイプに相当するものとして猫の糞便中に排出される．両者のオーシストは形態的には識別しにくいが，虫体そのものの生物学的性質には相違点がみられる（表1.12）．

もっとも大きな特徴として，生活環が回るためには絶対的に中間宿主が必要な点があげられる．したがって，猫は中間宿主を摂取することによってのみ感染する．プレパテント・ピリオドは7～8日．山羊や各種実験動物が中間宿主になることが知られている．

Hammondia heydorni

この原虫は，従来，犬から検出される従来の*Isospora bigemina*の小型種として知られていたもので，Heydorn（1973）が発育環を究明した結果，独立性を唱え，のちにTadros & Laarman（1976）により*Isospora heydorni*と命名されたものである．しかし，発育環を含む諸性状はむしろ*Hammondia*属に所属させるほうが妥当であろうという意見も強く，長らく*Hammondia heydorni*とされていた．しかし近年の研究では*Neospora*属と近縁な*Heydornia*属に分類すべきとの説がある（図1.30）．

日本における存在は不明であるが，松井（1986）はたまたまブラジルで飼育されていた犬の下痢便から分離されたオーシストの性状を調べ，次の成績を得ている．その概要を要約する．

（1）オーシストの形態は従来の*Isospora bigemina*の小型種といわれていたものの記載に一致し，大きさは10.3～13.5×8.5～12.5 μmであった．
（2）従来知られていた牛，山羊，ラクダなどの中間宿主に，もっとも好適な中間宿主としてモルモットが加えられた．また，犬は終宿主であるとともに中間宿主にもなりうることが証明された．一方，マウス，ラット，ハムスター，ウサギなどは中間宿主にはなりえなかった．

表1.12 *Hammondia hammondi*と*Toxoplasma gondii*の特徴比較

	Hammondia hammondi	*Toxoplasma gondii*
オーシスト	12.6～13.8×10.0～10.7 μm	11.0～13.7×8.9～11.0 μm
中間宿主	範囲はやや狭い*	きわめて広範囲
中間宿主間の感染	成立しない	成立する
終宿主へのオーシスト接種	感染は成立しない	感染は成立しうる
発育環	中間宿主は絶対に必要	中間宿主をとるほうが効率的

＊ 犬，猫，牛および鶏は中間宿主になりえなかったという報告がある．一方，原虫の株，被検動物の年齢などが関与するという意見もある．

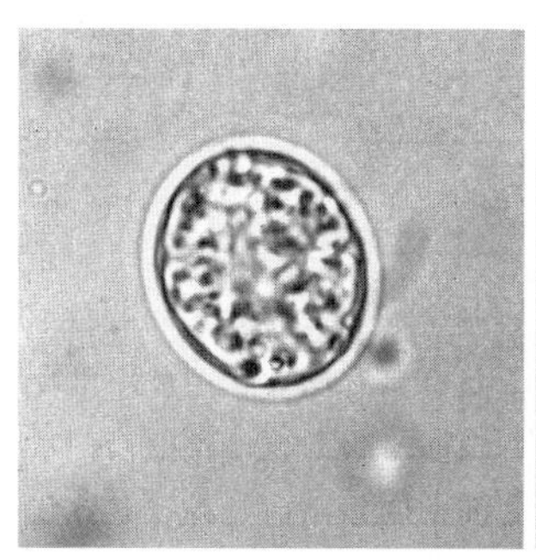
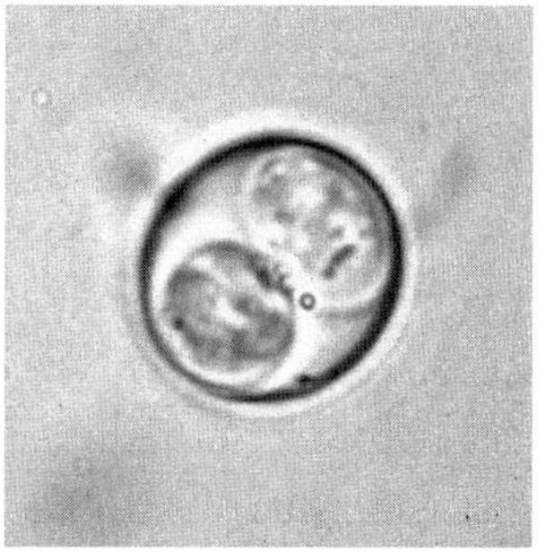

図1.30 *Hammondia heydorni*のオーシスト［松井原図］
左：未成熟オーシスト　右：成熟オーシスト

(3) 中間宿主体内で原虫が終宿主への感染性を備えるには，およそ20日を要するようであった．なお，プレパテント・ピリオドは8日であった．
(4) 犬のみが終宿主であるが，犬への直接感染は成立しなかった．すなわち，通性単一宿主性（中間宿主はあってもよいという性質）の従来の *Cystoisospora* 属とは異なる特徴を備えていた．

クリプトスポリジウム *Cryptosporidium*

日本では長い間クリプトスポリジウムに関して正式な記録はなく，また関心も低かったが，井関（1979）が大阪で猫から分離して以来，鶏，牛，モルモットから，さらに人体例の報告も続き，その重要性について再評価されてきた．とくにヒトでは免疫不全に陥っている場合，あるいは免疫抑制剤使用中にこの原虫により下痢がひき起こされることに関心が高まっている．さらに最近では，ヒトにおける水道水を介したいくつかのクリプトスポリジウム性下痢の集団発生例が世界各地から報告されるに及び，公衆衛生の問題として注目を新たにしてきている．

[分類学的位置・種名]

アイメリア亜目に属するコクシジウムの一種であるが，成熟オーシストにスポロシストがなく，直接4個のスポロゾイトが形成されている．

種名に関しては現在のところ諸説があり，表1.13のような種が記載されているが，それらのうち，少なくとも哺乳類に寄生する *C. parvum*，*C. muris*，および鳥類に寄生する *C. meleagridis*，*C. baileyi* の4種の存在は確実視されている．ヒトに寄生する *C. parvum* は遺伝子配列から，genotype 1（ヒトからヒトへ感染）と genotype 2（動物からヒトへ感染）の2型に区分されるが，genotype 1 を *C. hominis* として記載する場合もある．その他，哺乳類に寄生する種として，*C. andersoni*，*C. wrairi*，*C. felis* などが，鳥類寄生種として *C. galli* が，またヘビやトカゲなどの爬虫類寄生種として *C. saurophilum*，*C. serpentis* などが記載されているが，これらの分類については今後さらに検討されるべき問題として残されている．

[宿　主]

ほとんど全種類の動物に自然感染が認められている．哺乳類ではおもに消化管に寄生があり，日本ではヒトのほか，仔牛の下痢が注目されている．鳥類では主としてファブリキウス嚢，盲・結腸，排泄腔に寄生する．回腸にはまれという．さらに上部気道に感染があり，この場合にはしばしば症状を伴うことに注意しておく必要がある．

[寄生部位]

腸管の微絨毛に寄生する．図1.31，1.32に示してあるように，微絨毛内に寄生体胞（parasitophorous vacuole）を形成し，その内に寄生するが細胞質内には侵入しない．このために，「細胞内－細胞質外（intracellular–extracytoplasmic）」という言葉が新たにつくられた．

[オーシストの形態]

オーシストは類円形ないし楕円形で，他のコクシジウムに比べてきわめて小さく，*C. parvum* では4.5～5.4×4.2～5.0 μm，*C. muris* ではやや大きく，6.6～7.9×5.3～6.5 μm である．また，*C. baileyi* のオーシストは6.6×5.0 μm，*C. meleagridis* では5.2×4.6 μm であると報告されている（図1.33）．色は無色で，なかに4個のスポロゾイトと1個の比較的大きな残体が認められる（口絵㉑㉒）．

表1.13　現在までに記載されているおもなクリプトスポリジウム

	種	おもな宿主	寄生部位
哺乳類寄生	*C. parvum* (*C. parvum* genotype 2)	牛，めん羊，山羊，ヒト	小腸
	C. hominis (*C. parvum* genotype 1)	ヒト，サル	小腸
	C. felis	猫，まれに牛，ヒト	小腸
	C. wrairi	モルモット	小腸
	C. muris	げっ歯類，まれにヒト	胃
	C. andersoni	牛，ラクダ	胃
鳥類寄生	*C. meleagridis*	七面鳥，まれにヒト	小腸
	C. baileyi	鶏，七面鳥，カモ，ダチョウ	小腸
	C. galli	鶏，フィンチ	胃
爬虫類寄生	*C. saurophilum*	トカゲ，ヘビ	小腸
	C. serpentis	ヘビ，トカゲ	胃
魚類寄生	*C. molnari*	ヘダイ，バス	胃

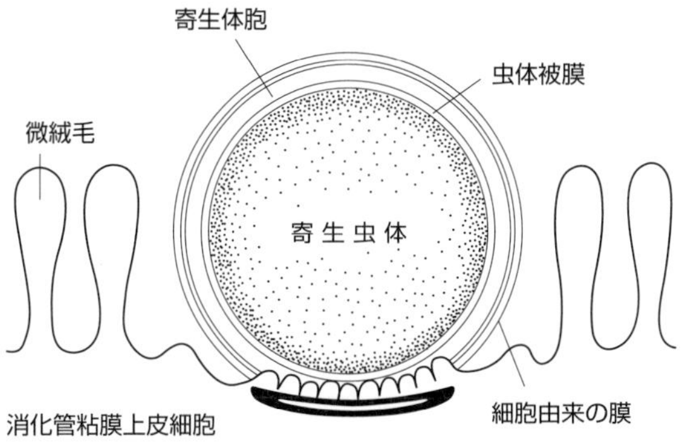

図 1.31　クリプトスポリジウムの寄生状態模式図
（細胞内－細胞質外）

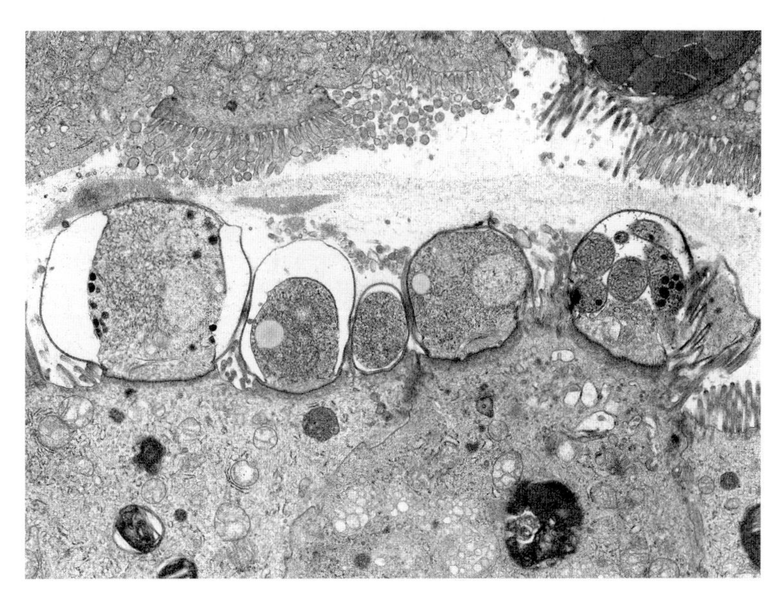

図 1.32　小腸上皮細胞の微絨毛に寄生する *Cryptosporidium parvum* **のメロント（電子顕微鏡写真）［松井原図］**

[発育環・感染経路]

感染は経口．鳥類では吸入もある．実験的には経鼻，直腸内接種でも感染する．以後の発育過程は，微絨毛内に形成された寄生体胞（parasitophorous vacuole）内で行われる．基本的な発育ステージは *Eimeria* と同じである（図 1.34）．

第 1 代メロント（シゾント）には 8 個の，第 2 代メロントには（異説もあるが）4 個のメロゾイトが形成される．ミクロガメートは 16 個．

形成されたオーシストには，オーシスト壁の厚い（重層）ものと，壁の薄い（単層）ものとがある．いずれも内部には 4 個のスポロゾイトが形成されている．壁の薄いオーシストは自家感染（autoinfection）の原因になる．

プレパテント・ピリオドはげっ歯類では多く 4 日前後，猫で 5 ～ 6 日という．鳥類の *C. baileyi* は 3 日，*C. meleagridis* は 6 日という（種との関係で未詳）．

[病原性]

基本は微絨毛の損傷による細胞の自由表面積の減少にある．とくに仔牛は感受性が高く，粘膜上皮の損傷が著しい．吸収面積の減少が下痢の原因．鶏では腸，ファブリキウス嚢寄生では不顕性．呼吸器感染では咳，鼻汁，さらには呼吸困難．

[診　断]

オーシストが小型．酵母などとの識別が必要．

[治療・予防]　特記すべきものはない．

カリオスポラ
Caryospora

カリオスポラは鳥類，爬虫類に寄生するコクシジウムで，40 種以上が知られている．このうち鳥に寄生するものはエウモノスポラ属（*Eumonospora*）に分類すべきとの説がある．オーシスト内には 1 個のスポロシストと，そのなかに 8 個のスポロゾイトを含む．

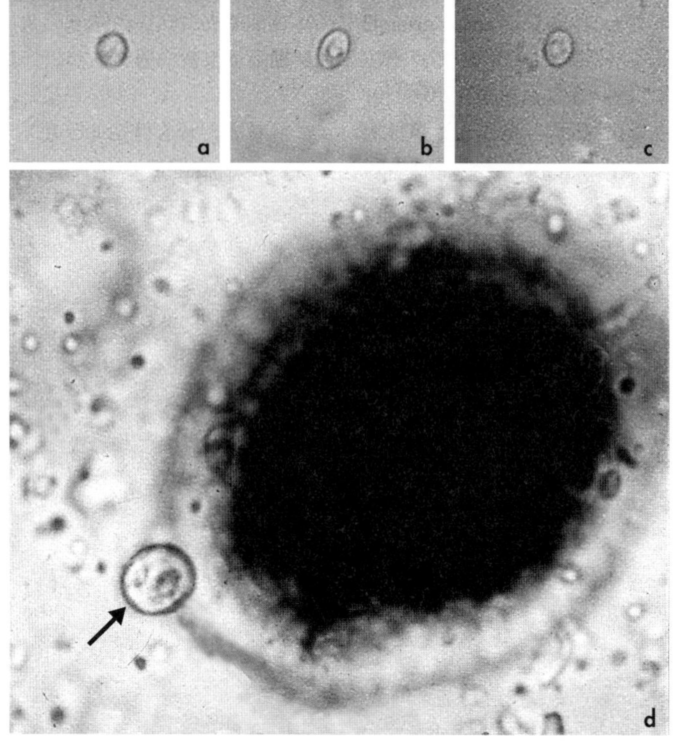

図 1.33　クリプトスポリジウムのオーシスト［松井原図］

a. ヒト由来 *C. parvum*　b. マウス由来 *C. muris*　c. 鶏由来 *C.* sp.
d. 犬由来の *Hammondia heydorni* のオーシスト（矢印）. 後方の黒い物体は犬回虫卵

［発育環］

発育環はユニークなものである．発育は homoxenous で回る経路と heteroxenous で回る経路とがある．homoxenous な経路では，宿主の腸管で *Eimeria* と同様の発育を行い，厚い壁をもつ未成熟オーシストが糞便中に排泄される．外界でスポロゾイト形成が行われたのち，再び宿主に感染する．

一方，成熟オーシストがげっ歯類などに摂取されると，腸管で脱出したスポロゾイトは腸管を突破し，耳，頬，鼻，尾などの皮膚，まれに肺，精巣，骨髄などでメロゴニーを行ったのち，ガメトゴニーを行って，ここでもオーシストを形成する．オーシストはその場でスポロゾイト形成を行って，スポロゾイトが脱出し，別の細胞に入って被嚢し，カリオシスト（caryocyst）となる．ここで形成されるオーシストは外界に排泄されるオーシストとは異なり，スポロシスト膜はなく，オーシスト壁は薄い．このように，げっ歯類体内でも有性生殖に続くオーシスト形成が起こるので，オーシストを外界に排出する宿主を一次宿主（primary hosts），カリオシストを形成する宿主を二次宿主（secondary hosts）とよぶ．カリオシストは一次宿主にも二次宿主にも感染性をもつ．犬も二次宿主になりうることが疑われている．

［病原性・症状］

一次宿主に対する病原性はあまり認められず，とくにヘビ類では顕著ではないが，ハヤブサでは *C. neofalconis*，*C. kutzeri* の感染により，食欲不振，抑うつ，下痢が認められている．一方，孵化後 4 ～ 8 週のアオウミガメに寄生する *C. cheloniae* 寄生では後部腸管の上皮壊死，出血，粘膜下の炎症などがみられ，斃死率も高いことが知られている．

二次宿主に対しても病原性が認められており，マウスでは嗜眠や顔面，耳，陰嚢，フットパッドなどに腫脹を起こす（皮膚コクシジウム症：dermal coccidiosis）．

これらのコクシジウム類のほか，1996 年ころからヒトのサイクロスポラ（*Cyclospora cayetanensis*）感染が問題となっている．本種がヒトに感染すると，激しい水様性の下痢，吐き気，腹痛，筋肉痛などの症状を示す．ヒト以外の動物が宿主になりうるかどうかは不明であるが，ヘビやげっ歯類が疑われている．成熟オーシストは 2 個のスポロシストとそれぞれ 2 個ずつの

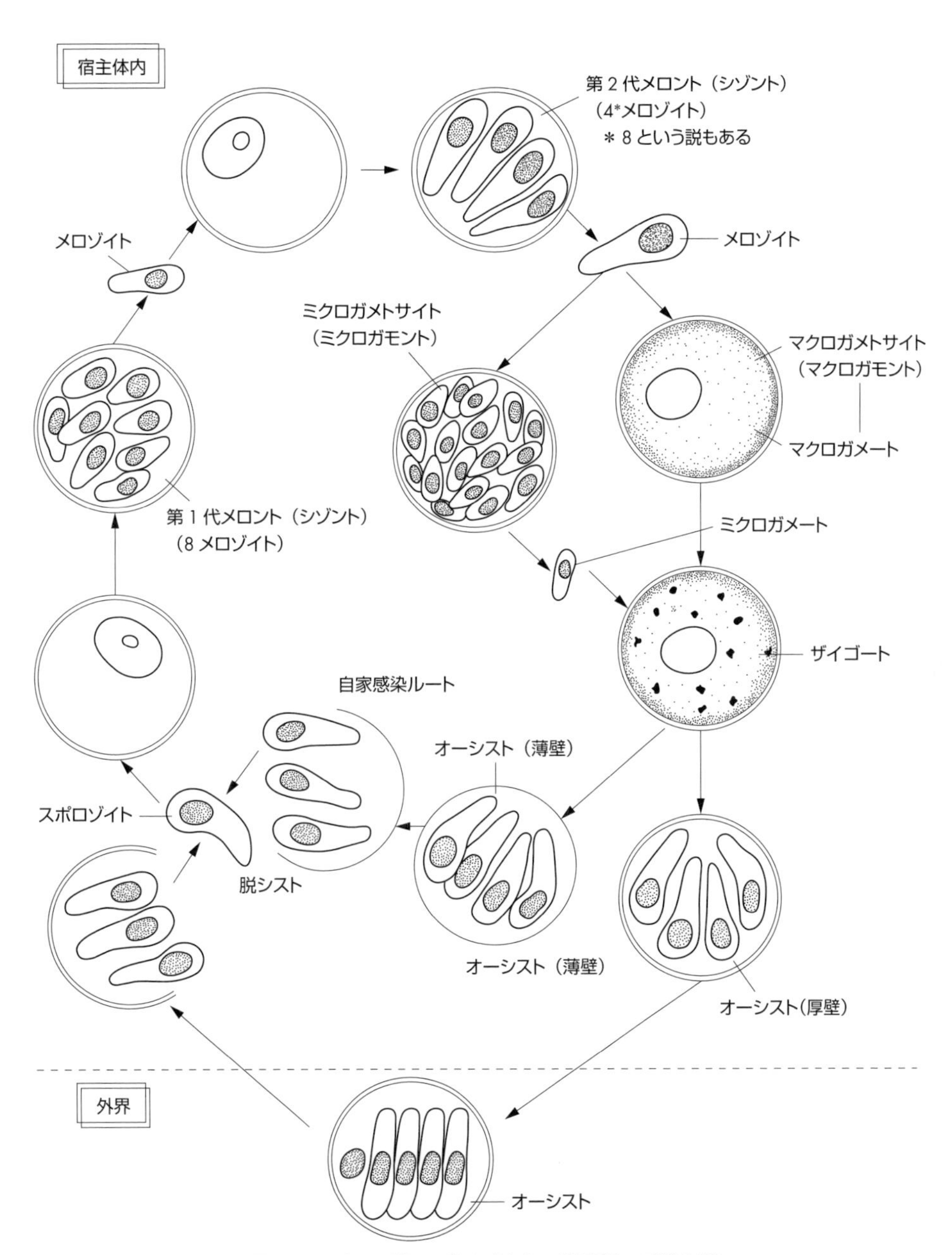

図 1.34　クリプトスポリジウムの発育環・感染経路

計 4 個のスポロゾイトをつくる．未成熟オーシストは多数の顆粒を含む．スポロゾイト形成時間は 1 ～ 2 週間．詳細な生活環は不明である．

B. 住血胞子虫類（Haemosporina）

住血胞子虫類は真コクシジウム目（Eucoccidiida）に属する原虫であるが，アイメリア類とは異なり，宿主の血管内あるいは血球内に寄生する．吸血性のベクターを必要とし（heteroxenous），ベクター内で有性生殖を，宿主内で無性生殖を行う．ヒトの重大な感染症であるマラリア（malaria）の原因虫であるマラリア原虫（*Plasmodium*）はこの類に属する．獣医学的には，鶏の *Plasmodium* のほか，ロイコチトゾーン（*Leucocytozoon*）が重要である．

ロイコチトゾーン
Leucocytozoon caulleryi

Leucocytozoon 属の原虫は鳥類にのみ寄生する．日本では 1954 年，秋葉らによって兵庫県城崎郡下の養鶏場から検出され，*Leucocytozoon caulleryi* と同定されたのが最初の記載である．ニワトリヌカカ（*Culicoides arakawae*）が主要なベクターである．一時期は，ブユをベクターとするものを *Leucocytozoon* 属，ヌカカを

ベクターにするものを *Akiba* 属と分けられていたが，ベクターの相違のみでは種の分類の根拠にはなりにくいとして再び *Leucocytozoon* 属に統合された．

ニワトリヌカカ（*Culicoides arakawae*）：体長 1 mm 強の微小な双翅目の昆虫で，雌成虫のみが産卵のために吸血する．発育環は［虫卵⇨Ⅰ～Ⅳ齢幼虫⇨蛹（さなぎ）⇨成虫］．発生源はおもに水田で，1 世代は約 1 か月，地域により年 2 ～ 4 回発生する．3 齢幼虫で越冬する．ただし，原虫は幼虫には移行越冬しない．ヌカカ幼虫は原虫陰性，成虫の吸血活動は夜間である．

［発生状況］

全国的に分布している．発生は夏季．日本ではおもに 6 月以降，7 ～ 9 月に多発し，10 月以降は急に散発的になる．これはベクターであるニワトリヌカカの発生が 4 月にはじまり，7 ～ 9 月を最盛期とし，10 月末～ 11 月初旬に活動を停止することに関連する．すなわち，鶏舎周辺の水田に水が入れられて発生源が広がり，ヌカカの発生はその 1 か月後に増加し，さらにロイコチトゾーン症の流行までの間に若干の経過時間があるわけである．流行の様相は環境や気象条件に大きく左右される．耐過鶏には免疫が成立する．

［発育環］

発育環のうち，メロゴニー（シゾゴニー）とガメトサイト形成（ガモゴニー）は鶏体内で，ガメート形成（ガメトゴニー）とスポロゴニーはベクターであるニワトリヌカカ体内で行われる（表 1.14）．

感染：感染ヌカカの吸血の際，ヌカカの唾液腺に集まっていたスポロゾイトが鶏体内に侵入する．

メロゴニー（シゾゴニー；メロゾイト形成）：①第 1 代メロントは全身臓器，とくに肺，肝臓，脾臓の血管内皮系に形成される．球形で径 20 ～ 50 μm.
②感染後 5 ～ 7 日ころに第 1 代メロゾイトが流血中に放出され，全身臓器に運ばれ，その血管内皮系の細胞に侵入する．
③感染後 7 ～ 8 日ころには細胞内第 2 代メロントとして認められるようになる．のちに宿主細胞から遊離して発育を続ける．
④感染後 10 ～ 13 日にかけて急速に発育し，13 ～ 14 日目には成熟メロント（口絵㉓）になり，第 2 代メロゾイトが放出される．第 2 代メロントの径は 20 ～ 300（100 ～ 150）μm.

ガモゴニー（ガメトサイト（ガモント）形成）：感染後 14 日ころから 21 日ころまで赤血球内に寄生する第 2 代メロゾイト（口絵㉔）が，19 日ころから 23 ～ 25 日ころには遊離したガメトサイトが末梢血中に認められる（原虫血症）（口絵㉕㉖）．23 ～ 25 日以降，原虫は消失する．

ガメトゴニー（ガメート形成）：ヌカカの中腸内に吸引されたミクロガメトサイトは，ただちに 8 個の細長い運動性のあるミクロガメートを形成し放出する．ミクロガメートは細長い糸状であることから，この現象を“鞭毛形成・鞭毛放出”とよぶこともある．これに合わせて　マクロガメトサイト⇨マクロガメートの変化も行われる．なお，ガメート形成は必ずしもヌカカ中腸内でなくても，単に鶏体外にとり出されるのみでも温度の低下を刺激として行われる．この事実は原虫血症の検査にあたって注意しておくべき事項である．

往年，メロゾイトからガメトサイトまでの発育は，しばしば第Ⅰ期～第Ⅴ期に分けて説明されていた．
第Ⅰ期原虫：末梢血中に認められる遊離した単独の第 2 代メロゾイトそのものをいう．
第Ⅱ期原虫：末梢血中に認められる赤血球内に寄生している第 2 代メロゾイトをいう．1 ～ 7 個が赤血球，あるいは赤芽球内に認められる．13 ～ 20 日ころに出現する．
第Ⅲ期原虫：宿主細胞内で漸次成長（12 × 9 μm）しているが，まだ性別の不明なものをいう．第Ⅲ期の虫体は，通常，臓器塗抹標本や組織切片標本では認められるが，末梢血の塗抹標本ではほとんど検出されない．
第Ⅳ期原虫：宿主細胞内で雌雄の別がつくまでに発育したものをいう．宿主細胞は 21 × 17 μm にまで達している．
第Ⅴ期原虫：宿主細胞から遊離したミクロおよびマクロガメトサイトをいう．成熟マクロガメトサイトは円形または卵円形を呈し，大きさは径 15 μm 前後，ミクロガメトサイトはこれよりもやや小さい．

スポロゴニー：①ミクロガメートはマクロガートに侵入融合（授精）し，円形のザイゴートを形成する．
②ザイゴートは数時間で大きさを増し，長紡錘形（21 × 7 μm）の運動性のあるオーキネート（ookinete）になる．
③オーキネートは中腸上皮細胞間に侵入して球状のオーシスト（径約 10 μm）になる．
④オーシストは内部が分裂し，数十個のスポロゾイトを形成する．スポロゾイトは約 10 μm の細長い紡錘形を呈し，血体腔（haemolymph）を通ってヌカカの唾液腺に集まる．スポロゾイトは唾液腺に入って初めて感染力をもつ．

①外気温 25℃で，ヌカカ体内で 3 日でスポロゾイトが形成される．

表 1.14　ロイコチトゾーンの発育環

(日)	鶏体内における虫体の発育	宿主血液所見
感染日	スポロゾイト侵入	
～4		メロゴニー（シゾゴニー）
5～7	第1代メロント（径約50 μm）形成	
7～9	第1代メロゾイト（約6 μm 長）血中へ	第1次原虫血症
10～13	第2代メロント細胞内で形成開始 〃　細胞から遊離，各種臓器の細胞間隙で成育．球形で径20～300（100～150）μm，多くは集団で発育	
10～15		液性抗原出現
10～22		貧血発現
		ガモゴニー
14～21	第2代メロゾイトが末梢血中に出現	以降，23～25日ころまで第2次原虫血症
16～		抗体出現
19～25	メロゾイト⇨ガメトサイト（ガモント）の発育は骨髄脾臓などの赤芽球内で行われる．雌雄ガメトサイトが血中に出現する．初期は赤血球内，後期は遊離 マクロ　ミクロ	
	ヌカカ体内における発育	
吸血直後から 数時間	マクロガメート形成／ミクロガメート形成（鞭毛放出）―［融合］―ザイゴート	ガメトゴニー スポロゴニー
吸血後3日	オーキネート（ここまで中腸内） オーシスト（中腸外壁） （内部で分裂・スポロゾイト形成） スポロゾイト（血液腔を通りヌカカ唾液腺に集合）	

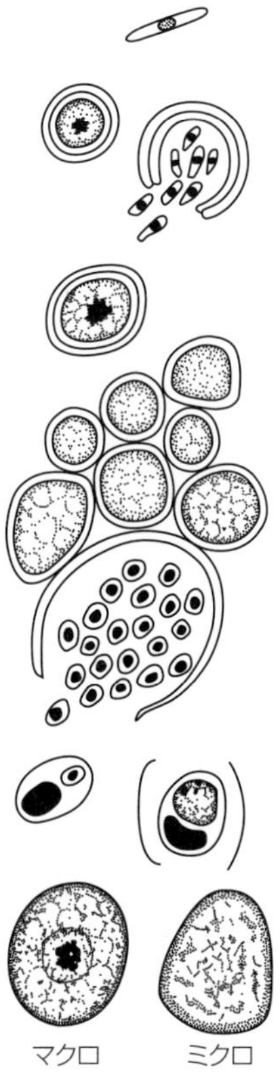

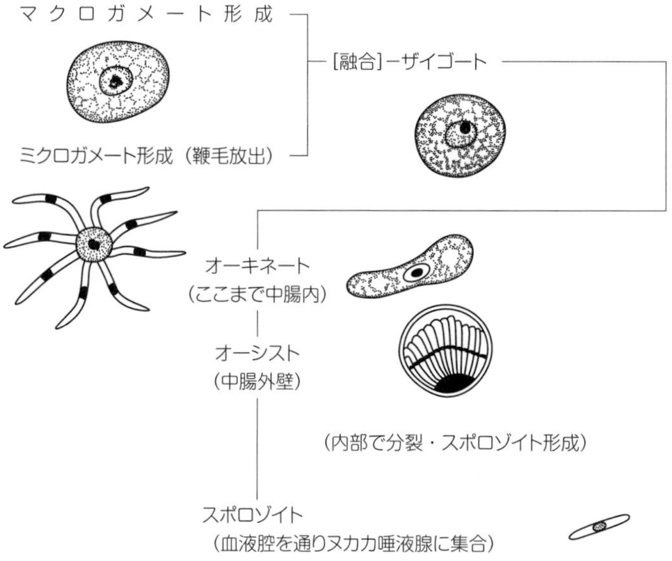

②鶏体内における発育に 23 ～ 25 日を要し，計 1 か月未満で全発育環が完成する．

鶏体内で	23 日
ヌカカ体内で	3 日
計	26 日

③ 1 匹のヌカカが，2,000 ～ 3,000 のスポロゾイトを形成しうる．

[病原性・症状]

主として第 2 代メロントの発育，崩壊による宿主細胞，組織（血管）の損壊による破綻性出血，続いてガメトサイト形成に伴う赤血球破壊による溶血性貧血があるが，前者が主因になる（口絵㉗）．第 2 代メロントは大型で，直径 200 ～ 300 μm に達するものもあり，また多くは血管内で集塊をなすため，物理的な影響が大きい．寄生数が 20 万個にも及ぶ場合もある．したがって，感染後 12 日目ころまでは通常何の異常も認められないが，重度の感染では 13 ～ 14 日目から突然死亡する個体が出現することになる．

激しい例では，感染 13 日目に突然喀血，腹腔内大出血で死亡するものが出始める．貧血は感染 15 日ころから認められ，18 日ころがもっとも激しくなる．赤血球が半減するような例も出る．同時に食欲不振，沈うつ，緑色便排泄，体重減少，発育停止あるいは遅延，産卵停止または産卵率の低下（群として 30％を割る場合もある），軟卵などが認められるようになる．このころにも貧血，衰弱によって死亡するものがある．

感染の経過，病勢は宿主の日齢と感染量によって左右され，感受性の高い幼・中雛（おもに 30 日齢前後）では喀血，出血による死亡や重篤な症状が顕著に現れてくる．大雛や成鶏では不顕性に経過するものが多い（表 1.15）．

[診　断]

(1) 症状　前記

(2) 疫学的考察

①気象的条件（地域的な気象条件，季節，天候などヌカカの発生，成育，活動などに及ぼす影響）．水田への導水，造成状況

②地理的条件・環境；水田と鶏舎との距離，近隣の鶏舎

③例年の発生状況，症状，死亡状況など

(3) 病理学的検査（死亡鶏，抜きとり鶏の剖検）

剖検所見の特徴は，全身組織・臓器の血管，毛細管に対する第 2 代メロントの成長に伴う栓塞，圧迫による漏出性の，さらにはメロントの崩壊に随伴する血管損壊に起因する破綻性出血である．これら体内各所に認められる出血は，点状出血から不整出血斑を呈するものまである．これらは皮下，筋肉（口絵㉘），胸腺，肝臓，膵臓，腎臓に多く認められる．とくにメロントの寄生頻度はファブリキウス嚢，肺（⇨喀血）に高い傾向がある．出血部の臓器乳剤，組織切片標本からは多数のメロントが検出される（図 1.35）．

(4) 寄生虫学的検査（各発育期原虫の検出）

生前診断としては，末梢血の塗抹標本検査によるガメトサイト形成期の原虫の検出がある．上記したように，感染 13 日後から 23 ～ 25 日ころまでは末梢血中にメロゾイトからガメトサイトまでのいずれかの発育期原虫が出現している（表 1.16）．

(5) 血清学的検査

手法は通常，寒天ゲル内沈降反応による．

抗原検出：検出対象の抗原は，可溶性抗原，血清抗原，メロント抗原などともよばれているものである．崩壊したメロントの成分が血中に入ったもの，つまり，

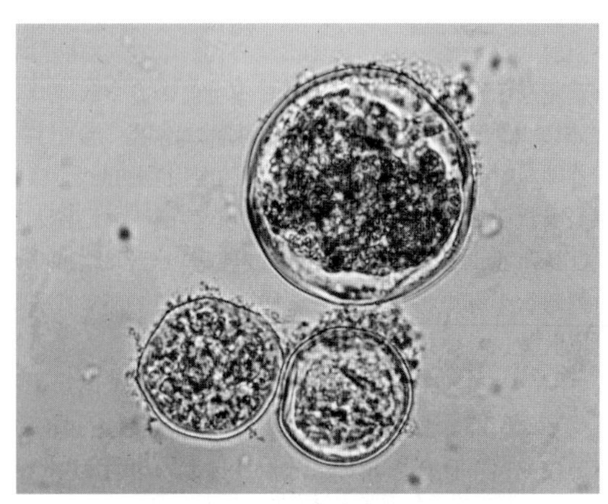

図 1.35　ロイコチトゾーン病罹患鶏臓器乳剤から回収された第 2 代メロント（生鮮標本）［伊藤原図］

表 1.15　鶏の日齢と致命的なスポロゾイトの感染量［森井］

日齢	スポロゾイト量	経過
4	100	全例死亡
7	1,000	〃
30	2,000	〃
80	10,000	耐過あり

表 1.16　各発育期原虫の検出

被検材料	メロント	メロゾイト	ガメトサイト
末梢血塗抹標本	－（なし）	＋	＋
病変部臓器乳剤 （生鮮無染色）	＋ （見やすい）	－ （見えず）	± （見にくい）
病変部臓器塗抹	－（破壊）	＋	＋
組織切片	＋	＋	＋

診断的にはメロントそのものと考えてよい．感染10～15日の間に検出される．現在の感染を意味する．

抗体検出：上記の抗原に対する血清抗体が，感染後17日以降ころから検出されるようになる．この抗体を検出するために，感染鶏の抗原価がもっとも高い感染13～14日目の血清を抗原として，被検鶏血清の抗体価を測定する．血中の抗体は約1年間持続される．

[治療・予防]

(1) ベクター対策

発生阻止：ニワトリヌカカの発生場所は比較的清潔な，汚物の少ない溝，苗代，水田などである．したがって，広範な地域に対する殺虫剤散布などによる発生阻止，幼虫対策などははなはだ困難である．

成虫の活動阻止：成虫の鶏舎への飛来，侵入，さらには吸血活動を阻止するために，機械的あるいは電気的な防虫，殺虫装置があるが，効果は必ずしも万全ではない．とくに普通の防虫網ではヌカカは通過しうる．化学的な方法としては，鶏舎内壁面に有機リン系，またはカーバメイト系薬剤の噴霧，塗布法がある（残留噴霧）．また鶏体に直接噴霧するものもある（総論「5.3 殺虫剤および抗外部寄生虫剤」参照）．

(2) 治療・予防剤

下記例はいずれも飼料添加，7日前後連用が標準になる．

● ピリメタミン合剤

ピリメタミン……1 ppm

サルファ剤……10 ppm

● サルファ剤単用

スルファジメトキシン……50 ppm

スルファモノメトキシン……25～50 ppm

● 合成抗菌剤

スルファジメトキシンとピリメタミン

……500 ppm

スルファジメトキシンとトリメトプリム

……500 ppm

スルファモノメトキシンとオルメトプリム

……500～600 ppm

[補] ロイコチトゾーン原虫の越冬に関する諸説

①ヌカカは3齢幼虫で越冬するが，バベシアのような経卵感染は成立しない．また吸血は雌の成虫のみである．ヌカカでの越冬は考えにくい．

②毎年，南方（沖縄）から広がってくる（伝播速度が早すぎる）．

③鶏に近縁のキジ科鳥類の関与（感染はない）．

④渡鳥によって越年，伝播される（感受性はない）．

⑤感染耐過鶏が保虫鶏になっている（ほぼ確実）．

鶏のマラリア原虫

Plasmodium juxtanucleare

Plasmodium gallinaceum

鶏マラリアは，日本では1955年以来ほぼ全国各地から発生報告がなされてきたが，一般に病原性は必ずしも激しくなかったためか，あまり重視されることなく経過してきた．おそらく不顕性に潜伏し，ときには局所的な軽微な感染が散発しているのであろう．一方，従来の認識と異なる病原性の強い株も分離されていることから，注意していく必要が生じてきた．

鶏に感染するマラリア原虫には，表1.17に示す2種のものがある．

[発育環]

マラリア原虫は，

①メロゴニー（シゾゴニー）を肝臓の実質細胞または細網内皮系細胞（赤外型）および赤血球内（赤内型）で，

②ガモゴニーを赤血球内（赤内型）（口絵㉙㉚）で，

③ガメトゴニーとスポロゴニーをベクター（蚊）体内で行う（図1.36）．

発育環の大綱は前述したロイコチトゾーンに類似し

表1.17　鶏にみられるマラリア原虫とその特徴

	P. juxtanucleare（PJ）	*P. gallinaceum*（PG）
分　布	ブラジル（初記載），メキシコ，ウルグアイ，スリランカ，インドネシア，マレーシア，フィリピン，台湾，日本 [中南米と東南アジア]	スリランカ（初記載），インド，インドネシア，マレーシア [日本，台湾を除く東南アジア]
ベクター	おもにアカイエカ	ヤブカ，クロヤブカ
赤内型虫体と核の相互関係	相対的に小さく，宿主赤血球の核より大きくなることはない．核に隣接して（juxta）寄生するが，核の位置は正常に保たれる	左種に比べてはるかに大きく，宿主赤血球の核をとり囲み，圧迫するように寄生する．このために核の移動をきたすこともある
病原性	東南アジアのものは概して弱毒，中南米のものは強毒とされていたが，日本では強毒株も分離された	病原性はきわめて強い．中・大雛の死亡率は90%前後，成鶏でも著名な貧血を示す．野鶏は抵抗性

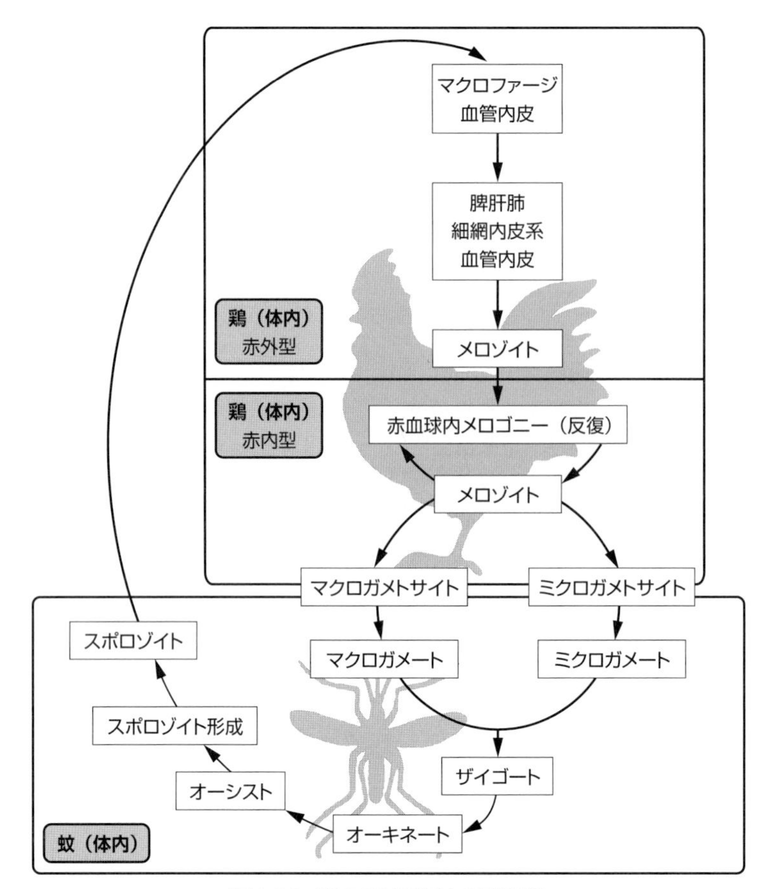

図 1.36　鶏マラリア原虫の発育環

ている．異なる事項のうち，主要なものは次の 2 点である．

①蚊の吸血により注入されたスポロゾイドは皮下部位のマクロファージおよび血管内皮細胞に感染してメロント（pre-erythrocytic meront）に発育する．次にメロント内のメロゾイドは放出され，脾臓，肝臓や肺の細網内皮系細胞や血管内皮細胞に感染して 2 回目のメロントを形成し，赤血球外発育が行われる．

②赤内型のメロゴニー（erythrocytic merogony）がくり返し行われる一方，これに並行して一部のものがガモゴニーへのステップを歩み出す（口絵㉙㉚）．

赤内型メロゴニー：肝臓で増殖形成されたメロゾイトは，赤血球へ侵入し，［早期栄養体（early trophozoite. ring form：輪状体，環状体）⇨後期栄養体（late trophozoite）⇨アメーバ体（ameboid form）⇨幼若分裂体（young meront）⇨成熟分裂体（mature meront）］となり，新生メロゾイトが遊離する．メロゾイトは新しい赤血球へ侵入し，メロゴニーをくり返す．一部のものはガモゴニーをはじめる．

メロゴニーによって 1 個のメロント（シゾント）内に 3 ～ 7 個，通常 4 個のメロゾイトが形成される．この赤内型メロゴニーの周期・間隔は種類によってだいたい一定しており，たとえば *P. juxtanucleare* ではやや同時性に乏しいが 24 時間，*P. gallinaceum* では 36 時間である．ちなみに表 1.18 に示してあるように，ヒトの三日熱マラリア原虫の 48 時間（中 2 日，3 日ごと），四日熱マラリア原虫の 72 時間（中 3 日，4 日目ごと）などの名称はこの周期に基づいている．

［病原性・症状］

通常，マラリアの三大主要症状は，発熱，脾腫，貧血であるといわれている．①発熱の発生メカニズムについては諸説があるが，多数のメロゾイトが血球を破壊する際に，虫体のみならず，虫体の代謝産物やマラリア色素などの異物が血中に混入し，体温調節中枢が刺激されるという説が有力である．②脾腫は破壊された赤血球の処理，および，寄生赤血球や虫体に由来する異物などの栓塞や毒作用に起因するうっ血，浮腫，結合織の増生などによって発生する．肝臓も腫大するが，脾臓の腫大のほうがはるかに激しく，しばしばマラリア色素の沈着によって黒褐色を呈している．貧血は赤血球の破壊ばかりでなく，脾臓における場合と

表 1.18 ヒトのマラリア原虫（口絵㉛㉜）

	三日熱マラリア原虫 *P. vivax*	四日熱マラリア原虫 *P. malariae*	熱帯熱マラリア原虫 *P. falciparum*	卵形マラリア原虫 *P. ovale*
メロゴニー周期	48 時間	72 時間	36 ～ 48 時間	48 時間
寄生赤血球	著しく膨大	膨大しない	膨大しない	やや膨大，卵形
輪状体	やや大（2 ～ 3 μm）	やや小	小型（1.5 μm）	やや小
アメーバ体	アメーバ様運動	帯状体	通常内臓血管内	円形～卵形
マクロガメトサイト	核は小さく偏在	ほぼ左同様	半月状，核は密	核やや小，偏在
ミクロガメトサイト	核は粗，ほぼ中央	ほぼ左同様	半月状，核は粗	核は粗，ほぼ中央
潜伏期	10 ～ 14 日	12 ～ 21 日	5 ～ 10 日	11 ～ 16 日
ヒプノゾイト	あり	なし	なし	あり
病　性	良　性	良　性	悪　性	良　性

＊ ギムザ染色でミクロガメトサイトのほうが赤みが強い.

同様の機序による骨髄血管の栓塞や増血機能への障害も関与している.

マラリア色素（malarial pigment）：赤内型マラリア原虫内には，虫体が血色素を利用した終末産物としての黄褐色の顆粒が認められるようになる．これはマラリア色素とよばれ，血球が破壊されると虫体とともに血漿中に出てくる.

***P. juxtanucleare* の病原性**：株によって異なり，中南米のものは強く，東南アジアのものは概して弱いといわれていた．しかし，日本では強毒株も分離されている．これは成鶏では死亡には至らなかったが，30 日齢のヒナでは 30 ～ 50％の死亡率が示されたという.

臨床的には貧血，黄疸，緑色便などがみられる．幼若鶏のほうが症状は強く出る．強度の貧血のために死亡するものもあるが，普通は耐過するものが多い．耐過鶏は免疫性を獲得する（持続感染免疫：premunition －感染は長期間持続する）．強毒のブラジル株では貧血によって元気沈衰，衰弱をきたし，ときに中枢神経障害を併発することもある.

***P. gallinaceum* の病原性**：メロントには 8 ～ 30 個のメロゾイトが形成され，ガモントは赤血球の細胞質の 2/3 を占める大きさにまで発育する．そして両者とも寄生赤血球核に対し，おもに物理的に大きな影響を及ぼし，強い病原性が発揮される．中・大雛の死亡率は高く，成鶏でも激しい貧血があり，脾臓や肝臓の顕著な腫大が現れる．多数寄生の場合，脳の毛細血管に寄生赤血球，遊離虫体，マラリア色素などの沈着による栓塞をきたし，大脳皮質に高度の酸素欠乏，出血，浮腫，壊死による重篤な脳症状，麻痺などを発することがある.

[診　断]

蚊によって媒介されるために，感染は夏季に起こるが，蚊体内における発育期間に 2 週間前後を要し，さらに感染してからの潜伏期間に 5 ～ 10 日間の幅があるため，ロイコチトゾーン症のようにある時期に集中的に発生することはあまりない．多くは散発的に発生し，慢性に経過し，徐々に蔓延していく.

集団診断としては，供試鶏から末梢血塗抹ギムザ染色標本を鏡検し，赤血球中のメロント，トロフォゾイト（メロゾイト），ガメトサイト（ガモント）などの検出を行う．剖検した場合は，臓器・組織の病理学的所見に合わせ，これらを検体として割面の押捺塗抹標本を作製し，上記同様の要領で鏡検する.

[治療・予防]

蚊の撲滅，鶏舎への侵入阻止，吸血からの保護などは徹底を期しにくい．抗マラリア剤の有効性はわかっているが，産業的見地に立つ現実的・具体的な方法は知られていない.

サルのマラリア原虫

サル類には実験用動物，動物園動物あるいはペットとして人間社会との関連を有するという一面がある．サル類には 20 数種類のマラリアがあることが知られているが，大部分はマレーシアを中心とする東南アジアに分布しているものである．この東南アジアは，実験用サルとしてもっとも多いカニクイザル（*Macaca fascicularis*）の主要な輸出地帯にもなっている．そして，東南アジア諸国から輸入されたカニクイザルからは *Plasmodium cynomolgi*, *P. inui* および *P. coatneyi* の 3 種類のマラリア原虫が検出されている．さらに一部の原虫に関しては，実験室内における人体感染のあったことが知られている.

ニホンザル（*Macaca fuscata*）からは，現在までのところまだマラリア原虫は検出されていないようである．しかし，ニホンザルは上記カニクイザルと同属であり，東南アジアに分布するマラリア原虫のベクターはいずれもハマダラカ（*Anopheles*）属の蚊であるので，万一，サルマラリアの侵入があった場合，国内に蔓延するおそれは否定できないであろう．すなわち，サルマラリアは人獣共通寄生虫症として注目されているが，そればかりでなく動物衛生管理上の問題としても留意しておく必要があると考えられる．

多くのマラリア原虫の赤内型の発育・メロゴニー（シゾゴニー）にはほぼ種特有の周期があり，赤血球内で形成された多数のメロゾイトが同時的に赤血球を破壊する．そして，この際に血漿中には虫体はもちろん，発育に伴う代謝産物やマラリア色素などが遊離し，これらが体温調節中枢を刺激してマラリア特有の熱発作を起こすことになる．次にこの熱発作発生のタイプにより主要種を群別して述べる．

(1) 毎日熱型（赤内型発育の所要時間：24 時間）

Plasmodium knowlesi：宿主はカニクイザル，ブタオザルなどの *Macaca* 属のサル．人体感染例がある．分布地域はマレー半島，フィリピン，台湾．ベクターは *Anopheles hackeri* をはじめとするハマダラカ属．自然界における固有宿主に対する病原性は概して軽度であるが，アカゲザルなどに対する実験感染では急性症状を呈し，ときには致死的ですらある．

(2) 三日熱型（赤内型発育の所要時間：48 時間）

Plasmodium cynomolgi：宿主はおもにカニクイザル，ブタオザル．このほかに *Macaca* 属のタイワンザル，さらにはボンネットモンキー，*Presbytis* 属のコノハザル（ヤセザル）などが知られている．実験的にはアカゲザルがよくかかる．ヒトへの感染例があり，実験室内感染も知られている．宿主，分布地域によって 3 亜種に分けられることもある．広く東南アジアに分布する．ベクターは *A. hackeri*，*A. balabacensis*，*A. maculatus* など．実験的にはほかのハマダラカもベクターになりうる．

Plasmodium coatneyi：宿主はカニクイザル．マレー半島，フィリピンに分布する．固有宿主に対する病原性は強くはない．アカゲザル，その他の *Macaca* 属のサルやコノハザルなどには感染しうる．ベクターはハマダラカ属の蚊である．

Plasmodium eylesi：マレー半島のシロテナガザルが宿主．テナガザルに対する病原性はほとんどないようである．ヒトにも実験的に感染しうる．自然界におけるベクターは不詳であるが，*A. kochi*，*A. maculatus*，*A. sundaicus* などは容易に媒介する．

Plasmodium schwetzi：アフリカのチンパンジー，ゴリラ．ヒトにも感染しうる．一時期 *P. vivax* の一亜種，あるいは *P. ovale* であろうと考えられていたことがあった．ヒトに対しても，チンパンジーに対しても病原性は弱い．ベクターは不詳であるが，*A. labranchiae*，*A. balabacensis* などは実験的に媒介が成立する．

Plasmodium reichenowi：アフリカのチンパンジー，ゴリラ．媒介はハマダラカ属の蚊．

Plasmodium gonderi：アフリカ中西部のマンドリル（大型のヒヒ），マンガベイが宿主．アカゲザルには感染可能．病原性は強くない．媒介はハマダラカ属の蚊．

Plasmodium simium：ブラジルのホエザルから報告されている．またヒトからの報告が一例ある．*P. ovale* あるいは *P. vivax* が新大陸のサルに馴化したものという説がある．自然界におけるベクターは知られていないが，*A. cruzi* が予測され，実験的には数種のハマダラカで感染が成立している．

(3) 四日熱型（赤内型発育の所要時間：72 時間）

Plasmodium inui：宿主はカニクイザル，ブタオザル，その他 *Macaca* 属のサル．分布は南アジア，インドネシア，フィリピン，台湾で，感染率は高い．アカゲザルは容易に感染し，ヒトも感染する．病原性は中等度．ベクターは *A. hackeri* および *A. leucosphryus* を含むハマダラカ属の蚊．

Plasmodium brasilianum：ホエザル，クモザル，リスザルなど多種類の南米のサル類が宿主になる．実験的にはヒトおよびマーモセットで感染が成立している．病原性は強い．四日熱マラリア原虫が新大陸でサル類に馴化・蔓延したものであろうという説がある．

Plasmodium rodhaini：*Plasmodium malariae*（四日熱マラリア原虫）と同一種と考えられている．四日熱マラリア原虫は熱帯から亜熱帯にわたって広く分布するもので，ヒトのマラリア原虫として著明である．しかも，ヒトばかりでなく，生息地におけるチンパンジーの感染率が高いことが知られている．

(4) ヘパトシスチス

Hepatocystis kochi（syn. *Plasmodium kochi*）：中央アフリカのミドリザル，その他ヒヒ，マンガベイ，オナガザルなどに寄生する．寄生率は非常に高い（50～70％）が，病原性は弱いようである．①赤内型としてガメトサイト（ガモント）は認められるが，メロゴニーはなく，②メロゴニーは肝細胞内で行われ，大型のシストを形成し，③ヌカカ類をベクターにする，などの点で *Plasmodium* 属から分けられ *Hepatocystis* 属とされている．肝臓には灰白色の結節が形成される．

Hepatocystis semnopitheci：東南アジアのカニクイザル，ブタオザル，コノハザル．

Hepatocystis taiwanensis：台湾．タイワンザル．

［補］ヒトのマラリア原虫のサルに対する感受性

各種の真猿類（Anthropoidea）に対するヒトマラリア原虫の感受性が調査・検討され，表 1.18 に示した 4 種とも，摘脾動物を含むいずれかのサルに対する感受性を有していることが確認されている．

C　ピロプラズマ類（Piroplasma）

胞子虫綱（Sporozoea）－ピロプラズマ亜綱（Piroplasmia）－ピロプラズマ目（Piroplasmida）に属する（新たな分類体系による名称　無コノイド綱－ピロプラズマ目）原虫を総称して一般に“ピロプラズマ”とよんでいる．*Piroplasma* という属名もあったが，これは古語に近く，現在ではシノニムとして扱われているにすぎない．また *Piroplasma* 亜属（*Babesia* 属のうち，比較的大型のもの）という分類学的位置を設けることもあるが，これはむしろ範囲が限局されている．

Order Piroplasmida
Family Babesiidae
Genus *Babesia*
(Subgenus *Piroplasma*)

B. bigemina	牛．ダニ熱（法定伝染病）
B. ovata	牛．大型ピロプラズマ病
B. motasi	めん羊
B. caballi	馬（法定伝染病）
B. trautmanni	豚
B. canis	犬

(Subgenus *Babesiella*)

B. bovis	牛（法定伝染病）
B. ovis	めん羊
B. gibsoni	犬

Family Theileriidae
Genus *Theileria*

T. buffeli	牛．オーストラリア．東南アジアの水牛
T. orientalis	牛．日本，韓国，ロシア，中国（かつては *T. sergenti* と考えられていた）

（以下，参考）

T. parva	牛．東海岸熱（法定伝染病）
T. annulata	牛．熱帯ピロプラズマ病（法定伝染病）
T. mutans	牛．仮性沿岸熱（口絵㉝）
T. equi	馬（法定伝染病）

Genus *Haematoxenus*
Genus *Cytauxzoon*

牛のピロプラズマ

いわゆるピロプラズマとよばれる原虫の分類学的名称，位置については長い間非常に混乱を重ね，いまだに確定されていない部分が残っている．

種名に関しては，日本でもっとも重要な“小型ピロプラズマ”には，長年 *Theileria sergenti* の学名が使用されてきたが，遺伝子を用いた比較により，日本のタイレリアは *T. sergenti* とは異なることが明らかにされ，*Theileria orientalis* と呼称すべきであるとの意見が強くなってきた．したがって，本書でもこの学名を使用する（口絵㉞）．

ピロプラズマ症，通称ピロプラズマ病は，日本では牧草地における代表的な疾患として著名である．放牧牛に対する被害を年代，地域，気象などを無視してごくごく大雑把にいえば，発症率は 10%，死亡率はその 10% で全体の 1% という数字が一応の目安になる．もっともこの場合のピロプラズマ症とは，厳密な意味でのピロプラズマ目に属する原虫の感染による疾患ばかりでなく，アナプラズマ，エペリスロゾーンなどリケッチアの感染も含まれるものである．実質的には“ピロプラズマ目の原虫，とくに *T. orientalis* 感染を主因とする牛の疾患”と解釈しておいてよい．ただし，犬では“バベシア感染症”をいう．

バベシア
Babesia

牛には 7 種類のバベシアが知られているが，日本にはこれらのうちの 3 種類が分布しているといわれていた．しかし，これらのうちの沖縄県に分布していた 2 種，*Babesia bigemina* と *B. bovis* はいずれも法定伝染病に指定されているものであり，現在は撲滅宣言が出されている．残りの 1 種，*B. ovata* はいわゆる“大型ピロプラズマ”とよばれているもので，沖縄県を除く全国に散在し，通常は小型ピロプラズマと混合感染している．病原体としての実際上の意義はあまり大きくないと考えられている．

往年，日本本土に *B. bigemina* によるダニ熱の記録がみられたが，これは *B. ovata* が小型ピロプラズマ，あるいは他種病原体と合併し，症状が複雑に悪化し，ダニ熱様症状を呈したために臨床的に誤認され，さらに末梢血中に *B. bigemina* と形態的に類似する *B. ovata* が検出されて誤解を招いたものと思われる（表 1.19）．

［発育環］

不明部分を残すとはいえ，*B. bigemina* の発育環がもっともよく研究されているので，これを基準として述べ，*B. ovata* など他種のバベシアについては明らかな相違点を指摘するにとどめる（図 1.37）．

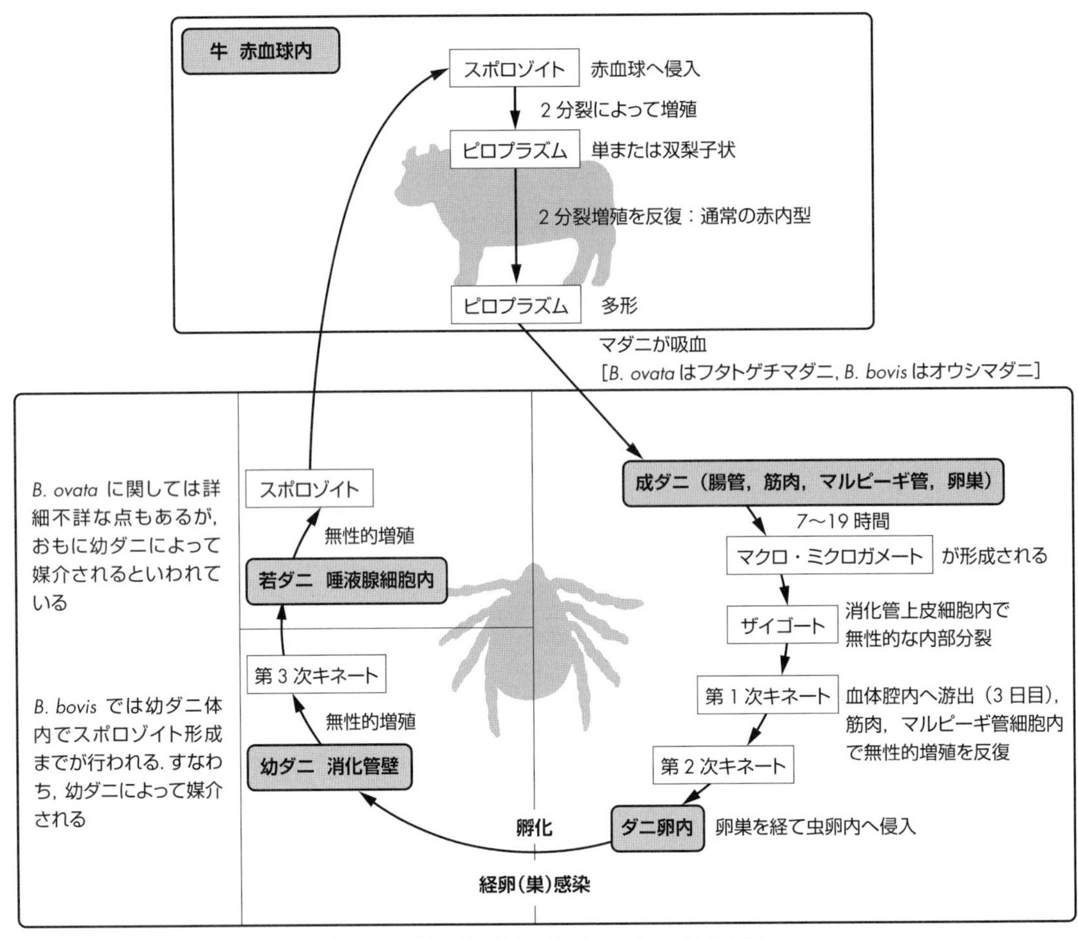

図 1.37 牛のバベシア（*B. bigemina*）の発育環

表 1.19 末梢赤血球寄生バベシア虫体の形態

	大型		小型
	B. ovata	*B. bigemina*	*B. bovis*
大きさ結合角	3.2 × 1.7 μm ほぼ直角	4.2 × 1.5 μm 強い鋭角	2.4 × 1.5 μm 鈍角

経卵（巣）感染（transovarial transmission）：バベシア類の原虫は吸血したダニの卵巣を経由して虫卵へ侵入し，孵化した次世代の幼ダニまたは若ダニによって媒介される．このような感染様式を“経卵（巣）感染”という．これに対しタイレリア類の原虫は吸血したマダニの次発育期のマダニ（幼ダニ⇨若ダニ，若ダニ⇨成ダニ）によって媒介される．ダニの卵巣・卵を経由することはない．これを“経発育期感染（stage to stage transmission）”という．

[病原性・症状]

(1) *Babesia ovata*（いわゆる大型ピロプラズマ）

沖縄県を除く日本全国に散在している．媒介ダニはフタトゲチマダニ（*Haemaphysalis longicornis*）で，小型ピロプラズマと共通しているため，普通両者は混合感染している．韓国にも分布している．両者が混合感染した場合，干渉現象があり，*B. ovata* の増殖は抑制されている．従来，*B. ovata* は日本でもっとも普遍的な小型ピロプラズマの発育環上の一形態と考えられていたり，ダニ熱の病原体 *B. bigemina* と同じものと考えられていたこともあった．しかし，小型ピロプラズマとは薬剤感受性，免疫原性の点で異なり，*B. bigemina* とは媒介ダニの種類が異なっている．

図 1.37 に示したように，*B. ovata* はフタトゲチマダニのおもに幼ダニによって媒介される．幼ダニは主として秋に発生するので感染は通常秋に多発する．しかし，幼ダニは春先にも生息しているので，入牧直後に感染することもある．

感染ダニの吸血後 9 〜 16 日で赤血球内虫体が認められるようになる．急性期には好中球減少に由来する白血球数の減少，回復期にはリンパ球を主とする白血球数の増加がある．赤血球膜の浸透圧抵抗性は減退し，血管内溶血がみられる．発熱，貧血，黄疸，血色素尿の排泄などが基本的な臨床症状であるが，ほかのバベシア病よりも弱い．原虫の出現と臨床症状の発現とは通常ほぼ平行し，多くは数日で耐過する．合併症がなければ死亡することはまれである．とくに幼牛では原虫の出現は短期間，かつ少数であり，症状は軽く見逃される場合が多い．成牛のほうが感受性は高い．

(2) *Babesia bigemina*

Babesia bigemina は，牛のバベシア病（ダニ熱）の病原体として著名である．南北アメリカ，アフリカ，オーストラリア，アジアなど世界中に分布している．日本ではかつて沖縄県でみられたが，最近の発生はない．ゼブー，水牛などを含むウシ科動物に寄生する（口絵㉟）．

ベクターは，オーストラリア，台湾，沖縄ではオウシマダニ（*Rhipicephalus*（*Boophilus*）*microplus*），その他の地域では，*Haemaphysalis punctata*，*Rhipicephalus appendiculatus*，*R. brusa*，*R. evertsi* などのチマダニ属，コイタマダニ属のマダニ類である．

症状は 40 ～ 42℃の稽留熱（けいりゅうねつ），貧血，黄疸，血色素尿症などである．ほかに白血球数の減少，胃腸障害，心衰弱，タンパク尿症，乳量の減少などもみられる．これらの症状や病性などの特徴から，ダニ熱，赤水熱（red water fever）など，また北米では古くはテキサス熱とよばれていた．清浄地区からの導入牛，とくに成牛では急性症状を呈するが，汚染地の飼育牛は慢性経過をたどる．急性のものでは原虫は感染 8 ～ 10 日で流血中に現れ，罹患牛の 50 ～ 90％が数日以内に死亡するような場合もある．

若齢牛の多くは軽症，不顕性に経過する．まれに発熱をくり返す場合もあるが，致命率は 1 ～ 2％にすぎない．

剖検所見の特徴は全身の貧血，黄疸，膀胱内に貯溜する暗赤色の血色素尿などである．脾臓，肝臓，腎臓の腫大も目立つ．

(3) *Babesia bovis*
(syn. *B. argentina*)

南米，オーストラリア，東南アジアに分布し，牛にアルゼンチナ病をひき起こす．日本では沖縄県で確認された記録があるが現在はない．*B. bigemina* と同様オウシマダニが媒介するため，感染牛には両者の混合感染が多い．オウシマダニは一宿主性のダニで，成ダニが末梢赤血球中の虫体を吸引し，次世代の幼ダニによって原虫を伝播する（経卵（巣）感染）．

症状はダニ熱と同様，あるいはこれに類似するもののほか，アルゼンチナ病特有の流涎，興奮，麻痺などの神経症状が加わる．これらの症状は，実質臓器，とくに大脳皮質の毛細血管に寄生赤血球が充満栓塞し，循環障害，酸素欠乏による機能障害をきたしたものである．“脳性バベシア症”とよばれるゆえんである．すなわち，病性は著しく悪性である．

[診　断]

牛のバベシア症では，発熱期を除けば，通常の血液検査で末梢血中から原虫を検出することは困難である．しかし，このような場合でも，血液を摘脾牛に接種すれば多くは原虫が分離されるが，日常の診断法としては実用的ではない．したがって，実際の診断は臨床症状，疫学的所見，尿の潜血反応を含む臨床病理学的所見などを総合して行われることになる．免疫学的な検査法もあるが，実施は特定の研究機関に限られている．

[治　療]

殺原虫剤としてはジミナゼン製剤のガナゼックが用いられている．海外ではイミドカルブも使用されているが，日本では認可されていない．ただし，大型ピロプラズマ病を除く 2 種，*B. bigemina*（ダニ熱）および *B. bovis*（ボビス病，アルゼンチナ病）は家畜伝染病（法定伝染病）に指定されており，治療・駆虫の適否に関する考慮が要求される．さらに，と場においてこれら 2 種によるピロプラズマ病と診断された場合は，生体検査時であればと殺禁止，解体前であれば解体禁止，解体後に検出されれば全部廃棄処分を受けることを知っておく必要がある．

タイレリア
Theileria

牛のタイレリア病は日本では全国に広く分布し，とくに放牧牛で被害が大きい．放牧事故の第 1 位にあげられている牧野は少なくない．一般に“小型ピロプラズマ病”とよばれている．しかし，実際の野外ではタイレリア（いわゆる小型ピロプラズマ：*Theileria orientalis*）を主因とし，これにしばしば前述したバベシア，さらにはアナプラズマ，エペリスロゾーンなどのリケッチア類の混合感染をも含む貧血を主徴とする疾患である場合が多い．放牧病の代表的なものと理解されている．

[発育環]

(1) 牛体内における発育：シゾゴニー

従来，赤血球内寄生原虫（ピロプラズム，赤内型原虫，メロゾイト）のみが記録されるにとどまっていたが，その後牛のリンパ節，肝臓，脾臓などに直径 20 ～ 200 μm に達するかなり大型のマクロシゾントが存在することが明らかになった．マクロシゾントはやがて内部に多数の小顆粒（核）を形成したミクロシゾントになる（大型の核を有するシゾントをマクロシゾント，小核を有するシゾントをミクロシゾントとよぶが，あまり拘泥する必要はない）．さらに個々の小顆粒は細胞質を備えた1 μm 前後の大きさのピロプラズム（piroplasm）として遊離分散して宿主の赤血球へ侵入し，寄生する．

赤血球内ではピロプラズムの分裂・増殖が認められる．虫体の形態は，マダニの吸血後10～14日間くらいにあたる感染初期の増殖期には柳葉状，コンマ状のものが多いが，慢性期には細胞質の明るい卵円形，洋梨状のものが相対的に増えてくる（口絵㉞）．これら細胞質に富む虫体の寄生する赤血球内にはしばしば桿状小体（bar, veil）が検出される．この小体の実態はまだ明らかにされてはいないが，その存在は虫体検出の補助になるばかりでなく，*T. parva* および *T. annulata*（いずれもこの構造を有しない）との鑑別に役立つ．なお，桿状小体はギムザ染色（pH 5.6以下）を施した標本で，エオジン好性の無構造物として観察される．ピロプラズムの寄生数は通常は1個の赤血球に1～2個であるが，数個の場合もある．

ピロプラズムには四連球菌状の形態を呈するものが常にごく少数検出される．原虫寄生赤血球を接種した牛では一時的に四連球菌状の虫体が増えるともいわれているが，発育環上の意義は明らかではない．

(2) フタトゲチマダニ体内における発育

小型ピロプラズマはベクターになるフタトゲチマダニの中腸内においてガメトゴニーを行い，ひき続いて，ガメトゴニーの結果形成されたマクロおよびミクロガメートの融合（ザイゴートからキネート形成）が行われる．キネートは唾液腺へ侵入し，スポロゴニーを行い，まずスポロブラスト段階に達したままで，宿主（ベクター）であるマダニが変態して次発育期に成育し，吸血を開始するまで待機している．そして，吸血が開始されると唾液腺内のスポロブラストは発育を再開し，スポロゾイトになり，感染性を有するようになる．

フタトゲチマダニ（*Haemaphysalis longicornis*）：日本に広く分布し，とくに牧野において放牧牛を好適宿主にしている．三宿主性のダニで，幼ダニ，若ダニ，成ダニの各発育期ごとに［寄生⇨吸血⇨飽血⇨脱落⇨地上で脱皮⇨次世代が寄生⇨…］をくり返している（口絵㊱，p.330）．

[病原性・症状]

小型ピロプラズマ症の主要症状は貧血である．放牧牛，とくに初放牧牛の症状はかなり強く現れてくるが，舎飼牛における症状は概して弱く，死亡牛の発生を含む重篤な発症例の報告はあるものの，多くは無症状で耐過する．このために，世界的には *T. parva* や *T. annulata* が悪性タイレリアとよばれるのに対し，良性タイレリアとよばれているが，日本，韓国では無視できない．

感染1週間ころのメロゴニー期に41℃前後の弛張熱がみられる（第一次発症）が，実際には見過ごされることが多い．また，この時期に体表のリンパ節に腫脹がみられる場合もある．感染10～14日で熱は下降し，このころから末梢の赤血球中に虫体が認められるようになる．感染4週間くらいで血球内寄生原虫数は急増し，宿主は急性貧血に陥る（第二次発症）．重症例では貧血による可視粘膜の退色蒼白化，心悸亢進，呼吸促迫などがみられる．同時に元気，食欲の不振があり，著しい場合には起立不能から死亡するものも出る．軽度の黄疸がある場合はあるが，バベシア症と異なり，血尿や血色素尿を排泄することはない．すなわち赤血球数の減少は急激であるが，血管内溶血は起こらないようである．なお，重症牛ではGOT（AST），GPT（ALT），LDHなどの上昇があり，肝臓障害が疑われている．

[診　断]

(1) 発生状況

牧野の植生および草丈が放牧牛の導入を開始する指標となり，このことは当該地の気象条件，とくに気温の消長が越冬後のマダニの発生・活動を促すための十分条件を満たしていることを意味している．また，秋冷による牧草の枯渇とマダニの活動停止時期もおおよそ一致している．簡単にいえば，『牛の放牧期間とマダニの活動期間はちょうど一致している』ということである．さらに『牛は若ダニが活動を開始しはじめる時期に牧野に放牧され，放牧開始早々に感染を受ける』ことになるわけである．放牧牛を群としてみた場合，放牧後，短期間内に一斉感染し，ほぼ1か月後に発症牛が散見されるようになるのが平均的な牧野における所見である．

〈小型ピロプラズマ症発生にかかわる参考資料〉
（新潟県の資料より抄録）

(1) フタトゲチマダニ各発育期虫体の季節的消長
4月下旬～6月上旬…おもに若ダニ
…春の若ダニ
6月下旬～8月上旬…おもに成ダニ
…夏の成ダニ
8月下旬～10月上旬…おもに幼ダニ
…秋の幼ダニ

(2) フタトゲチマダニの活動と気温
15℃以上…活動正常・活発
…4月下旬～10月上旬
10～15℃…活動不活発
…10月中旬～11月中旬

10℃以下…活動停止・冬眠

…11月下旬〜3月上旬

(3) 牧草の成育度と気温

5℃…成長開始…4月上旬

15℃以上；10時間持続

…草丈20 cmに達し，放牧可能…5月上旬

[注意] ①具体的な数字，季節は地域によって大きく異なる．

②草丈はオーチャードグラス

総括すれば，

[牧草の利用可能期間] ＝ [放牧期間]

＝ [マダニの活動期間]

(2) PCV (packed cell volume ; Ht)

放牧牛を対象とする一般検診では，予診的な可視粘膜，その他の外貌検査に加えて，PCVの測定が常用されている．これは野外においても実施可能であり，同時に血液塗抹標本の作成，固定までは並行して実施しうる．鏡検は通常検査室内の作業になる．

発症牛のPCVは軽度なもので25%以下．しばしば20%を下回る場合もある．ときには15%以下となる重篤な例もあり，さらにまれには10%前後にまで下がった例もある．

(3) 原虫の検出

検出対象になる原虫のステージは，赤血球内で分裂・増殖期にある赤内型原虫（ピロプラズム）で，検出はもっぱら末梢血の塗抹・ギムザ染色標本を鏡検して比較的容易に行われる．タイレリアはバベシアと異なり，発症期以外でも検出は可能である．他種との鑑別を要する場合には間接蛍光抗体法が行われ，ELISAの応用も可能である．

(4) 寄生赤血球（PE）率，原虫寄生密度

原虫の寄生密度の測定は，集団あるいは個体であるとを問わず，病勢を正確に把握し，的確な対応を図るために要求される事項のひとつになる．石原による表示基準の一例をあげ，これに推定PE（parasitized erythrocytes）率を付記して表1.20に示す．なるべくPE率で表示されるほうが望ましい．

表1.20 タイレリアの寄生密度および推定PE率（石原による）

タイレリア寄生度（油浸で鏡検）の表示				評点	推定PE率
各視野に原虫寄生赤血球10個以上			＋＋＋＋	4	10.0 %
各視野に	〃	1個以上	＋＋＋	3	1.0 %
10視野に	〃	1個以上	＋＋	2	0.1 %
10視野に	〃	1個以下	＋	1	0.01 %
全視野に	〃	検出されず	−	0	0 %

(5) 判　定

放牧牛の定期集団検診では，PCV20%以下，あるいはPE率10%以上であれば，かなり強い病態であると判定される．全群に対し，とくに初放牧牛には治療処置が必要になる．ただし，この判定基準値を絶対視する必要はなく，地域により，牧野により適宜に設定されればよい．

(6) 発症にかかわる要因

既述したように，放牧牛ではかなりの障害が認められるが，舎飼牛では多くは軽症，あるいは無症状で耐過する．放牧による環境や飼料の激変，感染源との接触頻度の増大などが放牧牛に対する大きな負の要因になっているのであろう．舎飼牛では妊娠，分娩，輸送，ワクチン接種，合併症などの体力低下にかかわる要因は発症の誘因になる．牛舎内におけるダニの存在とその活動を許容する温度条件がそろえば，冬季であっても舎飼牛に予想外の発症があった事例が知られている．

品種からみた感受性は“ホルスタイン＞ジャージー＞和牛”という傾向がみられる．また，年齢は“幼牛＞成牛”（バベシアは逆であることに注意）の傾向がある．常在地では移行抗体があるという．この時期に感染すれば，不顕性，無症状のまま耐過する．

大型ピロプラズマ（*Babesia ovata*）の混合感染によって症状の悪化，複雑化をきたす場合もある．このときに，たまたま大型ピロプラズマ（バベシア）が検出されれば，診断を誤るおそれが生ずることになる．通常，タイレリアの感染はバベシアやアナプラズマの増殖を抑制し（干渉作用），これらの検出率は低減される．これに伴ってそれぞれの固有症状も示されなくなる．一般にバベシア症の症状は感染直後・放牧当初に認められるにすぎず，混合感染後1か月も経過すれば，タイレリア症の症状のみが残る．

[治　療]

8-アミノキノリン製剤（パマキン，プリマキン）が用いられる．ただし，前者は平成29年6月，後者は平成27年3月に認可承認は継続されているものの，販売は中止されている．パマキンは成牛1頭あたり400 mg（2 mL）を筋注する．皮下注は不適当，静注は不可．4か月齢以下の幼牛に対しては半量が用いられる．搾乳牛には不可．また妊娠末期牛，肝・腎臓に重度障害のある場合にも使用不可である．注射局所に腫脹，疼痛をきたすことがある．ときには貧血，発熱を伴う場合もある．食用を目的とする出荷前の30日間は，法により使用禁止が定められている．

プリマキンは水性のものもあるが，普通は6%の油

剤で5 mL/頭，幼牛には半量を適用する．ほかの注意事項はパマキンと同様である．また，ジミナゼン製剤のガナゼック®は，バベシアには2～3 mg/kgが用いられ，タイレリアには7～10 mg/kgの筋注が用いられている．発病を軽減するワクチンの開発の試みがなされているが，実用には至っていない．

対症療法（輸液・輸血）：病態の基本は「貧血」と「脱水」である．したがって重症例では，強度な貧血，脱水症，アシドーシス，栄養状態の低下などに対応する輸液，輸血などが必要になる．

輸液量は脱水状態に応じおおよそ40～60 mL/kg，ルートは静脈内および経口的，緊急時にはまず静脈内に，徐々に経口投与量を増やしていく．輸血は有効であるが，反復する場合には細心の注意が必要である．

"パマキン耐性"という語をしばしば耳にする．この"耐性"とはパマキンに対する原虫の感受性の低下を意味することにはちがいないが，実際には，発症牛に治療処置として行った初回注射後のPE率はかなり明らかに低下するにもかかわらず，次回の，たとえば1か月後にみられた再発症に対する治療注射では，PE率はわずかな減少傾向を示すにとどまり，抗原虫効果が著しく低下していると思われる現象をいっている．一言でいえば，"2回目の注射効果の低下"を俗に耐性という言葉で表現しているようである．このような現象はパマキン開発の当初から認められていたという．また，開発試験中のパルバコンでも観察されている．しかし，この"耐性"とみなされている現象は次年度までは持ち越されず，原虫の感受性は戻っているようである．他分野でいわれている"薬剤耐性"とは趣を異にするもののように思われる．タイレリアの発育環を含む特性にかかわる問題であろうか．なお，上記の2回目の発症は再感染もあろうが，パマキンの効かない赤外型原虫の発育に由来するものもあるであろう．

［予　防］

(1) ベクターの撲滅

①牧野の非寄生期ダニに対する火入れ・殺ダニ剤の散布

火入れ…火力の到達は地表のみに限られほとんど実効はない．

散　布…動力散布，空中散布（例:2 kg/10 a）など．環境への影響を配慮する必要がある．

②牛体表の寄生期ダニに対する殺ダニ剤の適用

◎ポアオン（図1.38上），薬浴；ただし，頻回・徹底が必要．労力を度外視し，毎週1～2回を徹底したところ，3年目にはダニの生息をほとんどみなくなり，牧野の清浄化に成功した例がある．

○加圧シャワー・加圧噴霧（被毛層内部への浸透可能）（図1.38中・下），イヤータッグ

△バックラバー（油剤，乳剤），ダストバッグ（粉剤），動力噴霧

③休牧による牧野の清浄化（ダニの無毒化）

マダニを牛に寄生させないことによってタイレリアの発育環を遮断し，マダニを原虫フリーにする．ダニは他種の野生動物に寄生するため，撲滅はされない．休牧は1年でもかなりの効果があるが，2年間休牧すればほとんど清浄化される．この方法の欠点は，牧野に余裕がなければならないことである．

(2) 感染虫体に対する宿主の抵抗性の獲得増強

秋季短期放牧：来年度の放牧予定牛が対象になる．放牧終末期の感染可能時期に短期間（7～10日間）放牧し，特定牧野における複数種の感染源に対する多価免疫の獲得を期待する方法である．最小限度の感染にとどめることが肝要であるが，調整が困難なため現在はほとんど行われていない．

計画感染：いわゆる"毒血注射"とよばれていた方法である．海外ではバベシア病対策として汎用されているが，日本では1979年以降，野外での試験は中止されている．

ワクチネーションほか：各国で種々のステージの虫体を抗原としてワクチンを試作，開発の試みがなされ，日本でも近々実用化される段階にある．また，非特異免疫の付与を図る試みも多い．

(3) 抗タイレリア剤による集団の発症防止

個体診療方式：定期検診の際に，所定の基準に従って判定された発症牛に対しては，抗タイレリア剤（通常パマキンまたはプリマキン）を適用するという方法で，症状の強弱によって処置は現地で，あるいは退牧させたのち病牛舎に収容して行われる．一見合理的に思われるが，この方法のみに頼れば，病勢の推移・消長と定期検診の時期との間に食い違いを生じた場合の事態の悪化は避けられないという欠陥が生ずる．

放牧開始時の一斉注射方式：集団的な発症予防を目的に，放牧開始時，あるいは放牧早々に全頭を対象に一律に抗タイレリア剤を注射する方法である．放牧開始時前後であれば，全頭とも外診上に異常所見はなく，なかには未感染牛もあり，また感染牛であっても赤外型原虫（パマキン無効）の寄生期にあり，まだ発症には至らないものも多いであろう．このためか放牧後の発症状況には同時性に乏しく，対応に苦慮する場合が少なくない．

定期一斉注射方式：汚染牧野に未感染牛を放牧すると，発症例の85％がほぼ1か月後に集中する傾向が

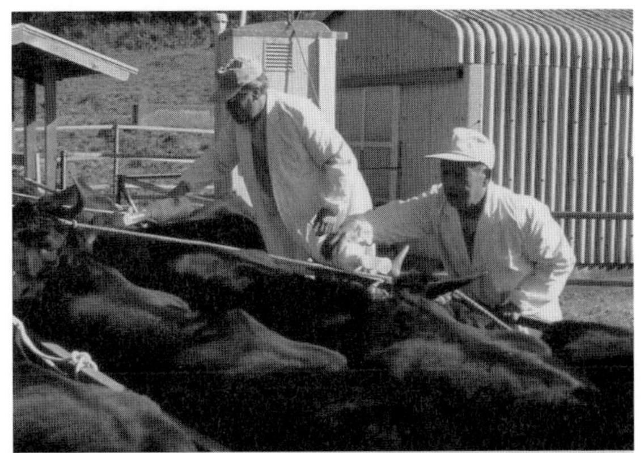

図 1.38　薬剤による牛のマダニ駆除［若林原図］
上：ポアオン　中：噴霧器による薬剤噴霧　下：集団噴霧

ある．そこで，感染，発症の有無を問わず，この時期に初放牧牛に対して一斉注射を行う．この初回一斉注射によって全頭の PE 率は陰転，あるいは陰転しないまでもごく低率を示すまでに改善される．しかし既述したように，通常は注射約 1 か月後には同時発生的に再発現象がみられるので，この時期に第 2 回目の一斉注射を行い，発症を阻止する．通常，再発時の症状は診断基準値には達しても初発時のそれを超えることはない．以後の再発にも必要に応じ同様に対処すればよい．この方法には，再発時期に同時性がみられるため，発症および対応時期の予測が可能になる利点がある．

パマキンの使用にあたっては，いくつかの注意事項がある．そのひとつは薬剤耐性の問題である．野外で“現在，牧野に広く分布しているタイレリアはパマキン耐性になっている”という声を聞いて久しい．ところが前述したように，「真の耐性」であるか否かについては疑義もある．「一時的な耐性」という表現もあるようである．しかし，思わしい代替薬剤が見当たらない現在，いくつかの次善の策が探られている．一般には，パマキンの倍量使用，あるいは 2 回連用などが試みられている．ただしこの場合，副作用も同時に相加, 倍加されることを予測しておかなければならない．とくに決められた用法・用量の範囲を超える点に問題がある．しかしながら, いずれにしても前述のように, パマキンは現在販売が中止されている．それに替わる薬剤については今後の開発を待つしかないことから, 現時点でのもっとも効果的な予防法はポアオン，薬浴によるマダニの粘り強い駆除にあるといえよう．抗マダニワクチンも研究途上にあり, 実用化が期待される．

馬のピロプラズマ

ウマ属動物のピロプラズマとしては，*Babesia caballi* と *Theileria equi* の 2 種類が知られている．世界的にかなり広く分布しているが，いずれも日本には存在していない．しかし，ベクターとして世界的に認められているマダニのうち，日本にはアミメカクマダニ（*Dermacentor reticulatus*）およびクリイロコイタマダニ（*Rhipicephalus sanguineus*）が存在しているため，もし侵入することがあれば大事をひき起こす危険性は十分にある．このため日本ではいずれも法定伝染病に指定されている（家畜伝染病予防法，と畜場法施行規則）．検疫およびと場における具体的な対処方法は牛のダニ熱（*B. bigemina*）などと同様である．

Theileria equi

［分　布］

南北アフリカ，ヨーロッパ，ロシア，中近東，インド，南北アメリカなど広域.

［形　態］

赤内型虫体は点状ないし類円形，あるいは洋梨状を呈している．とくに洋梨状虫体には十字型結合（マルタクロス）を示しているものがしばしば認められ，4 分裂を特徴とする *Nuttallia* 属に分類されていた過去がある．さらにリンパ球内で分裂・増殖することが知られ，*Babesia* 属から *Theileria* 属に所属変更された．赤内型虫体（ピロプラズム）の長径は約 2 μm，点状のものは 0.3 ～ 1.0 μm の大きさである（口絵㊲）.

[発育環]

日本には媒介マダニのうち，アミメカクマダニ，クリイロコイタマダニの2種類の存在が知られている．伝播は，*Hyalomma anatolicum*（ヨーロッパ）では経卵（巣）感染，他種のダニでは経発育期感染で行われる．

マダニ体内では吸血8日目には唾液腺上皮でキネートが形成され，ダニが次の発育期（幼ダニ⇨若ダニ，若ダニ⇨成ダニ）に成育する間に，唾液腺細胞内でスポロント期を経て多数のスポロゾイトが形成される．スポロゾイトは3.0×1.2 μm大で洋梨状を呈している．

馬の赤血球内では，[点状虫体⇨類円型虫体⇨（4分裂）⇨洋梨状虫体] の順序で発育，増殖する．一部には [類円型虫体⇨（2分裂）×2⇨洋梨状虫体] という経路もある．

> *Babesia equi* のマクロおよびミクロシゾントの赤外型発育，さらにピロプラズムの赤血球侵入にかかわる *in vivo* および *in vitro* における観察（Schein *et al.* 1981：*Tropenmed. Parasitol*, **32**, 223-227），*B. equi* スポロゾイト感染馬リンパ芽球細胞系の確立（Rehbein *et al.* 1982：*Z. Parasitenkd*, **67**, 125-127）などの業績がある．これらの成果は *Babesia* 属の他の原虫にみられる性質とはかなり異なる所見であることから現在では *Theileria* 属に所属された．

[病原性・症状]

T. equi のほうが，後述する *B. caballi* よりも病原性は強い．しかし，分布地域はほとんど重複し，混合感染はけっしてまれではない．*T. equi* の潜伏期は10～21日，まず発熱があり，続いて倦怠，元気沈衰，渇欲亢進，食欲減退，流涙，眼瞼腫脹，黄疸などが認められる．貧血は顕著であり，血色素尿も認められる．しかし *B. caballi* とは異なり，後軀麻痺はない．

通常7～12日で回復に向かうが，1～2日で死亡する甚急性経過をたどるものもあり，一方，数週間にわたる慢性経過をたどる場合もある．死亡率は通常10%未満であるが，50%に達した例もある．

剖検により全身の削痩，黄疸，貧血，浮腫，胸・腹水の貯溜などが認められる．脾臓は腫大，脾髄は軟化し暗褐色を呈している．肝臓も腫脹，充血し，中心部の肝葉は黄色，周縁部の肝葉は黄緑色を呈している．腎臓には点状出血が，消化管粘膜には出血斑が認められる．

[診　断]

血液塗抹標本からの虫体の検出によって診断される．ただし，末梢血からの虫体検出可能期間は発熱期の約5日間に限られる．

[治　療]

フェナミジンの8.8 mg/kg×4日連用がもっとも有効であるといわれている．イミドカルブ4 mg/kgを72時間間隔で4回筋注も有効．またトリパンブルーも有効であるという．ただし馬のピロプラズマの *T. equi* と *B. caballi* は法定伝染病に指定されており，治療の適否に関する考慮が要求される．

Babesia caballi

[分　布]

南ヨーロッパ，ロシア，中東，アジア，南北アフリカ，カリブ海周辺，北米（アメリカ南部諸州・初発はフロリダ）に分布する．

[形　態]

大型種で *B. bigemina* に類似している．赤内型虫体のうち円形ないし類円形を呈するものは1.5～3.0 μm，洋梨状虫体の長径は2.0～5.0 μmである．洋梨状虫体はしばしば2個体が対をなして鋭角で結合している（口絵㊳）．

[発育環]

世界的には12種類の媒介マダニが知られている．前述のように，日本にはこれらのうちアミメカクマダニ，クリイロコイタマダニが存在している．

マダニ体内の発育については，カクマダニの一種である *Dermacentor nitens* 体内における観察記録があるので，これを次に要約する．

(1) マダニに吸引された赤血球内虫体の大部分は破壊されてしまうが，一部の虫体は消化管内で直径4～6 μmの小球体として認められるようになる．

(2) 小球体はさらに発育を続け10～14×4～6 μm大のこん棒状のガメートを経て，直径12～16 μmのザイゴートになる．

(3) ザイゴートは分裂して8～12×2～4 μm大のキネートを生成する．

(4) キネートは消化管壁を貫通し，マダニのほかの細胞に侵入する．

(5) キネートはマルピーギ管，血体腔，卵巣などにおいて多数分裂を行い，二次キネートを生成する．

(6) 最終段階に生成された二次キネートは唾液腺に侵入し，再び多数分裂を行い，無数の，長径2.5～3.0 μmの卵円形ないし洋梨状を呈する小型のスポロゾイトを生成する．

(7) スポロゾイトはマダニの吸血時に馬体に侵入し，感染が成立する．

※媒介マダニの発育期は「若ダニ」となっている．

馬体内の発育は赤血球内で上記 *T. equi* と同様な経過で行われる．赤外型の記録はない．

[病原性・症状]

潜伏期は6～10日．発熱，貧血，黄疸などがあり，胃腸炎は多くの例でみられるが，血色素尿はまれである．また運動障害があり，後軀麻痺が認められる．甚急性症例における重篤な障害は血液の毛細血管内泥化によるものである．死亡率は10～50%，あるいはさらに高い．

幼齢馬のほうが高齢馬よりも感受性が鈍い．回復馬は10か月以上，4年間も不顕性感染馬になる．血清中からは可溶性抗原が検出される．*T. equi* と *B. caballi* との間には交差免疫は成立しない．

[診断・治療・予防]

T. equi の場合と同様である．

犬のピロプラズマ

犬のピロプラズマ病（バベシア症）の病原原虫には，大型の *Babesia canis* と，小型の *B. gibsoni* の2種が知られている（表1.21）．*B. canis* は *B. canis canis*，*B. canis rossi*，*B. canis vogeli* の3亜種に区分される．全国的には *B. gibsoni* が，沖縄県ではまれに *B. canis vogeli* の発生がみられる．

Babesia gibsoni

分布はインド，スリランカ，ベトナム，中国の一部，韓国，日本などである．飼い犬に寄生するが，インドのジャッカル，トルキスタンのオオカミ，スーダンのキツネなどが自然界における本来の固有宿主であろうといわれている．

日本でははじめ九州（大分）で認められ，以後，東京から，続いて阪神地区（生駒，六甲山系），さらにその後，中国，四国，九州からも報告された．以来，分布は東京以西，常在的にはおもに関西から九州で流行しているものと理解されていた．さらに近年になって，北海道･東北地方からの検出例も追加されている．今後，陽性犬の検出される地域は耐過保虫犬の移動によってかなり広がるものと考えられる．

[発育環]

日本では，主としてフタトゲチマダニ（*Haemaphysalis longicornis*）によって媒介される．したがって犬は山地，牧野などで狩猟・運動の際に感染することが多い．上記の阪神地区例は当初都市近郊の住宅地で発生したものとはいうものの，当該地は山地を開発して造成された宅地で，原野に隣接し，しかも林野・草地が諸処に混在している環境であった．しかしながら近年，フタトゲチマダニは平地にも分布を拡大している．飼い犬にもっとも多いツリガネチマダニ（イヌヒナチマダニ：*H. campanulata*）も媒介しうるようである．さらに，ヤマトマダニ（*Ixodes ovatus*）およびクリイロコイタマダニ（*Rhipicephalus sanguineus*）もベクターになる．いずれも3宿主のダニである．伝播様式は経卵（巣）感染である．なお，胎盤感染もありうるという．輸血感染もある．

宿主（犬）体内における発育の詳細はまだ明らかにされていない．おそらく，*B. canis* 同様，*B. bigemina* に類似するものであろうと考えられている．すなわち，

表1.21　日本にみられる犬のバベシア

		B. gibsoni	*B. canis vogeli*
日本における分布		全国的．西日本～九州に多い	沖縄県に検出例がある．まれ
赤内型の形態		3.2 × 1.0 μm；おもに環状～卵形	5.0 × 2.4 μm；おもに洋梨状
寄生状態		単独が多い．ときに数個	しばしば双洋梨状
ベクター		おもにフタトゲチマダニ，ほかにツリガネチマダニ，ヤマトマダニ，クリイロコイタマダニなど	世界的にクリイロコイタマダニ，*Babesia canis* のほかの亜種ではカクマダニ属，チマダニ属（表1.22参照）
感染様式		経卵（巣）感染，ほかに胎盤感染も報告されている	経卵（巣）感染および経発育期感染もある
潜伏期間		2～4週間	10日～3週間
症状	甚急性	原虫の存在に伴う血球膜，血管内皮の変性⇨血行停滞⇨血管内凝固・泥化⇨PCV値低下・重度な貧血⇨低血圧によるショック⇨昏睡⇨死亡	
	急　性	発熱，溶血性貧血，黄疸，嘔吐，脾腫	
	慢　性	間欠熱，食欲不振，体調悪化	
治療	ジミナゼン	＋＋	＋＋＋
	イミドカルブ	?	＋＋＋
	トリパンブルー	−	＋

ジミナゼン；ジミナゼン・アセチュレート（ガナゼック®）……3.5 mg/kg 筋注
イミドカルブ；ニプロピオン酸イミドカルブ（イミゾール®）……5.0 mg/kg 筋注
トリパンブルー；トリパンブルー……4.0 mg/kg 静注

感染したスポロゾイトはただちに赤血球に侵入し，2分裂をくり返して増殖する．形成されたピロプラズム（赤内型虫体）の大きさは平均 3.2 × 1.0 μm，多形性で通常は環状，卵円形を呈し，なかには一部に膨隆部を有する指輪状（signet ring form）のものもあり，まれには宿主細胞の半径に達するような大型の卵形ないし円形を呈して青色を帯びているもの，細長形で両端が細胞いっぱいに伸展しているものも観察される（口絵㊴）．しかし，いわゆる洋梨状のものはほとんどみられない．また，ほかのバベシア同様，赤外型の存在は知られていない．

ベクター体内における発育にも不明な部分が多い．マダニ体内に吸引された原虫は消化管内で赤血球から遊離し，5〜10日後には消化管内でガメートを経て類円形のザイゴートになり，内部に桿状のキネートが形成される．キネートは腸管壁を貫通し血体腔を経て全身に移行し，各所で無性的増殖をくり返し，無数のキネートを形成する．キネートの一部は卵巣に侵入し，ここでマダニ虫卵内にとり込まれる．

孵化したマダニ体内に移行したキネートの一部はマダニの唾液腺に侵入し，多核のスポロントになり，数千のスポロゾイトが形成され，感染の機会を待つ．この感染源になるマダニの発育期が，幼ダニであるから若ダニであるか，あるいは両者であるかは特定されていない．

［病原性・症状］

自然感染時の主症状は赤血球破壊による溶血性貧血であり，溶血に伴う発熱である．食欲不振，元気沈衰などが随伴する．重篤な例では，赤血球数が $1 \times 10^6/\mu$L 以下，PE 率 10％以下になる場合もまれではない．通常，赤血球数と PE 率には相関関係がみられるが，ときには PE 率が低いにもかかわらず重度な貧血を呈している場合があり，多大な関心をひいている．この現象は，犬バベシア症の貧血は単純な溶血性貧血のみによるとするばかりでは納得しにくいことを示している．貧血に関与しては下記のような要因が検討され，種々の見解が提唱されている．①虫体の侵入，寄生，増殖，離脱に伴う物理的損壊，②マクロファージの非特異的貪食能亢進，③溶血性毒素の産生，④赤血球の成熟異常，⑤抗赤血球抗体による自己免疫性溶血性貧血などである．

貧血の所見として粘膜は蒼白になり，脾腫，肝腫も認められる．とくに脾腫は特徴的であり，赤脾髄の拡大，プラズマ細胞の増加，髄外造血，ヘモジデリン形成などが認められる．ビリルビン尿は比較的多いが，ヘモグロビン尿はまれである．クームス試験は 90％近くが陽性を示すが，治療あるいは回復するに従って陰転する．

［診　断］

通常は，臨床症状に疫学的考察を加え，さらに，血液塗抹ギムザ染色標本を鏡検し，赤血球内の寄生虫体の検出を行うが，PE 率が低い場合には“見逃し率（false negative）”が高くなる．

血清学的診断法としては，間接蛍光抗体法（IFA, 1:80 以上陽性）が広く用いられている．最近では ELISA の試みが多く報告されている．

［治　療］

世界的にもっとも広く用いられている抗バベシア剤はジミナゼン・アセチュレート（ガナゼック®）である．この薬剤は多くのバベシア症に対して有効であるが，その作用機序は判然としない．3.5 mg/kg 筋注で有効である．1〜5 mg/kg × 3〜4 日連日筋注法もすすめられている．3.5 mg/kg 以上では効果は上がるようであるが，副作用が強く出る．副作用は注射部位の疼痛，腫脹，胃腸への刺激性および神経症状などである．神経症状には行動の変調，運動失調，不全麻痺，昏睡などで死亡するものも出る．犬は本剤に対する感受性がとくに高く，かなりの危険性を伴う．

したがって，原因療法のみでは対処しえない．宿主の生理平衡を目的とする維持療法，対症療法が重視され，要求される．輸血，輸液が主体になる．また，アシドーシスに陥っている動物に対しては重炭酸ナトリウムの注入がすすめられる．アシドーシスを放置すれば予後はよくない．栄養状態が十分に改善されていれば，維持療法のみによってもバベシア感染を耐過させることができる．

［予　防］

媒介マダニの制御が先行する．マダニが原虫を伝播するには最低 2〜3 日間の吸血が必要であるから，頻繁に被毛を検査することは重要である．流行地では薬浴やスポットオン剤の投与，ならびに殺虫剤の犬舎および敷地への定期的散布が望ましい．

バベシアは輸血によって伝播されうるので，供血犬についての検査が必要である．アメリカではグレイハウンドの *B. canis* によるバベシア病が重視されているが，レース引退後のグレイハウンドは体格が大型であり，しかも赤血球数が多い特性を有しているために，ときに供血犬として利用されることに注目が向けられている．

Babesia canis

世界的に分布しているが，日本では沖縄県からの報告をみるのみである．沖縄県ではクリイロコイタマダニが媒介者となっている．この虫体は世界各地にみられる虫体よりもやや小型であり，病原性はやや弱いよ

表 1.22　犬に寄生する *Babesia canis* の 3 亜種

亜種名	病原性	おもな媒介マダニ	おもな分布地域
B. canis rossi	強	*Haemaphysalis leachi*	南アフリカ，北・中・南米大陸
B. c. canis	中	アミメカクマダニ	ヨーロッパ，アメリカ，アジア地域
B. c. vogeli	弱	クリイロコイタマダニ	アフリカ，アジア熱帯・亜熱帯

表 1.23　猫に寄生するバベシア

形状	種　類	ピロプラズム（μm）	おもな形態	分　布	宿　主	病原性
大型	*B. herpailuri*	2.7 × 2.2	洋梨状	アフリカ	野生ネコ科動物『実験的には飼い猫も可』	不　詳
	B. pantherae	−	−			
小型	*B. felis*	2.0 〜 1.5	円　形あるいは卵円形	南アフリカ，スーダン	飼い猫，動物園飼育および野生ネコ科動物	かなり強
	B. cati	2.5 × 1.0		おもにインド		上より弱

うである．*B. canis* の 3 亜種，*B. canis canis*，*B. canis rossi*，*B. canis vogeli*（表 1.22）のうちで日本でみられるものはもっとも病原性の弱い *B. canis vogeli* である．

[発育環]

宿主への伝播は基本的には経卵（巣）感染によるが，経発育期感染も成立するという．したがって，マダニはすべての発育期で媒介するものと考えられるが，伝播にとってもっとも重要なものは雌成ダニである．

(1) 宿主（犬）体内にとり込まれたスポロゾイトは，まず赤血球膜に付着し，続いて赤血球内に侵入する．虫体の侵入後，付着部位で虫体をとり囲んで陥入した赤血球膜は崩壊し，虫体は宿主細胞の原形質にじかに接触した状態で発育を開始する．このように宿主細胞に由来する寄生体胞（parasitophorous vacuole）を欠くことが，*Babesia* 属の特徴であり，このために虫体は多様な形態をとりうる．

Babesia canis の赤内型虫体（ピロプラズム）は 2 分裂をくり返して増殖する．増殖の結果，虫体は通常"対"になった状態で観察されるが，16 個までの分裂虫体が観察されることがある．虫体の分裂過程において赤血球膜および原形質は影響を受ける（口絵㊵）．

(2) マダニ体内ではガメトゴニー，キネート形成，およびスポロゾイト形成が行われるが，詳細は未解明である．この間，マダニの各種部位が侵され，経発育期感染および経卵（巣）感染が成立する．なお，マダニ体内の虫体は，諸種の環境刺激によって活性化されるまで長期間休眠状態で生存しうる．マダニ体内における最終発育段階は，唾液腺内で行われるスポロゾイト形成である．犬にスポロゾイトを完全に伝播させるには，最低 3 日間の寄生吸血が必要であるという．

[病原性・症状]

最強毒種である *B. canis rossi*（牛の *B. bovis* も同様）では低酸素症と広範な組織障害をひき起こす低血圧性ショックを特徴とするが，ほかの中〜弱毒性の種類にあっては溶血性貧血が主徴である．沖縄県で認められる *B. canis vogeli* はこの範疇に属している．すなわち臨床的には貧血を主徴とし，溶血に由来する発熱が認められる．溶血の原因としては，原虫寄生による直接的な赤血球の破壊がもっとも重要であるが，免疫学的な要因も関与していることは先に触れた（貧血の機序）．一般に不特定組織に障害が認められることはまれである．

[診　断]

赤内型原虫を検出することがもっとも確実な診断になる．赤血球内に洋梨状の対になった比較的大型（5.0 × 2.4 μm）の虫体が検出されれば *B. canis* であると判定される．

[治療・予防]

B. gibsoni の場合と同様．

猫のピロプラズマ

猫にはいくつかのバベシアが記録されているが，詳細に関してははなはだ知見に乏しい．日本では今までのところ『猫のバベシア症』の発生は知られていない（表 1.23）．

Babesia felis

猫に寄生するバベシアとしては，常に *Babesia felis* が代表種のようにとり扱われ，他種にかかわる記載は教科書を含む専門書でも種名のみの簡略な記載にとどまるのが常である．猫のバベシア症に対する関心，重要性の問題であろう．日本でも現時点においては存否未確認であり，関心はきわめて低い．よってごく簡単に紹介するにとどめる．ちなみに，*B. felis* には，*Nuttalia felis* var. *domestica* さらに *Babesia cati* などのシノニムがある．過去の記録には種を越えた混交もみられるようである．分類学的再検討がまたれる．

［発育環］

ベクターは，アフリカでは *Haemaphysalis leachi* であろうと推定されているが確証はない．また発育の詳細は一切不明である．

宿主体内の赤内型虫体は小型で 2.0 ～ 1.5 μm，単一あるいは対になった円形または卵円形を呈し，洋梨状の虫体はほとんどみられない．4 分裂によって十字型配列像を形成するが 2 分裂像も認められる．

［病原性・症状］

猫のバベシア症は，犬のバベシア症よりも症状は概して軽い．あえて治療しなくても多くは回復する．症状は貧血，元気沈衰，削痩，さらに便秘，脾腫，ときには黄疸や血色素尿などがみられる．貧血はだいたいは正球性である．血清生化学的には肝酵素活性のわずかな上昇があるにすぎない．高ビリルビン血症は約半数に認められる．

［治　療］

猫のバベシア症の治療に関しては，あまり厳密な検討はなされていないが，ほとんどの抗バベシア剤の効果はないものと考えられている．ジミナゼン（ガナゼック®）の効果は疑わしい．イミドカルブは無効である．現在ではプリマキンの 0.5 mg/kg 経口投与あるいは筋注が有効であり，これが選択薬剤になっている．ただし，この薬剤の致死量はわずかに 1.0 mg/kg であることに留意しておく必要がある．

Cytauxzoon felis

［分　布］

猫のサイトークスゾーン症は，*Cytauxzoon felis* という住血原虫を病原体とする致命的な熱性疾患で，1976 年，Wagner によりアメリカのミズーリ州で発見され，以来アメリカの中南部および南東部に限局して発生が報告されている．アメリカ以外の発生は知られていない．

［宿　主］

飼い猫は感染後比較的短時間の経過で必ず死亡してしまうため，けっして好適な宿主ではないものと思われている．飼い猫はむしろ偶発宿主，あるいは致死的を意味する最終宿主とよばれるべきであるという意見がある．野生動物のボブキャット（アカオオヤマネコ）やフロリダ・パンサーが自然界における終宿主であり，保虫宿主であろうと推定されている．

［発育環］

近年，*Cytauxzoon* を *Theileria* とする見解がある（*Theileria felis*）．この原虫は寄生部位・発育過程により赤外型（組織型）と赤内型とに分けられる．

赤外型（組織型）：感染した虫体がマクロファージあるいは単球へ侵入し，これらの内部に形成された寄生体胞（parasitophorous vacuole）内で発育・増殖しているさまざまの時期のシゾントを赤外型（組織型）といい，通常，肺，肝臓，脾臓の血管内，リンパ節などに見出される．シゾントには直径 75 μm に達するものもある．ときには発育中の虫体（ゾイト）を内蔵する単球系の食細胞が末梢血中あるいは骨髄中に認められることもある．シゾント内に形成され，游出したゾイトは赤血球へ侵入する．

赤内型：赤血球内には直径 1.0 ～ 1.5 μm の円形ないし卵円形のリング型（認印付きの指輪状）のもの，1 ～ 2 μm の大きさで両端に極のある卵形（安全ピン状）を呈するもの，および直径 1 μm 以下の球菌あるいはアナプラズマ様の斑点状を呈するものなどが観察される．ギムザ染色では，細胞質は明るい青色に，核は暗赤色ないしは暗紫色に染まる．通常は 1 赤血球内に 1 個体，ときには 2 個体が対をなし，さらには 4 個体で 1 組をなすものなどがみられることもある．

［伝　播］

飼い猫の感染様式についてはまだ明らかにされていない．しかし，感染猫の血液または臓器乳剤の接種によって感染が成立することから，咬傷あるいは輸血による伝播は否定できないものの，もっとも可能性の高い感染経路としてはマダニ，おそらくは *Dermacentor variabilis* をベクターとするものであろうと考えられている．

［病原性・症状］

感染猫には食欲不振，呼吸困難，嗜眠，抑うつ，脱水，黄疸，粘膜蒼白および発熱（39.4 ～ 41.6℃）などの典型的な重症溶血性貧血の症状が現れる．これらは赤血球崩壊による貧血，赤外型虫体寄生白血球のうっ滞による血栓形成，赤脾髄やリンパ節における出血，赤血球貪食，リンパ系細胞の増殖などに由来する病害が複合したものである．

寄生赤血球は体温の上昇とともに末梢へ発現するようになる．寄生赤血球率は 1 ～ 5％，多くは 1 ～ 2％の範囲にある．血液学的には末梢血中の後赤芽球の軽度の増加が認められるが，白血球数は変動があって一定の傾向を示さない．病勢の末期にあってはしばしば血清中の肝臓諸酵素および血清尿素窒素の増加が認められる．しかし，血色素尿症およびビリルビン尿症はほとんど認められない．発症した猫の多くは体温がピークに達した後2～3日，だいたい発病後1週間以内に死亡する．

［診　断］

確診はギムザあるいはライト染色を施した血液塗抹標本上の赤内型虫体（ピロプラズム），剖検時であれば，脾臓などの押捺標本からの赤外型虫体の確認によって行われる．

類症鑑別を要する対象としては，臨床症状が類似する『猫のヘモプラズマ（*Mycoplasma heamofelis*）症』がある．光顕上の鑑別点は，両者の寄生部位と形態の相違にある．すなわち，ヘモプラズマは赤血球膜表面上に吸着して寄生する球状のマイコプラズマであるが，サイトークスゾーンは血球内に寄生し，多くはリング状を呈している．前者にはテトラサイクリンが効く．

［治　療］

有効な治療法は知られていない．対症療法として輸液やスペクトルの広いテトラサイクリンのような抗生物質を用いても経過を若干延長しうるにとどまり，治癒には至らない．

［補］住血性リケッチア（rickettsia）

リケッチアのなかには，形態的，疫学的に原虫類に近似するもの，少なくともきわめて密接な関係にあるものと考えられ，そのように扱われてきたものがいくつかある．分類学的な問題は別として，原虫，とくに血液寄生性原虫とリケッチアのあるものは同時に検出され，伝播様式も共通し，原虫病学の病態発生に密接な関係を有するものが少なくない．たとえば，アナプラズマやエペリスロゾーンはしばしば放牧牛にタイレリアやバベシアなどとともに混合感染しているが，これらを“リケッチアであって原虫ではない”という理由で原虫病の記載からまったく外してしまうことはかえって不便・不都合になるであろう．したがって，ここでは住血原虫と関係の深い一部のリケッチアを抽出し，簡単に整理しておく．

リケッチアは細菌類の一群で，大きさは概して小さい（0.2～0.6 μm，ときには2 μm）が，光顕で観察可能である．代謝系が不完全で，偏性細胞内寄生性である．

アナプラズマ科

アナプラズマ科のリケッチアは種々の家畜，野生動物の赤血球内，赤血球表面，あるいは血漿内に寄生するグラム陰性の微生物で，ギムザ染色では赤紫色に染まり，点状，球状，球菌状，桿状などを呈している．大きさは種により異なり0.2～4.0 μmの幅があり，2分裂により増殖すると考えられている．

アナプラズマ
Anaplasma

Smith and Kilborne（1893）はテキサス熱（ダニ熱：Rindermalaria（*Babesia bigemina*））の研究途上において病牛の赤血球の縁に球菌様の小体を見つけた．はじめは*Babesia*の発育過程上の一発育期であると考えられたが，Theiler（1910）により別のものであることが明らかになり“marginal point”と名付けられ，のちに*Anaplasma marginale*と命名された．

光顕的にアナプラズマは，牛，シカ，めん羊，山羊などの赤血球内に，ロマノフスキー染色では赤色ないし暗赤色に染まる小さな球状体として認められる．直径は0.2～0.5 μm，細胞質はなく（anaplasma ; an = without, lacking），薄い環状帯でとり囲まれている．

赤血球内に通常1個，ときに2～3個の寄生が認められる．大型のものの辺縁は不整形で，しばしば矩形を示し，2分裂により1～8個の娘小体を内蔵している．

反芻家畜には次の5種のアナプラズマが知られている．

Anaplasma marginale	牛（以下AM）
A. centrale	牛（以下AC）
A. caudatum	牛
A. ovis	山羊，めん羊
A. mesaeterum	めん羊，山羊

これらのうち，日本ではほとんど全国的にACが散発し，沖縄県ではAMの存在が認められている（表1.24）．

Anaplasma centrale（AC）

ACの病原性は弱いとはいうものの，日本では沖縄県を除く各地の放牧牛に，かなり広く，タイレリアやバベシアと混合感染しているものと考えられている．

［伝播・媒介動物］

ベクターとして，海外では*Boophilus decoloratus*, *Haemaphysalis punctata*があげられているが，日本ではフタトゲチマダニ（*H. longicornis*）であろうと推定されている．またサシバエや蚊などによる機械的な伝播が成立するといわれているが，吸血後5分以内でないと感染しないようである．

［増　殖］

基本的には2分裂法で増殖するものと考えられている（図1.39）．

［基本小体］点状（0.2～0.3 μm）の基本単位
⇩

表 1.24 *Anaplasma centrale* と *A. marginale* の比較

	A. centrale（AC）	*A. marginale*（AM）
赤血球内寄生部位（部位スコア値）	70%以上が中心部（3.5 以上）	70～80%が辺縁部（3.0 以下）
病原性	弱　い	強　い
国内分布	青森県から初検出（1964）．以後岩手，群馬，大分，長崎各県．CF では全国的と推定される．	沖縄県
媒介ダニ*	フタトゲチマダニと推定される	多くのマダニ科のマダニ

＊ 伝播には，いずれも吸血性昆虫による機械的伝播も関与すると考えられている．

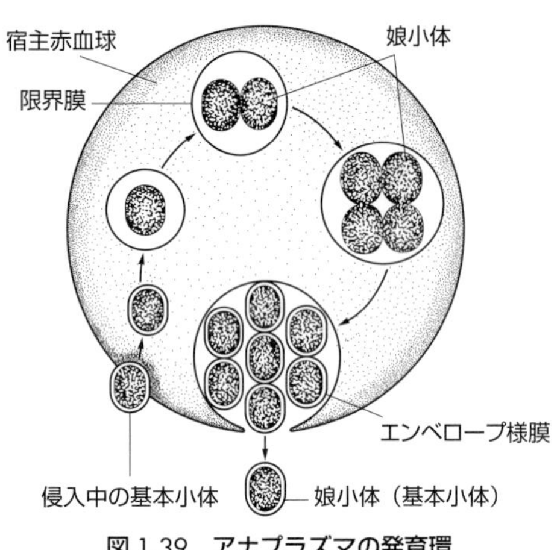

図 1.39　アナプラズマの発育環

[未成熟アナプラズマ]
　分裂により内部に娘小体を生成
　　⇩
[成熟アナプラズマ]
　娘小体は被覆し感染性を備え，母体から離脱
　　⇩
[娘小体＝基本小体] 新赤血球へ侵入

[病原性・症状]

ACの増殖はAMのように激しくなく，一般に寄生数はあまり多くはならない．したがって病原性は概して弱く，症状は軽い．ときに貧血や黄疸がみられ，また白血球数の増多があり，徐々に衰弱をきたす場合もある．しかし，通常はアナプラズマの単独感染で死亡することはないと考えられている．なお，貧血の原因は溶血ではなく，感染赤血球の網内系による処理であると解釈されている．

アナプラズマがタイレリアやバベシアと混合感染した場合，宿主の発症誘因になり，貧血を助長して症状を増悪，複雑化させることがある．一方，タイレリアの混在によってアナプラズマの増殖は抑制される（干渉現象）．

牛は年齢にかかわりなく感染するが，病勢は年齢が増すに従って強くなる傾向がある．一度感染した牛は一生アナプラズマを保有し，キャリアになり，再感染に強く抵抗するようになる．治療あるいはほかの原因でアナプラズマが牛体内から消失した場合，感受性は復活してくる（持続感染免疫）．

[診　断]

血液塗抹標本の鏡検によりアナプラズマを検出して確診する．ACの70％以上は赤血球の中心部に寄生している（図 1.40）（スコア採点法）．検出にあたっては，絶対的な形態的特性に乏しいため，ほかの異物，たとえばタイレリアの発育途次にある微小虫体や人工産物などとの鑑別が要求されることになる．このためには，鏡検範囲を広げて精査する比較確認作業が必要になる．実際問題としては寄生赤血球がある程度多くなければ，たとえば0.1％以上の感染密度がなければ

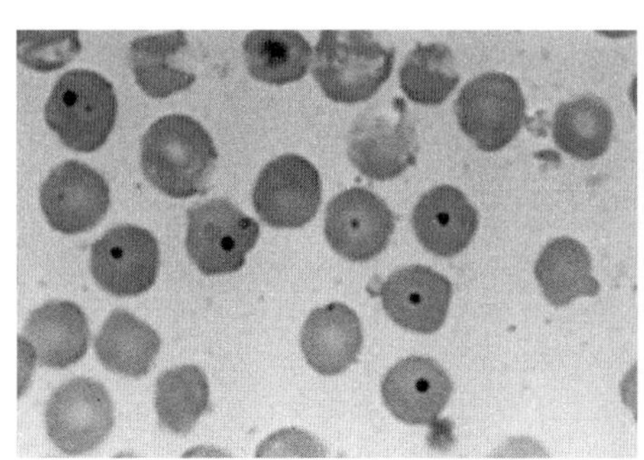

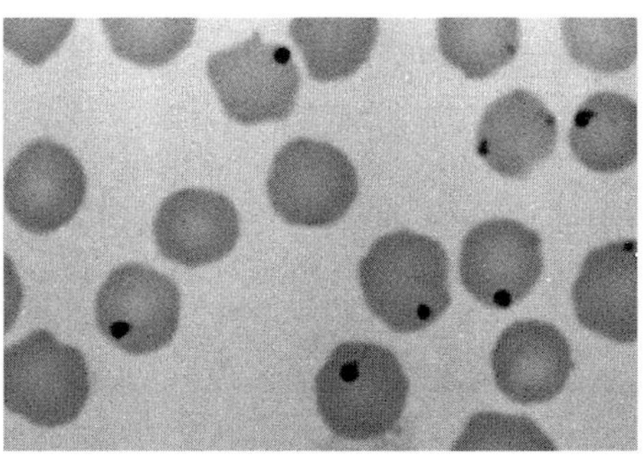

図 1.40　*Anaplasma centrale*（左）と *A. marginale*（右）

表 1.25　アナプラズマ同定のためのスコア採点法

寄生部位	スコア
赤血球の辺縁に寄生	1
外円に寄生	2
赤血球辺縁を圧迫突出して寄生	3
中間円に寄生	4
内円に寄生	5
平均値が 3.5 以上……AC 〃　3.0 以下……AM	

赤血球の半径を 3 等分する 2 点および外側縁との交点を通る 3 つの同心円を想定し，内側から内円，中間円，外円とする．

確診は容易でない．そこで，蛍光抗体法，毛細血管凝集反応，ELISA などの免疫学的手法の導入，併用が試みられている．

AC と AM の赤血球内寄生部位の相違を数値によって表現すべく，寄生部位のそれぞれに数字を与え，寄生赤血球 100 個を観察・採点し，平均値を算出して種の同定に資する方法がある．これを『アナプラズマ同定のためのスコア採点法』という．具体的な評価・採点方法を表 1.25 に示す．

[治　療]

テトラサイクリン系抗生物質の 6 ～ 10 mg/kg が有効である．イミドカルブ 3 mg/kg も有効であるという．また，多頭処理にはクロルテトラサイクリンの飼料添加法がある．

***Anaplasma marginale*（AM）**

[分　布]

AM は，世界的に熱帯，亜熱帯，温帯地域に広く分布している．とくにアフリカ，南欧，中東，極東，中南米，アメリカなどでは普通にみられる．

[宿　主]

牛がおもな宿主であるが，ゼブー（インド牛），水牛，アメリカ野牛，アメリカのシカ類，アフリカのレイヨウ類，ラクダなどにも寄生がある．しかし，めん羊・山羊への感染は不明であり，アフリカ水牛には抵抗性がある．

[形態・寄生部位]

形態はアナプラズマとしての特性の範囲にあり，AC と共通し，特記すべきものはない．特徴的な相違は赤血球内の寄生部位で，前者ではおもに中心部であるのに対し，AM ではおもに周辺部である (図 1.40)（スコア採点法）．

[伝播・媒介動物]

20 種に及ぶマダニが媒介しうるが，野外における確証はない．マダニの消化管内，マルピーギ管を含むダニの各種組織からアナプラズマが認められているが，ダニ体内における発育環についてはほとんどわかっていない．

媒介動物としては，カクマダニ属，ウシマダニ属をはじめ，チマダニ属，マダニ属，コイタマダニ属などマダニ科のほかに，アブ，サシバエ，蚊などの吸血性昆虫が含まれている．アナプラズマはマダニ体内で比較的長く滞留し，経卵（巣）感染または経発育期感染を行う．一方，吸血性昆虫は機械的伝播を行うのみで，生物学的な伝播は行われないようである．感染血液を人為的に接種しても伝播は成立する．

[増　殖]

前者と同様であろう．

[病原性・症状]

AM の増殖性は大きく，病原性は強い．加齢により感受性は大きくなる．幼牛では抵抗性があるが，育成牛，成牛が感染した場合には症状が激しい．3 ～ 6 週間の潜伏期ののちに発熱し，40 ～ 42℃の高熱が持続する．貧血，黄疸，浮腫が強く，呼吸困難，脈拍数の増多，白血球数の増加があり，衰弱は激しい．当然，泌乳量は著しく低下または停止する．しばしば前駆症状がないまま突如発症する．3 歳以上の牛の症状は甚急性で，急死することがある．致命率は 30 ～ 50％に達する．雄牛では一過性に生殖能力を失うことが観察されている．

[剖検所見]

AM は法定伝染病の病原体として指定されている．屠場において生体検査時に法定アナプラズマ病と診断されれば屠殺禁止，解体前の検査時であれば解体禁止，解体時および解体後の検査時であれば全部廃棄するように定められている．

病理変化の基礎は貧血と黄疸に基づくものである．肉眼的には可視粘膜の貧血，黄疸，皮下組織の膠様化（とくに頸部，肩部）などがみられる．肝臓は濃黄褐色を呈して軽度に腫脹し，胆嚢は濃厚粘稠な胆汁を満して腫大している．脾臓も腫大し，髄質は暗赤褐色で軽度の軟化がある．心臓は退色し，脆弱になり，心膜上には点状出血が認められる．しかしいずれも特異性には乏しい．

[診　断]

確診は血液塗抹ギムザ染色標本を鏡検して病原体を検出することによる．蛍光抗体直接法によれば血液塗抹標本あるいは組織切片が検査対象になる．この方法はマダニ体内のアナプラズマ検出にも応用できる．

血清学的診断には CF 反応，毛細管凝集反応が行われ，両者の一致率は高い．間接蛍光抗体法により血清中の抗体価を測定しうる．

[治　療]

前者と同様，通常はテトラサイクリン系の抗生物質がすすめられている．

犬のアナプラズマ
Anaplasma platys（syn. *Ehrlichia platys*）

[分類・分布]

以前は *Ehrlichia platys* とよばれていたが，最近の遺伝子解析で *Anaplasma* 属に編入された．世界各地の温帯から熱帯にかけて広く分布している．

[寄生部位]

血小板に寄生し，そのなかで増殖する．これにより血小板表面の抗原性が変化し，抗血小板抗体が産生されるため，血小板数が減少する．

[伝播・媒介動物]

ベクターはクリイロコイタマダニ（*Rhipicephalus sanguineus*）であると考えられている．

[病原性・症状]

感染犬は通常，無症状であることが多いが，重度の感染では，血小板減少と出血傾向がみられる．血小板減少症は間欠的に 1 ～ 2 週間間隔でくり返し起こる．

[診　断]

臨床所見としては血小板の減少がもっとも顕著な徴候である．15,000/μL 以下の状態が 2，3 日続き，その後 1 ～ 2 週間で正常値に復するが，再び下降する．確定診断には，末梢血液の塗抹染色標本で血小板内の封入体を検出する．また，間接蛍光抗体法も試みられている．なお，*Ehrlichia canis* および *Babesia* との鑑別が必要である．

[治　療]

テトラサイクリン，およびドキシサイクリンが有効である．

エペリスロゾーン
Eperythrozoon

血球表面あるいは血漿内に寄生する．従来，牛寄生性のエペリスロゾーンは非病原的であろうと考えられていたが，タイレリア症の高度発生牧野でしばしば検出されるところから，放牧牛の貧血発症を助長するのではないかと疑われている．日本の家畜にみられるエペリスロゾーンには，牛に 3 種類，めん羊に 1 種類，豚に 2 種類がある．

牛のエペリスロゾーン

表 1.26 のように，いずれも日本も含め，世界中に分布し，貧血を主徴とする疾病の原因になり，また混合感染により貧血症状を助長する．発症例では発熱，貧血，流涙，流涎，眼結膜充血，白血球増多などがある．黄疸は認められない．詳細な調査報告は見当たらないが，日本の放牧牛には高率に感染しているようである．血液塗抹標本での検出率は低いが，放牧牛の血液を摘脾牛に接種すれば 6 ～ 28 日の潜伏期でほぼ全例から検出される．

ギムザ染色では淡い赤紫色に染まる 0.2 ～ 1.5 μm 大の小体として認められる．普通には約 0.3 μm の小体，桿状のもので 0.6 ～ 1.5 μm のものが多い．赤血球寄生のものでは，時期によっては無数の小体が赤血球周辺にコロナ状に濃青色に染め出されたり，表面に鱗（うろこ）状にみえたりする（口絵㊶）．伝播には吸血性の節足動物，たとえばマダニ（日本ではフタトゲチマダニが疑われている），シラミ，ノミなどが関与するもののようである．

治療にはテトラサイクリン系抗生物質（3 mg/kg）が用いられる．ネオサルバルサンは 6 mg/kg の静注．

めん羊・山羊のエペリスロゾーン
Eperythrozoon ovis

南アフリカ，ヨーロッパ，オーストラリア，北米など世界的に分布し，日本でも北海道でめん羊から検出された例がある．仔羊の罹患率が高い．

E. ovis は 0.5 μm 前後の微小生物で，点状，球菌状，卵状，桿状または環状などの多形性を示し，赤血球表面あるいは血漿内に寄生している．通常の感染では良性に経過するが，ときには黄疸を伴う貧血，血色素尿の排泄，非定型的な発熱，心悸亢進，呼吸促迫，進行性の衰弱などがみられる．

伝播に関与する動物としてはマダニ類の一部，ある種の蚊，ヒツジシラミバエ，ウマバエなどが報告され

表 1.26　牛のエペリスロゾーン

種　名	寄生部位	形　態	大きさ（μm）	病原性
E. wenyoni	赤血球表面	球菌状，環状	0.2 ～ 1.5	いずれも日本で普通． タイレリア症の貧血を助長． 詳細未解明
E. teganodes	血漿内	環　状 桿　状	0.4 ～ 1.2 0.3 ～ 3.5 × 0.2 ～ 0.3	
E. tuomii	血小板表面	環状，卵円形	0.3 ～ 1.0	血小板減少．血液凝固時間延長． 病原性は強い

ている．

治療にはヒ素剤とテトラサイクリン系抗生物質が用いられている．

豚のエペリスロゾーン

豚には *Eperythrozoon suis* と *E. parvum* の 2 種類のエペリスロゾーンがある．いずれも日本において存在が確認されている（表 1.27）．

最近になって 16S rRNA を用いた遺伝子解析により *E. suis* はマイコプラズマ（*Mycoplasma*）属に編入され，*Mycoplasma suis* と記述されている．

[*E. suis* の病原性]

約 9 日の潜伏期で菌が末梢血中に出現しはじめ，これに一致して 41.7℃にも達する発熱がある．重感染では貧血，黄疸，食欲減退などを招く．哺乳豚では発症率も死亡率もきわめて高く，急性感染では 5 日以内に死ぬものもある．離乳豚では生存期間は長くなり，耐過回復するものも出る．ただし，不顕性感染が一般的である．

病理学的変化は貧血と黄疸に基づくものである．肝臓は茶褐色を呈し，胆汁は黄緑色で粘稠度が高い．脾臓は腫大し，骨髄には過形成がある．血液塗抹標本では赤血球表面あるいは血漿中に多数の菌体が認められる．

[診　断]

臨床症状と微小体の検出による．

[治　療]

テトラサイクリン系抗生物質 7 mg/kg 筋注，ヒ素剤（トリメラルサン）5 mg/kg 筋注などが有効．

表 1.27　豚のエペリスロゾーン

	E. suis	*E. parvum*
形　態	大型，環状 直径 2 ～ 3 μm	小型 直径 0.5 ～ 0.8 μm
病原性	強い 黄疸性貧血	非病原的 摘脾豚では発症
伝播経路	あらゆる非経口的経路が成立する ブタジラミも疑われている	

エールリッヒア

Ehrlichia canis

Ehrlichia canis は犬の白血球（食細胞系および骨髄内の単核球）の細胞質内に寄生し，リンパ節，脾臓，肝臓などの腫大と骨髄抑制を生じさせる．

[分　布]

世界各地の犬にみられ，日本でも報告がある．

[伝播・媒介動物]

ベクターはクリイロコイタマダニ（*Rhipicephalus sanguineus*）で，経発育期感染で伝播される．輸血などによる直接感染も起こりうる．

[病原性・症状]

急性期では，発熱，食欲不振，体重減少，脾腫，肝腫大，リンパ節の腫脹，呼吸困難，粘膜の点状出血などが認められる．無症状に経過したものでも，感染数か月ないし数年後に急性期と同様の症状に加えて鼻出血，網膜出血，貧血，ブドウ膜炎，陰嚢および四肢の浮腫などの症状が現れることがある．

[診　断]

臨床所見としては，急性期では血小板減少，白血球減少，非再生性貧血，慢性期では単球増加，血小板減少，高グロブリン血症，低アルブミン血症，タンパク尿などがみられる．末梢血の塗抹染色標本では，モルラ（morula）とよばれる封入体が白血球に認めれられることがあるが，急性期の短い一時期に限られる．血清学的診断法としては，間接蛍光抗体法が用いられている．また，PCR による診断も試みられている．臨床所見による診断においては，多発性骨髄腫や慢性リンパ球性白血病などとの鑑別が必要となる．

[治　療]

ドキシサイクリンの 5 mg/kg，12 時間毎経口 14 日間投与あるいは 5 日間注射が有効である．

D　その他のアピコンプレックス類

ヘパトゾーン

Hepatozoon canis

H. canis は真コクシジウム目－アデレア亜目に属する原虫である（各論「1.1 原虫の特徴 C 分類」参照）．*Hepatozoon* 属の宿主域は広く，哺乳類，鳥類，爬虫類に及ぶ．哺乳類では犬のほかに *H. felis*（猫），*H. muris*（ラット），*H. musculi*（マウス），*H. cuniculi*（ウサギ）などが知られている．世界的に分布し，*H. canis* は日本の犬からも認められている．

アデレア亜目：分類表にみるように，アイメリア亜目，住血胞子虫亜目などとともに真コクシジウム目を構成する．アデレア亜目が他の亜目ともっとも異なる特性は，マクロおよびミクロガメトサイト（ガモント）が発育過程で連接（syzygy）を行うことである．ミクロガメトサイトは 1 ～ 4 個のミクロガメートを形成する．内部出芽は行われない．単一宿主性のものと異宿主性のものがある．*Adelea*，*Haemogregarina* などが属する．

連　接（syzygy）：成長期にある2個体が相互に接着する現象をいう．接着した両個体の体表は共同の被膜で覆われ，このなかでそれぞれが分裂して配偶子（ガメート）を形成し，これらの間で融合が行われる．すなわち，連接した個体は配偶子母細胞（ガメトサイト，ガモント）である．

[形　態]

好中球または単球の原形質内のガメトサイトは，長楕円形を呈し，宿主細胞の1/3～1/5を占めるかなり大型のものである．ギムザあるいはライト染色で，細胞質は一様に明るい氷青色（ice blue）に染まり，核は顆粒性で赤紫色に染まる．ただし，白血球に対する寄生率はかなり低く，0.2～0.3％と推定される．また，採血後すみやかに塗抹標本を作成しない場合には，多くのガモントは宿主細胞から遊離し，非染色性のカプセルのみが観察される．

[発育環]

クリイロコイタマダニ（*Rhipicephalus sanguineus*）がベクターになる（図1.41）．

[病原性・症状]

感染マダニの摂取3～7日後から，メロゾイトの放出による感染組織の肉芽腫性炎症反応の発現に一致して，間欠熱あるいは持続性の発熱や衰弱がみられはじめる．報告されているほかの症状には，腰痛を伴った筋肉の知覚過敏，運動拒否，歩行異常，目脂（めやに），鼻汁の排出，下痢，ときには血便，最後に食欲不振などがある．食欲は感染末期に至るまで往々にして正常である．病態の経過はしばしば長期にわたるが，一時的に発熱および疼痛が明らかに軽快することがある．

血液学的には，左方移動を伴った好中球性の白血球増多，および軽度な貧血がみられる．生化学的には血糖値の低下，血清アルカリフォスファターゼ値の上昇がある．血清抗体は証明されているが，感染防御にかかわる意義については明らかでない．

症状の発現は，ほとんど4か月齢以下の幼犬，ジステンパー，バベシアなどの合併症をもつもの，免疫不全に陥っているものなどに限られる．そして感染犬の死亡原因はヘパトゾーン症であるよりも，むしろ合併症，あるいは基本的・先天的な欠陥によることのほうが大きい．

[診　断]

新鮮血液の塗抹標本，あるいは骨格筋の生検標本にギムザあるいはライト染色を施し，原虫を検索する．

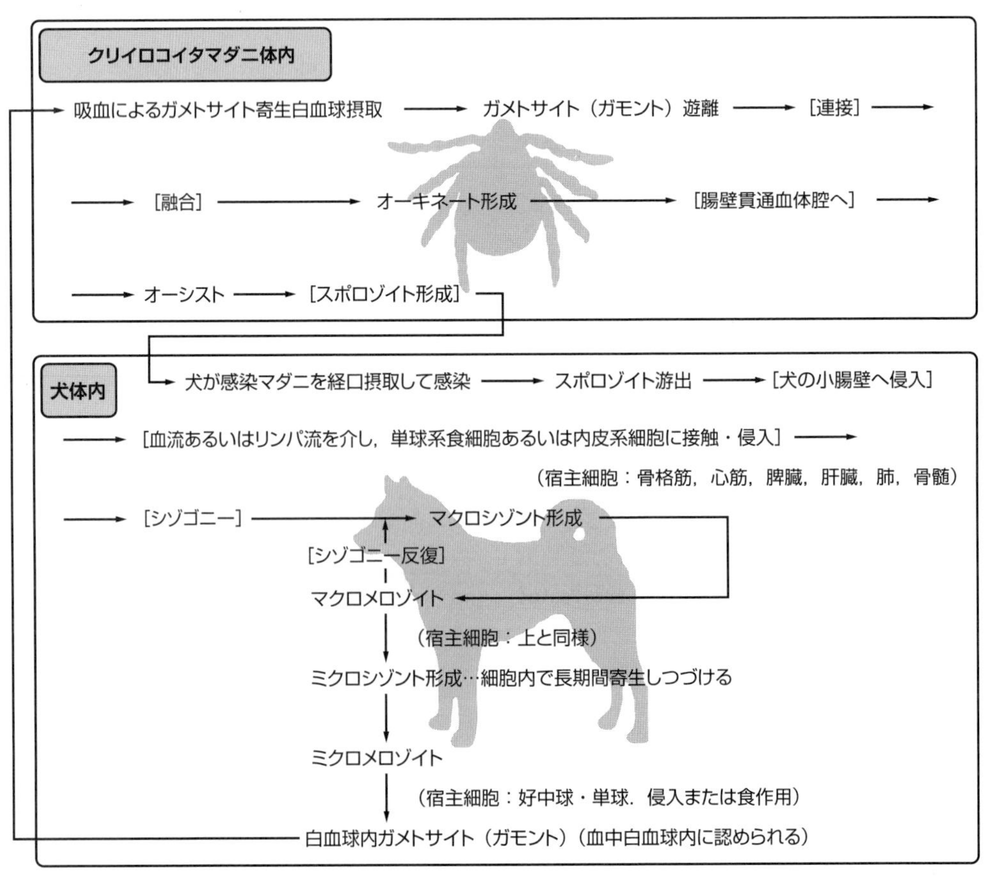

図1.41　*Hepatozoon canis* の発育環

血液塗抹標本に検出される虫体は，通常，好中球あるいは単球に寄生するガメトサイトである（[形態] 参照）．また骨格筋，皮膚などの生検標本では原虫およびシスト様構造物が化膿性肉芽腫とともに認められる．

[治　療]

抗ピロプラズマ剤が有効であるといわれているが，再現性に乏しいようである．あるいは無効であるという見解もある．非ステロイド系薬剤による抗炎症効果は期待される．

ヘモグレガリナ *Haemogregarina*

ヘパトゾーンと同様，アデレア亜目に属する原虫で，主としてカメ，トカゲなどの爬虫類の赤血球に寄生する．日本のイシガメ，スッポンなどからも検出されている．

Heteroxenous な生活環をとり，*H. stepanowi* では，ヒル類の体内で有性生殖が行われ，オーシストを経てスポロゾイトが形成される．これがヒルの吸血時に宿主体内に入ると，骨髄中の赤血球内でメロゴニーが行われ，感染 4 か月後には赤血球内にガメトサイトが出現する．これを吸血ヒルが摂取すると，ヒルの腸管内で連接が起こり，ガメートが形成される．

1.3 微胞子虫類 Microspora

かつては胞子虫類に含まれていたが，現在は独立の門（phylum）として認識されている．アピコンプレックス類と異なり，真の胞子（spore）をつくる．700 種以上が記載されており，すべて寄生性である．宿主域は原生生物から哺乳類まで広範囲に及ぶ．魚病学的に意義をもつものも多いが，獣医学的に重要なものはエンセファリトゾーン（*Encephalitozoon*）とノゼマ（*Nosema*）である．真菌（菌界）に配されるという説もあり，これらによる感染症では抗真菌剤による治療も効果があるとされる．

エンセファリトゾーン *Encephalitozoon cuniculi*

かつてトキソプラズマと混同された時期があり，また，*Nosema cuniculi* として扱われた時期もあった．宿主はマウス，ラット，ウサギ，モルモット，ハムスターなどの小型動物，ならびに犬などであり，ヒトにも寄生することが知られている．世界的に分布している．初めての記載は，運動障害のあったウサギの脳および腎臓から発見されたものである．

[形態・発育環]

栄養体（trophozoite）はほぼ楕円体に近い形状を示し，細胞外のものはやや大きく 2.4 ～ 3.4 × 1.8 ～ 2.8 μm，細胞内のものは 1.5 ～ 3.0 × 1.4 ～ 2.8 μm の大きさである．形態的にはトキソプラズマに類似するが，やや小さい．

栄養体はマクロファージなどの宿主細胞内で 2 分裂または多数分裂によって増殖し，虫体の集塊または偽嚢子（pseudocyst）を形成する．これらは 100 個を超える栄養体を内蔵するに至るが，虫体の一部はスポロント⇨スポロブラストを経て胞子（spore）に移行していく．栄養体と胞子の区別は光顕レベルでは困難である．

胞子は長さ約 2 μm の楕円体で，1 個の極胞（polaroplast）と 1 本の極管（polar tube），および胞子原形質（sporoplasm）を内蔵し，外壁で覆われている．極胞や極管はヘマトキシリンやエオジンでは染まらない．アピカルコンプレックス（頂端複合構造）は認められない．

[感染経路]

通常は尿中に排泄された胞子の経口的摂取によって感染が成立するが，実験的には感染動物の脳，肝臓，脾臓，その他浸出液などの脳内，あるいは腹腔内接種によって，マウス，ラット，ウサギへの感染が成立している．マウスでは先天性感染も知られているが，ラットやウサギでも起こりうると考えられている．

[病原性・症状]

感染の大部分は不顕性のものであり，ほかの目的で行われた組織学的検査の際に，偶然発見されることが多い．しかし，不顕性感染であっても，実験動物では実験成績に誤りを生ずるおそれのあること，また人獣共通寄生虫（zoonotic parasite）であることに意を致しておく必要がある．

(1) ウサギでは，通常は不顕性ないしは慢性に経過するが，脳炎と腎炎に関連した全身性疾患をひき起こし，回旋，麻痺などが認められることもある．脳における基本的病変は，小壊死域に囲まれた類上皮細胞からなる小巣状肉芽腫であるが，重症であれば壊死域が拡大し，血管周囲にリンパ球の集積がみられるようになる．腎臓および他の臓器にも肉芽腫性病巣が発生し，壊死巣は腎臓ばかりでなく心臓にもみられる．原虫は一般に，壊死域内およびその周辺部に存在するが，腎臓ではおもに集合管上皮細胞内に存在し，ここで宿主細胞を拡張，破壊し，尿中に混入する．

マウスやラットの実験感染では腹水の貯溜が認められている．

(2) 犬では後軀麻痺，運動失調などがあり，疲労しやすく，全般的な体調不良に陥るとともに眼にも病変がみられる．6週齢および15か月齢で死亡したある発生例では，咬癖やてんかん様発作が出るなど狂犬病を思わせる症状が観察されたという．主要な病変はウサギ同様，脳炎と腎炎にある．ノルウェーのホッキョクギツネの一種ブルーフォックスで多発性動脈炎の記録がある．

[診　断]

病変と偽嚢子を検出することによる．検出には検体をマウスに腹腔内に接種して虫体を分離する方法も含まれる．トキソプラズマとの鑑別が必要になる．

ノゼマ

Nosema bombycis

Nosema apis

Nosema bombycis はカイコガに，*N. apis* はミツバチに寄生する．

[形態・発育]

N. bombycis の胞子は長円形で，大きさは3～4×1.5～2 μm（図1.42）．胞子がカイコの幼虫に摂取されると，宿主細胞内でメロゴニーを行い，形成されたメロゾイトは宿主のキチン質を除く各種組織器官に侵入したのち，スポロント（sporont），スポロブラスト（sporoblast）を経て胞子となる．

N. apis の胞子は米粒形を呈し，大きさは4.5～6.5×2.5～3.5 μm．発育形態は *N. bombycis* とほぼ同様と考えられている．胞子が成虫に経口的に感染すると，胞子原形質が中腸上皮に侵入して増殖し，栄養生殖期，胞子形成期を経て胞子形成を行い，糞便とともに排泄される．

いずれも，養蚕・養蜂が行われているほとんどの国に分布する．日本にも存在し，届出伝染病に指定されている．

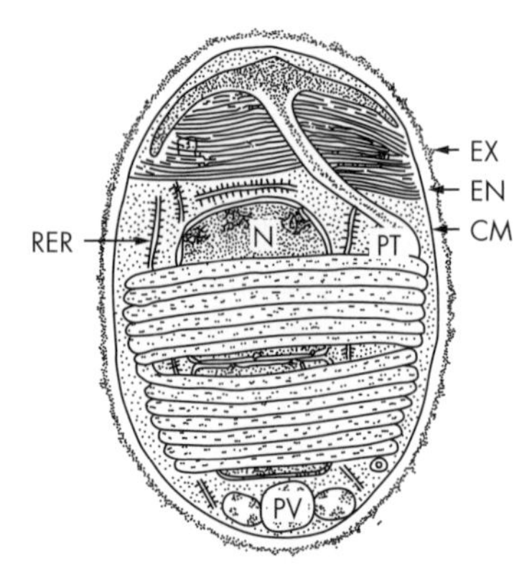

図1.42 *Nosema bombycis* **胞子の形態［滝沢原図］**
CM：限界膜　EN：胞子内壁　EX：胞子外被
N：核　PT：極管　PV：後極胞　RER：粗面小胞体

[感染経路]

N. bombycis：感染カイコ体内に形成された胞子が糞便あるいは死体を介して新しい宿主に感染する．経卵伝播も起こりうる．

N. apis：糞便とともに排泄された胞子が貯蔵されている蜜などを汚染し，巣内での感染源となる．

[病原性・症状]

N. bombycis：病態は慢性に経過することが多いが，1～2齢期の幼虫が感染すると4～5齢期に死亡することが多い．経卵伝播で感染したものは胚期で死亡する場合がある．

N. apis：感染したハチは腹部が膨満して飛翔不能となる．春と秋に発生が多い．

[診　断]

組織器官の塗抹ギムザ染色標本，あるいは感染虫のホモジネートを用いて原虫を検出する．

[治療・予防]

有効な薬剤は知られていない．*N. bombycis* では，経卵伝播による孵化幼虫の感染を予防するため，母ガのホモジネートを検査し，胞子が検出されないガから産卵された卵のみが用いられている．

1.4 Excavata（旧鞭毛虫類）

鞭毛虫類は体に鞭毛（flagellum）をもつ原虫の一群で，多数の種を含み，原虫の分類の項（p.34）にもあるとおり，大きく植物性鞭毛虫類（Phytomastigophora）と動物性鞭毛虫類（Zoomastigophora）に区分される．前者のほとんどは自由生活性であるが，後者では寄生性のものが多い．寄生性の鞭毛虫類は，基本的に1個の核とそれに付随する基底小体（kinetosome），および1～数本の鞭毛を1つの単位としてこれを細胞質がとり囲んでいる．このような1組を核鞭毛系（karyomastigont）という．1組で1個体を形成するものと，2組以上で1個体を形成するものとがある．

A　トリパノソーマ類 (Trypanosomatina)

トリパノソーマは，肉質鞭毛虫門・鞭毛虫亜門・動物性鞭毛虫綱・キネトプラスト目・トリパノソーマ亜目・トリパノソーマ科に属し，この科に属するもののうちでは *Trypanosoma* 属と *Leishmania* 属の2属が医学・獣医学上重要である．ほかのものはおもに無脊椎動物寄生性である．

トリパノソーマ

Trypanosoma

この属の原虫は，基本的には脊椎動物の血中あるいは組織液中に寄生するが，ごく一部は組織細胞に侵入するものがみられる．吸血性節足動物によって媒介され，その体内で一定の発育を遂げるが，単に機械的伝播によるものもある．媒介動物体内における増殖，とくに最終発育が行われ，感染虫体が集積している部位によって“Stercoraria（group A）”と“Salivaria（group B）”に区分される．両者の通則的な相違点を表1.28で比較した．

[形　態]

発育環上種々の変態があり，宿主になる人獣の血中に寄生するトリパノソーマ型虫体（トリポマスティゴート）と，組織内寄生のリーシュマニア型虫体（アマスティゴート）があり，これ以外にベクター内あるいは培養基内に認められるクリシジア型虫体（エピマスティゴート），レプトモナス型虫体（プロマスティゴート）などの移行型がある（表1.29，図1.43）．

(1) トリポマスティゴート（Trypomastigote ; T）

古くはトリパノソーマ型とよばれていた．概観は柳葉状～紡錘状を呈し，体長は種類により，また変異幅も大きいが，12～35 μmのものが多い．ほぼ中央部に1個の核がある．後端近くにキネトプラストとよばれる特殊な器官がある．

キネトプラスト（kinetoplast）：トリパノソーマの鞭毛起始部にある小構造（図1.44）で，過去にさまざまな定義，名称が与えられ，多大な混乱を招いていた．近年の電顕所見によれば，鞭毛の起始部に対する受皿状の形状を有するミトコンドリアの膨隆部をさしている．表1.29に“K”として示したように，発育期によって基底小体（basal body）とともに核に対する位置関係を変える特性がある．

キネトプラストに接して基底小体または生毛体（blepharoplast）とよばれる構造があり，ここから鞭毛が発生し，鞭毛ポケット（flagellar pocket）から体表に出て，さらに前方に向かって伸びている．鞭毛と虫体の間には波動膜（undulating membrane）という薄膜が張られ，運動に関与している．鞭毛が虫体より前方に伸びた部分は自由（前）鞭毛とよばれている．

表1.28　Stercoraria と Salivaria の比較

		Stercoraria（group A） Posterior station group または Lewisi group. Section A ともいう	Salivaria（group B） Anterior station group ともいう． Section B ともよばれる
増殖部位と感染様式		ベクターの中腸，とくに後部で発育増殖し，虫体*は糞便とともに排泄され，経口的または皮膚面の創傷部から感染する	発育の終末期はベクターの体前部で行われ，虫体*は最終的には唾液腺に集積し，ベクターの刺咬吸血時に感染する
形態	キネトプラスト	大型で，虫体最後端から離れる	小型で，虫体最後端または近辺
	虫体後端	鋭くとがる	鈍円でとがらない
病原性		*T. cruzi* を除けば概して弱い	病原性の強いものを多く含む

＊ 虫体とは発育終末トリポマスティゴート（Metacyclictrypomastigote）をいう．

表1.29　*Trypanosoma* と *Leishmania* の発育型

	発育期	特　徴	*T. cruzi*	*T. brucei*	*Leishmania*
人獣	Trypomastigote（T）	錐鞭毛期．K*は後端． 波動膜は後→前方に及ぶ	血中寄生，増殖なし 筋へ移行寄生型A ⇩	血液中． 2分裂で増殖	
媒介動物	Metacyclictrypomastigote（MT）	発育終末錐鞭毛期． 形態は上と同じ	新宿主／新細胞へ感染	中腸でT増殖 ⇩ ｜ 感染力具備 ⇧	
	Epimastigote（E）	上鞭毛期．Kは核の直上． 鞭毛，波動膜は短い	中腸で増殖 一方偽嚢子内にも ⇧	唾液腺で分裂増殖 ⇧	
	Promastigote（P）	前鞭毛期．Kは虫体前方． 鞭毛短く，波動膜はない	⇧		中腸で分裂増殖，感染
	Amastigote（A）	無鞭毛期．Kは核に近く直角． 波動膜はない	偽嚢子内で順次変態 ⇧		ベクターが摂取 ⇧
人獣	Amastigote（A） （寄生型）	形態は上に同じ	細胞内増殖 偽嚢子形成 ⇧		網内系細胞内で増殖 ⇧

＊ K：キネトプラスト

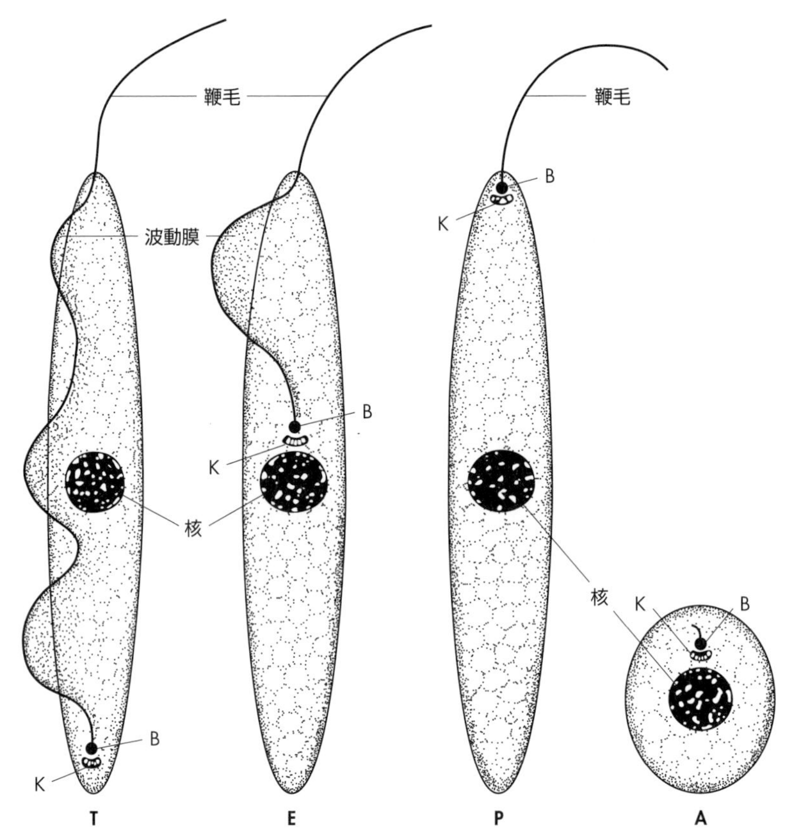

図 1.43　トリパノソーマの各発育期虫体模式図
T：trypomastigote　錐鞭毛期　E：epimastigote　上鞭毛期　P：promastigote　前鞭毛期
A：amastigote　無鞭毛期　K：キネトプラスト
B：基底小体（basel body）；kinetosome ともいう

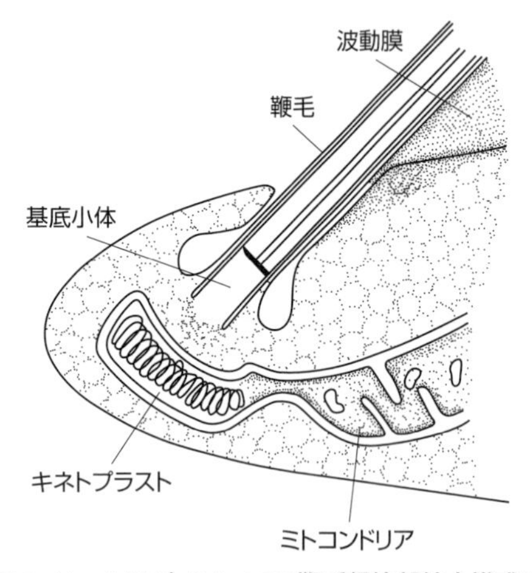

図 1.44　トリパノソーマの鞭毛起始部拡大模式図

(2) 発育終末トリポマスティゴート
(Metacyclictrypomastigote ; MT)

ベクター内で発育増殖を遂げた結果，形態的には上記のトリポマスティゴートと変わらないまま感染性を備えた虫体が集積される．このベクター内にある感染型虫体をとくに発育終末トリポマスティゴートとよぶことがある．

(3) エピマスティゴート (Epimastigote ; E)

概して太短く，ほとんど彎曲していない．キネトプラストは核のすぐ上に移動しているため，鞭毛，波動膜ともに短くなっている．トリパノソーマ類ではベクター内で盛んな分裂増殖がみられ，培養基中にも出現する．

(4) プロマスティゴート (Promastigote ; P)

長紡錘形．キネトプラストは虫体の前端に近く，鞭毛は太めで波動膜はない．リーシュマニアでは，ベクター（サシチョウバエ）に吸引された原虫寄生細胞は中腸内で破壊され，なかの原虫（アマスティゴート）が遊離して鞭毛をもつプロマスティゴートになって分裂増殖する．リーシュマニアの人工培養虫体はこの形態をとる．

(5) アマスティゴート (Amastigote ; A)

類円形～楕円形を呈し，鞭毛を有しない．しかし体内に鞭毛の基本構造は認められる．キネトプラストは短い棒状を呈し，核に対してほぼ直角に位置している．人獣の組織細胞内に集塊を作って（偽嚢子）寄生する虫体はこの形態を示している．

[種類・分類]

1. Stercoraria

Subgenus *Megatrypanum*
- *Trypanosoma theileri*　牛
- *T. melophagium*　めん羊

Subgenus *Herpetosoma*
- *T. lewisi*　ネズミ
- *T. duttoni*　マウス
- *T. nabiasi*　ウサギ
- *T. rangeli*　ヒト, サル, 犬, 猫（Schizo-trypanum とする説もある）

Subgenus *Schizotrypanum*
- *T. cruzi*　クルーズ・トリパノソーマ

Trypanosoma theileri

日本の放牧牛からも時折検出される．体長 60 ～ 70 × 4 ～ 5 μm の大型のトリパノソーマで，ときには 120 μm に達するものもみられる．虫体後端は長くとがり，キネトプラストは最後端からやや離れて位置する．鞭毛も波動膜もよく発達している．人為的な培養は容易である．培養温度 27℃では **E** のみが，37℃では **T** と **E** の両者が発育する．サシバエによって媒介される．病原性は普通はないものといわれているが，流産した胎仔に多数寄生していた例が報告されている．ほかに泌乳量の低下も疑われている．

Trypanosoma melophagium

めん羊にみられる．形態的には上記に類似．一応非病原的であると考えられている．

Trypanosoma lewisi

Rattus 属のネズミに寄生する（図 1.45 左）．肢関節炎の浸出液中から虫体が検出されるとともに，分離虫体による再現試験に成功した例が知られている．また別の目的で行われた電顕的観察で，腎臓から本種と思われる多数の虫体を検出した例もある．体長は 26 ～ 34 μm．ベクターはネズミノミであり，ラットは感染ノミあるいはその糞便を採食して感染する．ノミの刺咬吸血は直接には関係しない．

クルーズ・トリパノソーマ
Trypanosoma cruzi

Stercoraria のなかで病原性の明らかなものの代表である．中南米でヒトのシャーガス病の原因になる．**T** の体長は 16 ～ 20 μm，キネトプラストは大型で虫体後端に近い．**T** では増殖せず，増殖は **A**（径 1.5 ～ 4.0 μm）で，筋肉その他の細胞内，とくに心筋細胞内で行われる．

ベクターは半翅目の *Triatoma* 属，*Rhodnius* 属，*Panstrongylus* 属など“サシガメ”とよばれる 52 種のカメムシ類昆虫である．一方，自然感染が知られている保虫宿主（reservoir）は，ヒトのほかにホエザルやオマキザルなどの 12 種の霊長類，犬・猫などの 13 種の食肉類，豚などの偶蹄類，ウサギ類，34 種に及ぶげっ歯類，その他約 130 種に及んでいる．自然界で重視される保虫宿主は地域によって若干異なっている．たとえば南米ではアルマジロとオポッサム（フクロネズミ）が，中米ではオポッサムが，アメリカではモリネズミとアライグマ，局地的にはアルマジロがあげられている．

シャーガス病（Chagas disease）：病原虫はほとんど全身の細胞に侵入し，増殖する．とくに細網内皮系，心筋，骨格筋，平滑筋に多い．虫体侵入局所には浮腫，結節状の腫脹があり，リンパ節の腫脹が随伴する．さらに，肝脾の肥厚，筋肉痛，心筋炎，髄膜脳炎，神経系の障害などが発生する．ついには諸臓器の機能低下，拡張肥大から全身の浮腫や腹水の貯溜をみるに至る．犬でも同様の症状が観察されている．幼児，幼犬ほど症状が激しい．

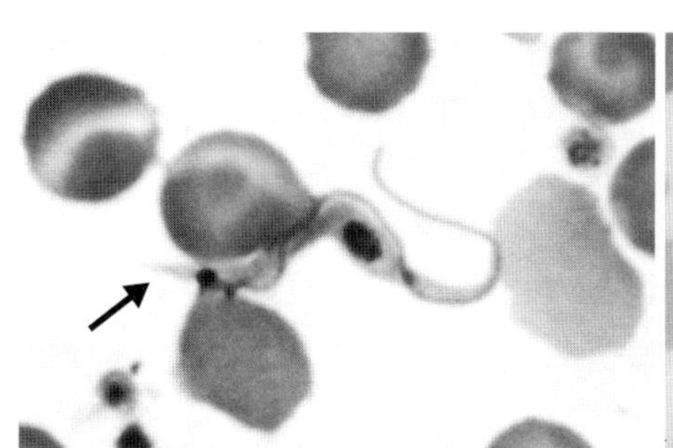
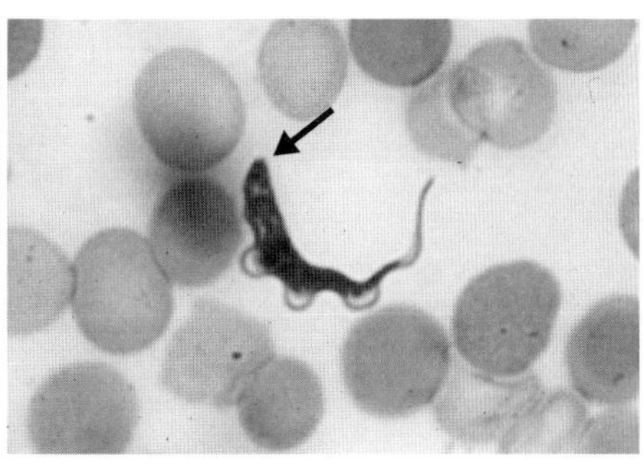

図 1.45　Stercoraria（左）と Salivalia（右）の形態の違い
左：*Trypanosoma lewisi*．虫体の後端（矢印）はとがる．
右：*Trypanosoma brucei*．虫体の後端（矢印）は丸い．

各論 1 原虫類 PROTOZOA

2. Salivaria

Subgenus *Duttonella*
T. vivax 反芻動物，馬
Subgenus *Nannomonas* "congolense" グループ
T. congolense 反芻動物，馬，豚，犬
T. simiae サル，豚ほか
Subgenus *Pycnomonas*
T. suis 豚
Subgenus *Trypanozoon*
T. brucei brucei ブルース・トリパノソーマ
T. brucei gambiense ガンビア・トリパノソーマ
T. brucei rhodesiense ローデシア・トリパノソーマ
T. evansi エンバス・トリパノソーマ
T. equiperdum 媾疫トリパノソーマ

Trypanozoon に含まれる *T. brucei* の 3 亜種は形態的には区別できない．いずれもツェツェバエ（*Glossina* spp.）をベクターとし，アフリカ大陸に分布するが，表 1.30 に示す相違点もある．獣医寄生虫病学としては *T. brucei brucei* が重要である．ほかの 2 亜種は犬などにも感染する（保虫宿主）が，軽症で経過するのであまり注目されていない．ただし，ヒトではこの 2 亜種が重要．なお，表のように，それぞれ亜種とせず，独立種としてとり扱うことも普通に行われている．この 3 亜種に関しては，ブルース・トリパノソーマが原種であって，ほかの 2 亜種はこれから分化・派生したものであろうと考えられている．いずれも日本には存在しない．

ブルース・トリパノソーマ
Trypanosoma brucei brucei

宿主域は広く，馬，ロバ，ラバ，牛，めん羊，山羊，ラクダ，豚，犬，サル，その他ほとんどの家畜，野生動物に及ぶ．分布地域はベクターであるツェツェバエの分布地域に一致する中央アフリカで，この地域における家畜の最重要な原虫病である．病名の『ナガナ (Nagana)』はズール地方の"弱々しい"を意味する言葉である．ウマ属の感受性がもっとも高い．

症状としては，弛張熱があり，下腹部，陰嚢，脚などに浮腫を発し，流涙，鼻汁の排泄とともに貧血がみられるようになる．食欲は正常なまま衰弱し，筋肉の萎縮退化が進行する．ついには麻痺をきたし，死に至る．経過は 15 日～ 4 か月で，無処置で回復することはほとんどない．なお，めん羊，山羊，ラクダ，犬なども同様の病性を示すが，牛では慢性に経過するものが多い．

虫体の形態は，繁殖が旺盛な時期の T の体長は 25 ～ 35（29）μm，増殖が抑制されている時期には短く（約 18 μm），体幅はわずかに広くなる（口絵㊷，図 1.45 右）．寄生部位は血液，リンパ液，脳脊髄液中である．ベクターの中腸および唾液腺で分裂増殖が行われ，15 ～ 35（20）日を要して E を経て MT が形成される．感染後は血液，リンパ液中で増殖し，のちに全身の細胞間隙や脳脊髄液中にも入り，脳の細胞間でも 2 分裂法で増殖するようになる．サルで心筋，マウスで肝臓と脾臓から検出された例がある．ちなみにツェツェバエは昼間活動性で，雌雄とも吸血する．

エバンス・トリパノソーマ
Trypanosoma evansi

このトリパノソーマは，Evans が 1880 年，インドのパンジャブで馬とラクダの血液から発見したもので，病原性のあることが初めて示されたものである．分布は世界各地にまたがり，アフリカ，中南米，東南アジアにわたる．土地によってさまざまな病名があるが，もっとも広範囲で，かつ古くから用いられている名称は Surra(h) である．スーラまたはスルラと書かれる．Surra はインド・マラータ語で"重苦しい呼吸音"を意味する．

形態は単形性（monomorphic）で，血中に寄生する細長型 T のみが知られている（口絵㊸）．その大きさは 15 ～ 33 × 1.5 ～ 2.0（24 × 1.7）μm であるが，ずんぐり型（stumpy form）や中間型（intermediate form）も存在するという報告も少なくない．ベクター内でも発育環上の変態，増殖はみられない．後述する

表 1.30 *Trypanosoma brucei* **3 亜種の特徴**

	T. b. brucei	*T. b. gambiense*	*T. b. rhodesiense*
感染動物と病原性	すべての家畜，野生動物に感染． 家畜への病原性最強． 馬のナガナを起こす	ヒト（アフリカ睡眠病） 牛，めん羊，馬，犬，猫． 病原性は 3 種中最軽	ヒト（アフリカ睡眠病） 牛で中程度の病原性． ラットで病原性強い
分布（アフリカ）	北緯 15°～南緯 25°間	中西部	東　部
Glossina 属の おもな分布種	*G. fusca* *G. brevipalpis*	*G. palpalis* *G. tachinoides*	*G. morsitans* *G. pallidipes*
分布地環境	サバンナおよび森林	多湿地帯	低湿度・サバンナ

が，ベクターといっても単なる機械的伝播に携わるにすぎない．

宿主域は広く，とくに馬，ラクダ，ゾウ，犬の感受性は高い．馬は急性症をひき起こす．ラクダは馬に比べるとやや慢性に経過するものが多い．犬では，常在地の土着犬は慢性経過をたどるが，輸入・導入犬では急性で重篤に陥る．牛，水牛，豚はほとんどの地域で感染はするが，普通は症状を示すことなく，死亡することはきわめてまれである．したがって，これらの動物がしばしば保虫宿主になっている．

ベクターはアブ（*Tabanus* 属）やサシバエ（*Stomoxys* 属）などの吸血性昆虫である．アブの場合，雌のみが吸血するが，吸血後 1 ～ 4 日経つとすでに感染は成立しなくなり，また体内での発育もない．吸血後 8 時間でも感染性は著しく低下し，効率のよい伝播は吸血後 15 分以内に限られる．サシバエは雌雄ともに吸血するが，感染性に関してはアブの場合と同様な現象がみられる．一般に屋外ではアブ，屋内ではサシバエの役割が大きい．また，ツェツェバエの分布地域ではツェツェバエも伝播にあずかることがある．

中米，たとえばベネズエラやコロンビアでは吸血コウモリが伝播する．吸血コウモリでは，腸粘膜を穿通して腹腔へ出た虫体の増殖がみられ，感染は 1 か月も続き，この間に死ぬコウモリもいる．コウモリは宿主でもあり，またベクターでもある．

T. evansi は，*T. brucei* から進化したものと信じられている．すなわち，まず *T. brucei* がアフリカに導入された隊商のラクダに感染し，感染したラクダが隊商とともにツェツェバエのない地域へ移動し，アブやサシバエなどの機械的な伝播に馴化していったというわけである．後述する *T. equiperdum* は，さらにこの *T. evansi* から分化し，生殖器のみに親和性を限局し，ベクターを不要とする直接感染をとるように発育環が簡単になったものといえる．

馬のおもな症状は腹部の熱感のある浮腫，著明な貧血，粘膜の点状出血などである．栄養障害があり，被毛は粗剛になり，体表に蕁麻疹（じんましん）様の小発疹ができる．感染 1 か月で筋力を失い，よろめくように歩行するようになる．死亡率はきわめて高く，治療しなければ 1 週間，長くても約 6 か月で死亡する．

病理所見は貧血を基礎にするもので，リンパ節と脾臓の腫大がある．肝臓もしばしば腫大し，白血球の浸潤がある．腎臓の腫大があることも多く，血尿，血色素尿，蛋白尿などの排泄がある．

人獣共通の可能性も指摘されている．

媾疫トリパノソーマ
Trypanosoma equiperdum

T の形態は *T. brucei* や *T. evansi* のそれと区別しにくいが，通常血中に出ることなく，組織内に寄生している．体長は 15.5 ～ 36.0（25.6 ～ 27.7）μm で，遊離鞭毛は長い．宿主は馬，ロバ，ラバで，ベクターなしで伝播･感染する唯一の病原性トリパノソーマである．寄生部位は生殖器粘膜で，交尾によって直接感染し，馬の媾疫（dourin）とよばれる生殖器病の原因になる．分布地域は往年に比べればかなり縮小されつつあるが，北西アフリカ（モロッコ），シリア，イラク，トルコ，ウズベキスタン，メキシコなどの一部にはまだ残っているようである．

症状は馬で強く出，しばしば重篤に陥り，無処置では死に至ることがある．病勢は 3 段階に分けられる．①5 ～ 6 日の潜伏期を経て生殖器に浮腫が現れ，2 ～ 12 週間続く．粘膜は腫脹し，無色ないし黄色の浸出液の分泌がある．発熱は中等度で食欲は変わらない．②約 1 か月を経ると，体表に皮膚面から隆起した丘疹が現れる（ターラー斑）．この丘疹は痒覚が激しく，湿疹に移行し，痂皮形成から脱毛に至る．粘膜面には潰瘍を生じ，いずれは瘢痕化して白斑になる．排尿回数が増え，妊馬では流産がある．食欲は変わらないまま貧血し，削痩が著しくなる．③最終的には神経症状が出る．口唇，眼瞼が下垂するなどの顔面神経麻痺から，ついには運動神経も侵されるようになり，死に至る．通常は 1 ～ 2 か月で死亡するが，経過が年余に及ぶこともある．致死率は 50 ～ 70％にも達する．きわめてまれに自然治癒もあるという．

病理所見としてはリンパ節の腫脹，充血が著明で，とくに腹部，後軀が侵される．慢性では全身のリンパ節の腫脹，軟化が認められる．また，腰椎，仙椎を主とする神経繊維の萎縮退化がある．筋肉には脂肪変性がみられる．原虫は生殖器から検出されるが，まれに尿道，精巣に及ぶこともある．

診断は臨床所見からのみでなされる．虫体がほとんど血中に出ないため，血液検査はほとんど意味がない．生殖器粘膜由来の試料を検査するほうがまだよいが，常に可能とは限らない．予防はもっぱら衛生管理の徹底と感染馬の淘汰による．

T. brucei, *T. evansi*, *T. equiperdum* の 3 種は，いずれも牛，水牛および馬に関して届出伝染病に指定されている．輸入検疫あるいはと畜検査にかかわる際には，十分に留意しておく必要がある．

リーシュマニア
Leishmania

ドノバン・リーシュマニア
Leishmania donovani

Leishmania donovani は，ヒトに高熱，肝・脾臓の腫大，貧血などを主徴とするカラ・アザール（kala-azar：内臓リーシュマニア症）を起こす病原体として知られている．感染動物としてヒトと犬があげられているが，実は表 1.31 の 3 亜種に分けられ，犬はこれらのうちの 2 亜種に関与するといわれている．犬は流行地における保虫宿主（reservoir）としての役割を果たす．

これら 3 亜種のリーシュマニアの発育環を一括して述べる．ドノバン・リーシュマニアおよび幼児リーシュマニアのベクターは俗に sandfly とよばれるサシチョウバエ（*Phlebotomus* 属）で，2 mm くらいの小さな昆虫である．シャーガス・リーシュマニアのベクターは上記のサシチョウバエと同じ亜科 Phlebotominae に属する *Lutzomyia longipalpis* である．

リーシュマニアの人獣寄生期の虫体は **A** のみで，径 2 ～ 4 μm の類円形ないし楕円形を呈し，自由鞭毛をもたない（口絵㊹）．寄生部位はおもに肝臓，脾臓，骨髄，十二指腸，空腸などの細網内皮系細胞で，細胞内でのみ分裂増殖する．サシチョウバエの吸血により **A** は吸引され，中腸内で虫体前端から鞭毛をもつ **P** になり，2 分裂で増殖するとともに虫体の前方へ移動し，食道を遡上して口腔に集まり，感染の機会を待つ（口絵㊺）．

[補] 上記の『内臓リーシュマニア症』に対し，『皮膚リーシュマニア症』とよばれるものがある．そのひとつが *L. tropica* による『熱帯リーシュマニア症』または『旧世界皮膚リーシュマニア症』『東洋瘤腫（oriental sore）』などとよばれているものである．赤道アフリカ，地中海東部，小アジア，インド西北部，ロシア南部などに分布している．げっ歯類を保虫宿主とし，四肢に潰瘍を生ずる湿潤型（農村型）と，感染源にはならないと考えられているものの犬を保虫宿主とし，ヒトの顔に結節や潰瘍を生ずる乾燥型（都市型）の 2 つのタイプがある．ベクターはサシチョウバエ．

B　キロマスティクス（*Chilomastix*）

虫体は洋梨状を呈し，かつ全体としてらせん状に軽くねじれ，側面図としては 1 本のらせん溝が認められる．虫体の前端，核の近くに虫体中央部に達する大型の細胞口腔を備えている．鞭毛は 4 本，このうちの 3 本は前鞭毛として前方へ伸び，らせん溝に合わせ，らせん運動を行う．残りの 1 本は短く，細胞口の内にあり，栄養物の摂取に携わる（後鞭毛）．栄養型虫体の大きさはおおよそ 10 ～ 15 × 5 ～ 10 μm．シストはレモン形で 7 ～ 10 × 4 ～ 6 μm，栄養型虫体と同様の構造を備えている．一般に非病原的といわれている（図 1.46）．

Chilomastix mesnili（メニール鞭毛虫）
　おもに熱帯地方でヒトおよびサルの腸，とくに盲腸に寄生する
C. gallinarum　鶏，七面鳥の盲腸
C. intestinale，*C. wenrichi*
　モルモットの盲腸
C. caprae　山羊の盲腸
C. cuniculi　ウサギの盲腸

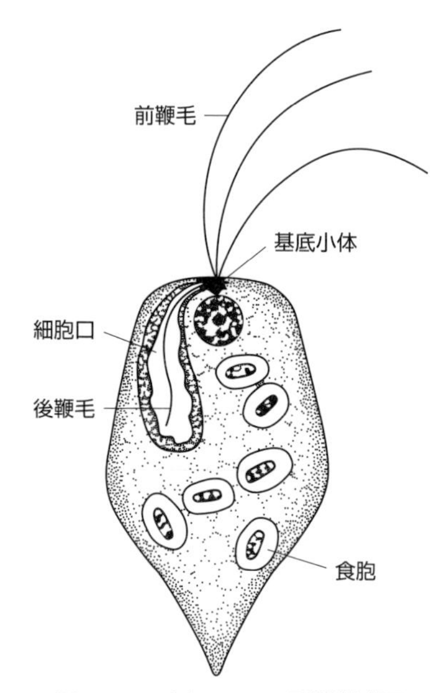

図 1.46　*Chilomastix* の形態模式図

表 1.31　*Leishmania donovani* の 3 亜種

種　名	和　名	感染動物	分布地域
L. d. donovani	ドノバン・リーシュマニア	ヒトのみ	インド，ネパール，中国
L. d. infantum	幼児リーシュマニア	イヌ科動物⇨ヒト 犬，ネズミが重要	中国，中近東諸国，アフリカ大陸，ヨーロッパ地中海沿岸
L. d. chagasi	シャーガス・リーシュマニア	ヒト，犬とキツネに確認	アメリカ大陸とくに中南米

C. bettencourti	マウス，ラット，ハムスターなどの盲腸

C　トリコモナス類（Trichomonadida）

トリコモナス目に属する原虫の多くは非病原的と考えられているが，一部には病原性の明瞭なものもある．主要種の分類学的位置関係を次にまとめた．

Order Trichomonadida　トリコモナス目
　Family Trichomonadidae　トリコモナス科
　　Genus *Tritrichomonas*　前鞭毛 3 本
　　　Tritrichomonas foetus
　　Genus *Trichomonas*　前鞭毛 4 本
　　　後鞭毛に遊離部なし
　　　Trichomonas gallinae
　　　Trichomonas vaginalis
　　Genus *Trichomitus*　前鞭毛 3 本
　　　parabasal body（p.b.）は V 型
　　　Trichomitus wenyoni
　　Genus *Tetratrichomonas*　前鞭毛 4 本
　　　p.b. は円盤状
　　　Tetratrichomonas gallinarum
　　Genus *Pentatrichomonas*　前鞭毛 5 本
　　　p.b. は顆粒からなる
　　　Pentatrichomonas hominis
　Family Monocercomonadidae
　　　モノセルコモナス科
　　Genus *Monocercomonas*　前鞭毛 3 本
　　　波動膜，基条を欠く
　　　Monocercomonas ruminantium
　　Genus Histomonas　鞭毛はないか 1 本
　　　Histomonas meleagridis

トリコモナス科の細分類はやや面倒である．あまりこだわる必要はなく，極端にいえばすべてを従前どおりに“Genus *Trichomonas*”に一括しておいても実際の診療には差し支えない．

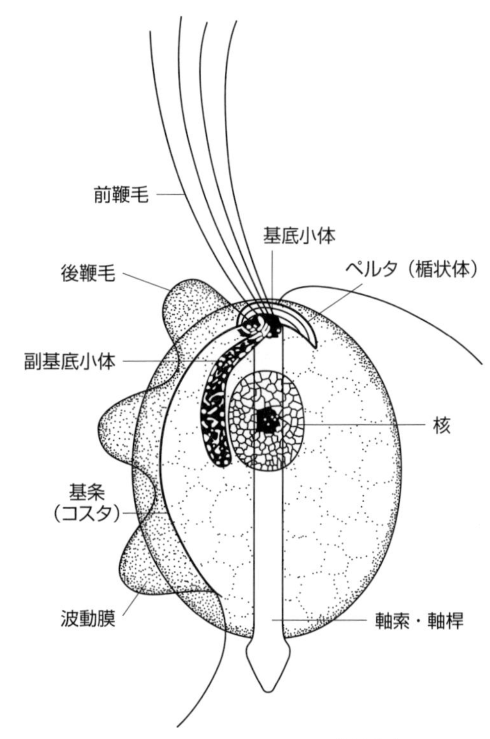

図 1.47　トリコモナスの形態模式図
— *Pentatrichomonas* に準拠—

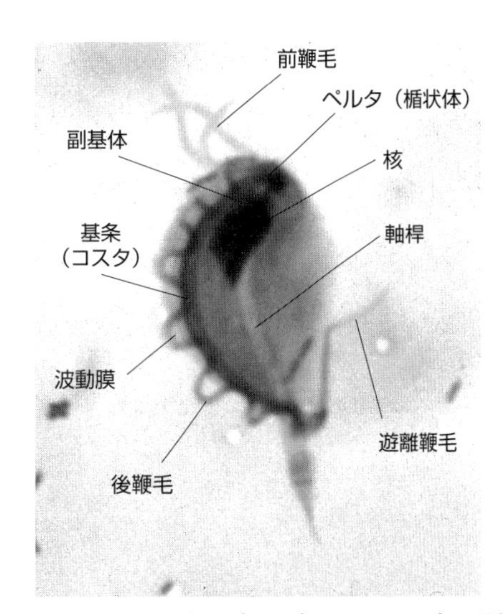

図 1.48　トリコモナス（*Tritrichomonas muris*）の形態
（ギムザ染色標本）

トリコモナスの基本形態：図 1.47，1.48 に示すように，全体像はだいたい洋梨状で，前端は鈍円，後端はとがっている．体前部に 1 個の核がある．核の前方に基底小体（毛基体，生毛体：blepharoplast）があり，ここから 3 〜 5 本の前鞭毛，1 本の後鞭毛が生えている（1 組の核鞭毛系からなる）．後鞭毛は体後方に向かい，虫体との間には波動膜が張られている．繊維質の基条（costa）も基底小体から発し，波動膜が虫体に接着する基幹部をなして後方に向かって走る．基底小体の後方には副基体（parabasal body（実際には Golgi 装置））が認められる．桿状の軸桿（軸索：axostyle）も基底小体から発し，虫体中心部を後走し，体の後端から突出して骨頭様小膨隆（capitulum）を形成する．基底小体の直前，虫体前縁に横たわってペルタ（pelta：楯状体）がある．楯状体は明らかに軸桿の頭端から生じ，銀染色で染まる構造で，トリコモナス亜科の特徴になっている．シスト期の虫体は知られていない．

牛胎仔トリコモナス・牛生殖器トリコモナス — *Tritrichomonas foetus*

このトリコモナスは牛の生殖器に寄生して繁殖障害をひき起こすことで知られている．古く，兵庫県但馬地方の牛に集団的に流産が発生し，産業上の問題になっていたことがあった．昭和初期にこの疾患についての研究がはじめられ，1935年に二村，折原により病因になるものは鞭毛虫に属する原虫であることが明らかにされ，*Trichomonas bovis genitalis* という種名が提唱された．その後，種名に関して検討がなされ，この原虫は世界的に分布している *Trichomonas foetus* に一致するものであることが明らかになった．この学名は，さらに *Tritrichomonas foetus* に改められている．

かつては，この原虫の分布は世界的であり，往年の牛の繁殖障害の主要な原因のひとつとして関係者の注目を集めていた．しかし，近年になって人工授精の普及とともに漸次減少し，日本では1963年以降発生はみられない．

[宿主・感受性動物]

本来の宿主は牛とめん羊．ほかに豚と馬にも感染するのではないかと疑われている．近年，海外では猫での消化管寄生による下痢や大腸炎が報告されている．

[形　態]

虫体は紡錘形～洋梨状で，大きさは10～25×3～15（16.8×8.2）μm．前鞭毛は3本，後鞭毛1本，後鞭毛の遊離部分の長さはほぼ前鞭毛の長さに等しい．波動膜はほぼ全体長に及び，基条（costa）は明瞭に観察される．軸桿（axostyle）は半透明ガラス様でよく発達し，虫体後端からやや突出している．ペルタはない．増殖は縦2分裂法により，有性生殖は知られていない．また，シスト（cyst，嚢子）の形成も知られていない．人工培養はCPLM（cysteine-peptone-liver infusion medium），BGPS（beef extract-glucose-peptone-serum medium），Diamond培地などを用いて比較的容易に行われている．

[寄生部位]

寄生はもっぱら生殖器に限られる．雌牛では腟，子宮頸管，子宮で，とくに腟液中で盛んに増殖する．雄牛では包皮，精巣，輸精管などに寄生し，増殖する．

牛のトリコモナスは，ヒトの腟トリコモナスよりもやや好気的で，通性嫌気性であるといわれている．

[感　染]

感染はもっぱら交尾による．自然界では交尾以外の経路による感染の成立は認められていない．しかし，人為的には人工授精でも起こりうる．現在発生はないものの，診察器具の汚染に気を配っておく必要がある．

[症　状]

(1) 雌牛では，虫体はまず腟で増殖して腟炎を起こす．感染3日目ころから白色あるいは淡黄色の膿様悪露を排出し，日時の経過とともに白色の綿状片が混じるようになり，石灰乳，牛乳様になる．このなかには多数の虫体が含まれている．感染14～18日後ころに増殖虫体数は最高値に達し，子宮頸管を通り，子宮内に侵入するようになる．このころには腟内からの検出虫体数は減少し，軽度なカタル性腟炎が残る．

感染牛は生殖器に炎症，ときには子宮蓄膿症を発し，通常は受胎不能に陥るが，まれに受胎するものもある．このような場合の特徴は，早期の流産である．普通，種付け後1～16週間で起こる．したがって流産胎仔は非常に小さく，畜主にも気づかれず，不受胎あるいは不定期な発情と思われてしまうこともある．妊娠6か月以降の流産はまれである．

流産胎仔の胃をはじめ，諸処から虫体が検出される．流産の後，胎盤などがすべて排出されてしまえば宿主は自然治癒し，回復に向かう．これが一般的な経過であるが，もし後産の一部でも残れば慢性カタル，あるいは化膿性子宮内膜炎を発して不妊症を誘発する．また，胎仔が子宮内で死亡融解して子宮膿腫の原因になる場合もある．

(2) 雄牛が感染すれば，まず包皮炎を発し，局所の充血腫脹，膿様粘液の浸出がある．ついで感染は輸精管，精巣に及ぶ．ただし，感染雄牛の性欲には異常がない．自然治癒はほとんど期待できない．放置すれば生涯保虫することになる．

[診　断]

症状のほかに，虫体を検出することが重要である．雌牛では分泌物，または子宮洗滌液の膿様部が鏡検対象になる．しかし，慢性期あるいは性周期の休止期にあるものでは検出困難な場合がある．このようなおそれがある場合には発情期に採材するとよい．雄牛では，急性期はともかく，慢性期では検出は困難である．なお，免疫学的な方法で推奨されているものはない．

[予　防]

細心な衛生管理，とくに種付けにあたっての周到な注意が唯一の予防法になる．

[治　療]

腟洗滌，子宮洗滌などが行われ，トリパフラビンなどを含む軟膏の塗布，メトロニダゾール製剤やチニダゾール製剤の経口投与が期待されているが，実際の効果は明らかでない．いずれにせよ，短期間での完治は期しがたく，結局は淘汰することになる．

猫の *Tritrichomonas* sp. 感染

猫の大腸には，後述の腸トリコモナス *Pentatrichomonas hominis* とは異なるトリコモナス類の寄生が認められる．形態的には牛胎仔トリコモナス *Tritrichomonas foetus* にきわめて近く，大きさは 10 ～ 25 μm × 3 ～ 15 μm，3 本の前鞭毛と 1 本の後鞭毛を有するほか，波動膜や基条，軸桿などの特徴もほぼ同一である．猫の結腸からトリコモナスを見いだしたとする論文（1996）では，それを腸トリコモナスとして記載していたが，2001 年になると猫の大腸に寄生するトリコモナスは，分子生物学的手法により *T. foetus* とする報告が複数発表され，その見解が現在まで支持されている．それらの報告を嚆矢（こうし）として，猫の *T. foetus* 感染は世界の広い地域で確認され，時として猫に急性あるいは慢性の下痢をともなう大腸炎を引きおこすという認識が定着した．ちなみに，わが国で虫体培養と PCR の手法によりおこなわれた調査において，一般家庭の飼育猫の 8.8％が陽性を示し，それらの 38.5％が下痢を呈していたという．

一方，種名に関してはいまだに未確定の要素がある．牛の生殖器由来の *T. foetus* とは一部の遺伝子座で塩基配列に相違があり，また交差感染試験でその病原性や生物学的性状に違いがあるなどを根拠に，猫由来の *T. foetus* に対して *T. blagburni* という新種命名が提唱されているが，必ずしも定着したとはいえない．現時点では，牛あるいは豚由来株を *T. suis*/*T. foetus* 牛遺伝子型，猫由来のそれを *T. foetus* 猫遺伝子型とよぶという提案が妥当かもしれない．本稿では従来の呼称 *T. foetus* を採用し，猫遺伝子型の表記は省略した．

検査法としては，生理食塩水を用いた直接塗抹法が実施可能な唯一の方法であるが，検出率は 14％以下と低い．虫体が見出されたならば，薄層塗抹を作り手早く風乾し，メタノール固定，ギムザあるいはライトギムザ染色を施し，虫体の形態観察に供する．簡易血液染色キットでも染色可能であるが，長めに染色するほうが虫体は染まりやすい．日本では未入荷ではあるが，虫体培養用の培地（Biomed' s Feline InpouchTM test）で増殖させれば検出率は高まる（約 55％）．また，外部検査機関に発注し，PCR 検査を依頼することもできる．

猫の *T. foetus* の治療は選択肢が限られており，完治はなかなかむずかしい．一般にトリコモナス類はミトコンドリアを欠き，ハイドロゲノソームという小器官でエネルギー産生をおこなっているが，この代謝過程にメトロニダゾール，チニダゾール，ニモラゾール，ジメトラゾールあるいはロニダゾールなどのニトロイミダゾール系の薬物が細胞毒性作用を及ぼし，DNA 合成に障害を与えるものと考えられる．しかしながら実際のところ，猫の *T. foetus* 感染に対して有効な薬剤はロニダゾールに限られており，その 30 mg/kg，sid，14 日間連続経口投与が第 1 選択となる．薬剤は混合物を含まない 100％製剤が望ましく，カプセルを用いて投与するように勧奨されている．ロニダゾールの投与は認可外使用であり，安全域が狭く毒性が強い薬剤であることを認識し，患者の体重測定はできるだけ正確におこなう．本剤による完全駆虫の割合は 60％程度であり，抵抗性を示す株の出現も懸念されている．

膣トリコモナス
Trichomonas vaginalis

世界的に分布し，成人男女にかなりの寄生がみられる．女性では膣やバルトリン腺，男性では尿道，前立腺に寄生する．しかし，男性では虫体の増殖を促進する因子がないため自然治癒が多い．女性では膣炎や外陰炎を起こすことがある．虫体は 12 ～ 30 × 6 ～ 20 μm．環境の pH が適当であれば活発に分裂して小型虫体が多く，不適当であれば分裂が抑制された大型虫体が増えてくる．前鞭毛 4 本，後鞭毛は 1 本で短く体中央で終わる．したがって，波動膜も短く，鞭毛遊離部はない．

腸トリコモナス
Pentatrichomonas hominis

[宿　主]

宿主域は非常に広く，ヒト，ギボン，チンパンジー，オランウータン，ヒヒ，その他のサル類，犬，猫，ラット，マウス，ハムスターから牛に及ぶ．また，感染率も高い．分布は世界的．

[寄生部位]

盲腸，結腸，牛ではルーメンにも寄生する．いずれも消化管腔に遊離して寄生し，消化管壁へ穿入，吸着するようなことはない（内腔游泳性：lumen dwelling）．

[形　態]

洋梨状で 8 ～ 20 × 3 ～ 14 μm，前鞭毛は基本的には 5 本であるが，13 株，13,000 個体について，6 本以上－1％，5 本－77％，4 本－17％，3 本－5％であったという報告がある．なお，前鞭毛 5 本のうち 4 本は前方に向かい，1 本は離れて後方に向かう傾向がある．後鞭毛は体表との間に波動膜を有し，かつ虫体後端からは虫体を離れ，遊離鞭毛になっている．（口絵㊻，図 1.49）顕微鏡下では，波動膜の活発な運動が虫体の片側に容易に観察される（口絵㊽）．縦 2 分裂法で増殖する．シストの形成は認められないが，常温で鏡

表 1.32　腸トリコモナスと猫の *Tritrichomonas foetus* との簡易的な鑑別

	腸トリコモナス（Ph）	*Tritrichomonas foetus*（Tf）
大きさ	5 ～ 14 × 7 ～ 10 μm のものが多い	10 ～ 25 × 3 ～ 15 μm のものが多い
形	Tf に比べてやや小型で丸みがある虫体が多い	Ph よりも一回り以上大きい。涙滴状の虫体も多い
鞭毛	前鞭毛 3 本～ 5 本（5 本が基本）4 本は 1 か所から発生し，他の 1 本は離れている．後鞭毛は少し遊離する．	前鞭毛 3 本で遊離部分長い．後鞭毛は 1 本で前鞭毛と同じ長さ．
波動膜	体全体をおおい後鞭毛につながる．	体全体をおおい後鞭毛につながる．波形がはっきり認められる個体がある．
内部構造核	卵型の明瞭な核がひとつ	卵型の明瞭な核がひとつ
軸索の形状	比較的太く，屈曲性で先端は体後方にとがる．	軸索は太く直線的で，後方に 1.5 μm 以上程度突出．
運動性	体を細かく振動させるように無方向性に動く．波動膜の動きははっきりしないが，前鞭毛の動きは活発．	体をくねらせるようにしてゆっくりと波動膜を波立たせて，ジグザグに動く．

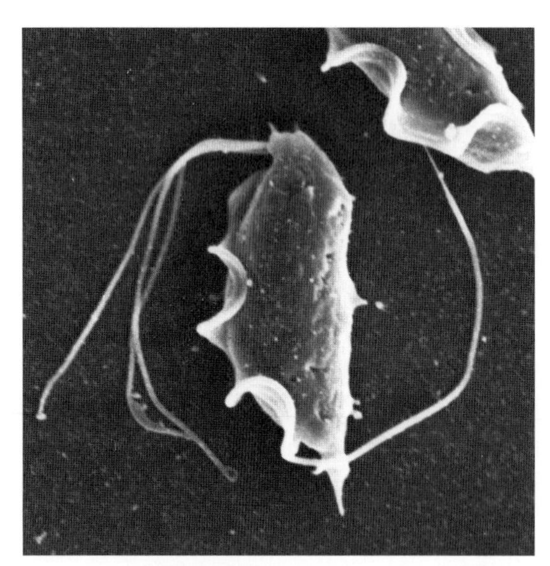

図 1.49　走査電子顕微鏡でみた腸トリコモナス（*Pentatrichomonas hominis*）

検していると 30 分くらいで前進運動は鈍くなり，1 か所で回転運動を行った後に静止し，シスト様の様態を示すことがある．

［病原性・症状］

積極的な病原性はないものと考えられている．しばしば犬・猫の下痢便中に多数の虫体をみることがあるが，これは本種による下痢ではなく，下痢の症状を示したため分裂が促進され，その多くが排出されたものとみるべきであろう．ときにジアルジアとの混合感染をみることがある．

とくに猫では，*Tritrichomonas foetus* 感染との鑑別が必要となる．生鮮標本中の両者の運動性および染色標本による形態観察を比較して表に示したが，鑑別がむずかしい場合には，PCR 検査をおこなうことになる．

ハトトリコモナス
Trichomonas gallinae

カワラバト（イエバト：pigeon；伝書鳩）が本来の宿主であるが，ほかにもキジバトを含む多くの鳥類，たとえば七面鳥や鶏やブンチョウ，セキセイインコ，さらにはタカやハヤブサにも寄生があるという．これらのうち，猛禽類の感染はハトを捕食することによるといわれている．

［形　態］

大きさは 6 ～ 19 × 2 ～ 9（10 × 5）μm．前鞭毛は 4 本で 8 ～ 13 μm．後鞭毛は波動膜とともに虫体の 2/3 にまで及び，遊離部はない．軸索は細く，体後端からわずかに（2 ～ 8 μm）突出する（図 1.50）．

［病原性・症状］

寄生部位はおもに上部消化管であるが，感染が重度になれば肝臓，さらに肺，気嚢，心臓，膵臓，またまれに脾臓，腎臓，気管，骨髄にまで病巣は広がる．幼鳥では症状が出るが，成鳥の 80 ～ 90 % は無症状で経過する．

感染は多分，経口的に行われる．とくにハトでは，親鳩からピジョン・ミルク（pigeon milk）を通じて幼鳩へ直接経口的に行われる．まず，口腔粘膜に限界明瞭な黄色の小型病変をつくり，徐々に増数し，また個々の大きさも増す．ついには口蓋が侵され，脳底まで侵されるようになる．咽喉頭，嗉嚢の初期病巣は黄白色チーズ様の小結節であるが，これもしだいに大きさを増し，管腔を閉塞するに至る．病巣の限界は明瞭で円盤状を呈し，中央部はやや隆起している．このため “yellow buttons” とよばれることがある．嗉嚢には多量の液体がたまり，死鳩の口腔には緑色の液体がみられる．この液体中には多数の虫体が認められる．肝臓，肺などの病変は固い黄色を帯びたチーズ様の結節で，径 1 cm に達するものもある．

七面鳥，鶏における病巣はおもに嗉嚢，食道，咽頭に発し，口腔や肝臓に生ずることは比較的まれである．なお，七面鳥や鶏の感染は飲水の汚染によるものであろう．しかし，シスト形成はなく，宿主体外に排出された虫体の抵抗性はけっして強くない．

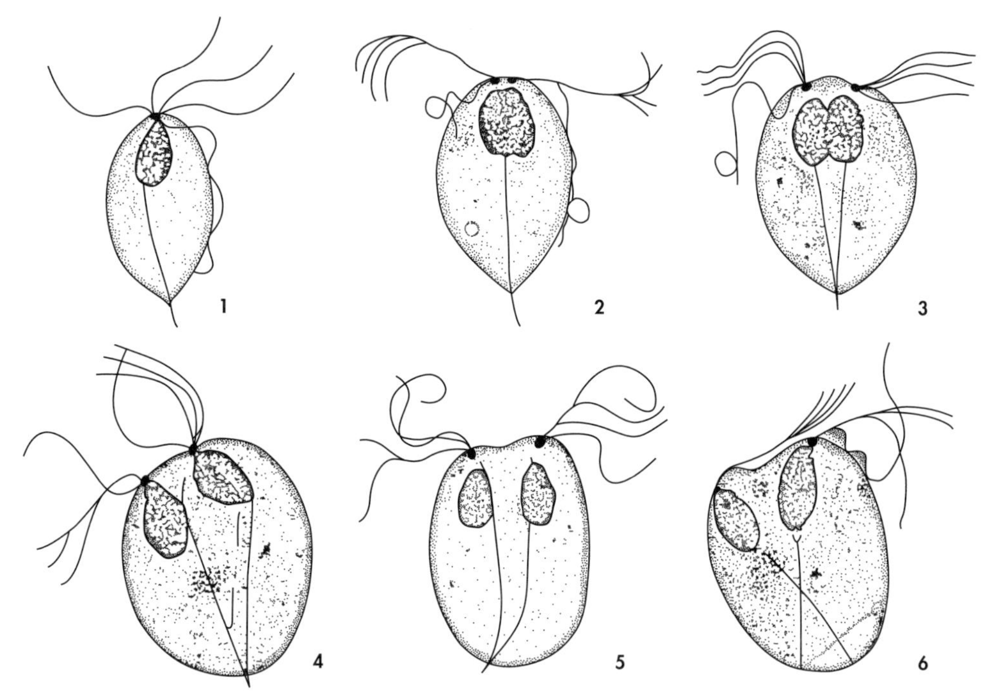

図 1.50　ハトトリコモナスの分裂［藤］
（1 から 6 へ進む）

ニワトリトリコモナス
Tetratrichomonas gallinarum

鶏，七面鳥，ホロホロチョウ，およびウズラ，キジなどの盲腸に普通にみられ，ときに肝臓に寄生する．シチメンチョウトリコモナスとよばれることもある．

［形　態］

体形は洋梨状，7 ～ 15 × 3 ～ 9 μm．体前端にペルタ（楯状体）があり，前鞭毛は 4 本，軸索は比較的細く，体後端から 3 ～ 6 μm 突出する．

［病原性・症状］

このトリコモナスは，ヒストモナス症（黒頭病(p.120)）類似の盲腸および肝臓病変を有する七面鳥の肝臓から分離されたものである．黄緑色の下痢，食欲不振，体重減少があり，0 ～ 44％の範囲にわたる死亡率が知られている．盲腸病変はヒストモナス症にきわめて類似しているが，肝病変はヒストモナス症に比べれば，①小さく，②病変の境界が不整であり，③肝表面からやや隆起しているなどの点で異なっている．幼齢のもののほうが感受性は高い．しかし，真の病理性については用いた株の強弱・性質によると考えられ，実験成績には不安定性がみられる．

その他の類似・近縁の腸管寄生性鞭毛虫

Pentatrichomonas sp.

鶏，七面鳥の盲腸，肝臓から記録されている．*T. gallinarum* との異同問題がある．

Retortamonas intestinalis　ヒト，サル

R. ovis　牛，羊

いずれも形態は *Monocercomonas* に似ているが軸桿がない．細胞口がある．シストをつくる．

モノセルコモナス
Monocercomonas

虫体は一見トリコモナスに類似した洋梨状を呈し，ペルタ（楯状体）を有している．前鞭毛は 3 本，後鞭毛は 1 本で前鞭毛よりやや長い．しかし波動膜および基条（costa）を欠く．次の種類が知られているが，いずれについても病原性は記録されていない（図 1.51）．

Monocercomonas caviaev：モルモットの盲腸．世界的に普通にみられる

M. pistillum，*M. minuta*　いずれもモルモットの盲腸

M. cuniculi　ウサギの盲腸

M. gallinarum　鶏ヒナの盲腸

M. ruminantium　牛（おそらくめん羊も）のルーメン．虫体は 5 ～ 10 × 3 ～ 7 μm.

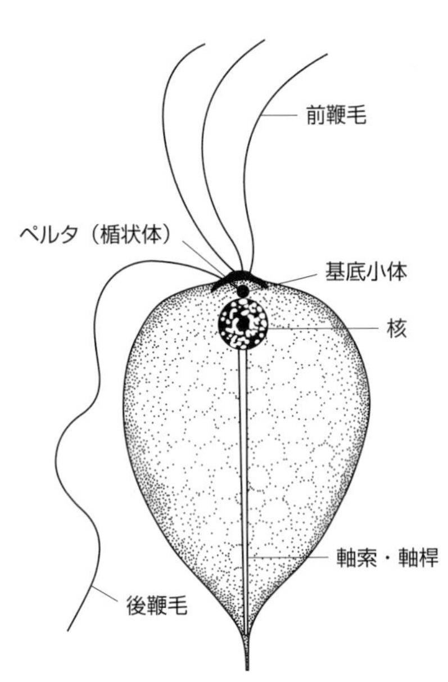

図 1.51　*Monocercomonas* の形態模式図

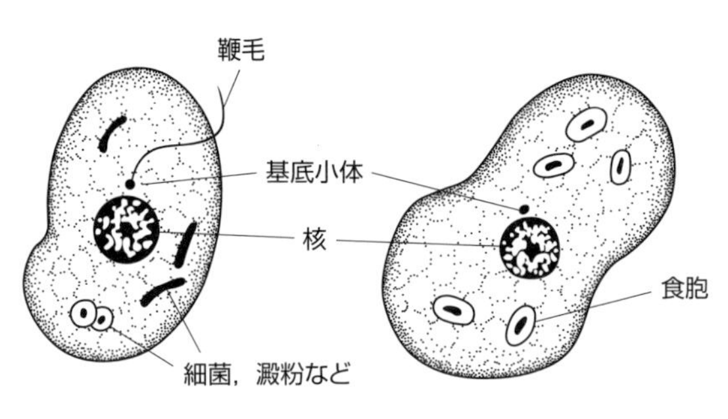

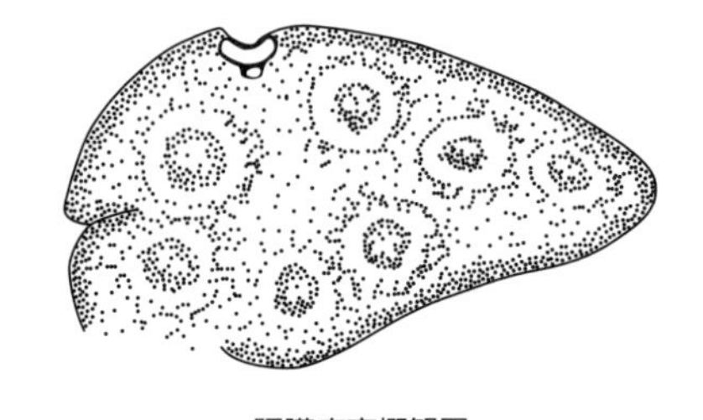

図 1.52　*Histomonas meleagridis*

表 1.33　ヒストモナス各型の特徴

型		所　在	大きさ（μm）	備　考
内腔型		盲腸腔内，鞭毛有	径 5 ～ 30	1 ～ 4 本の鞭毛をもつ
組織型	侵入期	盲腸，肝臓に初期	径 8 ～ 17	アメーバ様．鈍円の仮足
	増殖期	肝臓病変の中心部	12 ～ 21 × 12 ～ 15	運動は鈍，増殖は 2 分裂
	抵抗期	コンパクトで肝臓	径 4 ～ 11	真のシストはつくらない

ヒストモナス
Histomonas meleagridis

Histomonas meleagridis が鳥類，とくに七面鳥の盲腸および肝臓に寄生して起こす疾患は，古くから“黒頭病（black head）”という通称でよく知られていた．この呼称の由来は，死鳥の頭部が黒変していた所見に基づくものであるが，この所見は必発のものではないとして，病名としては『ヒストモナス症』が無難である．伝染性腸肝炎（infectious enterohepatitis）も用いられる．

［宿主・寄生部位・発生状況］

七面鳥，鶏，ウズラ，クジャク，キジ，ライチョウなど鶉鶏（じゅんけい）目鳥類の盲腸および肝臓に寄生する．クジャクのヒナがもっとも感受性が高い．死亡率は 90 ～ 100％に達する．七面鳥は年齢にかかわりなく感受性を有し，死亡率は 50 ～ 100％という数字がある．鶏は比較的抵抗性がある．初雛時に 40 ～ 70％の死亡率を示すこともあるが，通常は 5 ～ 25％である．往時，鶏の自然発生は 70 ～ 90 日齢のもので，6 ～ 8 月に多いといわれていた．なお，全国的に発生はみられたが，冬季にも温暖な地方，関東以西に多い傾向が示されていた．

［形　態］

発育環のうえで，短い鞭毛をもつ内腔型と，鞭毛のない組織型の 2 つの型がみられる（図 1.52，表 1.33）．

(1) 内腔型（lumen form，flagellated form）

感染初期に盲腸内容物中に認められる．また培養でも認められる．原則的には 1 本，ときには 2 ～ 4 本の短い鞭毛をもつ．波動膜はない．鞭毛は核に近接する基底小体から発し，分裂中には消失する．細胞質内には細菌類，澱粉粒などの食物，ときには血球などがとり込まれている．

(2) 組織型（tissue form）

侵入期（invasive stage）：盲腸および肝臓侵入初期にみられる．また，古い病巣の周辺部にみられる．宿主細胞外にあって仮足で活発にアメーバ様運動を行う．虫体は明るい半透明の外層と顆粒質の内層とからなる．食胞内には摂取物はみられるが，細菌類はみられない．

増殖期（vegetative stage）：前者よりも感染後の時

間の経った病巣で，中心部に多くみられる．細胞質は好塩基性で明るく，半透明の観がある．2分裂で増殖し，増殖した虫体がしばしば頑固な集塊を形成し，組織の崩壊を招く．大型であり，運動性は鈍い．

抵抗期（resistant stage）：真のシストは形成されない．抵抗期虫体といっても，ほかのステージのものより少々抵抗性が大きいというにすぎない．コンパクトで厚い膜に包まれているようにみえる．小型，卵円形．肝臓にみられる（口絵㊽）．

[発育環]

ヒストモナスの発育環ははなはだユニークなものである．

(1) 盲腸内の虫体は感染力をもっている．盲腸内虫体の感染力は，肝臓で認められる虫体の100倍にあたるという．胆汁に触れた虫体の感染力は低下し，あるいは失われる．Lund（1956）は，生理食塩水浮游虫体の1万～10万を接種すれば6～9週齢ヒナの40％に感染を起こさせ，20％が発症したが，消化液を加えると感染力も発症力も急激に低下したと報告している．

(2) 感染力のある虫体が，そのまま（シストはつくらない）糞便中に出ると，生存時間はごく短い．数時間の運命であるという．また，前述したように消化液の影響を受けやすい．

(3) 実験的に虫体を含む糞便を飲ませても感染は成立しない．しかし，感染動物の盲腸内容を直接試験ヒナの盲腸に接種すれば感染は成立する．一方，自然界における鶏や七面鳥の感染は少なくない．なにか特別な感染様式があると考えられ，探索された．

(4) この特別な感染ルートに関与するのが鶏盲腸虫である．

鶏盲腸虫（*Heterakis gallinarum*）：鶉鶏目（キジ目）の盲腸に寄生する線虫である．体長は雄7～13 mm，雌10～15 mm，虫卵67～72×40～50 μm．外界で内部に感染幼虫を形成し，この感染幼虫包蔵卵で経口的に感染する．

(5) 盲腸虫が盲腸内容を摂取する．このとき，盲腸内容とともにヒストモナスの内腔型虫体も盲腸虫にとり込まれる．ヒストモナスはアメーバ様運動によって盲腸虫の腸管上皮に侵入して増殖する．

(6) 増殖虫体は上皮細胞を破壊し，体腔に出て盲腸虫の子宮に侵入，虫卵形成の際に虫卵内にとり込まれてしまう．そしてさらに増殖する（盲腸虫体腔内原虫は約10 μm，虫卵内原虫は4～5 μm）．

(7) 盲腸虫の虫卵は，ヒストモナスの侵入によってとくに障害を受けることなく発育し，虫卵内に感染幼虫が形成される．

(8) 一方，ヒストモナスは盲腸虫の虫卵内で保護される型になっている．虫卵内で3年間も感染性を保持することができる．虫卵が宿主に摂取されると，ヒストモナスは虫卵内にあって消化液の作用を受けることなく胃，小腸を通過することができる．

(9) 盲腸で盲腸虫が孵化・感染するのに合わせ，ヒストモナスは盲腸虫幼虫から遊離し，同時に感染することになる．

盲腸虫卵のヒストモナス保有率はけっして高くはないといわれている．実験感染ヒナ由来の盲腸虫卵について0.5％以下という報告がある．ヒナの盲腸虫感染率と盲腸虫のヒストモナス感染率の積はけっして大きな数字にはならないであろう．

(10) さらに間接的な感染ルートとして，シマミミズの関与が実際的には大きな役割を果たしているといわれている．すなわち，シマミミズが盲腸虫卵を摂取すると，盲腸虫の感染幼虫はミミズ体内で孵化し，そのまま1年近くもミミズ体内で生存することができる．宿主がこのようなミミズを捕食すれば，盲腸虫とともにヒストモナスの感染も受けることになる．

なお，ほかの糞食性無脊椎動物（ハエ，ワラジムシなど）による機械的な伝播も可能であろうといわれている

[病原性・症状]

感染したヒストモナスは，まず盲腸にジフテリー性の病変をつくり，次に門脈を通じて肝臓に達し，肝病変を形成する．寄生部位は盲腸組織，肝実質であるが細胞内寄生ではない．ヒストモナス症の病変は盲腸と肝臓に限られる．

盲腸病変：盲腸粘膜内で増殖するため，初期病変は点状潰瘍であるが，のちに径10～15 mmの潰瘍になる．盲腸内容は黄緑色チーズ状の変性物であるが，通常，血液は含まれない（口絵㊾）．重篤な場合，ジフテリー性・壊死性盲腸炎になり，腹膜や小腸下部との癒着を生ずる．

もし盲腸虫の単独感染であれば，幼虫の粘膜への穿入はあるものの，多数寄生であってもカタル性盲腸炎から腸壁の肥厚を招くにとどまる．また，鶏盲腸コクシジウム症は強い出血性盲腸炎である点で異なっている．実際には，ヒストモナス単独感染でも致命的な病態をひき起こすには至らないが，大腸菌やクロストリジウムなどの二次感染・重複感染が病性の悪化を招いているという見解がある．

肝臓病変：増殖した虫体は門脈を経て肝臓に達し，

肝細胞間質で増殖を開始する．このため肝臓は軽度な腫大をきたし，肝表面および内部に大小不同の肝病変をつくる．肝表面にみられる病変は，①初期には暗赤色，のちに黄色からさらに黄緑色，ときには周縁に白色の帯状部を有し，②大豆大～指頭大の，③比較的境界の画然とした円形を呈する壊死巣で，④常に表面から陥凹していることが特徴になっている．⑤おもに肝小葉の胃に面した部分に生じやすい（口絵㊿）．

症　状

中雛を用いた実験で，潜伏期は4～6日であったという．あるいは7～12日ともいわれている．初発症状は多量の水様下痢で，黄白色ないし黄緑色を呈している．乾燥して濃黄色になるのは，黄疸が基礎にあるからである．発症初期から盲腸便がみられなくなることが特徴である．食欲は低下または廃絶し，貧血，衰弱がある．さらに，盲腸の病変が進行悪化し，腹膜炎を発すれば罹患鳥は頭頸背部を腹面へ収縮彎曲し，腹痛症状を示すようになる．

病勢が進行すれば病鳥は佇立（ちょりつ），仮眠状態に陥り，幼鳥では2～4日以内に死亡するものが多い．死亡率は前述したように鳥の種類により異なり，七面鳥では高いが，鶏では通常10％以下である．回復には2～3週間を要する．盲腸便の排泄があれば，回復と認めてよい．回復鳥には免疫が成立する．

［診　断］

黄白色の下痢などで，臨床的にヒストモナス症が疑われた場合には，剖検によって特徴的な病変を肉眼的に，また組織学的に確認して診断する．原虫の検出は，実際問題としてはきわめて困難である．腸管内には識別を要する多種類の原虫が生息しているばかりでなく，ヒストモナスの密度は小さく，染色されにくい．また特徴的な内部構造に欠けている．

［治　療］

日本では最近の治験例がほとんどない．一方，欧米では多くの報告があった．文献的にはチアゾール誘導体のエンヘプチン，アセチレンヘプチンおよびニチアザイド（ヘプザイド）が治療および予防に飼料混合法で用いられているが，効果は十分ではなかったという所見もある．ニトロイミダゾール系のジメトリダゾールやロニダゾール，ヘプロニダゾールも用いられるようである．わが国では食用動物への使用は認められていない．

［予　防］

七面鳥と鶏を同一場所で飼育しないこと，また以前鶏が飼育されていた場所で七面鳥を飼育しないこと．盲腸虫対策は盲腸虫（p.221）に記述．

D　ディプロモナス類（*Diplomonadida*）

この類に属する鞭毛虫個体は2組の核鞭毛系からなり，2個の核，2本の軸糸または軸桿を有している．

ヘキサミタ科

Spironucleus

七面鳥ヘキサミタ

Spironucleus meleagridis

［宿主・分布］

宿主は七面鳥，クジャク，鶏，ウズラ，ホロホロ鳥，実験的にはアヒルにも感染可能である．分布は南米・北米，イギリス，ヨーロッパなど全世界的で，西欧では"七面鳥の伝染性化膿性腸炎"に深くかかわる原虫として関心がもたれている．

［寄生部位］

幼鳥の小腸，とくに十二指腸であるが，ときに肝臓へ侵入することもあり，また成鳥ではファブリキウス嚢にみられることもある．

［形　態］

Spironucleus 属の栄養型虫体はやや細い洋梨状を呈し，左右相称，2個の核，2本の軸桿，6本の前鞭毛，2本の後鞭毛を有している．核は体前方に，鞭毛はいずれも体前端近くから発している．大きさは6～12×2～5（9×3）μm（図1.53）．

［発育環］

縦2分裂で栄養体の増殖が行われる一方，4核のシストが形成され，宿主体外へ排泄され，感染源になる．

［病原性・症状］

2か月齢までの幼七面鳥で病害は大きく，感染1週

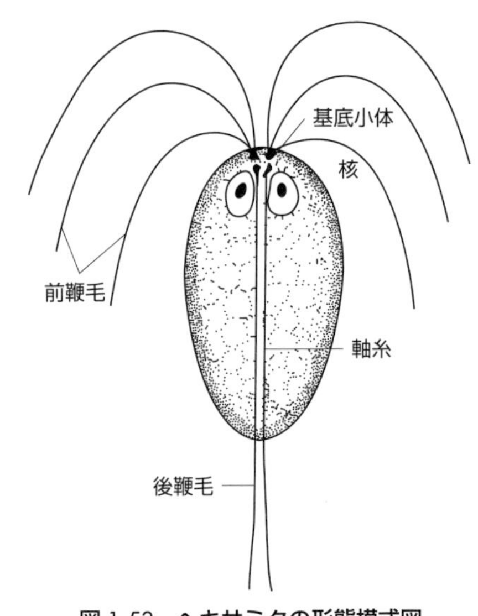

図1.53　ヘキサミタの形態模式図

間以内で死亡する例もまれではない．死亡率は80％にも達する．しかし10週齢以上の致死的な重症例は激減する．

潜伏期は4～7日．罹患鳥は当初神経質の様相を呈し，歩様蹌踉，羽毛逆立，水様泡沫性下痢便の排泄がみられるが，採食行為は続く．しかし，体重は急速に減少し，倦怠症状は衰弱に移行し，死に至る．甚急性では発症後1日以内に死ぬこともある．急性発症群の死亡率のピークは死亡初発後7～10日にみられる．

主要病変は上部消化管のカタル性腸炎である．十二指腸および空腸壁は弛緩，膨張，炎性浮腫を示す．腸管内容物は水様，泡沫状になり，無数の虫体が検出される．盲腸内容も水様になり，盲腸扁桃にはうっ血がみられる．

［診　断］

生前検査であれば新鮮下痢便，死後検査であれば小腸，とくに十二指腸，空腸内容物からの原虫の検出によって診断される．新鮮標本で，虫体の運動性が失われないうちに観察することが好ましい．スピロヌクレウスの運動は直線的であり，速度が早い．ジアルジアと識別する必要はあるが，形態と運動性により容易に判別しうる．保虫鳥ではファブリキウス嚢や盲腸扁桃から検出されることがある．また，押捺・乾燥・ギムザ染色標本でしばしばクリプト内に集塊をなして認められる．

［治　療］

日本における治験例は見当らないが，ほかの腸管内寄生原虫に準ずればよいであろう．しかし，マウスの例から察すれば，完治はきわめて困難なようである．

***Spironucleus muris*（syn. *Octomitus muris*）**

［宿主・寄生部位］

マウス，ラット，ハムスター，その他げっ歯類の主として小腸上部，ときに盲腸からも検出されるが，真の寄生部位であるか否かは疑わしい．

［形　態］

7～9×2～3 μm．他の特徴は前者と同じ．シストを形成する．また運動は早く，直線的であることも前者と同じ．

［病原性・症状］

離乳直後のマウスの死亡原因になる．幼齢動物で発病するものが多いが，老齢動物では不顕性なものが多い．発病率は寒冷，過密飼育などによって高められる．症状としては下痢が主徴になる．また食欲不振が続き，慢性症例では胃に内容物が認められなくなる．削痩から死亡へ連なる．

臨床的な発症がみられない場合でも，スピロヌクレウス感染動物のマクロファージは，非特異的に腫瘍細胞を損傷するため，この種の免疫実験には適さないとされている．また，一般的にスピロヌクレウス感染動物は正常動物に比べ，ほとんどの抗原に対して反応性が低く，この点でも免疫実験には適さないといわれている．

［診　断］

生前診断は，下痢便中の栄養体を特異的な運動により，あるいは塗抹，ギムザ染色標本から検出することによる．病性診断では，十二指腸を切りとり，新鮮な粘膜から運動している栄養体を検出するのがもっとも確実な方法である．原虫はリーベルキューン腺に限局して寄生している場合が多いので注意を要する．十二指腸粘膜のスタンプ標本を作製し，迅速に乾燥・固定・ギムザ染色を施して観察するのもよい．

ジアルジア
Giardia

［形　態］

栄養型虫体とシストが知られている（図1.54）．栄養型虫体の概観は類円形ないし洋梨状を示し，背腹に扁平である大きさは9～20×6～10 μm（体厚は2～4 μm）．前端は幅広い鈍円形，後端は長く伸びて尾状を示している．もっとも大きな特徴は左右対象になっていることである．1個の虫体に2個の核，2本の軸桿，4対8本の鞭毛（前鞭毛，側鞭毛，腹鞭毛，後鞭毛）があり，これらが左右対称に配置されている．腹面の前半部は，後縁に切れ込みのある円盤状の凹面（吸着盤：sucking disc, adhesive disc（図1.55））をなし，背面は隆起して凸面になっている．吸着盤の周縁は伸縮性があり，粘膜面への吸着を授けている．虫体中央部に1対のmedian body（中央小体；古くは副基体（parabasal body）とよばれていた．機能は不明）が後鞭毛を横切るように並んでいる（口絵51）．2分裂で増殖する．

シストは楕円形．核は4個．だいたい8～12×6～8 μmという小型であり，目立つ構造はなく，糞便検査で見逃しやすい．検体に少量のヨードを滴下すれば核が染まり，確認しやすくなる（口絵52）．シストの外界における抵抗性は2週間に及ぶといわれている．

［病原性・症状］

寄生部位は十二指腸および小腸上部，ときに胆管，胆嚢の粘膜上であり，栄養型虫体は吸着盤で粘膜に吸着し，粘膜面を被覆・刺激する．このために宿主の消

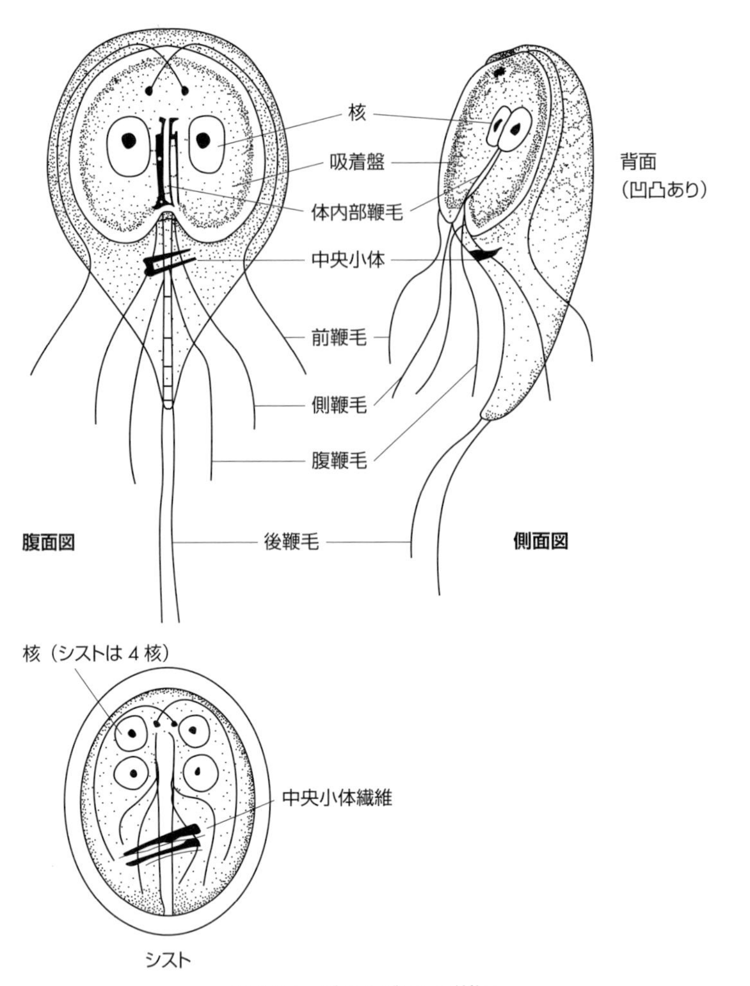

図 1.54 ジアルジアの形態図

図 1.55 走査電子顕微鏡でみたジアルジア
吸着盤が明瞭に観察できる

化吸収が阻害され，栄養障害とともに下痢が惹起される．とくに脂肪の吸収が阻害されることが実証されている．この事象は脂溶性ビタミンの吸収にも影響している．腸粘膜表面の被覆は細菌叢の異常を招くことにもなる．また，栄養型虫体の粘膜内侵入も認められた例がある．したがって，多数寄生により，下痢，Vater 乳頭部の腫大，胆嚢炎，肝炎などを起こし，腹痛，食欲不振，体重減少，肝機能の異常などを示すことになる．

［診　断］

感染動物の糞便懸濁液を塗抹した標本を鏡検すれば，活動性のある栄養型虫体は“落葉がヒラヒラと風に舞うような特異な運動”をするので検出は容易である．虫体の側面は背腹の曲面を示している．塗抹ギムザ染色標本の鏡検もよい．シストは試料にヨードを少量滴下して検査するのがよい．蛍光抗体による検査キットも市販されている（口絵㊸）．栄養型虫体は下痢便から，シストは固形便から検出されるのが原則である．

［治　療］

ジアルジアに有効な薬剤としては，ニトロイミダゾール系薬剤とベンズイミダゾール系の薬剤に大別される．獣医学領域で治療対象となる動物は犬と猫と考えられるので，標準的な用量用法を下に表示した．

表 1.34　ニトロイミダゾール系薬剤とベンズイミダゾール系薬剤の標準的な用量用法

		犬への使用	猫への使用
ニトロイミダゾール系薬剤	メトロニダゾール	10～25 mg/kg bid 5～8 日間	15～25 mg/kg bid 8 日間
	チニダゾール	10～44 mg/kg sid 3 日間	15 mg/kg bid 3 日間
ベンズイミダゾール系薬剤	フェンベンダゾール	50 mg/kg sid 3 日間	50 mg/kg sid 3 日間
	フェバンテル（プロベンズイミダゾール）	37.8 mg/kg sid 3 日間	37.8 mg/kg sid 3 日間

ただし，ヒトを含めてジアルジアに対する効果効能を取得している薬剤はいまのところない．また，いずれの薬剤も 1 クールの投与で 100％の駆除効果は期待できず，副反応の発現に注意しつつ複数回の投与が必要とされる．

【種　類】

1681 年に人の便中から本虫が発見された記録が残っているがそれ以来，いろいろな動物からジアルジアが検出されており，そのたびに新たな名称で記載されていた．そのためにジアルジアの分類には大きな混乱がもたらされた．従来の形態学的知見では，栄養型虫体の中心小体の形状をもとに，*G. agilis*（両生類），*G. adeae*（サギ），*G. intestinalis*（多くの哺乳動物，*G. lamblia* と *G. doudenalis* はシノニム【同種異名】，命名規約上 *G. intestinalis* に優先性があるというが異論もある），*G. muris*（ネズミ），*G. psittaci*（インコ）および *G. microti*（マスクラット，ハタネズミ）に大別するという考え方もあった．これに最近の分子生物学的な手法が加わり，ヒトをはじめとする多くの哺乳動物に寄生する *G. intestinalis* はその遺伝子型から A～H までのタイプに分けられるようになった．

ヒトのジアルジア（ランブル鞭毛虫）

G. intestinalis の遺伝子型によるタイピングを参考にすると，医学的にランブル鞭毛虫として扱われるジアルジアは，本来人を固有の宿主とする *G. intestinalis* 遺伝子型 A サブタイプⅡであり，さらには人獣共通性の遺伝子型 A サブタイプⅠおよび遺伝子型 B（サブタイプ Ⅲ，Ⅳという説もあるが不確定）ということになる．

犬および猫のジアルジア

すでに述べたように，*G. canis* は *G. intesitinalis* の遺

表 1.35　*Giardia intestinalis* の遺伝子型とおもな宿主

遺伝子型	サブグループ	宿主動物	相当する種名
assemblage A	Ⅰ	ヒト，犬，猫，牛，豚，ビーバーなど	*G. intestinalis*
	Ⅱ	ヒト（犬・猫）	*G. intestinalis*
	Ⅲ	猫，野生イノシシ	*G. intestinalis*
	Ⅳ	猫	*G. intestinalis*
assemblage B	（Ⅰ～Ⅳ）	ヒト，犬，猫，サル，野生動物など（ヒトはⅢおよびⅣ）	(*G. enterica*)
C		犬	*G. canis*
D		犬	*G. canis*
E		牛，その他有蹄類	*G. bovis*
F		猫	*G. cati*
G		ネズミ（住家性）	*G. muris* (*G. simondi*)
H		ネズミ（マスクラット，ハタネズミ）	*G. microti*

伝子型 C/D および *G. cati* は遺伝子型 F に相当する可能性が高い．ただし，*G. intestinalis* 遺伝子型 A サブタイプⅠも犬や猫から検出されるので，犬猫からヒトへの感染の可能性は否定できない．その形態や生物学的性状は，一般論で述べたジアルジアの特徴と軌を一にするが，小動物臨床上重要な寄生虫のひとつでもあるので，臨床症状や診断について追記する．

【病原性・症状】

総論としては前述のとおりである．犬や猫の臨床症状としては，粘血便をともなった急性あるいは慢性の下痢，食欲減退，腹痛などであるが，いずれもジアルジアの感染に特異的なものではない．感染しても発症する例は 10％前後であり，不顕性感染例が多い．とくに仔犬の発症には，輸送や飼育環境の変化などのストレス要因が関与するともいう．炭水化物の多給も発症要因にあげられている．日本のブリーダーやペットショップで集団飼育されている犬や猫において，もっとも保有率が高い寄生虫であることが明らかにされている．

【診　断】

糞便性状の違いにより，排出される虫体のステージが異なる．すなわち，正常便（軟便を含む）中にはシストが，また下痢便中には栄養型虫体がより多く含まれることを念頭に置き，検査方法を選択する．

検査対象が下痢の場合は，生理食塩水を用いた直接塗抹法で運動性のある栄養型虫体を検出する．この際，新鮮便を使い標本作成後ただちに観察する．乾燥や温度が低下すると運動性が極端におちる．形態をより詳

細に観察するには染色標本を作製する．

ジアルジアの検出を目的として正常便を検査する機会は決して多くはないが，シストの検出には硫酸亜鉛遠心浮游法が第1選択となる．夾雑物が少なく，これにヨード染色を施せばシストの鑑別は比較的容易におこなえる．ホルマリン・酢酸エチル（エチルエーテルの代替として）法も集シストにはすぐれているが，夾雑物が多い．

これらに加えて，ジアルジア検出用のELISAキットが市販されている．このキットを用いれば，少なくともシストを排泄している期間にあたる犬猫については，症状の有無にかかわらずほぼ確実に検出可能である．

［治　療］

個体診療であれば，メトロニダゾール（フラジール®）60 mg/kg × 5 ～ 7 日，経口投与で効果がある．しかし前述のような集団飼育の場合には，はなはだ困難である．頭数にもよるが，個体別経口投与の労力は容易ではない．飼料混合には味覚の問題がある．

牛のジアルジア

牛の小腸．11 ～ 19 × 7 ～ 10 μm．粘液性下痢．十二指腸のカタルを認める向きもあるが詳細不明．

げっ歯類のジアルジア

家住性あるいは野生のネズミのジアルジアは *G. intestinalis* 遺伝子型 G あるいは H に相当するのであろう．宿主はマウス，ラット，ハムスターおよびクマネズミを含むそれぞれの野生種げっ歯類である．寄生部位はおもに十二指腸．盲腸にも少数の寄生はみられるが，真の寄生であるかどうか疑わしい．一時的な流入かもしれない．増殖は寄生部位における縦2分裂．感染は栄養体あるいはシストの経口的接種による．

病原性の有無に関して意見が分かれていたが，最近では積極的に病原性を認める見解が出てきている．この見解によれば，感染動物の動作は緩慢になり，被毛は光沢を失い，腹部は膨満して下痢を発するようになるという．小腸は部分的に半透明になり，黄色または白色の水様性の内容物を入れ，ガスの発生も認められる．そしてこの病態発生は，ジアルジアが腸粘膜を被覆し，脂肪の吸収を阻害する結果，腸管腔に残された多量の脂肪が下痢を発することによるという．また，脂肪に限らず，ほかの消化物の吸収も阻害されるという報告もある．脂肪の吸収阻害は実験的にも確かめられている．しかし，原虫の吸着した腸絨毛には，電顕的な異常所見は認められなかったという否定的な意見もある．

1.5 肉質虫類 Sarcodina

広義のアメーバ類で，大多数のものは自由生活を営む．発育環上に鞭毛を有する時期をもつもの，シストを形成するもの，また有性生殖を行うものなどがある．

葉状仮足綱・アメーバ目

狭義のアメーバで，多くの寄生種を含んでいる．明らかな病原性を有するものとしては下記の赤痢アメーバのみが知られていたが，近年では，本来は自由生活性と考えられていたもののなかに，ヒトの髄膜脳炎の病因になるものがあることが判明した．このような問題は，家畜にも未解明な問題が残されている可能性を示唆している．

赤痢アメーバ *Entamoeba histolytica*

［宿　主］

ヒト，オランウータン，ゴリラ，チンパンジー，ギボン，その他多くのサル類，ネズミ類，ウサギ，犬，猫，豚，そして，おそらく牛も宿主になりうる．ラット，マウス，モルモット，ハムスター，ウサギには実験感染が成立する．日本でもっとも注意しておくべき感染動物は，実験動物として輸入されるカニクイザル，その他のサル類である．検疫の徹底が望まれる．

［寄生部位］

本来の寄生部位は大腸，とくに盲腸や上行結腸であるが小腸下部にも認められ，しばしば肝臓に転移・寄生する．肺に転移する場合もある．まれに脳，脾臓，腎臓を含む諸臓器にも認められる．

［分　布］

分布は世界的．とくに熱帯，亜熱帯地方に多い．

［形　態］（図 1.56）

(1) 栄養型虫体

感染動物の新鮮粘血便の塗抹標本を鏡検すると，活発に仮足を出して運動する類円形～不整円形の栄養型虫体を検出することができる．虫体のおおよその径は 20 ～ 30 μm である．虫体は薄い細胞膜に包まれ，内部は透明な外質（外肉）と顆粒状の内質（内肉）の2層からなっている．外質はその一部を突出して仮足を形成し，おもに運動，合わせて摂食，排泄などを行い，内質は消化，栄養物保存，代謝，繁殖などにかかわる．内層には核や食胞があり，食胞中にはしばしば赤血球や白血球，あるいは組織細胞片などがとり込まれている．赤血球をとり込んでいることはこの種の特徴になっている．カリオソーム（仁あるいは核小体）は小型で核の中心部に位置する（口絵㊹）．

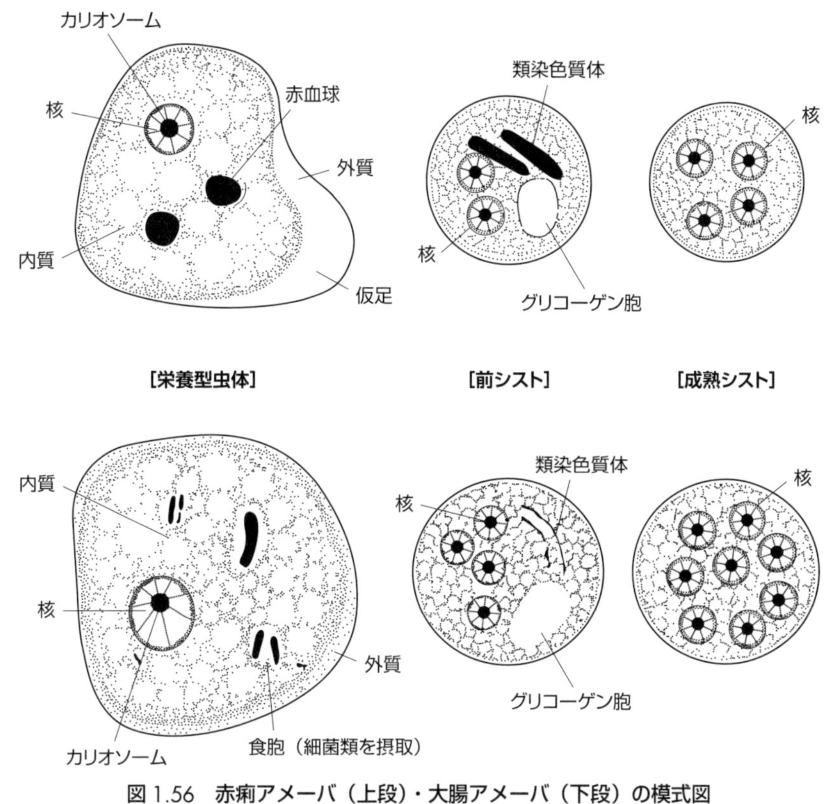

図 1.56　赤痢アメーバ（上段）・大腸アメーバ（下段）の模式図
①大腸アメーバでは内外質の区分が不明瞭
②類染色質体やグリコーゲン胞はシストの成熟過程で消耗される

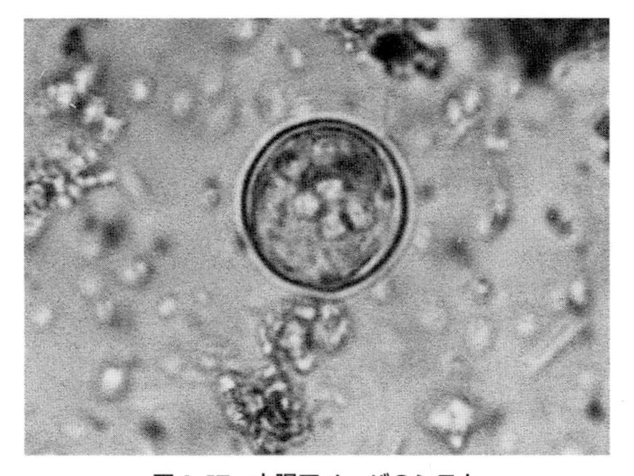

図 1.57　大腸アメーバのシスト

(2) シスト（嚢子）

栄養型虫体は腸管内環境が悪化すると収縮して球形の前嚢子（前シスト，precyst）を経て，さらに収縮して頑固な被膜を分泌してシストを形成する．この間に核は 2 回分裂して 4 核を有する球形の成熟シストが形成される（口絵55）．

ヒトとサル類に共通して寄生するアメーバには，赤痢アメーバのほかに非病原性の『大腸アメーバ（*Entamoeba coli*）』（図 1.57）がある．両者の主要形態を表 1.33 に比較した．

[発育環・感染経路]

宿主への感染は成熟シストの経口摂取によって起こる．シストは胃を通過し，小腸に達し，ここで消化液の作用によって生じたシスト壁の小孔を通して 4 核の虫体（後嚢子：metacyst）が脱シストしてくる．この虫体の核は 2 分裂し，結局 8 個の栄養型虫体（metacystic trophozoite）を生じ，これらは大腸へ降下する．

栄養型虫体およびシストの抵抗性：宿主体外に排出された栄養型虫体の外界における抵抗性は弱く，また栄養型虫体の人為的経口接種による実験感染が成立した例はあるが，通常は，おそらく胃を通過しにくく，感染源にはなりえないであろうと考えられている．一方，シストは高温・乾燥には弱いものの，水中であれば室温下で 5 週間，冷蔵庫内で 2 か月は生存しうるという．

[病原性・症状]

(1) 大腸赤痢アメーバ症

宿主に摂取され，小腸で脱シストした栄養型虫体は，しばらく小腸粘膜上に生息しているが，まもなく大腸へ下降し，分裂，増殖する．このとき大型のものと小型のものが生じ，大型虫体は組織内に侵入し，小型虫

表 1.36　赤痢アメーバと大腸アメーバの比較

		Entamoeba histolytica（赤痢アメーバ）	*Entamoeba coli*（大腸アメーバ）
栄養型虫体	径（μm）	20～30	15～50（20～30）
	運動性	活　発	不活発
	赤血球	摂食している	摂食していない
シスト	直径（μm）	7～15	10～30
	核の数	4	8
	カリオソーム	核の中心部	核の中心を外れる
病　原　性		あ　り	な　し

体は大腸にとどまって，やがてシスト化するという見解がある．大腸粘膜に侵入した大型栄養型虫体は，まず小さな原虫の集落をつくる．ついで粘膜下組織へ拡散し，ときには筋層にまで達して盛んに分裂増殖する．そして，多くは細菌類の二次感染を伴い，組織を融解，破壊して浮腫性・壊死性潰瘍を形成する．

初期病変は帽針頭大で，表在性の溶組織性・壊死性変化であるが，しだいに融合して大型になる．病巣の好発部位は盲腸および上行結腸であるが，慢性に移行すれば大腸全域に及び，病巣の融合もみられる．この潰瘍は粘膜面に直接みられる表面よりも，かえって深部のほうが壺状・フラスコ状に大きく広がっているのが特徴になっている．このように組織（histo-）溶解性（lytic）で潰瘍を形成する性質を有し，これが種小名の由来になっている．

典型的な症状は『赤痢』である．激しい下痢と粘血便（ヒトでは「イチゴゼリー状」と表現される）の排泄がある．軽症であれば単純な下痢が認められるにとどまる．また発熱は軽度あるいは無熱で，この点で細菌性赤痢とは異なる．

(2) 腸付近赤痢アメーバ症

大腸の潰瘍が進行し，接触する臓器と繊維性融合をもって癒着し，この接合部，あるいは腸管に形成された瘻管（ろうかん）を通じてアメーバが移動侵入することがある．腸病変がきわめて重篤な場合に発生することが特徴である．たとえば，皮膚や泌尿器にみられる．

(3) 腸管外（転移性）赤痢アメーバ症

腸病変の軽重とは無関係に，大腸の潰瘍で増殖した虫体が，血行性に全身へ移行，転移して新たに膿瘍を形成することがある．肝臓への転移がもっとも多い（アメーバ性肝膿瘍），ついで肺，脳，脾臓の順になる．

初期の膿瘍は黄褐色の小型の球形～類球形のものであるが，陳旧なものは厚い結合織性の膜に被われ，内に溶融した肝細胞および赤血球からなる黄褐色の粘稠液を入れ，内壁に近い液中には多数の栄養型虫体が認められる．通常，細菌は認められない．

肝膿瘍の症状は，肝臓の腫大，食欲不振，不規則な発熱，白血球増多，貧血，黄疸などがある．

[診　断]

新鮮便を生理食塩水で溶いて鏡検すれば，運動性によってアメーバの確認は可能である．このとき，ヨード・ヨードカリ液（1：2：水 100）を 1 滴滴下すると栄養型虫体，シストを問わず，核や液胞が薄い黄褐色に染まるので検出しやすくなる．塗抹標本であればシャウディン固定・鉄ヘマトキシリン染色がすすめられる．糞便中のシストの検出には MGL 法（ホルマリン・エーテル法）がよい．

最近，形態学的に *E. hitolytica* と区別できないが，病原性をもたないアメーバ類が複数存在することが明らかにされた．そのひとつは *E. dispar*（偽赤痢アメーバ）と命名されている．無症状の宿主糞便から *E. hitolytica* と思われる虫体が検出されたときには鑑別が必要になる．これらは遺伝子解析により区別が可能である．

Entamoeba invadens

形態は赤痢アメーバとほぼ同様で，栄養型虫体は 10～38 μm，シストは 11～20 μm．爬虫類に寄生がみられる．とくにヘビに対しては病原性が強く，感染すると食欲不振，粘血便がみられ，ときに死亡することがある．カメでは不顕性感染が多く，これらが保虫宿主となっているという．

[治　療]

メトロニダゾール（フラジール®），チニダゾール（ファシジン®）がある．前者は犬・猫では 60 mg/kg × 5～7 日が常用量になっている．

他のアメーバ類

これらのほかに，各種動物の大腸（一部歯齦（しぎん））に非病原的なアメーバの寄生があることが知られている．次に，一部のものの種名を列挙しておく．

Histolytica group（シスト 4 核）

Entamoeba equi　馬

E. analis　アヒル
Coli group（シスト 8 核）
E. muris　げっ歯類
E. caviae　モルモット
E. cuniculi　ウサギ
E. gallinarum　鶉（じゅん）鶏（けい）類一般
Bovis group（シスト 1 核）
E. bovis　牛
E. ovis　めん羊・山羊
E. dilimani　山羊
E. suis　豚
Gingivalis group（シスト形成なし）
E. gingivalis　ヒト，霊長類，犬猫の歯齦

自由生活性アメーバの偶発寄生
Naegleria fowleri

栄養型，シストのほかに 2 本の鞭毛をもつステージがあり，シゾピレヌス目（Schizopyrenida）に分類される．自由生活性で，とくに有機質の多い淡水中または水底の土中に生息している．1965 年，オーストラリアで急性の脳炎症状を呈して死亡したヒトの脳から発見された例が初発で，以後，世界各地から約 100 例の報告がある．日本でも 1 症例が知られている．

栄養型は 11 ～ 40 μm，仮足を出して活発に運動する．鞭毛型は 8 ～ 13 × 5 ～ 6 μm，体前端の隆起部から出る長短 2 本の鞭毛によって活発に運動する．これら 2 者が湖沼やプールなど淡水での游泳者の鼻粘膜から感染し，嗅神経を経て脳へ侵入する．急性経過で死亡する．『原発性アメーバ性髄膜脳炎』という．シストは 10 ～ 17 μm，1 個の核をもつ．

Acanthamoeba castellani
A. polyphaga

淡水中や土中に普通に生息しており，これが眼に付着すると角膜炎を起こし，失明に至ることもある．汚れたコンタクトレンズからの感染が多い（口絵㊽㊾）．

Acanthamoeba culbertsoni
(syn. *Hartmannella culbertsoni*)

このアメーバは，本来，水中や土中に自由生活しているが，水泳や水浴は人体感染に直接関係せず，なんらか別の機会に肺，皮膚，生殖器などから侵入し，当面は日和見感染の状態を保っている．そして，もし免疫力，抵抗力が低下するような状態に陥れば，血行性に脳へ転移し，『アメーバ性髄膜脳炎』をひき起こす．ちなみに，マウスで鼻腔から脳に侵入し，致命的な脳炎を起こすことが実証されている．

近年，『レジオネラ症』という重い肺炎症状を伴う疾患に関心がもたれるようになってきた．これは *Legionella pneumophila* という桿菌の呼吸器感染によって起こる疾患である．この菌は，冷房装置や循環浴槽（24 時間風呂）などの循環水中において自由生活性などのアメーバ類に寄生して増殖すると考えられている．

1.6 繊毛虫類 Ciliophora

繊毛または繊毛複合体を有し，核には通常大小の 2 核がある．大核は物質代謝に，小核は生殖に関与するものと解釈されている．前後に横分裂して増殖する．細胞口を通じ，または体表を通ずる浸透によって栄養をえる．約 7,200 種の 1/3 が寄生種または共生種である．残りの 2/3 のものは水中で自由生活を営んでいる．獣医学分野では，いくつかの寄生種のほかに，共生種としていわゆる“反芻動物のルーメン原虫”と“馬の大腸内繊毛虫”の存在とその意義に対して関心をはらっておく必要がある．なお，家畜にみられる繊毛虫は，寄生種とはいっても真の病原性は定かでなく，ほとんどは片利共生的と考えられているものである．

大腸バランチジウム
Balantidium coli

［宿　主］
豚，ペッカリー（イノシシの一種），ヒト，チンパンジー，オランウータン，ゴリラ，アカゲザル，*Macaca* 属のサル類，まれに犬，ドブネズミなどに寄生がみられる．モルモットに寄生する *B. caviae* も同じものであるという説がある．一方，これらがまったく同一種であるか否かについては異論もある．しかし少なくとも豚，ヒトおよびサル類のものは同一種であろうと考えられている．すなわち，豚が本来の宿主で，ヒトとサルには容易に感染すると理解されている．なお，人体寄生例はなんらかのかたちで豚と接触のあった場合が圧倒的に多いという．

［分　布］
世界的，とくに高温多湿地帯に広く分布している．

［形　態］（図 1.58）
栄養型虫体は卵円形～長円形で，30 ～ 150 × 25 ～ 120 μm．ときには長径が 200 μm に達するものもある．全身にわたって 4 ～ 6 μm の繊毛が，やや斜め方向に走る 55 ～ 70 本の縦列をなして体表を広く覆っている．このために繊毛の運動による回転前進が可能になり，同時に虫体の軽い屈伸運動も行われる．虫体前端近くには管状の口腔（buccal cavity）があり，漏斗状の細胞口前庭（vestibulum）を経て細胞口に連なる．

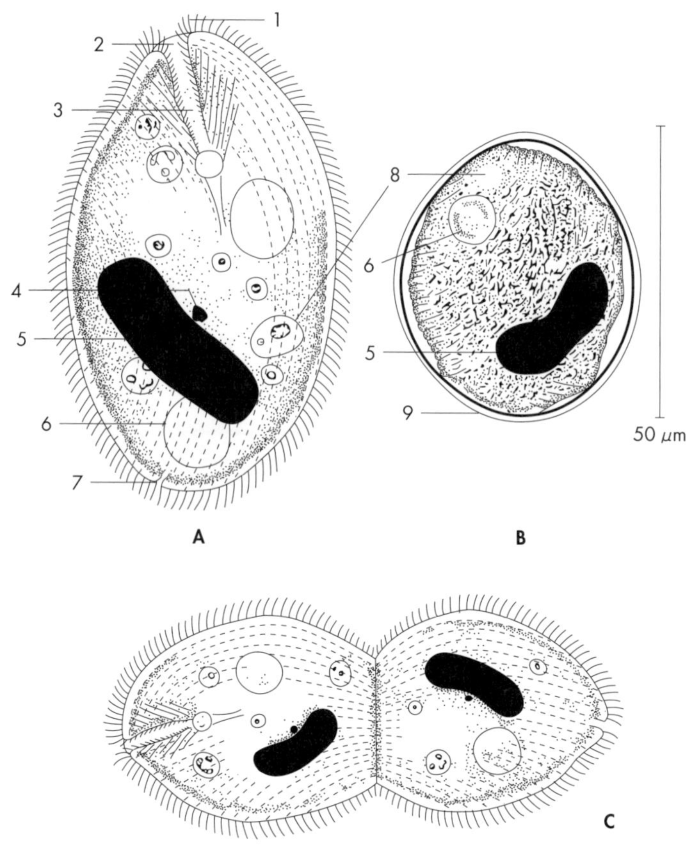

図 1.58　大腸バランチジウム［藤］

A：栄養型　B：シスト　C：分裂像
1：繊毛　2：口腔　3：細胞口前庭　4：小核　5：大核
6：収縮胞　7：細胞肛門　8：食胞　9：シスト壁

数個の食胞には澱粉粒，組織細胞の破片，細菌類，赤血球および白血球などがとり込まれている．収縮胞（contractile vacuole）は2個あり，1個は虫体中央部に，もう1個は虫体後端部に近く，細胞肛門（cytopyge）に連なっている．大核はソーセージ状を呈し，その凹曲側中央部に接して小核がある（口絵㊿㊾）．

糞便中に排出された虫体は，外界における脱水，乾燥などの刺激によりしだいに運動性を失い，被囊してシスト（囊子）を形成する．シストは淡黄色の類球形，直径は40〜60 µm，内容は顆粒状にみえるが大核や収縮胞は観察される．シストはおもに固形便から検出される．下痢便からは主として栄養型虫体が検出される．シストは感染源になる（口絵㉀）．

［発育環］

横2分裂で増殖する．はじめ小核が2分裂して前後に移動し，続いて大核も分裂する．虫体全体が分離した後，前半由来の虫体には細胞肛門が，後半由来の虫体には細胞口が形成され，2個体が完成する．このような分裂をくり返していくうちに活力が低下してくると，2個体がそれぞれの体前方で接着し，核物質を交換した後に分体する接合（conjugation）が行われる．

［病原性・症状］

虫体は通常は腸腔内に遊離・浮游しているのみ（内腔游泳性：lumen dwelling）で，ときに付着することはあっても積極的な吸着や穿入は行わない．したがって，通常は非病原的，片利共生的であると認識されている．普通の豚で20〜100％という感染率が記録されている．

しかし，ときには病原性が示されることがある．ほかの原因によって腸粘膜に損傷などが生じた場合，それまで腸壁に遊離していた虫体が粘膜に侵入し，盛んに分裂増殖して組織を破壊するようになる（口絵㉁）．この際にヒアルロニダーゼ様物質の分泌があるといい，大腸壁に潰瘍が発生し，さらに細菌類の二次感染を誘発することになる．潰瘍性大腸炎としての腹痛，食欲不振，下痢，さらには出血性下痢・赤痢などがみられる．腸穿孔，腹膜炎なども考えられる．

[診　断]

糞便中からの栄養型虫体，またはシストの検出による．いずれもかなり大型であり，検出は困難ではない．

[治　療]

メトロニダゾール製剤（フラジール®），チニダゾール製剤（ファシジン®）などが用いられる．クロールテトラサイクリン，オキシテトラサイクリンの有効性も認められている．

モルモットのバランチジウム
Balantidium caviae

世界的にモルモットの盲腸および結腸腔内にごく普通に認められるばかりでなく，ほかのげっ歯類に寄生する可能性も否定できない．前者との異同に関しては賛否両論があるが，栄養型虫体は *B. caviae* のほうが *B. coli* よりも，①概して小さく，②細胞口前庭は短小で，③収縮胞は 1 個である（*B. coli*：2 個）などから，別種として扱われる傾向にある．また交差感染性などにも性質の違いがあるという．栄養型虫体の大きさは 55 ～ 115 × 45 ～ 73（92 × 65）μm，シストは 40 ～ 50 μm である．

バクストネラ
Buxtonella sulcata

牛糞中にバランチジウム類似のシストが高率（40 ～ 60%）に認められる．これらはまず，バクストネラのシストと判断してよいであろう．バクストネラは世界的に分布し，おもに牛，ゼブー，水牛，ラクダなどの盲腸に寄生している繊毛虫である．一応，単独寄生では病原性はないものと考えられている．しかし，別の原因で腸粘膜に損傷を生じた場合には，前述したバランチジウムの場合と同様の機転で潰瘍が誘発されるおそれがあることを危惧，あるいは示唆する見解はある．

形態はバランチジウムに類似し，分類学的にもごく近縁な位置にある．栄養型虫体は卵円形で 60 ～ 138 × 46 ～ 100（100 × 72）μm，大核は小豆状でわずかに弯曲し，18 ～ 36 × 10 ～ 18 μm．細胞口から無繊毛の縦溝が緩く弯曲して後端方向に走っているので，バランチジウムとの区別は容易である（口絵㉜）．直腸便または排泄直後の便では栄養型虫体がみられるが，まもなく球形のシストになる．シストは淡黄色で大小不同であるが，80 ～ 100 × 60 ～ 80 μm のものが多い（口絵㉞）．

ルーメン内繊毛虫
Rumen ciliate protozoa

反芻動物の第一胃（ルーメン）内には多種多様な固有の繊毛虫が生息している．これらをルーメン繊毛虫またはルーメンプロトゾアと総称する．

これまでに，3 目 4 科 22 属の 300 種を超える種が記載されている（表 1.37）．

日本の家畜（牛，めん羊，山羊）では，毛口類の *Isotricha*，*Dasytricha*，エントディニオモルファ類の *Entodinium*，*Diplodinium*，*Eudiplodinium*，*Polyplastron*，*Metadinium*，*Epidinium* の各属が多い（図 1.59）．

種類構成や密度は宿主の種，飼養地域，餌の種類と量などで変わるが，通常，正常な動物では，出現種数は家畜個体あたり 5 ～ 20 種，ルーメン内密度はルーメン内容 1 mL あたり 10^5 程度である．一般に濃厚飼料と乾草で飼養されている動物では *Entodinium* 属がもっとも優勢で，全体の 60 ～ 90% を占める．宿主に対する病原性はなく，ルーメン細菌のコントロールや宿主の動物性タンパク源としてむしろ宿主に役立っていると考えられている．

感染は反芻の際のかみ戻し中の繊毛虫が他の宿主に経口感染することによる．

ルーメン内の状態が悪くなるとすみやかに減少するので，これらを観察することは，ルーメン内の状態を知るうえでの手がかりとなる．

表 1.37　反芻動物のルーメン内にみられる繊毛虫類（属）

裸口目	毛口目	エントディニオモルファ目
Buetschlia *Parabundleia* *Polymorphella*	*Isotricha*, *Dasytricha* *Oligoisotricha*, *Microcetus* *Charonina*	*Entodinium*, *Diplodinium* *Eodinium*, *Eudiplodinium* *Metadinium*, *Polyplastron* *Elytroplastron*, *Enoploplastron* *Ostracodinium*, *Epidinium* *Epiplastron*, *Caloscolex* *Opisthotrichum*, *Ophryoscolex*

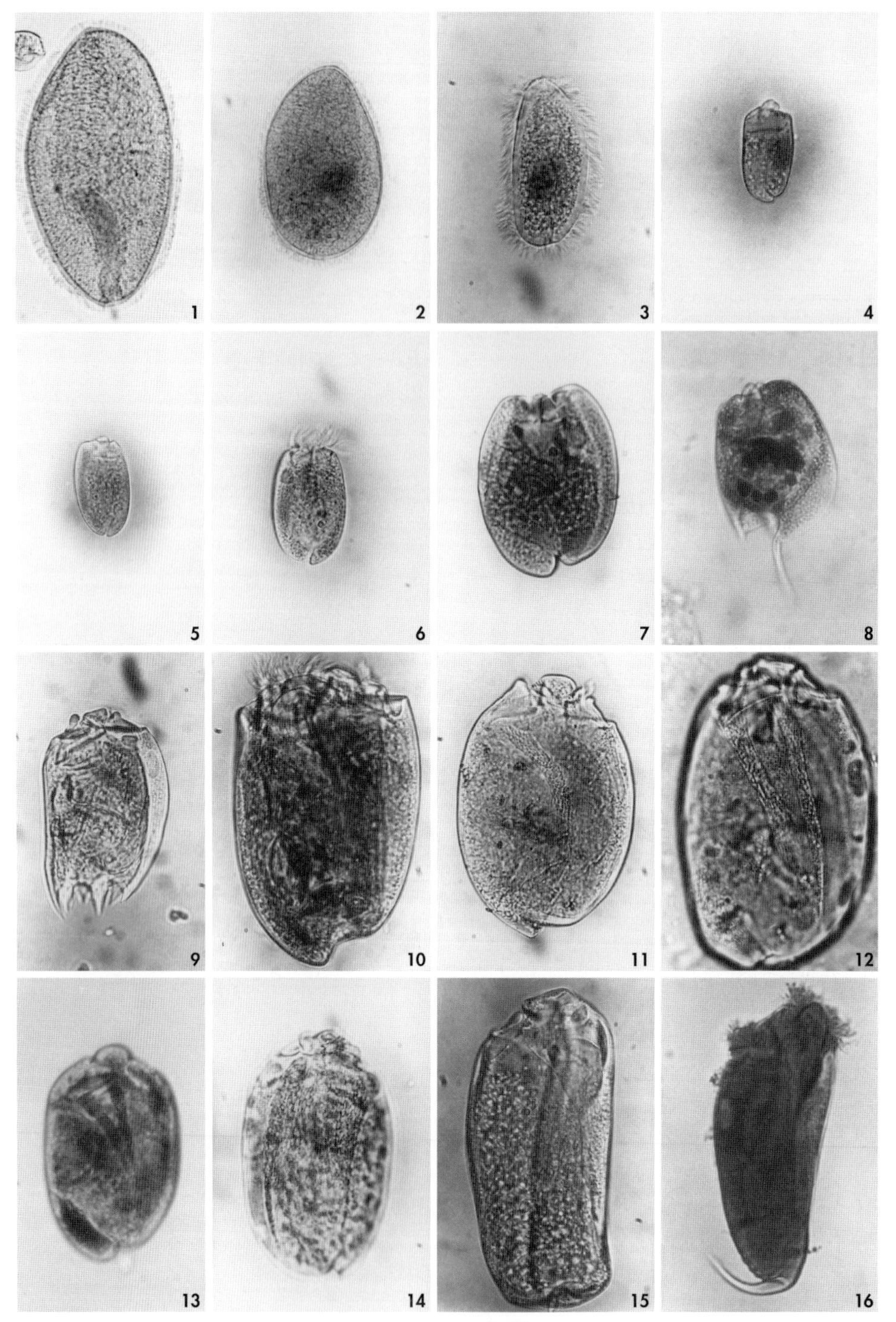

図 1.59　日本の牛によくみられるルーメン繊毛虫

1．*Isotricha prostoma*，2．*Isotricha intestinalis*，3．*Dasytricha ruminantium*，4．*Entodinium nanellum*，5．*Entodinium parvum*，6．*Entodinium simplex*，7．*Entodinium longinucleatum*，8．*Entodinium caudatum*，9．*Diplodinium anisacanthum anisacanthum*，10．*Eudiplodinium maggi*，11．*Eudiplodinium bovis*，12．*Polyplastron multivesiculatum*，13．*Metadinium affine*，14．*Ostracodinium gracile*，15．*Epidinium ecaudatum ecaudatum*，16．*Epidinium ecaudatum caudatum*.

各論　2
吸虫類
TREMATODA

2.1 吸虫類の特徴

扁形動物門（Platyhelminthes）の一綱．すべてが寄生生活を営む．発育様式や生態によって次の3亜綱（subclass）に分けられる．

(1) Subclass Monogenea　単生類（単世類）

吸虫類のなかではもっとも原始的な部類に属する．水産学分野では本亜綱を吸虫綱とは切り離して，独立の単生綱とする場合が多い．変温動物，おもに魚類の寄生虫で，しかも原則的には外部，体表に寄生する．一部には口腔や鰓（えら），あるいは膀胱，子宮などに寄生するものもある．養殖魚，いけす飼育魚では実害が知られているものが少なくない．

発育は直接的で，中間宿主を必要としない．なかには *Gyrodactylus* 属のように胎生のものもある．

> おもに鰓に寄生するものとしては，トラフグの *Heterobothrium* 属，コイの *Gyrodactylus* 属などがあり，おもに体表寄生するものにはブリ，カンパチの *Benedenia* 属（ハダムシ）が知られている．
> *Gyrodactylus* 属の吸虫は 0.5～0.8×0.2～0.3 mm．円筒形．虫体内には大型の子宮があり，その内に1対の鉤をもつ幼虫と，さらにこの幼虫の内に孫虫に相当する胚がみられる．このことから三代虫・三代吸虫ともよばれている．鰓に限らず体表，鰭（ひれ）にも寄生する．

(2) Subclass Aspidocotylea　楯吸虫類（楯盤類）

軟体動物，魚類，爬虫類（カメ）に寄生する小さなグループ．発育は直接的であるが，成熟後に宿主を転換するものがある．Monogenea と Digenea の中間的な存在．

(3) Subclass Digenea　二生類（二世類）

内部寄生虫の大きなグループである．ヒトを含め，家畜・家禽に寄生する吸虫類はすべてこの二生類である．以下，とくに断ることなく『吸虫』といった場合は，二生類の吸虫を意味する．他の2つの亜綱はあまり意識しておく必要はない．

二生類の吸虫の発育には少なくとも1つの中間宿主を，多くは2つの中間宿主を必要とする．このような場合，発育の初期段階にあるものが寄生するものを第一中間宿主，後期のものが寄生する宿主を第二中間宿主という．第一中間宿主はほとんど例外なく巻貝類である．これには水生のものも陸生のものもある．これら第一中間宿主への感染は，外界で孵化した吸虫の幼生（ミラシジウム）が積極的に侵入して行われる場合と，中間宿主貝がミラシジウムを包蔵する虫卵を摂取・捕食して成立する場合とがある．第二中間宿主にはさまざまなものがある．しかし，概して終宿主の食性に深くかかわっている．

中間宿主の体内では幼生期の増殖として無性生殖が，終宿主体内では成熟虫体による有性生殖が営まれる．つまり，世代交代（alternation of generations）がある．発育環のうえで世代交代があり，その際に宿主の交代がある（heteroxenous）ことが二生類の特徴になっている．したがって，二生類の吸虫の発育環はかなり複雑であるといえる．

A 形　態

(1) 外　形

虫体の概観は左右対称で背腹に扁平，葉状のものが多い（扁形動物門）が，ときに卵円形，円筒形，円錐形のもの（例：双口吸虫類，肺吸虫など），あるいは一見線虫様のもの（日本住血吸虫）もある（図2.1）．

体表は間葉細胞から分泌されるクチクラ（cuticule：角皮）層で覆われ，概して平滑であるが，鱗状（りんじょう），棘状の突起（spine：皮棘，scale：鱗屑（りんせつ））を有するものもある．クチクラ層の下にはよく発達した輪走，縦走および斜走筋繊維からなる3層の筋肉層がある．なお，虫体の背腹を結ぶ少数の背腹筋がある．

内部の諸臓器は，網目状の柔組織（parenchyma）によって支持されている．柔組織とは，扁形動物では体表と内部諸器官との間を満たすゲル状の基質をいい，体肉とも表現される．間隙は体液で満たされ，なかには星形，紡錘形などを呈する中胚葉起源の体肉細胞が散在している．

(2) 神経系

はなはだ未分化なものである．感覚器も発達不良．幼生期のミラシジウム，セルカリアにのみ眼点（eyespot）とよばれる構造を有するものがある．

(3) 消化器

口腔，咽頭，食道，腸管（消化管）からなる．

口は通常虫体の前端にあり，これを囲んで吸盤がある．これを口吸盤（oral sucker），または前吸盤（anterior sucker）という．また，虫体の腹面，あるいは後端にさらにもう1個の吸盤をもつ．これを腹吸盤（ventral sucker）または後吸盤（posterior sucker）という．

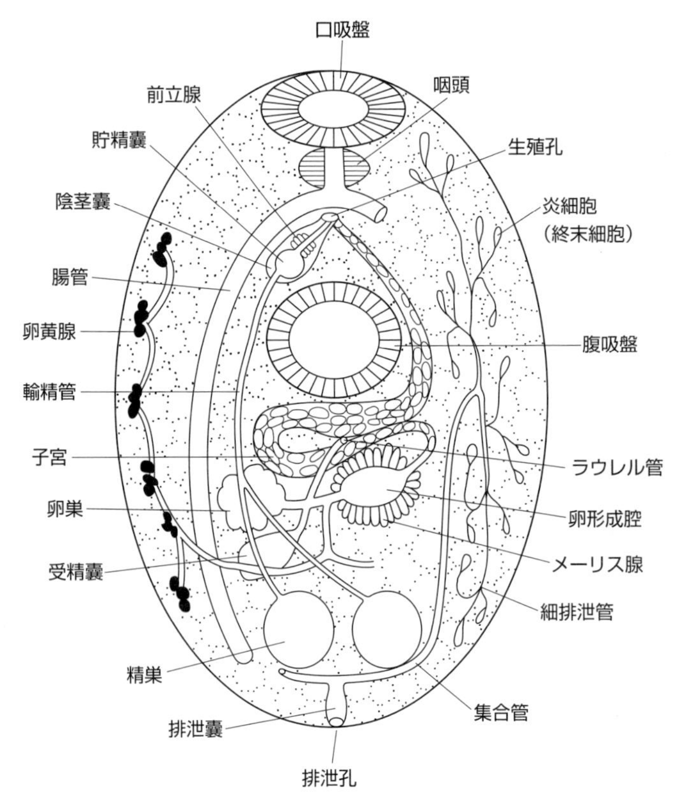

図 2.1　吸虫の基本体制模式図

ときに acetabulum ということもある．吸盤は筋性の固着器官である．吸虫類は外観的に 2 つの口を有しているようにみえるため，ジストマ（distoma）・二口虫の名がある．

口吸盤が口（mouth）をとり囲んで漏斗状の口腔（oral cavity）を形成する．これに筋肉性の咽頭（pharynx）が連なり，さらに食道（esophagus）に連なる．食道は細い膜様の管で，種類により長短はあるが，一般に概して短い．腸管（intestine）は左右 2 本に分岐し，体両側を走り，体後端近くで盲管に終わるのが普通である．したがって肛門はない．しかし，例外的には，腸管が樹枝状に分岐する肝蛭，1 度分岐した 2 本の腸管が再び合一して 1 本になり，さらに後端に向かって走行して盲管に終わる日本住血吸虫などの例がある．さらに特異的なものに，排泄系に開口し，排泄孔が肛門の代用になっている棘口吸虫がある．

(4) 排泄系

複雑に分岐した細管からなり，体の両側に対称的に分布している．起始部は柔組織中に規則正しく分布している炎細胞（終末細胞，flame cell）である．炎細胞には毛細管が接続し，一定の配列を形成している．毛細管が集合し，集合管（collecting tubule）になり，さらに合して左右 1 本ずつの主集合管（main collecting tubule）になり，排泄嚢（excretory bladder）に開口する．排泄嚢は排泄孔（excretory pore）によって外界に通じている．

炎細胞：漏斗状の形態をもつ細胞で，漏斗内側に長い繊毛を有している．この繊毛をあたかもアルコールランプの炎状にユラユラと内側へ動かし，体内を循環する体液から老廃物を分離して毛細管へ送り込む働きをしている．毛細管とともに原腎管（protonephridium）を構成している．この炎細胞の配列の様式は炎細胞式（flame cell pattern あるいは flame cell formula）といい（図 2.2），とくに幼生期における分類学上の重要な鍵になっている．炎細胞は生時にのみ観察可能である．幼生期のうちでも，とくにセルカリアの炎細胞式がもっともよく研究されている．発育するに従い，排泄系は確実に倍数増加する．

(5) 生殖器

吸虫類は，住血吸虫類を除いては雌雄同体（hermaphrodite）である．つまり，1 個体に雄性および雌性生殖器の両者を併せ備えている．

雄性生殖器は精液輸送部および付属器官からなる．精巣（testis）は通常 2 個であるが，1 個のものや 4 〜 8 個の住血吸虫属のようなものもある（日本住血吸虫は 7 個）．精子は通常 2 本の輸精小管（small sperm duct, ductus efferentis testis）を経て 1 本の輸精管（ductus

〈例 1〉

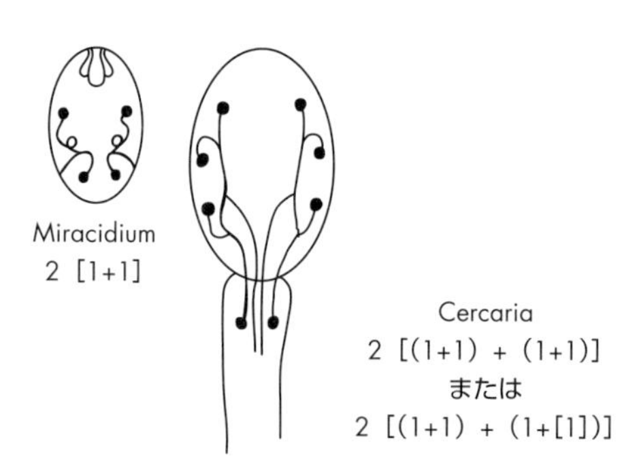

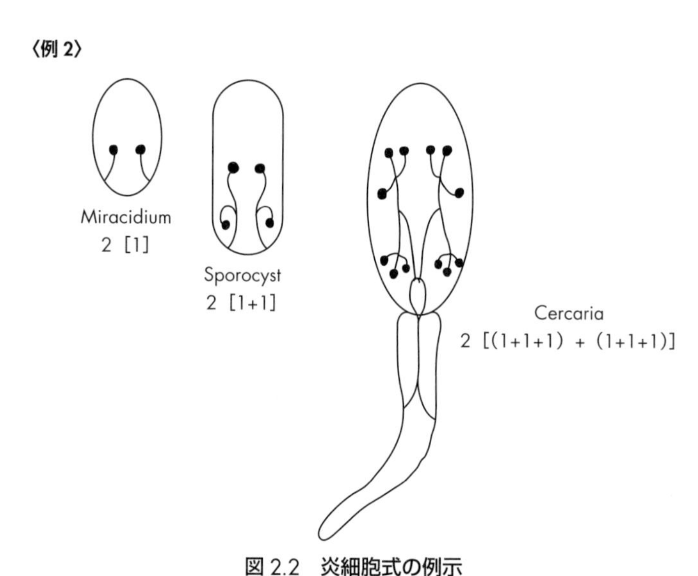

図 2.2　炎細胞式の例示

炎細胞式（flame cell pattern）の書き方は，前集合管に属するものを小括弧で囲み，後集合管に属するものも同様に小括弧で囲み，以上をまとめて大括弧で囲み，左右対称，1 対の意味で 2 を掛ける．尾部にあるものをとくに大括弧に入れて表現することがある．

deferens, vas deferens）に集まり，貯精囊（vesicula seminalis）に貯えられる．貯精囊は射精管（ductus ejaculatorius）に連なる．射精管の起始部をとり囲んで前立腺（prostata）がある．射精管の末端は筋肉性の陰茎（無脊椎動物では“cirrus（毛状突起）”ともいう）になっている．貯精囊，前立腺，射精管，陰茎は陰茎囊（cirrus sac, cirrus pouch）のなかに収められている（住血吸虫，双口吸虫，肺吸虫，異形吸虫などでは陰茎囊を欠く）．

なお，雌雄両生殖器をもつとはいうものの，一般に雄性先熟（protandry）である．

雌性生殖器は，卵細胞，卵黄細胞および卵殻の 3 成分をそれぞれ形成する別々の器官と，これらを運搬する輸送器官，子宮および付属器官からなる．相互の関係はおおむね図 2.3 のようなものである．

吸虫類や裂頭条虫類の虫卵は，中央にある卵細胞（胚細胞）と，それをとり囲む卵黄細胞からなっている．卵黄細胞は，卵細胞の発育中の栄養を供給する役割をもち，卵黄を多量に含み，のちに多核質になる細胞である．このように，卵細胞と卵黄細胞がそれぞれ別個に存在し，かつ，これらが同一の卵殻内に収められている卵を複合卵という（ちなみに，卵細胞自身のなかに卵黄を有する卵を単一卵という）．このような複合卵を産生するものでは，卵細胞をつくる生殖腺（卵巣・胚腺）と，卵黄細胞をつくる卵黄腺とが分離されている．

受精囊には，原則的に別の個体から得た精子が受精するまで貯蔵されている．精子が受精囊に到達するルートについての定説は見当たらない．ひとつは子宮口から溯上してくるという説であり，ほかはラウレル管を通じて送り込まれてくるという説である．ラウレル管は一端を受精囊からの導管および輸卵管の 2 者と

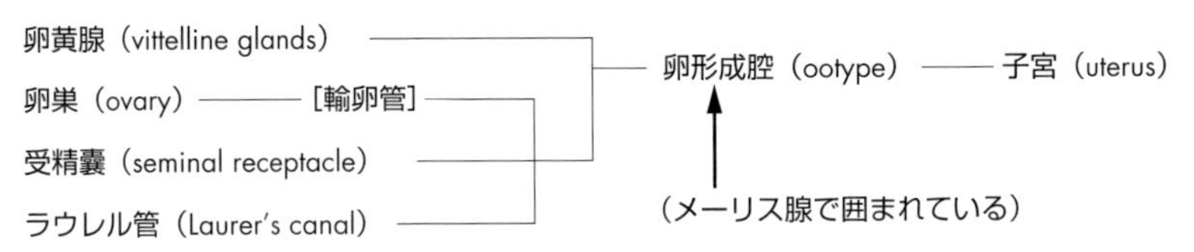

図 2.3　吸虫の雌性生殖器

近接して開口し，虫体背部に達する管で，実はその真の機能は明らかにされていない．上の説とは逆に，余分の生殖物質，とくに精子あるいは卵黄細胞を排出するためのものともいわれ，あるいは卵殻形成の際の不要物質の排除のためのものであるともいわれている．一方，単生類のあるものにみられる生殖腸管と相同のもの，あるいは膣の痕跡とも考えられている．

3 管が合流し，さらに両側の卵黄腺から出て 1 本に合一した卵黄輸管（vitelline duct）を合わせ，拡張して嚢状の卵形成腔を形成する．その壁には多数の単細胞腺が集合してとり囲み，それぞれが開口している．この腺をメーリス腺（Mehlis's gland）という．古くは卵殻腺（shell gland）とよばれ，卵殻形成成分を分泌するものと解釈されていたが，現在では否定的である．しかし真の役割はわかっていない．卵殻の原基は卵黄細胞内で合成されるタンパク質であると考えられている．卵巣から輸卵管を経てきた卵は，卵形成腔において受精嚢からの，あるいは子宮を溯上してきた精子によって受精する．受精後は卵黄細胞に囲まれ，続いて卵黄細胞の分泌物によって卵殻が形成され，受精・複合卵として子宮に送り出され，外界に産出される．

子宮は体中央部を迂曲し，腹吸盤の直前，あるいは腸管の分岐部付近で雄性生殖器と共同の生殖窩（生殖洞：genital atrium，genital cloaca）に開き，生殖窩は生殖孔（genital pore）によって外に開く．子宮の生殖窩への開口部を子宮孔という．子宮の末端部が筋肉性になっていることがある．これは子宮端部とよばれ，膣に相当する．このような場合にはラウレル管はない．

雌雄同体であっても 2 個体による相互交接（交尾）が行われるものと考えられている．しかし，子宮孔は陰茎に隣接しているため，自家交接も可能であろうという．また，精子が生殖窩に注ぎ出され，子宮孔から移入される自家受精もあるという．自家交接や自家受精のある可能性は，1 個のメタセルカリアを感染させた場合でも産卵が認められる事実から，ありうることであろうと考えられている．ただし，一般に単独寄生の場合の虫体の発育はけっしてよくないという．

生殖器に関しては吸虫類の分類上重要なものが多い．

①精巣および卵巣の位置，相対的な関係
②精巣および卵巣の形態，分岐状態
③子宮の位置
④卵黄腺の位置およびその分岐状態
⑤受精嚢の有無およびその内容
⑥生殖孔の位置
⑦陰茎嚢の有無およびその性状
⑧貯精嚢の位置（陰茎嚢の内か外か）

などがあげられる．

B　発育環

有性生殖が行われる終宿主は脊椎動物であり，多胚生殖（polyembryony；多胚形成ともいい，1 個の卵子が多数の胚を産生する）の行われる中間宿主は通常軟体動物，ほとんどが陸生または水生の巻貝類である．第二中間宿主はたいてい節足動物もしくは魚類を含む比較的下等な脊椎動物である．

各発育期の名称と順序の概要は次のとおりである．これらは通常和訳されることなく，カタカナで表記される．

虫卵⇨ミラシジウム⇨スポロシスト⇨レジア⇨セルカリア⇨メタセルカリア⇨成虫

ただし，順次，各論に述べるように，発育期･ステージの一部を欠くもの，逆に同一ステージをくり返すもの，あるいは条件によってくり返すものもある（図 2.4）．

(1) 虫　卵

多くは卵円形で，住血吸虫類を除き，一端に小蓋（卵門：micropyle）がある．前述したように複合卵であり，内部は卵細胞（胚細胞）とそれをとり囲む卵黄細胞からなる．ただし，虫卵が未発育のまま外界へ排出されるもの（肝蛭，双口吸虫など）と，虫卵内部にすでに幼生（ミラシジウム）が形成されてから排出されるもの（住血吸虫，膵蛭など）がある．未発育虫卵は，水中で発育を開始し，ミラシジウムを形成する．吸虫卵は乾燥に対する抵抗性がきわめて弱く，発育には水中，あるいは十分な湿度を必要とする．

孵化は通常は水中で行われる．その場合には温度（通常 25 ～ 30℃）と光が必要条件になっている．自然光に限らず，電灯光でも孵化が起こることが実証されている．さらに塩類濃度にも一応の制約はある．一方では，虫卵が第一中間宿主に摂取され，その腸管内で孵化するものもある（膵蛭，肝吸虫，槍形吸虫など）．

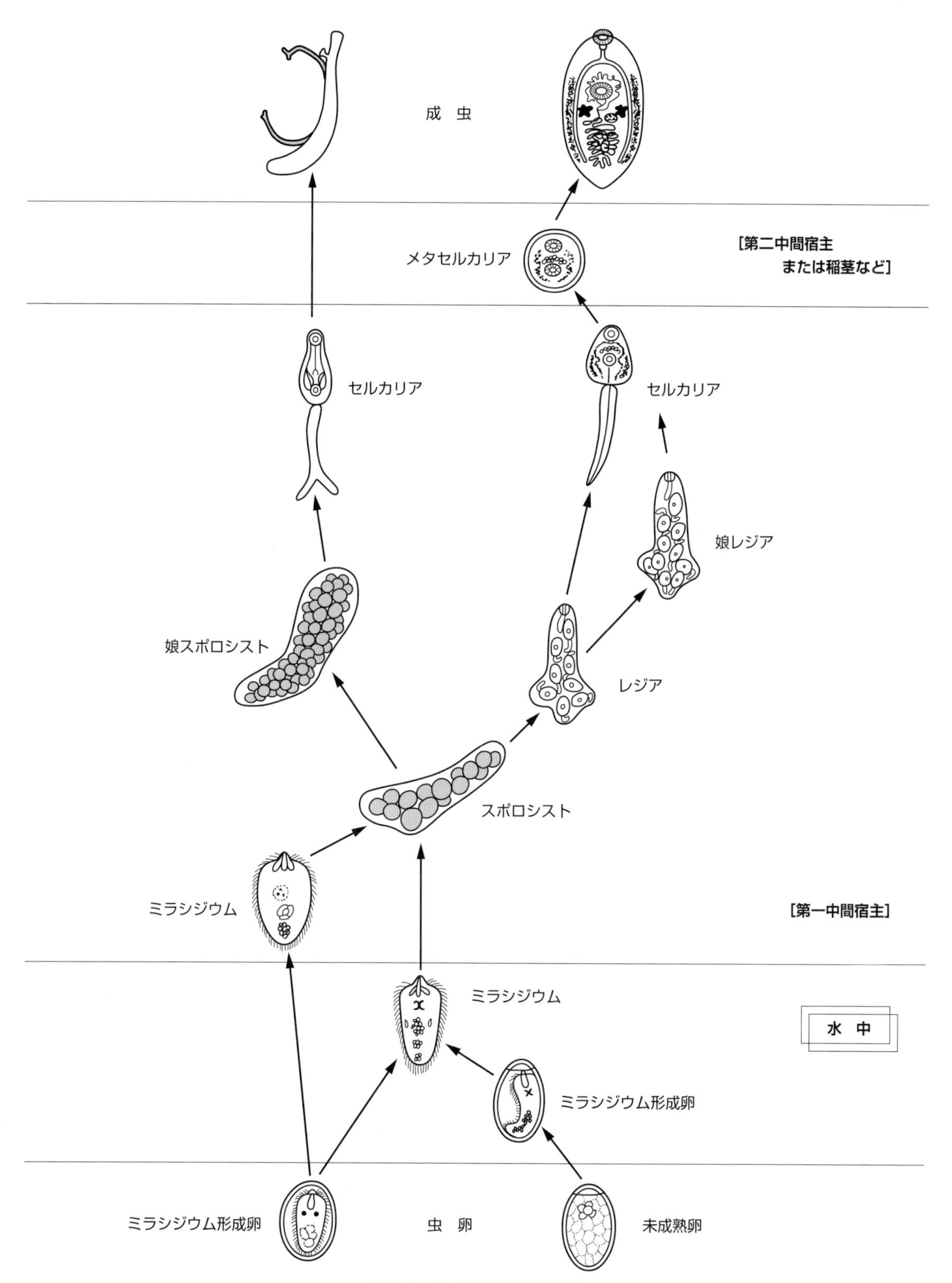

図 2.4　吸虫の発育環模式図

(2) ミラシジウム (miracidium)

ミラキジウムともいう．吸虫類の卵殻内に形成される第 1 代の幼生．体は長卵形ないし長円錐形の袋状を呈している．体表は種特異の数の扁平繊毛上皮で被われ，内部には消化器の原基になる単一棒状の短い腸管のほか，神経系，生殖系，排泄系などの原基が認められる．眼点を有するものもある．またいくつかの胚細胞群があり，これが次代の幼生になる．水中で孵化し，小蓋から脱出したミラシジウムは体表の繊毛を動かし，中間宿主貝を求めて活発に游泳する．水中での栄養補給はなく，生存可能時間はだいたい24時間くらいといわれている．

(3) スポロシスト（sporocyst）

スポロキストともいう．中間宿主に侵入したミラシジウムは，変態して不定形な嚢状を呈するスポロシストになる．スポロシストには消化器系，排泄系，分泌腺などはない．栄養は体表から摂取している．内部には多くの胚細胞があり，これらが分裂・増殖を続け，胚細胞団（germinal mass）を形成する．これらが娘スポロシスト，あるいは次代の発育期であるレジアを形成する．

(4) レジア（redia）

スポロシスト内に，これと同じ形態をもつ娘スポロシストを形成する種類ではレジアの形成はない．レジアはスポロシストの体壁の胚細胞から単為生殖的に発生したもので，レジアが体内に充満するとスポロシストの体壁が破れ，あるいは産門から，中間宿主貝の組織内に遊離してくる．多くは中腸腺（肝臓），生殖腺などにみられる．レジアは縦長の嚢状の虫体で口，咽頭，嚢状の短い腸管，原腎管，胚細胞群をもつ．また前端近くに産門および襟状の襞をもち，後端近くに1対の足状突起（翼状の膨隆部）を有するものもある．胚細胞が成熟して単為生殖的に第3代の幼生が形成される．普通はセルカリアであるが，レジア中にレジアを生ずる場合がある．通常，16〜25℃という温度下の，安定環境下で感染貝を飼育すれば，レジアは次の発育期のセルカリアを形成するが，貝が飢餓状態にあったり，温度の昇降差が大きいなどの不安定環境下では娘レジアが形成されることがある．

(5) セルカリア（cercaria）

ケルカリア，尾虫，有尾幼虫ともいう．セルカリアは基本的にはほとんど成虫の体制をもつ体部と，種によって特徴的な形態をもつ尾部とからなっている．成虫の基本体制としてはかなり発達した口吸盤および腹吸盤，分岐する消化管，排泄系，生殖原基などであり，セルカリア特有のものとしては口吸盤にみられる穿刺棘（stylet）および穿刺腺（penetration glands），あるいは被嚢形成腺（cytogenous glands：被嚢分泌腺）などのように宿主への穿入にかかわる構造を有するものもある．これらのうち排泄系に関しては，先述した炎細胞（p.134）の観察，炎細胞式の記録はセルカリアにおいてもっとも詳細に研究され，セルカリアの分類手段として重用されている．

多くの吸虫類の成熟セルカリアは，第二中間宿主へ侵入・感染してメタセルカリアをつくるが，なかには直接終宿主へ感染してただちに成虫への道をたどるもの（日本住血吸虫）もある．あるいはおもに稲，あぜ草などの茎に被嚢してメタセルカリアを形成して終宿主の摂取を待つタイプのもの（肝蛭）もある．セルカリアの第二中間宿主への侵入・感染方法には自動的あるいは受動的という2つのタイプがある．自動的とは成熟セルカリアが第一中間宿主貝体外へ游出し，尾部の運動により水中を游泳して次の宿主を求め，これに自ら積極的に侵入する様式をいい，多くの吸虫でみられる．受動的とは，セルカリアが中間宿主貝から游出することなく，第二中間宿主に摂取されるもの（肺吸虫），あるいは，セルカリアを保有する娘スポロシストが中間宿主貝から脱出して第二中間宿主による摂取を待つもの（膵蛭）などにみられる様式をいう．

(6) メタセルカリア（metacercaria）

メタケルカリア，被嚢セルカリアともいう．住血吸虫類のセルカリアは水中を游泳してただちに終宿主に経皮感染するが，他種のセルカリアは第二中間宿主（多くは魚類，節足動物）体内，あるいは稲，あぜ草など水辺植物の茎の表面で尾部を離脱し，体の表面に被膜を形成してメタセルカリアを形成する．メタセルカリアは終宿主への感染型で，経口的に摂取されて感染が成立する．その体制はほとんど成虫のそれに等しく，幼生器官は徐々に消失している．生殖器官はまだ発達していない．

C 分 類

分類の具体的な表示に関しては，多数の異論・異見があり，常に流動的な部分のあることは否定できない事実である．本書で完璧な分類表を求めることは真意でなく，ここには“獣医寄生虫（病）学”の理解に資するための主要種を抜粋するにとどめる．

吸虫類分類表

住血吸虫科　Schistosomatidae
　1. 日本住血吸虫　*Schistosoma*
重口吸虫科　Diplostomatidae
　2. 壺形吸虫　*Pharyngostomum*
　3. アラリア　*Alaria*
棘口吸虫科　Echinostomatidae
　4. 棘口吸虫　*Echinostoma*
肝蛭科　Fasciolidae
　5. 肝　蛭　*Fasciola*
　6. 肥大吸虫　*Fasciolopsis*

双口吸虫科　Paramphistomatidae

7. 双口吸虫　*Paramphistomum, Orthocoelium, Calicophoron* ほか

腹囊双口吸虫科　Gastrothylacidae

8. 長形双口吸虫　*Fischoederius*

腹盤双口吸虫科　Gastrodiscidae

9. 平腹双口吸虫　*Homalogaster*

斜睾吸虫科　Plagiorchiidae

10. 鶏卵吸虫　*Prosthogonimus*

二腔吸虫科　Dicrocoeliidae

11. 膵蛭（膵吸虫）　*Eurytrema*

12. 槍形吸虫　*Dicrocoelium*

住胞吸虫科　Troglotrematidae

13. 肺吸虫　*Paragonimus*

14. サケ中毒吸虫　*Nanophyetus*（*Troglotrema*）

後睾吸虫科　Opisthorchiidae

15. 肝吸虫　*Clonorchis*

16. 猫肝吸虫　*Opisthorchis*

異形吸虫科　Heterophyidae

17. 異形吸虫　*Heterophyes*

18. 横川吸虫　*Metagonimus*

2.2　肝蛭類

肝　蛭
Fasciola sp.

衆知のとおり，日本に分布している肝蛭は 1 種類ではない.『日本産肝蛭』として，学名は未確定のまま *Fasciola* sp. とすることが多い．世界的にみれば，いわゆる主要肝蛭には *F. hepatica* と *F. gigantica* の 2 種類が知られている．そして *F. hepatica* の和名は『肝蛭』，*F. gigantica* の和名は『巨大肝蛭』となっている．したがって，逆に単に“肝蛭”といった場合は，正しくは *F. hepatica* を意味することになるが，本書ではとくに限定する必要のない場合には単に“肝蛭”と記し，普通名詞として広義にとり扱うことにする.

肝蛭は反芻動物の胆管に寄生する大型の吸虫で，世界各地にみられる（口絵㊹）．歴史的にみれば世界で最初に記載された吸虫であり（de Brie, 1379），また発育環が解明された最初の吸虫でもある（Leuckart, 1882）. すでに 16 世紀に，ヨーロッパではめん羊にとってもっとも恐ろしい寄生虫として知られており，関心が高かった．さらに，肝蛭は家畜，おもに反芻動物の寄生虫であるというばかりでなく，人体寄生例もけっして少なくない．吸虫類の宿主特異性はあまり厳格ではないが，肝蛭も人獣共通の寄生虫として注目されている．肝蛭の人体寄生例は 1760 年にベルリンで人体解剖例で初めて見つけられた．いままでに世界中で約 1,300 例以上が報告されているが，実際ははるかに多いものであろう．世界的にはフランスに多い．日本では 2006 年までで 42 例が確実に知られている．ヒトへの感染は，直接的には水辺のセリ，ミョウガなどの生鮮または浅漬食，あるいは二次的にメタセルカリアが付着したものの経口経路による場合と，感染牛の肝臓などの幼若虫を摂取した場合とがあるという．ちなみに，中近東地域で山羊，めん羊などの肝臓を生食する習慣のある民族の間に, 肝蛭の幼若虫に起因する“寄生虫性咽喉頭炎（parasitic laryngopharyngitis）”があるといわれている.

肝蛭の種類・種名について

前述のように，現在の日本で生産・飼育されている牛から検出されているいわゆる“日本産肝蛭”の形態は，*F. hepatica* と *F. gigantica* との中間型に属し，両者のいずれとも断じがたいものと考えられていた（渡辺, 1955）．ちょうどその頃，*F. indica* Varma, 1953 という新種記載があり，一時は日本産肝蛭はこの *F. indica* に該当するであろうという意見があったが，現在では，*F. indica* は *F. gigantica* のシノニムであると考えられるに至っている.

本来，*F. hepatica* はヨーロッパ，南北米大陸，オーストラリア，南アフリカに分布し，*F. gigantica* は中央アフリカ，中近東，東南アジアなどに分布する．前者は概して温帯およびその周縁に，後者は概して熱帯，亜熱帯に分布している傾向がみられる．これらに対して，独立種といえるか否かは別として“日本産肝蛭”とよばれる種類は，日本および近隣諸国に分布しているといわれている．実際には混在している可能性も否定しにくい．一方，牛の移動もあり，新種，亜種，変種の設定の可否を含めて問題は複雑になってきている.

最近, 染色体や遺伝子に関する検討が進みつつある. まず *F. hepatica* および *F. gigantica* の染色体は，いずれも 2 n ＝ 20 の 2 倍体であることがわかってきた．この 2 種の肝蛭は，各個体が産生した精子を貯精嚢内に充満させる有精子型で，両性生殖により増殖すると考えられている．一方で，日本産肝蛭の染色体は 3 n ＝ 30 の 3 倍体を主体とすることがわかってきた．しかも日本産肝蛭は精子形成が著しく低調で，精巣あるいは貯精嚢内に精子を認めにくく，単為生殖が行われているかのような観を呈している．その後，核リボソーム DNA の internal transcribed spacer 1（ITS1）領域を対象として，塩基配列が解読された．その結果，*F. hepatica* と *F. gigantica* との間には，数か所に変異が認

表 2.1 既記載肝蛭と日本産肝蛭の比較

	F. hepatica	*F. gigantica*	日本産肝蛭
体型・形状	木葉状，肩部明瞭．中央部に最大体幅	竹葉状．肩部不明瞭．体側ほぼ平行	形状は両者にまたがり変異幅大きく移行型の観
体長×体幅	20～30×8～13 mm	25～50×5～12 mm	両者をカバー，ないし大
体長体幅比	2：1	3：1 以上	不 定
虫 卵	130～145×65～90 μm	140～190×70～100 μm	120～195×65～105 μm
染色体	2 n＝20	2 n＝20	3 n＝30 が主

図 2.5 日本産肝蛭の形態変化（圧平染色標本）

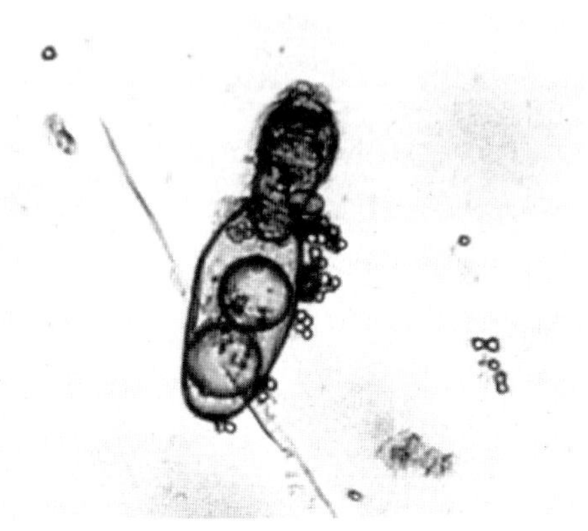

図 2.6 虫卵から脱出するミラシジウム

められ，この変異を利用した両種の鑑別は，容易であることが明らかにされた．しかし日本産肝蛭では，*F. hepatica*，あるいは *F. gigantica* と一致するような配列を持つ虫体よりも，両種の配列を併せ持ち，両種の交雑子孫であるかのような虫体が認められたという．他の領域の塩基配列を対象とした解析も，現在，進められているが，日本産肝蛭の種類･種名の問題に関しては，いまだに確定的な結論が得られていない．

［形　態］

外観上の典型的な特徴を表 2.1 に示した．模式標本にかかわる記載に準ずるもの，あるいは模式図を参考にして外国産の虫体を観察する限り，*F. hapatica* と *F. gigantica* との判別は容易にできる．ところが，日本産の肝蛭は変異幅が大きく，きわめて *F. hepatica* に類似するものがわずかながらみられる一方，ほとんど *F. gigantica* に一致するものが少なくない．大部分のものの形状は両者の中間で，つまり，左右の体側は必ずしも平行ではなく，外方に膨らんでいるものが多い．しかも，両者よりも大型のものが多くみられ，核学的所見（大型＝3 倍体）との関連を否定できないかもしれない（図 2.5，口絵64）．一方，虫体の大きさというものは，感染後の経過日数，虫齢にかかわり，またときには宿主の種類にもかかわってくることは注意を要する．たとえば山羊に感染した虫体は牛に感染した虫体よりも明らかに発育がよい．

形態学的な記載は 3 者に共通するもの，とくに日本産肝蛭が共有する性質を述べる．外形は扁平で木葉あるいは竹葉様を呈している．頭部は三角形・円錐状で前方に突出し，最前端に口吸盤，肩（頸）部には腹吸盤がある．一般に腹吸盤のほうがやや大きいか同大である（*hepatica* 型）．体表には皮棘とよばれる鱗様の構造物が密生している．皮棘の形状は種・タイプによって若干の差異があるという見解がある．消化管は左右に分かれ，盲囊ながら外側に向かって二, 三次に分岐し，全身に及んで分布する．卵巣は鹿角状に枝分かれし，腹吸盤のわずか後方右側（腹面からみれば左側）にあり，卵形成腔を経て子宮に連なる．子宮は前方に向かい，巻曲迂回して腹吸盤の直前に存在する生殖孔に開口している．精巣は虫体後半部の中央に前後して 2 個存在し，いずれも複雑に分岐して樹枝状を呈している．消化管，卵巣，精巣のいずれも *gigantica* 型のもののほうが分岐状態が著しい．

［発育環］（図 2.7）

虫卵は卵円形で大型，黄褐色で一側に小蓋を有する（口絵69）．排出された直後の新鮮虫卵の内容は，通常

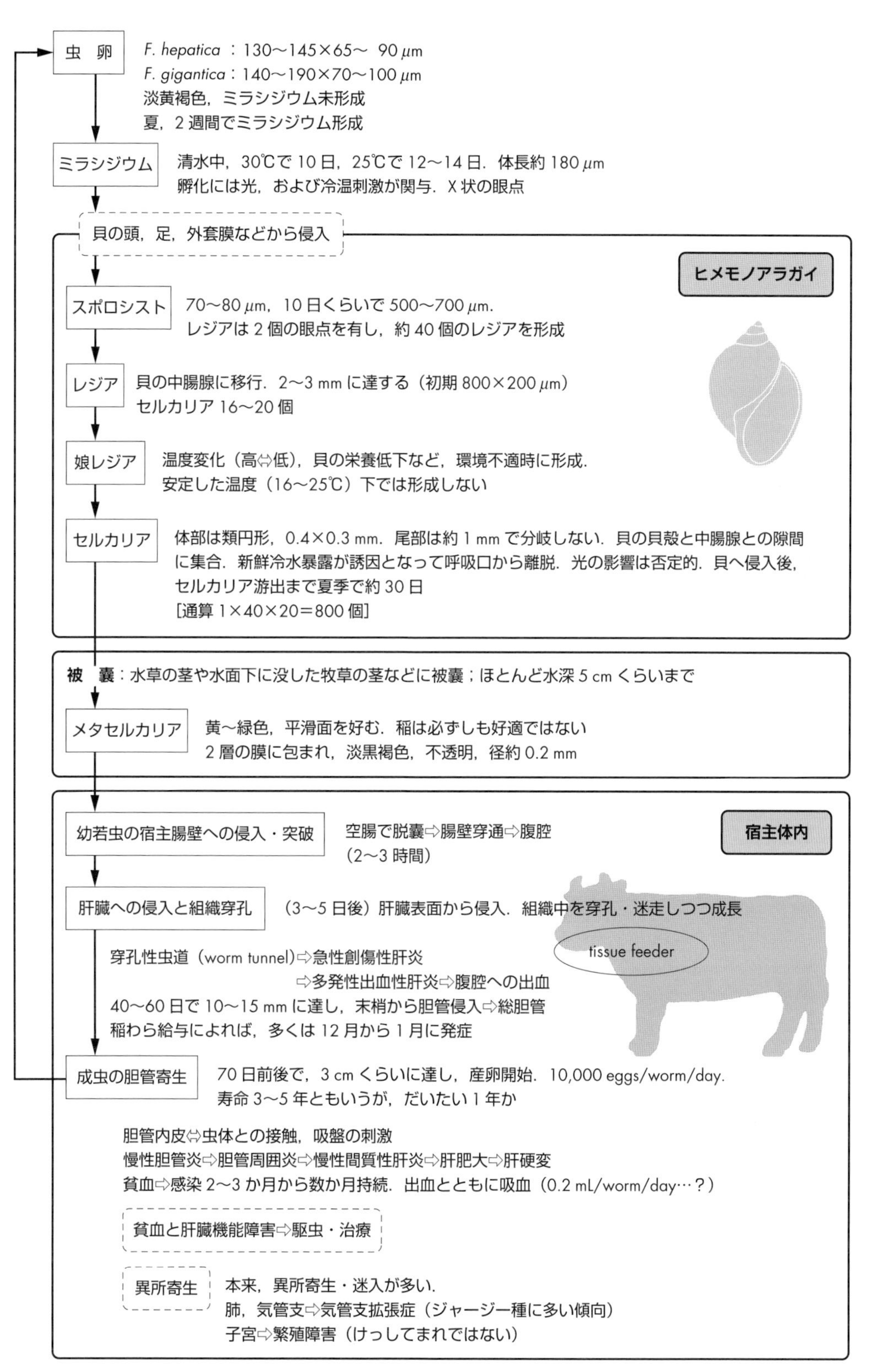

図 2.7　肝蛭の発育環

は中心よりやや小蓋よりに位置する卵細胞と，これをとりまく十数個の卵黄細胞からなっている．卵細胞は排出後の時間が経てば数個に分割してくる．

虫卵は水中で発育を開始し，夏期であれば約 2 週間で卵内にミラシジウムが形成される．低温であれば発育に時間を要し，10℃以下では発育しない．成熟ミラシジウム形成卵が強い光線，冷水に触れれば，なかのミラシジウムはこれらの刺激に反応して活発に動き出し，小蓋を開けて外界に脱出する（図 2.6）．孵化は十数秒以内に完了する．ミラシジウムは体長約 180 μm，長逆三角形状の様態，つまり前方は幅広く，後方は徐々に細くなる形態を示し，頭部はやや突出している．眼点を有し，走光性を示す．ミラシジウムは体表を被う繊毛によって水中を活発に游泳し，中間宿主貝を求め，これに群がる．

中間宿主は日本ではヒメモノアラガイ（*Lymnaea ollula*）である．ただし，北海道東部，北部などの寒冷地ではコシダカ（ヒメ）モノアラガイ（*L. truncatula*）が中間宿主になる．

ヒメモノアラガイ（図 2.8）：黄褐色を呈する淡水産有肺類の巻貝で，殻高約 10 mm，殻幅約 7 mm．右巻きで雌雄同体．「へた」はない．触角は三角形で平たい．生息地は水田，水路，沼沢，貯水池などの有機質に富み，溶存酸素が豊富で流れが緩やかな浅い水域を好む．食性は雑食性である．成長速度は気温に左右される．初夏の新生貝であれば 2 か月半で産卵に至るが，季節により長くなる．寒冷期を迎えれば活動を停止して越冬する．産卵活動は殻長が 5 mm に達したころからはじまる．ただし，水温が 10℃以下になれば停止してしまう．発生回数は寒冷地では年に 1 回，温暖地でも 2 回を超えない．なお，コシダカモノアラガイはヨーロッパにおける肝蛭の代表的中間宿主である．

ミラシジウムはヒメモノアラガイの頭，足，外套膜などの肉質部や呼吸器官から繊毛のある表皮を脱いで侵入し，スポロシストになる．スポロシストは長さ 70 ～ 80 μm の嚢状体で，2 個の眼点といくつかの胚細胞を有し，わずかな屈伸運動を行う．

スポロシスト内の胚細胞は分裂・発育し，夏期では 1 週間くらいでレジアが形成される．レジアは 800 × 200 μm 大の嚢状体で，中腸腺に集まり成長を続ける．成熟レジアは体長 2 ～ 3 mm に達し，夏期で 3 週間くらい，通算感染後 4 週間くらいで十数個のセルカリアが形成される．10℃以下になれば発育は停止する．

環境温度が 16 ～ 25℃の範囲で安定していればレジア内に直接セルカリアが形成されるが，貝が飢餓に陥った場合や，温度が不安定で昇降が激しい場合には 2 代目のレジアが形成される傾向がある．これを娘レジア（daughter redia）といい，初代のレジアを母レジア（mother redia）という．娘レジア形成を誘起する上述した諸種の刺激は，感染初期 1 週間くらいの間に受けた場合に大きいという．

形成されたセルカリアはオタマジャクシ様で類円形

図 2.8　ヒメモノアラガイ

の体部と体部の 2 倍以上の長さをもつ尾部とからなっている．体部の大きさは 0.4 × 0.3 mm．成熟セルカリアは，まず，貝後端部の貝殻と中腸腺部との間に集積する．安定した好適な環境下では，セルカリアは 1 匹ずつ呼吸孔から離脱するが，冷水にさらされると 30 分から 1 時間くらいの間に多数のセルカリアが集中して游出してくる．自然界では夕立による新鮮冷水の増加などが誘因になる．夕立による増水はセルカリアの広域分散にも役立つ．光線の影響は受けない．

游出したセルカリアは被嚢に適した物体を求め，尾部を活発に動かして游泳・移動する．好んで被嚢する物体は，ガラス，ビニールなど表面が滑らかな物体で，紙や布などの粗い繊維は好まない．稲の茎は必ずしも好ましいものではないが，ほかに適当なものがない場合に被嚢する．ただし，好適物体に被嚢する場合よりも長時間，通常 2 ～ 3 時間を要することになる．被嚢に際しては，物体に付着してから粘液を分泌し，同時に尾部を激しい運動の後に切断・離脱する．尾を失い，径約 200 μm の円盤状に被嚢したセルカリアをメタセルカリアという（口絵㊿）．メタセルカリアは被嚢直後は白色にみえるが，徐々に淡褐色に変わるため，肉眼では検出されにくくなってしまう．被嚢部位は水深 5 cm 以内が多い．10 cm を超える深部に被嚢することはほとんどない．メタセルカリアは終宿主に対する通常ルートによる感染源である．しかし，被嚢直後のメタセルカリアには感染力はまだなく，感染力を得るには数時間を要する．

[病原性・症状]

病理的変化の発生は，幼若虫の体内移行に伴う病害と，最終寄生部位における成虫による肝蛭本来の寄生生態に起因する病害と，さらにしばしばみられる迷入という特性に起因する三様の病態発生がある．またこれに付随して胎盤感染による仔牛の肝蛭症を考慮しておく必要がある（図 2.7）．

表 2.2　肝蛭のミラシジウム感染およびセルカリアの游出

	ミラシジウム感染	セルカリアの游出
年内感染貝	春～初夏	7～8月中旬にピーク
越冬感染貝	前　年	春～初夏

(1) 幼若虫の体内移行期

摂取されたメタセルカリア（被嚢幼虫）は2～3時間後には空腸で脱嚢して腸粘膜に侵入し，粘膜筋層および漿膜を貫通して腹腔に出る．このために穿通してきた腸粘膜および漿膜には好酸球などの浸潤を伴う穿孔性の点状出血を生ずるが，通常は臨床的な症状として認識されない．腹腔へ出た幼若虫は感染3～5日後には肝臓表面から侵入し，肝実質中を穿孔，迷走しつつ成長する（口絵66）．この時期の幼若虫は組織を摂取するために“tissue feeder”とよばれている．多数感染では急性肝蛭症が惹起され，めん羊では死亡する場合もある．牛ではこの時期に死亡に至るようなことは滅多にないが，病害は著しく大きい．病変はもっぱら寄生虫性急性創傷性肝炎あるいは多発性出血性肝炎とよばれるもので，穿孔性の“虫道”が形成される．肝臓からの出血があり，腹腔に貯溜する．一方，肝組織には壊死が起こり，さらに創傷に由来する出血性～繊維素性肝包膜炎による周囲組織との癒着をみるようになる．肝臓内移行期間は約5週間に及ぶ．

メタセルカリアは，環境条件にもよるが，被嚢後1か月くらいはとくに活性が高い．参考として自然界における平均的なヒメモノアラガイへのミラシジウムの感染，およびセルカリアの游出状況を表2.2に示した．

メタセルカリアに汚染された飼料が牛に摂取されるのは，稲わらであれば表2.2上段の場合がもっとも普通であろう．下段はあぜ草，青刈りが相当するであろう．稲わら給与では，だいたい10月下旬から2月下旬までが感染期になり，急性肝蛭症を誘発することになる．

(2) 胆管寄生期

幼若虫は肝臓内を迷走しつつ成長を続け，感染40～60日で体長10～15 mmに達し，肝実質から末梢胆管へ侵入し，しだいに総胆管へ移行する．感染後70日くらいで体長約3 cmに達し産卵を開始する．胆管内皮は肝蛭の寄生による虫体との接触および吸盤による吸着という機械的な刺激ばかりでなく，代謝産物による生化学的な刺激も受け，胆管炎を起こす．胆管炎が長期に及べば慢性胆管炎から胆管周囲炎を継発し，さらに慢性間質性肝炎を誘発するに至る．その結果，肝臓は腫大し，寄生性肝硬変をきたす．

牛の慢性胆管炎は主として左葉内臓面に多発する傾向がみられる．胆管壁の肥厚・拡張がある．近年ではかなり減少しているようであるが，往年は胆管壁が肥厚し石灰化が著しく，内腔はむしろ狭窄・硬化している例も珍しくなかった（口絵67）．このように病変が激甚な例の局所では虫体は検出されにくく，虫体はむしろ，石灰化がまだ進行しておらず，柔軟さを維持している部分の胆管から多く検出される傾向がある．なお，石灰化は牛で特徴的にみられる病変である．

(3) 肝蛭症罹患牛における貧血

急性肝蛭症牛の貧血はきわめて顕著であり，しかも急激に発現する．一方，慢性肝蛭症における貧血は感染2～3か月ころから認められ，通常数か月間持続する．また末梢血中の好酸球は感染10日目ころから増加しはじめ，症状の発現期にあたる感染2か月目ころに30%を超えるものも出る．貧血の成因は，初期においては組織の破壊・損傷によるもので，もっぱら創傷からの出血による．さらに，虫体からの代謝産物が関与する催貧血作用も推察されている．

(4) 肝蛭感染牛の肝機能検査

古くから多くの報告があり，それぞれの意義について議論がなされてきた．たとえば，血清AST（GOT）活性の上昇はあまり明確でないとする意見が多いが，重症牛では感染後2～7か月の間は明らかに上昇しているといわれている．実験感染牛では血清GLDH活性値の上昇があり，肝細胞の障害をよく反映するものとして評価されている．血清γ-GTPは感染6週目ころから上昇しはじめ，15週ころにピーク（場合によっては感染前の20倍）を示し，以後は徐々に低下するものの，9か月間は高値を持続することが知られており，このために肝蛭症の野外診断に有用であろうといわれている．

(5) 異所寄生・迷入

肝蛭の幼若虫は移行迷入性が強く，正常と考えられているルート以外の部位から成虫や幼若虫が検出されることは珍しくない．

子宮内迷入：肝蛭の子宮内への迷入は日本ではけっして珍しくない．繁殖障害牛などで子宮洗滌を行った場合に虫体が洗い出されることがある．そして，虫体の排除によってただちに不妊が治った例が知られている．

気管支内迷入：気管支内寄生により局所的な気管支拡張を起こし，内腔には発育が抑制された未成熟虫体とともに膿塊が貯溜している．このような症例は肝蛭多発地帯のジャージー種に多い傾向がある．したがって日本での例数は少ない．

その他の異所寄生・迷入と非経口感染：実験感染を含めれば，メタセルカリアのウサギ筋肉内，皮下接種による肝臓，脊髄への移行・寄生，さらに，幼若虫のマウス腹腔内接種による肝臓移行と以後の産卵に至るまでの発育が実証されている．後軀麻痺を示した牛の脊髄から幼若虫が検出された例がある．

(6) 胎盤感染

濃厚感染地帯では，胎盤感染例はけっして少なくない．生後間もない仔牛の肝実質あるいは胆管から体長数 mm ～十数 mm の幼若虫が検出されることがある．また，生後 2 ～ 10 日目の仔牛 3 例の胆管から 1 ～ 10 匹の虫体が見出され，しかも虫体の子宮内に虫卵が認められた例が知られている．

［診　断］

(1) 虫卵検査法

虫卵が検出されることは，通常は，それを産出した成虫が存在していることを証明するものである．肝蛭のプレパテント・ピリオドは 70 日を超え，寄生があっても虫卵が排出されない期間が長い．また，駆虫剤投与後に一時的な虫卵陰転をみる場合がある．逆に，虫体が駆虫・排出された後も胆囊内に滞溜していた虫卵が遅れて排出されてくることはありうる．いずれにせよ，虫卵検査の目的は幼若虫寄生の有無を判定するものではない．

肝蛭卵の検出には通常の吸虫卵検査法が適用されるが，産業的にとくに強い関心を集めていた肝蛭に関しては，古くから肝蛭卵検出を目的とした特有な方法の開発がなされてきた．1 匹の肝蛭が 1 日に産出する虫卵数は約 10,000 個であると推定されている．そして，1 頭の牛の 1 日の排糞量を 20 kg とすれば，肝蛭 1 匹が寄生している場合，単純計算で EPG（eggs per gram (of feces)）は 0.5 になる．普通は数匹程度の感染が多いが，仮に 10 匹寄生とした場合の EPG は 5 ということになる．この数字はとうてい直接塗抹法が適用されるべきものではなく，かなり効率のよい検査方法の適用が要求されなければならないことを意味している．この効率を左右する最大の障害は牛の排糞量の多さにある．いかに糞便成分を除去するかが，検査法の効率を支配する．注意すべきことは，糞便成分の分離・除去にしばしば濾過という手段が用いられていることである．安易な濾過操作は，本来の濾過装置である金網あるいはガーゼによる濾過でなく，その上にたまった繊維を主体とする糞便成分による濾過になっており，濾過操作がかえって試料中の虫卵数減少の主因になり，検査精度の低下を招くことに注意を要する．

肝蛭卵検出法の代表的なものを表 2.3 に列挙し，それぞれの特徴を略記する．肝蛭卵は他の吸虫卵同様に比重が大きく（おそらく 1.18 以上），いずれも静置を含む広義の沈澱法を基礎とし，あるいは利用したもの

表 2.3　濾過と沈澱（含・静置）による肝蛭卵検査法

	おもな器具・器材	試　薬
渡辺法	ビーカー，濾過網，サイフォン	特になし（水）
時計皿法	ビーカー，時計皿	〃
昭和式	4 種の濾過網	〃
ビーズ法	ガラスビーズ，遠心管，回転装置	〃*
ホルマリン・エーテル法（類似手法多し）	遠心管，遠心機，濾過網	ホルマリン・エーテル

＊ しばしば，最後に 1%メチレンブルーを滴下することがある．これは必ずしも必要とするものではないが，滴下混合すれば夾雑物の多くは青染し，肝蛭卵は染まらず黄褐色のまま残り，検出が容易になる．

である．

渡辺法：渡辺（1953）により“簡易肝蛭卵検査法”として考案された方法で，静置法というべきものである．特殊な器具器材，試薬を必要としない．5 g の糞便を大型ビーカーにとり，水で 50 倍に希釈，80 ～ 100 メッシュの金属網で濾過，250 mL の水を注加して濾過残渣を洗滌，10 分間静置後サイフォンで上清のほとんどを除去，沈渣をシャーレに移して底面に広げ，2 分間静置後シャーレを傾け，静かに回転，境界線に生ずる白線部をピペットで吸引して鏡検する．手法が簡易であり，広く用いられている．

時計皿法：岩田ら（1963）が考案した．上記手法の最終沈渣を径約 10 cm の時計皿にとり，緩やかな回転運動を与えると，中心部に比重の重いものが集まる．ピペットで中心部の周縁に介在する繊維性夾雑物を捨て，少量の水を加えて再び回転運動を行う．この穏健な遠心沈澱・洗滌を慎重にくり返せば中心部近くに虫卵を集めることができる．肝蛭卵は大型であるため，時計皿を直接実態顕微鏡下に置けば観察できる．もちろん，沈渣をスライドグラスにとってもよい．検出率は高い．

昭和式肝蛭卵簡易検査法：上から 100，150，170 および 230 メッシュの 4 種類の金属製濾過網を重ね，5 g/200 mL に溶いた糞汁を流し，順次に目の細かいふるいで濾過し，さらに水洗操作を加えれば，肝蛭卵は最下段の 230 メッシュの網上に残る．これを別の容器に洗い落とし，沈渣を鏡検する．

ビーズ法：平（1978）の考案による．多数検体の同時処理が可能であり，しかも，検体を定量的に扱うことによって EPG の算定もなしうるため，広く普及している．

径 590 ～ 710 μm のガラスビーズ約 3 g を入れた 50

mL用遠心管に，100メッシュ金網で濾過した糞便濾液（糞便1 g/水10 mL）を注ぎ，5分間静置後，回転装置（市販品あり）により1回転/10秒の割合で5回転させる．回転により虫卵は重層されたビーズの間隙に捕捉される．上層の糞液を除去し，残ったビーズ層に水を注いで撹拌・洗滌を2回行う．この撹拌により比重の大きいビーズはただちに沈降し，虫卵はビーズに遅れて沈澱するために上清中にしばらく残る．そこで，この上清を別の容器に移して5分間静置し，上清を除去，沈渣に1%メチレンブルー液を1～2滴加え，30～60分後にスライドグラスに移し，鏡検する．

ビーズ法では，技術的な個人差が少ない．ビーズを重層した場合の間隙がちょうど肝蛭卵の大きさに相当し，これが動的なふるいの役割を果たしていることが特徴になっている．なお，メチレンブルーの滴加・混合は，夾雑物の多くは青染するにもかかわらず，虫卵は染まらずに黄褐色のまま残って色彩的なコントラストを生じ，虫卵の識別・検出を容易にさせることを目的としている．したがって，他の方法によって得られる最終沈渣（検体）に応用しても同様な効果を得ることができる．

ホルマリン・エーテル法（MGL法）：広く各種の虫卵，原虫シストの検出が可能である．またホルマリンを用いるため，沈渣の保存がきく．

EPG算定法：EPGの算出には従来はデニス（Dennis）の方法が用いられていたが，前述のビーズ法に代わりつつある．

(2) 免疫学的診断法

肝蛭症において獲得免疫が成立しているか否かは詳らかではない．実験的にはウサギ以下の小動物で軽度の免疫が成立することは知られているが，牛，めん羊・山羊では感染阻止に関しては否定的な見解もある．しかし，血中抗体の産生はあり，また即時型皮内反応が成立することはよく知られている．

もっとも一般的な方法は皮内反応である．診断用試薬として市販されていた製品もあった．しかし，実用に供した場合の非特異反応の存在は否定しにくく，かつ，皮内反応を個体診断に用いることの意義に異論がなくはないが，スクリーニング・テストとしての価値は小さくないと思われる．被疑牛の摘発には役立つであろうし，比較疫学的な実態調査試験には有用であろう．しかし，最近は抗原作製用の大量の肝蛭虫体の入手が困難となってきたため，市販品の製造は中止されている．

ラテックス凝集反応やELISAが試みられているが，実用化には至っていない．

(3) 疫学的検査・調査

個体診断ではなく，牛舎あるいは地域単位の集団駆虫，予防を目的とする場合には，疫学的な調査，考察が必要になる．感染牛の調査に関しては，前述した皮内反応がその手段として有意義になる場合がある．

感染貝の調査：中間宿主貝の分布と密度の把握は基礎事項として重視される．貝の生息実態に，感染牛の存在と日常の排糞処理方法の状況を組み合わせれば，当該地域の汚染度を推定することができる．また，中間宿主貝を材料として肝蛭特異的遺伝子を検出するためのPCRも試みられている．

中間宿主貝の殺滅は肝蛭症防圧の抜本的対策のひとつになりうるが，衆知のとおり殺貝剤の適用には種々の制約がある．つまり，現状では化学的殺滅方法はとりえない．むしろ逆に，汚水を嫌い清水を好むヒメモノアラガイの生息特性は，環境評価の指標になるという指摘もある．セルカリアは貝の先端部の殻内に多い．スポロシスト，レジア，またセルカリアの検出は貝の解剖・圧潰によればよい．

メタセルカリアの調査：実際に牛に給与される稲わらが生産される水田の，メタセルカリアによる汚染度，すなわち危険度を知るために，MDB（metacercaria detection buoy）法という手法が上野（1975）によって考案されている．これは，直径約10 cm，厚さ2～3 cmの発泡スチロール製の円筒をブイとし，これをポリエチレン製のシートで覆い，ナイロン糸の一方をブイの中央部に，他端を水底のおもりに結び付けて位置を固定し，被検地（水田）の水面に浮かべるものである．所定日に，たとえば1週間後にポリエチレン・シートを外して被嚢しているメタセルカリアを観察・計数すれば，被検地の汚染度が推定される．場所と設置期間設定によっては，かなり有益な調査が可能になる（表2.4）．

表2.4　メタセルカリアの抵抗性（感染性）

感　作	時　間	感染性
7～10℃　冷水中	2～3か月	不　変
〃	7か月	喪　失
－20℃　凍結	12時間	喪　失
－10℃　凍結	7日間	多くは生残
〃	28日間	少数が生残
湿度75～80%，30℃	3日目	ほとんど喪失
湿度　90%，30℃	14日後	感染力維持
〃　10℃	122日以上	〃

- 温度よりも湿度・乾燥の影響を受けやすい．
- 稲わらを放置した場合，3～4か月の生残可能，次年1月いっぱいはその稲わらの使用は危険．
- サイレージでは2か月．

[治療・駆虫]

肝蛭の駆虫にあたって，事前に留意しておくべきいくつかの事項がある．

> (1) 虫齢（発育期）と病態発生・症状発現
> (2) 虫齢（発育期）と駆虫効果（幼若虫に対する薬効）
> (3) 副作用：残留，移行（畜産物への影響）
> ⇨休薬期間
> (4) 副作用：肝臓機能障害⇨解毒機能（宿主への影響）

(1) 肝組織への障害の大きい幼若虫の肝内移行迷入期は，虫卵検査による診断がまだできない時期であることをよく理解しておく必要がある．しかもこの時期こそ的確な対応がもっとも強く要求される時期なのである．なんらかの手段によって幼若虫の寄生を診断，あるいは推断して対処しなくてはならない．

(2) 虫体の発育期によって薬剤感受性に差異があるという事実を知っておく必要がある．往々に，抗成虫効果はあっても幼若虫には効かない薬剤がみられる．この傾向は，往時の習慣として成虫寄生実験動物を用いて行われた駆虫剤のスクリーニング・テストのあり方に由来する問題であるかもしれない．最近では感染直後および移行中の幼若虫も対象に入れた抗肝蛭剤の開発が行われている．

(3) 副作用のひとつとして畜産物への移行，残留問題がある．畜産物の利用と流通の具体的な予定と法に定められている休薬期間との関係・調整は，産業的見地からみて重要な配慮になる．

(4) もうひとつの副作用は，宿主動物への影響である．宿主動物は肝臓を侵され，当然肝臓に機能障害があることを忘れてはならない．臨機応変の用量補正や強肝剤の応用を含む補助療法などを具体的に考えておく必要があるであろう．牛の肝蛭駆除を目的として，これまでに用いられてきた代表的な肝蛭駆虫剤を次にあげる．ただし，効果効能が許可され，現在入手可能な薬剤はブロムフェノホスのみである（総論「5.2 駆虫剤」参照）．

ブロムフェノホス（bromphenophos）：錠剤，散剤．12 mg/kg 経口投与．過剰投与にならぬよう厳重注意のこと．副作用は下痢．出荷停止期間は乳は 5 日，食肉で 21 日．アセジスト®

成虫には有効，8 週齢幼虫にはやや効くが，5 週齢以下の幼虫には無効．

ニトロキシニル（nitroxynil）：5 ～ 10 mg/kg 皮下注．筋注も可．ただし，適用は 18 か月齢以下の牛に限る．副作用は元気消失，下痢，食欲不振，まれに起立不能．このような場合には整腸剤，強肝剤の投与，輸液などで対応する．また，ときに一過性の炎症，腫脹があるので分注が望ましい．成虫および 8 週齢以上の若虫に有効．5 週齢幼虫にはやや有効．3 週齢以下の幼虫には無効．出荷停止期間は食肉の場合で 110 日間．トロダックス®

なお小形膵蛭 30 mg/kg，1 か月間隔で 3 回，皮下注．または，初回 10，20 日後に 30，70 日後に 30 mg/kg ずつ皮下注．参考として記録した．

プラジクアンテル（praziquantel）：犬・猫の条虫および壺形吸虫の駆虫剤として記載されているのみで，牛の肝蛭に関しては未記載であるが，プラジクアンテルが使用されることもある．ただしプラジクアンテルの駆虫効果は，極めて乏しいとの報告もある．しかし，牛の小形膵蛭症に対して 10 mg/kg，隔日 3 回，皮下注で効果があった旨の報告があり，さらにヒトでは肝吸虫に 25 mg/kg，日本住血吸虫に対して 50 mg/kg を 1 日に 3 分服などが推奨されている．参考として記録した．

トリクラベンダゾール（triclabendazole）：12 mg/kg を経口的に投与する．搾乳牛には投与しない．出荷禁止期間は 28 日間．

[予防・防圧]

肝蛭症の予防法のひとつに，幼若虫の肝臓への侵入阻止がある．これは治療にも一脈通ずるものである．もし駆虫剤を用いるとすれば，不時の感染に備えるために駆虫剤の長期にわたる連用ということになるであろうが，現実的な評価はない．また免疫学的な手段はまだ実用化されていない．実施可能な予防対策を，肝蛭の発育環に従って整理しておく（表 2.5）．

(1) 虫卵の処理

牛糞中の肝蛭卵の密度（EPG）はけっして大きくはない．問題は牛の排糞量が異常に多いことにある．虫卵対策＝大量の牛糞対策という図式が成立する．そこで，とにかく，牛糞あるいは牛舎からの汚水が水田や灌漑用水へ流れ込まないようにする構造上の配慮が必要になる．牛糞の野積みを禁止し，汚水処理設備の完備が望まれる．

肝蛭卵の卵殻は薄く，物理的には弱く壊れやすい．またアンモニアには比較的弱いので，堆厩肥をよく発酵させることが殺滅のポイントになる．発酵に関しては，牛糞は水分が多いことがネックになる．水分をあ

表 2.5　肝蛭の予防対策

対　象	方　法
虫　卵	牛糞の処理
中間宿主	殺貝剤・農薬＝種々の制約
メタセルカリア	給与時期の制約・選択
（稲わら・青草）	乾燥，発酵，サイレージ

らかじめ除去し，あるいは吸収を目的とするオガクズの混入など，なんらかの工夫が必要になる．肥料として使用する場合は，十分に腐熟したものでなければならない．

牛糞内の肝蛭卵は，30℃…4週間，20℃…9週間，

10℃…26週間，3℃…34週間以上

のような生存期間が示されている．すなわち，加熱は殺卵に通じうる．発酵は通常発熱を伴うが，尿素を加えた発酵ではアンモニアの発生があり，殺卵にはさらに好都合であると考えられている．

(2) ヒメモノアラガイの撲滅

貝の撲滅に関する一般論としては，①殺貝剤の使用による化学的手段，②焼却・埋没などの物理的手段，③環境改変，天敵利用などの生物学的手段が考えられている．これらのうち，①に関しては一部の農薬，たとえばイモチ病の殺菌剤として知られているブラストサイシンS，EDDPなどの利用を除いては実用的ではない．これらは5～10 ppmの濃度で殺貝効果があるという．ちなみに，古くは水田の除草剤であり殺貝効果も有するNa-PCPが汎用されていたが，殺貝を目的とする農薬の使用には種々の制約があり，実用は不可能である．

(3) メタセルカリアの不活化

稲わらに被嚢したメタセルカリアの活性は，稲刈り後の経過時間が短いほど高い．稲茎への被嚢は，7月中旬から8月中旬までの間がもっとも盛んに行われる．被嚢後から稲刈りまでの2～3か月は，残暑の季節から秋季の低温期への移行時期にあたり，この間は水田に放置されているわけである．当該期間の被嚢部位局所は日陰にあるために温度はけっして高くはなく，また水田にあるために高湿度のまま比較的安定し，この間における感染力の低下は若干あることは否定できないが，自然感染源としての実際的な活性は十分に保持していることは確かであろう．メタセルカリアの活性は温度よりも低湿度・乾燥の影響を受けやすいことは実験的に確かめられている．可能な限り稲わらの通風，乾燥に努めるべきである．メタセルカリアの活性が維持される期間は，稲わらの保管状況によって左右されるが，普通は刈取り後3～4か月は要注意期間であるといわれている．すなわち通常は次年の1月中はまだ危険であるということになる．サイレージにすれば，詰込み後約2週間で感染力が失われるという報告がある．また，アンモニア処理も期待されている．

あぜ草給餌の規模は大きくないと考えられるが，8月に入ってからの青草の危険度は高い．水面から離れた高い部分のみの利用が望まれる．

(4) 免疫学的予防法

［診断］で触れたように，牛で獲得免疫が成立するという確証はない．したがって，具体的な免疫学的予防法は知られていない．

肥大吸虫
Fasciolopsis buski

東南アジア，極東，とくに中国大陸では局地的にヒト，豚の小腸に寄生がみられる．大型で厚みのある長卵円形を呈し，前半部よりも後半部のほうがやや広い．体長・体幅は30～75×8～20 mmでかなりの変動幅がある．腹吸盤は口吸盤よりもはるかに大きく，口吸盤のわずか後方に位置している．消化管は両吸盤の間で分岐し，虫体後端に達する左右2本の単純な盲管になっている．精巣は2個で細かく分枝し，体後半部に縦列している．卵巣も分枝し，正中線の右側にある．卵黄腺は体の両側を占めている．虫卵は90～126×59～71 μm，卵蓋を有し，淡黄褐色で肝蛭卵に類似しているが，左右不同のものが多い．

発育環は肝蛭に似ている（図2.9）．

2.3 双口吸虫類

“双口吸虫”と一括したが，単一の吸虫ではない．種類はきわめて多く，全世界に分布している．家畜に寄生する重要種は，ごく一部のものを除けば牛の第1胃，第2胃に寄生するものである（口絵68）．虫体は，他の多くの吸虫類が扁平であるのに対し，大部分の双口吸虫の断面は円形に近く，立体的な形状を示している．虫体の最後端，または後端近くによく発達した腹吸盤がある．体前端の口吸盤のように見えるものは筋質の咽頭であるが，口吸盤のように見え，後吸盤と2つが目立つことにより，双口吸虫の名のゆえんになっている（図2.10）．また勾玉吸虫という名もあった．生殖孔は腹面の前方ほぼ1/3の正中線上に開孔している．精巣は分葉したものが多く，体中央～後半部に2個が縦に並んでいる．卵巣は小型で精巣の後方，腹吸盤の位置に重なり，あるいはやや前方に位置する．卵黄腺はよく発達し，両体側に分布する．子宮は体背面を屈曲・迂回しつつ前方に向かい，生殖孔に連なる．消化管は咽頭，食道と続いた後，虫体のかなり前方で分岐し，体後端近くで単純な盲管に終わる．虫卵は無色であり，卵細胞が中央にあることを除き，肝蛭卵に類似している（口絵69）．

日本で主要と思われるものの属名を，次に太字で示した．

棘口吸虫目　Order Echinostomoridea

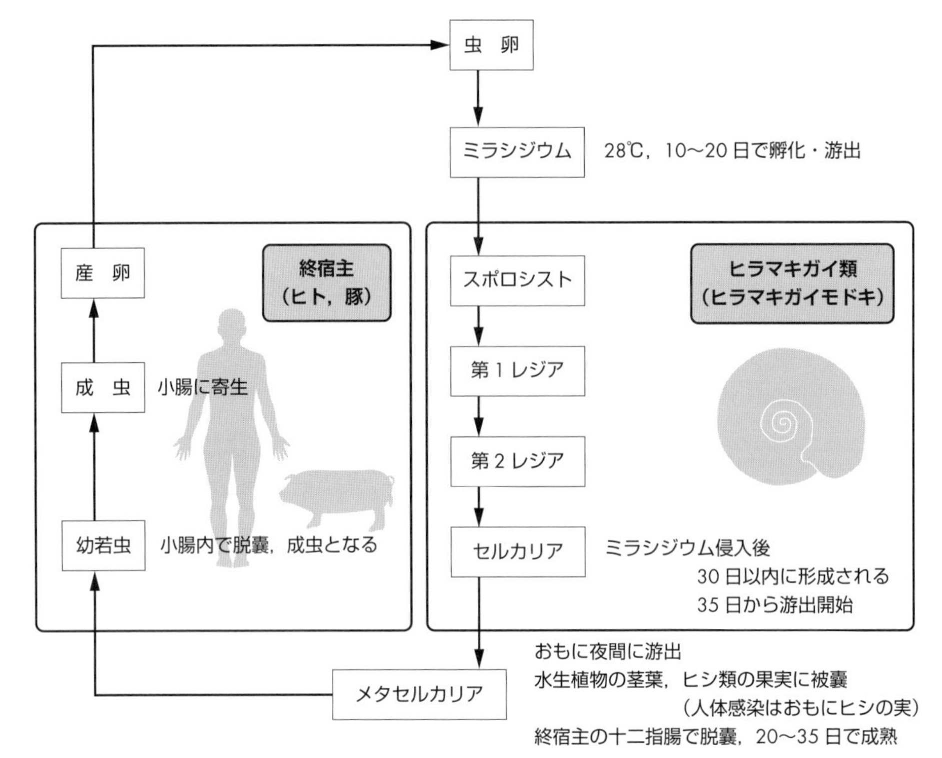

図 2.9　肥大吸虫の発育環

図 2.10　双口吸虫（数種混合）

双口吸虫科　Family Paramphistomidae

Paramphistomum, Calicophoron, Orthocoelium, Cotylophoron

腹嚢双口吸虫科　Family Gastrothylacidae

Gastrothylax, ***Fischoederius***

腹盤双口吸虫科　Family Gastrodiscidae

Gastrodiscoides, ***Homalogaster***

往時から双口吸虫の寄生率はきわめて高いことは知られていたにもかかわらず，その病原性はあまり問題にされていなかった．生態学的・疫学的に相似し，病原性の明確な肝蛭症の陰に隠されていたせいであろうか．学界にあっても双口吸虫を専攻する研究者はほとんどおらず，国内の現状についてもまったく明らかにされていなかった．しかし，比較的近年になって板垣・茅根らの研究があり，国内分布種の再検討に併せ，国内未記録種の報告もあり，病原性の再認識が促されるに至った．とくに“腸双口吸虫症”に対する認識は改められたようである．

板垣・茅根の業績に基づき，日本に分布する双口吸虫 7 種の主要性状を一括して表 2.6 に示した．寄生部位は *Homalogaster paloniae*（平腹双口吸虫（図 2.11））は盲腸，ほかはすべて第 1 胃・第 2 胃である．

［形　態］

双口吸虫に共通する基本形態の概要，および計測値の一部は表 2.6 に示してある．これは概略にすぎず，正確な同定は斯界の専門書によらなければならない．しかし，属名までの判別であれば比較的容易に行える．

［発育環］

双口吸虫の発育環を図 2.12 に示した．ここにみるように，肝蛭にきわめて類似している．

肝蛭と異なる特徴は，終宿主に摂取された後の幼虫の行動である．すなわち，メタセルカリアはまず胃を

表 2.6　日本にみられる双口吸虫とその特徴

種　　類	虫　体（mm）	虫　卵（μm）	概　観	分　布	中間宿主
Paramphistomum ichikawai	3〜7×2〜3	135×62	短円錐形	少ない	*Ph*
P. gotoi	9〜13×3〜4	140×70	長円錐形	ま　れ	*Gc*
P. cervi	5〜13×2〜5	148×77	腹凹円錐	ま　れ	不　明
Calicophoron calicophorum	10〜13×6〜8	125×70	大型円錐	もっとも全国的	*Gp*
Orthocoelium streptocoelium	5.2×1.8	150×74	小型白色	北海道以外	*Gc*
Fischoederius elongatus	10〜20×2〜4	144×78	赤褐円筒	九州で普通	*Gc*，*Gp*
Homalogaster paloniae	16〜18×8〜9	129×69	前半扁平	現在局所的	*Ph*

Ph（*Polypylis hemisphaerula*）：ヒラマキガイモドキ
Gc（*Gyraulus chinensis*）：ヒラマキミズマイマイ
Gp（*Gyraulus pulcher*）：ヒメヒラマキミズマイマイ

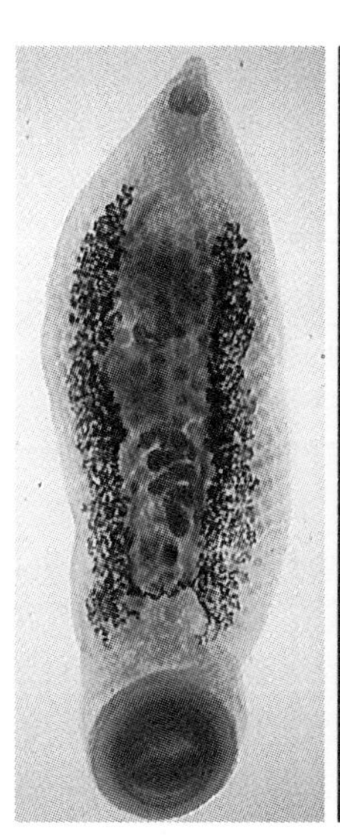
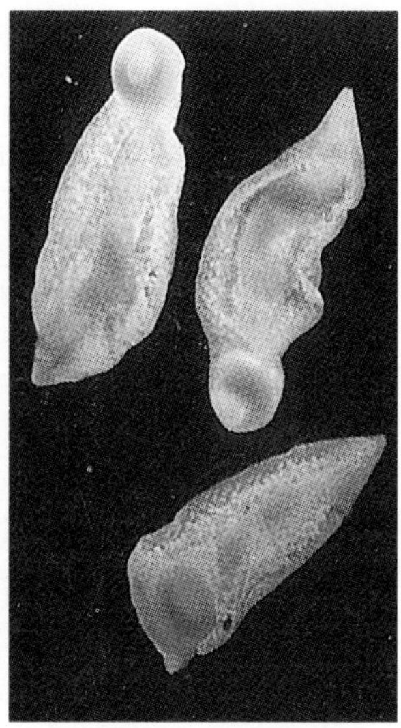

図 2.11　平腹双口吸虫（成虫）［平原図］
左：染色標本　右：ホルマリン標本

通過して小腸に至り，ここで脱嚢し，一定の成長を遂げた後に腸管内を溯上移行して本来の寄生部位である前胃に到達する．もちろん，盲腸に寄生する平腹双口吸虫では幼若虫の溯上移行はみられない．

［病原性・症状］

(1) 腸双口吸虫症

日本では幼若虫による腸双口吸虫症の発生事例は明らかでないが，海外畜産国では牛に限らずめん羊に関する報告例が多い．脱嚢した幼虫は小腸粘膜，ときには筋層へまで深く侵入して成長する．このために多数寄生では上部小腸のカタル性腸炎に起因する下痢を発し，ときに死に至ることも少なくない．とくに多数過剰寄生の場合には群集効果（crowding effect）による虫体の成長抑制があり，未熟幼若虫が長期間にわたって小腸粘膜に滞留するため，発病要因は持続されることになる．下痢は水様性で悪臭があり，重感染では血液を混じ，幼虫が認められることもある．長期にわたれば削痩，増体率の低下をきたす．実験的には 10^5 個のメタセルカリアを接種した感染で死亡例が出たという．

平腹双口吸虫では成虫の多数寄生により腸粘膜に出血点や結節を生じ，下痢，出血性下痢を発することがある．原因不明の食欲不振，渇欲亢進，嘔吐のあった乳牛 4 頭の盲腸に平腹双口吸虫の濃厚感染があった例が知られている．

(2) 胃双口吸虫症

成虫は大型の腹吸盤で腹粘膜に吸着するため，機械的な刺激は否定できないが，真の病害については明らかではない．多数寄生では食欲不振，渇欲亢進，胃弛緩症，貧血，下顎浮腫などがみられるという記録がある．

［診　断］

成虫の寄生は虫卵検査によって確診される．産卵数が比較的多いため，検出は容易である．方法は肝蛭の場合に準拠する（表 2.7）．虫卵による種の同定は不可能である．

幼若虫寄生の場合の虫卵検査は無意味である．大量（たとえば 250 g）の糞便を加水懸濁，静置沈澱をくり返して洗滌し，沈渣を精査して未成熟虫を検出するのがよい．

［治療・駆虫］

肝蛭の場合と同様な方法で対処しうる．

2.4　二腔吸虫類

膵蛭（膵吸虫）

Eurytrema pancreaticum

小形膵蛭（小形膵吸虫）

Eurytrema coelomaticum

俗に“膵蛭（膵吸虫）”とよばれているものには，標題あるいは表 2.8 に示すように，2 種があるといわ

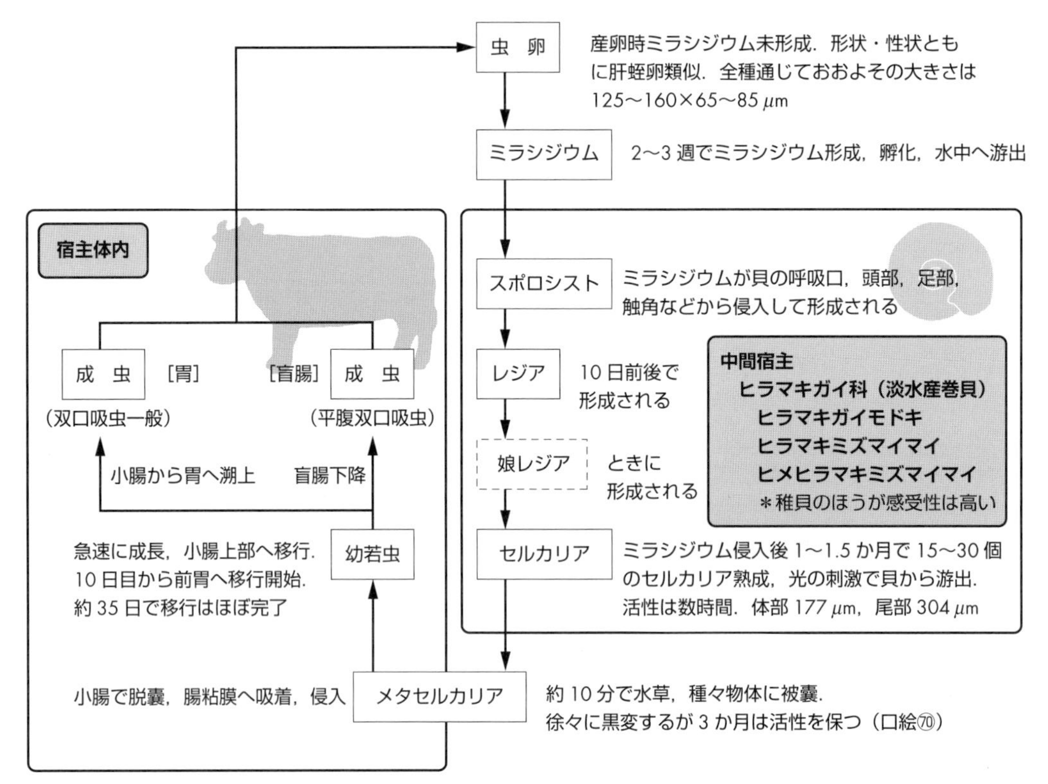

図 2.12　双口吸虫の発育環

表 2.7　肝蛭卵と双口吸虫卵の比較（口絵⑲参照）

虫　卵	色	卵細胞の位置	概　　観
肝　蛭　卵	黄褐色	卵内やや前方	比較的大型
双口吸虫卵	無　色	卵内ほぼ中央	肝蛭卵より概して小さい

表 2.8　膵蛭と小形膵蛭の比較

	膵　蛭	小形膵蛭
虫　体（mm）	10〜18×5〜7	5〜8×3〜5
虫　卵（μm）	平均 48.8×30.4	43.3×29.0
腹吸盤：口吸盤比	口吸盤が大	ほぼ同大

れている．しかし，これらの間に種としての明らかな差異を認めるという説がある一方，小形膵蛭は膵蛭の発育過程にある一形態にすぎないとする説もある．すなわち，現在ではまだ真の別種であるかどうかについて確定的な結論は得られていないと思われる．

膵蛭の寄生部位は膵管であり，小形膵蛭では膵管，胆管，十二指腸となっている記載が多い．しかし，膵蛭の記載にも“ごくまれに胆管，十二指腸”という追記のあるものもある．種の混同という問題は否定できないが，寄生部位に特異性は強調できないようである．地理的分布は，本来はおもに東アジア，南米（ブラジル）で知られていたが，家畜の移動に伴い世界的に広がったようである．ヨーロッパでめん羊の小形膵蛭症が報告されている．本書では上記 2 種を一括して扱うことを原則とする．

宿主としては，めん羊，山羊，牛，水牛などのほかにラクダ，豚，サル，ヒトなどが報告されている．さらに実験的にはマウス，ウサギ，猫などが宿主になりうる．

［形　態］

虫体の大きさは表 2.8 にみるとおり．概観は生時は赤色，比較的小型で葉状を呈し，とくに薄いため，無染色でも内部構造の観察ができるほどである．吸盤はかなり大型で，口吸盤のほうが大きい傾向がある（小形膵蛭では同大，あるいは，むしろ逆という）．咽頭は小さく，食道は短い．消化管は体前方約 1/5 の位置で左右に分岐し，それぞれは単管として後走し盲嚢に終わる．消化管の分岐点直後に生殖孔が開口している．精巣は分葉し，腹吸盤後半の位置でこれを挟むようにやや離れて左右に並列している．卵巣は一方の精巣の後方に位置する．子宮は複雑に迂曲蛇行して体後半部の大部分を占める．卵黄腺は濾胞状で左右体側縁のほぼ中央部に位置している．尾端には排泄嚢が認められる（図 2.13，口絵㉑）．

虫卵の大きさは表 2.8 に掲げた．膵蛭卵の計測値の幅は 40〜50×23〜34 μm である．あるいは 43〜

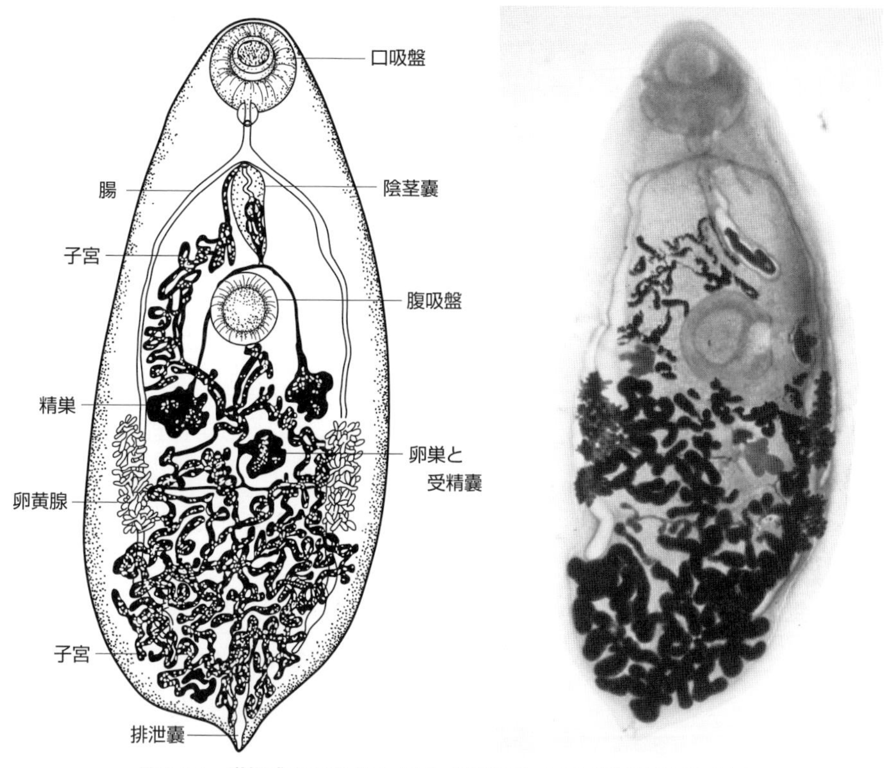

図 2.13　膵蛭成虫の模式図（左）［藤原図］と圧平染色標本像（右）
卵巣と受精嚢は重なっている

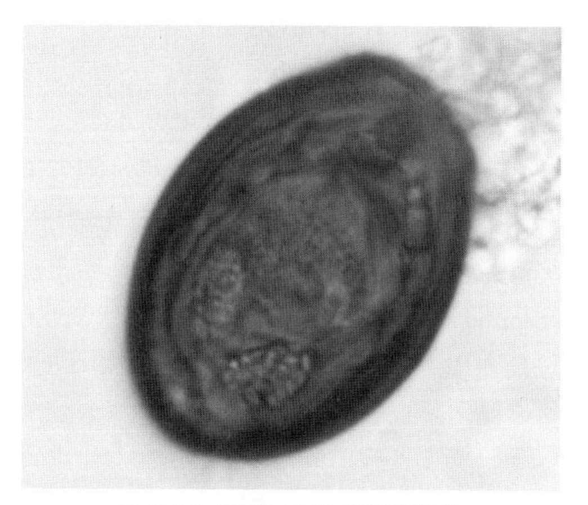

図 2.14　膵蛭の虫卵［笠井原図］

70 × 28 ～ 35 μm という数値もみられる．卵殻は厚く，濃茶褐色を呈し，左右対称の楕円，一端にかなり大きい小蓋を有する．内部にはすでにミラシジウムが形成されている．ミラシジウムには穿刺棘があり，また 2 個の顆粒塊（腺細胞）が認められることが特徴になっている（図 2.14）.

［発育環］（図 2.15）

第一中間宿主はカタツムリ類（オナジマイマイ，ウスカワマイマイ）で，虫卵はこれらのカタツムリに摂取されると，消化管内でミラシジウムが孵化し，ついで消化管壁を穿通して消化管外壁，または中腸腺で嚢状の母スポロシストを形成する．母スポロシスト内には 50 ～ 60 個の娘スポロシストが形成される．成熟した娘スポロシスト内には 50 ～ 150 個のセルカリアが内蔵されている．感染後，娘スポロシストおよびセルカリアの完熟をみるまでには，自然界では 250 日から 1 年という長期間を要する．完熟娘スポロシストは紡錘形を呈し，順次カタツムリの外套腔に移動し，さらに長径を増して両端は紐状になり，2.5 ～ 3.5 mm にも達し，呼吸口から排出されて草に付着する（粘球（slime ball）とよばれる）.

第二中間宿主はササキリ（*Conocephalus* spp.：直翅類，キリギリス上科）の仲間で，初めて証明されたものはホシササキリである．以来，ウスイロササキリ，ササキリ，オナガササキリ，コバネササキリなども中間宿主になることが知られている．これらのササキリ類が草の葉などに付着している粘球（娘スポロシスト）を捕食すると，ササキリの腸管内でセルカリアが遊離し，腸壁を穿通して体腔に入って被嚢し，約 1 か月で成熟メタセルカリアになる．メタセルカリアの大きさは径 0.3 ～ 0.4 mm，嚢壁は厚く，約 20 μm である．

終宿主がメタセルカリア保有（感染）ササキリを草とともに摂食して感染する．十二指腸でメタセルカリアから脱嚢した幼若虫は，膵管を溯上して上部に至っ

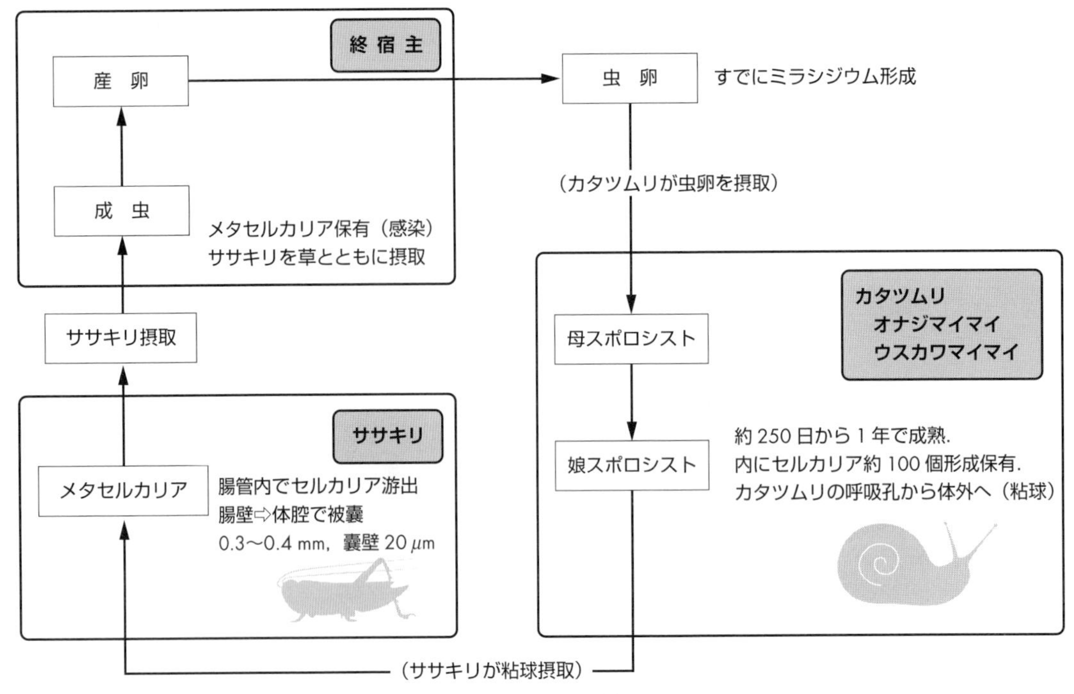

図 2.15 膵蛭の発育環

て寄生，発育を続ける．感染後3〜4か月（100日前後）で虫卵の排出が認められるようになる．

[病原性・症状・診断]

病態発生は寄生虫体の膵管内壁に対する吸着・接触などの刺激に起因する．膵管拡張があり，刺激が継続すれば炎症を起こし，膵管壁の肥厚をきたすことになる．炎症性の変化は周囲の間質結合織へも波及し，ついには慢性間質性膵炎（膵硬変）に陥る場合もある．

症状は一般には軽い．重症では膵液の減少，途絶が原因になって栄養障害を起こし，下痢あるいは軟便があり，貧血，削痩なども認められる．しかし，普通は内分泌には障害がなく，血糖値への影響はほとんどない．小形膵蛭は虫塊をつくりやすく，そのために物理的障害が大きいという．小形膵蛭症で極端な栄養障害，発育不全があり，しかもインスリン分泌もきわめて低かった例も知られている．

確実な診断は虫卵検査によるが，産卵数がきわめて少ないことを知っておかなければならない．虫卵1個が検出された場合には100匹の寄生が予測されるともいわれる．正確を期するにはくり返し検査が必要になる．比重が大きい（約1.3）ため，沈澱法が用いられる．

[治療・駆虫・予防]

小形膵蛭にはプラジクアンテル（praziquantel：ドロンシット®）10 mg/kgを隔日3回，筋注が有効であったという報告がある．また，ニトロキシニル（nitroxynil：トロダックス®）は30 mg/kgを1か月間隔で3回，皮下注，あるいは初回は10 mg/kg，20日後に30 mg/kg，3回目として70日後に30 mg/kgを皮下注する方法がある．

膵蛭症の予防は，中間宿主の生態のゆえに，高原の放牧地で多く発生している事実が基本になるが，まだ具体的・実用的な方法は確立されていない．

槍形吸虫
Dicrocoelium chinensis

終宿主は牛，めん羊，ノウサギ，まれにヒト．寄生部位は胆管（表2.9）．日本および中国の温暖地に分布する．従来，日本の槍形吸虫は *Dicrocoelium dendriticum* であると考えられていたが，おもに精巣の配列状態の違いから，現在では *D. chinensis* がおもであるという見解が示されている．一応この見解に従うが，和名の問題には深入りしない．今までどおり『槍形吸虫』とする．

[形　態]

虫体は扁平で柳葉状．古くから槍形吸虫には *Dicrocoelium lanceolatum*, *D. lanceatum* などのシノニムがあったが，これらはその形状が先がとがった両刃の外科用ランセット，槍状刀に似ているところから名付けられたものである．槍形吸虫という和名はこのシノニムに由来する．虫体の先端は後端よりもとがっている．大きさは5〜15×1.5〜2.5 mm，新鮮時には暗赤色を

表 2.9　膵蛭と槍形吸虫の比較

	膵　蛭	槍形吸虫
寄生部位	膵管 （小形膵蛭は胆管にも）	胆管・胆嚢
第一中間宿主	カタツムリ （オナジマイマイ， ウスカワマイマイ）	ヤマホタルガイ
第二中間宿主 （昆虫）	ササキリ （ウスイロササキリ， ホシササキリ，ササキリ など）	アリ （クロヤマアリ）
発育様式	第一中間宿主⇨粘球⇨第二中間宿主⇨食草とともに摂取	
移行経路	膵管溯上	胆管溯上

図 2.16　槍形吸虫成虫（圧平染色標本）[板垣原図]

呈している．口吸盤より腹吸盤のほうが大きい（直径で約 1.5 倍）．生殖孔は腹吸盤の前方，口吸盤との中間部に開口する．精巣はわずかに分葉し，腹吸盤のすぐ後方にほとんど左右並列して位置している．卵巣は精巣のほとんど直後にあり，さらにそのすぐ後に受精嚢などがある．体後半はほとんど樹枝状に分岐した子宮で占められている．消化管は生殖孔の位置で左右に分岐し，体両側の卵黄腺の内側を後走し，体後端近くで盲管に終わる（図 2.16）．

虫卵は長円形でかなり濃い茶褐色を呈し，大きさは 38 ～ 51 × 22 ～ 33（42.2 × 27.5）μm．卵殻は厚く，やや左右不対称である．内にはすでにミラシジウムが形成されている（図 2.17）．

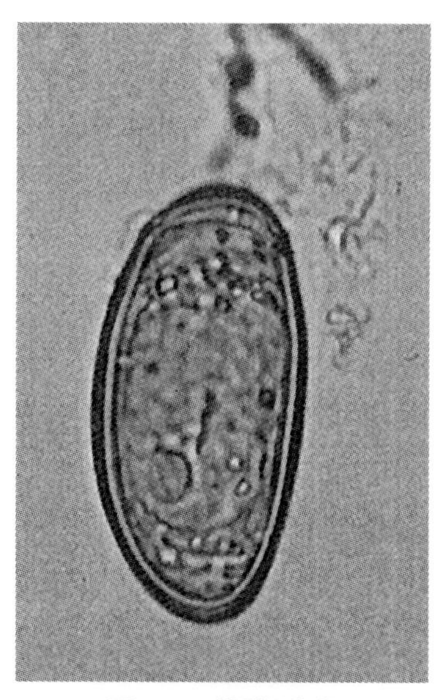
図 2.17　槍形吸虫卵

[発育環]

第一中間宿主は日本では陸生の巻貝であるヤマホタルガイ（カタツムリ類）である．虫卵は終宿主の胆管内に産出され，外界に排出される．そしてヤマホタルガイに摂取され，消化管内で孵化し，中腸腺に集まって母スポロシストになる．母スポロシスト内には多数の娘スポロシストが形成される．さらに娘スポロシストは母スポロシストから遊離し，体内に 10 ～ 40 個のセルカリアを形成する．セルカリアの形成にはかなりの期間，最短でも 3 か月はかかるといわれている．娘スポロシストは産門を有し，成熟したセルカリアは順次離脱して呼吸腔に集まり，粘液に包まれた 200 ～ 400 個の集塊を形成し（粘球），貝の呼吸口から排出される．粘球は気温の下降が刺激になって貝から排出される．

粘球は第二中間宿主である *Formica* 属のアリの働きアリによって巣へ運ばれ，餌となってアリに感染する．日本ではクロヤマアリ（*F. fusca*）が第二中間宿主になる．感染したセルカリアはアリの嗉嚢壁を通り，膨腹部，胸腔，頭部などで被嚢する．1 匹のアリで 100 個以上のメタセルカリアをもつものもある．感染アリの動作は異常・鈍重になり，草とともに牛に食べられやすくなるという．

メタセルカリアは十二指腸で脱嚢し，1 時間以内に胆管を溯上して肝臓に到達する．幼若虫は細小な小葉間胆管に寄生・成長しているが，成長するに従って太い集合胆管や総胆管に寄生するようになる傾向がある．プレパテント・ピリオドは 47 ～ 54 日．寿命は 6 年以上．

[病原性]

病原性はあまり強いものとは考えられていない．軽度な胆管炎がみられるともいうが，詳細は不明である．幼虫は胆管内を移動し，成虫は管腔内に寄生しているため，積極的な組織障害を起こしていない．せいぜい管腔内皮に対する吸着・接触刺激にとどまっているのであろう．しかし，濃厚感染では虫体の寄生期間・寿命が長いため，慢性胆管炎を起こし，胆管の拡張・肥厚をきたし，継発的に周囲組織への炎症の波及があり，肝硬変に至ることも考えられるが，実態は不詳である．ヨーロッパではめん羊および牛で高い感染率(ただし，*D. dendriticum*）が知られているが，日本の牛ではあまり問題になっていない．むしろノウサギにはかなりの感染があるものと推定されている．山地放牧では注意しておくべきものであるかもしれない．

[診断・治療・予防]

診断は虫卵検査による．膵蛭卵との鑑別に注意．治療は肝蛭，膵蛭に準ずればよいであろう．また，チアベンダゾールを牛で 150 ～ 300 mg/kg，アルベンダゾール 20 mg/kg，フェンベンダゾール 10 mg/kg など．

予防法で具体的，実用的なものは知られていない．

Dicrocoelium dendriticum は，牛，めん羊・山羊，ウサギのほかにロバ，シカ，オオシカ，豚，犬，まれにヒトの胆管からも検出されている．分布地域はヨーロッパ，アジア，北アフリカ，北米．南米は少ない．中部アフリカ，南部アフリカ，オーストラリアからの報告はない．2 個の精巣は縦に並ぶ．口吸盤と腹吸盤の大きさの比はほぼ同大ないしはやや腹吸盤のほうが大きい．

2.5 重口吸虫類

壺形吸虫

Pharyngostomum cordatum

日本で壺形吸虫の感染が知られ，小動物臨床家の注目をひくようになったのは比較的近年になってからのことである．初めは北九州から報告されたが，現在では関東以西，とくに西日本では広域に分布していることが知られる．

固有宿主は猫．犬はあまり好適な宿主ではない．イタチにも感染しうる．寄生部位は十二指腸，空腸上部．多数寄生では空腸の中央部から下部にまで及ぶ場合もあるが，本来の寄生部位は概して上部である．

[形　態]

虫体は小型で 1.4 ～ 2.3 × 0.8 ～ 1.6 mm．やや立体的で，外観はあたかも白ごまのような形状を呈している（図 2.18，口絵⑫）．

虫卵は大型で長円形（図 2.19）．一端に小蓋が認められる．104 ～ 121 × 70 ～ 89 μm．黄褐色．顕微鏡下で観察すると，亀甲状紋理を認め，鑑定に役立つ．これは顕微鏡の視野を上下することによって容易に観察される（口絵⑬）．ミラシジウムは未形成．水中でミラシジウムを形成し，孵化する．

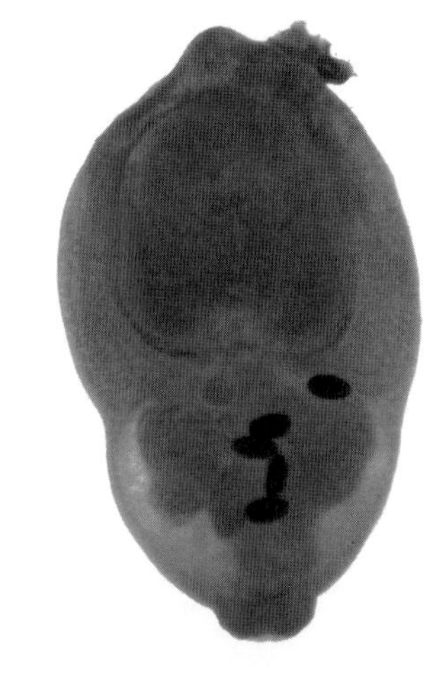

図 2.18　壺形吸虫の虫体（圧平染色標本）

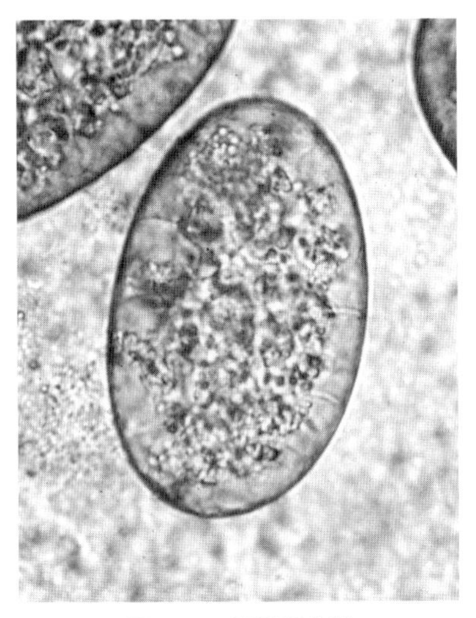

図 2.19　壺形吸虫卵

[発育環]（図 2.20）

第一中間宿主はヒラマキガイモドキ（ヒラマキモドキガイ；淡水産巻貝）で，スポロシスト⇨レジアを経て，25 日前後でセルカリアを形成する．娘レジアの形成をみる場合もある．第一中間宿主から游出したセルカリアは，第二中間宿主へ経皮的に侵入する．第二中間宿主は，カエルあるいはヘビ．とくにツチガエルが好適であることが実証されている．ツチガエルのオタマジャクシに感染し，カエルの成長とともに虫体も成長し，成蛙の筋肉中で被嚢してメタセルカリアを形成する．終宿主は第二中間宿主を捕食して感染する．したがって，感染猫の習性はかなり野生的であり，環境はカエルの生息を許す野趣に富んだ地域ということになる．また，第二中間宿主を共有することから，しばしばマンソン裂頭条虫との混合・合併感染がある．

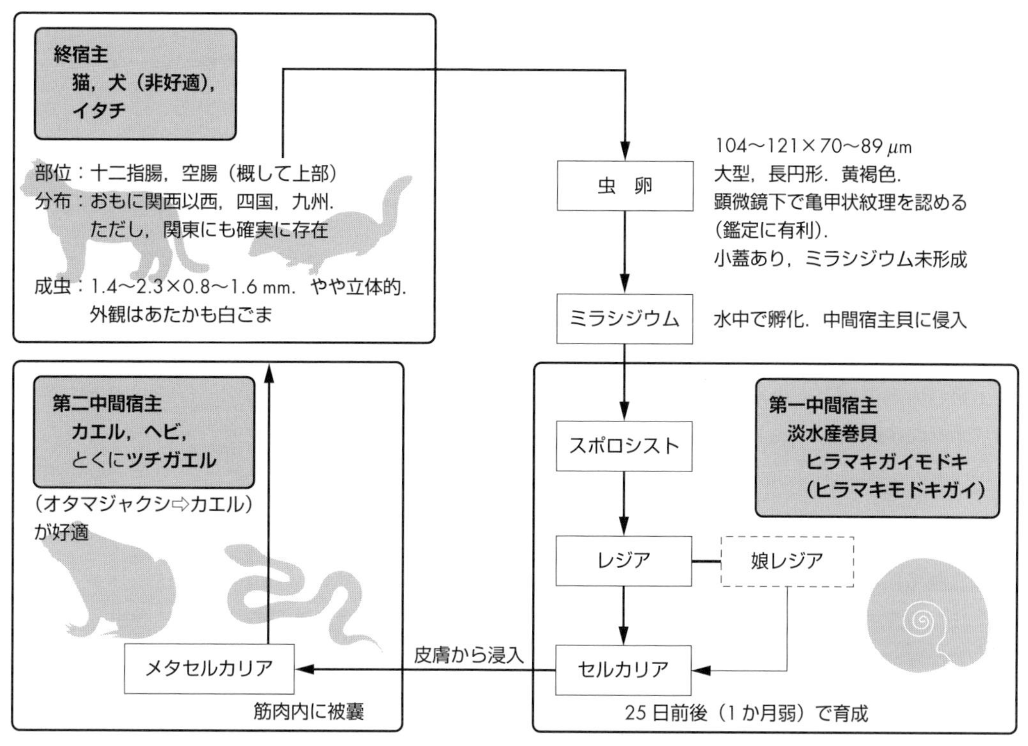

図 2.20　壺形吸虫の発育環

[病原性・症状]

壺形吸虫は，体前半部に特有な筋性の固着器官（支持体（tribocytic organ）と，これを囲む葉状体（foliate portion））を有し，これで宿主の腸絨毛を巻き込み，虫体の頭部を絨毛間に没入して腸壁に強く固着している（図 2.21）．そのために腸絨毛は圧延され，著しい機械的障害を受ける．その結果，頑固な下痢が招来されることになる．しかも多数寄生が多いことは，病変が重度に及ぶことを意味している．

虫体の成熟には約 1 か月を要する．虫体は小形であるにもかかわらず，排出虫卵数はかなり多い．EPDPW（eggs per day per worm）は 1,000 にも及び，通常，多数寄生であることと，猫の排糞量は少ないことにより，EPG 値は大きくなる．仮に 1 匹寄生の場合に，糞便量 0.5 g を用いて MGL 法で測定した EPG は 19.1（6.5 〜 34.4）であったという報告例がある．つまり虫卵検査による検出効率は高い．虫体の寿命は 3 年未満と推定されている．

[駆　虫]

プラジクアンテルが有効．用量は総論「5.2 駆虫剤」（p.18）に記す．

アラリア

Alaria alata

犬，猫，キツネ，ミンクの小腸に寄生する．日本では 1975 年に北海道でキタキツネから検出されている．体長は 2 〜 6 mm．扁平な体前部は管状の後体部より長い．体前部の左右前側縁には耳状の触手がある．虫卵は黄褐色で 98 〜 134 × 62 〜 68 μm．発育環は壺形吸虫と同じ．第二中間宿主に摂取されても，実質的にはセルカリアのままでメタセルカリアにまでは発育しない．これをメソセルカリア（mesocercaria）といい，終宿主への感染源になる．

図 2.21　猫の小腸に寄生する壺形吸虫（SEM 像）

2.6 棘口吸虫類

浅田棘口吸虫
Echinostoma hortense

外旋棘口吸虫
Echinostoma revolutum

エキノカスムス
Echinochasmus japonicus
E. perfoliatus

棘口吸虫類の吸虫は概して小型で細長く，頭端に位置する口吸盤を囲んで，頭冠（head collar）があり，これは1～2列に配列する多数の棘を備えている（棘口）（図2.22）．種類はきわめて多く，水禽類を主体に鳥類から350種以上，哺乳類には60種あまりの棘口吸虫が知られている．卵巣は虫体のほぼ中央部にあり，精巣はその後方で，縦に並んでいる．虫卵は楕円形で淡黄色を呈し，かなり大型である．寄生部位は小腸であるため，多数感染では下痢や血便の排泄などが予想されるが，詳細は不明である．おそらく軽微なものであろう（表2.10）．

2.7 住胞吸虫類 Westermanii

肺吸虫（ウェステルマン肺吸虫）
Paragonimus westermani

肺吸虫の分類には諸説があり，完全な整理がなされるにはまだまだ幾多の紆余曲折があるであろう．日本に存在する種類は最大6種ともいわれた．

Kerbertは1878年にアムステルダムの動物園で斃死したインド産のトラの肺から吸虫を検出し，これに対し，園長の名にちなんで*Distoma westermanii*と名付けた．これが現在は*Paragonimus westermani*『ウェステルマン肺吸虫』として知られているものの起源である．一方，Baelz（1883）は日本において肺疾患患者の喀痰（かくたん）中に吸虫卵を見つけ，若干の変遷の後に*Distoma pulmonale*として記載した．これが*Paragonimus pulmo-*

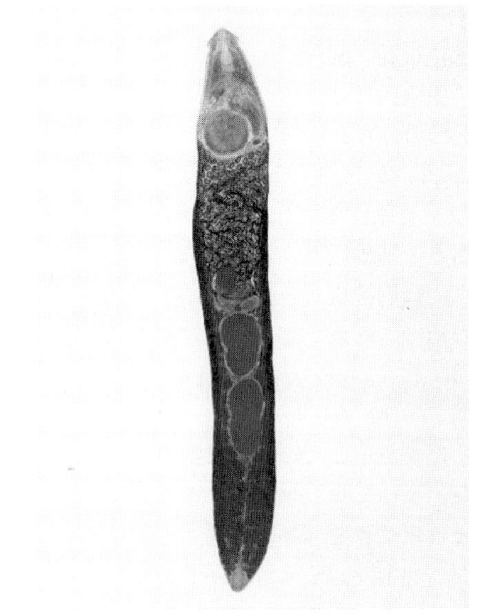

図2.22　棘口吸虫
上：ホルマリン標本［平原図］
下：圧平染色標本（*Echinostoma macrorchis*）

表2.10　おもな棘口吸虫類の比較

	E. hortense	*E. revolutum*	*E. japonicus*	*E. perfoliatus*
宿　主	犬，ネズミ，イタチ，ヒト	犬，ネズミ，鳥，ヒト	犬，猫，鳥，ヒト	犬，猫，豚，ヒト
第一中間宿主	モノアラガイ①	淡水産巻貝類②	マメタニシ	マメタニシ
第二中間宿主	カエル，サンショウウオ，ドジョウ	貝類②のほか多種動物③	淡水魚，汽水魚④	左に同じ
体長（mm） 体幅（mm）	6.2～9.8 1.1～1.5	10～22 2～3	0.4～0.8 0.2～0.3	2～4 0.4～1.0
卵長（μm） 卵幅（μm）	122～135 74～99	90～126 60～71	80～90 50～57	85～105 60～75

①モノアラガイのほかにヒメモノアラガイも
②モノアラガイ類，ヒラマキガイ類，マメタニシ類
③上記貝類のほかに，タニシ類，淡水二枚貝のシジミ類，カエルおよびオタマジャクシ，サンショウウオ，ドジョウなど
④フナ，モロコ，タナゴ，アユ，ナマズ，ドジョウ，ハゼなど

nalis『ベルツ肺吸虫』の起源である．このベルツ肺吸虫を独立種として認めるや否かが論点になっていた．本書では分類学の細部には触れず，肝蛭の場合と同様に，従来のウェステルマン肺吸虫を「肺吸虫の代表種」として記述を進める．

分布地域は日本，韓国，中国，台湾，フィリピン，マレーシア，インドネシア，タイ，ネパール，インド，スリランカ，ロシアの沿海州などアジアを主としている．日本においては北海道を除くほぼ全国に散在している．

宿主としては犬，猫，トラ，ヒョウ，ヤマネコ，キツネ，タヌキなどの肉食性の動物が好適なものとしてあげられている．また後述するが，イノシシの筋肉から幼若虫が検出され，これはヒトへの感染経路として注目されている．ヒトは終宿主になり，肺結核様の症状を呈する．

寄生部位は肺．肺内に小豆大ないし大豆大の虫嚢を形成し，虫嚢内に2虫ずつ寄生する．しかし実際には3虫以上の場合もあり，逆にヒトでは1虫嚢内に1虫であることが多い．豚でもこの傾向がある．1虫嚢内に2虫以上寄生する現象を“同棲（pairing）”とよぶことがある．雌雄両性の生殖器を有するにもかかわらず，原則的に同棲現象がある理由は，相互受精を必要とするためであろうと考えられる．

［形　態］

虫体は7～12×4～8 mm，厚さは4.0～6.0 mm，立体的な形状を示している．成虫の大きさは虫齢や宿主の種類によってかなりの差がある．皮棘は本来は単生．ほとんどの卵巣は6本に分岐している．口吸盤，腹吸盤はほぼ同大で，径約0.8 mm．虫卵は54～96×38～61 μm．淡黄褐色の逆卵形を呈し，鈍円端に広い小蓋がある．反対側の卵殻は厚い．排出時にはまだミラシジウムは形成されていない（図2.23）．

［発育環］（図2.24）

産卵は本来，虫嚢内で行われる．動物種により虫嚢の発達程度は異なり，ヒトの場合の発達は悪く，虫嚢壁は不完全な肉芽あるいは結合織よりなり，肺組織の軟化空洞化によるようにみえる．好適宿主である犬や猫で形成された虫嚢は比較的大型で気管支壁に密着し，気管支腔への開口をもつ場合が多い．開口の程度に差はあっても，虫嚢内に産卵された虫卵の多くは喀痰とともに排出される．喀痰は動物では当然喀出されるよりも飲み込まれることのほうが多く，糞便とともに外界へ排出されるのが常である．

排出された虫卵は，20～30℃では2～3週間のうちに水中でミラシジウムが形成される．ミラシジウムは約1週間後から徐々に孵化し，5～6週間でほぼ

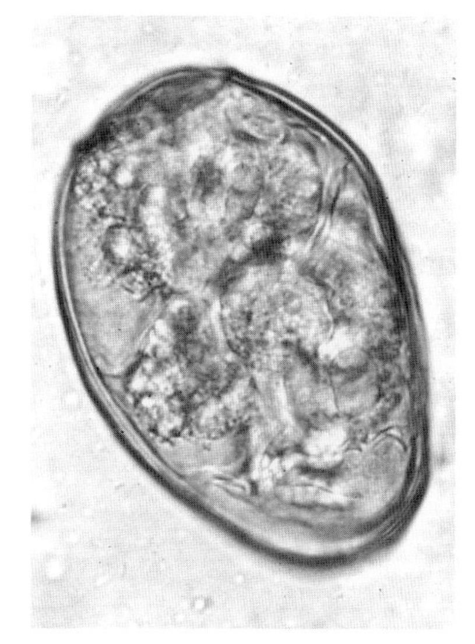

図2.23　肺吸虫卵

70％の孵化が完了する．

第一中間宿主はカワニナで，ミラシジウムがカワニナの触角，頭足部などの軟組織から侵入するものと推測されている（経皮感染）．侵入時に繊毛衣（cilliated membrane）を脱したミラシジウムは，侵入部位の付近で類円形ないし長円形のスポロシストになる．スポロシストは盛夏で早ければ20日，遅くとも40日後には完熟し，内部は母レジアで満たされるに至る．このころの径は約0.1 mm．母レジアは通常1個，まれに2個ずつ形成される．母レジアはスポロシストを去り，深部組織に至って発育し，数個の胚を生ずる．これらはそれぞれ娘レジアになる．発育すると母レジアを去り，カワニナの中腸腺や生殖腺に移り，内に10～15個のセルカリアを形成する．

セルカリアは短尾セルカリアで，体部は約0.3×0.1 mmの長円形を呈しているが，尾部はごく短く丸い．完熟してもカワニナから游出することはない．人工的に游出させても運動は鈍く，水底をはうようにしてわずかに移動するにすぎない．

第二中間宿主としてはモクズガニが最重視されている．サワガニもまた第二中間宿主として注目しておかなければならない．さらに，アメリカザリガニにも目を向けておく必要がある（以上の順に3種）．セルカリアの第二中間宿主への感染は，第二中間宿主が第一中間宿主を捕食することによって起こる．感染したセルカリアはカニの胃壁を穿通し，全身，とくに鰓（えら），中腸腺，各部の筋肉へ移行して被嚢し，メタセルカリアになる．鰓に被嚢したものは肉眼的にもっとも検出しやすい．メタセルカリアは乳白色の径約0.3～0.4 mmの球状体である．

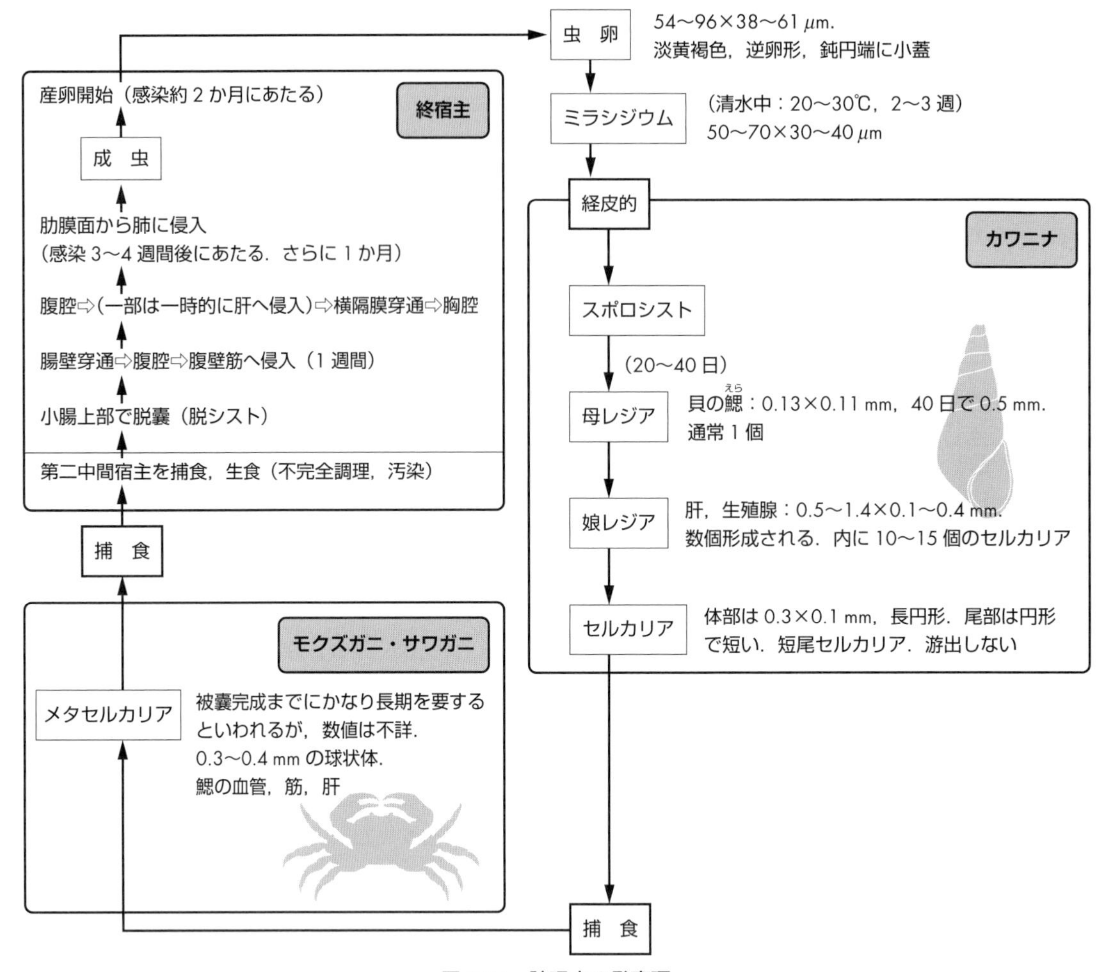

図 2.24　肺吸虫の発育環

終宿主への感染は，終宿主が第二中間宿主を捕食・生食することによって成立する（図 2.24）．終宿主に摂取されたメタセルカリアは小腸上部で脱嚢し，腸壁を穿通して腹腔へ出て，腹壁の筋に侵入して発育する．約 1 週間後に再び腹腔へ出て，一部は肝臓などに一時的に侵入するものの，大多数のものは直接横隔膜を穿通して胸腔に入り，肋膜面から肺に侵入して 2 虫でペアとなり，虫嚢を形成する．これはだいたい感染後 3 〜 4 週間後に相当している．

産卵を開始するにはさらに 1 か月を要する．すなわち，プレパテント・ピリオドは約 2 か月である．

[補] 待機宿主（paratenic host）：肺吸虫の終宿主への感染は，終宿主が第二中間宿主を捕食・生食して成立する．しかし，ヒトが第二中間宿主であるモクズガニやサワガニを生食することはあまりない．ヒトの場合は，たとえば包丁の背でカニをたたき潰すなど，調理の際にメタセルカリアが飛散し，これが他の食物や食器に付着して感染源になるのであろうといわれている．

これとは別に，近年では待機宿主の存在が注目されるようになってきた．イノシシ（＝豚）さらに，ニホンジカが待機宿主になりうるという説である．ウェステルマン肺吸虫のメタセルカリアをイノシシ，豚，ウサギ，ラットなどに与えると，虫体の発育はきわめて悪く，1 年近く経ってもほとんど発育せず，95%は筋肉中にみられるという．まれに肺や胸・腹腔に移行した虫体が認められても，発育はきわめて不完全であり，とうてい正常なものとはいいがたい．そこで筋肉中から回収した幼若虫を犬に経口投与したところ，2 〜 3 か月後には投与虫体の 95%が肺から成熟虫体として検出されるようになっていたという．さらに，例数は少ないものの，待機宿主として実験的に鶏を用いた場合でも，このような現象・経路が成立するのではないかと思わせる成績が示されている．

上記の事実は，たとえばイノシシ肉の刺身などの生食による人体への肺吸虫の新感染経路を実証したとともに，豚はけっして好適な終宿主とはいえないことを示したものでもあろう．さらに，犬や猫などの食肉目の動物を好適な終宿主とする肺吸虫が広範囲な待機宿主をとりうることは，肺吸虫症の疫学を考えるうえで重要な意味をもっているであろう．

[病原性・症状]

肺吸虫幼若虫の穿通，移行に伴う物理的な障害によって腹膜炎，胸膜炎は必発する道理であり，肝臓に侵入した場合には創傷性肝炎をひき起こすことになる．

虫体は肺実質を破壊し，その組織反応として虫嚢形成がある．虫嚢は血管の拡大したもの，あるいは気管支末端の拡張したものであろうなどという説があったが，現在では肺組織の破壊による軟化嚢胞であろうと解釈されている．組織学的には，虫嚢壁は肉芽組織ないしは繊維性結合織からなり，内には虫体のほかに虫卵や宿主組織由来の崩壊物質，血球，浸出物などを包蔵している．

これらの病的所見に基づき，症状としては発咳，血痰，呼吸障害などの肺結核類似の症状が示されるが，犬，猫での実際の症状は定かではなく，寄生数にもよるが，軽症，無症状なことが多いようである．虫卵は本来喀痰中に排出される．しかし，虫嚢あるいは寄生部位の位置，構造によっては血流に入り，栓塞を起こすことも知られている．この場合の病理，症状などは特定できない．なお，ヒトでは肺以外の臓器，ときには虫体の脳への迷入が知られている．

[診断・治療・予防]

虫卵が検出されれば診断は確定される．ヒトでは主として喀痰が，ついで糞便が検査対象になるが，動物ではもっぱら糞便のみが検査対象になりうる．流行地におけるヒトの集団検診には皮内反応が用いられていた．また胸部X線写真，CTが有力である．獣医界でも呼吸器症状を呈した流行地の猫でX線写真によって確診された例が報告されている．流行地およびその周辺では，患畜の習性や虫卵検査に併せて活用されるべき診断手法であろう．

駆虫にはビチオノールが広く用いられていたが，近年ではプラジクアンテルが推奨されている．犬ではプラジクアンテル 7.5 mg/kg を 2 ～ 3 回に分けて経口投与．猫も同様，7.5 mg/kg．確実な効果を得るには，より多量のプラジクアンテル 25 ～ 30 mg/kg（常用量の 5 ～ 6 倍量）を 1 日 3 回，3 日間，経口投与，あるいは 30 mg/kg (5.3 倍量) を単回，皮下接種が有効 (犬・猫)．

日本に存在する肺吸虫

日本には，ウェステルマン肺吸虫のほかに，

Paragonimus ohirai	大平肺吸虫
P. iloktuenensis	小形大平肺吸虫
P. miyazakii	宮崎肺吸虫（図 2.25）
P. sadoensis	佐渡肺吸虫

の 4 種が存在するといわれていた（表 2.11）．

まず，頭書に述べたとおり，これらのほかに宮崎（1978）は *P. pulmonalis*（Baelz, 1880）にベルツ肺吸虫という種名および和名を提唱した．次にその主張の要点を述べる．

(1) *P. westermani* とよばれてきたものには精子形成の旺盛な基本型と精子形成のみられない無精子型とがある．

(2) 基本型の染色体は 2 倍体，無精子型のそれは 3 倍体である．基本型を 2 倍体型，無精子型を 3 倍体型ともよぶ．

(3) 基本型よりも無精子型のほうが，虫体も虫卵も，そしてメタセルカリアも概して大型であり，形態も少しずつ異なっている．

(4) 無精子型は単為生殖をするため，1 虫嚢内に 1 虫体寄生があっても不思議ではない．同棲（pairing）の必要はない．ただしヒト以外の動物では同棲することが多い．

(5) 中間宿主として重要なものは，基本型ではサワガニ，無精子型ではモクズガニである．

(6) 以上のような所見から，無精子型を *P. pulmonalis*（Baelz, 1880）Miyazaki, 1978 ベルツ肺吸虫とし，別種として記載する．

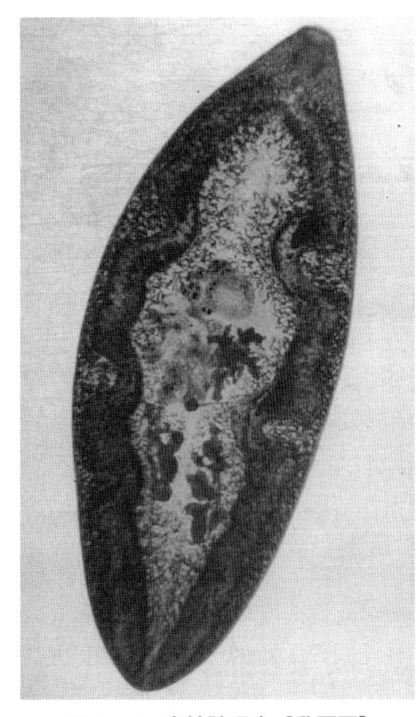

図 2.25　宮崎肺吸虫［升原図］

表 2.11　日本にみられる肺吸虫

	ウェステルマン肺吸虫	大平肺吸虫	小形大平肺吸虫	宮崎肺吸虫	佐渡肺吸虫
宿　主	肉食性動物，豚，タヌキ，ヒト	豚，犬，イノシシ，イタチ，タヌキ，げっ歯類	犬，イタチ，げっ歯類	イタチ，犬，猫，タヌキ，イノシシ，ヒト	イタチ，猫
日本国内分布	北海道以外全国，四国，九州	おもに静岡以西の河口付近	大阪，兵庫，鹿児島で河口	全国的．日本にのみ存在	佐渡島，能登半島北部
虫卵長短径 (μm) 形　状	54～96 × 38～61 逆卵円形	64～81 × 45～54 卵形	70～95 × 46～53 亜紡錘形	61～82 × 37～52 楕円形	70～86 × 37～48 卵形
第一中間宿主	カワニナ	ムシヤドリカワザンショウ，クリイロカワザンショウ	左に同じ	ホラアナミジンニナ，ミジンツボ	ナタネミズツボ
第二中間宿主	モクズガニ サワガニ アメリカザリガニ	ベンケイガニ クロベンケイ アカテガニ　ほか	クロベンケイ アシハラガニ	サワガニ	サワガニ
メタセルカリア (μm) 形　状	360～460 × 350～405 円形	300～380 × 240～290 楕円形	260～350 × 180～280 楕円形	420～550 円形	270～280 × 240 短楕円形

(7) ベルツ肺吸虫の分布は，日本，韓国，台湾を主とする．日本国内に分布する基本型には“本土ウェステルマン肺吸虫（*P. westermani japonicus*）”という亜種名の提唱がある（宮崎）．

なお，以上に述べたウェステルマン肺吸虫に関する種類の問題のほか，小形大平肺吸虫および佐渡肺吸虫もまとめて大平肺吸虫として取り扱うという考え方，さらに宮崎肺吸虫を中国に分布するスクリャービン肺吸虫の亜種とする考え方も提唱されている．

サケ中毒吸虫
Nanophyetus salmincola
(syn. *Troglotrema salmincola*)

分布はアメリカ北西部，シベリア東部で，犬，猫，キツネ，コヨーテ，アライグマ，オポッサム，カワウソ，ミンク，ヤマネコ，その他に寄生．さらに魚食性鳥類やヒトにもかかる．シベリアでの人体感染例は高く，粘膜深く穿入するためにカタル性ないし出血性腸炎を起こす．

[重要性]

この吸虫の分布地域は前述のように限られているので，日本での重要性はほとんどないが，アメリカ北西部の犬，キツネ，コヨーテのサケ中毒症を媒介するという特殊な性格を知っておく必要はあるであろう．

サケ中毒症は *Neorickettsia helminthoeca* というリケッチアによるイヌ科動物の感染症で，数日の潜伏期の後に突然の発熱と食欲廃絶があり，そののち数日中に膿性眼脂の遺漏，激しい嘔吐，多量の出血性下痢を発し，斃死率は50％から90％にも達する激症である．

[形態・発育環]

虫体は0.9～2.5×0.3～0.5 mm大の小型の吸虫である．虫卵は52～82×32～56 μm，黄褐色を呈し，産出時にはまだミラシジウムは形成されていない．ミラシジウム形成には3か月以上を要する．

第一中間宿主は淡水産の巻貝で，貝体内で発育し，成熟したセルカリアは貝を離脱して水中を游泳し，第二中間宿主に経皮感染する．この第二中間宿主がサケマス類の魚で，メタセルカリアは腎臓，筋肉，その他の部位にも形成される．メタセルカリアは径0.11～0.25 mmで，感染後10日くらいで感染性をもつに至る．そして魚が冷凍されない限り3か月半も感染性を維持しうる．3℃に保存されれば半年以上も保つ．犬に感染してから5～8日で虫卵の排出がはじまる．虫体の寿命は長く，半年を超える．

2.8 後睾吸虫類

肝吸虫
Clonorchis sinensis

昔は箆形（へらがた）吸虫といわれていた．ここで単に『肝吸虫』といえば，たとえば，猫肝吸虫（*Opisthorchis tenuicollis*）などの他種の肝吸虫との区別が不明瞭になるという点と，英語でも“Chinese liver fluke”といっていることなど，さらに学名の由来を生かして『シナ肝吸虫』という和名を押す意見がある．しかし，本書ではこの議論にはこだわらない．単に『肝吸虫』として記述を進める．肝吸虫は 1874 年，McConnel がインドのコルカタで中国人の胆管から初めて見出した．その後日本でも存在が認められ，日本の学者によって発育環が明らかにされた．一応，人獣共通寄生虫の範疇に入ろうが，寄生虫病としてみた場合，動物における比重は軽い．犬や猫が保虫宿主（不顕性感染終宿主）になっているにとどまる．

この吸虫は英語で“oriental liver fluke”あるいは“Chinese liver fluke”という．つまり，分布はおもに東南アジア，とくに中国と日本．日本では北海道，青森県，岩手県を除く全国の湖沼の多い低湿地帯，水郷地帯に広く分布している．

宿主はヒト，犬，猫．ほかに豚，イタチ，ミンク，アナグマなど．寄生部位は胆管，おもに肝臓周縁部．多数感染の場合に，ときに膵管，十二指腸にまで及ぶことがある．

［形　態］

虫体は扁平，柳葉状．先端はやや細く，後端は鈍．10 〜 20 × 2 〜 5 mm．15 × 4 mm 前後のものが多い．口吸盤が腹吸盤よりもわずかに大きい．精巣は 2 個，樹枝状に分岐して体後端に前後に並んでいる（後睾吸虫科）．陰茎および陰茎嚢はない．卵巣は通常は 3 葉に分かれる．右後方に接して大型の受精嚢がある（図 2.26，2.27）．

虫卵は 25 〜 35 × 12 〜 20 μm．先端はやや狭く，後端は広い茄子形を呈し，先端には小蓋を有している．小蓋の接着部はやや肥厚し，陣笠様にみえる．卵殻は厚く，淡褐色．排出時にすでにミラシジウムが形成されている．肝吸虫卵は寄生虫卵のうちで最小の部類に属する（図 2.28）．

［発育環］（図 2.29）

発育環上 2 つの中間宿主をとる．第一中間宿主はマメタニシ．この貝は低湿地帯の湖沼や緩やかな流れの

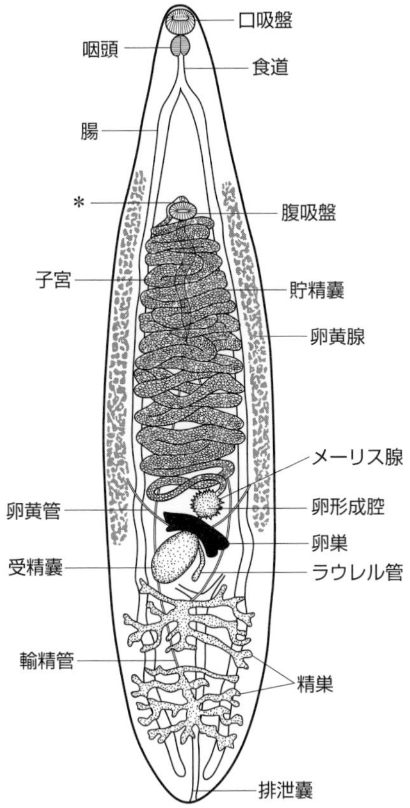

図 2.26　肝吸虫模式図［藤原図］

＊は貯精嚢および子宮の末端部
生殖孔はさらに先端，図では下方，腹吸盤内縁近くに開孔する．

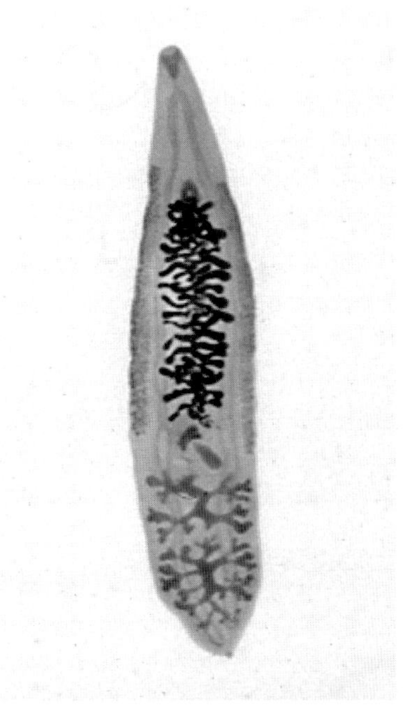

図 2.27　肝吸虫（圧平染色標本）

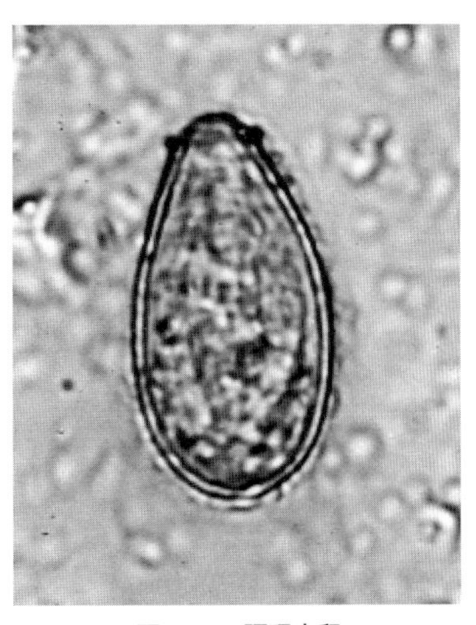

図 2.28　肝吸虫卵

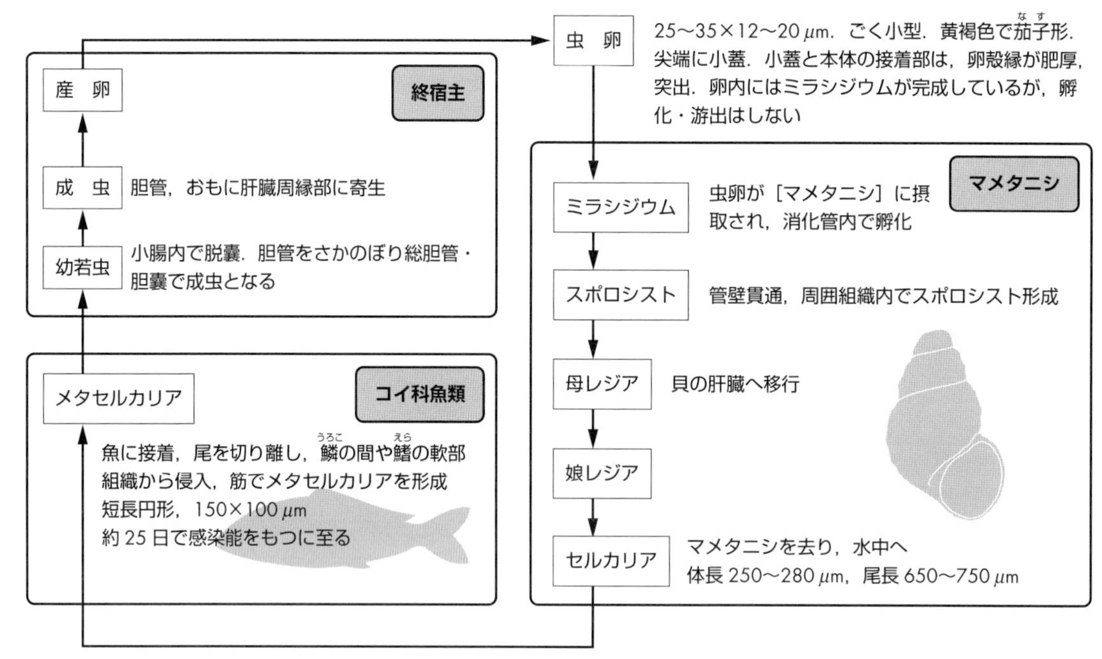

図 2.29　肝吸虫の発育環

川に好んで生息しているが，北海道では認められない．肝吸虫卵は外界では孵化しないままマメタニシに摂取される．マメタニシの消化管内で孵化し，管壁を穿通して周囲組織へ入りスポロシストになり，内に母レジアを形成する．母レジアは肝臓へ移動し，発育して娘レジアを形成する．娘レジアは産門を有し，内に形成されたセルカリアを産出する．セルカリアは体長 0.25 〜 0.28 mm，尾長は 0.65 〜 0.75 mm でかなり長く，しかも尾の後半部は背腹に鰭膜(きまく)を有し，活発な運動を可能にしている．成熟セルカリアは貝を去り，水中を泳ぎ，第二中間宿主になる淡水産魚類に接触し，鱗(うろこ)の間や鰭(ひれ)の軟部組織から経皮的に侵入し，おもに筋肉内で被嚢して 0.15 × 0.10 mm 大，短楕円形のメタセルカリアになる．

第二中間宿主としては 80 種あまりの淡水魚が知られている．ほとんどのものはコイ科に属しているが，一部にキュウリウオ科のワカサギ，ドンコ科のドンコがある．最適な中間宿主として最高の感染率を示すものはイシモロコ（ハヤ，モツゴ）で，保有するメタセルカリアは数百から数千に及ぶことも少なくない．タナゴもかなり多い．タモロコ，ヒガイ，ウグイ，ニゴイなども注目されよう．一方，食用としての価値が高いコイ，フナ，ワカサギなどの保有率は比較的低い．

終宿主への感染はもちろんメタセルカリア保有魚を不完全調理で，または生食して成立する．小腸内で脱嚢し，胆管を溯上して総胆管・胆嚢に達し，広く胆管系に寄生する．1 か月足らずで成熟する．寄生すれば成虫の寿命は長く，ヒトでは 10 年以上，あるいは 20 〜 25 年ともいわれ，猫では 12 年 3 か月という例が知られている．

[病原性]

病害としては寄生による機械的な刺激や胆管梗塞があり，慢性胆管炎を惹起し，これが胆管周囲へ波及し，間質性肝炎から肝硬変を招来することが考えられる．しかし，虫体が小形であること，感染時には脱嚢部位の小腸から胆管を溯上するために組織障害を伴わないことなどのゆえに，動物では実際の障害は概して軽微ないし無症状であろう．臨床的な患害報告は見当たらない．古くは犬・猫の肝吸虫感染率にかかわる実態調査が多くなされていたが，これらは保虫宿主としての意義からのものである．

[付] 猫肝吸虫
Opisthorchis felineus

初めは猫の胆管から検出されたが，人体寄生例がシベリアから発見されている．ヨーロッパ，シベリアの大河の流域でみられる．日本ではみられない．

[付] タイ肝吸虫
Opisthorchis viverrini

初めはインド産のジャコウネコ（*Felis viverrini*）から発見された．形態は前者にきわめて類似している．タイの北部，東北部でヒトに濃厚感染している．タイのほかにラオス，マレーシア，インドなどにも分布．

2.9 異形吸虫類

異形吸虫（有害異形吸虫）
Heterophyes heterophies nocens

宿主はヒト，犬，猫，イタチなど．寄生部位は小腸，盲腸．

虫体は 1.0 ～ 1.7 × 0.3 ～ 0.7 mm という小形の吸虫で，体前半部に比べ体後半部のほうが幅が広い（茄子形）．体表には鱗状の皮棘がある．腹吸盤に比較して口吸盤ははるかに大きく（0.23 mm），体中央の正中線付近，やや前方よりに位置している．生殖孔が腹吸盤のすぐ後方に開くことが特徴で，周囲は有棘の吸盤様構造（生殖盤）になっている．精巣は体後端近くにやや斜めに並び，卵巣はこれらの前方にあたる．排出される虫卵は褐色で，ミラシジウムを内蔵し，大きさは 25 ～ 28 × 15 ～ 17 μm である．

第一中間宿主は汽水域に生息する巻貝のヘナタリで，第二中間宿主も汽水域にすむ魚類のボラ，ハゼ類などで，とくにボラ．

病害，症状，駆虫，予防などは次の『横川吸虫』の場合と同様である．すなわち，過剰感染の場合にはカタル性腸炎による下痢，出血．

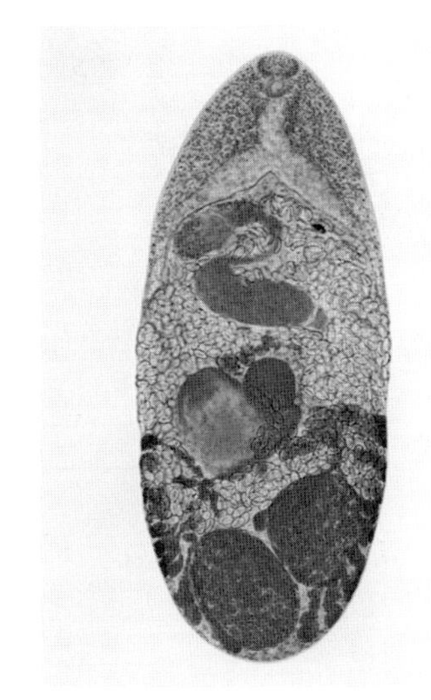

図 2.30　横川吸虫の成虫（圧平染色標本）

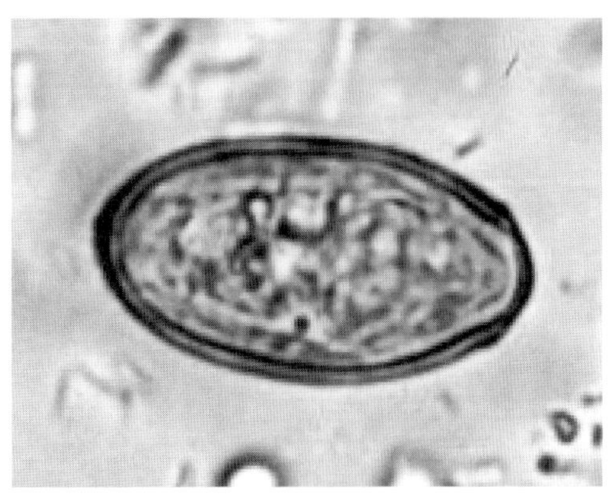

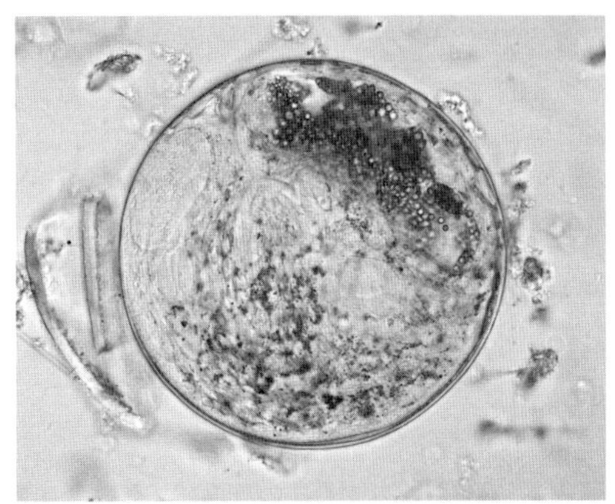

図 2.31　横川吸虫
上：虫卵　下：メタセルカリア［笠井原図］

横川吸虫
Metagonimus yokogawai

異形吸虫科に属する．分布は日本，台湾，中国，韓国，東南アジア，シベリアなど．日本では各地でみられるが，中部地方以西でとくに多い．アユとの関連が深い．宿主はヒト，猫，犬，げっ歯類，イタチのほかにトラツグミ，ペリカンなど．小腸に寄生する．

虫体は 1.0 ～ 1.5 × 0.5 ～ 0.8 mm．生殖盤は腹吸盤と合して生殖腹吸盤という特殊な器官を形成し，消化管の分岐部後方の右側に存在する．これが *Metagonimus* 属の重要な特徴になっている．口吸盤はこの生殖腹吸盤よりも小さい．陰茎・陰茎嚢はない．精巣は体後端に排泄嚢を挟んで斜め左右に相接して並んでいる．卵巣・受精嚢は精巣の前方に存在する（図 2.30）．

虫卵は楕円形で黄褐色を呈し，一端に小蓋を有する．内容はミラシジウムであるがやや透視しにくい．大きさは 23.5 ～ 31.5 × 14.5 ～ 18.0 μm でかなり小さい（図 2.31）．

第一中間宿主はカワニナで，虫卵が捕食される．第二中間宿主はアユが最適．ほかにシラウオ，オイカワ，ウグイ，タナゴなども宿主になりうる．セルカリアが魚の鱗の間から侵入して筋肉中でメタセルカリア（160 × 150 μm）になる．ウグイでは鱗に被嚢することが多い．終宿主に摂取されると小腸上部で脱嚢し，移動することなく成長し，約 1 週間で成熟する．

腸絨毛間深くに吸着し，宿主に機械的な刺激を与え，カタル性の病変をつくる．大量感染，重複感染によって腹痛，下痢，ときには出血をみることもあるが，普通は無症状．

腸粘膜深部で産卵が行われた場合，虫卵が小さいため血管に入り，主要臓器に虫卵栓塞を起こすことがある．同様の所見は，前述した異形吸虫でも認められている．この事実は組織への侵入程度，産卵部位，虫卵の大きさに関連するもので，注意しておく必要がある．

2.10 斜睾吸虫類

鶏卵吸虫

Prosthogonimus ovatus

P. pellucidus **(syn.** ***P. intercalandus*****)**

P. macrorchis

数種のものが知られているが，代表的な3種を表2.12にあげた．いずれも鶏，アヒル，その他の鳥類の輸卵管，ファブリキウス嚢，総排泄腔などに寄生する扁平で小型の吸虫である．体前半部はやや狭く，これに対して後半部は幅広い．生鮮時には薄い褐色を帯びている．精巣は類卵形で虫体の中心部よりやや後方よりで，わずかに斜め左右に配列している．卵巣は分葉し，腹吸盤の後方に位置している．陰茎嚢は長く，生殖孔は口吸盤近く体前縁に開口する．虫卵は暗褐色．

発育環上2つの中間宿主をとる．第一中間宿主は淡水産の巻貝で，セルカリアが游出する．第二中間宿主はトンボのヤゴで，セルカリアは自動的にヤゴの肛門から侵入してメタセルカリアになる．終宿主はメタセルカリアを内蔵するヤゴやトンボを捕食して感染する．

ヨーロッパやアメリカでは，どの種類も鳥類に寄生する吸虫のうちではもっとも病原性が強いものと考えられている．輸卵管やファブリキウス嚢に炎症を生じ，産卵率の低下，異常卵の産出などが認められる．さらに細菌の二次感染を誘発し，虫体が卵白から検出されることもある．病巣が深部に及び，腹膜炎を併発すれば致死的である．幸い，日本では養鶏産業に響くほどの発生はまったく知られていない．

病状は春季から初夏にみられることが多い．初期症状は軟卵，無殻卵など異常卵の産出があり，うずくまる．クロアカからは石灰成分を含む乳様の浸出液の漏出などがある．輸卵管が過敏になっているために産出速度が早まり，卵成分と卵殻成分が別々に産出されてしまうことによる．病勢が進行すれば，産卵は停止し，肛門周囲は汚染し，病徴はますます顕著になる．鶏冠や肉垂にチアノーゼを発し，衰弱，虚脱に陥り，死亡する．

表2.12 *Prosthogonimus* 属各種の特徴

	P. ovatus	*P. pellucidus*	*P. macrorchis*
虫 体 虫 卵	3～6×1～2 mm 22～24×13 μm	8～9×4～5 mm 27～29×11～13 μm	7.56×5.26 mm 26～32×10～15 μm
分 布	ヨーロッパ，アフリカ，アジア	ヨーロッパ，北米	北米五大湖周辺

2.11 住血吸虫類

住血吸虫科の吸虫は，ほかの吸虫類に比べ，形態および発育環がきわめて特徴的である．すなわち，①形態的には扁形動物というよりも，むしろ線形動物（線虫類）のような様相を示し，②雌雄異体であり，③メタセルカリアを形成することなく，セルカリアが直接経皮的に終宿主に感染し，④虫卵には小蓋が認められない，などである．

現在の日本では，人獣とも日本住血吸虫の新たな感染は認められなくなっているが，往年の蔓延地周辺の野生動物間における感染の有無までは完全に把握されているわけではない．さらに海外に目を転ずれば，中国，フィリピンなどにおける日本住血吸虫，インドシナ半島におけるメコン住血吸虫（*Schistosoma mekongi*…ヒト・サル；門脈），アフリカ全土，とくにナイル河流域，南米に分布するマンソン住血吸虫（*S. mansoni*…ヒト，サル；門脈）（図2.32）があり，さらに古くから知られているものにアフリカ・ナイル河流域，中近東にも認められるビルハルツ住血吸虫（*S. haematobium*…ヒト・サル；膀胱，肛門静脈叢）がある．これらのほかに家畜を主たる宿主とするものの一部に次のようなものがある．

Schistosoma bovis 牛住血吸虫	反芻動物，馬，サル，豚；門脈 アフリカおよび周辺の一部
S. intercalatum	反芻動物，馬，ヒト；門脈 中央アフリカ
S. spindale	反芻動物，犬；門脈 インド，東アジア
S. indicum	反芻動物，馬，ラクダ；門脈 インド，パキスタン
S. nasalis	反芻動物，馬；鼻粘膜静脈 インド

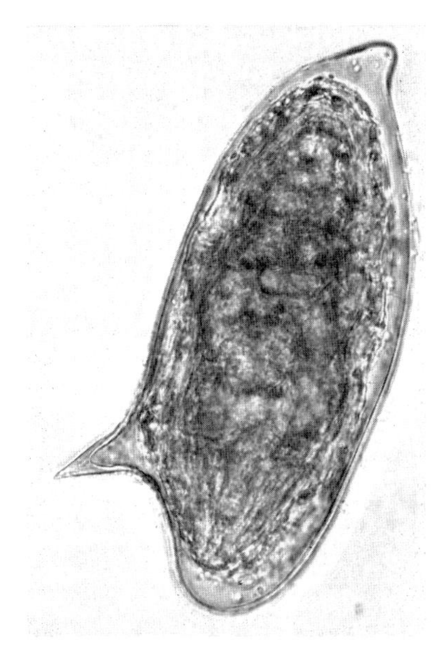

図 2.32　マンソン住血吸虫卵［能田原図］

日本住血吸虫
Schistosoma japonicum

日本，中国揚子江流域，台湾（台中・淡水渓；ただし台湾では家畜の症例に限られている），フィリピン，タイ，インドネシアなど東南アジアに分布する．

日本においては，古くは1847年，広島県福山市北郊・片山地方の奇病“片山病”に関する記録『片山記』が知られている．ほかに山梨県甲府盆地，佐賀・福岡両県にまたがる筑後川流域，静岡県富士川河口の沼津地区および茨城・千葉・埼玉各県県境に沿う利根川流域の計5地方が感染地帯として知られていた．これらとは別に，千葉県小櫃川上流域でも症例があったことが明らかにされている．往時，甲府盆地は流行地として著名であり，もっぱら“地方病”という名で知られていた．また，水腫脹満，腹水病，水腫病，肝脾肥大症などの病名がある．これらはいずれも激烈な主症状を表現したものである．かつては山梨県立衛研に地方病科が設置されていたほどであったが，1996年には終息宣言がなされた．

猖獗（しょうけつ）をきわめた日本住血吸虫症が，日本でほとんど防圧されるに至った理由はいくつかあるものと考えられるが，環境改変は大きな要因になっている．簡約すれば，水田地帯の灌漑用水路のコンクリート水路化による中間宿主貝の生息環境の根絶の効果は大きいであろう．また，水田の牛耕作業がほとんどみられなくなったという農業形態の変化もある．

現在の日本では新しい感染は認められていない．しかし，前述の利根川流域での発生例は，他地域の流行終焉に遅れ，関心も低下しつつあった時期に，千葉県の河川敷に繋牧されていた乳牛（20/296）から検出されたものである．このような畜牛飼養形態は現在ではあまりみられなくなっているが，日本住血吸虫の宿主はきわめて広域に及んでいる事実を承知しておかなければならない．すなわち野生動物，とくに野ネズミの存在は無視できないであろう．もちろん，中間宿主貝の存否は重要な鍵になる．

［宿　主］

ほとんどすべての哺乳動物が宿主として知られている．しかし，感受性の差，適・不適の違いはあるようである．家畜および実験動物では，とくに牛と犬の感受性は高く，障害も大きい．実験的には山羊，ウサギ，マウスなどがよく用いられる．家畜では馬，実験動物としてはモルモット，ラットの感受性は低い．

日本住血吸虫症は，人獣共通寄生虫症としてもっとも代表的なものである．

［形　態］

雌雄異体で，一見，線虫様の外観を呈している．雄虫は体長約15 mm，体幅約1 mm．ただし，宿主の種類および寄生数によってかなりの変動幅がある．宿主の大小，寄生環境の広さに依存している傾向があるという．口吸盤と腹吸盤は近接（0.45 mm）し，ほぼ同大ないしは腹吸盤のほうがやや大きい（約0.30～0.35 mm）．いずれの吸盤もよく発達し，とくに腹吸盤はかなり体表から突出しているために目立っている．

口吸盤は最前端にあり，これに消化器系の最前端である口腔が開いている．食道は直接口腔に連なり，咽頭を欠き，中央部でわずかにくびれ，およそ前半部と後半部とに二分される．消化管は腹吸盤の直前において左右に分岐し，平行して後方に向かい，体後方約1/4～1/5の部分で合流して再び1本になり，なお後走して体後端近くで盲管に終わる．2本の分岐した消化管の間に通常7個，ときには8個，さらに例外的には5個の精巣が認められる．精巣は不定形な嚢状を呈し，精巣群の前方には貯精嚢に相当する嚢胞がある．各精巣から出た輸精管は順次合流して1本の管になり，腹吸盤の直後，抱雌管の前方に開口している．

雄虫体のもっとも特徴的な体制は，抱雌管（抱雌溝，擁雌管・溝：gynaecophoric canal）である．雄虫体の腹吸盤より後方は体が扁平になり，その両縁は腹側に彎曲して縦走する溝を形成し，雌虫を抱擁するための構造になっている．この構造を抱雌管とよぶ．抱雌管の内面には小顆粒および微細な棘状突起があり，雌虫を抱擁した際の利便が図られている．このように，住血吸虫類は雌雄異体とはいうものの，常に雌雄の虫体が抱雌管によって1対をなし，実質的には雌雄同体と同様の寄生生態を営んでいる（図 2.33）．雌雄1対をなさない単独寄生の場合の虫体の発育は悪い．

雌は体長 15 ～ 26 mm．体幅は卵巣の前部で約 0.15 mm，後部では約 0.30 mm で，雄よりかなり細長く，概観は糸状を呈している．とくに前半部における細長い感じが強い．

卵巣は体のほぼ中央部にあり，だいたいこの位置で虫体は前半部と後半部とに分けられる．形態は卵円形ないし長円形を呈し，ほぼ 0.2 × 0.5 mm 大．輸卵管は卵巣の後端から出るが迂回して前方に向かい，卵巣の前方で卵形成腔に開口している．卵黄腺は体後半部の大部分を占め，再び1本に合一している消化管をとりまき，前者と同様に卵形成腔に連なり，さらに子宮に続く．子宮は腹吸盤の直下において腹側に開いている．

［発育環］（図 2.34）

(1) 産　卵

成虫は前述のとおり雌雄1対となって門脈系血管内に寄生している．そして，合体したまま腸壁に向かって門脈を下降して血管の末梢に至り，産卵する．血管は虫卵により栓塞され，この血管に依存していた組織は壊死に陥り，ついには消化管腔内に脱落して，消化管壁に糜爛（びらん）または潰瘍が形成される．当然，組織内にあった虫卵も壊死組織とともに消化管腔内に脱落することになり，排泄物中に混合される．こうして虫卵が外界に排出されることになる．一方，宿主の腸には病変が形成される．臨床症状のひとつとしての下痢・血便の原因はここにある．このため，実際の産卵と糞便内虫卵の存否との間には時間的なズレが生ずることになる．

実際の産卵は感染3～4週間後ごろから開始される．しかし，産卵当初の虫卵は未成熟で，まだミラシジウムは形成されていない．内容は1個の卵細胞と数個の卵黄細胞からなっている．組織内にあれば7～10日でミラシジウムが形成される．完熟虫卵が宿主の糞便内に出現するためには，これに併せて消化管組織突破という不確定要因が加わることになる．しかも動物種によっても数値は若干異なってくる．概括すれば，通常は5～6週間を要するとみられる．一方，組織内に捕捉保留されたままの虫卵は2～3週間で死滅し，内容は萎縮・黒変して概観的にも変化してしまう．これらの組織内虫卵の形状変化は後述する診断法のひとつ，直腸生検法の所見に関連してくる．つまり，未熟⇨成熟⇨死滅⇨退行変性に至る全ステージの虫卵が認められることになる．

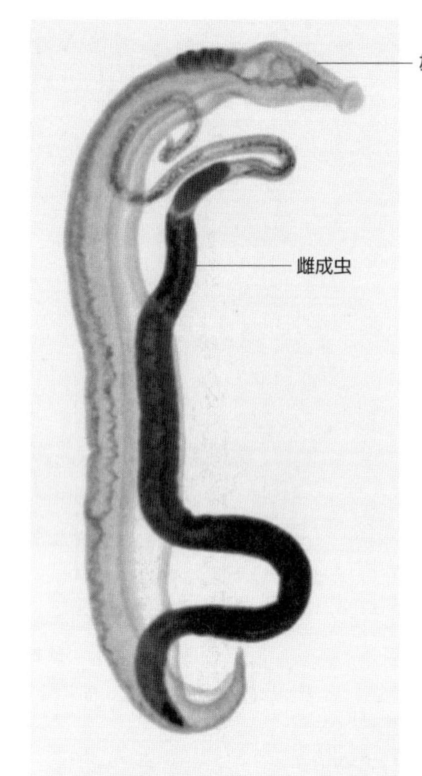

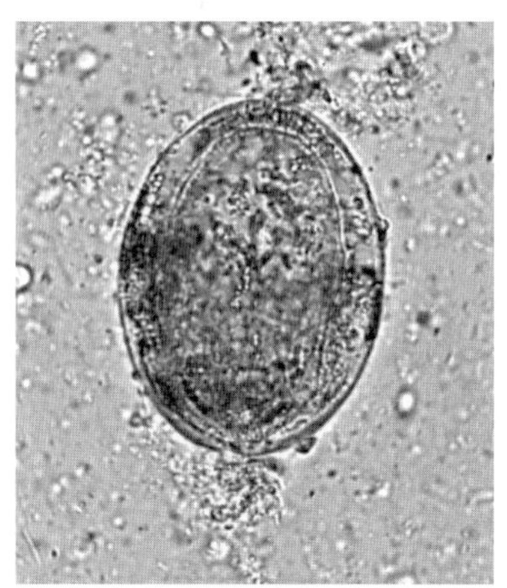

図 2.33　日本住血吸虫［松田原図］
上：雌雄成虫　下：虫卵

(2) 虫　卵

消化管壁における虫卵の分布には動物種によって若干の差異が認められる．牛，犬では盲・結腸，とくに直腸に多く分布しているが，馬では小腸上部に多い．実験感染ウサギでも小腸に多い．これらの事実は前述した直腸生検法実施の適否に関連している．

成熟虫卵は通常，長円形で薄い黄褐色を呈し，70 ～ 100 × 50 ～ 70（90 × 65）μm 大のものが糞便から分離，検出される．一方，組織内にみられる虫卵はむしろ無色・小形で，脆弱な感じがある．通常，虫卵の後端の一側には棘状の小突起が観察される．これに

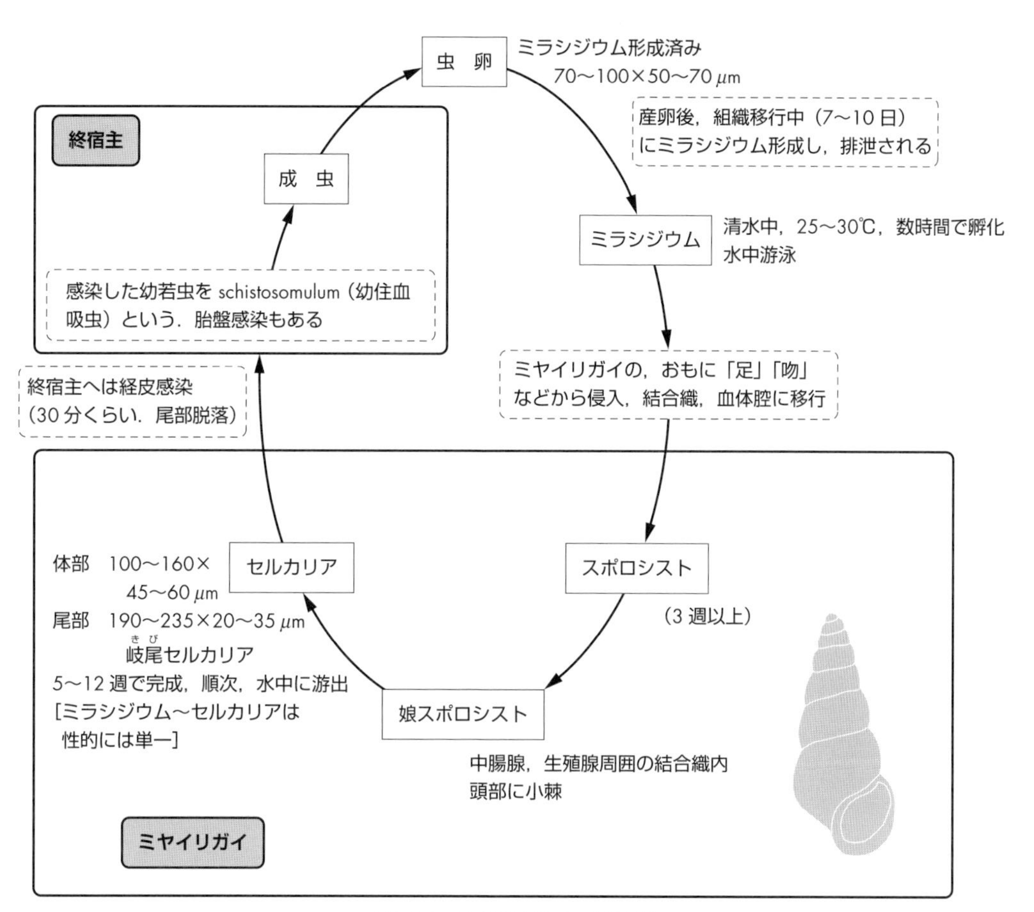

図 2.34　日本住血吸虫の発育環

は卵形成腔の形状に由来するという解釈がある．ほかの吸虫類の虫卵と異なり，小蓋は認められない（図 2.33）．

虫卵は寒冷に弱い．7 〜 8℃では 4 週間で死ぬ．また，乾燥や日光の直射にも弱い．堆厩肥の発酵熱で殺しうる．物理的にもけっして強くない．通常の吸虫卵検出に用いられる沈澱法では破壊されてしまうことがある．そのためにこの影響を緩和する方法として AMS Ⅲ法などが工夫されている．

成熟虫卵にはすでにミラシジウムが形成されている．ミラシジウムは先端が吻状にやや突出したいわば徳利型を呈し，全体表は繊毛で覆われている（図 2.35）．前端に短い消化管原基があり，これを挟むように左右 1 対の頭腺，さらにそれぞれのやや後方左右に 1 対の側腺がある．排泄系に関して炎細胞式は『2［1 ＋ 1］』で示される．排泄時，すでにミラシジウムが形成されている吸虫卵の多くは，中間宿主貝に摂取されてその消化管内で孵化するが，日本住血吸虫卵は清水中で孵化する．孵化の至適温度は 25 〜 30℃，つまり自然界では夏期に行われる．孵化したミラシジウムは水中で 40 〜 60 時間は生存しうる．この間に中間宿主（ミヤイリガイ）に泳ぎつき，貝の頭，足，触角，外套膜などから侵入する．この清水中でただちに孵化する性質を利用して，虫卵検査法としての“ミラシジウム孵化法”（p.9）がある．

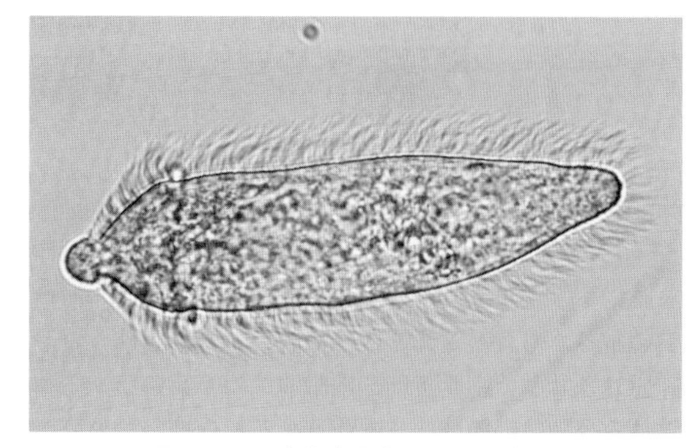

図 2.35　日本住血吸虫のミラシジウム

図 2.36　ミヤイリガイ［板垣原図］

ミヤイリガイ（宮入貝：*Oncomelania nosophora*（図2.36））：片山貝ともいう．殻高約 10 mm，殻幅約 3 mm，前鰓類に属する小型で細長い右巻きの巻貝．黒褐色．雌雄異体．水中に入ることはほとんどない．水辺の湿地に生息し，乾燥にはかなり強い．

(3) スポロシスト

ミラシジウムが中間宿主貝へ侵入する際に繊毛上皮を脱ぎ，貝の消化管や中腸腺付近に達して発育し，単純な円筒形を呈するスポロシストになる．スポロシストは発育・成長を続け（0.5 × 0.2 mm），夏期で約 3 週間で体内に多くの娘スポロシストを形成するに至る．これは頭部に小棘があり，また運動性を有し，中間宿主の中腸腺，血体腔で発育を続け，約 2 か月で 3 mm にも達し，内部に多数のセルカリアを形成するようになる．住血吸虫ではレジア期はない．

(4) セルカリア

1 個のミラシジウムから数千あるいは数万のセルカリアが形成されるというが，この数値は環境・実験条件に大きく左右される問題であろう．産生効率確認のための実験ではないが，感染実験の経験からいえば数百ではなかろうか．ただし，1 個のミラシジウムから産生されるセルカリアは，性的には単一である．

セルカリアは約 1 か月で完熟する．住血吸虫のセルカリアは岐尾（きび）セルカリアとよばれるもので，100 ～ 160 × 45 ～ 60 μm の体部に対し，尾部は 190 ～ 235 × 20 ～ 35 μm を示し，尾端の約 1/3 は 2 本に分岐している．体部には口・腹両吸盤のほか，ほぼ成虫と同様の体制を備えていると同時に，口吸盤には 4 対の穿刺棘（stylet）が認められ，体後方には，これに連なる穿刺腺（penetration glands）がある．いずれも宿主への侵入にかかわるものである．眼点はない．

セルカリアは，成熟すると順次貝から水中へ泳ぎ出す．終宿主の皮膚に触れると，穿刺腺から分泌液が分泌され，30 分くらいの間に侵入してしまう．このときに尾部は宿主の皮膚面で脱落する．

尾部を落とし，皮膚を通過した幼若虫は形態が崩れ，イモムシ様になるばかりでなく，生理的変化も起こっている．つまり，水に対する抵抗性がなくなり，血清，あるいは等張液のなかでなければ生存しえなくなっている．このように変化した幼若虫を schistosomulum（sg.）あるいは schistosomula（pl.）（幼住血吸虫）という．

[病原性・症状]

(1) 感染経路

終宿主への感染は，原則的には発育環で述べたように経皮感染である．セルカリアは健康皮膚を突破しうる．胎盤感染は妊娠中に感染を受けた場合に成立する．経口感染の可能性に触れる説もある．つまり，胃の一部が中性あるいはアルカリ性になる反芻動物では，セルカリアを含む水の飲用による感染が成立しうるというわけである．この場合，口腔や食道粘膜からの経粘膜感染は否定できず，真に消化管を経由するものか否かは軽々には断じにくい．

(2) 幼若虫の体内移行期

セルカリアの経皮感染によって局所に一過性皮膚炎が発生するが，家畜では明らかでない（水田皮膚炎（p.170）参照）．しかし『片山記』に「水田作業に携わった者が皮膚炎を発し，牛馬も亦同様である」という記述がある．また，体内移行中に通過する組織，たとえば，肺あるいは肝臓では少なくとも出血を伴う組織障害が生ずるはずであるが，これも家畜では明確ではない．多くは不顕性に経過するようである．

(3) 急性期

これには，①成虫の血管内寄生による循環障害と，②腸管壁および肝臓における虫卵栓塞によって誘発される組織および機能障害がある．

循環障害：Schistosomula（あるいは Schistosomulum）は図 2.37 に示すように，感染部位である皮下から末梢の血流またはリンパ流を介して大循環に入り，心臓を経て肺に至る．さらに，心臓に戻って血行性に腸間膜動脈から腸間膜静脈・門脈に到達するというルートがある．このルートのほかに，肺から直接あるいは間接的に肝臓を経て門脈に達するというルートもある．この場合，肝臓の門脈枝に未成熟虫が認められ，成熟すると雌雄が抱擁した 1 対となって門脈系静脈内に寄生することになる．

終宿主体内における虫体の発育状況は，宿主の種類によってかなり異なっているが，概して，感染後 2 週間以内くらいは主として未成熟虫が肝臓から，3 週間以後は雌雄 1 対になった成虫が門脈系の静脈に認めら

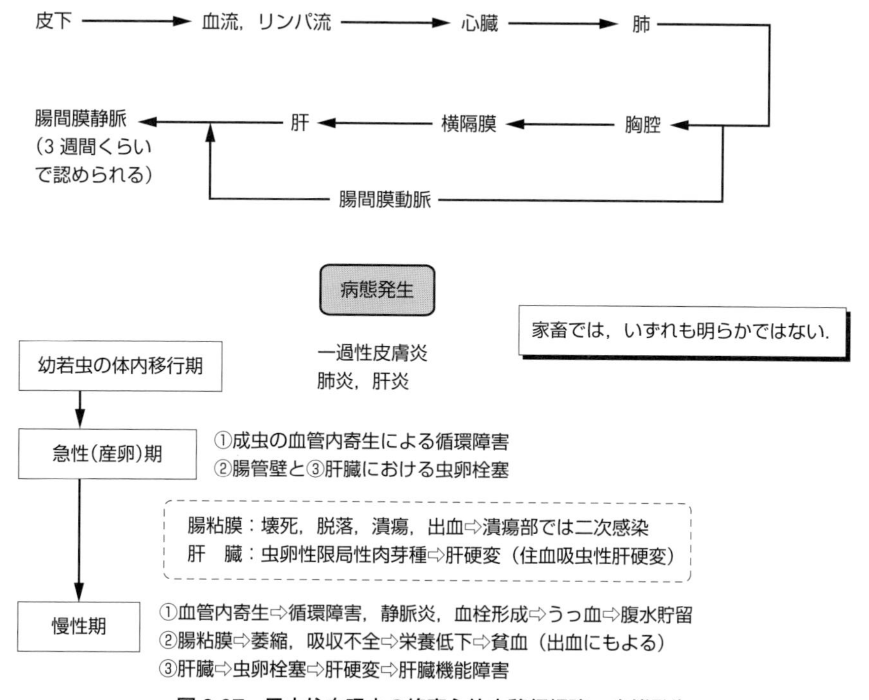

図 2.37　日本住血吸虫の終宿主体内移行経路・病態発生

れるようになる．

成虫の寄生部位が門脈系静脈であることは，虫体の存在そのものが血流に対する物理的な障害になることを意味する．ヒトの場合には，肝機能障害も加わって腹水の貯溜が認められ，前述した古い病名のひとつ“腹水病”の由来になっている．しかし，これも家畜のうちでもっとも障害が強く出る牛でも明らかではない．家畜の場合は産業的な見地から廃用・淘汰を含む処理が優先してしまう事情がある．一方，実験感染犬で腹水を発した例は多い．

虫卵栓塞：虫卵による血管の栓塞は組織の壊死を招く．虫卵は腸管の壊死組織とともに，あるいは壊死部の血管から腸管腔へ脱落，遊離することは既述した．したがって，消化器症状は腸の潰瘍に基づく下痢，血便の排泄である．とくに牛では産卵部位・出血部位が直腸下部であるため，鮮血便が排泄される．犬でも同様である．出血は貧血の誘因になる．

虫卵は腸管側に限って栓塞の原因になるわけではない．産出された虫卵の一部は血流により，あるいはほかの理由，たとえば，万一，肝臓側の血管枝において産卵があれば，肝臓にも栓塞を起こすことになる．肝臓では介在する虫卵を中心とし，リンパ球，単球，好酸球などの浸潤があり，膿瘍を生じ，変性し，ついには壊死に陥り，小結節を形成するに至る．肝臓は初期には腫脹するが，のちには繊維化の進行に伴い肝硬変をきたす．小結節に石灰沈着を生じ肝砂粒症（chalicosis）を呈することになる．この石灰変性の速度は馬では早く，かつ著しく，牛では鈍く1年くらいかかる傾向がある．

(4) 慢性期

肝臓では組織内に虫卵を保有したまま急性炎の進行速度は鈍化し，肉芽形成，繊維化，石灰沈着があって肝炎は慢性期へ移行する．腫大していた肝臓は萎縮して住血吸虫性肝硬変とよばれる状態になる．肝機能は低下し，貧血は進行し，また消化吸収機能にも障害が認められ，増体率，乳量などにかかわる生産性に及ぼす悪影響は避けられないことになる．

[診　断]

(1) 疫学的考察

診断には，まず日本住血吸虫症は特定地域に発生する地方病であるという事実を十分に理解してからとりかからなければならない．すなわち，当該地と有病地との歴史的・地理的な関係および患畜の由来，国内外の有病地との関係をあらかじめ正確に把握しておく必要がある．

(2) 寄生虫学的検査

虫卵検査：住血吸虫の虫卵は，ほかの吸虫卵に比べて物理的にやや弱い傾向があるため，日本住血吸虫卵検出を目的として塩酸・エーテル法をもとに改良された沈澱法の一種，AMS Ⅲ法が適用される．

表 2.13　肝蛭，槍形吸虫および日本住血吸虫の肝臓障害の成因

	肝　蛭	槍形吸虫	日本住血吸虫
体内移行期の幼若虫	肝臓表面から侵入．組織中を穿孔迷走しつつ成長	小腸で脱嚢，胆管溯上（組織障害はない）	一部のものが肺⇨胸腔⇨横隔膜⇨肝臓（⇨門脈）
	創傷性肝炎，多発性・出血性肝炎	病害に関して特記すべき事項はない	軽度の肝炎
成　虫	胆管内皮への慢性的な機能的刺激⇨慢性胆管炎⇨胆管周囲炎⇨慢性間質性肝炎⇨寄生性肝硬変	軽度な胆管炎，肝炎がみられるともいうが，詳細は不明	産卵（⇨虫卵栓塞）
虫　卵	胆汁とともに排出	胆汁とともに排出	虫卵流入（一部直接産卵？）⇨門脈枝栓塞⇨虫卵結節⇨肉芽腫形成⇨住血吸虫性肝硬変

ミラシジウム游出法：卵内に形成されているミラシジウムは糞臭のない清水中にあっては，夏期であればただちに，多くは1時間以降，少なくとも数時間以内にはほとんど孵化してしまう．25～30℃がもっとも孵化に適している．この性質を利用してミラシジウムを孵化させて，孵化瓶の頸管部に集めて光線を当て，水面下を游泳運動するミラシジウムを検出しようとする方法である（p.9）．この方法の優れている点は，通常の虫卵検査に比べて被検材料を大量にとりうる，つまり豊富な情報源を扱いうることにある．しかし，虫卵の活性が低下あるいは消失している場合は検出不可能になる．

直腸生検法：家畜では，直腸壁に産卵される牛と犬に対して適用される．方法は肛門から鋭匙を差し入れ，牛では肛門から約30 cm，犬では同じく約10 cmの腸粘膜上皮をかきとり，スライドグラス上に移し，乾燥防止と組織の透過を目的として50％グリセリンを1～2滴加え，カバーグラスをかけて鏡検する．この方法の利点は，視野に夾雑物がないために鏡検にあたっての疲労がほとんどなく，検査効率が優れている点にある．ただし検出される虫卵は未成熟虫卵から変性卵に至る多様な形状を示していることを承知しておく必要はある．しかし，腸壁内に存在する虫卵類似の異物はほかになく，判定は容易である．なお，採材にあたって出血をみる場合があるが，経験的には心配ない．

(3) 血清学的検査

現在の日本においては新たな患畜の発生はなく，したがって野外で実施されている検査法はない．一部の研究者によってELISAによる陽性血清の検出は可能であることが確認されている．またCOP反応（卵周囲沈降反応）が有効であることも実証されている．

[予防・治療]

日本の現況において特記すべき予防法をあげる必要はないと思われる．古くは多くの殺貝剤の開発・野外試験が行われていたが，現在では農薬散布に関する規制は厳しい．むしろ経済力を背景とする農業土木工学的な対策によって成功を収めている地域が目につく．ただし，有病地といわれていた地域およびその周辺地域にあっては，中間宿主貝に対する関心を捨て去ってはならないであろう．畜産形態が大きく変化したため，往年の畜牛にみられた激烈な住血吸虫症に再び悩まされることはないであろうが，海外の有病地からの輸入家畜に対する絶えざる留意と関心は今後も必要であろう．

駆虫剤としては歴史的にはアンチモン剤（ナトリウム吐酒石）が有名であるが，アンチモンは薬剤として古典的であるばかりでなく，牛，犬に対してはとくに副作用が強い．日本における最近の動物への適用例は見当たらないが，プラジクアンテル（praziquantel）の効果が期待される．

セルカリア性皮膚炎（水田皮膚炎）：動物寄生性の，とくに鳥類寄生性住血吸虫のセルカリアが，水を介してヒトの皮膚に侵入する際に発生する皮膚炎で，痒覚や赤疹を伴う．一般に症状は激しいが，一過性でだいたい10日前後で自然治癒する．世界的には諸処で種々の病名で知られているが，日本では，ムクドリ住血吸虫（*Gigantobilbarzia struniae*）のセルカリアを原因とする“湖岸病”が古くから知られている（田部，1947）．以来，各地で多種類の原因による皮膚炎が解明されるに及んでいる．“田かぶれ”“肥かぶれ”などの名が示すように水田作業にかかわる場合が多いので，ときには公衆衛生・公害などの見地からの冷静な対処が要求されることがある．

[補] 吸虫類のうちで肝蛭，槍形吸虫および日本住血吸虫，の3種は，いずれも牛に寄生し，肝臓に病害をきたす．これら3者の病原性を比較して表2.13に示した．

各論　3
条虫類
CESTODA

3.1 条虫類の特徴

条虫類は吸虫類とともに扁形動物門の一綱を構成し，すべてが寄生生活を営む．大きく，単節条虫亜綱(Cestodaria) と真性条虫亜綱 (多節条虫亜綱：Eucestoda) に区分される．真性条虫類は哺乳類や鳥類を含む脊椎動物の腸管，まれに体腔内に寄生し，1個の頭節と数個～数千個の片節とからなる．生活環は複雑で，原則として中間宿主を必要とする．単節条虫類は体節の分化はなく，1組のみの生殖器を有する．主として魚類に寄生する．

獣医学的に重要な条虫の分類

条虫綱　Cestoda
　真性条虫亜綱 (多節条虫亜綱) Eucestoda
　　裂頭条虫目　Diphyllobothridea
　　　裂頭条虫科　Diphyllobothriidae
　　　　1. *Diphyllobothrium*
　　　　2. *Spirometra*
　　円葉目　Cyclophyllidea
　　　メソセストイデス科　Mesocestoididae
　　　　3. *Mesocestoides*
　　　テニア科　Taeniidae
　　　　4. *Taenia*
　　　　5. *Hydatigera*
　　　　6. *Echinococcus*
　　　ダベン条虫科　Daveineidae
　　　　7. *Raillietina*
　　　　8. *Davainea*
　　　裸頭条虫科　Anoplocephalidae
　　　　9. *Anoplocephala*
　　　　10. *Anoplocephaloides*
　　　　11. *Moniezia*
　　　膜様条虫科　Hymenolepididae
　　　　12. *Rodentolepis*
　　　　13. *Hymenolepis*
　　　　14. *Vampyrolepis*
　　　ディピリディウム科　Dipylidiidae
　　　　15. *Dipylidium*
　　　ディレピス科　Dilepididae
　　　　16. *Amoebotaenia*
　　　　17. *Choanotaenia*

表 3.1　真性条虫類の構造

頭　節	頭　部	吸盤，吸溝などの固着器官，補助器官をもつ
	頸　部	それ自体は分節していない．順次片節を新生する
ストロビラ	虫体の大部分で，多数の片節が連なって構成されている	

虫体は数mmのものからm単位のものまであり，扁平で消化管をもたない．頭節 (scolex) とストロビラ (strobila) とに区分され，頭節は頭部 (head) と頸部 (neck) から，ストロビラは多数の片節 (segments, proglottids) から構成されている (表3.1)．

[頭　節]

裂頭条虫目 (Diphyllobothridea)：頭部に固着器官として吸溝 (bothrium) とよばれる縦溝がある (口絵㉔)．これは固着器官と記述したが，実は位置移動のための運動器官であるという説もある．

円葉目 (Cyclophyllidea)：頭部はだいたい球状で，固着器官として通常大小の鉤 (hook) を備えた4個の吸盤 (acetabulum) があり，さらに先端には，鉤を備えた額嘴(がくし) (rostellum：吻) とよばれる突出部をもつものが多い (口絵㉗)．頸部は頭部に続く細い部分で，ここで順次に片節が新生・生産されている (図3.21参照)．しかし，明らかな頸部をもたない種類(*Moniezia*属) もある．

[ストロビラ]

新生されたばかりの，頸部に近い片節は小さいが，後部に送られていくに従って発育が進み，大きさも増してくる．個々の片節には雌雄両生殖器が1あるいは2組ずつあるが，雄性先熟 (protandry) で，新生片節では雄性生殖器が優位にあり，後部にいくに従って雌性生殖器の発達が顕著になる．とくに円葉類の末端部の片節は，虫卵で充満されている観がある．雌雄の生殖器が未発達のものを未熟片節 (immature proglottid)，生殖器が完成したものを成熟片節 (mature proglottid) (口絵㉘)，虫卵が形成されたものを老熟片節 (senile proglottid；裂頭条虫目の場合) または受胎片節 (gravid proglottid；円葉目の場合) とよぶことがある．消化器はなく，表皮に微絨毛 (microtrich) を備え，栄養を吸収し，消化管の機能を果たしている．つまり，

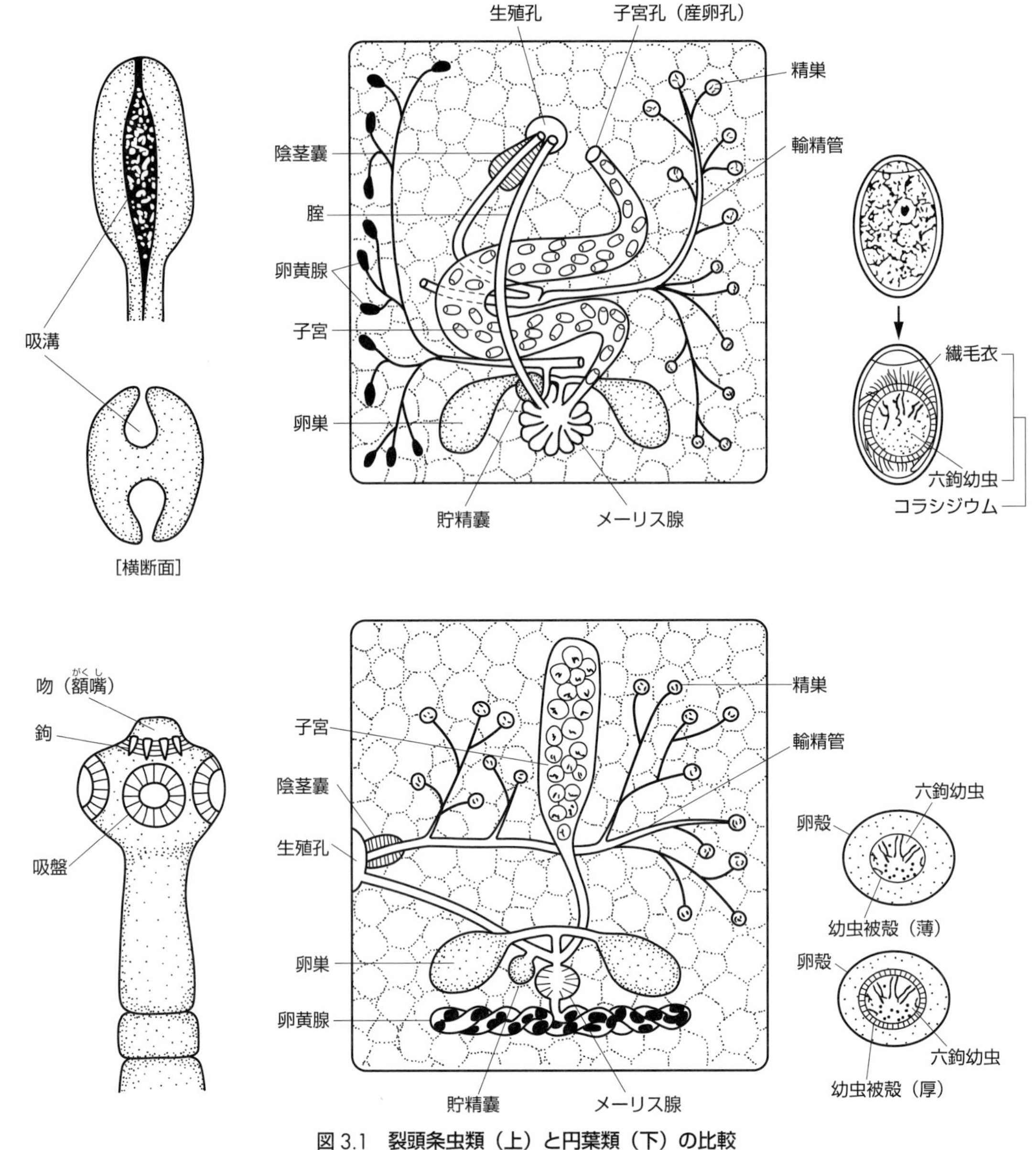

図 3.1　裂頭条虫類（上）と円葉類（下）の比較

頭節（左）・成熟片節（中）・虫卵（右）

消化管が裏返しになったものと考えておけばよい．

生殖器の構造は裂頭条虫類と円葉類ではかなりの相違が認められる．主要点を図 3.1，表 3.2 に示す．

雄性生殖器：精巣は小型の球状体で，片節内に散在し，[輸精小管⇨輸精管⇨［貯精嚢］⇨射精管⇨陰茎（毛状突起）＝陰茎嚢（毛状突起嚢）⇨生殖孔] に連なる．一部を欠く種類もある．

雌性生殖器：卵巣は 1 個であるが通常は 2 分葉し，各片節の後縁近くに存在する．卵黄腺は表 3.2，図 3.1 のとおりである．子宮の構造，子宮孔の有無の意義については表も記した．また，吸虫類と異なり，ラウレル管はない．雌性生殖器各構造の関係を図 3.2 に示す．

虫卵の産出・外界に排出される様式と，その時期における発育ステージについての要点は表 3.2 に表示してある．

［発　育］

裂頭条虫類

虫卵は淡黄褐色で一端に小蓋を有し，卵細胞を卵黄細胞がとり囲み，あたかもある種の吸虫卵のような様態を示している．宿主の糞便とともに排泄された虫卵は，水中で発育して六鉤幼虫（onchosphaera）が形成され（25℃で約 8 日），水中で孵化する．孵化した幼虫は上皮（幼虫被殻：後述）に繊毛を有し，水中を緩慢に泳ぎ，第一中間宿主のケンミジンコに摂取される

表 3.2　裂頭条虫類と円葉類の比較

<table>
<tr><th></th><th>裂頭条虫類</th><th colspan="2">円 葉 類</th></tr>
<tr><td>卵 黄 腺</td><td>小胞が片節両側に分散して分布</td><td colspan="2">小胞が片節後縁に集塊を形成</td></tr>
<tr><td>子 宮 孔
(産 卵 孔)</td><td>あ り</td><td colspan="2">な し</td></tr>
<tr><td>生 殖 孔</td><td>腹面に開口</td><td colspan="2">一側縁または両側縁に開口</td></tr>
<tr><td>産卵様式</td><td>子宮孔から順次産卵される</td><td colspan="2">虫卵充満片節ごとに切断排泄</td></tr>
<tr><td>虫 卵</td><td>六鉤幼虫は水中で形成．小蓋あり</td><td colspan="2">子宮内で六鉤幼虫が形成される</td></tr>
<tr><td>排出されるもの</td><td>六鉤幼虫未形成虫卵：水中で孵化．離脱してコラシジウム游泳</td><td colspan="2">六鉤幼虫形成卵内蔵片節，または崩壊片節からの遊離虫卵</td></tr>
<tr><td rowspan="3">第一中間宿主体内</td><td rowspan="3">プロセルコイド
(procercoid)</td><td>嚢尾虫</td><td>単 尾 虫
共 尾 虫
包 虫</td></tr>
<tr><td>擬嚢尾虫</td><td>尾嚢尾虫
隠嚢尾虫
多嚢尾虫</td></tr>
<tr><td colspan="2">充 尾 虫</td></tr>
<tr><td>第二中間宿主体内</td><td>プレロセルコイド
(plerocercoid)</td><td colspan="2">メソセストイデス科（例：有線条虫）を除いて第二中間宿主をとらないのが原則</td></tr>
</table>

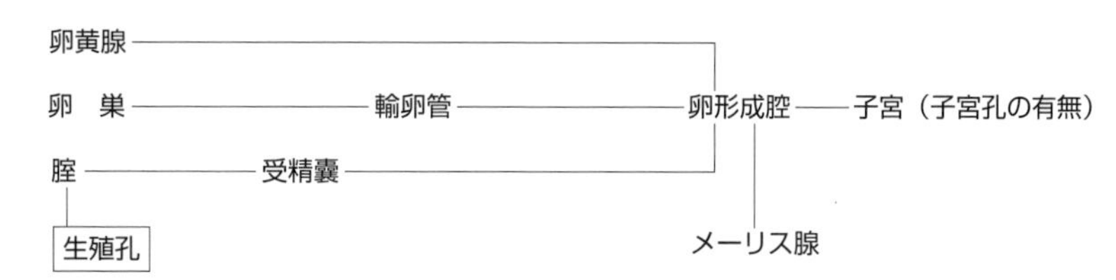

図 3.2　条虫類における雌性生殖器

ようにこれに近づく．この時期の幼虫は，生態が吸虫類におけるミラシジウムに類似していることから，コラシジウム（coracidium）とよばれている（図 3.1）．

コラシジウムが第一中間宿主に摂取されると，六鉤幼虫は被膜を脱ぎ，発育してプロセルコイド（前擬尾虫）とよばれる幼虫となる．これがさらに第二中間宿主に摂取されると，その体内で発育し，プレロセルコイド（擬尾虫）となる．

(1) プロセルコイド（procercoid）

前擬尾虫ともいう．第一中間宿主であるケンミジンコの消化管を経てその体腔内に入って形成される．ソーセージ様の虫体の後端に小型の尾胞があり，このなかに 3 対の鉤をもつ．分裂増殖は行われない．

(2) プレロセルコイド（plerocercoid）

擬尾虫，擬充尾虫ともいう．第二中間宿主体内における幼生型．体は紐状で長く，前端に頭部が分化して認められるが，後端には尾胞や鉤などはない．プレロセルコイドは幼生の最終段階のもので，通常は被嚢せずに自由に移動している．終宿主に摂取されると頭部が腸壁に吸着し，発育して成虫になる．

[付] 待機宿主の存在：日本海裂頭条虫の第二中間宿主はマスやサケであるが，これらの魚類はミジンコ類を食餌とはしていない．ケンミジンコを常食とする小型魚介類が体内にプレロセルコイドを保有している可能性は十分にある．このような小魚をマスやサケが捕食すれば，終宿主ではないために成虫への発育はみられず，プレロセルコイドの蓄積をきたすことになる．すなわち，感染経路途中に待機宿主の存在が推定される．マンソン裂頭条虫では，魚類，両生類，爬虫類，鳥類，哺乳類間でプレロセルコイドの相互感染が起こることが知られている．つまり，相互に待機宿主としての役割を果たしている．

孤虫症（幼裂頭条虫症）（sparganosis）：プレロセルコイドが主として人体組織から見出され，往時は成虫が不明なまま孤虫症とよばれ，虫体に関しては“*Sparganum*”という属名が付けられていた（たとえば *Sparganum mansoni*）．現在ではマンソン裂頭条虫のプレロセルコイドであると理解されている．寄生部位は皮下組織がもっとも多いが，主要臓器に寄生して重篤な症状を呈した例もある．虫体は普通は 10 ～ 20 cm であるが，大きいものでは 60 ～ 75 cm に達した例もある．

ヒトへの感染は，第一中間宿主からの可能性と，魚類，両生類，爬虫類，鳥類，哺乳類にわたる広範囲な第二中間宿主由来の可能性の両方が考えられている．

芽殖孤虫（*Sparganum proliferum*）：このものの成虫は不明で，真の孤虫といえよう．日本，アメリカ，ポーランドなどで人体寄生例の報告がある．また牛の寄生例がある．虫体は長さ数 mm ないし 1 cm，ときには 10 cm に達するものもある．結合織性の被膜に包まれているが，虫体自体は糸状の突起を有するもの，連結したもの，屈曲・褶曲像の様相を示すものなど多種多様な形状を示している．虫体は伸展出芽して分体を生じて増殖して諸処に浸潤する．寄生部位が皮下織の場合には，いぼ・こぶ様の結節を生ずるが，膿瘍，肥厚から象皮病様の外観を呈するようにもなる．マンソン裂頭条虫の異常型であろうという説もある．治療は外科的に摘出すること以外にない．

円葉類

子宮孔がないため，形成された虫卵が子宮内に充満するに従って子宮は多数の小房に分岐し，ついに子宮は破壊され，虫卵は 1 〜数個ずつガラス様の卵嚢（子宮嚢）に包まれるようになる．虫卵が充満した受胎片節は，順次切り離され，糞便とともに排泄されて感染源になる．すなわち，虫卵は形成されてからは排出されるまで子宮内に蓄積されている．この間に六鉤幼虫が形成されることになる．虫卵は内側から幼虫被膜（oncospheral membrane），幼虫被殻（embryophore），そして最外層の卵殻である．卵殻は発育の悪いもの（例：*Hymenolepis*），あるいは壊れやすいもの（例：*Taenia*）などがある．*Taenia* ではその代わり幼虫被殻がよく発達している．中間宿主に摂取されて孵化する．

六鉤幼虫を含む虫卵が中間宿主に摂取されると，一定部位で発育し，嚢胞状の幼虫体を形成する．これを嚢虫（bladder worm, metacercoid）という．嚢虫は，その特性によって表 3.2 のように分類されている．

(1) 嚢尾虫（cysticercus）

六鉤幼虫（オンコスフェラ）が中間宿主体内で宿主の体液を吸収し，膨張して生じた嚢胞状の幼生型を嚢尾虫という．単尾虫，共尾虫，包虫の 3 タイプに分けられる（図 3.3）．

単尾虫（cysticercus）：単に嚢尾虫ともいわれ，1 個の胞嚢に 1 頭節があり，基本型になる．内部に透明液をとどめた通常は大豆大〜豌豆（えんどう）大の嚢状体で，嚢壁の一部が陥（翻）入して頭円錐を形成している．この頭円錐は，頭節の原基（原頭節：protoscolex）が陥入・反転したもので，中心の管腔部は外表に通じている．逆にいえば“胞嚢の内壁から頭円錐が懸垂している，あるいは内方に突出している”ということになる（図 3.4）．胞嚢が終宿主に摂取されると，消化管内で頭節は翻転・突出して正常位置に戻り，嚢壁は消化され，残った頭節は宿主の腸壁に吸着し，頸部から片節を新生し，成虫への発育を開始する．有鉤嚢尾虫（有鉤条虫），無鉤嚢尾虫（無鉤条虫），細頸嚢尾虫（胞状条虫），豆状嚢尾虫（豆状条虫），帯状嚢尾虫（猫条虫）など．通常，単に“嚢虫”とよばれているが，“嚢尾虫”が適切である．

猫条虫の帯状嚢尾虫は，すでに反転して正常位にある頭節の後に頸部と種々の長さの幼虫片節をつけたもので，一見，成虫のような形態をしている．しかし，生殖器は未成熟であり，末端に尾胞（caudal vesicle）をもっている．このことから片節嚢尾虫（*Cysticercus fasciolaris*）ともいわれる．

共尾虫（coenurus）：大型で鶏卵大のものもあり，1 個の嚢胞内に多数の頭節が形成されている．めん羊の脳共尾虫（多頭条虫），ノウサギの連節共尾虫（連節条虫）など．

包　虫（echinococcus）：包虫構造は複雑で増殖が激しい．大きさも小児頭大に達するものもある．包虫の大きな特徴は，原頭節のつくられ方にある．すなわち，単尾虫や共尾虫では胞嚢の内壁から直接に頭節が形成されているが，包虫ではまず胞嚢の内壁に多数の小胞嚢（繁殖胞）を生じ，この繁殖胞のなかに複数個の原頭節が形成されることである．胞嚢壁は，非細胞性の層状皮膜（外層）と，胚細胞からなる胚層（内層）の 2 層で構成されている．ちなみに，単尾虫や共尾虫の胞嚢壁は厚い外層と，網状構造で管腔，石灰顆粒，筋組織などをもつ内層とからなっている．脳寄生の有鉤嚢尾虫や二次小胞嚢をもった場合の連節共尾虫など，一見，包虫と見間違う形状を示すものでも，胞嚢壁を組織学的に精査することで判別できる（単包条虫 (p.260) に詳述）．

(2) 擬嚢尾虫（cysticercoid）

嚢尾虫の胞嚢は液体で満たされているが，擬嚢尾虫とよばれるものには液体はほとんどない．六鉤幼虫の中央部が胞嚢状になり，先端がこのなかに没入して頭節が形成される．この頭節は反転しておらず，つまり正常な位置関係を保ち，これが厚い組織で包み込まれたかたちになっている（図 3.3）．節足動物，主として昆虫類，ダニ類に寄生するが，なかには脊椎動物に寄生するもの（例：小形条虫の直接感染，自家感染）もある．発育に伴う尾部の形状によって尾嚢尾虫，隠嚢尾虫，多嚢尾虫の 3 タイプに分けられるが，あえて分

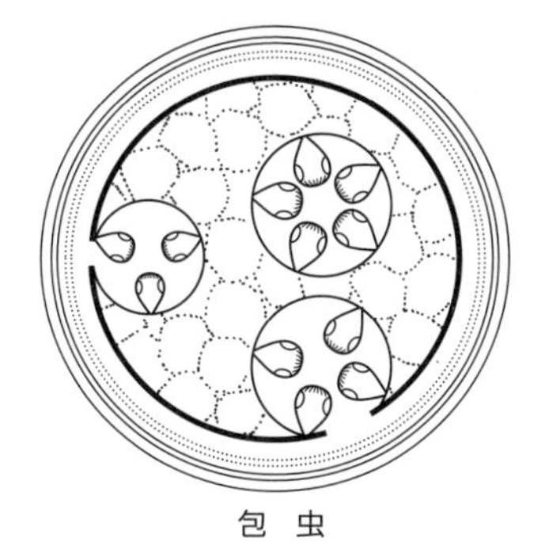

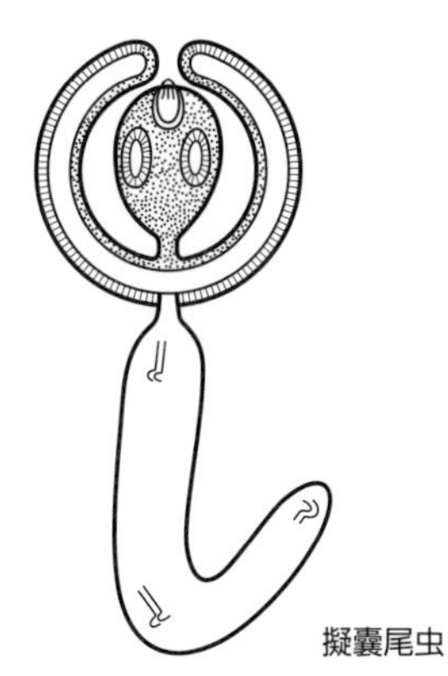

図 3.3 嚢虫の模式図

上 3 タイプの嚢尾虫の頭節（原頭節）は，胞嚢内に反転・陥入している．擬嚢尾虫の頭節は反転していない．つまり，正常方位を呈している．［表 3.2 参照］

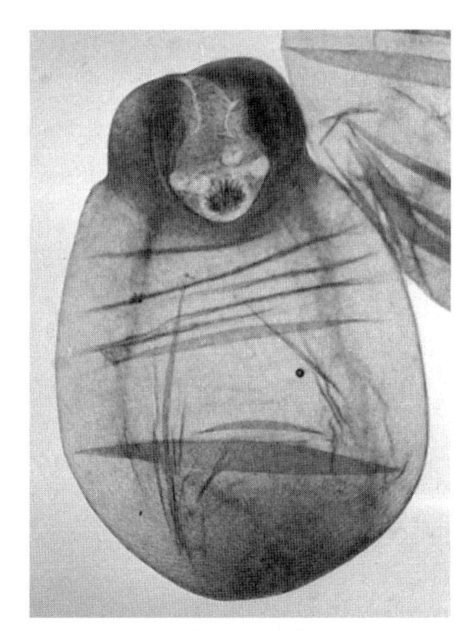

図 3.4 *Taenia crassiceps* **の単尾虫（嚢尾虫）**

胞嚢壁に頭節が反転して懸垂している

類する必要はない．

(3) 充尾虫（plerocercus）

嚢尾虫のような液体を満たした胞嚢はないが，反転した頭節が実質性の球状体に収められている．主要な人獣寄生性の条虫類で該当するものはない．

3.2 裂頭条虫類

日本海裂頭条虫
Diphyllobothrium nihonkaiense
広節裂頭条虫
Diphyllobothrium latum

古くから日本で単に“裂頭条虫”といえば，通常“広節裂頭条虫”を意味していた．しかし，日本で主にみられる裂頭条虫は世界各地に分布するもの，とくに北欧原産のものとは別種であることが判明し，『日本海裂頭条虫』*Diphyllobothrium nihonkaiense* という新種名

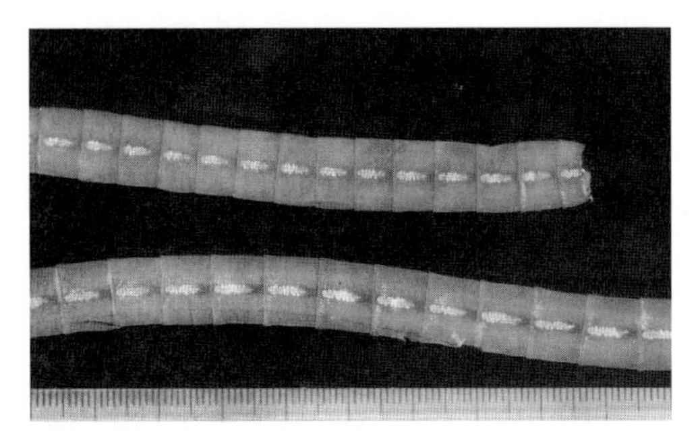

図 3.5　日本海裂頭条虫のストロビラ

図 3.6　日本海裂頭条虫の成熟片節

表 3.3　日本海裂頭条虫とマンソン裂頭条虫の生殖器の比較

	日本海裂頭条虫	マンソン裂頭条虫
子　　宮	屈曲して花弁状を呈し，陰茎嚢の位置にまで達する	らせん状に巻曲し，小型で陰茎嚢の位置に達しない（らせん子宮が属名の由来）
生殖器の開口部位	陰茎と腟は共通の生殖孔に開く	陰茎孔と腟孔は別々に体表に開く
貯精嚢	陰茎嚢と密着するが分離	陰茎嚢と同一嚢内で密着

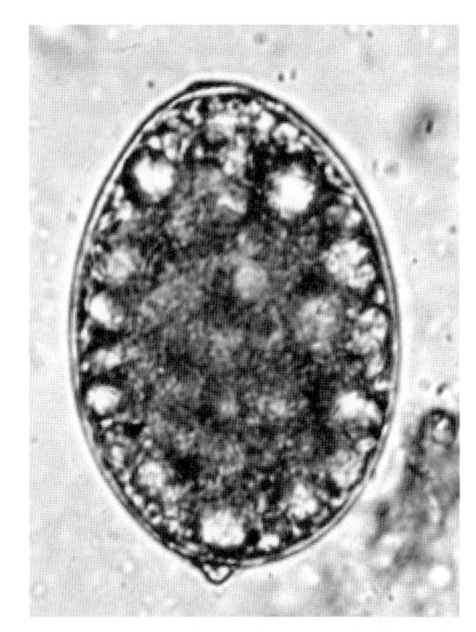

図 3.7　日本海裂頭条虫卵

が与えられた．さらに 2017 年には，新たな学名として *Dibothriocephalus nihonkaiensis* が提唱された．ちなみに北欧では，ヒトにおける悪性（大球性，過色素性）の“裂頭条虫性貧血”が知られているが，日本での貧血発生例はまったく知られていなかった．これは，原因となる寄生虫種が異なるためと考えられる．

宿主はヒト，イヌ科・ネコ科動物，ヒグマなど，さらにアザラシなどの海獣がサケマス類の魚を食用とするものである．しかし，犬・猫での虫体の発育は悪い．したがって，獣医臨床上の重要性は低いといえよう．

［形　態］

ストロビラは大型で全長 3 ～ 10 m，ときに 20 m を超えるものもあるという．頭節は小さく，長さ 2 ～ 3 mm，幅は 1 ～ 1.5 mm，厚さ約 1 mm，背腹に 1 対の吸溝がある．片節数は 2,000 ～ 5,000 個に及ぶ．片節は幅は広く（広節）15 ～ 20 mm にもなる（図 3.5）．子宮は褐色にみえ，左右に屈曲して花弁状を呈し，片節の中央部に容易に認められる．卵巣は 2 分葉し，片節の後縁中央に存在する．精巣，卵黄腺は片節の両側に多数散在している（図 3.6）．その他，生殖器に関する特徴は，マンソン裂頭条虫との比較表（表 3.3）に記した．虫卵は 67 ～ 71 × 40 ～ 51 μm で淡褐色，一端に小蓋がある．内容は 1 個の卵細胞とこれをとり囲む多数の卵黄細胞からなり，一見肝蛭卵に似ている（図 3.7）．

［発育環］

第一中間宿主はケンミジンコ．虫卵は水中で発育し，20℃前後の適温では約 1 週間，通常数週間でコラシジウムが形成される．コラシジウムは小蓋を開いて脱出し，ケンミジンコに捕食され，その消化管内で繊毛を脱し，血体腔で 2 ～ 3 週間後にはプロセルコイドになる．この感染ケンミジンコが第二中間宿主に食べられると，主として魚の筋肉に移行し，1 か月くらいでプレロセルコイドになる．数種の淡水魚が第二中間宿主になることが知られている．日本では第二中間宿主としてはサクラマスの感染率が高く，重要であると考えられている．ほかにカラフトマス，サケ，ベニザケにも感染がみられる．しかし，サケ・マスの類が直接ケンミジンコを採食するとは考えにくい．おそらくケンミジンコを食べた小魚をサケマス類の大型魚類が採食して感染するのであろう（待機宿主）．魚体内のプレロセルコイドは白色糸状で盛んに伸縮運動を行う．体長は普通 3 ～ 6 mm，伸ばせば 2 cm にも達する．

終宿主は第二中間宿主あるいは待機宿主を食べて感染する．寄生後の発育は旺盛で，1 日におよそ 2 cm ずつ成長するという．犬でのプレパテント・ピリオドは 3 ～ 4 週間．成虫の 1 日の産卵量は約 36,000 という．また成虫の片節新生速度は 1 日に 31 ～ 32 個，長さとして 8 〜 9 cm に達するという．

［症状・診断・治療・駆虫・予防］

マンソン裂頭条虫に同じ．頭書に記したように獣医臨床上の問題はあまりない．

マンソン裂頭条虫
Spirometra erinaceieuropaei

かなり最近まで *Spirometra erinacei* という学名が長く用いられていた．マンソン裂頭条虫という和名は，さらに旧名の *Diphyllobothrium mansoni* にちなんだものである．宿主はまず猫，ついで犬，その他の肉食性の動物，まれにヒト（日本では 5 例）．寄生部位は小腸．ヒトの場合は"孤虫症や芽殖孤虫"が重要である（p.173，174 参照）．

分布は世界的というが，同一種であるかどうかには議論がある．しかし，少なくともアジアのものは同一種であろう．日本国内では各地にみられるが，第二中間宿主の豊富な田園地帯や沼沢地という環境要因に関連する．

［形　態］

成虫の体長は 1 〜 2 m，体幅はだいたい 1 cm．またはせいぜい 1 m × 1 cm に至らないといい，広節裂頭条虫もしくは日本海裂頭条虫や大複殖門条虫（*Dyplogonoporus grandis*）などがいずれも 10 m に達するのに比べればはるかに短い．個体差が大きい．頭節はこん棒状で細長く，吸溝は頭項で合一する（口絵㊹）．片節は 1,000 個にも及び，縦横比は約 4.5 〜 5.5 で横幅のほうが広い．雄性生殖孔（陰茎開口部）は片節前方 1/3 の腹面に開き，雌性生殖孔（膣孔）はその後方の腹面に開口している．さらに後方に子宮孔が開く．すなわち，片節表面には 3 孔がある．片節の中央部には 2 〜 7 回らせん状に旋回して塊状を呈する子宮が容易に認められる．虫卵は両端がややとがった黄褐色，左右不対称の観がある楕円卵で小蓋がある．内容は 1 個の卵細胞を多数の卵黄細胞がとり囲んだ幼虫未形成卵である．大きさは 52 〜 76 × 26 〜 43 μm（図 3.8，口絵㊺）．

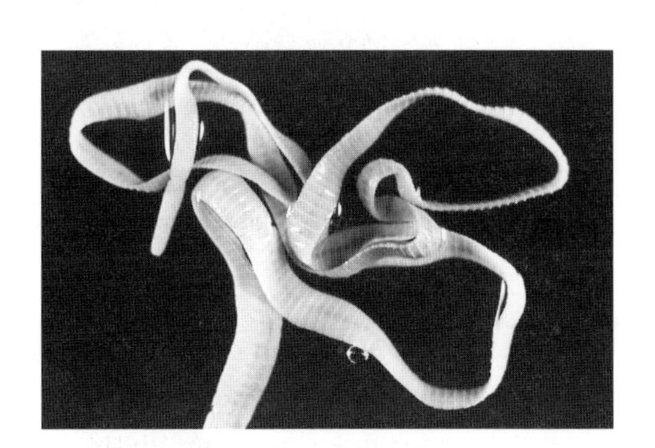
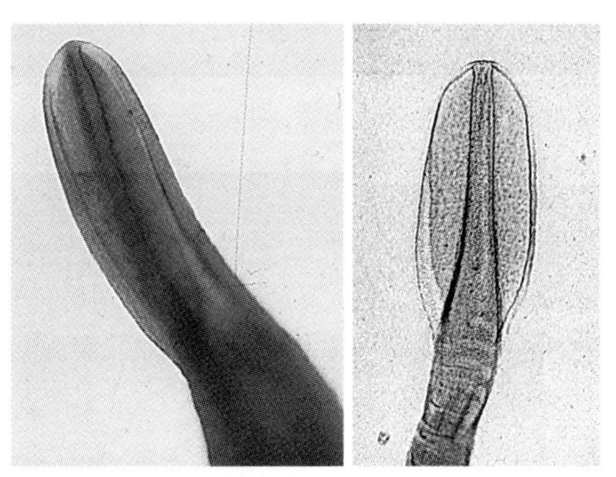
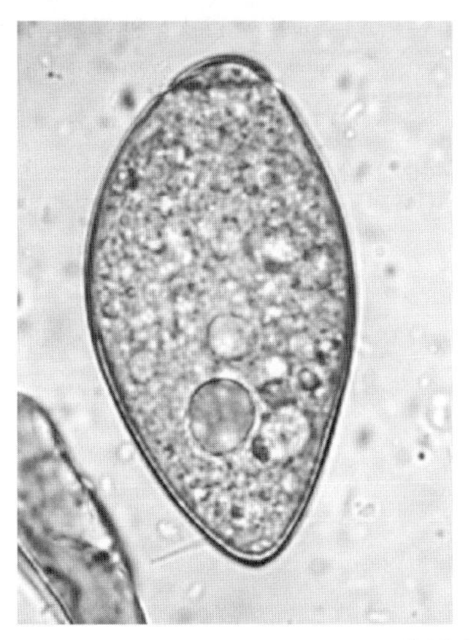
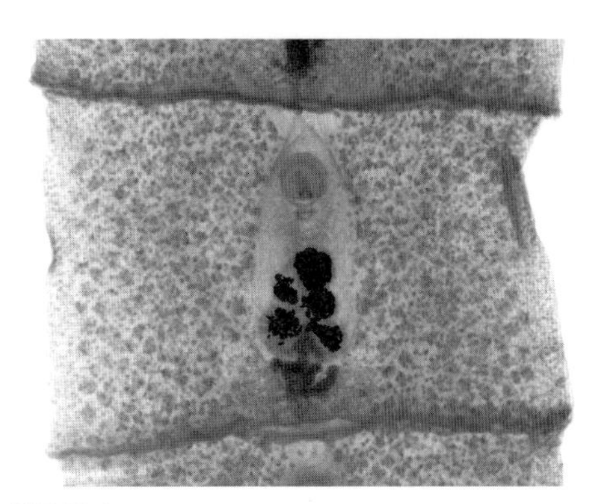

図 3.8　マンソン裂頭条虫
左上：ストロビラ　右上：頭部（右：染色標本）［平原図］　左下：虫卵　右下：成熟片節

[発育環]

水中で，3ないし数週間後には卵内に繊毛上皮をもつ六鉤幼虫・コラシジウムが形成される．コラシジウムは光刺激によって孵化し，水中を緩徐に游泳し，第一中間宿主のケンミジンコに捕食される．コラシジウムはミジンコの消化管内で繊毛上皮を脱し，消化管壁を穿通して体腔に侵入し，約20日後にプロセルコイドになる．プロセルコイドは寄生するケンミジンコが第二中間宿主に摂取されると尾胞を失い，消化管を穿通して腹腔，皮下，筋肉などへ侵入し，プレロセルコイドになる．第二中間宿主の範囲ははなはだ広く，両生類，爬虫類，鳥類から哺乳類に及ぶ．しかし，これらの第二中間宿主のすべてがケンミジンコを採食するとは考えられない．ケンミジンコがオタマジャクシに食べられ，筋肉や体腔でプレロセルコイドになり，オタマジャクシが発育・変態してカエルになればそのままプレロセルコイド保有ガエルになることがわかっている．このオタマジャクシやカエルが，ヘビやその他の動物に食べられるとプレロセルコイドとして感染し，それが保有される．これが実際のおもな発育経路である可能性がきわめて高い．事実，カエルとヘビのプレロセルコイド保有率はとくに高い．待機宿主の存在が強く想定される．この問題はマンソン孤虫症や芽殖孤虫の本質に連なるマンソン裂頭条虫の特性であろう．プレロセルコイドは頭部に吸溝をもち，体長は数cmから十数cm，体幅は数mmから十数mmで宿主によって異なっている（図3.9）．

終宿主がプレロセルコイドを保有する第二中間宿主または待機宿主を摂取すると，正常な場合であれば小腸に定着して急速に成長し，10日ほどで産卵が認められるようになる．成虫からの産卵数は多く，EPGが10^5に及ぶことは珍しくない．一方，終宿主に摂取されたプレロセルコイドの一部が小腸に定着せず，消化管壁を穿通して幼虫型で寄生することがある．事実，犬や猫からもまれにプレロセルコイドが検出される．

[症状・診断]

症状は虫体がかなり大きいため，多数寄生では腸管に与える物理的刺激は否定できない．慢性下痢，消化障害をきたし，栄養不良を招くことになる．さらに大量寄生であれば腸管内容物の通過障害，腸閉塞様状態をひき起こすことになる．興味ある所見として，異嗜，食欲昂進（こうしん）が認められる場合のあることが指摘されている．しかし，多くは無症状で経過する．第二中間宿主が共通することから，“壺形吸虫”（p.154）と合併感染している場合が多い．この場合，もちろん感染量によるわけであるが，頑固な下痢が認められる．

診断は特徴的な虫卵を検出することがもっとも確実である．たびたび述べたように，壺形吸虫との合併感染が多いことは，いずれか一方の虫卵が検出された場合には，他方の虫卵を精査する必要があることを意味する．また，片節の新生が盛んで，しばしば数片節が連なって排出されることがある．この場合の片節の同定は有意義である．マンソン裂頭条虫の片節は前述したように中央部にらせん状に巻曲した子宮塊が容易に認められることが特徴である．

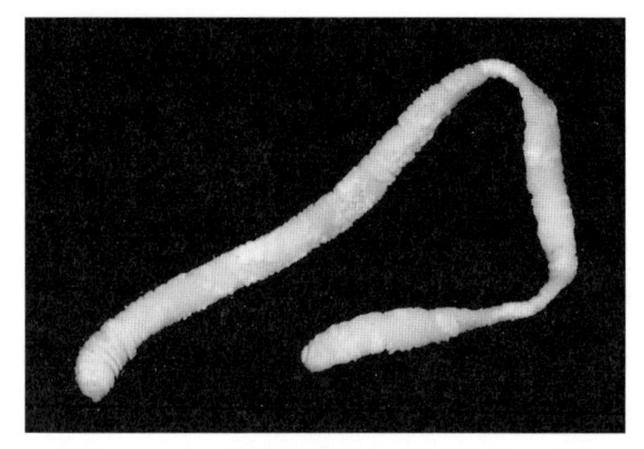

図3.9　マンソン裂頭条虫のプレロセルコイド

幼虫感染の実際的・日常的な診断法は知られていない．皮下の場合は触診による．

[駆虫・予防]

プラジクアンテルの30 mg/kg（錠剤）あるいは34 mg/kg（注射剤）投与の有効性が認可されている．

感染は動物の習性によるもので，推奨されるべき的確な予防法は見当たらない．

3.3 円葉類

A　馬の条虫類

馬に寄生する条虫として，裸頭条虫科（Anoplocephalidae）・*Anoplocephala*属の葉状条虫および大条虫，ならびに*Anoplocephaloides*属の乳頭条虫の3種類がよく知られている．日本では葉状条虫が最重視されている（表3.4）．

裸頭条虫科

中〜大型の条虫で，頭節に額嘴（がくし）も鉤も備えていない（裸頭）．4個の吸盤はよく発達しているが，これも無鉤である．片節は幅広・扁平で，明瞭なことが特徴になっている．各片節に1あるいは2組の生殖器をもつ．精巣は多数．生殖孔は同側にのみ開く．老熟子宮は横軸方向に走行する盲嚢として，分岐を生じて残存するか，卵嚢を形成するか，あるいは1ないし数個の副子宮を形成する．虫卵はほかの多くの蠕虫類の虫卵が円形，卵円形などを呈しているのに対し，三角形あるいは四角形に近い形状を示し，3層の被膜に包まれている．最外層は卵殻，中間層は蛋白性の厚い包膜であり，

表 3.4　裸頭条虫類の比較

	葉状条虫 *Anoplocephala perfoliata*	大条虫 *Anoplocephala magna*	乳頭条虫 *Anoplocephaloides mamillana*
大きさ（mm）	10 ～ 62 × 3 ～ 15	35 ～ 800 × 5 ～ 8	6 ～ 50 × 4 ～ 6
頭節径（mm）	2 ～ 3	3 ～ 6	0.7
頭節後縁突起	あり（2 対）	な　し	な　し
精　巣	小型：約 200 個	52 μm．400 ～ 500 個	60 ～ 100 個
虫卵（μm）	74 ～ 82 × 50 ～ 78	67 ～ 80	50 ～ 60
六鉤幼虫（μm）	18	8	6
寄生部位	回腸－盲腸接合部	小腸まれに胃	空腸・回腸まれに胃
国内の分布	もっとも普通	少ない（アメリカでは普通）	きわめてまれ

最内層はキチン質の幼虫被殻である．六鉤幼虫の一端は“洋梨状装置（pyriform apparatus）”とよばれる特徴的な 1 対の鉤状突起を形成している（口絵⑯）．

葉状条虫
Anoplocephala perfoliata

世界的に分布し，馬，ロバの回腸口（回盲口）付近を中心に，盲腸にかけて局所的・集中的に寄生する．感染はとくに幼齢馬に多い．虫卵検査により，3 歳以下で 46.3 %，4 歳以上では 6.5 % であったという報告がある．

［形　態］

虫体は普通 5 cm くらい，幅は約 1.2 cm，頭節後縁には下方に向かう突起（ラペット，lappets）が 2 対あり，これが形態的な特徴のひとつになっている（図 3.10 ～ 3.12）．各片節には 1 組の生殖器がある．老熟子宮は横方向に走り，大型で嚢状，分葉している．

［発育環］

中間宿主は自由生活性のダニであるササラダニ類である．ササラダニはいわゆる土壌動物・土壌群集とよばれる腐食性，食菌性の微細なダニで，牧野でほぼ $10^4/m^2$ の生息密度であろうと推定されている．ササラダニは条虫卵の卵殻を壊し，なかの六鉤幼虫を採食する．そして，ダニ体内で，気温 26 ～ 27℃では 53 日，18 ～ 20℃では約 150 日（2 ～ 5 か月）で擬嚢尾虫が形成される．馬は牧草とともに感染ダニを摂取して感染する．感染後 1 ～ 2 か月で成虫になる．

［症状・診断・駆虫・予防］

症状は一般には不顕性の場合が多いが，濃厚寄生では食欲不振，消化障害，疝痛，栄養不良，削痩などがみられる．頭書に述べたように，好寄生部位は回腸－盲腸の接合部に限局されている．この狭い局所の腸粘膜に密集して吸着・寄生するため，腸粘膜には糜爛（びらん）や潰瘍を生じ，脆弱になり，慢性腸潰瘍の様相を呈する

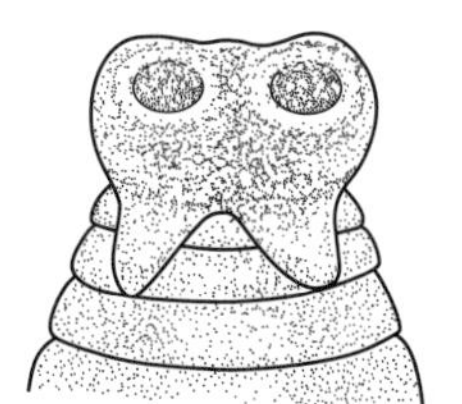
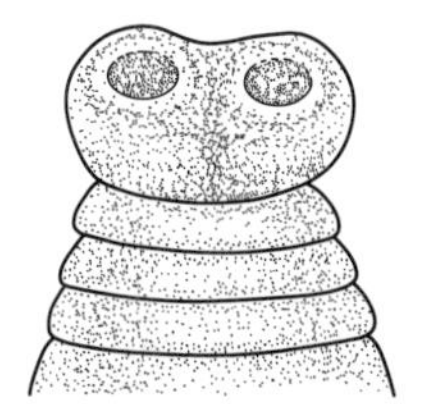

葉状条虫　　大条虫

図 3.10　馬の条虫類にみられる頭節後縁の突起

図 3.11　葉状条虫の頭節とストロビラ
頭節後縁に突起（ラペット；矢印）がある

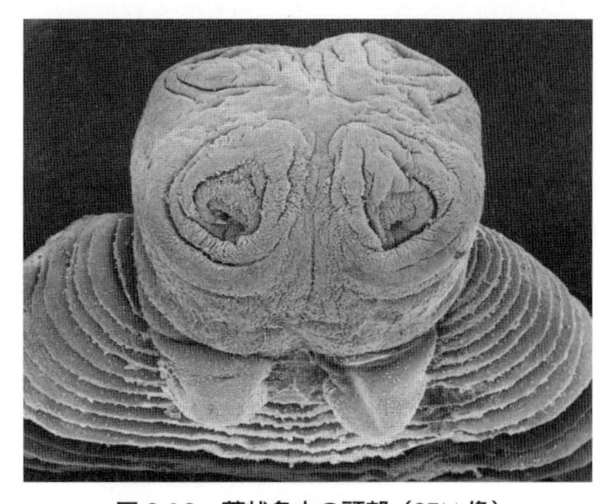

図 3.12　葉状条虫の頭部（SEM 像）
4 個の吸盤とラペットが明瞭に観察される

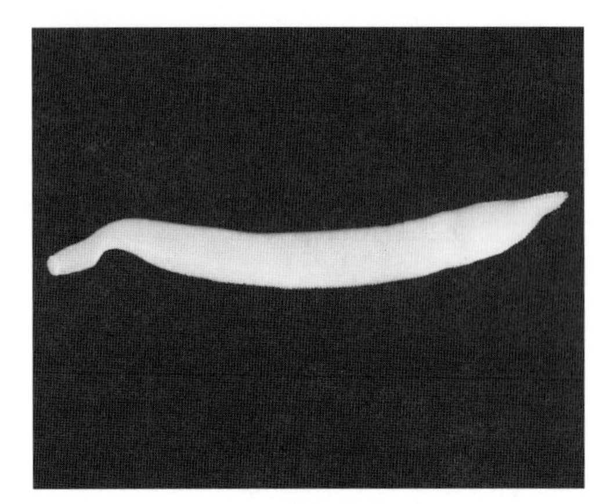

図 3.13　大条虫の虫体全景

に至る．病変が深層にまで及び，まれには腸破裂や腸穿孔の原因になることもある．また，粘膜下織の結合織増生は，回腸口の管腔狭窄の原因になる．

診断法としての虫卵検査は浮游法によるが，EPG は通常低い．糞便中に排出された片節検出も診断法のひとつになる．

駆虫剤としては，プラジクアンデル複合製剤の有効性が認可されている．

予防法はもっぱらササラダニと虫卵・片節（馬糞）との接触阻止である．高密度で牧野に生息しているササラダニの撲滅などは望むべくもない．排糞の即刻・適切な処置・除去が予防法の要諦になるであろう．牧野・採草地への無分別な散布・還元などは厳に慎まなければならない．

大条虫

Anoplocephala magna

馬，ロバの空腸，ごくまれに胃，あるいは盲腸に寄生する．虫体は前種よりも概して大きい傾向があり，80 cm に達するものもある．頭節は前者より大きいが，後縁の突起（lappet）はない（図 3.10，3.13）．

葉状幼虫にみられたような，特異的な病態や症状は記録されていない．通常の条虫症としての腸カタル，消化障害などがある．穿孔のあることも知られている．

診断，駆虫，予防などは葉状条虫に同じ．

乳頭条虫

Anoplocephaloides mamillana
(syn. *Paranoplocephala mamillana*)

馬の小腸，ときに胃に寄生する．頭節は小さく，吸盤はスリット状を呈し，頭節の背面と腹面に位置する．

中間宿主の詳細については未確定な点もあるが，ササラダニの類であることは疑いがない．症状に関する記録はみられない．

診断，駆虫，予防などは葉状条虫に同じ．

B　反芻動物の条虫類

反芻動物の条虫としては，普通，ベネデン条虫（*Moniezia benedeni*）と拡張条虫（*M. expansa*）の 2 種がよく知られている．前者はおもに牛に，後者はおもにめん羊に寄生するが，前者はまれにめん羊にも，後者はまれに牛にも，そして，いずれも牛・めん羊以外の反芻動物に感染することもあると理解されている．幼齢のものに多い．両種とも裸頭条虫科に属し，額嘴（がくし）を欠く．寄生部位は小腸（表 3.5）．

ベネデン条虫

Moniezia benedeni

放牧幼牛で感染率が高い．体長は 4 m に達するものもあり，白色で体幅はかなり広い．片節間腺は片節後縁に沿った中央部に短い線状に認められ，拡張条虫に比べて分布範囲が狭い．虫卵は四角形で拡張条虫卵との鑑別点になる（図 3.14，口絵⑯）．

中間宿主は次の拡張条虫と同様，ササラダニ類で，落葉や枯葉の陰に多い．前述（葉状条虫）したように牧野における生息密度はきわめて高い．ササラダニは虫卵に小孔を開け，六鉤幼虫を吸引する．夏期では 6 〜 8 週間で擬嚢尾虫が形成される．牛が草とともに感染ダニを摂取すると，擬嚢尾虫は牛の腸管で脱嚢・遊離し，そのまま頭節になって腸粘膜に吸着し，成長を開始する．約 1 か月で受胎片節の離脱・排泄がはじま

表 3.5　ベネデン条虫と拡張条虫の比較

	ベネデン条虫 *Moniezia benedeni*	拡張条虫 *Moniezia expansa*
宿　主	おもに牛，ついでめん羊・山羊	おもにめん羊・山羊，ついで牛
大きさ	1 〜 4 m × 20 〜 26 mm	1 〜 6 m × 16 mm
頭節（方形）	0.8 〜 1.0 mm	0.4 〜 0.8 mm
片　節	白色，半透明，薄い	乳白色，比較的厚い
生殖器	左右 2 組で両側に開口	左右 2 組で両側に開口
片節間腺	片節後縁中央部に短線状に集合	球状塊が 6 〜 30 個，幅広く配列
虫　卵	四角形，80 〜 85 μm	一見三角形，56 〜 67 μm

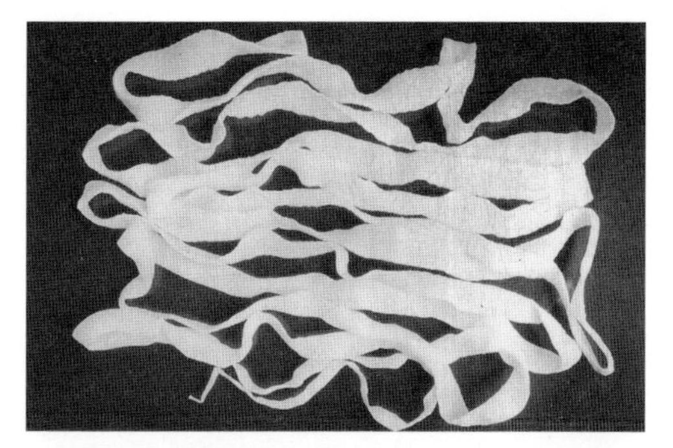

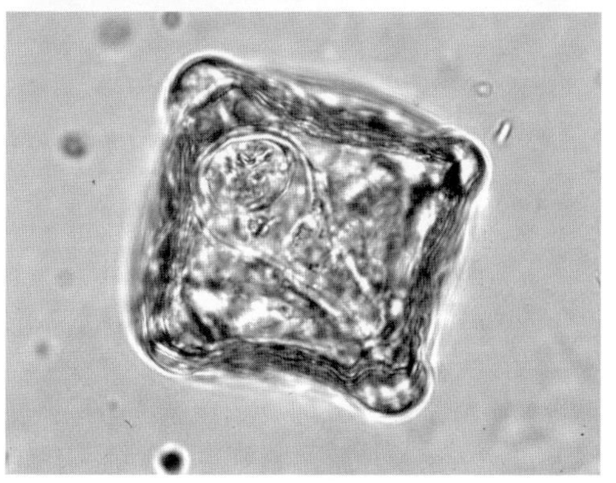

図 3.14　ベネデン条虫
上：ストロビラ　下：虫卵

る．

症状はあまり明確ではない．虫体は長大であり，その旺盛な成長度から消費される栄養成分は無視できないであろうし，代謝産物の宿主に及ぼす有害作用は否定できないであろう．また，多数寄生であれば，腸管の狭窄や閉塞の原因になることも想像される．しかしいずれも不明確であり，積極的な駆虫・予防対策は立てられていない．未認可ではあるが駆虫効果が期待される薬剤としては，ベンズイミダゾール系薬剤やプラジクアンテルなどがある．

拡張条虫
Moniezia expansa

ベネデン条虫に比べて体幅は狭く（体長 6 m に対し体幅 16 mm），頭節は小さいが，吸盤は目立つ．生殖器は各片節に 2 組ずつ．片節間腺は集合してロゼット状になり，片節後縁に広く一列に配列する（図 3.15, 3.16）．虫卵は一見三角形を呈し，洋梨状装置はよく発達している（図 3.17，3.18）．

中間宿主はササラダニ類．日本で確認されているのはホクリクササラダニであるが，多くのササラダニが中間宿主になると考えられている．ダニが虫卵に開け

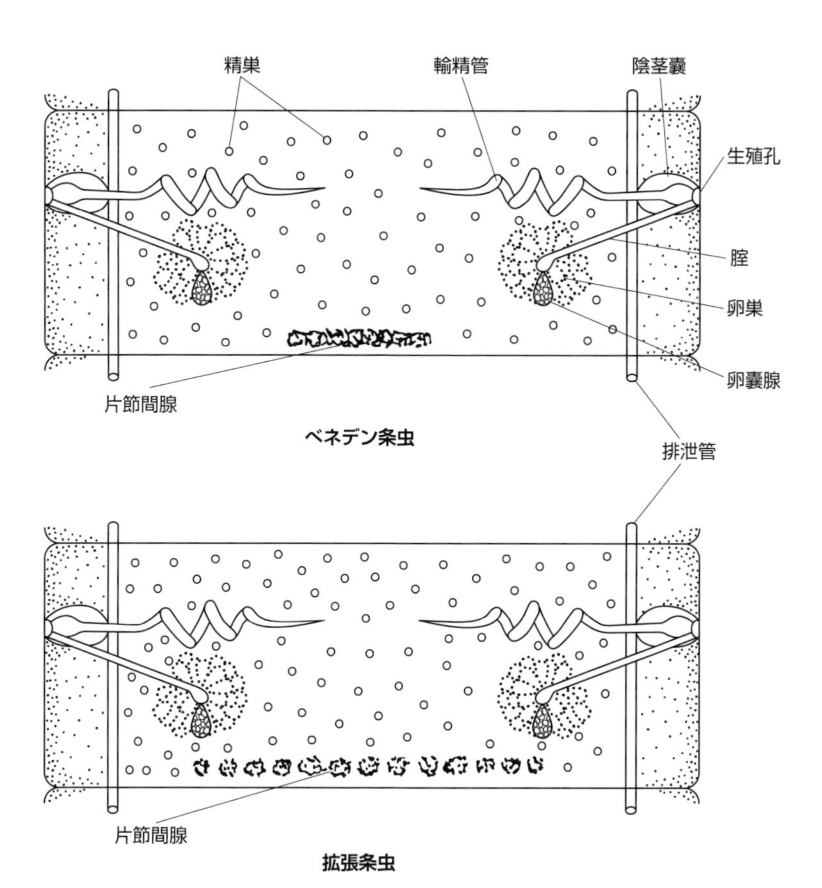

図 3.15　*Moniezia* 属の片節間腺

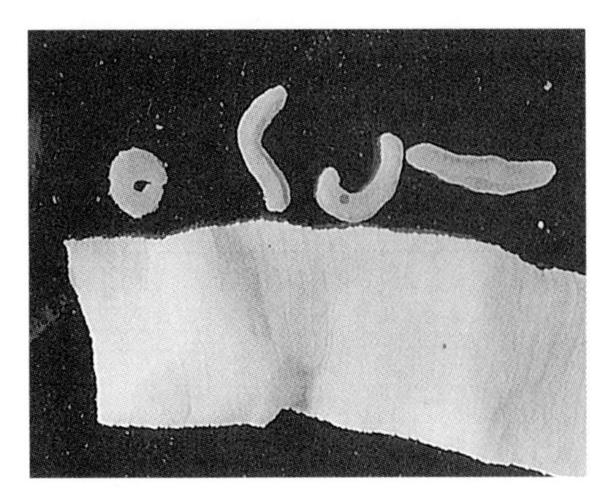

図 3.16　拡張条虫のストロビラと糞便に排泄された 4 つの片節［平原図］

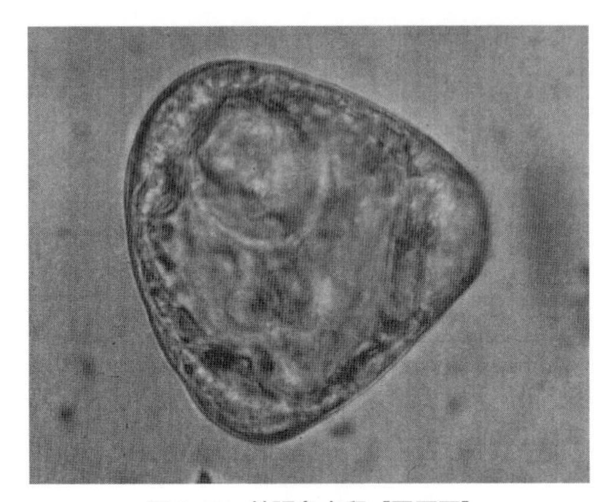

図 3.17　拡張条虫卵［平原図］

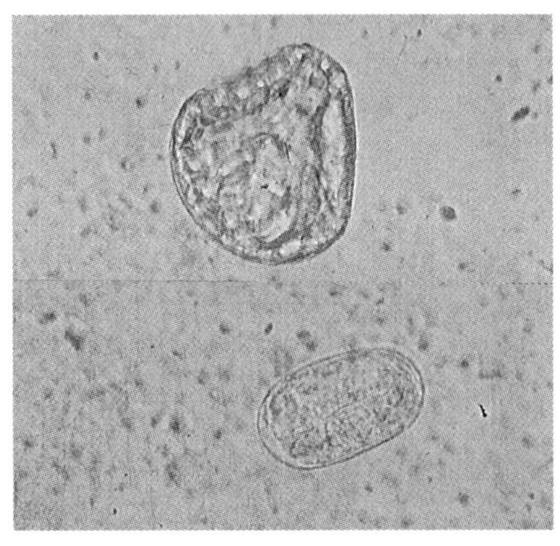

図 3.18　拡張条虫卵と乳頭糞線虫卵［平原図］

た小孔からなかの六鉤幼虫を吸引すると，1.5 ～ 2 か月で擬嚢尾虫が形成される．終宿主に感染してからのプレパテント・ピリオドは 1 か月余である．寄生期間は短く，3 か月以内といわれている．

寄生は当歳および 2 歳のめん羊・山羊に圧倒的に多い．濃厚感染では消化器障害による下痢があり，貧血，発育不良，削痩などが認められるというが，症状は定かではない．

診断は馬の葉状条虫に同じ．

未認可ではあるが駆虫には，ベンズイミダゾール系薬剤やプラジクアンテル などが用いられる．実際的な見地からの的確な予防法は見当たらない．

ホクリクササラダニ（*Oribatula venusuta*）：ササラダニ類は“葉状条虫”で既述したように，腐食性の微細ダニ類で，牧野における生息密度はおそらく $10^4/m^2$ 以上であろうと推定されている．ホクリクササラダニはその一種で，外皮はキチン質で光沢のある褐色を呈し，前体部と後体部との境界は明瞭である．顎体部は体前方下面にある．眼はない．脚の先端には 1 対の爪と 1 本の長い爪間体（計 3 本の爪）がある．日本全国に広く分布している．地表に堆積された有機物の表層，下面に多い．日照時，午後 3 時ころまでが活動時間．活動期間は春から初冬までである．通常 3 月から活動をはじめ，11 月下旬には越冬・冬眠に入る．

C　肉食獣の条虫類

瓜実条虫（犬条虫）
Dipylidium caninum

ディピリディウム科に属する．犬の条虫としては，世界のほとんどの地域でもっとも普通にみられ，英語で“dog tapeworm”とよばれるものである．また片節の特徴から“double-pored dog tapeworm”ともよばれている．ちなみに“瓜実（うりざね）条虫”の名は成熟片節の形状に由来する．犬のほかに猫，キツネ，オオカミ，その他のイヌ科，ネコ科動物にも及んでいる．さらにまれにヒト，とくに小児にも寄生する．寄生部位は小腸．

［形　態］

虫体は全長 50 cm 以上になり，70 cm にも達する．ときに大量感染を受けた場合には“混み合い効果・群集効果（crowding effect）”が生じ，虫体が小型化し，体長が画一的に 15 ～ 20 cm くらいにそろってしまうことが知られている．この現象はネズミの小形条虫でも知られており，虫体密度と寄生部位の容量および利用可能な栄養成分量などに関連するものと理解されている．頭部に近い片節は梯子（はしご）形であるが，成熟するにつれて長さを増し（7 × 3 mm），かつ，片節の中央部両側が丸みを帯び“瓜の実”状を呈するようになってくる．しかも，受胎片節は宿主の消化管内で消化されることなく，そのまま排出され，虫卵・卵嚢を排出しながらかなり活発に動き回るために飼い主の目にもつきやすく，瓜実（うりざね）の実感を与えることになる．“飯粒”と表現する人もある．

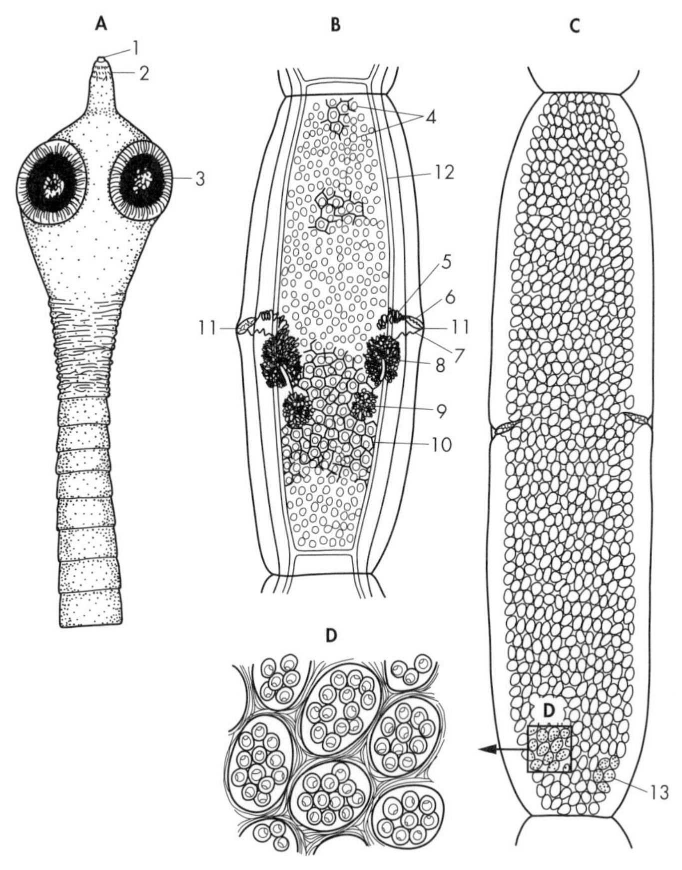

図 3.19　瓜実条虫［藤］

A：頭節　B：成熟片節　C：受胎片節　D：卵嚢（強拡大）
1：額嘴　2：鉤　3：吸盤　4：精巣　5：輸精管　6：陰茎嚢　7：腟　8：卵巣　9：卵黄腺　10：子宮（一部）　11：生殖孔　12：排泄管　13：卵嚢

頭節には 4 個の吸盤と額嘴がある（口絵⑦⑦）．額嘴には 40 ～ 60 の鉤が 3 ～ 4 列に並び，伸縮自在で額嘴嚢に出入りしつつ，かなり突出させることができる．子宮は網目状に広がり，この間に 100 ～ 200 個の精巣が散在している（口絵⑦⑧）．受胎片節では子宮は細かく分房して卵嚢（egg ball，egg capsule；子宮嚢（uterine capsule）ともいう）となり，各々は数個から十数個ずつの虫卵を包んでいる（口絵⑦⑨）．1 つの片節に 2 組ずつの生殖器がある．生殖孔は左右両縁のほぼ中央部に開口する（double-pored）．虫卵は球状で 40 ～ 50 μm で無色（図 3.19 ～ 3.21）．

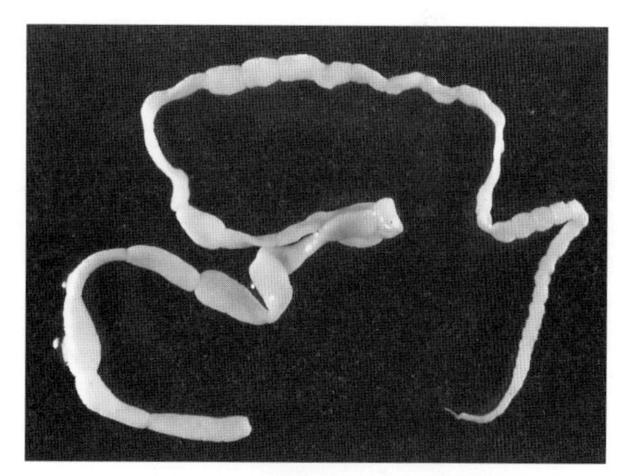

図 3.20　瓜実条虫のストロビラ

［発育環］

中間宿主はイヌノミ，ネコノミ，ヒトノミである．イヌハジラミも疑われている．外界に排出された受胎片節は伸縮運動によって卵嚢を圧出し，さらに卵嚢が壊されて虫卵が遊離する．ノミの幼虫が虫卵を摂取すると，消化管内で孵化した六鉤幼虫は血体腔へ達し，約 2 週間で擬嚢尾虫になる（図 3.21 下）．この間にノミの変態があっても擬嚢尾虫の発育には影響はない．終宿主が感染ノミを摂取すると，擬嚢尾虫は小腸壁に吸着し，約 3 週間で成虫になる．寄生部位は通常，小腸中部以下．

［症状・診断］

有鉤額嘴をかなり粘膜深くまで穿入するので，組織への障害は小さくない．大量感染例では粘膜に出血点が観察される．受胎片節は破壊されることなく糞便とともに，あるいは自力で外界に出てくる．片節の体壁は強固であり，しかもかなり活発な自動的な伸縮運動

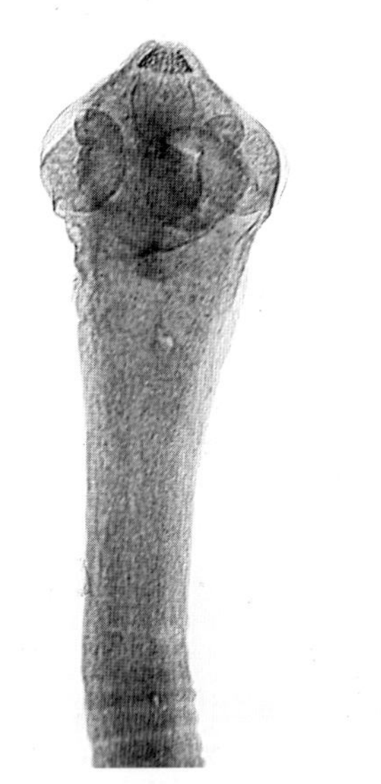

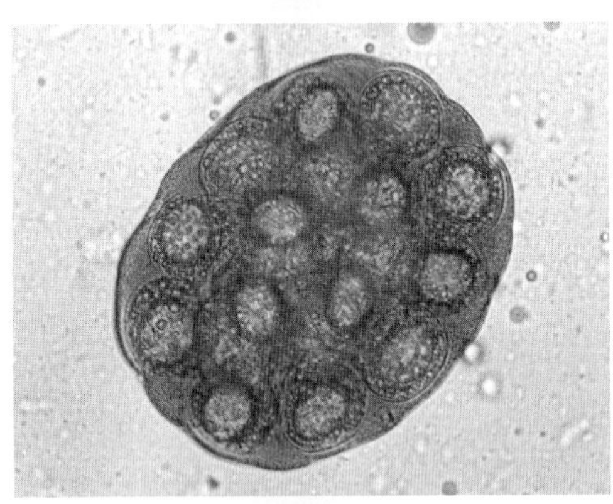

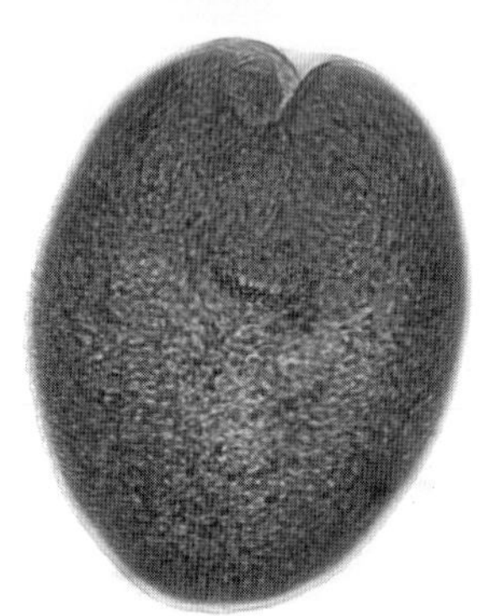

図 3.21　瓜実条虫
上：頭部と頸部　中：卵嚢
下：ノミ体内にみられる擬嚢尾虫

があるため，患犬は通過時の刺激による肛門の痒覚を訴えることがある．出血性腸炎もある．

通常は排糞表面をはいまわる離脱片節の発見と同定によって診断される．つまり最初の発見は飼い主による場合が多い．片節は肛門周囲に付着している場合もある．虫卵が糞便中から検出されることはほとんどない．

[駆虫・予防]

駆虫剤としてプラジクアンテル 5 mg/kg の経口投与がある．いずれも総論「5.2 駆虫剤」を参照されたい．予防はもちろんノミ，ハジラミなど外部寄生虫の駆除の徹底による．

人体瓜実条虫症：日本では少なくとも 12 例の人体瓜実条虫症が知られている．4 例は乳幼児例でオムツを着用していたがために発見されたものである．1 例は虫体吐出，1 例は検便により検出された．乳幼児であるためか消化器障害があり，発育に影響を及ぼした例もある．

有線条虫
Mesocestoides lineatus

初めは Goeze（1782）によって *Taenia lineata* と命名されていたが，現在ではメソセストイデス科（Mesocestoididae）に分類されている．円葉目でありながら，裂頭条虫目・裂頭条虫科のものと同様に第二中間宿主を必要とする．生殖孔は腹面に開口し，さらに副子宮という特有な構造がある．人体感染例は日本で少なくとも 12 例は知られている．第二中間宿主のヘビ（マムシ）の生血，生肝由来のものがほとんどである．

宿主は犬，猫のほかにキツネ，タヌキ，アライグマ，テンなどの肉食性動物であるが，日本では前述したように人体寄生例がある．寄生部位は小腸．

[形　態]

体長は 30 ～ 250 cm，体幅 2.0 ～ 3.0 mm で片節数は 1,000 個に及ぶ．新生片節は横幅が広いが，末端に近い受胎片節は樽形で縦長（4 ～ 6 × 2 ～ 3 mm）になり，前述した瓜実条虫の受胎片節と類似しているため，鑑別が必要である．頭節には 4 個の吸盤はあるが鉤はない．精巣は左右両側に分散し，合計 60 個を超えるものが多い．卵巣は 2 分葉し，それぞれに卵黄腺が密着している．子宮は盲端に終わり，産卵孔はない．虫卵が産生されるに従って子宮は拡大する一方，一部が膨張して副子宮（paruterine organ；受胎子宮（gravid uterus），貯卵嚢（egg-sac））とよばれる成熟虫卵の貯蔵胞嚢が形成される．副子宮が発達するに伴い，他の器官は徐々に退化消失し，片節内では 1,000 ～ 2,000 個の虫卵を収納する副子宮のみが目立つようになる（図 3.22）．虫卵は卵円形で，40 ～ 60 × 34 ～ 43 μm，なかにはすでに六鉤幼虫が形成されている．卵殻はなく，幼虫被殻は薄く，脆弱なため副子宮で保護されている観がある．

[発育環]

第一中間宿主はササラダニ類および糞食性昆虫であ

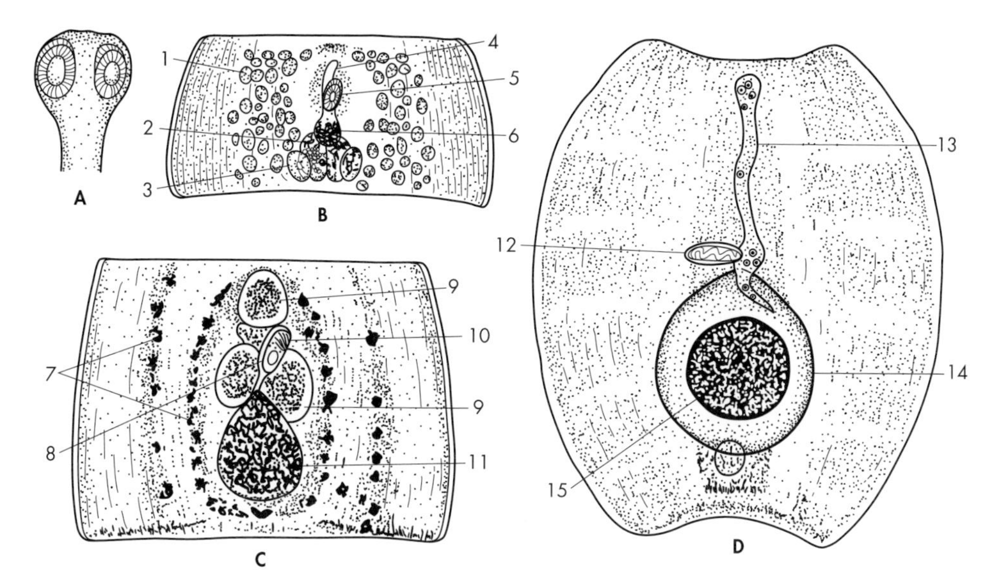

図 3.22　有線条虫成虫の構造［藤原図］

A：頭節〔鈎はない〕
B：若い成熟片節〔1．精巣，2．卵巣，3．卵黄腺，4．子宮，5．陰茎嚢，6．副子宮〕
C：初期の受胎片節〔7．退化しつつある精巣，8．生殖孔，9．子宮，10．陰茎嚢，11．副子宮〕
D：後期の受胎片節，これが大便とともに現れる〔12．陰茎嚢，13．子宮，14．副子宮，15．充満した卵〕

図 3.23　テトラチリジウム（*M. corti*）［板垣原図］

り，擬嚢尾虫が形成される．第二中間宿主は両生類，爬虫類，鳥類，哺乳類にわたるが，人体寄生例からも明らかなようにヘビ（マムシ）との関連がもっとも深い．第二中間宿主体内ではテトラチリジウム（tetrathyridium）という幼虫型を形成する（図 3.23）．テトラチリジウムは体長 1 ～ 2 cm，反転陥入した頭部に 4 つの吸盤を有する，尾がやや細くなるイモムシ様の幼虫で，薄い膜に包まれている．多くは腹腔，肝臓，肺などから見出される．終宿主がテトラチリジウムを摂取すると 16 ～ 20 日で成虫になり，片節を排出する．成虫の寿命は 10 年前後．

［症状・診断］

犬では普通は無症状．重感染では軟便，下痢，栄養不良がみられる程度である．診断は片節の鑑定による．片節の肉眼的所見は，瓜実条虫（犬条虫）にきわめて類似しているので鑑別が必要である．もっとも簡単な鑑別点は生殖孔の開口位置にある．すなわち，前述のように有線条虫の生殖孔は，1 片節あたり腹面中央の 1 個であるが，瓜実条虫では片節両側に 1 個ずつ，計 2 個で 1 対をなしていることである（double pored tape worm）．

［駆虫・予防］

瓜実条虫の場合に準ずる．

その他の *Mesocestoides* 属条虫

Mesocestoides 属の真の分類に関しては多くの議論がある．なお未確定部分が残されているが，一応，犬・猫に寄生するものとしては上記した *M. lineatus* のほかに次のようなものがある．

久木条虫
M. paucitesticulus

愛媛県産のタヌキから初めて発見され（久木，1973），新種として報告されたものである（沢田・久木，1973）．その後，久木は大分市内のはく製業者から入手したタヌキ，キツネの小腸および犬からの検出例を追加している．そして検出された犬はおもに猟犬で，感染は獲物のキジ（第二中間宿主）の内臓を生で与えられる習慣によるものであろうと推察している．

この条虫にはまだ和名がない．しかし確認された経緯からみれば，今後少なくとも猟犬については注意をはらっておく必要があるであろう．そこで実務上の便宜を図り，発見者に敬意を表し，『クギジョウチュウ：

久木条虫』という和名を提唱したい．以後，本書では仮称ながらこの和名を用いることにする．

[形　態]

自然感染犬から得た虫体は 1,020 ～ 1,110 mm，最大幅 3.2 mm，人工感染犬からは体長 930 ～ 1,200 mm，最大幅 3.5 ～ 4.0 mm の虫体を得ている．犬から得た虫体はタヌキやキツネから得た虫体よりも大きい傾向がみられている．頭節には 4 個の馬蹄形の吸盤のみを有する．頸部は約 12 mm，ストロビラを形成する片節数は 1,300 以上に及ぶ．成熟片節の精巣数は 32 ～ 43 で，前者より明らかに少ない（pauc：少数）．虫卵は卵円形で 38 ～ 42 × 33 μm.

[発育環]

第一中間宿主は，多くの糞食性昆虫および第二中間宿主が好食する新翅類昆虫（直翅目，襀翅目など）について調査されたが未確認のままである．第二中間宿主はニホンキジ，ヤマドリなどの鶉鶏（じゅんけい）目の鳥類である．これらの鳥類の内部諸臓器に白色の径 1.5 ～ 2.5 mm 大の虫嚢を形成し，そのなかにテトラチリジウムとなって寄生している．テトラチリジウムは乳白色半透明，大きさは約 3.3 × 1.2 mm で長楕円形ないしは長ハート型を呈している．頭節は 4 個の吸盤のみを有し，体部に深く反転陥入している．

プレパテント・ピリオドは最短 13 日．虫体の寿命については 8 年 6 か月という記録がある．

[病原性・症状]

主たる寄生部位は空腸中央部であるが，多数寄生の場合には下部にまで広がる．虫体による腸管の機械的損傷は比較的軽微であり，粘膜に軽度のカタル性炎症が認められる程度にすぎない．タヌキやキツネでも同様である．したがって症状は軽く，多数感染の場合でもときに軟便や下痢便がみられる程度である．久木条虫の病原性は，概して前項の有線条虫よりも軽い．

M. litteratus

ヨーロッパでキツネ，犬，猫に認められている．日本でもかつて犬からの検出例が報告されていたが，少なくとも犬に関しては前述した久木条虫を誤認したものではなかろうかという意見が出されている．この条虫は有線条虫，久木条虫に比べればかなり小型で，大きさは 30 ～ 80 × 1 mm，片節数は約 80 個にすぎない．精巣数は 30 ～ 45 個．虫卵は卵円形で径 25 ～ 35 μm.

第一中間宿主はセンチコガネ，第二中間宿主は鶏，カラスなどの鳥類である．

豆状条虫

Taenia pisiformis

犬，キツネなどのイヌ科動物，まれに猫の小腸に寄生する．“豆状条虫”の名は嚢尾虫の形態に由来している．分布は世界的であるが，寄生率そのものはあまり高くない．日本では山地の犬に多い．

[形　態]

体長はかなり大きく，数十 cm から 2 m に達するものもある．体幅は数 mm．頭部には 4 個の吸盤と，34 ～ 48 個の大（225 ～ 294 μm）小（132 ～ 177 μm）2 種の鉤が 2 列に並ぶ額嘴がある．片節数は約 400 個，片節は幅広の梯形を示しているため，ストロビラの側縁は鋸歯状を呈する（図 3.24）．受胎片節は 8 ～ 10 × 4 ～ 5 mm，精巣は 400 ～ 500 個，子宮は左右 8 ～ 14 対に分岐している．生殖孔は左右交互に多少不規則に片節側縁のほぼ中央部に開口する．虫卵は類卵形で 43 ～ 53 × 43 ～ 49 μm（図 3.25）．

[発育環]

主たる中間宿主はイエウサギ，ノウサギ．げっ歯類

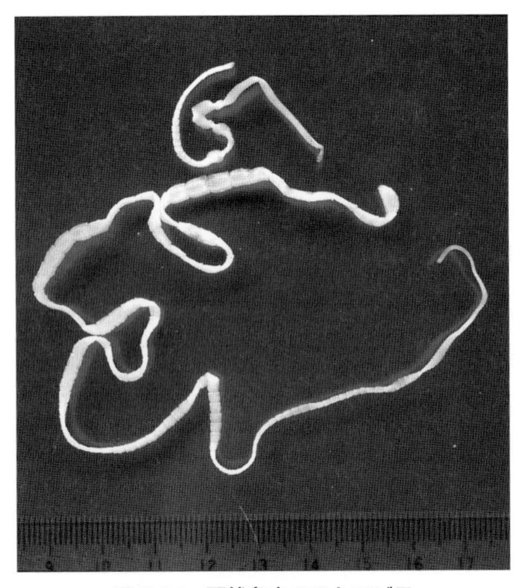

図 3.24　豆状条虫のストロビラ

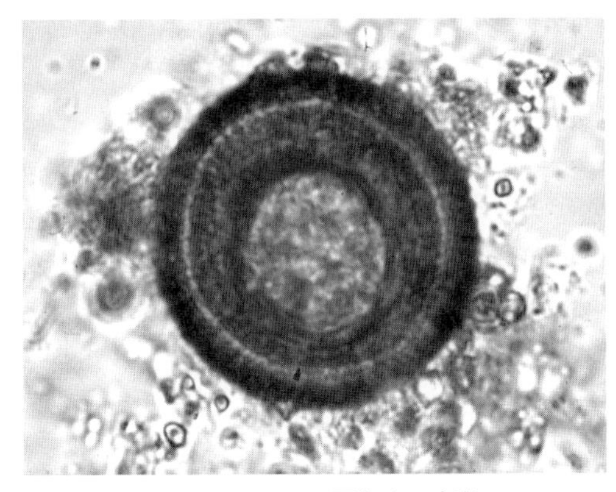

図 3.25　*Taenia* 属条虫の虫卵

卵殻は壊れやすく，図の外側にある厚い殻は幼虫被殻．なかには六鉤幼虫が含まれる．形態から種を同定することは困難である

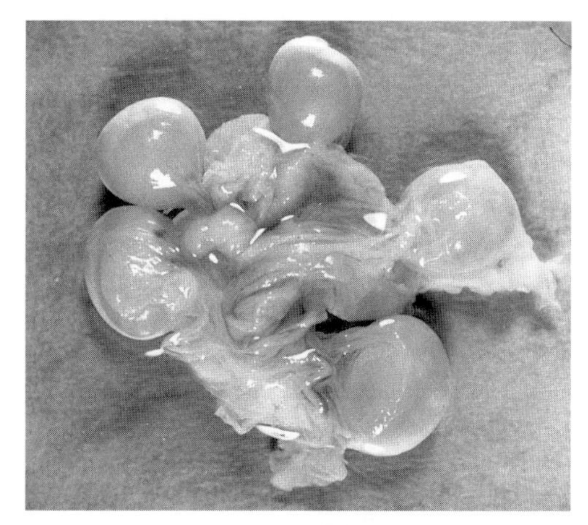

図 3.26　豆状嚢尾虫

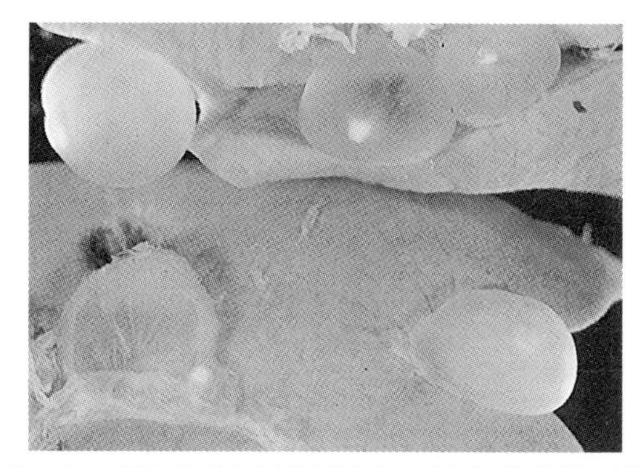

図 3.27　豚の肝にみられる胞状条虫の嚢尾虫（細頸嚢尾虫）［平原図］

も中間宿主になる．中間宿主に摂取された虫卵は小腸で孵化したのち，六鉤幼虫が腸壁に穿入し，血行性に肝臓に到達する．肝臓で 15 ～ 30 日間は実質内を移行しつつ成長し，肝包膜下に達し，1 か月後には肝表面から腹腔に出，腹腔臓器表面，腸間膜，大網に付着・懸垂した嚢尾虫（豆状嚢尾虫：*Cysticercus pisiformis*）を形成する．この嚢尾虫は大豆大で房状を呈して寄生している（図 3.26）．

終宿主に摂取されると約 2 か月で分離・離脱された受胎片節の排出をみるようになる．

胞状条虫
Taenia hydatigena

成虫は犬，オオカミ，キツネなどイヌ科動物，まれに猫の小腸に寄生する．分布は世界的であるが，日本では中間宿主からの検出例はあるものの，犬では寄生による確実な症例をきかない．ごく少ないのであろう．中間宿主は偶蹄類，とくにめん羊，ついで豚，げっ歯類，ごくまれに犬，猫，ときにはヒト．胞状条虫の実害は，犬における成虫寄生ではなく，めん羊産業における嚢尾虫寄生による食用肉および内臓の食用禁止・廃棄処分にある．中間宿主のほうに実害が大きい．

［形　態］

虫体は 75 ～ 500 cm × 5 ～ 7 mm，片節数 600 ～ 700 という大型の条虫である．頭節には 4 個の吸盤と大小の鉤を備えた額嘴がある．成熟片節は 12 × 6 mm で縦長，生殖孔は不規則に片節の左右いずれかの側縁に開く．虫卵はほかのテニア科条虫のものと同様，卵殻は壊れやすく，厚い幼虫被殻に包まれている．類球形で大きさは 38 × 35 μm くらい．

［発育環］

中間宿主は前述のように偶蹄類，めん羊と豚が産業的には重要．虫卵は小腸で孵化し，六鉤幼虫は血行性に肝臓に至り，1 ～ 3 週間後には腹腔へ出，漿膜面に細頸嚢尾虫（*Cysticercus tenuicolis*）を形成する（図 3.27）．嚢尾虫は指頭大～鶏卵大（1 ～ 6 cm）で，2 ～ 3 か月で成熟する．終宿主に感染すれば約 3 か月で受胎片節の排出をみる．

［症　状］

犬における明らかな臨床症状はない．肛門掻痒を訴える動作を示すことがある．また慢性消化不良や下痢があるともいう．

［診断・駆虫・予防］　瓜実条虫に同じ．予防は中間宿主の生食を避ける．

猫条虫
Hydatigera taeniaeformis (syn. *Taenia taeniaeformis*)

猫を含むネコ科動物の小腸に寄生し，世界的に分布する．日本でも少なくはない．ほかにイヌ科動物，まれにヒトにも寄生する．

［形　態］

全長は 60 cm 未満．体幅は 5 ～ 6 mm．頭節はかなり大型（径 1.7 mm）で，額嘴には大小の鉤が 2 列に並び，大型のものには 400 μm を超えるものもあるために，宿主に対する機械的障害が大きい．頸部を欠き（少なくとも neck とよべる細い部分は見当たらない），頭節の直後からただちに片節がはじまる．虫卵は *Taenia* 属のそれと同様卵殻は壊れやすい．幼虫被殻に包まれたものは球形で，径 30 ～ 37 μm（図 3.28，3.29）．

［発育環］

中間宿主はネズミ類，リス類，ウサギ類であるが，主要なものはドブネズミ，野ネズミである．小腸で孵化した六鉤幼虫は血行性に肝臓に至って嚢尾虫（帯状嚢尾虫，片節嚢尾虫ともいう）を形成する（図 3.30）．嚢尾虫の形成される部位はほとんど肝臓に限られているが，まれに腸間膜や肺に形成されることもある．ま

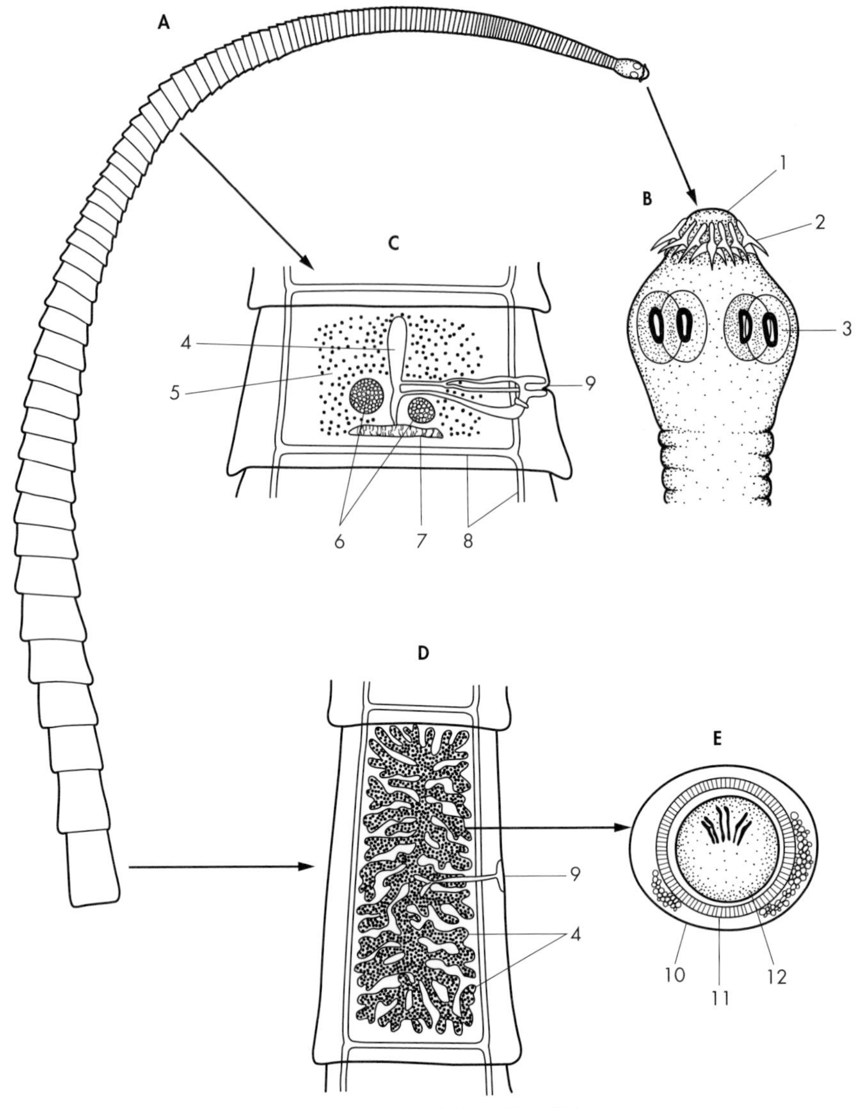

図 3.28　猫条虫成虫と卵の形態［藤原図］

A. 全形　B. 頭節　C. 成熟片節　D. 受胎片節　E. 卵
1：額嘴(がくし)　2：鉤（長短 2 種）　3：吸盤　4：子宮　5：精巣　6：卵巣　7：卵黄腺
8：排泄管　9：生殖孔　10：卵殻　11：幼虫被殻　12：六鉤幼虫

ず単一の頭節をもつ胞嚢が形成され，感染 40 日を過ぎたころには頭節が外転して外側に向かって発育し，片節を分化して体長約 20 〜 30 mm に達する帯状嚢尾虫（*Cysticercus fasciolaris*；片節嚢尾虫（*Strobilocercus fasciolaris*）ともいう）を形成する．嚢尾虫は小豆大で黄白色を帯びた被膜に被われ，嚢状の外観を呈している．感染 60 日後には終宿主に対する感染性を有する完熟帯状嚢尾虫が完成する．

帯状嚢尾虫：嚢尾虫の一種であるが，中間宿主体内ですでに頭節が翻出し，さらに片節の分化が認められ，体後端にわずかに嚢胞が残存しているのみで，ほとんど成虫の形状を有しているものをいう．もちろん，生殖器は未分化である．

猫が帯状嚢尾虫保有動物を摂取すると，嚢尾虫は頭節を残して消化される．残された頭節は猫の小腸に吸着し，片節を新生して発育を開始する．猫での発育は早く，約 1 か月で受胎片節を糞便中に排出するようになる．帯状嚢尾虫の人体肝内寄生例は，世界で少なくとも 4 例（アルゼンチン，チェコ，デンマーク，台湾の各 1 例ずつ）が知られている．ヒトへの感染予防は，ペットの健康管理にかかわる飼い主の自覚に尽きる．

［症　状］

頭節に強大な鉤を備え，粘膜に深く鉤着するため，腸粘膜に与える機械的障害はほかの条虫症に比べれば

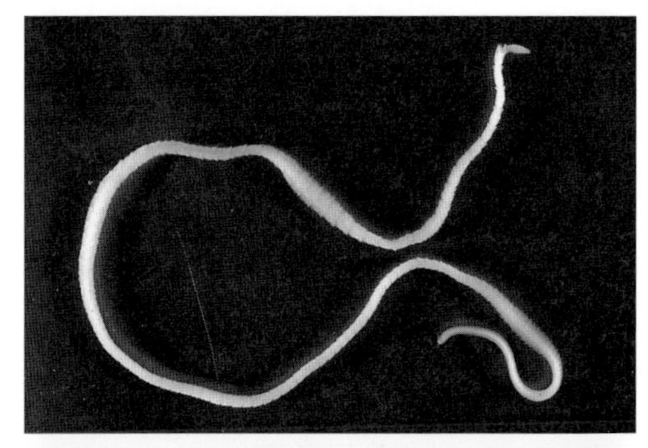

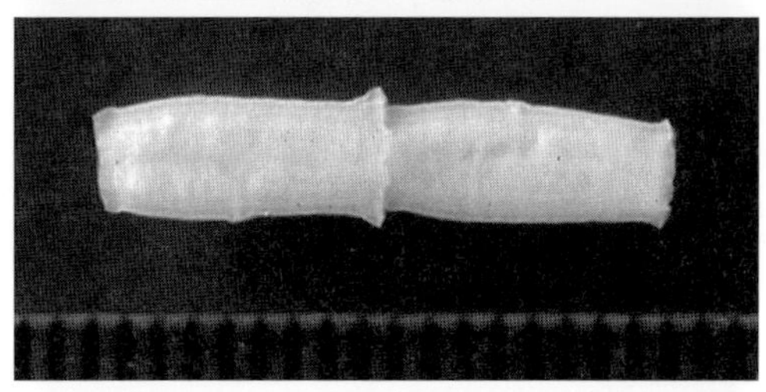

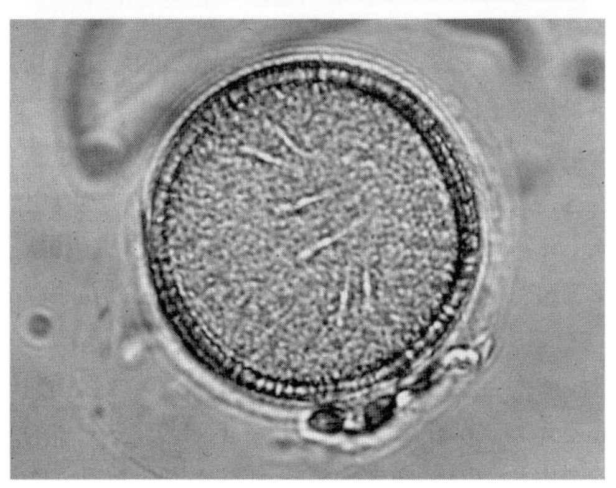

図 3.29　猫条虫
上：ストロビラ　中：片節　下：虫卵

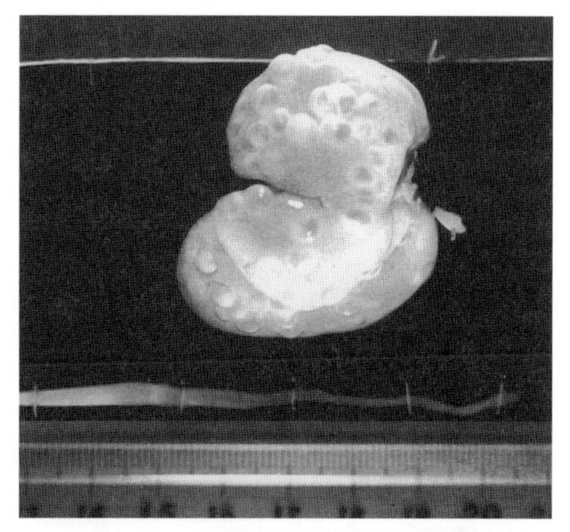

図 3.30　猫条虫の帯状（片節）嚢尾虫

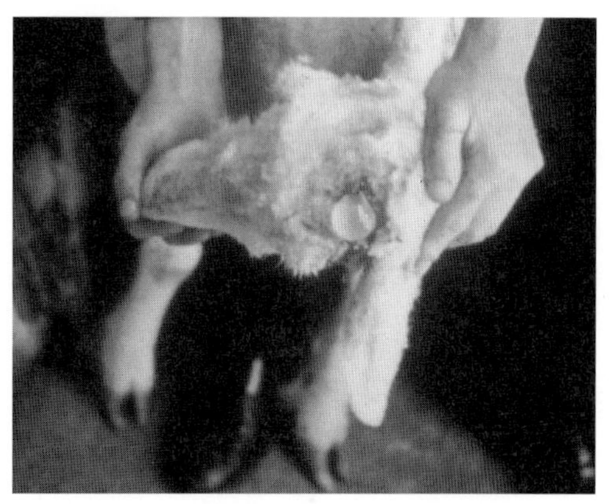

図 3.31　めん羊にみられた脳共尾虫

かなり大きい．腸壁穿孔の例も知られている．しかし実際問題としては少数感染で，不顕性に経過している場合が多い．感染の軽重を問わず，症状があっても特異的ではなく，診断は片節または虫卵の確認による．

[治療・駆虫・予防]

治療・駆虫は，総論「5.2 駆虫剤」(p.18) を参照．

予防は中間宿主の捕食を避ける．

多頭条虫
Taenia multiceps **(syn. *Multiceps multiceps*)**

成虫期では額嘴の鉤が大型で柄の部分が屈曲していることと，嚢尾虫が共尾虫（coenurus）であることで，かつては *Multiceps* 属とする意見があった．終宿主は犬，キツネ，コヨーテ，ジャッカルなどイヌ科動物．小腸に寄生する．世界的に分布しているが，日本にはない．

[形　態]

成虫は 40 ～ 100 cm × 0.8 ～ 1.0 mm．受胎片節は 8 ～ 12 × 3 ～ 5 mm．生殖孔は不規則に左右に開く．子宮は左右に 14 ～ 20 本ずつの分枝をもつ．虫卵は類円形で直径 29 ～ 37 μm.

[発育環]

中間宿主は牛，馬，めん羊・山羊などのいわゆる有蹄類であるが，めん羊がとくに重要．六鉤幼虫は小腸で孵化し，小腸壁から血行性に全身へ運ばれる．めん羊では脳あるいは脊髄に達したもののみが嚢尾虫形成に至るが，山羊ではほかの臓器，筋肉，皮下でも嚢尾虫が形成される．そのために，別種のものと考えられたこともあったが，条虫の種類の差ではなく，宿主の差によるものと理解されるに至っている．脳および脊髄に形成される嚢尾虫は共尾虫で，脳共尾虫（*Coenurus cerebralis*）とよばれるものである．成熟するのに 7 ～ 8 か月を要し，蚕豆(そらまめ)大～鶏卵大で，なかに数百個もの頭節がある（図 3.31）．終宿主に感染すれば，3 ～ 4 週間で受胎片節の排出がはじまる．

[症状・診断]

(1) 終宿主

犬における少数寄生では無症状というが，1 個の嚢尾虫に百単位の頭節があることは，多数感染を起こしやすいことを意味する．その場合にはカタル性腸炎，食欲不定，下痢など一連の消化器障害が認められる．確診は片節または虫卵の検出・同定による．

(2) 中間宿主

めん羊における病害が大きい．六鉤幼虫は感染1～3週目ころから脳へ移行し，脳共尾虫の形成・発育がはじまる．共尾虫の発育に従い，その大きさや部位によって種々の脳症状が現れる．興奮，流涎，痙攣，歩行異常などがあり，さらに嚢尾虫に圧迫されている大脳半球の方向に回転する旋回運動を特徴とし，斜頸，視覚障害，歩様蹌踉，後軀麻痺などを伴う．いわゆる“めん羊の旋回病（暈(うん)倒病：gid）”として産羊国では関心の高い疾病である．起立不能から斃死する場合が多い．

連節条虫
Taenia serialis（syn. *Multiceps serialis*）

犬，キツネ，ジャッカル，ディンゴなどイヌ科動物の小腸に寄生．世界的に分布するが，日本ではまれ．中間宿主はウサギ目である．なお，げっ歯類も中間宿主になりうる．

成虫は20～75 cm × 3～5 mm．頭節には4個の吸盤と有鉤の額嘴がある．嚢尾虫が共尾虫であることから，かつては多頭条虫と同様 *Multiceps* 属に分類された．共尾虫は連節共尾虫（*Coenurus serialis*）とよばれるもので，主として中間宿主の皮下や筋肉内結合織，心筋，腹腔臓器，肺などに形成される．この共尾虫は，母胞嚢の内外側に線状に連なる娘胞嚢を形成することが特徴になっている（図3.32，3.33）．

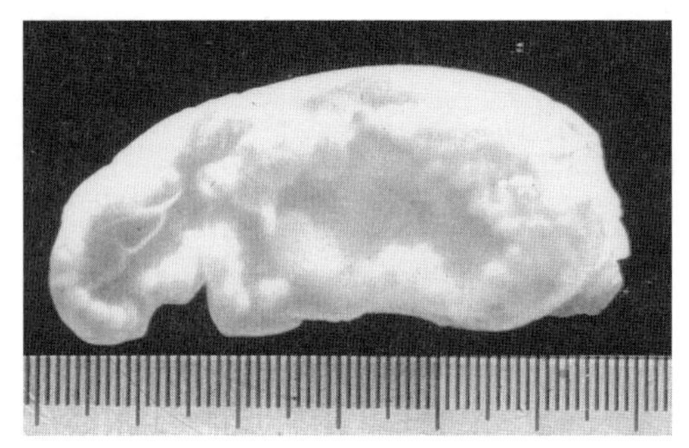

図3.32　ウサギにみられた連節共尾虫［藤原図］

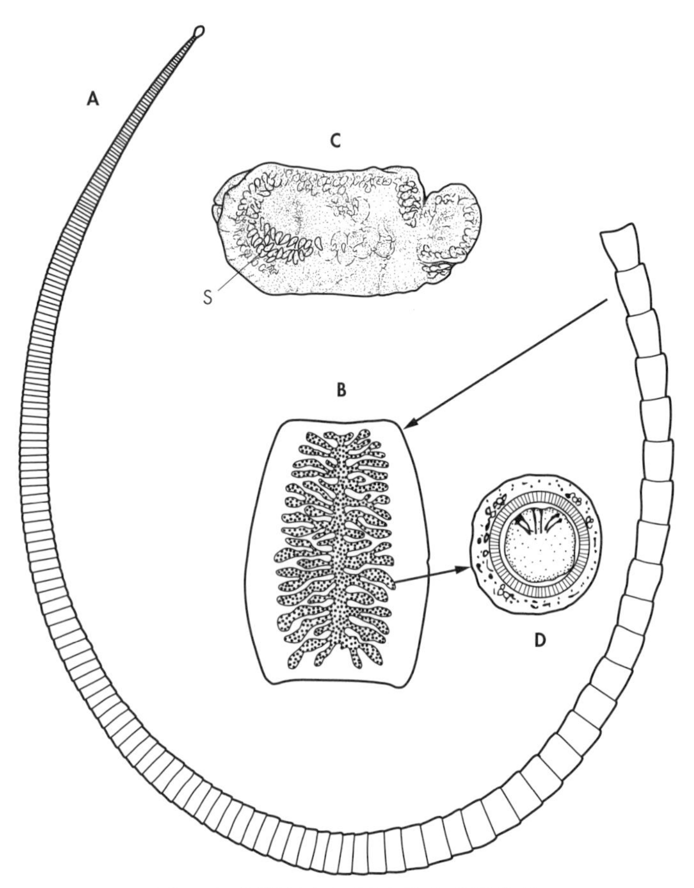

図3.33　連節条虫の成虫と幼虫［藤原図］
A：成虫全形　B：受胎片節　C：連節共尾虫（頭節（S）が続いている）　D：子宮卵

単包条虫
Echinococcus granulosus

エキノコックスとは，本来，嚢尾虫のひとつのタイプである包虫のことをいう．紀元前から包虫症の存在はよく知られており，包虫（幼虫）に対して“*Echinococcus*”という学名が付けられていた．のちに成虫が発見されたが，幼虫の学名がそのままこの条虫の学名（属名）として採用されたのである．成虫を“包条虫”というが，“属”としての呼称は，学名にちなんで“エキノコックス”とよんで慣用されている．*Echinococcus* 属条虫のうち，医学・獣医学領域における重要種は多包条虫および単包条虫である．単包条虫は分布域や宿主域が多様で，遺伝子解析結果に基づき種を細分化する分類法が提唱されている．混乱を避けるため，本書では従来通り，一括して単包条虫として扱う．

Echinococcus 属条虫は，頭節に 2 列の鉤が並ぶ額嘴のある点では *Taenia* 属と同様であるが，片節が数個以内の小型の条虫であるばかりでなく，頭書に記したように，幼虫期に包虫を形成することが最大の特徴であり，他属との相違点になっている（表 3.6, 図 3.34）．

条虫類の 100 を超える片節数を厳密かつ正確に表現する必要がある場合はむしろ少ないと思われるが，*Echinococcus* 属条虫のように数個以内の片節からなっている場合には，数字に重みが生じてくる．したがって，計数にあたっての頭節のとり扱いが問題になってくる．この場合，頭節を算入する場合としない場合があるが，日本では頭節を算入して表示しているほうが多い．

単包条虫は世界的に分布している．とくに牛やめん羊の牧畜が盛んな地方に多い．日本の状況は過去に九州，四国などの温暖地で散発的に発生した記録がある．現在では国内発生，検出例はともにない．

終宿主は犬を含むイヌ科の動物で，世界規模でみれば地域特殊性はある．たとえば，オーストラリアのクイーンズランド地方ではディンゴ，カナダ北西部ではオオカミである．中間宿主は多くの有蹄類（牛，めん羊）のほかにカンガルー，ワラビー，サル，ヒヒなど約 60 種が記録されている．さらにヒトも含まれるので公衆衛生上の問題としても重視されている．

表 3.6　単包条虫と多包条虫の比較

	単包条虫 *E. granulosus*	多包条虫 *E. multilocularis*
日本における成虫の分布	未　確　認	キタキツネ　約 40% 犬　　約　1%
人体包虫症	近年の年間報告数は 0 ～ 3 例	近年の年間報告数は 15 ～ 29 例
人体包虫症	肝臓，肺，脳，心臓ほか．潜伏期は 10 ～ 20 年に及ぶ	
包虫：名　称	単包虫	多包虫
包虫：家畜の包虫症	偶蹄類（牛，めん羊ほか），豚，馬 近年，輸入牛	主に北海道で豚・馬（原頭節がなく，退行性変性にあるもの）
包虫：好発部位	だいたい肝臓，肺	おもに肝臓
包虫：発育速度	豚：1 ～ 2 年，めん羊：3 ～ 4 年	
包虫：包虫壁：外・層状皮膜	厚　い	薄　い
包虫：包虫壁：内・胚層	薄　い	厚　い
包虫形成	1．単嚢期 2．多型包虫：反芻動物に多い 3．多嚢包虫：極端に分岐するが退行変性．原頭節なし，牛に多く，豚にも．周縁は結合織性の被膜で覆われ，周囲の組織臓器を圧迫する	1．単嚢期　2．多包化期 3．多包虫完成：胚層にしばしば石灰小体．胞嚢の一部が外方に突出（外部出芽），周囲組織へ浸潤．発育・浸潤速度は急速，結合織形成不全⇨崩壊⇨転移⇨病性悪化．割面は海綿状を呈する

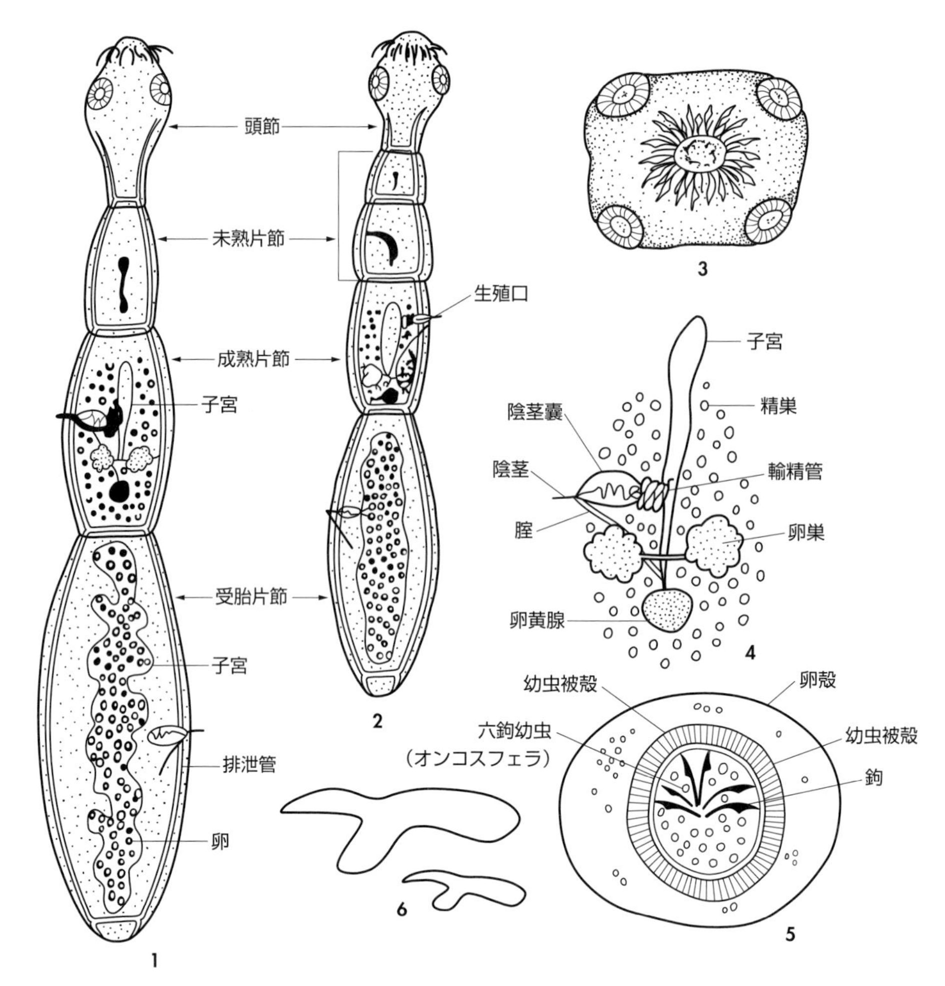

図 3.34　エキノコックスの成虫の体制と虫卵
1：単包条虫　2：多包条虫　3：頭節正面図　4：生殖系　5：卵　6：鉤（大・小）
[山下次郎，エキノコックス，北大図書刊行会（1978）より]

[形　態]

単包条虫成虫の体長は 2 ～ 7 mm．頭節，未熟片節，成熟片節，および受胎片節の 4 節からなるのが基本であり，ときに 5 節のものもある．受胎片節には多数の虫卵を含む子宮が中央部を占拠しているが，成熟片節では虫卵は認められない．虫体の成長速度は比較的遅く，2 週間に 1 度くらいの割合で受胎片節が分断される．そして腸管下降中あるいは外界へ排出されてから，片節の収縮運動またはほかの原因によって片節・子宮が破壊され，虫卵が放散される．卵殻が壊れやすいため，通常は幼虫被殻のみに包まれた状態で検出される．虫卵の比重は 1.118，静置された水中では沈澱する．類円形で 30 ～ 44 × 27 ～ 43 μm.

[発育環]

包　虫

主として草食性の中間宿主が虫卵を摂取すると，小腸上部で孵化した六鉤幼虫は血行性に肝臓に運ばれ，定着して嚢尾虫への発育を開始する．単包条虫の嚢尾虫は“単包虫（unilocular echinococcus，あるいは hydatid cyst)”とよばれるものである．単包虫は宿主側の結合織で包まれた大型の単一な胞嚢で，きわめて緩慢に発育する．大きさは発育によって異なるが，鶏卵大からときには 10 年も経て小児頭大に達するものもあり，形状は球状のものから凹凸を有するものまである．内部には淡黄色・清澄な包液を貯溜している．内側の胚層から無数の繁殖胞が形成され，各々の内部には数個，ときには十数個の原頭節が短い柄で付着している．単包虫の繁殖胞（娘胞）は母胞壁から脱落しやすく，しかも壊れやすいので，母胞内には多数の原頭節が包液中に浮遊し，あるいは沈澱している．これらを包虫砂（hydatid sand）という．包虫砂の粒子のひとつずつは原頭節であり，あるいは繁殖胞そのものであり，感染源になる．つまり 1 匹の中間宿主は無数の感染源を産生，内蔵しているわけで，前述したような産卵効率の低さをここでカバーしているわけである．1 個の母胞嚢内に多い場合には 200 万個にも達する原頭節が産生されている．一方，原頭節のできない包虫も生ずる．これを無頭包虫（acephalocyst）といい，牛に多い（90%）．

単包虫には，①単純な球状またはラグビーボール型を呈する単嚢包虫，②凹凸やくびれによって多数の房室に分かれているが，相互に連絡内腔で連帯し，個々には独立していない多型包虫，および③多型包虫の分房が極端に進み，後述の多包虫に類似する多嚢包虫の3タイプがある．牛では②および③のタイプが多い．③の多嚢包虫は退行性の過程にあるもので，原頭節の形成は認められない．一見多包虫に似ているが，包虫壁の組織構成が異なっている．組織学的な精査が必要である．

包虫の好発部位は肝臓である．血行性に選ばれた六鉤幼虫のほとんどは肝臓に定着するが，一部のものは肝臓を通過して肺に至るものもあり，さらに大循環を経て身体各部に運ばれるものもある．これら感染幼虫によって直接形成される包虫を一次包虫という．一方，母胞嚢が破損して内部にあった原頭節が血流に入り，肝臓から肺あるいは全身に運ばれ，それぞれの部位に定着して再び包虫を形成することがある．この現象を転移といい，できた包虫を二次包虫という．このように，原頭節には中間宿主体内でほかの臓器へ移行して再び包虫を形成する性質がある．

原頭節が終宿主に摂取されると小腸粘膜絨毛間に寄生し，40～50日で成熟する．寄生期間・虫体の寿命は長い場合では30か月にも及ぶものもあるという．虫体が小型であるため，症状は通常の感染量では明らかではない．無症状に経過する．大量の実験感染では下痢が認められるという．自然感染でも，大型の包虫を摂取して大量感染を受ける機会は起こりうる．診断は虫卵あるいは片節の確認による．虫卵は多包条虫はもちろん，ほかのテニア科の条虫卵との判別も困難である．片節は鏡検・精査すれば鑑別は可能である．日本で実用化されている血清学的診断法はない．

［病理所見］

日本においては単包虫の存在はきわめてまれで，ほとんどないと考えられるが，輸入家畜（牛，馬）の剖検時に検出されることがある．包虫は馬ではほとんど肝臓に認められるが，肺に認められることもある．牛では肝臓よりも肺の包虫発生率のほうが大きい傾向がある（表3.7）．

包虫の発育速度は概して緩慢ではあるが，動物差が大きい．豚では5か月で直径10 cmにもなるが，めん羊では直径7 cmの完熟包虫が完成するのに3年9か月，馬では数年間で直径5～7 cmに達するにすぎない．肝臓に寄生している場合，肝臓表面は凹凸不整

表3.7　単包虫の寄生部位

	肝　臓	肺
牛	27%	70%
めん羊	45%	50%
豚	70%	20%
馬	95%	5%
ヒト	75%	9%

になり，肝臓は著しく腫大する．そして腹部臓器へ圧迫による影響を及ぼすこともある．

胞嚢壁は外側の厚い層状皮膜と，内側の薄い胚層とからなる．家畜では感染後数年以上経過するものはないため，包虫の大きさはおもに人体で記録されているものよりも小さい傾向がうかがえる．感染後の経過日数と動物種に左右される．包虫が検出された場合でも，牛で90%，豚では20%，めん羊の場合では8%が無頭包虫であったという記録がある．しかしながら剖検時には包液・包虫砂には十分注意しなければならない．

包虫症と診断された際の措置としては，寄生虫を分離できない部分を廃棄［部分廃棄］する．

多包条虫
Echinococcus multilocularis

多包虫の存在そのものは古くから知られていたが，それは必ずしも独立種としてではなく，単包虫と混同，またはその変異型であろうと考えられていた（一元説）．一方，多包虫は単包虫とは異なるものであるとする二元説も唱えられ（Leuckart, 1863），幾多の変遷を経て1955年に至り，多包条虫は単包条虫とは別種であるという説が不動のものとなった（表3.6，図3.34参照）．

従来，日本における多包条虫の分布は北緯40度以北に限られていた．日本では1937年に礼文島出身者から発見されたのが初報告である．以後，同島に流行していることが確認され，1948年には北海道庁の主催する調査団の発足をみるに至った．調査団はのちに包虫症対策協議会になり，多大な成果を上げ，1965年すぎころからは新患者の発生はみられなくなった．しかし，同年末には根室で新患者が発生し，多包虫の汚染地は道東・根釧平野一帯に広がっているものと推定されるようになった．ただし，両者の起源は別ルート由来のものであると理解されている．その後，分布は北海道全域に広がり現在に至る．さらに本州の一部地域（埼玉県および愛知県）でも，終宿主動物（犬）の糞便検査により多包条虫の虫卵が検出された．

終宿主は犬・イヌ科動物（キツネ，オオカミ，コヨーテなど）．かつての礼文島では野犬が主要な終宿主で

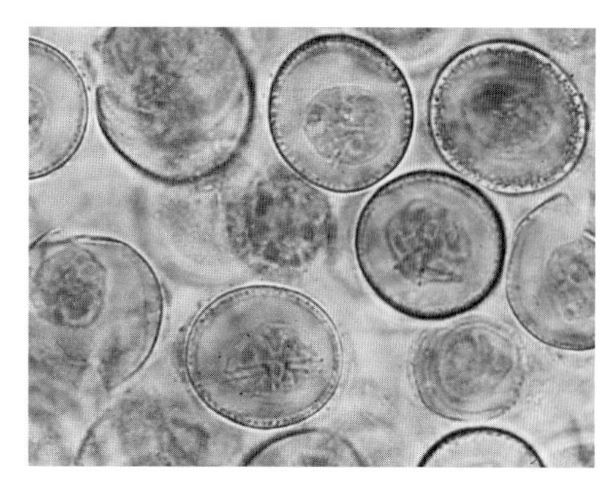

図 3.35　多包条虫の子宮内虫卵

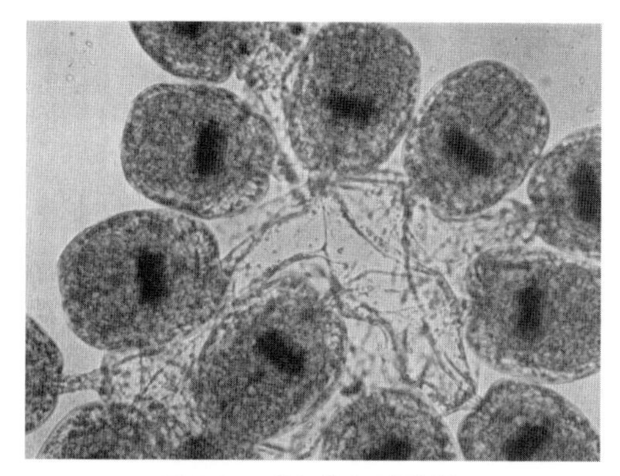

図 3.36　多包条虫の原頭節

あったが，現在はキタキツネが主役である．その寄生率は 40％である．犬の寄生率は野犬を含めても 1％程度で，キツネよりはるかに少ない．主要な中間宿主であるエゾヤチネズミを捕食する能力と環境の差であろうと推察されている．猫・ネコ科動物も終宿主になりうるが，効率は低い．少なくとも好適な宿主ではない．寄生部位は小腸上部．

多包条虫が北海道のキタキツネに分布していることが明らかになって以来，道内では豚，まれに馬の肝多包虫症が散見され，注目されている．しかし，これらは中間宿主としては好適なものではなく，通常は径 10 mm 以下の結節状の病巣で，小嚢胞が集塊をなしているが発育は悪く，原頭節はみられない．

中間宿主はおもにげっ歯類．日本においてはエゾヤチネズミが重要である．ほかにミカドネズミ，ハタネズミ，スナネズミなどにも実験感染は 100％成立するが，エゾアカネズミには感染しない．マウスは実験動物として常用されているが，系統差があることが実証されている．たとえば，AKR，dba などは実験感染が 100％成立するが，CFW，BALB/c などでは中等度，いわゆる dd マウスの感受性は著しく低い（10％以下）．豚は感染はするが，包虫は発育過程中に退行性の変化を起こし，無頭包虫を形成するにとどまる．ヒトは虫卵摂取によって感染し，重篤な包虫症を惹起するため重視されている．

[形　態]

体長は 1.2 ～ 4.5 mm で単包条虫よりも小さい．片節数は頭節を含め基本的には 5 個．4 個あるいは 6 個のものもある（口絵⑳）．頭節には 26 ～ 36 本の大小 2 種の鉤が交互に 2 列に並ぶ額嘴がある．頭節の次に未熟片節が 2 個，続いて成熟片節，最後部に受胎片節の計 5 節が連なる．受胎片節の子宮は単一ないしはごく軽微な凹凸がみられる程度で，単包条虫よりも単純である．虫卵（幼虫被殻）は 30 ～ 40 × 28 ～ 39 μm．単包条虫卵との鑑別は不可能（図 3.35）．

[発育環]

虫卵が中間宿主に摂取されると小腸で孵化し，遊離した六鉤幼虫は門脈を経由して肝臓に到達する．ヒトでは右葉，ネズミ類では左葉に多い．門脈枝に流入する血液量によるといわれている．いずれにしても，ヒトでも動物でも肝臓寄生がもっとも多い．野ネズミはもっとも好適な中間宿主で包虫の発育は速い．肝臓に到達した 3 ～ 4 日後には幼虫体内では崩壊・再構築が行われ，包虫壁が形成され，同時に繁殖胞をつくる細胞と，原頭節（図 3.36）をつくる細胞とに分化していく．さらに 3 ～ 4 日後（感染 1 週間後）には多包化がはじまる．多包化とは胞嚢壁の一部が外側に向かって突出し，小房を形成し，さらにこの小房から二次小房，さらに三次小房と次々に小房を形成し，最終的に包虫全体が小房の集塊となる過程をいう．こうして母胞の周囲には数百から数千の小房が集合することになる（口絵㉑）．野ネズミでは感染 3 週後ころには層状皮膜が完成する．同時に内側の胚層は厚さを増し，石灰小体の沈着をみるようになる．さらに，感染 40 日目ころから繁殖胞ができはじめる．繁殖胞の形成は，まず胚層の胚細胞の増殖からはじまる．胚細胞はやがて嚢状を呈し，大きさを増し，繁殖胞を形成するに至る．続いて，繁殖胞の内壁の諸処に細胞の増殖による隆起を生じ，それぞれが長球形で，大きさがほぼ 150 × 100 μm の陥入型原頭節になる．原頭節が完成されるまでの日数は動物種，系統差などによって大いに異なるが，野ネズミ類での平均はだいたい 2 か月である．ちなみに C57BL/6 マウスでは 7 か月を要する．

二次包虫の形成頻度は単包条虫よりも多包条虫のほうがはるかに高い．原頭節の移動による二次包虫の形成を転移という．

ヒトの多包虫症：包虫はまずほとんど肝臓で形成される．肉眼的所見は肝腫瘍を思わせるもので，割面には無数の栗粒大から蚕豆(そらまめ)大の小胞嚢が蜂窩状・海綿状に密集してみられる．ほとんどは空洞で，各胞嚢壁を構成する層状皮膜が厚く，胚層は薄く，繁殖胞や原頭節を備えているものは少ない．しかも中心部の胞嚢の多くは壊死像を呈している．ヒトが中間宿主として好適でないことは，繁殖胞や原頭節の形成が不良であること，病巣中心部が壊死に陥りやすいことなどから推定される．一方，包虫の発育速度は速く，周囲組織へは悪性腫瘍のように浸潤していく．そのために，宿主側からの防御反応としての被膜形成が追いつかず，過剰に発育した胞嚢壁が崩壊し，全身への転移を起こしやすい．ヒトの脳包虫症は包虫症の 1.0 ～ 1.5%であろうと推察されている．脳に寄生した場合の発育速度は遅いというが，少しでも発育すれば病害は当然重大になる．脳のほかに，脊髄，肺，心臓，腎臓，骨髄腔などへの転移が知られている．

[診断・治療]

終宿主の診断は，糞便とともに排出された虫卵や受胎片節の検出を基本とする．ただし，虫卵の形態が近縁のテニア科条虫類と酷似しているため，種の同定には虫体由来遺伝子の確認が必要である．また，場合により糞便内抗原の検出も有効である．犬へのエキノコックス（多包条虫・単包条虫とも）感染を診断した獣医師は，最寄りの保健所長を経由して都道府県知事に届け出なければならない（感染症法）．

終宿主に寄生する成虫の駆除には，プラジクアンテル 5 ～ 10 mg/kg が有効である．ただし，虫卵を殺滅する効果はないため，駆虫直後に排泄された糞便の取り扱いには注意を要する．

中間宿主家畜（おもに豚・馬）の診断は，解体時のと畜検査による．包虫感染を疑う病巣について病理組織学的検査をおこなう．この際，包虫の層状皮膜は PAS 反応で陽性を示すことが重要な手がかりとなる．通常，家畜への包虫寄生は治療の対象とならない．

包虫症と診断された際の措置として，家畜では寄生虫を分離できない部分を廃棄［部分廃棄］することになっている．

D　ヒトの条虫類

有鉤条虫
Taenia solium

テニア条虫科のなかで，もっとも注意しておかなければならない条虫である．豚を中間宿主とし，ヒトが豚肉から感染するために“pork tapeworm”として知られ，食肉衛生検査上の問題になっている．しかし現在，日本では国内産豚の感染はないものと考えられている．日本では 1964 年，約 6,000 頭の生豚を輸入した際にほぼ 1%の陽性豚が摘発され，問題になったことがある．その後，豚の集団的な発生・検出例は知られていない．

終宿主はヒトのみである．寄生部位は小腸，頭節は多く十二指腸部に鉤着している．ヒトは終宿主であるとともに中間宿主同然の感染も起こりうる．分布は世界的，豚肉に関連する．スラブ民族に高率であるという．地域的には中南米，中南アフリカ，東欧諸国，東南アジアであり，インド，中国，韓国，ロシアには多いようである

[形　態]

体長は 2 ～ 3 m のものが多い．頭節は径 0.6 ～ 1.0 mm 前後で 4 個の吸盤と，22 ～ 32 本の長短 2 種の鉤が交互に配列する額嘴（吻）とがある．片節数は数百～ 1,000 個くらいである．片節は体壁が薄く，内部が透視できる．成熟片節はほぼ正方形であるが，受胎片節は縦長で 10 ～ 12 × 5 ～ 6 mm である．精巣の数は無鉤条虫より少なく，卵巣は 3 分葉している．生殖孔は片節の一側，中央やや下方に，ほとんど規則正しく左右交互に開口している（表 3.8）．1 個の片節中には 4 万あまりの虫卵が入っている．卵殻が壊れやすいので，排出された虫卵は通常幼虫被殻のみに包まれている．幼虫被殻は厚く，淡黄色で放射状の線条がある．虫卵はほぼ球形で，その直径は約 30 μm.

[発育環]

受胎片節が 1 個ずつ，あるいはいくつかが連なったまま排出される．片節が壊れて虫卵が遊離，散布される．代表的な中間宿主は豚である．豚のほかにイノシシ，めん羊，牛，シカ，犬，猫，げっ歯類，サル，ときにはヒトも中間宿主になりうる．豚が片節または虫卵を摂取すれば，小腸で孵化し，六鉤幼虫は血行性に全身に移行し，60 ～ 70 日後には有鉤嚢尾虫（有鉤嚢虫：*Cysticercus cellulosae*）となる．嚢尾虫は，内に水様液をため，一部に乳白色の小斑点を有する類球形，米粒形ないしは小豆形の半透明な嚢状体で，大きさは 6 ～ 20 × 5 ～ 10 mm である．嚢尾虫の乳白色部からは頭節が嚢内に反転陥入している（図 3.37，口絵㉜）．加温または加圧により頭節を翻出させた虫体の大きさは 8 ～ 15 × 4 ～ 8 mm である．

人体感染後 62 ～ 85 日で受胎体節の排泄が始まる．成虫の寿命は長く，25 年にも達する．

表 3.8　ヒトを終宿主とするテニア属条虫３種の比較

	有鉤条虫 *Taenia solium*	無鉤条虫 *T. saginata*	アジア条虫 *T. asiatica*
中間宿主	豚が代表，他に広範囲の哺乳類	牛が代表，他に反芻動物，（ヒト？）	豚が代表（寄生部位は内臓で，おもに肝臓）
虫体の全長	2～3 m	4～12 m（きわめて大型）	4 m 程度 （国内の症例では通常 2～3 m）
頭節の構造	4 個の吸盤の他に額嘴，大小の鉤	4 個の吸盤のみ	4 個の吸盤および痕跡程度の額嘴をもつ，鉤を欠く
片節の概観	体壁は薄く，内部透視可能	体壁は厚く，内部透視困難	無鉤条虫と同様
卵巣の分葉	3 分葉	2 分葉	2 分葉
生殖孔の位置	片節の一側，規則正しく左右交互	片節の左右いずれか一側に，不規則	無鉤条虫と同様
遊離受胎片節	自動運動なく，壊れやすく虫卵分散	活発な伸縮運動，自発的虫卵放出	無鉤条虫と同様
人体嚢虫症	人体各所で嚢尾虫形成，脳寄生あり	人体嚢尾虫症は不明	人体嚢尾虫症は不明
陽性屠体措置	全部廃棄	全身にまん延しているもののみ 全部廃棄，その他は部分廃棄もある	寄生虫を分離できない部分を部分廃棄

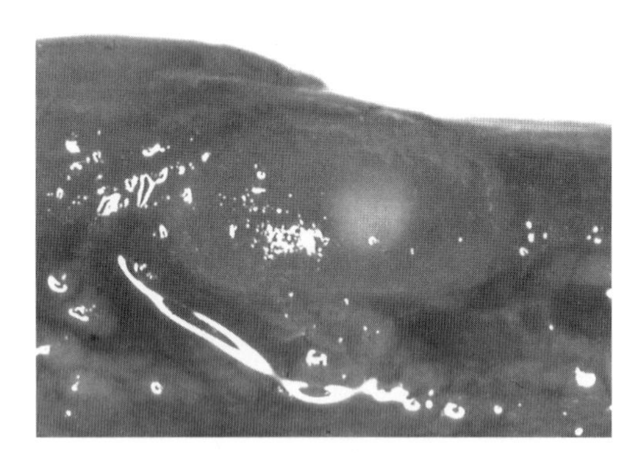

図 3.37　有鉤嚢尾虫

人体有鉤嚢虫症（Cysticercosis cellulosae hominis）：ヒトが直接有鉤条虫の虫卵を摂取した場合には，体内各所で嚢尾虫が形成される．この嚢尾虫の発育速度はきわめて緩慢であり，寄生部位によっては無症状で経過し，死後解剖で発見されることも少なくないが，脳や眼筋肉に寄生した場合の症状は重篤である．ある調査によれば，症例の 74.3%は中枢神経系に，31.1%は眼に寄生していたという．とくに脳寄生は深刻で，大脳寄生が多い．皮下や筋肉に寄生した場合は炎症性の組織反応が強く，結合織に包まれて発育に制約を受けるが，機械的な圧迫の少ない脳室では異常に大きくなり，脳底では本来のかたちとは異なって，分岐してブドウの房状を呈するブドウ状嚢尾虫（*Cysticercus racemosus*）とよばれる特異な形態をとるに至る．この嚢尾虫には頭節は認められない．その形状からときにエキノコックスと誤認されることがあるが，嚢尾虫壁の組織構成は本来の嚢尾虫と同じである．

有鉤嚢虫症は，獣医寄生虫病学・獣医衛生学の問題というよりは，食肉衛生学・公衆衛生学の面からの重要性が大きい．と畜検査および生豚の輸入検疫の適正施行によって，侵入の完全阻止を図らなければならない．冒頭に述べた 1964 年に輸入した外国産豚の複数箇所の食肉衛生検査所による検査成績の傾向を抄録して参考に供する．

[Y 検査所]

Ⅰ．少数寄生例では，①おもに咬筋，②ついで頸筋，前肢筋，腹筋，後肢筋の寄生率が高かった．③さらに続いて頭部の筋，背筋，胸筋および腹筋，横隔膜筋，舌筋，大脳であり，④比較的少なかったのは眼輪筋，食道筋，心筋などであった．

Ⅱ．濃厚寄生例では，全身の軀幹筋，横隔膜筋，縦隔膜筋，食道筋，咽頭周囲筋，心筋，舌筋，皮下，眼輪筋，脳，脳膜下などに無数に認められた．

[O 検査所]

陽性 13 例についての寄生状況は，肩甲外部の筋 100%，肩甲内部および大腿内部の筋が 92.3%，頸部の筋 76.9%，咬筋，横隔膜筋，背筋および腹筋が 69.2%で，大腿外部の筋 61.5%，舌根部の筋 53.8%であり，眼輪筋，縦隔膜筋，舌筋，前腕部の筋，および下腿部の筋がいずれも 46.2%，心筋は 38.5%であった．大脳からは 1 例（7.7%）が検出されている．

なお，と畜検査の指針となる『食肉衛生検査マニュアル・厚生省乳肉衛生課　編』によれば，舌の場合は，その側縁，下面の視診，触診で胞嚢の存在を知る場合もあるが，通常，咬筋，舌筋，心筋，胸筋，腹筋，肩甲筋，横隔膜筋などに割面をつくって検査した場合に…（中略）…，頭節の検査は次のようにして行う．スライドグラス上に，直径 1.5 cm の孔を開けた 2 cm

平方大の濾紙をのせ，ついで孔に水を 1 滴入れ，そのなかに頭節を移す．スライドグラスをその上から重ね，圧平する．…（以下略）…

［症状・診断］

豚の嚢虫感染による症状は定かではない．通常は不顕性に終始するのであろう．高度感染では，発熱や運動障害があり，また発育障害，呼吸困難，まれには脳症状をみることもあるという．眼瞼，結膜下織に寄生した場合には局所的な浮腫をみるという．ヒトの嚢尾虫症では皮下や筋肉に寄生した場合，腫瘍が認められることがある．おそらく豚でも同様であろう．診断は，豚の場合はもっぱら解体時のと畜検査による．

有鉤嚢尾虫症と診断された際の措置としては次の手順をとる．

①生体検査時 —— と殺禁止

②解体前の検査時 —— 解体禁止

③解体時および解体後の検査時 —— 全部廃棄

無鉤条虫

***Taenia saginata*（syn. *Taeniarhynchus saginatus*）**

世界的に分布し“beef tapeworm”として広く知られている．ヒトを終宿主とするテニア科の条虫で，日本でもときおり患者がみられる．頭節に鉤・額嘴をもたず，子宮の分枝数が多い（表 3.8 参照）．

［形　態］

体長は 4 ～ 12 m × 12 ～ 15 mm．頭節は小さく，直径は 1.5 ～ 2.5 mm．額嘴（吻）も鉤もなく，4 個の吸盤のみを有する．片節数は 1,000 ～ 2,000 に達する大型の条虫である．未成熟片節は横長の梯形，成熟片節は正方形，受胎片節は縦長の瓜実状で 16 ～ 20 × 4 ～ 7 mm，精巣は 800 ～ 1,200 個で主として背部に散在し，輸精管，陰茎を経て生殖孔に開く．卵巣は 2 分葉している．子宮は盲嚢で，18 ～ 32 の分枝をもち，片節のほとんどの部分を占めるようになり，成熟卵を貯蔵している．生殖孔は片節中央よりやや後方の側縁左右のいずれかに不規則に開口する．体壁は厚く，有鉤条虫のように内部が透視できるようなことはない（図 3.38）．受胎片節は 1 個ずつ切断・遊離される傾向がある．遊離した片節は活発な伸縮運動を行い，自力で宿主の肛門から脱出し，片節の伸縮により前端から虫卵を放出・散布する．各片節には約 80,000 個の虫卵が包蔵されていると推定されている．

虫卵は卵殻と幼虫被殻に包まれているが，卵殻は壊れやすく，片節外に出たものの多くは幼虫被殻のみに囲まれている．この状態のものは黄褐色で，30 ～ 40 × 20 ～ 30 μm の小型短楕円卵である．幼虫被殻は厚く，放射状の紋理があり，環境の変化に対する抵抗性が大きく，外界で長期にわたって生存しうる．内部にはすでに六鉤幼虫が形成されている（図 3.38 下，口絵⑧³）．

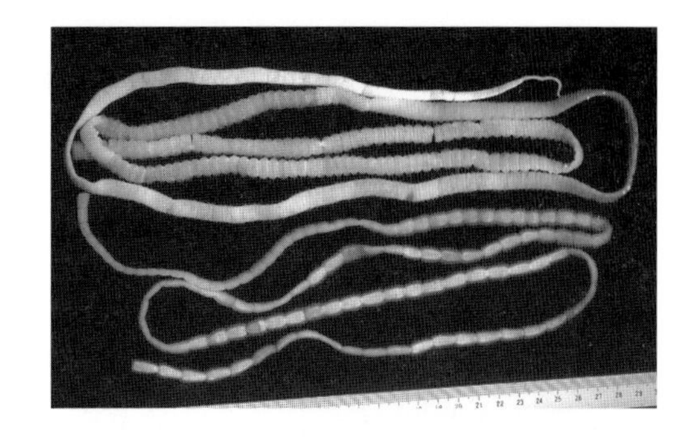

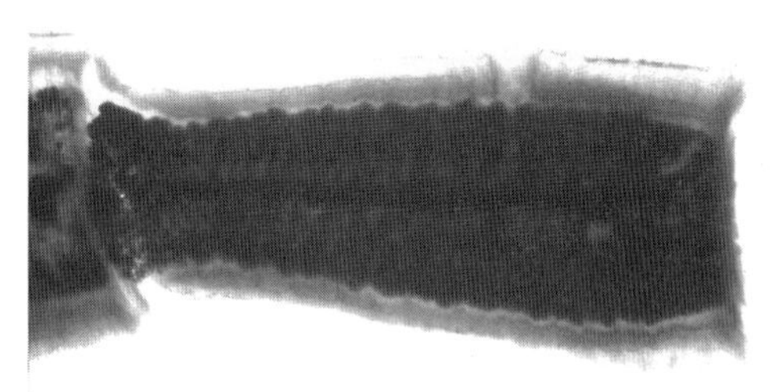

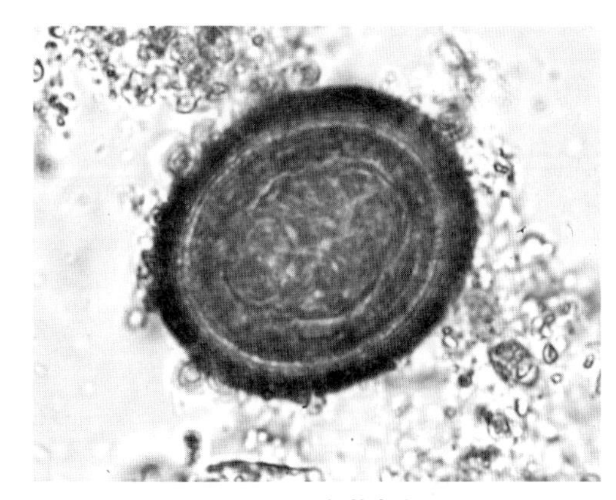

図 3.38　無鉤条虫

上：ストロビラ　中：片節　下：虫卵

［発育環］

中間宿主は牛，ほかにゼブー，水牛，ヤク，トナカイ，まれにめん羊，山羊などの反芻動物．また，人体無鉤嚢尾虫症を認めたという報告もあるが，真偽・詳細は不明である．少なくともきわめてまれな事例であろう．虫卵が牛に摂取されると小腸で孵化したのち，血行性に全身に分散し，10 ～ 12 週で無鉤嚢尾虫（*Cysticercus bovis*）を形成する（図 3.39）．無鉤嚢尾虫の好適寄生部位は心筋で，大きさは 7 ～ 10 × 4 ～ 6 mm，外観は有鉤嚢尾虫に類似している．

終宿主はヒトのみ．ヒトの小腸で脱嚢し，強力な吸盤で粘膜に吸着，成長を開始する．虫卵または受胎片

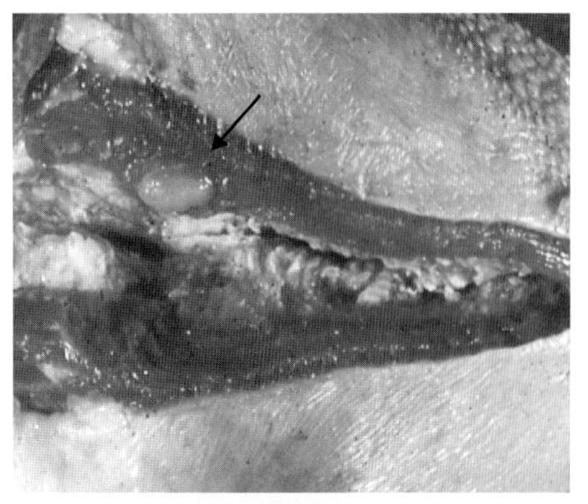

図 3.39　牛の舌筋に寄生する無鉤囊尾虫（矢印）

節が排出されるのは囊尾虫摂取 8 ～ 10 週後からである．虫体の寿命は長い．放置すれば，おそらく一生保有することになるであろう．ヒトでは無症状のことが多い．一方，亜急性小腸炎の所見があり，腹痛，悪心，嘔吐，下痢，肛門部の違和感や痒覚を訴える場合もある．

[症状・診断]

感染牛は通常は症状を示さない．高度に感染している場合には運動障害，呼吸障害，神経症状などを示すこともあるといわれている．顎の筋肉と心筋にもっとも多く，ついで舌筋，頸部および食道の筋，横隔膜筋に多いといい，また，と場では咬筋にもっとも多く，舌筋，心筋，横隔膜筋，軀幹筋などがこれに次ぐ，という見解もある．いずれにせよ,実際のと畜検査では,咬筋，舌筋，心筋などに焦点が当てられているようである．囊尾虫の胞囊内には透明液を入れ，頭節がみられる．頭節の観察方法は有鉤囊尾虫の場合と同様である．

無鉤囊尾虫症と診断された際の措置としては，

①生体検査時 ――
　全身に蔓延しているものはと殺禁止

②解体前の検査時 ――
　全身に蔓延しているものは解体禁止

③解体時および解体後の検査時 ――
　全身に蔓延しているものは全部廃棄．それ以外のものは寄生虫を分離できない部分を廃棄する．

有鉤囊尾虫の場合は『全部廃棄』であるが，無鉤囊尾虫の場合には，全身に蔓延しているものを除き『部分廃棄』が許されることがある．

アジア条虫
Taenia asiatica

アジア地域（韓国，中国，フィリピン，台湾，インドネシア，タイ，ベトナム）に分布し，国内でも人体感染例が確認されている．成虫の形態が無鉤条虫に似ており，かつては無鉤条虫と混同されていたが，現在では別種とする見解が定着した．無鉤条虫とは異なり主要な中間宿主は豚で，その内臓，特に肝臓に囊尾虫（単尾虫）が寄生する．一方，終宿主はヒトである．囊尾虫が寄生した豚の臓器をヒトが生食するとその小腸で成虫へと発育し，やがて受胎片節を排出する．国内には存在しないとされてきたが，2010 年以降，関東を中心にヒトへの成虫寄生例が相次いで報告されている．国産豚の肝臓生食が原因と推定される国内感染例もあり，人体条虫症の原因として今後も注意が必要である．なお，ヒトに囊尾虫が寄生することはない．

E　げっ歯類の条虫類

縮小条虫
Hymenolepis diminuta

膜様条虫科（Hymenolepididae）に属する条虫で，世界的に分布し，野生のげっ歯類ではごく普通にみられる．住家性ネズミではかなり高率に認められたとする報告例は多い．“rat tapeworm” という．実験動物としてのマウス，ラット，ハムスターからも報告されている．小児を主体とする人体寄生例がある．犬に寄生した例もある．寄生部位は小腸上・中部．

[形　態]

成虫は 20 ～ 60 cm，2,000 前後の片節からなる．成熟片節は幅広く 3.6 × 0.6 mm 大である．頭節の先端には痕跡的な額嘴（がくし）がある．額嘴には鉤はない．精巣は 3 個．1 個は片節中央より生殖孔側に，2 個は反対側にある．生殖孔は通常は左側．卵巣は片節中央部に位置し左右に分葉し，葉間に卵囊腺がある．虫卵はほぼ球形で 62 ～ 88 × 52 ～ 81 μm．卵殻は厚く黄褐色を呈する．六鉤幼虫もほぼ球形で 24 ～ 30 × 16 ～ 25 μm（図 3.40）．

[発育環]

中間宿主は穀物害虫である鱗翅類（コクガ，カキノヘタムシガなど），甲虫類（コクヌストモドキ，ゴミムシダマシなど），多くのノミ類，ゴキブリ，さらには倍脚類のヤスデなどの幼虫および成虫で，範囲は広い．これらの体腔で 28 ～ 34℃では 7 ～ 9 日で擬囊尾虫が形成される．20℃以下あるいは 37℃以上では発育しない．終宿主へ感染後 15 日で成熟し，体長 20 ～ 30 cm に達し，16 ～ 20 日では糞便中に虫卵が認められるようになる．成虫の寿命は約 15 か月と推定されている．

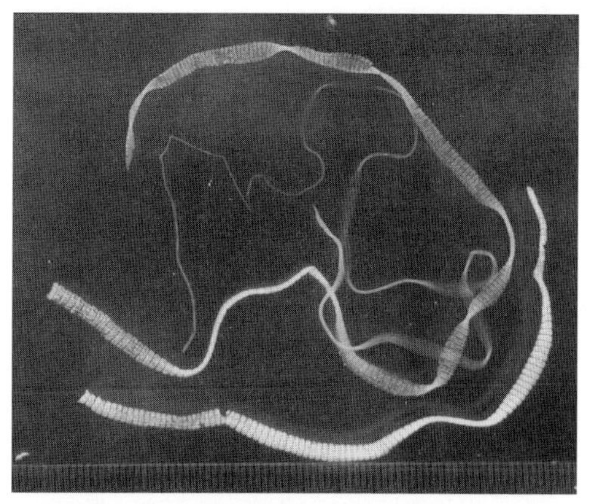

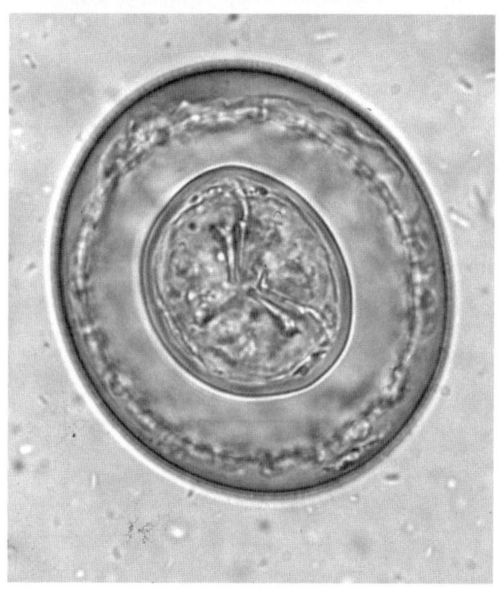

図 3.40　縮小条虫
上：ストロビラ　下：虫卵

[症状・診断・駆虫]

症状は不詳．濃厚感染はまれである．もしあればカタル性腸炎．人体寄生の場合でも障害は軽度ないし不顕性であるという．犬では仔犬がまれに感染するが無症状のようである．診断は虫卵か片節の検出による．

小形条虫

Rodentolepis nana
(syn. *Hymenolepis nana, Vampirolepis nana*)

英語で“dwarf tapeworm”，日本語でも“矮小条虫”とよばれていた比較的小型の条虫である．世界的に分布し，げっ歯類，ときに類人猿，ヒトに寄生することもある．しかし本来はネズミ類の寄生虫である．寄生部位は小腸．実験動物としてはマウス，ラット，ときにはハムスターからも検出されるが，モルモットの自然感染例の報告は見当たらない．

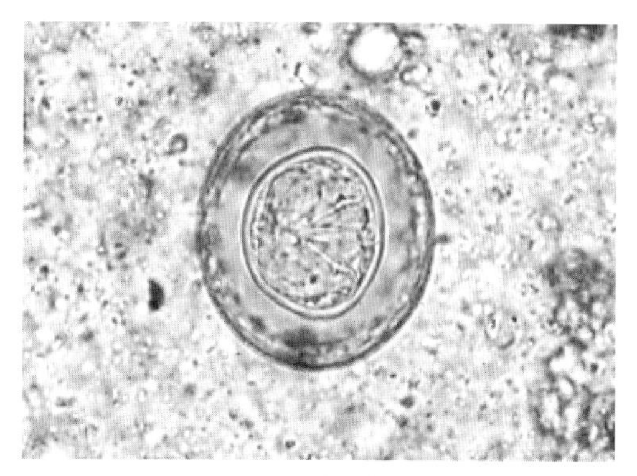

図 3.41　小形条虫卵

[形　態]

体長は 10 ～ 25 mm，まれに 45 mm に達するものもある．体幅は 0.5 ～ 0.9 mm．頭部は球形で径 250 ～ 300 μm．4 個の吸盤と額嘴を備えている．額嘴は 50 ～ 80 μm 大で，20 ～ 27 個の鉤が環生している．生殖孔はストロビラの一側（左）に開口する．片節数は 200 前後．受胎片節は切り離された後に消化されるため，虫卵は糞便中に遊離混在している．虫卵は 44 ～ 52 × 36 ～ 44 μm，短楕円形を呈している（図 3.41）．六鉤幼虫は 24 ～ 30 × 16 ～ 25 μm．六鉤幼虫は幼虫被殻に覆われており，その突出した両端からフィラメントが出ているのが本種の特徴である．

[発育環]

発育環はきわめてユニークなものである．すなわち，小形条虫は中間宿主をとらない直接感染も成立する唯一の条虫である．感染には直接感染のほかに間接感染，さらに自家感染という 3 つの経路が成立する．

(1) 直接感染

終宿主（ネズミ）に摂取された虫卵は小腸で孵化し，六鉤幼虫は感染後まず腸絨毛組織内に侵入し 4 ～ 5 日で擬嚢尾虫が形成される．この擬嚢尾虫は中間宿主体内で形成されたものに比べれば尾部がほとんどなく，被膜は薄い．成熟した擬嚢尾虫は腸管腔に出て，腸壁に吸着する．さらに成長を続け，感染後 14 ～ 16 日で完熟した成虫になり，糞便中に虫卵が認められるようになる．直接感染を受けた宿主は，以後の直接感染あるいは自家感染に対してきわめて強い抵抗性を発揮する．これに対し，ほかの条虫と同様の間接感染を受けた宿主では再感染に対する抵抗性をほとんど獲得していない．腸絨毛組織内における発育期間の有無が免疫獲得に大きくかかわっていると解釈されている．また，抗血清や感作脾細胞の移入による受動免疫では完全な感染防御は示されない．このため蠕虫類の免疫研究のモデルにしばしば用いられている．

(2) 間接感染

中間宿主にはノミ類，ゴミムシダマシやコクヌストモドキなどの甲虫類，さらに実験的にはゴキブリ類などの昆虫類がなることが知られている．虫卵はこれら中間宿主の中腸内で孵化し，擬嚢尾虫を形成する．昆虫内で発育に要する時間は環境温度と，さらに昆虫の種類によっても影響される．たとえばノミでは，12～14℃で17～18日，22～23℃で9～13日であるが，27～28℃では7～8日に短縮される．ラットがこれら感染ノミを摂取すれば，約10日で虫体は16～17 mmに達し，ラットの糞便中から虫卵が検出されることになる．

(3) 自家感染

虫卵が宿主消化管内で直接孵化し，以後は直接感染の場合と同じ過程を経て発育する様式を自家感染（autoinfection）という．すなわち，寄生体は宿主からまったく離れることなく発育環が循環されているわけで，蠕虫類ではかなり珍しい感染方法である．

[症状・診断]

通常の感染ではほとんど症状はない．重感染では吸着器官による機械的刺激・組織破壊は無視できなくなる．汚染環境における直接感染や自家感染によれば，重感染は容易に惹起される．古くマウスでは栄養障害，貧血，体重減少，ときに腸閉塞，さらに腸嵌頓（かんとん）が認められたという．ハムスターでは1頭あたり188～290虫という濃厚感染による死亡例が報告されている．擬嚢尾虫の成育に伴う腸絨毛の損傷，腸粘膜の充血，炎性浸潤，小潰瘍の形成がみられることもあるという．診断は虫卵の検出，剖検時には虫体の検出．組織学的には腸絨毛内の擬嚢尾虫の検出がある．

[駆虫・予防]

駆虫には，プラジクアンテル5～10 mg/kgが用いられる．実験動物を対象とする予防法は，感染経路が多様にわたることを考慮し，もっぱら清浄コロニーの保持と，野生ネズミもしくは中間宿主との直接および間接にわたる完全な接触遮断に努めることにある．施設の問題になる．

F　家禽の条虫類

鶏の代表的な条虫類を次に一括して示した．しかし“鶏の条虫症”という問題は，現在の大型化，企業化された養鶏産業形態を背景とする環境や近代的な衛生・飼育管理下にあっては，ブロイラー，採卵鶏，種鶏を通じて，ほとんど現場の話題にはなっていないようである．つまり問題になるような実害はないものと思われる．したがって，条虫症の検査・駆虫などは通常の『衛生プログラム』には見当たらない．蠕虫類一般に関しても，かろうじて3週齢時と，5または7週齢時に糞便検査が組み込まれている程度である．

表3.9 *Raillietina* 属の各亜属の比較

亜属名	生殖孔の開口位置	1卵嚢内の虫卵数
Raillietina	一側	数卵
Skrjabinia	左右交互	1卵
Paroniella	一側	1卵
Fuhrmannetta	左右交互	数卵

ダベン条虫科
　方形条虫　*Raillietina*（*Raillietina*）*tetragona*
　棘溝条虫　*R.*（*R.*）*echinobothrida*
　有輪条虫　*R.*（*Skrjabinia*）*cesticillus*
　橿原条虫　*R.*（*Paroniella*）*kashiwarensis*
膜様条虫科
　鶏膜様条虫　*Hymenolepis*（*Weinlandia*）*carioca*
ディレピス科
　楔形（楔状）条虫　*Amoebotaenia sphenoides*

ダベン条虫科

小型ないし中型の条虫である．額嘴は伸縮自在で多数のハンマー型（T型）の鉤を有している．さらに吸盤の周縁にも小鉤を有するものが多い．生殖器は通常1片節に1組．受胎片節の子宮は卵嚢（egg capsule）に置換される．虫卵は卵嚢に包まれて片節内に蓄えられる．

Raillietina 属には約200種が属し，いくつかの亜属に分けられている（表3.9）．鳥類，哺乳類の小腸に寄生する．さらに爬虫類に寄生するものが，少なくとも1種は報告されている．方形条虫，棘溝条虫，有輪条虫の3種は世界的に分布し，鶏では普通にみられる．

ディレピス科

この科の条虫は，伸縮可能な額嘴を有し，これにはバラの棘状の鉤が1，2あるいは数列環生している．多くの種類では吸盤にも鉤を備えている．生殖器は1片節に1組あるいは2組のものもある．精巣は4個以上．子宮は分葉した嚢状になるか，あるいは種類によっては卵嚢または副子宮を形成する．鳥類および哺乳類に寄生する．

方形条虫
Raillietina（*Raillietina*）*tetragona*

分布は世界的．鶏，ホロホロチョウ，ハトほか鳥類の小腸後半部，おもに回腸に寄生する．鳥類寄生の条虫類のなかでは最大の部類に属し，体長は25～30 cmにも達する．頭節は小さく，約100個の小鉤が

1～2列に並ぶ．吸盤は卵円ないし長円形で，周縁部に8～10列の小鉤が並列している．片節数は500～600個．卵嚢内の虫卵数は6～12個で，1片節に40～70個の卵嚢がある．虫卵は球形で径57～63 μm．中央にある六鉤幼虫の径は17～20 μm．

中間宿主はトビイロシワアリ，アズマオオズアカアリが代表的．働きアリが鶏から排出された片節を巣内へ運び，アリの幼生が感染し，体内で擬嚢尾虫を形成する．働きアリは成熟した擬嚢尾虫のみを腹腔内に保有している．終宿主が感染アリを摂取すれば3週間で成熟する．なお，甲虫類の一部，イエバエ，カタツムリの一部のものも中間宿主になるという．

棘溝条虫
Raillietina*（*Raillietina*）*echinobothrida

宿主は鶏，ホロホロチョウ，ウズラの一種，七面鳥，ドバトなど．おもに回腸に寄生する．

分布はほとんど世界的．形態は前者に酷似している．わずかに頭節が大きく，額嘴の鉤が2列で前者より強大であること，吸盤が円形であることなどが鑑別点・相違点になっている．中間宿主は各種のアリ．虫卵の径は73～77 μm．

発育環は方形条虫に同じ．

有輪条虫
Raillietina*（*Skrjabinia*）*cesticillus

家禽の間に世界的に広く分布している．方形条虫，棘溝条虫よりも小型で，体長は4 cm，まれに15 cmに達するものもある（図3.42）．頭節は大型，額嘴は幅広く，400～500個の小鉤が2列に並んでいる．吸盤は小型で鉤はなく，あまり目立たない．頸部は不明瞭．生殖孔は不規則に左右に開口する．虫卵は類球形で90～120×70～100 μm，1個ずつ卵嚢に包まれている．六鉤幼虫は30～40×40～50 μm（図3.43）．

中間宿主としては，鞘翅目のうち，日本では糞食性の甲虫類や種々のゴミムシの仲間があげられている．これらの甲虫が鶏糞とともに片節・虫卵を食べると，3～4週間で擬嚢尾虫が形成される．イエバエも中間宿主となる．終宿主体内では2～3週間で成育する．甲虫類の1個体あたりの擬嚢尾虫の保有数は，方形条虫，棘溝条虫の中間宿主であるアリの場合に比べれば，はるかに多く蓄積されているため，濃厚感染によるカタル性腸炎を起こしやすい．

橿原条虫
Raillietina*（*Paroniella*）*kashiwarensis

1953年，奈良県橿原（かしはら）市で発見されたものであるが，

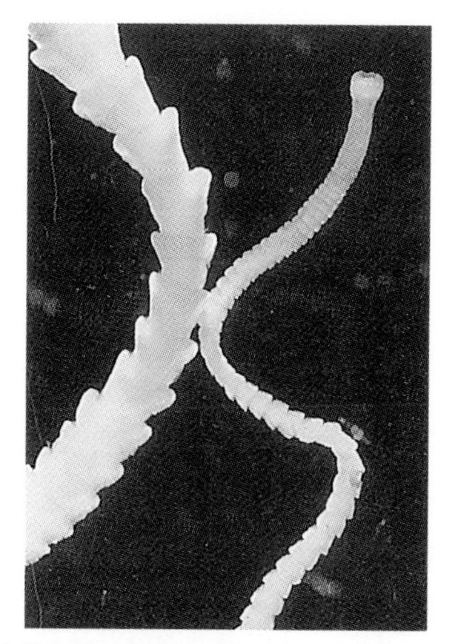

図3.42　有輪条虫の頭部と頭部に近いストロビラの接写像［平原図］

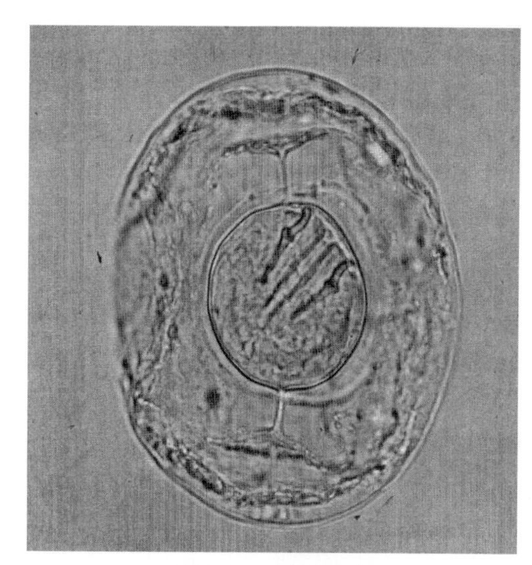

図3.43　有輪条虫卵

正確な分布区域は不詳である．体長20～30 cm，体幅は2～3 mm．頭節は小さい．額嘴は球形，約200個の鉤が2列に並ぶ．吸盤は有鉤．頸部は頭節に続くが太さはほとんど変わらず，境界は明らかでない．卵嚢は1個ずつの虫卵を入れる．虫卵は74～89×72～74 μm，六鉤幼虫は小球形で20～28×16～24 μm．

中間宿主は尾端に毒針をもつ大型のオオハリアリで，幼生・幼若アリ体内で擬嚢尾虫が発育し，働きアリの体腔には成熟擬嚢尾虫のみが見出される．鶏体内では夏期で約2週間で成熟する．

鶏膜様条虫
Hymenolepis*（*Weinlandia*）*carioca

アメリカではハワイを含みもっとも普通にみられる

鶏の条虫であるが，分布は世界的．鶏，七面鳥，ウズラなどの小腸に寄生する．虫体は 90 ～ 120 × 1.0 ～ 1.2 mm で糸状を呈する．頭節は背腹に扁平で，額嘴に鉤はない．しかし吸盤には微細な鉤がある．生殖孔はストロビラの一側，ほぼ中央部やや前方に開く．精巣は 3 個，うち 2 個は生殖孔の反対側に縦に並ぶ（3 個の位置関係は三角形）．陰茎嚢は長大で，片節の横幅の半分を占める．片節数は約 500．受胎片節には 1 個ずつの虫卵を入れた 11 ～ 15 個の卵嚢がある．虫卵は 65 ～ 75 μm．類球形．六鉤幼虫も球形ないし長球形で径 39 ～ 49 μm．

中間宿主は糞食性甲虫類（マグソコガネ，エンマコガネ類，その他）およびサシバエ類の一種．擬嚢尾虫形成には約 2 週間，鶏体内での発育には 15 ～ 20 日を要する．病害は不明，おそらく軽微であろう．

その他の膜様条虫属

鶏無鉤条虫　*Hymenolepis cantaniana*
鶏有鉤条虫　*H. exigua*
ほか

楔形（楔状）条虫
Amoebotaenia sphenoides

世界各地に分布し，日本でも記録がある．しかし少ないほうであろう．寄生部位は鶏の小腸上部．虫体は 2 ～ 4 × 1 mm という小型の条虫で，後方に向かうに従って片節幅が急激に増すために，外観は楔形を呈している．額嘴には 12 ～ 14 個の鉤が 1 列に並ぶ．吸盤は長円形で比較的大型．鉤はない．虫卵は類球形で径 35 ～ 42 μm．六鉤幼虫の径は 12 ～ 15 μm．

中間宿主はツリミミズ類，フトミミズ類など．ミミズ体内では約 2 週間で擬嚢尾虫が形成され，終宿主へ感染すれば約 4 週間で成熟する．

[補] 楔形条虫がほかの鶏の条虫類と異なっている点は，①寄生部位が小腸下部ではなく，小腸上部・十二指腸であること，②中間宿主が節足動物でなく，環形動物であることなどである．

[参考] ここまで述べてきた条虫類の発育環一覧と，犬・猫寄生のおもな条虫を表 3.10，表 3.11 に示す．

表 3.10　条虫類発育環一覧

<table>
<tr><th></th><th>終宿主</th><th>第一中間宿主</th><th>第二中間宿主</th><th colspan="3">幼虫名称</th><th>幼虫寄生部位</th></tr>
<tr><td>マンソン裂頭条虫</td><td>猫，犬</td><td>ケンミジンコ類</td><td>オタマジャクシ⇨カエル，ヘビ，(孤虫症)</td><td colspan="3">①プロセルコイド
②プレロセルコイド</td><td>①体腔，②腹腔，皮下，筋</td></tr>
<tr><td>有線条虫</td><td>キツネ，犬，猫，(ヒト)</td><td>ササラダニ類ほか</td><td>ヘビ，ほかに哺乳類</td><td colspan="3">①擬嚢尾虫
②テトラチリジウム</td><td>①体腔，②諸臓器漿膜腔内</td></tr>
<tr><td>有鉤条虫
無鉤条虫
アジア条虫</td><td>ヒト
〃
〃</td><td>豚
牛
豚</td><td rowspan="8">なし</td><td rowspan="4">嚢尾虫</td><td rowspan="2">嚢尾虫または単尾虫</td><td>有鉤嚢尾虫
無鉤嚢尾虫</td><td>咬筋，頸部筋
横紋筋，心筋
肝　臓</td></tr>
<tr><td>豆状条虫
胞状条虫
猫条虫</td><td>イヌ科
〃
ネコ科</td><td>ノウサギ
偶蹄類，めん羊
ネズミ類</td><td>豆状嚢尾虫
細頸嚢尾虫
帯状嚢尾虫</td><td>腹腔臓器・膜
腹腔漿膜面
ほとんど肝臓</td></tr>
<tr><td>多頭条虫
連節条虫</td><td>イヌ科
〃</td><td>有蹄類・めん羊
ウサギ</td><td>共尾虫</td><td>脳共尾虫
連節共尾虫</td><td>脳および脊髄
皮下，筋ほか</td></tr>
<tr><td>単包条虫
多包条虫</td><td>イヌ科
〃（キタキツネ）</td><td>牛，めん羊・有蹄類ほか
野ネズミ</td><td>包虫
(ヒト)</td><td>単包虫
多包虫</td><td>肝臓，肺ほか
ほとんど肝臓</td></tr>
<tr><td>葉状条虫
大条虫
乳頭条虫
ベネデン条虫
拡張条虫</td><td>馬
〃
〃
牛，めん羊
めん羊，牛</td><td>ササラダニ類
〃
〃
〃
〃</td><td colspan="3" rowspan="4">擬嚢尾虫

(尾嚢尾虫)
(　〃　)

(隠嚢尾虫)</td><td rowspan="4">体腔内</td></tr>
<tr><td>瓜実条虫</td><td>犬，猫</td><td>ネコノミ，イヌノミ</td></tr>
<tr><td>縮小条虫
小形条虫</td><td>げっ歯類
〃</td><td>鱗翅類，甲虫類ほか
同上，なしでも可</td></tr>
<tr><td>方形条虫
棘溝条虫
有輪条虫
欅原条虫
鶏膜様条虫
楔形条虫</td><td>鶉鶏類
〃
〃
〃
〃
〃</td><td>トビイロシワアリ
〃
ゴミムシ
オオハリアリ
マグソコガネ
ツリミミズ</td></tr>
</table>

表 3.11　犬・猫のおもな条虫

1	マンソン裂頭条虫	猫のほうが多い．ヘビ・カエル捕食習性．壺形吸虫との同時感染
2	日本海裂頭条虫	広節裂頭条虫．犬・猫での虫体発育不良
3	有線条虫	瓜実条虫との片節鑑別．ヘビ（マムシ）人体感染
4	豆状条虫	ノウサギとの接触，山地の犬
5	胞状条虫	日本で犬の寄生例はない．めん羊産業では注目（肉の廃棄）
6	多頭条虫	日本にはない．めん羊の旋回病（囊尾虫の脳寄生）
7	連節条虫	日本ではまれ．北海道でユキウサギ（ウサギ連節共尾虫）
8	猫条虫（肥頸条虫）	ネズミ肝に帯状（片節）囊尾虫を形成．日本でもまれではない
9	単包条虫	日本では成虫未確認．輸入反芻動物の食肉検査
10	多包条虫	おもに北海道．キタキツネ⇨エゾヤチネズミ．人体寄生に注意
11	瓜実条虫（犬条虫）	小動物臨床でもっとも多い

各論　4
線虫類
NEMATODA

4.1 線虫類の特徴

線虫は, 線形動物 (Nemathelminthes：円形動物 (round worms) ともいう) に属し, 扁形動物である吸虫類や条虫類よりも高等な動物であると考えられている. Nemato- は “thread” を意味するギリシャ語に由来する造語要素である. 字に表されているように, 体型は糸状, 紐状, 長円筒状で, 多くは両端がやや細くなっている. 体節的な区分はまったくない.

種類はきわめて多い. 寄生性のものばかりではなく, 自由生活性のものも多い. 脊椎動物に寄生するものに限っても 40,000 種に及ぶという. 自由生活性の *Caenorhabditis elegans* は多細胞の実験モデル生物として広く利用されている. 植物および昆虫寄生性の線虫は農学上重要である.

A 形　態

(1) 体　壁

体表はケラチン質の角皮層 (cuticle) で覆われている. 角皮下層から内部に向かって隆起する 4 本の縦走線がある. 背線, 腹線に比べて左右の側線 (lateral line または lateral chord) は太く, よく発達している. 側線中を走る側線管は排泄系の一端を担うものである. 体表に棘, または側翼, 頸翼, 尾翼などの “翼 (ala)” とよばれる翼状突起構造をもっているもの, あるいは感覚器官としての各種乳頭を備えているものなどがある.

(2) 神経系

神経系の中枢は, 食道の中央部を環状にとりまく食道神経環 (esophageal ring；通常は単に神経環または神経輪 (nerve ring) という) にあるといわれている. さらに肛門部にも環状を呈する肛門神経環 (anal ring) があり, 神経環から数本の神経幹が前後へ派生伸張し, 随所に神経連合 (commissura) および側枝を出し, 相互に連絡している. 食道神経環は幼虫ではかなり容易に観察できる.

なお, 感覚器官として次のものが知られている.

①感覚乳頭

口唇, 頸部, 生殖口周辺, 肛門周囲などに存在し, 知覚神経を通じ神経系に連なり, 接触感覚を司っている. 頸部乳頭は 1 対, 生殖乳頭は雄の尾端に数対みられる.

②アンフィッド (Amphids)

食道の両側に存在し, 体前端に開口する 1 対の腺構造で, 頭腺, または側器官 (lateral organ) ともいう. 分泌機能のほかに化学的感覚機能も有するといわれている.

③ファスミッド (Phasmids)

尾端近く肛門後方に存在する 1 対のクチクラ性の小嚢で, アンフィッド同様, 化学的感覚機能を有するものと考えられている. Chitwood and Chitwood (1937) 以来, ファスミッドの有無によって線虫類は “Phasmidia” と “Aphasmidia” の 2 大グループに分類されている経緯がある. 後者にはエノプルス目の鞭虫科, トリヒナ科, 腎虫科などが含まれ, ほかの大部分の線虫類は前者に属する (線虫の分類 (p.207) 参照).

(3) 消化器系 (図 4.1, 4.2)

消化器系は [口⇨食道⇨中腸⇨直腸 (終腸) ⇨肛門] からなっている. 口は 3 個の口唇に囲まれているもの, または開口部に続いて口腔を有するものが多い. 口腔内に角皮の変性した歯牙や歯板を備えているものもある. 食道は筋肉質で, 放射線状の筋繊維からなるものと, 角皮性のものがある. とくに前者はよく発達した棒状の管腔で, 中央あるいは末端部に球状の膨隆部を形成するものがある. なかには膨隆部に弁を備え, 吸引と逆流防止に役立てているものもある. これを食道球 (esophageal bulb) という. また, 食道後端部と中腸との間に腺性部として区別され, “胃 (ventriculus)” とよばれる器官になっているもの (たとえばアニサキス類) もある. さらにアニサキス類では胃またはこれに続く中腸に憩室をもつものが少なくない. 中腸は比較的単純な管腔で, 内面は円柱上皮細胞で被われている. これに続く直腸 (終腸) の内面は角皮で被われている. 消化管の末端は, 雌では独立した肛門になるが, 雄では射精管とともに総排泄腔 (cloaca) を形成し, これに開口する.

(4) 排泄系

排泄器官の基礎は左右の側線中を縦走する側線管である. 側線管は体前端近く, 食道部で排泄橋 (excretory bridge) によって H 型に合流し, 連結部から出る 1 本の排泄管を経て腹面正中線上の排泄孔に開く. 体腔液中の老廃物はこの経路で排泄される. 食道の両側にある頸腺は排泄腺ともよばれ, 排泄に関与するともいわれている.

(5) 生殖器系 (図 4.2)

寄生性線虫はすべて雌雄異体である. 概して雌虫の

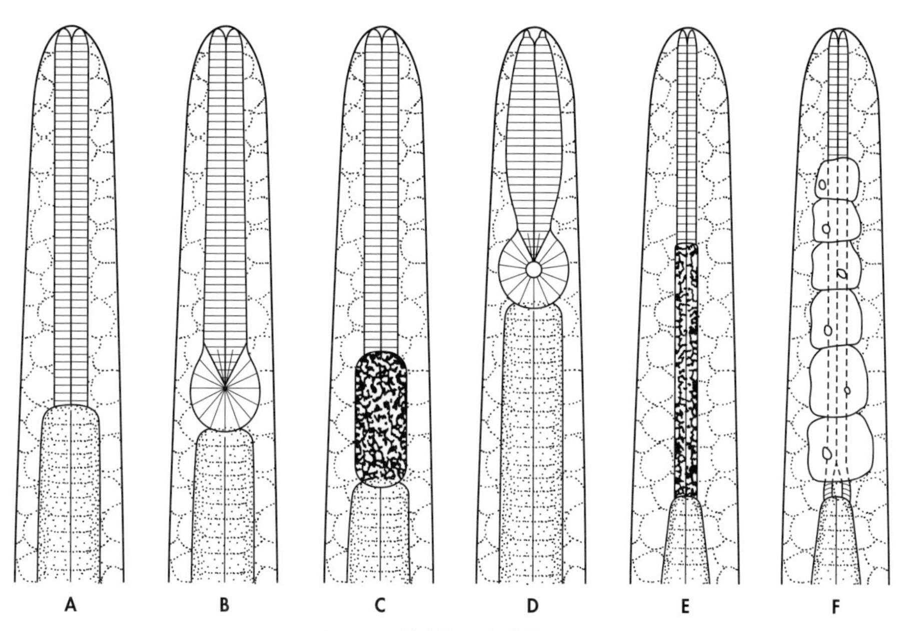

図 4.1　線虫類の食道模式図

A：単純な円筒形．ただし太さや形状は種によって相違がある（回虫をはじめ該当するものは多い）．
B：円筒形ながら末端部に筋性の膨隆部がある（犬回虫など）．
C：腸管への移行部に腺性の胃（ventriculus）がある（アニサキスなど）．
D：食道は筋性こん棒状，腸管への移行部に筋性の明瞭や食道球を有し，さらに食道球に弁を備えているものもある（糞線虫の自由生活型成虫，蟯虫など）．
E：食道は細長く，前半部は筋性，後半部は腺性で顆粒状を呈している（糸状虫など）．
F：食道部に大型の食道腺細胞（stichocyte）が数珠状に連なりスティコソームを形成する（鞭虫，毛細線虫，旋毛虫など）．

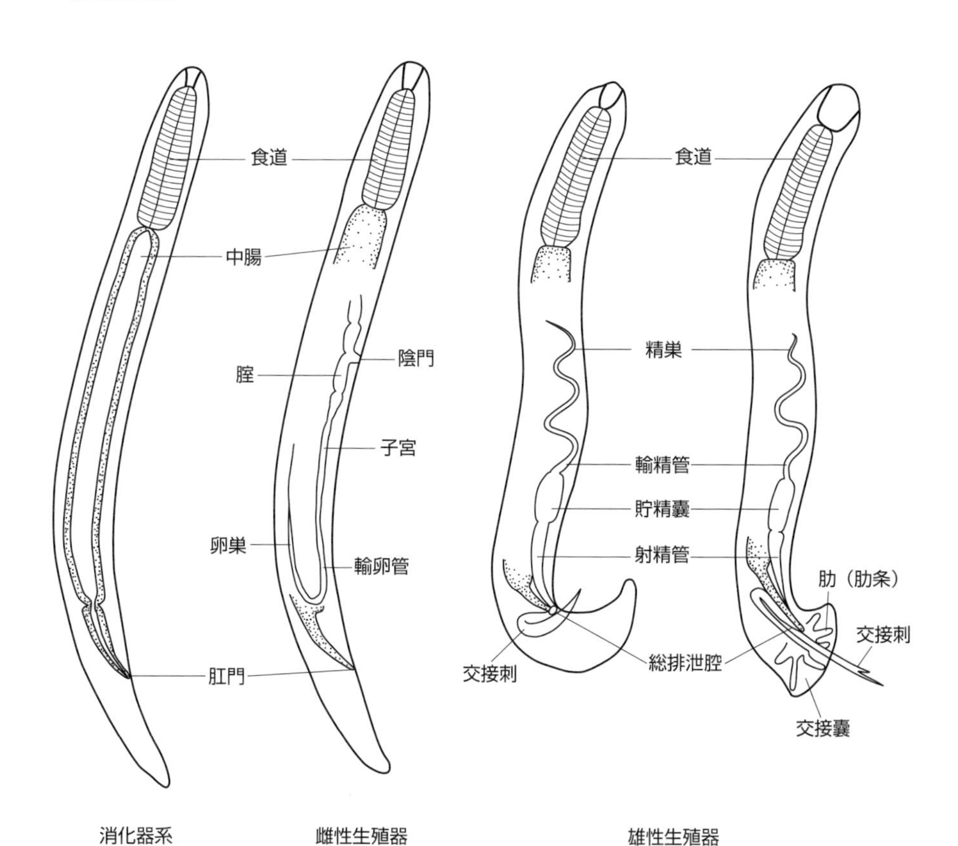

図 4.2　線虫の消化器系・生殖器系基本模式図

ほうが大きい．なかには雌雄差が著しく大きいものもある．たとえば，開嘴虫やネズミ類の膀胱壁に寄生している *Trichosomoides crassicauda* などである．糞線虫のようにヘテロゴニー（両性生殖と単為生殖が交互する世代交代）を営むものもあるが，単為生殖のみを行うものはない．

①雄性生殖器

［精巣⇨輸精管⇨貯精嚢⇨射精管］を基本構成とする．精巣は細い糸状の管であり，輸精小管を経て輸精管に連なるものと，輸精小管を欠き，ただちに輸精管に連なるものとがある．輸精管は屈曲して走る腺状構造で，貯精嚢を経て筋肉性の射精管に連なる．射精管は直腸とともに総排泄腔を形成し，外部に開く．総排泄腔につながって1本あるいは2本のキチン質の交接刺（spicule）があり，交接刺嚢に収められている．交接刺は交接時に精子を導入する役を果たす交接補助器官で交尾針ともいう．さらに補助器官としては導刺帯（副刺）を備えるものもある．雄虫が雌虫を保定するために尾端に次の3つのタイプの特殊な装置のいずれかを有している．①尾端の両側に手指を広げたような“肋”があり，肋間に膜が張られた交接嚢（copulatory bursa），②尾端両側に有柄の大型乳頭を備えた尾翼または交接翼，③尾端が腹側に巻き込んでいるものの3タイプである．①は円虫類一般に，②は顎口虫類に，③は回虫類に代表される．

交接嚢：円虫類ではよく発達し，種の鑑別・同定に際しての重要な鍵になる．膜状・翼状で角皮下層に由来する．2葉の膜状物が対称的に広がり，2枚の連なり方，肋（ray）の配列，形状などが種の特徴になっている（図4.3）．

②雌性生殖器

基本構成は［卵巣⇨輸卵管⇨受精嚢⇨子宮⇨排卵管⇨腟⇨陰門］であり，通常は対になっている．卵巣の起始部は細長く糸状をなしている．以下，輸卵管，受精嚢と続くが，いずれも細く，外観はほぼ同様で判別しにくい．子宮に至れば急に太くなり，排卵管を経て腟に至って2本が合体し，陰門に開く．陰門は肛門とは独立して存在し，その位置は種によって決まっている．

B　発育環

卵－1期（L_1）～5期（L_5）幼虫－成虫の各発育期をとる．幼虫は脱皮しながら大型化するが，L_5 は脱皮をせずにそのまま成虫になる（L：幼虫 larva の略）．

(1) 虫卵の形成

雄性生殖細胞は精母細胞のまま，あるいは精子にま

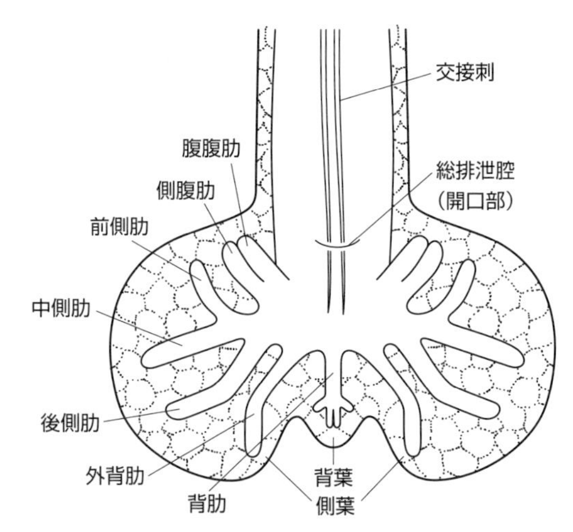

図4.3　円虫類の雄虫にみられる交接嚢の模式図

で発育した後に交接によって腟内に入り，排卵管および子宮を溯上して受精嚢に達して完熟し，輸卵管を下降してきた成熟卵子と融合し，受精が行われる．受精後，卵細胞内の卵殻形成顆粒が卵細胞外に放出され，種特異の形状をもつ卵殻が形成される．

特殊なものとしては，①子宮からの分泌物による蛋白膜の形成（回虫），②卵殻栓（plug）の形成（鞭虫），③ミクロフィラリアの被鞘（糸状虫）がある．とくに糸状虫卵の卵殻は1層の薄い卵黄膜で，なかの幼虫＝ミクロフィラリアの発育に従って伸張し，産出されたミクロフィラリアの被鞘になる．

(2) 虫卵の発育

線虫卵が産卵されたときの状態は，単細胞卵であるもの，分割がある程度進んでいるもの，すでに幼虫が形成されているものなど，種類によってさまざまである．いずれにせよ，虫卵内に幼虫が形成されることが発育の第一段階になる．以後，種類によって外界で孵化するものと，幼虫包蔵卵として感染するものがある．糸状虫類は血中にミクロフィラリアを産出する．旋毛虫（トリヒナ）は母虫の子宮内で孵化し，幼虫として産み出されたのち，同一宿主の全身へ移行し，横紋筋に至って被嚢する．

(3) 感染幼虫

線虫類は発育環上4回の脱皮を行う．すなわち，線虫の発育期は5期に分けられる．感染力を有する幼虫は，ほとんどの場合は第3期幼虫（L_3）である．従来，回虫の感染幼虫は L_2 であると理解されていたが，現在では L_3 であるという事実が証明されている．

C 分 類

線虫類分類表

双腺綱 Secernentea
（有ファスミッド綱 Phasmidia）

回虫目 Ascaridida

1. 回 虫 *Ascaris, Parascaris, Toxascaris, Toxocara, Ascaridia, Baylisascaris*
2. 盲腸虫 *Heterakis*

蟯虫目 Oxyurida

3. 蟯 虫 *Oxyuris, Enterobius, Syphacia, Aspiculuris, Passalurus*

円虫目 Strongylida

4. 円 虫 *Strongylus*
5. 毛様線虫 *Haemonchus, Mecistocirrus, Ostertagia, Trichostrongylus, Cooperia, Nematodirus, Hyostrongylus*
6. 腸結節虫 *Oesophagostomum, Chabertia*
7. 鉤 虫 *Ancylostoma, Necator, Bunostomum, Uncinaria*
8. 肺 虫 *Dictiocaulus, Metastrongylus, Filaroides, Aelurostrongylus, Crenosoma*
9. 住血線虫 *Angiostrongylus*
10. 開嘴虫 *Syngamus*
11. 豚腎虫 *Stephanurus*

桿線虫目 Rhabditida

12. 糞線虫 *Strongyloides*

旋尾線虫目 Spirurida

13. 眼 虫 *Thelazia, Oxyspirura*
14. 食道虫 *Gongylonema, Spirocerca*
15. 馬の胃虫 *Habronema, Draschia*
16. 豚の胃虫 *Ascarops*
17. 猫胃虫 *Physaloptera*
18. 鶏の胃虫 *Chelospirura, Tetrameres, Synhimantus*
19. 顎口虫 *Gnathostoma*
20. 犬の糸状虫 *Dirofilaria, Dipetalonema*
21. 牛の糸状虫 *Setaria, Onchocerca, Stephanofilaria, Parafilaria*
22. 馬の糸状虫 *Setaria, Onchocerca, Parafilaria*

双器綱 Adenophrea
（無ファスミッド綱 Aphasmidia）

エノプルス目 Enoplida

23. 鞭 虫 *Trichuris*
24. 毛細線虫（毛体虫） *Capillaria, Baruscapillaria, Eucoleus, Calodium, Pearsonema, Aonchotheca*
25. 旋毛虫（トリヒナ） *Trichinella*
26. 腎 虫 *Dioctophyma*
27. その他 *Eustrongyloides, Sobolyphyme*

4.2 回虫類

回虫は寄生線虫の代表的なものとして，紀元前からよく知られていた存在である．家畜・家禽にはそれぞれに特有な種類の回虫の寄生があるが，なかには宿主特異性に乏しいものもあり，さらには人獣にわたる感染を起こすものもある．

分類の大筋を次にまとめる．

Order Ascaridida 回虫目
　Superfamily Ascaridoidea 回虫上科
　　Family Ascarididae 回虫科
　　　　Anisakidae アニサキス科
　Superfamily Heterakoidea 盲腸虫上科
　　Family Heterakidae 盲腸虫科
　　　　Ascaridiidae 鶏回虫科

鶏回虫（*Ascaridia galli*）を回虫のグループに入れるべきか，盲腸虫のグループに入れるべきかについては両論があり，また，独立した“科”として扱うべきか，“属”としていずれかの科に所属せしめるかについても諸説がある．ここでは仮に，盲腸虫上科・鶏回虫科として扱うことにする．また，上表の盲腸虫上科を設けない分類法もある．

A 回虫科（Family Ascarididae）

回虫類は各種脊椎動物の消化管に寄生し，世界中に広く分布している．主要な属には，*Ascaris*，*Parascaris*，*Toxascaris*，*Toxocara*，*Bayliscaris* などがある．虫体は比較的大型で，口唇がよく発達し，それぞれ2個ずつの乳頭をもつ口唇が背側に1個，亜腹側に2個，計3個ある．通常これらの口唇の基部には，間唇（interlabia）とよばれる小さな口唇がある．口腔や咽頭はない．食道は一般に筋性でこん棒状，後部食道球はない．雄の尾端には尾翼はなく，代わりに多数の尾部乳頭を備え，腹側に弯曲している．交接刺は1対，同形同大．陰門は体中央より前方に開く．虫卵は類円形で卵殻は厚く，表面は蛋白膜で覆われているものが多い．産卵数はきわめて多く，未分割卵として産出される．

豚回虫
Ascaris suum

［形　態］

雄は 15 ～ 25 × 0.3 cm，雌は 20 ～ 40 × 0.5 cm．交接刺は 2 本で等長，約 2 mm，堅固な感じを呈する．副交接刺はない．総排泄腔の前後両側には 70 ～ 80 の小乳頭がある．雌虫体前方約 1/3 付近はわずかにくびれ，交接帯（genital girdle）を形成している．陰門はこの部分の腹側に開口する．虫卵は卵円形で 50 ～ 75 × 40 ～ 50 μm，卵殻は厚く，茶褐色を呈し，蛋白膜に覆われている（図 4.4，4.5，口絵㊹）．

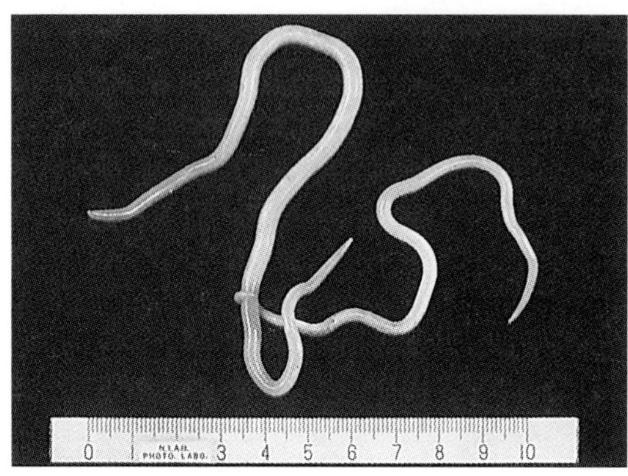

図 4.4　豚回虫成虫［平原図］
左：雌　右：雄

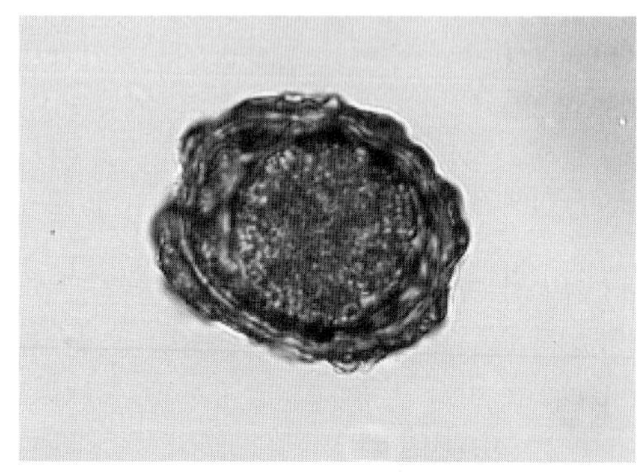

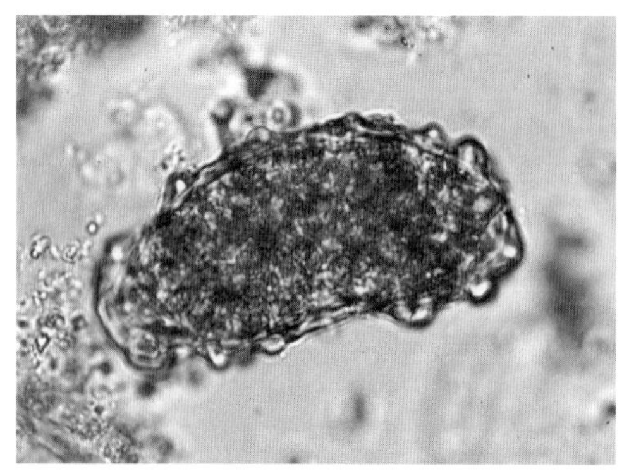

図 4.5　豚回虫卵
上：受精卵　下：不受精卵

ヒトの回虫（*Ascaris lumbricoides*）との異同問題は長く議論の対象になっていた．①同種とするもの，②同種の株とするもの，③亜種とするもの，④異種とするものなどである．両種は形態学的にははなはだ区別しにくいが，口唇の小歯状突起の差異にかかわる 2，3 の指摘がある．しかし，両者の染色体は一致し，配偶子形成は同様であるという所見が示されている．免疫学的には有意差を認めないという見解と，抗原性に差があるという見解がある．交差感染試験の結果は，感受性に差がある傾向を示唆するものであるが，これをもって異種とするには及ばず，株の差，あるいは亜種とするにとどまるという見解がある．以上のように諸説入り乱れているが，現在では，今後の詳細な究明を必要とするとはいうものの，総合的な見地から，便宜的に別種としてとり扱うのが妥当であろうという意見が大勢を占めている．

［発育環］

雌虫体 1 匹の 1 日あたりの産卵数 EPDPF（eggs per day per female）は非常に多く，約 20 万個と推定されている．糞便に混入して排出された虫卵は未分割卵であり，排出後ただちに分割をはじめ，10 ～ 14 日で L_1 が形成され，さらに 2 ～ 3 週間の発育を経て感染幼虫（L_3）が完成する．この間に脱皮が 2 回あり，幼虫のステージは進むが，被鞘は脱落されないため，幼虫は旧被鞘をかぶったまま卵内に巻曲している．

感染幼虫の発育期：従来，回虫類の卵内発育経過中に行われる脱皮は 1 回のみで，形成される感染幼虫は“第 2 期幼虫”であると理解されていた．ところが，最近は前述のように虫卵内で 2 回脱皮が行われ，感染能力を有する幼虫は“第 3 期幼虫”であるという見解に改められている（Aranjo, 1972）．

感染幼虫包蔵卵が宿主に摂取されると，小腸で孵化し，幼虫は腸壁へ穿入し，①これを貫通して腹腔に出，直接肝臓へ侵入するものと，②腸壁から血行性に肝臓に達するものがある．いずれの経路をとっても 24 時間以内に肝臓に達する．

肝臓に達した幼虫は，肝静脈から血行性に心臓を経て肺に至り，ここで毛細血管に捕捉される．一部には動脈系に入り，ほかの臓器へ移行するものもあるという記述がある．しかし，胎盤感染の確証はない．感染 4 ～ 5 日後の幼虫は第 3 期のものと考えられ，まだ肝臓に残っているものもあるが，ほとんどは肺に認められる．肺には 10 日間前後とどまるが，この間 5 ～ 6 日ころに 3 回目の脱皮を行い，L_4 になるとともに急速な発育・成長を行い，0.3 mm くらいであった体長が 1.5 mm にも達するようになる．そして，成長に伴って順次毛細血管を破って肺胞に入り，細気管支から気管支，さらに気管を溯上して咽頭で嚥下され，食道を降下する．L_4 は胃液によく抵抗し，胃を通過し，感染 2 ～ 3 週後には小腸に達する．さらに成長を続け，感染 30 日後には第 4 回目の脱皮を行い L_5 になる．感染 50 ～ 55 日には成熟成虫が認められ，60 ～ 62 日で糞便中に虫卵が現れる．このタイプの移行様式を気管型移行という（図 4.6）．

実験感染：往年ほどではないにせよ，豚の回虫感染はけっして珍しくない．しかし，実験感染はきわめて困難であるとされ，感染方法について種々の検討が行われてきた．総括的にみれば，① 1 回の感染量は少量ずつ（たとえば虫卵 50 個），②頻回重複，③低栄養，低タンパク飼料給与などが実験感染条件としてはよいようである．さらに，④供試動物の年齢に関しては関係はないともいわれているが，実験には概して幼齢動物が多く用いられている．なお，マウス，ラット，モルモット，ウサギ，その他非固有宿主では肺移行までは確実に認められるが，成虫にまでは成長しない．

[病原性]

(1) 移行幼虫による病害

まず，肝臓の病変としては幼虫の実質内移行迷走による多発性間質性肝炎，いわゆる“肝白斑症（milk spots）”がもっとも著名である（口絵㊽）．この病変はと場における食肉衛生検査で摘発された場合，廃棄処分の対象になる．産業上の損失は，肝臓の部分あるいは全廃棄による直接的な問題にとどまらず，肉質評価の下級査定傾向に連なる間接的な損失も加わってくる．

肝白斑症は，豚回虫のみならず豚腎虫，豚糞線虫，豚肺虫などによっても誘起されるといわれている．これらのうち，日本では近年，豚腎虫の発生例はないが，豚糞線虫，豚肺虫については可能性が示唆されている．また，海外では犬回虫や猫回虫など他種回虫類が原因になることが指摘されている．とくにヨーロッパでは犬回虫による発現率が高いこと，病変の持続期間が長い点が注目され，重視されている．

肝白斑の発現は，移行幼虫の肝臓通過に対する生体組織反応の結果のひとつである．多種類の移行幼虫が原因になりうるとはいえ，日本の実態からは豚回虫の関与が主体になっているものと考えられている．実験的にも，豚回虫卵を感染させた豚に，後日，たとえば 4 週間後に再び感染を行えば，肝白斑を確実に発生させることができる．

おもに門脈経由で，あるいは直接肝臓に到達した移行幼虫は虫道を形成しつつ中心静脈へ向かう．虫道には好酸球が浸潤し，辺縁の肝細胞は脱落し，間質は増幅する．このために小葉は分断され，出血があり，また壊死を生ずる．病勢の経過に伴い，好酸球は減少傾向に向かい，代わりにリンパ球が増数し，同時に間質の結合組織の増生が進み，充実性肝白斑が形成される．さらに時間が経過すれば，小葉辺縁の肝細胞の再生が

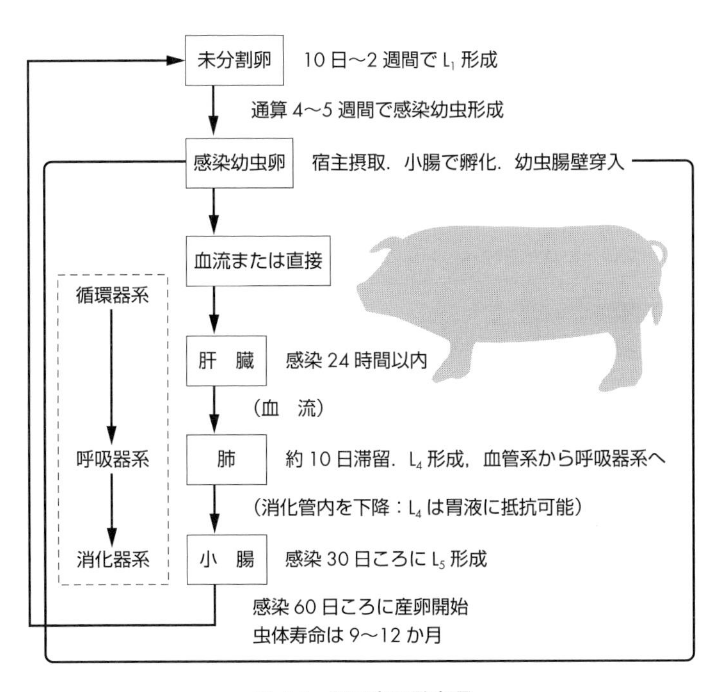

図 4.6　豚回虫の発育環

はじまり，いわゆる網目状肝白斑とよばれる病変を形成するに至る．また，種々の炎症性細胞が移行幼虫をとり囲む病巣が主体となって，リンパ小結節性肝白斑とよばれる病変を形成することもある．

豚回虫に起因する肝白斑は，単回感染では比較的短期間内に修復されてしまう．再感染がなければ3週間くらいでほぼ消失し，5～6週間で完全に治癒してしまうことが知られている．肝白斑は再感染・反復感染によって増強され，持続される．ただし，この場合でも追加感染がなければ，8週間くらいで肝白斑の程度はかなり軽減されてくる．したがって，と場において廃棄の対象になるような肝白斑が摘発されることは，出荷前数週間以内の感染を意味している．肝白斑が完全に消失しても豚は高い抗体価（たとえばIgE）を保持しており，その後の再感染に対して強く反応する．しかし，その後もなお感染が頻繁にくり返されれば，病変程度は逆に漸減する傾向が認められる．肝白斑の形成はアレルギーの関与が強く示唆される現象として，発生のメカニズムに関する免疫病理学的な研究は多い．

次に肺の病変がみられる．すなわち，肺胞，気管支に多数の点状出血を生じ，肺胞上皮の剝離，浮腫があり，実質へは好酸球その他各種細胞の浸潤が続発する．重感染では，肺の重篤な障害が致死的な要因になる場合もある．出血性肺炎に基づく斃死の多くは，感染6～15日後の間に認められる．しかしながら，野外でこのような重症経過をたどる症例はけっして多くはない．実験感染のように，一度によほどの大量感染を受けた場合に限られる．

肺組織の損傷が，ほかの病原体と合併して病勢の増悪をきたすことがある（豚肺虫症（p.262）参照）．豚マイコプラズマ肺炎，豚インフルエンザなどについての報告がみられる．

(2) 成虫による病害

成虫の小腸寄生による病害は，よほどの多数寄生でないかぎり明らかではない．通常は咬着，穿入などはなく，腸壁に対して積極的な機械的損傷を与えることはない．

しかし，多数寄生によって虫体が管腔内を栓塞するようになれば，粘膜に機械的刺激を及ぼすとともに腸閉塞の原因にもなる．また，回虫は本来狭い管腔に迷入する性癖を有しており，幽門を逆行し，吐出されることがある．同様に胆管に迷入すれば胆管閉塞，胆汁鬱滞(うったい)をきたす．またまれに腸管を貫通して腹膜炎の原因になることもある．

[症　状]

重感染では，とくに新生豚では発咳などの呼吸器症状があり，成長が抑制される．成豚では概して無症状であるが，下痢がみられることがあり，増体率に影響が出る場合もある．

[診　断]

(1) 肝白斑の診断

移行幼虫に起因する肝白斑の個体診断に，虫卵検査はほとんど意味をなさない．とはいうものの，虫卵検査の結果は，飼育環境の汚染程度を推定する指標としては有用な意義をもつ．

虫卵検査に代わって，種々の血清学的な手法による豚肝白斑症の診断法が検討されてきた．ELISAによる診断の意義を次に紹介する．

①凍結乾燥VBS（veronal buffer saline）抽出豚回虫雌成虫を抗原とするELISAが，実用的な感度を有し，また特異性にも優れていることが実証された．
②と場の食肉検査によって肝白斑症と診断された豚の血清は，全例がELISA陽性を示していた．
③しかも，肝白斑病変の程度とELISAのOD値とはだいたい相関する傾向にあった．すなわち，肝臓全廃棄群，部分廃棄群および肝臓検査合格群の3群に分ければ，それぞれの群の平均OD値間にはかなり明瞭な差異があった．
④したがって，肥育期間中のOD値の経時的変化を観察することによって肝白斑形成，換言すれば，出荷時の肝臓廃棄の有無およびその程度を肥育段階で予測することが可能であろうと推察される．

(2) 虫卵検査

常法による．回虫卵のおもな特徴は，①産卵数はかなり多いほうである，②比重は1.09～1.17（1.10）で，かなり重いほうである，などを検査にあたって一応考慮しておく必要がある．

[治療・予防]

(1) 駆　虫

駆虫には主としてベンズイミダゾール系薬剤が用いられる．たとえば，フェンベンダゾール3 mg/kg × 3日　経口投与．フルベンダゾール5～10 mg/kg × 5日．また，レバミゾール（5 mg/kg），モランテル（5～15 mg/kg，飲水に溶解），イベルメクチン（0.3 mg/kg），ドラメクチン（300 μg/kg）も用いられる．

(2) 飼料添加法による肝白斑発生防止

薬剤を用いて肝白斑の発生を阻止するためには，肝臓到達以前の孵化・移行幼虫に殺滅効果を及ぼさなければならない．しかも，感染時期の特定は不可能であり，むしろ，汚染農業であれば常時連続感染を受けている可能性が大きい．このような状況下にあっては，薬剤が不断投与される飼料添加法が合理的である．一方，前述のように，肝白斑は解体前数週間以内の感染を誘因としているため，この期間における再感染を厳に防止しなければならない．また，動物用医薬品には，出荷前の休薬期間が薬事法によって規定されているので，以上の両者を十分に勘案して適用期間を設定する必要がある．

(3) 薬剤選択による肝白斑発生抑制

孵化・移行幼虫に対する殺滅効果が確認されている薬剤を選択することがもっとも肝要である．成虫に対する駆虫効果は，必ずしも幼虫駆除効果を直接反映するものではない．たとえば，ある試験において，雌成虫の産卵機構，および肺移行を終えた幼虫に対する駆虫効果をもつデストマイシンは，農場環境の清浄化には有用ではあるものの，肝臓内を迷走中の幼虫には作用せず，肝白斑の発生は阻止しえなかった．一方，成虫および幼虫に収縮性麻痺を起こすモランテルを飼料に添加（30 ppm）して不断給餌した場合は，有意な肝白斑発生抑制効果が示された．

馬回虫

Parascaris equorum

シノニムに *Ascaris megalocephala*，*A. equorum* などがある．分布は世界的．日本でも普通にみられる．おもに馬の小腸に寄生する．ロバ，シマウマにも寄生する．大型の寄生虫で，雄は 15 ～ 28 cm，雌は 18 ～ 50 cm，体幅は 8 mm に達する．頭部が大きい．口唇は 3 個で目立つ．それぞれの間に間唇がある．雄の尾部には小さな側翼があり，交接刺は 2.0 ～ 2.5 mm．陰門は体前方 1/4 に位置する．虫卵はほぼ球形で直径は 90 ～ 100 μm．胚細胞と卵殻との間の空隙は広い（図 4.7）．

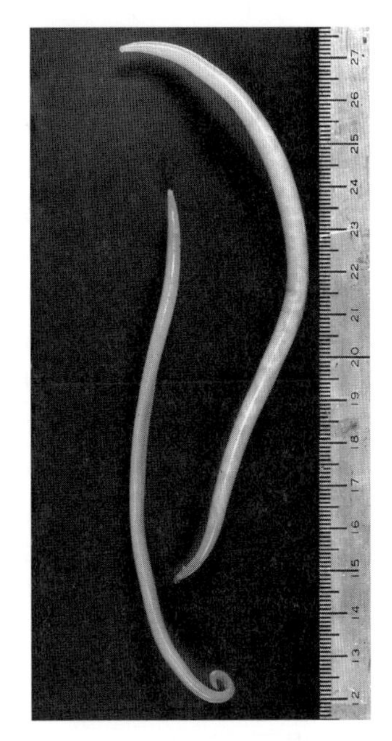

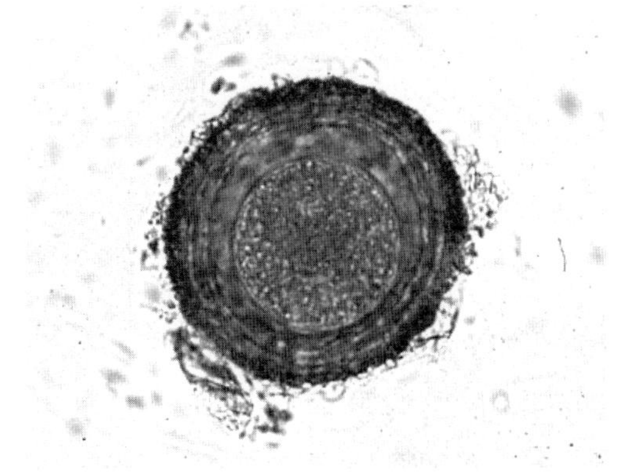

図 4.7　馬回虫［吉原原図］
上：雌雄成虫　下：虫卵

［発育環］

虫卵は 25 ～ 30℃という至適温度下では，約 2 週間で幼虫を形成する．以後は豚回虫の場合と同様に気管型移行を営む．すなわち，

（虫卵）⇨［小腸…孵化］⇨［小腸粘膜…穿入］⇨［門脈］⇨［肝臓］⇨［心臓－肺］⇨〈血管から呼吸器系へ…4 日目ころ・出血〉⇨［肺胞－気管支－気管］⇨［咽頭］⇨〈嚥下されて〉⇨［食道－胃］⇨［小腸…成熟には 80 ～ 83 日］

［病原性］

移行幼虫により，①肝臓には豚回虫と同様に間質性肝炎があり，②肺では感染 10 日ころに点状出血，出血性肺炎が認められる．成虫の寄生により，③小腸にはカタル性腸炎，腸粘膜の肥厚．とくに多数寄生では腸閉塞，腸重積，腸捻転，腸破裂などが記録されている．さらに，④迷入によって胆管閉塞，鬱滞（うったい）性黄疸などが起こりうる．

［症　状］

3 ～ 9 か月齢，とくに 6 か月齢以下の幼駒では，虫体 1,000 匹以上の重度感染により食欲不振，下痢，発育不良などを示し，ときに疝痛がある．成馬ではほとんど無症状である．

［診　断］　常法による．

［治療・予防］

駆虫には，ベンズイミダゾール系薬剤（例：フルベンダゾール 10 mg/kg × 2 ～ 3 日），マクロライド系のイベルメクチン（200 μg/kg）の単剤および複合製剤が認可されている．詳細は総論「5.2 駆虫剤」を参照．

犬小回虫

Toxascaris leonina

犬，猫をはじめとして，広くイヌ科およびネコ科動物の小腸に寄生する．分布はほとんど世界的といえる．

日本では犬回虫よりも少ない.多く輸入動物にみられ,また年齢抵抗性はなく成犬からも検出されることが特徴になっている.虫体前部には大型の頸翼があるために“矢”のような外観を備え,“arrow worm”というよび名がある.頭部は背側へ彎曲している.食道後端には筋性食道球はない.体長は犬回虫よりもやや小型で,雄が 7 cm,雌は 10 cm くらいである.交接刺は 0.7 ～ 1.5 mm.虫卵の大きさは 75 ～ 85 × 60 ～ 75 μm で類円形を呈し,空隙が広い(図 4.8, 4.9).

[発育環]

外界において至適温度下では 3 ～ 6 日で虫卵内に感染幼虫が形成される.具体的に 30℃では 5 ～ 10 日で成熟するという記録がある.およそ 1 週間前後であろう.嚥下された虫卵は小腸,とくに十二指腸で孵化し,幼虫は腸壁へ侵入し,約 2 週間滞留する.この間に脱皮が行われ,感染 3 ～ 5 週間後には体長約 8 mm の L_4 が腸腔で認められるようになる.感染 6 週後には L_5 になり,74 日後ころから虫卵の排出が認められる.

このように,犬小回虫では発育環の一時期に腸壁侵入期はあるものの,体内移行は行わない.気管型移行は例外的に行われるにすぎない.胎盤感染は知られていない.一方,非固有宿主では移行幼虫が肺,心臓を経て血行性に全身に移行し,臓器,組織内で被嚢する(組織型移行).このような宿主が待機宿主になる.待機宿主にはマウス,ウサギ,鶏などが実証されている.猫では待機宿主を摂取することによる感染が普通であるといわれている.

[病原性・症状]

発育環から推察されるように組織障害は軽微で,通常の感染量では不顕性に終始する.

[治療・駆虫」

ミルベマイシン 0.5 mg/kg を基準量とする複合製剤が犬で認可されている.

犬回虫
Toxocara canis

犬回虫はイヌ科動物の回虫類のなかではもっとも大型で,世界的に広く分布している.日本でもきわめて普通なものである.しかし,ネコ科動物には寄生しない.犬回虫は犬というもっとも身近な動物の寄生虫であるというばかりでなく,ヒトでは幼児の“内臓幼虫移行症”が注目を浴び,“幼虫移行症(larva migrans)”という概念が再評価される端緒となった意義がある.固有宿主における成虫の寄生部位は小腸である.

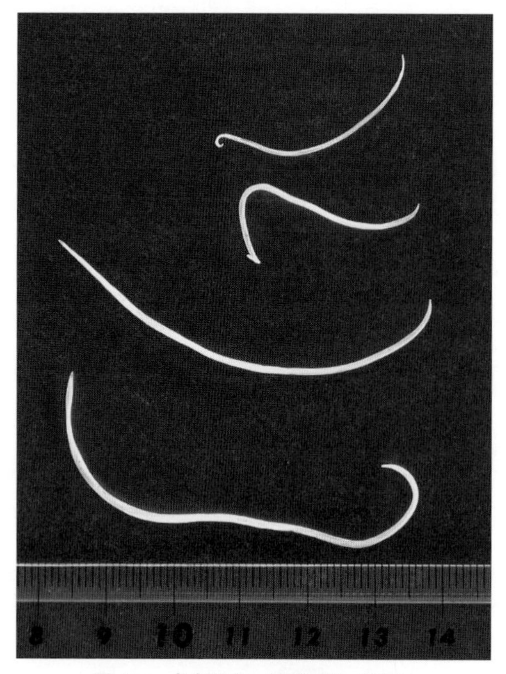

図 4.8　犬小回虫　雌雄成虫(各 2)

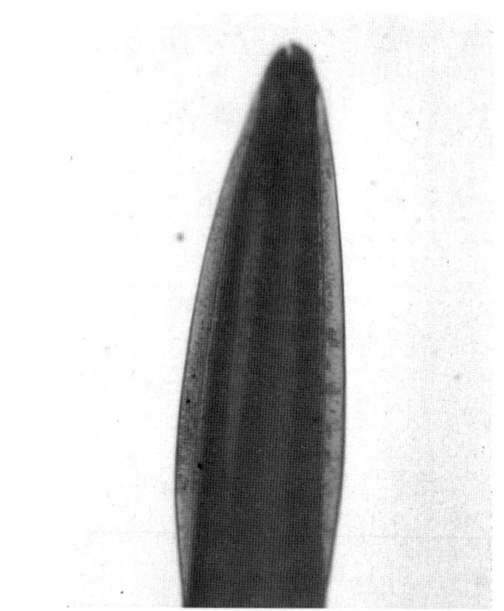

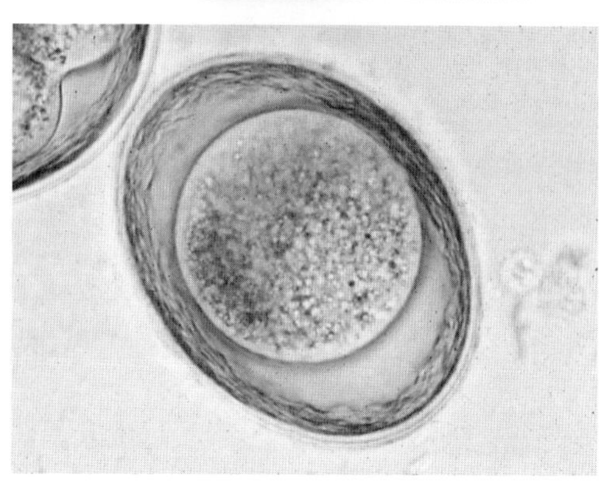
図 4.9　犬小回虫
上:頭部　下:虫卵

[形　態]

雄は10 cm，雌は18 cmに達し，犬小回虫よりも大きい（図4.10）．口唇には明瞭に区分された1個の大型の背唇と2個の亜腹唇がある．背唇には2個，亜腹唇には1個ずつの乳頭がある．口腔はない．頭頸部には，猫回虫よりは狭いが，2～4 mm幅の長い頸翼がある（図4.11上）．体前端はやや腹側に彎曲する．

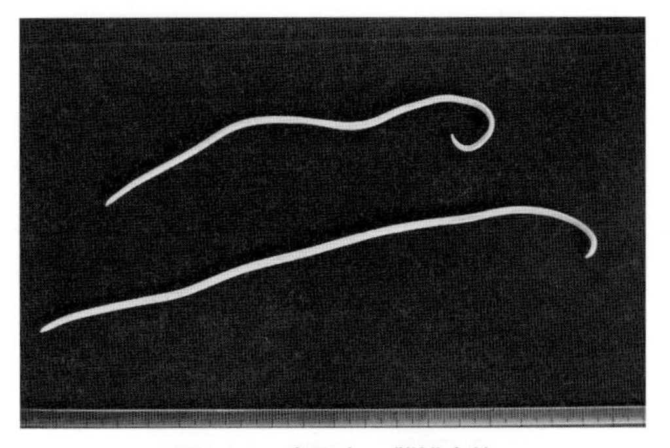

図4.10　犬回虫　雌雄虫体

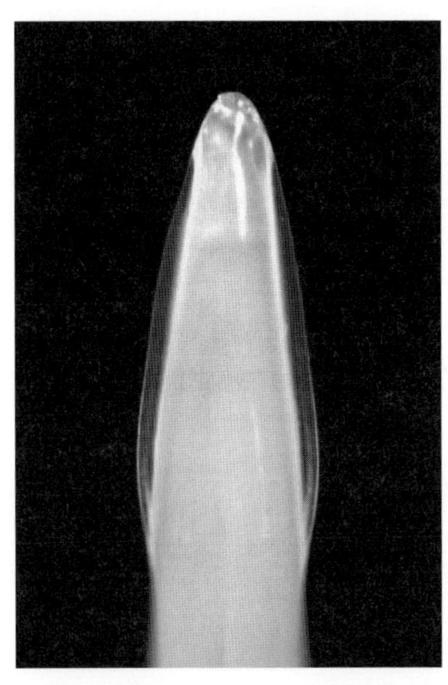

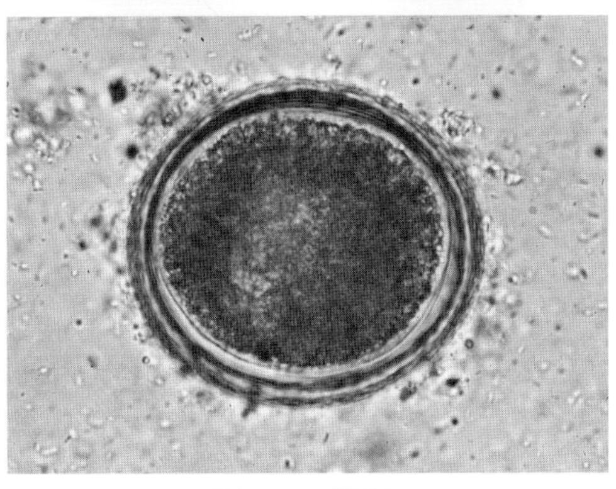

図4.11　犬回虫
上：頭部（頸翼）　下：虫卵

雄の尾端には小さい末端突起と尾翼があり，尾部は腹側に明らかに彎曲している．交接刺はほぼ同形で0.75～0.95 mm．陰門は体前方ほぼ1/4に位置する．虫卵は類球形で75～80×65～70 μm，内容は単細胞で，卵殻との間隙は狭い（犬小回虫では広い）（図4.11下，口絵㊱）．

[発育環]

発育環は複雑で，胎盤感染，経乳感染があり，また直接感染があり，待機宿主を経由する間接感染もある．宿主の年齢によって感染後の移行経路が異なる．

(1) 虫卵の発育

虫卵は12℃以上で発育する．至適温度は28～32℃であり，実験室では多く30℃が用いられる．ほとんどの幼虫は培養5～7日の間に形成されるが，この時期の幼虫には口腔，肛門，排泄腔などの開口はなく，内部構造はまだ判然としていない．かつ，感染能力もまだ備えていない．しかし，10日目ころから卵内で虫体体表から分離した被鞘が認められはじめ，培養14日目の幼虫は感染力を有していることが実証されている（口絵㊲）．3週間以上の培養で幼虫の感染力はさらに強くなるという報告がある．

(2) 気管型移行

通常，2～3か月齢未満の仔犬では気管型移行が行われる（図4.12）．

(3) 組織型移行

宿主が月齢を重ねるに従って，気管型移行よりも組織型移行を行うものが増えてくる．通常，成犬では気管型移行はみられない．組織型移行では，移行幼虫が成長することなく，肺においてそのまま毛細血管を通過して血行性に全身へ移行し，感染8日後には全身の諸臓器・組織内で被嚢して発育を休止してしまう．このような移行様式は，ほぼ3か月齢以上の犬，あるいはげっ歯類やウサギ類を含む非固有宿主において認められ，再活性化される機会を待ち，あるいは待機宿主をつくる役割を果たすことになる．特殊な例ではあるが，犬回虫卵はミミズ類に摂取されても孵化し，幼虫はミミズの筋層で被嚢し，感染力を保持していることが実証されている．

[補]　出産犬における回虫感染：出産後の2～3か月間，母犬の糞便中に犬回虫卵が認められる事例が知られている．この現象の解釈としては，古くから“妊娠・出産に伴う免疫力・年齢抵抗性の低下説”があり，また“妊娠・出産にかかわるホルモンの関与説”などがあったが，Sprent（1961）は“母犬が新生仔犬の糞便を採食する習性によって新生仔犬の糞便中に排出された未成熟虫体を摂取した場合，これらの虫体は母

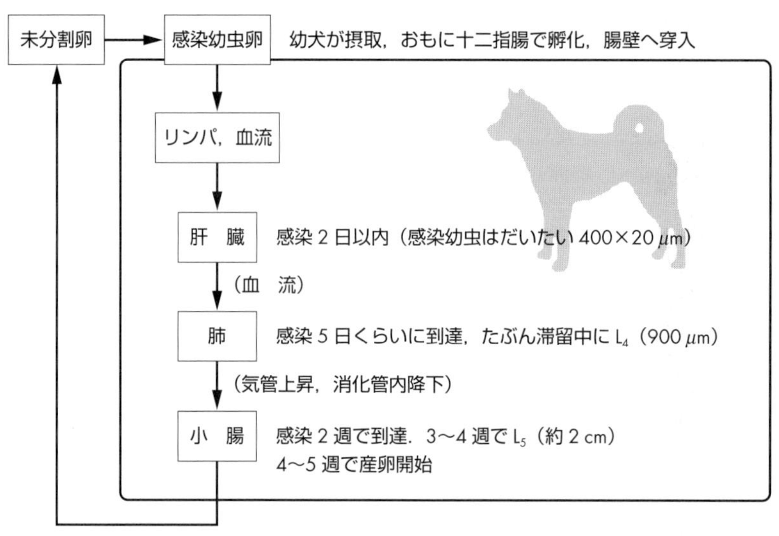

図4.12　幼犬における犬回虫の発育環（気管型移行）

犬体内を移行することなく，消化管内で成長を続け，そのまま成熟する”と解釈している．

(4) 胎盤感染

雌犬が感染幼虫包蔵卵を摂取した場合には，前述のように組織型移行を行い，発育を休止した被嚢幼虫を保有することになる．このような雌犬が妊娠した場合，妊娠6週間を過ぎると被嚢幼虫の運動性が活性化され，胎仔へ移行して胎盤感染が成立する．ただし，妊娠によってすべての被嚢幼虫が活性化されるわけではなく，一部は次回あるいは次々回，さらには数回後の妊娠時にまで持ち越されるという報告がある．また，胎盤感染した幼虫がすべて発育して成虫になるわけでもない．一部の幼虫は新生仔体内で再び組織型移行を行い，この娘犬が成長・妊娠して2代目の胎盤感染が成立することも報告されている．妊娠時に被嚢幼虫が活性化される要因は不明であるが，プロラクチンの関与が疑われている．

胎盤感染した幼虫はすべて胎仔の肝臓に集積され，出産後ただちに肺へ移行し，1週間くらいは肺に滞留する．この間に L_4 になる．その後は気管型移行幼虫と同経路をとり［気管⇨咽頭⇨食道⇨胃⇨小腸］へ移行する．そして出産2週目の末までに L_5 になる．この時点では5〜7 mm であるが，以後は急速な成長をとげ，3週，多くは4週間で仔犬糞便中から虫卵が検出されるようになる．胎盤感染が犬回虫感染の最重要な経路であると考えられている．

(5) 経乳感染

母犬体内の幼虫が初乳を通して受乳中の仔犬へ感染することが知られている．この経路で感染した幼虫は体内移行を行うことなく消化管内で直接成虫にまで発育する．

(6) 待機宿主を利用する間接感染

終宿主になるイヌ科動物が待機宿主を摂取すると，幼虫は発育を再開し，気管型移行を行ったのち，感染後約20日で成虫になる．一部に再び被嚢するものもある．待機宿主の場合，マウス⇨マウス⇨…，あるいはミミズ⇨マウス⇨…などの実験感染が成立する．

[病原性]

(1) 幼犬における病害・症状

胎仔期に極度の重感染を受ければ死亡することもある．一方，新生仔では点状出血，細胞浸潤に起因する一過性の肝炎を発し，肺炎も必発するはずであるが，通常の感染ではあまり目立たない．むしろ胃腸内虫体の成長に起因する嘔吐や下痢のほうが目立つ．重感染では最終的には食物をすべて吐出するようになり，吸入性肺炎を惹起し，生後2, 3週で死亡するものも出る．

極端に重度でない場合には，発育不良，腹部膨満，間欠性下痢，ときには貧血などが認められる．成虫は豚回虫と同様，通常は腸管腔内の食糜（しょくび）を吸引摂取して栄養をとっているが，粘膜に付着接触するために小腸粘膜を刺激し，多数寄生では腸閉塞を起こすことがある．また，ときに胆管などへ迷入することがあり，まれには腸壁を穿通することもある．それぞれの病害は迷入部位や組織によって異なる．

神経症状が認められる場合もある．発生機序については未解明で不明な点が少なくないが，虫体，あるいは分泌・排泄物の腸管に対する物理・化学的刺激作用のほかに，移行幼虫の中枢神経系への迷入などが考えられている．

(2) 移行幼虫による病害・症状

犬は通常の感染では無症状に経過して被嚢幼虫の保

有犬になる．極端な大量感染を受ければ，移行幼虫の影響は全身に広く，かつ，長期にわたって残る．被嚢幼虫は肝臓，腎臓，肺，筋肉などに多く，ときには脳および網膜にもみられる．実験的に感染させたマウスでは，5 日以降は圧倒的に脳と軀幹・四肢の筋肉に多くなる．非固有宿主では脳に集中する傾向が強いともいわれているが，ヒトやサルでは肝臓にもっとも多いようである．移行当初は幼虫の移行に伴う血管・組織の損壊による出血と，これに継発する細胞浸潤がみられる．幼虫周辺には好酸球を主とし，リンパ球，好中球，異物巨細胞などの浸潤があり，肉芽組織に囲まれた好酸球性肉芽腫が形成される．

人体幼虫移行症（larva migrans）：犬・猫に寄生するブラジル鉤虫の幼虫がヒトの皮下に侵入迷走し，爬行症（creeping disease）を起こし，皮膚幼虫移行症（cutaneous larva migrans）とよばれていた．一方，持続性好酸球増多を伴う肝腫患者の肝生検で，犬回虫の幼虫が検出された症例に対しては内臓幼虫移行症（visceral larva migrans）と名付けられた．この両者はいずれも動物寄生虫の幼虫に起因するという共通点を有していることから，これらは一括して幼虫移行症とよばれている．この概念を広義に解釈すれば，アニサキス症，顎口虫症，その他多くの事例が包括されるが，狭義には犬回虫幼虫の人体とくに幼児寄生による高度な持続性好酸球増多，肝腫大，発熱などを主徴とする疾患をいう．犬回虫卵が人体に摂取された場合，全身から被嚢幼虫が検出されるが，肝臓における分布密度が高く，組織反応が強い．また，ときに幼虫が眼に移行し，失明をきたす眼幼虫移行症（ocular larva mignans）も知られている．犬回虫のほかに，犬小回虫や猫回虫も疑われていたが，これらの事例はまったく知られていない．

家畜の幼虫移行症：広義の幼虫移行症の範疇に属する家畜の寄生虫病のなかで，もっとも重要なものにめん羊や馬の『脳脊髄糸状虫症』がある．しかし，概念としてはともかく，通常これらはそれぞれ独立した疾病としてとり扱われている．

[診　断]

罹患犬の診断は症状および虫卵検査によってなされる．しかし，成犬では多くの場合，幼虫が被嚢してしまうため虫卵が検出されない．

虫卵検査の目的は個体診断のみにあるものとは限らない．犬回虫に対しては，前述した“幼虫移行症”の感染源として，公衆衛生学的な考慮もしておく必要がある．すなわち，感染虫体の的確な処理による虫卵の環境汚染の防止が望まれる．このためには，完全な駆虫が要求され，駆虫対象犬選定のための虫卵検査が要求される．ところがもっとも主要な感染経路である胎盤感染の場合，幼犬の糞便中に虫卵が排出されるのは早くても生後 3 週間を経た後からである．そして最良な環境汚染防止方法は，虫卵が排出される前に虫体の処置がなされていることである．したがって，生後 3 週未満の幼犬を対象とする適正な回虫感染の有無判定法が要求される．このため，ELISA を含む種々の免疫血清学的検査法が検討されている．

[治療・駆虫]

犬回虫に有効な薬剤としてはピランテル，フェバンテル，エモデプシド，マクロライド系（ミルベマイシン，イベルメクチン，モキシデクチン）が認可されている．詳細は総論「5.2 駆虫剤」を参照．

猫回虫

Toxocara cati

猫およびネコ科動物の小腸に寄生する．イヌ科動物には寄生しない．分布は広く世界的で，日本でも普通にみられる（図 4.13）．頸翼は犬回虫よりも明らかに幅広く，肉眼でも判別できる（図 4.14 上）．雄は 3 ～ 6 cm，雌は 4 ～ 10 cm．交接刺は 1.63 ～ 2.08 mm．虫卵の概観は犬回虫のものに類似している．大きさは 65 ～ 75 × 60 ～ 67 μm．約 4 週間で感染力をもつようになる（図 4.14 下）．ヒトに幼虫移行症を起こす．

[発育環]

感染幼虫包蔵卵または待機宿主の経口摂取，経乳感染は成立するが，胎盤感染は起こらない．待機宿主の役割は重要なものと考えられている．

(1) 虫卵の経口感染　図 4.15 に示した．

図 4.13　猫回虫の雌雄成虫

(2) 待機宿主を利用する間接感染

待機宿主としてはげっ歯類が重要な役割を果たしている．げっ歯類に摂取された感染幼虫包蔵卵は消化管内で孵化し，L_3は全身へ移行し，諸処の組織・臓器，とくに筋肉で被嚢し，強い感染力を維持したまま，猫に食われるのを待つ（組織型移行）．ニワトリも好適な待機宿主で，強い感染力を維持したまま，筋肉に寄生する．この鶏肉はヒトへの感染源としても重要である．感染幼虫包蔵卵の感染性は数か月は保持されている．

待機宿主が猫に摂取・消化されると幼虫が遊離し，胃壁に侵入して発育する．約6日の滞留後に再び胃内へ戻る．その後ほぼ1週間（通算13日）で小腸へ移動し，感染後約3週間で成熟する．肝臓，肺などへの移行は行わない．待機宿主になりうるものには，げっ歯類以外にもミミズ，ゴキブリ，鶏，めん羊，その他多くの動物がある．

(3) 経乳感染

猫回虫では胎盤感染は起こらないが，経乳感染は起こる．初乳のみではなく，哺乳期間中の通常の乳汁中にも幼虫がみられる．母猫の乳腺中の幼虫には，虫卵感染によるものと全身感染由来のものとがある．経乳感染した幼虫は子猫体内では移行せず，消化管内でそのまま成長する．

[病原性・症状・診断]　犬回虫に同じ．

[治療・駆虫]

ピランテル，エモデプシドおよびマクロライド系（イベルメクチン，ミルベマイシン，モキシデクチン，エペリノメクチン）などの単剤あるいは複合製剤が認可されている．詳細は総論「5.2 駆虫」を参照．

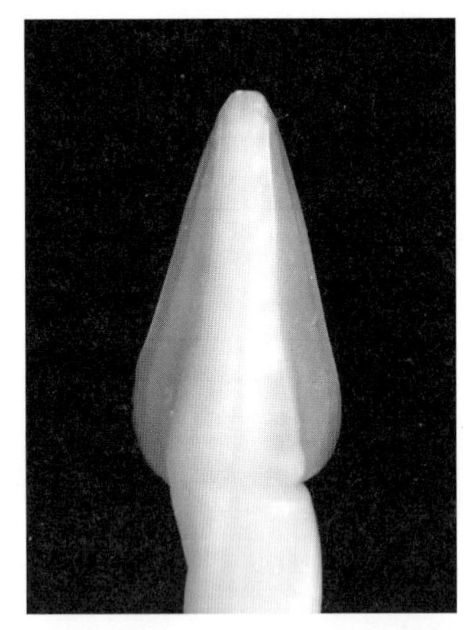

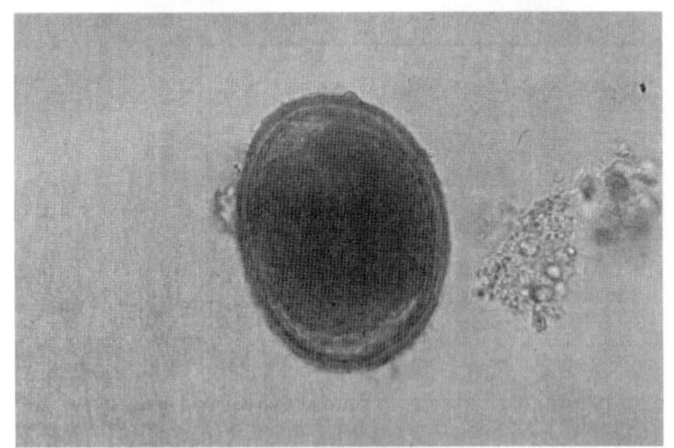

図 4.14　猫回虫
上：頭部（頸翼）　下：虫卵

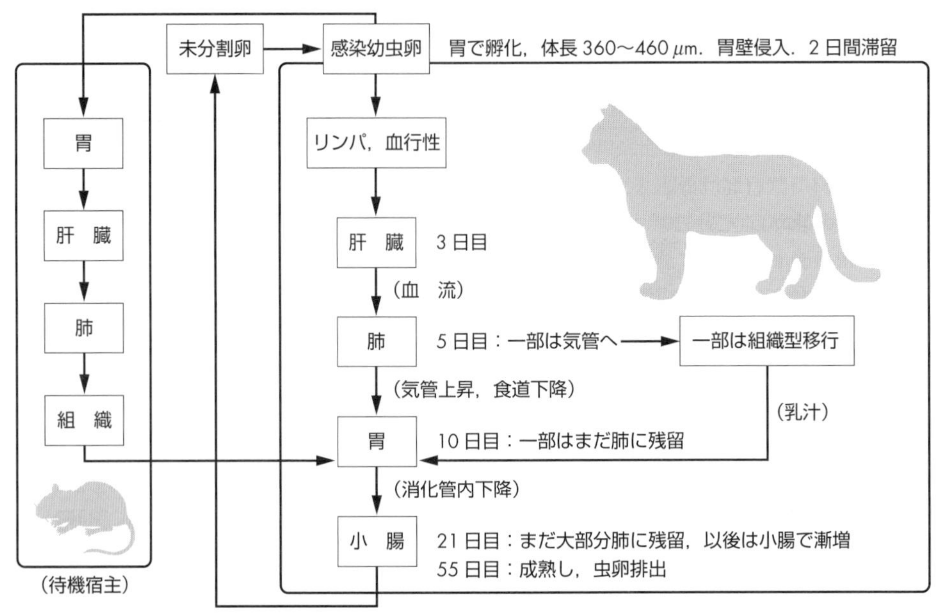

図 4.15　猫回虫の発育環

牛回虫

***Toxocara vitulorum*（syn. *Neoascaris vitulorum*）**

比較的最近まで，学名としては *Neoascaris vitulorum* が用いられていた．しかし，食道球があり，胎盤感染があることなどから，*Toxocara* 属に類似する性質を有していることも指摘されていた．

地理的分布はしばしば世界各地といわれているものの，実際にはインド，フィリピン，台湾その他の東南アジア，アフリカ，ブラジルなどの熱帯・亜熱帯に限られ，欧米での確実な記録は見当たらない．いままでに，日本あるいは欧米で牛から採取された回虫は，牛に寄生していた豚回虫を牛回虫と誤認していたものと考えられる．しかし 1982 年，九州で確認されて以来，日本では少なくとも九州と沖縄には散発的ながら存在していることが認められている．一方，豚回虫が牛に寄生しうることは確実である．したがって，牛から回虫が採取された場合には，真の『牛回虫』であるか，『豚回虫』であるのかを正確に同定する必要がある．

本来の宿主は牛，ゼブー，水牛．寄生部位は小腸．しかし，めん羊，山羊からの報告もみられる．牛では通常 3 ～ 4 か月齢未満のものに限られている．牛の月齢が進むと自然排虫されてしまうため，と場で解体時に検出された例はない．

［形　態］

雄は 25 cm，雌は 30 cm に達する大型の線虫であるが，表層のクチクラはほかの大型回虫のように厚くなく，ソフトな半透明感がある．事実，壊れやすい．なお，体長に関してはそれぞれ約 5 cm ずつ短い数値を記録している報告もある．食道末端部はやや膨隆し，食道胃（esophageal ventriculus）として認められる．交接刺は同形同大の 2 本，いずれも約 1 mm．体前方ほぼ 1/8 ～ 1/6，つまり，かなり頭端近くに陰門が開いている（図 4.16）．

虫卵は類円形，大型で 72 ～ 92 × 64 ～ 80（82 × 72）μm．卵殻は厚く約 5 μm．最外層・蛋白膜の表面は豚回虫に比べればかなり平滑な観を呈し，むしろ犬回虫卵に類似している．排出時の虫卵は未分割卵で充実感があり，空隙はほとんどない（図 4.17）．

産卵数は非常に多い．雌虫 1 匹の 1 日あたりの産卵数（EPDPF）は 8×10^6 にも達する．EPG が 10^5 以上になることはまれではないというが，日本の例では 10^2 ～ 10^4 の範囲にある．

［発育環］

犬回虫に類似している．虫卵内に感染幼虫が形成されるのに 25℃で約 2 週間を要する．おもな感染経路は胎盤感染および経乳感染である．成熟卵を直接経口投与すると，牛の日齢・年齢を問わず，幼虫は孵化するものの全身の組織・臓器へ移行し，そのまま休眠してしまう．妊娠 8 か月くらいに至ると，幼虫は母牛内で活動を再開し，胎仔あるいは乳腺へ移動し，胎盤感染あるいは経乳感染が成立する．乳汁中へは産後約 3 か月間出現するという．仔牛は生後約 4 週間で虫卵の

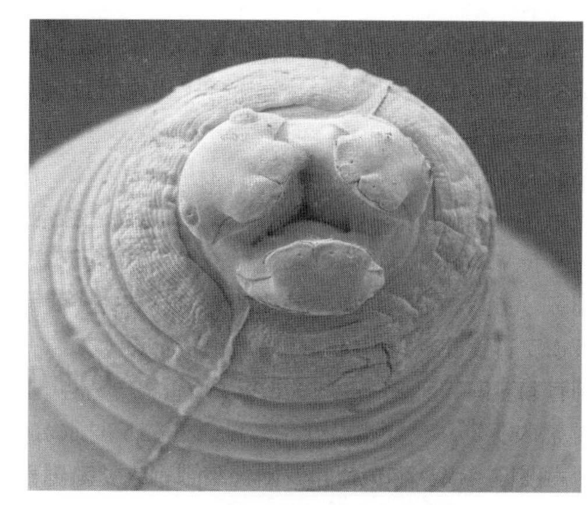

図 4.16　牛回虫口部の走査電顕像

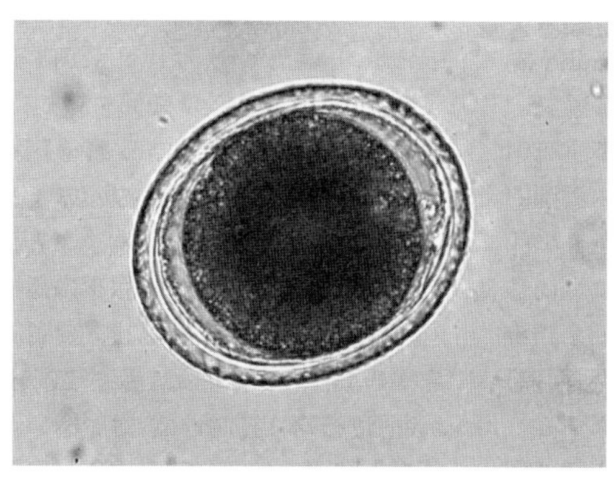

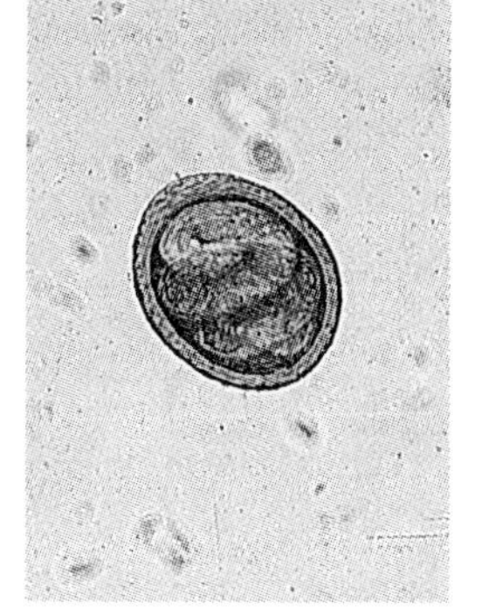

図 4.17　牛回虫卵

左：ショ糖遠心浮游法で検出された虫卵．卵殻は波状ではなく内部構造が観察できる．
右：沖縄の牛回虫検出牛のパドックの土壌から検出した牛回虫成熟卵［平原図］

排出がみられるようになるといわれている．

日本における存在確認第1例（平，1991）：出生直後から極度に衰弱し，吸飲・起立不能状態にあった黒毛和種牡仔牛に対し，その黒色下痢便中に5匹の虫体が排出されていたので駆虫剤を投与したところ，さらに20匹の虫体が追加排出された．これらの虫体は18～29 cmで，雌虫体の子宮内にはすでに虫卵が形成されていた．仔牛の生後日数から考えると，すでにかなり以前に胎盤感染があり，しかも胎仔内では，ほとんど阻まれることなく回虫の発育が行われていたように思われる．この仔牛は駆虫後は順調に発育したという．牛回虫寄生が大きな障害を与えていたことは否定できないであろう．

[病原性・症状]

70～500匹の感染で症状が出るといわれているが，前述のような例のある事実に留意しておく必要がある．すなわち，病原性はかなり強いものと考えておかなければならないであろう．通常の場合，主症状は下痢と脂肪便症であり，便は泥状で悪臭が強い．また多くは疝痛，腸閉塞様症状を伴う．

[診　断]

虫卵または排出虫体の検出によって確診される．虫卵の検出は常法によるが，対象は3～4か月齢未満の幼牛に限られる．3～4か月齢以上の牛では虫体は自然排虫されるが，虫体が脆弱で破壊されやすく，観察チャンスの問題もあり，検出は必ずしも容易ではない．この困難性が日本における牛回虫確認の遅れていた理由であろう．

[治療・駆虫・予防]

豚回虫に同じ．駆虫剤の多くは成虫に対する効果は知られているが，幼虫に対する効果は不詳である．予防に関しては，発生がきわめて散発的であるため，積極的な方法は構じられていない．

アライグマ回虫
Baylisascaris procyonis

属名はロンドン自然史博物館の寄生虫学者Baylis博士の名前に由来する．アライグマおよびイヌの小腸に寄生する．北米のアライグマで普通にみられ，成獣と比べて幼獣での感染率が高い．日本ではアライグマの展示個体における陽性例と，飼育ウサギにおける幼虫移行症集団発生事例がある．

[形　態]

雄は46～119 mm，雌は55～337 mm．口唇には大きさの似る1個の背唇と2個の亜腹唇がある．頭頸部の頸翼は不明瞭である．雄の総排泄腔の前後に粗雑な微小突起からなる領域が認められる．虫卵は類円形で，大きさは63～88 × 50～70 μm．最外層に蛋白膜があり，その表面は縮緬様の模様がある．排出時の虫卵は未分割卵で淡黄色を呈する．

[発育環]

雌1匹の1日あたりの産卵数は多く，115,000～179,000個にも達する．虫卵内の感染幼虫形成には約2～4週間を要する．感染幼虫包蔵卵は土壌中で長期間生存しうるが，乾燥，高温に弱い．アライグマは，成熟卵あるいは第3期幼虫を保有する待機宿主の摂取により感染する．小腸で孵化した幼虫（体長300 μm）は消化管腔にとどまり，1～2か月かけて成虫まで発育する．非固有宿主が成熟卵を摂取すると，組織型移行がみられる．すなわち，小腸で孵化した幼虫は腸管壁に侵入し，血流・リンパを通じて肝臓，心臓，肺に達し，全身循環に乗り，体組織に分布する．移行幼虫の5～7％は中枢神経に到達し，急速に発育（体長1.5～1.9 mm）する．待機宿主になりうるものには，げっ歯類のほか，ウサギ，ヒトを含む霊長類，鶏，その他多くの動物がある．

[病原性・症状]

終宿主であるアライグマに対する病害は低い．待機宿主でみられる幼虫移行症が重要である．感染2～5日目に幼虫の肺移行に伴う出血性の肺炎がみられることがある．中枢神経に移行した場合，神経症状がみられる．またときに眼に移行して視力障害を起こす例も知られている．

その他の *Baylisascaris* 属回虫

以下の種類が，国内の野生動物あるいは動物園動物から検出されている．

クマ回虫	*B. transfuga*	クマで普通にみられる．
スカンク回虫	*B. columnaris*	スカンクに寄生．
キンカジュー回虫	*B. potosis*	キンカジューに寄生．

鶏回虫
Ascaridia galli

鶏，ホロホロ鳥，七面鳥，ガチョウ，ほか多種類の鳥類の小腸に寄生する．世界中ほとんどの地域に分布する（図4.18）．雄は50～76 mm，雌は72～116 mm．虫体の両側には，全長にわたって狭い側翼がある．口唇は3個で大きい．食道に後部食道球とよべるような膨隆部はない．尾翼は小さく，10対の太短い乳頭があり，環状縁に囲まれた前肛吸盤がある（属の特徴）．交接刺はほぼ等長で1.0～2.4 mm．陰門は

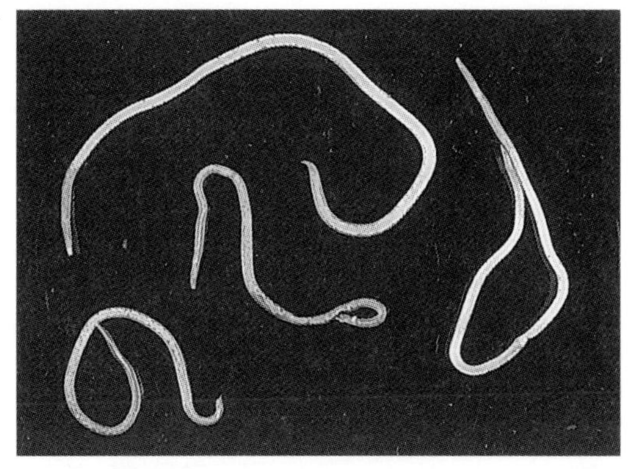

図 4.18 鶏回虫（雌：上と右，雄：中央と左下）［平原図］

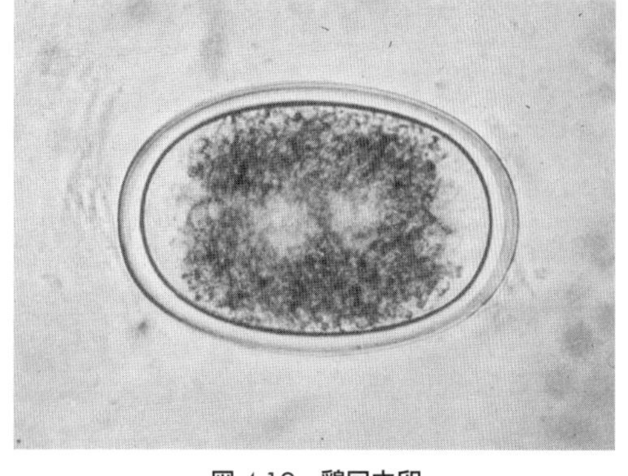

図 4.19 鶏回虫卵

体中央のやや前方．虫卵は卵形，表面は平滑で未分割卵として産出される．後述する鶏盲腸虫卵に類似しているが，一端に光輝性の小体を有する．大きさは 73 ～ 92 × 45 ～ 57 μm（図 4.19）．なお，実際の検便にあたってはコナダニ類の虫卵との判別も必要である．かつては鶏卵の卵白中に虫体がとり込まれたまま産卵され，人を驚かせた例がみられた．

［発育環］

糞便中に排出された虫卵が感染性をもつには，外界において 10 日以上，通常 2 ～ 3 週間かかる．幼虫形成卵は日陰では 3 か月以上も生存しうるが，乾燥，高熱，直射日光などには弱い．

感染は宿主が感染幼虫包蔵卵を摂取して成立する（直接感染）．また，ミミズが待機宿主として感染を媒介することもある（間接感染）．

(1) 直接感染

虫卵はおもに筋胃・十二指腸内で孵化する．孵化した幼虫は 8 日間くらいは消化管腔内・小腸絨毛間にとどまるが，8 日から 17 日ころまでの間に小腸粘膜内に見出されるようになる．そして 17 日を過ぎたころから小腸腔内に戻り，発育成長を続け，5 ～ 7 週間で成熟する．すなわち，他の回虫にみられるような体内移行は行わない．小腸粘膜内の滞留期間は，季節や感染量によって左右されるという．寒冷期には結節形成が多く，幼虫は結節内で越冬し，翌春になって腸腔に出て発育を再開する．また，感染量は多いほうが滞留期間は長くなる．この現象は発育休止（hypobiosis）と理解される．

(2) 間接感染

ミミズ類が待機宿主の役割を果たしている．虫卵はミミズの消化管内で孵化し，幼虫が体腔あるいは筋組織中に蓄積される．このようなミミズを鶏が摂取して感染する．この経路は鶏盲腸虫と同様，自然界では重視される．

感染後の発育は直接感染と同様．

［病原性・症状］

幼・中雛では症状が出るが，大雛以上では感染しにくく，症状は問題になっていない．飼料中のビタミン類，ミネラル類，タンパク質などの欠乏は感染を受け入れやすくする．また，3 か月齢以上のヒナの感受性の低下は，消化管粘膜の胚細胞の顕著な増加に関係するという見解がある．

1 ～ 3 か月齢のヒナがもっとも感染を受けやすい．まず，多数の感染幼虫が小腸粘膜内に侵入することによる出血性腸炎が起こる．貧血と下痢の原因になり衰弱をきたす．重感染では腸閉塞をきたすこともある．

剖検では粘膜に出血とともに数 mm 前後の幼虫が認められる．この粘膜侵入期の幼虫は鋭利な側翼を備え，粘膜内移動により組織の損壊をきたし，出血の原因になる．寄生虫体数の割に機械的な障害は大きい．

［診　断］

幼虫が発症の主原因になっているため，虫卵検査のみに頼るわけにはいかない．抜きとりヒナの剖検が必要になる．幼虫は数 mm の大きさで検出しにくいので，細切腸片の洗滌，軽い消化操作などを加味するとよい．

［治療・駆虫］

駆虫剤としては，イミダゾチアゾール系薬剤（例：レバミゾール 20 ～ 30 mg/kg），ピペラジンの複合製剤を飼料に混ぜて投与する．詳細は総論「5.2 駆虫剤」を参照．飼料添加物としては，ハイグロマイシン B（660 ～ 1,320 万単位／t 混飼，長期）などがある．

その他の鳥類の回虫

Ascaridia columbae	ハトに寄生． 概観は鶏回虫に類似する．
A. dissimilis	七面鳥に寄生． 鶏回虫より小型．
A. numidae	ホロホロ鳥．

A. nymphii	オカメインコ，コンゴウインコに寄生.

B　アニサキス科（Family Anisakidae）

アニサキス科は，回虫科と並んで回虫上科の一部門に分類されている．アニサキス科に属する主要な“属”には *Anisakis*, *Pseudoterranova*（syn. *Porrocaecum*, *Terranova*），*Contracaecum* などがある．ヒトのアニサキス症は，日本では 1957 年ころから，胃潰瘍や虫垂炎などで切除された胃壁や腸壁から幼虫が発見されたことが発端となり，広く注目を浴びるようになってきた疾病で，幼虫移行症の範疇に属するものと理解されている．家畜では，古く板垣（1928）が芝浦と場で解体された豚 3 頭からアニサキス科の幼虫を検出している．犬からは *Pseudoterranova* および *Contracaecum* の幼虫寄生例が報告されている．詳細に調査すれば，*Anisakis* を含め，犬・猫の広義のアニサキス症はけっして珍しい事例ではないであろう．実験的には容易にかかる．とくに生鮮魚介類を飼料とする動物園動物では重感染は珍しくない．アニサキス症は人獣共通感染症（zoonosis）のひとつとして扱われているが，これは“人獣が感染源を共有している”型のもので，人獣の間に直接の因果関係があるわけではない．

本来，アニサキス類はおもに海生哺乳類，一部は魚食性鳥類の回虫で，オキアミ類などの大型プランクトンを中間宿主，海産魚・イカ類を待機宿主とする発育環を営んでいる．この待機宿主が人獣に対する感染源になるわけである．日本で検出されているアニサキス類には，*Anisakis simplex*, *A. physeteris*, *A. typica*, *Pseudoterranova decipiens*，さらには *Contracaecum* sp. などがあり，人獣にはこれらの第 3 期幼虫が寄生する（表 4.1，図 4.20）．

待機宿主

多種類の回遊性魚類・スルメイカなどが待機宿主になっている．代表的なものには，スケトウダラ，サクラマス，マダラ，ニシンなどで，サバ，カツオ類などの感染率も高い．日本沿岸を季節的に南下・北上するスルメイカの感染率も高い．幼虫はこれら魚介類の腹腔臓器包膜下，まれに筋肉中に被嚢している．とり出せば容易に脱嚢し，活発に運動する．多くは 2 ～ 3 cm，あるいはそれ以上に達している．

幼虫の形態概観

人獣から検出されるアニサキス類の幼虫は，通常，体長 2 ～ 3 cm，あるいはそれ以上に達した第 3 期幼虫（L_3）である．頭端には 1 本の穿孔歯（boring tooth）があり，食道に続いて腺状の胃（ventriculus）がある．肉眼的にも生鮮虫体で確認される．胃の後端は消化管・中腸に連なる（図 4.21）．胃および中腸は，双方の接合部近くにそれぞれの盲嚢を有する種類があり（表 4.1 参照），属の鑑別点になっている．尾端には尾突起（mucron）がある．虫体両端の突起構造と胃部の形状が鑑別の要点になる（図 4.22）．

アニサキス症

人獣が，回遊性海産魚，イカなどの待機宿主を生食して第 3 期幼虫を摂取すると，幼虫は胃壁や腸壁に侵入して胃アニサキス症，あるいは腸アニサキス症を惹

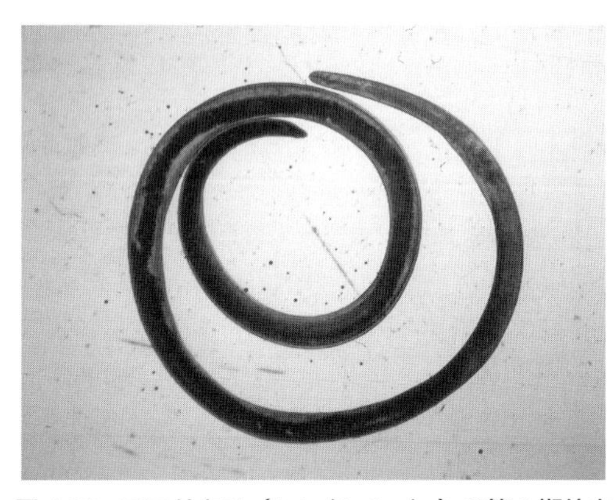

図 4.20　アニサキス（*Anisakis simplex*）の第 3 期幼虫

表 4.1　アニサキス類の終宿主と幼虫型別

種類	終　宿　主	幼 虫 型 別	胃盲嚢	腸盲嚢	備　考
AS	おもにイルカ（冷水域）	アニサキスⅠ型	−	−	検出例の約 90%にあたる
AT	〃　（暖水域）	同上　?	−	−	日本では未確認
AP	マッコウクジラなど	アニサキスⅡ型	−	−	ごくまれ
PD	アザラシ，トドなど	テラノバ A 型	−	+	散発，全症例の 10%強
Csp	鰭脚類（アザラシ？）	…	+	+	犬からの報告あり

AS：*Anisakis simplex*　AT：*A. typica*　AP：*A. physeteris*
PD：*Pseudoterranova decipiens*（syn. *Porrocaecum, Terranova*）
Csp：*Contracaecum* sp.（*C. osculum* ？）
別に，胃盲嚢＋，腸盲嚢－のものに *Rhaphidascaris* 属がある．

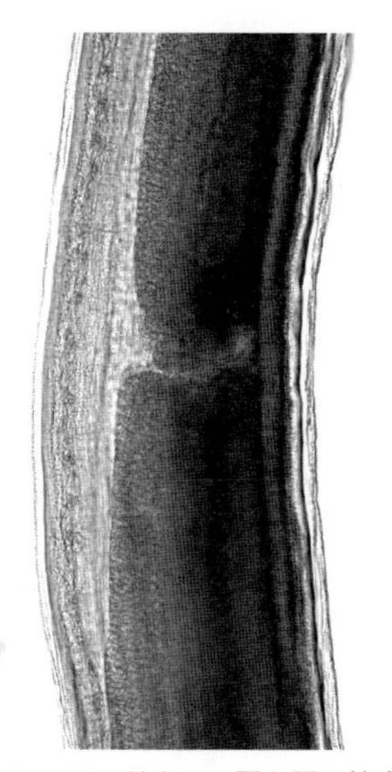

図 4.21　アニサキスの胃と腸の接合部

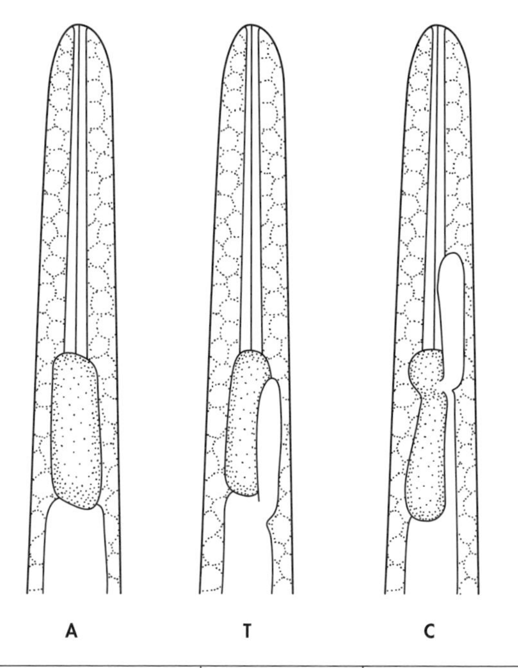

	胃盲嚢	腸盲嚢
A：アニサキス型	−	−
T：テラノバ型	−	＋
C：コントラシーカム型	＋	＋

図 4.22　アニサキス類幼虫の特徴（胃・腸盲嚢）

起する．この場合，幼虫の発育は通常はみられないが，まれに第 4 期までの発育がみられることもあるという．侵入した幼虫は，多くは粘膜下にとどまるが，管壁を貫通して大事に至る場合もある．侵入部位には出血を生じ，充血・細胞浸潤があり，続いて結合織の増殖をきたし，虫体を囲繞する小さな腫瘤が形成される．

人体アニサキス症：生魚を食べる文化がある日本では古くから知られている感染症である．2012 年に食品衛生法施工規則の一部改訂があり食中毒の病因物質としてアニサキスおよびシュードテラノーバが追加されたことにより，食中毒として届出される件数が増加した．

[症　状]

さまざまな程度がある．概して初感染時は軽症で経過するが，再感染時には即時型の過敏反応を起こし，消化管に滲出性炎や攣縮をきたし，劇症に陥りやすい．ただし，虫体の寿命は比較的短く，1 週間くらいであろうと推定されている．寄生部位により胃アニサキス症と腸アニサキス症に分類される．胃アニサキス症の場合には激しい上腹部痛，悪心，嘔吐があり，重篤な場合には胆石症，胃潰瘍などと間違われやすい．同様に，腸アニサキス症では激しい下腹部痛があり，虫垂炎，腸閉塞，腸穿孔などと誤られやすい症状が示される．通常，胃アニサキス症では感染源摂取後数時間，腸アニサキス症では数時間ないし十数時間後から急に症状が出てくる．被侵襲部位は胃が約 70%，腸では回腸が 20%前後でもっとも多い．

[診　断]

X 線透視，内視鏡による．胃の場合にはとくに有効である．胃内視鏡は虫体の確認ばかりでなく，生検用鉗子を用いて虫体を摘出することが可能である．腸，とくに大腸の場合には技術的な困難性が伴う．

C　盲腸虫科　(Family Heterakidae)

鶏盲腸虫

Heterakis gallinarum

鶏，ホロホロ鳥，七面鳥，キジ，ウズラなど鶉鶏目に属する鳥類の盲腸に寄生し，世界的に広く分布する．*Histomonas meleagridis* のベクターとしての格別な意味がある．

[形　態]

雄は 7 ～ 13 mm，雌は 10 ～ 15 mm．口腔は小さく，口周には 3 個の口唇がある．虫体の全長にわたり側翼が形成されている．食道は短い咽頭部，中間部，および弁状構造をもつ後部食道球の 3 部からなる．雄の尾端近くにキチン質の縁で囲まれた前肛吸盤がある．交接刺は 2 本，右交接刺は太く 2 mm，左のものはやや細く 0.7 mm で左右不等．陰門は中央部直後に開口する．虫卵は 65 ～ 80 × 35 ～ 46 μm の大きさで，厚く表面平滑な卵殻をもつ．未分割卵として排出される（図 4.23）．形態的に鶏回虫卵に酷似している（図 4.19 参照）．

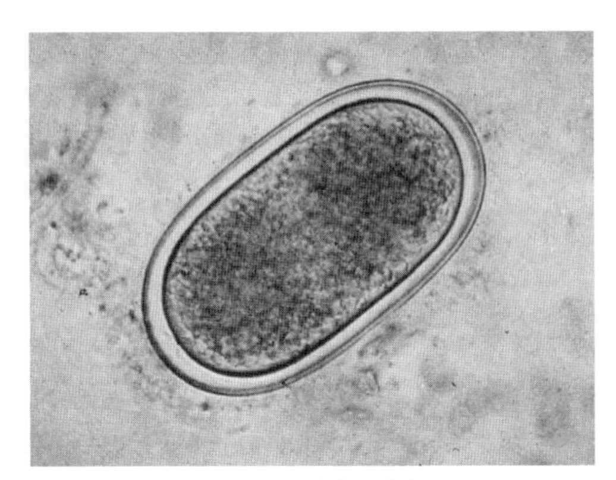

図 4.23 鶏盲腸虫卵

[発育環]

虫卵は 27℃では 14 日で感染幼虫を形成するが，通常はさらに長時日を要し，低温では数週間もかかる．この感染幼虫包蔵卵は外界における抵抗性が強く，土壌中では 230 週間，冷凍でも感染力を維持し続ける．

虫卵は嚥下されると筋胃または十二指腸で 1 ～ 2 時間以内に孵化し，6 時間目ころからは盲腸で幼虫が認められはじめる．盲腸に移行した後の約 12 日間は粘膜に密着し，初期には一部の幼虫が組織に侵入するが，2 ～ 5 日のうちには組織から離脱する．真の組織内寄生期は認められない．10 日齢未満のヒナでは盲腸腔内幼虫の発育は抑制されるが，21 日齢ヒナでの発育は活発になる．腸内菌叢の性状が発育を左右する因子になっていると考えられているが，詳細は不明である．また，ミミズ類，ワラジムシなどが待機宿主になることもある．

感染 4 ～ 6 日後に第 3 回目，9 ～ 10 日後に第 4 回目の脱皮がそれぞれ盲腸内で行われる．感染後約 14 日で成熟するが，産卵は感染 24 ～ 36 日ころにはじまる．産卵数は幼・中雛に寄生した場合に多く，加齢に伴って減少する傾向がある．

[病原性・症状]

虫体自体は，宿主に対してとくに障害を与えることはないと思われている．しかし，好酸球と好中球の増多はみられる．重感染では粘膜の肥厚と粘膜表面に点状出血は認められるが，症状は明らかでない．

鶏盲腸虫の重要性は，七面鳥，鶏などの『伝染性腸肝炎＝黒頭病＝ヒストモナス症』の病原体 *Histomonas meleagridis* のベクターになっていることである．この鞭毛虫が罹患鶏の盲腸内容とともに鶏盲腸虫にとり込まれると，ヒストモナスは盲腸虫の雌性生殖器を経て虫卵へ移行し，胚に入り，胚の発育に伴ってそのまま幼虫に保有されることになる．盲腸虫卵が鶏に摂取され孵化すると，ヒストモナスは幼虫から離脱して感染する．このような現象を“nematode transmission”という．

[診　断]

虫卵検査は常法による．鶏回虫卵との鑑別が肝要．コナダニ類の虫卵も類似している．

[治療・駆虫]

盲腸虫による障害は無視しえても，ヒストモナスのベクターとしての有害性のために，盲腸虫の駆除は必要である．

駆虫には，イミダゾチアゾール系薬剤（例：レバミゾール 20 ～ 30 mg/kg），ピペラジンの複合製剤を混飼して投与する．詳しくは総論「5.2 駆虫剤」を参照．また，飼料添加物ハイグロマイシン B を飼料 1 t 中に 660 ～ 1,320 万単位の割合で添加し，長期給餌するなどの方法がある．

4.3 蟯虫類

蟯虫類の主要種の分類学的位置関係

Order Oxyurida　蟯虫目
　Family Oxyuridae　蟯虫科
　　Subfamily Oxyurinae　蟯虫亜科
　　　交接刺 1 本（まれに痕跡，欠），副交接刺なし．
　　　Genus *Oxyuris*　口腔前庭にキチン質の剛毛
　　　　Passalurus　口腔前庭に 3 本の歯
　　　　Enterobius　口腔前庭に特殊構造なし．尾端尖鋭
　　　　Aspiculuris　上と同様ながら尾端円錐．交接刺を欠く．
　Subfamily Syphaciinae　シファシア亜科
　　　交接刺 1 本，副交接刺あり．
　　　Genus *Syphacia*　雄虫腹側にはマメロンがある．

馬蟯虫
Oxyuris equi

馬の大腸（雄および若齢雌虫は，おもに盲・結腸，完熟雌虫はおもに下向結腸あるいは直腸）に寄生し，ほとんど全世界的に分布している．日本においては，往年はきわめて普通にみられたが，近年は激減しているようである．とくに軽種馬ではほとんどみられなくなったといわれている．

[形　態]

雄は 9 ～ 12 mm であるのに対し，雌は 150 mm に達する．食道はラブディティス型で中央部は狭く，有弁の後部食道球があるが，その境界は画然としない．

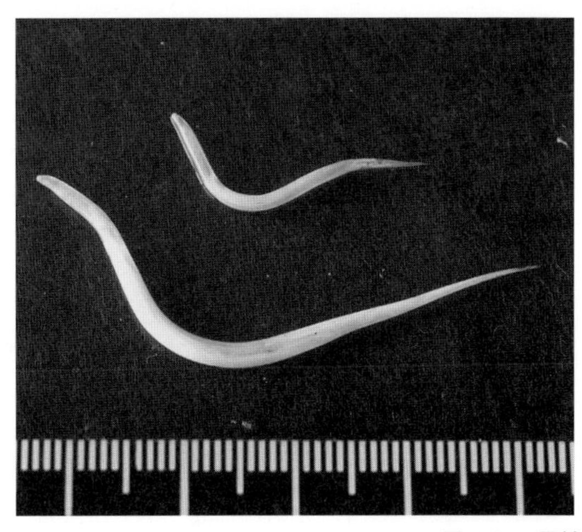
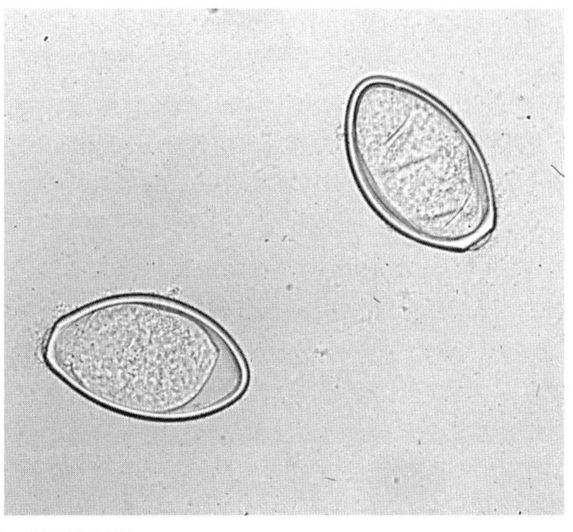

図 4.24　馬蟯虫［吉原原図］
左：雌雄成虫　右：虫卵

交接刺は 1 本で 120 ～ 150 μm，針状を呈する．雄虫の尾端には 2 個の大型の乳頭と数個の小型乳頭があるが交接嚢はない．若齢の雌虫は白色を呈し，比較的短いとがった尾を有している．これに対して老熟雌虫は灰白色ないし褐色を呈し，尾部は体部の 2 ～ 3 倍にも達する細長いものである（図 4.24 左）．

虫卵は長円形で，一端はやや扁平で栓様構造・小蓋を有する．大きさは 85 ～ 100 × 40 ～ 45 μm，無色で，産卵時には U 字型に弯曲する幼虫を内蔵している（図 4.24 右）．

［発育環］

受精した雌虫は盲・結腸から直腸へ下降し，肛門からはい出し，肛門周囲の皮膚上に，粘液とともに保有する虫卵を集塊として一気に産出する．雌虫の肛門からの脱出および産卵は，ほかのほとんどの蟯虫類と同様に，宿主の休息時，すなわち未明から早朝に行われる．産卵後の雌虫は死滅する．

産出された虫卵は急速に発育し，3 ～ 5 日で感染性をもつに至る．感染卵はおもに会陰部にみられるが，体表から落下してしまうもののほうが多い．また馬の接触により馬房壁や馬栓棒などに付着していることもある．感染虫卵は外界では孵化しない．そして湿潤した環境下では数週間生存しうるが，乾燥状態にあれば急速に死滅してしまう．

感染は，通常は飼料や敷料に付着した感染幼虫包蔵卵を宿主が嚥下して起こる．小腸で孵化し，約 3 期幼虫が盲腸，腹側結腸粘膜陰窩に認められるようになる．感染 8 ～ 10 日には，大型の口腔を備えて粘膜を摂取する第 4 期幼虫が認められる．感染後約 50 日で第 5 期・未成熟成虫になるが，これが性的に成熟するのは感染後 4 ～ 5 か月のころである．

［病原性・症状］

(1) 雌虫の肛門通過および産卵により，宿主の肛門および会陰部に掻痒不快感を与えるために，罹患馬は尾根・肛門部などを建材器物に圧迫摩擦し，当該部被毛の脱落，擦過傷，皮膚炎などを起こす．

(2) 第 4 期幼虫は腸粘膜を摂取するため，重感染では粘膜に糜爛（びらん），小潰瘍，カタル性炎症などをひき起こす．

(3) 成虫は腸壁に付着・咬着することなく，腸管内腔に遊離しているものと考えられている（内腔游泳性：lumen dwelling）．したがって，病害はほとんどないものと理解されている．

［診　断］

産卵様式の特殊性ゆえに，虫卵検査は，まずセロファンテープを肛門周囲に貼付して採材し，続いてこれをスライドグラスに貼り直し，鏡検する方法による．

［治療・駆虫］

認可された薬剤はないが，駆虫にはピペラジンやマクロライド系のイベルメクチン 0.2 mg/kg も有効．

蟯　虫

Enterobius vermicularis

ヒトの蟯虫として世界的に分布しているが，熱帯・亜熱帯よりも，むしろ寒冷地の衛生管理が不完全な環境において感染がみられる．とくに小児の感染率が高いが，成人の感染もある．また，ヒトのほかにチンパンジー，ギボン，マーモセットなどの高等霊長類にも寄生する．

寄生部位はほとんど盲腸．ときに虫垂に入ることもある．通常，頭部を腸壁に軽く付着させて寄生し，宿主に積極的な組織損傷を与えることはない．主たる病害は会陰部の不快感，掻痒感などで，局所の皮膚炎，湿疹，神経性障害などが継発することもある．

虫体はクリーム色を呈し，体前端部のクチクラは背腹に膨隆している．雄は 2 ～ 5 mm，尾端は腹側に弯曲し，先端に小さな尾翼をもつ．雌は 8 ～ 13 mm で，体はやや太く，紡錘状を示すが，尾部は細く，とくに先端はとがっている．形態的には馬蟯虫に類似し，*Oxyuris vermicularis* とよばれていたこともあった．

肛門周囲に産卵．産卵後 6 ～ 7 時間で感染幼虫が形成される．感染後 50 ～ 60 日で完熟し，産卵し，死滅する．一部に肛門を通り，直腸へ戻るものもあるが，まもなく死亡し，翌日には排出されてしまう．

ウサギ蟯虫
Passalurus ambiguus

イエウサギ，ノウサギ，ワタオウサギなどウサギ目動物の盲腸，ときに結腸に寄生する．分布は世界的である．

近年ペットとしてのウサギの飼育頭数の増加とともに飼育者により虫体が発見される例が多くなり，しばしば問題となる．年齢の進んだウサギに多くみられる．

［形　態］

雄虫は 3.9 ～ 4.9（4.4）mm で，尾部は肛門の位置から徐々に細くなり，ついで急に細く突起様になっている．交接刺は 1 本で，長さは 100 ～ 130 μm．副交接刺はない．またマウス，ラットなどの蟯虫にみられる第二次性徴のマメロンもない．雌虫は 8.6 ～ 10.9（9.7）mm で白色を呈し，排出虫体はしばしば糞塊表面に糸屑状に観察される．尾部は全体長の 1/3 を超え，後方はクチクラが連珠状になっている．いずれも食道はこん棒状で明瞭な食道球を有している（図 4.25）．虫卵は 95.0 ～ 105.0 × 42.5 ～ 52.5（100.5 × 45.8）μm で，長円形ながら左右不対称，幼虫形成卵として産卵される（図 4.26）．

産卵は肛門周囲の皮膚上に行われる．産卵する雌虫は，膣部をはじめ生殖器終末部を反転翻出させ，一気に産卵するため，産卵後の死滅虫体は，肉眼的には K 字状に分岐した白色の毛糸屑様の外観を呈している．前述したように，排糞に際してしばしば糞塊表面に付着して排出され，これが人目に触れることになる．産卵時刻は昼間，午後 1 時ころと推定される．

［発育環］

虫卵は産卵後ごく短時間以内，おそらく 4 ～ 5 時間で感染性をもつに至るようである．宿主の虫卵摂取によって感染し，以後はほかの蟯虫類と同様に，幼虫は小腸および盲腸粘膜に認められるが，腸管以外への体内移行は行うことなく発育する．産卵は感染後 50 ～ 55 日ころからはじまる．なお，再感染は常に容易に起こっているものと考えられる．

［病原性・症状］

病原性や症状に関する精細な報告・記録などは見当たらないが，下痢，消化不良，体重減少などは予想されている．しかし一方，回収虫体が数千に及ぶ多量感染でも，何の障害も認められなかった例がある．ただし，この事例における幼虫寄生期の観察記録はない．

［診　断］

虫卵検査としては，肛門周囲を対象とするセロファンテープ法が推奨されているが，通常の浮游法によっ

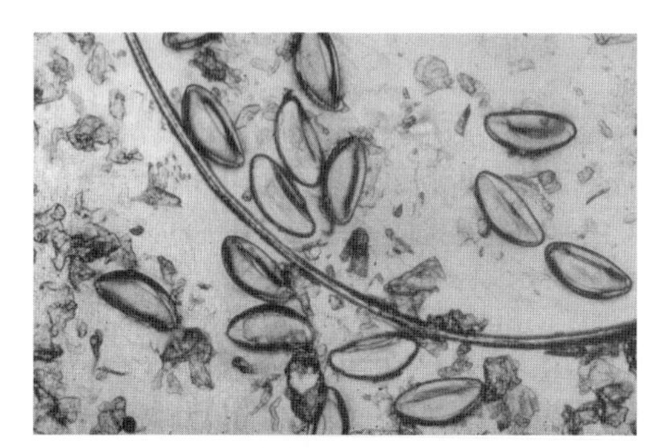

図 4.26　ウサギ蟯虫卵（セロファンテープ法）

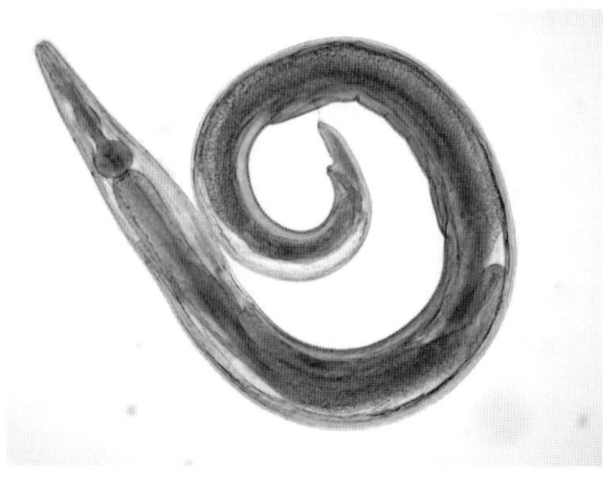

図 4.25　ウサギ蟯虫
左：雌　右：雄

てもかなり高い効率で検出される．ペットや実験用ウサギの場合では，観察者，飼育・管理者によって糞塊表面の虫体が発見されることも少なくない．また，ウサギを剖検する機会があれば，盲腸に小切開を加え，腸内容物の自然漏出を図るとよい．寄生があれば，まもなく漏出した腸内容物の表面に虫体が自動的に逸出してくるのが観察されるようになる．弱拡大で注意深く観察すれば，幼虫も検出される．

[治療・駆虫・予防]

駆虫にはピペラジン系製剤（例：クエン酸ピペラジン），フェンベンダゾールは有効であり，またマクロライド系薬剤なども有効であろうと推察される．

マウス，ラットでは多くの蟯虫駆虫試験成績が公表されているが，ウサギ蟯虫に関するものはほとんどない．古い試験成績を略記し，参考に供する．

硫酸ピペラジンを750 mg/kg BWの割合に摂取するように，所定の飲料水または飼料に混合し，連続投与すればかなりの効果が期待できる．この方法によれば，投薬開始2日以内にほとんどすべての虫体が駆虫される．ただし2，3の問題点がある．①実験動物であれば，原則として投薬は許されない．とはいえ，寄生虫保有動物をそのまま実験に供することはけっして望ましくない．原則は繁殖コロニーの清浄化に努めることにある．②使用する駆虫剤の抗幼虫効果を把握しておく必要がある．もし抗幼虫効果に欠けるところがあれば，くり返し，あるいは長期間の駆虫剤投与が必要になる．③哺乳ウサギの感染はほとんど避けにくいので，出産前に妊娠ウサギの清浄化を完了しておくことが肝要である．

ネズミ大腸蟯虫
Aspiculuris tetraptera

マウスでは，後述するネズミ盲腸蟯虫（Syphacia obverata）とともに往年では広く世界的に分布していたが，実験動物についていえば，現在ではほとんどみられなくなっている．マウスのほかにラットなどからも採集されているが，この場合の寄生数は必ずしも多くはない．

寄生部位は大腸である．成虫は結腸起始部に多くみられ，成長過程にあるものは小腸末端部，盲腸，直腸などからも見出される．この蟯虫はネズミ盲腸蟯虫と混合感染している場合が多いが，おもに頭頸部の形態などにより，鑑別は比較的容易である．

[形　態]

雄は3.34～3.47 (3.42) mm，雌は4.28～4.43 (4.35) mm．頸翼は頭端から食道の末端部に至る．雄虫の尾端は腹側に弯曲し，末端には小さな交接嚢がある．陰門は体前方1/3に開口する．虫卵は83～93×36～42（90×40）μmで紡錘形を示す（図4.27）．

[発育環]

虫卵は寄生部位である結腸内で産出され，糞便とともに排出される．産卵には日周リズムがあり，夕刻から夜半に多いという．排出後数日間で感染性を有するようになる．摂取された虫卵は，小腸下部～盲腸～結腸上部で孵化し，幼虫は大腸のリーベルキューン腺へ侵入する．その後4～5日で腸腔へ戻り，感染7日後には結腸上部への移動を開始する．約3週間で成熟し，虫卵は23日ころから検出されるようになる．

[病原性・症状]　特記すべき記録はない．

[治療・駆虫]

*Syphacia*属のものより完全駆虫は容易であるという．駆虫剤としてはウサギ蟯虫と同様のものが用いられる．ピペラジンの飼料・飲料水への1か月添加はきわめて有効．実験動物に用いる場合の配慮すべき事項・心構えはウサギ蟯虫で述べたように，被投薬動物を供試してはならないことが原則である．

ネズミ盲腸蟯虫
Syphacia obvelata

*Syphacia*属の蟯虫としては，マウスに*S. obvelata*，ラットに*S. muris*，ハムスターには*S. mesocriceti*の寄生がある．しかし，これらの種特異性はきわめて厳密というほどのものではない．マウスには，主として*S. obvelata*，まれに*S. muris*の寄生がみられるが，ここではネズミ盲腸蟯虫*S. obvelata*について述べ，*S. muris*はラット蟯虫として次に述べる．ネズミ盲腸蟯虫のハツカネズミにおける分布は世界的であるが，実験動物の実態は別問題である．水準以上の質を有する実験用マウスであれば，感染はみられない．

[形　態]

ネズミ盲腸蟯虫の虫体は白色で，尾部がとがり肉眼的にピン状を呈している．口腔はなく，3個の明瞭な口唇がある．食道はこん棒状で，中央膨隆部と後部食道球がある．頸翼は小さい．雄虫は1.29～1.50 (1.39) mm，雌虫は4.28～4.48（4.36）mm．雄虫は小さく，その体長は雌虫の約1/3，寄生数もかなり少ない．また，雄虫の腹側には3個のマメロン（*Syphacia*属の第二次性徴になる腹面のクチクラの隆起：mamelon）がある．交接刺は細長く，1本．この蟯虫の本来の寄生部位は盲腸．産出された虫卵は127～139×37～40（134×39）μmの大きさで左右不対称，柿の種状を呈している．なかにはすでに幼虫が形成されている（図4.28，口絵⑱）．

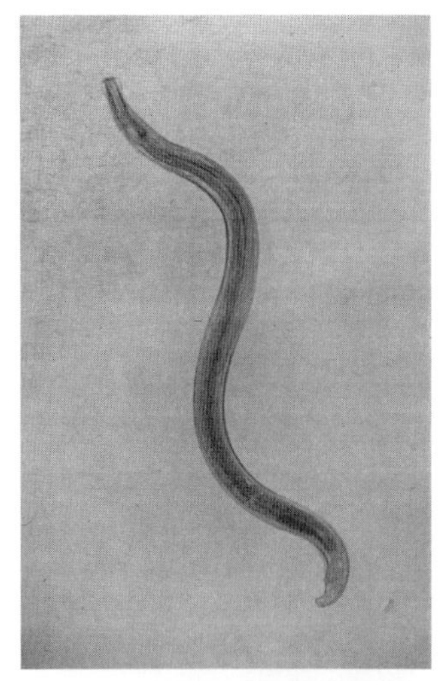
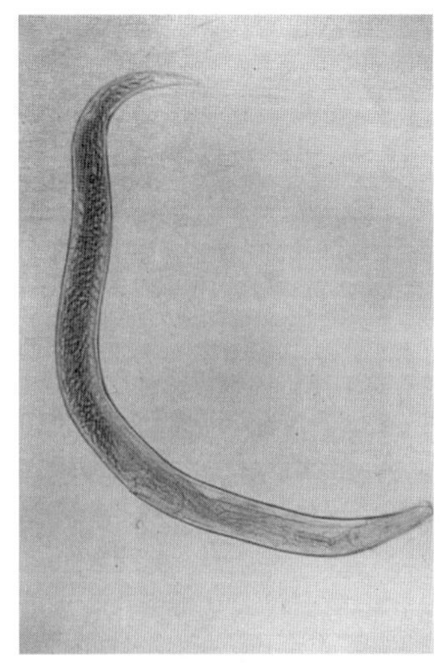
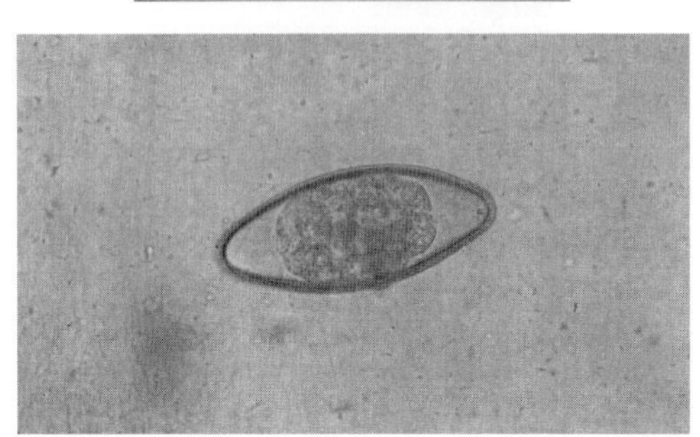
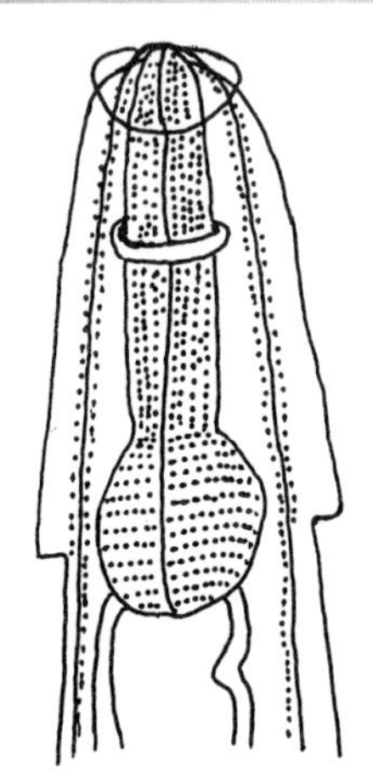

図 4.27　ネズミ大腸蟯虫［田中原図］および頭部の模式図
左上：雄　右上：雌　左下：虫卵　右下：頭部の模式図

[発育環]

虫卵は肛門周囲の皮膚上に産出され，数時間で感染性をもつに至る．感染は経口的に行われる．腸管内で孵化した L_1 は，盲腸内で数時間以内に L_2，24 時間後には L_3，52 時間で L_4，96 時間後には L_5 ＝未成熟成虫にまで発育する．感染後 10 日前後には成熟雌虫が認められるに至る．以上の経過中に，組織内侵入像は観察されていない．

[病原性・症状]

増体・成長阻害があるともいうが，通常は，濃感染であってもほとんど病原性は認められていない．

[診　断]

ほかの肛囲産卵型の蟯虫類と同様に，セロファンテープ法による虫卵検査が行われる．産卵は午後 1 時ころをピークにして行われるので，検査は午後がよい．輸入動物の検疫にあたっては，当座は相手国の午後 1 時に合わせて行う必要がある．群として扱う場合には，試料動物の剖検による虫体検査が有効である．

[治療・予防]

ウサギ蟯虫，ネズミ大腸蟯虫などと同様の駆虫剤が，同様の方法で適応される．留意事項も同様である．

合成飼料の給餌によって *Syphacia* 属蟯虫が駆除されることが知られている．合成飼料の組成にはかなりの変異が許されるようである．ただ繊維質は 15％以下に抑えておく必要がある．

ラット蟯虫
Syphacia muris

“Rat pinworm” とよばれ，世界的に野生のドブネズミ（*Rattus norvegicus*）には広く分布している．かつては実験用ラットにも広くみられたが，現況はマウスにおける *S. obvelata* の場合と同様である．また *S. muris* はマウスやゴールデンハムスターからも検出されている．寄生部位は盲腸．

ネズミ盲腸蟯虫に類似しているが，やや小さく，雄虫は 1.2 ～ 1.3 mm，雌虫は 2.8 ～ 4.0 mm である．虫

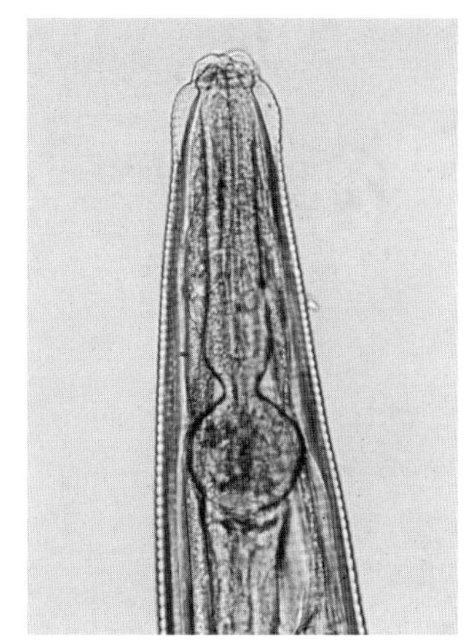

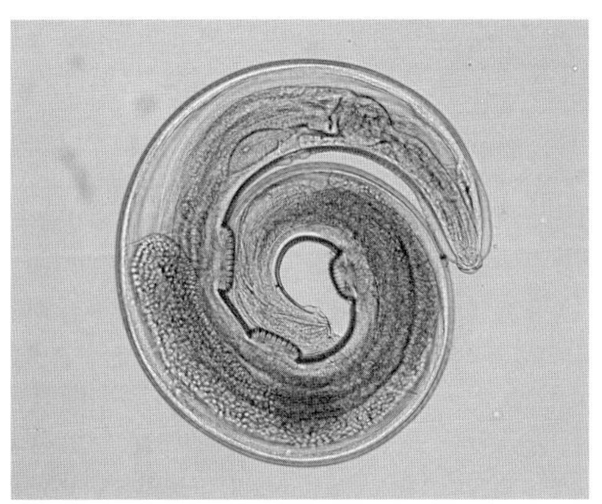

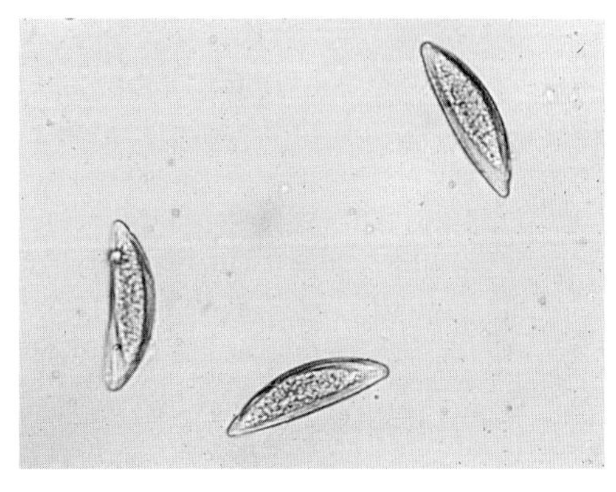

図 4.28　ネズミ盲腸蟯虫
左上：雌　右上：雌の食道部　左下：雄．腹側に 3 個のマメロンがみられる　右下：虫卵（セロファンテープ法による）

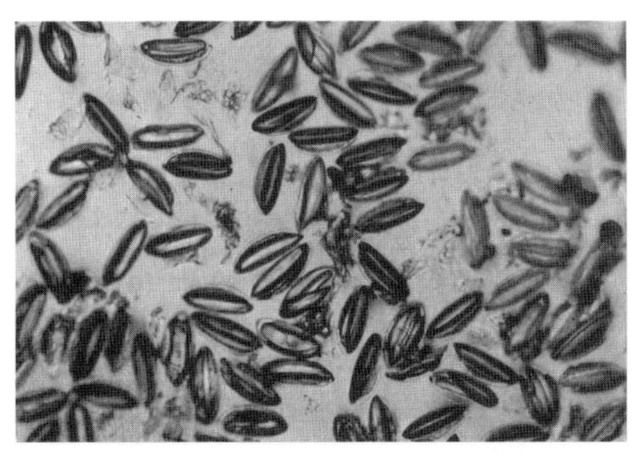

図 4.29　ラット蟯虫卵［田中原図］

卵は 72 ～ 82 × 25 ～ 36 μm で，この数値も，左右の非対称性も *S. obvelata* よりも小さい（図 4.29，4.30）．

発育環，病原性・症状，診断，治療・予防などはすべて前述のネズミ盲腸蟯虫に同じ．

ハムスター蟯虫
Syphacia mesocriceti

前者の例にならい，『ハムスター蟯虫』と仮称しておく．ハムスターにはマウスおよびラットと共通の *Syphacia* 属の寄生がみられる．とくに *S. obvelata* とは形態的に類似しているので注意を要する．日本においては，実験用ゴールデンハムスターから検出されている．

雄は 1.21 ～ 1.65 mm，雌は 6.43 ～ 7.60 mm．虫卵は 123 ～ 138 × 30 ～ 40 μm で，ネズミ盲腸蟯虫卵との鑑別は困難である．頸翼は明瞭に認められる（図 4.31，4.32）．寄生部位は盲腸．

発育環，病原性・症状，診断，治療・予防などは前述のラット蟯虫に同じ．

4.4 円虫類

円虫類（Strongylida）は線虫類のなかでも大きなグ

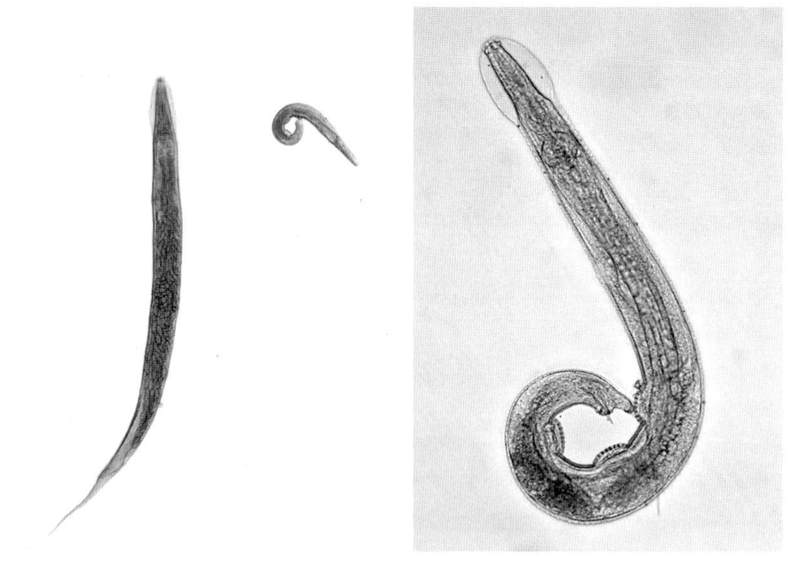

図 4.30　ラット蟯虫
左：雌（左）と雄（右上）　右：雄

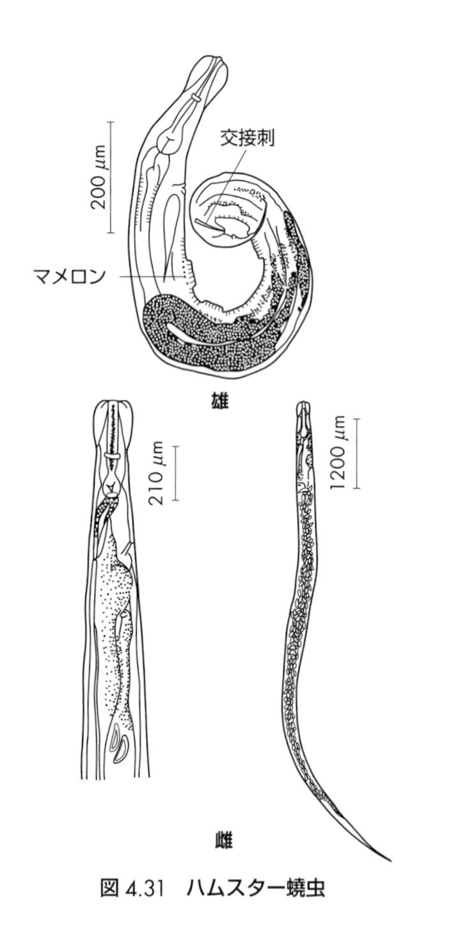

図 4.31　ハムスター蟯虫

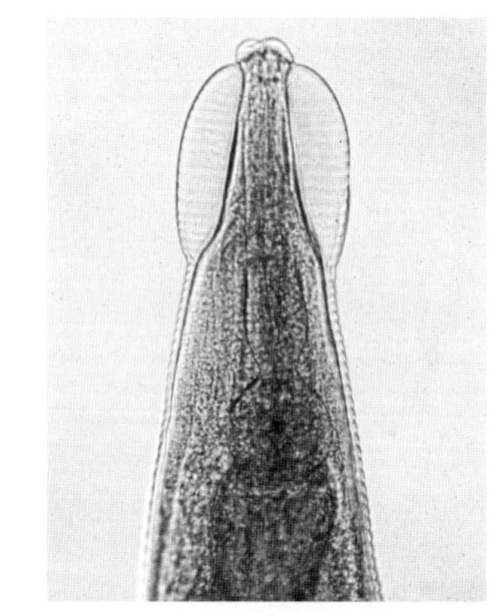

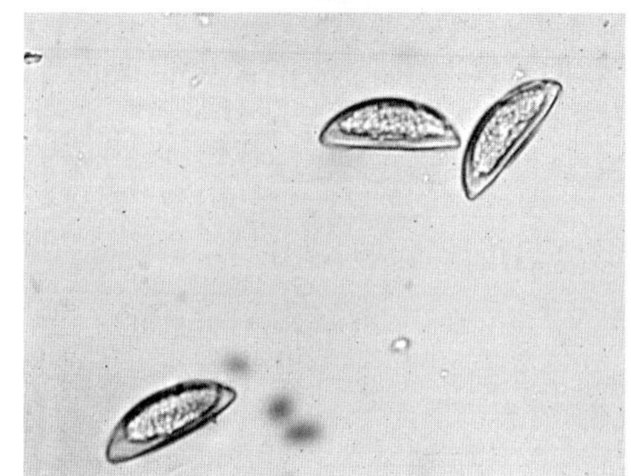

図 4.32　ハムスター蟯虫
上：雌の食道部　下：虫卵

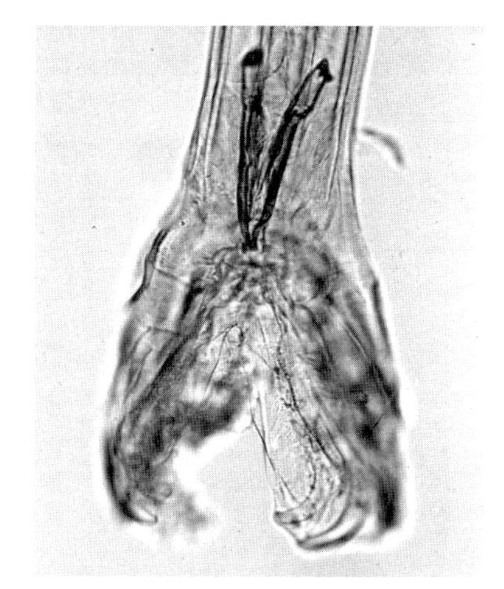

図 4.33　円虫類の雄の尾端に認められる交接嚢

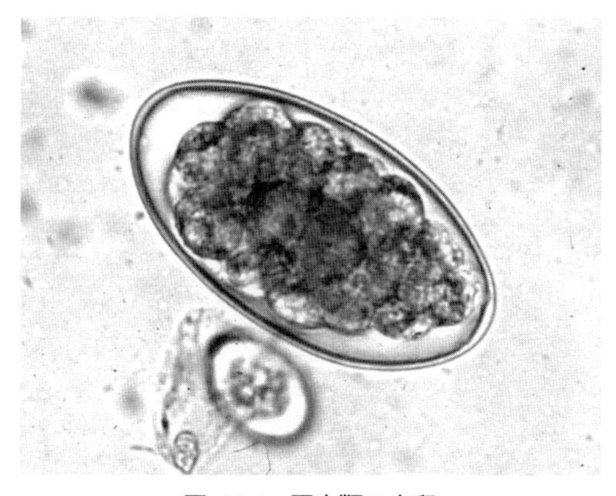

図 4.34　円虫類の虫卵
下側にボケて写っているのはコクシジウムのオーシスト

ループで，さまざまな宿主，さまざまな部位に寄生する．一般に homoxenous な生活環をもつが，中間宿主をとるものもある．体は一般に小形（多くは 1 ～ 2 cm）で細い．雄の尾端には交接嚢があり，肋（ray）によって支えられている（図 4.33）．一般に新鮮糞便中の虫卵は卵殻が薄く，内容は 4 ～ 32 細胞期の卵細胞（図 4.34）である．

分類の大筋を次にまとめる．

Order Strongylida　円虫目
　Superfamily Strongyloidea　円虫上科
　　Family Strongylidae　円虫科
　　Family Ancylostomidae　鉤虫科
　　Family Syngamidae　開嘴虫科
　Superfamily Trichostrongyloidea　毛様線虫上科
　　Family Trichostrongylidae　毛様線虫科
　Superfamily Metastrongyloidea　変円虫上科
　　Family Metastrongylidae　変円虫科

円虫目･円虫上科に属するものには次の特徴がある．①口腔は大きく，口唇は 6，3 またはないものもある．②開口部周縁は歯環（corona radiata）で囲まれている．③口腔内底部には歯，または歯板を有するものがある．④雌性生殖器はよく発達し，腟末端部は筋肉性の射卵管（ovejector, ovijector）になっている．⑤雄性生殖器としては体後端にある交接嚢とそれを支える肋の発達が著しい．交接嚢は左右 2 枚のクチクラ性の側葉と，中央背側に位置する 1 枚の小型の背葉からなっている．左右両側葉はそれぞれ 6 本の肋（腹腹肋，側腹肋，前側肋，中側肋，後側肋，外背肋），背葉は 1 本の主肋（背肋）によって支持されている．さらに通常は 2 本の等長の交接刺，1 本の副交接刺などがある（図 4.3 参照）．成虫の食道はこん棒状もしくはラブディティス型である．円虫科の発育はすべて直接感染（homoxenous）である．ちなみに，円虫目には円虫科のほかに鉤虫科，毛様線虫科，変円虫科などが含まれる．

A　馬の円虫類（大円虫類）*Strongylus* 属

馬の腸管内には多種の円虫科線虫が認められるが，それらのうち，*Strongylus* 属の 3 種（馬円虫，無歯円虫，普通円虫）は体が大きく，病原性が強いため，これらを他と区別して大円虫類とよび，その他の馬の円虫類を小円虫類とよぶ．大円虫類の口腔はよく発達し（図 4.35），かつては“硬口虫”とよばれていた（表 4.2）．

［自由生活期の発育］（3 種円虫類共通）（表 4.3）

馬の円虫類の虫卵から L_3 までは外界で自由生活を営み，その後に宿主へ感染する．

［宿主体内での発育］

馬に感染した後の宿主体内移行経路は種によってかなり異なっている．報告・記載例は多いが，不明な点も少なくない．いずれも，次に図示する経路（図 4.36 ～ 4.38 参照）以外のさまざまな記載があり，諸説の生ずる原因になっている．共通していえることは，①腸壁深く侵入し，②体内諸処を移行し，③長時間をかけて発育することである．

［成虫の病原性］（3 種円虫類共通）

移行幼虫による病害は相互に異なっている部分があるが，成虫による病害はほとんど同一である．また野外ではほとんど例外なく，次に述べる小円虫類との混合感染である．

円虫類の成虫は，3 種とも大腸粘膜に吸着，粘膜の一部を口腔内に吸引して吸血する．その結果，重感染では正色素性，正球性貧血が惹起される．吸着部位には出血点が生じ，あるものは融合して潰瘍を形成するに至る．しかも出血点・潰瘍面が寄生数に比べて異常

表 4.2　馬の大円虫 3 種の比較

		馬円虫	無歯円虫	普通円虫
体長 ×体幅	♂ ♀	20 ～ 35 × 1.1 ～ 1.3 mm 38 ～ 55 × 1.8 ～ 2.2 mm	23 ～ 28 × 1.3 ～ 1.5 mm 33 ～ 44 × 1.6 ～ 2.3 mm	14 ～ 16 × 0.8 ～ 1.0 mm 20 ～ 25 × 1.0 ～ 1.4 mm
口腔の形状 口腔底の歯		卵円形 背側に大 1 個，先端 2 分． 腹側に小型が 2 個	ハート型・カップ型 なし （無歯）	ほぼ卵円形 背側に 1 対，耳型で表面は総じて平滑
交接刺長さ		2.6 ～ 3.0 mm	1.9 ～ 2.2 mm	2.1 mm
虫　卵		75 ～ 92 × 41 ～ 54 μm	78 ～ 88 × 48 ～ 52 μm	83 ～ 93 × 48 ～ 52 μm
寄生部位		おもに盲腸	おもに盲結口部	おもに盲腸
病原性		肝・膵臓の出血	腹膜炎	寄生性動脈瘤
国内分布		少ない	ごく普通	もっとも普通

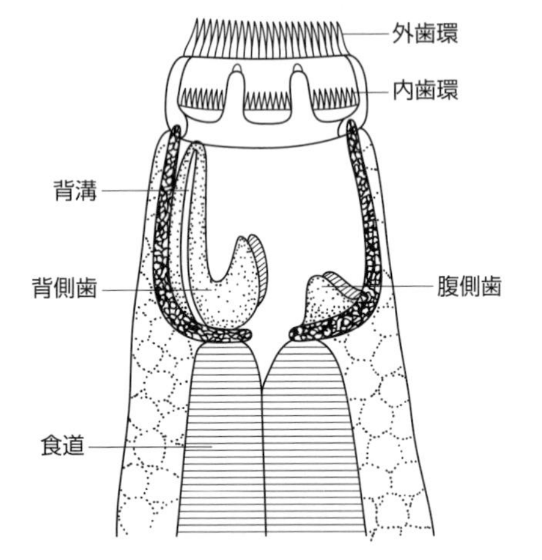

	馬円虫	普通円虫	無歯円虫
背側歯	＋	＋	－
腹側歯	＋	－	－

図 4.35　馬の円虫類の口腔模式図

表 4.3　馬の円虫類の自由生活期の発育

虫卵		数個から十数個に分割した桑実期卵で排出．適温適湿度下で幼虫形成（夏期は短縮）．幼虫包蔵卵は 0℃以下で数週間生存可能
	24 時間	
L_1		孵化．自由生活開始．9℃以上で孵化可能．細菌などを摂取して牧野で自由生活
	20 ～ 30 時間	
L_2		採食成長．L_1，L_2 の食道は R 型
	40 ～ 60 時間	
L_3	感染待機	2 重の被鞘を有し，採食不能．食道は F 型になる．朝夕の適温多湿時に濡れた草，畜舎の壁に登って馬の摂取を待つ（負の向地性）．高温，日光直射には弱い．好適環境下では 1 年以上も生存可能

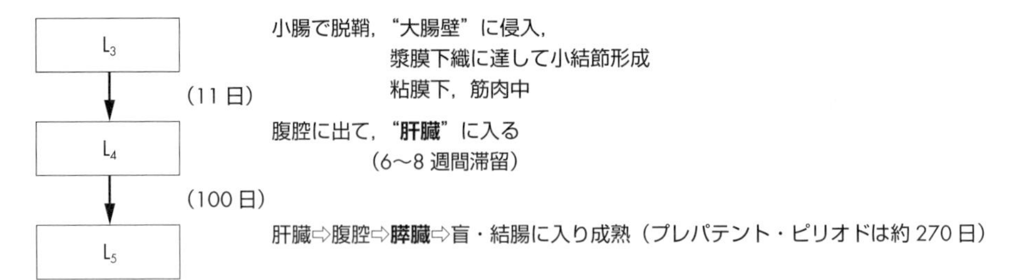

図 4.36　馬円虫の体内移行経路

に多いことは，虫体の周期的な移動を示唆しているものであろう．

症状は下痢，食欲不振，疝痛，貧血などがあり，栄養障害，発育不良などが招来される．幼駒の症状は激しい．

移行幼虫による病害と症状は種類別に次に述べる．

馬円虫

Strongylus equinus

馬，ロバ，ラバ，シマウマのおもに盲腸，ついで結腸に寄生する．世界的に分布するが，日本での寄生率は低い．虫体は硬い感じで暗褐色を呈しているが，ときに消化管中の血液のために赤色にみえることもあ

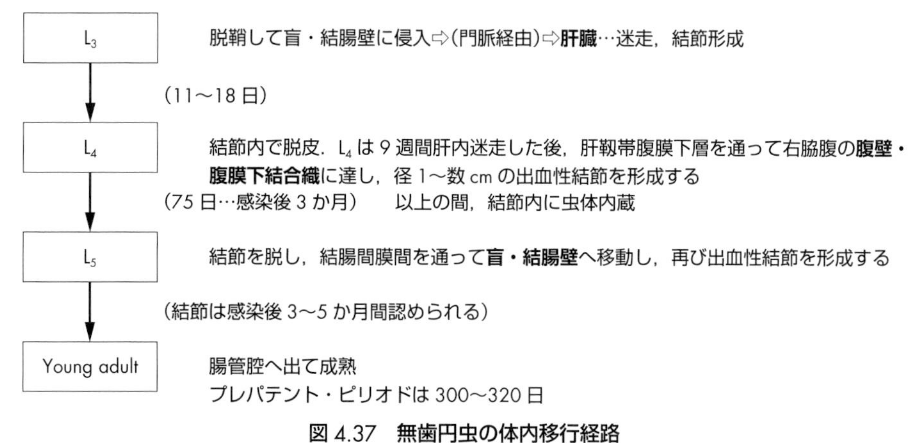

図 4.37　無歯円虫の体内移行経路

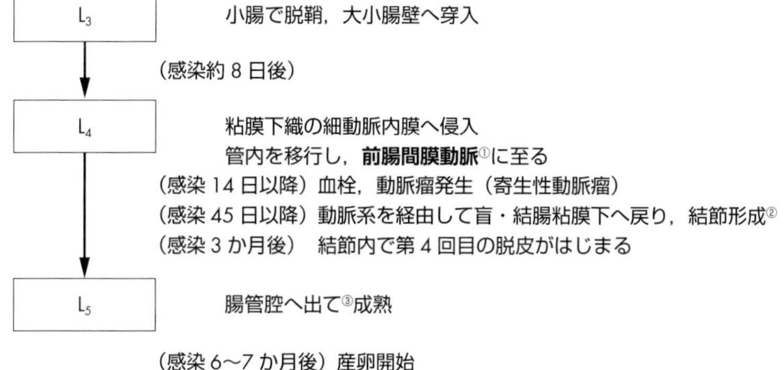

〈提唱されている別ルート〉
- L_3 が腸壁穿入後，血行性に⇨肝臓⇨心臓⇨肺⇨気管支⇨気管⇨胃⇨大腸．途中，肺⇨大動脈⇨前腸間膜動脈に移行する
- 上と同様に腸壁穿入後，大腸壁の筋層と漿膜間を移行し，腸間膜根を経て前腸間膜動脈に達する．まれに脳・中枢神経系への迷入があることも指摘されている

①動脈系のほかの部位にも迷入幼虫による病変が生じることもある
②腸間膜動脈を下降，腸壁に結節形成．大部分の幼虫が盲・結腸へ戻った後も，一部の幼虫は L_4 または L_5 としてなお数週間，あるいは 3～4 か月残留することがある
③寄生虫性結節の崩壊，腸粘膜損傷

図 4.38　普通円虫の体内移行経路

る．口腔は球形・卵円形で開口部は内外 2 列の歯環が囲み，口腔内側には背側を縦走する溝状の肥厚部（背溝：dorsal gutter）がみられる（図 4.39）．

[移行幼虫による病害と症状]

幼虫 4,000 匹の感染は，肝臓，膵臓の出血をきたし，致死量に相当する．しかし 500 匹感染では顕著な症状は現れない．一般症状としては，疝痛，食欲不振，倦怠，衰弱などである（図 4.36）．

無歯円虫
Strongylus edentatus

ウマ属の大腸，おもに盲結口部に寄生する．概観は馬円虫に似ている．頭部はこれに続く体部に比べて幅広い．口腔は前端部のほうが中央部より広い（カップ状）．口腔内に歯はない（edentate）（図 4.40）．

[移行幼虫による病害と症状]

病害は大きい．幼虫 3,000 ～ 75,000 匹の実験感染で，腹膜炎，急性毒血症，黄疸，発熱などが観察されている．腹腔には大量の血液を混じた腹水が貯溜し，腹膜には凝血，繊維素性沈着物などの付着をみる．幼虫は右腹側の腹膜下に穿入して出血性の結節を形成する．この病巣形成は感染後 3 ～ 5 か月の間にもっとも激しく，重感染では腹腔全面に結節が散在するようになる．ときには結節が破壊され，重篤な，また致死的な腹膜下出血をひき起こすこともある．また，腹膜炎から敗血症に陥ることもある（図 4.37）．

図 4.39　馬円虫の頭部［平原図］

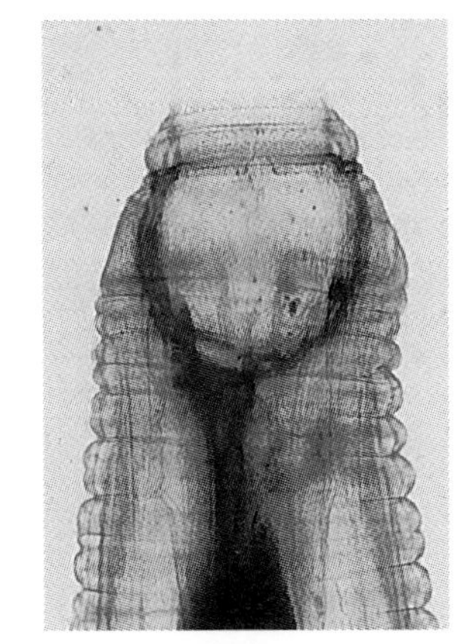

図 4.40　無歯円虫の頭部［平原図］

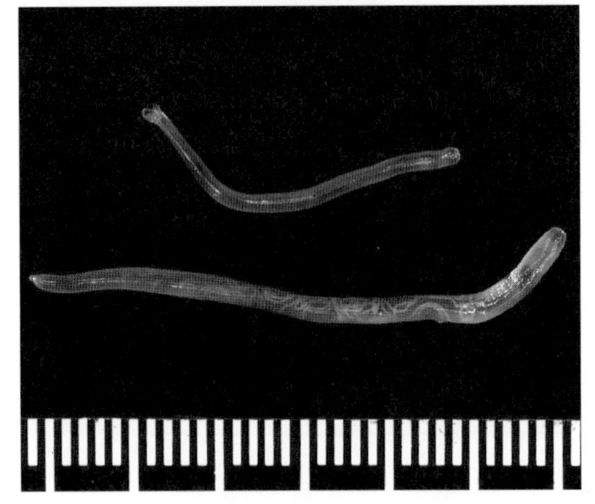

図 4.41　普通円虫の雌雄成虫［吉原原図］

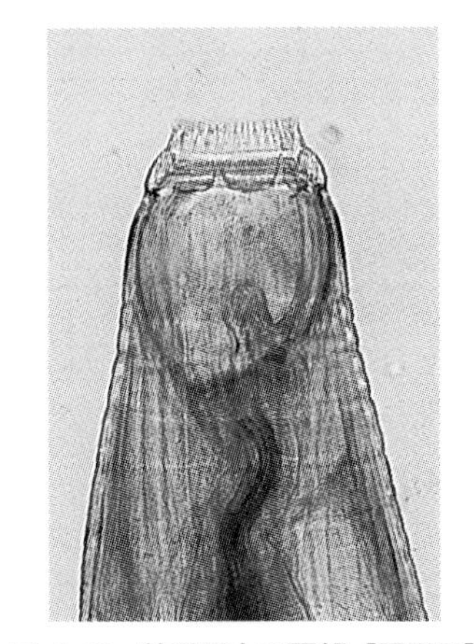

図 4.42　普通円虫の頭部［平原図］

普通円虫
Strongylus vulgaris

虫体の大きさはほかの 2 種に比べて明らかに小さい．口腔はほぼ卵円形～杯状で，口腔底には円形・耳状を呈している 1 個（先端が 2 分し，1 対ともいえる）の大型の歯がある．日本ではもっとも頻繁に見出されるとともに，寄生（虫）性動脈瘤の病原体として，馬産地における関心は高い（図 4.41，4.42）．

［移行幼虫による病害と症状］

まず，L_3 の大・小腸壁侵入と，ひき続いて起こる粘膜下織への移行によって組織破壊と出血を伴う病変が発生する．続いて，L_4 と L_5 による前腸間膜動脈およびその分枝における動脈瘤に起因する病害が大きい．動脈瘤の形成には，まず，血管内膜炎があり，血栓の形成がある．とくに前腸間膜動脈においては血栓形成とともに，動脈壁の肥厚と，弾力繊維の変性による進行性拡張が起こって動脈瘤の形成をみるに至る（口絵㊾）．動脈瘤は腸管に分布する神経に作用し，腸管の蠕動運動に影響を及ぼし，腸重積や腸嵌頓（かんとん）などの誘因になる．また動脈内に形成された血栓の存在および剥離・移動・栓塞は，部位によってはときに致命的な結末を招来する．すなわち，血栓疝，腸閉塞，腸重積，後肢痙攣などを誘引する．血栓内には幼虫が認められる（図 4.38）．

［診断・駆虫・予防］（3 種円虫類共通）

診断には臨床症状のほかに，浮游法による虫卵検査が必要になる．ときには孵化した L_3 の同定が要求される．ただし，プレパテント・ピリオドが長いため，当歳馬では虫卵検出による大円虫類の検出は不可能である．一方，馬には通常多数の円虫亜科，毛線虫亜科に属するいわゆる“小円虫類”の寄生がみられている．これらのプレパテント・ピリオドは早いもので 6 週，多くは約 12 週である．しかも両者の馬体外における発育･生態はきわめて類似し，常に混合感染している．この事実は種類を問わず円虫卵が検出され，しかも EPG 値が 10^3 を超える場合は，幼駒に対する一斉駆虫が望ましい．

駆虫剤としては，ベンズイミダゾール系薬剤（ピランテル），イミダゾチアゾール系薬剤（フルベンダゾール)，マクロライド系薬剤（イベルメクチンの単剤と複合製剤)が認可されている．用法用量などは総論「5.2 駆虫剤」（p.18）を参照．対症療法としては輸液，栄養補給などのほかに，血栓に対する配慮として抗凝血剤の適用も考えられる．

予防には，適正な糞便処理による感染源の集積，散乱の防止に努めることと，定期検査，定期駆虫の徹底がすすめられている．たとえば,成馬では6か月間隔,幼駒では1～2か月間隔で一斉駆虫を行うことが推奨される．

[付] ロバ円虫
Strongylus asini

ロバ，シマウマの盲腸に寄生する．日本ではロバの飼育頭数は少なく，問題にはならない．虫体は，雄は18～32 mm，雌は30～42 mm.

B　馬の小形腸円虫類（小円虫類）円虫科－円虫亜科，毛線虫亜科

馬の小形腸円虫類または小円虫類とは，おもに次に示す多くの円虫類について，個々の種類を特定することなく，グループとして唱える名称である．事実，これらは相互に疫学的・生態学的な近似性を有し，実際的見地からは,あえて区別する必要はほとんどない(図4.43)．

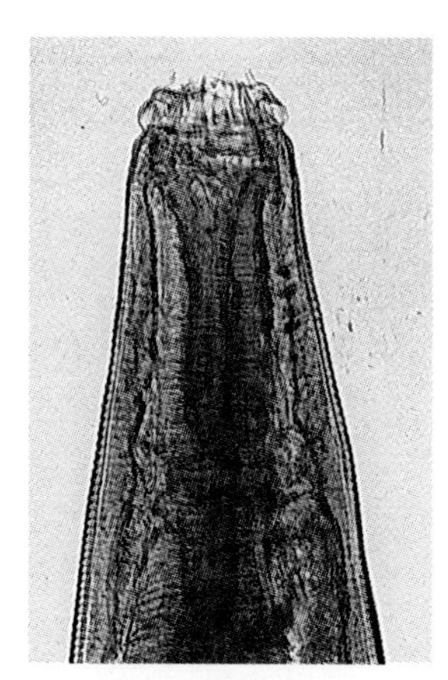

図4.43　盲結腸内容からの *Cyathostomum labiatum*（?）の頭部［平原図］

円虫科　Strongylidae
　円虫亜科　Strongylinae
　　Strongylus
　　Oesophagodontus
　　Triodontophorus（syn. *Triodontus*）
　　Craterostomum
毛線虫亜科　Cyathostominae
　　Cyathostomum（syn. *Trichonema*）
　　Cylicodontophorus
　　Cylicocyclus
　　Cylicostephanus
　　Poteriostomum
　　Gyalocephalus

いずれも小型の線虫で，円虫亜科の体長はだいたい1～2 cm，毛線虫亜科はさらに小さく1 cm前後，あるいは1 cm未満のものが多い．虫体の大小はあっても，よく発達した口腔，交接嚢など，円虫科としての特徴的な基本形態を有している．寄生部位はいずれも盲腸，結腸である．大円虫類ともっとも異なっている点は，宿主体内における移行経路と移行幼虫の病原性である．すなわち,小円虫類の外界における発育環は,大円虫類とほぼ同様であるが，感染後は宿主体内移行を行わない．L_3は腸内で脱鞘し，盲・結腸粘膜に侵入して，粟粒大ないし大豆大の結節を形成し，このなかで成長・脱皮したのち，L_4になって腸管腔に戻る．円虫亜科のL_4およびL_5,すなわち,成虫は粘膜に咬着・吸血するが，損傷は深層にまでは及ばない．毛線虫亜科は腸管腔内に遊離している(表4.4)．プレパテント・ピリオドは，多くは6～12週間，一部には20週に及ぶものもある．

病原性は大円虫類に比べれば小さい．しかし，感染率は高く,ほとんどの馬になんらかの寄生がみられる．また感染数は概して多い.一般に仔馬の被害が大きい．小円虫10^5単位の寄生は珍しくない．

駆虫・予防は大円虫類の場合と同様である．

C　反芻動物の胃に寄生する毛様線虫類

反芻動物の消化管内には多種の毛様線虫類が寄生す

表4.4　大円虫類と小円虫類の比較

		成　　虫		幼　　虫
大円虫類	*Strongylus* spp.	腸粘膜に咬着	組織摂取，吸血大	移行幼虫による種特異の病害が大
小円虫類	円虫亜科	腸粘膜に咬着	組織摂取，吸血も	腸粘膜に結節形成，出血性大腸炎
	毛線虫亜科	腸管腔に遊離	概して病害は軽微	基本病態同上．濃感染多．下痢多

るが，寄生部位により，第4胃に寄生するものと小腸に寄生するものとに分けられ，前者を一般に反芻動物の胃虫という（胃虫とよばれるものには，後述する旋尾線虫類に属する種もあるので，注意が必要）．ここでの胃虫では，めん羊の捻転胃虫が著名であり，研究業績も多いが，日本におけるめん羊の産業規模はきわめて小さいため，関心は大きくない．しかし，元来めん羊というものは寄生虫の被害を大きく受けやすい家畜であるということを銘記しておく必要がある．牛では『寄生性胃腸炎』の原因虫のひとつとして，一応の関心と定期的な衛生管理の対象になっているにとどまり，現場における深刻な問題にはなっていない．

捻転胃虫

Haemonchus contortus

めん羊の消化管寄生虫のなかで，もっとも病原性が強いもののひとつとして，古くからよく知られている．病原性の主たるものは，強烈な吸血性に起因するものである．吸血して赤色になった雌虫の消化管を，白色の卵巣および子宮が捻転しつつらせん状にとりまくため，“barberpole stomach worm”，“twisted stomach worm”などとよばれている（口絵⑩）．

海外ではめん羊の産業的価値を背景に，捻転胃虫に関する寄生虫学的研究はきわめて盛んに行われ，その業績を線虫類一般に適用し，解明された現象は少なくない．総論で述べた“春期顕性化現象（spring rise）”・“発育休止（hypobiosis）”（p.4）や“自家治癒（self cure）”（p.5）などは，いずれもめん羊の捻転胃虫で初めて知られた現象である．

［分　布］

高温多湿型であり，寒冷乾燥地域では少ない．宿主はめん羊，山羊，牛，野生の反芻動物であるが，めん羊が主要．寄生部位は第4胃．

［形　態］

雄は10～20 mm，雌は18～30 mm．雄は全体的に赤色を呈し，雌は吸血した赤色の消化管と白色の雌性生殖器とが互いにまといつき，その状態から，前述した和英の通称が付けられている．頸部乳頭は棘状で明瞭．口腔は小さく，口腔底の背側に尖歯がある（図4.44，4.45）．交接嚢の側葉は長く，背葉は中央より左寄りにあり，肋はY字型を呈している．交接刺は460～510 μm．陰門は舌状突起（flap）に覆われている．虫卵は70～85×41～48 μm，卵殻は薄く，通常16～32分割卵として排出される．

［発　育］

通常の環境下にあっては，感染幼虫は4～6日で形成される（図4.46）．低温では遅延し，9℃以下ではほとんど発育しない．幼虫を形成した孵化直前の虫卵は，外界環境に対して抵抗性が大きく，ほかのステージのものに比べれば，凍結や乾燥に対してもかなり抵抗することができる．

L_3は野外では厳しい乾燥や寒冷がないかぎり2～3か月，あるいはそれ以上も生存しうる．感染幼虫は野

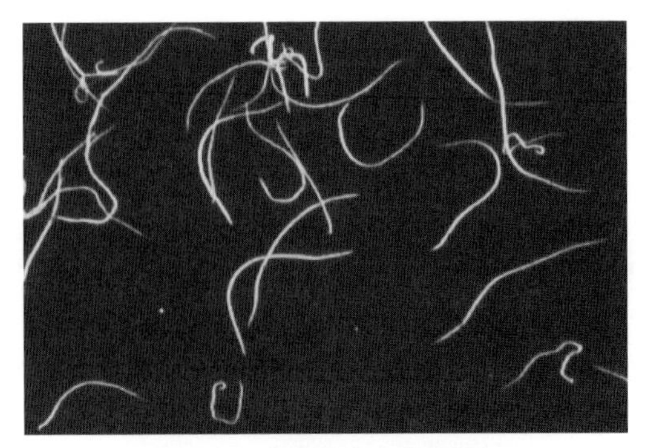

図4.44　捻転胃虫の集合成虫

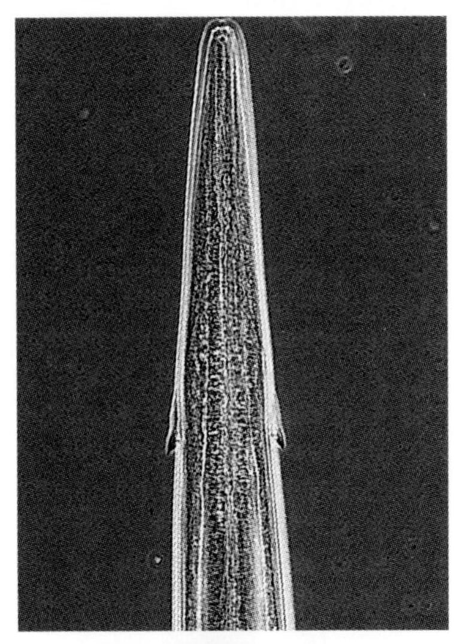

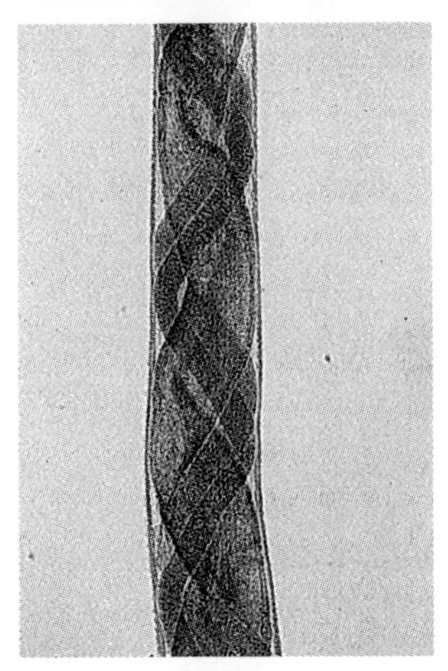

図4.45　捻転胃虫［平原図］
上：頭部と1対の頸部乳頭
下：虫体中央部において捻転する腸管と卵巣

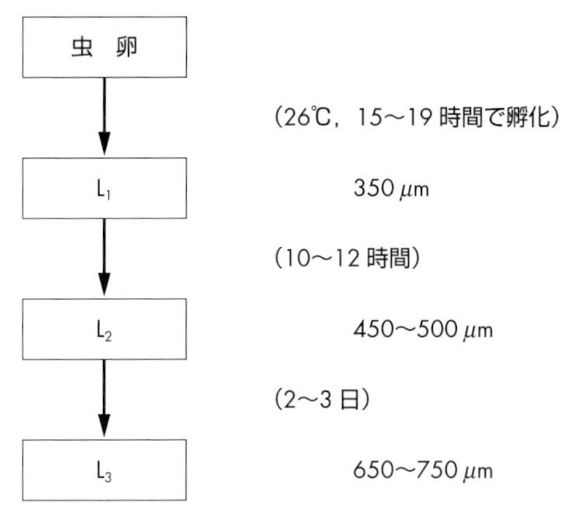

図 4.46　捻転胃虫の外界における発育

外では湿度の高い，直射日光の影響の少ない早朝に草を上り，日中は地表の日陰へ隠れるという垂直移動を行い，宿主の経口摂取を待つ．

被鞘したL_3は宿主に摂取されると，第1胃で脱鞘し，幼虫は第4胃へ移動する．第4胃へ移動後，胃粘膜上皮へ侵入し，外界の環境条件が好適・正常であれば，48時間以内にはL_4として胃腔内へ遊離して出てくる．ところが，感染幼虫が環境条件，とくに気象条件が不適当方向に進行中であると感作された場合は，L_4は腸粘膜に侵入して結節を形成し，虫体は結節内で発育を休止したまま滞留し，好適条件の到来を待つことがある（春期顕性化現象（spring rise）・発育休止（hypobiosis）（p.4））．そして，排出された虫卵およびこれに続く自由生活期幼虫の成育に適する季節を迎えれば，結節内L_4の発育が再開・続行される．したがって，プレパテント・ピリオドの実際の数値は一定しないことになる．正常コースであれば，感染後ほぼ1週間から10日でL_5になり，感染後約1か月で糞便中に虫卵が認められるようになる．すなわち，プレパテント・ピリオドは約1か月である．

［病原性・症状］

主徴は貧血である．成虫およびL_4が吸血する．しかも吸血部位を盛んに移動するため，第4胃の出血が激しい．感染後6～12日くらいから糞便中に血液が認められるようになる．亡血量は0.05 mL/parasite/dayと推定され，鉄欠乏性貧血に陥る．栄養障害，発育障害などの併発・続発はあるが，下痢は通常みられない．胃粘膜自体の障害は比較的軽度であっても，機械的損傷による出血，損壊などにかかわる胃炎，胃潰瘍を惹起し，さらに二次感染を誘発することもある．とくに幼齢羊では障害が大きく，死亡するものも出る．

捻転胃虫症発生の特徴は，①春期顕性化現象がある，②温暖多湿期には突発的な集団発生がある，③大量感染時に自家治癒がみられることがある，④ほとんどは他種線虫類との混合感染であるなどである．

［診　断］

確診は虫卵あるいは虫体の検出・確認による．捻転胃虫の産卵数は概して多い（EPDPF：5,000～10,000）が，反芻動物の糞便の性状のゆえに，虫卵の検出には濾過浮游法がよい．ただし，捻転胃虫の感染はほとんど類似虫卵をもつ線虫類との混合感染であるため，虫卵の形態のみによる判定ははなはだ困難である．そこで虫卵含有糞便を7日間培養し，得られた孵化幼虫を形態学的に精査して同定することになる（巻末の関係書籍の技術書参照）．ただし，この手法はかなりの手間と熟練を要するものである．一方，実際的見地からいえば，ほとんどのものの臨床的な対応，つまり駆虫方法はほぼ同一であるため，常に虫種の正確な同定が要求されているわけではない．感染の有無と程度が問題になるという見解も成立する．EPGが1,000を超えるようであれば，種にかかわらず，ただちに駆虫を考えるべきであろう．

［駆　虫］

めん羊および山羊について認可された駆虫剤はないが，ベンズイミダゾール系，イミダゾチアゾール系，およびマクロイド系薬剤などが広域駆虫剤として用いられる．各種薬剤に対して耐性を示す代表的な線虫種であることに留意し，投薬の効果を適切に評価することが重要．

［予　防］

発育休止（hypobiosis）に関する季節的な配慮を加味したうえで，定期的な一斉駆虫が必要である．結節内の幼虫に対する駆虫効果に疑問がもたれる場合には，春暖期の駆虫と糞便処理が予防法の要になる．成虫に対する効果が確認されている薬剤を用いる場合には春暖期に格別の注意をはらい，持続的あるいは断続的な集約作業を実施し，駆虫の徹底を図ることが望ましい．

牛捻転胃虫
Mecistocirrus digitatus

牛，ゼブー，水牛，めん羊，山羊の第4胃に寄生する．インドを中心とする東南アジアに多い．ほかに中南米，一部のヨーロッパからの報告がある．汚染地帯では豚の胃，まれにはヒトからもみられている．日本の牛でも普通に認められる．高温多湿を好む．

［形　態］

毛様線虫科のなかでは大型で，雄は25～31 mm，雌は30～45 mm．概観は前者の捻転胃虫と同様に紅白のらせん状に絡み合う斜め縞模様を呈している．口腔の形状は捻転胃虫と同様，小形で口腔底に尖歯があ

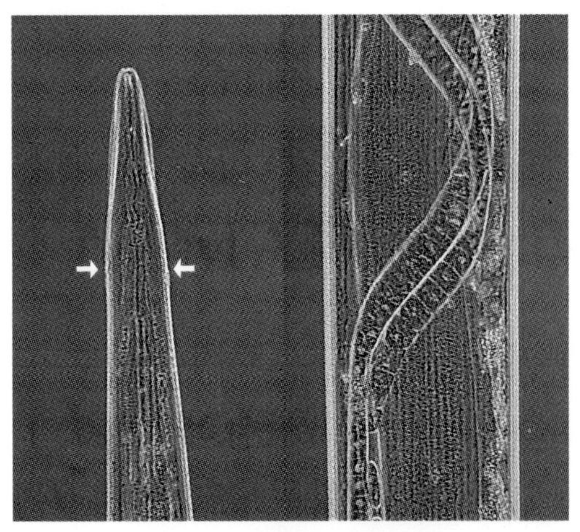

図 4.47　牛捻転胃虫［平原図］
左：頭部と 1 対の頸部乳頭（矢印）
右：体中央部に捻転する卵巣

る（図 4.47）．陰門は尾端から 0.6 ～ 0.9 mm にあり，舌状突起を欠く．交接嚢の背葉は小さく，両側葉および肋は明らかに長大である．交接刺は細長く，ほぼ全長にわたって結合し，長さは 4 ～ 7 mm．虫卵は 95 ～ 120 × 56 ～ 60 μm で，かなり大きい．

［発　育］

捻転胃虫と同様．第 1 胃で脱鞘，3 日目には 700 μm 前後の L_3 が第 4 胃粘膜に侵入し，6 日目には 900 μm 前後にまで成長して，頭部を粘膜へ挿入したまま絨毛間に寄生し，9 日目に脱皮して L_4 になる．その後も形態的な分化成長を続け，28 日目に至って第 4 回目の脱皮を行い，10 mm 前後の成虫になる．虫体が完熟し，産卵を開始する（プレパテント・ピリオド）のは感染後 60 日前後である．

［病原性・症状］

基本的には捻転胃虫とまったく同じである．すなわち，主徴は吸血による貧血を基調とし，栄養障害が継発する．しかし，ほとんどは近縁線虫類との混合感染である．

［診断・治療・予防］

寄生性胃腸炎（p.244）に一括して後述する．

牛のオステルターグ胃虫
Ostertagia ostertagi

Ostertagia 属の胃虫には，おもに牛に寄生する *Ostertagia ostertagi* と，めん羊を好適宿主とする *O. circumcincta* などがよく知られている．いずれも赤褐色の小形の線虫で，通常 “brown stomach worm” とよばれている．

Ostertagia ostertagi は基本的には牛の第 4 胃に寄生する．ほかに山羊にも寄生し，まれにはめん羊，馬にも寄生するが，牛にもっとも多い．温暖地から寒冷地まで分布地域は広い．日本でも普通に認められる．

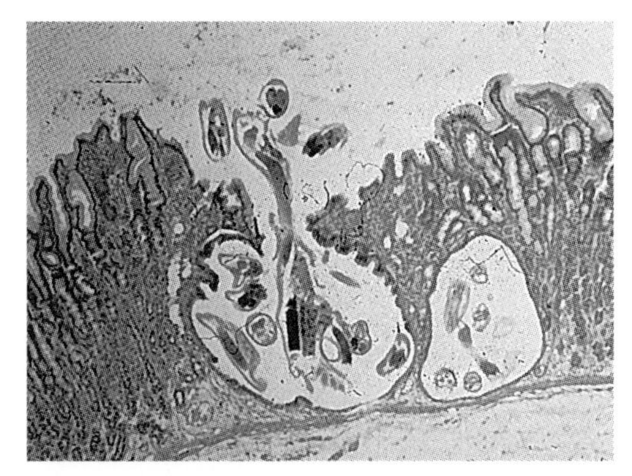

図 4.48　オステルターグ胃虫の発育休止幼虫が寄生する胃底腺部組織病変［平原図］

［形　態］

雄は 6.5 ～ 7.5 mm，雌は 9.8 ～ 12.2 mm．交接刺は細く 0.22 ～ 0.23 mm. 陰門開口部は舌状突起に覆われ，体後端 1/5 に位置する．虫卵は 80 ～ 85 × 40 ～ 45 μm.

［発　育］

直接感染を行う．発育環の基本はほかの毛様線虫科のものと同様である．虫卵の発育速度は 10℃以上の気温依存性である．すなわち，春季の発育速度は遅く，夏季には速い．秋季には遅くなり，晩秋から次年の温暖期までは発育を停止する．好適な条件下では 12 ～ 24 時間で孵化し，3 日目には L_2，5 ～ 6 日で L_3 が形成される．

宿主に摂取された L_3 は第 1 胃で脱鞘し，第 4 胃粘膜の胃腺へ侵入する．胃腺で第 3, 4 回目の脱皮を行い，発育休止がなければ，感染後 18 ～ 21 日で L_5 ＝成虫が胃内に遊離してくる．プレパテント・ピリオドは約 3 週間．

［病原性・症状］

病害の基本は，広範囲にわたる胃粘膜の損傷と，これに起因する胃腺機能の低下にある．病態としては，タイプⅠとタイプⅡの 2 つがみられる．

タイプⅠのオステルターグ症とは，温暖地の放牧地において初放牧仔牛が夏季に罹病するものをいう．7 月から 10 月に発症し，多数の成虫寄生が認められる．浮腫と壊死を伴う第 4 胃炎があり，蛋白レベルの低下，食欲不振，多量の緑色を呈する水様性の下痢などが認められるが，死亡率は高くない．

タイプⅡのオステルターグ症は，下牧牛が冬季の終わりから早春の候に発症するもので，胃腺で発育休止する多数の幼虫に由来するものである（図 4.48）．このタイプは成牛でも認められる．激烈な慢性下痢，衰弱，ときには致死的なものもあるが，発生率自体は大きくはない．第4胃の粘膜は肥厚し，浮腫がある．血清蛋白濃度の低下が顕著で，皮下には浮腫が認められる．また，胃壁の重篤な障害によって塩酸の産生が妨げられ，胃内の pH が顕著に上昇し，血漿ペプシノーゲンが増量する．

[診　断]

放牧経歴と臨床症状が診断の基礎になる．タイプⅠでは EPG が高く，1,000 を超えることもあるが，タイプⅡの場合には当然少なく，陰性のこともある．そこで，この疾患に関心の高い海外の畜産国では，タイプⅡの罹患牛に関しては，特異的ではないまでも，臨床血液学的所見の特徴的な変動に注意をはらうべきであるという見解が示されている．たとえば，前述した第4胃の pH，血漿ペプシノーゲン量などの測定であり，これらの数値の変動は診断のもとになるという．

また，海外では，感染幼虫による牧草の汚染に深い関心が寄せられている．すなわち，乾草 1 kg あたり 100 匹の幼虫レベルで増体率に影響が出，1,000 匹レベルでは発症に連なるという見解が示されている．

[治療・予防]

前述したタイプⅠとタイプⅡとでは駆虫剤に対する反応が異なっている．すなわち，たとえばベンズイミダゾール系薬剤を用いた場合，タイプⅠでは迅速に反応し，48 時間以内に食欲は回復し，胃病変も急速に修復されてくる．これに対して，タイプⅡでは劇的に反応することはほとんどない．再度の処置が必要になる．駆虫の適期については別に考慮する必要がある．

駆虫剤としては捻転胃虫に同じ．ベンズイミダゾール系，イミダゾチアゾール系，あるいはマクロイド系薬剤（イベルメクチン，ドラメクチン，エプリノメクチン）が用いられるが，予防を含め，寄生性胃腸炎 (p.244) に一括して後述する．

めん羊のオステルターグ胃虫
Ostertagia circumcincta

めん羊，山羊の第4胃に寄生する．世界的に分布するめん羊の重要種である．日本でも普通にみられる．雄は 7.5 ～ 8.5 mm，雌は 9.8 ～ 12.2 mm．交接刺は細く 0.28 ～ 0.32 mm．陰門は舌状突起に覆われ，体後端 1/5 に開口する．虫卵は 80 ～ 100 × 40 ～ 50 μm.

発育，病原性・症状，診断，治療・予防は，前述の牛のオステルターグ胃虫に同じ．

D　反芻動物の小腸に寄生する毛様線虫類

反芻動物の小腸，ときに胃に寄生する毛様線虫類のおもなものには，*Trichostrongylus* 属，*Cooperia* 属，*Nematodirus* 属の諸属がある．概して小形で，細く，薄い赤褐色を呈している．口腔はない．排泄孔は体前端腹面の明瞭な切痕中に開く．交接嚢の側葉はよく発達して長いが，背葉の発達は悪い．交接刺は明瞭で褐色，副交接刺がある．虫卵は卵円形，卵殻は薄く，分割卵として産卵される．

蛇状毛様線虫
Trichostrongylus colubriformis

めん羊，山羊，牛，ラクダ，カモシカ類などの小腸上部，ときには第4胃の粘膜に付着して寄生する．さらにまれにウサギ，豚，犬，ヒトからの検出例もある．

colubrid とは“ヘビ”を意味する．

[形　態]

雄は 4 ～ 6 mm，雌は 5 ～ 7 mm．口腔はない（図 4.49，4.50）．頭部乳頭，陰門部を覆う舌状突起などもない．

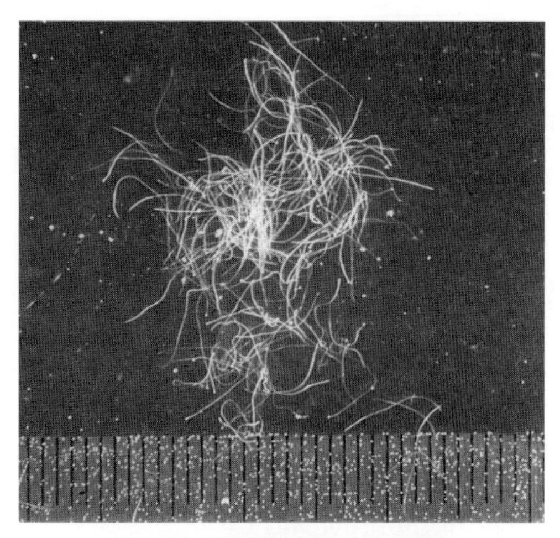

図 4.49　蛇状毛様線虫の集合成虫

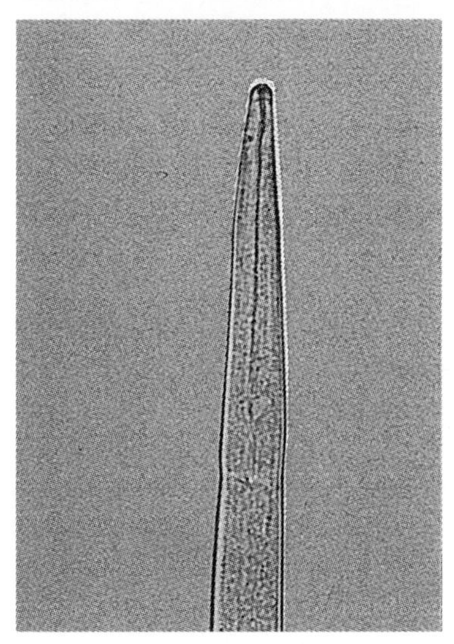

図 4.50　*Trichostrongylus* sp. の頭部［平原図］
頭が小さく，口腔が不明

交接刺は135～156 μmで，末端は膨隆している．副交接刺は弓形を呈している．虫卵は75～95×40～45 μm．卵殻は薄く，無色．桑実期で排出される．

[発　育]

桑実期で排出された虫卵は20℃前後では20時間で孵化する．孵化はキチナーゼおよびプロテアーゼの作用下で行われる．さらに25～28時間後には第1回目の脱皮を行う．好適温度は15～30℃であるが，27℃が最適である．第2回目の脱皮は60時間後に行われる．幼虫包蔵卵および被鞘したL_3は抵抗力が強く，乾燥にもかなり耐えうるが，L_1およびL_2の抵抗性はきわめて弱い．L_3は越冬も可能である．4℃では1年間も感染性が低下しない．

宿主に経口感染したL_3は，第4胃液の影響を受けて小腸上部で脱鞘し，粘膜に侵入し，感染4日後に第3回目の脱皮を行う．L_4は感染6～10日後には腸管腔へ戻って脱皮してL_5になる．感染17日後の糞便中には少数の虫卵が検出されはじめ，25日後の排卵数は最高になる．

[病原性・症状]

L_3の大量感染によって第4胃内pHは6にも上がり，機能障害が起こる．また胃液中のNa濃度の上昇，Ca濃度の減少のあることが知られている．これらの変化に随伴して，3～4週ころには下痢，急激な体重の減少，血液濃縮，胃液内ペプシン濃縮などが認められる．移行迷入は小腸粘膜でみられ，粘膜に充血，出血，糜爛（びらん），浮腫などが認められる．幼齢動物では黒色便の排泄があり，黒痢とよばれている．

その他の *Trichostrongylus* 属

日本でも認められる *Trichostrongylus* 属線虫の種名をあげておく．高温地から寒冷地にわたって分布地域は広い．

Trichostrongylus vitrinus　　透明毛様線虫
T. axei　　普通に認められる

診断・治療・予防は，寄生性胃腸炎（p.244）に一括して後述する．

クーペリア
Cooperia sp.

通常，反芻動物の小腸，まれに第4胃に寄生する比較的小形の赤色を帯びた線虫である．前端部のクチクラはしばしば頭部に膨隆部（径25 μm）を形成し，頸部にかけて横縞を形成する（図4.51）．口腔は小さく口唇の発達は悪い．口部および頸部乳頭はない．体部のクチクラには14～16条の縦走する隆線がある．交接嚢の左右側葉は大きいが，背葉は小さい．交接刺は比較的短く，褐色を呈し，中央部に翼状隆起がある．副交接刺はない．陰門は舌状弁に覆われ，体後方1/4に位置する．高温地から寒冷地まで広く分布している．

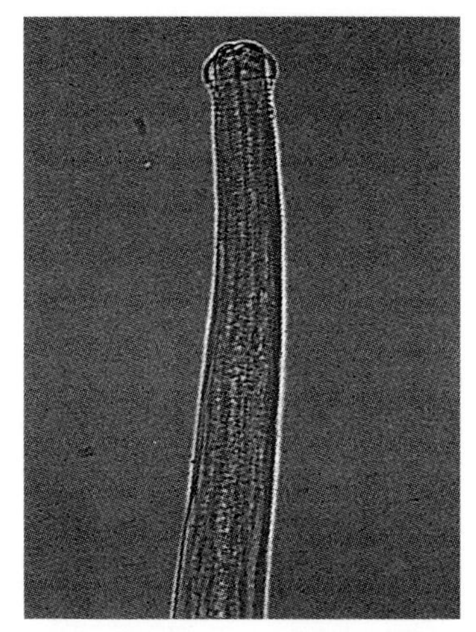

図4.51　*Cooperia* sp.の頭部［平原図］

[発　育]

発育環は *Trichostrongylus* 属に類似している．排卵後，26℃では約20時間で孵化し，L_1が遊離する．30時間後に第1回目，90時間後には第2回目の脱皮を行うが，被鞘を脱ぎ捨てることなくL_3になる．L_3は経口的に感染し，小腸で脱鞘し，感染3日後には腸腺に入って脱皮してL_4になる．L_4は感染5日後以内には腸腔内に戻り，9日目ころに4回目の脱皮を行い，L_5になり成長を続け，2～3週間後には産卵が開始される．

点状毛様線虫（*Cooperia punctata*）：おもに牛，まれにめん羊に寄生する．雄は4～6 mm，雌は5～8 mm．交接刺は0.12～0.15 mm．虫卵は72～81×29～34 μm．プレパテント・ピリオドは16日．日本では西日本に多い．

Cooperia oncophora：本来は牛，ついでめん羊，まれに馬に寄生する．雄は6～9 mm，雌は6～10 mm．交接刺は0.24～0.30 mm．虫卵は75～90×40 μm．プレパテント・ピリオドは約21日．日本では東北，北海道に多い．

onco-またはoncho-は“腫瘍”を意味する．

Cooperia pectinata：本来は牛，まれにめん羊に寄生．雄は平均7 mm，雌は7.5～9.0 mm．交接刺は0.24～0.28 mm．虫卵は70～80×36 μm．プレパテント・ピリオドは18～20日．日本では前2者よりも少ない．

[病原性・症状・診断・治療・予防]

寄生性胃腸炎（p.244）に一括して後述する．

ネマトジルス
***Nematodirus* spp.**

虫体は糸状．口腔は単純で，6個の乳頭で囲まれている．頸部のクチクラは膨脹し，横軸方向の溝線があり，体部には14～18本の縦線がある（図4.52）．頸部乳頭はない．交接嚢の左右両側葉は大きく，中央の背葉は小さく不明瞭である．交接刺は比較的長く，副交接刺はない．陰門は体後方1/3～1/4に開く．尾端は円錐形で，通常は小さな突起がある．虫卵の長径は少なくとも150 μmを超え，線虫類ではもっとも大きい（図4.53）．通常8個に分割した虫卵として排出される．産卵数はけっして多くない．EPDPFは100以下という．分布は温暖地から寒冷地に及ぶが，むしろ寒冷地に多い．日本では東北，北海道に多く，九州ではほとんどみられない．日本では通常表4.5の3種がみられる．

［発　育］

(1) 感染幼虫の形成

①4～8分割卵はきわめて緩徐に，2～3か月で卵内に被鞘L_3を形成する．L_3は卵内で2回の脱皮によって被鞘は虫体から遊離しているが，脱ぎ捨ててはいない．つまり，形成されたL_3は二重の鞘をかぶっていることになる．②被鞘L_3包蔵卵は早くても晩夏に形成される．この幼虫包蔵卵は物理・化学的刺激（たとえば気象や消毒剤）に対する抵抗性が大きい．寒冷地での越冬も可能である．③被鞘L_3包蔵卵が宿主に摂取された場合の感染性は高くない．しかも草上でなく，虫卵が地表に散布されていることは，経口摂取の好適条件にはならない．

(2) 感染幼虫の孵化

牧野で感染が成立するためには，幼虫が孵化し，牧草に付着していることが条件になる．そのためには『被鞘L_3包蔵卵の形成⇨孵化⇨牧野での秋季感染』がある一方，20℃以下では脱殻しないので，気象条件からいえば，野外で幼虫を包蔵したまま越冬する虫卵も多いことになる．そして，春の地温の上昇がこれら寒冷感作を耐過した虫卵に対する刺激になって，幼虫の孵化が一斉に行われる．こうして春季の適温適湿下では大量の孵化が起こり，草地には感染幼虫が蓄積されてくる．孵化した幼虫は体長1 mm前後でかなり大きい．感染幼虫の牧野における生存可能期間は数週間である．

(3) 宿主体内における発育

宿主に摂取された被鞘L_3は第1胃で脱鞘し，小腸粘膜へ侵入して4日目までには脱皮し，L_4になる．そして，5～6日目には大部分のL_4は粘膜を離れるが，10日目ころまで残留するものもある．10日目ころには脱皮してL_5になる．成虫の寿命は平均数週間であ

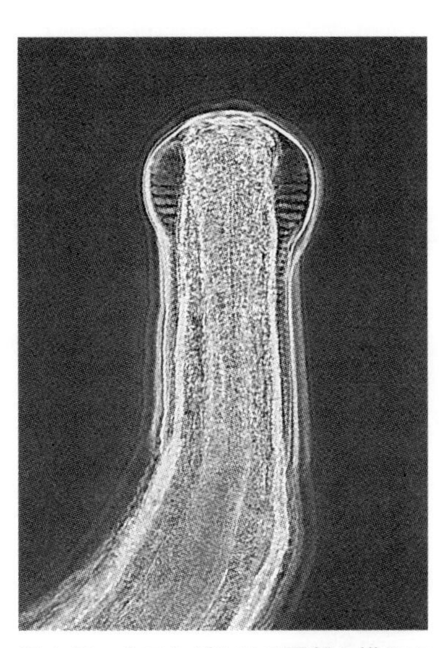

図4.52　ネマトジルスの頭部と横のすじが観察される頭胞［平原図］

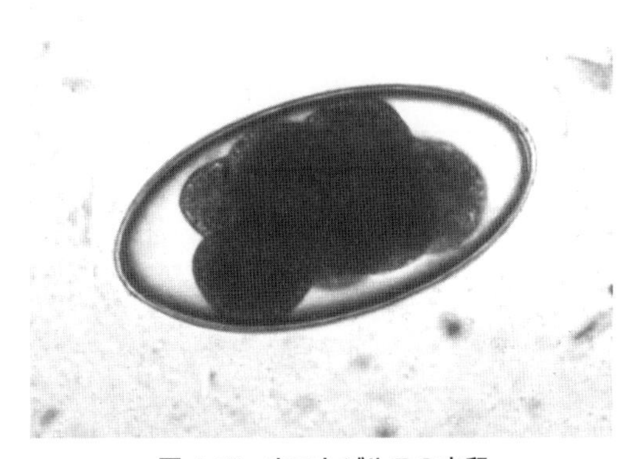

図4.53　ネマトジルスの虫卵

表4.5　ネマトジルス3種の比較

種　類	宿　主	雄（mm）	雌（mm）	虫卵（μm）
*N. filicolis**	めん羊，山羊，牛	7～15	19～21	145～180 × 75～90
N. spathiger	めん羊，山羊，牛	8～15	12～20	221～238 × 119～136
N. helvetianus	おもに牛に寄生	11～17	18～35	160～230 × 85～121

* 細頸毛様線虫という和名がある．

るが，成虫が排除されるまでの実際の日数は感染量に依存している．たとえば，めん羊に *N. battus* の L_3 を実験的に 60,000 匹感染させると，24 〜 28 日で排出されてしまうが，20,000 匹感染の場合には少なくとも 72 日間は寄生しうる．宿主は再感染に対する抵抗性を獲得する．発育期間，寄生期間などを総合すれば，*Nematodirus* 属線虫は 1 年に 1 世代の発育環が成立していることになる．プレパテント・ピリオドは，細頸毛様線虫（*N. filicolis*）および *N. spathiger* は 2 〜 3 週間，*N. helvetianus* は約 3 週間である．

Nematodirus 属毛様線虫の特徴は，①虫卵が線虫類のうちでもっとも大きいことであり，属名の同定は容易である．また雌虫であれば，子宮内にこの大型の虫卵があることで属名は特定される．②虫卵内に被鞘 L_3 が形成される．しかもほかの毛様線虫科のものと異なり，発育速度ははるかに遅い．

E　豚の胃に寄生する毛様線虫類

日本では，豚の胃に寄生する線虫として，紅色毛様線虫（*Hyostrongylus rubidus*），類円豚胃虫（*Ascarops strongylina*），ドロレス顎口虫（*Gnathostoma doloresi*）などが知られているが，現在の養豚形態ではいずれの感染も起こりにくい．とくに昆虫を中間宿主とする類円豚胃虫および両生類や爬虫類を中間宿主とするドロレス顎口虫の感染は，往年の記録はあるものの，現代的な養豚産業に影響を及ぼすには至らないものと考えられる．むしろ野生イノシシの寄生虫であると理解しておいてよいであろう．ここでは *Hyostrongylus* 属のみを記し，ほかは分類学的に該当する旋尾線虫目（p.282，286）で述べる．

紅色毛様線虫
Hyostrongylus rubidus

世界各地に分布し，豚の胃，とくに胃底腺部に寄生する．日本では局地的といわれているが，現代養豚現場の話題にはなっていない．雄は 4 〜 5 mm，雌は 5 〜 8 mm．虫体は細く，生鮮時には赤色を呈している．虫体のクチクラには横軸に沿って線条があり，さらに 40 〜 45 本の縦条がある．交接嚢の内，両側葉はよく発達しているが，背葉は小さい．交接刺は等長で短く 0.13 mm．副交接刺は長く狭い．腹面にはテラモンとよばれる構造がある．陰門は体後端より約 1/6 の位置に開く．虫卵は 71 〜 78 × 35 〜 42 μm．卵殻は薄く，腸結節虫卵に類似している．

［発　育］

虫卵は常温下で 39 時間で孵化し，7 日で L_3 を形成する．L_3 は乾燥，低温に弱い．感染は経口的に行われる．胃で脱鞘した幼虫は腺部の胃小窩へ侵入し，組織内を 13 〜 14 日間かけて移動した後に成虫になり，さらに 4 〜 5 日をかけて成熟する．一部の成虫は胃腔内に戻るが，大部分のものは数か月も胃腺内に残留し，腺の腫大をきたし，径 2 〜 6 mm の結節を形成する．

［病原性・症状］

胃粘膜に穿入して吸血する．多数感染では胃炎を起こし，潰瘍をきたすこともある．食欲は減退するが，飲水欲は変わらない．黒色の下痢がある．野外発症例で胃液 pH の上昇（6.5）が報告されている．この pH の上昇は，症状の発現時期に一致してみられる．またしばしば嘔吐の発現がある．

［診　断］

虫卵検査によるが，剖検による確診が望ましい．

［治　療］

ベンズイミダゾール系薬剤が用いられる．チアベンダゾールを 0.05％の割合に飼料に混合して 3 週齢から 8 週齢まで，0.01％を 8 週齢からと殺 10 日前まで連用して感染阻止に成功したという報告がある．

F　腸結節虫類

“Nodular worm” とよばれる *Oesophagostomum* 属の線虫で，口腔は狭く円筒形，歯環がある．頭端近くの背側に頸溝（cervical groove）があり，これより前方はクチクラが膨れて頭胞（cephalic vesicle）を形成している．牛，めん羊，山羊，豚，霊長類の小腸または大腸に寄生する（表 4.6）．

牛腸結節虫
Oesophagostomum radiatum

口襟は丸みを帯び，外歯環はない．内歯環の歯は小

表 4.6　代表的な腸結節虫

種　類	宿主および寄生部位	雄（mm）	雌（mm）	虫　卵（μm）
O. radiatum	牛，ゼブー，水牛の結腸	14 〜 17	16 〜 22	70 〜 76 × 36 〜 43
O. columbianum	めん羊，山羊，ラクダの結腸	12 〜 16	15 〜 22	73 〜 89 × 34 〜 45
O. venulosum	上 3 種およびシカの結腸	11 〜 16	13 〜 24	85 〜 99 × 47 〜 59
O. dentatum	豚，イノシシの盲腸・結腸	8 〜 10	11 〜 14	60 〜 80 × 35 〜 45

さく 36 ～ 40 個．頭胞は大きく，中央下方にくびれがある（図 4.54，4.55）．腟は短い．交接刺は 0.7 ～ 0.8 mm．計測値は表 4.6 に示した．

［発　育］

虫卵は 4 ～ 16 分割卵として排出される．好適条件下では 1 ～ 2 日で L_1 が形成される．そして，さらに L_2 を経て被鞘 L_3 が形成される．宿主に摂取されると被鞘幼虫は小腸で脱鞘し，小腸および大腸壁へ侵入し，感染 5 ～ 7 日後に脱皮して L_4 になる．さらに感染 7 ～ 14 日後には腸管腔へ戻り，大腸へ移動し，感染 17 ～ 22 日後に最後の脱皮を行い，成虫期になる．プレパテント・ピリオドは 32 ～ 42 日．

［病原性・症状］

多数寄生で病原性が発揮される．急性型では，小腸にも大腸にも炎症があり，黒色の悪臭を伴う下痢がある．慢性型でも幼牛ではしばしば予後不良に陥るが，成牛では多く回復する．消化管機能への影響は，広範囲にわたる結節形成に起因している．初期には間歇的な下痢があり，のちに連続的な下痢になり，衰弱をきたし，幼牛では死に至ることもある．初期の L_5 による障害がもっとも大きい．食欲減退はとくに重要で，感染 4 週ころから認められる．正色素性・正球性貧血，低蛋白血症がみられる．

図 4.54　牛腸結節虫の成虫

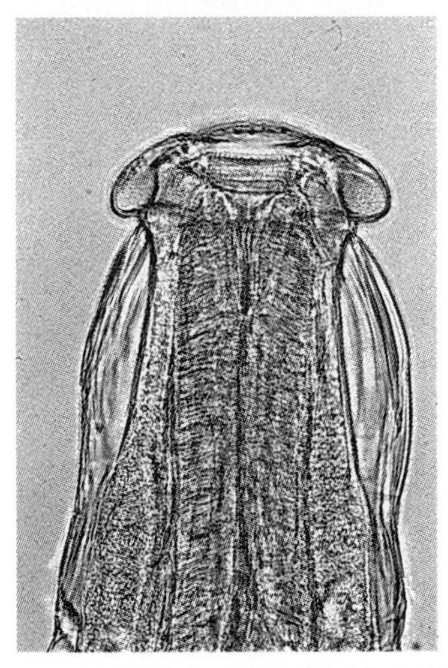

図 4.55　牛腸結節虫の頭部（拡大）［平原図］

コロンビア腸結節虫
Oesophagostomum columbianum

［分　布］

世界的であるが，熱帯，亜熱帯に多い．宿主はめん羊，山羊，ラクダ，多種の野生アンテロープ．かつて牛からの検出報告があったが，誤認であったと思われる．

［形　態］

体前端は背部に弯曲している．口襟は明瞭なくびれでほかの部分と区分される．口腔は浅く，外歯環は 20 ～ 24 の小歯からなる．頭胞の直後から頸翼が広がる．頸翼の前端部には頸部乳頭が貫通している．交接嚢はよく発達し，交接刺は等長で約 0.8 mm．雌の尾端は徐々に細くなりとがっている．陰門は肛門の前方約 0.8 mm に開口する．虫卵は 8 ～ 16 分割卵として排出される．

［発　育］

被鞘 L_3 が宿主に摂取されると，小腸で脱鞘する．L_3 は 1 日以内に部位を問わず小腸壁に侵入し，粘膜筋板に沿って巻曲し，嚢胞を形成する．感染 4 日後にはここで 3 回目の脱皮を行う．L_4 の体長は 1.5 ～ 2.5 mm に達し，口腔は類球形で背側に歯を備え，頸溝が明らかに認められるようになる．1 ～ 3 日成長を続けた後に腸管腔へ戻り，結腸へ移動して 4 回目の脱皮を行い L_5 を経て成虫になる．プレパテント・ピリオドはほぼ 40 日．少数の幼虫が長期間にわたって粘膜内に残留することは仔羊でもみられるが，とくに感染を経験した成羊で認められる．

［病原性］

(1) 仔羊および初感染の成羊では，幼虫の腸粘膜への迷入刺激に対する実際的な反応はない．その結果，腸壁に結節形成がないにもかかわらず，結腸には多数の成虫寄生があることになる．

(2) 一方，感染経験羊では，粘膜下組織へ穿入した幼虫を囲んで強い局所的な炎症性反応が起こる．虫体周縁には白血球，とくに好酸球，異物巨細胞の浸潤があり，繊維芽細胞で置換され被嚢形成をみるに至る．幼虫はこの結節内に約 3 か月滞留し，乾酪変性から石灰化がはじまれば，虫体は死滅するか，あるいは脱出し，組織中を迷走して虫道をつくる．通常，結節には消化管に通じる狭い開口部があるが，幼虫の多くはこれを利用して腸腔へ脱出しないため，結腸には少数の成虫が寄生しているにすぎないにもかかわらず，腸壁には無数の結節やトンネルが存在することになる．

コロンビア腸結節虫はめん羊の重要な病原虫で，

200～300匹の寄生でも若齢羊には重篤な障害を起こす．大腸･小腸にわたる広範な結節形成は消化，吸収，および腸管の蠕動運動を妨げることになる．また結節がしばしば化膿し，腹膜炎を起こし癒着をきたすこともある．成虫は吸血こそしないが，明らかに腸壁の肥厚，充血を生じている．したがって，腸結節虫の感染は食欲，成長，さらには羊毛生産に深く関与してくる．幼虫500匹感染で食欲に影響が出るが，2,000～5,000匹感染ではその影響は強くなり，1週間以内に下痢も出る．症状は5週目にもっとも強く出る．血清総蛋白は軽度に減少し，β_2-およびγグロブリンの増加を伴う顕著な低アルブミン血症が認められる．いずれも免疫応答に由来する所見である．

[剖検所見]

顕著な削痩，脂肪の欠乏がある．重篤な初感染では，多数の成虫が認められる．腸粘膜は肥厚し，赤色を呈し，虫体を含む粘液で覆われている．反復感染であれば，回腸および結腸に大小さまざまな結節が多発散在し，一部に膿瘍に移行しつつあるものもみられる．

[症　状]

仔羊の初発症状は，激しい執拗な下痢であり，極度の衰弱や死を招く．糞便は暗緑色を呈し，粘液，ときには血液を含んでいる．下痢は通常，幼虫が結節から離脱する時期にあたる感染6日目ころからはじまる．慢性経過の場合でも初発症状は下痢で，のちに便秘と下痢が交互に現れる．衰弱が進行し，皮膚は乾燥し，羊毛の生産性は低下する．慢性腸結節虫症の特徴的な所見は，筋肉の萎縮を伴う極度の衰弱と悪液質で，結局は死に至ることが多い．

[診　断]

急性期の下痢便を検査すれば，L_4が検出される．もちろん，通常は虫卵が検出される．慢性期で成虫寄生が期待できない場合には，抽出供試動物の剖検が要求されることになる．虫卵は形態からのみでは鑑別困難で，幼虫培養が必要になる．

山羊腸結節虫

Oesophagostomum venulosum

めん羊，山羊，シカ，ラクダの結腸に寄生する．前者よりも寒冷地に多く，日本にも分布している．頸翼はない．頸部乳頭は食道の後方に位置する．外歯環は18，内歯環は36の小歯からなる．交接刺は1.1～1.5 mm.

[発　育]

前者に類似する．宿主に摂取された感染幼虫は脱鞘した後に小腸壁へ侵入し，被嚢する．そして感染4日後に脱皮し，L_4になる．腸腔へ戻った後に大腸へ移行し，感染後13～16日で脱皮し，成虫になる．プレパテント・ピリオドは28～31日．

[病原性]

病原性は比較的弱く，結節形成はまれである．実験的な大量感染でも障害は少ない．

豚腸結節虫

Oesophagostomum dentatum

世界的に分布している．宿主は豚およびペッカリー（南・北米産）で，盲腸および結腸に寄生する．頭胞は顕著．頸翼はない．外歯環には9，内歯環には18個の小歯がある．交接刺は1.15～1.30 mm（図4.56～4.58）．

[発　育]

同属の他種と類似している．感染幼虫は小腸で脱鞘，大腸壁へ侵入して小結節を形成する．感染4日後に脱皮してL_4になり，感染6～7日で腸管腔へ戻る．プレパテント・ピリオドは49日．*Oesophagotosomum quadrispinulatum*も豚の盲腸および結腸に比較的普通にみられる腸結節虫である．体長は*Oes. dentatum*より若干短い．病原性は*Oes. dentatum*より強いとされている．

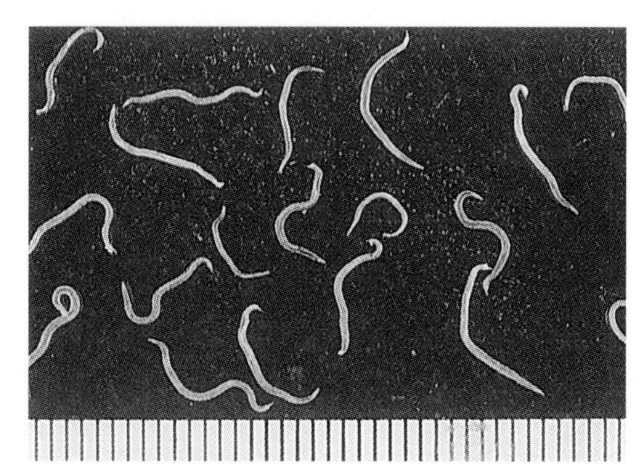

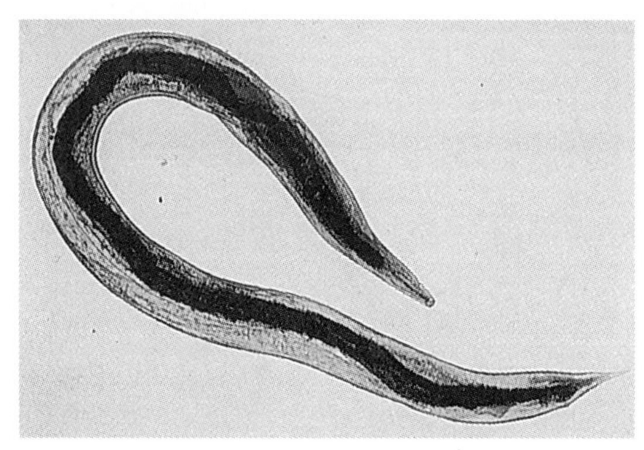

図4.56　豚腸結節虫［平原図］
上：雌雄成虫　下：雌

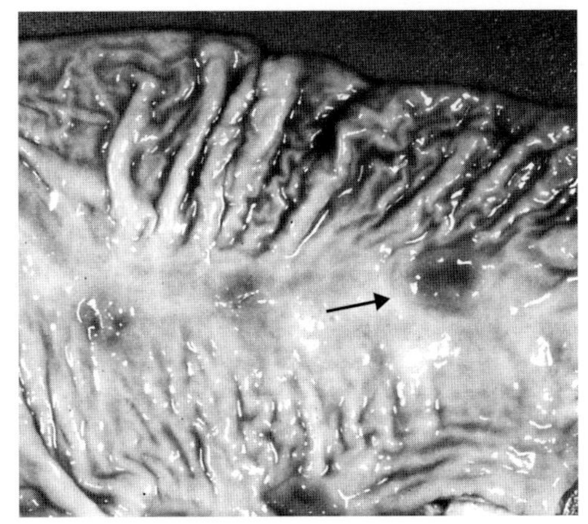

図 4.57　罹患豚の腸管にみられる結節（矢印）［笠井原図］

大口腸線虫
Chabertia ovina

"large-mouthed bowel worm" とよばれる．1 属 1 種．世界的にめん羊，山羊，牛，その他の反芻動物の結腸に寄生する．

雄は 13 ～ 14 mm，雌は 17 ～ 20 mm．体前端部が腹側にわずかに弯曲しているために，大型の口腔は前端から腹側方向へ向かって開口することになる．口縁は 2 重の歯環で囲まれている（図 4.59）．交接嚢はよく発達し，交接刺は 1.3 ～ 1.7 mm，副交接刺がある．陰門の開口は末端から約 0.4 mm．虫卵は 90 ～ 105 × 50 ～ 55 μm.

［発　育］

直接・経口感染を行う．L_3 の被鞘の尾部はかなり長い．感染後 7 ～ 8 日で 3 回目の脱皮を行うが，これに先立って L_3 は広範囲にわたる小腸壁内で組織型の生活をおくる．結腸に到達する以前の発育には約 26 日を要する．L_4 はおもに盲腸腔内で発育する．4 回目の脱皮は感染後平均 24 日ころに行われる．未熟成虫が結腸へ移動し，成長を続け，感染 49 日ころから産卵が認められるようになる．

［病原性］

成虫は大型の口腔で強固に結腸粘膜に咬着し，粘膜を吸引・消化する．しかし，積極的な吸血はないものと考えられている．虫体に接触する部分の粘膜には杯状細胞の機能亢進，リンパ球，好酸球の浸潤が認められる．重症では血液や粘液を混じえる激しい下痢がある．粘膜には虫体が咬着し，充血，肥厚があり，粘液で覆われ，粘膜表面には点状出血が認められる．めん羊では貧血により死亡するものもあるが，羊毛の生産低下による被害が大きい．

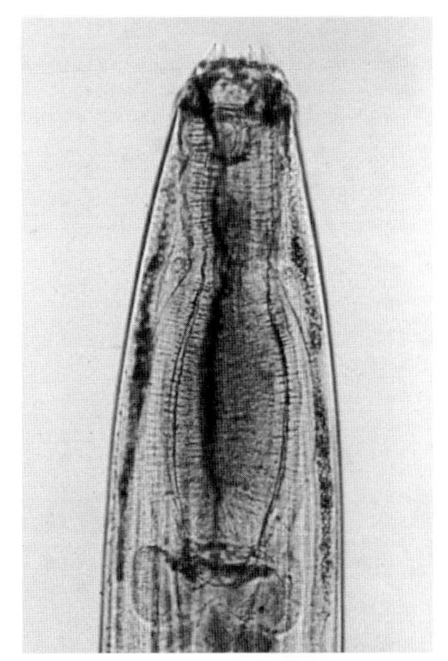

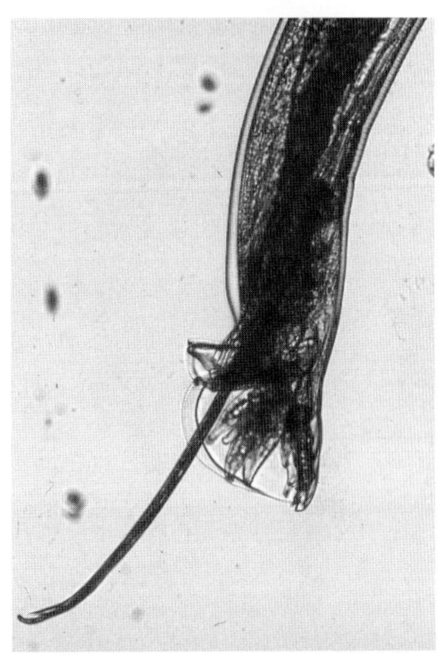

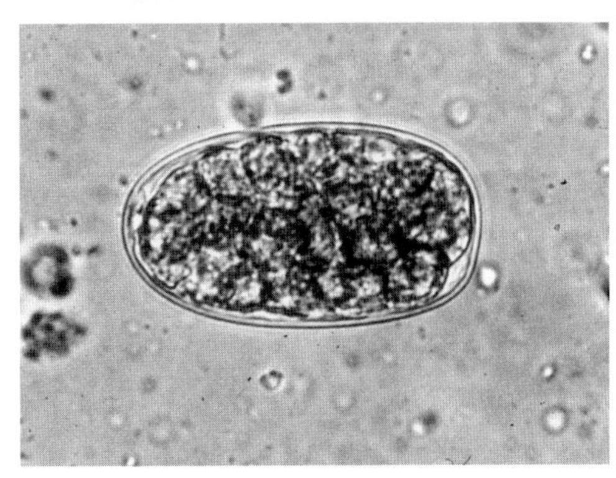

図 4.58　豚腸結節虫
上：体前部　中：雄の体尾部　下：虫卵

［診断・治療・予防］

次の寄生性胃腸炎に一括して後述する．

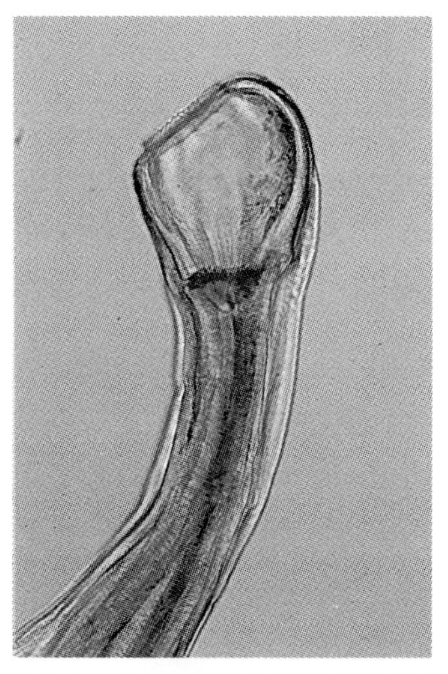

図 4.59　大口腸線虫の頭部［平原図］

その他の腸結節虫

人を含む霊長類に寄生する腸結節虫として，*Oesophagostomum bifurcum*，*Oes. stephanostomun* および *Oes. aculeatum* が知られている．*Oes. bifurcum* はアフリカでみられ，ガーナやトーゴでは人における寄生率も高く，本種ではヒトからヒトへの感染が起こるものと考えられている．*Oes. stephanostomun* は東・西アフリカ，ブラジルおよびスリナムから報告されており，ヒトへの感染は野生霊長類の糞便から孵化した第 3 期幼虫が偶発的に人に摂取されておこると考えられている．*Oes. aculeatum* はアジアおよびアフリカでみられ，日本においても野生ニホンザルなどに比較的普通にみられる．本虫の人での寄生例は日本では知られていない．

寄生性胃腸炎
Parasitic gastroenteritis

牛の消化管内に寄生する小型の多種類の線虫類による胃腸炎を，通常，一括して“寄生性胃腸炎”とよび，放牧衛生上において留意しておくべき課題になっている．狭義には，毛様線虫科に属する第 4 胃および小腸に寄生する線虫に起因する疾患をいうが，実際的見地から鉤虫科の牛鉤虫，円虫科の牛腸結節虫，および盲腸に寄生する鞭虫科のものも含めてとり扱う場合が多い．やや特殊性を有するものの，糞線虫科の乳頭糞線虫も加えることがある．

関与する線虫類を，主たる寄生部位を考慮しつつ分類学にのっとって表 4.7 に整理したが，通常は単独寄生はまれで，混合寄生であることのほうが圧倒的に多い．これら線虫類の生態学的，疫学的特性の相互類似性ゆえに当然な現象である．混合感染の主体になっている寄生虫の種類・構成は，地域・環境によって異なっているし，さらに牧野の歴史や放牧後の経過日数にも左右される．

［分　布］

気象条件としては概して

(1) 高温・多湿地域には —— 捻転胃虫，鉤虫，腸結節虫

(2) 温暖～寒冷地では —— オステルターグ胃虫，細頸毛様線虫

(3) 高温地～寒冷地に広く —— 蛇状毛様線虫，点状毛様線虫

という傾向がある．

［種類構成］

幼牛は各種線虫に対する感受性が高く，胃腸炎を原因とする発育障害を招くことになるが，成牛では無症状に経過することが多い．牛の月齢と寄生する線虫類の構成傾向について『生後まもなく乳頭糞線虫（*Strongyloides papillosus*（p.272））の感染がみられ，続いてクーペリア（*Cooperia* spp.），オステルターグ胃虫（*Ostertagia ostertagi*），*Trichostrongylus* spp. など，さらに，牛鉤虫（*Bunostomum phlebotomum*），牛腸結節虫（*Oesophagostomum radiatum*）などの感染が続く』といわれている．

表 4.7　寄生性胃腸炎の原因となる線虫類

種　類	和　名	おもな寄生部位	PP（日）*
Ord. Strongylida	円虫目		
Fam. Trichostrongylidae	毛様線虫科		
Mecistocirrus digitatus	牛捻転胃虫	第 4 胃	約 60 日
Ostertagia ostertagi	オステルターグ胃虫	〃	約 3 週
Trichostrongylus colubriformis	蛇状毛様線虫	〃，小腸上部	〃
Cooperia punctata	点状毛様線虫	小腸，まれに第 4 胃	16 日
Nematodirus filicolis	細頸毛様線虫	小　腸	2 ～ 3 週
Fam. Ancylostomidae	鉤虫科		
Bunostomum phlebotomum	牛鉤虫	小　腸	約 60 日
Fam. Strongylidae	円虫科		
Oesophagostomum radiatum	牛腸結節虫	大　腸	約 40 日
Ord. Rhabditida	桿線虫目		
Fam. Strongyloididae	糞線虫科		
Strongyloides papillosus	乳頭糞線虫	小　腸	約 10 日
Ord. Trichuroidea	鞭虫目		
Fam. Trichuridae	鞭虫科		
Trichuris discolor	牛鞭虫	盲　腸	約 40 日
Capillaria bovis	牛毛細線虫	小　腸	〃

＊ PP：プレパテント・ピリオド

［感染の推移］

平均的な放牧地においては，当初は経日的に感染の量・質ともに上昇するが，盛夏期をピークとし，以後は低減していくようである．宿主の抵抗性の上昇のほか，強烈な日射による牧野の地表温度の上昇と，紫外線への暴露などが虫卵の発育や幼虫の生存に対する阻害効果として作用するのであろう．

［発育環［Ⅰ］概観］

(1) 中間宿主を必要としない（homoxenous）．

(2) 感染幼虫（被鞘 L_3）の形成は，鞭虫や *Nematodirus* spp. を除けば，ほとんど 1 週間以内である．

(3) プレパテント・ピリオドは，多くは 20 ～ 40 日である．つまり，40 ～ 50 日あれば 1 サイクルが簡単に完成する．この事実は，放牧地の汚染が急速に進行することを物語っている．

［発育環［Ⅱ］感染後の発育］

乳頭糞線虫，牛鉤虫，牛鞭虫などを除けば，牛が濡れた牧草に登攀（とうはん）付着している被鞘 L_3 を草とともに摂取して感染が成立する．消化管内で脱鞘した L_3 は消化管壁に侵入して結節を形成し，一定の成長・脱皮を行う．多くのものは L_4 になって消化管腔へ遊離脱出してくるが，一部には L_5 になってから消化管腔へ戻ってくるオステルターグ胃虫のような例もある．消化管壁内における滞留期間に関しては，季節によっては“発育休止（hypobiosis）”という問題が絡んでくる．

［病原論］

寄生虫の種類によって主たる病態発生の機構は異なっている．基本的には，たとえば，オステルターグ属の胃虫では第 4 胃胃腺の形態的・機能的損壊があり，捻転胃虫や鉤虫などによる病態は，吸血と第 4 胃粘膜における創傷からの出血である．また，*Trichostrongylus* spp. や *Nematodirus* spp. では絨毛の萎縮をきたし，腸結節虫や大口腸線虫の成虫では結腸に出血や潰瘍を形成する．

一般に食欲不振があり，増体率の低下があるうえに，吸血以外にもタンパク質の損耗がある．寄生部位における広範な上皮細胞の増殖は，機能的に分化した細胞を未熟細胞と置換して不完全な結合複合体を形成することになり，高分子のものを漏出してしまう．タンパク質の損失は，腸管のリンパ管拡張にも依存している．

腸管へタンパク質が漏出する結果，低蛋白血症，とくに低アルブミン血症をきたし，蛋白代謝に大きな影響が出てくる．そして，貧血は，非吸血性であっても，長期寄生であれば発生することがある．この貧血はおそらく，ヘモグロビン合成にかかわるアミノ酸の欠乏に由来するものであろう．

第4胃に寄生があるために，HCl産生不全に起因するペプシンの活性低下を生じ，その結果，タンパク質の消化が阻害されるものがある（例：オステルターグ胃虫）．また，小腸に寄生して絨毛の萎縮をきたし，刷子縁酵素（例：ALP（アルカリフォスファターゼ），マルターゼ，ジペプチターゼなど）の欠乏を招くものも知られている（めん羊の蛇状毛様線虫）．

ミネラル類の代謝にも異常を生じる．カルシウム，リン，マグネシウムなどの吸収低下が認められ，若齢動物では骨形成に影響がある．

［病　害］

(1) 幼虫期に腸粘膜へ侵入して結節をつくる．症状の軽重はこの結節の大きさと滞留時間にかかわってくる．牛腸結節虫は比較的大型の結節を形成し，消化管の機能減退をきたし，貧血や発育不全の原因になる．

(2) 虫体の吸着，咬着による粘膜に対する刺激，組織損傷によるカタル性胃腸炎が基本になる．種類別にみれば，牛捻転胃虫，牛鉤虫による吸血の影響が大きい．少数寄生でも顕著な進行性貧血を起こす．紅色毛様線虫，牛鞭虫も吸血する．腸結節虫は組織を摂取する際に血液もとり込むことはあるが，積極的な吸血は行わないものと解釈されている．

日本の牛における実害

寄生性胃腸炎はもっぱら放牧牛に発生し，舎飼牛ではごく少ない．また発生は放牧期間の比較的初期の2～3か月に限られ，盛夏を過ぎれば漸減する傾向がみられる．しかも，ほとんどは通常の放牧管理上の問題にはならない程度の軽感染，ないしは不顕性感染に終始し，直接的な実害としては浮かび上がってきていないようである．ただし，基礎体力の低下はタイレリア，コクシジウム，牛肺虫，その他諸種病原体の侵襲を誘致するものと憂慮され，定期駆虫が衛生プログラムの一環として組み込まれているのが実情である．

牛の寄生性胃腸炎の病原虫としてあげられているものの同属あるいは同種の線虫類は，ほとんどめん羊の寄生虫としても知られているものである．そして，めん羊は感受性が高く，実害も大きい．したがって，めん羊産業を重視する国ではこの問題に対する関心はきわめて高いことになる．総論に述べた“春期顕性化現象（spring rise）・発育休止（hypobiosis）（p.4）”，“自家治癒（self cure）（p.5）”などの現象は，すべてめん羊の消化管内寄生虫，とくに捻転胃虫について究明されたものである．

［診　断］

種類による固有の症状に乏しく，かつ，ほとんどすべてが混合感染であるため，臨床症状からの診断は不可能である．生前診断は虫卵検査に頼らざるをえない．浮游法が適用される．しかし，検出された虫卵は形態的な特徴のある鞭虫卵や毛細線虫卵，および際立って大きい *Nematodirus* 卵などを除けば鏡検による識別は不可能であるといっても過言ではない．このような線虫卵は消化管内一般線虫卵として一括するのが実際的である（口絵㉛）．種を同定するためには，虫卵培養によって得られる第3期幼虫を対象とする．通常，瓶培養法あるいは瓦培養法が用いられる（巻末の関係書籍の技術書・実習書参照）が，幼虫の種を同定するにはかなりの熟練・経験を要する（［補］第3期幼虫の同定）．しかし，実際には属までの同定で用が足りよう．

場合によっては定量検査が要求されることもある．このような場合には，まず総EPGを求め，次に同定された幼虫の構成比から種類別EPGを算出すればよい．寄生虫の種類によって病原性に軽重の差がある以上，種類別EPG値は病勢判定に重要な意味をもっている．たとえば，病原性の強い牛鉤虫はEPG 20以上で中等度の感染，100以上では重度の感染と解釈されているが，一般には，総EPG値が100以上で中等度，500以上で重度感染と理解しておいてよいように思われる．

［治　療］

ベンズイミダゾール系薬剤（各製剤の認可対象寄生虫を列記する．フルベンダゾール：オステルターグ胃虫，乳頭糞線虫．ちなみに，めん羊・山羊では 10 mg/kg × 3 日間）．イミダゾチアゾール系薬剤（レバミゾール：クーペリア，オステルターグ胃虫），マクロライド系薬剤（イベルメクチン：オステルターグ胃虫，牛捻転胃虫，牛腸結節虫，クーペリア，毛様線虫，ドラメクチン：乳頭糞線虫，腸結節虫，クーペリア，捻転胃虫，オステルターグ胃虫，毛様線虫，牛捻転胃虫，牛鞭虫，およびエプリノメクチン：オステルターグ胃虫，クーペリア，毛様線虫，ネマトジルス，牛鞭虫）などがある．詳細は総論「5.2 駆虫剤」を参照．

[予　防]

日本においては，寄生性胃腸炎による実害は認識されていない．したがって，具体的な予防法の提示もない．重篤な感染に至らない理由には，日本では舎飼が多く，放牧してもその期間は比較的短いこと，放牧対象牛の年齢組成は必ずしも低くないことなどの畜産形態の特殊性があげられよう．また，感染密度は気象的に晩春から初夏にかけての短期間に上昇しているにすぎず，盛夏からは漸減してしまうことも関心の低いことの原因になっている．しかし，日本独自の研究成果はほとんど見当たらないが，軽感染ないしは不顕性感染といえども，海外の実情から，生産性に及ぼす潜在的な影響があることは確かであると類推される．衛生管理プログラムに定期検診，定期駆虫を組み入れておく必要はある．

[補] 第 3 期幼虫の同定

瓶培養法あるいは瓦培養法の常法に従い，検査対象糞便を所定の 1 週間培養すれば，得られる幼虫はすでに第 3 期にまで発育した感染幼虫である．これら幼虫の種の同定にはかなりの熟練・経験が必要であることは事実であるが，上野の同定基準を表 4.8 に示した．この表中には，*Nematodirus* も記されているが，*Nematodirus* は虫卵の大きさによって同定が可能である．しかも，実際には通常の培養法では幼虫形成までに著しい時日を要し，かつ孵化は起こりにくい．自然界における孵化には，気象要因の関与が指摘されている（本文参照）．実験的には物理的な刺激を与える必要がある．したがって，もし検出されても，その数値をうのみにして短絡的に寄生虫種の構成比を求めることは正しくない．注意を要する．

表 4.8 の形態にかかわる表現は図 4.60 を参照．

表 4.8　円虫類第 3 期幼虫の同定

特徴	同定
1. ラブディティス型の食道を有する	自由生活性土壌線虫
食道はラブディティス型ではない	⇨ 2
2. 被鞘はなく，食道は体長の約 1/2 に達する	*Strongyloides*
被鞘があり，食道は体長の約 1/4 に達しない	⇨ 3
3. 尾部の被鞘は長く，フィラメント状に細くとがる	⇨ 4
尾部の被鞘はあまり長くないか，あるいは短い（極端にフィラメント状に長いことはない）	⇨ 5
4. 幼虫は短く，腸細胞数は 16 個	*Bunostomum*
幼虫は中等度の長さで，腸細胞数は 32 個	*Oesophagostomum*
幼虫は長く，腸細胞数は 8 個．尾端には V 字型，あるいはかなり複雑な刻み目	*Nematodirus*
5. 尾部の被鞘はあまり長くなく，細い	⇨ 6
尾部の被鞘は比較的短く，鈍端に終わる	⇨ 7
6. 大型の幼虫で，頭部に 2 個の卵形小体（oval body），あるいは口腔と食道との間に明るいバンドを有する	*Cooperia*
中型の幼虫で，やや細く，卵形小体をもたない	*Mecistocirrus* or *Haemonchus*
7. 大型の幼虫で，被鞘の尾部はやや長く伸びる	*Ostertagia*
小型の幼虫で，被鞘の尾部は短い	*Trichostrongylus*

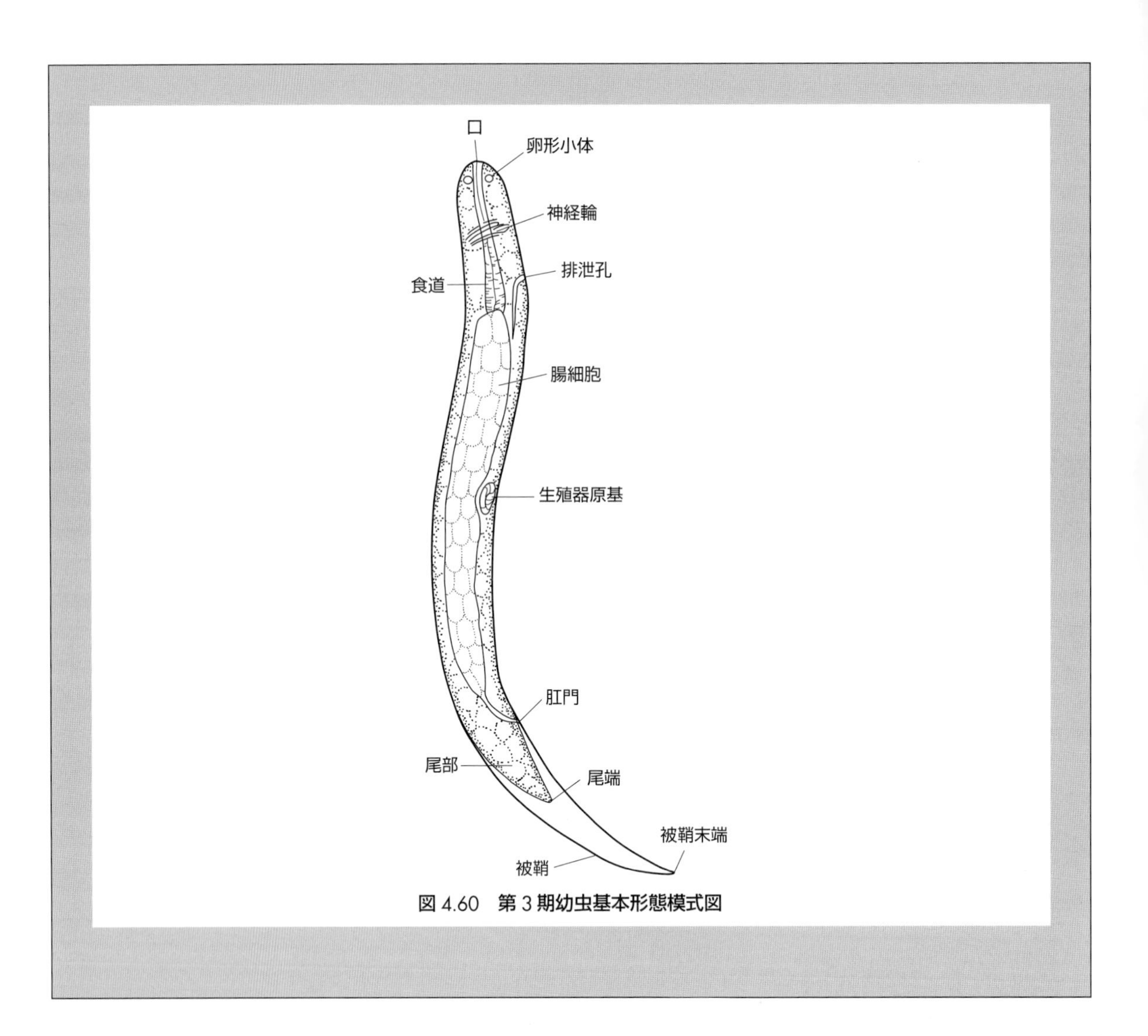

図 4.60　**第 3 期幼虫基本形態模式図**

G 鉤虫類

鉤虫科（Ancylostomidae）

口腔はよく発達している．歯環はないが，腹縁に歯または切板（cutting plate）が認められる．前端部は背側に屈曲する．交接嚢の発達はよい．小腸に寄生し，ほとんどのものは吸血性である．次の 2 亜科がある．

鉤虫亜科（*Ancylostoma* 属，*Uncinaria* 属）：口腔の腹縁に 1 ないし 3 対の歯がある．口腔内には 2 本の三角形の背歯がある．背側食道腺は口腔壁の背側隆起線中を走行する．交接刺は等長，副交接刺がある．陰門は体後方 1/3 に開く．

ブノストマム亜科（*Bunostomum* 属，*Necator* 属）：頭端は背側に弯曲し，口腔は漏斗状で，口縁には 2 つの半月状の腹切歯板（ventral cutting plate）がある．さらに底部の食道開口部には小型の切歯（lancet）を 1 対備えている．また口腔側壁に 1 対のより小型の切歯（lancet）を備えるものもある．背丘（dorsal cone）はよく発達している．交接刺は等長，副交接刺を欠く．

犬鉤虫
Ancylostoma caninum

世界的に熱帯，亜熱帯を中心に，温暖な地域に分布する．北半球に多い．宿主は犬，キツネ，オオカミ，コヨーテ，ほか野生イヌ科動物．きわめてまれにヒトからの報告例もある．寄生部位は小腸，とくに空腸．

［形　態］

雄は 10 ～ 12 mm，雌は 14 ～ 16 mm．虫体は灰白色，または吸引した血液によって赤色を呈している（図 4.61）．口腔は深く，硬い口嚢（buccal capsule）で囲まれた半球形を呈している．歯（歯鉤ともいう）は 3 対．交接刺は 0.80 ～ 0.95 mm（図 4.62 ～ 4.64）．虫卵は 56 ～ 75 × 34 ～ 47 μm，卵殻は薄く，無色の短楕円卵で，排出時には通常 8 個に分割されている．ただし，外界における分割速度が速いため，8 分割以上の分割卵もしばしば検出される（図 4.65）．

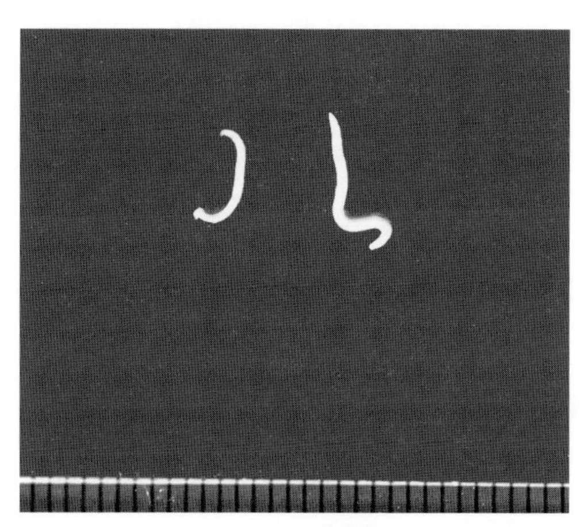

図 4.61　犬鉤虫成虫
左：雄　右：雌

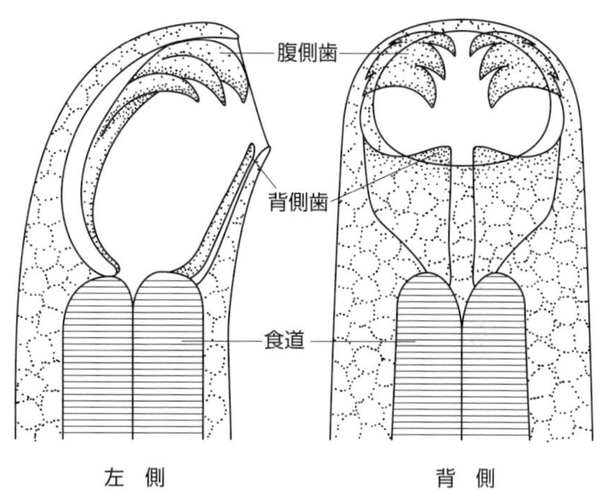

図 4.62　犬鉤虫の口腔模式図
腹側歯は大型で腹側切板あるいは鉤とよばれ，口腔側の先端は外側歯（大），内側歯（中），副歯（小）の 3 歯に分かれている．頭部が背側に弯曲しているため，正面図では腹側歯が上部，虫体先端にみられることになる．

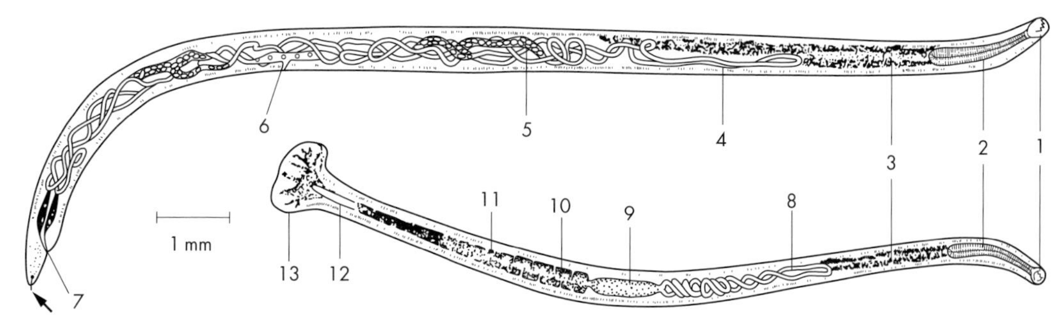

図 4.63　犬鉤虫の成虫［藤原図］
1：口腔　2：食道　3：中腸　4：卵巣　5：子宮　6：陰門　7：肛門　8：精巣　9：貯精嚢　10：射精管　11：前立腺　12：交接刺　13：交接嚢　矢印：棘

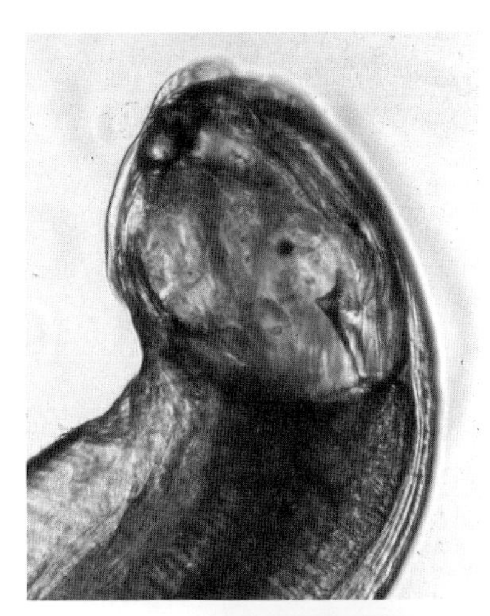

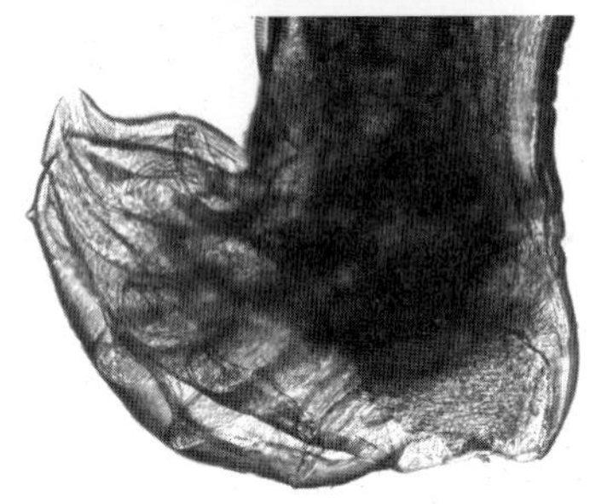

図 4.64　犬鉤虫の雄成虫
上：頭部　下：尾部

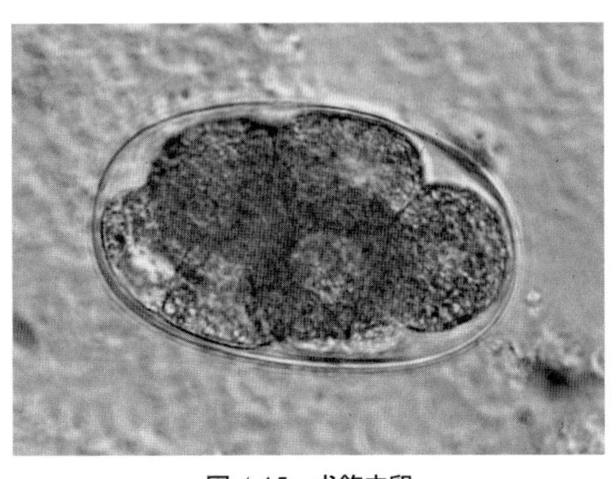

図 4.65　犬鉤虫卵

[発　育]

雌1匹の1日あたりの産卵数は，寄生虫体数にもよるが，平均16,000であるという．感染前の外界における発育や生態は円虫類に類似しているが，乾燥には弱い．至適温度は23～30℃である．この至適温度範囲であれば1週間以内に感染幼虫（L_3）が形成されるが，17℃では9日，15℃では22日を要する．

感染は経口，経皮，経胎盤，経乳のいずれの経路でも成立する（図 4.66）．

(1) 経口感染

体内移行することなく，直接的に成虫への発育を遂げる．一部に口腔粘膜からの感染も起こりうるが，胃カテーテルあるいはゼラチン・カプセルを用いた実験感染によって胃を経由した経口感染が実証されている．

被鞘L_3は経口的に感染すると消化器内で脱鞘し，胃腺またはリーベルキューン腺窩へ侵入する．3～6日後に腸腔へ戻り，脱皮してL_4になる．L_4は成長を続け3～5 mmに達すると最後の脱皮を行い，L_5になり，感染後15～26日には成熟した成虫が認められるようになる．寄生期間は約6か月であるという．

犬鉤虫でも“発育休止（hypobiosis）”があることが認められている．そして，寒冷感作によって誘導される幼虫側の生理的変化と宿主側が獲得している免疫程度の双方が，この現象発現の決定要因になっているといわれている．

(2) 経皮感染

生後約3か月までの幼犬では経皮または経口粘膜感染した幼虫は，血管またはリンパ管によって静脈系または胸管を経て心臓から肺に到達する．その後，幼虫は肺胞から気管支・気管を経て咽頭から消化管へ移行し，嚥下されて小腸に至る．気管を離れてから脱皮が行われてL_4になる．感染4日後には小腸でL_4が多数認められる．感染6日後に4回目の脱皮があり，未熟成虫になり，12日後には生殖器官の発育が明瞭になり，感染17日後には成熟した成虫が認められるようになる．

成犬では，感染未経験のものを含めて，感染幼虫で成熟するものは少なく，全身移行経路をとり，筋肉で休眠してしまう．感受性雌犬の筋肉組織内でL_3が少なくとも240日生存していた例が報告されている．経乳感染・胎盤感染にかかわるものと思われる．

(3) 胎盤感染

古くは胎盤感染・子宮内感染が普通の感染経路と考えられていたが，これは実験的に新生仔感染のわずか2%以下にすぎないことがわかり，経乳感染が再評価されるに至っている．胎盤感染は多分，感染幼虫が妊娠犬の血流に入り，胎盤を通じて胎仔に感染して起こるのであろう．筋肉中の休眠幼虫と胎盤感染との関係は明らかではない．

(4) 経乳感染

1967年ころ以降，経乳感染に関する報告がみられる．出産後20日間くらいまで乳汁中に幼虫が認められるため，初乳感染という言葉は適当ではない．乳汁中に認められる幼虫は，おそらく筋肉中に蓄積されていた休眠幼虫であろうが，確証が必要である．日齢

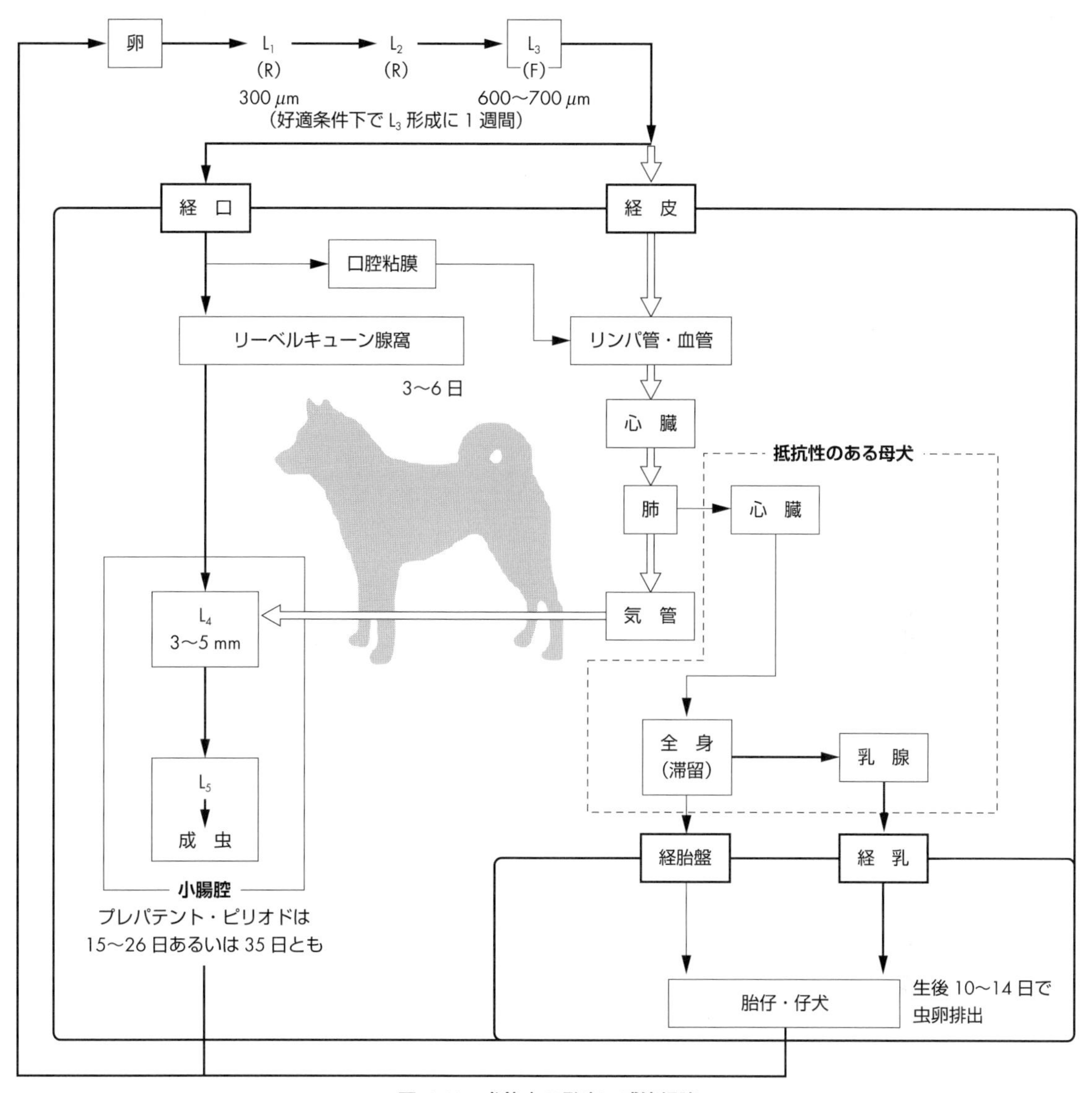

図 4.66　犬鉤虫の発育・感染経路

10 〜 14 日の仔犬で鉤虫卵の排出がみられることがある．胎盤または経乳感染によるものであろう．

(5) 待機宿主

げっ歯類が L_3 を蓄積して待機宿主になるという説がある（Miller, 1970）．

犬鉤虫の主たる感染経路が経口感染であるか，または経皮感染であるかについては両論がある．結局，いずれとも断定しえない．実験的にはいずれも成立する．ただし感染効率は変動しやすく，L_3 の皮下注がもっとも安定・確実な感染方法である．ちなみに，ブラジル鉤虫（*A. brasiliense*）では実験的な胎盤感染も経乳感染も成立しない．

[病原性]

もっぱら吸血による貧血が基本になる．さらに，症状は感染の軽重，年齢，栄養状態，貯蔵鉄量，免疫状態などに依存している．初期には正球性，正色素性貧血であるが，鉄欠乏に陥れば，小球性・低色素性貧血に移行する．雌 1 匹寄生による 1 日あたりの失血量に関しては諸説がある．吸血によるもののほか，虫体移動後の吸血痕からの出血があり，数値の相違は測定方法や視点の相違によるのであろう．たとえば，0.01 〜 0.09 mL，0.08 〜 0.20 mL，0.1 mL，さらには 0.4 〜 0.8 mL とするものもある．また，直接の吸血量は 0.01 〜 0.02 mL であるが，吸血痕からの出血を加えれば 0.8 mL になるという見解もある．ちなみに，ズビニ鉤虫では 0.16 〜 0.23 mL といわれている．貧血には，鉄欠乏の所見も同時に認められ，幼犬で被害が大きい．とくに小型犬での障害が大きい．仔犬の貯蔵鉄には余裕が少なく，一方，乳汁中には鉄が乏しいので貧血症状は強くなるという．成犬はかなり抵抗しうる．

[症　状]

ヒトの鉤虫症では幼虫の経皮感染時に起こる皮膚炎や皮膚爬行症などが問題になるが，犬の場合ではあまり明らかではない．しかし，湿疹ときには潰瘍を生ずることはありうる．しかも発症した場合には痒覚のために咬（か）み，なめ，皮膚炎を悪化させる場合がある．また，移行幼虫による肺などの障害は，一般には明らかでないが，過剰感染では感染1～5日目に出血性肺炎に基づく呼吸器症状が認められることになる．死亡例では肺や肝臓の変化も認められる．概して，幼齢犬の症状発現が強く，成犬では不顕性で，保虫宿主になっていることが通例である．成虫の吸血と吸血痕からの出血が病態の基本であることは，小腸粘膜の損傷と失血に基づく症状が必発することを意味している．すなわち，腹痛，食欲不定，出血性下痢，貧血，衰弱，削痩，ときには虚脱から死に至ることもある．出血部位が腸管上部であるため，通常，血液は変性し，下痢は悪臭のある黒色タール便といわれるものになる．

急性犬鉤虫症は幼犬において多く認められる．吸血・出血による失血は感染後8日ころから，すなわち4回目の脱皮を終えたL_5の口腔の発達時期に合致してはじまる．ピークは虫体成長のもっとも盛んな感染後10～15日ころにみられる．一方，虫卵排出の最高値には感染後20日ころに達する．下痢はL_4が腸管に達する感染4日ころからはじまり，8日目には水様便に鮮血が混ざることがある．

経乳感染，胎盤感染を受けた幼犬では，諸症状が上記よりも早く，生後8日ころから急激に進行・悪化する例もある．50匹程度の少数寄生によっても甚急性の経過をたどり，死亡するものも少なくない．

慢性犬鉤虫症の患犬には，食欲減退，成長抑制，被毛粗剛などがみられる．一方，虫卵の排出があっても不顕性なものもある．

[免　疫]

鉤虫感染に対して，種々の免疫関連現象が認められている．たとえば，実験的にL_3を皮下注または経口投与すると，感染後に排出虫卵数は上昇するが，後日，虫卵数が急激に下降するとともに，多数の成虫が糞便中に排出される現象がある．これは捻転胃虫でみられる“自家治癒（self cure）”と同質のものであろうと理解されている．年齢抵抗性は雌犬では8か月齢から，一般には11か月齢から認められる．ワクチンに関する研究も多い．おもにX線照射減弱幼虫を抗原にしたものである．

[診　断]

疫学的考察に臨床的所見を加えて推定し，糞便からの虫卵の検出によって確診をくだすことになる．ただし，幼犬の急性・甚急性鉤虫症では，虫卵の排出前に症状が現れる場合があることをあらかじめ認識しておく必要がある．鉤虫の産卵数は1日1～2万個と推定されている．雌1匹寄生の場合の虫卵を，もし直接塗抹法で検出するとすれば30枚の標本が必要になると推定される．セロファン厚層塗抹法がすすめられる．さらに検出率を上げるためには，浮游法の適用が最良である．虫卵の比重は1.04～1.15（1.06）で，線虫卵の中ではもっとも軽い部類に属する．［付］ヒトの鉤虫［診断］（p.255）を参照のこと．

[治療・駆虫]

駆虫剤としては，ジソフェノール，ピランテル複合製剤，フェバンテル複合製剤，エモデプシド複合製剤，マクロライド系製剤（ミルベマイシン単剤および複合製剤，イベルメクチン複合製剤，モキシデクチン複合製剤）が認可されている．もちろん，貧血・腸炎に対する対症療法を蔑（ないがし）ろにしてはならない．

[予　防]

鉤虫卵および感染幼虫は，いずれも比較的乾燥や低温に対する抵抗性が弱いことを認識して対処すればよい．汚染地域，汚染局所が特定できる場合の対応は，該当場所への出入制限か消毒の徹底を企る．

猫鉤虫
Ancylostoma tubaeforme

長く，猫に寄生する鉤虫も犬鉤虫（*A. caninum*）であると考えられていたが，Biocca（1954）の報告以来，多くの研究者により，猫に寄生する鉤虫は *A. tubaeforme* がほとんどであると考えられるに至っている．日本でも同じ状況にある．分布はイギリスを除き世界的．

雄は9.5～11.0 mm，雌は12.0～15.0 mmで，犬鉤虫よりもやや小さい（図4.67，4.68）．交接刺は逆にやや長く1.2～1.4 mmである．虫卵は55～75×34～45 μm（図4.69，口絵㉒）．

ブラジル鉤虫
Ancylostoma braziliense

日本には存在しない．少なくとも確認はされていない．熱帯・亜熱帯に広く，犬，猫，キツネ，ほか野生のイヌ科動物の小腸に寄生する．幼虫がヒトに蚓線（いんせん）発疹（皮膚爬行症）を起こすことで知られている．

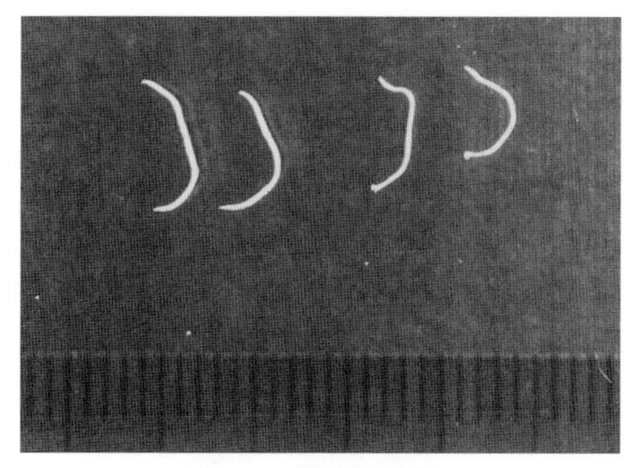

図 4.67　猫鉤虫の成虫
左 2 匹は雌　右 2 匹は雄

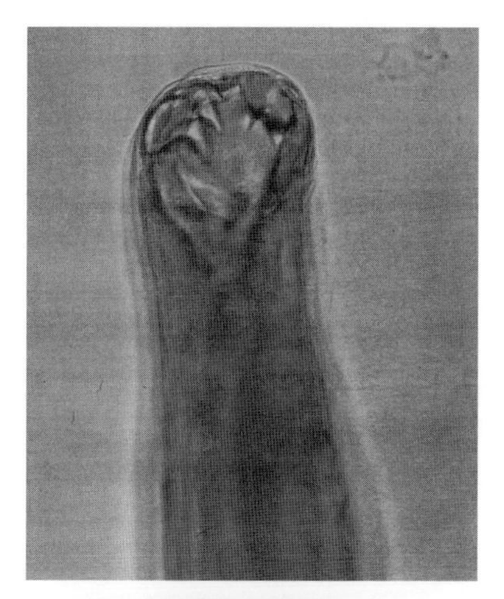

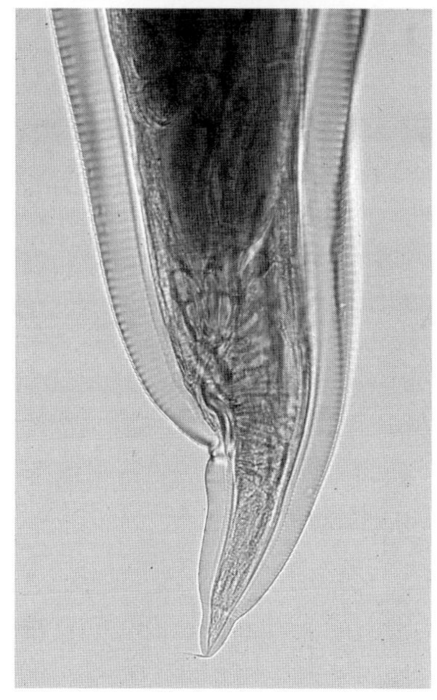

図 4.68　猫鉤虫の雌成虫
上：頭部　下：尾部

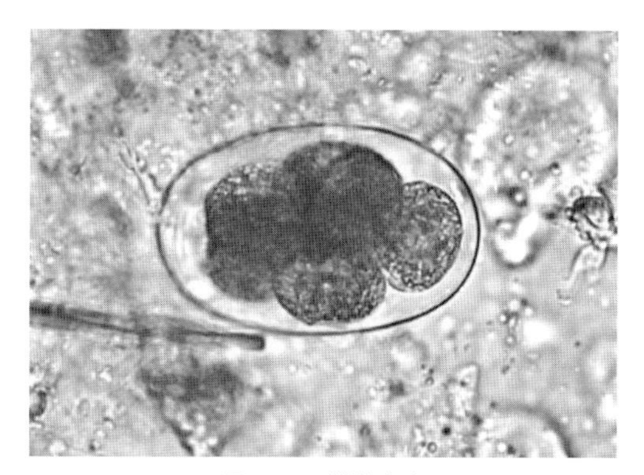

図 4.69　猫鉤虫卵

セイロン鉤虫
Ancylostoma ceylanicum

長く前述のブラジル鉤虫のシノニムと理解されていたが，現在では確実に独立種であると認められている．犬，猫の寄生種であるが，ヒトからの検出例もかなり知られている．東南アジア，マダガスカル，南アフリカに分布する．日本では沖縄，奄美諸島でみられている．

狭頭鉤虫
Uncinaria stenocephala

キツネ，犬，猫に寄生．ヨーロッパ，北米に分布する．北方地域に多い．日本では今のところ定着していない．発育環は犬鉤虫と同様であるが，経口感染が主道で，経皮感染の効率はよくない．実験的には経乳感染も胎盤感染も成功していない．比較的小型の鉤虫で，雄は 5 ～ 9 mm，雌は 7 ～ 12 mm．プレパテント・ピリオドは 16 ～ 17 日．

牛鉤虫
Bunostomum phlebotomum

世界各地に広く分布している．牛，ゼブーの小腸，とくに十二指腸に寄生する．めん羊からの報告例があるが疑わしい．

雄は 10 ～ 18 mm，雌は 24 ～ 28 mm．口腔は大きく漏斗状を呈し，2 対の切歯と短い背丘（dorsal cone）がある．交接刺は長く 470 ～ 475 μm に達する（図 4.70 ～ 4.72）．虫卵は 88 ～ 104 × 47 ～ 56 μm で両端は鈍円，胚細胞は暗色を呈している．

［発　育］

外界へ排出された虫卵は，常態下で 24 時間後には孵化し，5 ～ 6 日で感染幼虫になる．宿主への感染には，経口感染，経皮感染のいずれも成立するが，発育率は経皮感染のほうが圧倒的によい．経皮的に感染した幼虫は感染 6 日後には血行性に肺に至り，ここで脱皮して L_4 になる．さらに成長を続け，体長として 0.55 mm のものが 11 ～ 17 日後には 5 mm にも達し，小腸へ移行するようになる．感染 28 日後ころには最後の脱皮があり，L_5 になり，その後も成虫としての成長を続け，感染後 55 ～ 62 日には完熟し，虫卵の排出がみられるようになる．

［病原性］

放牧牛ではほとんどが混合感染（寄生性胃腸炎）であるが，牛鉤虫はとくに病原性が強い種類として，少数寄生であってもこれが関与している場合は注意すべきものとされている．固有の病原性は犬鉤虫と同様，多量の失血を基本とするものである．濃厚感染では下痢，貧血，浮腫，衰弱などがみられ，症状は 1 歳未満の幼牛で強く示される．寄生数 100 匹以上で諸種の症状が発現し，2,000 匹に達すれば致命的であるといわれている．

［診　断］

虫卵検査は濾過・浮游法による．牛鉤虫卵は若干の形態的特徴をもっているとはいうものの，実際の鑑別

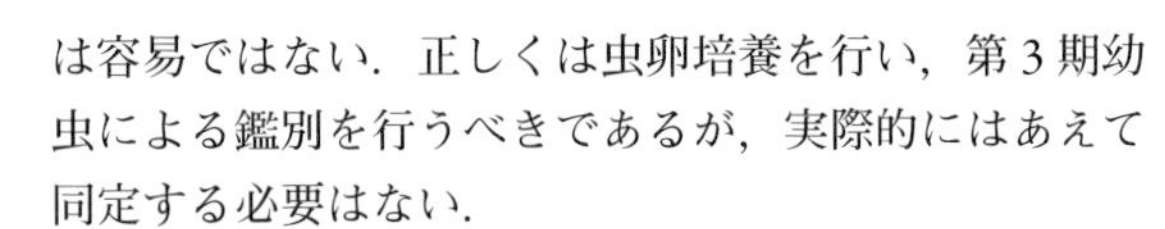

は容易ではない．正しくは虫卵培養を行い，第 3 期幼虫による鑑別を行うべきであるが，実際的にはあえて同定する必要はない．

駆虫も総合的に考えればよい（駆虫剤は総論 5.2 を参照）．対症療法は別問題である．

羊鉤虫

Bunostomum trigonocephalum

ほとんど世界中．日本にも分布し，めん羊，山羊の空腸，回腸上部に寄生する．牛寄生の記録もあるが真偽のほどは疑わしい．

雄は 12 ～ 17 mm，雌は 19 ～ 26 mm．頭部が背側に弯曲しているために，口腔は前背方に向かって開口する．また口腔は大型であり，腹縁には 1 対のキチン質の歯板を，口底部には 1 対の小さな腹側切歯を備えている．交接囊はよく発達し，交接刺は等長で細い翼状を呈し，長さは 0.60 ～ 0.64 mm である．虫卵は 79 ～ 97 × 47 ～ 50（92 × 50）μm で，両端は鈍円，胚

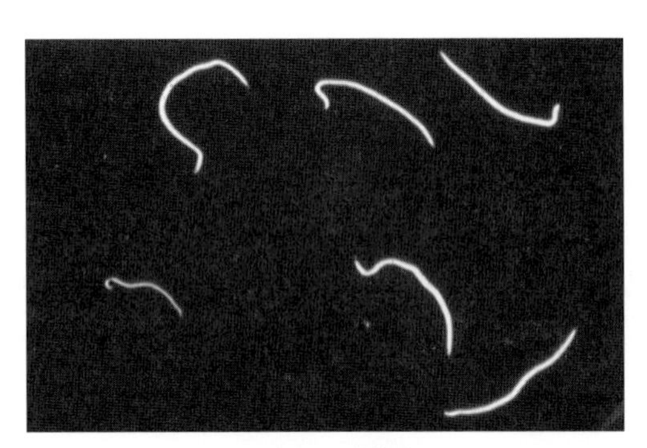

図 4.70　牛鉤虫

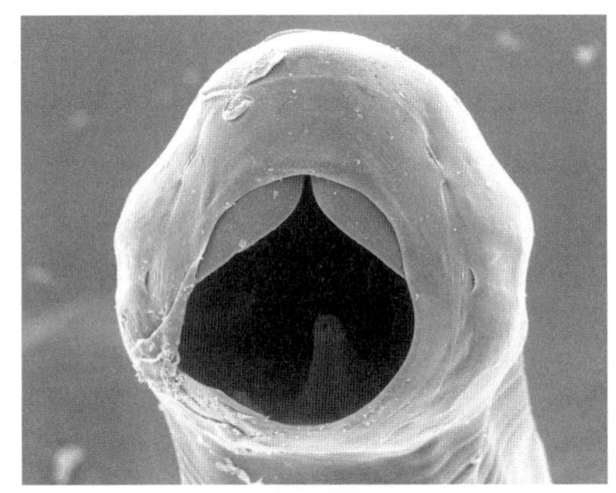

図 4.72　牛鉤虫口部の走査電顕像

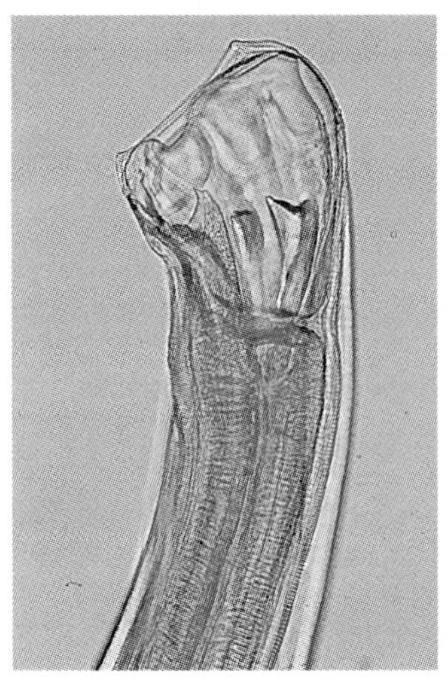

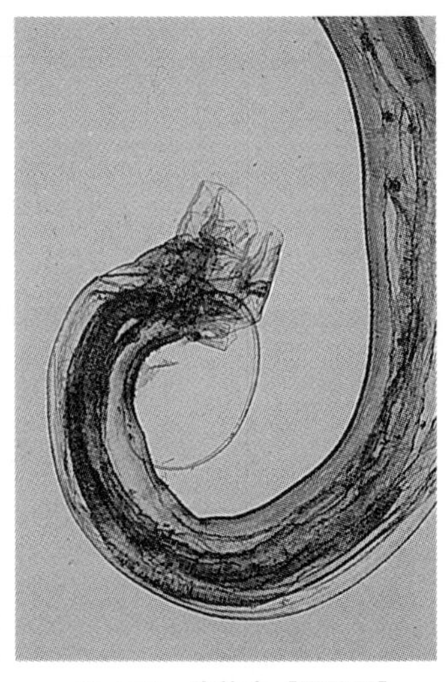

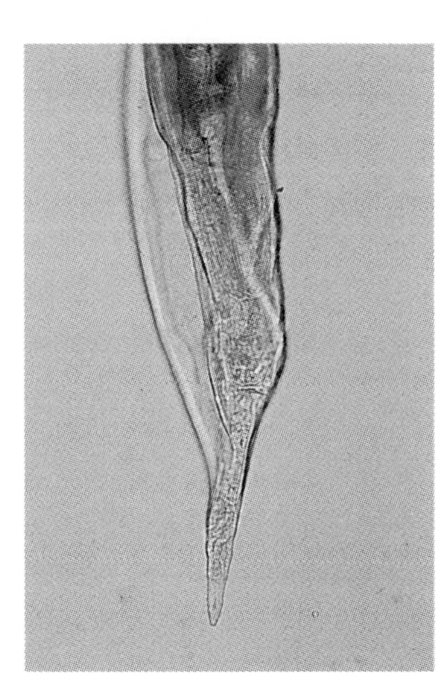

図 4.71　牛鉤虫［平原図］

左：頭部　中：雄の尾部　右：雌の尾部

細胞は暗色顆粒の集塊状を呈している．

[発　育]

発育環は牛鉤虫と同様である．感染は経口または経皮的に行われるが，経皮感染がおもである．経皮的に感染した幼虫は，肺に至って3回目の脱皮を行い，口腔をもつL_4になる．L_4は感染11日後には腸管へ戻って成長を続け，感染30〜56日後に産卵がはじまる．

[病原性・症状]

羊鉤虫の重要性は温暖地で大きい．通常は他の消化管内寄生線虫との混合感染である．鉤虫症としての実態は進行性貧血であり，水血症，浮腫（とくに下顎部）もみられる．また，しばしば黒色の下痢がある．なかには衰弱から死に至るものもある．

剖検所見は犬鉤虫の場合と同様であるほかに，胸水や心嚢浸出液の貯溜が通常認められる．

[診　断]　牛鉤虫に同じ．

豚鉤虫
Globocephalus longemucronatus

ヨーロッパ，アフリカ，東南アジア（フィリピン，日本）の豚の小腸に寄生する．ただし，日本の現在の養豚では話題にのぼっていない．ちなみに，*G. amucronatus*，*G. samoensis* など豚寄生性のものについても同じ傾向がある．

口腔は強固な壁をもつ球状を呈し，背側食道隆線があり，口縁近くに開く．交接刺は等長，副交接刺を有する．陰門は体中央やや後方に位置している．雄は7 mm，雌は8 mm．

発育，病原性，症状，治療，予防は，すべて詳細は不明である．他の鉤虫類に同じであろう．

[付] ヒトの鉤虫

ヒトを固有宿主とする鉤虫としては，ズビニ鉤虫とアメリカ鉤虫の2種が重要である．現在では感染率がきわめて低下しているとはいえ，かつては日本国内に広く蔓延していた経緯があるので，補足・参考として次に略述する．

ズビニ鉤虫
Ancylostoma duodenale

世界中に分布するが，東半球により多い．本来の宿主はヒトであるが，サル，豚，犬，トラなどからの検出例が報告されている．実験的には3か月齢未満の仔犬，仔ウサギにも感染しうる．

雄は8〜11 mm，雌は10〜13 mm，虫卵は60×40 μmで，犬鉤虫よりやや小型ではあるが，概観はよく似ている．1日の産卵数は雌1匹あたり約1万〜2万．感染は経皮感染もあるが，おもに経口感染である．産卵までに6〜7週間を要する．

[病原性]

①他種鉤虫を含め，幼虫の経皮感染による痒覚・紅疹を伴う皮膚炎，②移行幼虫による“若菜病”，③成虫の吸血による貧血と，小腸粘膜への咬着による組織損傷などがある．

若菜病：被鞘L_3がヒトに摂取されると胃または小腸上部で脱鞘し，L_3は小腸粘膜へ侵入し，2〜3日滞留する．この間に3回目の脱皮を行い，原始口嚢をもつL_4になって腸腔へ戻ってくる．L_4はまもなく第4回目の脱皮を行ってL_5＝成虫になる．ところが，一部のL_3は小腸壁から血行性に肺へ移行し，気管を溯上して咽頭から消化管を下降して小腸へ到達するルートをとる．この間に咽頭に痒覚，異物感を生じ，喘息様の咳嗽発作が続き，ときにX線で一過性の肺浸潤像が認められることがある．この症候群を“若菜病”という．古くから間引き菜のような若菜の浅漬けを採食した後に悪心・嘔吐があり，続いて前述の症状がみられるようになる．若菜に起因するためにこの名が付けられた．

[診断・虫卵検査]

直接塗抹法でもよいが，効率は必ずしもよくはない．そこで，①セロファン厚層塗抹法，②浮游法，③培養幼虫検査法などが適用されている．②浮游法には飽和食塩浮游法が常用されているが，硫酸亜鉛液（500 g＋水1000 mL）がよい．③培養法には瓦培養法と濾紙培養法とがある．孵化・培養された幼虫には経皮感染能力があることに注意する必要がある．この点では，濾紙培養法のほうがとり扱いは便利である．以上の方法はそのまま犬・猫の鉤虫卵検査にも適応できる．

マレー鉤虫（*Ancylostoma malayanum*）：インドおよび東南アジアに分布する．クマ科の小腸に寄生する．日本でも北海道のヒグマから報告されている．成虫は，雄が13.0〜14.3 mm，雌が19.4〜21.6 mm．交接刺は2.9〜3.4 mm．虫卵は64〜72×35〜47 um．体前端部は背側に屈曲する．口腔内には二本の発達した背歯がある．交接嚢の外側肋は，平行に走る中側肋と後側肋から分岐する．外背肋は中側肋と背肋から分岐する．極めて稀ではあるが，本虫のヒトでの寄生も報告されている．

アメリカ鉤虫
Necator americanus

元来アフリカ大陸中・南部に分布していたものが，黒人とともにアメリカ大陸に渡ったものである．現在では北米南部から中・南米に広がり，さらにオセアニア，東南アジア，中国大陸，日本にも拡散・分布している．ズビニ鉤虫が温帯から寒冷地にまで分布しているのに対し，アメリカ鉤虫は熱帯，亜熱帯にかけて分布し，その分布域はむしろ広い．日本では両者が混在しているが，一応，四国，九州にアメリカ鉤虫のほうが多い傾向はあるが，一概にはいえない．

雄は 6 ～ 8 mm，雌は 9 ～ 12 mm で，雄はズビニ鉤虫よりやや小さい．口腔に歯はなく，歯板がある．交接嚢は，ズビニ鉤虫の交接嚢が幅広であるのに対し，アメリカ鉤虫では縦長であることが特徴のひとつになっている．虫卵の大きさはほぼ同大．1 日の産卵数は雌1匹あたり約5,000で，ズビニ鉤虫の半分にあたる．

感染は，経皮感染を主道とする．1 日あたりの吸血量はズビニ鉤虫（約 0.2 mL）の約 1/5 と推定され，症状は，ズビニ鉤虫では 30 匹，アメリカ鉤虫では 150匹以上の感染で現れてくるものと考えられている．

H　肺虫類

肺虫とよばれているものの分類にはいくつかの説がある．要は，牛肺虫の類を変円虫上科（肺円虫上科）に入れるか，毛様線虫上科に分けるかである．論拠は形態学的および生物学的な類似性の評価にある．

分類法の一例を次に示す．

Superfamily Trichostrongyloidea　毛様線虫上科
　Family Trichostrongylidae　（毛様線虫科）
　Family Dictyocaulidae
　　Genus *Dictyocaulus*　牛肺虫，糸状肺虫，馬肺虫
Superfamily Metastrongyloidea　変円虫上科
　Family Metastrongylidae
　　Genus *Metastrongylus*　豚肺虫
　Family Protostrongylidae
　　Genus *Protostrongylus*　赤色肺虫
　　Genus *Muellerius*　毛細肺虫
　Family Filaroididae
　　Genus *Filaroides*　犬肺虫
　　Genus *Aelurostrongylus*　猫肺虫
　Family Angiostrongylidae
　　Genus *Angiostrongylus*　広東住血線虫

1．毛様線虫上科
Trichostrongyloidea

牛肺虫
Dictyocaulus viviparus

牛肺虫は牛，水牛，シカ，トナカイ，ラクダなどの気管，気管支に寄生して強い肺炎をひき起こす獣医学上重要な線虫である．分布は世界的に及んでいる．牛肺虫の惹起する気管支肺炎による経済的損失は大きく，畜産を重視する諸国ではきわめて関心が高い．たとえば，英語の “husk” には，一語で “家畜の寄生性気管支炎” という意味がある．日本では 1944 年に広島県下で認められて以来，中国地方の山地放牧地で散発的な被害が報告されていたが，1961 年以降は全国的な牧野造成に伴い，広範囲な蔓延をみるに至った．現在では放牧衛生上の関心・対策技術の衆知徹底が図られた結果，発生事例はかなり抑制されている傾向がうかがわれるに至っている．しかし，けっして完全に防圧されたわけではない．

［形　態］

雄は 4 ～ 6 cm，雌は 6 ～ 8 cm で，尾端は細くとがる．虫体の色調は乳白色で，やや太めの線虫である（図 4.73）．口腔は 4 個の小唇に囲まれ，口嚢はきわめて小さく，浅い．交接嚢の中側肋と後側肋は完全に融合している．交接刺は等長でわずか 195 ～ 215 μm にすぎない．虫卵は長円形で 82 ～ 88 × 32 ～ 38 μm．気管または気管支内に産卵された時点ですでに幼虫が形成されている．一部は喀痰とともに排出されるが，大部分のものは咽頭から消化管内に嚥下され，消化管を下降するなかに孵化し，L_1 として糞便中に混入される．したがって，糞便検査の対象は虫卵ではなく，L_1 になる（図 4.74）．

［発育環］

新鮮糞便中の L_1 の体長は 390 ～ 450 × 25 μm．頭

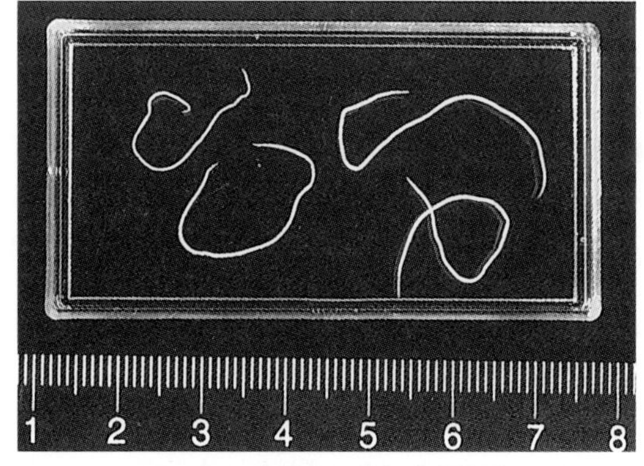

図 4.73　牛肺虫の成虫［平原図］
左 2 匹は雄　右 2 匹は雌

部は円形で特別な構造はない（糸状肺虫では突起がある）．食道はラブディティス型で，消化管は両端を除いて黒褐色の栄養顆粒で満たされている．環境温度が 15 ～ 20℃では 5 ～ 7 日，25 ～ 27℃であれば 3 ～ 5 日で二重の被鞘に覆われた被鞘 L_3 が形成される．

汚染された草とともに宿主に摂取された L_3 は小腸で脱鞘，腸壁へ侵入し，リンパ管を経て腸間膜リンパ節に達する．感染 5 日以内にリンパ節で脱皮して L_4 になり，胸管，右心を経て，肺に移行し，感染 13 ～ 15 日以後には気管・気管支から検出されるようになる（図 4.75，口絵⑬）．感染 15 日後までに L_5 が形成され，21 ～ 24 日後には性成熟が完了する．プレパテント・ピリオドは実験的には 25 ～ 29 日であるが，野外の実態は少数・連続感染であり，濃厚汚染地に放牧しても 1 か月以内に L_1 が検出されることはほとんどないといわれている．通常は放牧 2 ～ 3 か月後から検出されるようになる．幼虫検出の持続期間は人工感染では 35 日ころをピークとし，60 ～ 90 日後には検出不能になるが，野外では保虫動物として長期にわたり少数ながら幼虫の排出が持続する．

虫体の寿命・寄生期間は，少数寄生では延長する傾向がある．しかし大多数は 50 ～ 70 日で自然排虫されてしまう．ここに“自家治癒（self cure）”という現象の存在も指摘されている．一方，数か月も肺において発育休止を続ける虫体の存在が，衛生学的に重視される．

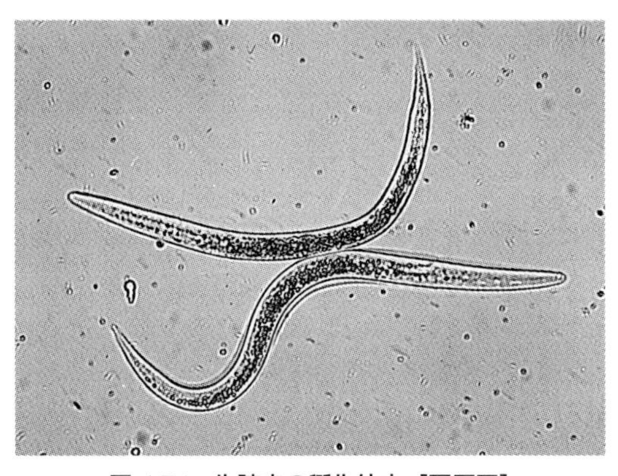

図 4.74　牛肺虫の孵化幼虫［平原図］

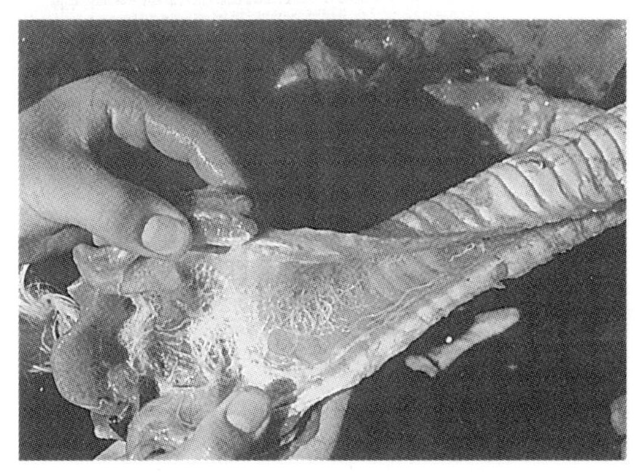

図 4.75　気管内の牛肺虫［平原図］

［疫　学］

初放牧幼牛が大きな病害を受ける．成牛は通常は免疫を獲得しているが，再感染がなければ免疫力は低下し，大量感染には耐えられなくなる．

(1) 春季の感染源　3 通りのものがある．

牧野で越冬した L_3：前年の秋から冬に産生された幼虫が外界で越冬し，感受性動物に対する春の感染源になっている場合である．幼虫の寒冷抵抗性はかなり強く，海外でもまた北海道の積雪下でも 10％は越冬しうることが実証されている．生存の適温は 22 ～ 24℃であるが，4℃では 1 年間，－ 10℃でも数日間の生存が可能であることが知られている．逆に，これらの幼虫は，少なくとも夏の半ばまで牧野の牛糞や土壌中で生残可能であり，一番乾草収穫後も感染源として残ることになる．ちなみに，オステルターグ胃虫の幼虫でも同様の事象が観察されている．

宿主体内で越冬した成虫由来のもの：宿主の肺で 6 か月，あるいはそれ以上生残していた少数の成虫が，春になって新たな感染源を産生しうる．スコットランドのと場において，1 ～ 5 月の間に検査した成牛の 0 ～ 4.5％，当歳牛の 9 ～ 41％が成虫陽性であったという記録がある．

宿主体内で越冬した発育休止幼虫：宿主体内で成熟 L_4，あるいは初期 L_5 のまま発育休止幼虫として越冬することがある．そして春になると発育を再開し，牧野の汚染源になる．

(2) L_3 の拡散

牛肺虫の L_3 は経口的に感染するが，その運動性はけっして活発ではなく，ほかの円虫類の L_3 のように，積極的に牧草に登って摂取される機会を待つことはほとんどない．草上に付着する機会は，排便時の糞便飛沫の付着，激しい降雨による飛散などの受動的な作用によって得られるものと考えられている．

前述した作用のほかに，近年は接合菌類（ミズタマカビ）の胞子嚢の関与説が提唱され，重視されている．これは牧野の汚染源は牧場内に由来するばかりでなく，近隣の汚染牧野から，ミズタマカビの胞子嚢の表面に付着した幼虫が風にのって飛来することの重要性を示唆するものである．胞子嚢が破裂して胞子を分散する際に，幼虫も同様に 3 m 四方に散布されることになる．ミズタマカビは牛糞中に普遍的に存在しているもので，イギリスにおけるある調査によれば，牛糞の95%から検出されている．

[発生状況]

汚染牧野に感受性牛を導入した場合であっても，放牧初期から症状が現れることはない．通常，3～4か月を経たころから肺炎症状を呈するものが出始め，検便により少数の L_1 陽性牛が検出されるようになる．このような事態になれば，1～2か月後の集団発生を招く危険性がきわめて高い．気象条件に左右されるが，日本の平均的な牧野において晩春に放牧を開始した場合は，初秋9月から11月にかけて集団発生がみられることが多い．周年放牧，あるいは秋季短期放牧の場合には，翌年の6月から7月に発生がみられることがある．

牛肺虫の感染によって牛は免疫力を獲得することが知られている．初放牧の幼牛で被害が大きく，感染耐過牛では軽度，または不顕性に経過する．したがって，実際の障害状況は，個々の牛の年齢，栄養，免疫性などの属性要因の構成比に依存して表現されるものである．また，その背景になる当該牧野の経歴に配慮しておく必要がある．一度汚染した牧野の清浄化は，前述した L_3 の性状，および保虫動物の存在のために，きわめて困難である．

[免　疫]

感染耐過牛は再感染に強く抵抗しうることが知られていた．そしてヨーロッパ，とくにイギリスで多くの免疫に関する研究が行われ，蠕虫類では初めての"ワクチン"の開発をみるに至っている．すなわち，抵抗性獲得現象および血清抗体の確認（CF），死虫体抗原ワクチンの無効性の実証などを経て，X線照射 L_3 を抗原とする経口投与用減毒生ワクチンが開発された．X線の照射を受けた L_3 が経口投与された場合，幼虫はリンパ節を経て，さらに肺までは移行するが，L_4 から L_5 への発育が阻止され，宿主は肺炎の実害を受けることなく免疫が成立することになる．ただし，ごく少数ながら，一部にはX線照射の影響から逃れ，成虫にまで発育してしまうものもあるようである．照射線量は20,000～40,000 R，投与量は1,000匹，1か月をおいて2回経口投与がだいたいの基準になるようである．製品として海外では市販もされているが，日本では不測の成虫による牧野汚染を危惧し，使用禁止になっている．

耐過牛は免疫を獲得する一方，なかには再感染に対してアナフィラキシー様の応答を示して死亡するものもある．日本では1950年ころを中心に，中国山地の放牧地で気象の急変，霧の発生に伴って放牧牛の甚急性の死亡事故が続発したことがあった．"霧酔病"とよばれ，その原因に関して種々の説が提唱されたが，現在では牛肺虫の再感染時に発現するアナフィラキシーショックであろうという説が支配的になっている．

[病原性・症状]

(1) 急性牛肺虫症の病勢　次の3期に分けられる．

前駆期（prepatent phase）：感染後25日ころまでの幼虫期の虫体による病害をいう．好酸球性浸出物による細気管支の閉塞，肺胞虚脱などがあり，臨床的には頻呼吸や発咳などがみられる．気腫を生ずることもある．

成虫寄生期（patent phase）：気管支，気管に成虫が寄生している時期で，感染後25日ころから55日ころまでの1か月間をいう．気管，気管支上皮に強い炎症があり，炎症性浸出物による気道閉塞・通気障害が生ずる．さらに浸出物には虫卵や幼虫も加わり，肺小葉の気腫，硬変を招くことになる．病勢の進行に伴って病変も顕著になり，肺胞上皮のガラス質化がみられるようになる．呼吸困難，huskとよばれる特有な発咳があり，急速に衰弱する．呼吸音は粗く，気腫による捻髪音が聴ける．

回復期（post-patent phase）：50日を耐過すれば，回復に向かう．呼吸数も，発咳の回数も減り，体重も増えはじめる．肺病変を残すものはあっても，90日くらいで虫体は排除されるが，病変としては気管支周囲の繊維化，肺胞の上皮化などが残る．牛肺虫症の肺病変は，寄生虫体数に比べて強く，駆虫後もかなり長く呼吸器症状が残るのが常である．ときに，急に呼吸困難が再発することがある．これは全肺葉に及ぶ肺胞上皮の増殖を特徴とするもので，しばしば致死的である．

(2) 牛肺虫病に対する免疫獲得牛では大量感染を受けた場合でも，緩慢中等度，あるいは一時的な症状を示すにすぎない．肺に達した幼若虫はさまざまな免疫学的応答の作用によって損壊されてしまう．牛肺虫感染で，もっとも可能性のある続発症は急性肺気腫であり，これは"fog fever"とよばれるものときわめて類似し，一種の過敏反応と想像されているが，実証はない（前述の霧酔病参照）．

[診　断]

(1) 入牧後の経過日数．導入先．発生状況・時期などの疫学的な考察．

(2) 気管支炎に基づく呼吸促迫，呼吸困難による頭を前下方に突出して異物を吐き出すようなhuskとよばれる特徴のある深い咳などの臨床症状．好酸球の増加（10～40%）．

(3) 糞便からのL_1の検出．L_1は軽～中等度の感染では検出できない場合が多い．また，L_1の排出期間は比較的短く，とくにLPGとして高い数字が示される期間は短い．たとえば，L_3 3,000匹感染で，LPGが5以上を持続する期間は感染後30～40日の約10日間にすぎない．日本では牛乳濾紙（またはそれに代わるもの）を用いた"遠心管内游出法"が奨用されている．実技の詳細は巻末の関連書籍の技術書に譲るが，大要は，①直腸便2 gを12 cm平方の牛乳濾紙に，四隅を摘んで軽く包み，② 50 mLの尖底遠心管に四隅を管外に残して挿入し，水道水を管口まで注ぎ，10℃前後で一晩静置する．③管底の沈澱物をピペットで静かに吸引してスライドグラスにとり，鏡検ということになる．

重要な点は，①被検対象は直腸便でなければならない．落下した排便では土壌線虫の混入が避けられない．糞便のとり扱い上，もしオガクズのような賦形物を用いる場合には，あらかじめ加熱消毒をしておいたものを使用する必要がある．②室温や孵卵器温度で放置すれば，他種線虫類の発育・孵化を促すことになりかねない．したがって，10℃前後という低温で静置することが望ましい．また，静置時間を不必要に長くすることも避けなければならない．

検出される幼虫は，①消化管内の黒褐色の栄養顆粒（ほかの円虫類との相違）の存在，②尾部が急に細くなり，尾端がとがっている（糸状肺虫との相違）などを主たる鑑別点として確認する．技術的なミスがなければ，土壌線虫の混入，ほかの消化管内線虫の孵化は避けられるはずであり，糸状肺虫との混合感染は知られていない．よって検出される幼虫を牛肺虫幼虫と断定して差し支えない．

[治療・駆虫]

駆虫には，ベンズイミダゾール系薬剤（フルベンダゾール20 mg/kg × 5日），イミダゾチアゾール系薬剤（レバミゾール7.5 mg/kg），マクロライド系薬剤（イベルメクチン，ドラメクチン，エプリノメクチン）が認可されている．

[予　防]

(1) ワクチン　前述

(2) 駆虫剤による発症予防

牛肺虫に感染耐過した牛は，再感染に対して強い抵抗性を獲得する．そこで，発症を抑え，免疫を獲得するために，駆虫剤による治療的予防効果を求める方法が検索され，少数牛に軽度の呼吸器症状が認められ，糞便検査によって幼虫陽性牛が発見された時点（通常，放牧後3～4か月）でレバミゾール7.5 mg/kgを経口投与し，40日後に再度投与する方法が提唱，普及されている（注意事項：投与1～2時間後に一過性の興奮が認められることがある）．

糸状肺虫
Dictyocaulus filaria

めん羊，山羊，ほか野生の反芻動物の気管支に寄生する．世界中に分布しているが，とくに東ヨーロッパ，インドでは重篤な障害を起こす．日本でも検出された記録がある．

[形　態]

雄は3～8 cm，雌は5～10 cmで乳白色．消化管は暗色にみえる．口腔は狭く浅い．口唇は4個あるがいずれもきわめて小さい．交接刺は暗褐色で太く長靴状を呈し，400～640 μm．陰門は体のほぼ中央部に開く．虫卵は112～138 × 69～90 μmで，産卵時にはすでに幼虫が形成されている．

[発育環]

虫卵は肺でも孵化するが，通常は喀出または嚥下され，消化管を通過する間に孵化する．一部の虫卵は鼻汁や喀痰とともに排出される．

糞便中のL_1は550～580 μmで，頭端にクチクラ性の特徴的な突起があり，消化管内には多量の褐色栄養顆粒を有している．1～2日でL_2に，6～7日でL_3になるが，この間に被鞘を脱することはないため，L_3は二重の被鞘をかぶっている．

L_3の経口摂取によって感染が成立する．摂取された幼虫は腸壁へ穿入し，リンパ管を経て腸間膜リンパ節に至り，感染後4日目に3回目の脱皮を行い，L_4になると雌雄の別が明らかになる．続いて血行性に肺に至り，毛細血管を破り，呼吸器系へ移動する．宿主の気管支内に寄生後約4週間で完熟する．

[疫　学]

幼虫の発育には湿度が必須要因になる．また温度も重要な要因となり，たとえば27℃では6～7日で感染幼虫が形成される．ちなみに，平均気温の低いイギリス本国の場合，夏季でも4～7週間を要するという．感染幼虫は低温によく抵抗し，翌春誕生する新生羊に対する感染源になる．一方，幼虫の生存期間は，春・夏の幼虫のほうが秋・冬のものより短く，牧野における幼虫密度は秋に高くなり，幼羊の感染は秋がもっとも高いことになる．

[病原性]

虫体の気管支および細気管支寄生により，カタル性気管支炎が惹起される．炎症性病変は周縁組織へも波及し，さらには肺胞の拡張不全，カタル性肺炎を招くことになる．

[症　状]

おもに幼齢動物が発症するが，年齢にかかわりなく，かつ，慢性に経過するのが常である．発咳，粘性鼻汁があるが，発咳は必ずしも感染の軽重を反映するものではない．呼吸困難があり，聴診すれば呼吸促迫，肺胞の異常音などが聴取される．通常，顕著な体温の上昇はない．

[診断・治療・予防]　牛肺虫に同じ．

馬肺虫

Dictyocaulus arnfieldi

馬，ロバ，シマウマ，バクの気管支に寄生する．分布は世界的．とくにロバでもっとも普通に認められ，ロバが本来の宿主であろうと考えられている．日本でも検出された記録がある．

雄は 2 ～ 4 cm，雌は 4 ～ 8 cm．交接刺は 200 ～ 240 μm．虫卵は 80 ～ 100 × 50 ～ 60 μm．

発育環は糸状肺虫に類似している．しかし，虫卵は排出される前に孵化することはほとんどなく，排出後数時間で孵化する．病原性は強くない．

2．変円虫上科

Metastrongyloidea

口は退化または痕跡的，しばしば 6 個の口唇で囲まれている．交接嚢は多少とも退化し，なかにはこれを欠くものもある．交接嚢の肋は程度の差はあるが，融合がみられる．肺の気道あるいは血管に寄生する．発育環の知られているものでは中間宿主がある．

豚肺虫

***Metastrongylus elongatus*（syn. *M. apri*）**

豚，イノシシの気管支，細気管支に寄生する．また，めん羊，牛，シカなどの反芻動物，ごくまれにヒトにも寄生がみられる．分布は世界的．日本でも往年の豚肺虫感染率はきわめて高かったが，現在では養豚業態，とくに豚舎構造に改変があり，これに伴って中間宿主の生息環境が変化し，豚肺虫の感染は急速に減少してきている．なお，豚の肺虫には本種のほかに *M. pudendotectus*，*M. salmi*，*M. asymmetricus* などもあるが，日本では代表種として *M. elongatus* のみを考えておけばよい．

[形　態]

雄は 11 ～ 25 mm，雌は 30 ～ 42 mm で乳白色．口囲には 6 個の小さな唇あるいは乳頭がある．交接嚢は比較的小さい（図 4.76）．交接刺は糸状で 4.0 ～ 4.2 mm，先端は単鉤に終わる．副交接刺はない．雌の後端は腹側へ彎曲している．陰門は肛門直前に開く（図 4.77）．

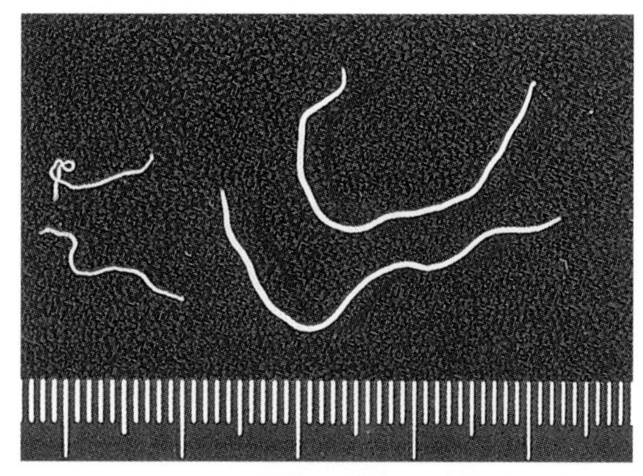

図 4.76　豚肺虫の成虫［平原図］
左 2 匹は雄　右 2 匹は雌

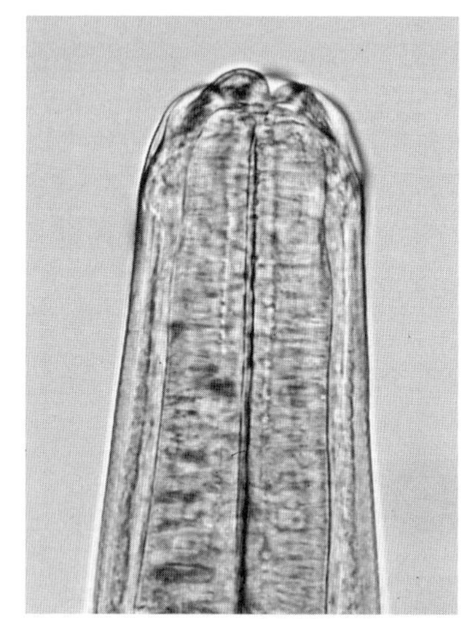

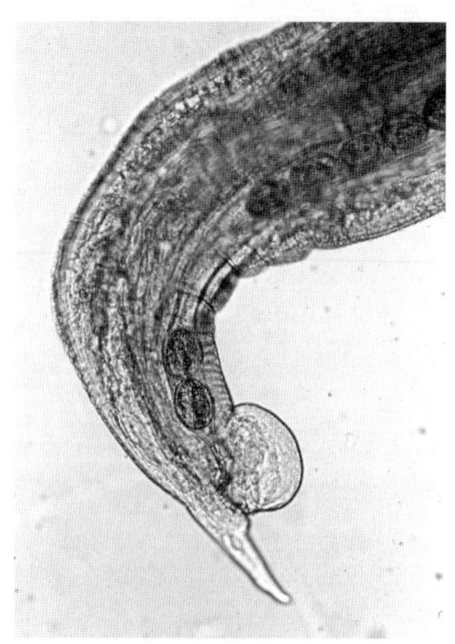

図 4.77　豚肺虫［笠井原図］
上：頭部　下：雌の尾部

子宮内虫卵には大小2型がある．小型卵は楕円形で45～57×38～41 μm，卵殻は厚く表面は粗く，やや黄色を帯びている．このために産卵時にすでに形成されている卵内のL_1は透視しにくい．これが通常糞便中から検出される虫卵である（図4.78）．一方の大型卵は円形で無色，大きさは約100×80 μmで卵内の幼虫は透視される．大型卵は脆弱で，気管分泌物中や喀痰中には認められるが，糞便検査で検出されることはほとんどない．これは排泄過程で破壊されるためと考えられているが，詳細は明らかでない．

[発　育]

外界に排出された虫卵は，湿度のある環境下では数か月も生存しうる．この間にミミズ類（日本ではおもにシマミミズ）に摂取されると砂嚢で孵化する．孵化した幼虫は250～300 μm，消化管は不透明な顆粒で満たされ，後端は強く彎曲し，尾端の膨隆したL_1で，砂嚢壁を穿通し，以後はおもに食道および前胃壁の血管内で発育し，通常約10日以内に2回脱皮して被鞘L_3になり，およそ520 μmに達して感染性をもつに至る．被鞘L_3は最終的にはミミズの心臓と食道壁に蓄積され，ミミズ体内で3か月以上も生存しうる（図4.79）．実験的には7年に達したという記録もある．

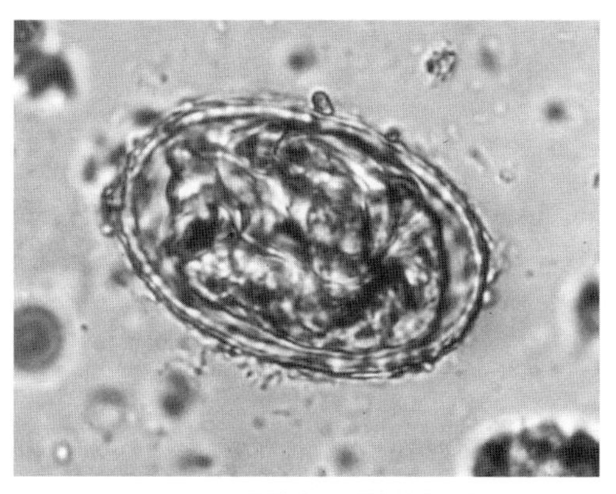

図4.78　豚肺虫卵［笠井原図］

自然界で幼虫が積極的にミミズから離脱することはないが，ミミズが死亡，損壊した場合には幼虫が遊離する．そしてこの幼虫は湿潤環境下では2週間くらいは生存しうる．

豚がミミズを摂取すると，被鞘L_3は脱鞘して小腸粘膜へ穿入し，乳糜管（にゅうびかん）を経てリンパ節に至り，3回目の脱皮を行う．L_4は［リンパ管⇨心臓⇨肺動脈⇨毛細血管⇨［破壊］⇨肺胞］という経路で肺に至る．ここで4回目の脱皮があり28～31日で成熟する．土壌中の遊離幼虫を摂取しても同様の経過をたどる．糞便中には約1か月で虫卵が検出されるようになる．虫体の寿命は8～12か月．

[病原性]

感染した幼虫は，肺で循環器系から呼吸器系へ移動する．当然，この際に組織の破壊が伴っている．このために肺には出血点の散在または密発が認められる．気管支または細気管支に寄生・発育するようになれば，気管支炎を起こす．管内には虫体および排泄分泌物，虫卵などのほかに，炎症による粘稠な浸出物が貯溜して気道を閉塞している（図4.80）．このために吸気は入りうるが，呼気の排出が阻害されることになり，肺葉の末梢には吸入された空気が滞留し，限局性の気腫を起こす．剖検時に肺周縁部の小葉性肺気腫として認められる病変である（口絵㉔）．ちなみに，豚肺虫は牛肺虫よりも細い気管支を好んで寄生する傾向がある．牛肺虫はかなり太い気管にも寄生する．

豚肺虫症においても免疫の成立は認められているが，この方面に関する研究は，牛肺虫症の免疫研究よりも少ないように思われる．両者を比較すれば，豚肺虫のほうが免疫獲得現象の発現はやや弱い．ワクチンに関する研究も，実験段階で有効性が実証されるにとどまっている．

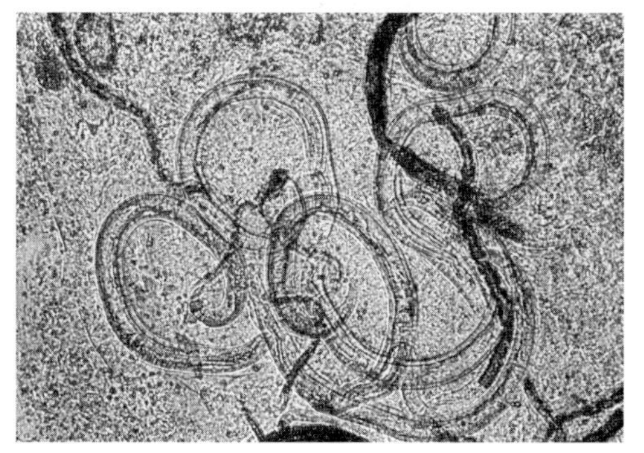

図4.79　豚肺虫・シマミミズ体内の感染幼虫

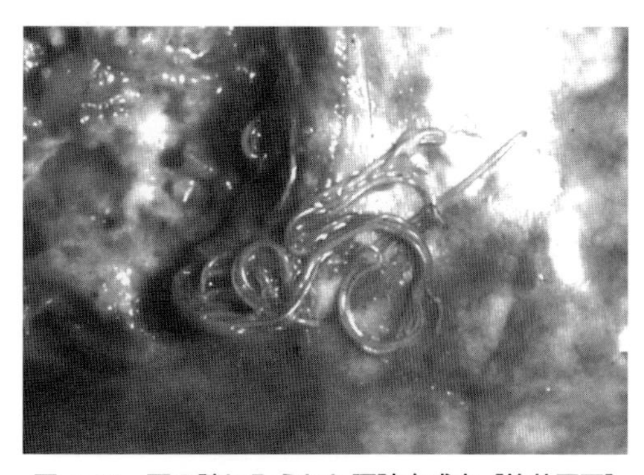

図4.80　豚の肺にみられた豚肺虫成虫［笠井原図］

Nematode transmission

Shope (1941 ～ 43, 1955) は "The swine lungworm as a reservoir and intermediate host for swine influenza virus (1 ～ 5)" というタイトルの一連の研究論文を発表して非常な注目をひいた．さらに，豚コレラに関する同様趣旨の論文が 2 編ある．このように，線虫類の幼虫や虫卵がほかの病原体を媒介するという現象は，ほかにも知られている．"ヒストモナスと鶏盲腸虫" の関係はその好例である．しかし，現在では Shope の説に対する否定的な見解もあり，逆に SEP（豚流行性肺炎）との関連を積極的に考える人もある．真の媒介・伝播か，あるいは発症の誘因になるのか，論議の分かれるところである．少なくとも，合併感染によって症状が増悪されることは常である．また，実験的に犬回虫の移行幼虫によって脳血管に機械的な損傷を受けたマウスは，脳内接種によって継代されている日本脳炎ウイルスの実験室株の非脳内接種によって感染が成立することが証明されている．すなわち，移行幼虫による組織の機械的な損壊が当該組織親和性ウイルスなどの感染を容易にし，発症を促す事実はしばしば指摘されている．補足ながら，寄生虫の感染・侵入に際して，虫体が細菌類を随伴することはよく知られている事実である．

［症　状］

顕性感染は生後 3 か月未満の幼豚に多発するが，成豚では少ない．症状はもっぱら慢性カタル性気管支炎に起因する発咳である．実験感染であれば 7 ～ 10 日ころからの発咳が認められる．咳はとくに運動後に激しい．重症例では呼吸困難に陥り，栄養障害，貧血，削痩などが続発する．

［診　断］

個体および集団診断としての虫卵検査と，豚舎の汚染調査としてのミミズからの幼虫検査がある．さらに，臨床症状および発咳誘発試験を含む臨床的検査がある．

(1) 虫卵検査

一般に糞便内の虫卵密度が低いため，豚肺虫卵を検出することは概して困難である．集卵法で 1 ～ 2 個の虫卵が検出された場合は，30 匹以上の成虫寄生が予想されるという．浮游集卵法には，比重 1.20 のショ糖液，硫酸亜鉛液などの使用がすすめられている．また，単に静置するよりも軽い遠心操作を加えるほうがよいともいわれている．

(2) 幼虫検査

豚舎内または周縁に生息するシマミミズの保有する幼虫を検索し，幼虫の有無によって豚舎の汚染の有無を推定することを目的にしている．ほとんどの幼虫は，いわゆる心臓部に集まっているため，70％アルコールに浸漬して殺したミミズの心臓部をとり出し，2 枚のスライドグラスに挟んで鏡検する．幼虫は L_1 ～ L_3 の範囲にわたっている（口絵㊾）．またミミズは，多くの線虫類の虫卵を嚥下，消化管内で孵化させることができるので，多種類の幼虫を保有していることがしばしばある．あらかじめ豚肺虫幼虫の形態的な特徴を心得ておく必要がある．

(3) 臨床的検査

発咳を主体とする症状に疫学的な考察を加えれば，かなりの程度までの推定は可能になる．このような場合にレバミゾールを投与すれば，陽性豚では数分以内に強い発咳があり，ときには喀痰を排泄することもある．この現象は豚肺虫症にみられる特有な反応といわれている．レバミゾールによる死滅虫体を排出するための咳で，喀痰中には虫体が認められる．

［治療・駆虫］

ベンズイミダゾール系薬剤（フルベンダゾールの 5 ～ 10 mg/kg × 3 日），イミダゾチアゾール系薬剤（レバミゾール 5.0 mg/kg）が効能効果の承認を得ている．詳細は総論「5.2 駆虫剤」を参照．

［予　防］

豚舎の環境・施設改善によるミミズの撲滅，豚舎内への侵入防止が予防の要になる．したがって，豚肺虫症はミミズの生息を許容する旧式豚舎で発生しやすく，ミミズの生息しにくい乾燥したコンクリート床，順調な発酵をなしている発酵オガクズ豚舎では発生しにくく，発生は減少しつつある．

犬肺虫
Filaroides hirthi, F. milksi

F. hirthi は本来，野生のイヌ科動物（たとえば，オオカミ），スカンク，イタチなどの寄生虫であったが，比較的近年になって，飼い犬や実験用ビーグルに寄生していた例が知られるようになってきた．実験用ビーグルの感染は，Hirthi（1973）によって初めて報告され，注目されたものである．さらに，テキサスからヨークシャーテリアの感染例が報告された．日本においてもビーグルから（1982），続いて *F. milksi* が 3 か月齢のポメラニアンから（1983）検出されている．

F. hirthi は *F. milksi* のシノニムであるとする説もあるが，表 4.9 に示すようにわずかな差異が記録されている．

猫肺虫
Aelurostrongylus abstrusus

世界中のほとんどの地域の猫の肺に寄生している

表 4.9　*Filaroides hirthi* と *F. milksi* の比較

	Filaroides hirthi	*Filaroides milksi*
体長：雄 雌	2.3 ～ 3.2 mm 6.6 ～ 13.0 mm	3.4 ～ 4.4 mm 10.9 mm 以上
虫　卵 糞中 L_1	80 × 38 μm 240 ～ 290 μm	84 × 47 μm
感　染	直接 L_1 経口感染	左に同じ
病原性	通常は不顕性感染，反応は軽度	反応は左より強く，致死例もあった

が，日本における実態は明らかではない．

雄は 4 ～ 5 mm，雌は 9 ～ 10 mm．体型は非常に細い．交接嚢は短く，分葉は不明瞭である．交接刺は 130 ～ 150 μm で，形態は単純．陰門は後端近くに開口する．虫卵は約 80 × 70 μm.

[発育環]

成虫の寄生部位は気管末端である．ここで産出された虫卵によって気管末端には小結節が形成され，発育，孵化し，幼虫が脱出する．L_1 は約 360 μm，気管を上昇して消化管へ入り，糞便中に排泄される．外界における L_1 の生存可能期間は約 2 週間で，カタツムリやナメクジ類を中間宿主として必要とする．中間宿主体内で 2 回脱皮し，L_3 を形成する．さらに，カエル，トカゲ，あるいはげっ歯類や鳥類などを待機宿主とすることもある．

L_3 が宿主に摂取されると，胃から腹腔・胸腔を経て 24 時間以内に肺に達する．虫体が完熟し，幼虫が検出されるには約 1 か月を要する．寄生期間は 4 ～ 9 か月というが，2 年という記録もある．

[病原性]

通常，病原性は強くない．典型的な病変は，胸膜下の径 1 ～ 10 mm の堅く隆起した灰色を呈する結節である．これらはときに癒合したかなり大きなものもみられる．重感染では，肺表面に黄色のクリーム状の病巣が形成され，胸腔には虫卵や幼虫を多量に含む濃厚なミルク状の胸水が貯溜し，死に至ることもある．肺を切開すれば，急性期にはミルク様浸出物がみられ，慢性期になれば石灰化が認められる．

病性の本質は，粟粒性・間質性気管支肺炎である．そして平滑筋の小動脈血管筋層の肥大・増生があり，さらには気管支および肺胞平滑筋の肥大をきたしているという．このため，海外で猫にしばしばみられる，いわゆる特発性肺動脈炎には猫肺虫感染が大きくかかわっているという警告がある．

[症　状]

発咳，くしゃみ，鼻汁などの呼吸器症状がある．呼吸困難, 呼吸促迫もある．重症では発咳のほかに下痢，削痩が続発し，死に至るものもある．さらに重篤な感染を受ければ，多量な産卵による閉塞を起因として急性死する場合もある．確実な診断は糞便内幼虫の検出によってなされる．

[治療・駆虫]　豚肺虫に準ずる．

その他の肺虫

Crenosoma 属の各種の線虫が食肉動物や食虫動物に寄生するが，獣医学においてはイヌ科動物に寄生する *Crenosoma vulpis* の重要性が高い．特に毛皮用のキツネにおける被害が問題となる．本虫は世界的に分布するが，日本ではあまり話題にならない．イヌ科動物の気管，気管支または細気管支に寄生し，発咳や頻呼吸などの呼吸障害を起こす．ナメクジなどの陸生貝類を中間宿主にとり，終宿主への感染は第 3 期幼虫が寄生した陸生貝の摂取により起こる．本虫は卵胎生で，終宿主の新鮮便中には第 1 期幼虫がみられる．

広東住血線虫
Angiostrongylus cantonensis

ドブネズミやクマネズミなどのクマネズミ属の肺動脈，ときに右心室に寄生するため，“rat lung worm” とよばれている．ヒトに感染すると幼虫が中枢神経系を侵し，好酸球性髄膜脳炎をひき起こすことで知られている．この疾患は太平洋諸島ならびに東南アジアに広く分布している．すなわち，初めて発見された台湾をはじめとし，ミクロネシア，メラネシア，ポリネシアの諸島，ニューカレドニア，ハワイ，タヒチなども含まれ，タイ，インドなどにも存在している．日本では沖縄で散発したほか，2，3 の県で疑いがもたれていた．

この疾患の原因になる広東住血線虫の存在は，日本では 1964 年に沖縄県西表島のドブネズミから発見され，続いて宮古，石垣諸島から，さらに札幌市のドブネズミからも検出された．そして現在までに，全国の港湾地区のドブネズミ，クマネズミから散発的な検出報告がなされている．

[形　態]

雄は 20 ～ 24 × 0.3 ～ 0.4 mm，雌は 25 ～ 33 × 0.4

～ 0.6 mm で細長い．雌は，血液が充満した暗赤色の消化管を白色の子宮がらせん状にとり囲むために，肉眼的に明瞭ならせん模様が観察される．頭端は鈍円を呈し，口嚢はなく，食道は短い．雄の尾端は腹側に弯曲し，その先端には小さな交接嚢がある．交接刺は 2 本でほぼ同長，かなり長く 1.0 ～ 1.2 mm．虫卵はほぼ 70 × 45 μm で，未分割卵として寄生部位の肺動脈内に産出され，毛細血管に栓塞する．EPDPF は約 15,000 と推定されている．

［発　育］

毛細血管内ですみやかに発育し，幼虫が形成され，約 6 日で孵化し，肺胞内へ脱出する．肺胞から気道を経て消化管へ移行し，外界へ排出される．外界における L_1 の抵抗性はかなり強く，1 ～ 2 週間は生存しうる．L_1 は中間宿主に経皮的あるいは経口的に侵入する．

中間宿主は陸産・淡水産の巻貝類，ナメクジ類の 50 数種である．なかでももっとも重視されているものは，マダガスカルを原産地とするアフリカマイマイという食用にもなる大型の陸産の貝である（図 4.81）．日本では沖縄，奄美，小笠原などに生息しているが，本来は輸入禁止動物である．さらに，日本に生息するナメクジ，および外来生物であるスクミリンゴガイ（ジャンボタニシ）にも自然感染が認められている．なお，テナガエビ，カニ，カエルなどが待機宿主になる場合もある．

中間宿主体内では主として筋肉に寄生する．7 ～ 9 日後に第 1 回目の，さらに 5 ～ 7 日の成長を経た後に第 2 回目の脱皮を行い，二重の被鞘をかぶった体長約 500 μm の被鞘 L_3 が形成される．

中間宿主は終宿主あるいは待機宿主に摂取される．

被鞘 L_3 が終宿主（ネズミ）に摂取されると，小腸で脱鞘し，腸壁へ穿入し，血管またはリンパ系に入り，以後は血行性に心臓⇨肺⇨心臓⇨大循環⇨全身，とくに脳に集まる．

図 4.81　アフリカマイマイ

感染 4 ～ 6 日後に脳で 3 回目の脱皮，L_4 になり，クモ膜下腔に集まる．そして感染 7 ～ 9 日後に 4 回目の脱皮を行い，体長 1 cm 強の幼若虫になる．その後，静脈へ侵入して心臓へ移行し，感染 1 か月で肺動脈に達する．プレパテント・ピリオドは約 40 日．

ヒトの広東住血線虫症・好酸球性髄膜脳炎（eosinophilic meningoencephalitis）：ヒトに感染した場合も脳への移行があり，組織破壊がある．このために，侵襲された部位によっては特有な神経症状を呈することになる．多くは 1 か月くらいで回復するが，後遺症を残す場合もあり，また死亡する場合もある．ただし，ヒトでは虫体は成熟しない．

I　開嘴虫類

Family Syngamidae　　開嘴虫科
　Sabfamily Syngaminae
　Sabfamily Stephanurinae

気管開嘴虫

Syngamus trachea

英語で開嘴虫を“gapeworm”といい，開嘴虫症を単一語で“gapes”という．症状である『あくび』に由来している．鶏，七面鳥，キジ，ホロホロ鳥，ガチョウほか種々の鳥類の気管粘膜内に雄の頭部を深く挿入して寄生する．分布は世界的．

［形　態］

虫体は新鮮時には明るい赤色を呈している．雌は 5 ～ 20 mm であるのに対し，雄はかなり小さく 2 ～ 3 mm，成熟した 1 対の雌雄虫体が常に Y 字型に結合している．口腔はカップ状で開口部は広く，キチン質の太いリングで囲まれている（図 4.82）．基底部には 6 ～ 10 個の三角形の小歯がある．交接嚢は小型で短い．交接刺は太短く等長で 53 ～ 82 μm．虫卵は 70 ～ 100 × 43 ～ 46 μm で，一端はやや肥厚し，小蓋がある．交接嚢の下から 16 分割卵として放出される．

［発育環］

虫卵は気管から喀出，咽頭から嚥下されて糞便とともに排出される．適温（24 ～ 30℃）適湿下では 3 日で L_1 が形成されるが，野外では通常 1 ～ 2 週間かかる．幼虫は卵内でほぼ 7 日の間に 2 回脱皮するが，被鞘をそのままかぶっているため，被鞘 L_3 が形成されることになる．15℃以下では発育せず，30℃以上では胚が死ぬ．L_3 包蔵卵は野外環境に対する抵抗性が強く，鶏などの宿主になる鳥類への感染源になる（直接感染）．虫卵はときに外界で孵化し，L_3 が遊離するこ

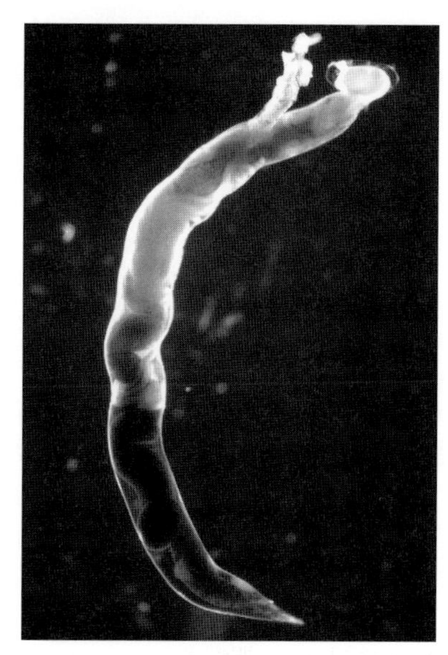

図 4.82　気管開嘴虫［板垣原図］

ともある．しかし，この L_3 は抵抗性が弱く，早晩死滅する．

孵化 L_3 あるいは L_3 包蔵卵がシマミミズに摂取されると，幼虫はシマミミズの消化管を貫通して諸組織で被嚢し，あるいは体腔に遊離した状態で寄生し，保有される．このような働きはシマミミズのほかに数種のミミズ類も有している．ミミズ体内の被嚢幼虫は数か月，場合によっては年余にわたって生存しうる．そして，重複感染によって，感染幼虫が蓄積される．

前述したように，L_3 はミミズ類に摂取され，その体内で被嚢して終宿主への感染機会を待つ．しかも，ミミズ体内で幼虫は発育することはない．終宿主はこれら幼虫保有ミミズを採食しても感染が成立する（間接感染）．すなわち，ミミズ類は待機宿主の役割を果たしているわけである．待機宿主にはミミズ類のほかにナメクジやハエの蛆（うじ）などかなり広い範囲のものも想定されていたが，現在では否定的になっている．

宿主に摂取され消化管内で脱鞘した L_3 は，腸壁の細静脈に穿入し，以後，血行性に肝臓を経て6時間くらいで肺に達する．肺で静脈系から肺胞へ移行し，3日以内に3回目の脱皮を行う．L_4 は口腔が発達してくる．感染1週間で最後の脱皮が行われ，幼若虫になると同時に気管・気管支で雌雄が結合する．その後，約3週間で成熟を遂げ，産卵がはじまる．

［病原性］

重感染では，肺の斑状出血，浮腫，ときには肺葉性肺炎をひき起こす．虫体は気管粘膜に吸着して吸血するために，カタル性気管炎を起こし，浸出した多量の粘液が気道を閉塞して呼吸困難をきたす．雄は前端部を気管壁深く挿入し，結節を形成する．

［症　状］

幼齢のものほど感受性が高い．成鶏やホロホロ鳥は抵抗性がある．七面鳥は老弱を問わず感受性があり，本来の固有宿主であると考えられている．

特徴的な症状は，気管に粘液性の炎性浸出物が貯溜するために起こる呼吸困難や窒息によるものである．罹患鶏は頭を振立てて咳込み，頸（くび）を伸ばし，嘴（くちばし）を開き，あくびをするような様態を示す．このときに窒息，あるいは進行性の衰弱，極度の貧血があれば死に至る．

［診　断］

上記した特徴的な症状と虫卵の検出により診断する．虫卵はきわめて大型であるが，一応 *Capillaria* との鑑別を要する．また，粉餌給与の常として，コナダニ類の虫卵にも注意しておく必要がある．できれば，試料鶏の剖検により虫体を確認することが望ましい．

［治療・駆虫］

駆虫には，ベンズイミダゾール系薬剤（例：チアベンダゾール 50 〜 200 mg/kg 飼料混合または強制投与），イミダゾチアゾール系薬剤（例：レバミゾール 20 〜 30 mg/kg）．

［予　防］

実際の感染は，待機宿主を通じての間接感染が主体になっている．常在地であってもバタリーでの発生はほとんどない．DD 剤（1, 3-dichloropropylene と 1, 2-dichloropropane の合剤）などによるミミズの駆除は有効である．

その他の開嘴虫類

Mammomonogamus 属の線虫が哺乳類の気管や気管支に寄生する．*M. laryngeus* および *M. nasicola* はカリブ海諸国，中南米，東南アジアやアフリカの反芻家畜にみられる．また，これらの線虫のヒトへの寄生が主に中南米から100例以上報告されている．ヒトへの感染源は第3期幼虫形成卵あるいは孵化した第3期幼虫と考えられ，これらを偶発的に摂取して感染する．ミミズ類やナメクジなどの陸生貝類が待機宿主の役割を果たしている可能性があるとされる．これらの線虫の他に，*M. ieri* がカリブ海地域の猫から報告されている．

豚腎虫
Stephanurus dentatus

豚腎虫は熱帯，亜熱帯地方に分布し，豚の腎臓周囲の脂肪組織，腎盂，輸尿管壁に寄生する．偶発的に肝臓およびほかの腹腔臓器，さらにまれには胸腔臓器，脊髄腔にみられることもある．また，稀有な例として，牛，ロバの肝臓から認められた報告もある．日本では戦後の一時期におもに福島県以南で認められたが，気象的条件および管理技術の向上を背景に，現在では産業上の話題にはなっていない．排出された虫卵は日本の冬季の寒冷に耐えられないといわれている．南方暖地の野生イノシシに関する情報は不明である．

［形　態］

雄は 20 ～ 30 mm，雌は 30 ～ 45 mm．虫体はかなり太く，雌では 2 mm にもなる（図 4.83 上）．虫体は体表のクチクラを通して内部が透視しうる．口腔壁は厚く，カップ状を呈し，周縁にはわずかな小葉状構造物と 6 個の肥厚部からなる歯環があり，口腔底部には 6 個のとがった歯が認められる．交接嚢は小さく，肋は短い．交接刺はだいたい等長で，長さは 0.66 ～ 1.0 mm である．陰門の位置は肛門に近い．虫卵は楕円形で卵殻は薄く，通常胚細胞が 32 ～ 64 に分割した状態で尿中に排出される．無色で，大きさはだいたい 100 × 60 μm である（図 4.83 下）．虫卵は粘着性に富み，検尿器具に付着しやすい．このことを虫卵検査にあたって注意しておく必要がある．

［発育環］

成虫は，腎臓に近接して，輸尿管に連なって形成されたシスト内に寄生している．そして虫卵は尿中に排出される．発育の適温は 26℃で，外界に排出された 32 ～ 64 分割卵は早急に幼虫を形成し，24 ～ 36 時間で孵化するに至る．その後 4 日の間に 2 回脱皮し，2 度目の被鞘をかぶった L_3 が形成される．虫卵も，全期の幼虫も，冷凍，さらに乾燥には弱い．L_3 は湿潤状態にあれば 5 か月は生存しうるが，大部分は 2 ～ 3 か月で死滅する．

宿主への感染は経口的・経皮的に行われる．また，シマミミズが待機宿主になりうる．L_3 はミミズ体内で数週間にわたって生存し，蓄積される．

経口感染の場合，L_3 は感染直後に消化管内で脱鞘し，約 70 時間後に胃壁内で 3 回目の脱皮が行われて L_4 になる．経皮感染の場合には皮膚穿通時に脱鞘し，腹筋中で脱皮して L_4 になる．L_4 では口腔の発達が認められる．以後，経口感染 L_4 は門脈経由で 3 日以降に，経皮感染 L_4 は血行性に肺を経て，大循環から 8 ～ 40 日で，いずれも肝臓に達する．移行幼虫は感染後 3 か月以上も肝実質内を迷走し，最終的には腹腔に出る．その後，輸尿管壁に穿入し，細管で輸尿管に通路をもつシストを形成する．

一般に，移行幼虫は柔組織へ穿入する傾向が強く，諸処に迷入する．たとえば，経皮感染した幼虫の一部は肺の毛細血管に残り，肺で被嚢し，一部は胸腔に出る．一方，腹腔に達したものでも，すべてが腎周囲に達するわけではない．脾臓，腰筋などに侵入するものもある．妊娠豚では胎盤感染も認められている．虫体の成熟には 6 ～ 9 か月を要する．

［病原性］

経皮感染により，侵入部位に浮腫やリンパ節の腫脹を伴う結節を形成することがあるが，この病変は通常 3 ～ 4 週間で自然消失する．肝臓内移行幼虫によって急性肝炎が惹起される．組織的な障害は豚回虫感染の場合よりも激甚で，潰瘍の形成，広範な肝硬変，癒着などが起こる．

成虫による病害はあまり明らかではない．雌雄 1 対が直径 0.5 ～ 4 cm のシスト・嚢胞を形成し，そのなかに緑色の膿とともに寄生している．ときには輸尿管に肥厚をきたし，慢性症ではほとんど閉塞されていることもある．

［症　状］

感染初期の一過性の皮下結節が，宿主に影響を及ぼすことがある．たとえば，下腿前部の結節は脚の硬直を招く．後軀の麻痺も記録されている．一般的な障害は，増体率の低下，食欲の喪失，削痩などである．肝硬変があれば，腹水の貯溜が著しい．

［診　断］

虫卵検査はかなり困難である．採尿，虫卵の粘稠性などの技術的な問題のほかに，寄生部位の問題がある．もちろん，幼虫期には検出されない．有病地では血清

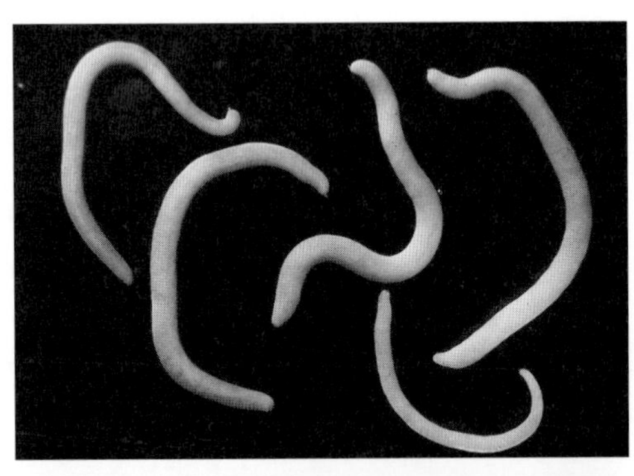

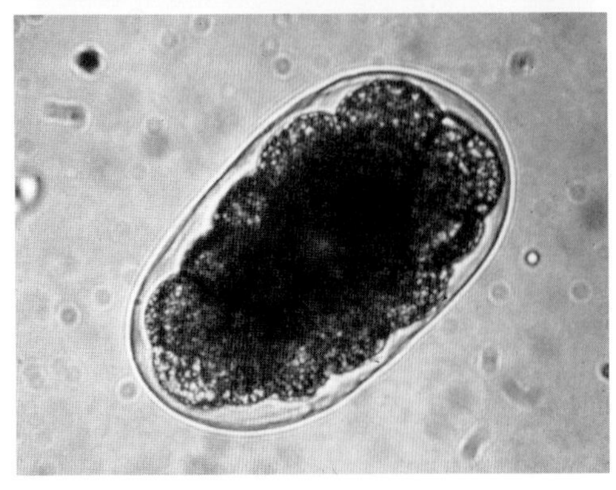

図 4.83　豚腎虫
上：成虫　下：虫卵

学的診断法が試みられている．また，幼虫の寄生期には好酸球が顕著に増加することが知られている．

[治療・駆虫]

駆虫には，ベンズイミダゾール系薬剤（例：フェンベンダゾールの経口投与，または飼料添加），イミダゾチアゾール系薬剤（例：レバミゾール 5.0 mg/kg），マクロライド系薬剤（例：イベルメクチン 0.3 mg/kg）．

4.5 糞線虫類

飼育形態に特有の糞線虫症がある．たとえば，肥育仔牛にみられる乳頭糞線虫症（突然死症候群）であり，また，いくつかの例が知られている実験用ビーグルにおける集団発生例である．いずれも飼育密度と飼育環境の湿度が発症にかかわる．

糞線虫の最大の特徴は，有性生殖を行う自由生活世代と，単為生殖を行う寄生世代との世代交代（heterogony）がみられることである．自由生活世代虫体の食道は筋性で，末端に有弁食道球を備えている（ラブディティス型，R 型：rhabditiform）のに対し，寄生世代虫体の食道は明らかに細長い管腔状（フィラリア型，F 型：filariform）を呈している．この 2 つのタイプは幼虫世代にもみられる．両世代の各発育期虫体の食道の特徴を次のように整理する．

(1) 寄生世代成虫

寄生世代の成虫はすべて雌で，フィラリア型の細長い食道をもっているため“F 型雌成虫”とよばれている．食道は虫体前方約 1/3 ～ 2/5 を占めている．

(2) 自由世代雌成虫

ラブディティス型の食道をもつために“R 型雌成虫”とよばれる．前者よりも太短い．

(3) 自由世代雄成虫

食道はラブディティス型で“R 型雄成虫”とよばれる．交接嚢をもたず尾端が腹面に弯曲する．交尾後まもなく死ぬ．

(4) R（ラブディティス）型幼虫

第 1 期および第 2 期幼虫はすべて R 型幼虫である．R 型 2 期幼虫が第 3 期幼虫になるに際しては 2 つの方向がある．① R 型の 3 期，4 期，5 期へと進み，自由生活世代の雌雄成虫になり，交尾・産卵によって次世代を産生する方向である．すなわち，36 ～ 48 時間という短時間内に 4 回の脱皮が連続して行われる．② R 型 2 期幼虫が脱皮して F 型 3 期幼虫になることで，外界で 2 回の脱皮が行われ，感染幼虫が形成される．自由生活世代の親虫が産出した“虫卵から孵化した幼虫”も RL_1 ⇨ RL_2 ⇨ FL_3 と成長し，感染力をもつに至る．①，②いずれの方向をとるかについては未解決な点も多いが，後述する．

(5) F（フィラリア）型幼虫

上記②の場合の第 3 期幼虫は F 型で感染性を有し，終宿主に感染する．感染後は F 型の 4 期，5 期と進み，F 型の寄生世代の雌成虫になる．F 型 3 期幼虫は外界においては，これ以上発育することはない．なお，自家感染の場合の第 3 期幼虫も F 型である（図 4.84）．

間接感染が自然界におけるもっとも普通な発育様式で，適温は 20 ～ 35℃であろうと考えられている．この範囲を超える異常な高温，あるいは低温では直接感染が起こりやすいといわれている．しかし，この現象に関与する要因は温度のみではなく，湿度をはじめ，あらゆる物理･化学的環境条件，たとえば栄養成分量，虫体密度なども影響しているのであろうと考えられている．いずれも外界環境の悪条件が直接感染の誘因に

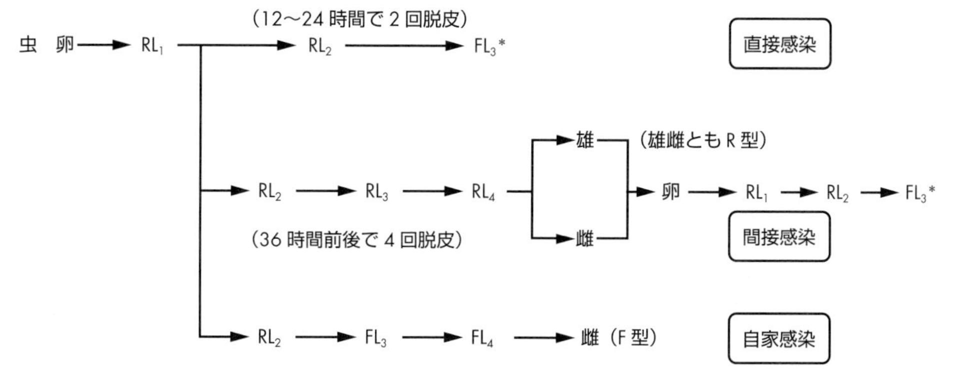

図 4.84　糞線虫発育模式図

＊　直接感染，間接感染とも FL_3 は感染幼虫で，終宿主へ経皮感染．以下，FL_4 を経て F 型の寄生世代雌成虫になる．感染後は体内移行，2 回脱皮，約 2 週間で成熟．

注）虫卵が，桑実胚期またはオタマジャクシ期幼虫を包蔵する段階で排泄される種類と，寄生・産卵が行われた小腸上部ですぐに孵化し，RL_1 として外部へ排泄される種類とがある．いずれの様式をとるかは種によって決まっている．

なっているようである．実験的には系統差もあるようである．真の原因についてはまだ解明されていない．自家感染は宿主に便秘や免疫力低下などがある場合に起こるといわれ，けっして頻繁に起こるものではないと理解されている．しかし，肛門周囲が汚染されている場合には，肛門周囲で FL_3 への成育は可能であり，その部位で経皮感染が起こりうる．これを自家再感染（autoreinfection）または自家直接経皮感染というべきで，狭義の自家感染（autoinfection）とは区別される．しかし，実際的な見地から自家感染の自家再感染とをあえて区別せず，広義の自家感染と解釈し，とくに過剰感染（hyperinfection）ということもある．汚染畜舎における過密飼育状況下では心しておくべき現象であろう．感染の重症化を招来することになる．

［補］糞線虫に近縁で桿線虫目に属する線虫には自由生活性のものが多い．このことは，自由生活型虫体が有性生殖を行うという糞線虫の発育環と無縁ではないであろう．

糞線虫

Strongyloides stercoralis

熱帯から温帯にかけて，高温多湿な地域に広く分布している．ヒトの糞線虫症は，日本では九州南部，沖縄に散発があるという．往年は炭坑で発生した記録がよくみられた．宿主はヒトのほかに多種の霊長類，さらには犬，猫に及ぶ．犬ではかつて実験用ビーグルの間に集団発生がみられた記録がある．犬は猫よりも好適な宿主であるようである．寄生部位は十二指腸および空腸上部の粘膜内である．

［形態・発育環］

各発育期の形態を図 4.86（p.269）に示した．寄生世代の成虫はすべて雌である．雄の寄生はみられない．フィラリア型（F 型）の特徴として全体的に細長く，食道は単純な長円筒形の管腔で虫体の前方 1/3 ～ 2/5 を占めている．虫体はきわめて小さい（2 mm 強）．単為生殖を行うために不必要な受精嚢を欠く．子宮内の虫卵は 50 ～ 58 × 30 ～ 34 μm で，卵殻は薄い．産出されるとただちに発育を開始し，数時間で孵化した RL_1 が腸管腔内にみられ，排泄されるようになる（図 4.87）．

自由生活世代の雌成虫はラブディティス型（R 型）で，食道は筋性で太短く，中央および末端に膨隆部があり，とくに末端の膨隆部には Y 字型の弁を備えている．フィラリア型に比べて太短い．尾端は細くとがり，陰門は体中央部腹面に開いている．

雄成虫も雌同様ラブディティス型であるが，やや小さい．尾端は腹面に向かって巻いている．交接刺は 2 本，導刺帯（副交接刺・副刺）が 1 本ある．

上記 3 種成虫の体長・体幅を表 4.10 にまとめて示す．

直接，間接のルートを問わず，形成された FL_3 に形態的な相違は認められない．虫体は細長く，体長 0.6 ～ 0.7 mm で，体前半部は食道で占められている．

［病原性・症状］

一般には幼若動物の感染が多い．とくに幼犬では強い病原性が発揮されるという．病原性は，①感染幼虫の経皮感染時に惹起される皮膚病変，②体内移行経過

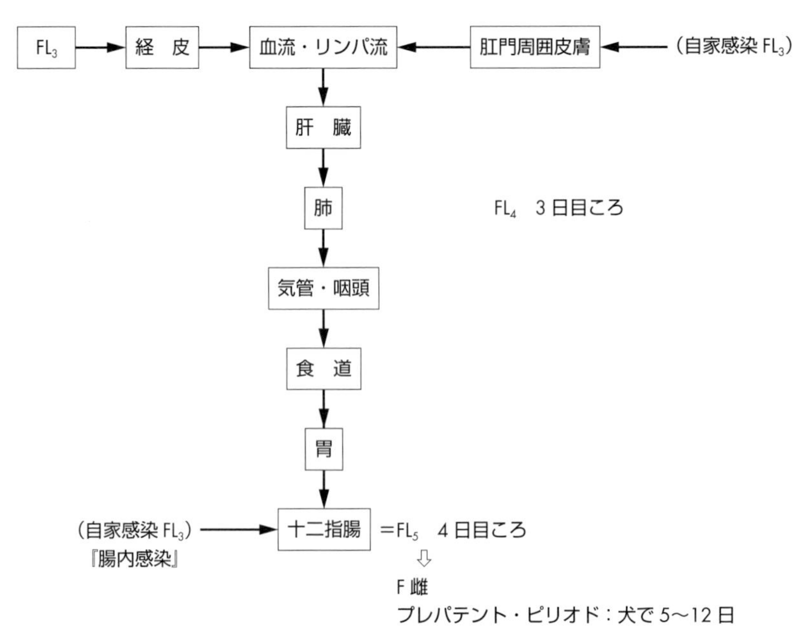

図 4.85　糞線虫の体内移行経路

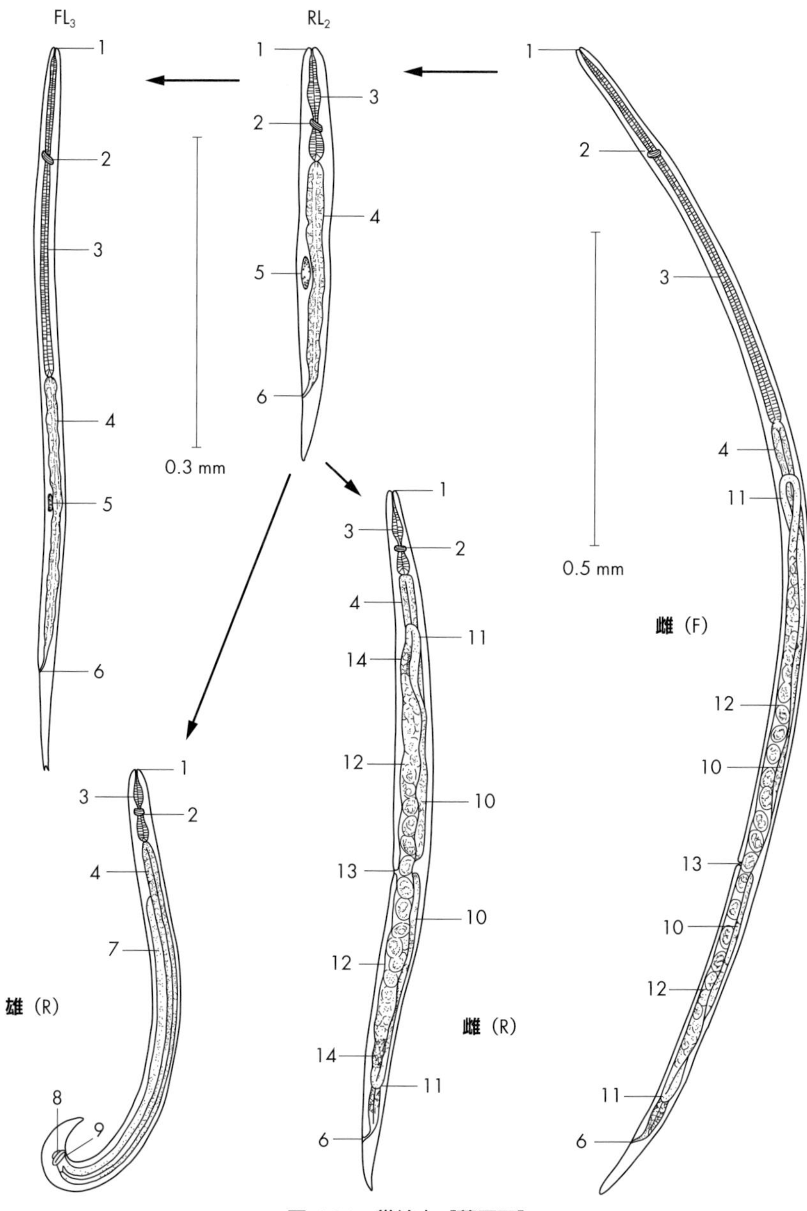

図 4.86　糞線虫［藤原図］
1：口腔　2：神経輪　3：食道　4：消化管　5：生殖原基　6：肛門　7：精巣　8：交接刺
9：総排泄孔　10：卵巣　11：輸卵管　12：子宮　13：陰門　14：受精嚢
RL_2，FL_3 は同倍率．雌（F），雄（R），雌（R）同倍率

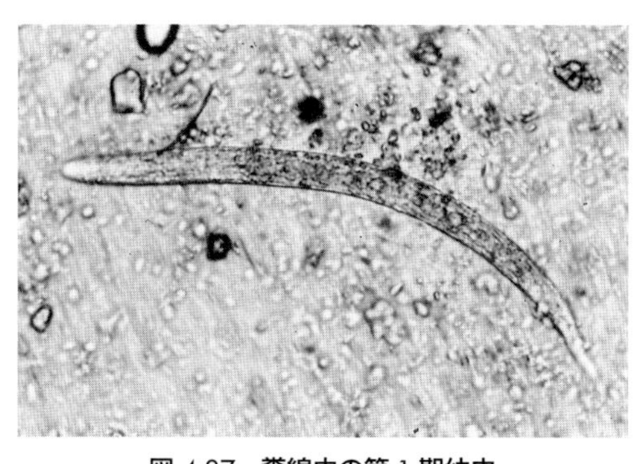

図 4.87　糞線虫の第 1 期幼虫

表 4.10　糞線虫成虫の大きさ

	体長（mm）	体幅（μm）
寄生世代　雌	2.0 ～ 2.5	30 ～ 50
自由世代　雌	1.0 ～ 1.7	50 ～ 75
同　　上　雄	0.7 ～ 1.0	40 ～ 50

に伴う病変，③成虫感染による小腸粘膜の病変，および④自家感染に伴う二次病変などの成因として発揮される．さらに乳頭糞線虫症については，該当項で別に補足する．

①通常，初感染ではほとんど目立たないが，感染が反復されれば，痒覚や紅疹を伴う皮膚炎を起こすことが犬で知られている．また乳頭糞線虫 FL_3 の大量感染を受けた仔牛では，掻痒による体表の擦過傷や脱毛，蹄冠部の痒覚（患部をなめ，ひっかく），紅疹，糜爛（びらん），痂皮などが観察されている．

②体内移行経路を図 4.85（p.268），4.88 に示す．

体内移行幼虫により，肺の毛細血管が損傷を受け，急性限局性気管支炎を主体とする呼吸器障害が発生し，発熱，発咳などがある．

③成虫は，十二指腸および空腸上部のリーベルキューン腺に深く侵入しているため，粘膜上皮の損傷，腺細胞壊死，小円形細胞浸潤，小血管拡張などの炎症性反応がみられる．過剰感染があれば侵襲部位は消化管全域に及び，粘膜の炎症は糜爛（びらん）から潰瘍にまで進行することがある．組織学的にはリンパ濾胞の腫大，筋層に及ぶ幼虫の侵入像が認められる．したがって，顕著な消化器症状が発現する．一般に幼若動物の感染が多い．とくに幼犬では高い病原性が示される．主徴は下痢，重感染では出血性下痢である．通常，消化器症状は前述の呼吸器症状よりも 1 週間くらい遅れて発現する．脱水，貧血，衰弱などがあり，さらに悪液質，昏睡に陥れば予後はよくない．

④自家感染に伴う二次病変とは，腸管腔内で成長した FL_3 が腸管壁を穿通する際に，随伴する腸内細菌の作用が加わってくることで，糞線虫固有病変の増悪ばか

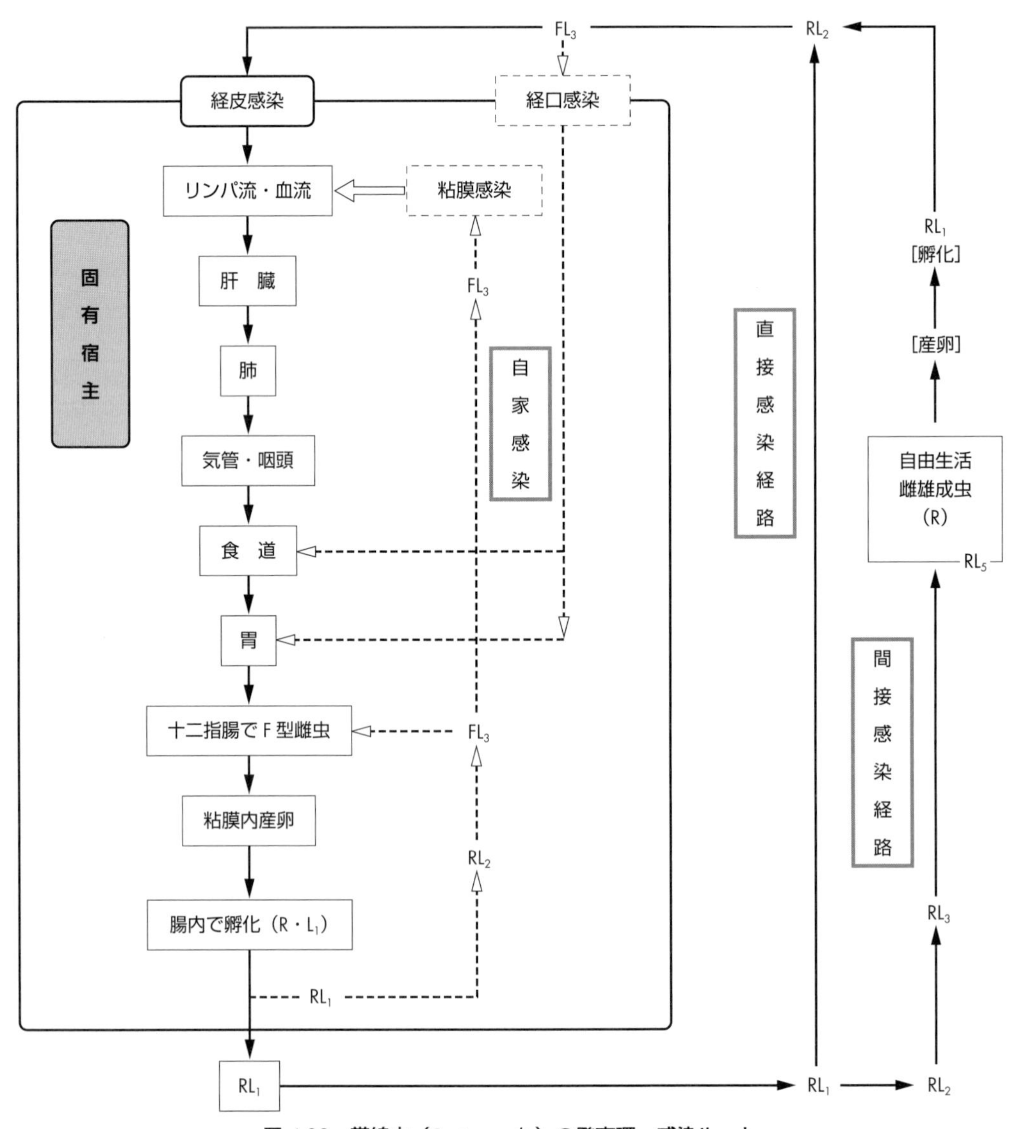

図 4.88　糞線虫（*S. stercoralis*）の発育環・感染ルート

りでなく，細菌感染による病変の加味も考慮される．

[診断・駆虫・予防]

本来,糞便中からはRL_1が検出されるはずであるが,激しい下痢の場合には，虫卵が混入してくる場合もある．犬・猫の場合，猫糞線虫（*S. planiceps*）は虫卵として排泄されることが特徴であること，さらに犬では*Filaroides*属の肺虫が幼虫を排出することなどを考慮しておく必要がある．

駆虫にはマクロライド製剤（イベルメクチンなど），イミダゾチアゾール製剤（レバミゾール），ベンズイミダゾール系製剤などが試みられている．

予防は自由生活世代糞線虫は外界において適当な湿度を要求するので，感染源殺滅のためには，環境の日照，乾燥保持が最良な手段になる．FL_3も寒冷，乾燥，直射日光などに対してはかなり弱い．犬の糞線虫症は“kennel disease”といわれるように，犬舎内の温度と湿度がその蔓延を助長している場合が少なくない．

猫糞線虫
Strongyloides planiceps

この糞線虫は，マレーシアの*Felis planiceps*から発見され，猫で長く継代された後に*Strongyloides cati*と命名され,のちに*S. planiceps*と改められたものである(表4.11，図4.89)．日本ではプードルからの検出例が報告されている．

豚糞線虫
Strongyloides ransomi

往年は梅雨期に不潔豚舎で多発し，広く“ランソン桿虫”という名で知られていた．生後2～3か月まで，とくに1か月齢の幼豚に多い．また，分娩直後のものでもかかることがある．豚糞線虫では後述する胎盤感染が知られている．分布地域は熱帯，亜熱帯．日本でも温暖地に多い．

[形　態]

寄生期のF雌は3.5～4.5 mm × 54～62 μm．食道は体長の1/5～1/4．外界へは幼虫包蔵卵で排泄される．虫卵は45～55 × 26～35 μmの楕円形で，卵殻は薄い．FL_3の体長は約500 μm，食道は全長のほぼ半分を占める．FL_3は被鞘を欠き，外界環境の影響を受けやすい．たとえば，乾燥には20分，－15℃では一昼夜で死滅する．

[感染経路]

経皮感染のほかに経口感染，乳汁感染および胎盤感染が考えられている．しかし，経口感染はFL_3が消化器粘膜を穿通する経粘膜（皮）感染を行っているものと解釈されている．FL_3は酸に弱く，胃を通過しえず，事前にFL_4になっている必要があるわけである（図4.85参照）．乳汁感染は，虫卵陰性豚の乳腺細胞内にFL_3が多数認められ，かつ仔豚に感染があった事実から確実視されている．胎盤感染も実証されている．通常の感染から成熟までの期間は4～8日という短時日である．

[病原性・症状]

(1) FL_3の多数経皮感染が，とくに反復されれば，紅疹と痒覚を伴う皮膚炎が認められる．軽度な場合には無症状，あるいは一過性に経過する．FL_3は侵入に際して1匹あたり1,500以上の細菌を随伴するといわれている．細菌の質と量が，皮膚炎，種々のアレルギー性反応および以後の二次感染に影響することになる．

(2) 感染したFL_3は血行性に全身へ移行し，各臓器の毛細血管に栓塞，血栓形成，あるいは損壊に起因する障害を起こす．もっとも恒常的なものは寄生虫性肺炎であり，発熱，発咳，呼吸異常などの呼吸器症状が現れる．とくに幼豚では顕著である．また，突然死した豚の心臓から，多数の移行幼虫が検出された事例がある．

(3) 成虫は小腸粘膜深くに穿入しているために，多数寄生により粘膜にカタル性病変を惹起し，粘膜に充血や出血があり，薄く脆弱になる．このために下痢，食欲減退，貧血などの結果，発育不良をきたし，いわゆる『ヒネ豚』になり，産業的損失は大きい．しかし，近代的養豚産業で正常管理がなされているかぎり，豚舎床の泥濘化のおそれはほとんどなく，自由生活世代

表4.11　糞線虫と猫糞線虫の比較

	S. stercoralis	*S. planiceps*
体　長	2.0～2.5 mm	2.4～3.3 mm
卵　巣	直線状	かなり捻転
尾　部	漸次細まり比較的長い	急に細まり，短い
排泄時のステージ	RL_1	幼虫包蔵卵

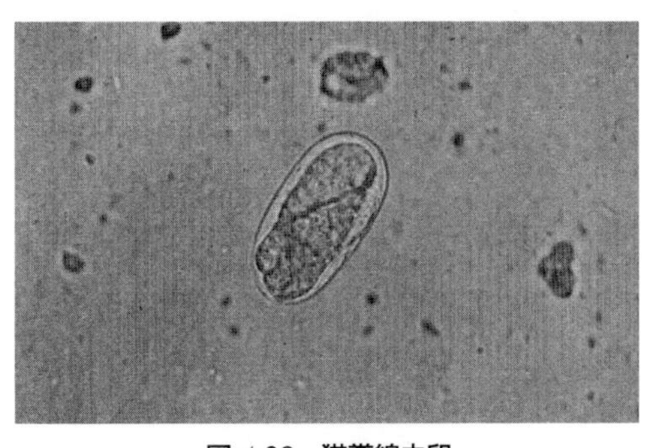

図4.89　猫糞線虫卵

の成虫および FL_3 の生存を困難なものとしている．発生があっても大事に至らず，不顕性，慢性に経過する．諸種感染源の蓄積が憂慮されているオガクズ豚舎においても，豚糞線虫の濃厚感染は確認されていない．

(4) 豚糞線虫では胎盤感染および乳汁感染も起こっている．いずれの場合でも定型的な移行経路はとらない．乳汁感染では初乳吸飲後4〜6日で症状が発現する．主徴は，まず食欲不振であり，ついで持続性の下痢を発し，しばしば出血を伴い，死亡率が50％に達することもまれではない．授乳中の幼豚は，母豚の乳房や乳頭に付着していた FL_3 の経口感染，床や敷料中の FL_3 の経皮感染を受けるが，初乳による感染の頻度がもっとも高いと思われる．

[診断・駆虫・予防]

確診は糞便中の虫卵の検出による．

駆虫については，総論「5.2　駆虫剤」(p.18) を参照．

予防は豚舎の清潔保持，とくに乾燥を保つことが基本になる．

乳頭糞線虫
Strongyloides papillosus

めん羊，山羊，牛，イエウサギ，その他野生の反芻動物の小腸に寄生する．寄生世代の雌は3.5〜6.0×0.05〜0.06 mm．食道長は0.6〜0.8 mm．自由世代の雄は1.0 mm，雌は1.1 mm．虫卵は40〜60×20〜25 μm，無色，楕円形で卵殻は薄い．糞便中には桑実期卵として排出されるが，糞便検査時には内部に幼虫を形成していることが多い（図4.90）．数十分で RL_1 が形成され，6時間で孵化がはじまり，25℃，3日で感染幼虫 FL_3 が完成する．経皮感染が通常の感染ルートであるが，乳汁感染も認められている（図4.91〜4.94）．

世界的に分布し，日本でも普通に認められていた．ただし，その病原性はよほどの重感染でないかぎり症状の発現は軽微，ないしは不顕性なものと考えられていた．わずかに，経皮感染時の皮膚の損傷が，腐蹄症の原因菌の二次感染を惹起するといわれていたにすぎない．

ところが，1980年代から『突然死型乳頭糞線虫症』の病原虫として，多大の注目を集めるようになった．すなわち，従来，原因不明なまま「ポックリ病」とよばれていた仔牛の突然死例に，乳頭糞線虫の濃厚感染

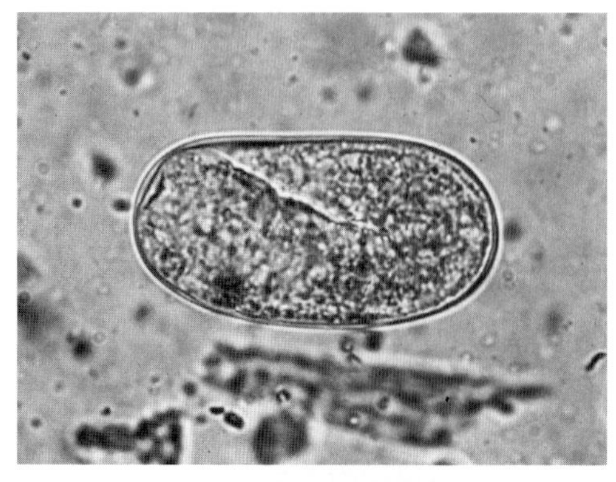

図4.90　糞便中の乳頭糞線虫卵

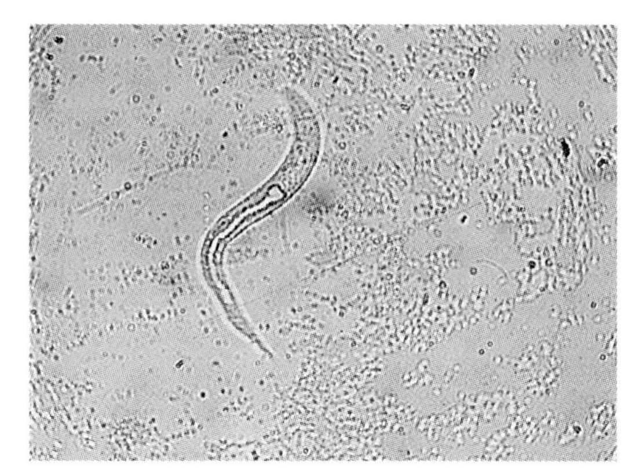

図4.91　乳頭糞線虫卵の孵化直後のR型第1期幼虫［平原図］

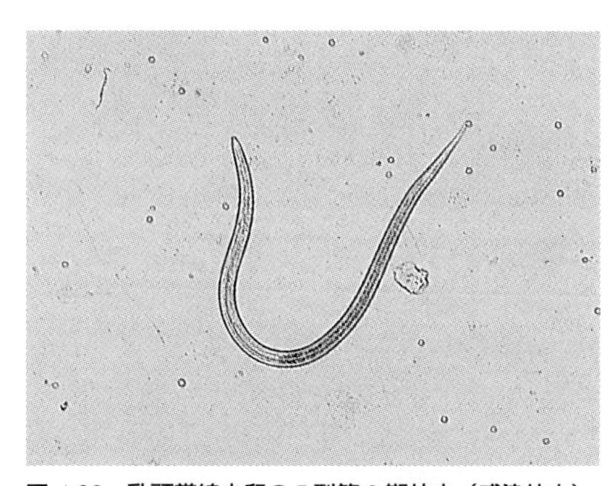

図4.92　乳頭糞線虫卵のF型第3期幼虫（感染幼虫）［平原図］
細長く，食道長は体長の約40%

図4.93　牛の小腸粘膜から採取した乳頭糞線虫の寄生母虫［平原図］

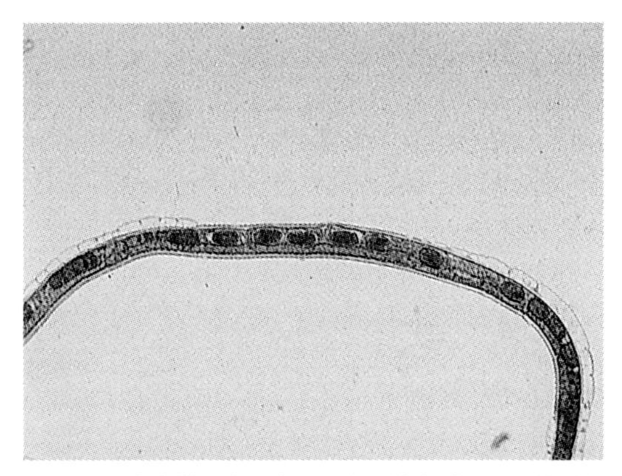

図 4.94　乳頭糞線虫の寄生母虫の拡大（一列に並ぶ虫卵と陰門）［平原図］

が認められ，かつ実験的にも証明され，乳頭糞線虫が原因になって仔牛に突然死をきたすことが明らかになったのである．この疾患は，成虫の異常な多数寄生，すなわち，EPG 値として 10^5 を超える高い値を示すのが特徴になっている．10^4 以上では要注意であるという．5×10^4 になれば突然死例も出るようである．

突然死型乳頭糞線虫症：おもに日本の南西部の温暖地で，夏から初秋の高温期に，一見健常な仔牛が前駆症状もないまま突然転倒し，奇声を発し，数分間で死亡してしまう疾病である．一般検査，ウイルス，細菌検査のいずれでも異常は認められない．この不明疾患は“仔牛のポックリ病”とよばれ，同居牛へも波及する傾向があるため，農家に大きな不安を与えていた．初発は 1978 年であり，乳頭糞線虫の関与が示唆され，解決の糸口がつかめたのは 1985 年のことであった．実証された事実を次に要約する．

(1) 舎飼，パドックで集団飼育する 5 か月齢以下の仔牛に発生する．とくにオガクズ敷料を使用した，ホルスタイン種去勢仔牛を密飼する農場で多発する．

(2) 症状は上記したように甚急性で，発症した場合には手の施しようがない．奇声を発することは苦悶を示すもので，狭心症様発作を思わせるものである．心電図でも心疾患を疑わせる所見が得られている．

(3) 32 万～ 3,200 万の FL_3 を実験感染させた場合，320 万匹を感染させた 1 頭の脳から 2 匹，100 万匹を感染させた 1 頭からは 1 匹の移行幼虫が検出されたにとどまり，突然死と移行幼虫との積極的関係には否定的な所見が得られた．

(4) 実験的に大量の成虫を移植して突然死を再現することができた．すなわち，成虫の多数寄生が突然死を惹起することが明らかになった．

(5) しかし，成虫寄生と心機能との関係は，未解決な問題として残されている．

非突然死型乳頭糞線虫症の症状

(1) FL_3 を蹄冠部や背部に接触させると強い痒覚と発赤，さらに出血がみられ，のちに痂皮の形成があることが実証されている．明らかに皮膚炎を起こしていることは，前述のように，細菌などの二次感染をひき起こし，腐蹄症の誘因になるであろう．FL_3 の形成および活性保持のためには十分な湿度が必要になる．前述したオガクズ牛舎と乳頭糞線虫との関係については，総論「飼育形態にかかわる問題」(p.4) に触れてある．

(2) 体内移行経路を図 4.95 (p.274) に示す．

(3) 重感染の場合，カタル性・出血性腸炎に基づく下痢，粘血便があり，食欲不振，発育不良などもみられる．

［診　断］

(1) 新鮮便を被検試料とする虫卵検査

生前診断の基本になる．方法としては浮游法がよい．とくに定量検査が必要になる場合にはマックマスター法，あるいはその改良法である“O リング法”［平詔亨，消化管内寄生虫検査法，牛病学，第 2 版，88 ～ 91，近代出版 (1988)］がある．前述のように，EPG 値の高い場合にはとくに注意が必要．

(2) 死亡牛を対象とする検査

移行幼虫の検出：肺，下顎筋，および左右前肢筋のそれぞれ 5 g × 2 を主要対象として組織内移行幼虫の游出検査を行う．すなわち，被検組織を細切し，ガーゼに包み，生食水を満たした 50 mL 尖底遠心管 2 本にそれぞれ吊るし，37℃で 3 時間静置し，沈渣を鏡検する．さらに，15 ～ 20℃に一夜静置し，再検査を追加する．

成虫の検査：成虫は小さく数 mm 未満で，しかも腸管粘膜と同色なため，肉眼的にはきわめて紛らわしい．そこで新鮮な十二指腸粘膜をシャーレにとり，生食水に浸漬して実体顕微鏡下で検索するとよい．成虫は腸絨毛よりやや小さく，活発に運動している．

［駆　虫］

ベンズイミダゾール系薬剤（フルベンダゾール 20 mg/kg），マクロライド系薬剤（ドラメクチン 200 μg/kg の皮下注）が認可されている．

［予　防］

重篤な乳頭糞線虫症は前述したように，主として舎飼牛に発生し，放牧牛では軽微なまま経過するのが常である．放牧地における自由生活世代虫体の生存性，FL_3 の経皮感染の頻度・難易性などが影響するのであろう．したがって，予防はもっぱら舎飼牛を対象とすることになる．

敷料・オガクズに対する配慮：通常 7 ～ 10 日間隔で交換されているが，全量交換とし，かつ，この機会

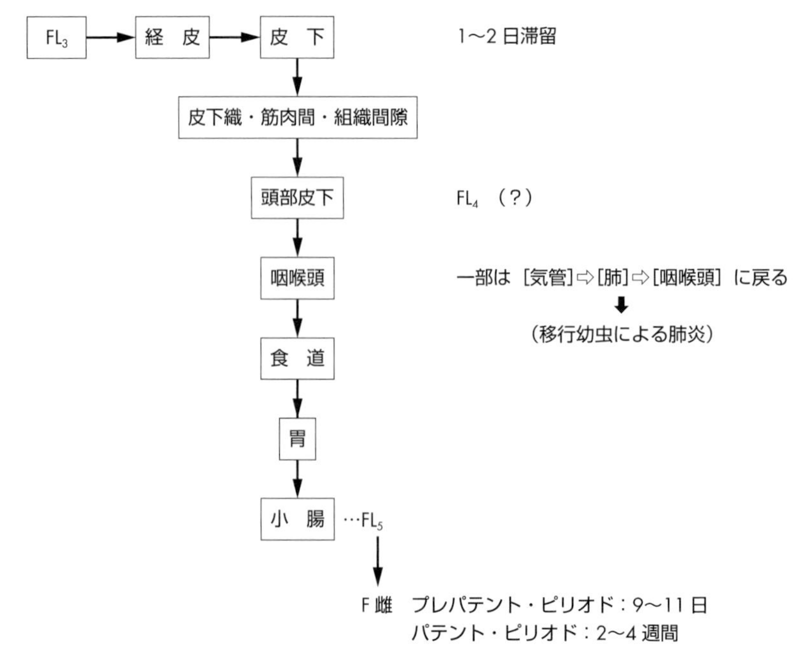

図 4.95　乳頭糞線虫の宿主体内における発育

注）経皮感染後，血行性に体内移行を行うという報告はあるが，平らによれば，乳頭糞線虫は体内移行中に循環器系や頭蓋内，あるいは肝臓，腎臓，脾臓などの実質臓器にはほとんど侵入しないという．乳腺には迷入し，乳汁感染の原因になる．

に洗滌，消毒を徹底すること．

定期検査と一斉駆虫：夏季温暖期には，2 週間間隔でサンプル牛について EPG を測定し，EPG 値が 10^3 に達した時点で当該牛房の全牛を対象に徹底検査，あるいは一斉駆虫を行う．前述したように，EPG 値が 5×10^4 以上で突然死が発生している．

馬糞線虫
Strongyloides westeri

馬，シマウマ，まれに豚の小腸．南九州に存在していたという記録はあるが，比較的近年の軽種馬の剖検記録にはみられない．馬産地の環境・気象条件に関与する問題であろう．寄生世代の雌は 9 mm に達する．食道は 1.2 〜 1.5 mm．虫卵は 40 〜 52 × 32 〜 40 μm．

鶏糞線虫
Strongyloides avium

鶏，七面鳥，野鳥などの小腸，盲腸に寄生．体長は 2.2 mm，食道は 0.7 mm．虫卵は 52 〜 56 × 36 〜 40 μm．不潔鶏舎で突如発生し，そのまま自然消失してしまうことがある．養鶏現場で話題にはなっていない．

ネズミ糞線虫
Strongyloides ratti

宿主はドブネズミ，クマネズミ．継代保持が容易なため，糞線虫の実験モデルとして常用されている．寄生世代の雌は 2.1 〜 3.1 mm で，体幅は 30 〜 38 μm．卵巣は直線状で消化管と平行し，通常 6 〜 8 個の虫卵を包蔵している．虫卵は 53 × 27 μm．

ラットに経皮感染させた場合の体内移行経路はきわめてユニークなものである．すなわち，体内に侵入した FL_3 は皮下組織を上行して頭部に至り，頭蓋底の諸裂孔を通じてクモ膜下腔に移行し，順次，鼻部，副鼻腔粘膜下および腔内に集合し，鼻汁とともに嚥下され，食道，胃を経て小腸上部に定着するという頭部移行経路をとるのである．

ベネズエラ糞線虫
Strongyloides venezuelensis

南北米大陸の野生ネズミから散発的な報告があった．日本では，那覇港でドブネズミから，鹿児島県鹿児島市喜入でクマネズミから検出・分離されている．寄生世代の雌は 2.2 〜 3.5 mm で，体幅は 30 〜 43 μm，食道は全長の約 1/3 を占めている．卵巣はらせん状で，食道・消化管をとり囲んでいる．FL_3 は平均 562 × 18 μm．虫卵の平均は 53 × 31 μm，卵殻は薄く，桑実胚期またはオタマジャクシ期の幼虫を包蔵している．

頭部移行を行わない．また，実験室内継代ではほとんど直接感染のみを行う．これらの特性により，実験モデルとして用いられる．

サル糞線虫
Strongyloides fuelleborni

アジア，アフリカのサルが固有宿主であるが，ヒトにも感染する．国内ではペット用のサルや野生のニホンザルに高率にみられる．寄生部位は十二指腸および空腸上部．卵巣は消化管をらせん状にとり囲んでいる．幼虫包蔵卵として排出される．また乳汁感染も知られている．

ハリケファロブス
Halicephalobus gingivalis

糞線虫と近縁で，本来自由生活性・腐性の線虫であるが，馬やヒトへの偶発寄生例が知られている．虫体は約 350 μm という小型なものであるが，鼻腔，下顎，腎臓の腫瘤から，あるいは脳脊髄などから検出されている．日本では馬の脳脊髄から検出された症例が“脳脊髄線虫症”として報告されている．

4.6 旋尾線虫類

旋尾線虫目 (Spirurida) は旋尾線虫上科 (Spiruroidea) と糸状虫（Filarioidea）上科に大別される．旋尾線虫上科は脊椎動物の消化管，呼吸器系，眼，鼻腔などに寄生する．生活環を完了するために中間宿主を必要とする．

A　眼虫類

日本では，牛に *Thelazia rhodesi*，*T. skrjabini* および *T. gulosa* の 3 種が，犬には同じ *Thelazia* 属の *T. callipaeda* の寄生があり，鶏には *Oxyspirura mansoni* の記録がある．

ロデシア眼虫
Thelazia rhodesi

本来は牛，ほかにめん羊，山羊，水牛などの結膜嚢，瞬膜下，涙管に寄生する．分布は世界的．日本でも全国的にみられる．日常の検査対象になっていないが，精査すれば，放牧牛などから検出されるものと思われる．

[形　態]

虫体は乳白色，クチクラ層は厚く，横軸方向に隆起した環状の皺襞があり，虫体の側縁は鋸歯状を呈している．口腔は大きく，食道は筋肉質でこん棒状．

雄は 8 〜 12 mm，雌は 12 〜 18 mm．交接刺は左右不均等で腹側へ彎曲し，左は 552 〜 804 mm，右は 101 〜 135 μm．子宮内虫卵は 25 〜 30 × 39 〜 43 μm 大．卵胎生で，涙中に被鞘幼虫が産出される．被鞘は壊れやすく，まもなく虫体から遊離するようである．幼虫は 206 〜 245 μm.

[発育環]

中間宿主はノイエバエ（*Musca hervei*），クロイエバエ（*M. bezzii*）である．これらのハエは牛糞をおもな発生源とし，牛体に集まり，涙や傷口からの浸出液をなめとる習性がある．この際，涙とともに眼虫の幼虫が摂取される．ハエ体内で幼虫は 15 〜 18 日後には体長 5 〜 8 mm の L_3 まで発育し，口吻に集まり，ハエが涙をなめとる際に感染する．牛へ感染した後，18 〜 30 日で成熟する．感染虫体の寿命は 6 〜 7 か月といわれているが，1 年を超えるという見解もある．

[病原性・症状]

虫体がしばしば眼球表面を蛇行・移動するため，虫体表面の皺襞による機械的な刺激が角膜損傷をきたし，宿主に異物感を与え，さらに二次感染の原因にもなる．症状は，まず流涙，羞明があり，結膜炎を起こすことからはじまる．病勢が進行すれば目脂（めやに）が増え，結膜の肥厚，角膜の混濁をきたし，放置すれば失明に至ることもありうる．

牛の眼虫症は夏から秋にかけて多くみられる．また，中間宿主のノイエバエ，クロイエバエなどは屋外性のハエであるため，舎飼牛よりも放牧牛の感染率が高い．

[診断・治療]

局所麻酔薬（例：キシロカイン）を点眼して眼瞼を開き，丁寧に検眼して虫体の検出に努めるのも一法であるが，生理食塩液で加圧洗眼した洗滌液を膿盤などに受け，肉眼または弱拡大で鏡検してもよい．丁寧に洗顔すれば，診断・検査がそのまま治療にもなる．

[予　防]

ハエ類に対しては殺虫剤，牛糞に対しては殺蛆剤の適用が予防に連なる．とくに牛糞の処置は，あらゆる病原体を考慮した環境衛生の基本になる．

スクリアビン眼虫
Thelazia skrjabini

日本では北海道，関東地方の一部で牛にみられている．ロデシア眼虫に比べ，体表のクチクラ層は薄く，皺襞は不明瞭である．また口腔は浅く，梯子（はしご）型を呈している．雄は 7 〜 11 mm，雌は 13 〜 21 mm．交接刺は 107 〜 117 および 137 〜 185 μm で，大小比がロデシア眼虫よりも小さい．

中間宿主としてノイエバエが確認されている．

他の項目に関しては，ほぼロデシア眼虫に同じ．

Thelazia gulosa

日本では北海道，東京・青梅および伊豆諸島の一部で認められた．中間宿主はクロイエバエであろうと推定されている．

体表のクチクラ層の皺襞はさらに不明瞭．口腔は大きく深い．雄は6～9 mm，雌は8～13 mmで，小型であるが，交接刺は120～166および840～910 μmでロデシア眼虫に似ている．

他の項目に関しては，ロデシア眼虫とスクリアビン眼虫に同じ．

東洋眼虫
Thelazia callipaeda

パキスタンの犬から見出されたのが初発である．以来，インド，ミャンマー，中国，韓国，日本などに分布していることが認められ，"東洋眼虫（oriental eye-worm）"の名で知られている．日本では，1956年に宮崎県および熊本県の犬から検出されるとともに，熊本県ではヒトからも見出され，一時は人獣共通寄生虫としての関心をよんだことがあった．その後，分布は九州に限られることはなく，かなり広いことがわかってきた．人体寄生例も散発的に報告されている．

[形　態]

虫体は乳白色，体表には環状のクチクラの皺襞があり，虫体側縁は鋸歯状を呈している（図4.96）．雄は7～12 mm，交接刺は長短2本で，左は1.8 mm，右は0.1 mmと著しく異なっている．雌は7～17 mmで両端は細い．食道は比較的短く，その中央やや後方の腹側に陰門が開口する．子宮後半から腟には充満した幼虫が観察される（図4.97）．

虫卵は虫体内で急速に発育し，伸展した卵膜を被覆した被鞘幼虫が形成される．被鞘は損壊・脱離しやすく，産出直後の幼虫は尾部に尾嚢が付着している（口絵⑯）．幼虫は300 μmくらいで，L_1に相当している．

[発育環]

中間宿主は*Amiota*属メマトイの類である．メマトイが涙とともに幼虫を摂取すると，幼虫はメマトイの［消化管⇨生殖器⇨口器］を移行する間に体長2 mmに達するL_3にまで発育する．メマトイの採食（涙吸引）時に感染し，結膜嚢に達し，1か月のうちに2回脱皮して成虫になる．

> **メマトイ**：ショウジョウバエ科（Drosophilidae）の*Amiota*属．日本における東洋眼虫の中間宿主としては，マダラメマトイ（*A. okadai*；従来，*A. variegata*といわれていた．和名はマダラショウジョウバエともよばれる），オオメマトイ（*A. magna*），ナガタメマトイ（*A. nagatai*）の3種が知られている．

[病原性・症状]

異物感，掻痒感，羞明などがあり，結膜炎のために充血，流涙，目脂（めやに）などがみられる．放置すれば慢性結膜炎に移行し，掻傷の悪化があり，角膜の白濁，潰瘍，さらには穿孔から失明に至る場合もある．

[診断・治療]

症状，メマトイの存在などの近隣環境の衛生状況は診断の参考になるが，確診は虫体の検出による．虫体の確認には，瞬膜を反転する必要があるため，全身麻酔下で行われることが望ましい．検出された場合，ただちに虫体を機械的に除去すればそのまま治療になる．

［付］北米のカリフォルニアを中心に，東洋眼虫に類似するカリフォルニア眼虫の寄生例が報告されている．また，世界各地の鳥類で報告されていた眼虫

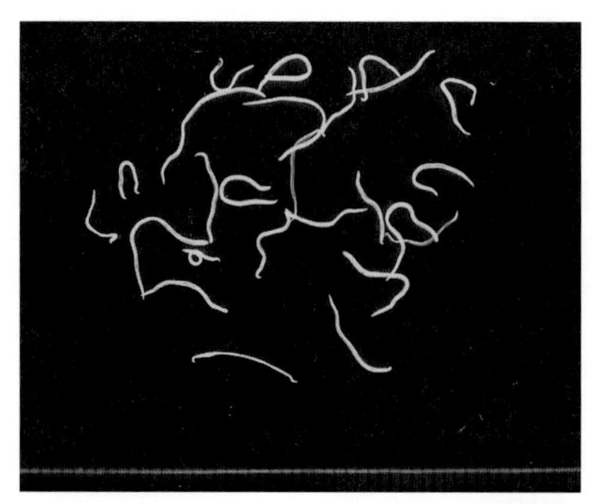

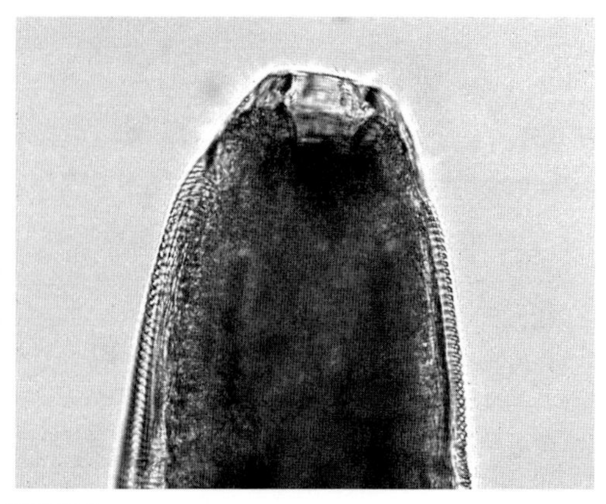

図4.96　東洋眼虫
左：集合成虫　右：頭部

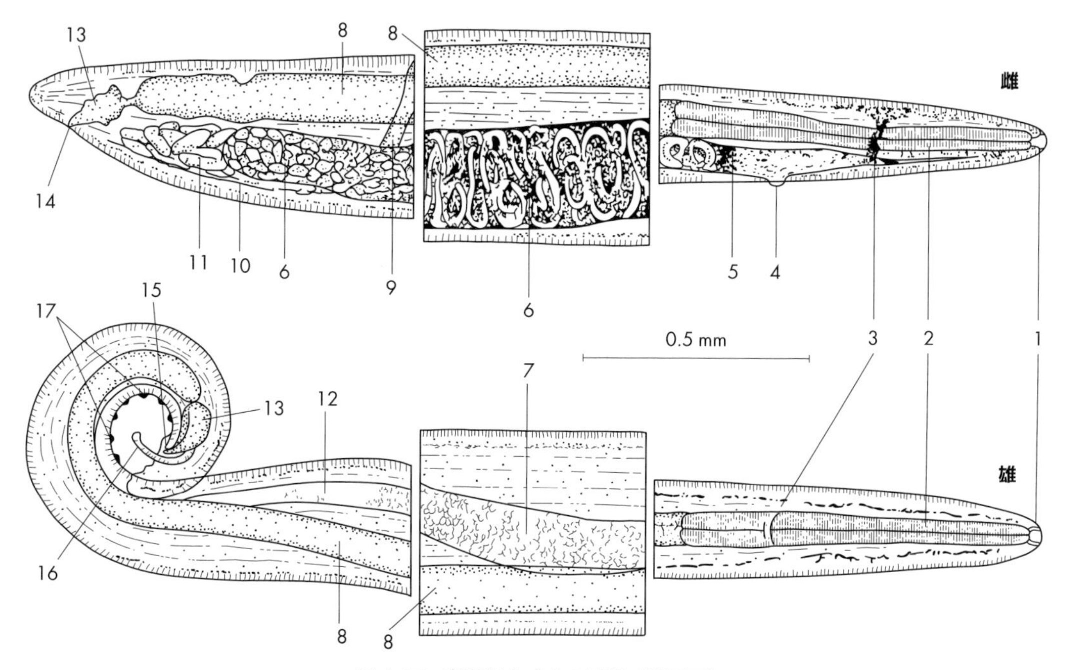

図 4.97　東洋眼虫成虫の形態［藤原図］
体の前部，中央部，および後部を同じ倍率で画いたもの．
1：口腔　2：食道　3：神経輪　4：陰門　5：腟　6：子宮　7：精巣　8：腸　9：卵巣　10：輸卵管　11：受精囊
12：貯精囊　13：直腸　14：肛門　15：総排出孔　16：交接刺　17：乳頭
（中央部の子宮，ならびに腟内にみられるのは幼虫）

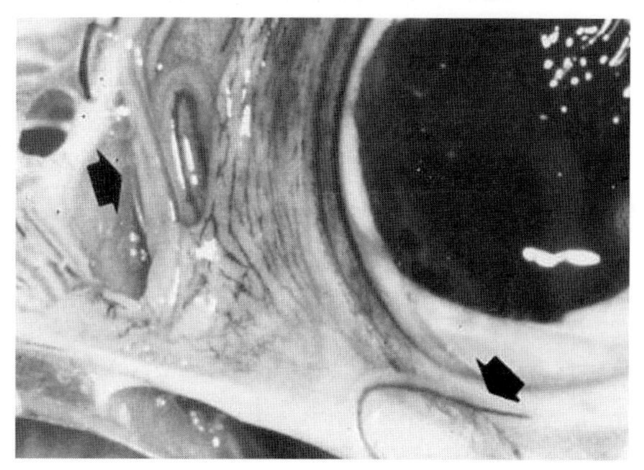

図 4.98　コウノトリに寄生する眼虫［村田原図］

Thelazia aquillina が，近年，日本でも飼育下のコウノトリからみつかっているので（図 4.98 の矢印），鶏のみならず，展示用あるいは愛玩用の鳥類における寄生も懸念される．

マンソン眼虫
Oxyspirura mansoni

分布は世界的であるとされているが，日本の現況は不詳である．少なくとも養鶏現場では話題になっていない．鶏，七面鳥，クジャクなどの瞬膜下に寄生する．

［形　態］

雄は 10 〜 16 mm，雌は 12 〜 19 mm．クチクラ面は平滑，咽頭は中央がくびれ，砂時計状の形状を示している．雄の尾端は腹側に弯曲し，尾翼はない．交接刺は，左は細長く 3.0 〜 3.5 mm，右は約 0.2 mm で太短い．虫卵は 50 〜 65 × 40 〜 45 μm で，産卵時には幼虫を包蔵している．

［発育環］

①虫卵は幼虫包蔵卵として涙中に産出され，涙管を通って宿主の消化管へ入り，糞便に混ざって排出される．②虫卵，あるいは自然孵化幼虫が中間宿主であるオガサワラゴキブリに摂取されると，幼虫はゴキブリ体内（消化管⇨体腔）で発育し，約 50 日で L_3 が形成され被囊する．③終宿主が感染幼虫を保有する中間宿主を捕食すると，筋胃で幼虫が遊離し，［食道⇨咽頭⇨涙管⇨眼球・結膜囊］に達する．約 2 か月で成熟する．これらの点が *Thelazia* 属とは異なっている．

［病原性・症状］

少数寄生例の症状は不明瞭であるが，大量感染では結膜炎を発し，放置すれば全眼球炎を招来する．さらに炎症は涙管から鼻腔にまで波及する場合もある．

B　食道虫類

血色食道虫
Spirocerca lupi（syn. *S. sanguinolenta*）

犬，キツネ，オオカミ，ジャッカル，コヨーテなどのイヌ科動物，およびヤマネコ，ユキヒョウなどの野生のネコ科動物のおもに食道壁，ついで大動脈壁，胃壁などに結節を形成して寄生する．まれに胃内に遊離し，さらにまれにほかの臓器，たとえば肺にも寄生する．分布地域は熱帯および亜熱帯にわたり，日本でも犬からの検出例がある（古く京都，静岡でそれぞれ約200頭を対象とした実態調査で0.8および1.6%という成績がある）．しかし家猫からの例は見当たらない．アメリカでは南部に多いが北部ではまれであるという．

[形　態]

虫体はやや太めで，通常淡紅色を呈している．明確な口唇はなく，口縁は六角形をなす厚い柔組織で囲まれ，内側に分枝して小乳頭を形成している6個の頭部乳頭を備えている．食道は，狭く短い筋性の前部食道と，広く長い腺性の後部食道とに分けられる．

雄は40～50 mmで，尾部はらせん状に巻曲し，尾翼がある．交接刺は，左は245～280 μm，右は470～750 μm．雌は70～80 mmに達する．尾端は鈍円を呈し，末端に1対の乳頭がある．陰門は体前方，食道後端部付近に開く（図4.99上）．虫卵は30～37×11～15 μm，長円形を呈し，卵殻は厚いが無色．産出時にはすでに幼虫が形成されている（図4.99下）．

[発育環]

虫卵は結節の小孔を通じて消化管に入り，糞便中に混合されて排出され，中間宿主である糞食性コガネムシ類（センチコガネ，ダイコクコガネ，タマオシコガネなど；ほかにゴミムシダマシ，ギンヤンマなど）に摂取されてから孵化する．消化管内で孵化したL_1は腸壁を穿通，体腔でL_2，気管などでL_3になり，被嚢する．

(1) 中間宿主による感染

①中間宿主が終宿主に捕食されると，胃でL_3が脱嚢する．

②［胃壁⇨血流⇨大動脈壁］を経て，この間に脱皮したL_4が約3週間で胸部大動脈に達する．

③大動脈に75～90日とどまった後，大部分のものは結合織を貫通して食道に到達する．

一部のものは静脈に入り，諸臓器に達する．

プレパテント・ピリオドは5～6か月．

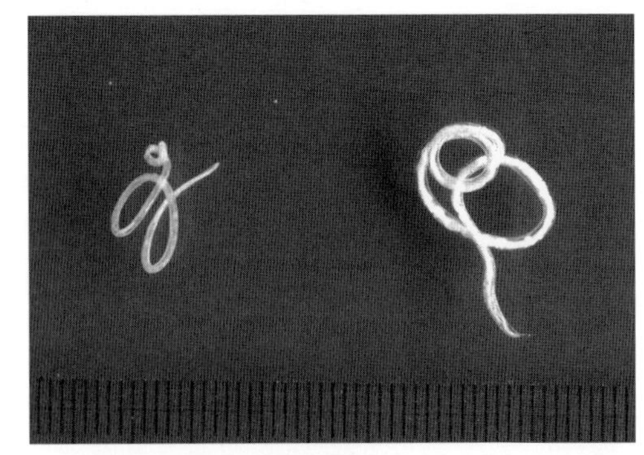

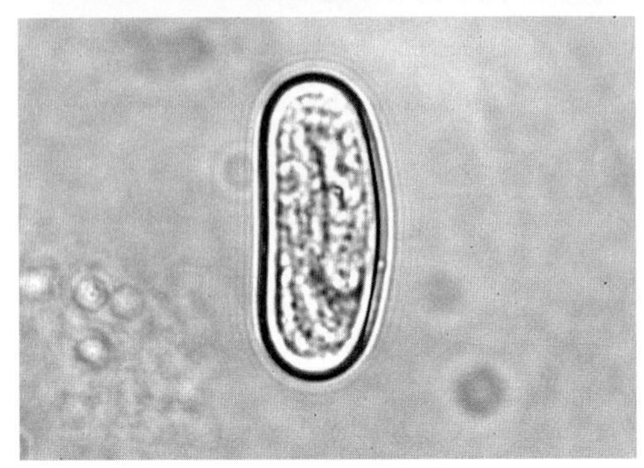

図4.99　血色食道虫
上：雌雄成体　下：虫卵

(2) 待機宿主による感染

①上記の中間宿主が終宿主以外の広い範囲の動物（両生類，爬虫類，鳥類，ハリネズミ，ウサギなど）に捕食されると，これらの動物は待機宿主としての役割を果たすことになり，脱嚢した幼虫は食道，腸間膜などで再被嚢する．

また，待機宿主⇨待機宿主という感染も起こる．海外では鶏の廃棄内臓が犬への重要な感染源になるという指摘があった．

②終宿主が待機宿主を捕食・摂取すれば，以後は（1）と同様の経過をたどって感染が成立する．

[病原性・症状]

(1) 移行幼虫の通過によって，出血，炎症，壊死などが生ずる．多くは急速に回復するが，血管の狭窄が残る．動脈狭窄は循環障害をきたし，ときには動脈瘤の形成，さらには破裂による急性亡血死を招くこともある．胸部大動脈の病変と瘢痕形成が本病の特徴である．

(2) 重感染では食道壁の結節の集塊が大きくなり，内腔に向かって花柄様に突出し，食道狭窄をきたすことになる．食道狭窄は嚥下困難による消化障害をもたらすとともに，持続性の嘔吐も発生する．虫体が吐出された例もある．また食道壁からの出血があり，貧血や喀血が観察される．もし食道の損壊・穿孔が起これば胸膜炎を起こし，致命的な事態に陥る．

(3) 血色食道虫感染に併発する重要な余病に食道の悪

性腫瘍があり，その発生要因として食道虫による病変が疑われている．食道に形成された結節の繊維芽細胞は肧性状を有しているが，悪性腫瘍への変換機転は明らかでない．しかし，これまでのところ，食道の悪性腫瘍罹患犬の大多数には食道虫の感染がみられている．

[診　断]

病巣・虫嚢に消化管への開口があれば，虫卵，ときには虫体そのものが糞便または嘔吐物とともに排出され，検査の対象になりうる．虫卵は猫胃虫卵より小型であるが，形状は類似しているので注意を要する．また虫卵の比重はきわめて大きい（1.36）．X 線検査，内視鏡検査などは狭窄・腫瘤・結節などの検出に有用である．

[治　療]

駆虫剤としてはジソフェノールが有効であるという．ジエチルカルバマジンも有効というが，産卵阻止にとどまるという見解もある．一方，レバミゾールの有効性を唱える向きもある．二次感染を含む結節病巣に対する各種考慮も必要になる．

美麗食道虫
Gongylonema pulchrum

めん羊，山羊，牛，ゼブー，水牛，豚，まれに馬，ロバ，ラクダ，イノシシ，サルなどの食道粘膜，粘膜下織に寄生する．糸で縫ったように絡み付いて寄生しているために“stitch worm”とよばれている．反芻動物では第 1 胃にも寄生がみられる．またヒトでは，口腔あるいは皮下寄生例が知られている．世界のほとんどの地域から検出されており，日本においても北海道，青森県からの報告がある．

雄は 62 mm，雌は 145 mm にも達する．宿主によって大きさは異なるようである．交接刺は，左は 4 ～ 23 mm，右は 0.1 ～ 0.2 mm．副交接刺がある．虫卵は 50 ～ 70 × 25 ～ 37 μm.

中間宿主は糞食性甲虫類，実験的にはゴキブリの一種もなりうる．中間宿主体内で約 1 か月で L_3 が形成される．体内移行に関しては不詳.

C　馬の胃虫

馬には，3 種類の胃虫が知られている．属名・種名に関しては若干の変遷があったが，最近では表 4.12 のように整理されている．

Draschia，*Habronema* 両属の形態上の差異の一部を表 4.13，図 4.100 に示す．

3 種馬胃虫の中間宿主とおもな病害を表 4.14 に，3 種馬胃虫の計測値の一部および虫卵の孵化部位と糞便内に混合排出される発育期を表 4.15 に示した．

[馬胃虫幼虫の病原性]

(1) 顆粒性皮膚炎（dermatitis granulosa）
（夏創：summer sore，**皮膚ハブロネマ症**：cutaneous habronemosis）

ハエの吻から離脱した馬胃虫の幼虫が，皮膚の創傷部位に接触・付着・侵入して円形の肉芽性創面を形成する特有の皮膚炎を惹起することがある．この皮膚炎の特徴は，創面の肉芽の増生が著しく，皮膚面から隆起して多量の粘稠液を浸出し，黄色顆粒を形成することである．病巣からは 3 mm くらいの幼虫が検出される．幼虫周囲には好酸球を主体とする顆粒球の浸潤があり，真皮層には壊死が認められる．症状として激しい痒覚はあるが，痛覚をほとんど欠いているため，患馬は創面を物体にすりつけ，あるいは強く噛(か)んで病勢の悪化をきたすことになる．通常晩春に発生し，盛夏に向かって進行し，秋季には軽快あるいは回復する．発生は世界的にみられる．

顆粒性皮膚炎は，顔面，頸部，鬐(き)甲部，前胸部，四肢，下腹部など，馬具その他による皮膚損傷を有する部位に好発する．実験的には皮膚の損傷部位に幼虫を

表 4.12　馬の胃虫

新	旧	和名	日本国内分布・頻度
Draschia megastoma	*Habronema megastoma*	大口馬胃虫	まれ～少ない（暖地型）
Habronema majus	*H. microstoma*	小口馬胃虫	ほかの 2 種よりも北方，たとえば，関東地方にも
H. muscae	*H. muscae*	ハエ馬胃虫	往年，南九州では普通

注）馬胃虫は熱帯・亜熱帯型の寄生虫で，北海道ではみられない．

表 4.13　*Draschia* 属と *Habronema* 属の形態比較

	Draschia 属	*Habronema* 属
頭部（頭球）	頸部との境界は明瞭にくびれる	頸部とは境界は不明瞭に連なる
口腔・咽頭	漏斗状（下方が細くなる）	円筒状（上下の広さは不変）

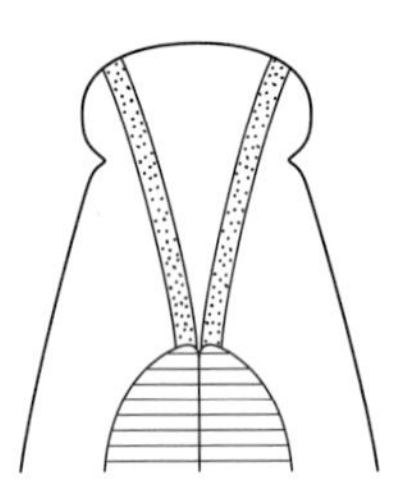

大口馬胃虫
頭・頸部の境界は明瞭．
口腔（囊）は漏斗状

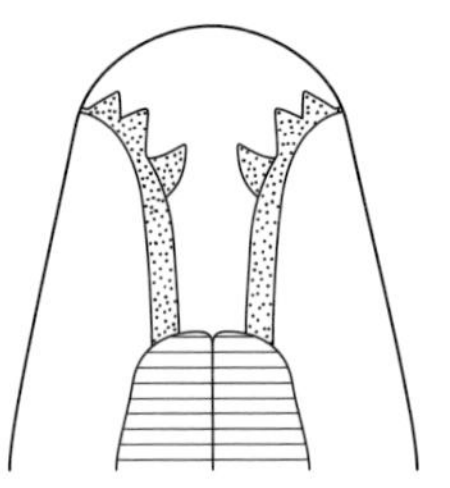

小口馬胃虫
頭・頸部の境界不明瞭．
口腔(囊)は円筒形，上部の背腹に歯状突起

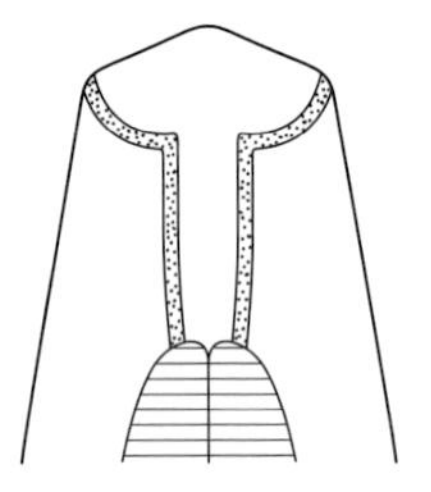

ハエ馬胃虫
頭・頸部の境界は不明瞭．
口腔(囊)は円筒形，前者より細い

図 4.100　馬の胃虫（頭部・口腔）模式図

表 4.14　各種馬胃虫の中間宿主とおもな病害

	中間宿主	おもな病害
大口馬胃虫	イエバエ．ウスイロイエバエなど 実験的にはフタスジイエバエも	成虫は胃壁基底部に瘻管を有し大型の寄生性肉芽腫を形成，囊内に寄生
小口馬胃虫	おもにサシバエ．ノサシバエ，シリグロニクバエ，イエバエなども	胃内腔に遊離寄生，頭部を粘膜へ穿入．慢性胃カタル．ときに潰瘍形成
ハエ馬胃虫	イエバエ．ウスイロイエバエ，フタスジイエバエ，ハラアカイエバエなど	同上．幼虫は顆粒性皮膚炎の原因として3種のうちで最重視されている

表 4.15　各種馬胃虫の計測値

	虫体長（mm）		交接刺（μm）		虫　卵（μm）	おもな孵化部位および糞便内の発育ステージ
	雄	雌	左	右		
大口馬胃虫	7～10	10～13	0.46	0.24	33～35 × 8	馬胃内で孵化した L_1
小口馬胃虫	16～22	15～25	0.76	0.35	45～49 × 16	母虫子宮内孵化の L_1
ハエ馬胃虫	8～14	13～22	2.50	0.50	40～50 × 11	胃内孵化 L_1 または虫卵

接触して感染をはかるわけであるが，未感染馬では発症しにくく，感染馬では発症が容易なことが知られている．免疫学的な因子の関与を示唆するものであろう．

3種馬胃虫幼虫のいずれも病因になりうるが，ハエ馬胃虫が主体をなすものとして重視されている．大口馬胃虫の関与はわずかであり，小口馬胃虫はほとんど関与しないものと考えられている．

(2) 結膜ハブロネマ症（conjunctival habronemosis）

馬胃虫幼虫が眼結膜を侵すことにより，結膜炎を発し，小出血斑，小結節を形成する場合がある．結膜の病変の組織学的所見は，皮膚病変のそれと基本的には同様である．

[馬胃虫症の診断]

(1) 孵化幼虫・虫卵検査

臨床症状は特異的でない．糞便中にはほとんど L_1 として排出されるため，検査にはベールマン法を用いるのがよい．虫卵が混在していても卵殻は破壊されやすく，検出対象は幼虫であると考えてよい．問題は，産卵の絶対数が少なく，糞便中の密度が低くなるところにある．したがって，検出効率はけっしてよくないことになる．

そこで，①空腹時の胃洗滌回収液を検査対象とし，あるいは，②馬糞中にイエバエあるいはサシバエの幼虫（蛆（うじ）：20匹くらい）を入れ，湿度を与え，夏季の温度（30℃くらい）に保ち，7～8日で羽化するハエを解剖し，とくに頭部に留意して幼虫を検索するなどの方法が補助診断法として提案される．

(2) 寄生幼虫

皮膚病巣からの寄生幼虫の検出は概して困難である．検査試料の採取はかなり深く掻爬する必要がある．

[治　療]

(1) 成虫駆虫

日本において現在積極的に推奨されている駆虫方法は見当たらない．マクロライド系薬剤（例：イベルメクチン）の非経口投与が有効であるという見解がある．従来用いられていた駆虫剤の経口投与法は，結節内の虫体，たとえば大口馬胃虫に対する効果が疑われていた．

(2) 皮膚炎の治療

特異的で的確な方法は知られていない.

大口馬胃虫
Draschia megastoma

成虫は馬の胃壁に形成された結節性腫瘤中に，まれに遊離して寄生している．頭部と体部との境界が明瞭にくびれ，頭球を形成している点でほかの馬胃虫とは区別しやすい（図 4.101）．なお，口腔の縦断面は漏斗状を呈していること，側唇は分葉していないこと，側翼があることなども鑑別の補助資料になる．

雄には 4 対の肛門前乳頭がある．

[発育環]

(1) ①虫卵は通常，宿主の胃内で孵化し，L_1（体長：約 110 μm）として排出される．ただし“虫卵は孵化することなく排出され，中間宿主に摂取されるとただちに孵化する”という記載もある（Olsen，1974）.

② L_1 をイエバエの幼虫（蛆）が摂取⇨消化管⇨血体腔⇨マルピーギ管で被嚢形成

[この間に，L_1 ⇨ L_2，一方，ハエは幼虫⇨蛹]

③ 8 日目ころ，ハエは羽化開始．幼虫は被嚢脱出・脱皮⇨ L_3

④ 13 日目ころ，L_3 は口器・吻へ移行.

⑤ 15 日目ころ，L_3（2.5 ～ 3 mm）は感染能完備.

(2) ハエが馬の口唇，創傷面，あるいは湿った皮膚面などをなめる際に L_3 が吻から脱出し，馬体に移る．これらが馬になめとられ，次のように発育する．

⇨口腔⇨食道⇨胃⇨粘膜内へ侵入⇨（約 2 か月）⇨成虫

体内移行は知られていない．なお，飼料や飲料水中に落下したハエの死体も感染源になりうるという.

[成虫の病原性・症状]

成虫は胃の大彎部に大型の肉芽腫を形成する．この肉芽腫には 1 ないし数個の瘻管による開口部を有する房室があり，内にはチーズ状の変性壊死物質とともに虫体が入っている．感染虫体はまず胃粘膜下織へ穿入し，細胞浸潤を伴う薄い肉芽組織に囲まれた結節を形成する．個々の結節がしだいに融合して，大型の腫瘤を形成するわけである．これらの腫瘤が胃内腔に突出してくる結果，機械的な胃の機能障害が誘発されてくる．

症状は腫瘤の大きさや発生部位によって異なってくる．幽門狭窄，胃拡張など，さらには胃穿孔による腹膜炎の発生も憂慮される.

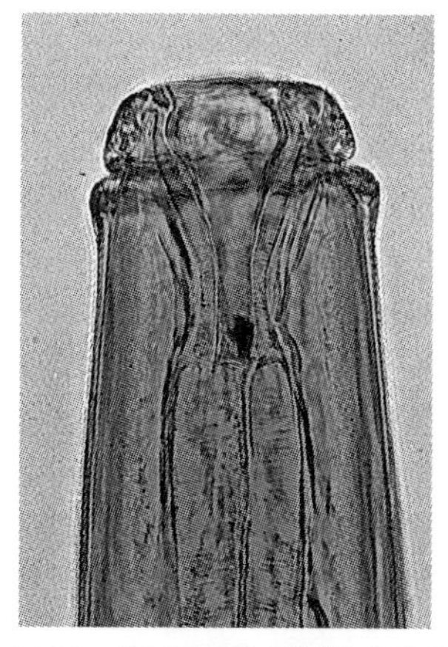

図 4.101 大口馬胃虫の頭部 [平原図]

小口馬胃虫
Habronema majus

世界的に分布している．ほかの 2 種よりもやや大きい．咽頭先端の背腹に小歯がある．側翼は左側のみにある．雄には 4 対の肛門前乳頭がある．左右交接刺の長さはほぼ 2：1.

[発育環]

中間宿主になるサシバエの幼虫が馬糞中の L_1 を摂取すると，前者同様の発育様式をとり，約 20 日で L_3 が形成される．感染し，吻に L_3 をもつサシバエの成虫は吸血困難に陥るが，餌を求めて馬体に飛来する．この際に L_3 が吻から脱出する．以後は他種の胃虫と同様の方式で胃に到達する.

[成虫の病原性・症状]

成虫は胃内腔に遊離し，あるいは頭部を胃の粘膜面に挿入して寄生している．このため多数寄生では慢性胃炎があり，栄養障害から削痩，衰弱をきたし，ときに疝痛を起こすこともある.

ハエ馬胃虫
Habronema muscae

3 分葉した 2 つの側唇をもつ．雄は幅広い尾翼がある．肛門前乳頭は 4 個，クロアカの後方には 1 ～ 2 個の乳頭がある．クロアカ部分はクチクラ質の隆起に覆われている．交接刺の左右の大小比は大きく，約 5：1．陰門はほぼ体中央に開く.

[発育環]

①産卵された虫卵は卵殻が薄く，多くは馬の胃内で脱殻するため，馬糞中には遊離した L_1 が活発に運動していることになる．②この L_1，あるいは，まれには幼虫包蔵卵が中間宿主になるイエバエの幼虫に捕食される．③おもに脂肪組織内で発育・成長し，約 16 日で L_3 になり，口吻に集まる.

[この間に，ハエは幼虫⇨蛹⇨羽化・成虫]

以後は終宿主への感染，感染後の発育の経過などは大口馬胃虫と小口馬胃虫に同じ．
［成虫の病原性・症状］ 小口馬胃虫に同じ．

D　豚の胃虫

類円豚胃虫
Ascarops strongylina（syn. *Arduenna strongylina*）

世界的に分布し，豚，イノシシなどの胃に寄生しているが，近代の養豚産業では，中間宿主との接触頻度から考えて発生しにくいと思われる．日本でもかつては記録されていたが，近年では現場の話題にあがってはこない．

［形　態］

雄は 10 ～ 15 mm，雌は 16 ～ 22 mm．雌雄とも赤色を呈し，左側のみに頸翼がある．咽頭は 83 ～ 98 μm で，咽頭壁は三～四重の肥厚したらせん構造で構成されていることが特徴になっている．右の尾翼は左の約 2 倍．交接刺は，左は 2.24 ～ 2.95 mm，右は 0.46 ～ 0.62 mm で大小比が大きい．虫卵は 34 ～ 39 × 20 μm で，産卵時にはすでに幼虫が形成されている．

［発育環］

中間宿主は糞食性甲虫である．たとえば，マグソコガネ，ウスイロマグソコガネ，マルエンマコガネなどがあげられている．虫卵がこれら中間宿主に摂取されると，その体内で発育し，約 4 週間で体腔に被嚢 L_3 が形成されることになる．なお，トンボ類，その他の食虫性の節足動物，両生類，爬虫類，鳥類，終宿主以外の哺乳類が待機宿主になりうる．

終宿主はこれらの中間宿主または待機宿主を摂取して感染する．体内移行はないが，幼虫は胃粘膜深くにまで侵入して発育し，約 6 週間で成熟する．

［病原性・症状］

成虫は粘膜表面の粘液中に生息しているため，宿主へ強い障害を与えることはほとんどない．多くは無症状，ないしは軽症で経過する．ただし幼豚では，感染量に応じて急性あるいは慢性胃炎がみられることがある．

［診断・治療・予防］

豚の他の消化管内線虫に準ずる．

E　鶏の胃虫

鶏には世界的には多種類の胃虫が知られ，日本でも数種類のものがあげられてはいるが，実態は不明である．現在の産業形態からは，ほとんど問題になりえないように思われる．

次に代表的な種類のみを列挙しておく．

Family Theraziidae　テラジア科
　Gongylonema ingluvicola
　G. crami
Family Acuariidae　アクアリア科
　Cheilospirura hamulosa
　(syn. *Acuaria hamulosa*)
　Dispharynx nasuta　旋回鶏胃虫
　(syn. *Acuaria nasuta*)
　D. spiralis（syn. *A. spiralis*）
Family Tetrameridae　テトラメレス科
　Tetrameres americana
　T. fissispina
Family Physalopteridae　フィザロプテラ科
　Streptocara pectinifera

---

(1) *Gongylonema ingluvicola* および *G. crami* は，いずれも北米，アジア（インド，フィリピン，台湾），オーストラリア，ヨーロッパの鶏から認められている．*G. ingluvicola* の雄は 17 ～ 20 mm，雌は 32 ～ 55 mm．虫体は嗉嚢・食道・腺胃の上皮に穿入・埋没して寄生するので，罹患鶏は粘膜上皮に肥厚，角化を伴う軽度な炎症反応を呈する．虫卵は 50 ～ 58 × 35 ～ 38 μm で幼虫が形成されている．中間宿主はマグソコガネなど種々の甲虫類およびゴキブリ類．

(2) アクアリア科（表 4.16）の特徴のひとつは，頭部から頸部にかけて体表に 4 本の"コルドン（cordon）"という肩章のような紐状構造を有することである．それぞれのコルドンは頭端にはじまり後方に向かい，ほぼ食道と消化管との接合部の前方で反転している．左右交接刺は著しく不等．

食道および腺胃壁に結節をつくり，そのなかに寄生する．胃壁の肥厚，潰瘍の形成などがある．

(3) テトラメレス科（表 4.17）はアクアリア科に類似しているが，①コルドンがない点，②雌雄の形状に著しい相違がある点が特徴になっている．雄虫は白色で糸状，雌は吸血性で赤色を呈し，立体的な紡錘状ないし類球状をなしている．なお，寄生部位はおもに腺胃であり，雄はその腔内に遊離しているが，雌は胃腺内に寄生している．

(4) *Streptocara pectinifera* の頭部には，鋸歯状の前縁をもつ"襟状構造（collarette）"がある．また頸部には，凹面に 5 ～ 6 個の小歯を備えた三日月状の構造がみられる．雄は 4 ～ 5 mm，雌は 6 ～ 10 mm で，筋胃に寄生する．虫卵は 33 ～ 39 × 20 ～ 21 μm で，排出時にはすでに幼虫が形成されている．中間宿主はトビムシ．

表 4.16　アクアリア科の特徴

	体長（mm）		虫卵（μm）［幼虫形成済］	おもな中間宿主
	雄	雌		
Cheilospirura hamulosa	10～14	16～29	40～50×24～27	種々の直翅・甲虫類
Dispharynx nasuta	5～ 8	6～10	33～45×16～25	等脚類：ワラジムシ
D. spiralis	7～ 8	9～10	33～40×18～25	同　上

表 4.17　テトラメレス科の特徴

	体長・体幅（mm）		虫卵（μm）［幼虫形成済］	おもな中間宿主
	雄	雌		
Tetrameres americana	5～6	4～5×3	42～50×24	直翅類，ゴキブリ類
T. fissispina	3～6	3～6×3	48～56×26～30	同上のほかミジンコ*

＊ オカメミジンコ，ヨコエビなどが中間宿主になり，魚類が待機宿主になる．

鶏胃虫症まとめ

(1) すべておもに昆虫類を中間宿主とするため，現代の養鶏形態における発生はほとんどないと思われる．鶉鶏目全般についてみれば，一部の特殊な解放飼育群に保虫鳥が導入されれば，限局的な発生が起こりうるであろう．

(2) 特異な形態的特徴を有するものがある．たとえば，アクアリア科のコルドン，テトラメレス科のものの肉厚・立体的で，一見線虫とは思えない雌虫体などである．

(3) 寄生部位は“嗉嚢～食道～腺胃～筋胃”のいずれかをおもなものとし，粘膜内または胃腺内に寄生して潰瘍を形成するため，病害は軽くない．死亡するものもある．

(4) 確定診断は虫卵の検出による．産出された虫卵は幼虫形成卵であり，中間宿主に捕食される．中間宿主体内で L_3 が形成され，終宿主または待機宿主がこの中間宿主を捕食する．虫卵検査のみに頼らず，剖検が有用である．

(5) 発生例が少ないため，治験例に乏しい．ベンズイミダゾール系薬剤の一部は有効であるといわれている．しかし，粘膜内に侵入寄生しているため，経口投与法よりもマクロライド系薬剤の非経口投与が有望であるという見解がある．

F　猫の胃虫

猫胃虫
Physaloptera praeputialis

世界中ほとんどの地域に分布し，猫，犬および野生のネコ科動物の胃壁に寄生する．日本では，飼い猫および犬から確認されている．感染率はけっして高くはないが，寄生密度が高く，寄生数が20数匹に及ぶ例も珍しくないという指摘がある．

［形　態］

雄は26～40 mm，雌は25～59 mm．虫体はいずれも1～2 mmで太く，白色ないし薄桃色を呈している．雌雄ともクチクラの前端はカラー状に広がり，後端は尾端よりも後方にまで伸展した後に反転し，包皮様に尾部を覆っている．雄虫の尾端には，かなり大型の融合した尾翼がある．交接刺は，左は1.0～1.2 mm，右は0.8～0.9 mm．成熟雌虫の陰門は，体前方約1／3に位置し，褐色の顕著なリングで覆われている（図4.102）．虫卵は卵円形で49～58×30～34 μm，卵殻は厚く無色，産卵時には幼虫が形成されている（口絵97）．

［発育環］

チャバネゴキブリ，直翅類のコオロギの一部やカマドウマなどが中間宿主，両生類，爬虫類，鳥類，ネズミなどが待機宿主になる．終宿主は L_3 を保有する中間宿主あるいは待機宿主を摂取して感染する．L_3 は猫に摂取された後131～156日で性成熟に達するという（Olsen，1974）．

［病原性・症状］

虫体は胃粘膜に強固に咬着し，吸血もする．さらに

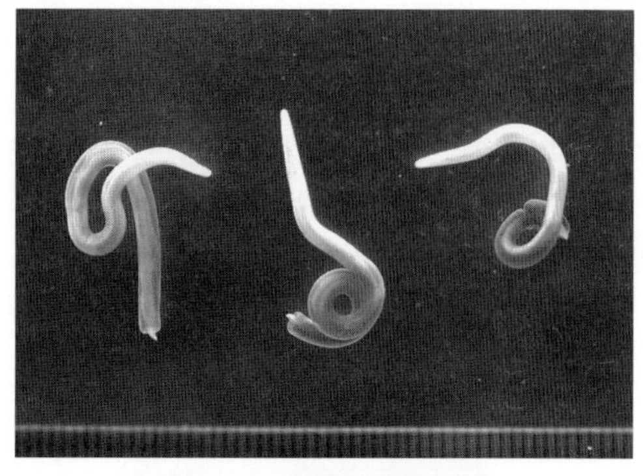

図 4.102　猫胃虫の雌雄成虫

虫体は粘膜上を広範囲にわたって移動し，粘膜を刺激・損傷するばかりでなく，移動後の吸血痕からの出血も残る．カタル性胃炎や潰瘍などを起こすことになる．臨床症状としては，食欲不振，嘔吐などがあり，出血に由来する黒色タール便が排泄される．慢性に経過すれば，宿主に削痩・体重減少をきたすことになる．

[診　断]

虫卵検査によって確定診断が下される．Olsen (1974) によれば，産卵数は12時間で4,500であるという．この数値の猫は排糞量に対するEPG値は，計算上はけっして小さくはない．虫卵検査は浮游法によるが，浸透圧を考慮し，飽和食塩液は避けるほうがよいという提言があり，飽和硝酸ナトリウム液，硫酸亜鉛液（水1Lに330g）などが推奨されている．

[治療・駆虫]

駆虫にはベンズイミダゾール系薬剤およびイベルメクチン0.2 mg/kgの注射が有効であったという報告がある．

[補] ほかに *Physaloptera rara*（アメリカ；犬，イヌ科，ネコ科），*P. canis*（南アフリカほか；犬，猫），*P. felidis*（アメリカ；猫の胃・十二指腸），*P. pseudopraeputialis*（フィリピン，アメリカ；猫の胃・喉頭）などが知られている．

G　顎口虫類

有棘顎口虫
Gnathostoma spinigerum

有棘顎口虫は，猫，犬，ミンク，ほか野生のネコ科およびイヌ科動物，とくにネコ科動物を好適終宿主としている．これらの動物では胃に寄生するが，ヒトに感染した場合に，皮膚顎口虫症－皮膚爬行症を起こすことが知られている．

主としてアジアに分布しているが，オーストラリア，北米大陸からも見出されている．往年，中国の揚子江流域では“長江浮腫”など種々の名でよばれ，生魚を嗜好する在留邦人の間に発生していた記録がある．日本では戦後の10数年間，主として中部地方以西，とくに九州地方でヒトの顎口虫症の発生がかなりみられていた．しかし衛生知識の普及・向上，食生活の改変などによって発生は漸減し，ほとんど消滅したものと考えられるに至っていた．ところが1980年ころからおもに関西地区で，輸入ドジョウに由来するヒトの皮膚顎口虫症の散発がみられるようになった．そして病原虫について検討された結果，発生原因は従来の有棘顎口虫とは異なり，豚を終宿主とする剛棘顎口虫であることが判明した．

[形　態]

体長は宿主によってかなりの変異がある．猫寄生の雄は12～18 mm，雌は14～26 mm，最大幅は0.15～0.25 mmで，いずれもかなり太短く，内部の器官が透視される．雌雄とも，頭部は頭球（head bulb）とよばれる明瞭な球状構造に呈し，その表面に6～11列，通常は8列の環状に並ぶ棘（頭球鉤）を備えている．頭球中央には1対の筋肉質の口唇が向かい合い，これを囲んで4個の球嚢がある．球嚢は食道に平行する頸嚢（頸腺）に連なり，相互の収縮・拡張運動によって頭球の突出・埋没をきたし，虫体の移動運動にかかわっている．さらに，虫体の前方2/3の体表には，鋸歯状の辺縁をもつ大型の鱗片様皮棘がある．虫体中央部の体表には皮棘はないが，尾端部には小棘が群生している．雄の尾端は赤色を呈して腹側に彎曲し，狭い交接嚢を形成している．交接刺は長短2本あり，左は0.9～2.1 mm，右は0.4～0.5 mmである（図4.103）．

虫卵は62～79×36～42（69.3×38.5）μm，本来は無色であるが，糞便中のものは胆汁の影響を受けて淡黄褐色を呈している．卵殻の表面は粗く，一極には栓構造があり，原則的には未分割卵として排出される（図4.104）．

[発育環]

(1) 虫卵は水中で急速な発育を開始し，27℃では約1週間で体長約0.3 mmの被鞘L_2が形成され，これはまもなく孵化して水中へ游出する．

(2) 水中を游泳するL_2は第一中間宿主であるケンミジンコ類に捕食され，その消化管内で脱鞘し，7～10日間体腔内で発育を続け，顎口虫の基本的な特徴を備えた体長約0.5 mmの第3前期幼虫（early 3rd-stage larva；e-L_3）になる．

(3) e-L_3を保有するケンミジンコが第二中間宿主である淡水魚の稚魚に捕食されると，消化管から筋肉に入

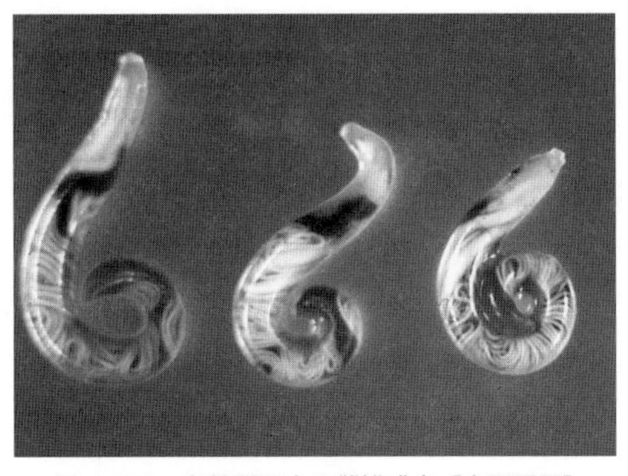

図4.103　有棘顎口虫の雌雄成虫［赤羽原図］

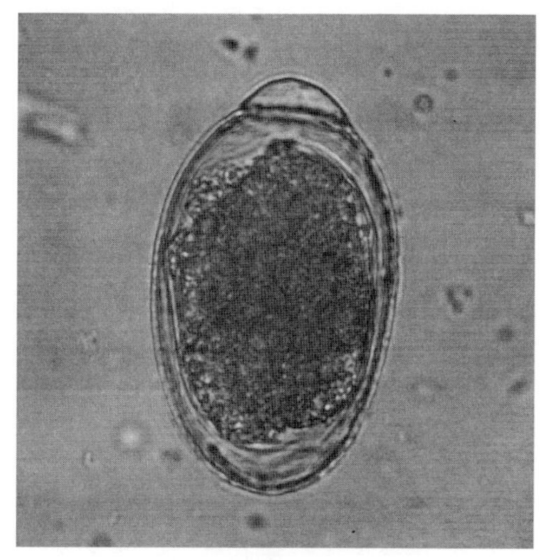

図 4.104　有棘顎口虫卵［熊田原図］

り，約 1 か月後には宿主の成長とともに，体長 3 〜 4 mm の第 3 後期幼虫（advanced 3rd-stage larva；ad-L_3）になり，被嚢する．（口絵⑱）

第二中間宿主としてはカムルチー(雷魚)，ドジョウ，ドンコ，トノサマガエルなどが確認されている．ほかの多くの甲殻類，淡水産魚類，両生類，爬虫類，鳥類，一部の哺乳類などは，むしろ待機宿主であると理解しておいたほうがよいであろう．

(4) 終宿主が第二中間宿主あるいは待機宿主を摂取すると，消化管内で［ad-L_3］が脱嚢⇨消化管壁を穿通⇨肝臓で発育⇨腹膜下・胸膜下・筋肉内を移動⇨［成虫］⇨胃へ⇨侵入⇨胃壁に虫嚢性腫瘤形成，なかに寄生．

［補］①虫嚢は多く噴門部に形成される．
　②虫嚢は瘻管で胃腔内に連なっている．
　③虫体の成熟には 3 〜 5 か月を要する．

［病原性・症状］

(1) 移行幼虫による肝臓障害がある．肝臓は幼虫の移行経路・発育場所として必須の部位で，終宿主ばかりでなく，多くの待機宿主でも一度は肝臓を通過する．幼虫の肝内迷走によって，肝実質の損壊・虫道形成⇨出血・細胞浸潤⇨肉芽形成⇨瘢痕化という経過をたどることになる．そして種々の肝機能障害を招来する一方，虫体の分布・代謝産物を抗原とするアレルギー性の反応の存在も疑われている．これらに由来する食欲不振，発熱などの症状があるというが，実際には不明である．

(2) 猫・犬など固有宿主では，移行幼虫は胃に回帰してかなり大型の虫嚢性腫瘤を形成し，そのなかに複数匹の虫体が前半部を嚢壁に穿入し，後半部を嚢内に遊離して寄生している（口絵⑲）．このために胃の機能

図 4.105　有棘顎口虫寄生犬の胃病変［赤羽原図］

障害をきたし，食欲不振，嘔吐，下痢などがあり，栄養障害をきたし，貧血，削痩などがみられる．虫嚢は胃腔内方向へばかりでなく，胃の外側へ向かっても突出している．したがって，虫嚢がもし外側へ向かって開口・損壊した場合には腹膜炎を起こし，死亡に連なることになる（図 4.105）．

(3) 非固有宿主では，肝臓に移行した後の幼虫の行動は決まっていない．鳥，ネズミ，豚など待機宿主になるものの多くでは，幼虫のまま筋肉や皮下で被嚢してしまう．

(4) ヒトでは，虫体は成虫型になるものが多いが，胃壁に寄生することはまったくない．肝臓を離れた幼虫の多くは皮下の深・浅層を出没・迷走し，おもに好酸球の浸潤を伴う限局性腫脹・蚓線発疹を主徴とする皮膚顎口虫症（cutaneous gnathostomosis）を発症する．迷走範囲がさらに深部，主要臓器に及べば内臓顎口虫症をひき起こし，侵入部位によってはきわめて重篤な事態になる．虫体の寿命は数年を超えるものも少なくないといわれている．したがって，不時の発症もありうる．

［固有宿主の診断・治療］

確診は虫卵の検出によってなされる．また好酸球の増多は顕著である．

駆虫剤としてはベンズイミダゾール系薬剤が有効であるが，イベルメクチンも有効といわれている．

剛棘顎口虫
Gnathostoma hispidum

終宿主は豚．アジア，ヨーロッパに分布する．第一中間宿主はケンミジンコ，第二中間宿主はおもにドジョウである．日本では台湾，中国，韓国などから輸入したドジョウに感染幼虫が寄生していたために，人体顎口虫症の原因となる．

ドロレス顎口虫
Gnathostoma doloresi

終宿主は豚，イノシシ．アジア，オセアニアに分布．日本では西日本の野生イノシシで濃厚にみられていた．第一中間宿主はケンミジンコ，第二中間宿主はサンショウウオのほか，マムシ，ブルーギル，アマゴ，アユなど．人体寄生の報告は 80 例以上になる．

日本顎口虫
Gnathostoma nipponicum

イタチの食道壁に結合織性の固い腫瘤・虫嚢を形成し，多くは数匹が集合して，虫嚢内に虫体の前半部を挿入して寄生する．日本では九州から北は青森に至る全国に分布しているようである．日本以外でも韓国で中国産ドジョウから検出されている．

雄は 2 cm，雌は 3 cm 前後，体表の皮棘は虫体前半部で終わる．虫卵は 72.3 × 42.1 μm で形状は有棘顎口虫のものに類似するがやや大きい．

第一中間宿主はケンミジンコ，第二中間宿主はドジョウ，ウグイ，ウキゴリ（ハゼ科）などが認められている．ナマズも第二中間宿主になりうるが，むしろ待機宿主としての意義が大きいようである．カエルやヘビは待機宿主になる．実験的にはフェレットは終宿主になりうることが確かめられている．また明らかな人体症例も知られている．

［付］人体・旋尾線虫幼虫感染症：少なくとも，今のところは家畜の寄生虫病ではない．したがって，まったく問題外と考えてもよいだろうが，公衆衛生学的話題として追加しておく．

1979 ～ 1984 年の間，皮膚爬行症を呈した例はほとんどは顎口虫症が疑われ，皮内反応が陽性であればそのように診断されていた．なお，輸入ドジョウに由来する顎口虫症のうちには，有棘顎口虫のほかに剛棘顎口虫も検出されている．

一方，顎口虫症とは病態が異なり（線状皮膚炎），免疫学的にも別種と考えられる皮膚爬行症患者があり，ホタルイカを感染源とする“旋尾線虫”の幼虫を原因とする新たな幼虫移行症の存在が考えられるに至っている．旋尾線虫幼虫感染では内臓移行（2/11）例も認められている．

4.7 糸状虫類

糸状虫上科に属するものの虫体は細長く，口部は小さく，口唇，口腔，咽頭などはない．食道は筋性の前半部と腺様の後半部とに分かれる．雄は雌よりもかなり小さく，交接刺は左右不同．陰門は通常前方に位置し，卵胎生で幼虫を産出する．寄生部位は体腔，血管，リンパ管，結合織などである．

産出された幼虫は“ミクロフィラリア（mf）”とよばれ，しばしば薄く柔軟な卵膜由来の被鞘をかぶっているものがある（有鞘 mf／無鞘 mf）．mf は無色透明で活発に運動する．しかし形態的には未分化で，細胞が配列しているのみで，一般の L_1 では認められる消化管その他の組織・臓器の区分が明らかでない．わずかに原基細胞が認められるにすぎない．mf は発育環のうえでは L_1 の前期・未発育のものに相当している．

多種の糸状虫の mf は，末梢血液とともに中間宿主に摂取され，その体内で L_3 に発育する．つまり，発育環の完成には末梢血管内に出現している必要があるが，常に出現しているわけではない．一昼夜のうちの出現密度にリズムがある．これを“定期出現性（periodicity）”という．そして，この定期出現性には“夜間定期出現性（nocturnal periodicity）”と“昼間定期出現性（diurnal periodicity）”の 2 種類があることが知られている．出現密度，昼夜の別などは種によってほぼ決まっている．ちなみに，犬糸状虫では昼夜の差が比較的小さく，まったく“0”になることはないため，準夜間定期出現性（subnocturnal periodicity）とよばれる範疇に属するものと理解される．なお，*Setaria* 属には定期出現性はみられない．

主要糸状虫の分類（一例）

分類	
Superfamily Filarioidea	糸状虫上科
Family Filariidae	糸状虫科
Genus *Dirofilaria*	犬ほか
Brugia	ヒト，犬，猫
Wuchereria	ヒト
Loa	ヒト，サル
Parafilaria	馬，牛
Family Setariidae	セタリア科
Genus *Setaria*	牛，馬，有蹄類
Dipetalonema	犬ほか
Stephanofilaria	牛
Family Onchocercidae	オンコセルカ科
Genus *Onchocerca*	ヒト，牛，馬

A 犬の糸状虫

犬糸状虫
Dirofilaria immitis

いくつかの和名が唱えられていたが，現在ではだいたい“犬糸状虫”に統一されているが，その主要寄生部位から“心臓糸状虫”という名も用いられなくはない（口絵⑩）．外国語でも同様な傾向がみられる．

古くから，犬糸状虫症は愛犬家の間ではフィラリア症の名で知られ，往年は犬の最終的な死因の第一にあげられていた．ところが，最近はとくに都市部での，中間宿主である蚊の激減，抗糸状虫剤の定期的適用による幼虫移行の阻止などが効を奏し，発症率はもとより，犬糸状虫そのものの分布は質量ともにかなり低下しているように思われる．しかし，全国単純平均では約50％ともいわれている．しかも，発症した成虫寄生犬の予後は深刻であることを含め，この疾患自体の本質は変わっていない．また重症犬もなお存在する．犬糸状虫症の発生は，もっぱら地域における蚊の発生状況，予防措置励行状況にかかわる問題になっている．地域の特性・背景を正確に把握したうえで対処する必要がある．

［宿　主］

海獣類も含む40種以上の食肉目動物から検出されているが，犬，キツネなどイヌ科動物が主体をなしている．猫は犬に比べればはるかに少なく，過去の調査成績ではほとんど1/10以下であるが，病態は激しい．食肉目以外にも，種々の発育段階にある未成熟虫が霊長類からげっ歯類に至る広汎な哺乳動物から検出されている．動物園におけるアシカの感受性はとくに高いという指摘がある．

人体寄生例も知られている．ただし，成熟成虫が右心室・肺動脈に寄生するには至らず，未成熟虫の異所寄生例のみが世界で80例以上知られている．日本でも肺（10例），皮下（4例），腹腔内（1例），子宮内（1例）の事例が報告されている．

［分　布］

熱帯，亜熱帯から温帯にかけてほとんど世界的に広く分布している．これは中間宿主になる蚊の生息・活動地域に一致し，極東各地には多い．さらには，局地的にいえば，幼虫の蚊体内での発育に要する20～30℃の温度が2週間以上保たれるという条件が満たされている必要がある．したがって，寒冷地，高冷地には分布しないが，日本では近年，北海道にも分布が広がりつつある．また一時期，沖縄には分布していない，あるいは少ないなどといわれていたが，現在ではほかの地域と変わりなくなっている．これは犬の頻繁な移動によるものであろう．

［形　態］

虫体は白色で細長く，雄は12～20 cm，雌は25～31 cmである．交接刺は，左は324～375 μm，右は190～229 μm．陰門は食道部の直後に開口する．

卵胎生で体長307～322（313）μmのmfを血液中に産出する．流血中のmfはすでに被鞘を離脱した無鞘mfである（図4.106，口絵⑪）．

［発育環］

(1) ミクロフィラリア（mf）の発育

末梢血中のmfは吸血によって中間宿主（蚊）に摂取される．犬糸状虫の中間宿主になる蚊は世界では70種を超え，日本では4属16種のものが記録されている．そのなかでmfの発育に最適なものはトウゴウヤブカ（*Aedes togoi*）である．トウゴウヤブカ以外には，アカイエカ，ヒトスジシマカなど犬舎に多く集まる種類やコガタアカイエカ（コガタイエカ），キンイロヤブカなども主要な中間宿主になる．トウゴウヤブカは淡水のみならず海水からでも発生しうるので，海岸の凹岩が発生源としての意義が大きい．したがって，全国の，とくに暖地の海岸地帯に多い．ほかの多くのヤブカと異なり，昼夜の別なく吸血する．アカイエカは種々の汚水を発生源とし，全国に分布している．夜間吸血性である．ヒトスジシマカは竹の切株，水槽，墓地の花立など小さな水たまりを発生源とし，昼間から薄暮に活動する．コガタアカイエカは水田をおもな発生源とするため，農村地帯に多い．夜間吸血性で，牛・豚などの家畜を好む．キンイロヤブカはおもに関東以北，北海道に多く，排水溝，沼沢地，湿原などに発生し，昼間から薄暮に活動する．畜舎内に侵入し，家畜を吸血する．

蚊体内における幼虫の発育を図4.107に，終宿主への感染を9月1日と仮定した虫体の犬体内における発育過程と寄生部位・病害を表4.18に示した．

(2) 犬糸状虫mfの定期出現性

①犬糸状虫では無鞘mfが産出され，血流にのって全身を循環する．しかしmfの末梢血中への出現密度には日内変動・周期性があり，それは準夜間定期出現性（subnocturnal periodicity）とよばれる範疇に属するものであることを既述した．具体的には，mfは昼間でも検出できるが，夜間のほうが多く，およそ“午前10時ころに最低値を示し，午後10時ころに最高値を示す”といえる．また，最高値と最低値との比は5～10倍，平均6.5倍とみてよいであろう．末梢mf値が低い時間帯には，mfは肺に集積されている．定期出現性（periodicity，turnus：ツルヌス）は，言葉を変えれば，“mfが肺の血管と末梢血管との間を往復する現象”ということになるが，真の機序・理由についてはまだ解明されていない．

②前述の現象とともに，犬糸状虫mfの末梢血への出現性には“夏季に多く，冬季には少ない”という季節出現性（seasonal periodicity）もみられる．日本では，

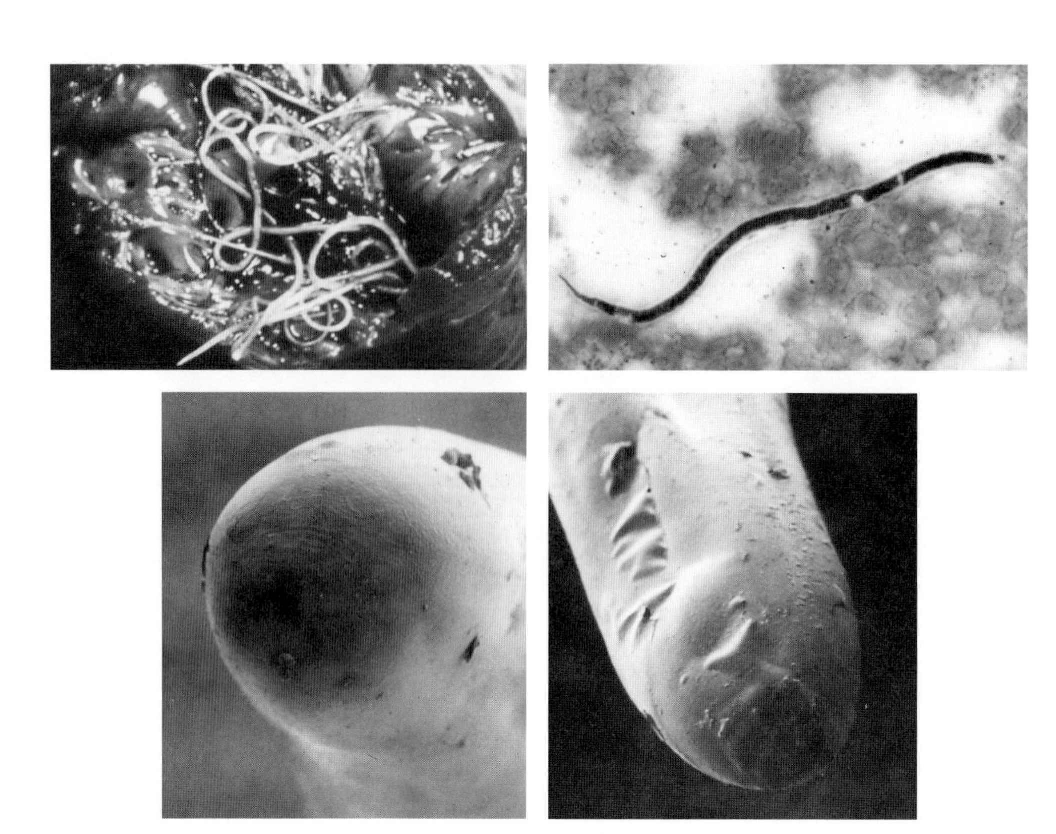

図 4.106　犬糸状虫

左上：成虫［多川原図］　右上：ミクロフィラリア（mf）　左下：頭部（SEM 像）　右下：尾部（SEM 像）

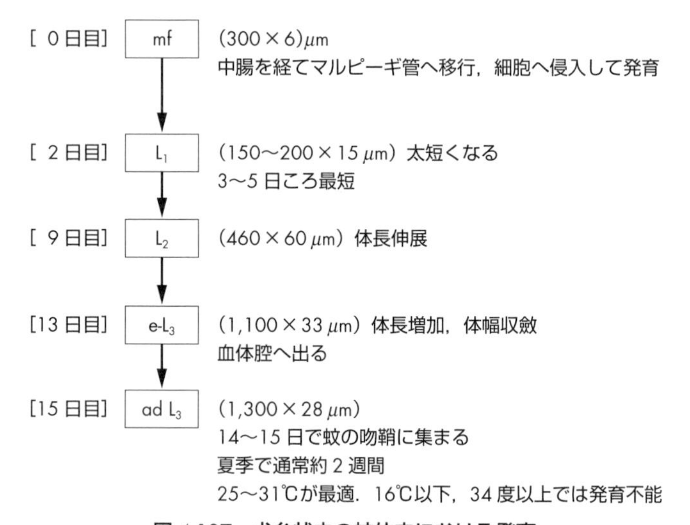

図 4.107　犬糸状虫の蚊体内における発育

平均的に 5 月上旬から増数し，7 月から 9 月の盛夏期にピークを示し，9 月下旬から漸減し，厳冬期には著しく少なくなる．最高値と最低値との比は 1：10 〜 20 であるという．なお，他種の糸状虫にこの現象があるかどうかは明らかでない．

前者の日内定期出現性は蚊の活動時刻に，後者の季節出現性は蚊の活動期間に連動していることは注目される．

(3) ミクロフィラリア（mf）の生態

①血中 mf の寿命は 1 〜 2 年であると推定されている．そして，感染の重複によって犬体内に mf が蓄積される．したがって，犬の加齢に伴って mf 陽性率および mf 密度は，いずれも上昇傾向を示すが，6 歳くらいをピークとして漸減していくことが知られている．上

表 4.18　時系列的にまとめた犬糸状虫の犬体内における発育

仮定月日	発　育　過　程	寄生部位・病害
9月1日	感染：L_3（約 1 mm）は蚊の吻鞘から離脱，刺咬・吸血などによる皮膚創傷から侵入	皮下 以降は組織突破
9月5日	4 日前後でソーセージ状になる（体長減，体幅増）	中間発育場所：皮下，筋膜下，筋，脂肪組織，漿膜下など 迷入：脳，脊髄，前眼房，胸・腹腔. 胎盤感染はない.
9月10日	脱皮［L_4］，2 mm 以下	
11月1日	脱皮［L_5］，感染後約 2 か月 （65 日とすれば 11 月 5 日ころ）	
12月上旬	感染後 3 ～ 4 か月．体長は 2 ～ 10 cm に達している	静脈⇨右心室
12月～ 1月いっぱい	感染後 5 か月くらいまでは大部分（85%）の未成熟虫は肺動脈内（10 月下旬～ 3 月上旬の範囲，幅は広い）	右心室⇨肺動脈（肺動脈炎）
3 ～ 4月	成熟して雄 17 cm，雌 28 cm くらいに達する（早いものでは mf 産出があるが，末梢血への出現は約 1 か月後）	主に肺動脈，ときに右心室，まれに大静脈に寄生. 基本的には右心障害と循環障害．慢性で肝・腎障害が継発. 大静脈症候群に注目
4 ～ 5月	感染後 7 ～ 8 か月から末梢血中に mf 出現．換言すれば，プレパテント・ピリオドは 7 ～ 8 か月	

昇カーブは加齢による感染の蓄積，下降カーブは免疫応答の関与する現象であろうと推測されている.

② mf の寄生部位は原則的には血液中のみで，主として肺の血管，ついで肺からの流入が考えられる左心に集積されている．体腔液，消化液，精液などからは検出されない．リンパ系には入りうる．尿，その他血管外組織から検出された例はあるが，これらは血管の損壊に由来するものであろう．尿中に出たものは短時間内に死滅する.

③輸血によって受血犬へ導入された mf は，成虫の存否にかかわらず，正常に生存しうる．輸血実験の成績から試算すると，mf の末梢血管内での生着率はけっして大きくはなく，総 mf 数の 5 ～ 10% であろうと推定されている（定期出現性の問題が絡み，実数の推定ははなはだ困難）.

④肺動脈に虫体が寄生しているにもかかわらず，末梢血から mf が検出されない例があることが知られている．オカルト感染（occult infection：潜在感染）とよばれるものである．単性あるいは未成熟虫寄生では，mf は当然陰性になるが，この 2 つの場合は少数寄生例が多く，臨床上の実害はあまりない．しかしかなり以前から，雌雄の成熟虫が寄生している場合でも数% のオカルト感染があることが指摘されていた．このような両性寄生犬では寄生虫体数が多い場合もあり，臨床上では軽視できないことになる．とくに 1990 年ころ以降は，両性の成熟虫感染事例におけるオカルト感染（mf 陰性）率が上昇している傾向があり，フィラリア汚染地における小動物臨床家の関心を集めるようになってきた.

両性寄生型オカルト感染の原因考究のひとつとして，免疫学的な解釈がある．それは，感染によって産生される特異抗体の動態である．すなわち，この特異抗体と mf 体表抗原との結合にかかわる拮抗・競合の問題とする考え方である．抗原－抗体結合によって mf の捕捉処理が促進される一方，抗体は消費される．そのため, mf 陽性犬の抗体価は低いという状態になっており，mf 陰性犬ではかえって抗 mf 抗体価が高いことが知られている.

一方，1990 年以降には不妊雌虫の増加に由来するオカルト感染が増加しているという指摘がある．そして雌虫に不妊をもたらす原因は，フィラリア予防剤として常用されているマクロライド系薬剤にあるという, いわゆる“薬物誘発性不妊説”が唱えられている．非適用群を対照においた統計数値の傾向から導かれたこの見解は，明らかに納得できるものといえよう．しかし他方，これら予防剤の抗成虫効果，抗移行幼虫効果，および抗 mf 効果などを勘考すれば，両性寄生を招いた事例には，なお問題が残っている.

［病原性・症状］

(1) ミクロフィラリア（mf）

mf による病態発生は明らかではない．むしろ否定的な見解が多いようである．しかし，著しい多数寄生の場合にはいかがであろうか．虫体自体および代謝分泌物による物理・化学的影響を否定できないものの，積極的な所見は提示されていない.

［治療・駆虫］に再述するが“mf 陽性犬に対する薬剤の選択に制約を生ずる”という問題がある．以前から，寄生予防を目的としてジエチルカルバマジンを mf 陽性犬に投与すると，ときに致死的な結末を含む重篤なショック症状（スパトニン・ショック）を呈することが知られていた．この現象は殺 mf 効果をもつほかの薬剤でも追認され, 犬糸状虫症対策のみならず,

ほかの寄生虫を対象とする駆虫剤投与にあたっても，広く注意を要することが強調されている．

(2) 移行幼虫

中間発育場所を移動中の感染2～3か月以内の幼虫（おもにL_4～L_5初期）の病原性・病態発生に関しては明らかではない．しかし，諸処の組織・臓器へ迷入した場合には部位に応じた特異な病態を発生することは知られている．脳，中枢神経，眼球などへ侵入した場合にはそれぞれに応じた症状を示す．たとえば，脳・中枢への迷入の場合には運動障害，異常行動などがみられ，眼球へ迷入した場合には角膜混濁などがある．胸腔，腹腔などの場合は不明確である．

(3) 未成熟虫

感染3～4か月以上を経過した未成熟虫は静脈へ侵入し，ついで静脈系から右心を経て肺動脈に至り，ここで成熟する．肺動脈内に寄生している未成熟虫は，ほぼ5か月で雄は約12 cm，雌は約16 cmに達している．このような体長をもつ虫体は，血管内膜に物理的な刺激・損傷を与え，寄生虫体数および期間に依存して粘膜肥厚，内腔狭窄などを起こし，循環障害を招来することになる．初期には乾性の咳がある．

(4) 成熟虫

慢性犬糸状虫症：感染5～6か月を経過すれば，ほとんどの虫体は肺動脈内に寄生している．そして通常はいわゆる"慢性犬糸状虫症"への経過をたどる．基本は肺動脈炎と右心障害である．肺動脈の循環障害は右心の負担に連なり，右心の肥大，拡張，内膜炎をきたす．また，虫体の存在による肺動脈弁および右房室弁（三尖弁）の閉鎖不全が生じ，ときには虫体がからみつくこともある．右心不全は静脈系の循環障害を誘発するため，影響は肝臓，腎臓その他の臓器へも波及し，腹水や浮腫を生じ，頻脈，不整脈，呼吸数増加，心内雑音などが観察される．

急性犬糸状虫症（大静脈栓塞症・大静脈症候群）：かつて濃厚感染地域でしばしばみられた病型である．発生率は感染犬の4%以下，しかし，最近ではおそらくさらに低率になっているものと推定される．この病態は乾性の咳嗽(がいそう)以外の目立つ症状はないまま，突然発症するタイプのもので，呼吸促迫から呼吸困難，激しい頻脈，不整脈を発し，著しい貧血，頸静脈拍動があり，ときには黄疸が認められる．血色素尿の排泄を特徴とし，虚脱状態に陥り，1週間以内に死亡するものが多い．

この病態が発生する基本は，虫体が三尖弁を圧迫したり，これにからまったりすると，弁機能を障害し，血液の逆流や乱流が起こって血流量の減少や溶血をきたすことによると考えられている．しかし，真因はけっして単純なものではなく，かなり複雑な要因が相乗的に関与したものであろう．広く"大静脈症候群（vena cava syndrome）"として知られているものである．

(5) 奇異性栓塞症

心臓に左右短絡奇形があれば，虫体は右心から左心へ移動し，動脈系，とくに後軀の末梢動脈に栓塞を生ずる原因になる．症状は栓塞が生じた部位によって多様になるが，後軀・後肢の異常が多い．

[診　断]

(1) 寄生虫学的診断・ミクロフィラリア（mf）検査

mf検査にあたっては3つの留意しておくべき基本的な問題がある．①オカルト感染，②定期出現性，そして③具体的な検査法の選択という問題である．具体的な検査法は項末に一括する．

①寄生犬の74%はmf陽性であるが，26%はmf陰性（オカルト感染）で，この26%の内訳は，19%は単性寄生，2%は未成熟虫であり，5%は両性寄生であったという記録がある．とくに両性寄生のオカルト感染例には多数寄生で臨床対象になる場合があり，かつ，このような症例は増加傾向にあるという．mf陽性であれば，ただちに寄生は肯定されるが，mf陰性の場合には免疫学的診断法，あるいは諸種の理学的診断法に頼らざるをえないことになる．むしろこれらの検査が先行されるべきであるという意見もある．

②mfの末梢血中への出現に定期出現性があることは，単純にいえばピークを示す午後10時ころの採血が望ましいわけであるが，必ずしも実際的ではない．幸い犬糸状虫の場合は最低値でも完全に陰転するわけではないので，連続観察，比較検討を要する場合には，採血時刻を一定にする配慮が必要になる．

③通常は採血した末梢血の1滴をそのままスライドグラス上に直接滴下し，そのままカバーグラスをかけ，低倍率で鏡検すれば，mfの運動性によって血球が撹乱されるので容易に検出できる．形態的な観察を要する場合には濃厚塗抹，さらには薄層塗抹標本を作成し，ギムザ染色またはHE染色を施して観察するのがよい．

集虫法

(1) Knott法および同変法：被検血液1～2 mLを2%ホルマリン液10 mL中に注ぐ．暫時放置して溶血させ，1,500 rpm × 5分遠心．沈渣をスライドグラス上にとり，0.1% MB（メチレンブルー）を加え，カバーグラスで覆い鏡検する．緊急措置としてホルマリン液の代わりに常水を用いても差し障りなかった経験はたびたびある．また無染色でも検出には十分耐えうる．

(2) アセトン集虫法：水90 mLに0.5% MB 5 mL，ア

セトン 5 mL，クエン酸 Na 0.2 g を加えた溶血・染色液の 9 mL に対して被検血液 1 mL を混合振盪し，溶血後 1,500 rpm × 10 分遠心，沈渣を鏡検する．溶血液にはほかにいくつかの変法がある．たとえば，0.5% 炭酸ナトリウム，3%酢酸などである．
(3) フィルター集虫法：溶血後遠心操作の代わりに，フィルター濾過による分離を図る方法である．
(4) ほかに微量ヘマトクリット管法・毛細管法がある．

(2) 免疫学的診断法

古くから犬糸状虫の免疫学的診断法については多くの試みがなされてきた．ほとんどあらゆる免疫学的手法について検討されてきたといっても過言ではない．検出対象としては抗原・抗体のいずれについても検討されてきたが，最近の動向は，抗原検出の方向に向かっている．前述したオカルト感染の摘発・診断を主目的とする以上，当然の選択であるといえよう．現在，成虫抗原を半定量的に検出する ELISA キット，あるいは，犬赤血球に対するモノクローナル抗体と，犬糸状虫成虫抗原に対するモノクローナル抗体を化学的に結合させた二特異性抗体による自己赤血球凝集試験キットが市販され，実用に供されている．

(3) 理学的診断法

古くから胸部 X 線撮影，心電図検査などは有力な補助診断の手段として適用されてきている．とくに血管造影撮影は，栓塞，ときには虫体の確認に有用である．

[治療・駆虫]

犬糸状虫の駆虫・殺滅は，単に寄生成虫の駆除にとどまらず，駆虫剤使用時の障害になる mf の殺滅，さらに移行幼虫の殺滅による心肺への寄生阻止，すなわち，化学的予防も広く対象になる．また，成虫の排除には外科的な方法もある．

(1) 抗成虫剤

ヒ素剤であるメラルソミン二塩酸塩（イミトサイドR）が用いられる．常用量は 2.2 mg/kg を 3 時間間隔で 2 回筋注．未成熟虫にも殺虫効果がある．注射時に局所の疼痛，腫脹，浮腫などをきたし，跛行を呈することがあるので，注射量によっては分注が望ましい．また，患犬の全身状態，寄生虫体数によっては，おもに死虫体による肺動脈栓塞に起因する諸症状（pulmonary thromboembolism ; PTE）を併発することがあるので，事後，とくに 10 〜 14 日後ころの管理（とくに運動制限）には注意を要する．死虫体の器質化は 1 〜 1.5 か月で完了するといわれている．

(2) 抗幼虫剤　［予防］に後述．

(3) 抗 mf 剤

mf 陽性犬に抗 mf 作用を有する薬剤を使用した場合に，mf の死滅に起因する種々の副作用（食欲不振，流涎，嘔吐，沈鬱，ショックなど）の発生が問題になる．これらの発生を予防するためには，あらかじめ副腎皮質ホルモン（プレドニゾロン 1 mg/kg）を投与するとよいことが報告されている（鬼頭，2006）．ミルベマイシンオキシムでは初回の投与後 mf はすみやかに減少するが，ほかの予防薬では mf の減少は緩やかなので mf が検査で消失するまで副腎皮質ホルモンの前処置を行うとよい．

[外科的治療]

開胸術による方法と，非開胸的に頸静脈から抽出する方法とがある．①外科的に開胸，肺動脈を切開して右心室および肺動脈に寄生する虫体を摘出する方法である．開胸するため，術中の呼吸の保持などの高度な技術・設備が要求され，さらに手術侵襲が少なくないなどの問題がある．②頸静脈から鉗子（かんし）（たとえばフレキシブル・アリゲータ鉗子などが工夫・考案されている）を挿入し，原則的には X 線透視下で右心室・肺動脈内に寄生している虫体を摘出する方法である．この方法では開胸手術の必要はなく，広く行われている．

[予　防]

犬糸状虫症の対策を端的にいえば，“絶対に成虫の寄生を許さない”という一言に尽きる．もしも成虫の寄生を許してしまえば，その対応に苦慮することは前述のとおりである．よって，万全の予防策が要求されるわけである．

予防には中間宿主の撲滅，蚊の刺咬阻止・感染防止，感染・移行幼虫の殺滅などの段階がある．しかし，実際的には蚊にかかわる対策の完全な効果は期待しにくく，もっぱら犬に侵入した移行幼虫の移行阻止・殺滅を目的とする予防剤の定期投与に依存している．現在日本で用いられている予防剤の主流はマクロライド系薬剤である．用法用量の詳細については総論 5.2 を参照．

(1) イベルメクチン

錠剤，固形剤（チュアブル剤），液剤（スポットオン剤）の単剤と複合製剤がある．6 〜 12 μg/kg を毎月 1 回，1 か月間隔で，蚊の出現後から蚊の発生終息 1 か月後まで投与する．犬用のほか，猫用のものもある．投与前の mf 検査が必要である．

(2) ミルベマイシンオキシム

粒・散剤，錠剤，チュアブル剤を各製剤の用量にしたがい毎月 1 回，1 か月間隔で，蚊の出現後から蚊の発生終息 1 か月後まで経口投与する．適用は犬．投与前の mf 検査が必要であるが，前述したように，1 回目の投与で mf は急激に減少する．

(3) モキシデクチン

注射剤がある．モキシデクチンとして 0.5 mg/kg で年 1 回，皮下注．適用は犬．

(4) セラメクチン

スポットオン剤の単剤（犬・猫用）あるいは複合製剤（猫用）が市販されている．6 mg/kg を基準量として毎月 1 回，1 か月間隔で，蚊の出現後から蚊の発生終息 1 か月後まで背面部皮膚に滴下する．

(5) エプリノメクチン

猫用の皮膚滴下型複合製剤がある．エプリノメクチンとして 0.48 ～ 1.44 mg/kg の範囲で予防期間を通じて月 1 回投与．

猫の犬糸状虫症：前述（犬糸状虫・宿主）したように，猫も犬糸状虫に感染することがある．ただし，感受性はかなり低いようである．たとえば，ある複数地区の犬糸状虫感染率は犬の 32.7%に対し，同一対象地区の猫では 2.2%であったという記録がある．猫は感染率が低いばかりでなく，寄生数が少なく，多くても数匹以内にとどまり，また，成虫の寄生が認められても mf の産出率はきわめて低いのが常であるといわれている．猫に感染した虫体の寿命は短く，自然死した虫体が肺動脈に栓塞し，かえって重篤な呼吸器症状を呈することもあるという．無症状のものがある一方，犬の場合よりも深刻な急性病態を発生し，ときには短期間のうちに死を招くこともあるという点で近年関心を集めている．

ディペタロネマ
Acanthocheilonema reconditum
(syn. *Dipetalonema reconditum*)

イタリア，北米，アフリカでおもに犬の皮下結合織，体腔，まれに腎臓から検出されている．日本では復帰前の沖縄県では犬糸状虫よりもはるかに優占していたが，現在の優占上位は逆転している．

雄は 9 ～ 17（13）mm, 雌は 17 ～ 32（23）mm で，犬糸状虫の約 1/10 という小形の糸状虫である．小形であるうえに寄生部位がおもに結合織であるために，病原性はほとんど認められていない．mf はほぼ 270 μm で，犬糸状虫（ほぼ 300 μm）よりもわずかに小さく（図 4.108），末梢血液中に出現し，昼間定期出現性を示す．

中間宿主はネコノミ，イヌノミ，ヒトノミ，イヌジラミなどであり，またマダニ類，とくにクリイロコイタマダニが疑われている．発育にはノミ体内で 1 ～ 3 週間，

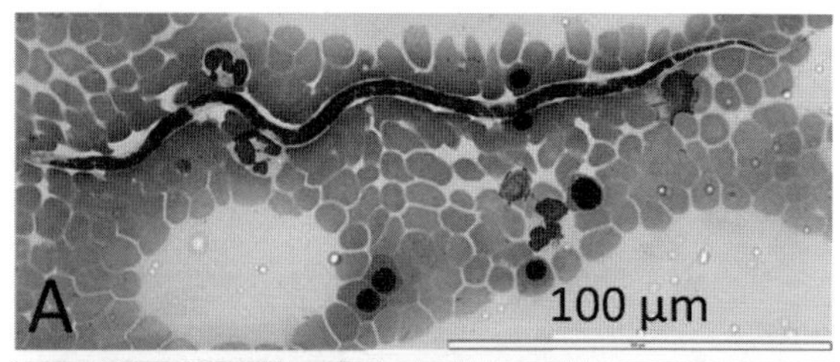

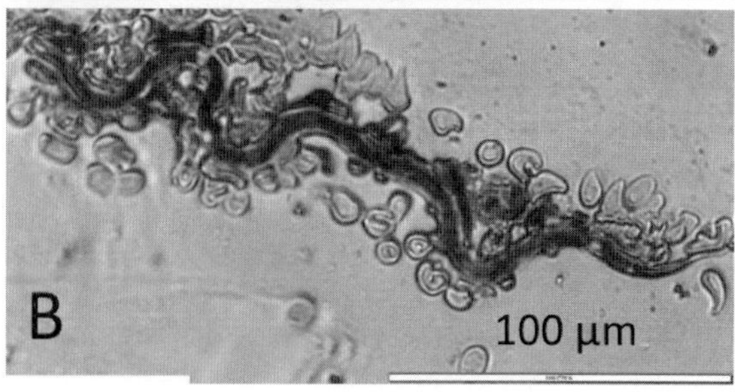

図 4.108　ディペタロネマ属（A）と犬糸状虫（B）のミクロフィラリア［長濱原図］

終宿主体内における発育には 61 ～ 68 日を要する．

また *Dirofilaria repens* が沖縄県でヒトから検出されている．本来は犬・猫の皮下結合織に寄生する種であり，沖縄県における犬・猫にも存在しているのではなかろうかと疑われている．中間宿主は蚊（ハマダラカ，ヤブカ，ヌマカ）．

B　馬の糸状虫

馬の糸状虫としては，糸状虫科の *Parafilaria multipapillosa*，セタリア科の *Setaria equina*，オンコセル科の *Onchocerca cervicalis* および *O. reticulata* などがある．日本ではこれらのうち，*Parafilaria* は未確認であるが，近年，北海道から導入した牛にパラフィラリア症が認められているので，ここに記録しておく（表 4.19）．

多乳頭糸状虫
Parafilaria multipapillosa

おもに東洋諸国の馬にみられる．雄は平均 28 mm，雌は 40 ～ 70 mm である．体前端・頭部には多数の円形ないし楕円形の乳頭様の肥厚した突起があり，頭部を除く体部ではこれが横線状になっている．幼虫包蔵卵（50 ～ 80 × 25 ～ 50 μm）が産出され，ただちに孵化して mf が遊離するが，末梢血液中には出ない．mf は 220 ～ 230 μm で，中間宿主に捕食される．

ロシアにおける中間宿主はノサシバエの一種 *Haematobia atripalpis* である．中間宿主体内で 20℃以上であれば 10 ～ 15 日間で感染幼虫が形成される．

皮下，ときには筋間結合織に寄生し，血液を貯溜した径 2 cm に達する結節を形成する．結節は瘻管を有し，出血して血汗症（haematidrosis）を発する．シノ

表 4.19　馬・牛（反芻動物）のおもな糸状虫

属　名	馬	牛
Parafilaria	多乳頭糸状虫 *P. multipapillosa* ＊日本では未確認（血汗症） 中：ノサシバエ（ロシア）	牛のパラフィラリア *P. bovicola* ＊北海道産牛に散発（血汗症） 中：イエバエ
Setaria	馬糸状虫 *S. equina* ＊著害はない．幼虫はまれに迷入 中：トウゴウヤブカ シナハマダラカ	指状糸状虫 *S. digitata* ほか ＊脳脊髄糸状虫症，溷睛虫（こんせいちゅう）症 中：シナハマダラカ，オオクロヤブカ， トウゴウヤブカ
Stephanofilaria	—	沖縄糸状虫 *S. okinawaensis* ＊鼻鏡白斑症，乳頭糜（び）爛（らん）性潰瘍 中：ウスイロイエバエ
Onchocerca	頸部糸状虫 *O. cervicalis* ＊鬐（き）甲腫，夏癬に関与？ 中：ヌカカ類	咽頭糸状虫 *O. gutturosa* ＊ワヒ病・コセ病 中：ツメトゲブユ

中：中間宿主

ニムに *Filaria haemorrhagica* というものがある．血汗症は夏季に発生し，冬季には終息するが，しばしば翌年の夏季に再発する．血汗症の被害は皮革価値の低下にある．

馬糸状虫
Setaria equina

世界中の馬の通常は腹腔，ときに陰嚢内にみられる．また馬の胸腔および肺から，さらに馬および牛の眼球から幼若虫の検出例がある．

［形　態］

雄は 40 ～ 80 mm，雌は 70 ～ 150 mm．開口部周縁は左右に大型の側唇と，これらよりやや小型の背・腹唇の計 4 個の口唇様突起に囲まれている．交接刺は，左は 630 ～ 660 μm，右は 140 ～ 230 μm．雌の尾端は単純に細くなっている．mf は有鞘で 190 ～ 256 μm，血中に出るが，定期出現性はない（図 4.109）．

［発育環］

中間宿主は，日本ではトウゴウヤブカ（*Aedes togoi*）およびシナハマダラカ（*Anopheles sinensis*）が知られている．蚊に摂取された mf は蚊の中腸内で脱鞘し，12 ～ 13 日後に L_3 になり，吻鞘に集まっている．終宿主体内において成熟するには 3 か月を要する．ほかのセタリア同様，胎盤感染も起こりうる．

［病原性・症状：成虫］

腹腔内寄生であるかぎり，病原性は認められない．しかし，多数寄生では腹膜に刺激を与え，繊維素性腹膜炎を発することもある．また陰嚢寄生で浮腫がみられたという記録がある．

［病原性・症状：移行幼虫・幼若虫］

馬の溷睛虫（こんせいちゅう）のごく一部に馬糸状虫の幼虫がある．もちろん，溷睛虫の大部分は，後述する"指状糸状虫"である．

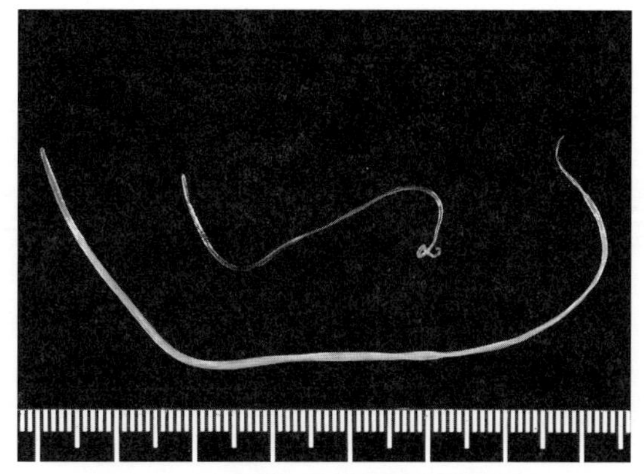

図 4.109　馬糸状虫の雌雄成虫［吉原原図］

［治療・予防］

イベルメクチン 0.2 ～ 0.5 mg/kg の筋肉内 1 回注射が有効であるという．

頸部糸状虫
Onchocerca cervicalis

世界的に馬の頸靱帯に寄生する．日本の往年の馬産地では高率にみられたが，現況は明らかではない．雄は 6 ～ 7 cm，雌は 75 cm に達するという．正確には頸靱帯にからまって寄生しているために完全虫体が得られず，雌虫の計測値は不明である．mf は無鞘で尾部は短く，体長は 200 ～ 240 μm，寄生部位のリンパ腔，結合織間隙などに産出される．そして，そのまま寄生部位の皮下に滞留し，通常は血中に入らない．mf の尾部は短い（図 4.110）．

［発育環］

馬体に集まるヌカカ類が中間宿主になる．mf はセマダラヌカカ（*Culicoides homotomus*）などの胸筋で発

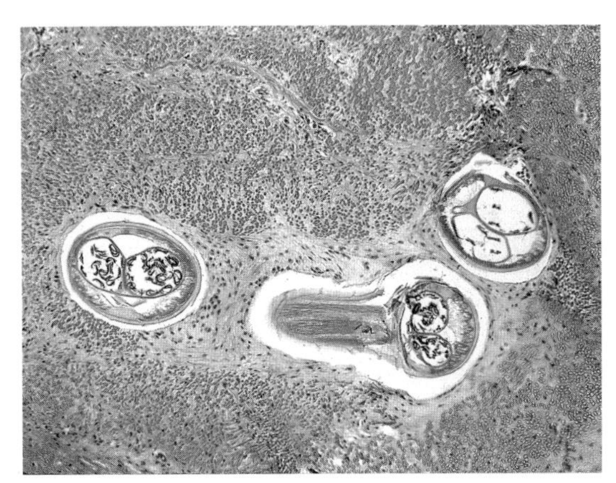

図 4.110　頸部糸状虫（頸部筋肉内寄生虫体の横断面）［吉原原図］

育し，24 ～ 25 日で体長 600 ～ 700 μm の感染幼虫になり，吻鞘に集まる．馬体への侵入はヌカカの吸血を機会に起こる．しかし，その後の移行経路は判明していない．

［病原性・症状］

重度感染では寄生部位である鬐(き)甲部の結合織は粟粒大から大豆大，ときには鶏卵大に増生・肥厚し，石灰変性を起こし，鬐甲腫とよばれる病巣を形成することがある．

鬐(き)甲腫：虫体周辺に好酸球，好中球，リンパ球の浸潤，肉芽形成がみられる．虫体の機械的刺激，代謝産物に対する局所反応によるもので，陳旧病変ではしばしば細菌などの二次感染を招来し，化膿巣を形成し，瘻管を有し，内部は空洞になっていることが多い．通常，痛覚はない．虫体は変性部または周縁部に存在する．外科的に対処する．

軽度感染では無症状に経過する．

夏(か)　癬(せん)：夏季を最盛期とする馬の皮膚病に“夏癬”とよばれる疾患がある．病理組織学的所見をもととする頸部糸状虫の mf を病因とする説が古くから有力であったが，現在ではヌカカ咬傷によるアレルギー性皮膚炎説が浮上してきている．

網状糸状虫

Onchocerca reticulata

雄は最長 27 cm，雌は 75 cm という．馬の前肢の腱や繋靱帯の結合織に寄生して腫脹を生じ，跛行の原因になることがあるといわれている．前述の頸部糸状虫と混同されたこともあったが，寄生部位も病態発生も異なり，明らかに別種である．ヨーロッパ諸国に分布するが，日本における存否は明らかではない．中間宿主はヌカカの仲間と考えられている．

C　牛の糸状虫

牛の糸状虫には，近年話題にあがってきた糸状虫科の *Parafilaria bovicola*，最重要種としてセタリア科の *Setaria digitata* ほか，同科の *Stephanofilaria okinawaensis*，オンコセルカ科の *Onchocerca gutturosa* などがある（表 4.19 参照）．

パラフィラリア

Parafilaria bovicola

フィリピンおよびインド，アフリカ，ヨーロッパの諸処，北方ではスカンジナビア諸国の牛，水牛の皮膚に寄生し，出血性結節を形成することで知られていた．従来，日本には存在しないものと考えられていたが，1982 年に北海道・北見から岐阜県へ導入された牛 2/100 頭から検出され，1989 年には千葉県の 2 農場に導入された北海道・天塩および枝幸産の妊娠牛のうち，2/30 頭に皮膚出血が認められ，虫体が確認されるに至っている．これらの例はいずれも北海道で感染したものと推測されている．根源は，比較的近年に至って，海外から北海道へ導入されたものであろう．

［形　態］

雄は 2 ～ 3 cm，雌は 5 ～ 6 cm．ちなみに，日本で確認された雌は 35 ～ 45 mm，あるいは 51.2 および 64.7 mm と報告されている．成虫は前端を除き，体表にクチクラの横条線がある（図 4.111）．虫卵は 40 ～ 55 × 23 ～ 33 μm で，産卵時にはすでに幼虫が形成されている．産卵に際して雌は結節に小孔を開け，虫卵は血液成分に混じって外界へ排出され，ただちに孵化する．幼虫は中間宿主の食料となる血液成分とともに摂取される．

［発育環］

中間宿主はイエバエ（*Musca*）属のハエである．ハエ体内では 11 日後には L_3 が形成され，頭部に集積されている．感染後，167 ～ 250 日で成虫期に達し，皮膚の出血点は感染後 242 ～ 319 日ころからみられるようになる．

［病原性・症状］

皮膚の結節は，通常まず肩に認められ，ついで背部，腰部，鬐(き)甲部，頸部にも認められるようになる．雌は産卵のために真皮へ移動し，結節を形成する．結節は直径 12 ～ 15 mm，隆起部の高さは 5 ～ 7 mm に達する．虫体が完熟するころ，結節は急性炎症性に径 40 mm，高さ 10 mm にも腫脹し，瘻管を形成して痛みを伴う出血を起こす．多くは 1 回の出血で終わるが，2 ～ 3 回くり返す場合もある．

[診　断]

特異な結節病変，出血などに加え，出血部からの虫体，mfの確認はただちに診断に連なり，病巣における増数した好酸球数は診断のもとになる．発生は夏季に限られる．

[治　療]

病巣に対するレバミゾールの塗布，イベルメクチンの経口投与が有効という．

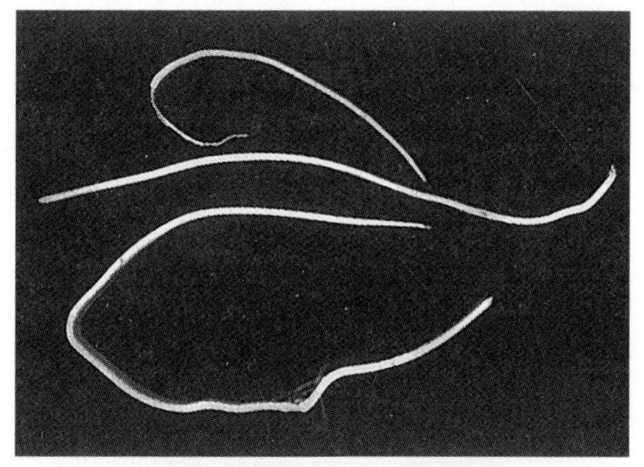

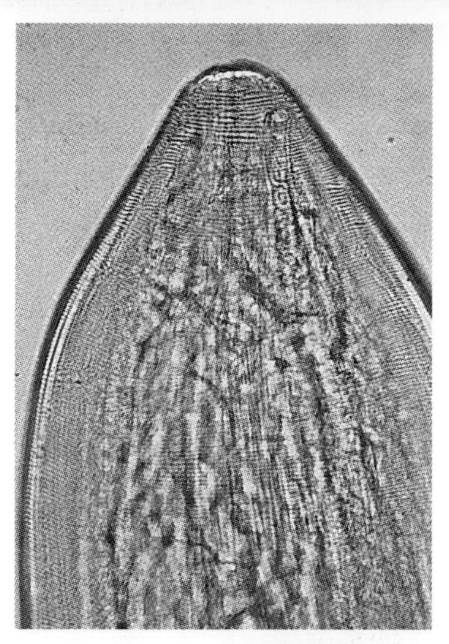

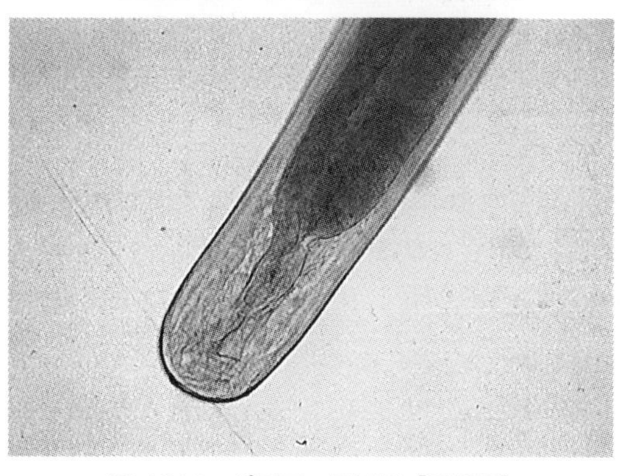

図 4.111　パラフィラリア［平原図］
上：成虫　中：雌の頭部　下：雌の尾部

指状糸状虫
Setaria digitata

牛にみられる *Setaria* 属には，指状糸状虫（*Setaria digitata*），唇乳頭糸状虫（*S. labiatopapillosa*），マーシャル糸状虫（*S. marshalli*）があり，いずれも本来の寄生部位は腹腔であり，ときにはめん羊，山羊にも寄生する（図 4.112 ～ 4.114，表 4.20）．

これらのうち，もっとも多くみられる指状糸状虫は，極東地域の牛，ゼブー，水牛，例外的にめん羊の腹腔に寄生し，往年（1976）の北日本における感染率に55％という数字がある．移行幼虫・未成熟虫の迷入による他種動物，とくに馬およびめん羊・山羊における“脳脊髄糸状虫症・脳脊髄セタリア症＝腰麻痺，腰萎”，およびおもに馬の“溷睛虫症（こんせいちゅうしょう）”の原因虫としての重要性が大きい（図 4.112，4.113）．

[発育環]

中間宿主に摂取されたmfは，夏季であれば約2週間で体長2.5 mm前後のL_3にまで発育する．ちなみに，mfは体長275 ～ 300 μmで有鞘，血中に出るが，定期出現性はみられない．L_3は蚊の吸血時に口吻を脱し，刺傷口から侵入し，皮下結合織，筋膜下などを移動しつつ成熟し，感染3 ～ 4か月で腹腔に達する．

[病原性・症状]

成虫およびmfによる直接的な病害は明らかではない．おそらく，ほとんどないものであろう．病原性は，もっぱら感染後の移行幼虫・未成熟虫の脳脊髄，あるいは前眼房その他への迷入によって表現される．指状糸状虫の移行幼虫は，固有宿主，非固有宿主を問わず諸組織への迷入性が強い．

(1) 脳・脊髄

指状糸状虫の感染幼虫がめん羊・山羊や馬に侵入した場合，体内移行中の幼虫が脳・脊髄へ迷入することがある．そして，神経組織にさまざまな種類，いろいろな程度の物理的な影響を及ぼすことになる．この病

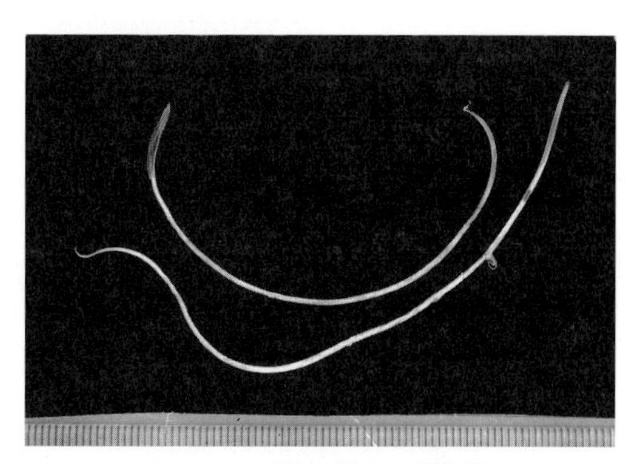

図 4.112　指状糸状虫の雌雄成虫

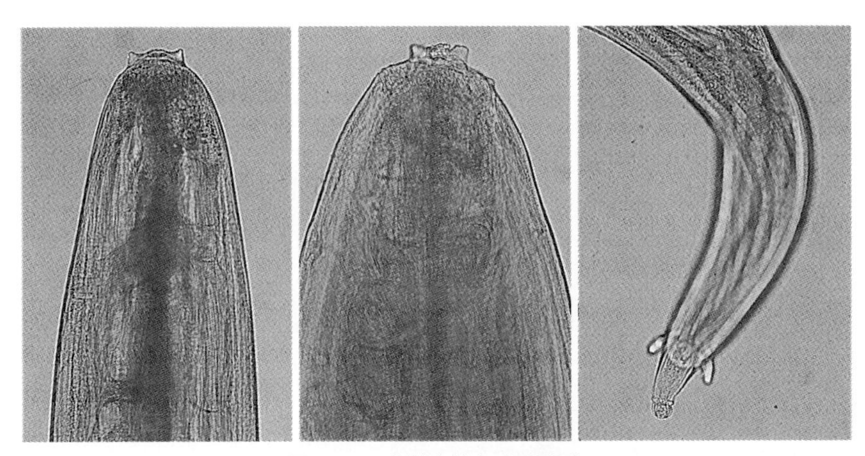

図 4.113　指状糸状虫［平原図］
左：雄の頭部　中：雌の頭部　右：雌の尾部

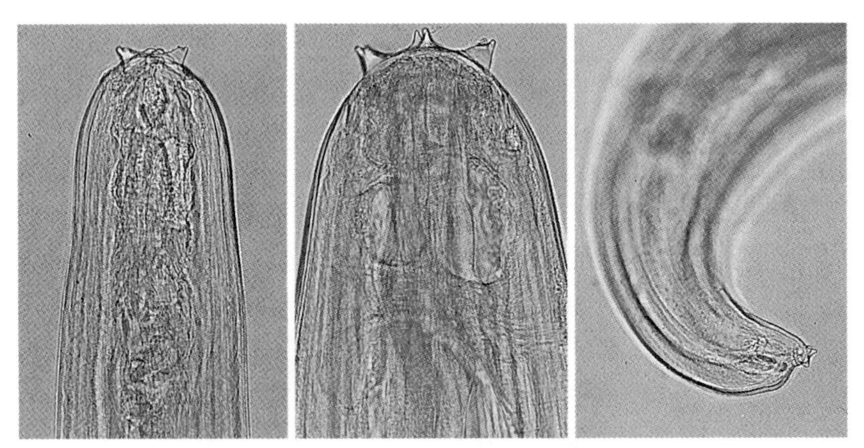

図 4.114　マーシャル糸状虫［平原図］
左：雄の頭部　中：雌の頭部　右：雌の尾部

表 4.20　牛にみられるセタリア属糸状虫 3 種の比較

	指状糸状虫	唇乳頭糸状虫	マーシャル糸状虫
体長：雄 （cm）雌	3.5 ～ 4.6 6.5 ～ 7.5	4.0 ～ 5.1 6.0 ～ 9.4	5.4 ～ 6.2 10.1 ～ 13.2
中間宿主	シナハマダラカ，オオクロヤブカ，トウゴウヤブカなどが主要種	ネッタイシマカ．ほかにアシマダラヌマカなどヌマカ属の一部のもの	指状糸状虫と共通の 3 種類．ほかにアカイエカも知られている
分布地域 と 感染率	おもに極東地域に分布． 日本ではもっとも普通． 感染率はきわめて高い． 日本の牛から検出されるセタリアの 90%以上	ヨーロッパ，アフリカ，南北アメリカ，オーストラリア，ロシア．日本での感染率は 3 ～ 4%以下と推定され，きわめて低い．	指状糸状虫とほぼ同一地域に分布．感染率は低い．仔牛では数%程度だが，めん羊・山羊で検出されるものはほとんどこの種
感染の特徴	全年齢牛の過半数にわたって感染がみられる．とくに 3 ～ 8 歳で高い	—	胎盤感染⇨新生仔牛で成虫になる．したがって 1 歳以上の牛ではきわめてまれ
移行幼虫の 病原性	馬・めん羊・山羊の脳脊髄糸状虫症，溷睛虫症（こんせいちゅう）など	中枢神経系迷入例はまれ（南ア野生獣例あり）	—
歯状突起	比較的短小	やや大，頂の切込み深	長大，とくに雌で顕著

歯状突起：口は 4 個の口唇状の突起（歯状突起）をもつ輪状に隆起したクチクラで囲まれている．
一時期混乱のあった *Setaria cervi* の固有宿主はシカ．

態発生は実験的にも証明されている．めん羊界では主として“腰麻痺”という病名で知られているもので，日本におけるめん羊産業の発展を阻むマイナス要因のひとつになっている．さらに，馬においても脳脊髄糸状虫症として重視されている．

侵入した幼虫の移行・迷走経路は特定されない．さらに，脳・神経系組織へ侵入したからといっても，必ずしも発症するとは限らない．破壊的な損傷を生ずる場合もあれば，損傷に伴わない単純な圧迫による可逆的な機能障害を惹起するにすぎない場合もある．
病態の特性を次に抄録する．
①発生時期：夏，おもに8～9月．
②症　状：損傷部位によって症状は多岐多様．おもに後軀の運動障害･麻痺，犬座姿勢，転倒，横臥，歩行･起立不能など．前駆症状なくこれらの症状が突発する．多くは無熱で食欲に変化はない．
③予　後：予後は本来不定である．治療処置あるいは経過によっては好転する場合もあるが，多くは予後不良．褥創（瘡）から敗血症を続発して死亡，または廃用のやむなきに至る．
④診　断：症状に疫学的考察を合わせて診断する．実用に供されている寄生虫学的，血清学的診断法はまだない．とくに日本脳炎などの発生時期，症状が近似するものとの類症鑑別が必要．

治　療：抗フィラリア剤（例：レバミゾール，イベルメクチン，ミルベマイシンなど）が適用される．神経細胞にすでに重大な損傷を生じていれば回復は望みえず，薬剤適用には必ずしも恒常的な効果は期待しにくい．一方，症状の緩解や回復をみる場合も少なくない．損傷の度合い，虫体の寄生様態に依存する現象であろう．ただし，多くは常用量で数回の運用を要するようである．ただし，認可されている薬剤はグルコン酸アンチモン製剤のみである．

予　防：感染源になる牛の清浄化を図るための mf 駆除は，実際問題としては実施しにくい．少なくとも普及は困難である．牛に対する直接的な被害はないからである．また，中間宿主となる蚊の撲滅も現実的ではない．

現実的な予防手段は，犬フィラリア症の予防に慣用されている“抗幼虫，抗幼若虫効果を有する薬剤の定期運用による移行幼虫の殺滅”にある．この方法そのものは古くから採用されていたもので，いわば“治療的予防法”といえるものである．具体的には，上記した治療剤の常用量を1回ずつ，15日間隔で，蚊の活動期間を通して定期的に運用することである．

(2) 眼

突発性の結膜炎を起こす場合と，おもに馬でみられる眼房内寄生・瀰睛（こんせいちゅう）虫症とが知られている．

①結膜炎

牛で秋季に突発性の結膜炎を発し，細胞浸潤，浮腫，血管内皮の腫脹などを呈する病巣から移行中の幼若虫が検出されることがある．

②瀰睛虫症（こんせいちゅう）

移行中の幼若虫が眼球，とくに前眼房に迷入したものを瀰睛虫といい，それによって惹起される病態を瀰睛虫症という．通常は秋季から初冬，脳脊髄糸状虫症の発生時期に遅れ，おもに馬の前眼房水中に2～4 cm の游泳している幼虫として容易に発見され，古くから知られていた．まれにはめん羊，あるいは固有宿主である牛でも認められることがある．瀰睛虫の原因となるものはごく一部が *Setaria equina* であるが，ほとんどは *S. digitata* である．

症　状：多くは無症状で経過するが，羞明，眼房水の混濁，角膜の白濁から失明をきたすこともある．また，視覚に違和感・異常感を生ずる場合があるという指摘もある．

治　療：外科的処置として角膜穿刺法がごく古くから用いられている．虫体が眼球表面に向かって游泳してくる機会を狙って角膜の辺縁を穿刺し，虫体を眼房水とともに排出させる方法である．

(3) 心　臓

牛の心外膜，壁側板に cm 単位に発育した幼若虫のかかわる結節病変，また心室外壁にも同様に肉芽腫様寄生性結節を認めたという報告がある．と畜検査において，心臓から移行中の幼若虫が検出される例はけっしてまれではないといわれている．

(4) その他

肺，腸間膜リンパ節，腎臓，膀胱などへの迷入例もある．

沖縄糸状虫
Stephanofilaria okinawaensis

南西諸島にのみ分布している．古くから南西諸島の黒毛和牛に鼻鏡白斑症の発生があることが知られ，その病原体はフィラリアであり，“鼻白糸状虫（*Stephanofilaria* sp.）”とよばれていた．のちに沖縄県八重山諸島の放牧牛，繋牧牛に鼻鏡白斑症の執拗な発生があり，この疾患の防圧を目的とする調査・研究が大々的に推進された．そして，病原虫は“沖縄糸状虫（*Stephanofilaria okinawaensis*）”として1977年に新種記載された．同時に対応策も確立され，計画的な徹底した集団駆虫の結果，現在ではほとんど発生は認められなくなっている．

[形　態]

雄は 2.7 ～ 3.5 mm，雌は 7.0 ～ 8.5 mm．口周にはクチクラ縁が王冠状（stephano-）を呈して隆起している．mf の頭部は明らかな瘤状を呈し，細い頸部と区分される．大きさは 101 ～ 110 × 4.7 ～ 7.0 μm，流血中には出ない．鼻鏡の組織内には多いが，乳房ではほとんどみられない（図 4.115）．

[発育環]

中間宿主はウスイロイエバエである．20 ～ 25 日でハエ体内における感染幼虫の形成が完成する．感染後 mf の産出までには約 3 か月を要する．寄生期間は 8 ～ 12 か月．

> **ウスイロイエバエ**（*Musca conducens*）：熱帯性，小形の屋外性のハエで，非刺咬性であるが血液に嗜好性を示し，出血部に集合して血液をなめとる習性がある．発生源はおもに牛糞であり，南西諸島，南九州，伊豆七島に分布する．沖縄で放牧牛，繋牧牛に飛来するハエの大部分は本種が占めている．

[病原性・症状]

鼻鏡病変はまず痒覚を伴う丘疹を発し，掻痒のため擦傷に移行し，さらに病勢が進行すれば潰瘍が形成され，出血し，ついにはメラニン色素の消失による鼻鏡白斑という特徴的な病状を呈するに至る（口絵⑩②）．実験的には，感染幼虫接種後 40 日くらいで症状が出始め，85 日くらいで明瞭な白斑が形成される．このころになると，病巣部の真皮層には多数の mf と成虫が検出されるようになっている．

さらには病変は乳房に及ぶことになる．乳房の病変は，基本的には鼻鏡病変と同様である（口絵⑩③）．病巣は経産牛の乳頭のメラニン色素部に発生し，鼻鏡に病変を有する患牛の 30％にみられる．逆に，鼻鏡病変を欠き，乳頭病変のみを有するものはない．最終的には，乳房は角化症に陥り痂皮を形成し，乳頭の脱落・欠損を招き，激しい疼痛を伴うことになる．乳頭の疼痛にはじまる病巣の形成は，哺乳および搾乳に重大な障害を及ぼすものである．なお，乳頭の病変部の組織内には，成虫は認められるが mf はごく少ない．

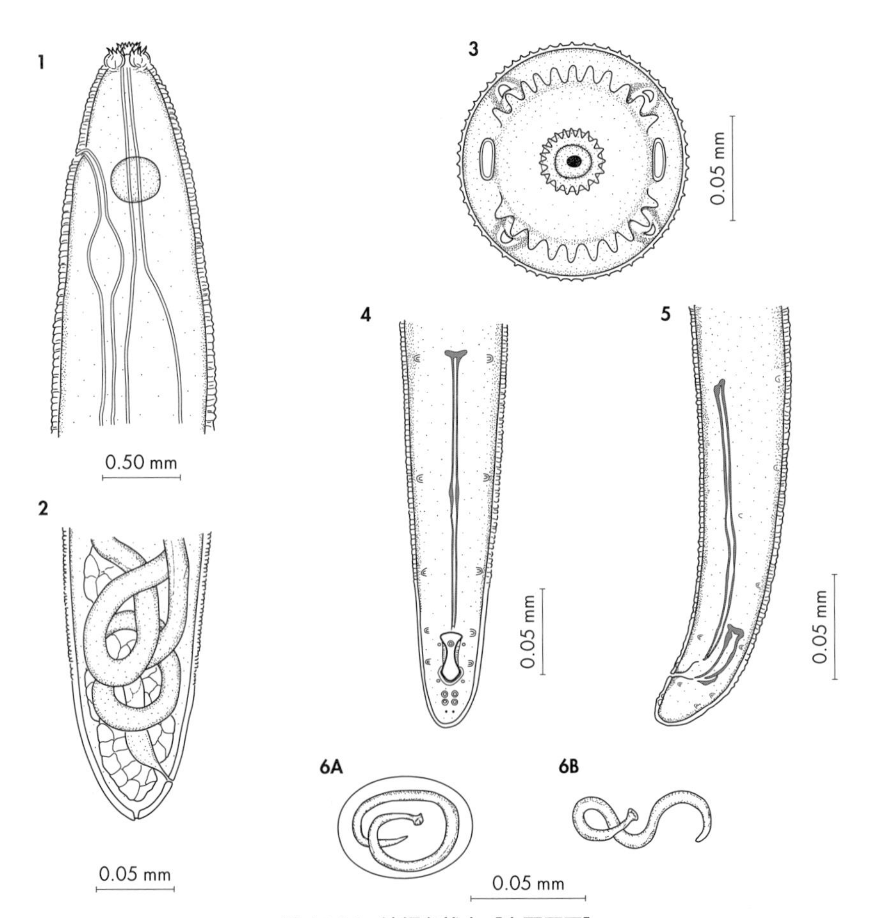

図 4.115　沖縄糸状虫［上野原図］

1：雌の頭端側面　2：雌の尾端側面　3：雌の頭部前面　4：雄の尾部腹面　5：雄の尾部側面
6A：虫卵　6B：ミクロフィラリア

[診　断]

特有な症状，発生地域，患部からのmfの検出などによって診断される．また，出血部病変の皮膚組織の一部を採取し，食塩水に游出させることにより，成虫を検出することもできる．

[治　療]

八重山における駆虫にはレバミゾールが用いられ，その効果が証明された．用量は7.5 mg/kg　経口投与．また，マクロライド系薬剤も有効であろう．白斑に関する予後は良好である．

[予　防]

中間宿主であるウスイロイエバエは屋外性のハエで，もっぱら日照下で放牧牛，繋牧牛が襲われる．舎飼牛は襲われない．罹患牛を長期間舎飼に移せば再感染の防止と症状の緩解が期待される．放牧地にはなるべく庇蔭林が設置されていることが望まれる．しかしこれらは予防法として採用するにはおそらく経済的な問題が大きすぎよう．忌避剤の応用，発生源としての牛糞の処理なども徹底しにくい．

有病地では，2か月ごとの一斉定期駆虫が実用性のある方法としてすすめられている．

咽頭糸状虫
Onchocerca gutturosa

世界中広く，牛，水牛のおもに頸部靱帯および周縁の結合織，その他鬐甲部，腰部，後膝関節などに寄生している．虫体，とくに雌はかなり長大で，頸靱帯に密に巻きついて寄生している．

寄生様態のゆえに完全虫体を分離しにくく，真の計測値は得られていないが，雄は3～4 cm，雌は60 cmにも達するかと推測されている．体表には微細な横線があり，とくに雌は3～4本ごとにまとまって表皮にジグザグな肥厚線を形成し，虫体をとりまいている．

mfは発育するに従って体長をやや減ずる．第1期mfの体長は180～230 μmで幅は狭く，第2期mfは110～140 μm，渦状に巻曲し幅広い．いずれも無鞘である．両者は通常牛体内で混在しているが，成虫の子宮内のものの計測値は第1期のそれと一致している．第1期mfは皮膚結合織内に，第2期mfは主として皮膚血管内に滞留しているが，一部は流血中に入ることもある．

往時，第1期mfはY虫，第2期mfはX虫とよばれていた時期がある．

[発育環]

中間宿主はツメトゲブユ（*Simulium ornatum*）．組織内のmfはブユの吸血に際して摂取され，体内，おもに胸筋で発育し，温度にもよるが，2～3週間後には感染幼虫になり吻鞘に集まる．そしてブユが牛を吸血する際に皮下に注入されて感染する．

[病原性・症状]

咽頭糸状虫のmfは，通常2歳以上の牛の皮膚組織内に寄生している．寄生部位には好酸球，円形細胞の浸潤がみられるが，多くはわずかに浮腫をみることはあってもほとんどは無症状で経過している．事実，この糸状虫はかなり高率に感染しているにもかかわらず，発症するものは2％にも及ばないといわれている．一方，一部のものでは組織反応が進行し，激しい痒覚を伴う丘疹から湿疹を発生するに至る．この皮膚炎は掻痒によって悪化し，脱毛，肥厚が生じ，ついには象皮病様の様相を呈するようになる．これがワヒ病またはコセ病とよばれるものである．皮膚の変状は体表の至るところに現れるが，顔面，頸部，胸前，鬐甲などに好発する傾向がある．

ワヒ病・コセ病は2歳以上の牛，とくに5～6歳の黒毛和種に多発する慢性皮膚病であるが，和種のみならず乳用種に発生することもある．発生時期は5～9月ころで，最盛期は夏季にあたり，冬季には軽快するが，翌年夏に再発するものが多い．

組織学的には，病巣部真皮層には血管周囲に好酸球，円形細胞の浸潤，結合織の増殖などアレルギー性皮膚炎を思わせる炎症性反応が認められる．またこの段階では組織の破壊があり，mfが検出される．病変の本質は，mfの関与したアレルギー性皮膚炎であると考えられている．これに掻痒による障害が加わって病巣が複合的に進行する．慢性期になれば結合織の増生が著しく，皮膚は肥厚して象皮病様の様相を呈し，mfは検出されにくくなっている．

[診　断]

季節，地域，臨床所見などを基礎に，病巣部組織からのmfの検出によって診断される．成虫はと殺時に発見されることがある．

[治療（駆虫）]

抗フィラリア剤，抗mfが適用される．臨床的には，ワヒ病・コセ病の治療に抗ヒスタミン剤の併用がすすめられている．

[補]参考にヒトの糸状虫を表4.21に示す．

野生動物と糸状虫：ニホンジカとイノシシのジビエ利用が国策化された今日，獣医師は両種に寄生する*Onchocerca*属について，前述とは別の種（複数）による病態･病変を予め知っておく必要が生じている．最近，北海道のニホンジカ（北海道産亜種エゾシカ）の四肢腱部腫瘤からこの属線虫が得られ，これにより野生獣

表 4.21　ヒトの糸状虫

種　類	分　布	概　　要
バンクロフト糸状虫 *Wuchereria bancrofti*	熱帯，亜熱帯，温帯に広く分布．日本の南部では否定できない	雄 25 ～ 45 mm，雌 80 ～ 100 mm．リンパ管，リンパ節に寄生．熱発作，リンパうっ滞による乳糜尿症，陰嚢水腫，象皮病．mf は有鞘で，240 ～ 300 μm，夜間定期出現性．中間宿主はアカイエカ，コガタアカイエカ，シナハマダラカ，トウゴウヤブカ
マレー糸状虫 *Brugia malayi*	東南アジアに限られる．韓国済州島．日本ではかつて八丈小島	雄 13 ～ 23 mm，雌 43 ～ 55 mm． 寄生部位には前種同様．ほとんど下肢の象皮病に限られ，泌尿器系の病変はない．mf は 180 ～ 230 μm で有鞘． 中間宿主はヌマカ属，ヤブカ属
回旋糸状虫 *Onchocerca volvulus*	アフリカ赤道付近，中南米	雄 20 ～ 40 mm，雌 330 ～ 500 mm．皮下腫瘤内に巻曲して寄生．繊維腫様結節・腫瘤形成，mf による眼病変，失明．mf は約 250 μm で無鞘．中間宿主は諸種のブユ
ロア糸状虫　*Loa loa*	アフリカ中西部	皮下，眼結膜．昼間定期出現性．アブ

の *Onchocerca* 属線虫が全国に分布することが確認された．目立った病変形成はするが，好発寄生部位が腱部なので食利用面では直接的問題はない．生産者・消費者にしっかりとした説明をすることが求められよう．一方，ヒト皮膚腫瘤中にこの属線虫が見られる症例が知られ，また，家畜へも感染し，病害も知られる．特に，シカ個体群が顕著に増大している地域ではこの感染が増加する傾向にあることは指摘しておきたい．

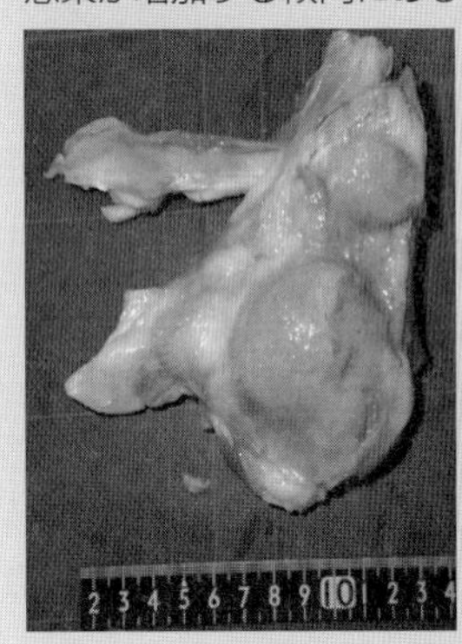

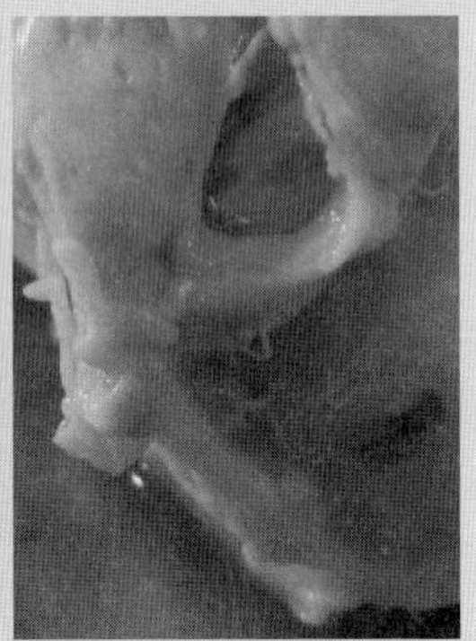

図 4.116　エゾシカ前肢腱部腫瘤に寄生する *Onchocerca* 属線虫［左：松田原図］

4.8 エノプルス類

A　鞭虫類 Genus *Trichuris* (syn. *Trichocephalus*)

虫体の前方約 2/3 ～ 3/4 は細長く糸状を呈し，後方はこれよりも太くなっている．ちょうど，全長の 1/3 ～ 1/4 ほどの太い握り部分と，残りの 2/3 ～ 3/4 に及ぶ細長く波打つ鞭状部分からなっているようにみえる．この外観ゆえに“鞭虫（whip worm）”という一般名が付けられている．ちなみに，学名は tricho（毛）＋ oura（尾）に由来しており，シノニムとして扱われている tricho ＋ cephalus（頭部）のほうが意味としては正しいが，命名規約上変更できない．

細い前体部はほとんど食道で占められている．食道の前方部分は筋肉質であるが，後方部分には食道腺細胞（stichocyte）とよばれる特殊な大型の細胞が食道腔を囲んで縦に並んでいる（図 4.1 参照）．また，前体部の全長にわたって，腹側には桿状細胞帯（bacillary band）とよばれる特殊な構造が形成されている．雄の尾端は巻曲し，交接刺は 1 本で，交接刺鞘で被覆されている．雌の尾端は直接的に細くなる．陰門は後体部の前端，すなわち虫体が太くなる起始部に開口している．

虫卵は，卵殻は黄褐色で厚く，楕円形，いわゆる“ビヤ樽状”あるいは“ラグビーボール状”とたとえられる形状を示し，さらに両端には突出した無色の栓様構造を備えている．未分割卵として排出される．外界で卵内に感染幼虫が形成され，直接経口的に感染する．

犬鞭虫 *Trichuris vulpis*

犬，キツネなどイヌ科動物のおもに盲腸，ときには結・直腸にも寄生する．世界各地で認められる．日本でも全国的にごく普通の犬の消化管内寄生虫として，重要なもののひとつにあげられている．まれにヒトにも寄生し，しかも成熟しうるという．

［形　態］

雄は 4 ～ 5 cm，雌は 5 ～ 7 cm．全体のほぼ 3/4 が細い食道部に該当している．交接刺は 1 本で 9 ～ 11 mm，交接刺鞘を備えている．虫卵は 70 ～ 80 × 37 ～ 40 μm（図 4.117，4.118）．

［発育環］

Homoxenous な発育環をもち，虫卵の発育には他の

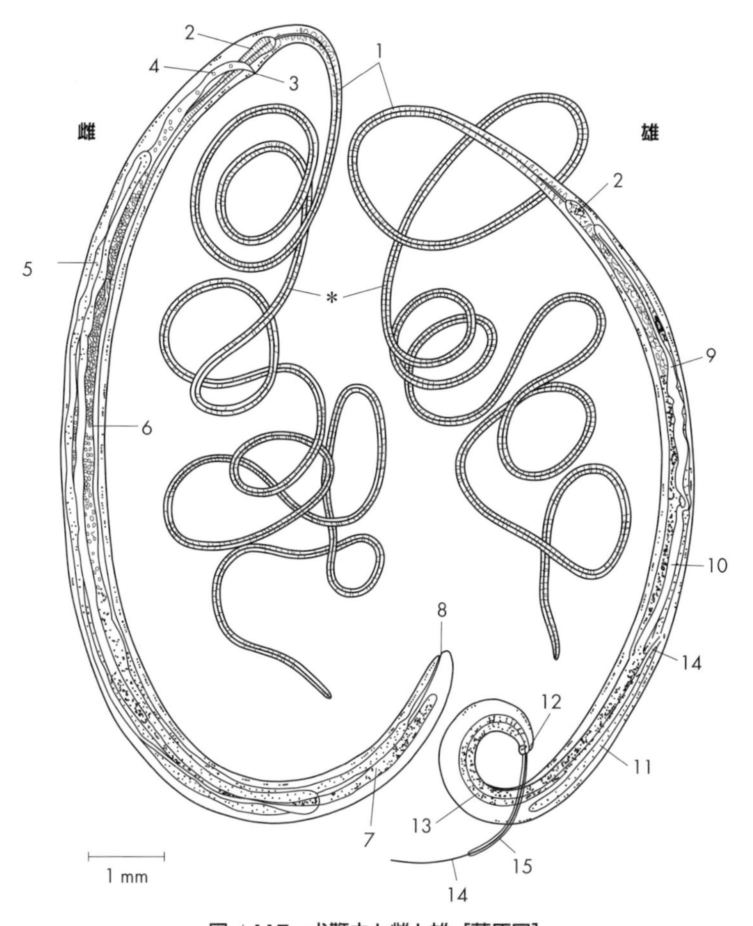

図 4.117　犬鞭虫と雌と雄［藤原図］

1：食道（＊は食道細胞（stichocyte））　2：腸　3：陰門　4：腟　5：輸卵管
6：子宮　7：卵巣　8：肛門　9：輸精管から貯精囊　10：射精管　11：精巣
12：総排泄孔　13：総排泄腔　14：交接刺　15：交接刺鞘

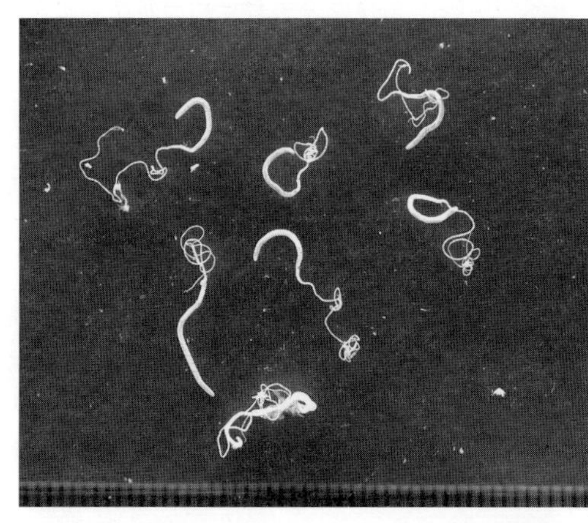
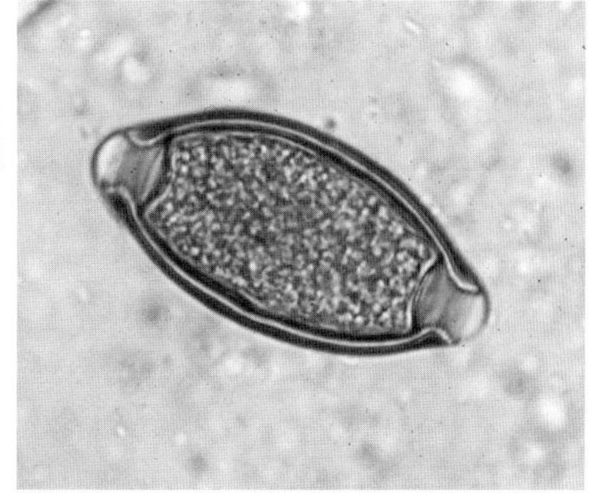

図 4.118　犬鞭虫

左：雌雄成虫　右：虫卵

線虫類よりも高温多湿を必要とする．たとえば，湿潤環境では 22℃で 35 日を必要とするが，30℃では 16 日で感染幼虫が形成される．幼虫包蔵卵の外界における抵抗性は強く，戸外の土中では数年も生存しうるという．

①宿主が感染幼虫包蔵卵を経口的に摂取．

②嚥下後 30 分以内に，犬の小腸で孵化．

③幼虫は 24 時間以内に小腸上部のリーベルキューン

腺を通って粘膜へ侵入.

④ 8〜10日間滞留後，腸管腔へ出て，下降して盲腸に至る.

⑤ 74〜87（82）日で成熟，産卵開始．雌虫1匹1日あたりの産卵能力（EPDPF）は2,000〜10,000.

⑥寄生期間は約16か月.

[病原性]

2か月齢未満の幼犬にはほとんど感染は認められない．7か月齢以上の成犬で感染率は高くなる．かつては，感染率数十％という数値はけっして珍しくなかった.寄生数は通常かなり多く,数十匹という数値はけっしてまれでないばかりでなく，虫体が盲腸に充満している例がしばしばみられる.

虫体は，腸粘膜を縫うようにその細長い前体部を深く穿入して体を支え，同時に吸血による栄養摂取を行っている．他方，太い後体部を腸腔内に遊離して交尾，産卵などの生殖活動を行っている．すなわち，鞭虫の病原性の基本は，①虫体の穿入による機械的障害と,②吸血による貧血誘起に二大別される．すなわち，機械的障害としては少数寄生ではわずかの組織損壊と，これに伴う出血点を認めるにとどまるが，多数寄生では粘膜に充血や出血，糜爛（びらん），潰瘍などが生じ，腸壁の浮腫，肥厚などが残る．基本的にはカタル性ないし出血性の盲・結腸炎である．また粘液の分泌亢進があり，粘膜表面が被覆されてしまう．また，明らかに吸血行為があることが認められている．しかし，鞭虫は摂取した赤血球の利用率が高く，吸血量そのものは鉤虫よりも少ないと考えられている.

[症　状]

盲・結腸炎に由来する頑固な軟便あるいは下痢，粘血便の排泄がある．しばしば，鉤虫との混合感染がみられる．混合感染があれば症状は増悪され，貧血，被毛粗剛，削痩などの所見が強くなる．そして糞便には鉤虫による出血が加わり，主として悪臭の強いタール便として排泄される.

[診　断]

月齢，飼育環境，症状などを基礎に，確診は特徴的な虫卵の検出による.

[治療・駆虫]

(1) メチリジン製剤は，もっぱら犬鞭虫の駆除を目的に開発され，流通している薬剤である．用量は36〜45 mg/kg，大腿部に皮下注する.

(2) ピランテルとフェバンテルの複合製剤を経口投与.

(3) エモデプシドの複合製剤を経口投与.

(4) マクロライド系薬剤ではミルベマイシンオキシム単剤および複合製剤の有効性が承認されている．用法用量は総論5.2を参照.

豚鞭虫

Trichuris suis

ヒトの鞭虫（*Trichuris trichiura*）との異同問題については両説がある．ちょうど“人回虫と豚回虫との関係”を思わせるものである．形態学的に両者を識別することははなはだ困難であるが，本書では別種としてとり扱う.

従来，鞭虫感染は豚では普通，とくに2〜4か月齢の幼豚に広くみられるが，多くは軽度感染にとどまり，疾病として重篤な事態に陥ることはほとんどなかった．ところが，発酵オガクズ養豚方式が普及するに従い，大量感染した未成熟虫による急性豚鞭虫症の発生をみるようになってきた．これは，頻繁な敷料交換を行わない方式を採用している飼育形態の特殊性と，これによって生じる高温多湿が，鞭虫卵の発育・蓄積を増進しているという特性との組み合わせによって誘発される特殊な疾患で，関係者の関心を集めている.

[形　態]

雄は30〜45 mm，雌は35〜50 mm．細い前体部は全長の約2/3〜3/4を占める．交接刺は2.4〜3.4 mm．虫卵は50〜55×22〜30 μmであるが，変動幅はかなり大きい（図4.119〜4.121).

[発育環]

虫卵が感染幼虫を形成するには2〜3週間を要する．他種寄生虫卵より概して高温多湿を必要とする．実験的に炭末加豚糞で培養した場合，22〜24℃では54日，33℃では22日，37℃では18日であったという記録がある.

①宿主が幼虫包蔵卵を経口的に摂取.

②おもに小腸上部で孵化.

③幼虫はリーベルキューン腺窩を経て腸粘膜へ侵入.

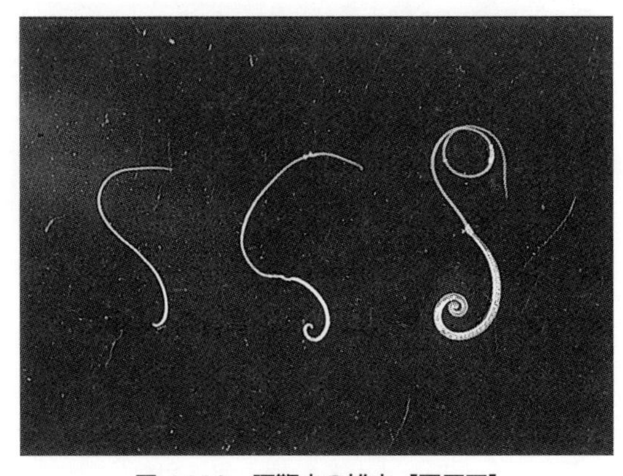

図4.119　豚鞭虫の雄虫［平原図］
左から約2，3，4〜5週齢の幼若虫

図 4.120　豚鞭虫の雌虫［平原図］
左から約 2，3，4〜5 週齢の幼若虫

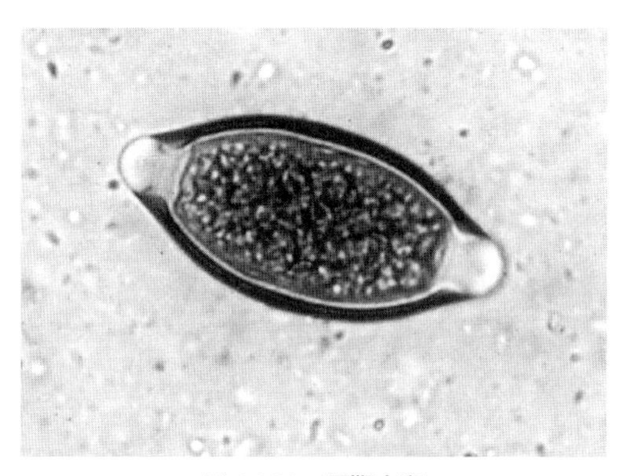

図 4.121　豚鞭虫卵

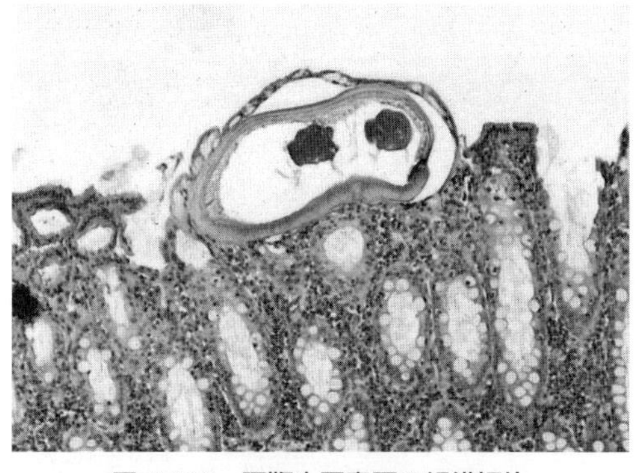

図 4.122　豚鞭虫罹患豚の組織切片
虫体が粘膜内に入り込んでいる

④粘膜内で 3 〜 10 日間発育した後，腸管腔へ出，腔内を下降し盲腸に達する．
⑤感染後 37 〜 47 日で成熟，産卵開始．EPDPF は 5,000．EPG が 1,000 であれば寄生数 30 匹と推定される．

［病原性・症状・診断］

(1) 成虫寄生

通常の環境下ではおもに幼豚で症状が出ることがある（図 4.122，口絵⑩⑭）．すなわち，重感染で粘液，血液を混じえる慢性下痢，貧血，発育不良などがある．虫卵の検出によって確診は可能である．

(2) 未成熟虫寄生

発酵オガクズ豚舎における急性豚鞭虫症として知られているものである．前述してあるように，発酵オガクズを敷料とする特殊な環境下で発生しやすいという特徴がある．感染量が異常に多いため，発育途中にある未成熟虫による障害に宿主が耐えられず，致命的な発症に至る．

発酵オガクズ豚舎：もともとは，養豚作業において大きな問題である糞尿処理の省力化を目的に考案された豚舎である．敷料として発酵菌類を混入したオガクズを用いて，水分を吸収させ，日々の糞尿除去・水洗作業の省略を可能にしている．

敷料の交換は年に 1 〜 2 度でよいという．ただし，発酵促進のためには週 2 回くらいの撹拌・掘り返しが望ましい．

オガクズの深さは，当初は約 70 cm がすすめられていたが，浅くなる傾向にある．

発酵菌はあらかじめオガクズに混合されている場合と，豚の飼料に混合されて給与される場合があり，さらに両法が併用される場合もある．

発酵が順調であれば，豚舎特有のにおいがほとんどなくなるという利点がある．また豚にとっては保温・蹄踵保護の効果が大きく，飼料効率が向上する．

短所としては，発酵菌の活性保持のために消毒剤が使用できないことがある．この事実は，敷料交換のないことと相まって，各種病原体の蓄積を招来する．高温多湿を好む鞭虫卵にとっては，発酵による 30℃を超える高温と，吸水したオガクズによって維持されている適湿は発育にとってこのうえない好環境になっている．

外界における鞭虫卵の特性：発酵が順調であれば，敷料の表層温度は前述したようにかなり高くなる．内部では 30℃を軽く超えている．回虫を含め，ほとんどの寄生虫卵の発育至適温度は 25 〜 28℃で，20℃以下では発育速度は著しく遅くなり，15℃以下ではほとんど発育しない．一方，30℃以上になれば卵分割の速度は速くなるが，多くは発育の途中で変性・死滅してしまう．これに対し，鞭虫卵の発育至適温度は 30 〜 35℃，所要期間は約 1 か月である．すなわち，発育には高温・長期を要し，また，外界では孵化することなく厚い卵殻で保護されていることが特徴となっている．

豚への感染：上記の 2 条件が整えば，発酵オガクズ内には，肥育コースを重ねるたびに感染幼虫包蔵卵の蓄積が増大してくるわけである．豚は習性として敷料・オガクズを盛んに採食する．この事実は感染源の大量かつ重複摂取を意味している．

発症・症状

重症感染は新オガクズ敷込み後，肥育期間を1回以上経た後に発生する．汚染豚舎の場合，導入後10～20（14）日で発生をみることがある．症状は軟便，水様性の下痢に続く暗赤色粘血下痢便の排泄，腰萎～犬座姿勢などであり，豚赤痢に類似している．一部に発症があれば，同豚房内に次々に発症豚が出始め，数日内には死亡するものも出てくる．剖検所見の主たるものは盲腸および結腸，ときには直腸に及ぶ大腸壁の暗赤色を呈する肥厚である．切開して腸粘膜を注意深く精査すれば，2～3 mmの幼若虫の大量寄生が認められる．

急性豚鞭虫症の診断

①病因は幼若虫であるため，虫卵検査は役立たない．症状および死亡豚の剖検所見を基礎とし，病変部からの幼若虫検出に努めれば集団の診断は可能になる．ただし，幼若虫は微細であり，肉眼的には腸絨毛との鑑別が容易ではないため，弱拡大の鏡下で検索する必要がある．なお，病変部粘膜からの虫体分離には，洗滌，濾過，集虫などの操作も必要になる．

②間接的には，敷料のオガクズを被検材料とする虫卵検査が行われる．個体診断にはならないが，衛生管理の基本になる豚舎の汚染度の把握に役立つ．

［治　療］

駆虫剤としては，ベンズイミダゾール系薬剤（フルベンダゾール，フェンベンダゾール），マクロライド系薬剤（ドラメクチン）がある．さらに，飼料添加物としてはハイグロマイシンBがある．飼料1 tに対して660万～1,320万単位を混合して長期間連用する．詳細は総論「5.2 駆虫剤」を参照．

［予　防］

(1) 環境調査とオガクズ更新

とくに発酵オガクズ豚舎にあっては敷料の汚染度，敷料中の鞭虫卵の蓄積程度を把握しておく必要がある．発生した豚舎のオガクズは更新することを原則とするが，もし更新が不可能であれば，適正な定期・一斉駆虫の反復を考慮しなければならない．

(2) 定期駆虫法

幼若虫が盲腸に達して成熟するまでにおおよそ30～40日を要するが，濃厚汚染豚舎へ導入された場合，導入後10～20（14）日で発症した例が知られている．これらの数字から，月に2度の定期駆虫が妥当であろうと考えられる．

(3) 飼料添加法

感染は絶えず起こっているものと推測される．逆にいえば，不断の駆虫剤投与が必要であり，そのためには飼料添加法が望まれることになる．具体的な薬剤名，用法，用量などは前述した．

(4) 抜本策

抜本的には，豚舎へ鞭虫卵を持ち込まないことに尽きる．まず，種豚の清浄化であり，ついで導入豚の事前検疫と駆虫の徹底を図ることである．

牛鞭虫
Trichuris discolor

世界中に広く，とくにヨーロッパ，アメリカの一部，東南アジアに分布し，牛，ゼブー，水牛，めん羊，山羊など反芻動物の盲腸および結腸に寄生している．日本でも感染はみられるが，過去の感染率が低かったため，あまり関心をひかなかった．しかし，近年では温暖地のオガクズ敷料牛舎で重感染をみるようになってきている．鞭虫卵の陽性率が上昇しているばかりでなく，豚の場合と同様に幼若虫による発症例も知られている．また日本の牛には牛鞭虫のほかに羊鞭虫（*T. ovis*）の寄生もしばしばみられている．

［形　態］

成虫の体長に関しては，［雄64～74，雌57～64 mm］または［雄45～59，雌43～55 mm］，あるいは，雌雄不明なまま単に［体長55～75 mm］などの記載がみられる．また前体部（細長な食道部）の全体長に対する比は雄2/3，雌3/4といわれている．虫卵は60～73×25～35 μmである（図4.123，口絵⑮）．

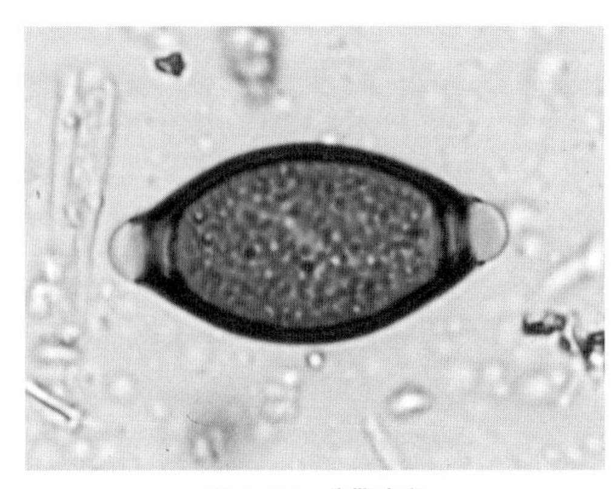

図4.123　牛鞭虫卵

[発育環]　豚鞭虫にほぼ同じ.

[病原性・症状]

日本では従来，血便の排泄を伴う重篤な牛鞭虫症の発生例は知られていなかった．したがって，ほとんど関心をひくこともなく看過されていたが，最近では3か月齢以上の舎飼仔牛では長期の頑固な下痢から削痩を招来することもあり，あらためて病原性の大きい重要な寄生虫病として認識が新たにされつつある．さらに，オガクズ敷料を利用するという飼育形態の共通性から，急性豚鞭虫症に類似する疾病の存在も疑われるに至っている．

[診　断]

豚鞭虫症の場合と同様，成虫寄生は虫卵の検出によって確診される．EPG 500 以上では重症，1,000 以上ではきわめて重症，ときには致死的と診断される．虫卵は特有の形態ゆえに“鞭虫卵である”という判定は容易であるが，後述する羊鞭虫卵（やや大）や牛毛細線虫卵（小形，左右非対称）などとの識別は必要になる．幼若虫寄生の診断は剖検による以外に方法はない．

[治療・予防]

マクロライド系（ドラメクチン，エプリノメクチン）で効能効果が認可されてる．用法用量は総論 5.2 参照．

羊鞭虫
Trichuris ovis

山羊，めん羊，牛，その他反芻動物の盲腸に寄生する．世界各地に分布し，日本でも普通にみられる．雄は 50 ～ 60 mm で，前体部は全長の約 3/4 を占め，雌は 67 ～ 70 mm，前体部は全長の 2/3 ～ 4/5 を占めている．交接刺は 1 本で 5 ～ 6 mm．虫卵は 70 ～ 80 × 30 ～ 42 μm，乾燥にはかなり弱く，室温では 15 日くらいで死滅する．乾いた土中での生存期間は 1 か月くらいである．

[発育環]

虫卵内に感染幼虫を形成するには，自然環境下で 3 週間以上を要する．

①感染幼虫包蔵卵が摂取されると，十二指腸で孵化する．幼虫は 125 ～ 150 μm.

②幼虫は盲腸へ下降し，3 ～ 4 週後に第 1 回目の脱皮を行う．体長 2 mm 以上に達し，体前半部を盲腸粘膜に挿入している．

③さらに 3 週間後に第 2 回目の脱皮を行い，体長 6.5 mm に達する．

第 3，第 4 回目の脱皮は不明．

④感染後 7 ～ 9 週間で成熟する．

[病原性・症状]

通常は無症状で経過する．8 か月齢以上のめん羊では年齢抵抗性が認められる．また，通常は初感染後 2 ～ 3 週間は再感染に対する抵抗性が示される．一方，めん羊や牛で明らかな症状を呈した例も報告されている．具体的な症状は下痢およびこれに続く発育不良である．幼若虫に起因する“急性鞭虫症”の有無は不明である．

[診断・治療・予防]　豚鞭虫と牛鞭虫に同じ．

B　毛細線虫類（毛体虫類）

鞭虫科，毛細線虫亜科，毛細線虫属（*Capillaria*）に属するが，雄虫の尾端部の形態学的特徴の差異からこれを 27 属に分類することがある．日本で見られるものとして，*Calodium* 属，*Eucoleus* 属，*Pearsonema* 属，*Baruscapillaria* 属，*Aonchotheca* 属などがいる．和名に関しても若干の交錯があり，紛らわしい場合がある．通常“毛細線虫”が使われているが，過去には“毛体虫”や“毛頭虫”，“毛細虫”も用いられていた．また，よく似た和名に“毛様線虫（*Trichostrongylus*）”がある．はなはだ複雑なことに，この毛様線虫は毛線虫，あるいは毛円虫ともよばれることがある（表 4.22）.

近縁の鞭虫類と異なり，虫体は概して小形で一様に細く，毛状を呈し，虫体の前体部と後体部とで太さ・体幅に差は認められない．生活環には homoxenous のものと heteroxenous のものとがある．虫卵は未分割卵として排出され，終宿主あるいは中間宿主に対する感染性をもつ幼虫を形成するには 2 ～ 3 週間を要する．ただし，温度依存性で，温度が高ければ形成期間は短くなる．鞭虫卵に比べると，無色であること，形状がより樽状であること，両端の栓様構造がほとんど突出していないことなどが特徴になっている．

家禽の毛細線虫

毛細線虫属に属するものの数は多い．なかには，真の異同問題に関する定説が不確定なものも少なくない．家禽に寄生する主要種を，寄生部位と感染様式によって表 4.23 のように整理した．なお，直接感染するものでも，待機宿主をとるものが多いと考えられている．

毛細線虫類は世界的に分布している．不詳な点はあるものの，表に記載するものは日本にも存在すると考

表 4.22　毛細線虫と毛様線虫の異名

Capillaria	毛細線虫	毛体虫	毛頭虫
Trichostrongylus	毛様線虫	毛線虫	毛円虫

表 4.23　家禽に寄生するおもな毛細線虫

寄生部位	生活環	種　名	雄（mm）	雌（mm）	虫　卵（μm）
嗉嚢，食道など上部消化管	homoxenous	*Eucoleus contorta** *Eucoleus perforans*	10 ～ 48 37 ～ 58	25 ～ 70 65 ～ 72	46 ～ 70 × 24 ～ 28 40 ～ 44 × 20 ～ 22
	heteroxenous	*Eucoleus annulata*	10 ～ 25	25 ～ 60	55 ～ 66 × 26 ～ 28
小腸，盲腸など中下部消化管	homoxenous	*Capillaria anatis* (syn. *C. retusa*) *Capillaria bursata* *Baruscapillaria obsignata*	8 ～ 15 11 ～ 23 9 ～ 10	11 ～ 28 19 ～ 40 10 ～ 18	46 ～ 67 × 22 ～ 29 21 ～ 64 × 21 ～ 31 48 ～ 62 × 20 ～ 32
	heteroxenous	*Aonchotheca caudinflata*	7 ～ 20	9 ～ 36	43 ～ 59 × 20 ～ 27

* *E. contorta* には heteroxenous もあるという．

えられている．これらのなかで鶏小腸毛細線虫（*Baruscapillaria obsignata*）は全国的に認められ，代表種と考えられているが，実態は定かではない．少なくとも昨今の養鶏現場ではあまり話題にあがってはいない．

寄生部位は消化管の上部と中下部とに二大別される．表に示してあるように，
①上部消化管寄生性のもののほうが，虫体はやや大きい傾向がうかがわれる．少数寄生では嗉嚢に弱い炎症と肥厚がみられる程度であるが，重感染では虫体が前体部を深く粘膜内に挿入して寄生するため，嗉嚢および食道壁は顕著に肥厚し，明瞭なカタル性ないしクルップ性嗉嚢・食道炎，粘膜の潰瘍などが惹起される．嚥下困難をきたし，衰弱から死に至るものもある．
②中下部寄生性のものの重感染は，幼若鳥では重篤に陥るが，成老鳥ではほとんど症状はなく，保虫宿主（reservoir）になっている．症状は出血性腸炎に基づく下痢，血便，削痩などで，おもに虫体の幼若期に強く現れる．慢性の場合にはカタル性腸炎と腸壁の肥厚がみられる．

[発育環]

(1) 直接感染

単細胞で排出された虫卵の発育速度は，種により，また環境条件によって左右される．たとえば，鶏小腸毛細線虫は 20℃では 13 日，20℃以上の常温では 8 日，35℃では 3 日で幼虫が形成される．しかし 4℃以下，あるいは 37℃以上では発育しない．宿主に嚥下されると十二指腸で孵化し，前体部を腸粘膜へ挿入し，20 ～ 26 日で成熟する．虫卵排出期間は約 2 か月である．

(2) 間接感染

ツリミミズ亜目の *Eisenia* 属のシマミミズ，*Allolobophora* 属のカッショクツリミミズ，あるいは *Lumbricus* 属など，種々のミミズ類が中間宿主になる．中間宿主体内で感染幼虫が形成されるには，約 10 日間を要するといわれているが，ミミズは虫卵の孵化に関与するのみで，幼虫の発育はない種類もあるという説もある（たとえば，表 4.23 の脚注）．

有環毛細線虫（*Eucoleus annulatus*）：虫卵内で幼虫形成に約 24 日，ミミズ体内で感染幼虫を形成するのに約 10 日を要する．このミミズが終宿主に摂取されると嗉嚢の粘膜内で発育し，約 1 か月で成虫になる．成熟した雌虫は虫体の一部を粘膜外に出して産卵する．

扁尾毛細線虫（*Aonchotheca caudinflata*）：常温下，約 12 日で幼虫が形成され，シマミミズに摂取されると約 9 日で感染性を獲得する．このミミズが終宿主に摂取されると，22 ～ 24 日後には小腸上部の粘膜内に成虫が認められるようになる．ただし，ミミズ体内における脱殻・孵化，虫体の成育などには疑義ももたれている．

[診　断]

毛細線虫の虫体は小形であるため，自然排出虫体が目にとまることは少ない．消化管内で融解されてしまうものが多いという．また，概して産卵数が少なく，糞便検査では虫卵陰性になることが多い．逆にいえば，虫卵陽性の場合には寄生数がかなり多いことを意味している．

したがって，毛細線虫の確実な診断は，剖検による虫体の検出によってなされることになる．しかし，虫体はかなり繊細で（体幅はおよそ 60 ～ 70 μm；表 4.23 参照），かつ粘膜内に深く穿入しているためにはなはだ検出しにくい．

[治療・駆虫]

駆虫剤としてはレバミゾール 20 ～ 30 mg/kg がある．

[予　防]

外界における虫卵の抵抗性はかなり大きい．鶏でもっとも普通にみられる鶏小腸毛細線虫卵が 103 週間も感染力を保有していたという記録がある．また，－ 3.5℃で 7 日間も感染性を保持していたという記録もある．つまり，実際問題として殺卵の実効は期待しにくいことがうかがわれる．予防の実際は一般的な衛生措置による．

ドバトも鶏小腸毛細線虫の終宿主になりうることに留意しておく必要がある．

[補] かつて，ホロホロ鳥に集団発生があり，これを機に毛細線虫に関する調査研究が行われ，その成果は鶏病研究会から『鶏の消化管内寄生虫，とくに毛体虫の検査法（板垣；1973)』として刊行された．家禽の毛細線虫について，とくに分類に関してはこの冊子に詳しく記述されている．

牛毛細線虫
Aonchotheca bovis

牛，水牛，めん羊，山羊など反芻動物の小腸粘膜に寄生する．世界的に分布し，日本でも普通にみられる．雄は 8 ～ 13 mm，雌は 12 ～ 20 mm．虫卵は 45 ～ 50 × 22 ～ 25 μm（図 4.124）．発育環に中間宿主は不要．病原性は不明である．

犬・猫の毛細線虫

犬・猫には膀胱寄生性の 2 種の毛細線虫が知られているほか，最近では消化管内寄生性毛細線虫も注目されるようになってきている（表 4.24）．

膀胱寄生性毛細線虫（口絵⑩⑥）

犬膀胱毛細線虫
Pearsonema plica

[発育環]

虫卵は尿中に排出される．虫卵は長楕円形で無色，両端に栓様構造を有し，未分割卵として排出される．外界で約1か月でL_1が形成される．これが中間宿主（ミミズ）に摂取されるとその消化管内で孵化し，幼虫は消化管壁に侵入，結合織へ移行し，24 時間で感染性をもつ被嚢幼虫になる．

感染ミミズが終宿主に摂取されると，脱嚢して L_3 が遊離し，血流に入る．以下，

肝臓⇨心臓⇨肺⇨大循環⇨腎動脈⇨ボーマン嚢⇨尿細管⇨腎盂⇨尿管⇨膀胱

の経路を約 1 か月かけて移動し，寄生部位に到達する．その後もさらに発育を続け，感染約 2 か月で成熟する．

[病原性・症状]

病原性は比較的低いものと考えられている．ただし，重度寄生があれば膀胱炎に基づく諸症状が現れる．そして血尿，蛋白尿などが認められることもある．組織学的所見としては粘膜の肥厚，浮腫，出血などがあり，臨床所見としては排尿困難，頻尿などが観察される．しかしながら，ほとんどは無症状のまま経過し，検尿あるいは剖検時に偶然発見されるようである．

[診　断]

尿沈渣からの虫卵の検出による．

[治療・駆虫]

駆虫剤として，犬ではベンズイミダゾール系薬剤（例：フェンベンダゾール 50 mg/kg × 3 日，フルベンダゾール 10 mg/kg × 2 ～ 3 日など，いずれも経口投与），およびマクロライド系薬剤（例：イベルメクチン 0.2 mg/kg）の使用例が，猫ではイミダゾチアゾール系薬剤（例：レバミゾール 45 mg/kg，隔週 2 回，皮下注）の使用例が報告されている（ただし，いずれも適用外）．また，メチリジン製剤の応用も試みられている．

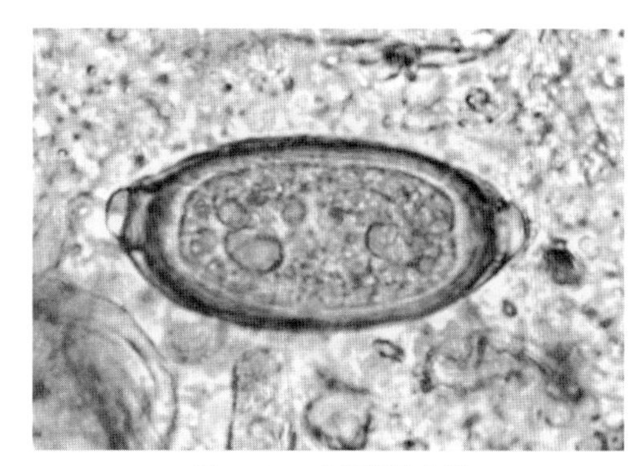

図 4.124　牛毛細線虫卵

表 4.24　*Pearsonema plica* と *P. feliscati* の比較

	Pearsonema plica	*Pearsonema feliscati*
宿　主	本来はキツネ．ほかに犬，まれに猫	おもに猫
分　布	ヨーロッパ，北米のキツネ，猟犬	世界的に広く分布
日本での検出例	いずれも猫から検出されている	
体長（mm）	雄：13 ～ 30　雌：30 ～ 60	雄：25　雌：29 ～ 32
虫卵（μm）	63 ～ 68 × 24 ～ 27	65 ～ 68 × 26 ～ 30
発 育 環	中間宿主はミミズ（詳細本文）	発育環不明（多分，左に類似）
寄 生 部 位	膀胱粘膜に前体部を挿入して寄生．ときに，尿管，腎盂	

[予　防]

とくに行われている方法はない．

猫膀胱毛細線虫
Pearsonema feliscati

各地で猫からの確認例が知られている（図 4.125, 口絵⑩⑦）．

消化管寄生性毛細線虫

プトリ毛細線虫
Aonchoteca putorii

イタチやハリネズミ，アライグマなど肉食動物のおもに胃に寄生する．猫の糞便から本種と思われる虫卵が検出されることがある．雄は 2.5 ～ 5 mm，雌は 3.5 ～ 7.4 mm，体幅は約 30 μm，虫卵は 57 ～ 66 × 21 ～ 28 μm．

感染個体ではしばしば慢性の胃炎がみられる．駆虫には，ベンズイミダゾール系製剤などが用いられている．

肝毛細線虫
Calodium hepaticum

久しく *Hepaticola hepatica* あるいは *Capillaria hepatica* という学名が用いられていた．種名に示されているように，肝臓を寄生部位とする．宿主域ははなはだ広く，哺乳類全般にわたるが，なかでも *Rattus* 属を最主要種とするげっ歯類が主体になる．人体例を含む霊長類への感染も知られている．分布は世界的．日本では住家性ネズミにはかなり高率に認められ，人体寄生例や犬寄生例もある．

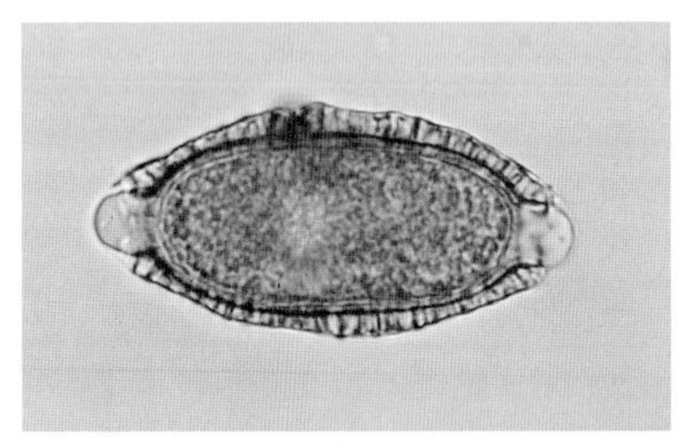

図 4.125　猫膀胱毛細線虫（*P. feliscati*）卵

[形　態]

雄は 24 ～ 37 mm，雌は 53 ～ 78 mm．体幅は 0.1 mm 未満ないし前後で，かなり細長い感を与える．雌雄とも前体部は食道で占められ，後体部には消化管と 1 組の生殖器が収められているが，鞭虫のように太くはならない．食道には食道腺細胞（stichocyte）がある．

虫卵は淡黄褐色で，形状は鞭虫卵や毛細線虫卵に類似しているが，両端の栓様構造は鞭虫卵ほどには突出していない．卵殻には放射状の条線がある．大きさは 51 ～ 67 × 30 ～ 35 μm．肝実質内に産出され，そのまま保留されている虫卵は未分割卵である（図 4.126）．

[発育環]

発育環はきわめてユニークなものである．虫卵の発育には外気・酸素を必要とするが，肝実質中という閉鎖環境に産出されるため，このままでは外気に触れることができない．虫卵が外気に触れるのは，①宿主が捕食され，肝臓が消化される際に虫卵が遊離し，捕食した動物の消化管を通過して外界へ排出されるか，②宿主の死亡により死体・肝臓が腐敗し，虫卵が暴露され直接外気に触れるか，のいずれかによることになる．外気に触れて発育がはじまり，通常 4 ～ 6 週間で感染幼虫が形成される．

感染は直接的で，感染幼虫包蔵卵を宿主が経口的に摂取して成立する．摂取された虫卵は小腸で孵化し，幼虫は腸壁へ侵入，以後は血行性に肝臓へ移行する．52 時間で到達しうるという．肝実質内に寄生し，約 1 か月で成熟する．

[病原性・症状]

家畜に関してはまったく不明である．肝臓実質内においては，成虫や虫卵などの存在自体のほかに，代謝

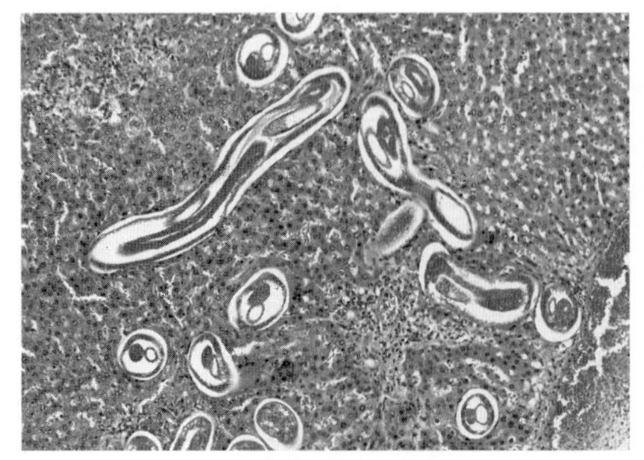

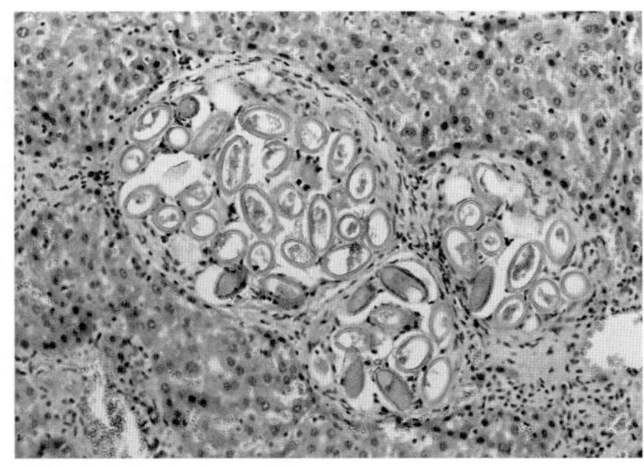

図 4.126　肝臓に寄生する肝毛細線虫の虫体（左）と虫卵塊（右）

産物，変性産物などの蓄積もあり，これらが肝組織へ及ぼす諸種の障害は否定できない．局所的には細胞浸潤があり，肉芽腫が形成される．重度感染では脾腫，腹水，好酸球増多を伴う急性～亜急性肝炎を発するという記録がある．げっ歯類では肝硬変に陥ることもあるという．

［補］産卵された虫卵は，宿主から直接排出されることはない．糞便検査で肝毛細線虫の未分割卵が検出された動物は，感染動物を捕食したことを意味する．成虫の寄生を意味するものではない．

ネズミ膀胱毛細線虫
Trichosomoides crassicauda

世界的に分布し，ドブネズミ，クマネズミの膀胱壁，尿管，腎盂に寄生している．以前は各国の実験用コンベンショナル・ラットでときおり認められていた．日本でも実験動物舎内で飼育中のラットから検出された複数の事例がある．なかには周辺に生息するドブネズミからも検出されているものもある．発生の原因は，もっぱら施設の閉鎖性・隔離性の問題に帰結する．

［形　態］

雄は 0.2 ～ 0.6 mm，雌は約 10 mm で，著しい差がある．雄は雌の生殖器官中に寄生（重寄生：hyperparasitism，自種寄生：autoparasitism）している．雄は，子宮が未発達な幼若雌虫では腟内に，子宮が完熟した成熟雌虫では子宮内に認められる．雌雄の体長比は幼若期では小さく，成長するに伴って大きくなる．

虫卵はすでに幼虫が形成された状態で尿中に産出される．形状は鞭虫卵，毛細線虫卵に類似しているが，両端の栓様構造の幅が広く，いわゆる『岐阜提灯』様といわれている．大きさは 60 ～ 70 × 30 ～ 35 μm（図 4.127，口絵⑩⑧）．

［発育環］

直接感染をする．

虫卵摂取⇨胃で孵化⇨胃粘膜へ侵入⇨血行性に前進⇨腎臓⇨膀胱⇨成熟・産卵

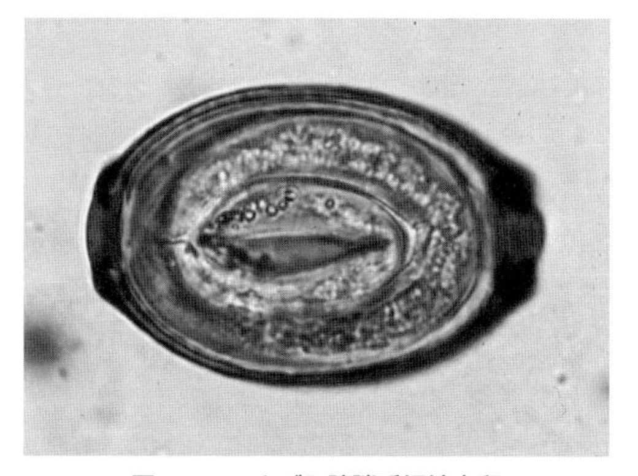

図 4.127　ネズミ膀胱毛細線虫卵

腎臓に達したもののみが成長可能で，膀胱へ下降して成熟する．成熟には 8 ～ 9 週間を要する．

［診　断］

尿中の虫卵の検出が診断法になるが，実際には剖検の際に発見される．しかも泌尿器の検査は省かれることが多いので，検出される機会はかなり少ない．

［予　防］

実験動物に限っていえば，施設の整備ということに尽きる．実験動物舎での発生例は，いずれも下水溝との接合部に不備，ネズミ類の侵入阻止装置の欠如，損壊などが認められたものである．飼育室，飼料倉庫にドブネズミの出入りがないよう，確実に遮断，隔離しておく必要がある．

C　旋毛虫類

旋毛虫（トリヒナ）
Trichinella spiralis

本来，旋毛虫は北極地方の野生動物，たとえばクマ類の寄生虫であったが，しだいに分布地域と宿主を広げ，徐々に家畜と人間との間にも広がってきたものといわれている．そして，古くから豚肉を介してヒトへ感染する寄生虫として知られ，とくに，19 世紀後半のドイツにおける大発生が『トリヒナ症』の名を世界的なものとしている．

日本では，久しく旋毛虫は存在しないものと考えられていたが，1957 年に北海道で犬から検出されて以来，以後 3 例の動物例の報告が続いた．さらに，1975 年にはついに青森県でツキノワグマに由来する人体症例が確認され，その後も北海道，三重県などで発生例が追加されている．また，2016 年には，北海道のヒグマを感染源とする人体症例が発生している．一方，トリヒナの存在を否定しがたい海外諸国からの豚肉輸入，国内における生ハム消費の増加傾向は，潜在的な危険性をはらんでいるといわざるをえない．つまり，旋毛虫は食品衛生上，現在でも等閑視できない問題であることに変わりはない．

［分　類］

旋毛虫は，永らく *Trichinella spiralis* という学名をもつ 1 属 1 種と考えられていたが，現在は *T. spiralis* のほかに，*T. nativa*，*T. britovi*，*T. pseudospiralis*，*T. murrelli*，*T. nelsoni*，*T. papuse*，*T. zimbabwensis*，*T. patagoniensis* の種名を持つ 8 種と *Trichinella* T6，T8，T9 の種名未決定の 3 種が加わり，計 12 種に分類されている．日本ではそのうちの *T. nativa* と *Trichinella* T9 の 2 種が分布すると考えられているが，未だ定説になって

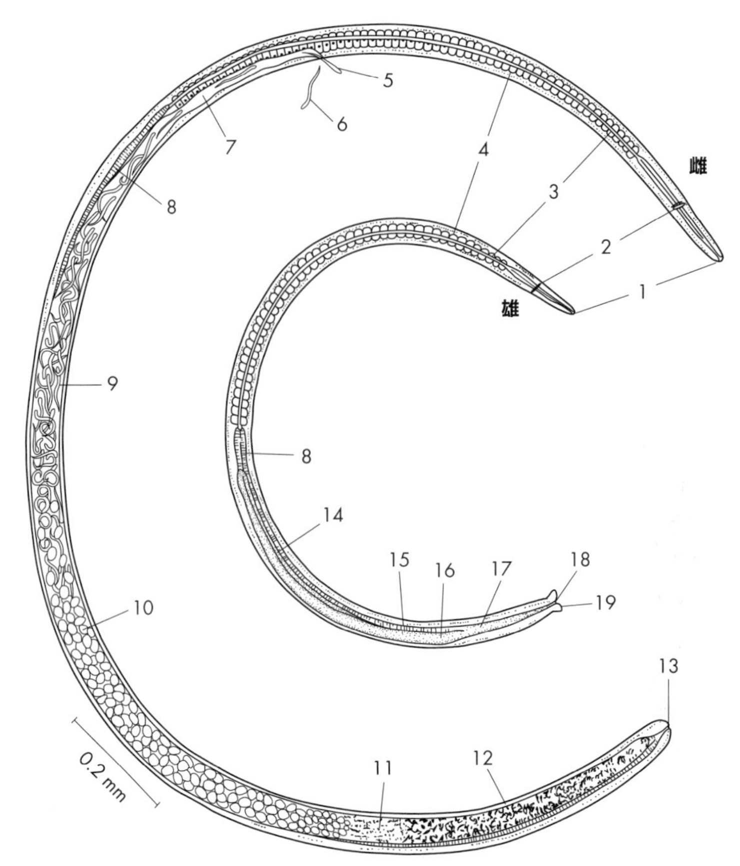

図 4.128　旋毛虫の成虫［藤原図］

1：口　2：神経輪　3：食道　4：食道細胞　5：陰門　6：幼虫　7：腟　8：腸　9：子宮 10：卵　11：受精嚢　12：卵巣　13：肛門　14：輸精管　15：貯精嚢　16：精巣　17：総排泄腔　18：総排泄孔　19：交接用乳頭

いるとはいいがたく，ここでは従来どおり，*T. spiralis* として扱う．

［宿　主］

ほとんどすべての肉食および雑食動物が宿主になりうるが，馬，めん羊などの草食動物，さらにはセイウチ，オットセイ，アザラシなどの海獣からもかなり高率に検出されている．また実験的には，一部の鳥類に感染が成立したという．

食品衛生上，重要な宿主・感染源としては，世界的には豚が最重視されている．たとえば，19 世紀後半には，ドイツ，イギリスなどヨーロッパ諸国において，クリスマスや謝肉祭の後には必ずといってよいほど自家製のハム，ソーセージを原因とするトリヒナ症の大発生がみられた．近年になっても，欧米におけるこの実態には大きな変化はみられないという．

北極圏ではもちろん，アメリカや日本では熊肉による人体感染が知られている．人体感染はともかく，北極圏ではホッキョクグマの死体が諸動物への感染源になっているという．

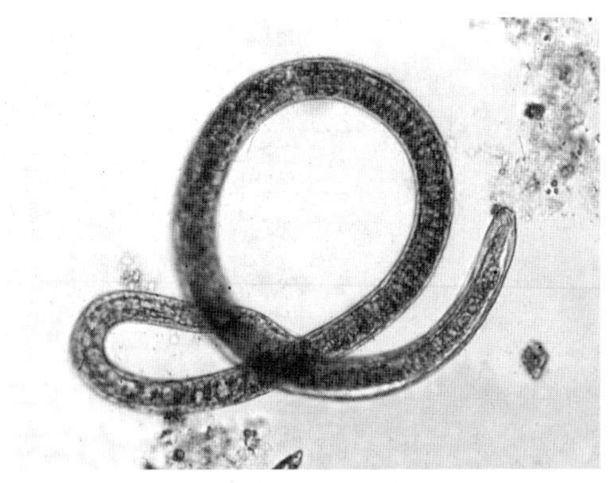

図 4.129　トリヒナ雄成虫

［形　態］

成虫は宿主の小腸に寄生する．雄は 1.4 ～ 1.6 mm，雌は 2.5 ～ 3.4 mm である（図 4.128，4.129）．食道の長さは体長の約 1/3 を占め，前端部に短い食道筋性部があり，その後に一連の食道腺細胞（食道腺細胞・食道列細胞：stichocyte）が縦列して管構造（stichosome）を構成し，このなかを食道が貫いている．

食道細胞は排泄分泌物（ES）抗原を産生する細胞

として免疫学的に注目されている．食道後端は消化管に連なり，消化管は虫体最後端の，雌では肛門，雄では総排泄孔に開く．雄に交接刺はなく，代わりに尾端両側に1対の乳頭を備えている．卵巣は虫体の後部にはじまり，前方に向かう長い子宮に連なり，子宮は消化管起始部の近傍で膣に連なり，虫体前方約1/4に位置する陰門に開く．子宮前半部には虫卵（40 × 30 μm）が認められるが，旋毛虫は卵胎生で，子宮後半部には孵化した幼虫が充満している（図4.128参照）．幼虫は78〜124 × 5〜6 μm．

[発育環]

旋毛虫の発育環はきわめて特異的で，『寄生型』のみが存在し，『外界型』はまったく存在しない．個々の虫体の一生はそれぞれ『2つの宿主』にまたがっている（図4.130）．

トリヒナの発育環には2つの宿主を必要とするが，中間宿主・終宿主の別はない．感染した宿主は，小腸における成虫の成熟と次世代の産出の場（終宿主）になるとともに，産出された幼虫の成長・感染性獲得・被嚢の場（中間宿主）にもなっている．

小腸上皮内に産出された幼虫は全身へ移行する．脳，網膜，心臓，肝臓などへ侵入し，重篤な症状が示された報告がある．ごくまれながら乳汁から検出された例はあるが，胎盤は通過しないようである．

最終的に大多数の幼虫は骨格筋繊維に達し，以後の発育が可能になる．骨格筋に集中的に到達する理由については諸説がある．そのひとつに，宿主の活動時および睡眠時を通じてもっともよく活動している筋，すなわち，横隔膜筋，咬筋などに多く集積するが，この現象は活動電位に対する正の走行性に符合しているという電気生理学的な説明がある．

侵入を受けた筋は，筋繊維としての特性を失い，胞

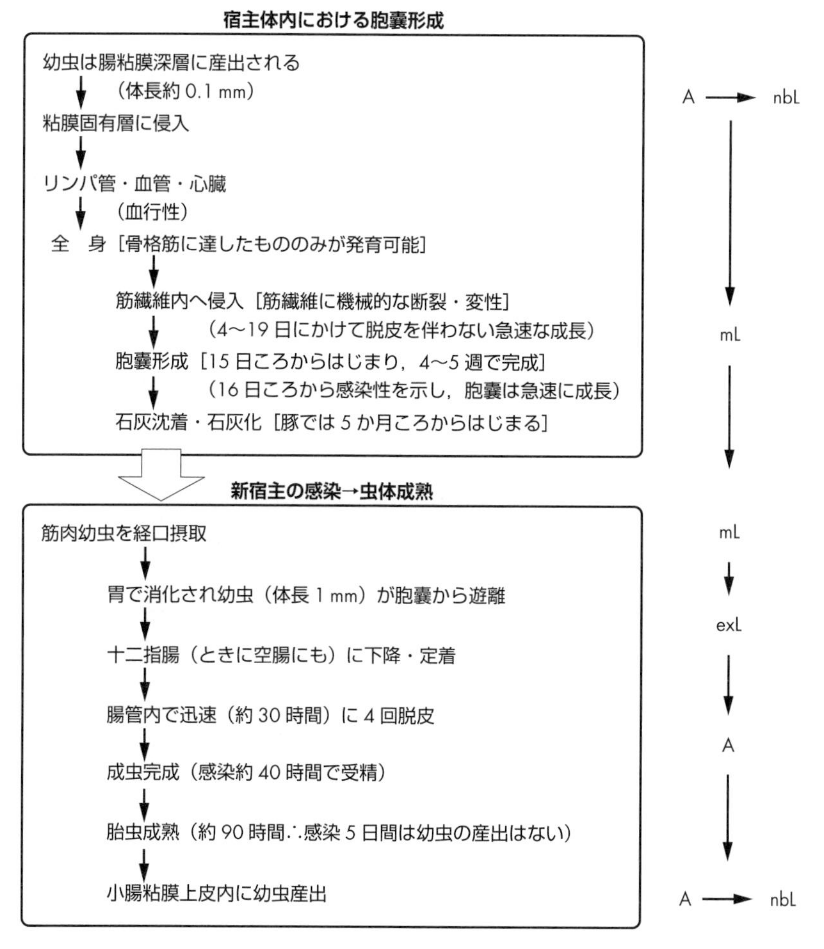

図4.130　旋毛虫の発育環

囊としての特性を獲得していく．骨格筋侵入後 10 ～ 14 日までの幼虫は筋形質に直接接触しているが，以降は徐々に胞嚢が形成されはじめ，4 ～ 5 週間で完成する．胞嚢は筋繊維由来の内層と，筋繊維膜に由来するガラス様の外層とからなっている．

完成した胞嚢の形はレモン状を呈し，0.8 ～ 1.0 mm の巻曲する幼虫を通常 1 匹包蔵している（口絵⑲）．胞嚢の大きさは宿主によって異なっている．

マウス：230 × 130 μm，ラット：900 ～ 1,280 × 350 ～ 400 μm, ホッキョクグマ：880 × 320 μm, ヒト：400 × 260 μm.

時日を経て，胞嚢には石灰沈着がはじまり，石灰化が起こる．開始時期および完了時期は動物種によって異なっている．豚では，石灰化は 5 か月ころからはじまり，9 か月目ころに完了する．

胞嚢内の筋肉幼虫は，豚の場合には感染後 15 ～ 24 か月で死滅するという．しかし，クマでは 10 年間も感染性を維持していた例がある．筋肉幼虫の生存期間に関しては種々の数字があるが，多くは数年，長いものでは 25 ～ 30 年というものもある．

感染は宿主が筋肉幼虫（muscle larva），具体的には感染肉を摂取して成立する．したがって，通常は肉食動物，雑食動物が感染する．まれにみられる草食動物の感染は，おそらく筋肉幼虫汚染物の誤食誤飲という偶発的な原因によるものであろう．

胃で感染肉が消化される際に胞嚢も消化され，幼虫が遊離する．

大半の幼虫は十二指腸へ下降して定着，発育を開始する．空腸，回腸でも発育は可能であるともいわれている．さらに，小腸でなくても，粘膜上皮であれば発育しうるという見解もある．

小腸に定着後，きわめて短時間内に 4 回の脱皮を行う．感染後約 30 時間で成虫になる．

感染後約 40 時間で受精が行われる．受精後胎虫の成熟までには約 90 時間を要する．すなわち，感染後約 5 日の間に幼虫の産出はない．

雄は交接後まもなく死ぬが，雌は感染 6 日目ころから 4 ～ 6 週間にわたって幼虫を産出し，終了後まもなく死亡する．雌は 1 匹あたり 1,000 ～ 1,500 匹の幼虫を産出するといわれている．

[病原性・症状]

家畜，たとえば豚では通常は無症状である．産業上にも，また小動物臨床上にも問題になることはない，と思われる．もっぱら人体感染の場合に問題になる．すなわち，旋毛虫は食肉衛生，公衆衛生などの分野における重要課題になっている．

一般論として，通常，筋 1 g あたり筋肉幼虫 1,000 匹の寄生がある肉の摂食で，症状が出てくるといわれている．定型的な場合，次の 3 期に分けられる．

(1) 第 1 期・侵襲期

腸トリヒナ症期ともいう．感染 1 ～ 2 週後ころに相当する．症状は家畜では明らかでない．しかし，雌虫の腸壁侵入と幼虫の産出に起因する腸炎を発症し，下痢，腹痛，発熱などが推測される．幼虫の産出に伴う好酸球の増多はみられる．

ヒトの場合でも軽度な感染では症状は明らかではない．しかし，十二指腸や空腸の粘膜に穿入・成長して成虫になり，幼虫を産出するために，粘膜の損傷による炎症は起こっている．多数感染では腹痛，下痢，まれに血便の排泄など，急性腸炎の症状を呈する．

(2) 第 2 期・筋肉内寄生期

筋トリヒナ症期ともいう．この時期の病原性がもっとも重要であり，幼虫の骨格筋への移行から被嚢までの時期にあたる．感染後 2 ～ 6 週間にわたる．旋毛虫の新生幼虫は，舌筋，咬筋，胸筋，内肋間筋，および横隔膜筋など身体各所の骨格筋内で被嚢するが，腱および関節に接着する部分にとくに多い（図 4.131）．さらに，体表に近い筋肉ほど幼虫の侵入を受けやすい傾向がある．

重感染では下痢，腹痛，発熱，筋肉硬直，筋肉痛，運動障害などがあり，呼吸筋の麻痺は呼吸困難から死亡を招くこともある．通常，高度な好酸球の増多がある．病勢は通常 4 週ころに最盛期に達する．この時期は，産卵活動が低下しはじめ，新生幼虫が被嚢しはじめるころに相当している．

ヒトの場合でも，症状の多くは感染後 2 ～ 6 週ころに発現する．通常，発熱，顔面とくに上眼瞼の浮腫，および筋肉痛などの特有な症状が出る．侵された筋肉は腫脹し，機能障害を生じ，ときには飲食物の嚥下困難，あるいは重篤な呼吸困難によって死亡する場合もある．骨格筋に到達しえなかった幼虫が，心筋や中枢神経などの主要臓器で死滅して栓塞を起こし，心筋炎や脳炎などの原因になることもある．

(3) 第 3 期・被嚢期（図 4.132，口絵⑩）

幼虫が被嚢した後の時期で，通常は感染 6 週以上を経ている．臨床的には“回復期”にあたる．しかし，極期を耐過した後にも食欲不振，貧血，浮腫などの症状は長く残る．成虫は，長くても 2 ～ 3 か月で死滅してしまうため，以後は新生幼虫による筋肉への新たな侵襲はなくなり，症状は漸減していく．この段階に達すれば，予後は概して悪くはない．完全な回復には数か月を要するといえる．

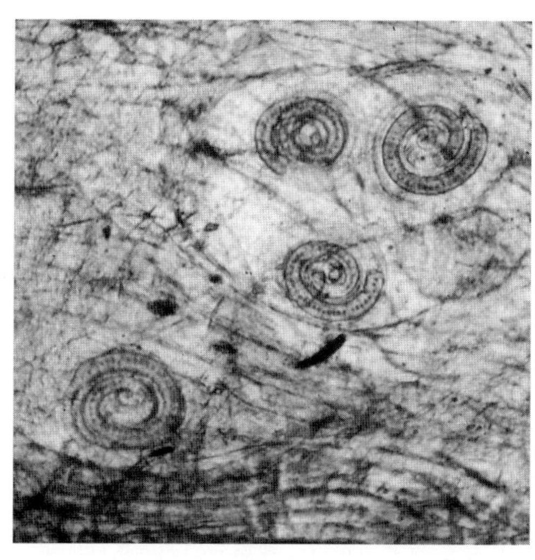

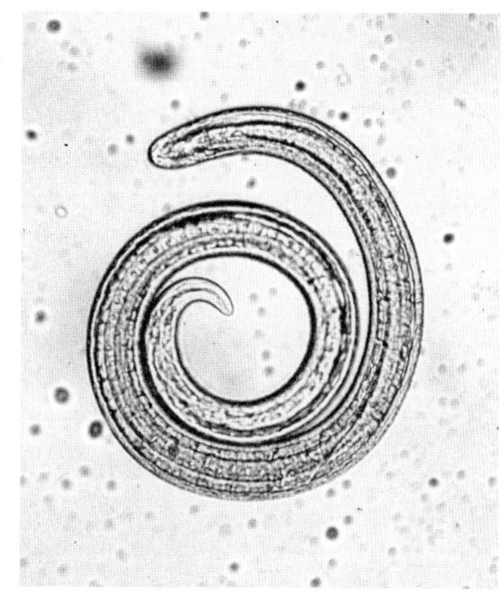

図 4.131　トリヒナ筋肉幼虫（左）と分離幼虫（右）

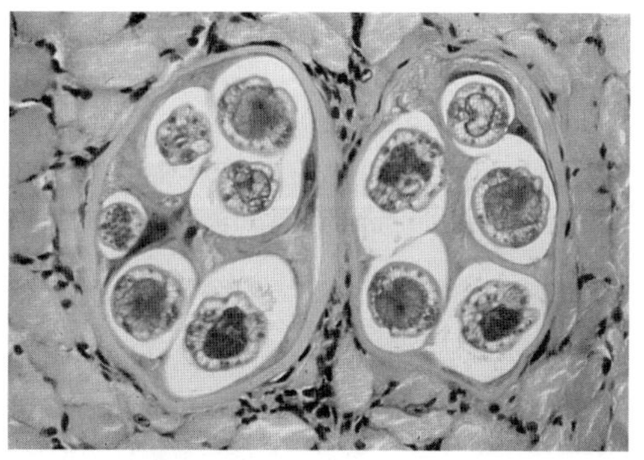

図 4.132　病理組織切片でみたトリヒナ筋肉幼虫の横断面

ヒトの場合にも同様の経過をたどる．ヒトでは軽い筋肉痛や疲労感が数か月間持続することもある．

[診断・筋肉幼虫（筋トリヒナ）の検出]

家畜では，生前診断の必要性はほとんどない．もっぱら『と畜場法』の施行規則による“旋毛虫病（トリヒナ病）”の検査が重要課題になっている．

筋肉幼虫の検出方法としては，日本では，トリヒノスコープによる圧平試料の鏡検がおもに行われている．欧米では人工消化液による消化法，さらにはプール消化法などが注目され，あるいは採用されている．バイオプシーや動物接種法はまれに利用されるにすぎない．免疫学的に抗体を検出することは，諸種の検討の結果，ほとんど意味はないものと考えられている．しかし，ELISA による抗原検出法は関心に値しよう．いずれの検査法を用いるにせよ，的確性とともに迅速性・経済性も要求される．的確性とは，端的にいえば，市販食肉の安全性が保証されることであり，迅速性・経済性とは商品としての食肉の効率的な流通にかかわる諸問題を意味している．

豚肉中のトリヒナ幼虫は，感染後ほぼ 17 日で感染性をもつようになる．ヒトは 1 幼虫 /g の肉（1 LPGM ; larvae per gram of muscle）を摂取しても臨床症状を呈することがあるという．もちろん，感染肉摂取量，換言すれば，摂取した感染筋肉幼虫の実数が，病態発生の程度を左右する最大要因になっている．逆にいえば，検査法には，感染早期から 1 LPGM 以下の密度であっても検出可能であることが望まれる．

(1) トリヒノスコープ法

ドイツで 1863 年に考案され，世界中に普及している．現在ドイツにおいては横隔膜その他から 4 ～ 5 g の筋肉を採取し，さらにこれらの筋肉片から 14 の細片をとり，厚手のガラス製圧平盤で圧平したものを被検試料としている．日本ではほとんど横隔膜筋を被検対象にしている．そして，これらの試料をトリヒノスコープという低倍率視野投影装置を備えた顕微鏡で検索する方法がとられている．

被検試料の量は 1 g とするべきであるという意見がある（Zimmermann, 1983）．もし 18 × 18 mm のカバーグラスで圧平した場合，鏡検が可能な厚さを得る検体量は 5 ～ 7 mg であり，検査用圧平盤の 1 区画はカバーグラスのそれよりは小さいが，7 mg としても 14 区画で 98 mg，理想とする必要量の 1/10 に満たない．筋 1 g の鏡検は容易でない．

なお，感染 4 週以前の被嚢していない遊離幼虫の検出はきわめて困難である．

(2) 消化法

具体的な方法に関しては，人工消化液の処方，消化時間などに若干の差異はみられるが，たとえば，1 サンプルに100 gという大量の筋肉を用いるため，検出率は高い．しかし一方，試料作成および鏡検に要する労力と検査経費（とくにペプシンの消費が多い）に難点があり，多数検体の処理を困難なものにしている．

(3) プール消化法

個体別消化法の短所を補う方法としてプール消化法が考案された．これは20～25頭の豚を1ロットとし，1ロットが20頭であれば7～8 g/頭，25頭であれば5～6 g/頭の筋肉を採在してプールし，ロット単位に消化－鏡検し，陽性ロットに関してのみ個体別に再検査を行う方法である．労力も経費も，陽性率に依存するが，大幅に削減されるものとして欧米では注目されている．

(4) 抗体検出法

各種の免疫学的な手法が試みられ，実験室内試験，あるいは個体診断には適用可能であっても，と場・食肉衛生検査所における食肉を対象とする検査業務に適した方法はまだ開発されていない．まず，と場においては全頭採血・血清分離の可能性が問題になる．

次に，肉片・肉汁中の抗体検出は可能であろうか，が問題になる．若干の検討を行ったところ，抗体価はかなり低く，かつその消長は不安定であることがわかった．しかも，陽性豚の場合には筋肉幼虫＝抗原が存在し，抗体はこれと反応して複合体を形成し，抗体検出反応から排除されてしまうであろう．つまり，肉片・肉汁からの抗体検出は不適当であることが判明した．

(5) 抗原検出法

種々の試験成績は，肉汁調整中に起こる抗原－抗体結合反応によって抗体は消費されても，検出されるに足る十分量の抗原は残存していることを示していた．そこで，抗体価を求める通常のELISAの術式を逆に，反応系における抗原に代えて被検筋肉乳剤を，被検血清に代えて抗筋肉幼虫ウサギ血清を用いた抗原検出試験が検討された．その結果，現段階の手法でもLPGMが10以上であれば，確実に検出しうることがわかってきた．この試験の検体は，被検筋肉を炭酸緩衝液で10倍乳剤としたものの遠心上清である．食肉検査の実際を想定した場合，検出精度および処理能力のいずれも，従来の方法に優るものと思われる．抗筋肉幼虫ウサギ血清の抗体価を高めることによって，感度の上昇はかなり期待できるであろう．

陽性肉の措置

食肉衛生検査で陽性と診断された場合は廃棄の対象になる．ただし，これは『と畜場法』で定められた動物の場合であって，法の枠外にある野生動物には何の規制もない．日本における人体感染例は，すべて熊肉であることに注意しておく必要がある．熊肉からの感染例は海外でも少なくない．

[治　療]

原則として，家畜のトリヒナ症は治療の対象にならない．特殊例に適用する場合の参考として，次に人体応用例をあげておく．

駆虫剤としては，ベンズイミダゾール系薬剤（例：チアベンダゾール50 mg/kg×5～7日連用またはメベンダゾール300 mg/kg×5～7日連用）がある．急性・劇症期には症状緩解のために，抗炎症作用のある副腎皮質ホルモン剤（ステロイドホルモン剤）のプレドニゾロン製剤の投与が行われる．

[予　防]

アメリカでは，往年のいわゆる残飯養豚時代，豚のトリヒナ症は飼料中の屑肉の摂取，あるいは豚舎に出入りするネズミの捕食がおもな原因になっているといわれていた．これが，トリヒナが“garbage worm”ともよばれていた理由である．当時，ほとんどの豚舎内外・周辺のネズミの間にはトリヒナが蔓延していた．そして，豚と同様に感染屑肉の摂取，およびネズミどうしの共食い（cannibalism）をおもな感染経路にするものと考えられていた．現在は養豚形態，豚舎施設，衛生管理などの諸条件は著しく改善・向上されているが，上記の事実は事実として，理解しておくとよい．

ヒトへの感染防止

食肉検査の徹底に尽きる．ただし，野生獣肉に関しては，法律的な規制がないことに問題が残る．とにかく，生食を避けることは有効な予防手段になる．加熱は十分に行われなければならない．自家製ソーセージが感染源になっていた事例は既述した．生ハムは当然旋毛虫の生存を許すものである．燻製，塩漬などでも注意を要する．冷凍によっても豚肉中の幼虫は殺滅されるが，死滅するには－15℃で20日以上，－23℃でも10日以上を要するという．一方，トリヒナの幼虫は種によっては冷凍が無効である．日本で感染源になった熊肉の1例は，－30℃で3か月間冷凍されていたものであった．ほかの例の保存期間は不明である．

家畜への感染防止

生肉の給餌を禁止することが原則になる．ツキノワグマが感染源になった事実は，本州山地に生息する肉食・雑食動物間にトリヒナの感染があることを示唆するものである．多くのげっ歯類を含め，山間地の犬・猫に対する感染源の存在は憂慮されるところである．猟犬に関しては格別の注意が必要であろう．

D　腎虫類

腎　虫
Dioctophyme renale

腎虫は陸生生物に寄生する最大級の線虫として知られ，世界各国で犬，キツネ，オオカミ，コヨーテ，ジャッカル，アザラシ，カワウソ，テン，ミンク，イタチ，アザラシなど多数の野生肉食動物の腎臓，ときには輸尿管，膀胱，その他の臓器，あるいは腹腔内に寄生する．また，豚，馬，牛，イノシシ，ドブネズミ，さらにまれにはヒトからも確実に検出されている．人体寄生例には，皮下の結節から幼虫が見出された例もある．

日本でも人体寄生例がある．ほかに犬，牛，オットセイ，ドブネズミ，イタチなどからの報告例がある．関西，四国，九州地方のイタチから得られるものの虫体・虫卵はやや小形で，これを変種として吉田腎虫（*D. renale* var. *yoshidai*）と唱える説がある．

宿主域はきわめて広いが，本来の固有宿主はミンク（*Mustela vison*）で，その寄生率はきわめて高いといわれている．イタチ（*Mustela itatsi*）も固有宿主であると考えられる．

［形　態］

成虫の体長は，雄は最長 45 cm，雌は 102 cm にも達する．体幅もかなり太い．生鮮時には血紅色で，一見きわめて美麗な観を呈している．交接刺は 1 本，長さは 5 ～ 6 mm であるが，10 mm を超えるものもある．交接嚢は釣鐘状，筋肉質で肋はない（図 4.133）．虫卵は樽型で茶褐色，卵殻は厚く，表面は両極を除いて不整な凹凸粗面をなしている．両極はやや平滑透明，色彩も薄く，栓様といわれる構造になっている．未分割卵として尿中に産卵される．イタチやミンク由来の吉田腎虫の虫卵はやや小さく，虫卵両端の栓様構造は明瞭でない．報告者によって数値は異なるが，代表的な数値を表 4.25 にまとめた．

［発育環］

虫卵は水中で徐々に発育する．温度にもよるが 1 ～ 7 か月もかかる．また外界では数年も生存しうるが，自然孵化することはない．中間宿主は淡水産ミミズのオヨギミミズ（*Lumbriculus variegatus*）が実証されている唯一のものである．中間宿主体内で 20 ～ 30℃で 2 ～ 3 か月を要して L_3 にまで発育し，体腔などで被嚢する．また，待機宿主として多くの淡水魚類，カエルなどの存在が知られている．待機宿主体内では発育はしないが被嚢はする．

終宿主に摂取されると幼虫は消化管壁を穿通し，体腔で一定の発育を遂げ，腎臓へ穿入する．肝臓を経由するという説もある．成熟するまでに，ミンクで 138 ～ 200 日を要する．

［病原性・症状］

腎虫は，ミンクではほとんどが腎臓に寄生しているが，犬で腎臓に寄生するものは 30 ～ 40％にすぎず，ほかはほとんど腹腔に認められたという．またイタチの吉田腎虫はすべて腹腔から検出されている．小形宿主では腹腔内寄生が多いともいわれている．

本来は腎盂に寄生するが，虫体が大きいため，腎盂は徐々に拡張して腎実質を圧迫・萎縮させ，腎臓は嚢状になる．ときには包膜のみが残ることになる．この過程において虫体が尿管に穿入して閉塞すれば尿毒症を起こし，腎盂炎，腎水腫は必発し，血尿・乳糜尿の排泄に伴って虫卵，ときには虫体の排出もみられる．ふつうは右腎が多く侵され，残った左腎は代償的に肥大する．腎障害に神経症状が併発する場合がある．

腹腔寄生虫体は遊離し，あるいは被嚢し，慢性腹膜炎をひき起こす．また，肝葉間に付着して肝表面に損傷をもたらしていることもある．肝臓内や腹膜に虫卵を囲む小結節の形成が認められる場合もある．さらに

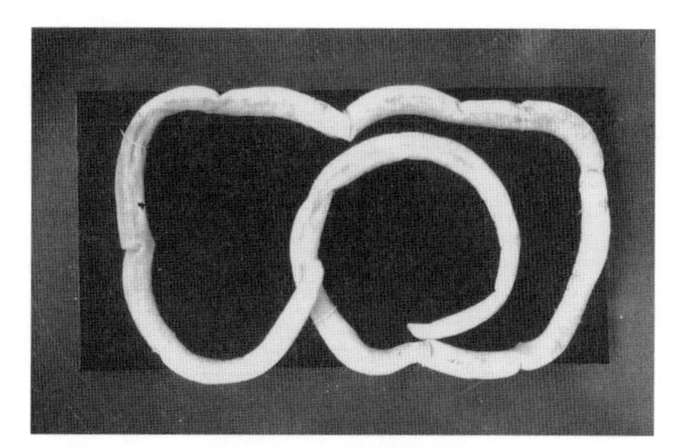

図 4.133　腎虫の成虫

表 4.25　腎虫の計測値

由　来	体長×体幅（mm）		虫　卵（μm）
	雄	雌	
犬	140 ～ 450 × 4 ～ 6	200 ～ 1,020 × 5 ～ 12	72 ～ 80 × 40 ～ 48（76.7 × 44.9）
イタチ ミンク	114 ～ 160 × 3 ～ 4	298 ～ 456 × 3 ～ 5	56 ～ 65 × 37 ～ 43 64 ～ 76 × 36 ～ 44（70.8 × 41.4）

まれには胸腔内への迷入寄生もある．

[診断・治療]

腎寄生の場合には尿中の虫卵によって確診される．治療は外科的な方法による．

その他のエノプルス目の線虫による疾病

ネコのソボリフィーメ症：最近，ネコの下痢便から腎虫類 *Soboliphyme baturini* がみつかった．この種はソボリフィーメ症の原因虫で，本来イタチ類の胃に寄生するが，国外では稀にネコにも寄生が知られる．待機宿主のジネズミなどの小哺乳類を捕食して感染すると考えられている．この種は頭部に大きな吸盤を備えるのが特徴である．また，虫卵に二重卵殻を有するが，時折，外殻が消失しているものもあるので，虫卵検査時には留意したい．

鳥およびヒトのエウストロンギリデス症：*Eustrongylides tubifex* はエウストロンギリデス症の原因虫で，国内のカワウやカイツブリなど淡水魚（待機宿主）を常食する鳥類砂嚢に寄生する．胃内に侵入した幼虫は頭を粘膜に刺入し，漿膜面まで貫通し，その後，再び胃粘膜へ向けた状態寄生する．よって，虫体を完全な形で取り出すのは困難である．また，胃壁を貫通する際，胃内の内容物・細菌などの体腔内への流入による腹膜炎で若鳥において致死的である．また，感染幼虫が寄生する魚類を生で摂食，あるいは，そのすり身を湿布薬として傷口にあてることで，ヒト体内に幼虫が浸入し，幼虫移行症を呈す．中間宿主がイトミミズ科貧毛類で，濃厚な窒素やリン酸化合物を含む富栄養化した水環境ではこの貧毛類の個体群急増し，水鳥幼若個体の致死性エウストロンギリデス症が増加するという．

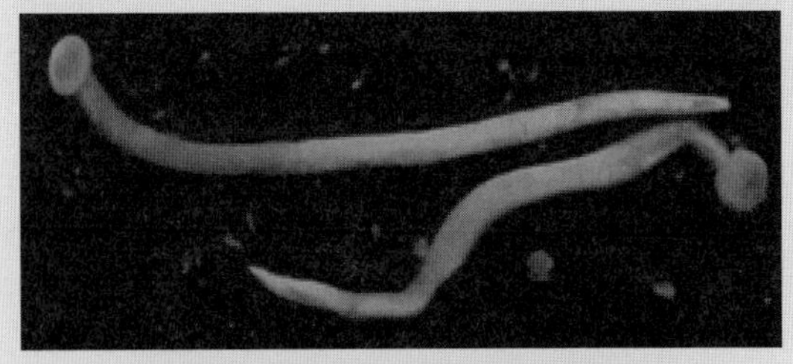

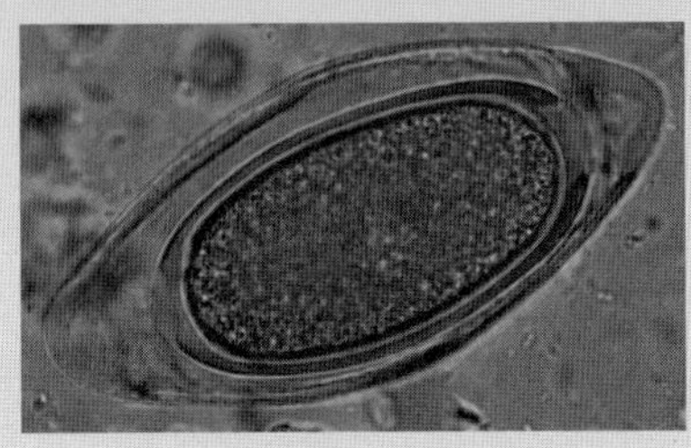

図 4.134　上：ネコに寄生していた *Soboliphyme baturini* の成虫［鳥居原図］　下：虫卵

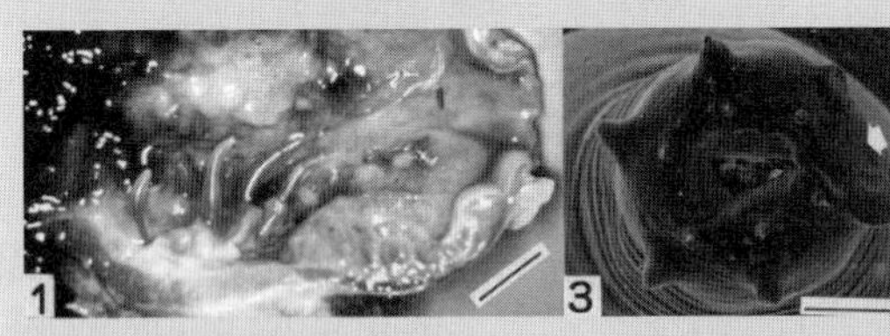

図 4.135　左：*Eustrongylides tubifex* の水鳥砂嚢粘膜面における寄生状況［村田原図］　右：成虫頭部 SEM 像

各論　5
鉤頭虫類
ACANTHOCEPHALA

この類は，従来広義の線形動物の一部門として扱われていたが，体制や発育様式が線虫とは異なることなどから，現在は扁形動物門，線形動物門とは別の独立した門として扱われるようになっている．

［形　態］

大きさは2～3 mm のものから50 cm に達するものまである．虫体はほとんどのものが円筒形ないし長紡錘形で，頭端に弯曲した鉤が列生する吻（proboscis）がある（thorn-headed worm, spine-headed worm, oboscis roundworm）．吻の形態は分類の鍵になる．炎細胞をもつ原腎管に類する排泄器官がある．雌雄異体で，雌のほうが大きい．それぞれの生殖系は体の後端に開口する．全発育環を通じて消化器をもたない．

虫卵は楕円形で内外二重の卵殻を有している．二重卵殻の間隙は半透明な顆粒状物質で満たされている．外界に排出された時点で，内部には鉤をもつ幼虫（鉤幼虫：acanthor）がすでに形成されている．

［発育環］

すべて脊椎動物の消化管に寄生する．魚類寄生のものが多い．

発育途上に中間宿主を必要とする．中間宿主はたとえば昆虫類（種々の甲虫類，ゴキブリなど）を含むかなり広範囲な無脊椎動物である．虫卵が中間宿主に摂取されると，消化管内で孵化し，幼虫は消化管壁を貫通し，血体腔で細長い幼鉤頭虫（acanthella）になり，被嚢して被嚢幼鉤頭虫（cystacanth）を形成する．終宿主への感染は，これら中間宿主を摂取することによって成立するが，好適でない脊椎動物に摂取された場合には幼虫のままとどまることがある．

大鉤頭虫
Macracanthorhynchus hirudinaceus

“蛭状鉤頭虫”という古い和名があるが，大鉤頭虫のほうが慣用されている．大鉤頭虫は豚，イノシシを宿主として世界的に広く分布している．中国の一部地域では豚の感染率が高い．またベラルーシでは17～32％の養豚農場が汚染されていたという報告があるが，西ヨーロッパにはない．まれであるが各地（おもに中国，タイ北部など）にヒトの感染例がみられる．ほかにジャコウネズミ，リス，ペッカリー（北米大陸のイノシシ）などの回腸からも検出されている．犬，猫もかかる．日本では南西諸島のイノシシにみられたという記録がある．しかし，現在の日本の養豚産業では問題はないと考えられる．

［形　態］

雄は約10 cm，雌は35 cm 以上にも達する．乳白色で，体表には体節様のくびれがみられる．虫卵は67～110 × 40～65 μm で褐色を呈する（図5.1）．鉤幼虫は56～65 × 26～27 μm で体表に多数の小鉤，前端には4個の鉤がある．

［発育環］

中間宿主は種々の甲虫類（コガネムシ科，クチキムシ科，ガムシ科など25種）である．これらの甲虫類の幼虫が堆肥などの有機物とともに虫卵を摂取すると，虫卵は中腸内で孵化し，幼虫は腸壁を貫通して血体腔に移行し，約3か月で幼鉤頭虫・被嚢幼鉤頭虫になる．そして，終宿主に感染すれば2～4か月で成熟する．

［症　状］

形態的にもっとも目立つ特徴となっている“多数の

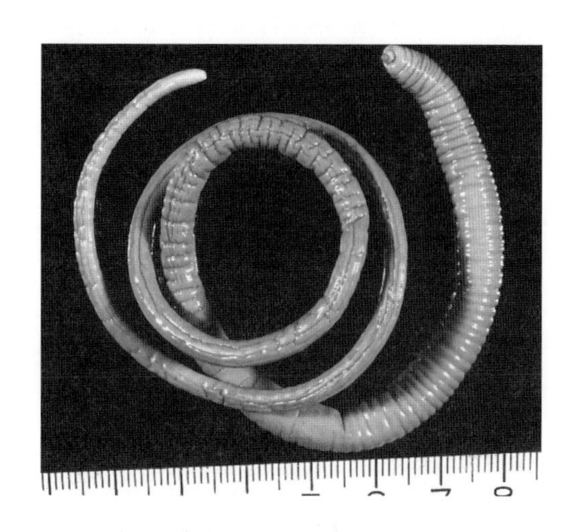

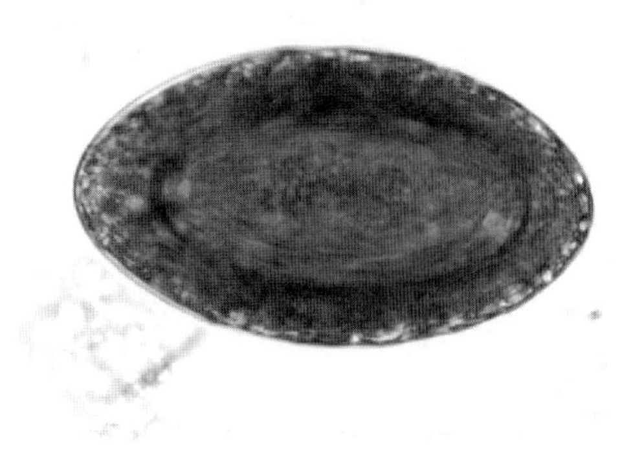

図5.1　大鉤頭虫［神谷原図］
上：成虫　下：虫卵

各論　5　鉤頭虫類 ACANTHOCEPHALA

鉤をもつ吻”を腸粘膜に穿入するため，腸粘膜に少なからぬ障害を与え，症状としては，通常は腹痛，食欲不振，下痢，血便，削痩などが認められる．吸着局所に径 1 cm 大にも達する黄赤色の結節を生じ，潰瘍に陥り，さらに腸穿孔から腹膜炎を起こすこともまれではない．中国の汚染地では，鉤頭虫の人体寄生によると診断された急性腹痛，腸穿孔例がかなり多数報告されている．

[駆虫・予防]

的確な駆虫法は知られていない．多くは線虫駆虫薬が試用され，多少の効果は認められている．

予防には一般的な衛生対策の徹底が要求されるが，虫卵は寒冷，乾燥に対する抵抗性が強く，野外において数年間も生存しうること，被嚢幼鉤頭虫は中間宿主体内で 1 年以上も生存していることなどを知っておく必要がある．

鎖状鉤頭虫

Moniliformis dubius

終宿主はドブネズミ，クマネズミ．中間宿主はゴキブリ類．日本では名古屋以西のネズミ類からの検出例がある．大阪では男児の寄生例が報告されている．犬，猫もかかるという．

雄は 5 ～ 15 cm，雌は 14 ～ 32 cm，片節が連体しているようなくびれがあり，条虫様の概観を呈している．吻は 0.45 ～ 0.64 × 0.15 ～ 0.24 mm．1 列 9 ～ 12 個の鉤が 12 ～ 14 列並んでいる．虫卵の外殻は 109 ～ 123 ～ 57 ～ 67 μm，内殻は 88 ～ 97 × 37 ～ 43 μm の楕円形．

各論 6
舌虫類
LINGUATULIDA

舌虫類の寄生部位は哺乳類，鳥類，爬虫類，両生類などの鼻腔，気道などである．虫体はやや扁平な長紡錘形（舌状）で，後半部は細長く伸長している．体表には90前後の横しわ（擬環節・体環：annulus）がある．虫体前端腹面に口があり，口の左右に2対の伸縮自在な鉤を備えている．この鉤の部分は宿主に咬着していない虫体では体表から陥凹し，ちょうど口のような外観を呈しているために，『五口虫（pentastome）』という呼び名もある．

Phylum Linguatulida　　舌虫門（シタムシ）
　Order Cephalobaenida
　　〃　Porocephalida　　孔頭虫目
　　Family Porocephalidae　　孔頭虫科
　　　Genus *Armillifer*　　環虫属
　　Family Linguatulidae　　舌虫科
　　　Genus *Linguatula*　　舌虫属

舌虫類は長く節足動物門の一綱としてとり扱われていたが，舌虫動物門（Linguatulida）として独立させるほうが妥当であろうとする意見もある．

犬舌虫
Linguatula serrata

終宿主は犬，キツネ，オオカミなどイヌ科動物．中間宿主にはおもに牛，馬，めん羊，山羊などの草食動物が，さらにウサギ，豚などがなっている．ごくまれには，ヒトも中間宿主の立場に立つことがある．終宿主における寄生部位は鼻腔，気道など呼吸器系器官である．東ヨーロッパの犬では普通にみられるほか，世界各地に散在しているが，日本ではごくまれである．

[形　態]

虫体は前述したように線虫様でやや偏平な紡錘型を呈するが，後半部は細長く伸長し，かつ背側に軽く弯曲し，全体的に舌状にみえることから，舌虫（tongue worm）とよばれている．雄は18～20×3～4 mm，雌は80～130×10 mmで雌雄差が大きい．雌は正中線に沿って赤褐色の虫卵が透視される（図6.1）．虫卵は卵円形，大きさは90×70 μmで二重の卵殻内に口腔原基と4本の短い肢を備える幼虫を内蔵している．なお，中間宿主体内で孵化した幼虫の体長は120 μm前後で，4本の貧弱な肢を有している．

[発育環]

(1) 虫卵は鼻汁に混じって排泄され，中間宿主に摂取されると消化管内で孵化する．

(2) 幼虫（500 μm）は肺，肝臓，脾臓，とくに腸間膜リンパ節に侵入する．

(3) 侵入した臓器において6か月間に9回脱皮をくり返して成長し，若虫（ニンフ：体長4～6 mm）になる．

(4) 若虫の基本体制は成虫と変わらないが，小形であり，体環に多くの小棘を有している．中間宿主体内で被嚢したまま2～3年は生残しうる．

(5) 終宿主に摂取されると胃で脱嚢し，食道を溯上して，鼻腔，副鼻腔へ侵入し，数か月で成熟して，産卵を開始する．寄生期間は15か月以上にも及ぶ．

[病原性・症状]

舌虫は鼻粘膜および分泌物，ときには血液を摂取して寄生しているが，終宿主は概して無症状のまま経過するようである．しかし当然，多数寄生ではカタル性～化膿性鼻炎を発することになる．この場合には鼻漏の増量，鼻出血などがあり，鼻呼吸障害も生ずる．

中間宿主に対する病害・症状は不詳である．

[診　断]

臨床症状と糞便または鼻粘液中からの虫卵の検出による．

[治療・予防]

日本では具体的かつ確実な方法は知られていない．海外では有機リン系殺虫剤の鼻腔内噴霧がすすめられ

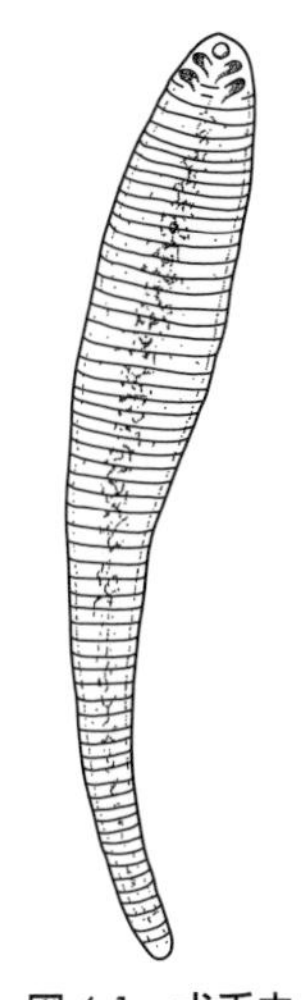

図6.1　犬舌虫
雌の腹面（五口虫，擬体節）

ているようである.

環虫属（*Armillifer* 属）**舌虫**：終宿主はニシキヘビなどの肉食性爬虫類で，成虫が肺に寄生する．中間宿主はサルなどの哺乳類で，幼虫・若虫が肝臓や肺などの組織・臓器内に寄生する．ヒトも中間宿主であることから，肉食性爬虫類との濃厚な接触には注意すべきである．

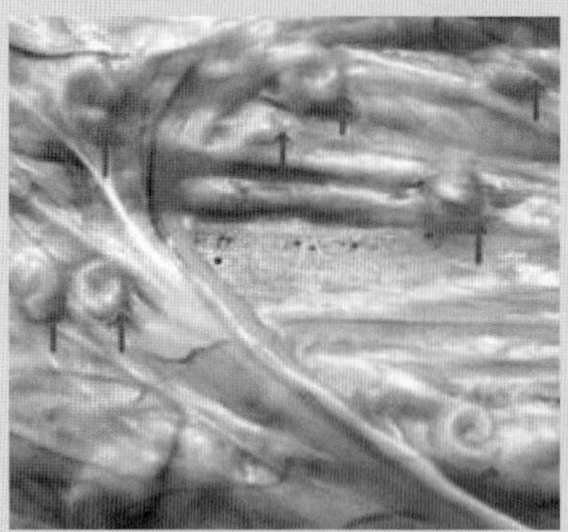

図 6.2　環虫属舌虫
左：若虫（ヒグマ大網）[金城原図]　右：成虫（ニシキヘビ肺）

各論　7
内部寄生期のある節足動物

寄生虫を，寄生部位によって内部寄生虫と外部寄生虫とに分ける考え方がある．この場合の“外部寄生虫”とは，本来体表に寄生するもの，主として節足動物を意味している．この動物を中心として対象にする学問分野を衛生動物学と称する．寄生虫学と衛生動物学とを併せて医動物学と称する．しかし，節足動物のなかには，発育環の全期間，あるいは一部に内部寄生期があり，しかもこの期間に宿主に対して看過しえない障害を与えているものが含まれている．本章ではそのような生活環をもつもののみを紹介するにとどめ，ほかの外部寄生虫については次章に記すこととする．

7.1 ハエウジ症

ハエ類のなかには，幼虫期に必ず寄生生活を営むヒツジバエ科のウマバエ亜科，ウシバエ亜科，ヒツジバエ亜科，ヒフバエ亜科（中南米）のようなものがある（真性寄生・偏性寄生）．また，ニクバエ科の一部（*Wohlfahrtia* 属）には人獣の皮下に真性寄生するものがある．さらに同じニクバエ科に属するニクバエ属，さらにはイエバエ科，クロバエ科などハエ類の幼虫が偶発的，一過性に人獣の体表面あるいは内部に寄生する場合がある（仮性寄生，不偏性寄生，通性寄生，偶発寄生）．両者を一括してハエウジ症（ハエ幼虫症：myasis，myiasis）とよぶ．

ハエウジ症は，幼虫の寄生様式により，爬行性（creeping，migratory），創傷性（traumatic，wound），せつ性（瘻管）（furuncular）に大別される．

偶発性ハエウジ症：本来は動物の死体や排泄物，腐敗した植物などを摂取しているハエの幼虫が，偶発的に生きている人獣に侵入・寄生して惹起する疾患をいう．体表の外傷，褥瘡などで産卵・孵化が行われ，幼虫が寄生する外部ハエウジ症と，人獣が食物とともにハエの虫卵や幼虫を摂取して起こる内部ハエウジ症とに分けられる．ヒトハエウジ症は日本でも100例前後は知られている．また近年，老化や疾病などにより衰弱した犬・猫で肛門や鼻腔にハエが卵を産みつけることによるハエウジ症が増加している．

ウマバエ幼虫

英語で，ヒツジバエ科のハエの幼虫を“bot”といい，成虫を“bot fly”という．そして“bots”といえば，ウマバエ類の幼虫による馬の皮膚病の意味もある．馬産国におけるウマバエに対する関心の深さを思わせるものである．日本では，往時“馬虻（ばぼう）”とよばれていた．ウマ属ばかりでなく，まれには犬，豚，ヒトも侵されることがある．ヒトの場合，まれに胃に達する例があるが，多くは1齢幼虫が皮内で蛶線発疹（creeping eruption）を起こすにとどまる．

日本では，ウマバエ亜科のハエとして表7.1に示す4種が知られている．

[ウマバエ類の形態]

ウマバエ亜科のウマバエ属には9種類が知られている．日本では普通3～4種類のものがみられるというが，ウマバエ（*G. intestinalis*）がもっとも多く，代表種になっている．以下，表に示す4種をまとめて記載する場合には“馬バエ”と記す．

馬バエ成虫の体長は10～20 mm，全身に細毛が密生し，ずんぐりと短軀，一見アブやミツバチのような外観を呈している．雄の尾端は鈍円，雌ではとがっている．翅は1対，口器は退化し，痕跡的で採食不能である（図7.1）．したがって，寿命はきわめて短い．

虫卵は被毛もしくは植物に1個ずつ付着するように産みつけられる．大きさはほぼ1,250 × 350 μm で，被毛への付着面は細長く伸びている．

[発育環]

(1) 羽化した雌雄成虫は，ただちに交尾し，1～2時間後には産卵する．産卵後は採食することなく，3～5日以内に死ぬ．

(2) ウマバエの虫卵は，産卵後5日くらいたつと馬が被毛をなめる際の温度や圧力が刺激になって孵化する．アトアカウマバエ，ムネアカウマバエの虫卵は自動的に孵化する（表7.1参照）．これらは自動的・経口的に馬の口腔に侵入するが，アトアカウマバエの幼虫は頰部皮膚を穿孔して口腔へ侵入するともいわれている．ゼブラウマバエは卵を植物とともに摂食し，口腔内で孵化する．

(3) 幼虫期は孵化直後の1齢幼虫から，2齢幼虫，3齢幼虫の順に発育する．発育に伴い，［口腔⇨胃］へのルートをとるが，直接嚥下されるのではなく，日時をかけて粘膜下に移動・下降する．

(4) 3齢幼虫はおもに胃粘膜，ときにほかの部の消化管粘膜に，頭部にある大型の口鉤を挿入して強く鉤着している．形状は俗にタケノコムシとよばれているように，筍状の外観を呈している（口絵⑪）．

表 7.1　ウマバエ類の比較

	ウマバエ *Gasterophilus intestinalis*	アトアカウマバエ *G. haemorrhoidalis*	ムネアカウマバエ *G. nasalis*	ゼブラウマバエ *G. pecorum*
成虫の体長	12 ～ 18 mm	9 ～ 11 mm	10 ～ 12 mm	12 ～ 15 mm
色調	赤褐色～黄褐色	暗褐色，尾端は赤	胸部黄褐色，腹部黒	胸背部は黒色，頭部は淡褐色，頭頂に 2 本の縦溝
成虫活動期	7 ～ 10 月	6 ～ 10 月	5 ～ 8 月	記載なし
産卵部位	前肢内側，軀幹	口周囲，頸部の被毛	下顎の間の毛	主に牧草，他に肢，蹄
卵の形態	黄色，鍔状部あり	暗色，長い柄状部	黄色，鍔状部あり	光沢のある黒色
産卵→孵化（卵の期間）	5 日	2 日	5 ～ 6 日	5 ～ 8 日
1 齢幼虫寄生部位	舌粘膜内	口唇上皮および上皮下	歯肉，歯槽	頬部内面，軟口蓋
感染方法	幼虫を馬がなめとる	自動的に口腔粘膜に侵入	自動的・他動的に経口感染	産卵した植物を経口的に摂食
3 齢幼虫寄生部位	胃壁	胃・十二指腸→直腸	胃幽門部→十二指腸	胃壁
3 齢幼虫の大きさ	15 ～ 20 mm	16 ～ 18 mm	13 ～ 15 mm	13 ～ 20 mm
成虫寄生期間	翌年の春から初夏まで，長期間に及ぶ	左同	左同	左同
幼虫の形態（色）	赤褐色	赤色	黄褐色	赤色
幼虫の形態（鉤）	口外に突出	口外に突出しない	わずかに口外に突出	口外に突出しない
幼虫の形態（棘列）	各体節に 2 列	各体節に 2 列	各体節に 1 列	各体節に 2 列
外界蛹期間	15 ～ 60 日	15 ～ 20 日	20 ～ 24 日	20 ～ 26 日
成虫の活動期間	7 ～ 10 日	6 ～ 10 日	5 ～ 8 日	4 ～ 9 月
国内分布	もっとも多い	なし～ごくまれ	ウマバエに次ぐ	ごくまれ

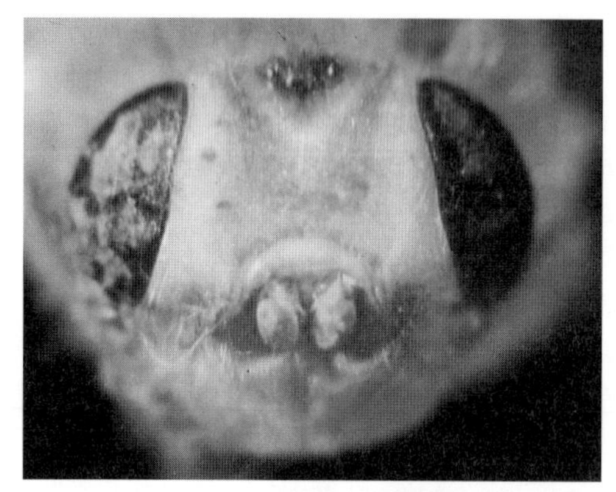

図 7.1　ウマバエの顔面
口器を欠いている

(5) 翌春から初夏に，成熟した 3 齢幼虫は胃粘膜を離れ，糞便とともに外界へ排出される．
(6) 排出された 3 齢幼虫は，表土の陥凹部，穴，草叢，物陰などにひそみ，数日中に蛹化する．蛹は黒色で 15 ～ 17 mm.
(7) 約 2 ～ 3 週間の蛹期間（表 7.1 参照）を終えれば羽化して成虫になる．

以上のように，発育環のほとんどを幼虫期で過ごし，年に 1 回発生する．

[病原性]

ウマバエ，アトアカウマバエの 1 齢幼虫はおもに口腔内，歯齦（しぎん），舌の粘膜下に認められ，ムネアカウマバエの幼虫は顔面の皮膚を貫通し，虫道を残しつつ皮下を迷走して口腔に達する．ウマバエの幼虫は 3 ～ 4 週間も舌の粘膜下を迷走・滞留した後，口腔から直接胃へ嚥下されることなく，粘膜下・組織内経路を通って，おもに胃の噴門部に達する．まれに胃底部あるいは噴門部に至るものもある．ムネアカウマバエの幼虫は幽門部から十二指腸にかけて寄生する．アトアカウマバエの未成熟幼虫はしばしば咽頭から見出されることがあるが，最終的には胃に定着する．そして，3 齢幼虫が外界へ脱出する直前の数日間，直腸に寄生する．ゼブラウマバエの幼虫は胃壁に寄生する．外界への脱出は通常春季に行われるが，晩秋に宿主を離脱するものもある．通算，幼虫期は 10 ～ 12 か月に達する．

[症　状]

ウマバエ幼虫によって生ずるもっとも一般的・基本的な病変は，①鋭い強大な口鉤による粘膜に対する機械的な障害と，②腺組織の損傷による消化機能障害に起因するものに二大別される．すなわち，胃粘膜には炎症，糜爛（びらん），潰瘍が形成される．さらに，口内炎，歯齦炎などがみられることもある．胃粘膜への幼虫寄生は，通常8月ころにはじまり，しばしば幼虫は密集して胃壁に寄生し，ときには数百匹に及ぶ場合もあるという．胃内寄生幼虫は晩秋から冬季に向かって漸増し，晩春から初夏に蛹化がはじまり，7月にはほとんどなくなる．この間，症状は晩秋から初夏にかけて現れてくる．

(1) ウマバエ幼虫はおもに胃腺の分布しない噴門部に寄生するため，寄生数の割には消化液分泌にかかわる機能障害は少ない．機械的な障害はあるものの，無症状な場合もある．おもな症状は胃粘膜の炎症，浮腫，潰瘍に基づく食欲不振，栄養不良，貧血などである．また移行幼虫による頬部皮下爬行症が知られている．

(2) アトアカウマバエ幼虫は舌，咽頭，胃底～幽門部，そして最後に一時的に直腸に寄生する．馬は幼虫の口唇侵入移動時に不安挙動を示すことがあり，直腸下部寄生時に排糞困難を訴える場合がある．胃における病体発生および症状の基本は上記のウマバエの場合と同様であり，これに腺組織の損傷に基づく障害が加わることになるため，病性は重くなる．

(3) ムネアカウマバエ幼虫が歯齦に潰瘍を形成した例の記録がある．基本的な病態は上記ウマバエの場合と同様であるが，加害性がより高い傾向にある．

(4) ゼブラウマバエ幼虫の基本的な病態もウマバエの場合と同様である．

成虫の病原性：産卵のため，馬の頭部近く，前肢あるいは顔面をめがけて羽音高く襲来する．馬はこれを忌避するために興奮・奔走し，しばしば採草困難に陥る．

[診　断]　有効特定な診断法はない．

[治療・駆虫]

駆虫剤としては，イベルメクチン200 μg/kg（ペースト剤）の経口投与で効能効果が認可されている．

[予　防]

(1) 定期駆虫：毎年定期的に，たとえば幼虫寄生の最盛期にある冬季に，上記方法による一斉駆虫を行う（もっとも有効）．

(2) 虫卵の排除：産卵部位への防具の装着，ブラッシングによる付着虫卵の排除，温湯浴による孵化促進と孵化幼虫の洗浄（滌）除去などの方法がある．

(3) 産卵防止：忌避剤の塗布，防風林（庇蔭林）の設置による馬バエの飛来防止などの方法による．

ウシバエ幼虫

ウシバエ属（*Hypoderma*）のハエを英語では“warble fly”という．“warble”とは馬では鞍擦れ，鞍だこを意味するが，牛では“牛皮腫：ウシバエ幼虫の寄生で生ずる牛の背の腫瘤”という意味になる．この属では，

図7.2　ウシバエ幼虫

ウシバエ（*Hypoderma bovis*）とキスジウシバエ（*H. lineatum*）の2種が知られている．

幼虫は北半球，北緯25～60°間の各国の牛に寄生し，皮膚に腫瘤を形成する．牛のほかにまれにヒトや馬に寄生することもある（図7.2）．日本では過去数回にわたり輸入牛からのみウシバエ幼虫の寄生が認められていたが，北海道の一部には土着したものといわれるに至っている．しかし，実際は定着常在ではなく，“土着を積極的には否定できない”というのが現場の実態のようである．

ウマバエ幼虫が胃⇨排出という経路を経るのに対し，ウシバエ幼虫は皮膚に重大な損傷を与え，皮革価値を著しく低下させ，産業上の被害が大きい．このため，「牛バエ幼虫症」は家畜伝染病予防法（届出）に指定されている．

[病原性・症状]

成虫の飛来・産卵による被害は表7.2に記載した．牛は激しく忌避，興奮し，逃避，狂奔から採食不能に陥り，削痩し，乳量減少，流産などを惹起する．とくにウシバエに対する反応が著しい．

移行中の1齢幼虫による障害は，移行経路によって異なってくる．移行中には組織損壊，これに伴う出血，壊死などがあり，ウシバエ幼虫による神経症状や，キスジウシバエ幼虫による嚥下障害などが記録されている（表7.3）．体内移行中の幼虫の死体はアレルゲンになる．

ウシバエ症の最大の要因は，2・3齢幼虫による皮下腫瘤形成とこれに伴う皮膚損傷である．3齢幼虫が皮下に形成する腫瘤は，直径数cmの不正型の嚢状物で，宿主側の結合織に由来する包嚢に覆われている．嚢内は膿様物質に満たされ，1～数匹の幼虫が入っている．腫瘤の通気のために，径2～4 mmの呼吸孔をもって皮膚面に開孔し，幼虫は呼吸盤をこの呼吸孔に向けて寄生している．通常は無症状で経過するが，多数寄生ではときに疼痛，発育不良，乳量減少などがみられる．実害は牛体に対する直接的なものよりも，む

表 7.2 ウシバエ，キスジウシバエの比較

		ウシバエ *Hypoderma bovis*	キスジウシバエ *Hypoderma lineatum*
成虫	大きさ 頭・胸前部毛色 腹部末端の毛色	13 ～ 15 mm，右より大 緑黄色 黄　色	12 ～ 13 mm 黄白色 橙黄色
	共通形態・習性	毛深く，口器は退化．18℃以上の高温・晴天の日中に活動	
	発生時期	6 ～ 7 月	3 月中旬～ 5 月上旬
虫卵の形状		細長く，約 1 mm	形状左に類似，約 0.8 mm
卵数／被毛：総産卵数		1 個：100／雌	5 ～ 10 個：400 ～ 500／雌
ウシバエ飛来の牛に及ぼす影響		羽音高く飛来し，襲うように産卵するため，牛は敏感に反応	ウシバエよりも影響は少ない

表 7.3 ウシバエ，キスジウシバエの発育環

	ウ シ バ エ	キスジウシバエ
発育環 1 齢幼虫	虫卵（3 ～ 7 日で孵化）⇨幼虫は被毛下降⇨皮膚へ侵入⇨発育しつつ脚部結合織を上昇⇨神経束に沿って脊椎管へ侵入⇨脊髄硬膜・骨膜間に 4 か月滞留⇨筋肉・脂肪組織⇨背腰部皮下⇨皮膚開孔・脱皮	虫卵（3 ～ 4 日で孵化）⇨左と同経路で皮膚侵入⇨胸・腹腔の諸臓器⇨ 4 週間後には食道粘膜下⇨ 10 月下旬～ 11 月に移動開始，背部皮下へ⇨約 50 日滞留し，この間に皮膚開孔・脱皮
↓ 2 齢幼虫	⇨腫瘤形成⇨内部で脱皮	⇨腫瘤形成⇨内部で脱皮
↓ 3 齢幼虫	⇨ 3 齢幼虫として約 11 週間滞留⇨皮膚孔から脱出・落下 大きさ：21 ～ 24 × 9 ～ 12 mm	⇨ 3 齢幼虫として 7 ～ 8 週間滞留⇨皮膚孔から脱出・落下 大きさ：17 ～ 23 × 8 ～ 11 mm
↓ 蛹	⇨土中で蛹化⇨蛹 24 ～ 70 日	⇨土中で蛹化⇨蛹 20 ～ 40 日
↓ 成　虫	⇨羽化（6 ～ 8 月ころ）⇨ただちに交尾・産卵⇨死	⇨羽化（3 月下旬～ 5 月上旬）⇨ただちに交尾・産卵⇨死

しろ皮革の経済価値を低下させるところにある．局所的には食用肉へも影響が及ぶ．

[診　断]

現在までのところ，免疫学的な手法を含め，的確かつ実用的な方法は知られていない．皮下の結節・腫瘤は触診によって検出は可能である．ただし，夏季に感染しても背部皮下に達するのは早くても年末であり，発症の多くは翌年になること，したがって，触診の適正時期は冬季に限られることを念頭においておく必要がある．ちなみに，ウシバエでは 3 ～ 5 月ころ，キスジウシバエでは 2 ～ 4 月ころに蛹化がみられる．

[治　療]

最近ではウマバエ幼虫と同様に，イベルメクチン 0.2 mg/kg 皮下注が両種の全発育期の虫体に対して有効であるといわれている．かつては，低毒性有機リン剤の経口投与が推奨されていた．たとえば，トリクロルホン製剤のネグホンの幼牛に対する 10 mg/kg，成牛に対する 75 mg/kg などである．いずれも発育環に合わせ，秋から初冬にかけて適用される．なお，死滅虫体はアレルゲンになるので排除されることが望ましい．皮膚の結節・腫瘤を圧迫して幼虫を除去することも行われるが，誤って牛体内の幼虫をつぶすと，アナフィラキシーの原因となることがある．

[予　防]

ウマバエに同じ．日本の現状からは一般的な衛生対策を除き，積極的な対策を講じる必要はないものと思われる．

ヒツジバエ幼虫

病原虫はヒツジバエ（*Oestrus ovis*）である．世界的に広く分布し，日本では北海道および東北地方で記録されている．幼虫がめん羊，まれに山羊の鼻腔や眼瞼に寄生し，ハエウジ症を発生する．まれには犬，さらにはヒトにも寄生するが，ヒトで発育することはない．ヒトの場合には結膜嚢や涙管に侵入し，激しい結膜炎・眼ハエウジ症を起こすことがある．アフリカ北部，中近東などの汚染地域において，めん羊・山羊などと密着した生活を送る民族の間では珍しくない．

[形　態]

体長は 10 ～ 12 mm，概観はウマバエ類やウシバエ類に類似しているが，やや小形．しかし頭部はやや大きい．色調は暗灰色で，体表には黒色の小斑点がある．とくに胸部の斑点は小突起になっている．全身は淡褐色の体毛で覆われているが，ウマバエやウシバエほどには密生していない．口器は退化している．

図 7.3　ヒツジバエ幼虫

[発育環]

活動期間は春から秋，とくに夏季．晴天の日に活発に活動する．しかし，温度が上がれば冬季でも活動することがある．

成熟雌虫は宿主の鼻腔に 1 齢幼虫の塊を産みつける（卵胎生）．幼虫は鼻腔内を移動し，鼻甲介，上顎洞，前頭洞など副鼻腔の粘膜に咬着する．幼虫の成熟完了までには約 10 か月を要し, この間に 2 回脱皮する（図 7.3）．1 齢幼虫の期間は季節・気候によって左右され，1 ～ 9 か月の範囲にわたるという．夏季は発育が早く，冬季では 1 齢幼虫のまま越冬する．成熟した 3 齢幼虫は『くしゃみ』などとともに地上に落下・土中に入り，1 ～ 5 日で蛹化する．蛹期間は通常 3 ～ 6 週間であるが，寒冷期には長くなる．蛹で越冬する場合もある．成虫の寿命は 1.5 ～ 16 日であるという（表 7.4）．

[病原性・症状]

成虫は幼虫産出のため，めん羊の頭部付近を執拗に襲うので，めん羊は挙動不安，採草不能に陥り，栄養障害をきたす．

幼虫の鼻腔・副鼻腔寄生による病害は大きい．寄生各所の粘膜は幼虫の口鉤による咬着によって炎症を生じ，ときに血液を混じえる漿液性，粘液性，膿性浸出液を排泄する．また異常感から鼻部を他のめん羊，器物，土壌にすりつけるなどの異常行動を示すようになる．鼻粘膜の肥厚に加え，粘稠な浸出物の存在は通気不全・呼吸困難を招く．

寄生が副鼻腔深部の洞（sinus）に及んだ場合には，病変が神経系・脳へ波及し，重篤な病態を惹起し，死に至る場合もある．なお，出入孔の小さな洞に侵入寄生した場合には，成長した幼虫の脱出が妨げられ，虫体はなかで死滅し，膿瘍を形成する．鼻炎は肺へ波及することもある．

[診　断]

慢性鼻カタルを主徴とする臨床症状から推定するほか，有効かつ適切な方法はない．

表 7.4　ヒツジバエの発育

	大きさ	形　　態
1 齢幼虫	約 1.3 mm	紡錘形．おもに鼻道・鼻粘膜
2 齢幼虫	4 ～ 12 mm	白色．副鼻腔へ移動定着
3 齢幼虫	26 ～ 28 mm	白色．各部の背面に黒色バンド
蛹	15 ～ 16 mm	暗褐色～黒色
成　虫	10 ～ 12 mm	

[治療・駆虫・予防]

殺虫剤，たとえばトリクロルホン（例：ネグホン）の鼻腔内噴霧を行う．

予防には冬季に実施し，1 齢幼虫の殺滅を図る．

7.2 肺ダニ症

イヌハイダニ
Pneumonyssus caninum

イヌハイダニは中気門目・ハイダニ科に属する小形のダニで，大きさは 1.0 ～ 1.5 × 0.6 ～ 0.9 mm．形状は卵円形，淡黄色を呈し，体表のクチクラは 6 対の背板毛を有するのみで平滑である．犬の鼻腔，および副鼻腔に連なる洞（sinus）に寄生している．よって俗に『鼻ダニ』ともよばれている．肺，肝臓，腎周囲脂肪組織から検出された記録がある．真の病原性は明らかでないが，概して軽度なものといわれている．しかし，軽重はともかく，鼻カタルの発生は予測される．

ハワイを含むアメリカ，オーストラリア，南アフリカで記録されている．日本でもわずかながら報告がある．発育環はまだ明らかにされていないが，全発育環を宿主体内で過ごすものと考えられている．また感染様式も定かでないが，接触感染であろうと考えられている．

サルハイダニ
Pneumonyssus simicola

カニクイザルをはじめ *Macaca* 属の数種のサルの気管から肺実質にかけて寄生する．雄成ダニは 0.5 ～ 0.6 × 0.2 ～ 0.3 mm, 雌成ダニは 0.7 ～ 0.8 × 0.4 ～ 0.5 mm という小形のダニである．虫卵は 170 ～ 180 × 110 ～ 120 μm.

発育環はほとんどわかっていない．症状に関する記録に乏しいが，くしゃみや咳などがあり，組織的には点状ないし斑状の病巣が認められ，さらには巣状肺炎，細胞浸潤を伴う結節様病変の形成が知られている．ダニは結節内に寄生している．

各論　8
外部寄生性節足動物

本章では，前章「内部寄生期をもつ節足動物」で取り上げたものを除いた寄生性節足動物について紹介する．しかしその種類は多く，また生態や病害も様々であるため，限られた紙幅で全てを網羅するのは現実的ではない．従って本章では，詳細については姉妹書「図説・獣医衛生動物学（講談社）」に譲ることとし，以下，寄生性節足動物のほとんどが含まれるダニ類と昆虫類について紹介する．なお治療薬については，総論 5 章を参照されたい．

8.1 ダニ類と昆虫類の特徴

A　形態

ダニ類と昆虫類に加え，ダニに類似するクモ類を含めた 3 者について簡易な形態学的鑑別点を表 8.1 に示す．原初の節足動物は，ムカデのように類似した多数の体節の繰り返し構造により体を構成していたが，ダニ類はすべての体節が癒合して胴体部を形成し，これに口器関連構造がまとまった顎体部が付随する．さらに孵化直後の幼虫では 3 対 6 本，一度脱皮した以降は 4 対 8 本の脚を備えるのが一般的である．眼は一対の単眼を胴体部に持つが，持たないものも多い．これに対して昆虫類では，不完全変態のグループの全ステージと完全変態グループの成虫においては，いくつかの体節が癒合して形成された頭部，胸部，および腹部によって体が構成される．これら各々の部位には，摂食および情報の収集・処理の機能（口器，触角，眼，あるいは脳），運動機能（脚や翅），および消化・吸収・排泄機能と生殖機能がそれぞれ集約されており，機能分化が進んでいる．胸部はさらに 3 節（前，中および後胸）から構成され，各節から一対ずつ計 6 本の脚が派生し，さらに飛翔性の成虫では原則として中胸および後胸に 1 対ずつの翅を持つ．眼は複眼と単眼を持ちうるが，いずれか，または両方を持たないものもある．

B　発育

ダニ類と昆虫類のいずれもキチンを主成分とする外骨格を有し，脱皮によってサイズや形態を更新して発育する．脱皮は節足動物特有の内分泌系により制御されている．ダニ類は，卵→幼虫（幼ダニ）→若虫（若ダニ）→成虫（成ダニ）の各発育期をとる．幼虫から成虫まで脱皮しながら大形化し，成虫では性成熟して

表 8.1　ダニ類，昆虫類およびクモ類の簡易鑑別

	昆虫	クモ	ダニ
模式図	頭部 胸部 腹部	頭胸部 腹部	顎体部 胴体部
体の区分 ※脚が生えている部分を中心に体のくびれを探して判断	頭部・胸部・腹部の 3 部	頭胸部・腹部の 2 部	区分はない （※顎体部は口器であり頭部ではない）
脚の数 ※4 対 8 本あればクモかダニであり，昆虫ではない	原則胸部から 3 対 6 本	頭胸部から 4 対 8 本	胴体部から 4 対 8 本 （卵から孵化したばかりの幼虫では 3 対 6 本）
眼 ※ルーペで拡大して複眼があれば昆虫	単眼と複眼 （各々持たないことあり）	単眼 （4 対 8 個から無いものまで）	単眼 （1 対 2 個から無いものまで）
翅 ※翅があれば昆虫	持つものあり （胸部から 1 ないし 2 対）	なし	なし

性的二型を示す．若虫の時期は，種により1～3期をとり，2期以上を経る場合は各々を第1～3若虫（若ダニ）と呼ぶ．種によっては卵胎生で幼虫を産むものもある．

昆虫類の発育は，「不完全変態」のものと「完全変態」のものに大別される．不完全変態の昆虫は，卵→幼虫→成虫の各発育期をとる．卵から孵化した幼虫は，すでに成虫に類似した形態を呈する．複数回の脱皮により複数の幼虫期を経て大形化し，成虫では性成熟して多くが性的二型を示すと同時に種によっては翅を備え飛翔する．完全変態の昆虫は，卵→幼虫→蛹→成虫の各発育期をとる．卵から孵化した幼虫は脱皮しながら大形化し，終齢幼虫は蛹となる．蛹は，通常は運動性を示さず，飲食せずにその外骨格内で大幅に体構造を変化させ，発育が完了すると成虫が羽化する．成虫の多くは性的二型を示し，種によっては翅を備える．幼虫と成虫の形態は全く異なり，また両者の食性や生息場所も大きく異なることが多く，防除にあたっては不完全変態の昆虫よりも対策が複雑化することが多い．種によっては卵胎生で幼虫を産むものがある．

ダニ・昆虫共に，卵を含むすべてのステージが宿主体上で認められる場合を「永久寄生性」と呼び，宿主体外における発育ステージを持つ「一時寄生性」のものとは対策が異なるため区別する必要がある．

C　分類

ダニ類と昆虫類はいずれも節足動物門に属し，さらにダニ類はクモやサソリが含まれるクモ綱（蛛形綱）に，昆虫類は昆虫綱に分類される．ダニ類の分類については，現在は学術的に過渡的状況にあることから，本項では混乱を避けるためにあえて古典的な分類に従うこととする．すなわちガス交換のための気管を体内に導く体表の開口部である気門と，脚との位置関係によって大分類を行う（図 8.1）．昆虫類のうちシラミ・ハジラミ類については，かつては各々が独立した目として扱われてきたが，ここでは咀顎目としてまとめて扱う．いずれも日本の獣医学領域で最重要のものに限定して紹介する．

本章では以下の分類群について紹介する．

節足動物門　Phylum Arthropoda
　クモ綱　Class Arachnida
　　ダニ亜綱　Subclass Acari
　　　後気門目　Order Metastigmata

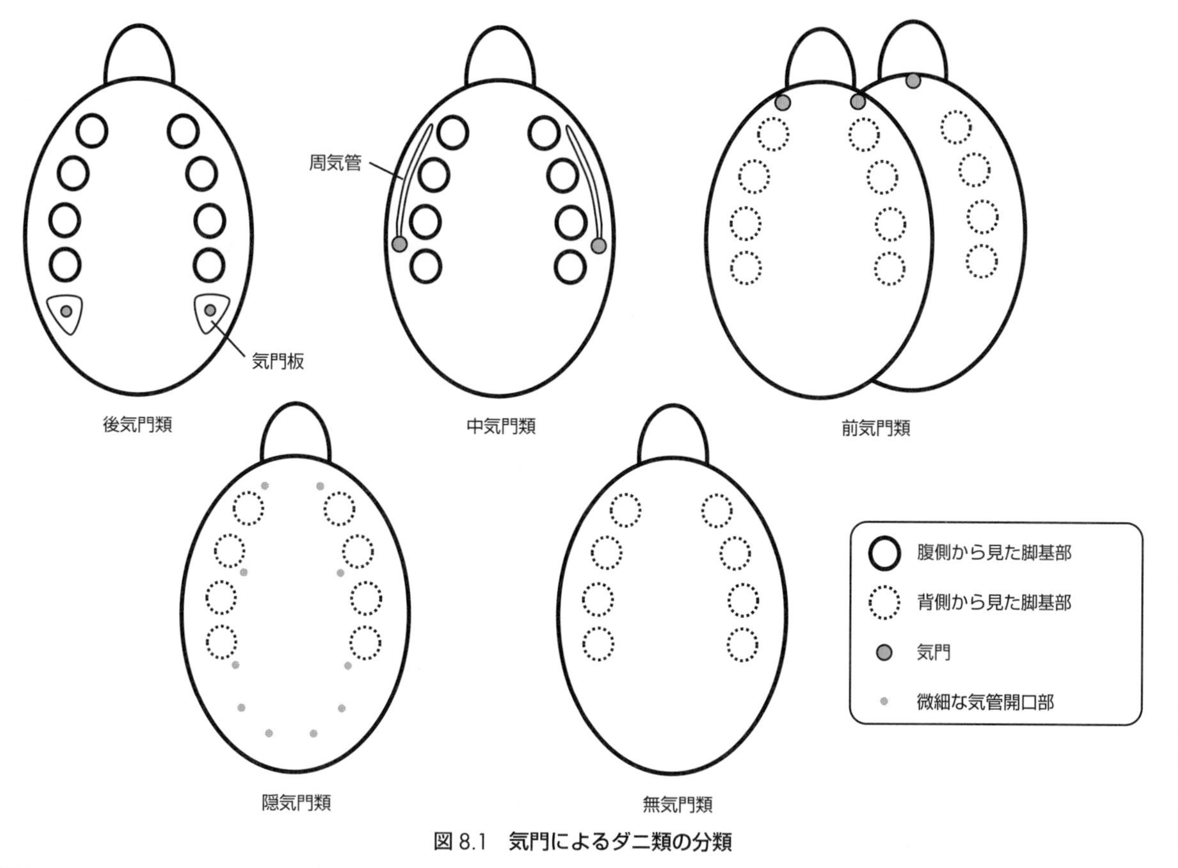

図 8.1　気門によるダニ類の分類

中気門目　Order Mesostigmata
前気門目　Order Prostigmata
隠気門目　Order Oribatida
無気門目　Order Astigmata
昆虫綱　Class Insecta
咀顎（そがく）目　Order Psocodea
カメムシ目（半翅目）　Order Hemiptera
ノミ目（隠翅目）　Order Siphonaptera
ハエ目（双翅目）　Order Diptera

8.2 ダニ類

ダニ類は科レベルで形態および生態が大幅に異なるものの，各目ごとに共通の形質が認められることから，理解を助けるため目レベルの特徴を簡単に紹介する．

（1）後気門類

マダニ類ともよばれる．未吸血でも成虫の体長が2 mmを越える大形のダニで，吸血が完了すると体長20 mmを越えるものもある．成虫と若虫は，第4脚基部後方に気門板を備えた明瞭な気門を持つ．卵以外の全てのステージが寄生性で吸血を行う．人獣に寄生して目に付きやすいことから英語圏ではとくに「ticks」と呼ばれ，これ以外のダニ類全般を指す単語「mites」と区別される．吸血による直接的病害に加え，種々の病原体媒介者として間接的病害を及ぼす重要種を含む．

本章ではマダニ科とヒメダニ科について紹介する．

後気門目　Order Metastigmata
マダニ科　Family Ixodidae
ヒメダニ科　Family Argasidae

（2）中気門類

トゲダニ類とも呼ばれる．成虫の体長が1 mm弱ほどで，肉眼で容易に寄生を確認できる．肉食性であり，多くは環境中において他の節足動物を捕獲して生活するが，一部の種は温血動物に寄生して血液を摂取し，時に病原体を媒介する．

本章ではワクモ科，オオサシダニ科およびヘギイタダニ科について紹介する．各論7章で扱われているハイダニ類もこのグループに含まれる．

中気門目　Order Mesostigmata
ワクモ科　Family Dermanyssidae
オオサシダニ科　Family Macronyssidae
ヘギイタダニ科　Family Varroidae
ハイダニ科　Family Halarachinidae
（各論7章参照）

（3）前気門類

ケダニ類ともよばれる．小形のダニではあるが，刺すタイプの口器を持つ．多くの種は自由生活性であり，他の節足動物を捕食したり植物を食害するが，寄生に特化したものも存在し，直接的に病害を引き起こすほか，重要な病原体媒介者も含まれる．

本章ではツメダニ科，ニキビダニ科，ツツガムシ科，ホコリダニ科およびケモチダニ科について紹介する．

前気門目　Order Prostigmata
ツメダニ科　Family Cheyletidae
ニキビダニ科　Family Demodicidae
ツツガムシ科　Family Trombiculidae
ホコリダニ科　Family Tarsonemidae
ケモチダニ科　Family Myobiidae

（4）隠気門類

ササラダニ類ともよばれる．小形のダニであり，鳥獣寄生性の種は知られていない．土壌中に多数個体が存在し，植物遺体等の分解者として環境の物質循環に貢献している．土壌に混入した排泄物内の寄生虫卵を摂食した際に中間宿主の役割を担うことがある．獣医領域では裸頭条虫類の中間宿主として取り上げられる（p.179およびp.182コラム参照）．本章では詳細について触れない．

（5）無気門類

小形のダニで，呼吸のための体表開口部である気門を持たず，ガス交換は体表面から直接行う必要があるため外骨格が菲薄であり，一般に乾燥に弱い．多くは自由生活性であり，環境中の有機物を食餌として生活するが，ケナガコナダニやヒョウヒダニ類など，ヒトや動物の生活環境を好んで生活するものもあり，食品等の食害に加え，その糞や死骸がアレルゲンとして問題になることがある．一方で寄生に特化し，重大な病害をおよぼす種も含まれる．

本章ではキュウセンヒゼンダニ科とズツキダニ科について紹介する．

無気門目　Order Astigmata
キュウセンヒゼンダニ科　Family Psoroptidae
ズツキダニ科　Family Listrophoridae

A　後気門類 Metastigmata

魚類以外の全ての脊椎動物に寄生しうる．卵以外の全ステージが吸血を行う．後気門類には，体背側面に

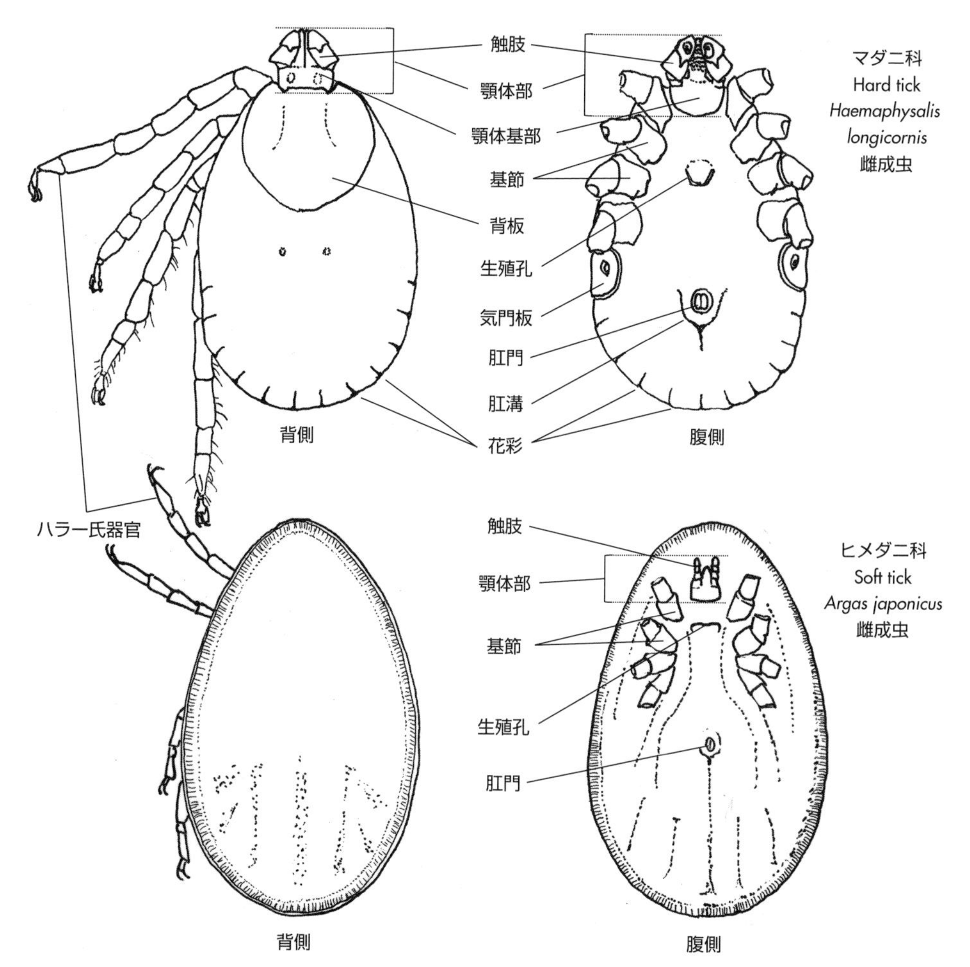

図 8.2　マダニ科（上段）とヒメダニ科（下段）の雌成虫外部形態

硬質な肥厚板（背板）を持つ hard ticks（硬マダニ類）と呼ばれるマダニ科と，背側面に肥厚板を備えず soft ticks（軟マダニ類）とよばれるヒメダニ科がある（図 8.2）．両者の成虫を背側面から観察すると，マダニ科では体前端から突出する口器（顎体部）が観察できるのに対し，ヒメダニ科では体が前方に庇（ひさし）状に伸展して顎体部を観察できない点からも容易に鑑別できる．

ヒメダニ科のダニは，日本では野生動物由来の偶発寄生やエキゾチックペットでのみ認められることから，本項では割愛してマダニ科の重要種のみを扱う．

マダニ科

日本にはマダニ（*Ixodes*）属，チマダニ（*Haemaphysalis*）属，コイタマダニ（*Rhipicephalus*）属，キララマダニ（*Amblyomma*）属およびカクマダニ（*Dermacentor*）属の 5 属が知られている．これに加えウシマダニ（*Boophilus*）属が存在するが，現在はコイタマダニ属の亜属として扱われることが多い．各属雌成虫の形態学的特徴を表 8.2 に示す．

成虫は体長 2 mm 以上になるが，卵から孵化した直後の幼ダニの体長は 0.5 mm ほどであり，被毛に埋もれて皮膚に咬着した虫体は検出しにくい．体色は黄色～茶褐色で，属によっては背板に金属光沢を示すエナメル斑を持つ（表 8.2）．

マダニ科の若虫期は 1 期のみである．十分な吸血が完了（飽血）してから脱皮を行うが，同一宿主体上で成虫になるまで脱皮するものを「1 宿主性ダニ」と呼ぶ．これに対し，幼虫から若虫への脱皮は同一宿主体表上で行うものの，若虫から成虫への脱皮は宿主から脱落して地表で行い，成虫が再度寄生するものを「2 宿主性ダニ」，脱皮の度に宿主から脱落して毎度寄生をしなおすものを「3 宿主性ダニ」とよぶ．日本ではオウシマダニのみが 1 宿主性であり，それ以外の全種は 3 宿主性である．飽血して宿主から落下した雌成虫は，原則的に落ち葉の下などの暗く湿度の高い場所に潜り込んで数千個の卵を産んだ後に死亡する．寄生は原則的に植生等における待ち伏せ型の戦略であり，第

表 8.2　日本のマダニ科主要 5 属 1 亜属の雌成虫における形態学的特徴

属　名	マダニ属	チマダニ属	コイタマダニ属	コイタマダニ属 ウシマダニ亜属	キララマダニ属	カクマダニ属
	Ixodes	*Haemaphysalis*	*Rhipicephalus*	*R.*（*Boophilus*）	*Amblyomma*	*Dermacentor*
肛溝	前	後	後	後	後	後
眼	なし	なし	あり	あり	あり	あり
顎体基部形状	四角形	四角形	六角形	六角形	四角形	四角形
花彩	なし	あり	あり	なし	あり	あり
背板のエナメル斑	なし	なし	なし	なし	あり	あり
体前方背側形態	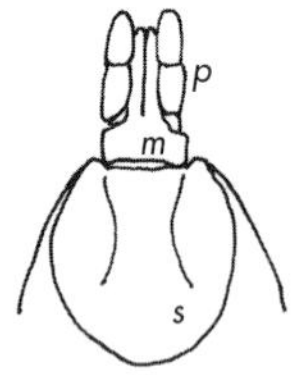 p m s	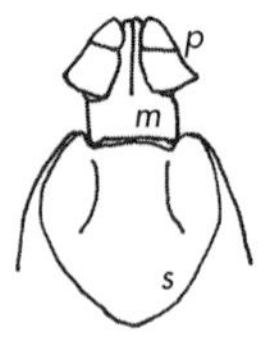 p m s	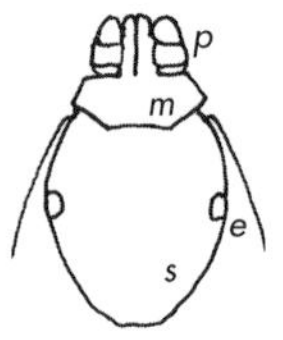 p m e s	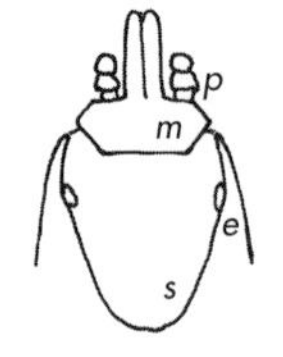 p m e s	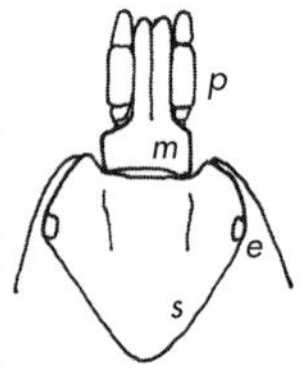 p m e s	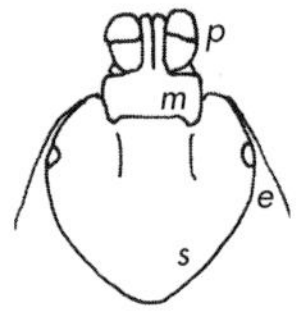 p m e s

（*e*：眼，*m*：顎体基部，*p*：触肢，*s*：触肢）

1 脚先端付近に存在するハラー氏器官を利用して獲物の赤外線や二酸化炭素等を検出して乗り移る．吸血の際には口器全体を皮膚に刺入し，セメント物質とよばれる唾液成分で皮膚に固定したうえで皮膚の血管を破綻させて血液溜まりを形成し，数日間以上，時に数週間の長期に渡って吸血を続ける．こうした吸血様式を血管外吸血および長時間型吸血と呼ぶ．同一部位における吸血を維持するために，血液凝固阻害や炎症抑制等の成分を含む唾液を持続的に注入する．そのため寄生期間中，宿主は寄生を自覚しないことも多い．

多数個体が反復寄生した場合は貧血を起こすほか，時に吸血部位の炎症が起きる．唾液に神経毒を含む海外種に刺咬されると，上行性麻痺が進行する「マダニ麻痺」を発症する．加えて様々なウイルス，細菌および原虫性病原体がマダニによって媒介されるが，その多くは吸血時に唾液と共に体内に注入される．

口器を刺入した状態のマダニは，顎体部の付け根（顎体基部）を細い鑷子等で把持して引き抜く．引き抜いた後には，必ずダニの口器を確認し，一部が破損して皮膚内に残留してしまった場合には皮膚を小切開して摘出する．刺咬部位の二次感染防止処置も行う．またマダニ媒介性疾患の発症に留意して経過観察を行うべきである．高い効果を示す各種殺虫剤が予防薬として上市されているが，吸血自体の完全な阻止は困難である．忌避剤は一定の効果が期待できるが十分でない．

日本では現在 40 種強が知られており，そのうち最重要 2 種について以下に示す．他にヒトへの病原媒介者として重要なシュルツェマダニ（*I. persulcatus*），小動物臨床や中型野生動物で多く認められるキチマダニ（*H. flava*）やヤマトマダニ（*I. ovatus*）等についても注意が必要である．

フタトゲチマダニ
Haemaphysalis longicornis

未吸血成虫の体長は 2 ～ 3 mm ほどで，触肢第 3 節背側の後縁に後ろ向きの棘が一対存在することから「フタトゲ」チマダニの名がある．しかし同様の棘を持つチマダニ属は日本にも複数種存在するので，種同定にあたっては注意を要する．北海道から沖縄まで広く分布しており，日本で最も一般的なダニである．3 宿主性で，げっ歯類から大形哺乳類にまで感染するほか鳥類にも感染し，ヒトへの感染も多い．本種は通常の両性生殖型に加え，雄を介さず雌のみで産卵しうる単為生殖系統が存在する．吸血による貧血や皮膚炎に加え，牛および犬の各種ピロプラズマ病の媒介者として重要である．さらに感染症法で届出が必要なダニ媒介性感染症のうち，ダニ媒介性脳炎，重症熱性血小板減少症（Severe fever with thrombocytopenia syndrome, SFTS），日本紅斑熱あるいは Q 熱等を媒介しうる．

オウシマダニ
Rhipicephalus（*Boophilus*）*microplus*

未吸血成虫の体長は 2 mm 前後で，雄の胴体部後縁正中に尾突起（「オ」）を備えることからオ・ウシマダニの名がある．世界的に見ると亜熱帯および熱帯地域で最も広く分布するダニである．日本では沖縄と九州の一部に存在したが，甚大な被害を及ぼすピロプラズマ病およびアナプラズマ病媒介者としての重要性から，大規模な計画駆虫が行われ，これら地域からは一部を除き撲滅された．一宿主性で，大形動物を好むが，鳥類や犬・猫に寄生することもある．家畜のピロプラズマ病およびアナプラズマ病媒介者として重要であるほか，ヒトにSFTS，ボレリアあるいはQ熱等を媒介しうる．その宿主性から経発育期伝播型病原体（*Theileria* 属原虫等）の媒介はない．

B　中気門類 Mesostigmata

ほとんどが節足動物捕食性の自由生活性の種で構成されるグループだが，一部に家畜やヒトを襲って吸血する種が含まれる．これらのうち内部寄生のあるハイダニ科のイヌハイダニとサルハイダニについては各論7章参照.

ワクモ科およびオオサシダニ科

日本の養鶏業においては，かつてはオオサシダニ科（Macronyssidae）のトリサシダニが，現在はワクモ科（Dermanyssidae）のワクモが大きな問題となっている．両者による病害を「鶏ダニ症」とよぶことがある．これらに近縁で，げっ歯類を本来の宿主とするオオサシダニ科のイエダニを加えた3種は，特に獣医学上および公衆衛生学上の被害を起こしやすい．いずれも成虫は体長1 mmほどで形態学的に類似しており，未吸血では白色だが吸血直後は赤色を呈し，その後は赤黒く変化する．これらは動物体上あるいはその周辺から検出されるが，発生源が異なるため防除にあたっては各々の形態学的鑑別が必要となる（図8.3）.

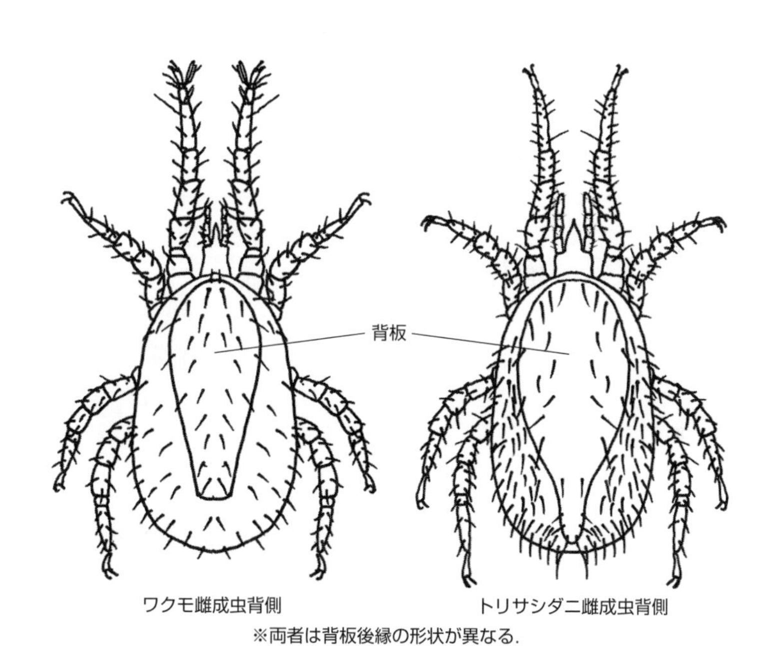

胸板
肛板
肛門
ワクモ雌成虫腹側
トリサシダニ雌成虫腹側
※両者は肛板の形状と肛板上の肛門開口部の位置が異なる.
さらに胸板の形状も異なる.

イエダニ胸板
※トリサシダニとは
剛毛の配置が異なる.

イエダニ肛板および肛門
※トリサシダニとは肛門
付近の剛毛配置が異なる.

図8.3　ワクモ，トリサシダニおよびイエダニ雌成虫の形態
ワクモとトリサシダニは背板後端の形態，肛板の形態および肛板上の肛門の位置で容易に鑑別できる．トリサシダニとイエダニは類似するが，胸板上の剛毛配置と肛門付近の剛毛の配置で鑑別できる.

ワクモ
Dermanyssus gallinae

主に鳥類を宿主とし，鶏，愛玩鳥および野鳥で感染がみられるほか，ヒトも刺咬を受ける．昼間は動物近くの隙間部分等を隠れ場所として潜み，夜間には動物体上に這い上って一晩中吸血を行う．夜明け前には再び隠れ場所に戻る．産卵は隠れ場所で行う．宿主体外での活動の必要性から温暖な気候を好み，夏期に活発化する．冬期には不活発化するものの，死滅しない．空調下では通年発生する．器具類，ヒトの出入り，あるいは野生動物等により媒介される．養鶏現場では，潰れたダニ体内の血液による汚卵，産卵率低下，増体率低下，時に重度の貧血で斃死するなど被害が大きい．近年は養鶏現場で多剤耐性株が出現して殺虫剤による防除ができず，大発生して鶏のみならず作業者も刺咬に悩まされる．軒先の野鳥の巣が発生源となって一般家屋で被害を起こすこともある．愛玩鳥の臨床では，一部で昼夜問わず常時寄生する株が認められている．病原体媒介の可能性が示唆されているものの，養鶏業における被害報告は認めない．養鶏では殺虫剤散布と環境清浄化で対応するが，薬剤耐性株の駆除は容易でない．

トリサシダニ
Ornithonyssus sylviarum

主に鳥類を宿主とし，鶏，愛玩鳥，野鳥のほか，げっ歯類等も宿主となる．ヒトも偶発的に刺咬される．永久寄生性であり，宿主体上の羽毛に産卵する．ふ化後は全ステージが宿主体上で過ごす．吸血は昼夜問わず行われる．感染は接触感染が中心であるが，宿主から離れても数週間生存することがあり，器具類や着衣等を介しての伝播もある．高温に弱く，冬期に活動が活発化する．寄生により産卵率低下や増体率低下を認め，時に重度の貧血で斃死する．病原体媒介の可能性が示唆されているが，養鶏業における被害報告は認めない．宿主動物に直接殺虫剤を投与して防除する．

イエダニ
Ornithonyssus bacoti

主にげっ歯類を宿主とし，その巣に発生して吸血時に動物に寄生する一時寄生性であり，野鼠の巣に産卵する．時に犬やヒトも刺咬される．高温・高湿度を好み，梅雨時から夏期に活発化する．野鼠が存在すれば都市部のビル等でも発生がある．病原体媒介の可能性が示唆されているが，野外での明確な媒介事例は認めない．発生源である野鼠とその巣を駆除すると同時に殺虫剤散布を行う．

ヘギイタダニ科

ヘギイタダニ科（Varroidae）の *Varroa* 属のダニは，家畜であるミツバチに寄生して届出伝染病であるバロア病を引き起こす．

ミツバチヘギイタダニ
Varroa destructor

雌成虫は茶褐色で体長 1.2 mm，体幅 1.8 mm ほどで左右に幅広く扁平なドーム状の独特な形態を示す（図 8.4）．土着のトウヨウミツバチ（*Apis cerana*）に加え，日本で産業上重要なセイヨウミツバチ（*A. mellifera*）に寄生する．巣房内に産卵し，ふ化後はミツバチ幼虫に寄生してその体液を摂取し発育する．寄生ダニ数が少なければハチはそのまま発育し，ダニを携えて巣外を飛行してダニを拡散する．多数寄生では成長異常により奇形となって巣の生産性が低下するほか，発育中に斃死することもある．そのため，バロア病は家畜伝染病予防法（届出）に指定されている．複数のミツバチ病原性微生物を媒介する．対策として養蜂用殺虫剤を巣箱に施用する．

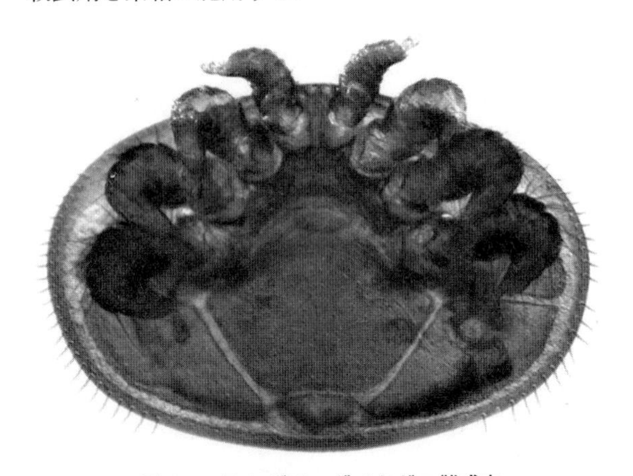

図 8.4　ミツバチヘギイタダニ雌成虫

ハイダニ科

各論 7 章参照.

C　前気門類

本項で取り上げるダニはいずれも突き刺すタイプの口器を持つが，形態や生態は大きく異なっている．

ツメダニ科

触肢に強大な鉤爪（かぎづめ）を備える．ツメダニ類の多くは小形節足動物を捕食する自由生活性である．屋内にコナダニ等の自由生活性小形節足動物が発生すると，それらを捕食する自由生活性のツメダニも増殖し，偶発的にヒトが刺咬されて皮膚炎を起こすことがある．この場合は環境整備によってエサとなる小形節足動物を減らすことで対応する．これらとは別に，寄生生活に特化した偏性寄生性のツメダニが存在しており，本項ではその中からイヌツメダニについて紹介する．

イヌツメダニ
Cheyletiella yasuguri

日本では近縁種にネコツメダニ（*C. blakei*）およびウサギツメダニ（*C. parasitovorax*）を多く認める．いずれも成虫で体長 0.5 mm 前後であり，触肢前端に内向きの強大な鉤爪をもつ白色のダニである（図 8.5）．3 者は第 1 脚膝節背側の感覚器形状で鑑別できるが，全体的形態が類似していること，宿主特異性が低く相互感染しうること, またその生態も類似していて治療・予防法が同一であることから, 各々の鑑別の要は低い．永久寄生性で，0.2 mm ほどの卵を粘着物質と糸状物で被毛に固定する（図 8.6）．ふ化後は全ステージを宿主体表上で過ごす．接触感染が基本であるが，卵の付着した抜け毛，ブラシ，あるいは敷物等も感染源となる．皮膚表面に口器を刺入して組織液を摂取する．多くは不顕性であるが, 落屑の量が増え毛艶が悪化する．幼獣や抵抗性の低下した個体では重度感染となり，強いかゆみと共に多量の湿性の鱗屑発生や脱毛を認める．感染動物との接触によりヒトも偶発的に刺咬される．診断には患部の鱗屑や被毛を採取し，鏡検でダニや卵を検出する．殺虫剤の投与により治療するが，併せてシャンプー処置によりダニの隠れ場所となる鱗屑を除去するのが好ましい．虫卵には薬効が無いため日をおいて反復施用するか，残効性の高い薬剤を使用する．

ニキビダニ科

毛包虫あるいはアカラスと呼ばれることもある．犬や猫に寄生するのは *Demodex* 属のダニで，宿主特異性が高く，現在は少なくとも犬で 4 種，猫で 2 種が存在する．多くが毛包や皮脂腺内に寄生するため，寄生空間に適応した細長い独特の形態を持つが，一部の種は皮膚表面や耳道に生息するため体後半部（後胴体部）が短い．本項ではイヌニキビダニについて示す．

イヌニキビダニ
Demodex canis

成虫は体長 0.15 ～ 0.3 mm であるのに対し，体幅は 0.04 mm 弱の細長い体を持ち，口部付属装置を含む顎体部，脚がまとまって派生している脚体部，およびその後方の後胴体部の三節から構成されるようにも見える（図 8.7）．卵は長さ 0.1 mm 弱のいびつな紡錘形を呈する（図 8.8）．永久寄生性で，全ステージを犬の毛包ないし皮脂腺で過ごす．感染には濃厚な接触が必要であり，多くは出産時ないし出産後に母犬から移行する．ほぼ全頭に感染していると考えられているが，原則的に不顕性感染である．1 才齢未満の犬では一過性に限定的な脱毛を認めるが，多くは自然治癒する．治療への反応が思わしくない幼犬や，成犬になってから発症した場合には，患部が強い炎症を呈し，病変が全

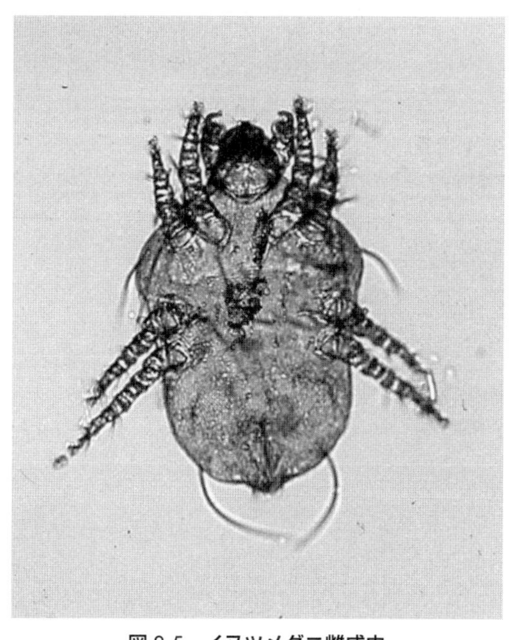

図 8.5　イヌツメダニ雌成虫

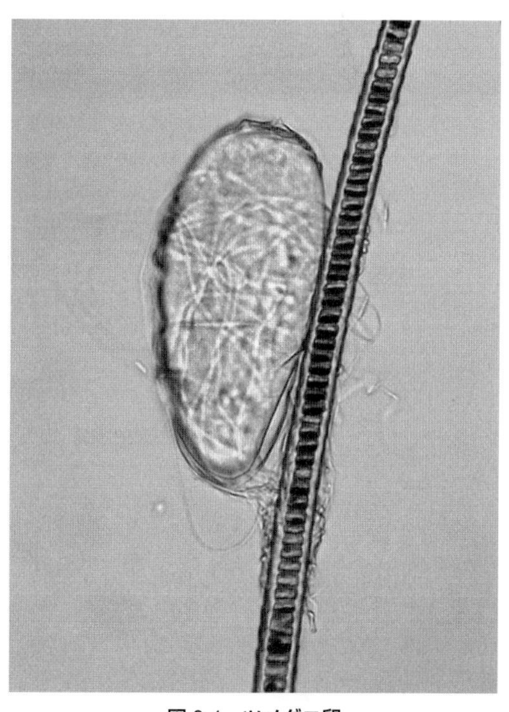

図 8.6　ツメダニ卵
被毛に粘着物質で固定され，さらに糸状の物質が巻き付けられている．

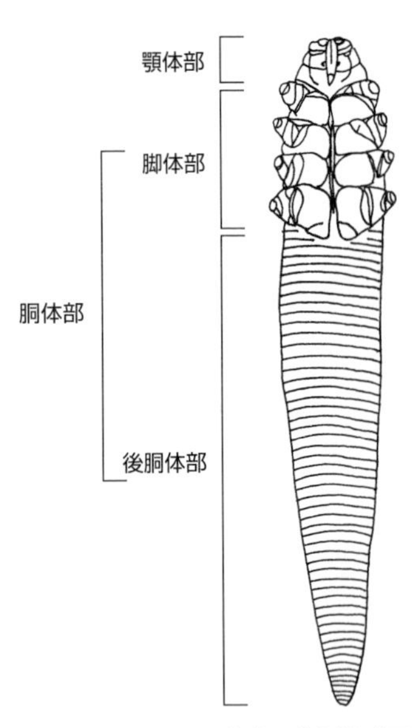

図 8.7　イヌニキビダニ成虫模式図

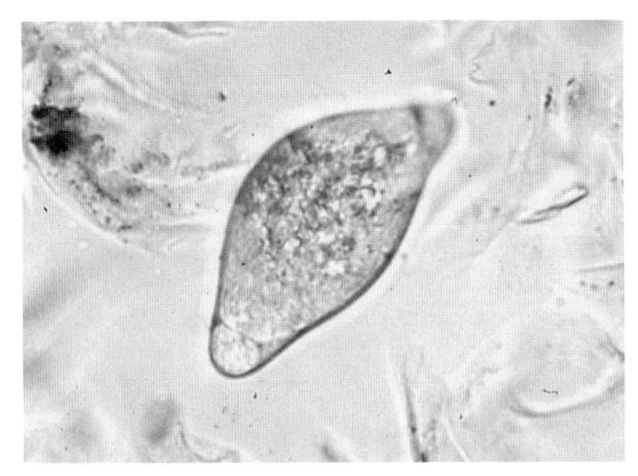
図 8.8　イヌニキビダニ卵

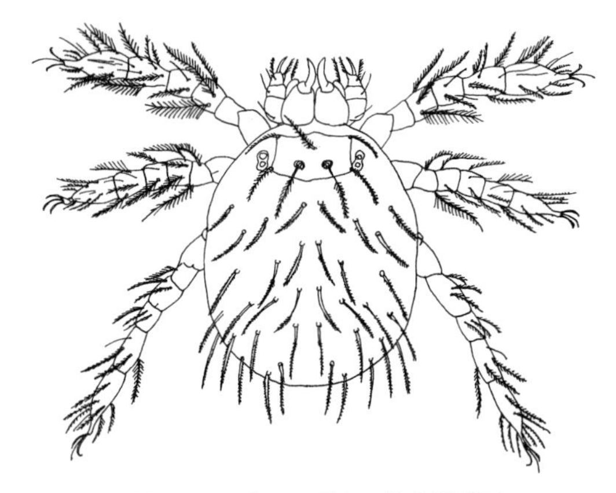
図 8.9　アカツツガムシ幼虫模式図

身に拡大することもある．この場合，免疫不全，代謝性疾患，腫瘍，あるいは慢性疾患等の基礎疾患を伴うことが多い．患部に二次感染が起きるとさらに重篤化する．診断ではダニの寄生部位である毛包部分を検査する必要があるため，深部皮膚掻爬法，被毛（抜毛）検査，あるいは絞り出し法ないしそれに透明粘着テープを組み合わせた検査（セロファンテープ押捺標本検査）等が行われる．殺虫剤投与と同時に，シャンプーによる毛包の洗浄や二次感染のコントロール，ならびに基礎疾患が存在する場合はその治療を行う．

ツツガムシ科

ツツガムシ類の若虫および成虫の体長は 1 mm ほどで，体表に短毛が極めて密に派生している．幼虫は未寄生では体長 0.2 mm ほどで，細かい分枝を持つ剛毛が体表に派生する（図 8.9）．ツツガムシ類には極めて多数の種が存在する．寄生は幼虫期に限られ，動物の皮膚に咬着して口器を深く刺入し，口針の周囲に柱口と呼ばれる構造を形成した後に数日かけて組織液を摂取する．通常はハタネズミ等のげっ歯類を宿主とするが，ヒトや家畜が偶発的に寄生を受けて皮膚炎を起こすことがある．これに加え，我が国ではアカツツガムシ（*Leptotrombidium akamushi*），フトゲツツガムシ（*L. pallidum*），あるいはタテツツガムシ（*L. scutellare*）等の種における限られたごく一部の系統のダニだけがツツガムシ病リケッチア（*Orientia tsutsugamushi*）を垂直伝播により保有しており，ヒトがその感染を受けると四類感染症に指定されているツツガムシ病に罹患する．寄生が完了した幼虫は，宿主から脱落後に脱皮し，地表で他の節足動物の体液を摂取して発育する自由生活を営む．産卵は土中に行われる．刺咬による皮膚炎には対症療法を行う．ツツガムシ病の発生は地域性があるため，該当地域ではダニ生息が予想される地域に立ち入らないよう注意すると共に，ヒトにおいてツツガムシ病に特異的な臨床症状を認めた場合，人医による確定診断と抗生物質による治療を受ける必要がある．

ホコリダニ科

ホコリダニ科には植物害虫を含む極めて多様なダニが分類される．本項では獣医学領域においてミツバチの寄生虫として重要なアカリンダニについて紹介する．

アカリンダニ
Acarapis woodi

ミツバチに寄生し，届出伝染病に指定されるアカリンダニ症を引き起こす．体長 0.15 mm ほどのごく小さなダニで，永久寄生性であり，卵を含め全発育期をミツバチの気管内で過ごす（図 8.10）．ミツバチ巣内で成虫体表の気門から侵入する．気管内部からその壁に口器を刺入して血リンパを摂取する．軽感染では無

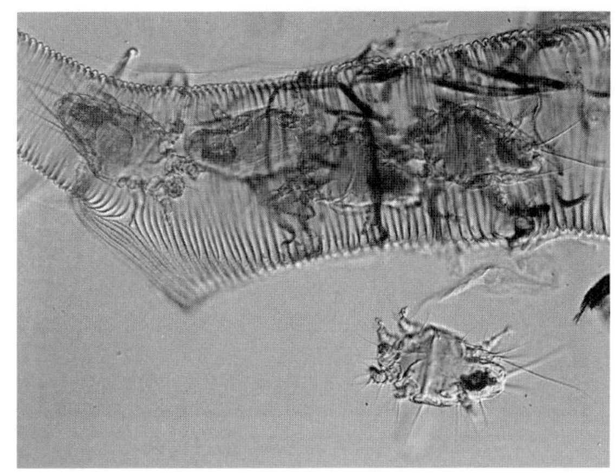

図 8.10　ミツバチ気管内に寄生するアカリンダニ

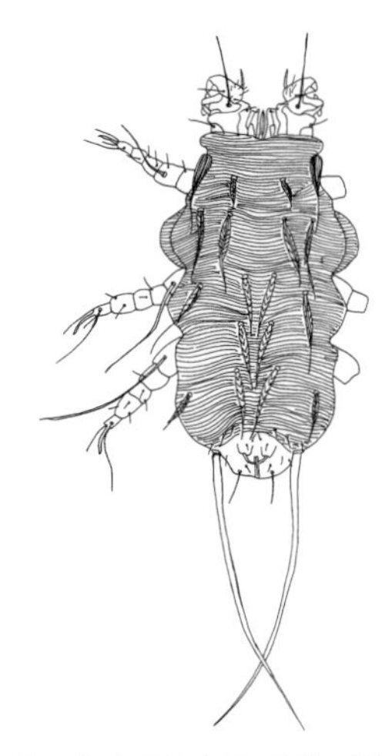

図 8.11　ハツカネズミケモチダニ雌成虫模式図

症状だが，多数寄生により気管狭窄で衰弱し，ときに死に至る．「アカリンダニ症」は家畜伝染病予防法（届出）に指定されている．死亡または衰弱したハチを解剖して気管内のダニを顕微鏡検査により検出する．かつて日本は清浄国であったが，現在は広く浸淫を受けている．養蜂用殺虫剤を巣箱に施用する．

ケモチダニ科

おもにげっ歯類の体表に寄生する．多種が知られているが，実験動物管理においてマウスに寄生するハツカネズミケモチダニ（*Myobia musculi*）およびハツカネズミラドフォードケモチダニ（*Radfordia affinis*）と，ラットに寄生するイエネズミラドフォードケモチダニ（*R. ensifera*）を認める．体長 0.4 mm ほどのダニで，第 1 脚が宿主被毛の把持に特化して太く短く変形しており，一見すると脚は 3 対 6 本のようにも認められる（図 8.11）．永久寄生性であり，被毛に産み付けられる長径 0.15 mm ほどの卵を含めて全ステージが宿主体上で営まれる．接触により感染するが，床敷きや作業者によって媒介されることもある．皮膚を刺咬し組織液を摂取するが，少数寄生では無症状のことも多い．多数寄生では皮膚炎，脱毛，掻痒行動，二次感染による皮膚炎の悪化が認められる．人への感染は知られていない. 被毛を引き抜いてダニや虫卵を検出する．簡易的にはセロファン粘着テープを動物に貼付してダニを検出することも出来る．殺虫剤を投与するが，虫卵には薬効がないため日をおいて反復施用するか，残効性の高い薬剤を使用する．

D　無気門類 Astigmata

自由生活性のグループは，種も個体数も多く，特に人獣の生活環境で繁殖するヒョウヒダニ等が偶発的に体表から検出されることがある．偏性寄生性のグループで最重要なのはキュウセンヒゼンダニ科のダニであるが，これに加え実験動物や小形愛玩動物で認められるズツキダニ科のダニを取り上げる．他に実験動物で時に検出されるスイダニ類と，愛玩鳥の羽毛にしばしば認められるウモウダニ類も本グループに含まれる．

キュウセンヒゼンダニ科

本科のダニはヒゼンダニ類とも呼ばれ，感染により皮膚に疥癬と呼ばれる強い痒覚を伴う炎症症状を引き起こす．寄生様式は，皮膚を穿孔してトンネルを作って寄生するもの（センコウヒゼンダニ，ネコショウセンコウヒゼンダニ等），皮膚表面に生息し口器を皮膚に刺入して組織液を摂取するもの（ヒツジキュウセンヒゼンダニ，ウサギミミヒゼンダニ等），そして皮膚表面に生息するが刺咬は行わず古い角皮や皮脂等を摂取するもの（ミミヒゼンダニ, ショクヒヒゼンダニ等）に分けられる．科が異なるものの，鳥類の脚や顔面の鱗皮下に穿孔して疥癬を引き起こすトリヒゼンダニ科（Knemidokoptidae）のトリアシヒゼンダニ（*Knemidokoptes mutans*）とコトリヒゼンダニ（*K. pilae*）を認めることがある．

本項では最重要の以下 3 種について紹介する．

センコウヒゼンダニ
Sarcoptes scabiei

穿孔疥癬虫ともよばれる．和名の通り皮膚内に穿孔し，トンネルを作って生活する．哺乳動物全般に寄生するが，獣医領域では犬および豚で被害が多く，ヒトにおいても重要である．由来宿主動物種ごとに一定の宿主特異性を示すが，形態学的に大きな差異を認めないため，単一種のまま宿主動物ごとに変種名を付して扱われることがある（豚由来 *S. scabiei* var. *suis*，犬由来

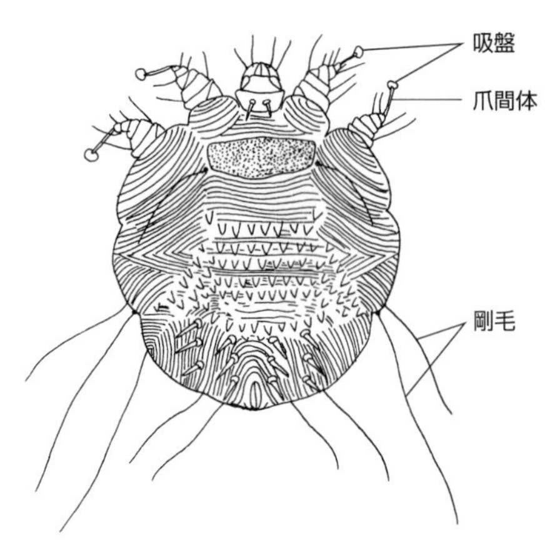

図 8.12　センコウヒゼンダニ雌成虫模式図
（Hirst から参考作図）

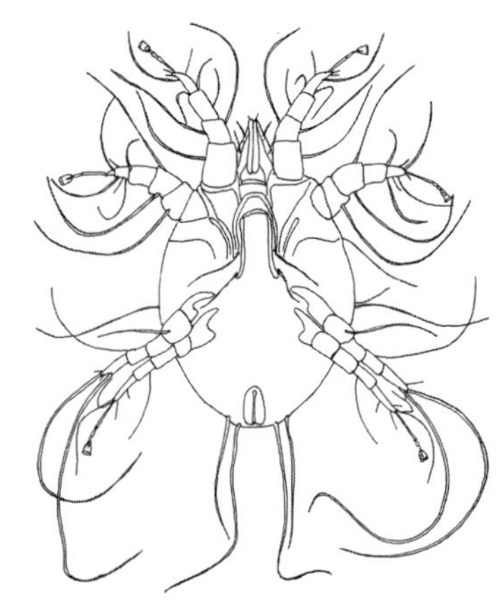

図 8.13　ヒツジキュウセンヒゼンダニ雌成虫模式図

S. scabiei var. *canis*，ヒト由来 *S. scabiei* var. *hominis* 等）．成虫の体長は 0.4 mm 弱で，丸い白色の虫体に，トンネル内生活に適応した短い脚が派生する（図 8.12）．前方 2 対（雄は加えて後方一対）の脚先端には，折り畳み可能で先端に吸盤を備えた爪間体とよばれる棒状構造を持ち，トンネル外での歩行に使用する．それ以外の脚先端には長い剛毛が生える．永久寄生性のダニで，皮膚表面および角質層内で生活が完結する．交尾した雌成虫は皮膚の角質層部分に穿孔し，真皮層との境界で水平にトンネルを掘り進みながら産卵する．通常は一本のトンネルに一匹のダニが生活する．卵から孵化した幼虫はトンネル入口から皮膚表面に脱し，皮膚に穿孔したり毛包に侵入して発育する．感染は接触によるほか，ダニや卵を内包する落屑も感染源となる．ダニは乾燥に弱く宿主皮膚から離れると比較的速やかに死滅するが，条件によっては 20 日間以上生息する．ダニの穿孔により宿主の皮膚に極めて強い掻痒と炎症を引き起こす．重度感染では，二次感染による皮膚炎の重篤化に加え，痒みのストレスによる全身性の影響も受ける．上述の感染状態を通常疥癬とよぶが，これに対して何らかの要因で角皮が肥厚し，その内部でダニが高密度で異常増殖した病態を角化型疥癬とよぶ．このとき 5 mm 角の角皮に 100 匹以上のダニが生息することもある．角化型疥癬の罹患動物は極めて強力な感染源となる．ダニは固有の宿主以外の動物の皮膚にも穿孔するが，繁殖はできない．しかし角質層内に侵入したダニは死滅後も皮膚に対して異物反応を引き起こすため，反復感染によって感作されると，穿孔部分の角質層が更新されるまで皮膚炎が持続する．ヒトがヒト以外の動物からダニの感染を受けて生じたこうした皮膚炎を「動物疥癬」とよぶ．診断にあたっては，角質層に存在するダニ，卵およびダニの糞便等を浅部皮膚掻爬法により検出する．通常疥癬では皮膚掻爬検査による検出率は必ずしも高くなく，殺虫剤投与により症状が軽減するか否かを確認する「治療的診断」を行うことがある．殺虫剤投与と共に感染源除去のため清掃による環境中のダニ駆除を行う必要がある．

ヒツジキュウセンヒゼンダニ
Psoroptes ovis

皮膚表面に生息して口器を刺入し組織液を摂取する．めん羊の他，牛，馬，ロバ等に寄生する．めん羊における本種の感染は届出伝染病に指定されている．成虫は 0.7 mm ほどの長円形白色虫体で，センコウヒゼンダニに比べると長い脚を持ち，脚先端から派生する爪間体は三節により構成される（図 8.13）．雄の第 4 脚と雌の第 3 脚先端には一対の長い剛毛が生える．病原性は低いものの形態が類似するショクヒヒゼンダニ類が寄生することがあるが，爪間体がごく短く，一節で構成されるため鑑別は容易である．永久寄生性で，産卵を含め全ステージの生活が宿主皮膚上で営まれる．感染は主に接触による．ダニの刺咬により痒みを伴う皮膚炎や脱毛がおきる．さらに反復感染によりアレルギー性の皮膚炎が重篤化し，二次感染を伴って羊毛が損なわれる．めん羊の体表は厚い羊毛に覆われるため，ダニによる皮膚病変が拡大しても被毛に遮蔽されて感染の発見が遅れ，さらにめん羊は群生活性で接触が頻繁なため，異変に気付いたときには群全体に感染が拡大していることも多い．治療は羊群全体に殺虫剤を施用する．

ミミヒゼンダニ
Otodectes cynotis

外耳道内に寄生し，上皮の脱落物や皮脂を摂取する．世界的に食肉類に広く寄生しうる．体長は雌成虫で 0.5 mm ほどで，一見してセンコウヒゼンダニに似るが，脚が太く長く，爪間体が短いために容易に区別できる（図 8.14）．永久寄生性であり，産卵を含め耳道

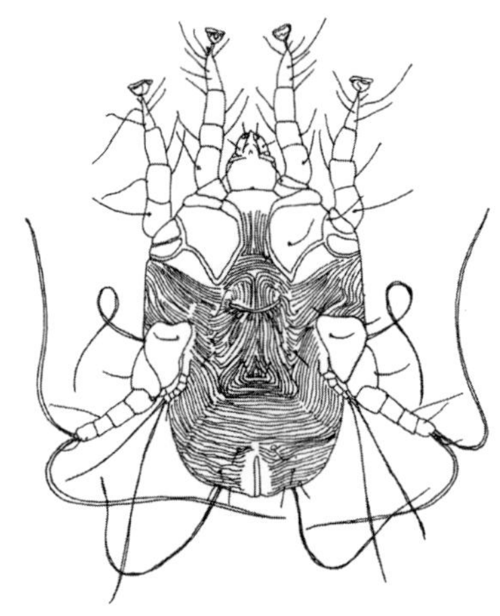

図 8.14　ミミヒゼンダニ雌成虫模式図

図 8.15　ウサギズツキダニ雌成虫

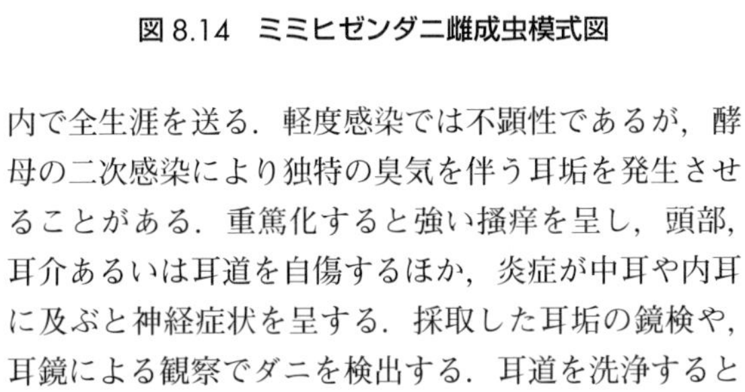

内で全生涯を送る．軽度感染では不顕性であるが，酵母の二次感染により独特の臭気を伴う耳垢を発生させることがある．重篤化すると強い掻痒を呈し，頭部，耳介あるいは耳道を自傷するほか，炎症が中耳や内耳に及ぶと神経症状を呈する．採取した耳垢の鏡検や，耳鏡による観察でダニを検出する．耳道を洗浄すると共に，耳道内あるいは全身性に殺虫剤を施用する．

ズツキダニ科

ウサギやモルモットに皮膚炎を起こしうる．ウサギに寄生するウサギズツキダニ（*Listorophorus gibbus*）とモルモットに認められるモルモットズツキダニ（*Campylochirus caviae*）を認める．体長 0.5 mm 弱で，左右に扁平な体を持ち，すべての脚を使って被毛にしがみつく様に寄生する（図 8.15）．永久寄生性であり，被毛に産み付けられる卵を含め全ステージが宿主体上で営まれる．接触により感染するほか，床敷き等によっても媒介される．原則的に無症状だが，多数寄生により被毛粗剛を認め，さらに脱毛，皮膚炎，掻痒行動を認める．人への感染は知られていない．被毛を引き抜いてダニや虫卵を検出するほか，セロファン粘着テープを動物に貼付してダニを検出することも出来る．殺虫剤を投与するが，虫卵には薬効がないため日をおいて反復施用するか，残効性の高い薬剤を使用する．

8.3 昆虫類

極めて多様な種を含むグループであるが，寄生が問題となるものはそれほど多くない．遭遇機会が多いのは咀顎目（シラミ・ハジラミを含むグループ），カメムシ目，ノミ目およびハエ目である．

A 咀顎目（そがくもく） Order Psocodea

シラミ・ハジラミ類は，かつては皮膚を刺咬して吸血を行うものがシラミ目，被毛，羽毛あるいは落屑等を摂取するものがハジラミ目とされており，その後は両者まとめられてシラミ目とよばれていた．しかし近年の分類学の進歩から，これらはチャタテムシ類を含めた大きなグループとして扱うのが適当とされ，現在は咀顎目（カジリムシ目）が設定されている．いずれも背腹に扁平であるが，口部前端から刺咬のための針を出し入れして血管から直接吸血を行うシラミ類（sucking louse）は，頭部が細く，多くの種は胸部の幅よりも狭い（図 8.16）．これに対し，被毛や羽毛を強く咀嚼する口器を持つハジラミ類（biting louse）は，大アゴを駆動する多量の筋肉を頭殻内に収容するために頭部が大きく，多くの種は胸部の幅よりも広い（図 8.17）．いずれも卵は長径 1 mm ほどで，卵蓋を持ち，粘着物質により宿主被毛や羽毛に固定される．共に永久寄生性であり，孵化後は 3 期の幼虫期を経て成虫となり，宿主体上で生涯を過ごす．不完全変態昆虫で，成虫と幼虫の形態は類似している．宿主特異性は高い．同一宿主動物に複数の固有種が寄生することもある．宿主体表上を素早く移動するが，平滑面の歩行は得意でない．共に感染の進行に伴い掻痒を伴う皮膚炎を起こす．いずれも冬期に病状が悪化する傾向にある．治療は対症療法を行うと同時に，殺虫剤を施用する．卵には殺虫剤が効かないため，残効性の低い薬剤を使用する場合には，孵化のタイミングを考慮した反復処置が必要となる．

ハジラミ類は哺乳動物に寄生するものと鳥類に寄生するものがあるが，シラミ類は哺乳動物宿主にのみ認められる．日本のシラミ類は，獣医学領域ではブタジラミ（*Haematopinus suis*），ウシジラミ（*H. eurysternus*），ケブカウシジラミ（*Solenopotes capillatus*），ウシホソジラミ（*Linognathus vituli*），ウマジラミ（*H. asini*），イヌジラミ（*L. setosus*）等が家畜に認められるほ

図 8.16　イヌジラミ雌成虫

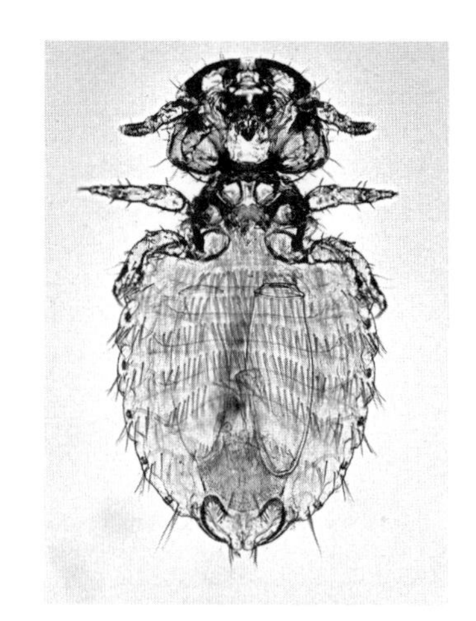

図 8.17　イヌハジラミ雌成虫

か，公衆衛生分野においてヒトジラミ（*Pediculus humanus*（アタマジラミ（*Pe. h. humanus*）とコロモジラミ（*Pe. h. corporis*）））およびケジラミ（*Phthirus pubis*）が問題となる. 猫に寄生するシラミは知られていない. 国内外でしばしば問題となるトコジラミは，「シラミ」の名を持つがカメムシ目の昆虫であり後項にて紹介する．ハジラミ類は，鳥類寄生性のニワトリオオハジラミ（*Menacanthus stramineus*），ニワトリハジラミ（*Menopon gallinae*）等が，また哺乳動物寄生性のウシハジラミ（*Bovicola bovis*），イヌハジラミ（*Trichodectes canis*），ネコハジラミ（*Felicola subrostratus*）等が問題となる．ヒトを宿主とするハジラミ類は知られていない．本項ではシラミの代表としてイヌジラミを，公衆衛生上の要からヒトジラミを，またハジラミの典型としてイヌハジラミを紹介する．

イヌジラミ
Linognathus setosus

成虫の体長は 1.5 ～ 2.0 mm ほどで，胸部の幅よりも頭部の幅が狭い（図 8.16）．世界各地のイヌ科動物に寄生する．接触による直接感染のほか，卵が付着した被毛を介して，あるいはブラシや敷物を経て感染することもある．吸血により強い痒覚をもたらすほか，多数寄生では貧血となる．痒みにより皮膚を掻きむしり二次感染を併発することもある．

ヒトジラミ
Pediculus humanus

ヒトジラミは，頭髪に寄生するアタマジラミ（*Pe. h. humanus*）と，平時は着衣に生息して吸血時にのみ皮膚に移動するコロモジラミ（*Pe. h. corporis*）の二亜種に分けられる．いずれも成虫は体長 2 ～ 4 mm 程度である．アタマジラミは，現在に至っても日本の低学年児童の感染がしばしば認められる．接触感染の他，タオルの貸し借りや寝具の共有等でも感染し，刺咬による掻痒を引き起こす．コロモジラミは同一の衣類を継続的に着用する集団で見られ，日本では一部の路上生活者で問題となることがある．コロモジラミの卵は，被毛の代わりとして着衣の繊維に絡めて産み付けられる．コロモジラミは発疹チフス，塹壕熱，回帰熱等を媒介しうる一方，アタマジラミの病原体媒介性は知られていない．ケジラミ（*Phthirus pubis*）は，主に陰毛に寄生して接触感染するため性交渉感染症として扱われるが，眉毛，睫毛，脇毛その他の太い体毛にも寄生して吸血し，強い痒みを引き起こす．いずれも殺虫剤を含むシャンプーや粉剤等の施用で駆虫できるが，卵には効果がないため反復使用が求められる．一部では薬剤耐性株が出現しており問題となっている．コロモジラミ感染では寄生のある着衣を焼却する．

イヌハジラミ
Trichodectes canis

成虫の体長は 2 mm ほどで，頭幅は胸部より明らかに広い（図 8.17）．世界各地のイヌ科動物に寄生する．宿主から離れても数日間は生存可能であり，接触感染の他，ブラシや敷物を経た感染があり得る．刺咬はせず体表で皮脂や角皮を摂取する. 不顕性感染が多いが，分泌する唾液に感作されると皮膚炎を呈する事があり，その場合は強い掻痒を伴う皮膚炎とそれによるストレス，脱毛，二次感染等が認められる．瓜実条虫の中間宿主になり得る．ネコ科動物には成虫の体長 1.5 mm 弱のネコハジラミが認められ，イヌハジラミ同様に不顕性感染が多いものの，時に重篤な皮膚炎症状を引き起こす．

B　カメムシ目 Hemiptera

世界的には 10 万種近くが知られる極めて多様性に富んだグループで，不完全変態であり，収納できない針状の口器で突き刺して液体を摂取する共通点があ

図 8.18　トコジラミ雌成虫

る．セミ，ヨコバイ，アブムシ，カイガラムシ等が含まれる．本項では公衆衛生学上あるいは獣医学上重要なトコジラミ類とサシガメ類について紹介する．

トコジラミ
Cimex lectularius

トコジラミ科（Cimicidae）のトコジラミ（*C. lectularius*）は，成虫で体長 5 ～ 8 mm 程度の扁平な不完全変態の無翅昆虫である(図8.18)．通称ナンキンムシ，英語では bed bug とよばれる．日本を含む温帯に分布する．寝台の裏，家具の隙間あるいは壁のひび割れ等の暗がり部分に隠れ家を作る．昼間はそこに潜み，暗くなると主にヒトの体に這い上がり吸血を行う．卵は隠れ家に産み，孵化した幼虫以降の全ステージが吸血性である．初回刺咬時は無症状のことが多いが，反復刺咬によって長期間続く強い掻痒を引き起こす．近年は首都圏の宿泊施設等でもしばしば認められる．隠れ家を突き止めて撲滅する必要があるが，日本ではコンセントを経て壁の中に生息するなど対処が困難なケースに加え，薬剤耐性株も出現している．形態的に類似した熱帯産のネッタイトコジラミ（タイワントコジラミ（*C. hemipterus*））が検出されることもある．

サシガメ

サシガメ科 (Reduviidae) は数百属からなる大グループであり，動物の体液を摂取する捕食性で不完全変態の有翅昆虫である．多くは節足動物を常食とし，人畜の被害があっても偶発的である．その一方で，一部のものは温血動物を吸血する性質を持ち，とくに中南米の家屋棲息性のいくつかの種はシャーガス病病原体であるクルーズトリパノソーマ（*Trypanosoma cruzi*）をヒトや犬等の動物に媒介する．トコジラミに似た性質で，昼は家屋内の隠れ家に潜み，夜間に吸血する．吸血時に激しい痒みをもたらす．

C　ノミ目 Order Siphonaptera

世界的には 2,000 種ほどが含まれる完全変態昆虫のグループで，成虫は哺乳類や鳥類の体表に寄生して吸血を行う．種によって生態が異なる．日本には 70 種ほどが知られているが，その多くは野生げっ歯類寄生性であり，獣医療において遭遇するのはヒトノミ科 (Pulicidae）のイヌノミ（*Ctenocephalides canis*）とネコノミ（*C. felis*）がほとんどである．とくに近年は犬と猫のいずれからもネコノミが多く検出されること，また両者の生態にそれほど大きな違いがないことから，本項ではネコノミについて紹介する．

ネコノミ
Ctenocephalides felis

成虫は左右に扁平で，体長は未吸血では 1.5 mm ほどであるが，吸血を開始すると腹部が伸長して雌では 2 mm ほどになる．卵は白色で長径 0.5 mm ほどの滑らかな長円形であり，そのほとんどが産卵と同時に宿主体表から落下する．孵化した幼虫は体表に剛毛が派生する無脚の細長い白色のウジ虫で，負の走光性と正の走地性を示す．環境中の有機物を摂取しつつ脱皮を繰り返して発育し，最終的には体長 10 mm 近くにもなる．脱皮直後は白色だが，環境中のエサを摂取すると消化管が赤黒く透けて見える．3 齢幼虫は糸を吐き，周囲の構造物や粒子を巻き込んで径 5 mm ほどの繭を作って，その中で蛹になる（図 8.19)．繭の中で羽化した成虫は動物の接近で脱出し，跳躍して寄生する．成虫は動物からの刺激を受けなければ少なくとも半年程度は環境中で感染機会を待ちうる．宿主に取り付いた成虫は，速やかに吸血を開始して 2 日以内に産卵を開始する．宿主から落下した卵は，通常は 3 ～ 4 週間ほどで成虫になる．全国の猫や犬に認められるが，他にも様々な動物に寄生し，仔牛に多数寄生して貧血を引き起こした例もある．ヒトも一過性に刺咬されるが，持続的な寄生はない．成虫の吸血時に掻痒を引き起こすほか，刺咬時に注入される唾液に感作された動物では，局所性および全身性のアレルギー性皮膚炎（ノミアレルギー性皮膚炎 flea allergy dermatitis, FAD）を認める．多数寄生が継続すると鉄欠乏性貧血となる．犬および猫のヘモプラズマ類（*Mycoplasma haemofelis*, *M. haemocanis* および近縁種)，瓜実条虫，および犬寄生性糸状虫の一種 *Dipetalonema reconditum* の媒介者となる．またヒトの猫ひっかき病病原体である *Bartonel-*

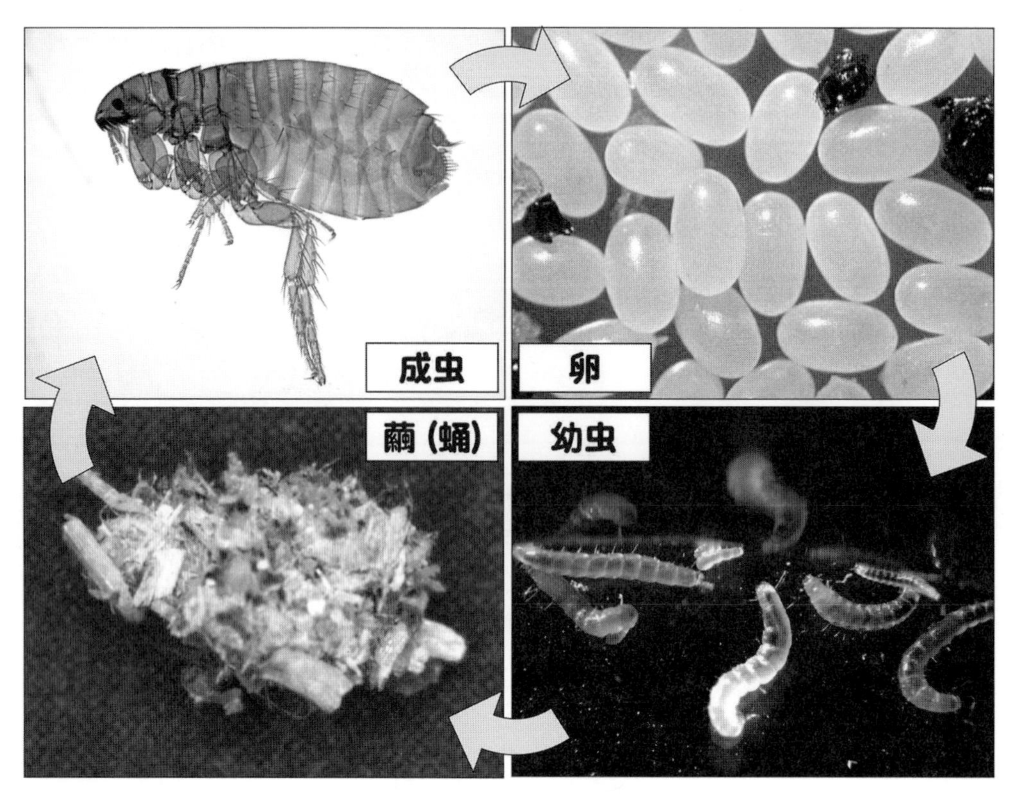

図 8.19 ネコノミの生活環

la henselae の媒介に関わるほか，発疹熱リケッチア（*Rickettsia typhi*）を媒介する．さらにペスト菌（*Yersinia pestis*）の媒介能を持つため，とくに輸入動物では注意が必要である．ノミ予防薬として種々の殺虫剤が上市されており，その施用によって宿主体上の成虫は速やかに駆除される．しかしいったん感染を受けた動物は，その生活環境中に次世代のノミが多数生息している状況を作り出すため，数か月間にわたって再感染の可能性がある．従って，宿主動物の駆虫のみならず，殺虫剤の予防的継続投与と，環境整備による感染源の除去が求められる．

D ハエ目 Order Diptera

完全変態の有翅昆虫群で，双翅類ともよばれる．多くの昆虫類が 2 対の翅を持つ中で，後 1 対が退行し，中胸だけに 1 対 2 枚の翅(双翅)を持つに至ったグループ．多様性に富みよく繁栄しており，世界的に 10 万種近くが知られている．分類上，8 節以上の長い触角を持つ長角亜目（カ亜目（Nematocera））と，3 節の短い触角を持つ短角亜目（ハエ亜目（Brachycera））に大別され，各々一定の特徴を共有する．すなわち獣医学領域で重要な長角亜目のカ科，ヌカカ科，ブユ科，およびチョウバエ科は，幼生期をおもに水中で過ごす．これに対し，短角亜目のうち，アブ科は幼生期をおもに土中で過ごすが，これ以外のハエ類の幼虫は原則的に有機物に富んだ環境で発育する．特殊な生態を持つシラミバエ科も短角亜目に含まれる．長角亜目に加えて，短角亜目中のアブ科による害は，成虫による吸血とそれに伴う病原体の媒介である．これらのうち吸血を行うのは原則として産卵を控えた雌だけである．各論 7 章で扱う偏性寄生性のハエ類は幼虫期の発育に寄生が必須であり，寄生部位に病害をおよぼす．防除にあたっては，発生源対策，および寄生世代の接近防止と殺虫が行われる．完全変態である本グループでは，幼虫と成虫の生活環境が大きく異なるため，各々の生態を理解したうえでの発生源対策が求められる．接近防止には建物の閉鎖や網戸による隔離，あるいは状況によっては忌避剤の使用が有効である．殺虫にはライトトラップ等を利用した物理的手段と，各種殺虫剤等を利用した化学的手段がある．以下，おもなグループを紹介する．

ハエ目 Order Diptera
　長角亜目 Suborder Nematocera
　　カ科 Family Culicidae
　　ヌカカ科 Family Ceratopogonidae
　　ブユ科 Family Simuliidae
　　チョウバエ科 Family Psychodidae

短角亜目 Suborder Brachycera
　アブ科 Family Tabanidae
　イエバエ科 Family Muscidae
　クロバエ科 Family Calliphoridae
　ニクバエ科 Family Sarcophagidae
　ヒツジバエ科 Family Oestridae（各論 7 章参照）
　シラミバエ科 Family Hippoboscidae

カ科
Culicidae

カ類は雌成虫が吸血を行い痒みを引き起こすが，加えて病原体の媒介者として重要である．カの分類は詳細に行われているが，おおまかには，ハマダラカ類（シナハマダラカ（*Anopheles sinensis*）等）とナミカ類に二分し，さらにナミカ類をヤブカ類（オオクロヤブカ（*Armigeres subalbatus*），キンイロヤブカ（*Aedes vexans nipponii*），ヒトスジシマカ（*Ae. albopictus*），ネッタイシマカ（*Ae. aegypti*），トウゴウヤブカ（*Ae. togoi*）等）とイエカ類（アカイエカ（*Culex pipiens pallens*），チカイエカ（*C. p. molestus*），コガタアカイエカ（*C. tritaeniorhynchus*）等）に分けると生態の理解が容易である（図 8.20）．成虫の大きさは種によって異なり 3～10 mm ほどである．成虫は，頭部に発達した触角と吻鞘に包まれた針状の口器を備える．雄は小顎髭がよく発達する．翅は一般に透明だが，ハマダラカ類は斑模様を持つ．雌雄共に羽化後は花蜜を摂取して生活するが，交尾すると雌のみが卵巣を発達させるために動物に接近して吸血を行う．吸血後は速やかに動物から離れるが，近くの壁等に一旦止まって血液を濃縮して水分を排泄し，身を軽くしてから飛び去る．水辺に産卵するが，種により好む水域が異なっており，各々の発生源の多様性につながる．ハマダラカ類は細長い卵の中央付近に浮きを備えた卵を個別に産み，ヤブカ類は浮き構造を持たない卵を水面ないし泥の上に個別に産む．イエカ類は卵を集塊状で産み，水面に浮かぶボート状構造（卵舟）をなす．孵化した幼虫は水面直下でボウフラとして生活する．ハマダラカ類のボウフラは水面に並行状態になるが，ヤブカ類とイエカ類は尾端から呼吸管を水面に出して斜めの状態で生活する．多くは水中の有機物を摂取するが，節足動物を捕食する種もある．4 齢を経てコンマ状の蛹となるが，胸部に

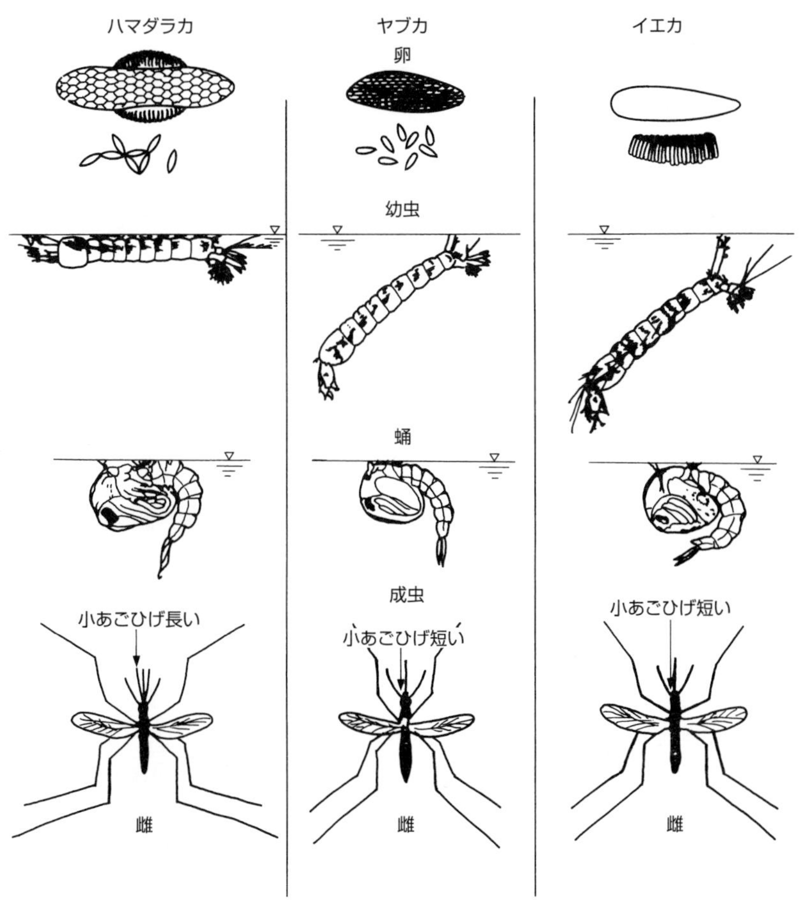

図 8.20　ハマダラカ，ヤブカおよびイエカ各期の比較（WHO, 1972）

2本の呼吸管を備え活発に運動することからオニボウフラとよばれる．発育すると水面上で羽化する．

発生水域により，広く綺麗な水域を好むもの（シナハマダラカ，コガタアカイエカ，キンイロヤブカ等），有機物が多い汚水を好むもの（アカイエカ，オオクロヤブカ等），空き缶や古タイヤ等の溜まり水のような狭く小さな水域を好むもの（ヒトスジシマカ等），あるいは高濃度の塩水中でも発育できるもの（トウゴウヤブカ）がおり，発生源対策にあたり重要である．発育には一般的に15℃以上が必要となる一方，30℃を越すと死亡することが多い．雌成虫の吸血時間帯にはある程度の傾向があり，ハマダラカ類とイエカ類は夜間吸血性であるのに対し，トウゴウヤブカを除くヤブカ類の多くは薄暗い場所で昼間に吸血する．

刺咬時の掻痒のほか，病原体媒介者として問題となる．世界的にはヒトに対して，ウェストナイル熱（イエカ類，ヤブカ類），黄熱病・デング熱・チクングニア熱・ジカウイルス感染症（ヤブカ類），マラリア（ハマダラカ類）およびヒト寄生性糸状虫（イエカ類，ハマダラカ類）等の病原体を媒介する．本邦の獣医療では犬糸状虫（ヒトスジシマカ，トウゴウヤブカ，アカイエカ，コガタアカイエカ，シナハマダラカ等），セタリア症（トウゴウヤブカ，シナハマダラカ，オオクロヤブカ，ネッタイシマカ等），日本脳炎（コガタアカイエカ，アカイエカ，シナハマダラカ，ヒトスジシマカ等）等の病原体媒介者である．

水廻りの環境を変えたり発生水域をなくすことで発生を抑える他，成虫の飛来防止で網戸の設置，忌避剤の使用，また成虫の殺滅のためのライトトラップの設置，畜舎壁に対する残効性殺虫剤の施用，殺虫剤の空間散布等により対策する．

ヌカカ科
Ceratopogonidae

成虫は体長1～4 mm程度の小さな体を持ち，網戸をくぐり抜けることがある（図8.21）．形態は蚊に似るがずんぐりとしており，口器は突き刺すタイプではあるものの蚊に比べるとごく短い．翅に白色斑点を持つものが多い．バナナ状の卵から孵化した幼虫は細長いウジ虫状で4齢の幼虫期を経て細長く運動性を持った蛹になる．羽化後は花蜜を摂取するが，交尾後の雌は卵巣を発達させるために吸血する．本科の成虫のほとんどは節足動物の体液を摂取するが，*Culicoides* 属は鳥類や哺乳類を刺咬する．家畜に対し，吸血による掻痒や皮膚炎を引き起こすほか，多数飛来した場合は騒覚も相まってストレスを与える．吸血は日没後から日の出前まで続く．これら直接的害に加え，ニワトリヌカカ（*C. arakawae*）は鶏ロイコチトゾーン病，セマダラヌカカ（*C. homotomus*）は頸部糸状虫，ウシヌカカ（*C. oxystoma*）はアカバネ病，イバラキ病，チュウザン病等の病原体媒介者となる．*Culicoides* 属のヌカカは水田に発生し長距離を超えて飛来することから，発生源対策は困難であり，網戸が無効なことから接近防止対策も容易ではない．ライトトラップが有効である．

ブユ科
Simuliidae

成虫は体長1～5 mm程度の小さくずんぐりとした体を持つ（図8.22）．口器には，皮膚を切り裂く短刀状の構造と，滲み出た血液を舐め取る構造を備える．0.3 mmほどの卵を水中に産み付け，孵化した幼虫は体後部の吸盤で水中の石や水草に吸着する．水中の有機物や微生物を摂食しつつ6齢の幼虫期をへて繭を形成し，その中で蛹となる．蛹は一対の呼吸糸束を備え，水中に溶け込んだ酸素を取り入れる．羽化後は花蜜を摂取するが，交尾後の雌は卵巣を発達させるために吸血する．吸血は早朝と夕方の明るさの残る時間帯に行

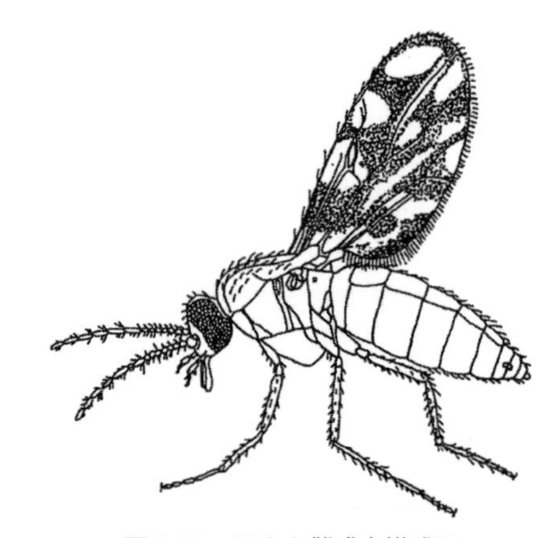

図8.21　ヌカカ雌成虫模式図

図8.22　ブユ雌成虫

図 8.23　オオチョウバエ雌成虫

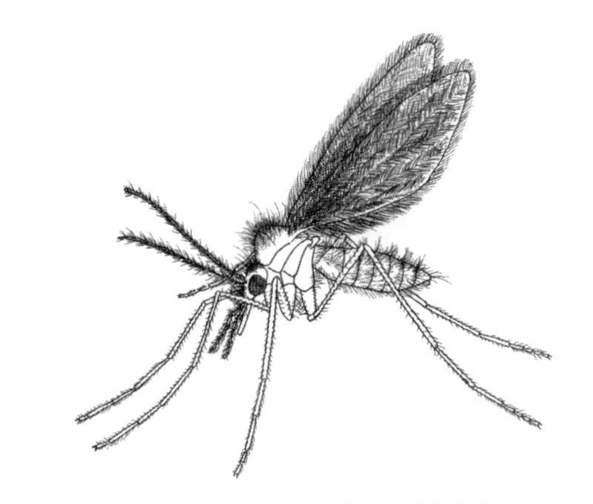
図 8.24　サシチョウバエ雌成虫模式図

われる．宿主特異性は低く，ヒトを含む様々な動物が吸血対象となる．吸血時には自覚症状を認めないことが多いが，時間をおいて強いかゆみと炎症が顕れ，数日にわたって持続する．加えてツメトゲブユ（*Simulium ornatum*）は咽頭糸状虫の媒介者となる．幼虫期を河川で過ごすものが多く，環境保護の観点から殺虫剤散布による発生源対策は困難である．ヒトでは忌避剤が効果を示す．

チョウバエ科
Psychodidae

成虫が休息する際に，翅を水平に広げたり，胴体上で両翅の内縁を屋根型に揃える様子が蝶のように見えることからチョウバエの名がある（図8.23）．本邦では，自由生活性で汚水や家屋の水回りに発生するオオチョウバエ（*Telmatoscopus albipunctatus*）やホシチョウバエ（*Psychoda alternata*）が不快動物（ニューサンス（nuisance））としてもっぱら問題となるが，世界的には，雌成虫が吸血性であり，かつ一部の種がリーシュマニア原虫をはじめとする各種病原体を媒介するサシチョウバエ類（*Phlebotomus* spp. 図 8.24）が問題となる．日本にもサシチョウバエ類が分布するが，病原体媒介性は知られていない．

アブ科
Tabanidae

成虫の体長は 10 ～ 30 mm の大形の吸血昆虫であり（図 8.25），吸血時には大きな音を立てて飛翔する．ハチに擬態する種もある．口器には皮膚を切り裂く短刀状の構造と，滲み出た血液を舐め取る構造を備える．卵は葉の裏などに集塊で産み付けられ，孵化した幼虫は土中ないし泥中に潜り，有機物や節足動物を捕食して発育する．数ヶ月から数年間をかけて発育し，9 齢の幼虫期を経て土中で蛹となる．羽化後は花蜜を摂取

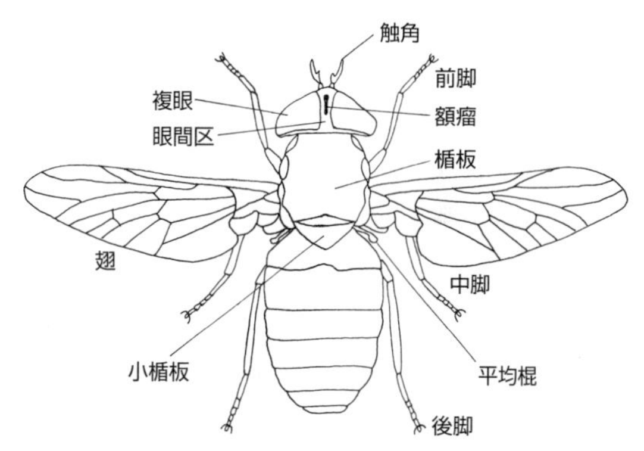

図 8.25　アブ雌成虫模式図

するが，交尾後の雌だけが産卵のために吸血を行う．皮膚を強く傷つけて出血創を作り，体重と等量以上の血液を数分間かけて舐めとる．吸血は日中に行われ，刺咬時には強い痛みを伴う．接近時の羽音に動物が怯えることがある．吸血による皮膚炎，ストレスあるいは貧血以外にも，各種病原体を機械的あるいは生物学的に媒介する．発生源対策は事実上不可能で，アブトラップ等による捕殺も効率的でなく，放牧地における対策は困難である．

通性寄生性の身近なハエ類とサシバエ類

ここではイエバエ科（Muscidae），クロバエ科（Calliphoridae），ニクバエ科（Sarcophagidae）を本グループに含める．成虫の体長は 4 ～ 15 mm ほどで，口器先端にパッド状の唇弁を持ち，そこに開口する 3 ～ 4 μm ほどの偽気管とよばれる多数の開口部から体外消化した流動性の食餌を吸引して摂食する（図 8.26）．ただしイエバエ科のサシバエ類（サシバエ（*Stomoxys calcitrans*），ノサシバエ（*Haematobia irritans*）等）は例外的に唇弁を欠き，口器は皮膚を突き刺して吸血する針状を呈して体前方に突出する（図 8.27）．卵は長径 1 mm ほどの白色バナナ状で，幼虫が嗜好する環境に

図 8.26　口器を伸長するヒロズキンバエ成虫側面像

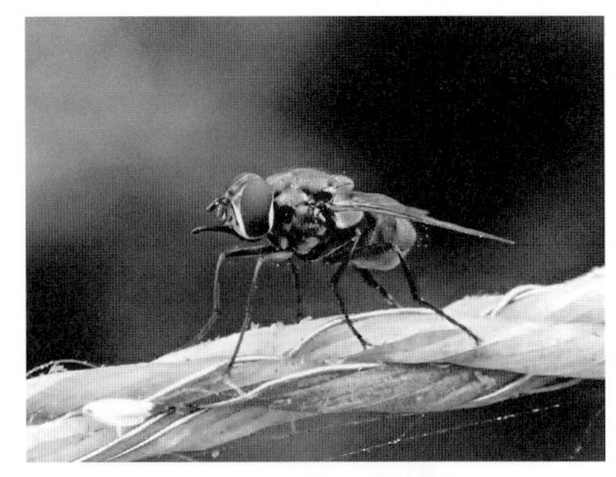

図 8.27　サシバエ雌成虫

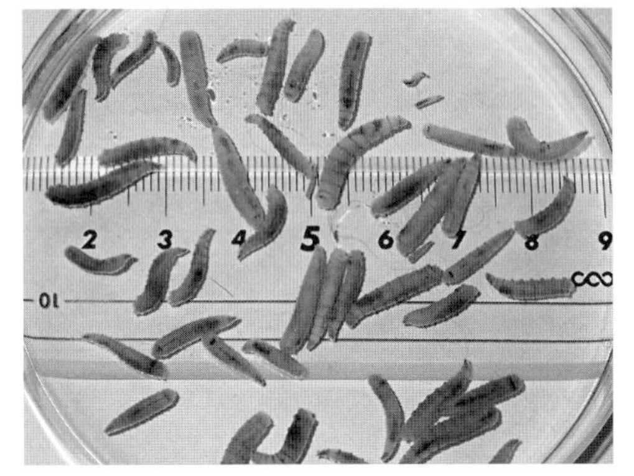

図 8.28　皮膚ハエウジ症患部から回収されたヒロズキンバエ幼虫

図 8.29　ヒツジシラミバエ雌成虫

産み付けられるが，ニクバエ科等は卵胎生で一齢幼虫を産出する．孵化した幼虫は無脚白色のウジムシであり（図 8.28），環境中の有機物を摂取しつつ発育し，3 齢の幼虫期を経た後，幼虫の外皮がそのまま硬化して内部で蛹となる（囲蛹）．羽化後は主に幼虫の嗜好する環境で有機物を摂取し，交尾・産卵を行う．イエバエ科はどちらかというと植物性腐敗物を好み，厨芥，草食動物や雑食動物の糞便等に発生する．これに対しクロバエ科は動物の糞便を好むものの，動物質の腐敗物に対してより高い嗜好性を示す．ニクバエ科は肉や動物の死体をとくに好む．

肉食性が強いハエは，グルーミング能力が低下した動物体表の創傷部や粘膜部に卵ないし幼虫を産み付け，孵化した幼虫が局所の組織を摂食するハエウジ症（myiasis）を起こすことがある．これを通性（偶発性）ハエウジ症と呼び，各論 7 章で扱う偏性寄生性ハエ類幼虫の寄生とは区別する．特にヒロズキンバエ（*Lucilia illustris*）やセンチニクバエ（*Sarcophaga peregrina*）などは通性ハエウジ症を起こしやすく，家畜ではめん羊がハエウジ症の被害を受けやすい．無菌的に調整したヒロズキンバエの幼虫は，壊死組織除去を目的としたマゴットセラピー（magot therapy）に使用される．サシバエ類は，幼虫期の発育はほぼイエバエと一致するものの，成虫は口器構造上，近縁のイエバエ類とは異なり血液以外を摂食できなくなることから雌雄共にエネルギー源として動物を刺咬し吸血する．従ってサシバエ類成虫は偏性寄生性である．サシバエ（*S. calcitrans*）は畜舎内外で，ノサシバエ（*H. irritans*）は牧野で刺咬・吸血を行う．こうした直接的な害に加え，ハエ類は機械的および生物学的に病原体を媒介する．とくにイエバエ（*Musca domestica*）はハエ馬胃虫と大口馬胃虫を，ウスイロイエバエ（*M. conducens*）は大口馬胃虫と沖縄糸状虫を，ノイエバエ（*M. hervei*）とクロイエバエ（*M. bezzii*）はロデシア眼虫を，各々生物学的に媒介する．またハエは不快動物（nuisance）としても重要である．

小規模の発生に対しては，衛生管理や殺虫剤散布で対応できるが，畜産現場においては，発生源対策として排泄物管理や幼虫殺虫剤施用，成虫対策としてハエ取りシートやリボンの設置，殺虫剤や忌避剤の使用等が行われる．

シラミバエ科
Hippoboscidae

ハエ類に近縁であるが，翅の扱いは種によって様々で，成虫期を通じて持ち続けるもの，寄生後に翅を自ら切り落とすもの，および生涯持たないものがある．雌雄共に刺すタイプの口器が頭部前方に突出し吸血を行う．体長は 10 mm に満たず，翅を持たない成虫はあたかもシラミのような外観を呈するためシラミバエの名がある（図 8.29）．発育は卵胎生であり，雌は体内で蛹の一歩手前（前蛹）まで幼虫を発育させた後に宿主上に産出する．種によっては前蛹は宿主動物の巣内に産み落とされる．幼虫は速やかに蛹となり，しばらく発育した後に羽化して成虫となる．宿主上で蛹化して接触により感染する永久寄生性の種もあるが，成虫が新たな宿主を求めて飛翔・分散する種も多い．少数寄生では問題にならないが，多数寄生により強い掻痒を伴う皮膚炎と貧血が起きる．また種によっては病原体を媒介する．生態によって防除法は異なるが，永久寄生性のものは宿主体表に殺虫剤を施用する．日本の獣医療ではヒツジシラミバエ（*Melophagus ovinus*）とウマシラミバエ（*Hippobosca equina*）が主に問題となる．ヒツジシラミバエは，生涯翅を持たず永久寄生性で，めん羊および時に山羊に寄生して被害をもたらすことがある．ウマシラミバエの成虫は翅を持ち続け，主に馬に寄生するが吸血量は多くない．しかしながらピロプラズマ病原虫やリケッチアなどの病原体を機械的に媒介しうる．

【付　録】
法律で規制されている寄生虫病

1. と畜場法施行規則
(昭和28年9月28日厚生省令第44号)
(平成28年6月1日厚生労働省令第105号〔第10次改正〕)

[**A**] **と殺禁止，解体禁止もしくは全部廃棄** (第16条，別表第4)
家畜伝染病予防法に規定する寄生虫病
- ピロプラズマ病
- アナプラズマ病
- トリパノソーマ病
- トリコモナス病
- ネオスポラ症
- 牛バエ幼虫症
- トキソプラズマ病
- 疥癬

厚生労働省令で定める寄生虫病
- 旋毛虫病
- 有鉤嚢虫症
- 無鉤嚢虫症（全身にまん延しているものに限る.）

[**B**] **部分廃棄【廃棄部位】**(第16条関連，別表第5,)
寄生虫病（前項に挙げたものを除く）【寄生虫を分離できない部分および住肉胞子虫にあつては血液】

※上記に挙げる疾病のうち，病原体を伝染させるおそれがあると認められたとき，当該獣畜の隔離，当該獣肉の肉，内臓その他の部分の消毒，汚染された処理室その他の場所の消毒などの措置をとらなければならない（第16条第4項）

2. 食鳥処理の事業の規制及び食鳥検査に関する法律
(平成2年6月29日厚生省令第40号)
(平成30年2月16日号外厚生労働省令第15号〔改正〕)

[**A**] **とさつ禁止，内臓摘出禁止もしくは全部廃棄** (別表第10, 11，第33条，法第15条)
家畜伝染病予防法に規定する寄生虫病
- ロイコチトゾーン病

厚生労働省令で定める寄生虫病
- トキソプラズマ病
- トキソプラズマ病を除く原虫病（全身にまん延しているものに限る）
- 寄生虫病（全身にまん延しているものに限る）

[**B**] **部分廃棄［廃棄部位］**(全身にまん延しているものを除く.)(別表第11，第33条関係)
- トキソプラズマ病を除く原虫病［当該病変部位に係る肉，内臓，骨及び皮］
- 寄生虫病［寄生虫および寄生虫による病変部位に係る肉，内臓，骨及び皮］

3. 家畜伝染病予防法
(昭和26年法律第166号)
(平成26年6月13日号外法律第69号〔改正〕)
家畜伝染病法施行規則
(昭和26年5月31日農林省令第35号)
(平成30年9月11日号外農林水産省令第61号〔第172次改正〕)

[**A**] **家畜伝染病**
ピロプラズマ病（牛，馬，水牛，鹿）
Babesia bigemina
Babesia bovis
Babesia caballi
Theileria parva
Theileria annulata
Theileria equi
アナプラズマ病（牛，水牛，鹿）
Anaplasma marginale

[**B**] **届出伝染病**
トリパノソーマ病（牛，水牛，馬）
トリコモナス病（牛，水牛）
ネオスポラ症（牛，水牛）
牛バエ幼虫症（牛，水牛）
トキソプラズマ病（めん羊，山羊，豚，いのしし）
疥癬（めん羊）
ロイコチトゾーン病（鶏）
バロア病（蜜蜂）
アカリンダニ症（蜜蜂）
ノゼマ病（蜜蜂）

4. 感染症の予防及び感染症の患者に対する医療に関する法律
(平成10年法律104号)
(平成26年11月21日号外法律第115号〔第1次改正〕)
感染症の予防及び感染症の患者に対する医療に関する法律施行令
(平成10年12月28日政令第420号)
(平成28年2月5日〔改正〕)

[**A**] **四類感染症**(医師が直ちに最寄りの保健所長を経由して都道府県知事に届出)
マラリア
エキノコックス症*

[**B**] **五類感染症**(医師が7日以内に最寄りの保健所長を経由して都道府県知事に届出)
アメーバ赤痢
クリプトスポリジウム症
ジアルジア症

＊獣医師が届出を行う感染症（法第13条，政令第5条）
獣医師は，法律で定める感染症のうち，政令で定める感染症にかかり，又はかかっている疑いがあると診断した動物について，直ちに当該動物の所有者氏名，動物の種類その他厚生労働省令で定める事項を最寄りの保健所長を経由して都道府県知事に届けなければならない.寄生虫病では，エキノコックス症のイヌが該当する.

5. 食品衛生法施行規則
(平成23年7月13日厚生省令第23号)
(平成30年7月3日厚生労働省令第82号〔改正〕)

[**A**] **食品衛生上危害の原因となる物質** (別表第2，第13条)
食肉製品：旋毛虫
魚肉練り製品：アニサキス，シュードテラノーバ，大複殖門条虫

おもな獣医寄生虫学・獣医寄生虫病学関係書籍

寄生虫全般

[1] 家畜寄生虫学：板垣四郎・板垣　博 著，金原出版（東京），1965年
著者が旧版（1948）の序で述べているように，本書は動物学に立脚したもので，病害に関してはごく簡単に記述されているにとどまり，診断・治療などの記載はほとんどない．一方，分類学に基づいた形態や発育環など生態に関する記述が詳しい．とり扱われている対象は，原生動物，扁形動物，鉤頭動物，線形動物から節足動物にわたる広範囲，多種類に及び，さらに種名のみながら多くの近縁種名が紹介され，虫種同定への配慮がはらわれている．

[2] 新版・家畜寄生虫病学：板垣　博・大石　勇 著，朝倉書店（東京），1984年
旧版・家畜寄生虫病学（板垣四郎，1930），改版・同（板垣四郎・久米清治，1959）に原虫病と節足動物による病害が加えられ，稿も改め「新版」として出版された．現在，国内でもっとも普及している家畜寄生虫病学の教科書であろう．2007年9月に『最新家畜寄生虫病学』として複数の著者による全面改訂版が出版された．

[3] 新版・獣医臨床寄生虫学（産業動物編），同（小動物編）：同書・編集委員会編，文永堂（東京），1995年
家畜寄生虫病診療学（1961），獣医臨床寄生虫学（1979）の流れを受け，前書発行以来の産業形態や世情の変化に応えるべく企画された．対象動物種に魚類，エキゾチックアニマルなどを加え，大幅に整理増補改訂されたものである．項目別に50名に及ぶそれぞれの専門家が分担執筆している．学生・初学者向きの教科書・入門書というよりも，実務家の参考書として適している．

[4] 臨床寄生虫病ー犬・猫・その他の飼育動物：板垣　博 監修，学窓社（東京），1997年
第I編から第III編に分かれ，I編では寄生虫病の診断法と動物別寄生虫のリスト，治療法について書かれており，II編では分類別の寄生虫解説，III編では人獣共通寄生虫病と外部寄生虫によって媒介される病原体について記述されている．診断の基準となる図，写真が豊富に掲載されており，臨床現場における実用に適している．

[5] 図説獣医寄生虫学（改訂第3版）：内田明彦・野上貞雄・黄　鴻堅 著，メディカグロープ（弘前），2011年
獣医寄生虫学総論，および原虫類，蠕虫類，鉤頭虫類，衛生動物，魚類寄生虫，寄生虫症の診断と検査について，左ページに解説，右ページに図・写真を配置して，簡潔に読みやすくまとめられている．希少な写真も多く掲載されており，カラーアトラスとしての利用価値が高い．付録として，駆虫薬，届出を必要とする寄生虫病，人獣共通感染症，ならびに学生のための演習問題も加えられている．

[6] 獣医学教育モデル・コア・カリキュラム準拠 寄生虫病学 改訂版：日本獣医寄生虫学会監修，緑書房（東京），2017年
本書は平成24年に制定された獣医学教育モデル・コア・カリキュラムに準拠した唯一の寄生虫病学の教科書である．本書の最大の特徴は主に全国の獣医系大学の教員たちが図版を持ち寄り，他の教科書に比べてカラー図版が豊富でアトラス性の強い教科書である．内容は各章の最初に一般目標，到達目標，学習のポイント・キーワードが掲げられ，章末には演習問題を掲載し，CBT対策に最善の構成となっている．

特定種に限られているもの

[7] 獣医住血微生物病：南　哲郎・藤永　徹 編，近代出版（東京），1986年
住血性の原虫としてロイコチトゾーン，バベシア，タイレリア，マラリアおよびトリパノソーマなどが，リケッチアとしてはアナプラズマ，エペリスロゾーン，ヘモバルトネラ，エールリッヒアなどがとり扱われ，項目別に12名の執筆者がそれぞれを分担している．別に主要な検査・診断法が1章にまとめられている．さらに本書には206葉の鮮明なカラー写真が添えられ，読者の理解をおおいに助けているほか，専門家による『顕微鏡写真（血液塗抹標本）の撮り方』という1章が設けられている．

[8] 鶏コクシジウム症：角田　清・大永博資・荒川　皓 著，チクサン出版社（東京），1983年
序論，疫学，診断，治療・予防，検査技術の各章からなる．とくに検査技術には具体的な薬効評価試験（スクリーニングテスト），薬剤耐性試験，オーシストの定性・定量試験，殺オーシスト試験など，さらに細胞培養，発育鶏卵培養法などの高度な手技が，全編の約3割を割いて述べられている．

[9] 家畜・人の肝蛭症：小野　豊 編，日本獣医師会（東京），1972年
肝蛭の生物学（分類，発育環など），家畜肝蛭症の疫学，臨床，臨床病理学，病理学，診断，治療，予防の各章のほか，人肝蛭症（当時信大医学部大島教授執筆）の1章が加えられている．とくに編者の専攻する病理学，臨床病理学に関する記載が充実している．

[10] 犬糸状虫ー寄生虫学の立場からー：大石勇編 著，文永堂（東京），1986年
犬の糸状虫にかかわる寄生虫学の立場からなされた自他内外の膨大な研究業績が，分布，形態，生活史，生態などの項目別に整理され，考察を加えて詳しくまとめられている．次の『犬糸状虫症』と姉妹編をなすものである．

[11] 犬糸状虫症：大石勇編 著，文永堂（東京），1990年
上記の姉妹編として，犬糸状虫の疫学，病態発生，各種病態の症状，臨床病理，心・肺のX線所見と病態整理，診断，治療，予防などに分類整理してまとめられている．なお，近年関心が高まってきた猫の犬糸状虫症に約20頁が割かれ，さらにヒトの犬糸状虫症と題する1章が加えられている．とくに本書巻末の犬糸状虫および犬糸状虫症に関する内外の論文リストは貴重である．

節足動物・有害動物

[12] 家畜害虫ー生理・生態と防除ー：大塩行夫 著，中央畜産会（東京），1979年

[13] 図説　獣医衛生動物学：今井壯一・藤崎幸藏・板垣　匡・森田達志 著，講談社（東京），2009年
前書は節足動物のみを対象としているが，後書には節足動物のほかに貝類，魚類，ヘビ類，ネズミ類なども加えられている．いずれも通常『衛生動物学』として講義される有害動物といわれるものである．

検査・診断技術，アトラス

[14] 獣医寄生虫検査マニュアル：今井壯一・神谷正男・平詔　亨・茅根士郎 編，文永堂（東京），1997年
獣医寄生虫学の専門家25名の執筆になるもので，大学における獣医寄生虫学・衛生動物学実習テキストとして編集されたものであるが，斯界における通常の検査，診断の手技を解説した秘術書としても役立つように配慮されている．基礎編と応用編に分かれており，応用編では電子顕微鏡，PCR，統計，駆虫剤試験法，殺虫剤試験法などについても記述されている．

[15] 家畜共済における臨床病理検査要領：農林水産省経済局編，全国農業共済協会発行1997年改訂版のうち…第3章検査手技と評価，第4節糞便検査：平詔　亨 著 主要な対象動物を牛と豚とし，実用的な各種検査法の手技が具体的に図解されている．被検材料はいうまでもなく糞便が主体になっているが，畜産形態の特殊性に応え，オガクズ敷料からの豚鞭虫卵，乳頭糞線虫F型幼虫の検出法が付記されている．なお，虫卵，孵化幼虫の鑑別法の記載は有用である．

[16] 小動物・寄生虫鑑別マニュアル：今井壯一 監修，佐伯英治 著，梶ヶ谷博 編，インターズー（東京），1995年
本書題名が示すように，小動物臨床の対象になる内外寄生虫病の診断に資することを目的に編纂されている．このために，臨床上得られる検体が豊富なカラー写真で示され，発育環と感染ルートが図示されるなどの配慮がみられる．

[17] 症例から見た寄生虫感染症1996：佐伯英治 著，インターズー（東京），1996年
動物病院から寄生虫の同定あるいは確認を依頼された37症例が，Q&A方式でまとめられている．Answerに鑑定方法と理由が述べられ，対応策が付加されている．カラーアトラスとしての利用価値も大きい．

[18] 家畜臨床寄生虫アトラス①，②：平詔　亨・藤崎幸藏・安藤義路 著，チクサン出版社（東京），1995年
上記2著が小動物を対象とするアトラスであるのに対し，これは産業動物の蠕虫と節足動物を対象とするアトラスであるといえる．アトラスとはいうものの，①はほとんど簡潔な教科書ともいうべき解説書であり，②が471葉の専門家の撮影した美麗・鮮明なカラー写真が収載された写真集になっている．本書にはここから多くの写真が転載されている．記して謝意を表する．

和文索引

き

く

け

こ

さ

し

す

せ

そ

た

ち

つ

て

と

な

に・ぬ

ね

の

は

ひ

ふ

へ

ほ

ま

み

む

め

欧文索引

T

U

V

W, Y

Z

著者紹介

石井俊雄(いしい としお)　医学博士(故人)
1951年　東京大学農学部獣医学科卒業
日本獣医畜産大学(現 日本獣医生命科学大学)名誉教授

編者紹介

今井壯一(いまい そういち)　農学博士(故人)
1976年　東北大学大学院農学研究科修了
日本獣医生命科学大学名誉教授

最新(さいしん) 獣医寄生虫学(じゅういきせいちゅうがく)・寄生虫病学(きせいちゅうびょうがく) 編集委員会(へんしゅういいんかい)
(詳細は扉裏に記載)

NDC 649　379p　26 cm

最新 獣医寄生虫学・寄生虫病学

2019年 4月 10日　第1刷発行
2025年 3月 6日　第4刷発行

著　者　石井俊雄
編　者　今井壯一・最新 獣医寄生虫学・寄生虫病学 編集委員会
発行者　篠木和久
発行所　株式会社 講談社　KODANSHA
〒112-8001 東京都文京区音羽2-12-21
販 売 (03) 5395-5817
業 務 (03) 5395-3615
編　集　株式会社 講談社サイエンティフィク
代表 堀越俊一
〒162-0825 東京都新宿区神楽坂2-14 ノービィビル
編 集 (03) 3235-3701
印刷所　株式会社双文社印刷
製本所　株式会社国宝社

落丁本・乱丁本は購入書店名を明記のうえ，講談社業務宛にお送り下さい．送料小社負担にてお取替えします．なお，この本の内容についてのお問い合わせは講談社サイエンティフィク宛にお願いいたします．定価はカバーに表示してあります．

Printed in Japan
ISBN 978-4-06-153744-6